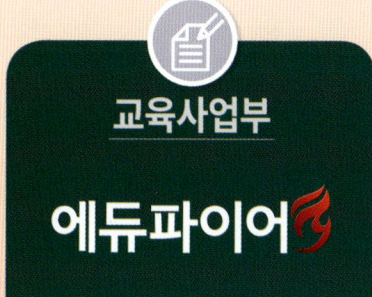

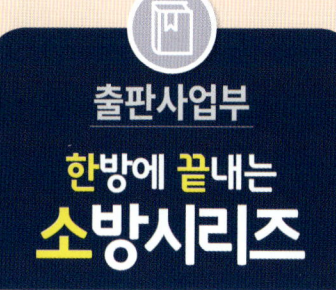

make soon

Make something out of nothing – 주식회사 메이크 순

소방설계, 공사, 감리, 점검 등
필드에서 작업하던 엔지니어들이 모여 만들었습니다.

Make Something Out Of Nothing

무에서 유를 만들겠습니다.

신기술인증
NEW EXCELLENT TECHNOLOGY

"수직·수평배관 4방향 버팀대에 의한 배관 지지기술"
행정안전부장관 재난안전신기술 지정 제2022-28-1호

녹색인증
Green Certification

"미래창조 과학부장관상"
수상

슬리브형 수직배관
4방향 버팀대

제13회 소방산업대상
"소방청장상"
수상

ZoneVer-S4, L4, VS, VL
선 설치 앵커볼트
(ZoneVer-Easy)

대한민국발명특허대전
"특허청장상"
수상

선 설치 앵커볼트
(ZoneVer-Easy)

서울국제발명전시회
"대 상"
수상

ZoneVer-S4, L4

서울국제발명전시회
"은 상"
수상

선 설치 앵커볼트
(ZoneVer-Easy)

HL D&I Halla
"최우수상"
수상

4방향 버팀대
(ZoneVer-S4, L4, VS, VL)

대한민국안전기술대상
"행정안전부장관상"
수상

수직·수평 4방향 버팀대
(ZoneVer-S4, L4, VS, VL)

make soon.CO.LTD

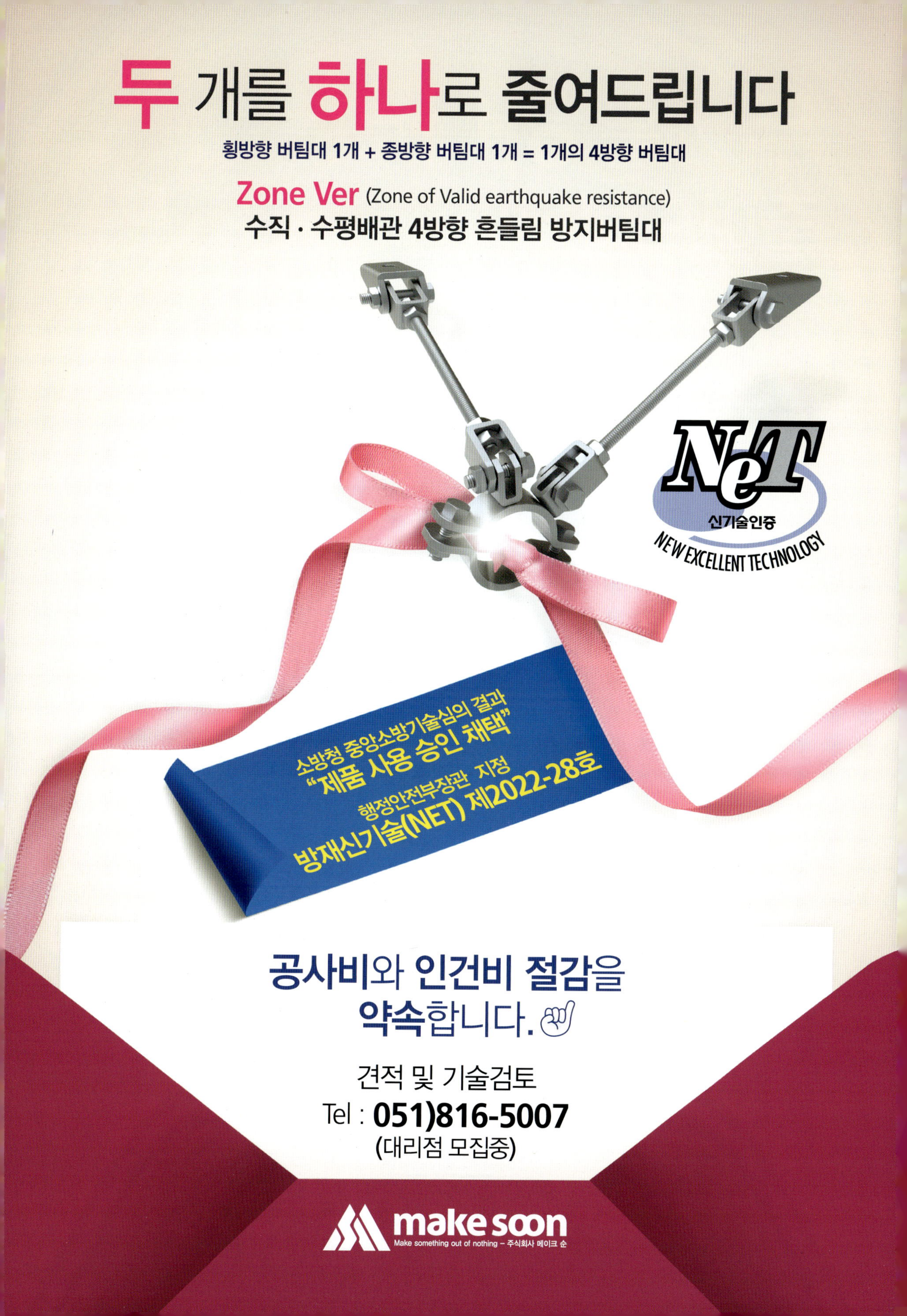
두 개를 하나로 줄여드립니다
횡방향 버팀대 1개 + 종방향 버팀대 1개 = 1개의 4방향 버팀대
Zone Ver (Zone of Valid earthquake resistance)
수직 · 수평배관 4방향 흔들림 방지버팀대
NeT
신기술인증
NEW EXCELLENT TECHNOLOGY
소방청 중앙소방기술심의 결과
"제품 사용 승인 채택"
행정안전부장관 지정
방재신기술(NET) 제2022-28호
공사비와 인건비 절감을
약속합니다.
견적 및 기술검토
Tel : 051)816-5007
(대리점 모집중)
make soon
Make something out of nothing – 주식회사 메이크 순

한방에 끝내는

소방설비기사 산업기사

실기 합격노트 - **전기편**

2주 완성!

벼락치기 최적화!

합격! 끝.판.왕.

알짜배기 합격노트!

소방전기 설비의 전선가닥수 알짜배기 정리

- 자동화재 탐지설비 편 -

연동 개념도

연동흐름을 이해하고, 전선가닥수를 산정하자!

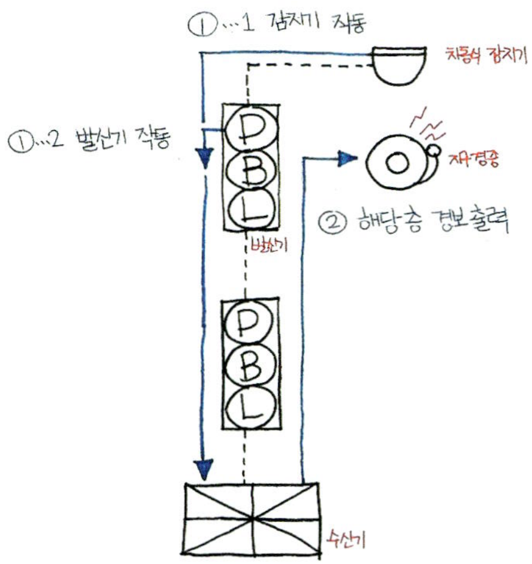

연동순서	작동 내용	전선 내역	
①…1	감지기 작동 (자동기동) 입력	회로 1	회로 공통 1
①…2	발신기 작동(수동 기동) 입력	발신기 1	
②	지구 음향 경보 출력	경종 1	경종, 표시등 공통 1
참고…2	표시등 상시 점등 상태	표시등 1	

가닥수 추가조건

조건에 따라 가닥수를 추가하자!

주의사항!!
- 회선수 산정 (종단저항수 > 경계구역수 > 발신기세트수)
- 공통선 추가
- 경보 방식 확인

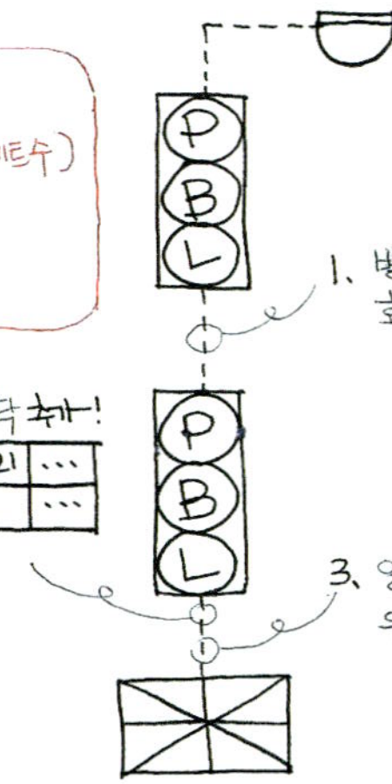

1. 발신기세트 or 경계구역수 or 종단저항수 마다 회로선 1가닥씩 추가

2. 회로선 7가닥 초과시 마다 공통선 1가닥 추가!

회로선	1~7가닥	8~14	15~21	…
공통선	1가닥	2	3	…

3. 일제 경보방식 : 경종선 1가닥
우선 경보방식
- 지상층 : 층수마다 경종선 1가닥 추가
- 지하층 : 경종선 1가닥

선로구성

연동개념도와 함께 이해하자!

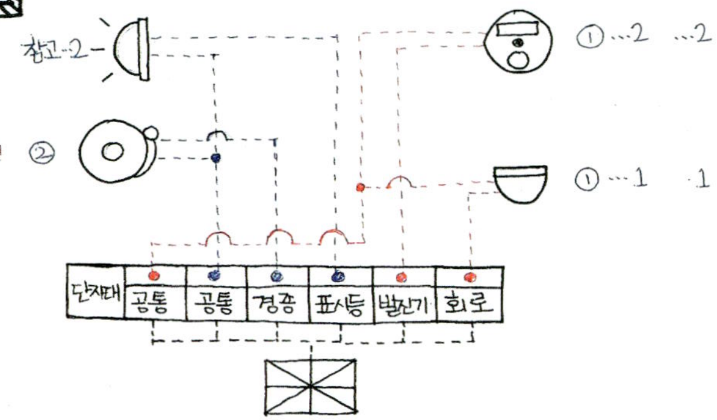

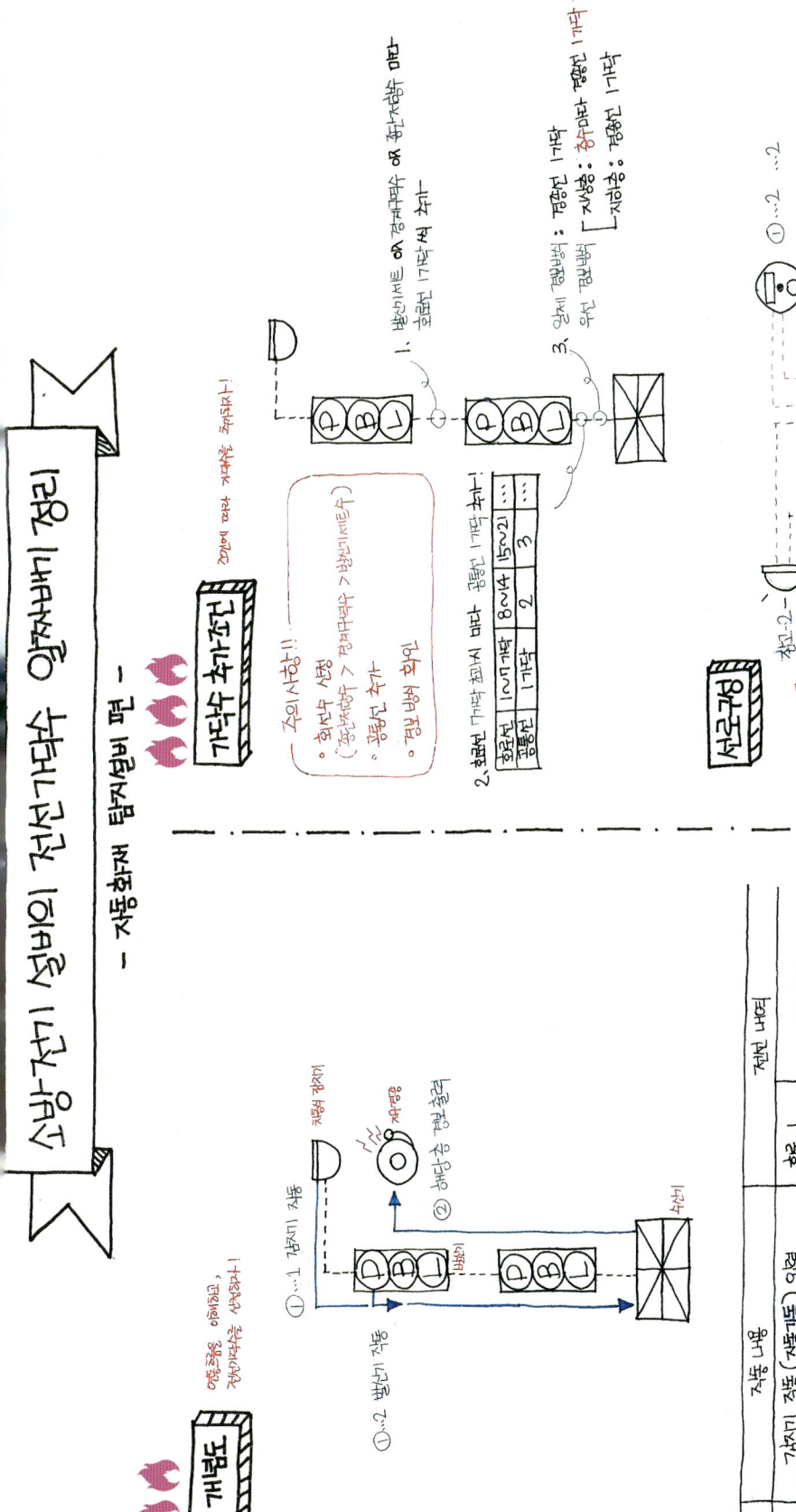

– 준비작동식 스프링클러 설비 –

연동 개념도

연동 흐름을 이해하고, 전선가닥수를 산정하자!

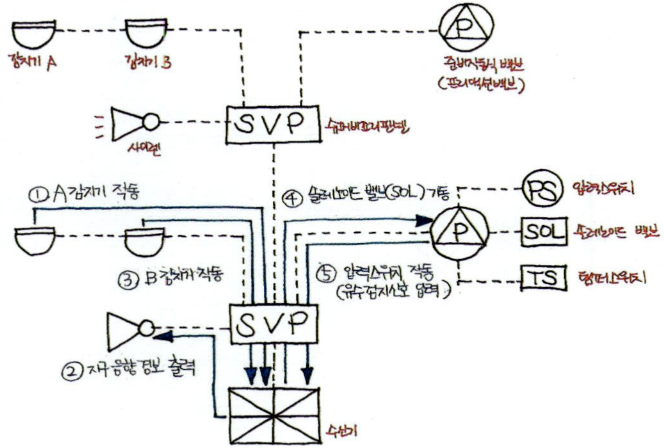

연동순서	작동내용	필요한 전선 내역	
①	A감지기 작동신호 입력	회로 1(A감지기 회로)	공통 1
②	자동음향경보 출력(사이렌 또는 경종 출력)	사이렌 1	
③	B감지기 작동신호 입력	회로 1(B감지기 회로)	
④	솔레노이드 밸브로 기동신호 출력 (준비작동식 유수검지장치 개방)	기동(SOL) 1	
⑤	유수검지장치의 유수 신호 입력	밸브개방확인(PS) 1	
참고	개폐밸브 폐쇄시 탬퍼스위치 신호입력	밸브주의(TS) 1	

가닥수 추가 조건

조건에 따라 가닥수를 추가하자!

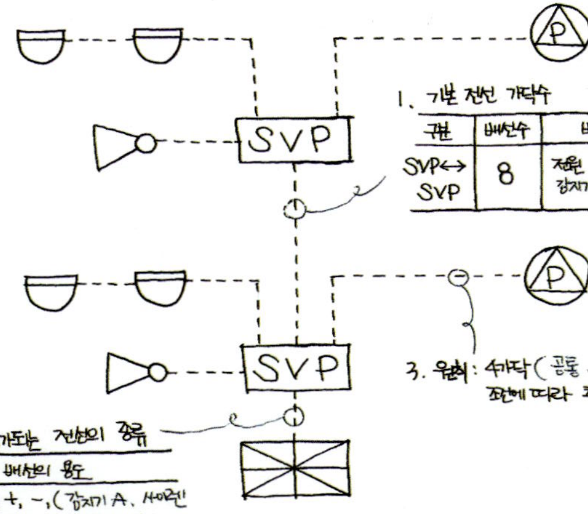

1. 기본 전선 가닥수

구분	배선수	배선의 용도
SVP↔SVP	8	전원 +, −, (감지기 A, 사이렌 감지기 B, 기동, 밸브개방확인, 밸브주의)

2. P/V 추가시 마다 증가되는 전선의 종류

구분	배선수	배선의 용도
2zone 일 경우	14	전원 +, −, (감지기 A, 사이렌 감지기 B, 기동, 밸브개방확인, 밸브주의) X2

3. 유의 : 4가닥(공통, PS, TS, SOL) 조건에 따라 추가

연동개념도와 함께 이해하자!

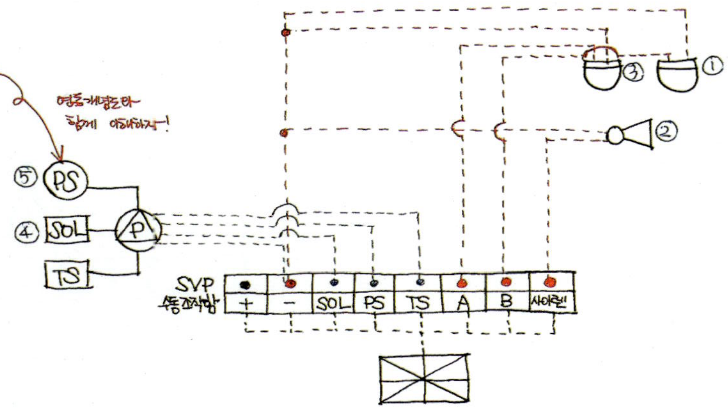

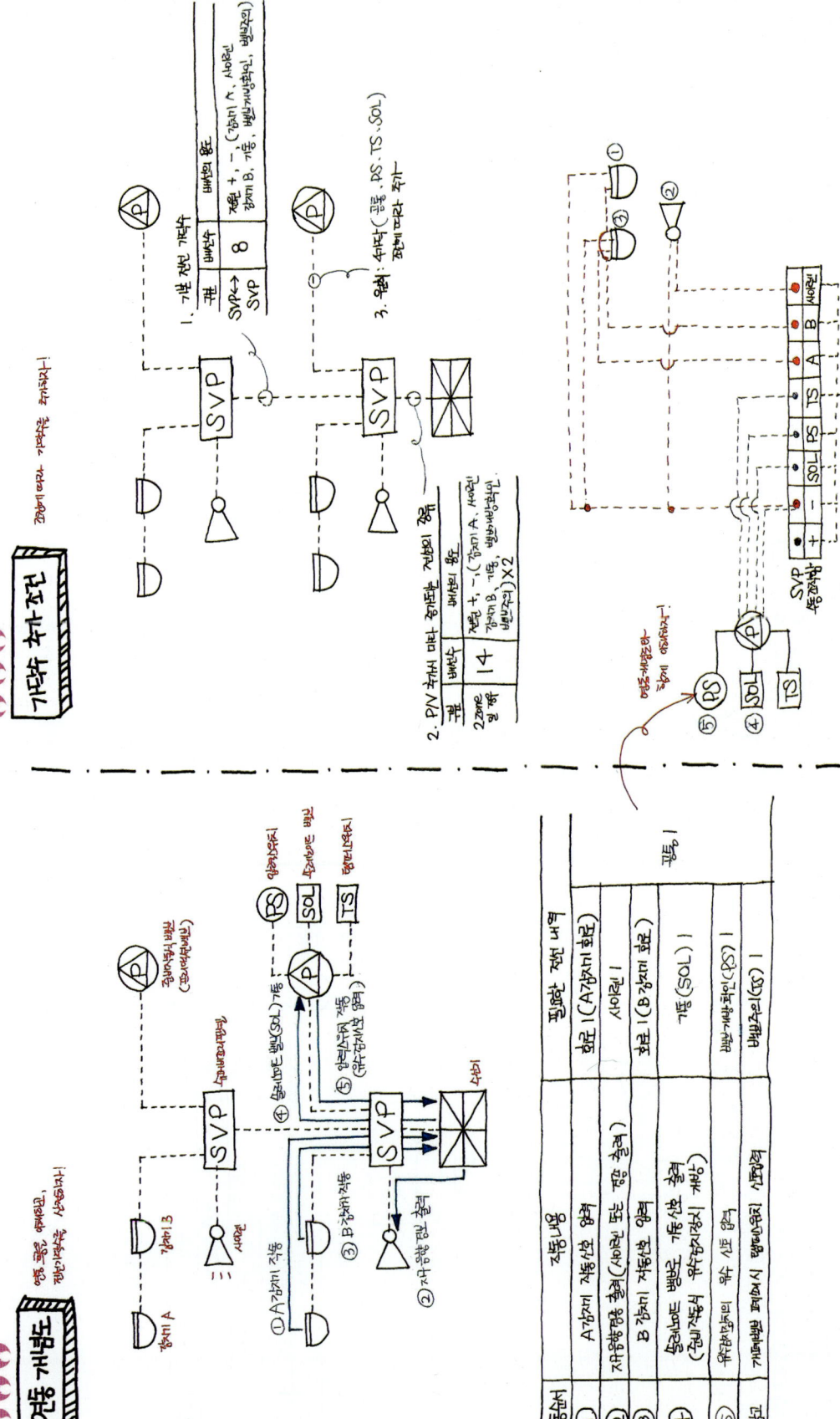

소방전기기사 암기파트 알짜배기 정리

- 자동화재 탐지설비 편 -

감지기

자주 출제되는 "감지기의 설치기준" & "감지기의 동작원리"를 암기하자!

분류

형식	설명
다신호식	1개의 감지기 내에 서로 다른 종별 또는 감도 등의 기능을 갖춘 것으로. 일정시간 간격을 두고 각각 다른 2개 이상의 화재신호를 발하는 감지기.
아날로그식	주위의 온도 또는 연기의 양의 변화에 따라 각각 다른 전류치 또는 전압치 등의 출력을 발하는 방식의 감지기.
방폭형	폭발성가스가 폭발하였을때 압력에 견디고 인화될 우려가 없도록 만들어진 감지기
방수형	그 구조가 방수구조로 되어있는 감지기
재용형	다시 사용할수 있는 성능을 가진 감지기
축적형	일정농도 이상의 연기가 일정시간 연속하는 것을 전기적으로 검출함으로써 작동하는 감지기

차동식 스포트형 감지기

- 공기의 팽창을 이용한 것.

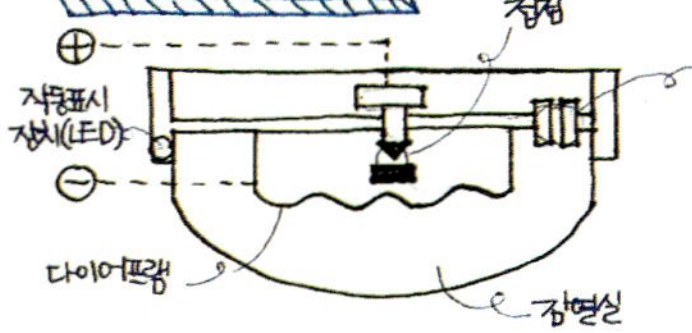

리크구멍(=리크홀=리크공)
→ 감지기의 오작동 방지
구멍축소(저항↑) → 작동시간↓
구멍확대(저항↓) → 작동시간↑

동작원리!!
화재발생 → 감열실내 공기팽창 → 다이어프램 UP! → 접점 함체!! → 수신기에 신호전송

차동식 분포형 감지기

공기 관식

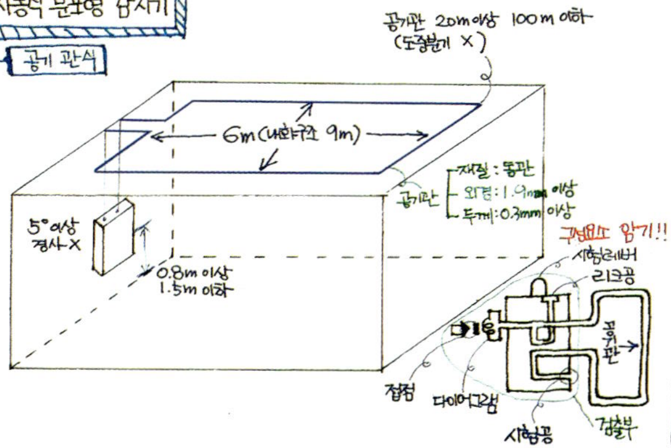

유통 시험!!

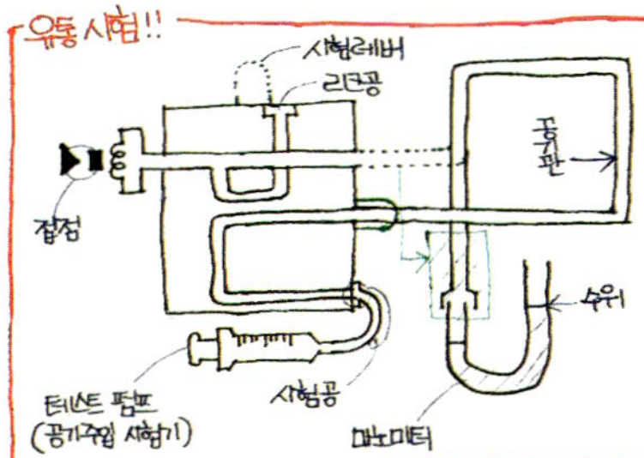

1. 레버를 중앙에 위치
2. 공기관 한쪽에 마노미터 접속
3. 다른 쪽에 테스터펌프 연결후 수위 100mm까지 공기 주입
4. 레버 조정
5. 수위 50mm 되는 시간 측정

열전대식

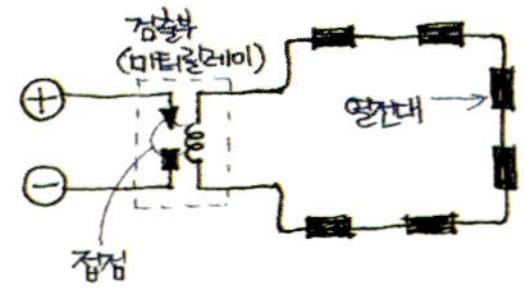

1. 하나의 검출부에 접속하는 열전대부 20개 이하
2. 바닥 면적
   18m² (내화구조 22m²): 1개 이상
   72m² (내화구조 88m²): 4개 이상

정온식 감지기

스포트형

- 바이메탈의 활곡 또는 반전을 이용한 것
- 금속의 팽창계수를 이용한 것
- 액체(기체)의 팽창을 이용한 것
- 반도체를 이용한 것
- 가용절연물을 이용한 것

감지선형

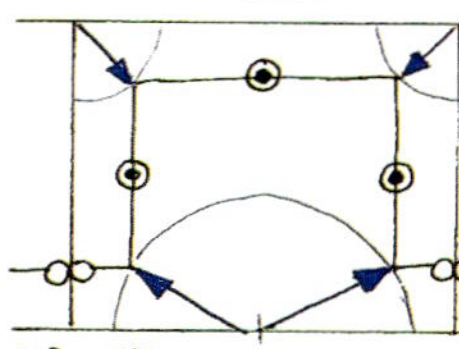

구분	R[m] 1종	2종
내화구조	4.5	3
기타구조	3	1

- 보조선 이나 고정금구를 사용하여 감지선이 늘어지지 않도록 설치
- 단자부와 마감고정금구와의 설치간격은 10[cm] 이내로 설치
- 감지선형 감지기의 굴곡반경은 5[cm] 이상으로 할것
- 감지기와 감지구역의 각 부분과 수평거리가 내화구조의 경우 1종 4.5[m] 이하, 2종 [3m] 이하로 할 것. 기타구조의 경우 1종 [3m] 이하, 2종 1[m] 이하로 할것
- 케이블트레이에 감지기를 설치하는 경우에는 케이블트레이 받침대에 마감금구를 사용하여 설치
- 지하구나 창고의 천장 등에 지지물이 적당하지 않은 장소에서는 보조선을 설치하고 그 보조선에 설치.
- 분전반내부에 설치하는 경우 접착제를 이용하여 돌기를 바닥에 고정시키고 그 곳에 감지기를 설치

이온화식 연기 감지기

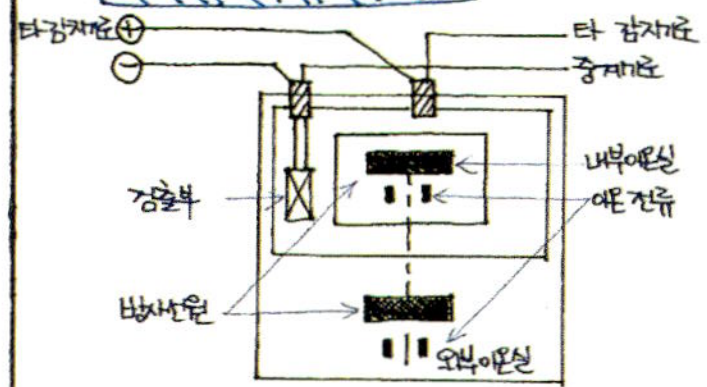

1. 방사선 동위원소
   - 아메리슘 241(Am²⁴¹)
   - 아메리슘 95(Am⁹⁵)
   - 라듐(Ra)
2. 방사선: α선

광전식 연기 감지기

광전식 분리형

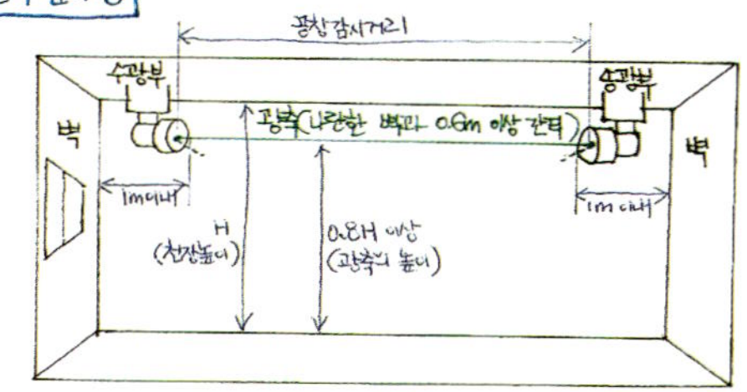

공기흡입형

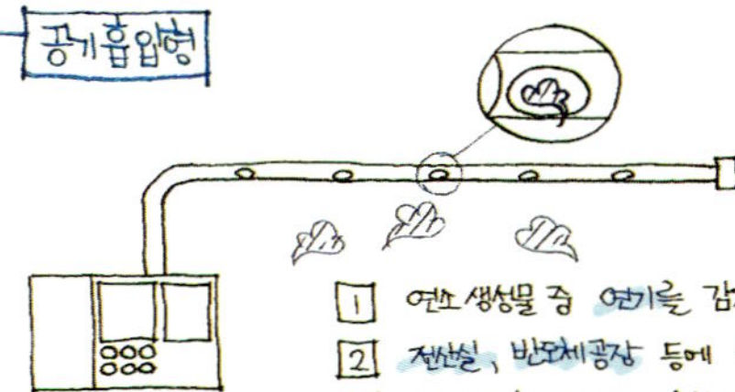

1. 연소생성물 중 연기를 감지
2. 전산실, 반도체공장 등에 설치
3. 말단공기흡입기에서 수신기까지 도달시간 120초

스포트형

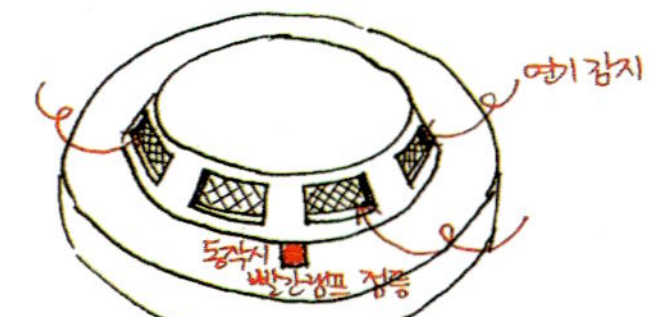

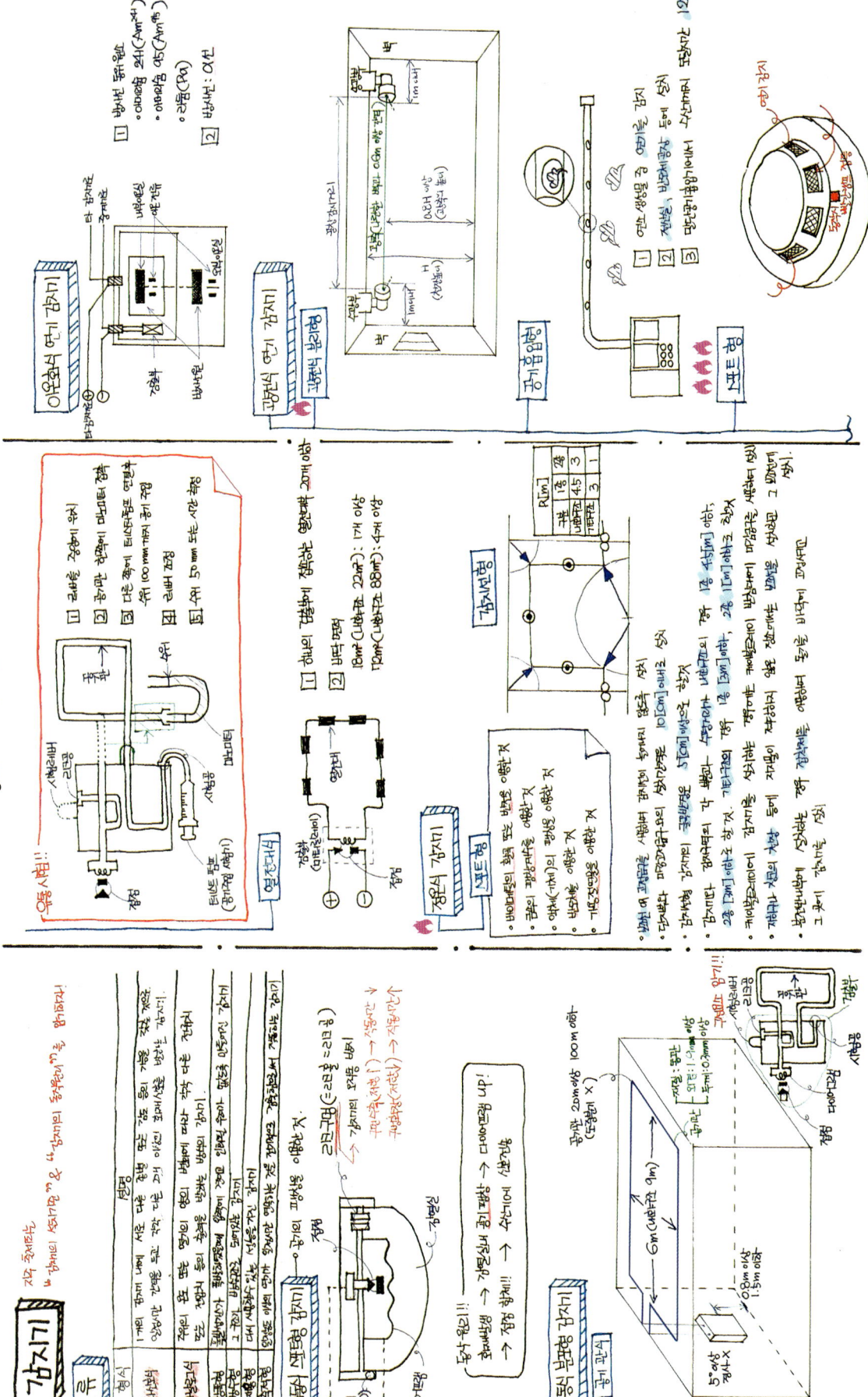

연기 감지기 설치기준

- 연기 감지기의 부착높이 별 바닥면적 기준

부착높이	감지기의 종류	
	1종 및 2종	3종
4[m] 미만	150 m²	50 m²
4[m] 이상 20[m] 미만	75 m²	설치불가

- 감지기는 복도 및 통로에 있어서는 보행거리 30[m] (3종 : 20[m]) 마다, 계단 및 경사로에 있어서는 수직거리 15[m] (3종 : 10[m]) 마다 1개 이상으로 할것

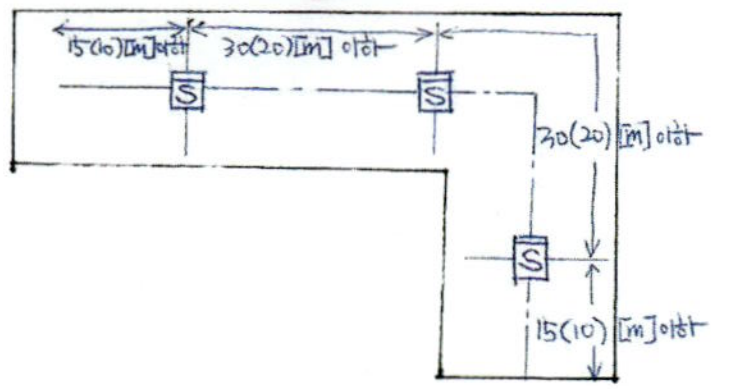

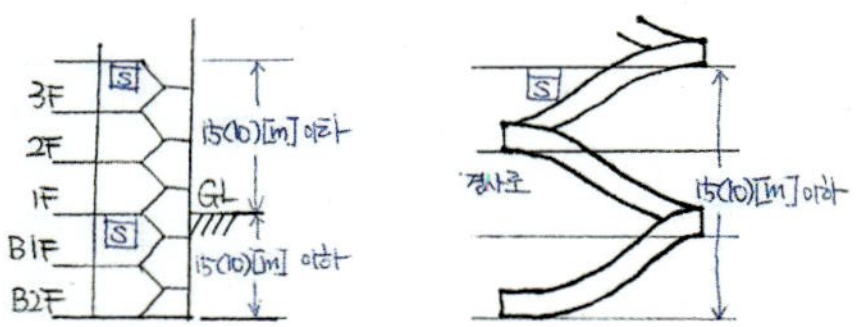

- 천장 or 반자가 낮은 실내 or 좁은 실내에 있어서는 출입구 가까운 부분에 설치할 것

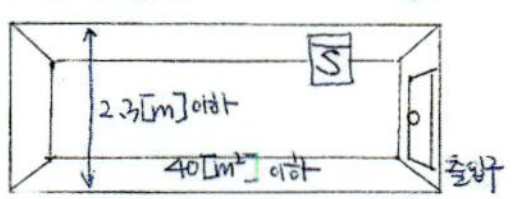

- 천장 or 반자 부근에 배기구가 있는 경우에는 그 부근에 설치할 것

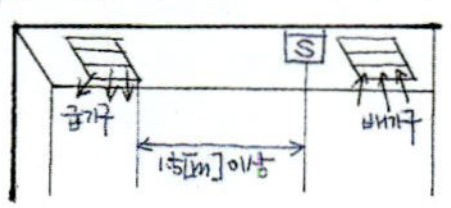

- 감지기는 벽 or 보로부터 0.6[m] 이상 떨어진 곳에 설치할 것

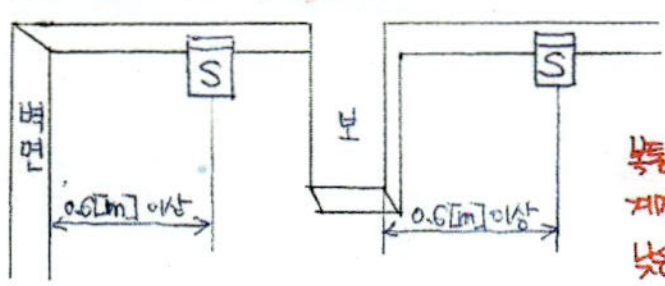

☆ 암기 Tip!
복통 세서티 (332)
계경 일오일 (151)
낮은 배기구 벽보 0.6m

불꽃감지기

설치기준

- 감지기는 공칭감시거리(유효감지거리)와 공칭시야각(시야각)을 기준으로 감시구역이 모두 포용될 수 있도록 설치할 것
- 감지기는 화재감지를 유효하게 감지할 수 있는 모서리or벽 등에 설치할 것
- 감지기를 천장에 설치하는 경우에는 감지기는 바닥을 향하여 설치할 것
- 수분이 많이 발생할 우려가 있는 장소에는 방수형으로 설치할 것

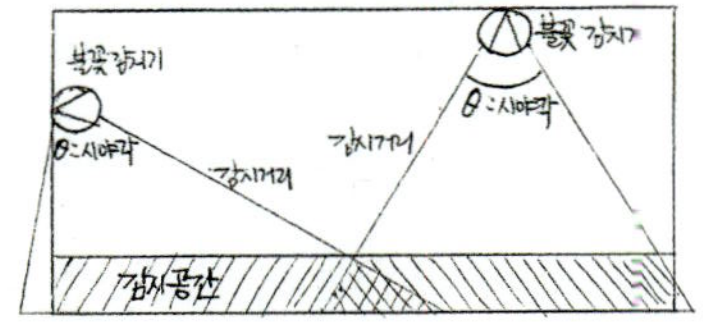

자외선식(UV) 불꽃감지기

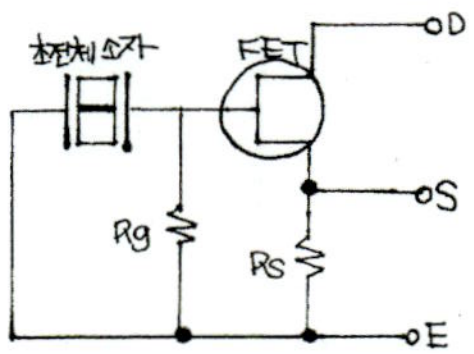

1. 광기전력의 효과를 이용한 것
2. 파이로 효과 : 초전체소자에 빛이 도자되면 기전력이 발생되어 전류가 흐르는 현상
3. 불꽃 연소에 민감한 응답 특성

감지기의 설치 제외 장소

다음의 장소에는 감지기를 설치하지 않을수 있다!

- 천장 or 반자의 높이가 20[m] 이상인 장소 (부착높이에 따라 적응성이 있는 장소 제외)
- 헛간 등 외부와 기류가 통하는 장소로서 감지기에 따라 화재발생을 유효하게 감지할 수 없는 장소
- 부식성 가스가 체류하고 있는 장소
- 고온도 및 저온도로서 감지기의 기능이 정지되기 쉽거나 감지기의 유지관리가 어려운 장소
- 목욕실, 욕조나 샤워시설이 있는 화장실, 기타 이와 유사한 장소
- 파이프덕트 등 그 밖의 이와 비슷한 것으로서 2개 층마다 방화구획된 것이나 수평단면적이 5[m²] 이하인 것
- 먼지, 가루 or 수증기가 다량으로 체류하는 장소 또는 주방 등 평상시에 연기가 발생하는 장소 (연기감지기에 한한다)
- 프레스 공장, 주조공장 등 화재발생이 적은 장소로서 감지기의 유지관리가 어려운 장소

☆ 암기 Tip ☆
부목 천고 먼 파프 간

감지기의 설치기준

- 감지기(차동식 분포형의 것을 제외)는 실내로의 공기유입구로 부터 1.5[m] 이상 떨어진 위치에 설치
- 감지기는 천장 or 반자의 옥내에 면하는 부분에 설치
- 보상식 스포트형 감지기는 정온점이 감지기 주위의 평상시 최고온도보다 20[℃] 이상 높은 것으로 설치할 것
- 정온식감지기는 주방, 보일러실 등 다량의 화기를 취급하는 장소에 설치하되, 공칭작동온도가 최고주위온도보다 20[℃] 이상 높은 것으로 설치

차동식, 보상식, 정온식 감지기의 부착높이에 따른 바닥면적 기준!!

부착높이 및 특정소방대상물의 구분		감지기의 종류						
		차동식		보상식		정온식		
		1종	2종	1종	2종	특종	1종	2종
4[m] 미만	내화구조	90	70	90	70	70 ①	60	20
	기타구조	50	40	50	40 ②	40	30	15
4[m] 이상 8[m] 미만	내화구조	45	35	45	35	35	30	설치불가
	기타구조	30	25	30	25	25 ③	15	설치불가

①: $\times\frac{1}{2}$ ②: +5 ③: $\times\frac{1}{2}+5$

축적 기능

〈축적기능이 있는 감지기를 사용하는 장소(경우)〉 잦은 오작동 우려 & 좁은장소

- 지하층, 무창층 등으로서 환기가 잘 되지 않는 장소
- 실내면적이 40[m²] 미만인 장소
- 감지기의 부착면과 실내바닥과의 거리가 2.3[m] 이하인 곳으로서 일시적으로 발생한 열, 연기, 먼지 등으로 인하여 화재신호를 발신할 우려가 있는 장소

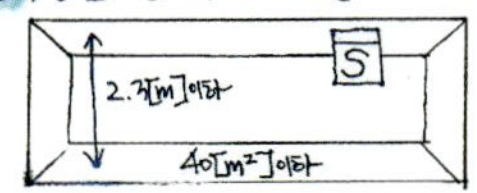

〈축적기능이 없는 감지기를 사용하는 장소(경우)〉

- 교차회로방식에 사용되는 감지기
- 급속한 연소 확대가 우려되는 장소에 사용되는 감지기
- 축적기능이 있는 수신기에 연결하여 사용하는 감지기

적응감지기!!

- 축적기능이 있는 감지기를 사용하는 장소
- 비화재보의 우려가 있는 곳
- 교차회로방식 비내의 감지기에 사용되지 않는 감지기
- 지하공동구에 설치가 가능한 감지기

☆ 암기 Tip! ☆
아다축복
정분 불광

1. 아날로그 방식의 감지기
2. 다신호 방식의 감지기
3. 정온식 감지선형 감지기
4. 분포형 감지기
5. 축적방식의 감지기
6. 복합형 감지기
7. 불꽃 감지기
8. 광전식 분리형 감지기

부착 높이	감지기의 종류
4[m] 미만	모든 감지기
4[m] 이상 8[m] 미만	모든 감지기 중 특, 1, 2종
8[m] 이상 15[m] 미만	• 차동식 분포형 • 이온화식 1종 or 2종 • 광전식(스포트형, 분리형, 공기흡입형) 1종 or 2종 • 연기복합형 • 불꽃감지기
15[m] 이상 20[m] 미만	위에서 ↑ 차동식 분포형, 2종 제외
20[m] 이상	• 불꽃감지기 • 광전식(분리형, 공기흡입형) 중 아날로그 방식

작동표시장치를 설치하지 않아도 되는 감지기!
- 차동식 분포형 감지기
- 정온식 감지선형 감지기
- 방폭구조인 감지기
- 감지기가 작동한 경우 수신기에 그 감지기가 작동한 내용이 표시되는 감지기

일과성 비화재보 방지대책

- 비화재보에 적응성 있는 감지기의 선정
- 설치장소의 환경에 적응하는 감지기의 설치
- 특수감지기 및 인텔리전트 수신기의 설치
- 감지 설치장소의 주위환경 개선
- 경년변화에 따른 유지보수
- 축적기능이 있는 수신기 설정
- 오작동 방지기 설치
- 감지기의 비상시험 강화

수신기

설치기준

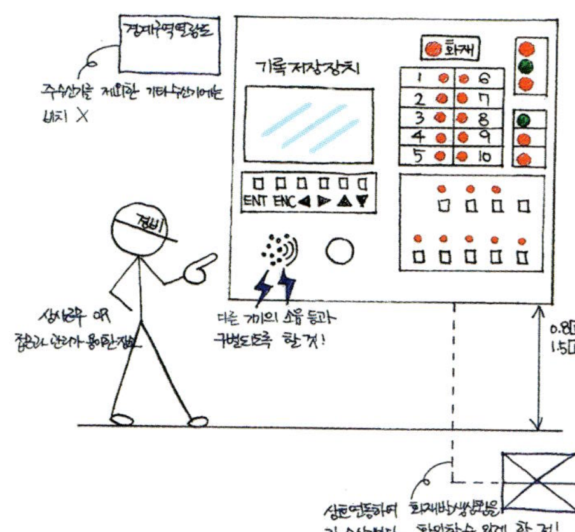

P형 vs R형

구분	P형 수신기	R형 수신기
경제성	선로수가 많아 비용 多	선로수가 적어 경제적
배관배선공사	선로수가 많아 복잡하다	선로수가 적어 간단하다
유지관리	선로수가 많고 수신기에 자기진단기능이 없으므로 어렵다	선로수가 적고 자기진단기능에 의해 고장발생을 자동으로 경보·표시하므로 쉽다.
신축·변경·증설	어렵다	용이하다
전송방식	개별전송방식(1:1 접점 방식)	다중전송방식

수신기 기능시험

여러가지 기능시험 중 자주 출제되는 시험은 집중암기하자!

화재표시 작동시험

확인사항!!
- 릴레이의 작동
- 화재표시등, 지구표시등의 점등
- 음향장치의 작동

공통선 시험

◎ 목적
공통선이 담당하고 있는 경계구역 수의 적정여부를 확인하기 위한 시험

◎ 시험방법
- 수신기 내 접속단자의 회로 공통선을 1선 제거한다
- 회로도통시험의 예에 따라 회로선택스위치를 회로별로 선택한다
- 전압계 또는 LED를 확인하여 단선을 나타내는 경계구역의 회선수 확인

◎ 가부판정의 기준
공통선이 담당하고 있는 경계구역 수가 7 이하일 것

동시작동시험

◎ 목적
감지기가 동시에 수회선 작동하더라도 수신기 기능이 이상유무를 확인하기 위한 시험

예비전원시험

◎ 시험방법
① 예비전원시험 스위치를 누른다
② 전압계의 지시치 또는 LED 및 전원표시의 정확여부 확인
③ 예비전원시험 스위치를 떼고(상용전원으로 복귀된다) 자동절환 릴레이의 작동상태 확인

◎ 양부판단의 기준
- 전압계 타입: 전압계의 지시치가 약 24[V]이고, 상용전원 ↔ 예비전원의 절환이 이상이 없으면 정상
- LED 타입: LED가 녹색(정상) 위치에 있고, 상용전원 ↔ 예비전원의 절환이 이상이 없으면 정상

회로도통시험

정상상태가 나타나지 않는 요인!
- 종단저항의 미설치
- 종단저항의 접속불량
- 시험스위치의 불량
- 감지기회로 선로의 단선
- 감지기회로 선로의 단락

스위치 주의등의 점멸 원인!!
- 주경종 정지스위치를 눌렀을 경우
- 지구경종 정지스위치를 눌렀을 경우
- 도통시험 스위치를 눌렀을 경우
- 화재표시 작동시험(회로시험) 스위치를 눌렀을 경우
- 자동복구 스위치를 눌렀을 경우

수신기의 스위치가 정상위치가 아닐때 깜박깜빡!

발신기

구성요소

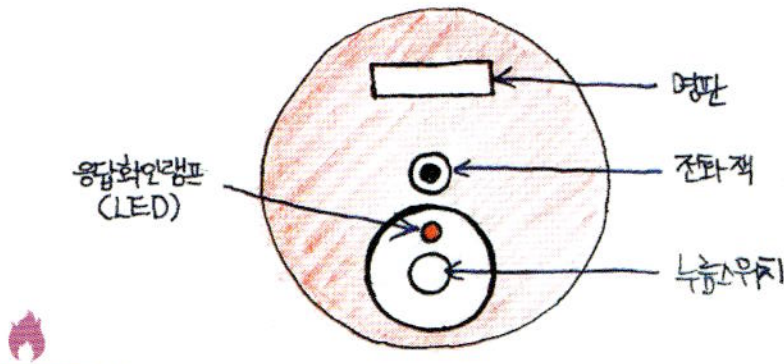

발신기 복구 방법

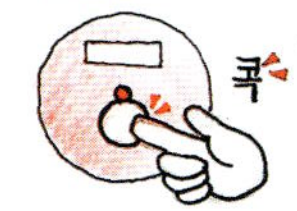

발신기를 손으로 눌러 작동시켰을때는 누름스위치를 원상복구 하여야만 수신기 복구 가능!

중계기

설치기준

- 수신기에서 직접 감지기회로의 도통시험을 하지 않는 것에 있어서는 수신기와 감지기 사이에 설치할 것
- 조작 및 점검이 편리하고 화재 및 침수 등의 재해로 인한 피해 우려가 없는 장소에 설치
- 수신기에 따라 감시되지 않는 배선을 통하여 전력을 공급받는 것에 있어서는 전원입력측의 배선에 과전류 차단기를 설치하고 해당 전원의 정전이 즉시 수신기에 표시되는 것으로 하며, 상용전원 및 예비전원의 시험을 할 수 있도록 할 것

분산형 중계기

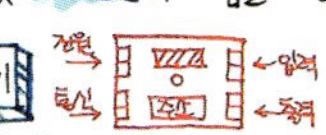

설치장소!!
- 발신기 세트함(단독형 or 옥내소화전 내장형) 내부
- 스프링클러 설비의 접속박스 내부 또는 SVP(슈퍼비조리 판넬) 내부
- 가스계 소화설비(CO₂, 할론, 할로겐화합물 및 불활성기체 소화설비) 수동조작함 내부
- 제연댐퍼 수동조작함 내부
- 배연창, 방화셔터 연동제어기 내부
- 중계기 전용함 설치시 전용함 내부

음향장치

경종! 따르릉!

경보방식

- 일제경보방식 : 전 층에 경보
- 우선경보방식 Point!! "11층이상" OR "공동주택 16층이상"

	2F발화	1F발화	B1F발화	B2F발화
6F	경보			
5F	경보	경보		
4F	경보	경보		
3F	경보	경보		
2F	경보	경보		
1F		경보	경보	
B1F		경보	경보	경보
B2F		경보	경보	경보
B3F		경보	경보	경보

[직상 4개층]

성능 및 구조

- 정격전압의 80[%] 전압에서 음향을 발할수 있는것으로 할 것
- 음량은 부착된 음향장치의 중심으로부터 1[m] 떨어진 위치에서 90[dB] 이상 되는것으로 할 것
- 감지기 및 발신기의 작동과 연동하여 작동할 수 있는 것으로 할것

시각 경보장치

시각적으로 화재사실을 알려주는 장치!
(청각장애인에게 점멸형태로 알려주는 것)

- 공연장, 집회장, 관람장 또는 이와 유사한 장소에 설치하는 경우에는 시선이 집중되는 무대부에 설치할 것

- 바닥으로부터 2[m] 이상 2.5[m] 이하 높이에 설치할 것. 다만 천장높이가 2[m] 이하는 천장에서 0.15[m] 이내의 장소에 설치해야 한다

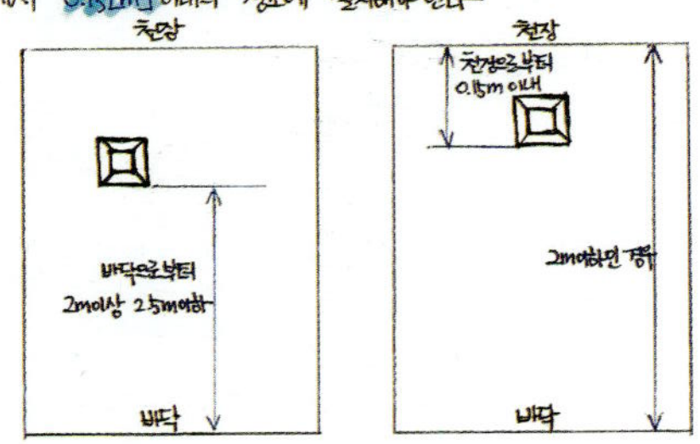

경계구역

특정소방대상물 중 화재신호를 발신하고 그 신호를 수신 및 유효하게 제어할수 있는 구역을 말함!

수평적 경계구역

구분	원칙	예외
층별	층마다	2개의 층을 하나의 경계구역으로 할수있는 경우 : 500[m²] 범위 안
면적	600[m²] 이하	1000[m²] 이하로 할수있는 경우 : 주된 출입구에서 내부전체가 보이는것
길이	한 변의 길이 : 50[m] 이하	–

층별

2층	200[m²]
1층	300[m²]

⇨ 바닥면적의 합계가 500[m²] 이하

면적 및 길이

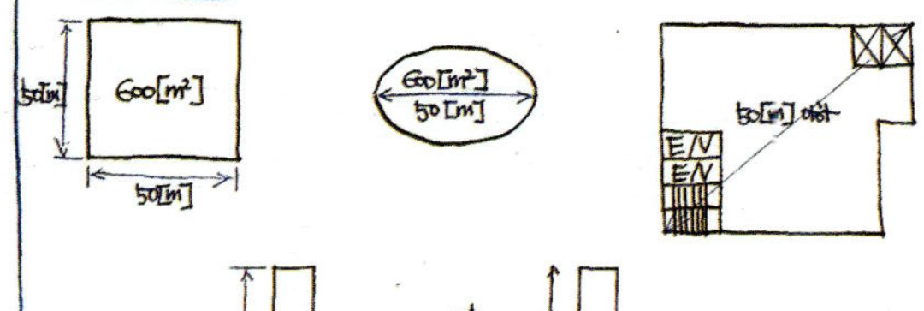

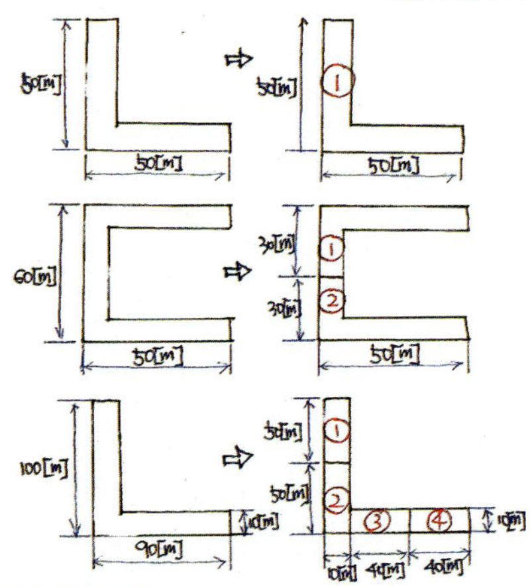

경계구역 면적 제외부분

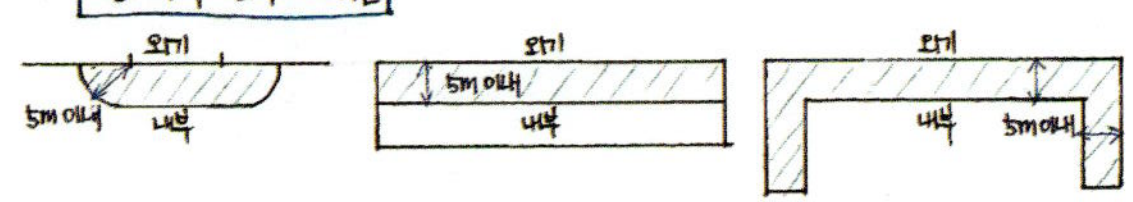

수직적 경계구역

구분	계단, 경사로	E/V승강로(권상기실이 있는 경우에는 권상기실), 린넨슈트, 파이프 피트 및 덕트
높이	45[m] 이하	제한 없음
지하층	별도의 경계구역으로 할것(지하 1층만 있을 경우 제외. 즉, 지상층 하나의 경계구역으로 할 수 있다)	제한 없음

지하층에 따른 경계구역 구분

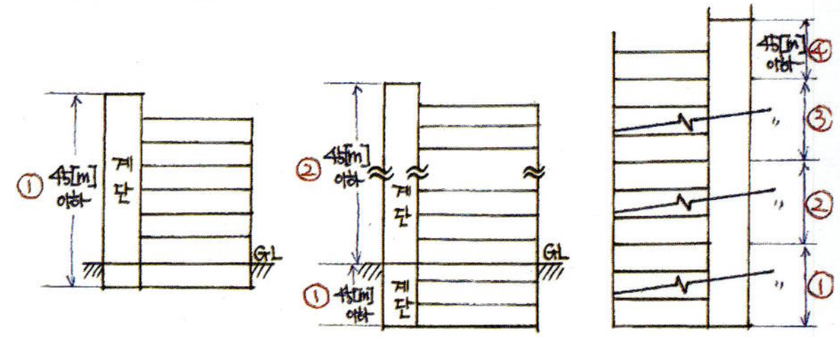

경계구역 산정시 주의사항!!

◎ 수평적 경계구역
- 2개의 층을 하나의 경계구역으로 할수있는 경우
  1층 바닥면적 + 2층 바닥면적 ≤ 500m² 일때 가능!!
- 길이(50m 이하) 초과시 경계구역 주의
- 주된 출입구에서 내부전체가 보이는 경우 하나의 경계구역 면적은 1000m² 이하
- 목욕실, 샤워시설이 있는 화장실 부분은 면적제외
- 감지기 설치개수 산정시 바닥면적 1/2로 나누기
  ex) 바닥면적 800m²

(×)		(○)	
600m²	200m²	400m²	400m²

◎ 수직적 경계구역
- 45m 잊지 말기 필수!!
- 지하층수 확인
  (지하층이 1층만 있는 경우 VS 지하층이 2층 이상인 경우)
- E/V실 마다 경계구역 추가
- 감지기 설치개수 산정시 1, 2층(15m), 3층(10m) 구분

문제에 다양하게 주어진다
꼼꼼히 읽기하자!!

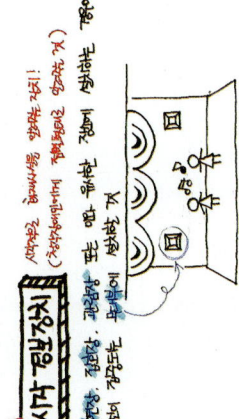

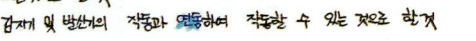

배선

배선방식

송배선식 배선 : 회로도통시험을 위해 도중에 분기하지 않는 방식

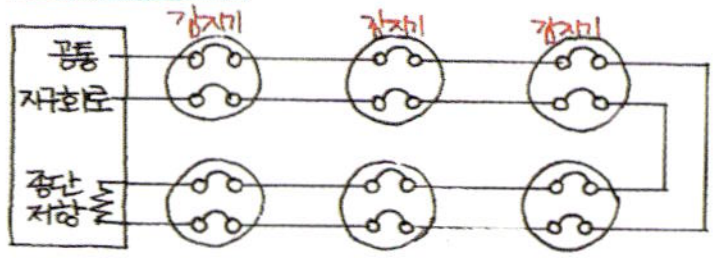

— 적용 감지기 —
- 차동식 스포트형
- 정온식 스포트형
- 보상식 스포트형

(도시기호)

교차회로 방식 배선 : 설비의 오작동 방지를 위해 2개 이상의 회로가 교차되도록 설치

— 적용 설비 —
- 준비작동식 스프링클러 설비
- 일제살수식 스프링클러 설비
- 이산화탄소 소화설비
- 할론 소화설비
- 할로겐화합물 및 불활성기체 소화설비
- 분말소화 설비

감지기 A와 감지기 B가 둘다 작동하여야 설비가 작동한다

실드 선

사용목적 : 전자파 방해를 방지하기 위해서

사용용도 : 아날로그식 감지기, 다신호식 감지기, R형 수신기용으로 사용되는 것

실드선을 꼬아서 사용하는 이유 : 두 선에서 발생하는 전자파유도 자속이 서로 상쇄되도록 하기 위해서

실드선 종류
- 비닐절연 비닐시스 내열성 제어 케이블(H－CW－SB)
- 비닐절연 비닐시스 난연성 제어 케이블(FR－CW－SB)

종단 저항

설치목적 : 회로도통시험을 용이하게 하기 위하여

설치장소 : 전용함, 수신기함, 또는 발신기함 내부

근거리 통신망의 구조

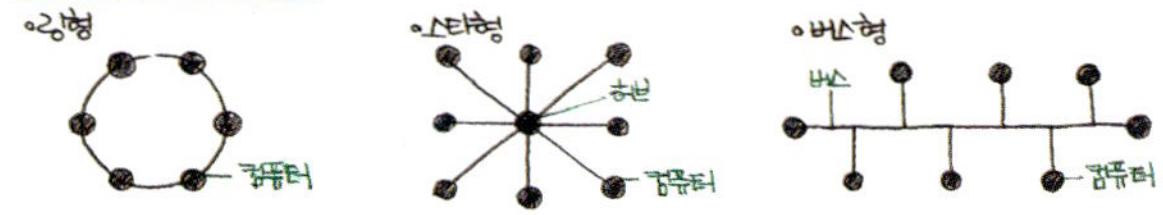

경보설비

단독경보형 감지기

삐삐삑! → 수신반으로 신호가 넘어가지 않아 화재감지시 혼자 삐삐삑!

- 각 실 마다 설치하되, 바닥면적이 $150m^2$를 초과하는 경우에는 $150m^2$ 마다 1개 이상 설치할 것

주택에 설치해야 되는 것!
① 소화기
② 단독경보형 감지기

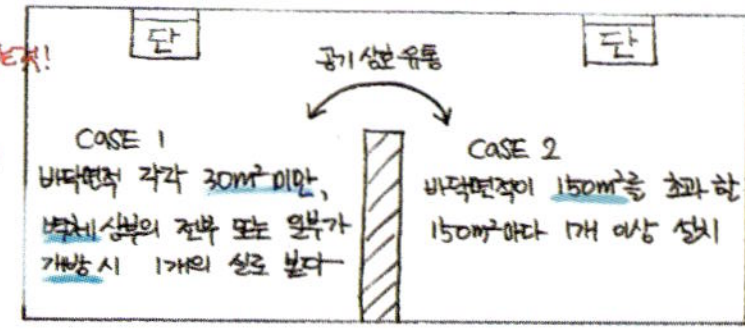

- 계단실은 최상층의 계단실 천장(외기가 상통하는 계단실의 경우를 제외)에 설치할 것
- 건전지를 주전원으로 사용하는 단독경보형 감지기는 정상적인 작동상태를 유지할 수 있도록 건전지를 교환할 것
- 상용전원을 주전원으로 사용하는 단독경보형 감지기의 2차 전지는 제품검사에 합격한 것 사용.

비상방송 설비

계통도

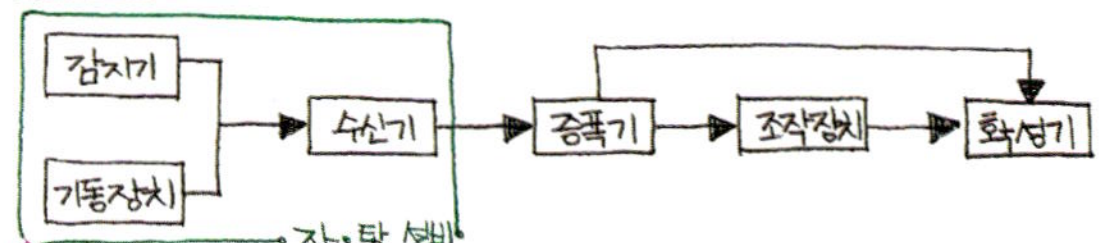

설치기준

- 확성기의 음성입력은 3[W] 실내에 설치하는 것은 1[W] 이상 일것
- 음량조정기를 설치하는 경우 음량조정기의 배선은 3선식으로 할 것

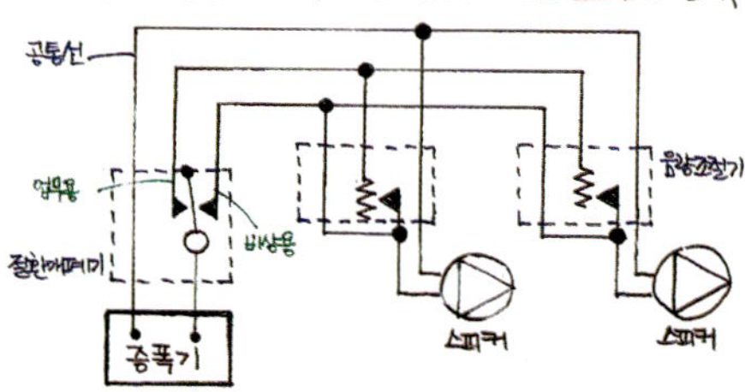

- 조작부의 조작스위치는 바닥으로 부터 0.8[m] 이상 1.5[m] 이하의 높이에 설치할 것
- 증폭기 및 조작부는 수위실 등 상시 사람이 근무하는 장소로서 점검이 편리하고 방화상 유효한 곳에 설치할 것
- 기동장치에 따른 화재신호를 수신한 후 필요한 음량으로 화재발생 상황 및 피난에 유효한 방송이 자동으로 개시될 때까지의 소요시간은 10초 이하로 할 것

누전 경보기

누전경보기의 표시

변류비		
CT	100 / 5	50[VA]
변류비	정격 1차 전류 / 정격 2차전류	변류기의 정격용량

수신기 전원부 회로구성

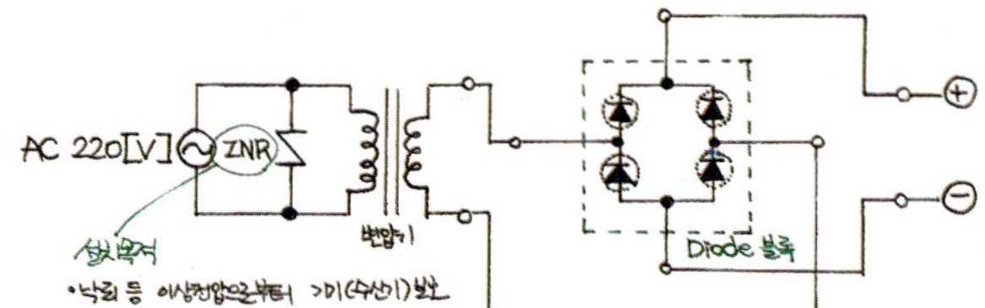

누전경보기 설치 회로도

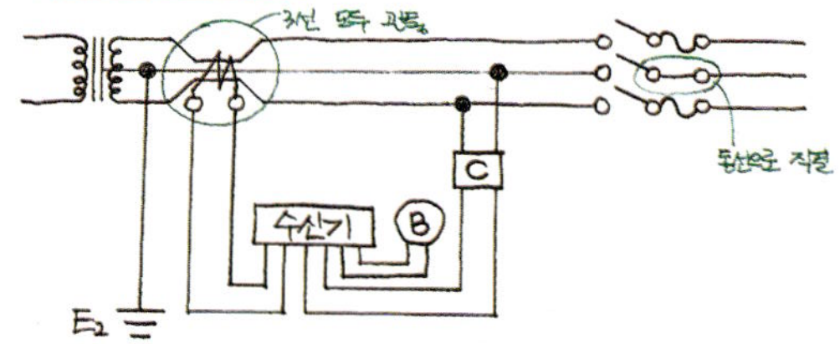

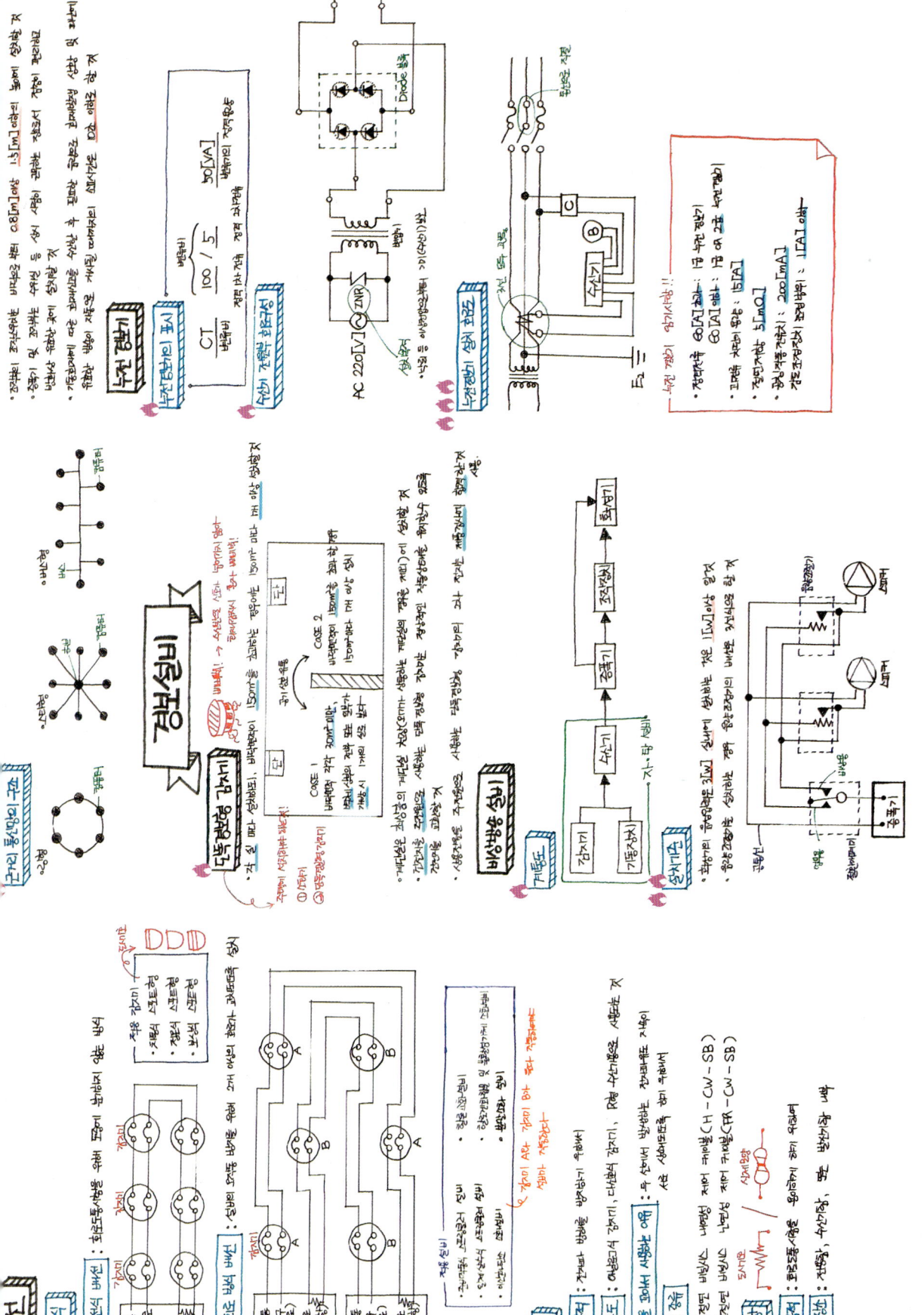

— 누전 경보기 암기사항!! —
- 정격전류 60[A] 초과 : 1급 누전 경보기
  60[A] 이하 : 1급 or 2급 누전경보기
- 과전류 차단기 용량 : 15[A]
- 절연저항 5[MΩ]
- 공칭작동 전류치 : 200[mA]
  감도조정장치 조정범위 : 1[A] 이하

가스누설 경보기

가스누설 경보기 암기사항

- 가스누설 표시등 : 황색
- 신호수신으로부터 가스누설표시까지 소요시간 : 60초 이내
- 가스누설 경보기의 분류
  - 구조에 따라 : 단독형, 분리형
  - 용도에 따라 : 가정용, 영업용, 공업용
- 축전지의 종류 : 알카리계 · 리튬계 2차 축전지, 무보수 밀폐형 연축전지
- 예비전원 용량
  - 1회 선용
  - 2회 선용
- DC 500[V] 절연저항계로 측정한 값
  - 절연된 충전부와 외함 간 : 5[MΩ]
  - 절연된 선로 간 : 20[MΩ]
- 음향장치의 음량

구분		음량
단독형	가정용(주음향장치)	70[dB] 이상
분리형	영업용(주음향장치)	70[dB] 이상
	공업용(주음향장치)	90[dB] 이상
고장 표시장치		60[dB] 이상

- 탐지부 : 가스누설을 감지하여 이를 중계기 또는 수신부에 신호로 발신하는 부분

소화설비

옥내소화전

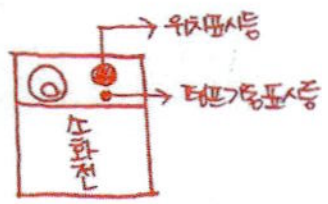

비상전원의 종류

- 자가발전설비
- 축전지설비
- 전기저장장치

비상전원 설치 기준

- 점검이 편리하고 화재 및 침수 등의 재해로 인한 피해를 받을 우려가 없는 곳에 설치
- 옥내소화전설비를 유효하게 20분 이상 작동할 수 있어야 할 것
- 상용전원으로부터 전력의 공급이 중단된 때에는 자동으로 비상전원으로부터 전력을 공급받을 수 있도록 할 것
- 비상전원(내연기관의 기동 및 제어용 축전기 제외)의 설치장소는 다른 장소와 방화구획 할 것 이 경우 그 장소에는 비상전원의 공급에 필요한 기구나 설비 외의 것을 두어서는 아니된다. (열병합발전설비에 필요한 기구나 설비는 제외)
- 비상전원을 실내에 설치할 때는 그 실내에 비상조명등을 설치할 것

스프링클러 설비

☆ 암기 Tip☆ 유입개수기

감시제어반에서 도통시험 및 작동시험을 할 수 있어야 하는 회로

- 기동용수압개폐장치의 압력스위치 회로 (PS)
- 수조 또는 물올림탱크의 저수위 감시 회로
- 유수검지장치 또는 일제개방밸브의 압력스위치 회로
- 일제개방밸브를 사용하는 설비의 화재감지기 회로
- 급수배관에 설치되어 급수를 차단할 수 있는 개폐밸브의 폐쇄상태 확인 회로

가스계 소화설비

수동식 기동장치

전역방출방식 : 방호구역마다
국소방출방식 : 방호대상물마다

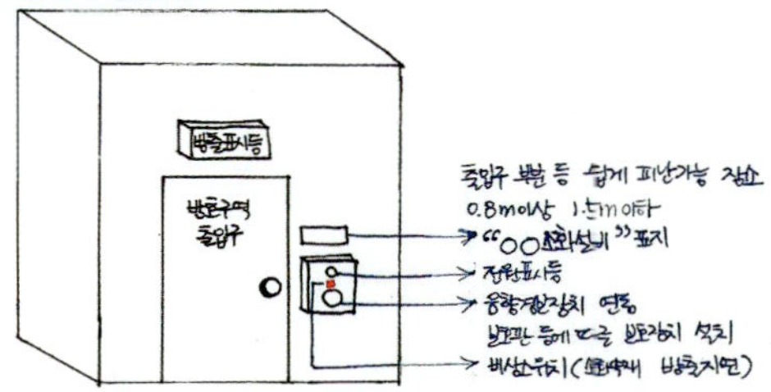

제어반에서 수동으로 기동스위치 조작시 기동용기가 개방되지 않는 전기적 원인

- 기동스위치 불량
- 제어반의 전원공급차단
- 제어반과 전자개방밸브(솔레노이드 밸브) 사이에 연결된 배선의 단선 or 절연불량
- 제어반에 설치된 기동용 시한계전기(타이머) 불량
- 전자개방밸브(솔레노이드 밸브) 코일단선 or 절연불량

피난설비

유도등의 종류

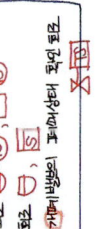

- 유도등
  - 피난구유도등
  - 통로유도등
    - 복도통로유도등
    - 거실통로유도등
    - 계단통로유도등
  - 객석유도등

설치높이

구분	설치높이
복도통로유도등 계단통로유도등 통로유도표지	바닥으로부터 1[m] 이하
피난구 유도등 거실통로 유도등	바닥으로부터 1.5[m] 이상
피난구유도표지	출입구 상단
피난유도선(축광방식) 표시부	바닥으로부터 0.5[m] 이하 or 바닥면
피난유도선(광원점등식) 표시부	바닥으로부터 1[m] 이하 or 바닥면
피난유도선(광원점등식) 제어부	바닥으로부터 0.8[m] 이상 1.5[m] 이하

주의하여 암기!

유도등의 색

구분	색
피난구 유도등	녹색 바탕, 백색표시
통로 유도등	백색 바탕, 녹색표시

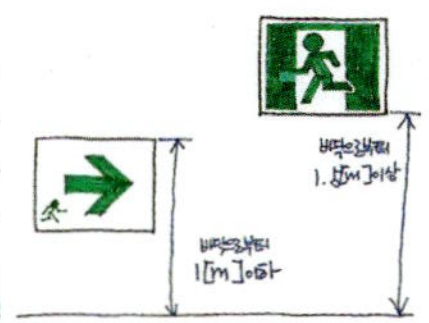

유도등의 식별도 시험

보인다!

구분		시험방법
피난구 유도등, 거실통로유도등	상용전원	10~30[lx]의 주위조도로 직선거리 30[m] 위치에서 보통시력에 의하여 쉽게 식별될 것.
	비상전원	0~1[lx]의 주위조도로 직선거리 20[m] 위치에서 보통시력에 의하여 쉽게 식별될 것.
복도통로유도등	상용전원	직선거리 20[m]의 위치에서 보통시력으로 쉽게 식별될 것
	비상전원	직선거리 15[m]의 위치에서 보통시력으로 쉽게 식별될 것

유도등 전원의 설치기준

◎상용전원 : 유도등의 전원은 축전지설비, 전기저장장치 또는 교류전압의 옥내간선으로 하고, 전원까지의 배선은 전용으로 하여야 한다.

◎비상전원 :
- 축전지로 할 것
- 유도등을 20분 이상 유효하게 작동시킬 수 있는 용량으로 할 것

다만! 다음 특정소방대상물의 경우에는 그 부분에서 피난층까지의 유도등을 60분 이상 유효하게 작동시킬 수 있는 용량으로 할 것

- 지하층을 제외한 층수가 11층 이상의 층
- 지하층 또는 무창층으로서 용도가 도·소매시장, 여객자동차터미널, 지하역사 or 지하상가

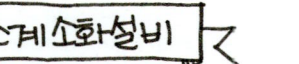

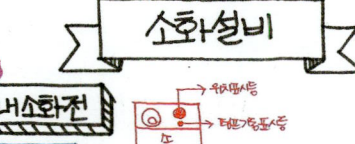

위험하고, 사람이 많은 곳!

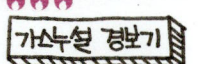

- 자동화재탐지설비의 감지기 또는 발신기가 작동되는 때 ↳ (+) 2선식 (상시점등)
- 비상경보설비의 발신기가 작동되는 때
- 상용전원이 정전되거나 전원선이 단선되는 때
- 방재업무를 통제하는 곳 또는 전기실의 배전반에서 수동으로 점등하는 때
- 자동소화설비가 작동되는 때

☆ 암기 Tip ☆ 비자상방자

피난구 유도등

설치장소

- 옥내로부터 직접 지상으로 통하는 출입구 및 그 부속실의 출입구
- 직통계단, 직통계단의 계단실 및 그 부속실의 출입구
- 출입구에 이르는 복도 또는 통로로 통하는 출입구
- 안전구획된 거실로 통하는 출입구

통로 유도등

설치기준

구분	복도통로유도등	거실통로유도등	계단통로유도등
설치장소	복도	거실(벽체등으로 구획된 경우에는 복도통로유도등 설치)	계단
설치방법	구부러진 모퉁이 및 통로유도등을 기점으로 보행거리 20m 마다	구부러진 모퉁이 및 보행거리 20m 마다	각 층의 경사로참 OR 계단참마다
설치높이	바닥으로부터 높이 1m이하 지하층 OR 무창층의 용도가 도·소매시장, 지하상가 등의 경우 복도·통로 중앙부분의 바닥에 설치	바닥으로부터 높이 1.5m 이상 기둥설치시 기둥부분 바닥으로부터 높이 1.5m 이하	바닥으로부터 높이 1m 이하

하중에 따라 파괴되지 않는 강도일 것!

객석 유도등

↑ 영화관을 상상해보자!

객석 유도등의 설치하지 않아도 되는 경우

- 주간에만 사용하는 장소로서 채광이 충분한 객석
- 거실 등의 각 부분으로부터 하나의 거실출입구까지 보행거리가 20[m] 이하인 객석의 통로로서 그 통로에 통로 유도등이 설치된 객석

설치개수

- 객석유도등의 설치개수 $= \dfrac{\text{객석 통로의 직선부분의 길이}[m]}{4} - 1$ (소수점 이하 올림)

- 유도표지 설치개수 $= \dfrac{\text{구부러진 곳이 없는 부분의 보행거리}}{15} - 1$

- 복도, 거실통로 유도등 설치개수 $= \dfrac{\text{구부러진 곳이 없는 부분의 보행거리}}{20} - 1$

소방활동 설비

비상콘센트 설비

AC 220V, 1.5 KVA 이상

설치대상

설치대상	설치조건
층수가 11층 이상인 특정소방대상물	11층 이상의 층
지하 3층 이상이고 지하층 바닥면적 합계가 1,000[m²] 이상	지하층의 모든 층
터널	500[m] 이상

전원의 설치기준

상용전원

- 저압수전 : 인입개폐기의 직후
- 특·고압수전 : 전력용 변압기 2차측, 주차단기 1차측 OR 2차측에서 분기

비상전원

- 자가발전설비, 비상전원수전설비, 전기저장장치

> 비상전원설치 제외
> - 둘 이상의 변전소에서 전력을 동시에 공급 받을수 있는 경우
> - 하나의 변전소에서 전력 공급이 중단 되었을때 자동으로 다른 변전소로부터 전력을 공급받을 수 있도록 상용전원을 설치한 경우

전원회로의 설치기준

- 비상콘센트설비의 전원회로는 단상교류 220[V]로서, 공급용량 1.5[KVA] 이상인 것으로 할 것
- 전원회로는 각층에 2이상 되도록 설치할 것
  다만! 설치하여야 할 층의 비상콘센트가 1개인 때에는 하나의 회로로 할 수 있다
- 하나의 전용회로에 설치하는 비상콘센트는 10개 이하로 할 것.
  이 경우 전선의 용량은 각 비상콘센트(비상콘센트가 3개 이상인 경우에는 3개)의 공급용량을 합한 용량 이상의 것으로 한다
- 비상콘센트의 플러그 접속기는 접지형 2극 플러그 접속기(KS C 8305)
- 비상콘센트의 플러그 접속기의 칼받이의 접지극에는 접지공사를 하여야 한다

> 검사 시험
> - 시험방법 : 검상기를 접지형 2극 플러그 접속기에 접속한다
> - 판정기준 : 검상기가 정상적으로 작동할 것

보호함 설치기준

- 쉽게 개폐할 수 있는 문을 설치할 것
- 표면에 "비상콘센트"라고 표시한 표지를 할 것
- 상부에 적색의 표시등을 설치할 것. 다만! 비상콘센트의 보호함을 옥내소화전 등과 접속하여 설치하는 경우에는 옥내소화전함 등의 표시등과 겸용할 수 있다

배선의 설치기준

- 전원회로의 배선은 내화배선으로, 그 밖의 배선은 내화배선 또는 내열배선으로 할것

절연저항시험 및 절연내력

- 절연저항은 전원부와 외함 사이를 500[V] 절연저항계로 측정할 때 20[MΩ] 이상일 것
- 절연내력은 전원부와 외함 사이에 정격전압이 150[V] 이하인 경우 1000[V]의 실효전압을, 150[V] 이상인 경우 그 정격전압에 2를 곱하여 1,000을 더한 실효전압을 가하는 시험에서 1분 이상을 견디는 것으로 할 것

> 단상전력
>
> $P = VI\cos\theta$
>
> 여기서 P : 단상교류전력[W]
> V : 전압[V]
> I : 전류[A]
> $\cos\theta$: 역률
>
> 3상전력
>
> $P = \sqrt{3}\, VI\cos\theta$
>
> 여기서 P : 단상교류전력[W]
> V : 전압[V]
> I : 전류[A]
> $\cos\theta$: 역률

무선통신 보조설비

용어의 정의

- 누설동축케이블 : 동축케이블의 외부도체에 가느다란 홈을 만들어서 전파가 외부로 새어나갈 수 있도록 한 케이블
- 분배기 : 신호의 전송로가 분기되는 장소에 설치하는 것으로 임피던스 매칭과 신호균등분배를 위해 사용하는 장치
- 분파기 : 서로 다른 주파수의 합성된 신호를 분리하기 위해 사용하는 장치
- 혼합기 : 두개 이상의 입력신호를 원하는 비율로 조합한 출력이 발생하도록 하는 장치

누설동축케이블 등의 설치기준

- 소방전용주파수대에서 전파의 전송 또는 복사에 적합한 것으로 소방전용의 것으로 할 것
  다만! 소방대 상호간의 무선연락에 지장이 없는 경우에는 다른 용도와 겸용 가능
- 누설동축케이블과 이에 접속하는 안테나 또는 동축케이블과 이에 접속하는 안테나로 구성할 것
- 누설동축케이블 및 동축케이블은 불연 또는 난연성의 것으로 습기에 따라 전기의 특성이 변질되지 않는것으로 하고, 노출하여 설치한 경우 피난 및 통행에 장애가 없도록 할 것
- 누설동축케이블 및 동축케이블은 화재에 따라 해당 케이블의 피복이 소실된 경우에 케이블 본체가 떨어지지 않도록 4[m]이내마다 금속제 또는 자기제 등의 지지금구로 벽·천장·기둥 등에 견고하게 고정시킬 것.
  다만! 불연재료로 구획된 반자 안에 설치하는 경우에는 그러하지 않는다
- 누설동축케이블 및 안테나는 금속판 등에 따라 전파의 복사 또는 특성이 현저하게 저하되지 않는 위치에 설치할 것
- 누설동축케이블 및 안테나는 고압의 전로로부터 1.5[m]이상 떨어진 위치에 설치할 것
  다만! 해당 전로에 정전기 차폐장치를 유효하게 설치한 경우에는 그러하지 않는다
- 누설동축케이블의 끝부분에는 무반사 종단저항을 견고하게 설치할 것
- 누설동축케이블 및 동축케이블의 임피던스는 50[Ω]으로 하고, 이에 접속하는 안테나·분배기 기타의 장치는 해당 임피던스에 적합한 것으로 하여야 한다

무반사 종단저항의 설치위치·목적

설치위치 : 누설동축케이블의 끝부분

설치목적 : 전송로로 전송되는 전자파가 종단에서 반사되어 교신을 방해하는 것을 방지하기 위해 설치한다

증폭기의 설치기준

- 전원은 전기가 정상적으로 공급되는 축전지설비, 전기저장장치 또는 교류전압 옥내간선으로 하고, 전원까지의 배선은 전용으로 할 것
- 증폭기의 전면에는 주 회로의 전원이 정상인지의 여부를 표시할 수 있는 표시등 및 전압계를 설치할 것
- 증폭기에는 비상전원이 부착된 것으로 하고 해당 비상전원 용량은 무선통신보조설비를 유효하게 30분 이상 작동시킬 수 있는 것으로 할 것
  (주의해!)

배연창 설비

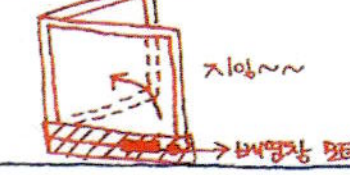

배연창설비 암기사항!!

- 구동방식 ┌ 모터 방식
  └ 솔레노이드 방식
- 6층 이상 건축물에 설치!
  (문화 및 집회시설, 종교시설, 판매시설, 운수시설, 의료시설 등...)
- 방화구획이 설치된 경우 그 구획마다 1개 이상 설치!

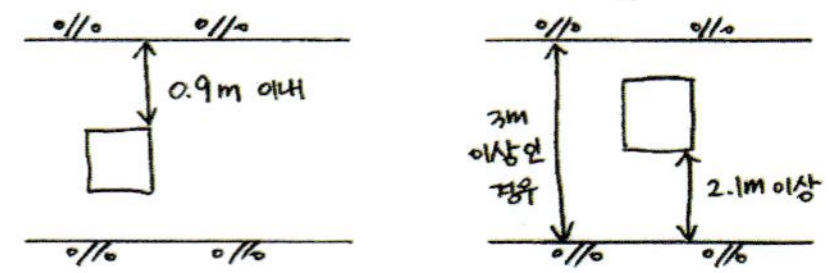

- 배연구는 열·연기감지기에 의해 자동으로 열 수 있는 구조로 하되, 손으로도 열고 닫을수 있도록 할 것
- 유효면적 = 건축물 바닥면적의 $\frac{1}{8}$ 이상

기타

전원설비

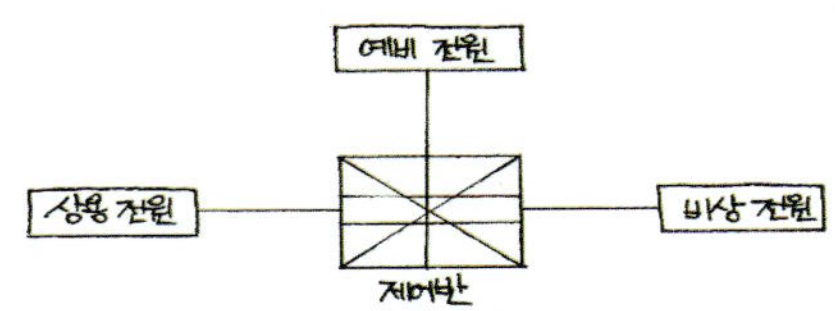

자동전환개폐기(ATS) & 배선용 차단기(MCCB)

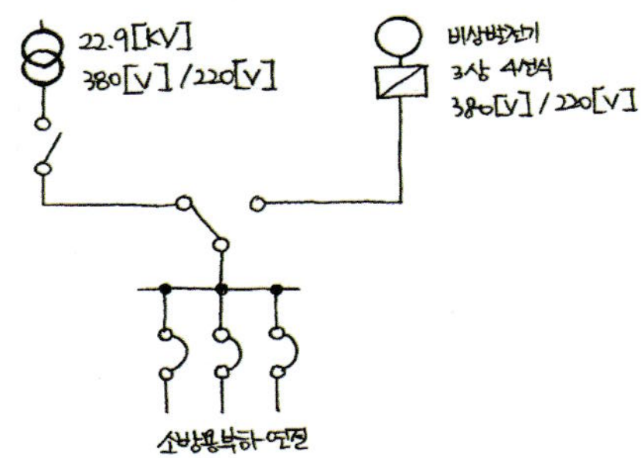

비상전원

구분	비상전원
• 유도등	• 축전지
• 자동화재탐지설비 • 비상경보설비 • 비상방송설비	• 축전지설비 • 전기저장장치
• 비상콘센트설비	• 자가발전설비 • 비상전원수전설비 • 전기저장장치
• 비상조명등(예비전원을 내장하지 않은것) • 제연설비 • 옥내소화전설비 • 분말소화설비	• 축전지설비 • 자가발전설비 • 전기저장장치
• 스프링클러설비	• 축전지설비 • 자가발전설비 • 전기저장장치 • 비상전원수전설비 (차고, 주차장 바닥면적의 합계가 1,000[m²] 미만인 것

무정전 전원장치(UPS)

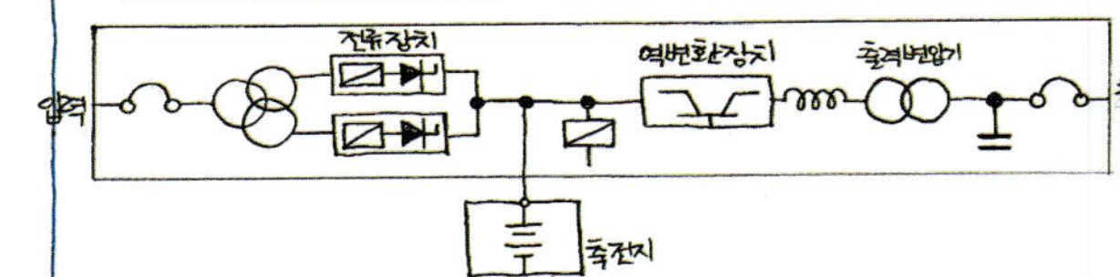

CVCF : 정전압 정주파수장치

- 정류장치(컨버터)와 역변환장치(인버터)를 합한 것으로서 축전지를 가지지 않는 것

축전지 설비

충전방식

- 부동충전방식 : 축전지의 자기방전을 보충함과 동시에 상용부하에 대한 전력공급은 충전기가 부담하도록 하되 충전기가 부담하기 어려운 일시적인 대전류부하는 축전지로 하여금 부담하게 하는 방식
  (축전지와 부하를 충전기에 병렬로 접속하여 일반적으로 거치용 축전설비에 가장 많이 사용한다)

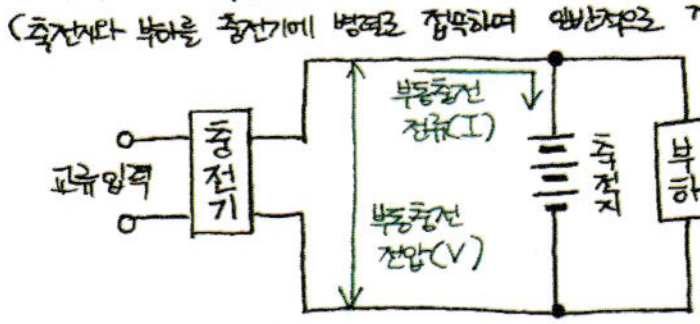

- 세류(트리클) 충전방식 : 축전지의 자기방전 또는 방치상태에서 기능회복을 위하여 실시하는 충전방식

축전지 설비 기능점검시 필요한 점검기구

- 비중계
- 스포이드
- 절연저항계
- 전류전압측정계

비상전원 수전설비

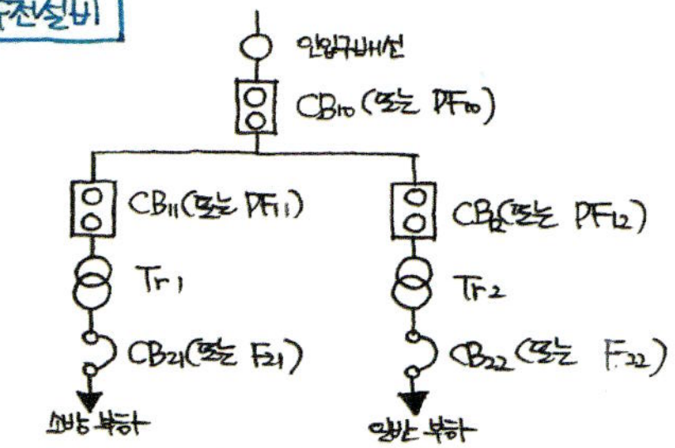

약호	명칭
CB	전력차단기
PF	전력퓨즈(고압 및 특고압용)
F	퓨즈
Tr	전력용 변압기

브리지 정류회로

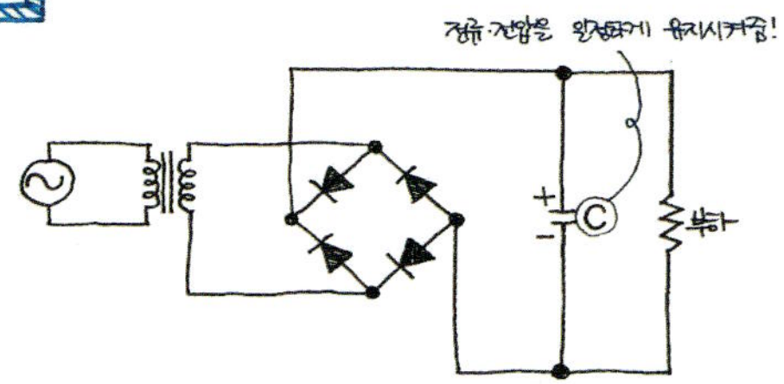

세그먼트 구성

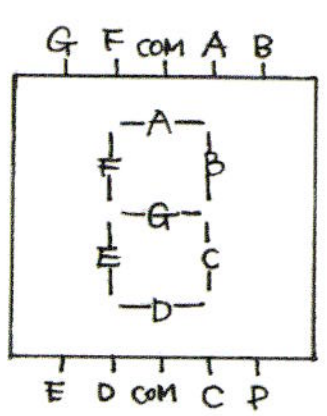

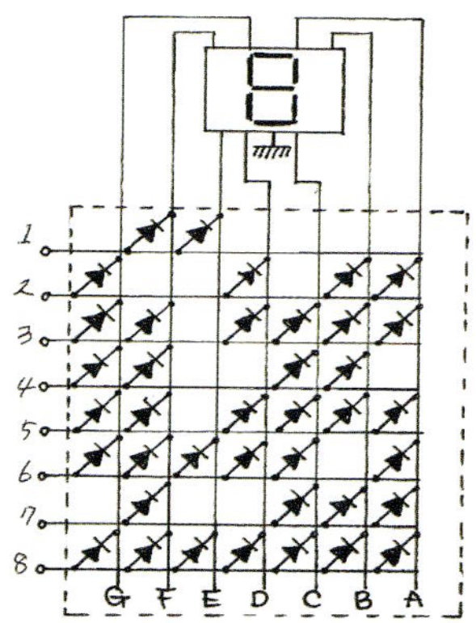

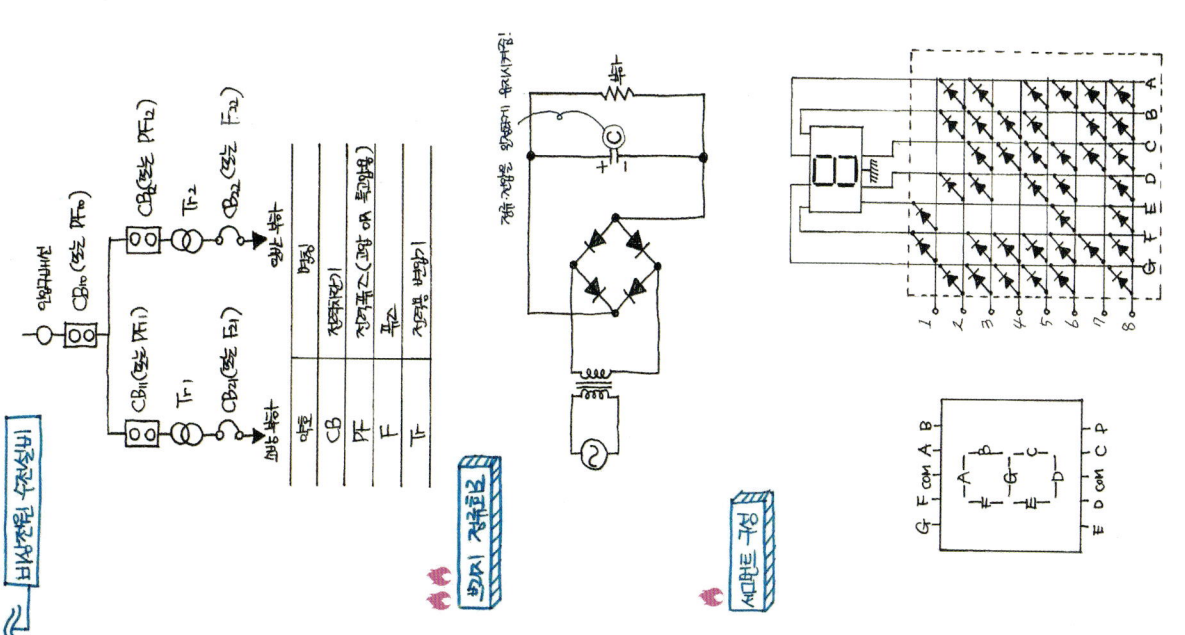

시퀀스제어

논리회로

불대수

ex)
A·B = X

∘ A, B…: 입력, S/W

	0	1
S/W	on	off

∘ ·, + : 논리회로

	·	+
	직렬회로	병렬회로
(논리) 회로		

∘ X : 출력
입력에 대한 결과값

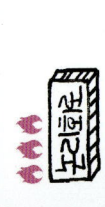

게이트	논리회로	논리식	시퀀스회로	진리표
AND	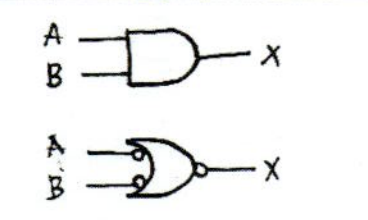	$X = A \cdot B = AB$	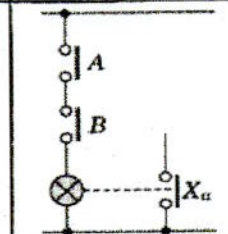	A B X: 0 0 0 / 0 1 0 / 1 0 0 / 1 1 1
OR	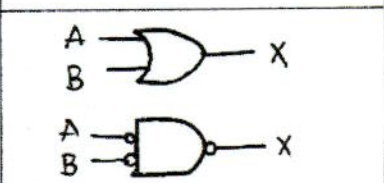	$X = A + B$	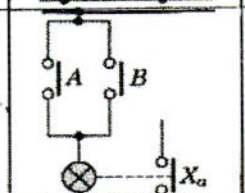	A B X: 0 0 0 / 0 1 1 / 1 0 1 / 1 1 1
NOT		$X = \overline{A}$	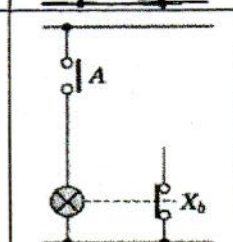	A X: 0 1 / 1 0
NAND (Not AND)	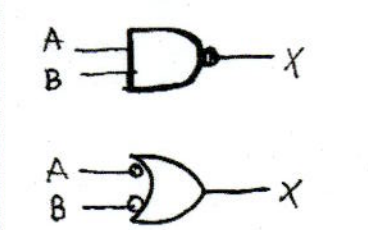	$X = \overline{AB}$	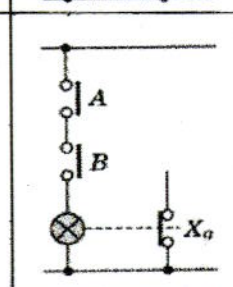	A B X: 0 0 1 / 0 1 1 / 1 0 1 / 1 1 0
NOR (Not OR)	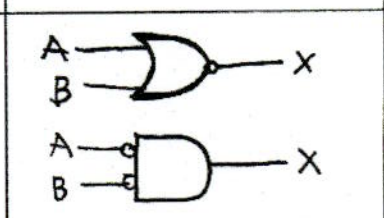	$X = \overline{A+B}$	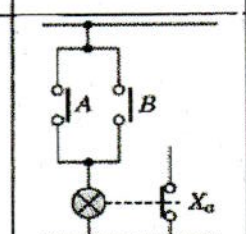	A B X: 0 0 1 / 0 1 0 / 1 0 0 / 1 1 0
XOR (Exclusive OR)	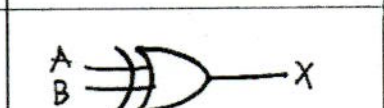	$X = A \oplus B$ $= \overline{A}B + A\overline{B}$	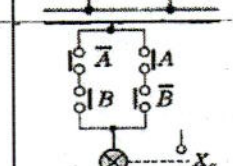	A B X: 0 0 0 / 0 1 1 / 1 0 1 / 1 1 0
XNOR (Exclusive NOR)		$X = A \odot B$ $= \overline{A}\,\overline{B} + AB$	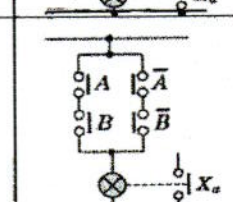	A B X: 0 0 1 / 0 1 0 / 1 0 0 / 1 1 1

불대수의 기본정리

- ∘ $A + 0 = A$, $A \cdot 0 = 0$: 0(OFF)과 1(ON)의 법칙
- ∘ $A + 1 = 1$, $A \cdot 1 = A$: 0(OFF)과 1(ON)의 법칙
- ∘ $A + A = A$, $A \cdot A = A$: 동일의 법칙
- ∘ $A + \overline{A} = 1$, $A \cdot \overline{A} = 0$: 부정의 법칙
- ∘ $A + B = B + A$, $A \cdot B = B \cdot A$: 교환의 법칙
- ∘ $(A+B)+C = A+(B+C)$, $(A \cdot B) \cdot C = A \cdot (B \cdot C)$: 결합의 법칙
- ∘ $(A+B) \cdot (C+D) = A \cdot C + A \cdot D + B \cdot C + B \cdot D$, $A \cdot (B+C) = A \cdot B + A \cdot C$: 분배의 법칙
- ∘ $A + A \cdot B = A$, $A + \overline{A} \cdot B = A + B$: 흡수의 법칙

드 모르간의 정리

- ∘ $\overline{A+B} = \overline{A} \cdot \overline{B}$
- ∘ $\overline{A \cdot B} = \overline{A} + \overline{B}$
- ∘ $\overline{\overline{A}+\overline{B}} = A + B$
- ∘ $\overline{\overline{A+B}} = A \cdot B$

타임차트

∘ 시퀀스제어에 있어서 장치의 동작이나 회로의 동작이 시간적으로 어떻게 변화하는가를 도식화해서 표시한 표

재료명	a 접점	b접점	c 접점
접점기호	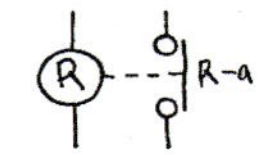	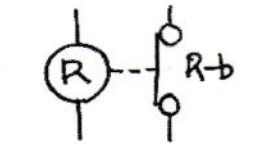	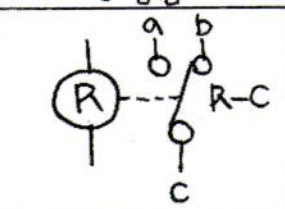
접점의 개폐	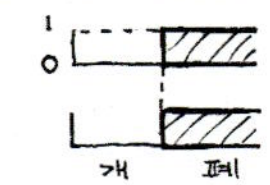	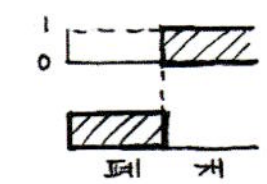	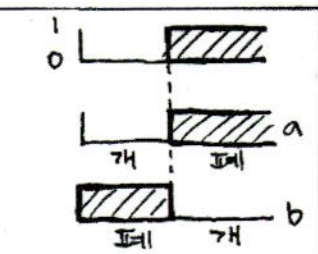

인터록 회로

∘ 상대동작 금지회로라고도 하며 우선도가 높은 측의 회로를 ON 시키면 상대측의 회로는 열려서 작동되지 않도록 하는 방식의 회로(서로 상대측의 b접점으로 구성된다)

∘ 인터록 회로의 타임차트의 예 ∘

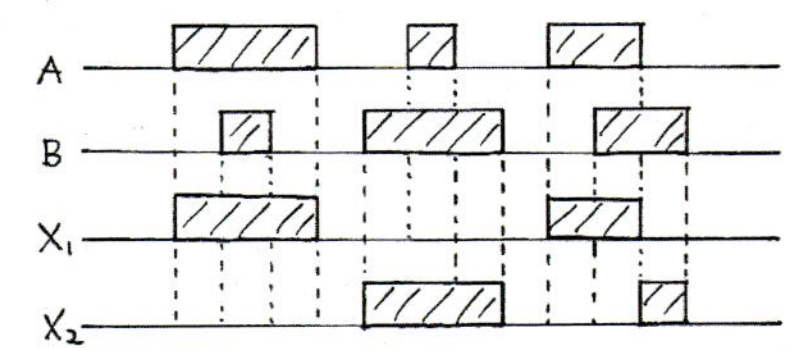

<동작설명>

- 스위치 A를 먼저 누르면 X_1이 동작되고 인터록 접점 X_1이 열린다. 따라서 이후 스위치 B를 눌러도 X_2는 동작되지 않는다.
- 반대로 스위치 B를 먼저 누르면 X_2가 동작되고 인터록 접점 X_2가 열린다. 따라서 이후 스위치 A를 눌러도 X_1은 동작되지 않는다.
- 또한 스위치 A를 먼저 눌렀을 때 동작시점부터 복귀시점까지 X_1이 동작되고, 이후 스위치 B를 눌렀을 때는 X_1 복귀시점부터 X_2가 동작된다.

배선도

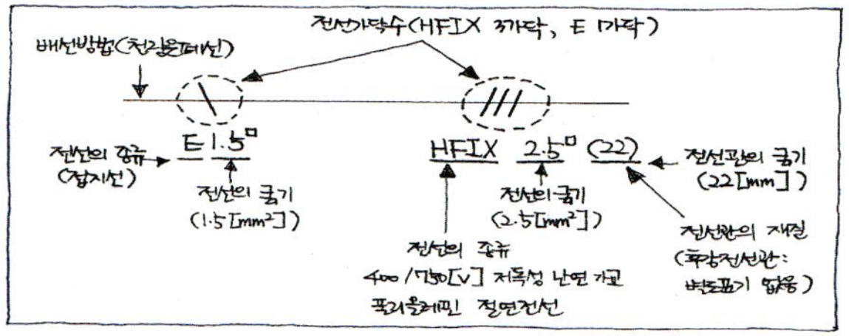

금속관 배선

접지

◎ 사용전압이 400[V]미만인 경우 금속관 및 그 부속품은 제3종 접지공사로 접지하여야 한다

다만! 다음 각 호에 해당하는 경우 제 3종 접지공사를 생략할 수 있다

- 금속관배선의 대지전압이 150[V]이하인 경우로 다음의 장소에 길이(2본 이상의 금속관을 접속 하여 사용하는 경우에 그 전체를 말한다. 이하 같다) 8[m]이하의 금속관을 시설하는 경우
  - 건조한 장소
  - 사람이 쉽게 접촉할 우려가 없는 장소
- 금속배선의 대지전압이 150[V]를 초과하는 경우로 4[m]이하의 금속관을 건조한 장소에 시설하는 경우

◎ 사용전압이 400[V] 이상인 경우의 금속관 및 부속품은 특별 제 3종 접지공사로 접지하여야한다

관의 굴곡

- 금속관을 구부릴 때 금속관의 단면이 심하게 변형되지 않도록 구부려야 하며, 그 안측의 반지름은 관 안지름의 6배 이상이 되어야한다.

다만! 전선관의 안지름이 25[mm]이하이고, 구조물의 구조상 부득이 한 경우는 관의 내단면이 현저하게 변형되지 않고 관에 금이 생기지 않을 정도까지 구부릴 수 있다.

- 아웃트렛박스 사이 또는 전선인입구가 있는 기구 사이의 금속관은 3개소를 초과하는 직각 또는 직각에 가까운 굴곡개소를 만들어서는 안된다.

금속관용 부속품

명칭	용도
노멀밴드	금속관을 직각으로 굽히는 곳에 사용
유니버셜 엘보	노출배관공사에서 금속관을 직각으로 굽히는곳에 사용 (T형과 크로스형이 있다)
부싱	전선의 절연피복을 보호하기 위하여 금속관 끝에 취부하여 사용
로크 너트	박스에 금속관을 고정할때 사용 (박스구멍당 2개를 사용한다)
링리듀서	금속관을 아우트렛박스에 로크너트만으로 고정하기 어려울때 보조적으로 사용

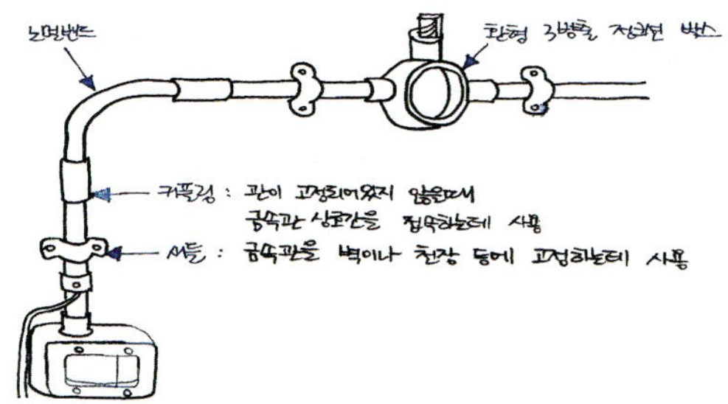

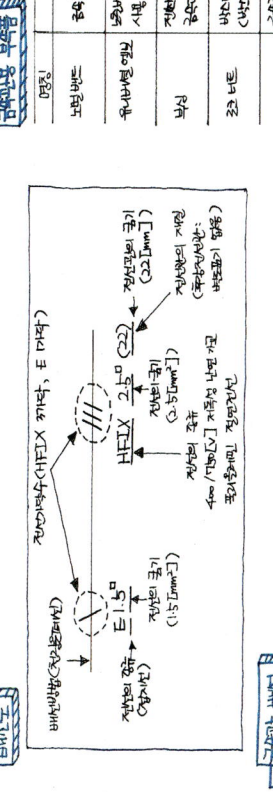

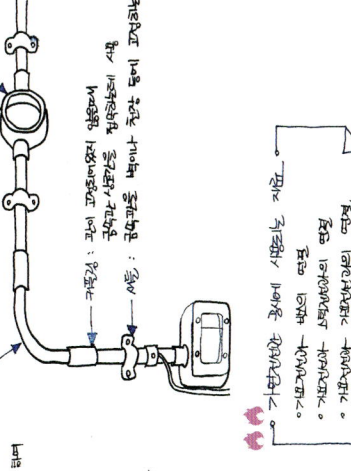

가요전선관 공사에 사용되는 재료
- 가요전선과 박스의 연결
- 가요전선과 스틸전선관의 연결
- 가요전선과 가요전선관의 연결

계산문제

전동기 용량

수계소화설비의 전동기(펌프)

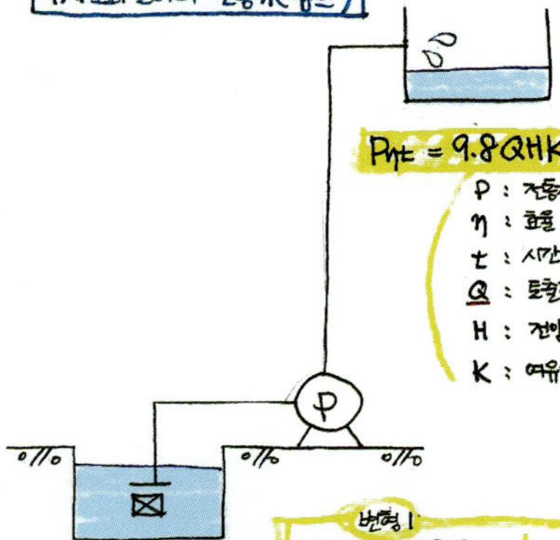

$P_{kW} = 9.8QHK$

- P : 전동기의 용량 [kW]
- η : 효율
- t : 시간 [s]
- Q : 토출량(양수량) [m³]
- H : 전양정 [m]
- K : 여유계수 (전달계수)

* 단위 주의!!

변형 1

가득 차는데 몇초?

$t = \frac{9.8QHK}{P\eta}$

변형 2

$P = \frac{9.8QHK}{\eta}$

여기서 $Q = [m^3/s]$

참고!!

토출량

- 스프링클러설비
  $Q = 80[\ell/min] \times N$
  여기서 Q : 토출량
  N : 기준개수
- 옥내소화전
  $Q = 130[\ell/min] \times N$
  여기서 Q : 토출량
  N : 설치개수 최대 5개

전양정

$H = h_1 + h_2 + [10 \text{ or } 17]$

h_1 : 배관 및 관부속품의 마찰손실수두

h_2 : 실양정(흡입양정 + 토출양정)

단위

- $1[HP] = 0.746[kW]$
- $1[PS] = 0.735[kW]$

제연설비 전동기(FAN)

$P = \frac{P_T Q}{102 \times 60\eta} K$

- P : 전동기용량 [kW]
- P_T : 전압(풍압) [mmAq] [mmH2O]
- Q : 풍량 [m³/min]
- K : 여유계수(전달계수)
- η : 전효율

참고!

◎ 풍량 = 보충량 + 누설량

◎ 단위

- $760[mmHg] = 10.332[mAq] = 10,332[mmAq]$
- $[CMH] = [m^3/h]$

전력용 콘덴서의 용량

$Q_c = P\left(\frac{\sqrt{1-\cos^2\theta_1}}{\cos\theta_1} - \frac{\sqrt{1-\cos^2\theta_2}}{\cos\theta_2}\right)[kVA]$

- Q_c : 콘덴서의 용량
- P : 유효전력 [kW]
- $\cos\theta_1$: 개선 전 역률
- $\cos\theta_2$: 개선 후 역률

V결선시의 단상변압기 1대 용량

순서주의

① P(전동기용량[kW])를 구한다

② $P_A = \frac{P}{\cos\theta}$

- P_A : 부하용량 [kVA]
- P : 전동기의 용량 [kW]
- $\cos\theta$: 역률

③ $P_1 = \frac{P_A}{\sqrt{3}}$

- P_1 : 단상변압기 1대의 용량 [kVA]
- P_A : 부하용량 [kVA]

단상 2선식

$P = VI\cos\theta$

- P : 전력 [W]
- V : 전압 [V]
- I : 전류 [A]
- $\cos\theta$: 역률

전동기의 동기 · 회전속도

동기속도

$N_s = \frac{120f}{P}$

- N_s : 동기속도 [rpm]
- f : 주파수 [Hz]
- P : 극수

회전속도

$N = \frac{120f}{P}(1-S) = N_s(1-S)$

- N : 회전속도 [rpm]
- f : 주파수 [Hz]
- P : 극수
- S : 슬립
- N_s : 동기속도 [rpm]

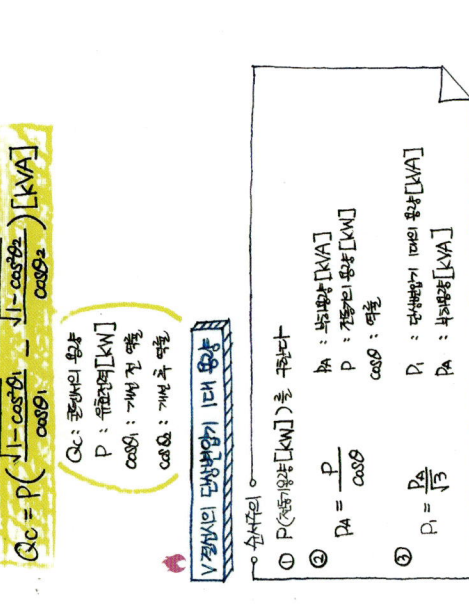

감지전류 & 작동전류

감지전류

$$I = \frac{회로전압}{릴레이저항 + 배선저항 + 종단저항}$$

작동전류

$$I = \frac{회로전압}{릴레이저항 + 배선저항}$$

주의사항

- 단서조항에 릴레이저항, 배선저항 중 '고려하지 않는다'는 조건에 유의!
- 감지전류는 주어지고 릴레이저항, 배선저항 중 하나를 미지수(x)로 하여 구한 후 작동전류를 구하게하는 유형의 순서에 주의!
  x만 구하고 작동전류 I를 구하지 않는 경우가 많음!
- 구하고자하는 값의 단위 주의! (ex: [mA] ⟷ [A])

비상용 자가발전기의 용량, 차단기의 용량

비상용 자가발전기의 용량

$$P_n \geq \left(\frac{1}{e} - 1\right) X_L P$$

- P_n : 발전기용량 [kVA]
- e : 허용전압강하
- X_L : 과도리액턴스
- P : 기동용량 [kVA] (=$\sqrt{3}$ × 정격전압 × 기동전류)

비상용 자가발전기 차단기의 용량

$$P_s \geq \frac{P_n}{X_L} \times 1.25$$

- P_s : 차단기 용량 [kVA]
- P_n : 발전기 용량 [kVA]
- X_L : 과도리액턴스

누설전류

$$I = \frac{V}{R}$$

- I : 전류(누설전류) [A]
- V : 전압 [V]
- R : 저항(절연저항) [Ω]

암기사항

감지기회로 및 부속회로의 전로와 대지 사이 및 배선 상호간의 절연저항을 1 경계구역마다 직류 250[V]의 절연저항측정기로 측정시 : 0.1[MΩ] 이상!

전선의 단면적

구분	전선 단면적
단상 2선식	$A = \frac{35.6LI}{1,000e}$
3상 3선식	$A = \frac{30.8LI}{1,000e}$
단상 3선식, 3상 4선식	$A = \frac{17.8LI}{1,000e'}$

- A : 전선단면적 [mm²]
- L : 선로길이 [m]
- I : 전부하전류 [A]
- e : 각 선간의 전압강하 [V]
- e' : 각 선간의 1선과 중성선 사이에 전압강하 [V]

전선의 표준규격 (단위 [mm²])

0.5	0.75	1	1.5	2.5	4	6	10	16	25	35	50
70	95	120	150	185	240	300	400	500	630	800	1000

전압강하

- 단상 2선식

$$e = V_s - V_r = 2IR$$

- 3상 3선식

$$e = V_s - V_r = \sqrt{3}IR$$

- e : 전압강하 [V]
- V_s : 입력전압 [V]
- V_r : 출력전압(단자전압) [V]
- I : 전류 [A]
- R : 저항 [Ω]

축전지 용량

시간에 따라 방전전류가 일정한 경우

$$C = \frac{1}{L}KI$$

- C : 축전지용량 [Ah]
- L : 용량저하율(보수율)
- K : 용량환산시간
- I : 방전전류 [A]

시간에 따라 방전전류가 변하는 경우

$$C = \frac{1}{L}(K_1I_1 + K_2I_2 + K_3I_3)$$

Tip !!

$$공칭전압 = \frac{허용최저전압[V]}{셀(cell) 수}$$ 를 구한 후 <표>에서 찾기!

암기사항

- 공칭전압
  - 연축전지 2.0[V]
  - 알카리축전지 1.2[V]
- 자·탑설비 : 감시상태 60분 지속 10분간 유효하게 경보를 할 수 있는 축전지 설비 (층수가 30층 이상은 30분)

2차 충전전류 및 2차출력

2차 충전전류

$$2차\ 충전전류[A] = \frac{축전지의\ 정격용량}{축전지의\ 공칭용량} + \frac{상시부하}{표준전압}$$

충전기의 2차 출력

충전기의 2차출력 = 표준전압 × 2차 충전전류

전선의 저항온도 계수

$$R_2 = R_1[1 + \alpha_{t_1}(t_2 - t_1)]$$

- R_2 : t_2[℃]에서 도체의 저항 [Ω]
- R_1 : t_1[℃]에서 도체의 저항 [Ω]
- α_{t_1} : t_1[℃]에서 저항온도계수
- t_2 : 상승 후 온도 [℃]
- t_1 : 상승 전 온도 [℃]

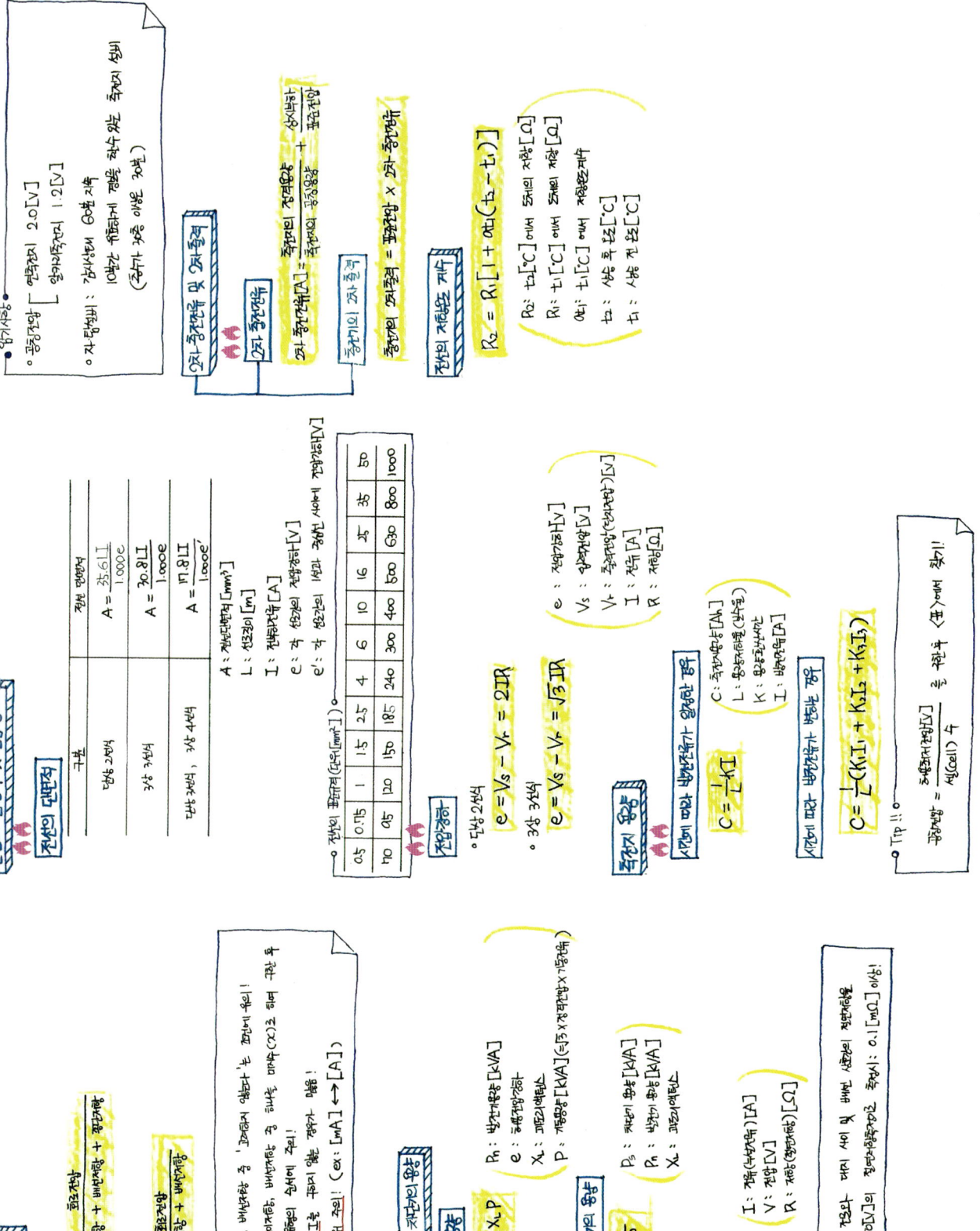

최신개정판 2025

한방에 끝내는

소방설비기사 산업기사

실기 합격노트 - 전기편 이론서

한방에 끝내는 소방자격 온라인교육
에듀파이어

드리는 글

소방설계, 공사, 감리, 점검 등 오랜 기간 소방관련 업무에 전념하였던

사람들이 모였습니다.

제일 밑바닥부터 시작하여 소방설비산업기사, 기사, 관리사, 기술사가 된 사람들입니다.

이들이 최선을 다해 돕겠습니다.

여러분의 선택 하나면 충분합니다.

합격에 필요한 것만 담았습니다.

바쁘신 와중에 이 책을 감수하여 주신 여러 기술사, 관리사님들께 진심으로 감사드립니다.

김희만 소방기술사님, 배규범 소방기술사/시설관리사님

이재화 소방/공조/건축기계설비기술사님, 윤석희 소방기술사/시설관리사님

홍말윤 소방기술사/소방시설관리사님

소방기술사 · 시설관리사 이 항 준

소방설비기사 · 산업기사 심 민 우

공저

목 차

Chapter 1 도면

Chapter 2 소방시설의 기능 및 특성

목 차

Chapter 3 계산문제

합격 커리큘럼

한방에 끝내는 소방설비(산업)기사 실기 합격노트(전기)

온라인 **국비환급과정** 인터넷 강의

에듀파이어 원격평생교육원(www.edufire.net)과 함께하는

심민우 소방시설관리사와 **3주 완성** 합격 커리큘럼~~~!!!

일수	계획	차시	목차 (공부 범위)	page
	Chapter 1. 도면			
1일	하루 4차시 (약 4시간) 인터넷 강의 (국비환급과정) 수강 개념잡기	1	소방설비기사 전기분야 OT	2
			1 전선가닥수	2
		2	1. 자동화재탐지설비(송배선식, 경보방식)	4
		3	1. 자동화재탐지설비(기본 전선가닥수)	6
		4	1. 자동화재탐지설비(가닥수의 증가)	7
2일	1~4차시 빈출문제 복습하기(독학하시는분들은 이틀동안 진도 나가기)			
3일	하루 4차시 (약 4시간) 인터넷 강의 (국비환급과정) 수강 개념잡기	5	1. 자동화재탐지설비(R형의 경우)	9
		6	1. 자동화재탐지설비(견적)	10
		7	1. 자동화재탐지설비(도면작성 시 필요사항)	
		8	2. 비상방송설비	79
4일	5~8차시 빈출문제 복습하기(독학하시는분들은 이틀동안 진도 나가기)			
5일	하루 4차시 (약 4시간) 인터넷 강의 (국비환급과정) 수강 개념잡기	9	3. 옥내소화전설비	82
		10	4. 스프링클러설비(습식)	89
		11	4. 스프링클러설비(준비작동식)	91
		12	4. 스프링클러설비(가닥수의 증가)	95
6일	9~12차시 빈출문제 복습하기(독학하시는분들은 이틀동안 진도 나가기)			
7일	하루 4차시 (약 4시간) 인터넷 강의 (국비환급과정) 수강 개념잡기	13	5. 가스계 소화설비	114
		14	6. 제연설비(거실 제연설비)	138
		15	6. 제연설비(상가 제연설비)	141
		16	7. 배연창설비 & 자동방화문설비	153
8일	13~16차시 빈출문제 복습하기(독학하시는분들은 이틀동안 진도 나가기)			

일수	계획	차시	목차 (공부 범위)	page
9일	하루 4차시 (약 4시간) 인터넷 강의 (국비환급과정) 수강 개념잡기	17	2 결선도	183
		Chapter 2. 소방시설의 기능 및 특성		
		18	1. 자동화재탐지설비(감지기의 종류)	212
		19	1. 자동화재탐지설비(차동식 스포트형 감지기)	214
		20	1. 자동화재탐지설비(정온식감지선형 감지기)	216
10일	17~20차시 빈출문제 복습하기(독학하시는분들은 이틀동안 진도 나가기)			
11일	하루 4차시 (약 4시간) 인터넷 강의 (국비환급과정) 수강 개념잡기	21	1. 자동화재탐지설비(공기관식 차동식분포형 감지기)	223
		22	1. 자동화재탐지설비(열 스포트형 감지기의 부착높이에 따른 바닥면적기준)	233
		23	1. 자동화재탐지설비(광전식 분리형 감지기)	236
		24	1. 자동화재탐지설비(불꽃감지기)	243
12일	21~24차시 빈출문제 복습하기(독학하시는분들은 이틀동안 진도 나가기)			
13일	하루 4차시 (약 4시간) 인터넷 강의 (국비환급과정) 수강 개념잡기	25	2. 수신기	260
		26	3. 기타(발신기, 중계기)	271
		27	3. 기타(음향장치 및 시각경보장치, 배선)	278
		28	3. 기타(경계구역)	282
14일	25~28차시 빈출문제 복습하기(독학하시는분들은 이틀동안 진도 나가기)			
15일	하루 4차시 (약 4시간) 인터넷 강의 (국비환급과정) 수강 개념잡기	29	4. 자동화재속보설비	319
			5. 단독경보형 감지기	321
			6. 비상방송설비	323
		30	7. 누전경보기	328
		31	8. 가스누설경보기	342
			2 소화설비(옥내소화전)	347
		32	1. 소화설비(스프링클러설비)	350
			2. 가스계소화설비	355
16일	29~32차시 빈출문제 복습하기(독학하시는분들은 이틀동안 진도 나가기)			
17일	하루 4차시 (약 4시간) 인터넷 강의 (국비환급과정) 수강 개념잡기	33	3 피난구조설비	361
			1. 유도등 및 피난유도선(피난구유도등)	361
			1. 유도등 및 피난유도선(통로유도등)	368
		34	1. 유도등 및 피난유도선(객석유도등, 피난유도선)	373
			2. 비상조명등 및 휴대용비상조명등	378
		35	4 소화활동설비	382
			1. 비상콘센트설비	382
		36	2. 무선통신보조설비	396
			5 건축법 관련설비	405
18일	33~36차시 빈출문제 복습하기(독학하시는분들은 이틀동안 진도 나가기)			

일수	계획	차시	목차 (공부 범위)	page
19일	하루 4차시 (약 4시간) 인터넷 강의 (국비환급과정) 수강 개념잡기	37	6 기타	410
			1. 지하구	410
			2. 공동주택	411
			3. 창고시설	412
			4. 화재알림설비	413
			5. 전원설비	416
			6. 기타	433
		Chapter 3. 계산문제		
		38	1~6. 계산공식	446
			전동기용량, V결선 시의 단상변압기 1대 용량, 전동기의 동기 · 회전속도	
		39	7~15. 계산공식	475
			감시전류 · 작동전류, 전선의 단면적 및 전압강하, 축전지의 용량, 2차 충전전류 및 2차 출력	
		Chapter 4. 시퀀스제어		
		40	1. 논리회로	520
20	37~40차시 빈출문제 복습하기(독학하시는분들은 이틀동안 진도 나가기)			
21일	하루 4차시 (약 4시간) 인터넷 강의 (국비환급과정) 수강 개념잡기	41	1. 타임차트	534
			2. 소방관련 시퀀스 응용회로(1개소 기동정지회로)	542
		42	2. 소방관련 시퀀스 응용회로(2개소 기동정지회로, 양수설비, 정 · 역전회로, Y-△기동회로)	550
		Chapter 5. 간선설비 및 배선시공기준		
		43	1. 전선	602
			2. 금속관 · 가요전선관 · 합성수지관 공사	606
			3. 접지공사	615
			4. 소방용 배선	618
22일	41~43차시 빈출문제 복습하기(독학하시는분들은 이틀동안 진도 나가기)			

▶ 독학하시는 독자 여러분께서도 동일한 커리큘럼 기간으로 진행하세요...^^

본 수험서의 특성

1 **총 20년 간의 기출문제를 분석**하였고 철저하게 기출문제를 바탕으로 자료를 정리하였으며, **최근 6년 간의 새로운 기출문제를 수록**하였습니다.

2 시험의 출제 빈도에 따라 🔥 표를 하여 중요도를 알 수 있도록 하였습니다.

- 보통 : 🔥
- 중요 : 🔥🔥
- 매우 중요 : 🔥🔥🔥

3 당락을 좌우하는 **높은 점수**(10~20점)를 배점하는 **복잡한 계산문제(소방 기계분야)** 및 **전선 가닥수(소방 전기분야)**는 기존의 책과는 구별되는 상세한 해설을 수록하여 **개념을 이해할 수 있도록 하였습니다.**

4 기존의 책에서는 제공되지 않았던 시험에 꼭 필요한 내용을 정리할 수 있는 **알짜배기 핵심 요약**을 **합격노트**로 제공하여 수험자가 내용을 쉽게 정리하고 한눈에 확인할 수 있도록 하였습니다.

I·n·f·o·r·m·a·t·i·o·n

5 '다음 한방에 끝내는 소방(http://cafe.daum.net/fireupgrade)' 가입하면 저자와 실시간 일 대 일 질문을 통해 궁금증 해결이 가능합니다.

살아 있다면 도전하라!

'나도 한번 도전 해보지 뭐' 흔히들 얘기 하십니다. 대수롭지 않은 듯, 별것 아니라는 듯.
하지만 여러분, 혹시 도전(Challenge)이란 단어의 어원을 아시나요?
예전에는 도전이란 말의 뜻이 '전쟁을 일으켜 쟁취하다'라는 뜻이였다고 합니다.
목숨 걸고, 미친 듯이 갈망하여 이루고 싶은 마음.
여러분의 인생에서 진정으로 도전하여 이루고 싶은 무언가가 있으신가요?

여러분은 '도전' 할 준비가 되었습니까?

-심민우-

소방설비기사·산업기사 취득방법

1 시행처 : 한국산업인력공단

원서접수는 공단 시험일정에 따라 한국산업공단 홈페이지 큐넷(www.q-net.or.kr)으로 인터넷 접수

2 관련학과 : 대학 및 전문대학의 소방학, 건축설비공학, 기계설비학, 가스냉동학, 공조냉동학 관련학과

3 필기 및 실기 시험의 구분

구 분		소방설비기사 기계분야	소방설비기사 전기분야
필기	시험과목	• 소방원론 • 소방유체역학 • 소방관계법규 • 소방기계시설의 구조 및 원리	• 소방원론 • 소방전기회로 • 소방관계법규 • 소방전기시설의 구조 및 원리
	검정방법	• 객관식 4지 택일형 과목당 20문항(과목당 30분)	
	합격기준	• 100점을 만점으로 하여 과목당 40점 이상, 전과목 평균 60점 이상	
실기	시험과목	• 소방기계시설 설계 및 시공실무	• 소방전기시설 설계 및 시공실무
	검정방법	• 필답형(3시간)	
	합격기준	• 100점을 만점으로 하여 60점 이상	

4 필기 가답안 공개 : 시험종료 익일(다음날)부터 7일간 인터넷(큐넷 : www.q-net.or.kr)으로 공개

5 실기 가답안 및 최종정답은 공개하지 않음

6 큐넷 대표전화 : 1644-8000

응시자격

등 급	응시자격
기사	1. 산업기사 등급 이상의 자격을 취득한 후 응시하려는 종목이 속하는 동일 및 유사 직무분야에서 1년 이상 실무에 종사한 사람 2. 기능사 자격을 취득한 후 응시하려는 종목이 속하는 동일 및 유사 직무분야에서 3년 이상 실무에 종사한 사람 3. 응시하려는 종목이 속하는 동일 및 유사 직무분야의 다른 종목의 기사 등급 이상의 자격을 취득한 사람 4. 관련학과의 대학졸업자 등 또는 그 졸업예정자 5. 3년제 전문대학 관련학과 졸업자 등으로서 졸업 후 응시하려는 종목이 속하는 동일 및 유사 직무분야에서 1년 이상 실무에 종사한 사람

등 급	응시자격
기사	6. 2년제 전문대학 관련학과 졸업자 등으로서 졸업 후 응시하려는 종목이 속하는 동일 및 유사 직무분야에서 2년 이상 실무에 종사한 사람 7. 동일 및 유사 직무분야의 기사 수준 기술훈련과정 이수자 또는 그 이수예정자 8. 동일 및 유사 직무분야의 산업기사 수준 기술훈련과정 이수자로서 이수 후 응시하려는 종목이 속하는 동일 및 유사 직무분야에서 2년 이상 실무에 종사한 사람 9. 응시하려는 종목이 속하는 동일 및 유사 직무분야에서 4년 이상 실무에 종사한 사람 10. 외국에서 동일한 종목에 해당하는 자격을 취득한 사람
산업기사	1. 기능사 등급 이상의 자격을 취득한 후 응시하려는 종목이 속하는 동일 및 유사 직무분야에 1년 이상 실무에 종사한 사람 2. 응시하려는 종목이 속하는 동일 및 유사 직무분야의 다른 종목의 산업기사 등급 이상의 자격을 취득한 사람 3. 관련학과의 2년제 또는 3년제 전문대학졸업자 등 또는 그 졸업예정자 4. 관련학과의 대학졸업자 등 또는 그 졸업예정자 5. 동일 및 유사 직무분야의 산업기사 수준 기술훈련과정 이수자 또는 그 이수예정자 6. 응시하려는 종목이 속하는 동일 및 유사 직무분야에서 2년 이상 실무에 종사한 사람 7. 고용노동부령으로 정하는 기능경기대회 입상자 8. 외국에서 동일한 종목에 해당하는 자격을 취득한 사람

기술사, 기사, 산업기사 응시자격 조건 체계

기술사
- 기사+실무경력 4년
- 산업기사+실무경력 6년
- 기능사+실무경력 8년
- 대졸(관련학과)+실무경력 7년
- 대졸(비관련학과)+실무경력 9년
- 실무경력 11년 등

기능장
- 산업기사(기능사)+기능대 기능장 과정 이수
- 산업기사 등급 이상+실무경력 6년
- 기능사+실무경력 8년
- 실무경력 11년 등

기 사
- 산업기사+실무경력 1년
- 기능사+실무경력 3년
- 대졸(관련학과)
- 대졸(비관련학과)+실무경력 2년
- 전문대졸(관련학과)+실무경력 2년
- 전문대졸(비관련학과)+실무경력 3년
- 실무경력 4년 등

산업기사
- 기능사+실무경력 1년
- 대졸
- 전문대졸(관련학과)
- 전문대졸(비관련학과)+실무경력 1년
- 실무경력 2년

기능사
- 자격제한 없음

산업인력공단 출제기준 및 한끝소 기사 실기 Chapter별 출제경향

소방설비기사 실기(전기분야)

직무분야	안전관리	중직무분야	안전관리	자격종목	소방설비기사(전기분야)	적용기간	2019. 1. 1~2022.12.31

• 직무내용 : 소방시설(전기)의 설계, 공사, 감리 및 점검업체 등에서 설계 도서류를 작성하거나 소방설비 도서류를 바탕으로 공사 관련 업무를 수행하고 완공된 소방설비의 점검 및 유지관리 업무와 소방계획수립을 통해 소화, 화재통보 및 피난 등의 훈련을 실시하는 소방안전관리자로서의 주요사항을 수행하는 직무

• 수행준거 : 1. 소방전기 설비 시공을 위하여 작업분석을 할 수 있다.
2. 건물의 화재예방을 위하여 경보설비 등을 설치할 수 있다.
3. 소방전기 설비를 설계, 시공할 수 있다.
4. 소방전기시설의 조작, 유지 보수 및 시험·점검 등을 할 수 있다.

실기검정방법	필답형	시험시간	3시간

주요항목	세부항목	세세항목	Chapter별 출제경향
1. 소방 전기 시설 설계	1. 작업분석하기	1) 현장 여건, 요구사항 분석을 할 수 있다. 2) 기본계획 수립, 기본설계서, 실시설계서를 작성할 수 있다. 3) 공사시방서, 공사내역서를 작성할 수 있다.	Chapter 01 경보설비 : 32% ★ Chapter 02 소화설비 : 2% Chapter 03 피난구조설비 : 6% Chapter 04 소화활동설비 등 : 6% Chapter 05 소방관련 전기설비 : 8% Chapter 06 계산문제 : 13% ★ Chapter 07 도면 : 21% ★ Chapter 08 결선도 : 5% Chapter 09 시퀀스제어 : 7%
	2. 소방전기시설 구성하기	1) 자재의 상호 연관성에 대해 설명할 수 있다. 2) 소방전기시설의 기기 및 부품을 조작할 수 있다. 3) 소방전기시설의 기능 및 특성을 설명할 수 있다.	
	3. 소방전기시설 설계하기	1) 물량 및 공량을 산출할 수 있다. 2) 전기기구의 용량을 산정할 수 있다. 3) 회로방식 설정 및 회로용량을 산정할 수 있다. 4) 도면작성 및 판독을 할 수 있다. 5) 시방서의 작성 등을 할 수 있다.	
	4. 소방시설의 배치계획 및 설계서류 작성하기	1) 계통도를 작성할 수 있다. 2) 평면도를 작성할 수 있다. 3) 상세도를 작성할 수 있다. 4) 소방전기시설의 시공 계획수립 및 실무 작업을 수행할 수 있다.	

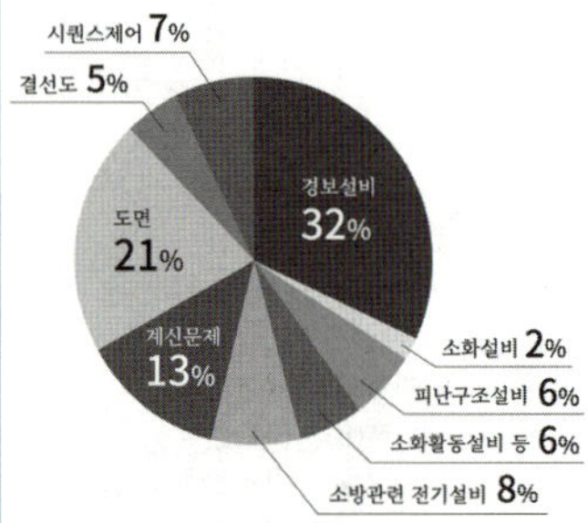

※ 필수적으로 공부하여야 할 Chapter가 눈에 보일 것입니다. 그러나, 실제 시험 중 함정과 실수를 대비하여 준비해야 할 Chaprer를 전략적으로 체크하시기 바랍니다.

주요항목	세부항목	세세항목	Chapter별 출제경향
2. 소방 전기 시설 시공	1. 설계도서 검토하기	1) 설계도서상의 누락, 오류, 문제점을 검토하여 설계도서 검토서를 작성할 수 있다. 2) 설계도면, 시공상세도, 계산서를 검토하여 시공상의 문제점을 파악하고 조치할 수 있다.	
	2. 소방전기시설 시공하기	1) 자동화재탐지설비를 할 수 있다. 2) 자동화재속보설비를 할 수 있다. 3) 누전경보기설비를 할 수 있다. 4) 비상경보설비 및 비상방송설비를 할 수 있다. 5) 제연설비의 부대 전기설비를 할 수 있다. 6) 비상콘센트설비를 할 수 있다. 7) 무선통신보조설비를 할 수 있다. 8) 가스누설경보기설비를 할 수 있다. 9) 유도등 및 비상조명등설비를 할 수 있다. 10) 상용 및 비상전원설비를 할 수 있다. 11) 종합방재센터설비를 할 수 있다. 12) 소화설비의 부대 전기설비를 할 수 있다. 13) 기타 소방전기시설 관련설비를 할 수 있다.	
	3. 공사 서류 작성하기	1) 시공된 시설을 검사하여 설계도서와 일치여부를 판단할 수 있다. 2) 시공된 시설을 검사하여 관련 서류를 작성할 수 있다. 3) 공정관리 일정을 계획하여 공사일지를 작성할 수 있다.	
3. 소방 전기 시설 유지 관리	1. 소방전기시설 운용관리하기	1) 전기기기 점검 및 조작을 할 수 있다. 2) 회로점검 및 조작을 할 수 있다. 3) 재해방지 및 안전관리를 할 수 있다. 4) 자재관리를 할 수 있다. 5) 기술 공무관리를 할 수 있다.	
	2. 소방전기시설의 유지 보수 및 시험·점검하기	1) 전기기기 보수 및 점검을 할 수 있다. 2) 시험 및 검사를 할 수 있다. 3) 계측 및 고장요인 파악을 할 수 있다. 4) 유지보수관리 및 계획수립을 할 수 있다. 5) 설치된 소방시설을 정상 가동하고, 자체 점검 사항을 기록할 수 있다. 6) 기록사항을 분석하여 보수·정비를 할 수 있다.	

그리스 문자 읽는 법

$A\ \alpha$	$B\ \beta$	$\Gamma\ \gamma$	$\Delta\ \delta$	$E\ \varepsilon$	$Z\ \zeta$
알파	베타	감마	델타	엡실론	지타
$H\ \eta$	$\Theta\ \theta$	$I\ \iota$	$K\ \kappa$	$\Lambda\ \lambda$	$M\ \mu$
이타	시타	요타	카파	람다	뮤
$N\ \nu$	$\Xi\ \xi$	$O\ o$	$\Pi\ \pi$	$P\ \rho$	$\Sigma\ \sigma$
뉴	크사이	오미크론	파이	로	시그마
$T\ \tau$	$\Upsilon\ \upsilon$	$\Phi\ \phi$	$X\ \chi$	$\Psi\ \psi$	$\Omega\ \omega$
타우	입실론	파이	카이	프사이	오메가

단위 환산

구 분	단위 환산				
물의 비중량	$9{,}800\text{N/m}^3$	=	$9{,}800\text{kg/m}^2 \cdot \text{s}^2$	=	$1{,}000\text{kg}_f/\text{m}^3$
물의 밀도	$1{,}000\text{N} \cdot \text{s}^2/\text{m}^4$	=	$1{,}000\text{kg/m}^3$	=	$102\ \text{kg}_f \cdot \text{s}^2/\text{m}^4$
힘	1N	=	$1\text{kg} \cdot \text{m/s}^2$	→	단위 환산의 핵심
일	1N·m	=	1J	=	1W·s
동력	1kN·m/s	=	1kJ/s	=	1kW
	1HP[영국마력] = 744.8N·m/s ≒ 0.745kW 1PS[국제마력] = 735N·m/s = 0.735kW 1kW ≒ 1.34HP ≒ 1.36PS				
에너지, 열	1J	=	0.24cal		1BTU = 0.252kcal
점도	$0.1\text{N} \cdot \text{s/m}^2$	=	0.1kg/m·s	=	1poise

전기 기본단위

물리량	기 호	단 위	단위의 명칭	물리량	기 호	단 위	단위의 명칭
전압 (전위, 전위차)	V, U	V	Volt	전속	Φ_E	C	Coulomb
기전력	E	V	Volt	전속밀도	D	C/m^2	$Coulomb/meter^2$
전류	I	A	Ampere	유전율	ε	F/m	Farad/meter
전력(유효전력)	P	W	Watt	전기량(전하)	Q	C	Coulomb
피상전력	Pa	VA	Voltampere	정전용량	C	F	Farad
무효전력	Pr	var	Var	인덕턴스	L	H	Henry
전력량(에너지)	W	J, W·s	Joule, Watt·second	상호인덕턴스	M	H	Henry
저항률	ρ	Ω·m	Ohmmeter	주기	T	sec	second
전기저항	R	Ω	Ohm	주파수	f	Hz	Hertz
전도율	σ	℧/m	mho	각속도	ω	rad/s	radian/second
자장의 세기	H	AT/m	Ampere-turn/meter	임피던스	Z	Ω	Ohm
자속	Φ	Wb	Weber	어드미턴스	Y	℧	mho
자속밀도	B	Wb/m^2	$Weber/meter^2$	리액턴스	X	Ω	Ohm
투자율	μ	H/m	Henry/meter	컨덕턴스	G	℧, S	mho, Siemens
자하	m	Wb	Weber	서셉턴스	B	℧	mho
자장의 세기	E	V/m	Volt/meter	열량	H	cal	Calorie
자하의 세기	J	G	Gauss, $Weber/meter^2$	힘	F	N	Newton
기자력	F	AT	Ampere turn	토크(회전력)	T	N·m	Newton meter
자화력	M	Mx/m^2	$Maxwell/meter^2$	회전속도	N_s	rpm	revolution per minute
자기모멘트	m	Wb·m	Weber meter	마력	P	HP	Horse Power

단위에 대한 각종 접두사

T 테라	G 기가	M 메가	K 킬로	H 헥토	d 데시	c 센티	m 밀리	μ 마이크로	n 나노
10^{12}	10^9	10^6	10^3	10^2	10^{-1}	10^{-2}	10^{-3}	10^{-6}	10^{-9}

소방 시설의 도시기호

분 류	명 칭		도시기호	사 진
배관	일반배관		————	
	옥내 · 외 소화전		—— H ——	
	스프링클러		—— SP ——	
	물분무		—— WS ——	
	포소화		—— F ——	
	배수관		—— D ——	
	전선관	입상		–
		입하		
		통과		
관이음쇠	후렌지		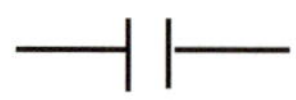	
	유니온		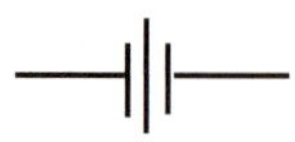	
	플러그			
	90° 엘보		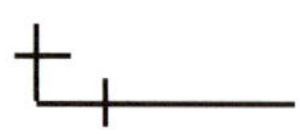	
	45° 엘보		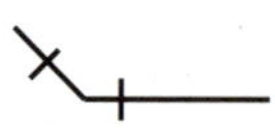	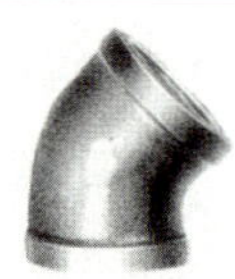
	티		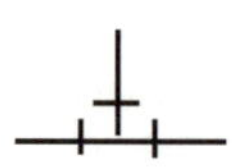	

분 류	명 칭	도시기호	사 진
관이음쇠	크로스	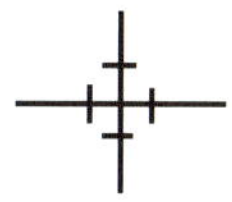	
	맹후렌지		
	캡		
헤드류	스프링클러헤드 폐쇄형 상향식(평면도)		
	스프링클러헤드 폐쇄형 상향식(계통도)		
	스프링클러헤드 폐쇄형 하향식(평면도)		
	스프링클러헤드 폐쇄형 하향식(입면도)		
	스프링클러헤드 개방형 상향식(평면도)		
	스프링클러헤드 상향형(입면도)		
	스프링클러헤드 개방형 하향식(평면도)	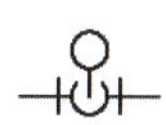	
	스프링클러헤드 하향형(입면도)		
	스프링클러헤드 폐쇄형 상·하향식(입면도)		–
	분말·탄산가스·할로겐헤드	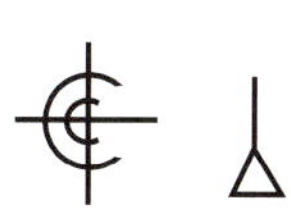	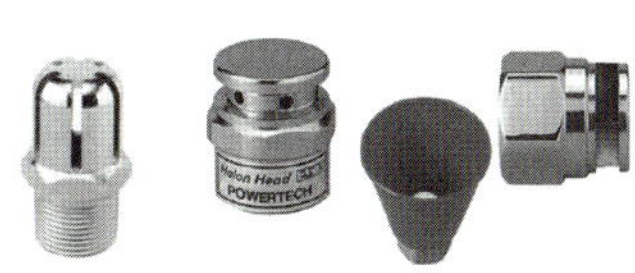

소방 시설의 도시기호

분 류	명 칭	도시기호	사 진
헤드류	연결살수헤드		
	물분무헤드(평면도)		
	물분무헤드(입면도)		
	드렌처헤드(평면도)		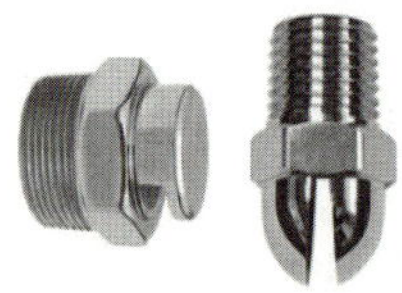
	드렌처헤드(입면도)		
	포헤드(평면도)		
	포헤드(입면도)		
	감지헤드(평면도)	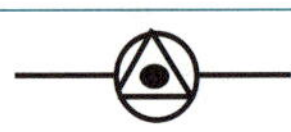	〈스프링클러헤드 참고〉
	감지헤드(입면도)	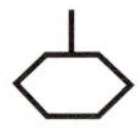	
	청정소화약제방출헤드 (평면도)		
	청정소화약제방출헤드 (입면도)		
밸브류	체크밸브		
	가스체크밸브	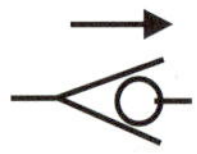	
	게이트밸브(상시 개방)		

분 류	명 칭	도시기호	사 진
밸브류	게이트밸브(상시 폐쇄)		
	선택밸브	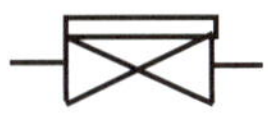	
	조작밸브(일반)		–
	조작밸브(전자식)		
	조작밸브(가스식)		
	경보밸브(습식)		
	경보밸브(건식)	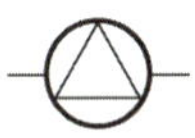	
	프리액션밸브		
	경보델류지밸브		
	프리액션밸브 수동조작함	SVP	
	플렉시블조인트		

소방 시설의 도시기호

분 류	명 칭	도시기호	사 진
밸브류	솔레노이드밸브	 또는 SOL 또는 SV	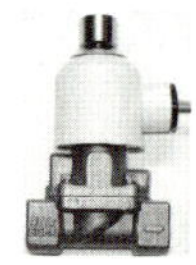
	모터밸브		
	릴리프밸브 (이산화탄소용)		
	릴리프밸브 (일반)		
	동체크밸브	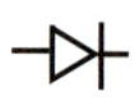	
	앵글밸브		
	FOOT 밸브		
	볼밸브	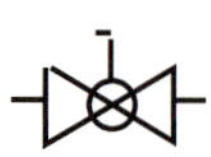	
	배수밸브		–
	자동배수밸브		
	여과망 여과망		

분 류	명 칭	도시기호	사 진
밸브류	자동밸브		–
	감압밸브		 
	공기조절밸브		
계기류	압력계		
	연성계		
	유량계		 
소화전	옥내소화전함		 
	옥내소화전 방수용기구 병설		
	옥외소화전		 

소방 시설의 도시기호

분 류	명 칭	도시기호	사 진
소화전	포말소화전		
	송수구		 
	방수구		
스트 레이너	Y형		
	U형		
저장 탱크류	고가수조 (물올림장치)		
	압력챔버		
	포말원액탱크	 (수직) (수평)	 

분 류	명 칭	도시기호	사 진
레듀셔	편심레듀셔	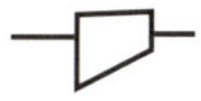	
	원심레듀셔	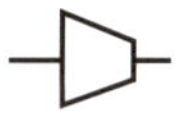	
혼합장치류	프레져프로포셔너	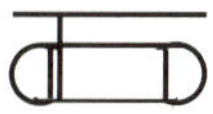	
	라인프로포셔너		
	프레져사이드 프로포셔너	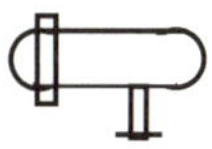	–
	기 타	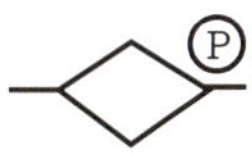	–
펌프류	일반펌프	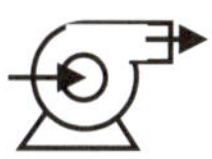	
	펌프모터(수평)		
	펌프모터(수직)		

소방 시설의 도시기호

분 류	명 칭	도시기호	사 진
저장용기류	분말약제 저장용기		
	저장용기		
경보설비 기기류	차동식스포트형감지기		
	보상식스포트형감지기		–
	정온식스포트형감지기		
	연기감지기		
	감지선		
	공기관		
	열전대		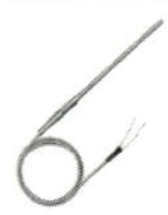
	열반도체		–
	차동식분포형 감지기의 검출기		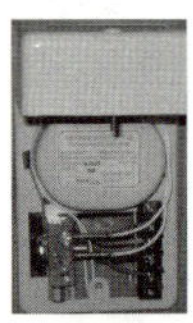
	발신기세트 단독형		
	발신기세트 옥내소화전 내장형		

분 류	명 칭	도시기호	사 진
경보설비 기기류	경계구역번호	△	–
	비상용 누름버튼	◎(F)	–
	비상전화기	(ET)	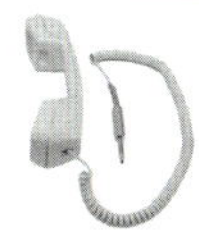
	비상벨	(B)	
	사이렌	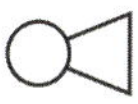	
	모터사이렌	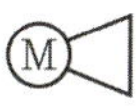	
	전자사이렌	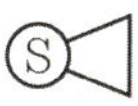	
	조작장치	E P	–
	증폭기	AMP	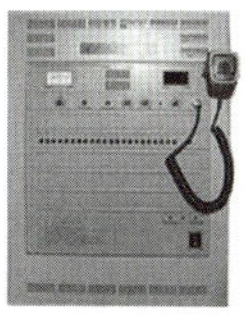
	기동누름버튼	◎(E)	
	이온화식감지기 (스포트형)	S I	
	광전식연기감지기 (아날로그)	S A	
	광전식연기감지기 (스포트형)	S P	

소방 시설의 도시기호

분 류	명 칭	도시기호	사 진
경보설비 기기류	감지기간선, HIV 1.2mm×4(22C)	— F ―////―	
	감지기간선, HIV 1.2mm×8(22C)	— F ―////――////―	
	유도등간선 HIV 2.0mm×3(22C)	—— EX ——	
	경보부저		
	제어반		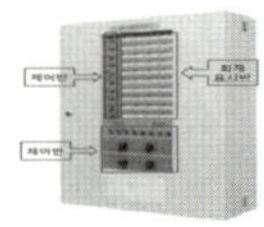 〈가스계일 경우〉
	표시반	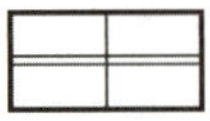	
	회로시험기		 〈디지털〉  〈아날로그〉
	화재경보벨		
	시각경보기 (스트로브)		
	수신기	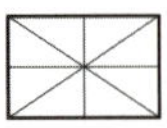	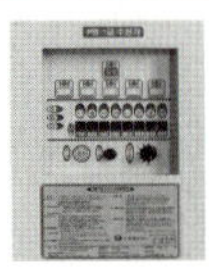 〈P형〉  〈R형〉
	부수신기	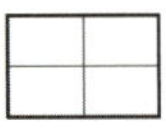	 〈R형 부수신기〉
	중계기	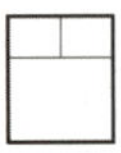	
	표시등		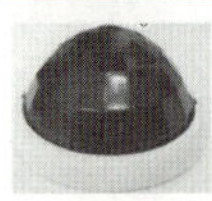
	피난구유도등		

분 류	명 칭		도시기호	사 진
경보설비 기기류	통로유도등			 〈거실통로유도등〉 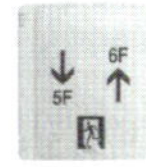 〈계단통로유도등〉
	표시판		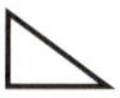	–
	보조전원		T R	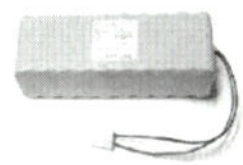
	종단저항			
제연설비	수동식제어			–
	천장용 배풍기			
	벽부착용 배풍기			
	배풍기	일반배풍기		–
		관로배풍기		–
	댐퍼	화재댐퍼		–
		연기댐퍼		–
		화재/연기 댐퍼		–
스위치류	압력스위치		(PS)	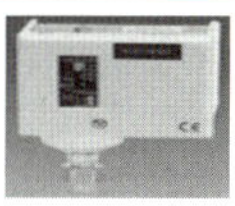 〈펌프 기동용〉  〈유수검지장치 경보용〉
	탬퍼스위치		TS	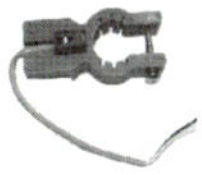
방연 방화문	연기감지기(전용)		S	
	열감지기(전용)			

소방 시설의 도시기호

분 류	명 칭	도시기호	사 진
방연 방화문	자동폐쇄장치	(ER)	
	연동제어기	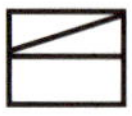	
	배연창기동 모터	(M)	 〈체인모터〉  〈슬라이팅모터〉
	배연창수동조작함		–
피뢰침	피뢰부(평면도)	◉	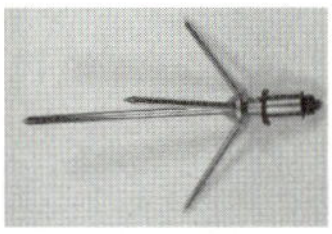
	피뢰부(입면도)		
	피뢰도선 및 지붕위 도체	――	
	접지	⏚	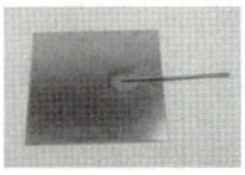 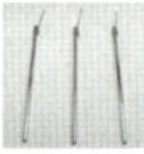
	접지저항 측정용 단자	⊗	
소화기류	ABC 소화기	(소)	
	자동확산 소화장치	(자)	
	주거용 주방자동소화장치	◀소▶	
	이산화탄소 소화기	(C)	

분 류	명 칭	도시기호	사 진
소화기류	할로겐화합물 소화기		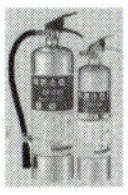
기타	안테나		–
	스피커		
	연기방연벽	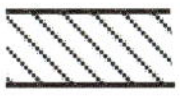	
	화재방화벽	———	
	화재 및 연기 방화벽		 〈방화셔터로 대체〉
	비상콘센트		
	비상분전반		–
	가스계소화설비의 수동조작함	RM	
	전동기구동	M	–
	엔진구동	E	–
	배관행거		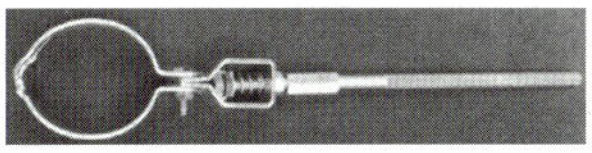
	기압계		–
	배기구	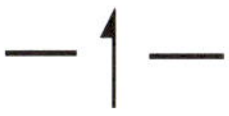	–
	바닥은폐선	— — — — ·	–
	노출배선	———	–
	소화가스 패키지	PAC	

소방시설의 종류

소방시설의 종류(소방시설 설치유지 및 안전관리에 관한 법률 시행령 [별표 1])

소화설비	**정의** : 물, 그 밖의 **소화약제**를 사용하여 소화하는 **기계·기구** 또는 **설비** 1. 소화기구 ① 소화기 ② 간이소화용구 : 에어로졸식 소화용구, 투척용 소화용구 및 소화약제 외의 것을 이용한 간이소화용구 ③ 자동확산소화기 2. 자동소화장치 ① 주거용 주방자동소화장치 ② 상업용 주방자동소화장치 ③ 캐비닛형 자동소화장치 ④ 가스 자동소화장치 ⑤ 분말 자동소화장치 ⑥ 고체에어로졸 자동소화장치 3. 옥내소화전설비(호스릴 옥내소화전설비를 포함) 4. 스프링클러설비등 : 스프링클러설비, 간이스프링클러설비(캐비닛형 간이스프링클러설비를 포함), 화재조기진압용 스프링클러설비 5. 물분무등소화설비 : 물분무소화설비, 미분무소화설비, 포소화설비, 이산화탄소소화설비, 할론소화설비, 할로겐화합물 및 불활성기체소화설비, 분말소화설비, 강화액소화설비, 고체에어로졸소화설비 6. 옥외소화전설비
경보설비	**정의** : 화재발생 사실을 **통보**하는 **기계·기구** 또는 **설비** 1. 비상경보설비(비상벨설비, 자동식 사이렌설비) 2. 단독경보형 감지기 3. 비상방송설비 4. 누전경보기 5. 자동화재탐지설비 6. 자동화재속보설비 7. 가스누설경보기 8. 통합감시시설 9. 시각경보기 10. 화재알림설비
피난구조설비	**정의** : 화재가 발생할 경우 **피난**하기 위하여 사용하는 **기구** 또는 **설비** 1. 피난기구 : 피난사다리, 구조대, 완강기, 간이완강기, 그 밖에 화재안전기준으로 정하는 것 2. 인명구조기구(① 방열복, 방화복 ② 공기호흡기 ③ 인공소생기) 3. 유도등 : 피난유도선, 피난구유도등, 통로유도등, 객석유도등, 유도표지 4. 비상조명등 및 휴대용 비상조명등
소화용수설비	**정의** : 화재를 **진압**하는 데 필요한 **물**을 **공급**하거나 **저장**하는 **설비** 1. 상수도 소화용수설비 2. 소화수조, 저수조, 그 밖의 소화용수설비
소화활동설비	**정의** : 화재를 **진압**하거나 **인명구조 활동**을 위하여 사용하는 **설비** 1. 제연설비 2. 연결송수관설비 3. 연결살수설비 4. 비상콘센트설비 5. 무선통신보조설비 6. 연소방지설비

Chapter 01

도 면

1 전선가닥수

01 자동화재탐지설비

[소방시설 전선가닥수의 의미]

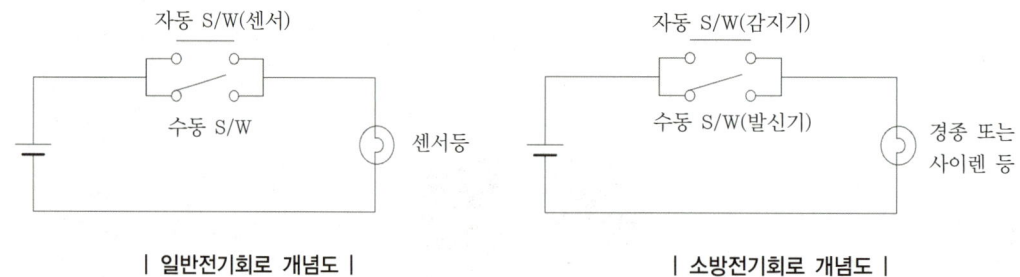

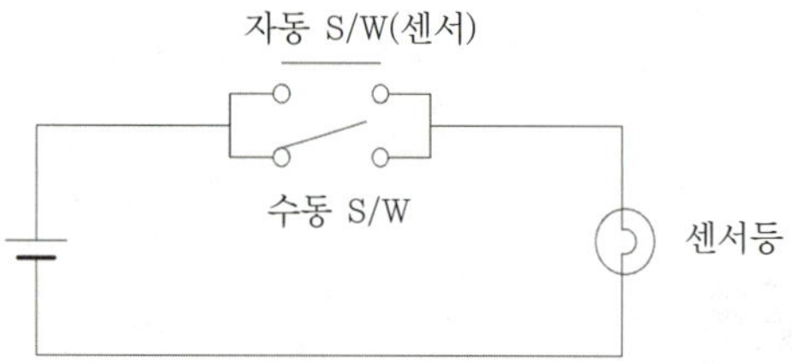

| 일반전기회로 개념도 |

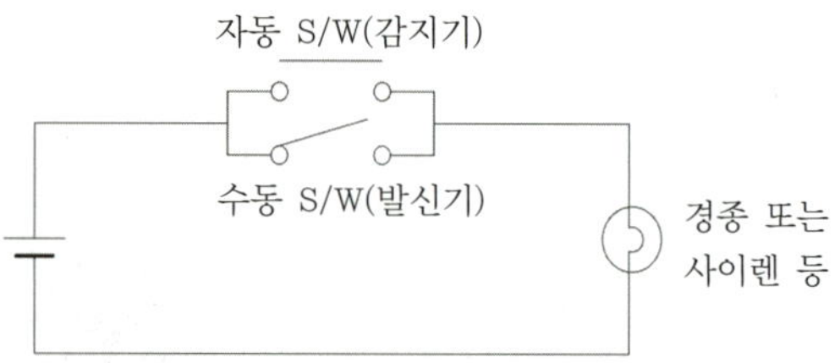

| 소방전기회로 개념도 |

① 일반전기회로와 소방전기회로(자동화재탐지설비 등)의 작동 원리를 보면 크게 다르지 않음을 알 수 있다. 스위치를 조작하거나 센서등이 작동하여 전구가 켜지는 것과 같이 ㉠ 발신기를 조작하거나 ㉡ 감지기가 작동하여 ㉢ 경종(또는 사이렌)이 출력되는 것은 같은 메커니즘이다.

② 물론, 실제 수신기에서는 ㉠, ㉡에 의해 입력된 신호가 릴레이(Relay : 계전기)를 거쳐 간접적으로 ㉢에 전원을 공급하지만 기본적으로 스위치를 눌러 전구를 켜는 원리와 크게 다르지 않으며, 스위치(감지기 및 발신기)의 동작(화재 등)을 확인하기 위하여 수신기에 화재표시등이 점등되어 확인된다.

③ 이때, 소방전기회로의 스위치로는 열, 연기, 불꽃 등의 연소생성물을 감지하여 작동하는 감지기 또는 유체의 이동으로 발생하는 압력변화에 의해 작동하는 압력스위치 등이 있다.

④ 그러므로, 소방전기회로 역시 일반전기회로와 같이 감지기(스위치) 또는 경종(전구)에 전원을 공급하기 위하여 기본적으로 +, − 2가닥이 각각의 기구에 필요하며, "−"선을 공통으로 사용하여 이를 통상 공통선이라고 한다.

⑤ 이처럼 모든 전기설비는 전원이 투입되어야 작동된다. 소방전기회로 역시 일반전기회로와 마찬가지이다. 이를 이해하고 공통으로 사용하는 공통선(−선)에 연동 개념에 따라 각 설비에 필요한 기구들의 전선(+선)만 추가하면 암기 없이 소방전기회로의 전선가닥수를 파악할 수 있다.

(1) 도시기호

명 칭	그림기호	비 고
차동식스포트형감지기		
정온식스포트형감지기		1. 필요에 따라 종별을 표기한다. 2. 방수인 것은  로 한다. 3. 내산인 것은  로 한다. 4. 내알칼리인 것은  로 한다. 5. 방폭인 것은 EX로 표기한다.
보상식스포트형감지기		
연기감지기		1. 필요에 따라 종별을 표기한다. 2. 점검박스 붙이인 경우는  로 한다. 3. 매립인 것은  로 한다.
차동식분포형감지기의 검출부		
발신기세트 단독형		1. 경종, 위치표시등, 발신기
발신기세트 옥내소화전 내장형		1. 자동(기동용수압개폐장치) 방식 : 경종, 위치표시등, 발신기, 펌프기동확인표시등 2. 수동(ON-OFF) 방식 : 경종, 위치표시등, 발신기, 펌프기동확인표시등, 기동(ON)스위치, 정지(OFF)스위치
경계구역번호		1. ○ 안에 경계구역 번호를 넣는다. 2. 필요에 따라 ⊖로 하고 상부에 필요사항, 하부에 경계구역 번호를 넣는다. 〈보기〉 :  
수신기	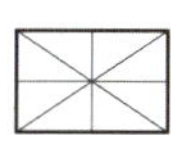	다른 설비의 기능을 갖는 경우는 필요에 따라 해당 설비의 그림기호를 표기한다. 〈보기〉 : 가스누설경보설비와 일체인 것 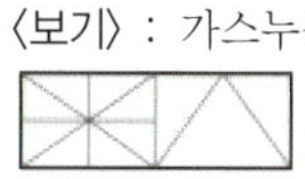 가스누설경보설비 및 방배연 연동과 일체인 것 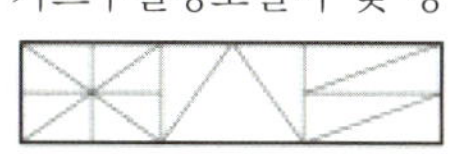
부수신기	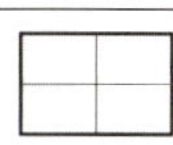	

명 칭	그림기호	비 고
중계기	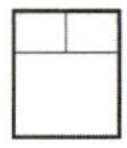	
종단저항	Ω	
배전반, 분전반 및 제어반		1. 종류를 구별하는 경우는 다음과 같다. 배전반 :  분전반 :  제어반 :  2. 직류용은 그 뜻을 표기한다. 3. 재해방지 전원회로용 배전반 등인 경우는 2중 틀로 하고 필요에 따라 종별을 표기한다. 〈보기〉 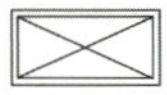 : 1종 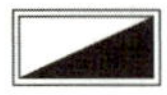 : 2종

(2) 종단저항 설치위치에 따른 감지기회로의 가닥수(송배선식)

① **송배선식 배선(보내기 배선)** : **수신기**에서 **회로도통시험**을 용이하게 하기 위하여 **배선**의 **도중**에서 **분기하지 않는 방식**

〈적용설비〉

㉠ 자동화재탐지설비

㉡ 제연설비

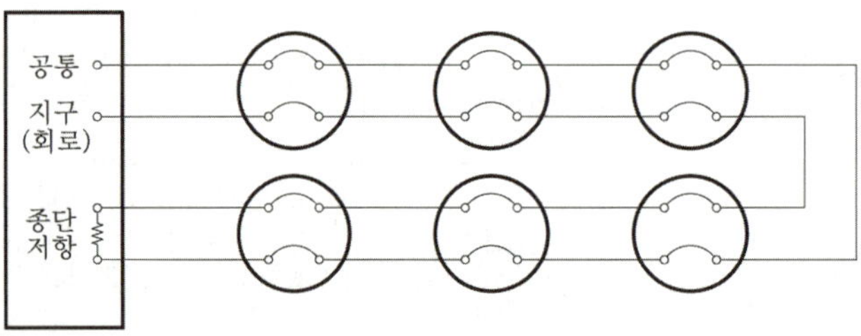

② **송배선방식의 예**

㉠

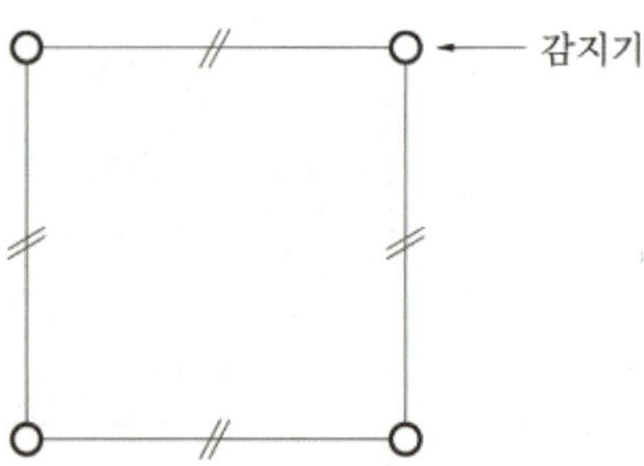

| 루프(loop)방식 |

㉡

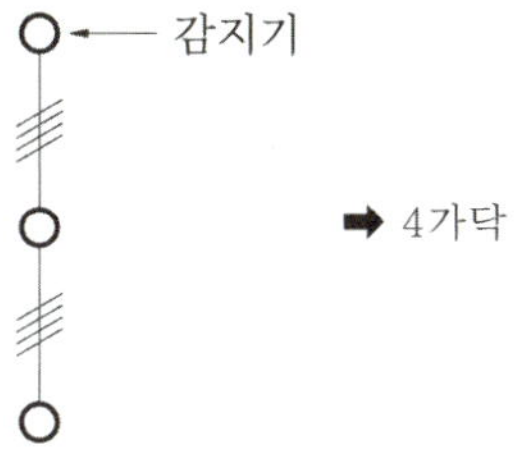

Tip 송배선식 배선에서 루프(loop)방식으로 하는 경우는 2가닥, 그 외 방식은 4가닥으로 기억하자!!

③ **종단저항 설치위치에 따른 감지기회로의 가닥수(송배선식)**

㉠ 종단저항을 감지기 끝(말단) 부분에 설치한 경우(2가닥)

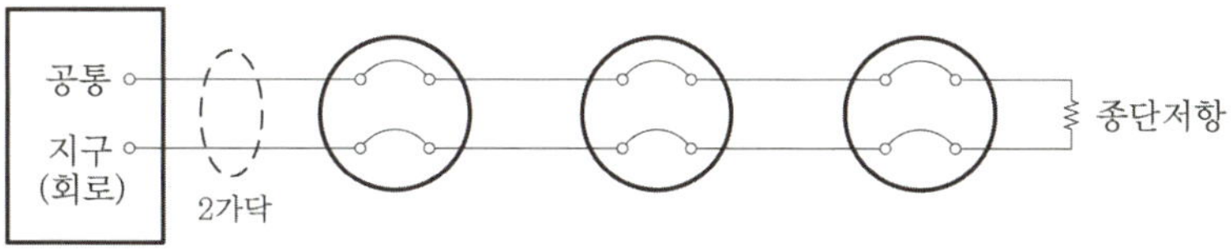

㉡ 종단저항을 발신기함 등에 설치하는 경우(4가닥)

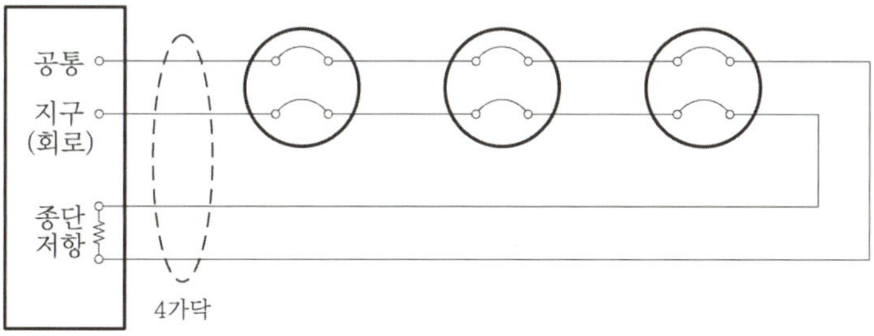

실무적용

감지기 역시 전기를 필요로 하는 전기기구의 일종이므로 이를 동작시키기 위해서는 기본적으로 +, − 2가닥의 전선이 필요하다. 하지만 실제현장에서 말단의 감지기에 종단저항이 설치된 경우 확인이 어려우므로 유지관리의 편의를 위해 통상적으로 발신기함 내에 설치하기 때문에 감지기에 필요한 선은 4가닥으로 시공되는 경우가 대다수이다.

(3) 경보방식

㉠ **일제경보방식(일제명동)** : 화재로 인한 경보 발령 시 **전 층**에 **동시**에 **경보**를 발하는 방식

㉡ **우선경보방식(직상발화)** : 층수가 11층(**공동주택**의 경우에는 16층) 이상의 특정소방대상물은 **발화층**에 따라 **경보하는 층**을 **달리하여 경보**를 발할 수 있도록 할 것

(4) 자동화재탐지설비의 전선가닥수(P형)

① 자동화재탐지설비의 연동 개념도

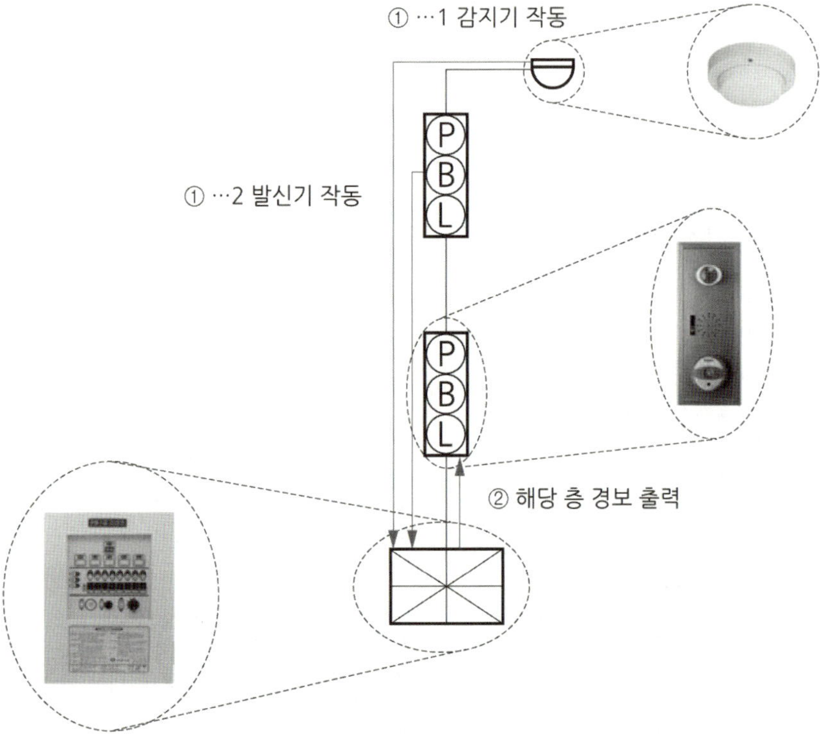

연동 순서	작동 내용	전선내역	
①…1	감지기 작동신호 입력(자동)	회로 1	회로 공통 1
①…2	발신기 작동신호 입력(수동)	발신기 1	
②	지구음향경보 출력	경종 1	경종·표시등 공통 1
참고…2	표시등 상시 점등상태	표시등 1	

② 자동화재탐지설비의 단자대 선로 구성

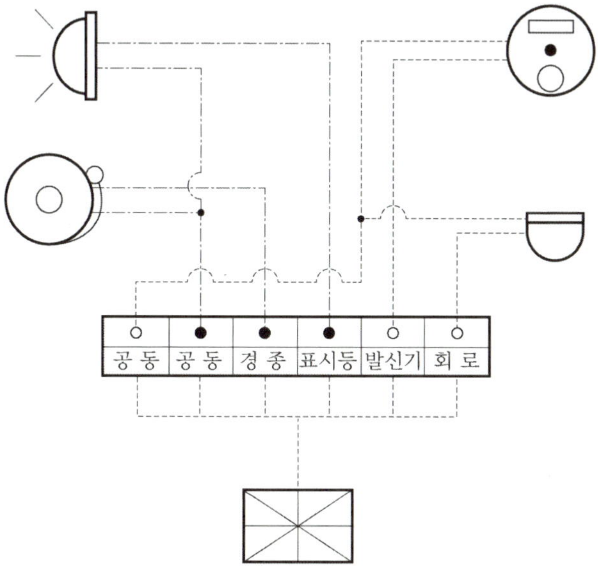

③ 자동화재탐지설비의 가닥수 증가

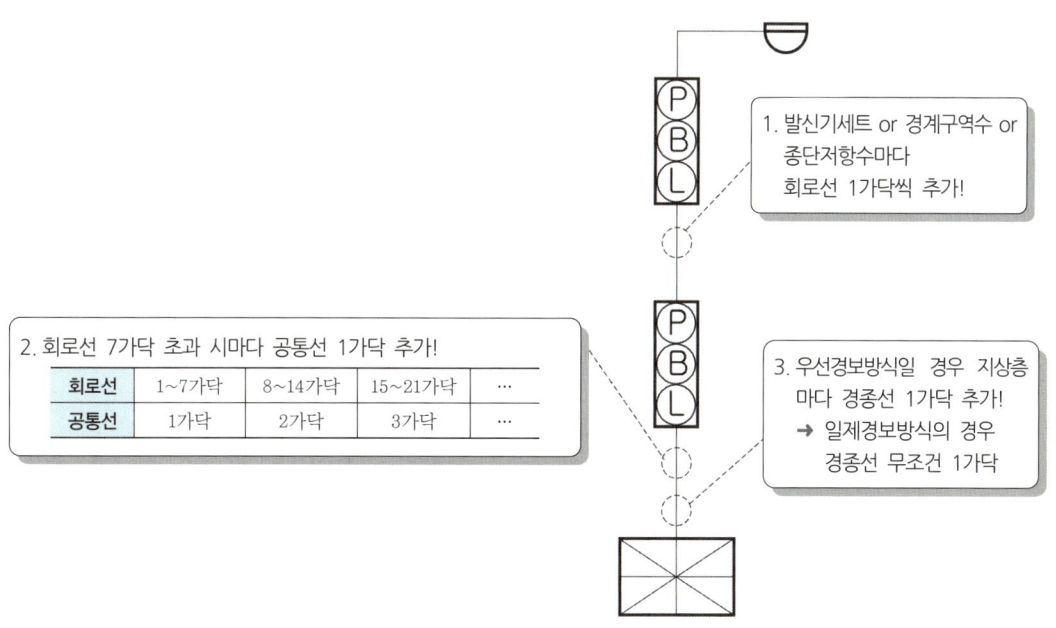

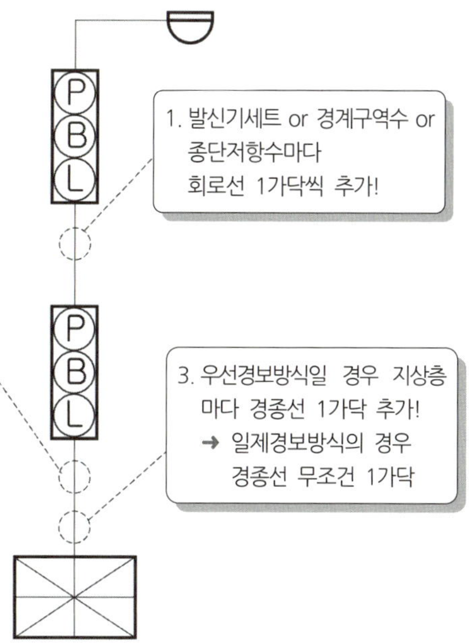

2. 회로선 7가닥 초과 시마다 공통선 1가닥 추가!

회로선	1~7가닥	8~14가닥	15~21가닥	…
공통선	1가닥	2가닥	3가닥	…

참고

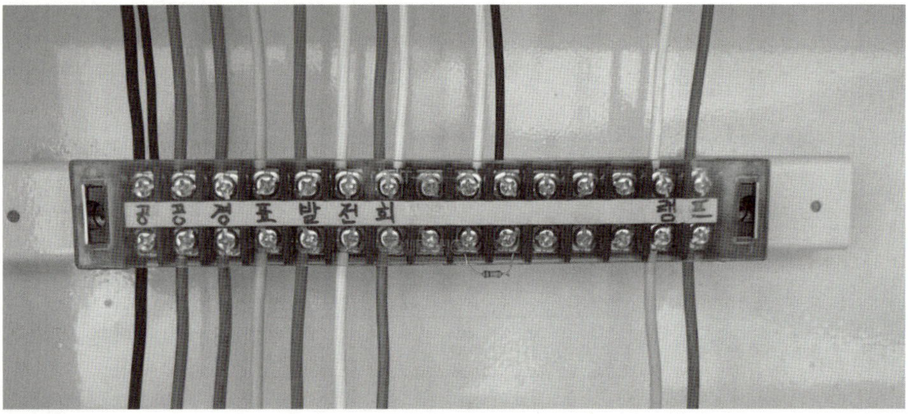

실무적용

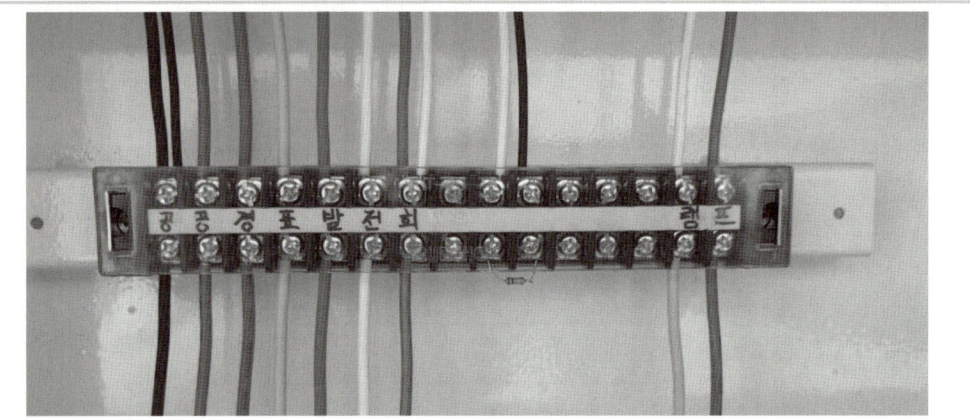

표시등, 발신기, 회로의 경우 테스터기로 확인할 경우 상시 DC 24V가 확인되지만, 경종의 경우에는 평상시 전압이 확인되지 않는다. 경종을 제외한 위의 경우는 화재에 대비해 화재감지를 위한 대기상태(감지기 및 발신기), 위치 확인을 위한 점등상태(표시등)를 위한 용도로 항상 전원이 투입되어 있어야 하지만 경종의 경우 감지기 또는 발신기가 작동(입력)했을 경우에만 전압이 출력(24V) 된다.

구분	전선의 사용용도(가닥수)					
	회로 공통선	경종 · 표시등 공통선	경종선	표시 등선	발신 기선	회로선
일제 경보 방식	① **회로선 7가닥 초과 시**마다 **1가닥** 추가	① **1가닥**	**1가닥**	① **1가닥**		**종단저항수** 또는 **경계구역수** 또는 **발신기세트수**마다 **1가닥** 추가
우선 경보 방식	② 조건에 따라 추가	② 조건에 따라 추가	① **지상층 층수**마다 **1가닥** 씩 추가 ② **지하층 1가닥**	② 조건에 따라 추가		

실무적용

| 경종단락보호장치 |

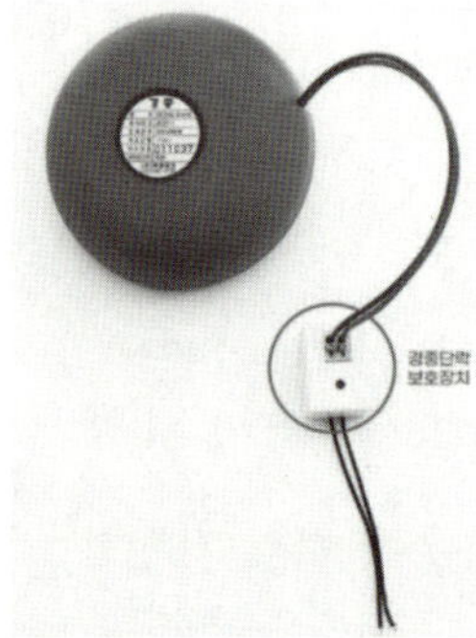

| 경종단락보호장치 설치모습 |

2022년 12월 1일 자동화재탐지설비의 화재안전기준 중 '화재로 인하여 하나의 층의 지구음향장치 또는 배선이 단락되어도 다른 층의 화재 통보에 지장이 없도록 각 층 배선 상에 유효한 조치를 할 것'이라는 문구가 신설되었다. 초창기에는 이 조건을 만족하기 위하여 일제경보방식, 우선경보방식 할 것 없이 '경종선' 또는 '경종·표시등 공통선'을 각 층마다 한 가닥씩 추가하고 비상방송설비에서의 퓨즈 단자와 같은 설비를 설치하여 경종의 단락에 대비하여야 한다는 의견이 있었으나, 현재는 경종단락보호장치를 사용하여 경종의 불량 등으로 인한 배선 단락의 여파가 수신기 내의 경종 퓨즈까지 흘러가지 않고 경종단락보호장치에서 마무리 됨으로써 다른 층의 경종 출력에 영향을 미치지 않게끔 시공되고 있다.

참고 자동화재탐지설비 배선의 동일 명칭

	회로 공통선	경종 · 표시등 공통선	경종선	표시등선	발신기선	회로선
동일 명칭	지구 공통선 신호 공통선 표시 공통선 감지기 공통선 발신기 공통선	벨·표시등 공통선	벨선	–	응답선	지구선 신호선 표시선 감지기선

(5) 자동화재탐지설비의 전선가닥수(R형)

가닥수	전선의 사용 용도(가닥수)		
	수신기↔중계기, 중계기↔중계기		중계기↔각 Local 기기
	전원선 2	신호선(통신선) 2	
	기타 **전화선** 등은 조건에 따라 추가		P형 System에 준한다

(6) 전선의 약호 및 명칭

약 호	명 칭
DV	인입용 비닐절연전선
OW	옥외용 비닐절연전선
HFIX	450/750V 저독성 난연 가교 폴리올레핀 절연전선
HFCO(단심)	0.6/1kV 가교 폴리에틸렌 절연 저독성 난연 폴리올레핀 시스 전력케이블
HFCO(삼심)	6/10kV 가교 폴리에틸렌 절연 저독성 난연 폴리올레핀 시스 전력용 케이블
CV	가교 폴리에틸렌 절연비닐 외장(시스)케이블
MI	미네랄 인슐레이션케이블
IH	하이퍼론 절연전선
GV	접지용 비닐절연전선

(7) 전선 규격표시 의미

22C(HFIX2.5^{SQ}−6)

- 6 : 전선 가닥수(6가닥)
- 2.5^{SQ} : 전선의 굵기(2.5mm^2)
- HFIX : 전선의 종류(450/750V 저독성 난연 가교 폴리올레핀 절연전선)
- 22C : 전선관의 굵기(22C[mm])

참고 | 전선관의 규격

전선규격	전선관의 규격			
	16mm	22mm	28mm	36mm
1.5mm^2	1~9가닥	10가닥	11~17가닥	–
2.5mm^2	1~4가닥	5~7가닥	8~12가닥	13~21가닥

(8) 견적

① **물량산출 : 부싱 및 로크너트**

㉠ **부싱** : **전선**의 **절연피복**을 **보호**하기 위하여 **금속관 끝**에 취부하여 사용하는 것으로서 **전선관**과 **박스(Box)** 또는 **함**의 **접속 개소**마다 사용한다.

㉡ **로크너트** : **박스(Box)**와 **금속관**을 **고정**할 때 사용하는 것으로서 **박스 구멍당 2개**를 사용한다. 즉, **전선관**과 **박스(Box)** 또는 **함**의 **접속 개소**마다 **2개**를 사용한다.(**부싱 개수×2배**)

② **박스(Box) 사용처**

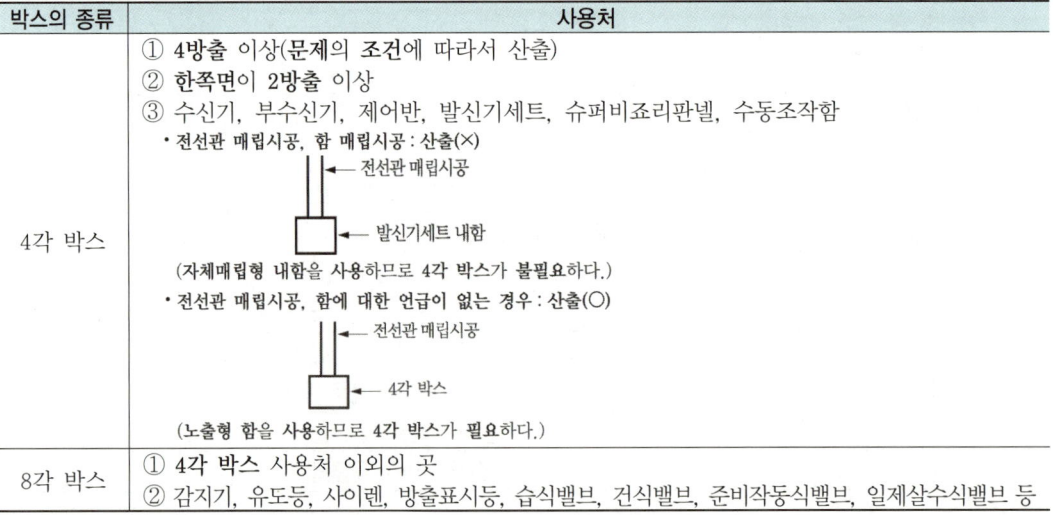

박스의 종류	사용처
4각 박스	① **4방출** 이상(**문제**의 **조건**에 따라서 산출) ② **한쪽면**이 **2방출** 이상 ③ 수신기, 부수신기, 제어반, 발신기세트, 슈퍼비죠리판넬, 수동조작함 • **전선관 매립시공, 함 매립시공 : 산출(×)** 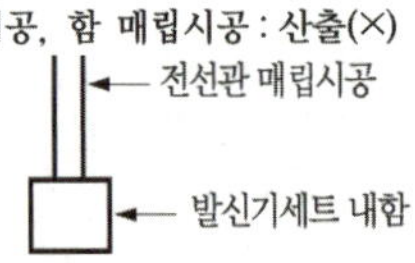 (**자체매립형 내함**을 **사용**하므로 **4각 박스**가 **불필요**하다.) • **전선관 매립시공, 함에 대한 언급이 없는 경우 : 산출(○)** 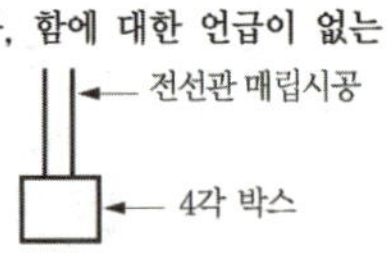 (**노출형 함**을 **사용**하므로 **4각 박스**가 **필요**하다.)
8각 박스	① **4각 박스** 사용처 이외의 곳 ② 감지기, 유도등, 사이렌, 방출표시등, 습식밸브, 건식밸브, 준비작동식밸브, 일제살수식밸브 등

③ **품셈표**

㉠ 공량계 = 수량 × 내선전공 공량

㉡ 노임단가 = 일당(문제에서 주어짐)

㉢ 노무비 = 공량계 × 노임단가

핵심기출문제

01 다음 각 물음에 답하시오. 배점 : 6 [05년]

(1) 공기관식 차동식분포형감지기의 공기관의 재질은 무엇인지 쓰시오.

(2) 그림과 같이 차동식스포트형감지기 A, B, C, D가 있다. 배선을 전부 보내기 배선으로 할 경우 박스와 감지기 C 사이의 전선가닥수는 몇 가닥인지 쓰시오.

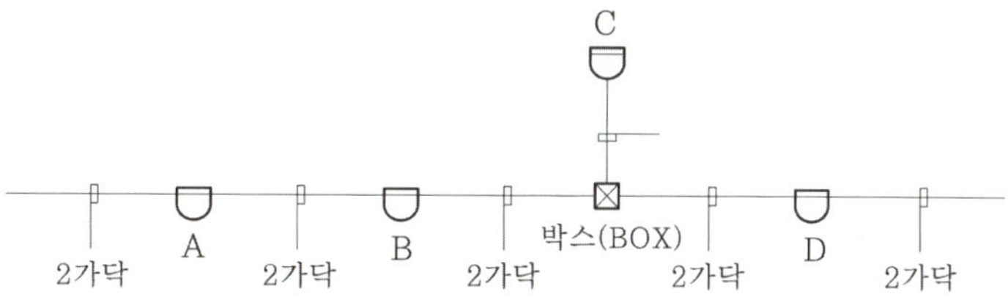

• **실전모범답안** (1) 동관(중공동관)
(2) 4가닥

참고 공기관식 차동식분포형감지기

① 공기관의 재질 : 동관(중공동관)
② 공기관의 규격
㉠ **두께** : 0.3mm 이상
㉡ **외경** : 1.9mm 이상
③ 공기관의 지지 금속기구
㉠ 스테이플
㉡ 스티커

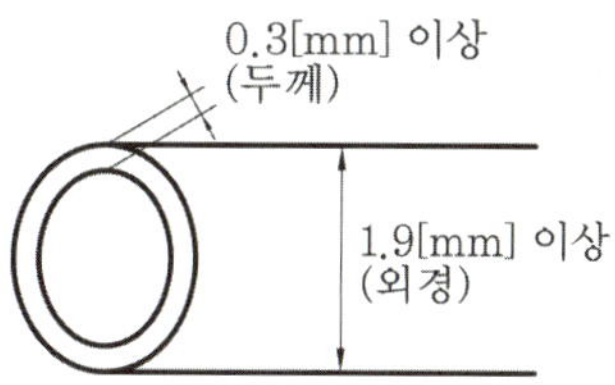

상세해설

(2) 송배선 방식

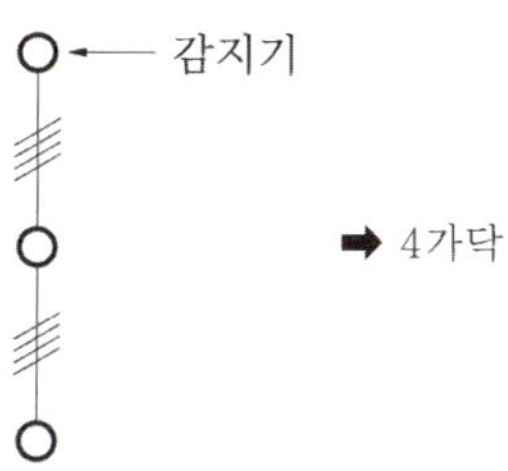

Tip 송배선식 배선에서 루프(loop)방식으로 하는 경우는 2가닥, 그 외 방식은 4가닥으로 기억하자!!

01-1 다음 그림과 같은 공기관식 차동식분포형감지기의 설치도면을 보고 다음 각 물음에 답하시오.

배점 : 8 [10년]

[조건]
① 하나의 공기관의 총 길이는 52m이다.
② 전체의 경계구역을 1경계구역으로 한다.
③ 본 건물은 내화구조이다.

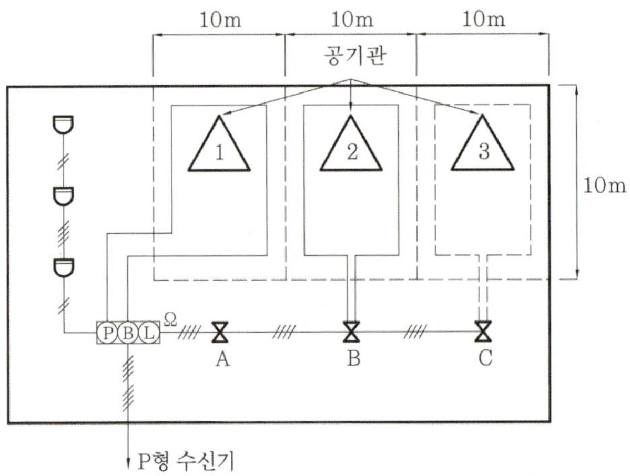

(1) ⧖의 명칭은 무엇인지 쓰시오.
(2) 공기관의 설치와 배선의 가닥수 표시가 잘못된 부분이 있다. 잘못된 부분을 수정하여 전체 도면을 올바르게 작성하시오.
(3) △3의 공기관 표시는 어느 경우에 하는 것인지 쓰시오.

• **실전모범답안**
(1) 차동식분포형감지기의 검출부
(2)

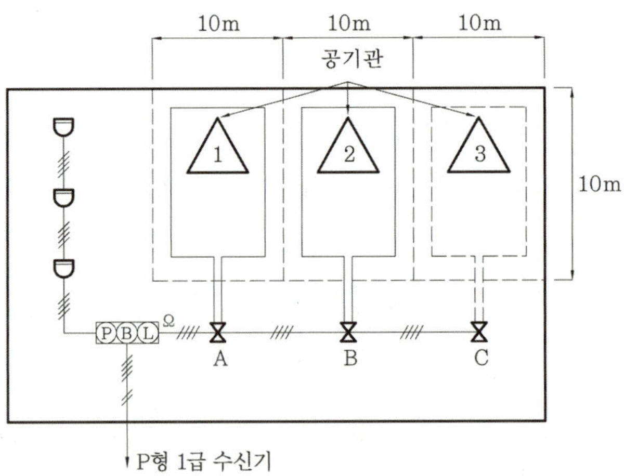

※ 1. 감지기 ↔ 수동발신기 : 종단저항이 수동발신기함에 설치되어 있으므로 4가닥이 된다.
2. 수동발신기함 P형 수신기 : 6가닥[회로 공통선(1), 경종 · 표시등 공통선(1), 경종선(1), 표시등선(1), 발신기선(1), 회로선(1)]

(3) 가건물 및 천장 안에 시설할 경우

상세해설

(1), (3) 도시기호

명 칭	그림기호	적 용
감지선		1. 필요에 따라 종별을 표기한다. 2. 감지선과 전선의 접속점은 로 한다. 3. 가건물 및 천장 안에 시설할 경우는 로 한다. 4. 관통 위치는 로 한다.
공기관		1. 배선용 그림기호보다 굵게 한다. 2. **가건물 및 천장 안에 시설할 경우**는 로 한다. 3. 관통 위치는 로 한다.
열전대		가건물 및 천장 안에 시설할 경우는 로 한다.
열반도체		
차동식분포형 감지기의 검출부		필요에 따라 종별을 표기한다.

01-2 다음 그림과 같은 자동화재탐지설비의 평면도에서 ①~⑧의 전선가닥수를 주어진 표의 빈 칸에 쓰시오.

배점 : 8 [11년] [20년]

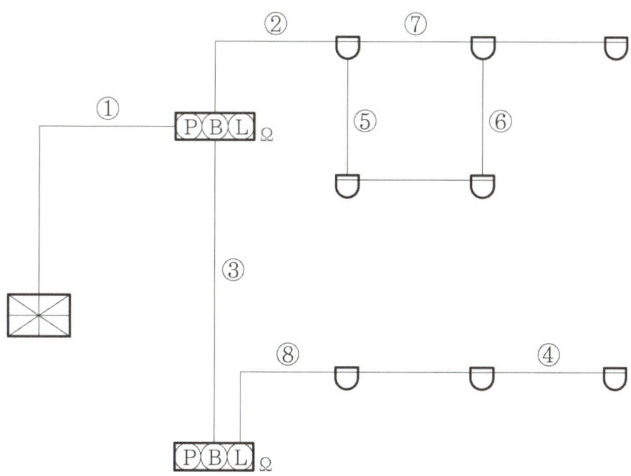

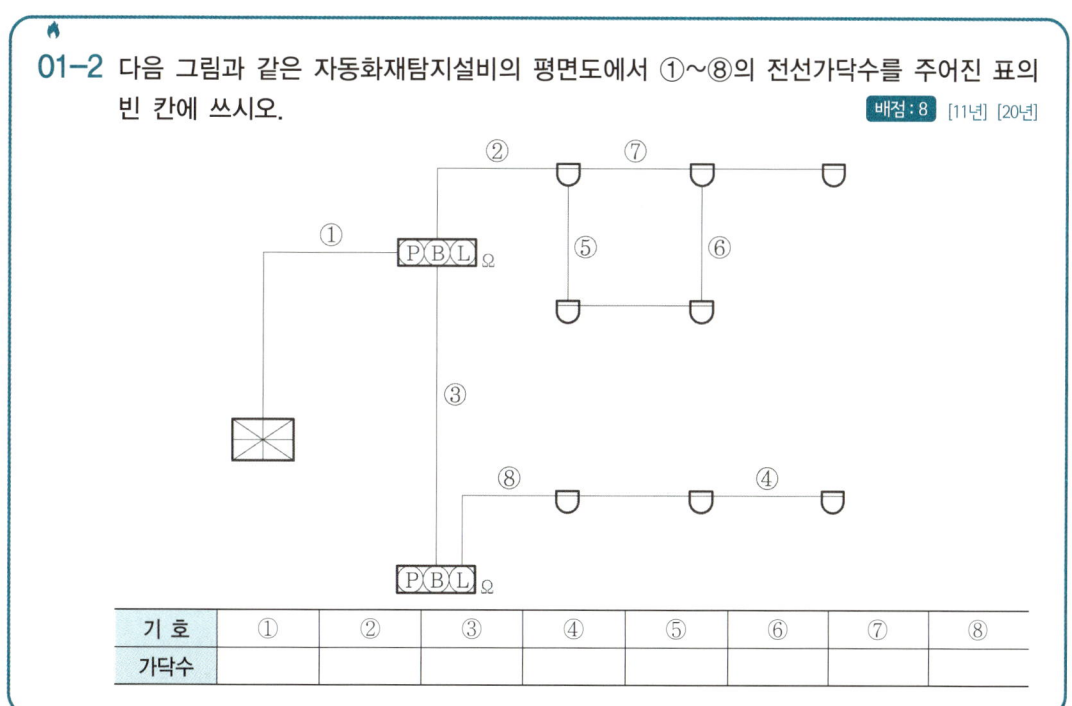

기 호	①	②	③	④	⑤	⑥	⑦	⑧
가닥수								

• 실전모범답안

기 호	①	②	③	④	⑤	⑥	⑦	⑧
가닥수	7	4	6	4	2	2	2	4

상세해설

일제경보방식(기본 가닥수 : 6가닥)

번호	가닥수	전선의 사용 용도(가닥수)					
		회로 공통선	경종·표시등 공통선	경종선	표시등선	발신기선	회로선
		① 회로선 7가닥 초과 시마다 1가닥 추가	① 1가닥	1가닥	① 1가닥		종단저항수 또는 경계구역수 또는 발신기세트수마다 1가닥 추가
		② 조건에 따라 추가	② 조건에 따라 추가		② 조건에 따라 추가		
①	7	1	1	1	1	1	2
②	4	2	–	–	–	–	2
③	6	1	1	1	1	1	1
④	4	2	–	–	–	–	2
⑤	2	1	–	–	–	–	1
⑥	2	1	–	–	–	–	1
⑦	2	1	–	–	–	–	1
⑧	4	2	–	–	–	–	2

Tip 평면도 상에서는 일제경보방식으로 생각하자!!

쉬어가는 코너

길을 잃는 것은 길을 찾는 한가지 방법이다.

-아프리카 속담-

01-3 다음 도면을 보고 물음에 답하시오.

배점 : 10 [10년]

[조건]

본 도면은 1층 사무실의 내화구조로서 천장높이는 3.6m, 전선관은 금속관으로서 후강전선관을 사용하며 콘크리트 매립배관을 한다. 또한 자동화재탐지설비는 P형 1급을 설치한다.

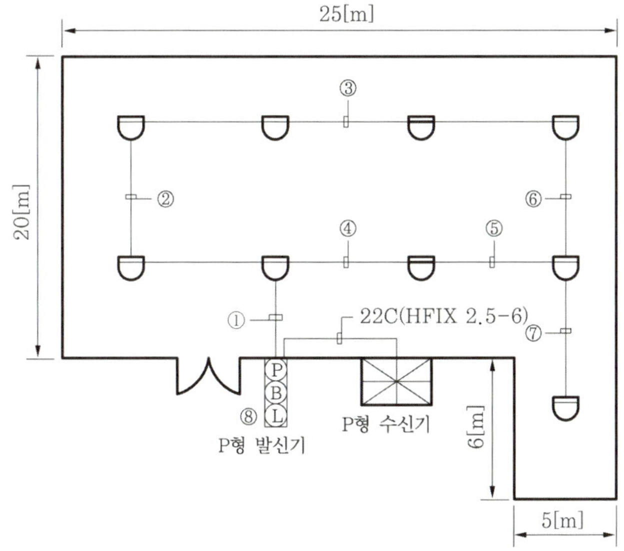

(1) ①~⑦에 해당하는 곳의 전선가닥수를 쓰시오.

(2) ⑧에 사용되는 종단저항수는 몇 개인지 쓰시오.

(3) HFIX 전선의 명칭을 쓰시오.

• **실전모범답안**

(1) ① 4가닥 ② 2가닥 ③ 2가닥 ④ 2가닥 ⑤ 2가닥 ⑥ 2가닥 ⑦ 4가닥

(2) 1개

(3) 450/750V 저독성 난연 가교 폴리올레핀 절연전선

Tip **송배선식 배선**의 종단저항은 **회로의 말단**에만 설치하므로 **1개**, **교차회로방식**의 경우에는 **서로 다른 A, B 두 회로**의 말단에 설치하므로 **2개**임을 기억하자!!

01-4 다음 도면은 어느 사무실 건물의 1층 자동화재탐지설비의 미완성 평면도를 나타낸 것이다. 이 건물은 지상 3층으로 각 층의 평면은 1층과 동일하다고 한다. 평면도 및 주어진 조건을 이용하여 각 물음에 답하시오.

배점 : 12 [09년] [20년]

[조건]

① 계통도 작성 시 각 층 수동발신기는 1개씩 설치하는 것으로 한다.
② 계단실의 감지기는 설치를 제외한다.
③ 간선의 사용 전선은 HFIX 2.5mm²이며, 공통선은 발신기 공통 1선, 경종·표시등 공통 1선을 각각 사용한다.
④ 계통도 작성 시 전선수는 최소로 한다.
⑤ 전선관공사는 후강전선관으로 콘크리트 내 매립 시공한다.
⑥ 각 실은 이중천장이 없는 구조이며, 천장에 감지기를 바로 취부한다.
⑦ 각 실의 바닥에서 천장까지 층고는 2.8m이다.
⑧ 화재로 인하여 하나의 층의 지구음향장치 또는 배선이 단락되어도 다른 층의 화재 통보에 지장이 없도록 각 층 배선 상에 유효한 조치를 하였다.

〈도면〉

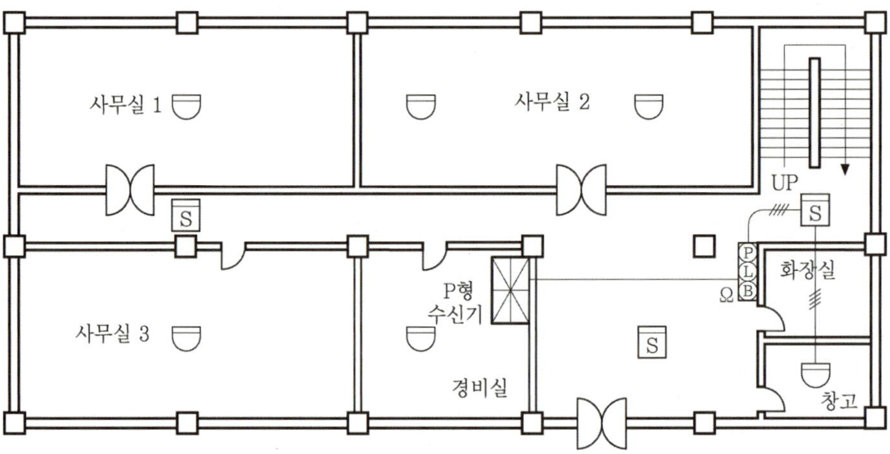

(1) 도면의 P형 수신기는 최소 몇 회로용을 사용해야 하는지 쓰시오.
(2) 수신기에서 발신기세트까지 전선가닥수는 몇 가닥이며, 여기에 사용되는 후강전선관은 몇 [mm]를 사용하는지 쓰시오.
(3) 연기감지기를 매립인 것으로 사용할 경우 도시기호를 그리시오.
(4) 배관 및 배선을 하여 자동화재탐지설비의 도면을 완성하고 전선가닥수를 표기하시오.
(5) 간선계통도를 그리시오.

• **실전모범답안**

(1) 5회로용
(2) ① 가닥수 : 8가닥
② 후강전선관 : 28mm
(3) 

(4)

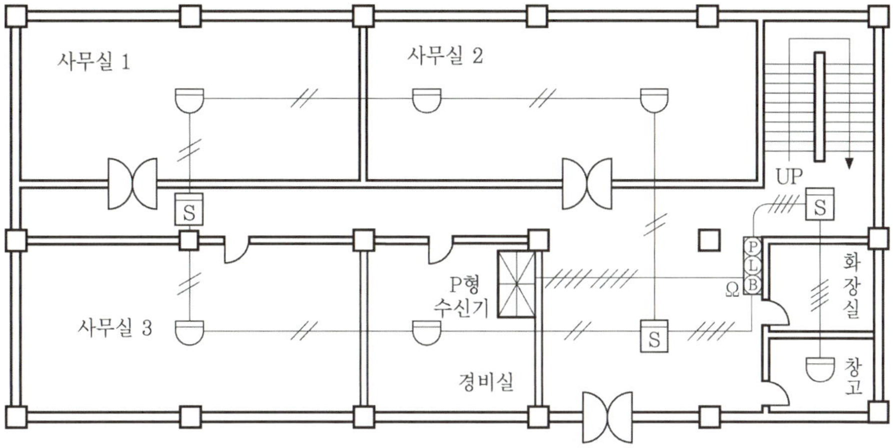

(5)

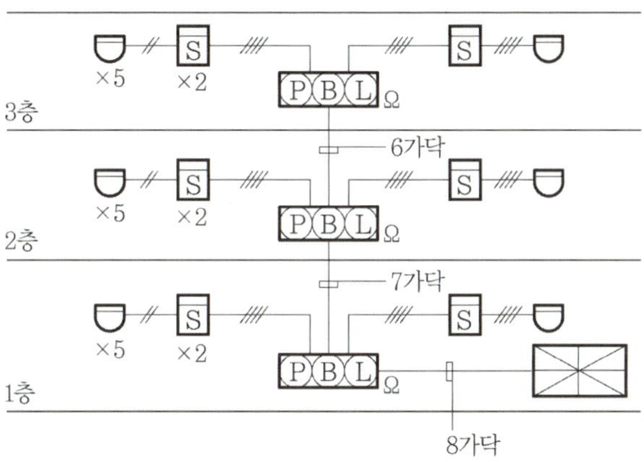

상세해설

(1) P형 수신기의 회로수

한 층에 **종단저항**이 **1개소**이므로 **층별 1회로**이다. 따라서 1회로×3개 층=3회로가 된다. 그러나, **P형 수신기**의 **최소 회로수**는 5회로이므로 **5회로용**을 선정한다.

(2) 전선가닥수 & 전선관의 굵기

① **경보방식**

㉠ **일제경보방식** : 화재로 인한 경보 발령 시 **전 층**에 **동시**에 **경보**를 발하는 방식

㉡ **우선경보방식(직상발화)** : 층수가 11층(**공동주택**의 경우에는 16층) 이상의 특정소방대상물은 **발화층**에 따라 **경보하는 층**을 **달리하여 경보**를 발할 수 있도록 할 것

※ 문제조건에서 **지상 3층**이므로 **일제경보방식**으로 풀어야 한다.

② 자동화재탐지설비의 전선가닥수(P형)

일제경보방식(기본 가닥수 : 7가닥)

구분	가닥수	전선의 사용 용도(가닥수)					
		회로 공통선	경종·표시등 공통선	경종선	표시등선	발신기선	회로선
		① 회로선 7가닥 초과 시마다 1가닥 추가 ② 조건에 따라 추가	① 1가닥 ② 조건에 따라 추가	1가닥	① 1가닥 ② 조건에 따라 추가		종단저항수 또는 경계구역수 또는 발신기세트수마다 1가닥 추가
1층 발신기 ↕ 수신기	8	1	1	1	1	1	3

③ 전선관의 규격

전선규격	전선관의 규격			
	16mm	22mm	28mm	36mm
1.5mm^2	1~9가닥	10가닥	11~17가닥	–
2.5mm^2	1~4가닥	5~7가닥	8~12가닥	13~21가닥

Tip 계통도 작성 시 발신기만 표시하는 경우가 많다. **감지기**와 **종단저항**도 표시하자!!

01-5 다음 도면은 자동화재탐지설비의 평면도를 나타낸 것이다. 이 도면을 보고 다음 각 물음에 답하시오. (단, 모든 배관은 슬리브 내 매립배관이며 이중천장이 없는 구조이다.) 배점 : 10 [08년]

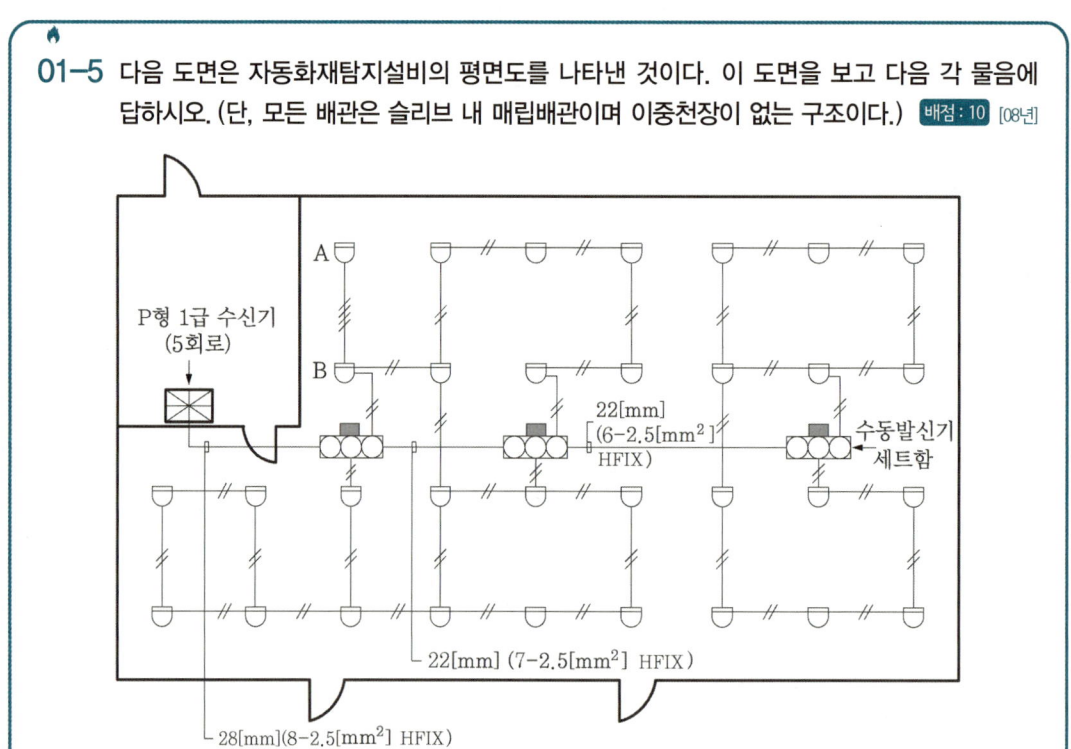

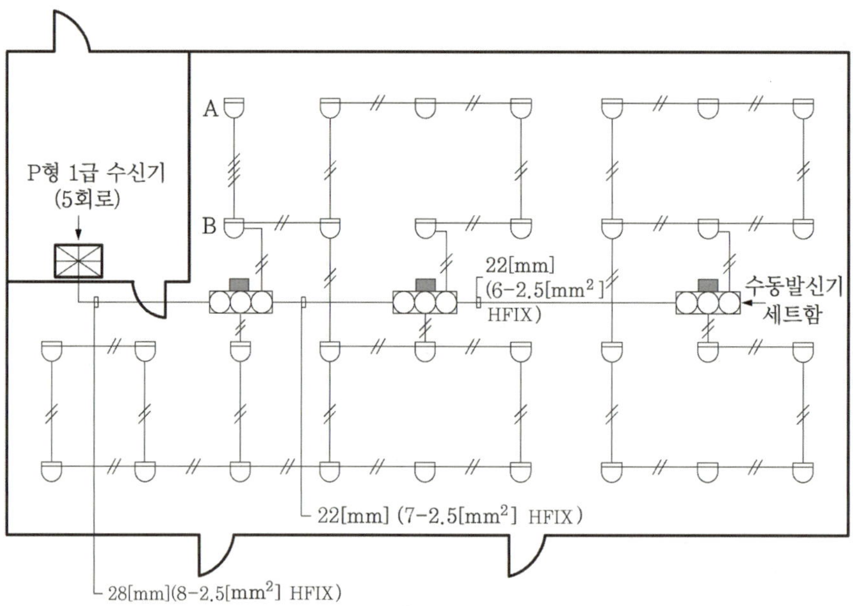

〈범례〉

 : 차동식스포트형감지기(2종)

 : 수동발신기 세트함

 : 수신기 P형(5회로)

(1) 도면의 잘못된 부분(배관 및 배선)을 고쳐서 올바른 도면으로 그리시오. (단, 배관 및 배선 가닥수는 최소화하여 적용한다.)

(2) A-B 사이의 전선관은 최소 몇 [mm]를 사용하는지 쓰시오.

(3) 수동발신기 세트함에는 어떤 것들이 내장되는지 쓰시오.

• 실전모범답안

(1)

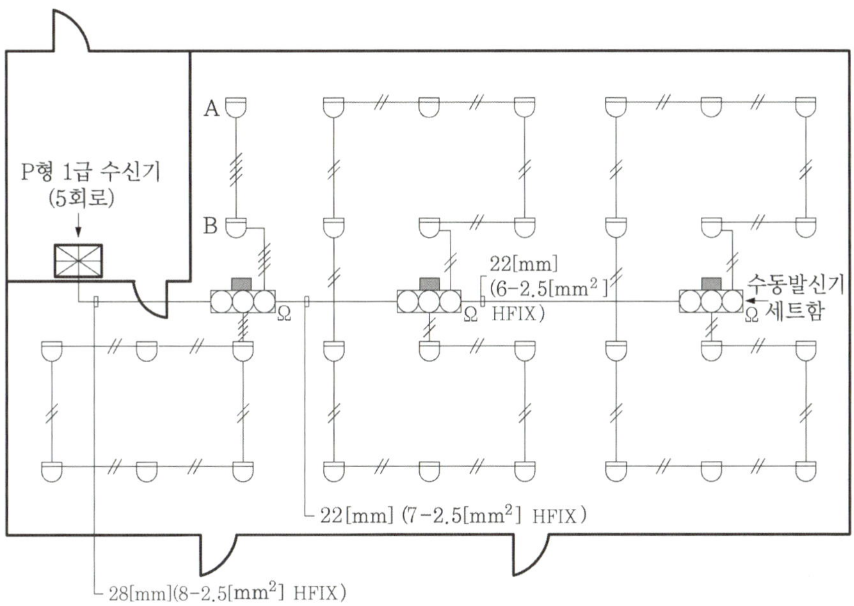

(2) 16mm

(3) ① 경종 ② 위치표시등 ③ 발신기

상세해설

(2) 전선관의 굵기

① **A-B 사이의 배선내역**

16mm(HFIX 1.5mm²-4가닥(공통(2), 회로(2))

② **전선관의 규격**

전선규격	전선관의 규격			
	16mm	22mm	28mm	36mm
1.5mm²	1~9가닥	10가닥	11~17가닥	-
2.5mm²	1~4가닥	5~7가닥	8~12가닥	13~21가닥

01-6 다음 조건과 도면을 참조하여 각 물음에 답하시오.

배점 : 8 [07년]

[조건]

① 주요구조부는 내화구조이다.
② 층고는 3.5m이다.
③ 사용되는 감지기의 종별은 모두 1종으로 한다.
④ 계단의 감지기는 다른 층에 설치된 것으로 한다.
⑤ 화장실에는 감지기를 설치하지 않는다.

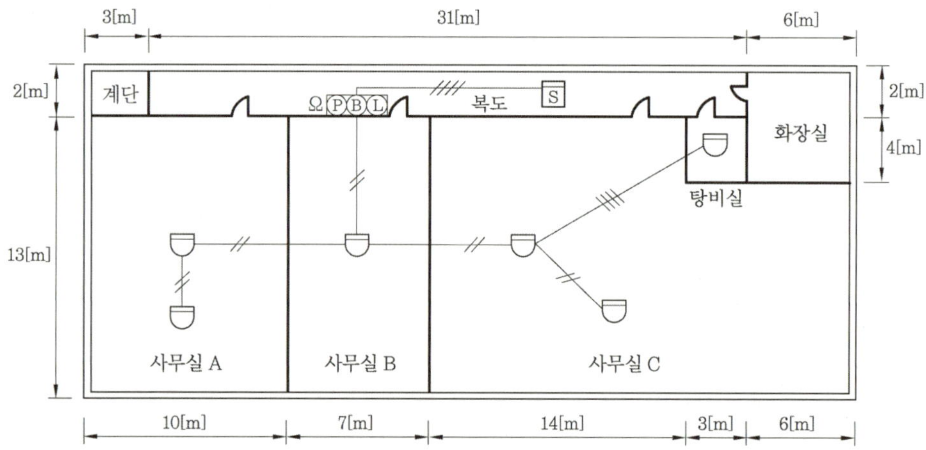

(1) 경계구역 면적 [m²]을 계산하고 그 면적에 대한 최소 경계구역수를 쓰시오.
(2) 위의 도면에서 설비상 잘못된 곳을 6가지 지적하고 바르게 설명하시오.

• **실전모범답안**

(1) ① 경계구역 면적 : 594m²
② 최소 경계구역수 : 1경계구역

(2) ① 사무실 B에 차동식스포트형감지기가 1개 설치되어 있다. → 2개 설치해야 한다.
② 사무실 C에 차동식스포트형감지기가 2개 설치되어 있다. → 3개 설치해야 한다.
③ 복도에 연기감지기가 1개 설치되어 있다. → 2개 설치해야 한다.
④ 사무실 A의 배선수가 2가닥이다. → 4가닥으로 배선해야 한다.
⑤ 사무실 B의 배선수가 2가닥이다. → 4가닥으로 배선해야 한다.
⑥ 사무실 C의 일부 배선수가 2가닥이다. → 4가닥으로 배선해야 한다.

상세해설

(1) 경계구역수

① **수평적 경계구역**

구 분	원 칙	예 외
층별	층마다	2개의 **층**을 **하나**의 **경계구역으로** 할 수 있는 경우 : 500m² 범위 안
면적	600m² 이하	1,000m² 이하로 할 수 있는 경우 : 주된 **출입구**에서 **내부 전체**가 보이는 것
길이	**한 변**의 **길이** : 50m 이하	–

② **경계구역 면적**

㉠ 평면도상의 바닥면적＝(3+31+6)m×(13+2)m＝**600m²**

㉡ **계단**은 **수직적 경계구역**이므로 **수평적 경계구역 면적**에 **산입하지 않는다.**

∴ 경계구역 면적＝600m²－(3×2)m²＝**594m²**

③ **최소 경계구역수**

$\frac{594m^2}{600m^2}$＝0.99 ≒ **1경계구역**(**소수점 이하**는 **절상**한다.)

Tip 면적에 대한 최소 경계구역수(수평적 경계구역)를 구하라 하였으므로 수직적 경계구역인 계단은 산입하지 않는다!!

(2) 도면 수정

① **차동식·보상식·정온식 스포트형감지기의 부착높이에 따른 바닥면적 기준**

(단위 : [m²])

부착높이 및 소방대상물의 구분		감지기의 종류						
		차동식 스포트형		보상식 스포트형		정온식 스포트형		
		1종	2종	1종	2종	특종	1종	2종
4m 미만	내화구조	90	70	90	70	70	60	20
	기타 구조	50	40	50	40	40	30	15
4m 이상 8m 미만	내화구조	45	35	45	35	35	30	－
	기타 구조	30	25	30	25	25	15	－

② **내화구조, 층고가 4m 미만, 사용되는 감지기의 종별은 모두 1종을 사용하므로 차동식스포트형(1종)의 기준면적은 90m²이다.**

㉠ B사무실의 바닥면적 : 7×13＝**91m²**

감지기의 설치개수＝$\frac{91m^2}{90m^2}$＝1.011 ≒ **2개**(**소수점 이하**는 **절상**한다.)

∴ **2개**를 설치해야 한다.

㉡ C사무실의 바닥면적 : (23×9)m²+(14×4)m²＝**263m²**

감지기의 설치개수＝$\frac{263m^2}{90m^2}$＝2.922 ≒ **3개**(**소수점 이하**는 **절상**한다.)

∴ **3개**를 설치해야 한다.

③ 연기감지기의 복도 및 통로 설치기준

㉠ **1종, 2종** : 보행거리 30m마다 설치

㉡ **3종** : 보행거리 20m마다 설치

복도의 길이가 **31m**이므로

감지기 설치개수＝$\frac{31m}{30m}$＝1.033 ≒ **2개**(**소수점 이하**는 **절상**한다.)

∴ **2개**를 설치해야 한다.

01-7 다음 도면은 어떤 12층 건물에 대한 자동화재탐지설비의 평면도이다. 이 평면도를 보고 다음 각 물음에 답하시오. 배점 : 12 [04년]

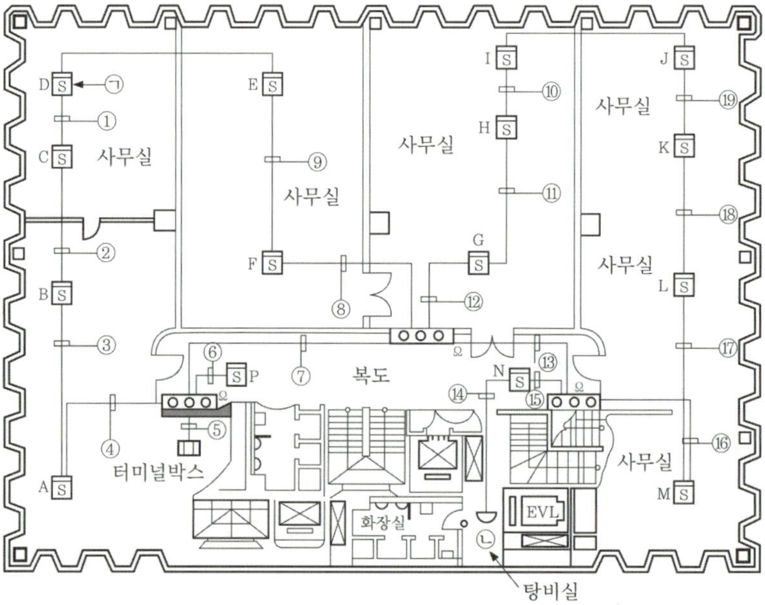

(1) 도면의 배관배선이 잘못된 곳이 3개소(누락 또는 연결오류) 있다. 이곳을 지적하여 올바른 방법을 설명하시오. (단, 감지기 기호를 이용하여 답할 것)

(2) ①~⑲까지는 최소 몇 가닥의 전선이 필요한지 구하시오. (단, 수동 발신기간 배선은 처음 6선으로부터 결선을 시작하는 것으로 하고, 화재로 인하여 하나의 층의 지구음향장치 또는 배선이 단락되어도 다른 층의 화재 통보에 지장이 없도록 각 층 배선 상에 유효한 조치를 하였다.)

(3) 소요되는 부싱은 최소 몇 개가 필요한지 구하시오. (단, 크기에 관계없이 개수만 답하도록 한다.)

(4) 도면에서 ㉠, ㉡은 어떤 감지기의 그림 기호인지 쓰시오.

• **실전모범답안**

(1) ① • 잘못된 곳 : 연기감지기 D와 E 사이에 배관배선이 연결되어 있다.
  • 올바른 방법 : 배관배선을 해체해야 한다.
② • 잘못된 곳 : 연기감지기 E와 I 사이에 배관배선이 연결되어 있지 않다.
  • 올바른 방법 : 배관배선을 연결해야 한다.
③ • 잘못된 곳 : 연기감지기 I와 J 사이에 배관배선이 연결되어 있다.
  • 올바른 방법 : 배관배선을 해체해야 한다.

(2) ① 4가닥 ② 4가닥 ③ 4가닥 ④ 4가닥
⑤ 8가닥 ⑥ 4가닥 ⑦ 7가닥 ⑧ 2가닥
⑨ 2가닥 ⑩ 2가닥 ⑪ 2가닥 ⑫ 2가닥
⑬ 6가닥 ⑭ 4가닥 ⑮ 4가닥 ⑯ 4가닥
⑰ 4가닥 ⑱ 4가닥 ⑲ 4가닥

(3) 40개

(4) ① 연기감지기
② 정온식스포트형감지기

상세해설

(1) 도면 수정

① 주어진 도면에서 발신기세트가 3개소 있는데, 이는 3개의 경계구역이 있다는 것을 의미한다.

② 일반적으로 경계구역의 구분은 복도, 통로, 방화벽 등을 기준으로 한다.

③ 따라서, 감지기 D와 E사이의 배관배선은 분리하고, E와 I사이의 배관배선은 연결하여 루프배선 방식으로 해야 하며, I와 J 사이의 배관배선은 분리해야 한다.

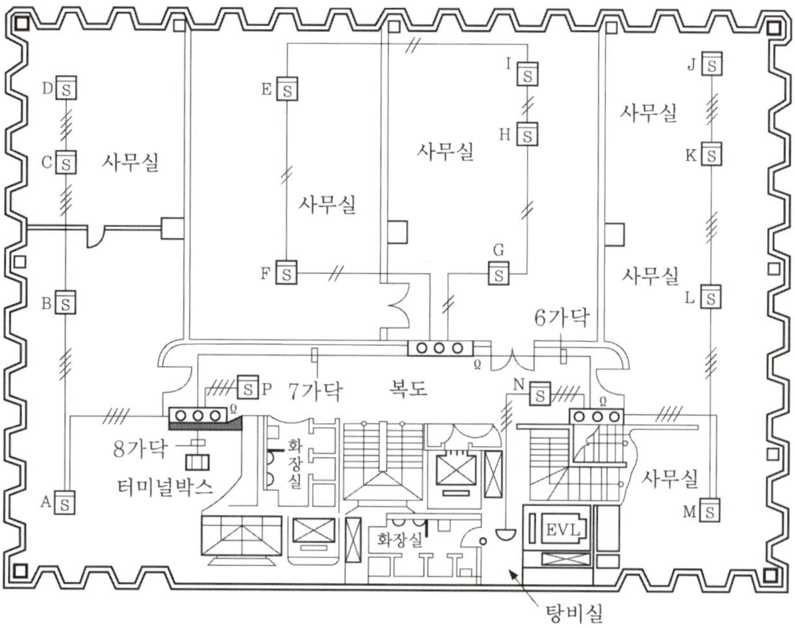

(2) 전선가닥수

자동화재탐지설비의 전선가닥수(P형)

일제경보방식(기본 가닥수 : 6가닥)

번호	가닥수	전선의 사용 용도(가닥수)					
		회로 공통선	경종·표시등 공통선	경종선	표시 등선	발신 기선	회로선
		① 회로선 7가닥 초과 시마다 1가닥 추가 ② 조건에 따라 추가	① 1가닥 ② 조건에 따라 추가	1가닥	① 1가닥 ② 조건에 따라 추가		종단저항수 또는 경계구역수 또는 발신기세트수마다 1가닥 추가
①~④	4	2	–	–	–	–	2
⑤	8	1	1	1	1	1	3
⑥	4	2	–	–	–	–	2
⑦	7	1	1	1	1	1	2
⑧~⑫	2	1	–	–	–	–	1
⑬	6	1	1	1	1	1	1
⑭~⑲	4	2	–	–	–	–	2

※ 층수가 12층이지만 **한 층**의 평면도만을 다루고 있다. 경종은 **층별**로 **출력**되기 때문에 **경종선**은 **추가되지 않는다.**

(3) 부싱의 개수

① **부싱** : **전선**의 **절연피복**을 **보호**하기 위하여 **금속관 끝**에 취부하여 사용하는 것으로서 **전선관**과 **박스**(Box) 또는 함의 **접속개소**마다 사용한다.

② **소요 개수 산출**

구 분	부싱 개수
감지기	28
발신기세트	11
터미널박스	1
합계	40

01-8 **다음은 내화구조인 지하 1층 지상 5층인 건물의 지상 1층 평면도이다. 각 층의 층고는 4.3m이고, 천장과 반자 사이의 높이는 0.5m이다. 각 실내에는 반자가 설치되어 있으며, 계단감지기 3층과 5층에 설치되어 있다. 조건을 참조하여 각 물음에 답하시오.** 배점 : 9 [06년]

[조건]

① ㉮실에는 차동식스포트형감지기 2종을 설치한다.
② ㉯실에는 연기감지기 2종을 설치한다.
③ ㉰실에는 정온식스포트형감지기 1종을 설치하며, 복도에는 연기감지기 2종을 설치한다.
④ 수신기는 1층에 설치한다.
⑤ 계단감지기는 3층 발신기세트에 연결하여 배선한다.
⑥ 화재로 인하여 하나의 층의 지구음향장치 또는 배선이 단락되어도 다른 층의 화재 통보에 지장이 없도록 각 층 배선 상에 유효한 조치를 하였다.

(1) 각 실에 설치되어야 할 감지기의 설치수량을 다음 표 안에 산출식과 함께 쓰시오.

구 분	산출식	설치수량
㉮실		
㉯실		
㉰실		
복도		

(2) (1)에서 구한 감지기 수량을 다음 평면도상에 각 감지기의 도시기호를 이용하여 그려넣고, 각 기기간을 배선하되 배선수를 명시하시오. (배선수 명시의 예 : ―//―)

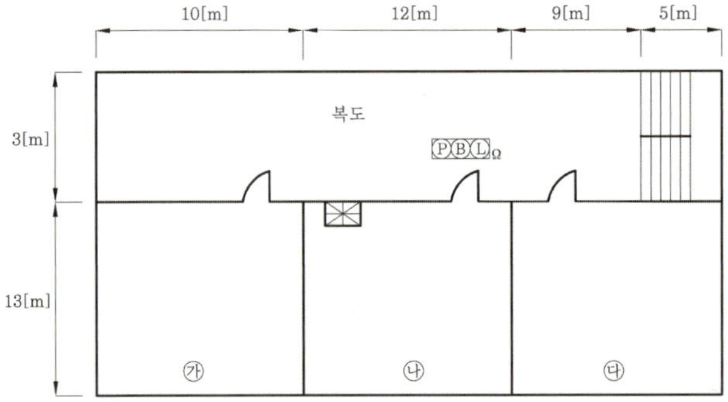

• 실전모범답안

(1)

구 분	산출식	설치수량
㉮실	$\frac{10\times13}{70}=1.857≒2$	2개
㉯실	$\frac{12\times13}{150}=1.04≒2$	2개
㉰실	$\frac{(9+5)\times13}{60}=3.033≒4$	4개
복도	$\frac{(10+12+9)}{30}=1.033≒2$	2개

(2)

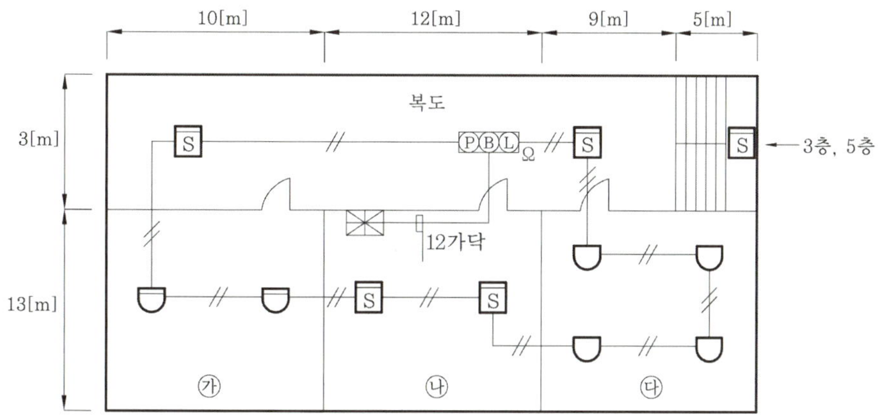

상세해설

(1) 감지기 설치수량

① 차동식·보상식·정온식 스포트형감지기의 부착높이에 따른 바닥면적 기준

(단위 : [m²])

부착높이 및 소방대상물의 구분		감지기의 종류						
		차동식 스포트형		보상식 스포트형		정온식 스포트형		
		1종	2종	1종	2종	특종	1종	2종
4m 미만	내화구조	90	70	90	70	70	60	20
	기타 구조	50	40	50	40	40	30	15
4m 이상 8m 미만	내화구조	45	35	45	35	35	30	–
	기타 구조	30	25	30	25	25	15	–

② 연기감지기의 부착높이별 바닥면적 기준

(단위 : [m²])

부착높이	감지기의 종류	
	1종 및 2종	3종
4m 미만	150	50
4m 이상 20m 미만	75	설치 불가

③ 문제에서 각 층의 **층고**는 4.3m이고, **천장**과 **반자 사이**의 **높이**는 0.5m이므로 **바닥으로부터 반자**까지의 **높이**는 4.3m−0.5m=**3.8m**이다.
각 실에는 반자가 설치되어 있으며 반자가 설치되어 있는 경우에는 **반자**에 **감지기**를 **설치**하므로 감지기의 **부착높이**는 3.8m가 된다.

㉠ **㉮실**

- **내화구조**, 부착높이 4m 미만, **차동식스포트형감지기 2종**을 설치하므로 기준면적은 $70m^2$가 된다.

∴ 감지기 설치수량= $\frac{10m \times 13m}{70m^2} = 1.857 ≒$ **2개**(**소수점 이하**는 **절상**한다.)

㉡ **㉰실**

- **내화구조**, 부착높이 4m 미만, **정온식스포트형감지기 1종**을 설치하므로 기준면적은 $60m^2$가 된다.

∴ 감지기 설치수량= $\frac{(9+5)m \times 13m}{60m^2} = 3.033 ≒$ **4개**(**소수점 이하**는 **절상**한다.)

㉢ **㉯실**

- 부착높이 4m 미만, **연기감지기 2종**을 설치하므로 기준면적은 $150m^2$가 된다.

∴ 감지기 설치수량= $\frac{12m \times 13m}{150m^2} = 1.04 ≒$ **2개**(**소수점 이하**는 **절상**한다.)

㉣ **복도**

- **복도**에서의 **감지기 설치수량**은 바닥면적 기준이 아닌 **보행거리 기준**이다.
- 연기감지기 2종을 설치하므로 보행거리 기준은 30m가 된다.

※연기감지기(1종·2종) : 보행거리 30m 이하
연기감지기(3종) : 보행거리 20m 이하

∴ 감지기 설치수량= $\frac{(10+12+9)m}{30m} = 1.033 ≒$ **2개**(**소수점 이하**는 **절상**한다.)

Tip 계단은 수직적 경계구역이므로 고려하지 않으며, 복도는 면적(m^2) 기준이 아닌 보행거리(m) 기준임을 잊지 말자!

(2) 도면 작성 & 전선가닥수

① **자동화재탐지설비의 전선가닥수(P형)**
층수가 **5층**으로서 **11층 미만**이므로 **일제경보방식**이다.

쉬어가는 코너

공부벌레에게 잘 해주십시오. 나중에 그 사람 밑에서 일하게 될 수도 있습니다.
-빌 게이츠-

일제경보방식(기본 가닥수 : 6가닥)

번호	가닥수	전선의 사용 용도(가닥수)					
		회로 공통선	경종·표시등 공통선	경종선	표시등선	발신기선	회로선
		① 회로선 7가닥 초과 시마다 1가닥 추가	① 1가닥	1가닥	① 1가닥		종단저항수 또는 경계구역수 또는 발신기세트수마다 1가닥 추가
		② 조건에 따라 추가	② 조건에 따라 추가		② 조건에 따라 추가		
계단감지기↔지상 3층 발신기세트	4	2	–	–	–	–	2
지상 5층↔지상 4층	6	1	1	1	1	1	1
지상 4층↔지상 3층	7	1	1	1	1	1	2
지상 3층↔지상 2층	9	1	1	1	1	1	4
지상 2층↔지상 1층	10	1	1	1	1	1	5
지상 1층↔수신기	12	1	1	1	1	1	7
지하 1층↔지상 1층	6	1	1	1	1	1	1

② **도시기호**

㉠ **설계**는 **경제성**을 고려하여 **최소 물량**으로 하는 것이 원칙이며, **배선**을 **최소화**하기 위해 **루프(loop)방식**으로 하는 것이 바람직하다.

㉡ 문제에서 **계단감지기**가 **3층**과 **5층**에 설치되어 있으므로 **도면상**에 **표기**할 것. 위 사항을 고려하여 도면을 작성하면 다음과 같다.

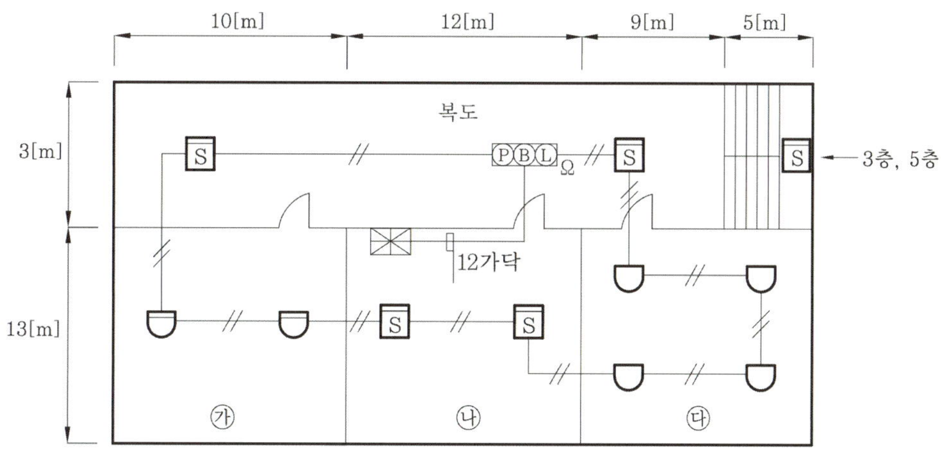

01-9 지하 4층, 지상 6층인 건물에 연기감지기(2종)를 설치하려고 한다. 다음 물음에 답하시오.

배점 : 8 [03년]

(1) 감지기의 부착높이가 3m이고, 바닥면적이 310m²인 경우 전 층에 설치되는 감지기의 최소 설치개수를 구하시오.
(2) 복도의 길이(보행거리)가 53m인 경우 몇 개 이상을 설치해야 하는지 구하시오.
(3) 지하 4층, 지상 6층, 층고 3m인 건축물의 계단에서 연기감지기를 설치할 경우 몇 개 이상을 설치해야 하는지 단면도를 그려서 설명하시오.

• **실전모범답안**

(1) 30개
(2) 2개
(3) ① 설치개수 : 3개
② 단면도
③ 연기감지기 2종을 설치하므로 기준거리는 15m이고, 지하 4층이므로 지하층은 별도의 경계구역으로 해야 한다.

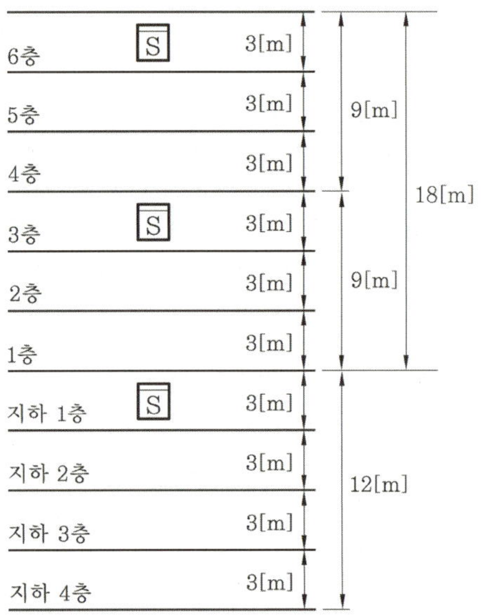

상세해설

(1) 연기감지기의 설치기준(거실)

① **연기감지기의 부착높이별 바닥면적 기준**

(단위 : [m²])

부착높이	감지기의 종류	
	1종 및 2종	3종
4m 미만	150	50
4m 이상 20m 미만	75	설치 불가

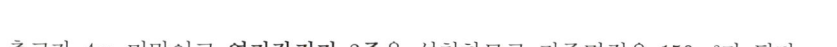

층고가 4m 미만이고 **연기감지기 2종**을 설치하므로 기준면적은 **150m²**가 된다.

∴ 감지기의 층당 최소 설치개수= $\frac{310\text{m}^2}{150\text{m}^2}$ =2.066 ≒ **3개**(**소수점 이하**는 **절상**한다.)

10개 층이므로 3개×10개 층=**30개**

(2) 연기감지기의 복도 및 통로의 보행거리 설치기준

연기감지기는 복도 및 통로에 있어서는 보행거리 30m(3종 : 20m)마다 1개 이상 설치해야 한다. 연기감지기 2종을 설치하므로 기준거리는 30m가 된다.

∴ 설치개수= $\frac{53\text{m}}{30\text{m}}$ =1.766 ≒ **2개**(**소수점 이하**는 **절상**한다.)

(3) 연기감지기의 계단 및 경사로의 수직거리 설치기준 및 수직적 경계구역

① 연기감지기는 계단 및 경사로에 있어서는 수직거리 15m(3종 : 10m)마다 1개 이상 설치해야 한다.

② **수직적 경계구역**

구 분	계단, 경사로	E/V 승강로(권상기실이 있는 경우에는 권상기실), 린넨슈트, 파이프 피트 및 덕트
높이	45m 이하	제한 없음
지하층	별도의 경계구역으로 할 것(지하 1층만 있을 경우 제외. 즉, 지상층과 하나의 경계구역으로 할 수 있다.)	제한 없음

연기감지기 2종을 설치하므로 **기준거리**는 **15m**이고, **지하 4층**이므로 **별도**의 **경계구역**으로 해야 한다.

따라서, 설치개수는 다음과 같다.

㉠ 지상층 : $\frac{3\text{m} \times 6\text{개 층}}{15\text{m}}$ =1.2 ≒ **2개**(**소수점 이하**는 **절상**한다.)

㉡ 지하층 : $\frac{3\text{m} \times 4\text{개 층}}{15\text{m}}$ =0.8 ≒ **1개**(**소수점 이하**는 **절상**한다.)

∴ 총 설치개수 : 지상층 2개+지하층 1개=**3개**가 된다.

- 계단에 연기감지기를 설치0할 경00우 지상층은 최상층(본 문제에서는 6층), 지하층은 지하 1층부터 설치한다.
- 연기감지기 2종을 설치하므로 수직거리 15m 이내에 1개씩 들어가도록 배치해야 한다.

③ **단면도**

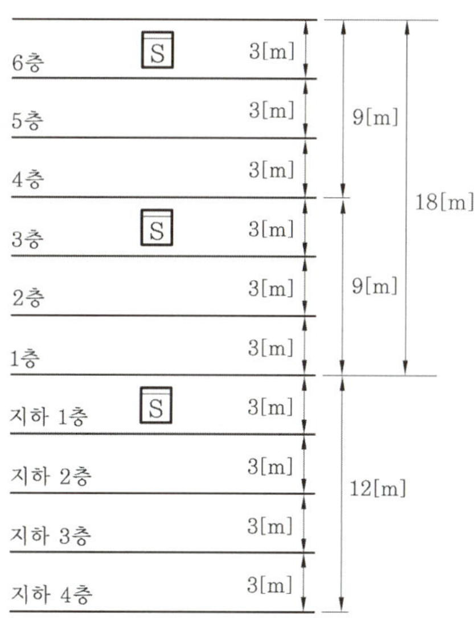

01-10 경계구역이 5회로인 자동화재탐지설비의 간선계통도를 그리고 간선계통도상에 최소 전선수를 표기하시오. (단, 수신기는 P형 1급 5회로 수신기이고, 화재로 인하여 하나의 층의 지구음향장치 또는 배선이 단락되어도 다른 층의 화재 통보에 지장이 없도록 각 층 배선 상에 유효한 조치를 하였다.) 배점 : 5 [05년]

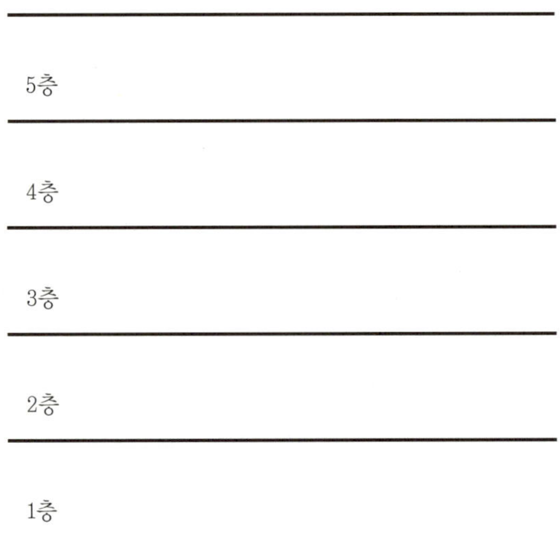

• 실전모범답안

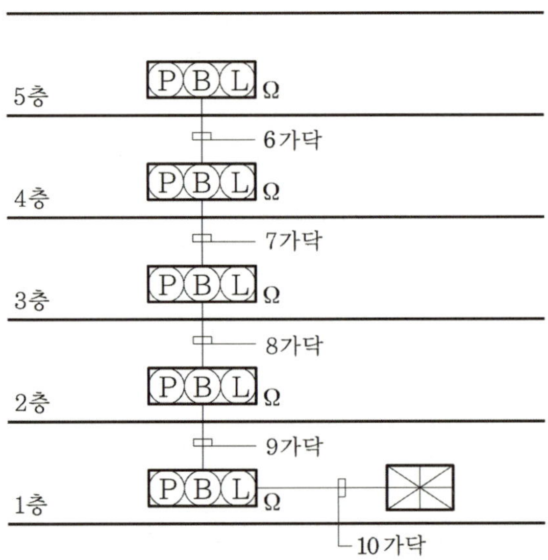

상세해설

자동화재탐지설비의 전선가닥수(P형)

일제경보방식(기본 가닥수 : 6가닥)

번호	가닥수	전선의 사용 용도(가닥수)					
		회로 공통선	경종 · 표시등 공통선	경종선	표시 등선	발신 기선	회로선
		① 회로선 7가닥 초과 시마다 1가닥 추가 ② 조건에 따라 추가	① 1가닥 ② 조건에 따라추가	1가닥	① 1가닥 ② 조건에 따라 추가		종단저항수 또는 경계구역수 또는 발신기세트수마다 1가닥 추가
5층→4층	6	1	1	1	1	1	1
4층→3층	7	1	1	1	1	1	2
3층→2층	8	1	1	1	1	1	3
2층→1층	9	1	1	1	1	1	4
1층→수신기	10	1	1	1	1	1	5

쉬어가는 코너

의심으로 가득 찬 마음은 승리로의 여정에 집중할 수 없다.

-아서 골든-

01-11 주어진 조건을 이용하여 자동화재탐지설비의 수동발신기간 연결간선수를 구하고 각 선로의 용도를 표시하시오. 배점 : 12 [04년] [05년]

[조건]

① 선로의 수는 최소로 하고 발신기 공통선은 1선, 경종 및 표시등 공통선을 1선으로 하고 7경계구역이 넘을 시 발신기 공통선, 경종 및 표시등 공통선은 각각 1선씩 추가하는 것으로 한다.

② 건물의 규모는 지상 6층, 지하 2층으로 연면적은 3,500m^2인 것으로 한다.

③ 화재로 인하여 하나의 층의 지구음향장치 또는 배선이 단락되어도 다른 층의 화재 통보에 지장이 없도록 각 층 배선 상에 유효한 조치를 하였다.

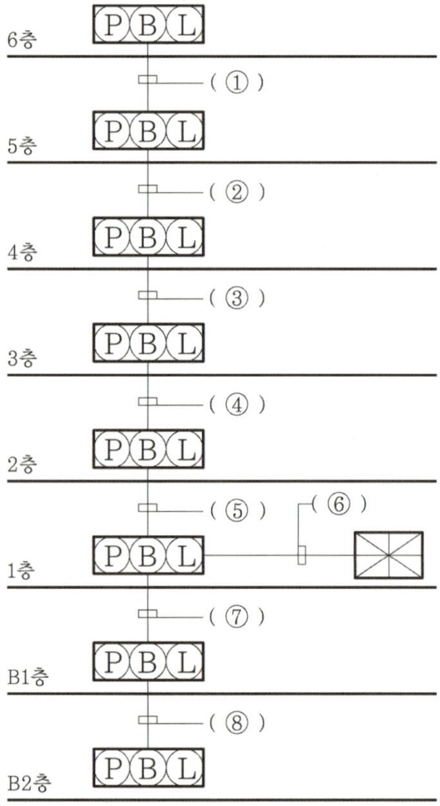

〈답안 작성 예시(7선)〉

- 수동발신기 지구선 : 2선
- 수동발신기 응답선 : 1선
- 수동발신기 공통선 : 1선
- 경종선 : 1선
- 표시등선 : 1선
- 경종 및 표시등 공통선 : 1선

• 실전모범답안

구 분	①	②	③	④	⑤	⑥	⑦	⑧
수동발신기 지구선	1선	2선	3선	4선	5선	8선	2선	1선
수동발신기 응답선	1선	1선	1선	1선	1선	1선	1선	1선
수동발신기 공통선	1선	1선	1선	1선	1선	2선	1선	1선
경종선	1선	1선	1선	1선	1선	1선	1선	1선
표시등선	1선	1선	1선	1선	1선	1선	1선	1선
경종 및 표시등 공통선	1선	1선	1선	1선	1선	2선	1선	1선
합계	6선	7선	8선	9선	10선	15선	7선	6선

상세해설

전선가닥수

① **경보방식**

층수가 **6층**으로서 **11층 미만**이므로 **일제경보방식**으로 풀어야 한다.

② **자동화재탐지설비의 전선가닥수(P형)**

일제경보방식(기본 가닥수 : 6가닥)

번호	가닥수	전선의 사용 용도(가닥수)					
		회로 공통선	경종 · 표시등 공통선	경종선	표시등선	발신기선	회로선
		① 회로선 7가닥 초과 시마다 **1가닥** 추가 ② 조건에 따라 추가	① 1가닥 ② 조건에 따라 추가	1가닥	① 1가닥 ② 조건에 따라 추가		**종단저항수** 또는 **경계구역수** 또는 **발신기세트수**마다 **1가닥** 추가
①	6	1	1	1	1	1	1
②	7	1	1	1	1	1	2
③	8	1	1	1	1	1	3
④	9	1	1	1	1	1	4
⑤	10	1	1	1	1	1	5
⑥	15	2	2	1	1	1	8
		※ **회로선 7가닥 초과** 시마다 **회로 공통선** 및 **경종·표시등 공통선**(문제조건) **1가닥**씩 추가					
⑦	7	1	1	1	1	1	2
⑧	6	1	1	1	1	1	1

※ 1. 답안 작성 예시가 주어질 시 예시에 따라 작성해야 한다.
2. **경종·표시등 공통선**을 조건에서 추가하라고 하는 경우가 있다. 주의할 것!!

01-12 다음 도면은 지하 1층, 지상 9층으로 연면적이 4,500m²인 건물에 설치된 자동화재탐지설비의 계통도이다. 간선의 전선가닥수와 각 전선의 용도 및 가닥수를 답안 작성 예시와 같이 작성하시오. (단, 자동화재탐지설비를 운용하기 위한 최소 전선수를 사용하도록 하고, 화재로 인하여 하나의 층의 지구음향장치 또는 배선이 단락되어도 다른 층의 화재 통보에 지장이 없도록 각 층 배선 상에 유효한 조치를 하였다.) 배점 : 10 [03년]

〈답안 작성 예시〉

번 호	가닥수	전선의 사용 용도(가닥수)
⑪	12	응답선(2), 지구선(2), 공통선(2), 경종선(2), 표시등선(2), 경종 및 표시등 공통선(2)

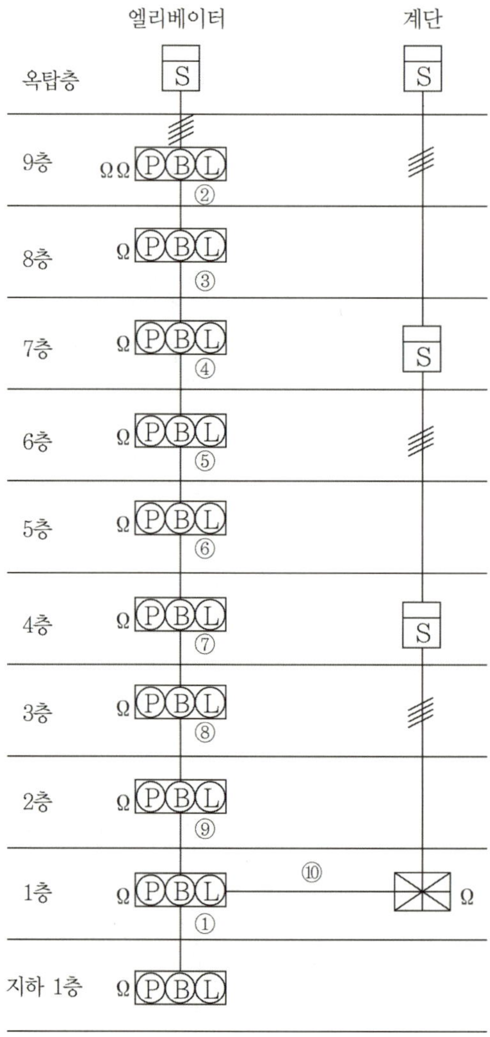

• 실전모범답안

번호	가닥수	전선의 사용 용도(가닥수)
①	6	응답선(1), 지구선(1), 공통선(1), 경종선(1), 표시등선(1), 경종 및 표시등 공통선(1)
②	7	응답선(1), 지구선(2), 공통선(1), 경종선(1), 표시등선(1), 경종 및 표시등 공통선(1)
③	8	응답선(1), 지구선(3), 공통선(1), 경종선(1), 표시등선(1), 경종 및 표시등 공통선(1)
④	9	응답선(1), 지구선(4), 공통선(1), 경종선(1), 표시등선(1), 경종 및 표시등 공통선(1)
⑤	10	응답선(1), 지구선(5), 공통선(1), 경종선(1), 표시등선(1), 경종 및 표시등 공통선(1)
⑥	11	응답선(1), 지구선(6), 공통선(1), 경종선(1), 표시등선(1), 경종 및 표시등 공통선(1)
⑦	12	응답선(1), 지구선(7), 공통선(1), 경종선(1), 표시등선(1), 경종 및 표시등 공통선(1)
⑧	14	응답선(1), 지구선(8), 공통선(2), 경종선(1), 표시등선(1), 경종 및 표시등 공통선(1)
⑨	15	응답선(1), 지구선(9), 공통선(2), 경종선(1), 표시등선(1), 경종 및 표시등 공통선(1)
⑩	17	응답선(1), 지구선(11), 공통선(2), 경종선(1), 표시등선(1), 경종 및 표시등 공통선(1)

상세해설

전선가닥수

① **경보방식**

층수가 **9층**으로서 **11층 미만**이므로 **일제경보방식**으로 풀어야 한다.

② **자동화재탐지설비의 전선가닥수(P형)**

일제경보방식(기본 가닥수 : 6가닥)

번호	가닥수	전선의 사용 용도(가닥수)					
		회로 공통선	경종·표시등 공통선	경종선	표시 등선	발신 기선	회로선
		① 회로선 7가닥 초과 시마다 1가닥 추가 ② 조건에 따라 추가	① 1가닥 ② 조건에 따라 추가	1가닥	① 1가닥 ② 조건에 따라 추가		종단저항수 또는 경계구역수 또는 발신기세트수마다 1가닥 추가
①	6	1	1	1	1	1	1
②	7	1	1	1	1	1	2
③	8	1	1	1	1	1	3
④	9	1	1	1	1	1	4
⑤	10	1	1	1	1	1	5
⑥	11	1	1	1	1	1	6
⑦	12	1	1	1	1	1	7
⑧	14	2	1	1	1	1	8
		※ **회로선 7가닥 초과** 시마다 **회로 공통선 1가닥**씩 추가					
⑨	15	2	1	1	1	1	9
⑩	17	2	1	1	1	1	11

Tip 경종·표시등 공통선은 조건에서 추가하라고 하는 경우가 있다. 주의하자!!

01-13 다음은 자동화재탐지설비의 계통도이다. 조건을 보고 각 물음에 답하시오. 배점 : 3 [13년]

[조건]

① 설비의 설계는 경제성을 고려하여 선정한다.
② 건물의 연면적은 5,500m²이다.
③ 공통선은 상층을 기준으로 시작하여 회로를 선정한다.
④ 경종과 표시등의 공통선은 회로 공통선과 별도로 하되 최소의 전선수로 한다.
⑤ 화재로 인하여 하나의 층의 지구음향장치 또는 배선이 단락되어도 다른 층의 화재 통보에 지장이 없도록 각 층 배선 상에 유효한 조치를 하였다.

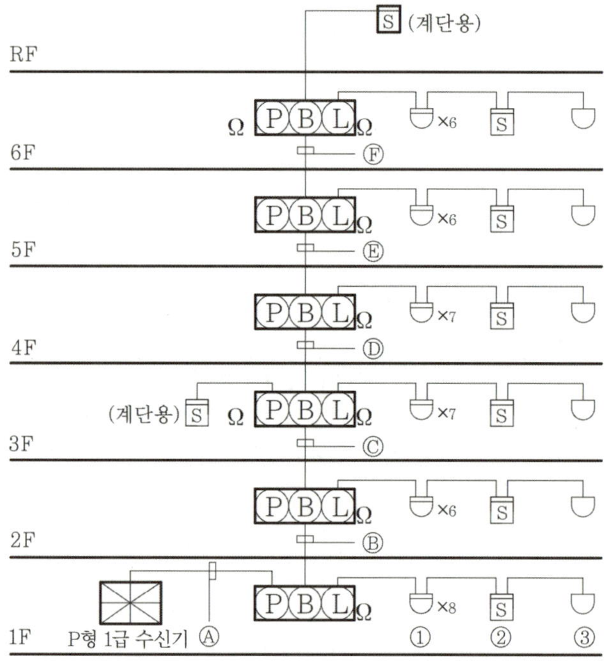

(1) 계통도상의 Ⓐ~Ⓕ의 전선가닥수는 최소 몇 가닥이 필요한지 구하시오.
(2) 계통도상의 발신기세트에 내장되어 있는 주요 기구 3가지를 쓰시오.
(3) 그림기호 ①은 어떤 감지기의 그림기호인지 쓰시오.
(4) 그림기호 ②는 연기감지기이다. 이 감지기를 '매립형'으로 공사할 때의 그림기호를 그리시오.
(5) 그림기호 ③은 정온식스포트형이다. '방수'인 것을 표시한 때의 그림기호를 그리시오.

- **실전모범답안**

(1) Ⓐ 14가닥 Ⓑ 12가닥 Ⓒ 11가닥 Ⓓ 9가닥 Ⓔ 8가닥 Ⓕ 7가닥
(2) ① 경종 ② 위치표시등 ③ 발신기
(3) 차동식스포트형감지기
(4) 

(5) 

상세해설

(1) 전선가닥수

① 경보방식

층수가 **6층**으로서 **11층 미만**이므로 **일제경보방식**으로 풀어야 한다.

② 자동화재탐지설비의 전선가닥수(P형)

일제경보방식(기본 가닥수 : 6가닥)

번호	가닥수	전선의 사용 용도(가닥수)					
		회로 공통선	경종·표시등 공통선	경종선	표시 등선	발신 기선	회로선
		① 회로선 7가닥 초과 시마다 1가닥 추가 ② 조건에 따라 추가	① 1가닥 ② 조건에 따라 추가	1가닥	① 1가닥 ② 조건에 따라 추가		종단저항수 또는 경계구역수 또는 발신기세트수마다 1가닥 추가
Ⓐ	14	2	1	1	1	1	8
Ⓑ	12	1	1	1	1	1	7
Ⓒ	11	1	1	1	1	1	6
Ⓓ	9	1	1	1	1	1	4
Ⓔ	8	1	1	1	1	1	3
Ⓕ	7	1	1	1	1	1	2

쉬어가는 코너

천재? 37년 간 하루도 빠짐없이 14시간 씩 연습했는데, 그들은 나를 천재라고 부른다.

-바이올린니스트 사라사테-

01-14 다음 그림과 같은 자동화재탐지설비 계통도를 보고 다음 각 물음에 답하시오. (단, 설치대상 건물의 연면적은 5,000m²이고, 화재로 인하여 하나의 층의 지구음향장치 또는 배선이 단락되어도 다른 층의 화재 통보에 지장이 없도록 각 층 배선 상에 유효한 조치를 하였다.)

배점 : 10 [03년] [04년] [18년]

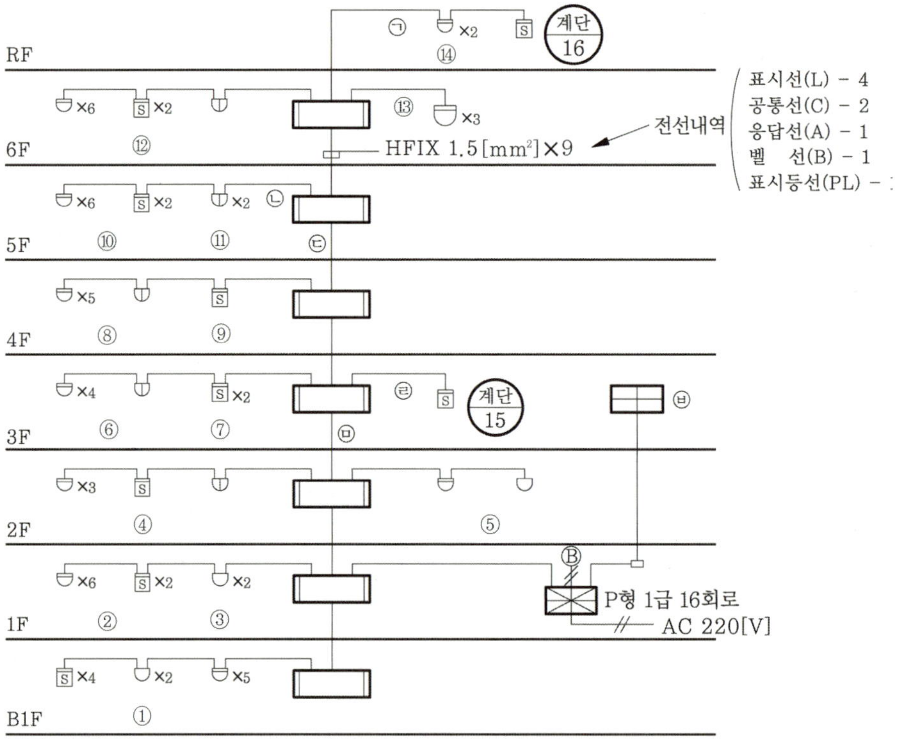

(1) ㉠~㉤의 전선가닥수는 각각 몇 가닥인지 구하시오. (단, 종단저항은 감지기 말단에 설치한 것으로 한다.)

(2) ㉥의 명칭은 무엇인지 쓰시오.

(3) 계통도상에 주어져 있는 전선내역을 참조하여 ㉤전선의 내역을 쓰시오.

(4) 계통도상에 주어져 있는 전선내역을 참조하여 ㉠전선의 내역을 쓰시오.

• **실전모범답안**

(1) ㉠ 4가닥 ㉡ 4가닥 ㉢ 11가닥 ㉣ 2가닥 ㉤ 17가닥

(2) 부수신기

(3) 공통선 3, 표시등선 1, 응답선 1, 벨선 1, 표시선 11

(4) 공통선 2, 표시선 2

상세해설

(1), (3), (4) 전선가닥수

① **경보방식**

층수가 **6층**으로서 **11층 미만**이므로 **일제경보방식**으로 풀어야 한다.

② **자동화재탐지설비의 전선가닥수(P형)**

일제경보방식(기본 가닥수 : 6가닥)

번호	가닥수	전선의 사용 용도(가닥수)					
		회로 공통선	경종 · 표시등 공통선	경종선	표시등선	발신기선	회로선
		① 회로선 7가닥 초과 시마다 1가닥 추가 ② 조건에 따라 추가	① 1가닥 ② 조건에 따라 추가	1가닥	① 1가닥 ② 조건에 따라 추가		**종단저항수** 또는 **경계구역수** 또는 **발신기세트수**마다 **1가닥** 추가
㉠	4	2	–	–	–	–	2
㉡	4	2	–	–	–	–	2
㉢	11	1	1	1	1	1	6
		※ 문제의 도면 6F의 전선내역을 참조하여 답안을 작성할 것 예) **공통선(2)**[공통선(1), 경종 및 표시등 공통선(1)], 표시등선(1), 발신기선(1), 전화선(1), 경종선(2), 회로선(6)					
㉣	2	1	–	–	–	–	1
㉤	17	2	1	1	1	1	11
		※ 문제의 도면 6F의 전선내역을 참조하여 답안을 작성할 것 예) **공통선(3)**[공통선(2), 경종 및 표시등 공통선(1)], 표시등선(1), 발신기선(1), 경종선(1), 회로선(11)					

※ 1. ①~⑯ (계단16)은 경계구역 번호를 말한다. 따라서 경계구역은 16개, 즉 16회로이다.

2. RF(옥상층)의 ⑭(차동식 감지기)와 ⑯ (계단16)은 경계구역이 다르므로 감지기 배선 또한 별도의 회로로 해야 한다.

3. 문제의 도면 6F의 전선내역을 참조하여 배선내역을 산출한다.

01-15 지하 1층, 지상 7층인 사무실용 건물에 자동화재탐지설비를 설치하고자 한다. 각 층의 바닥면적은 550m²로 엘리베이터(E/V)가 설치되어 있으며, 층고는 3.6m이고, 계단은 각 층마다 2개씩 설치되어 있으며, 수신기는 1층에 설치한다. 다음 물음에 답하시오. (단, 종단저항은 발신기세트에 내장되어 있으며 계단감지기는 수신기에 내장되어 있고, 화재로 인하여 하나의 층의 지구음향장치 또는 배선이 단락되어도 다른 층의 화재 통보에 지장이 없도록 각 층 배선 상에 유효한 조치를 하였다.) 배점 : 12 [03년]

(1) 차동식스포트형감지기(2종)을 설치할 경우 그 수량을 산정하시오. (단, 주요구조부는 내화구조이다.)

(2) 계단에 설치되는 감지기의 종류를 선정하고, 그 수량을 산정하시오.

(3) 계통도를 그리고 각 간선의 전선가닥수를 표시하시오.

• **실전모범답안**

(1) 64개

(2) ① 감지기 종류 : 연기감지기(2종)

② 감지기 수량 : 4개

(3)

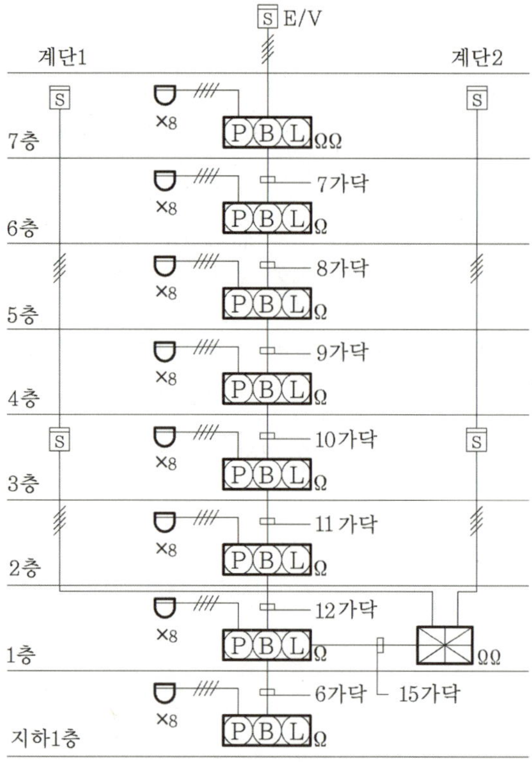

상세해설

(1) 차동식 · 보상식 · 정온식 스포트형감지기의 부착높이에 따른 바닥면적 기준

(단위 : [m²])

부착높이 및 소방대상물의 구분		감지기의 종류						
		차동식 스포트형		보상식 스포트형		정온식 스포트형		
		1종	2종	1종	2종	특종	1종	2종
4m 미만	내화구조	90	70	90	70	70	60	20
	기타 구조	50	40	50	40	40	30	15
4m 이상 8m 미만	내화구조	45	35	45	35	35	30	–
	기타 구조	30	25	30	25	25	15	–

문제 조건에 따라 기준면적은 70m²가 되므로 각 층의 감지기 설치개수는 다음과 같다.

$\frac{550\text{m}^2}{70\text{m}^2}=7.857 \fallingdotseq$ **8개(소수점 이하는 절상**한다.)

총 **8개 층**이므로 **전층에 필요한 감지기 수량**=8개×8개 층=**64개**

(2) 감지기의 종류 및 수량

① 연기감지기 설치장소

■ **연기감지기 설치장소(NFTC 203 제7조)**

1. 계단·경사로 및 에스컬레이터 경사로(15m 미만인 것을 제외)
2. 복도(30m 미만인 것을 제외)
3. 엘리베이터 권상기실, 린넨슈트, 파이프 피트 및 덕트, 기타 이와 유사한 장소
4. 천장 또는 반자의 높이가 15m 이상 20m 미만인 장소
5. 다음의 어느 하나에 해당하는 특정소방대상물의 취침·숙박·입원 등 이와 유사한 용도로 사용되는 거실
   - 공동주택·오피스텔·숙박시설·노유자시설·수련시설
   - 교육연구시설 중 합숙소
   - 의료시설, 근린생활시설 중 입원실이 있는 의원·조산원
   - 교정 및 군사시설
   - 근린생활시설 중 고시원

② 연기감지기의 계단 및 경사로의 수직거리 설치기준 및 수직적 경계구역

㉠ 연기감지기는 **계단** 및 **경사로**에 있어서는 **수직거리** 15m(3종 : 10m)마다 **1개 이상** 설치해야 한다.

㉡ **수직적 경계구역**

구 분	계단, 경사로	E/V승강로(권상기실이 있는 경우에는 권상기실), 린넨슈트, 파이프 피트 및 덕트
높이	45m 이하	제한 없음
지하층	별도의 경계구역으로 할 것(지하 1층만 있을 경우에는 지상층과 하나의 경계구역으로 할 수 있다.)	제한 없음

문제조건에서 층고 3.6m, 8개 층, 연기감지기(2종)(문제에서 감지기의 종별이 주어지지 않았으므로 임의로 선정하여 계산함을 답안 작성 시에도 표시하자)이므로 수직거리 15m마다 1개 이상 설치한다. 따라서, 연기감지기(2종)의 수량은 다음과 같다.

$$\frac{3.6\text{m} \times 8\text{개 층}}{15\text{m}} = 1.92 \fallingdotseq 2\text{개}$$ (**소수점 이하는 절상**한다.)

(3) 전선가닥수

① **경보방식**

층수가 **7층**으로서 **11층 미만**이므로 **일제경보방식**으로 풀어야 한다.

② **자동화재탐지설비의 전선가닥수(P형)**

일제경보방식(기본 가닥수 : 6가닥)

번 호	가닥수	전선의 사용 용도(가닥수)					
		회로 공통선	경종 · 표시등 공통선	경종선	표시등선	발신기선	회로선
		① **회로선 7가닥 초과** 시마다 **1가닥** 추가 ② 조건에 따라 추가	① **1가닥** ② 조건에 따라 추가	**1가닥**	① **1가닥** ② 조건에 따라 추가		**종단저항수** 또는 **경계구역수** 또는 **발신기세트수**마다 **1가닥** 추가
각층 감지기 ↕ 발신기세트	4	2	–	–	–	–	2
계단 감지기 ↕ 수신기	4	2	–	–	–	–	2
E/V 감지기 ↕ 발신기세트	4	2	–	–	–	–	2
7층 ↔ 6층	7	1	1	1	1	1	2
6층 ↔ 5층	8	1	1	1	1	1	3
5층 ↔ 4층	9	1	1	1	1	1	4
4층 ↔ 3층	10	1	1	1	1	1	5
3층 ↔ 2층	11	1	1	1	1	1	6
2층 ↔ 1층	12	1	1	1	1	1	7
1층 ↔ 수신기	15	2	1	1	1	1	9
		※ **회로선 7가닥 초과** 시마다 **회로공통선 1가닥**씩 추가					
지하 1층 ↔ 수신기	6	1	1	1	1	1	1

01-16 다음 그림은 자동화재탐지설비의 수신기와 수동발신기세트함 간의 결선을 나타낸 약식 도면이다. 조건 및 도면을 보고 다음 각 물음에 답하시오. 배점 : 11 [07년]

[조건]
① 건물은 지상 6층, 지하 1층인 건물이다.
② 배선은 최소 가닥수로 표시한다.
③ 수동발신기 공통선 및 경종표시등 공통선은 6경계구역 초과 시 별도로 결선한다.
④ 수신기는 P형 1급 30회로이며, 지상 1층에 설치한다.
⑤ 화재로 인하여 하나의 층의 지구음향장치 또는 배선이 단락되어도 다른 층의 화재 통보에 지장이 없도록 각 층 배선 상에 유효한 조치를 하였다.

〈평면도〉

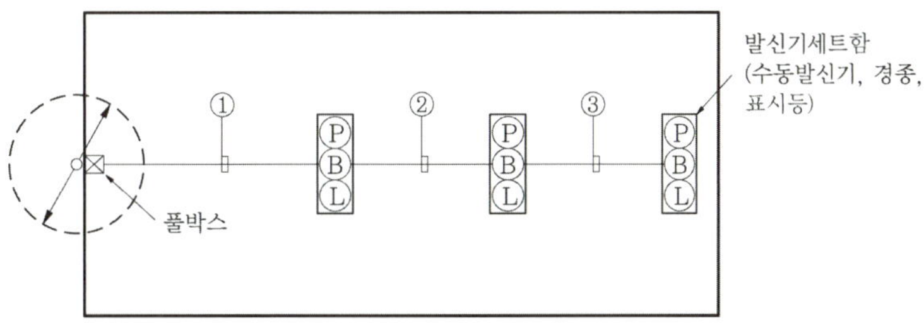

〈간선계통도〉

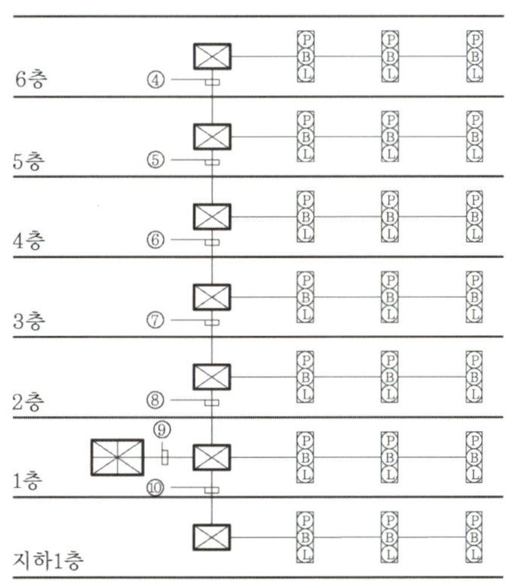

(1) 평면도의 ①~③에 배선되어야 할 전선가닥수는 최소 몇 가닥인지 구하시오.
(2) 간선계통도를 보고 입상입하하는 간선수 및 전선의 용도를 답란에 명기하시오.

번 호	간선수	전선의 용도
④		
⑤		
⑥		
⑦		
⑧		
⑨		
⑩		

• **실전모범답안**

(1) ① 8가닥 ② 7가닥 ③ 6가닥

(2)

번 호	간선수	전선의 용도
④	8	수동발신기 공통선 (1), 경종표시등 공통선(1), 경종선(1), 표시등선(1), 발신기선(1), 회로선(3)
⑤	11	수동발신기 공통선 (1), 경종표시등 공통선(1), 경종선(1), 표시등선(1), 발신기선(1), 회로선(6)
⑥	16	수동발신기 공통선 (2), 경종표시등 공통선(2), 경종선(1), 표시등선(1), 발신기선(1), 회로선(9)
⑦	19	수동발신기 공통선 (2), 경종표시등 공통선(2), 경종선(1), 표시등선(1), 발신기선(1), 회로선(12)
⑧	24	수동발신기 공통선 (3), 경종표시등 공통선(3), 경종선(1), 표시등선(1), 발신기선(1), 회로선(15)
⑨	32	수동발신기 공통선 (4), 경종표시등 공통선(4), 경종선(1), 표시등선(1), 발신기선(1), 회로선(21)
⑩	8	수동발신기 공통선 (1), 경종표시등 공통선(1), 경종선(1), 표시등선(1), 발신기선(1), 회로선(3)

상세해설

(1), (2) 전선가닥수 & 배선내역

① **경보방식**

층수가 **6층**으로서 **11층 미만**이므로 **일제경보방식**으로 풀어야 한다.

② **자동화재탐지설비의 전선가닥수(P형)**

일제경보방식(기본 가닥수 : 6가닥)

번호	가닥수	전선의 사용 용도(가닥수)					
		회로 공통선	경종·표시등 공통선	경종선	표시등선	발신기선	회로선
		① 회로선 7가닥 초과 시마다 1가닥 추가 ② 조건에 따라 추가	① 1가닥 ② 조건에 따라 추가	1가닥	① 1가닥 ② 조건에 따라 추가		종단저항수 또는 경계구역수 또는 발신기세트수마다 1가닥 추가
①	8	1	1	1	1	1	3
②	7	1	1	1	1	1	2
③	6	1	1	1	1	1	1
④	8	1	1	1	1	1	3
⑤	11	1	1	1	1	1	6
⑥	16	2	2	1	1	1	9
		※ 조건 ③에 따라 **수동발신기 공통선**(회로공통선) 및 **경종·표시등 공통선**은 경종선 및 회로선 **6가닥 추가** 시마다 **1가닥**씩 추가					
⑦	19	2	2	1	1	1	12
		※ 조건 ③에 따라 **수동발신기 공통선**(회로공통선) 및 **경종·표시등 공통선**은 경종선 및 회로선 **6가닥 추가** 시마다 **1가닥**씩 추가					
⑧	24	3	3	1	1	1	15
		※ 조건 ③에 따라 **수동발신기 공통선**(회로공통선) 및 **경종·표시등 공통선**은 경종선 및 회로선 **6가닥 추가** 시마다 **1가닥**씩 추가					
⑨	32	4	4	1	1	1	21
		※ 조건 ③에 따라 **수동발신기 공통선**(회로공통선) 및 **경종·표시등 공통선**은 경종선 및 회로선 **6가닥 추가** 시마다 **1가닥**씩 추가					
⑩	8	1	1	1	1	1	3

01-17 다음 그림은 지상 3층의 건물에서 각 층의 자동화재탐지설비를 나타낸 평면도이다. 조건을 참고하여 다음 각 물음에 답하시오. 배점 : 12 [06년]

[조건]

① 각 층은 별개로 하나의 경계구역이다.
② 모든 배선은 보내기 배선(송배선방식)으로 한다.
③ 편의상 종단저항은 평면도에 표시된 것과 같이 말단감지기에 내장된 것으로 본다.
④ 기본 가닥수는 (6+n)이며 다음과 같다.
공통선(C) : 1(매 7회로까지), 회로선(N) : n, 응답선(A) : 1, 경종선(B) : 2, 표시등선(L) : 2
⑤ 축적은 없는 것으로 한다.
⑥ 화재로 인하여 하나의 층의 지구음향장치 또는 배선이 단락되어도 다른 층의 화재 통보에 지장이 없도록 각 층 배선 상에 유효한 조치를 하였다.

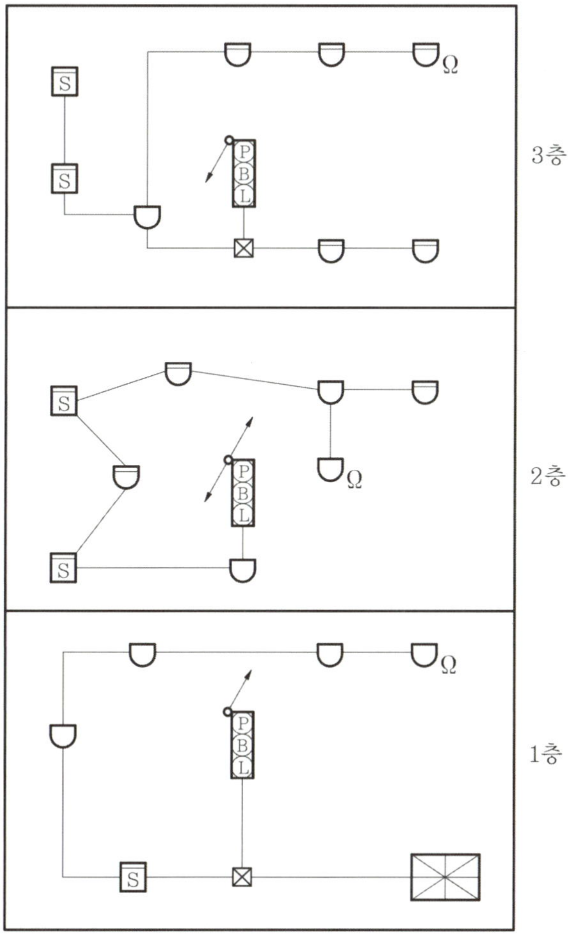

(1) 지상 1~3층의 평면도 전체에 전선가닥수를 표기하시오. (표기 예 : 4가닥 ////)
(2) 계통도를 그리고 간선의 최소 가닥수를 표시하시오.

• 실전모범답안

(1)

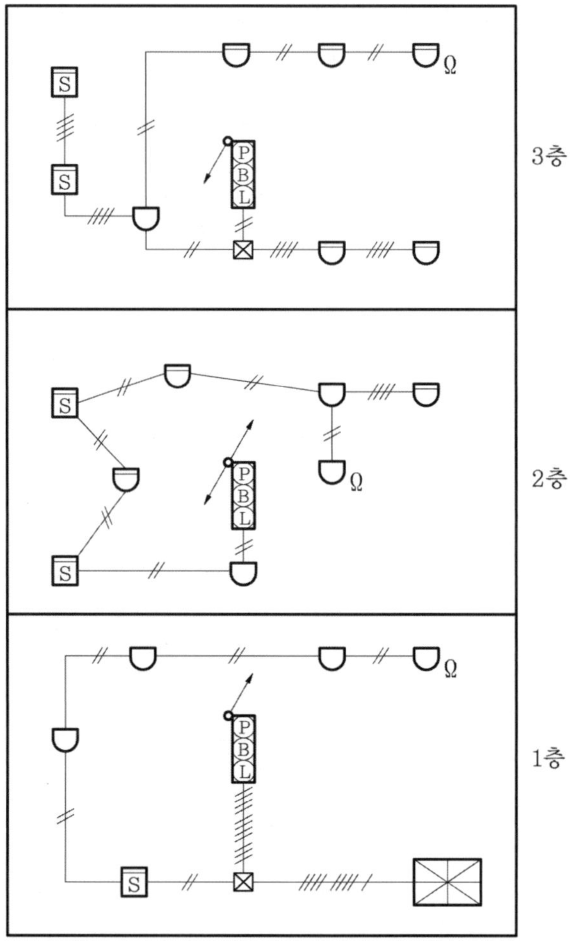
S
S
P
B
L
Ω
3층
S
S
P
B
L
Ω
2층
Ω
P
B
L
S
1층

(2)

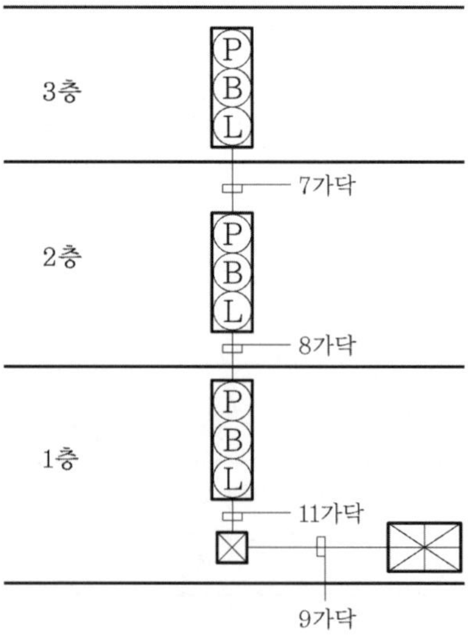
3층
P
B
L
7가닥
2층
P
B
L
8가닥
1층
P
B
L
11가닥
9가닥

상세해설

(1) 전선가닥수

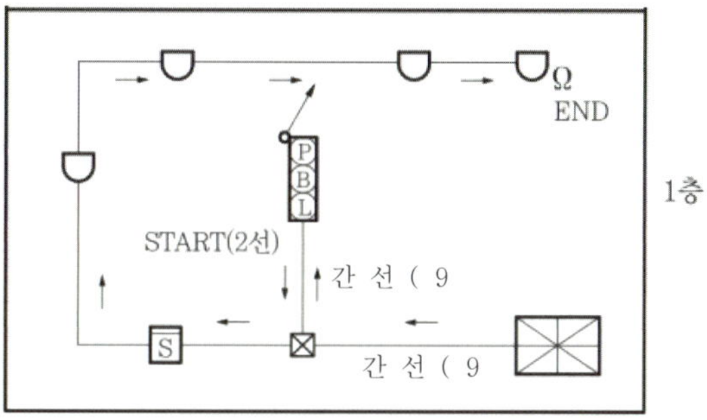

※ 1. 감지기 배선 : 2선이 → 방향을 따라 종단저항 쪽으로 흘러가며 ⇆ 중복되는 곳이 4선이 된다.
2. 1층 발신기세트 ↔ 풀박스 부분 : 1층 감지기 선로와 동일한 배관을 사용하므로 감지기 2선+간선 9선=11선이 된다.

(2) 계통도

일제경보방식(기본 가닥수 : 6가닥)

번호	가닥수	전선의 사용 용도(가닥수)					
		회로 공통선	경종·표시등 공통선	경종선	표시 등선	발신 기선	회로선
		① 회로선 7가닥 초과 시마다 1가닥 추가 ② 조건에 따라 추가	① 1가닥 ② 조건에 따라 추가	1가닥	① 1가닥 ② 조건에 따라 추가		종단저항수 또는 경계구역수 또는 발신기세트 수마다 1가닥 추가
3층↔2층	7	1	–	2	2	1	1
2층↔1층	8	1	–	2	2	1	2
1층 발신기↔풀박스	11	2	–	2	2	1	4
풀박스↔수신기	9	1	–	2	2	1	3

Tip 배선의 용도는 별다른 언급이 없을 시 기본 가닥수(6가닥)으로 풀지만 문제의 조건에 따라 변할 수 있음에 주의하자!!

01-18 다음 그림은 어떤 건물의 1층에 대한 평면도이다. 다음 각 물음에 답하시오. 배점 : 10 [10년]

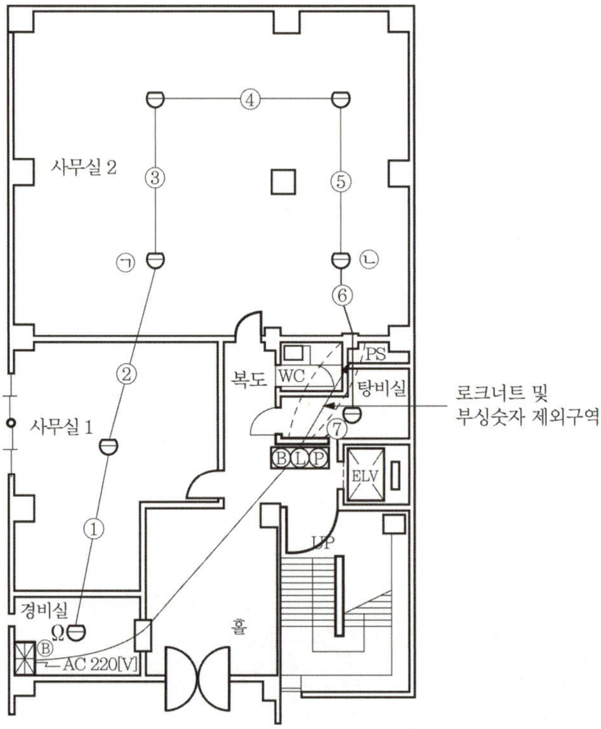

(1) 평면도와 같이 공사를 할 경우 소요되는 로크너트 및 부싱의 개수는 몇 개인지 쓰시오. (단, 점선 안의 배관공사에 소요되는 로크너트 및 부싱의 숫자는 제외한다.)

(2) 경비실의 종단저항을 제거하여 발신기함 내부에 설치한다면 ①~⑦까지의 전선가닥수를 구하시오.

(3) 경비실의 종단저항을 제거하여 발신기함 내부에 설치하고 감지기 ㉠과 ㉡ 사이에 배관을 신설한다면 ①~⑦까지의 전선가닥수를 구하시오.

• **실전모범답안**

(1) ① 로크너트 : 34개
② 부싱 : 17개

(2) ① 4가닥 ② 4가닥 ③ 4가닥 ④ 4가닥
⑤ 4가닥 ⑥ 4가닥 ⑦ 4가닥

(3) ① 4가닥 ② 4가닥 ③ 2가닥 ④ 2가닥
⑤ 2가닥 ⑥ 4가닥 ⑦ 4가닥

상세해설

(1) 물량 산출

① **부싱** : 전선의 **절연피복**을 **보호**하기 위하여 **금속관 끝**에 취부하여 사용하는 것으로서 **전선관**과 **박스(Box)** 또는 **함**의 **접속개소**마다 사용한다.

② **로크너트** : **박스**(Box)와 **금속관**을 **고정**할 때 사용하는 것으로서 **박스 구멍당 2개**를 사용한다. 즉, **전선관**과 **박스**(Box) 또는 **함**의 **접속개소**마다 **2개**를 사용한다.(**부싱개수×2배**)

③ **부싱 및 로크너트 소요개수 산출**

실 명	구 분	부싱개수	로크너트 개수	비 고
경비실	감지기	1	2	수신기측 전원(AC 220V) 산출 포함
	수신기	2	4	
사무실 1	감지기	2	4	
사무실 2	감지기	8	16	
탕비실	감지기	2	4	
복도	발신기세트	2	4	산출 제외구역 1개소(점선 부분)
합 계		17	34	

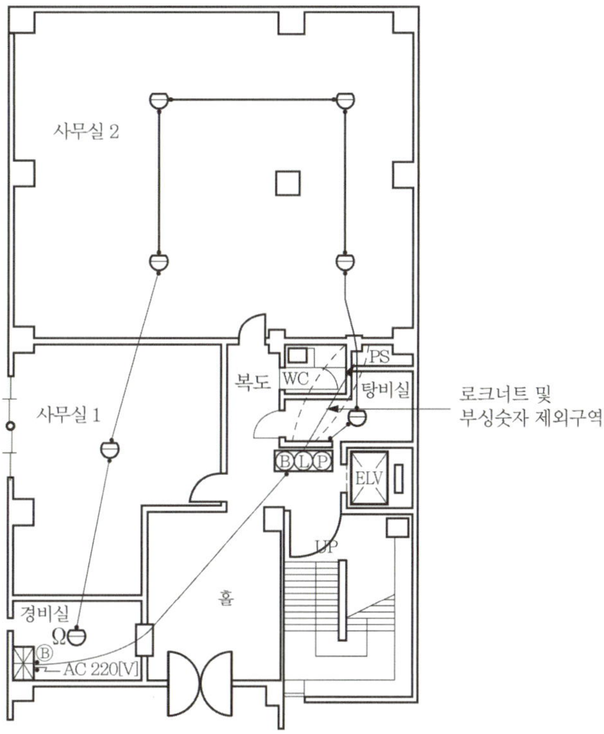

(2) 종단저항 발신기함 내부 설치 시 도면

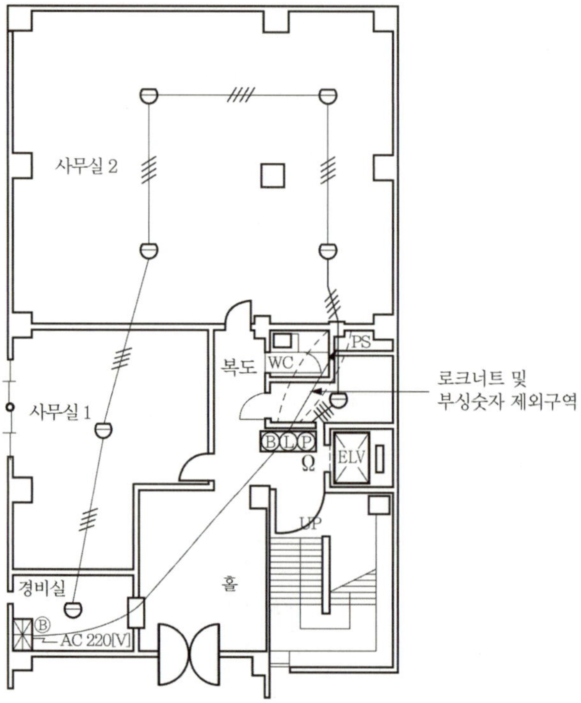

(3) ㉠, ㉡ 배관 신설 시 가닥수(경비실의 종단저항을 제거하여 발신기함 내부에 설치)

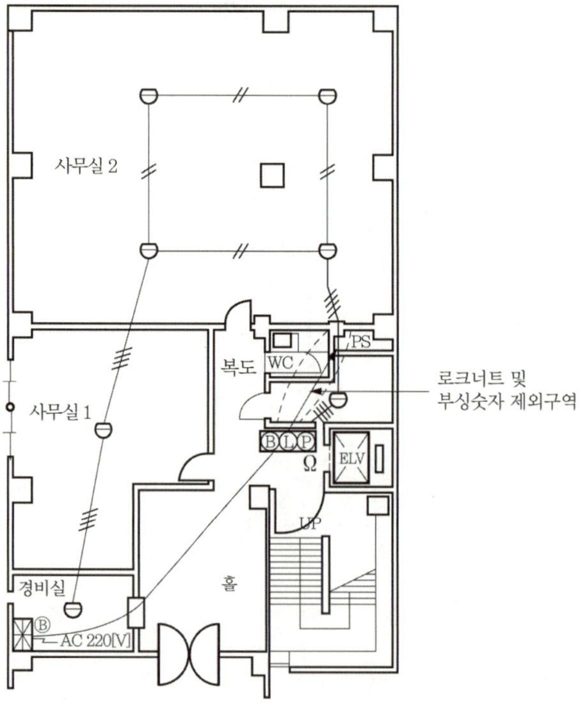

01-19 다음 그림은 자동화재탐지설비의 평면도이다. 도면 및 조건을 보고 다음 각 물음에 답하시오.

배점 : 8 [07년]

[조건]

① 3방출 이상은 4각 박스를 사용할 것(단, 발신기세트와 분전반에는 박스가 필요없다.)
② 모든 파이프는 후강전선관이며, 천장 슬리브 및 벽체 매립배관이다.

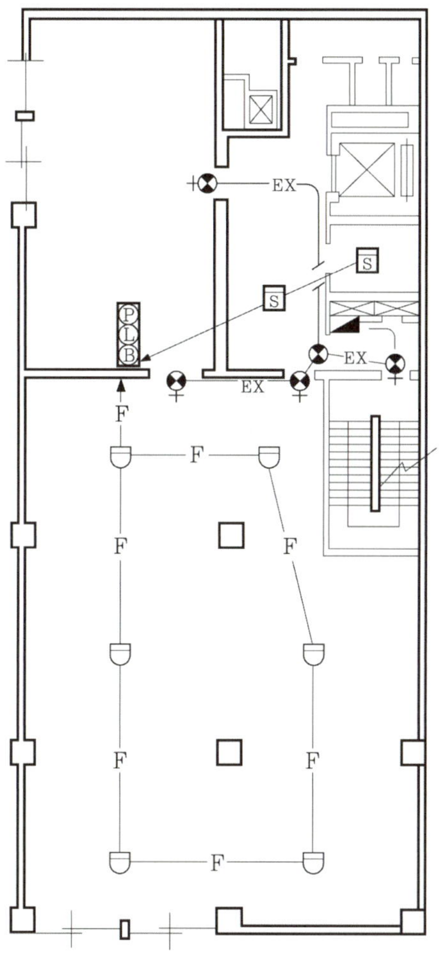

(1) 본 공사에 소요되는 물량을 산출하여 답안지의 빈 칸 ①~⑨를 채우시오.

종 류	수 량	종 류	수 량
차동식스포트형감지기	(①)	유도등	(⑥)
연기감지기	(②)	4각 박스	(⑦)
로크너트	(③)	8각 박스	(⑧)
부싱	(④)	분전반	(⑨)
발신기세트	(⑤)	–	–

(2) 의 명칭을 쓰시오.

• **실전모범답안**

(1)

종 류	수 량	종 류	수 량
차동식스포트형감지기	(6)	유도등	(5)
연기감지기	(2)	4각 박스	(2)
로크너트	(56)	8각 박스	(11)
부싱	(28)	분전반	(1)
발신기세트	(1)	–	–

(2) 분전반

상세해설

(1) 물량 산출

① **차동식스포트형감지기 소요개수 산출**

 : 6개소

② **연기감지기 소요개수 산출**

[S] : 2개소

③ **부싱** : **전선의 절연피복**을 **보호**하기 위하여 **금속관 끝**에 취부하여 사용하는 것으로서 **전선관**과 **박스(Box)** 또는 **함**의 **접속개소**마다 사용한다.

④ **로크너트** : **박스(Box)**와 **금속관**을 **고정**할 때 사용하는 것으로서 **박스 구멍당 2개**를 사용한다. 즉, **전선관**과 **박스(Box)** 또는 **함**의 **접속개소**마다 **2개**를 사용한다.(**부싱개수×2배**)

부싱 및 로크너트 소요개수 산출

구 분	부싱 개수	로크너트 개수
감지기	16	32
발신기세트	2	4
유도등	9	18
분전반	1	2
합계	28	56

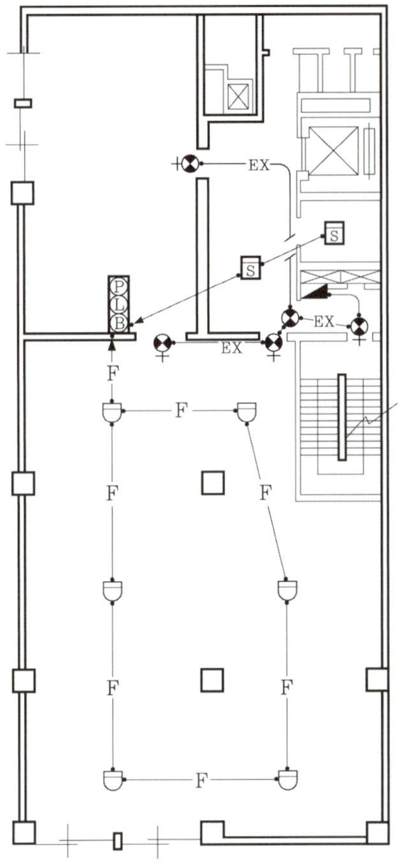

⑤ **발신기세트 소요개수 산출**

: 1개소

⑥ **유도등 소요개수 산출**

: 5개소

⑦, ⑧ **박스(Box) 사용처**

박스의 종류	사용처
4각 박스	① **4방출** 이상(**문제**의 **조건**에 따라서 산출) ② **한쪽면**이 **2방출** 이상 ③ 수신기, 부수신기, 제어반, 발신기세트, 슈퍼비죠리판넬, 수동조작함 • **전선관 매립시공, 함 매립시공 : 산출(×)**  (**자체 매립형 내함**을 **사용**하므로 **4각 박스**가 **불필요**하다.)
8각 박스	① **4각 박스** 사용처 이외의 곳 ② 감지기, 유도등, 사이렌, 방출표시등, 습식밸브, 건식밸브, 준비작동식밸브, 일제살수식 밸브 등

㉠ **4각 박스의 소요개수 산출**

문제의 조건에서 3방출 이상은 4각 박스를 사용하고 발신기세트와 분전반에는 박스가 필요 없으므로

• 3방출 이상 : **감지기 1개소, 유도등 1개소**이므로 총 **2개소**이다.

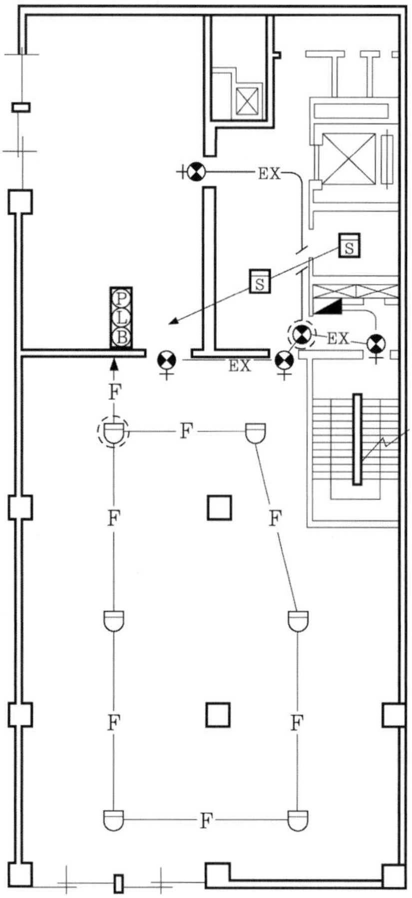

㉡ 8각 박스의 소요개수 산출

• 1방출, 2방출 : **감지기 7개소**, **유도등 4개소**이므로 총 **11개소**이다.

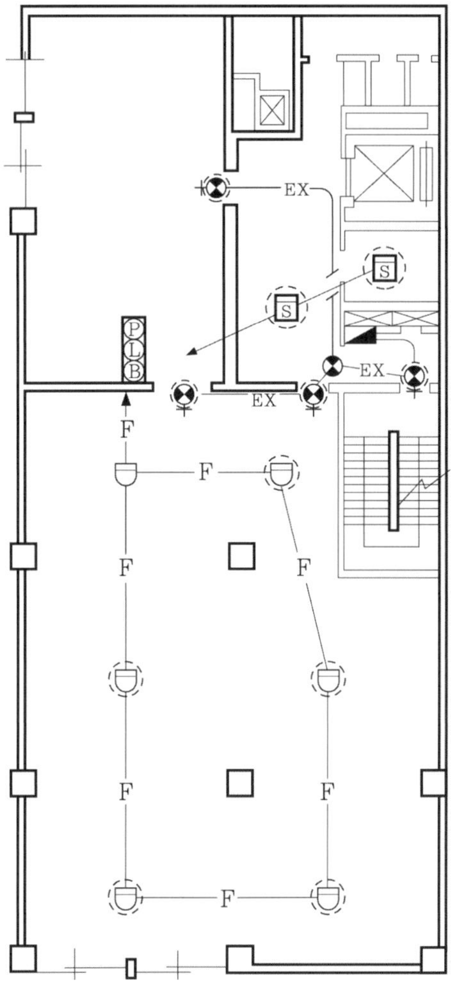

01-20 다음 도면은 자동화재탐지설비의 간선계통도 및 평면도이다. 도면 및 조건을 보고 다음 각 물음에 답하시오. 배점 : 11 [05년]

[조건]

① 지하 1층, 지상 5층의 건물로서 전층이 기준층이며, 층고는 3m, 이중천장은 천장면으로부터 0.5m이다.
② 모든 파이프는 후강전선관이며, 천장 슬리브 및 벽체 매립배관이다.
③ 주수신반 및 소화전함은 바닥으로부터 상단까지 1.8m이며, 벽체매립으로 한다.
④ 발신기, 표시등, 경종은 소화전위의 상단에 설치한다.
⑤ 3방출 이상은 4각 박스를 사용한다.
⑥ 화재로 인하여 하나의 층의 지구음향장치 또는 배선이 단락되어도 다른 층의 화재 통보에 지장이 없도록 각 층 배선 상에 유효한 조치를 하였다.

〈계통도〉

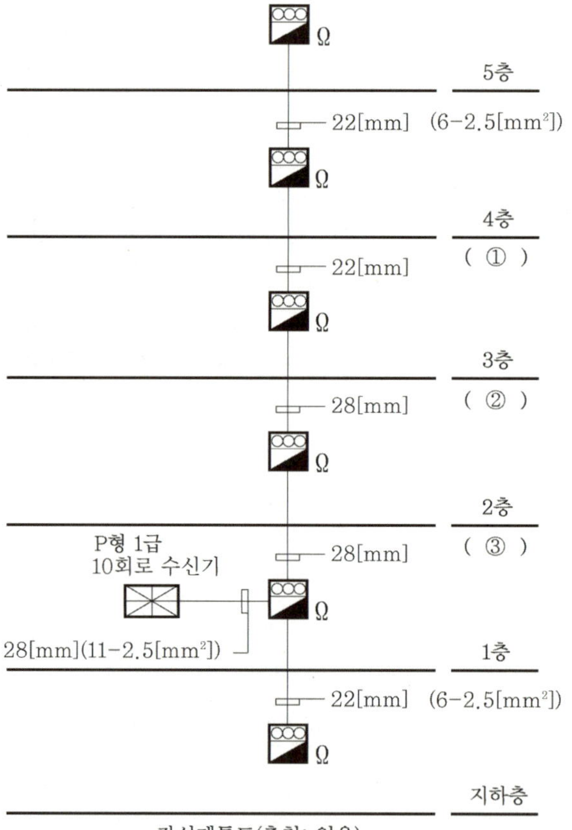

간선계통도(축척: 없음)

〈평면도〉

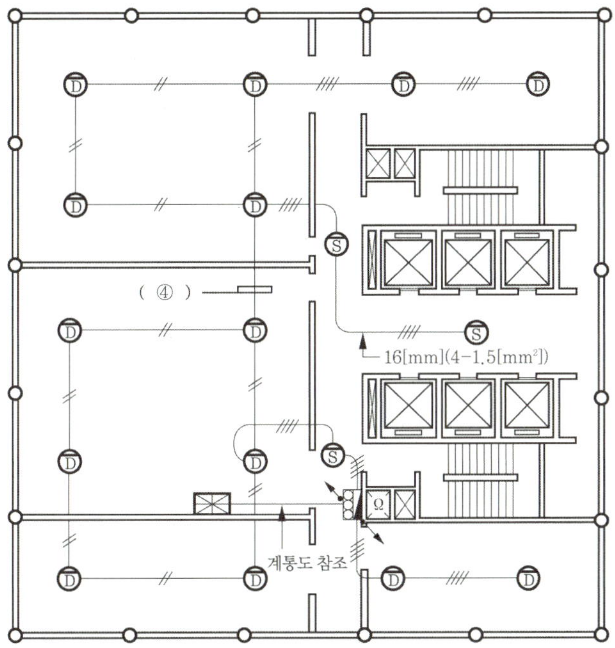

(1) 도면의 ①~④에 필요한 전선가닥수를 구하시오.
(2) 본 공사에 소요되는 물량을 산출하여 답안지의 빈 칸 ①~⑭를 채우시오.

종 류	수 량	종 류	수 량
부싱(16mm)	(①)	8각 박스	(⑧)
부싱(22mm)	(②)	4각 박스	(⑨)
부싱(28mm)	(③)	발신기함	(⑩)
로크너트(16mm)	(④)	수신기함	(⑪)
로크너트(22mm)	(⑤)	차동식 스포트형 감지기	(⑫)
로크너트(28mm)	(⑥)	연기감지기	(⑬)
노멀밴드(16mm)	(⑦)	경종	(⑭)

• 실전모범답안

(1) ① 7가닥
② 8가닥
③ 9가닥
④ 4가닥

(2)

종 류	수 량	종 류	수 량
부싱(16mm)	(228)	8각 박스	(78)
부싱(22mm)	(6)	4각 박스	(24)
부싱(28mm)	(6)	발신기함	(6)
로크너트(16mm)	(456)	수신기함	(1)
로크너트(22mm)	(12)	차동식스포트형감지기	(84)
로크너트(28mm)	(12)	연기감지기	(18)
노멀밴드(16mm)	(54)	경종	(7)

상세해설

(1) ① **경보방식**

층수가 **5층**으로서 **11층 미만**이므로 **일제경보방식**으로 풀어야 한다.

② **자동화재탐지설비의 전선가닥수(P형)**

일제경보방식(기본 가닥수 : 6가닥)

번호	가닥수	전선의 사용 용도(가닥수)					
		회로 공통선	경종·표시등 공통선	경종선	표시등선	발신기선	회로선
		① 회로선 7가닥 초과 시마다 1가닥 추가 ② 조건에 따라 추가	① 1가닥 ② 조건에 따라 추가	1가닥	① 1가닥 ② 조건에 따라 추가		종단저항수 또는 경계구역수 또는 발신기세트수마다 1가닥 추가
①	7	1	1	1	1	1	2
②	8	1	1	1	1	1	3
③	9	1	1	1	1	1	4
④	4	2	–	–	–	–	2
1층 소화전함 ↔ 수신기	11	1	1	1	1	1	6

(2) **물량 산출**

① **부싱** : **전선**의 **절연피복**을 보호하기 위하여 **금속관 끝**에 취부하여 사용하는 것으로서 **전선관**과 **박스**(Box) 또는 **함**의 **접속개소**마다 사용한다.

② **로크너트** : **박스**(Box)와 **금속관**을 **고정**할 때 사용하는 것으로서 **박스 구멍당 2개**를 사용한다. 즉, **전선관**과 **박스**(Box) 또는 **함**의 **접속개소**마다 **2개**를 사용한다.(**부싱개수×2배**)

③ 부싱 및 로크너트 소요개수 산출

㉠ 16mm

도 면	구 분	부싱 개수	로크너트 개수
평면도	감지기	36	72
	소화전함	2	4
합계		38×6개 층=228	76×6개 층=456

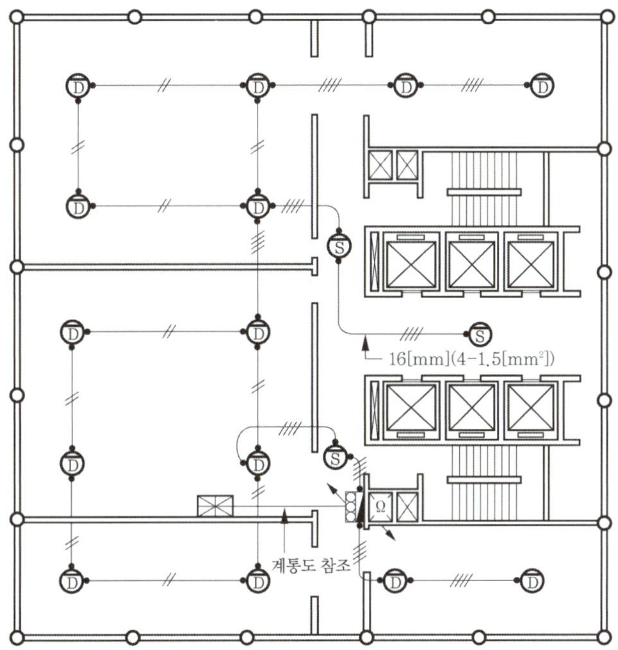

㉡ 22mm

도 면	구 분	부싱 개수	로크너트 개수
평면도	소화전함(1층 ↔ 지하층)	2	4
	소화전함(4층 ↔ 3층)	2	4
	소화전함(5층 ↔ 4층)	2	4
합계		6	12

㉢ 28mm

도 면	구 분	부싱 개수	로크너트 개수
평면도	소화전함(3층 ↔ 2층)	2	4
	소화전함(2층 ↔ 1층)	2	4
	소화전함 ↔ 수신기(1층)	2	4
합계		6	12

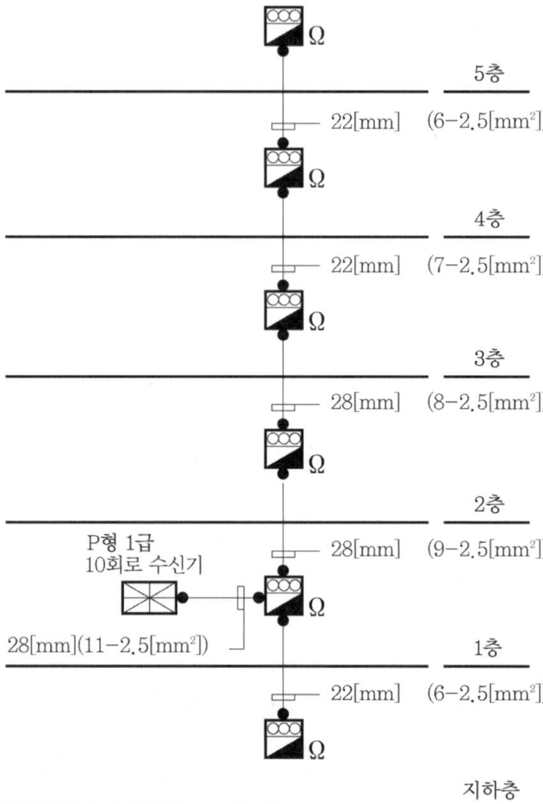

간선계통도(축척: 없음)

④ **노멀밴드** : **금속관**을 **직각**으로 **굽히는 곳**에 사용한다.

⑤ **노멀밴드 소요개수 산출(16mm)**

도 면	구 분	노멀밴드 개수	비 고
평면도	감지기↔감지기	7	
	소화전함↔감지기	2	산출 이유 : 감지기와 수동발신기의 설치높이 차이
합계		9×6개 층=54	

※ 그 외 : 노멀밴드(28mm) : 2개소
(**간선계통도**상 **1층 수신기** ↔ **소화전함**에 사용되나 **본 문제**에서는 16mm만 답하라 하였으므로 계산에 **산입**하지 않는다.)

〈평면도〉

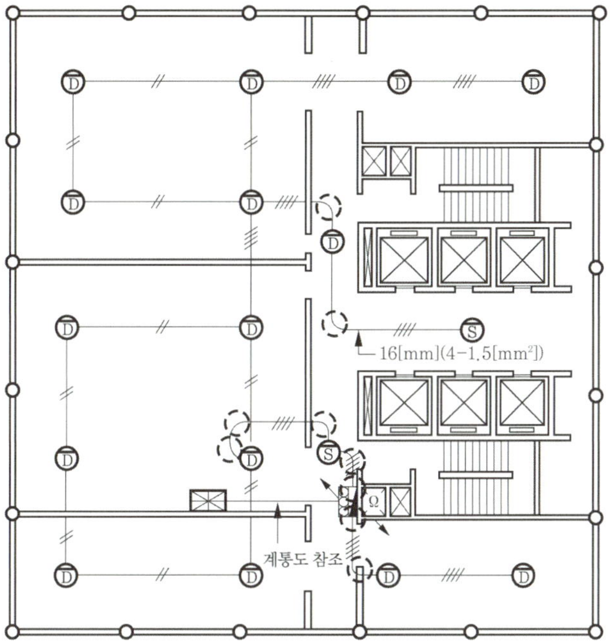

※ 28mm 노멀밴드 사용처

⑥ **박스(Box) 사용처**

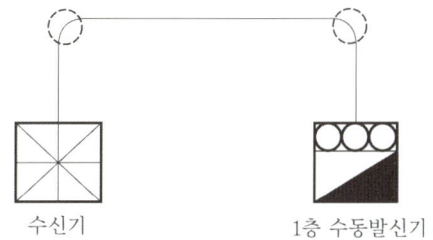

박스의 종류	사용처
4각 박스	① **4방출** 이상(**문제**의 **조건**에 따라서 산출) ② **한쪽면**이 **2방출** 이상 ③ 수신기, 부수신기, 제어반, 발신기세트, 슈퍼비죠리판넬, 수동조작함 **• 전선관 매립시공, 함 매립시공 : 산출(×)** 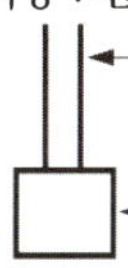 (**자체 매립형 내함**을 **사용**하므로 **4각 박스**가 **불필요**하다.)
8각 박스	① **4각 박스** 사용처 이외의 곳 ② 감지기, 유도등, 사이렌, 방출표시등, 습식밸브, 건식밸브, 준비작동식밸브, 일제살수식밸브 등

⑦ **8각 박스 소요개수 산출**

문제의 조건에서 **3방출 이상**은 **4각 박스**를 **사용**하므로 **평면도**에서 **감지기**의 **1방출**, **2방출**인 곳은 **13개소**이다.

따라서, 소요개수=13×6개 층=**78개**이다.

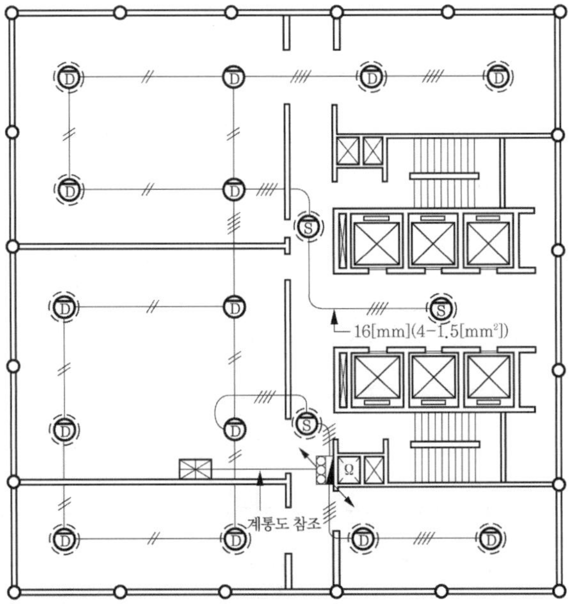

⑧ **4각 박스 소요개수 산출**

문제의 조건에서 **3방출 이상**은 **4각 박스**를 **사용**하므로 **평면도**에서 **감지기**의 **3방출**, **4방출**인 곳은 **4개소**이다.

따라서, 소요개수=4×6개 층=**24개**이다.

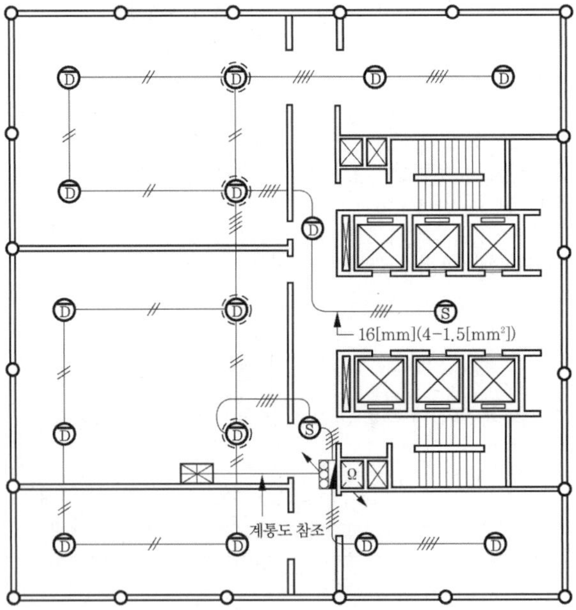

※ 문제의 조건에서 후강전선관을 매립시공하고, 수신반 및 소화전함도 매립시공하므로 수신반 및 소화전함에 대한 4각 박스는 산출하지 않는다.

⑨ **발신기함 소요개수 산출**
각 층마다 1개씩이므로 1×6개 층=6개이다.

⑩ **수신기 소요개수 산출**
1층에 1개소이다.

⑪ **차동식스포트형감지기 소요개수 산출**
1개 층에 14개소이므로 14×6개 층=84개이다.

⑫ **연기감지기 소요개수 산출**
1개 층에 3개소이므로 3×6개 층=18개이다.

⑬ **경종의 소요개수 산출**
발신기세트 내에 지구경종이 1개씩 설치되고 수신기 부근에 주경종 1개가 설치되므로 6+1=7개이다.

쉬어가는 코너

가장 위대한 영광은 한 번도 실패하지 않음이 아니라 실패할 때마다 다시 일어서는 데에 있다.
-공자-

01-21 다음 도면을 보고 각 물음에 답하시오.

배점 : 6 [08년]

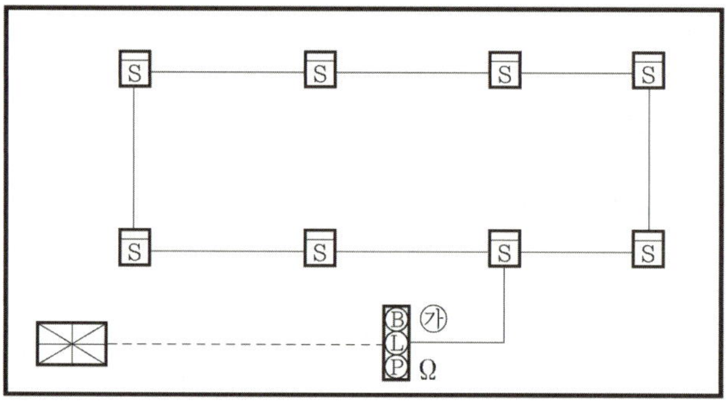

(1) 발신기세트와 수신기 간의 배관길이가 15m인 경우 전선은 총 몇 [m]가 필요한지 산출하시오. (단, 층고, 할증 및 여유율 등은 고려하지 않는다.)

(2) 상기 건물에 설치된 감지기가 2종인 경우 8개의 감지기가 최대로 감지할 수 있는 감지구역의 바닥면적 합계는 몇 [m^2]인지 구하시오. (단, 천장높이는 5m인 경우이다.)

(3) 감지기와 감지기간, 감지기와 P형 발신기세트 간의 길이가 각각 10m인 경우 전선관 및 전선물량을 산출과정과 함께 쓰시오. (단, 층고, 할증 및 여유율 등은 고려하지 않는다.)

품 명	규 격	산출과정	물량[m]
전선관	16C		
전선	HFIX 1.5mm²		

• 실전모범답안

(1) 90m

(2) 600m²

(3)

품 명	규 격	산출과정	물량[m]
전선관	16C	10×9	90
전선	HFIX 1.5mm²	(2×8×10)+(4×1×10)	200

상세해설

(1) 전선가닥수

발신기세트와 수신기 간의 간선가닥수는 6가닥(회로 공통선, 경종표시등 공통선, 표시등선, 발신기선, 경종선, 회로선)이므로 6가닥×15m=**90m**

(2) 연기감지기의 부착높이별 바닥면적 기준

(단위 : [m²])

부착높이	감지기의 종류	
	1종 및 2종	3종
4m 미만	150	50
4m 이상 20m 미만	75	설치 불가

문제의 조건에서 **천장높이**가 5m인 **연기감지기(2종)**의 **기준면적**은 $75m^2$이므로
$75m^2 \times 8$개$=$**$600m^2$**

(3) 물량 산출

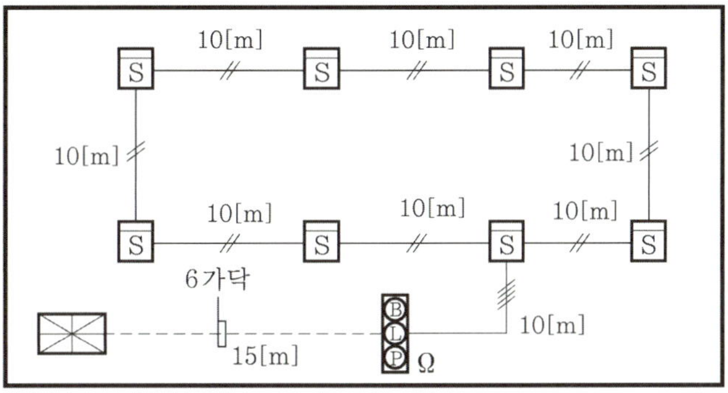

① 전선관(16C)=10m×9개소=**90m**
② 전선=(2가닥×8개소×10m)+(4가닥×1개소×10m)=**200m**

배선 내역

구 분	전선 규격	용 도
2가닥	HFIX $1.5mm^2$	회로 공통선(1), 회로(1)
4가닥	HFIX $1.5mm^2$	회로 공통선(2), 회로(2)
6가닥	HFIX $2.5mm^2$	회로 공통선, 경종표시등 공통선, 경종선, 표시등선, 발신기선, 회로선

01-22 그림은 자동화재탐지설비로서 내화구조인 지하 1층 지상 8층인 건물의 지상 1층 평면도이다. 다음 각 물음에 답하시오. 배점 : 8 [11년]

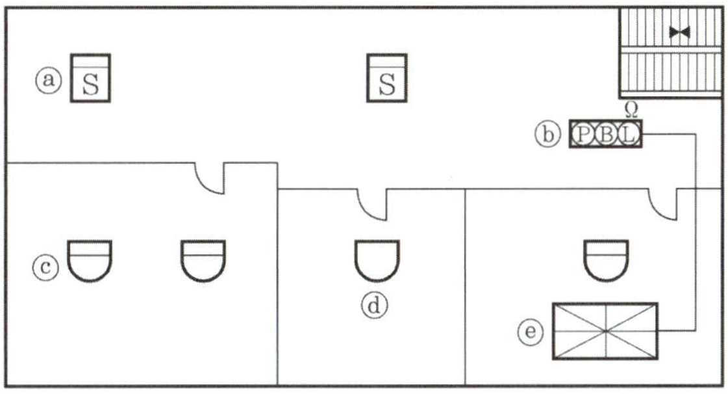

(1) 위의 도면상에 표시된 감지기를 루프식 배선방식을 사용하여 발신기에 연결하고 전선 가닥수를 표시하시오.
(2) ⓐ~ⓔ에 표시되는 그림기호에 맞는 명칭과 형별의 빈 칸을 완성하시오.

항 목	명 칭	형 별
ⓐ		
ⓑ	발신기	P형
ⓒ		
ⓓ		
ⓔ	수신기	P형

(3) 발신기와 수신기 사이의 배관길이가 20m일 경우 전선은 몇 [m]가 필요한지 소요량을 산출하시오. (단, 전선의 할증률은 10%로 계산하고, 화재로 인하여 하나의 층의 지구음향장치 또는 배선이 단락되어도 다른 층의 화재 통보에 지장이 없도록 각 층 배선 상에 유효한 조치를 하였다.)

• **실전모범답안**

(1)

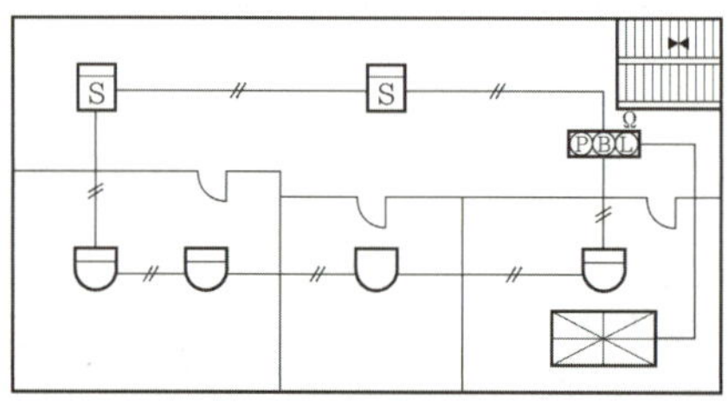

(2)

항 목	명 칭	형 별
ⓐ	연기감지기	스포트형
ⓑ	발신기	P형
ⓒ	차동식스포트형감지기	스포트형
ⓓ	정온식스포트형감지기	스포트형
ⓔ	수신기	P형

(3) 330m

상세해설

(3) 물량 산출

① **경보방식**

층수가 **8층**으로서 **11층 미만**이므로 **일제경보방식**으로 풀어야 한다.

② **자동화재탐지설비의 전선가닥수(P형)**

일제경보방식(기본 가닥수 : **6가닥**)

번호	가닥수	전선의 사용 용도(가닥수)					
		회로 공통선	경종·표시등 공통선	경종선	표시등선	발신기선	회로선
		① 회로선 7가닥 초과 시마다 1가닥 추가 ② 조건에 따라 추가	① 1가닥 ② 조건에 따라 추가	1가닥	① 1가닥 ② 조건에 따라 추가		종단저항수 또는 경계구역수 또는 발신기세트수마다 1가닥 추가
감지기↔감지기 감지기↔발신기	2	1	–	–	–	–	1
발신기↔수신기	15	2	1	1	1	1	9
		※ 회로선 7가닥 초과 시마다 회로 공통선 1가닥씩 추가					

배선 내역

구 분	전선 규격	용 도
감지기↔감지기 감지기↔발신기	HFIX $1.5mm^2$	회로 공통선(1), 회로(1)
발신기↔수신기	HFIX $2.5mm^2$	회로 공통선(2), 경종표시등 공통선(1), 경종선(1), 표시등선(1), 발신기선(1), 회로선(9)

따라서, 전선의 물량을 산출하면 다음과 같다.

전선의 소요량=15가닥×20m×1.1(할증률)=330m

01-23 다음은 자동화재탐지설비의 평면도이다. 다음 조건을 참고하여 각 물음에 답하시오.

배점 : 4 [10년]

[조건]

층고는 4m이고 반자는 없으며 발신기세트와 수신기는 바닥으로부터 1.2m의 높이에 설치되어 있으며, 배선의 할증은 10%를 적용한다.

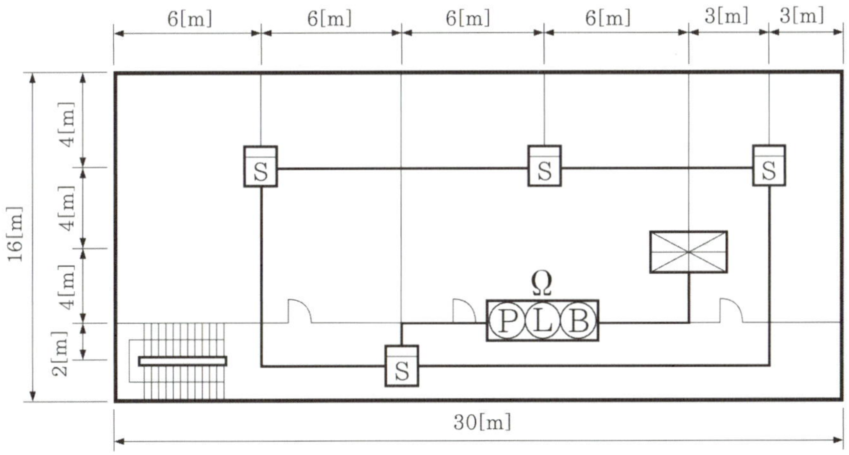

(1) 감지기와 감지기, 감지기와 발신기세트 간의 배관, 배선의 물량을 다음 표에 작성하시오.

구 분	산출 내역	총 길이[m]
전선관(16C)		
전선($1.5mm^2$)		

(2) 발신기세트와 수신기 간의 배관, 배선의 물량을 다음 표에 작성하시오.

구 분	산출 내역	총 길이[m]
전선관(22C)		
전선($2.5mm^2$)		

• 실전모범답안

(1)

구 분	산출 내역	총 길이[m]
전선관(16C)	• 6+2+4+4+6+6+6+3+4+4+2+3+6+6=62m • 2+6+(4-1.2)=10.8m	62+10.8=72.8m
전선(1.5[mm²])	• 62×2=124m • 10.8×4=43.2m	(124+43.2)×1.1 =183.92m

(2)

구 분	산출 내역	총 길이[m]
전선관(22C)	(4-1.2)+6+4+(4-1.2)=15.6m	15.6m
전선(2.5[mm²])	15.6×6=93.6m	93.6×1.1=102.96m

상세해설

(1) 감지기와 감지기, 감지기와 발신기세트 간의 배관, 배선의 물량 산출

① 배관(전선관) 물량 산출

품 명	규 격	산출 내역	총 길이[m]
전선관	16C	• 감지기와 감지기간의 배관(전선관) 6+2+4+4+6+6+6+3+4+4+2+3+6+6=62m • 감지기와 발신기세트 간의 배관(전선관) 2+6+(4-1.2)=10.8m	62+10.8=72.8m

㉠ 감지기와 감지기간의 배관(전선관)

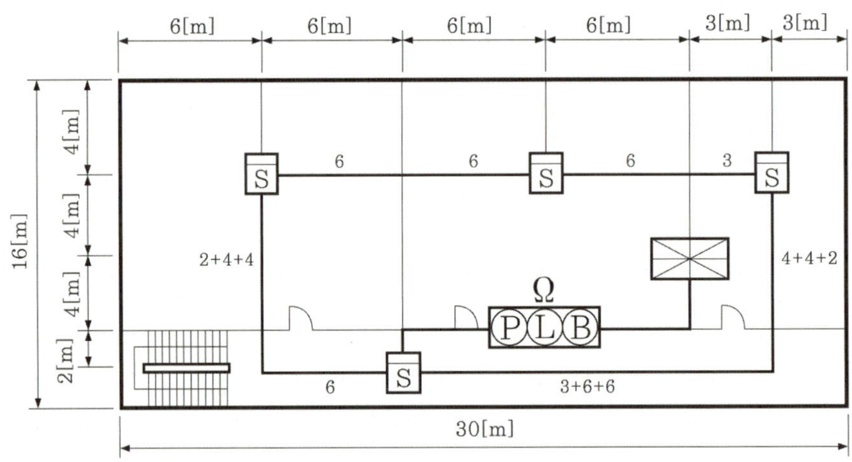

㉡ 감지기와 발신기세트 간의 배관(전선관)

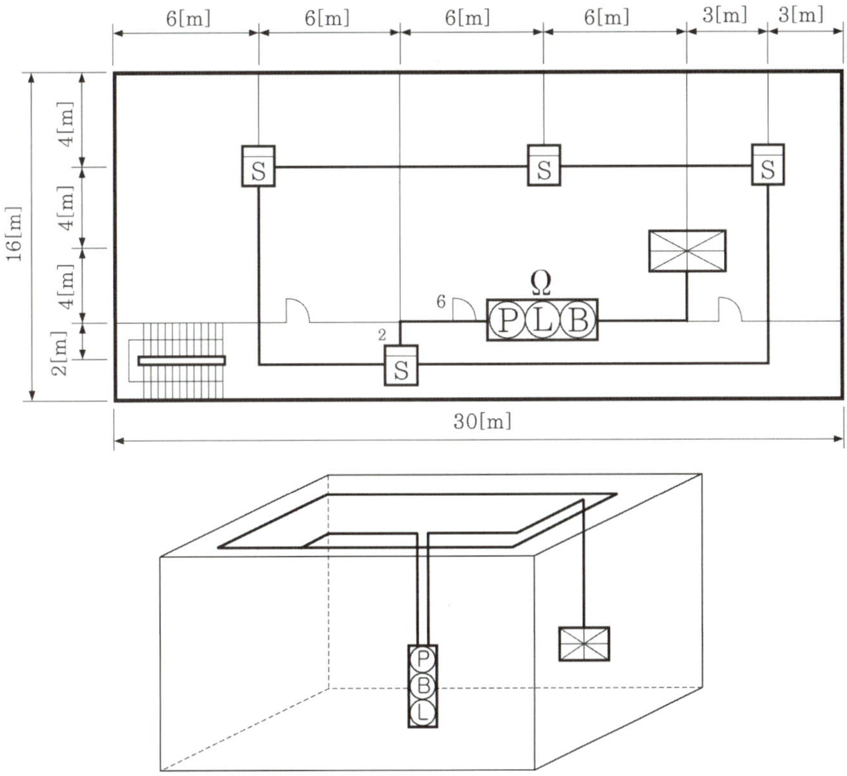

㉢ 층고

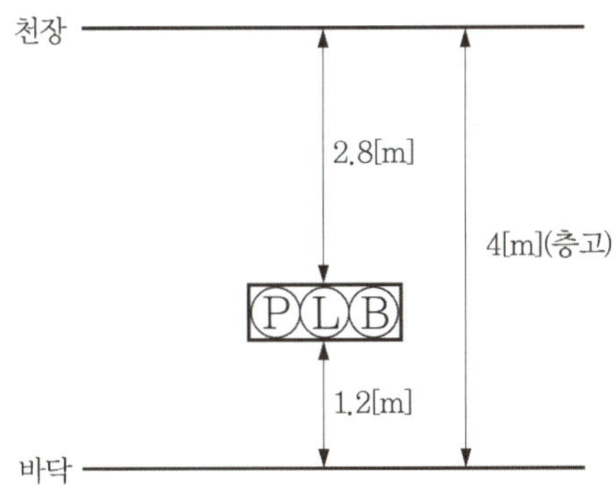

※ 문제의 조건에서(층고 4m − 바닥으로부터 수신기까지의 높이 1.2m=2.8m)

② 배선 물량 산출

㉠ 문제의 조건에서 배선의 할증은 10%를 적용하므로 1.1을 곱한다.

품 명	규 격	산출 내역	총 길이[m]
전선	1.5mm²	• 감지기와 감지기간의 배선(2가닥) 62m×2가닥=124m • 감지기와 발신기세트 간의 배선(4가닥) 10.8m×4가닥=43.2m	(124+43.2)×1.1=183.92m

㉡ 감지기 배선의 가닥수

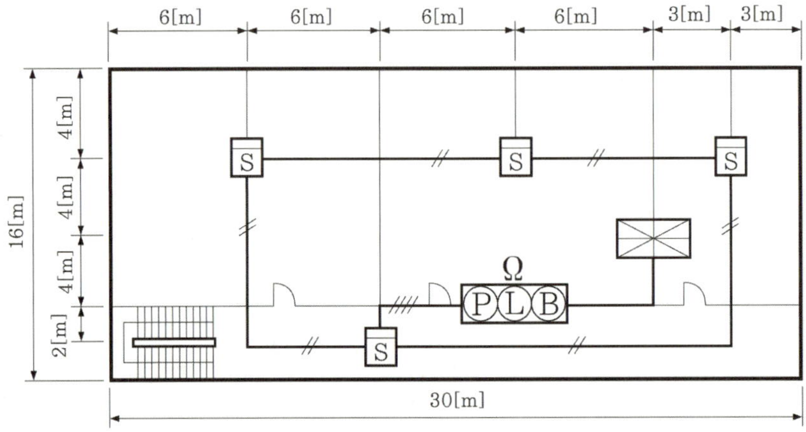

(2) 발신기세트와 수신기 간의 배관, 배선의 물량 산출

① 자동화재탐지설비의 전선가닥수(P형)

일제경보방식(기본 가닥수 : 6가닥)

번호	가닥수	전선의 사용 용도(가닥수)					
		회로 공통선	경종·표시등 공통선	경종선	표시등선	발신기선	회로선
		① 회로선 7가닥 초과 시마다 1가닥 추가 ② 문제의 조건에 따라 추가	① 무조건 1가닥 ② 문제의 조건에 따라 추가	무조건 1가닥	① 무조건 1가닥 ② 문제의 조건에 따라 추가		종단저항수 또는 경계구역수 또는 발신기세트수마다 1가닥 추가
발신기세트 ↕ 수신기	6	1	1	1	1	1	1

※ 평면도 상에서는 일제경보방식으로 생각할 것

② 발신기세트와 수신기 간의 배관(전선관) 물량 산출

품 명	규 격	산출 내역	총 길이[m]
전선관	22C	(4−1.2)+6+4+(4−1.2)=15.6m	15.6m

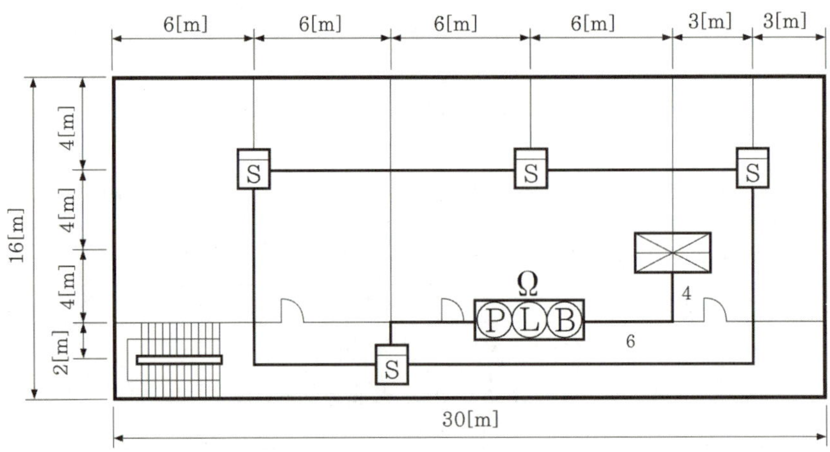

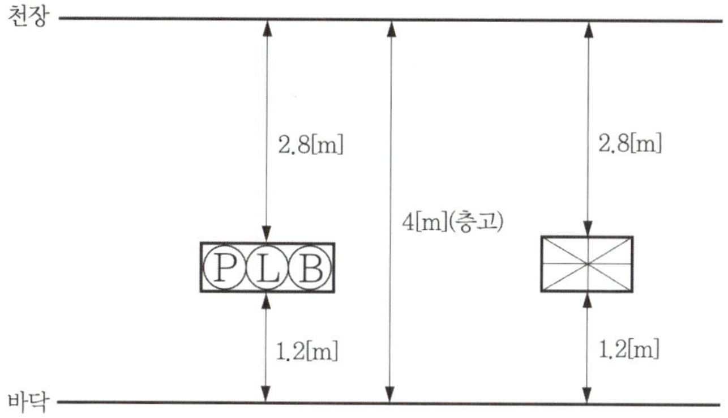

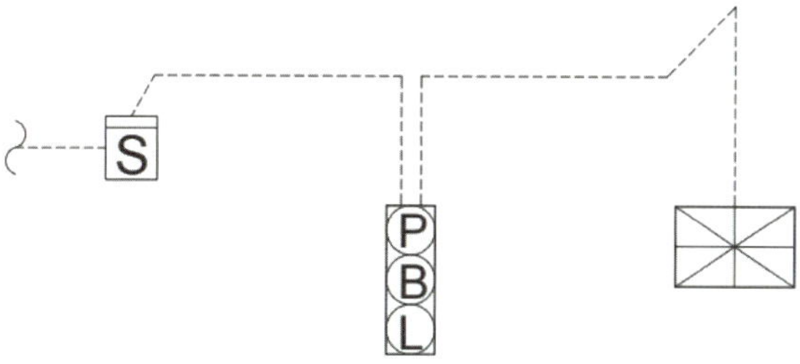

③ **발신기세트와 수신기 간의 배선 물량 산출**

- 문제의 조건에서 배선의 할증은 10%를 적용하므로 1.1을 곱한다.

품 명	규 격	산출 내역	총 길이[m]
전선	$2.5mm^2$	15.6m×6가닥=93.6m	93.6×1.1=102.96m

01-24 다음 도면은 자동화재탐지설비를 설계한 어느 건물의 평면도이다. 주어진 조건과 자료를 이용하여 다음 각 물음에 답하시오. 배점 : 12 [10년]

[조건]

① 방호대상물은 이중천장이 없는 구조이다.
② 배관공사는 콘크리트 매립, 전선관은 후강전선관을 사용한다.
③ 감지기 설치는 매립 콘크리트박스에 직접 설치하는 것으로 한다.
④ 감지기간 전선은 HFIX $1.5mm^2$, 감지기간 배선을 제외한 전선은 HFIX $2.5mm^2$ 전선을 사용한다.
⑤ 수신기와 발신기세트 사이의 거리는 15m이며, 22mm 후강전선관을 사용한다.
⑥ 감지기와 감지기 사이 및 발신기세트와 감지기 사이의 거리는 각각 10m이며, 16mm 후강전선관을 사용한다.
⑦ 화재로 인하여 하나의 층의 지구음향장치 또는 배선이 단락되어도 다른 층의 화재 통보에 지장이 없도록 각 층 배선 상에 유효한 조치를 하였다.

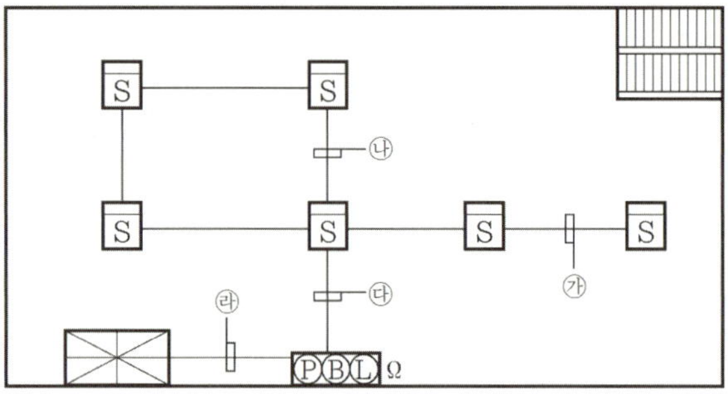

(1) ㉮~㉱의 전선가닥수는 각각 몇 가닥인지 구하시오.

(2) 주어진 품셈표에 의하여 공사에 소요되는 소요자재 및 설치노무비 품과 노무비를 산출하여 ①~㊵까지의 빈 칸을 채우고 총 노무비를 계산하시오.(단, 내선전공의 노임단가는 95,000원으로 적용한다.)

품 명	수 량	단 위	공량계	노임단가(원)	노무비(원)
수동발신기 P-1	(①)	개	(②)	(③)	(④)
경종	(⑤)	개	(⑥)	(⑦)	(⑧)
표시등	(⑨)	개	(⑩)	(⑪)	(⑫)
P-1 수신기	(⑬)	대	(⑭)	(⑮)	(⑯)
후강전선관(16mm)	(⑰)	m	(⑱)	(⑲)	(⑳)
후강전선관(22mm)	(㉑)	m	(㉒)	(㉓)	(㉔)
HFIX 전선(1.5mm²)	(㉕)	m	(㉖)	(㉗)	(㉘)
HFIX 전선(2.5mm²)	(㉙)	m	(㉚)	(㉛)	(㉜)
수동발신기함	(㉝)	개	(㉞)	(㉟)	(㊱)
광전식 연기감지기	(㊲)	개	(㊳)	(㊴)	(㊵)

공 종	단 위	내선전공 공량	공 종	단 위	내선전공 공량
수동발신기 P-1	개	0.3	후강전선관(28mm)	m	0.14
경종	개	0.15	후강전선관(36mm)	m	0.2
표시등	개	0.2	전선 6mm² 이하	m	0.01
P-1 수신기(기본 공수)	대	6	전선 16mm² 이하	m	0.02
P-1 수신기 회선당 할증	회선	0.3	전선 35mm² 이하	m	0.031
부수신기(기본 공수)	대	3.0	수동발신기함	개	0.66
유도등	개	0.2	광전식 연기감지기	개	0.13
후강전선관(16mm)	m	0.08			
후강전선관(22mm)	m	0.11			

• **실전모범답안**

(1) ㉮ 4가닥 ㉯ 2가닥 ㉰ 4가닥 ㉱ 6가닥

(2)

품 명	수 량	단 위	공량계	노임단가(원)	노무비(원)
수동발신기 P-1	(1)	개	(1×0.3=0.3)	(95,000)	(0.3×95,000=28,500)
경종	(2)	개	(2×0.15=0.3)	(95,000)	(0.3×95,000=28,500)
표시등	(1)	개	(1×0.2=0.2)	(95,000)	(0.2×95,000=19,000)
P-1 수신기	(1)	대	(6+(1×0.3)=6.3)	(95,000)	(6.3×95,000=598,500)
후강전선관(16mm)	(70)	m	(70×0.08=5.6)	(95,000)	(5.6×95,000=532,000)
후강전선관(22mm)	(15)	m	(15×0.11=1.65)	(95,000)	(1.65×95,000=156,750)
HFIX 전선(1.5mm²)	(200)	m	(200×0.01=2)	(95,000)	(2×95,000=190,000)
HFIX 전선(2.5mm²)	(90)	m	(90×0.01=0.9)	(95,000)	(0.9×95,000=85,500)
수동발신기함	(1)	개	(1×0.66=0.66)	(95,000)	(0.66×95,000=62,700)
광전식 연기감지기	(6)	개	(6×0.13=0.78)	(95,000)	(0.78×95,000=74,100)

상세해설

(1) 전선가닥수

① **자동화재탐지설비의 전선가닥수(P형)**

일제경보방식(기본 가닥수 : 6가닥)

번호	가닥수	전선의 사용 용도(가닥수)					
		회로 공통선	경종·표시등 공통선	경종선	표시 등선	발신 기선	회로선
		① 회로선 7가닥 초과 시 마다 1가닥 추가 ② 조건에 따라 추가	① 1가닥 ② 조건에 따라 추가	1가닥	① 1가닥 ② 조건에 따라 추가		종단저항수 또는 경계구역수 또는 발신기세트수마다 1가닥 추가
㉮	4	2	–	–	–	–	2
㉯	2	1	–	–	–	–	1
㉰	4	2	–	–	–	–	2
㉱	6	1	1	1	1	1	1

※ 평면도 상에서는 일제경보방식으로 생각할 것

배선 내역

구 분	배선수	전선 규격	전선관 규격
㉮	4	HFIX 1.5mm²	16C
㉯	2	HFIX 1.5mm²	16C
㉰	4	HFIX 1.5mm²	16C
㉱	6	HFIX 2.5mm²	22C

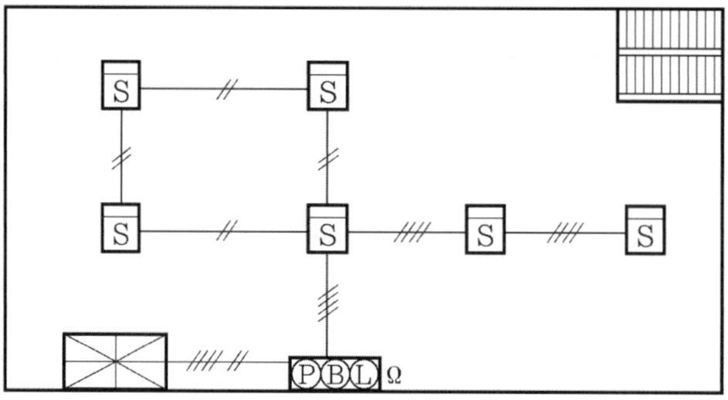

P형 1급 수신기
(5회로용)

(2) **품셈표**

품셈표란 건축 시 인력이나 기계로 만드는 데 드는 단위당 노력과 능률 및 재료를 수량으로 나타낸 것으로서 생산에 소요되는 비용을 산정하기 위한 기술을 말한다.

- 공량계=수량×내선전공 공량
- 노임단가 : 문제의 단서에서 95,000원
- 노무비 : 공량계×노임단가

① **수동발신기 P형**
㉠ **수량 : 1개**
㉡ **공량계** : 1개×0.3=**0.3**
㉢ **노무비** : 0.3×95,000원=**28,500원**

② **경종**
㉠ **수량 : 2개**(주경종 1개+지구경종 1개)
㉡ **공량계** : 2개×0.15=**0.3**
㉢ **노무비** : 0.3×95,000원=**28,500원**
※ 주경종 : 수신기 내부 또는 직근에 1개 설치
지구경종 : 발신기세트 내부에 1개 설치

③ **표시등**
㉠ **수량 : 1개**
㉡ **공량계** : 1개×0.2=**0.2**
㉢ **노무비** : 0.2×95,000원=**19,000원**

④ **P형 수신기**
㉠ **수량 : 1대**
㉡ **공량계** : 기본공수+회선당 할증이며 문제의 도면에서 종단저항이 1개이므로 1회선이다.
따라서, 기본공수 6+(1×0.3)=**6.3**
㉢ **노무비** : 6.3×95,000원=**598,500원**

⑤ **후강전선관(16mm)**
㉠ **수량** : 조건 ⑥에서 감지기와 감지기 사이 발신기세트와 감지기 사이의 거리는 각각 10m이며, 16mm 후강전선관을 사용하므로 10m×7개소=**70m**
㉡ **공량계** : 10m×7개소×0.08=**5.6**
㉢ **노무비** : 5.6×95,000원=**532,000원**

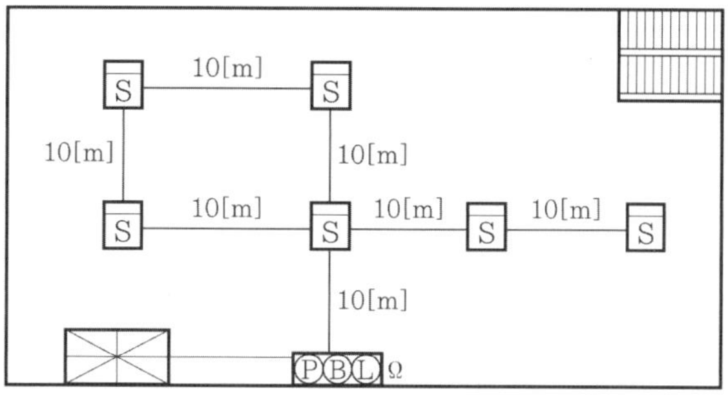

⑥ 후강전선관(22mm)

㉠ **수량** : 조건 ⑤에서 수신기와 발신기세트 사이의 거리는 15m이며, 22mm 후강전선관을 사용하므로 15m×1개소=**15m**

㉡ **공량계** : 15m×0.11=**1.65**

㉢ **노무비** : 1.65×95,000원=**156,750원**

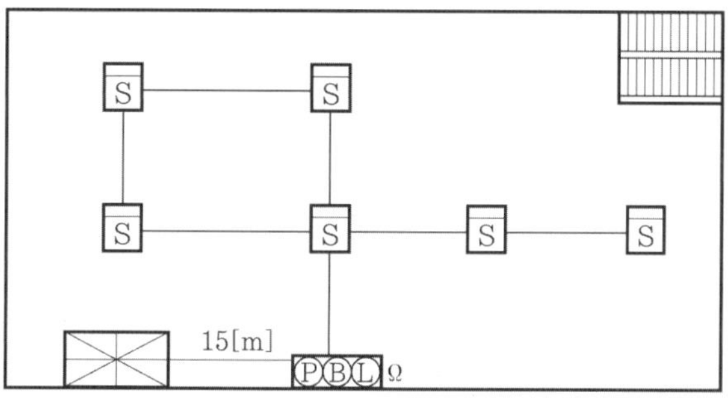

⑦ HFIX 전선(1.5mm^2)

㉠ **수량** : 조건 ④에서 감지기간 전선은 HFIX 1.5mm^{2}를 사용하므로 [(2가닥×4개소)+(4가닥×3개소)]×10m=**200m**

㉡ **공량계** : 200m×0.01=**2**

㉢ **노무비** : 2×95,000원=**190,000원**

※ 전선 6mm^2 이하를 적용한다.

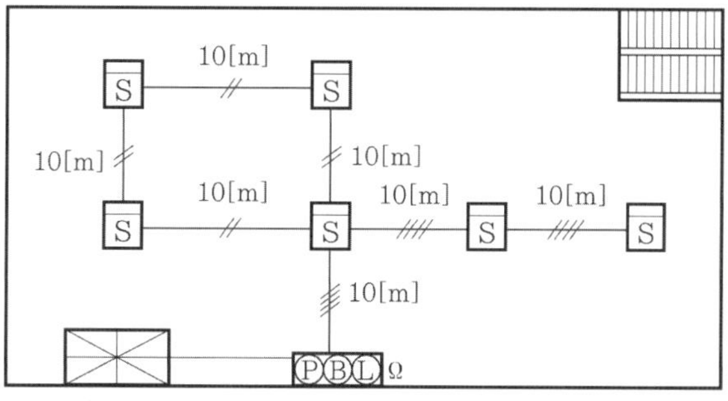

⑧ HFIX 전선(2.5mm²)

㉠ **수량** : 조건 ④에서 감지기간 배선을 제외한 전선은 HFIX 2.5mm²를 사용하므로 (6가닥×1개소)×15m=**90m**

㉡ **공량계** : 90m×0.01=**0.9**

㉢ **노무비** : 0.9×95,000원=**85,500원**

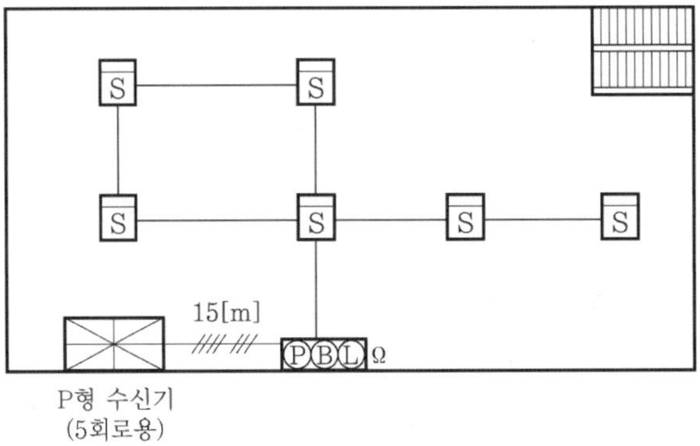

⑨ 수동발신기함

㉠ **수량** : 1개

㉡ **공량계** : 1개×0.66=**0.66**

㉢ **노무비** : 0.66×95,000원=**62,700원**

⑩ 광전식 연기감지기

㉠ **수량** : 6개

㉡ **공량계** : 6개×0.13=**0.78**

㉢ **노무비** : 0.78×95,000원=**74,100원**

〈총 노무비〉

총 노무비=28,500+28,500+19,000+598,500+532,000+156,750+190,000+85,500+62,700
+74,100
=**1,775,550원**

소방이란 분야를 한평생 걸어오신 많은 분들 앞에서, 이제 막 걸음마를 땐 제가 제 이야기를 한다는게 여간 부끄러운 일이 아니지만 그래도 저와 비슷한 케이스의 분들에게 조금이나마 도움이 되기를 바라며 글을 시작해 봅니다.

제가 처음부터 소방에 뜻을 품고 발을 들여놓은 건 아닙니다. 진로를 정하지 못한 저에게 고3 담임 선생님은 부경대학교 안전공학부(당시에는 안전공학부 안에 소방공학과와 안전공학과가 함께 있었습니다.)를 추천해 주셨고, 전역 후에는 친한 친구가 소방공학과에 있다는 이유로 소방공학과를 선택했습니다. 그렇게 참 특별할 것 없이 소방에 발을 들여놓게 되었습니다. 그런 후에도 소방을 해야겠다고 마음먹은 건 한참의 시간이 지난 후인 것 같습니다. 4학년이 되어서야 '그래, 앞으로 평생 소방밥 먹고 살아보자'라는 결심을 하게 되었고, 소방전기가 먼저냐 소방기계가 먼저냐 고민할 때 시간 많은 학생 때 무조건 기계를 따야 된다는 친구의 말에 소방기계기사를 먼저 취득하기로 마음먹었습니다.

학생이다보니 그 당시에는 공부할 시간도 넘쳐났고 학교에서 배운 과목이 기계분야의 문제 성격과 유사하여 독학으로도 합격할 수 있었습니다. 물론 쉬웠다는 말은 아닙니다. 하루 최소 3시간 이상씩 한 달간 공부했고, 10년치 문제를 최소 8~9번은 본 것 같습니다. 시험치고 났을 때 느낌은, 이제와서야 말씀드리지만 적어도 80점 정도는 예상했습니다. 하지만 시험발표 당일, 점수는 62점. 정말 아슬아슬 했었죠. 물론 그 당시 시험이 합격률 10%대의 시험이긴 했지만 '정말 만만히 생각해선 안되겠구나.'하고 생각했습니다.

그렇게 딴 소방기계기사로 4학년 2학기 때 취업계로 공사업체에 취업을 하게 되었고, 소방전기기사 자격증까지 원했던 회사 분위기 덕분에 일을 하면서도 소방전기기사 공부를 부담 없이 시작할 수 있었습니다. 하지만, 기계와 다르게 전기분야는 제가 학교에서 배웠던 것과는 너무도 달랐기에 개념을 정리할 필요가 있음을 절실히 느꼈고, 그렇게 처음 에듀파이어와 인연을 맺었습니다. 결과는 대단히 만족스러웠습니다. 개념정리를 통해 손조차 댈 수 없었던 가닥수 문제들을 풀 수 있었고, 결과 역시 일을 다니면서도 70점대로 넉넉하게 합격 했습니다. 공부기간은 역시 한달 쯤 되었고, 평일엔 2시간 쯤, 주말엔 도서관에서 꽤 많은 시간을 보냈습니다.

소방설비기사(기계·전기) 취득 후 제 소방인생에서 커다란 목표라고 생각했던 소방시설관리사를 취득하기 위해 점검 업체로 이직을 했습니다. 공부를 하더라도 실무를 아는 것이 많은 도움이 될 거라 생각했기 때문에 열의를 가지고 일을 시작했습니다.

하지만 그것도 잠시, 생각보다 제 스스로의 의지가 약하더군요. 소방설비기사(기계·전기)를 가진 덕분에 같은 직종에 있는 동년배들보다는 연봉이 높았고, 일 역시 적응되고 나니 당시의 생활에 안주하게 되었습니다. 관리사를 따야겠다고 막연히 생각은 했지만 그 목표가 은연중에 제 인생 마지막 목표가 되었습니다. 그렇게 시간을 흘려보내던 중, 제 친한 친구의 얘기를 듣게 되었습니다. 평소 매주 주간, 야간 출근이 바뀌는 패턴 속에서도 열심히 일하던 친구인데, 그런 와중에 개인사업을 내어 밤새 일한 후 집에 와 깨끗이 몸을 씻고 다시 자기 사업을 위해 나간다더군요. 담담히 웃으며 말하는 친구를 보며 참 많은걸 느꼈습니다. 저보다 나이어린 친구들보다 고작 월에 10~20만원 더 받으면서, 거기에 위안을 삼고 현실에 안주했던 제가 너무나도 부끄러웠습니다.

'17년 5월, 그렇게 다시 펜을 들었습니다. 소방시설관리사가 제 인생 마지막 목표가 아닌, 다음 목표를 위해 거쳐 가야하는 과정이 되었습니다. 엄살일지 모르겠지만 일하면서 공부 한다는게 생각보다 쉽지 않더군요. 처음 한 달은 매일 책상에 앉는 걸 목표로 잡았습니다. 그 다음 달은 공부시간을 1시간 늘리고, 다음 달은 또 한 시간, 주말에는 학원 정규수업을 꾸준히 들으며 조금이라도 더 공부시간을 늘리려 노력했습니다. 9월 달이 되어 소방시설관리사에 응시할 자격이 되어 더 열의를 내어 공부를 해봤지만, 일을 하면서 도저히 5시간 이상은 힘들더군요. 열심히 하는 것도 중요하지만 소방시설관리사라는 시험의 특성상 물리적으로 절대적인 시간이 필요함을 느꼈습니다. 그렇게 이듬해 3월 달 부턴 공부에 좀 더 집중할 수 있는 여건이 되는 곳으로 이직을 했고, 덕분에 많은 시간을 확보할 수 있었습니다.
그 후로는 다른 모든 수험생 분들도 그렇겠지만, 자기 자신과의 싸움이였습니다.
공부하고, 좌절하고, 다시 마음을 다잡아 책상에 앉아 책을 펴고, 일요일 오전 9시부터 오후 9시까지라는 타이트한 학원 스케줄이였지만, 같은 싸움을 하는 사람들과 얘기할 수 있는 그 시간이 가장 즐거운 시간일 정도였습니다. 그렇게 시간이 흘러 2018년 10월 제18회 소방시설관리사 시험을 응시했고, 감격스럽게도 합격소식을 듣게 되었습니다. 많은 분들의 축하를 받고, 일도 시작하였습니다. 뭣 모르고 들어섰던 소방의 길에, 이렇게 한 발짝 내딛게 되었습니다.

지금 생각해보면, 참 식상하고 상투적이지만(그렇지만 진심으로) 제가 여기까지 올 수 있었던 건 주위분들 덕분이였던 것 같습니다. 제게 부경대학교 안전공학과 진학을 추천해준 선생님이 그러했고, 소방공학과로 꼬드긴(?) 친구가 그러했고, 소방기계기사를 먼저 따라고 조언도 해주고 2번이나 취업을 도와준 친구가 그러했고, 일상에 안주하려 했던 저를 반성하게 해준 친구가 그러했고, 처음 공부하는 저를 옆에서 도와줬던 후배들이 그러했고, 한결같은 모습으로 부담주지 않으려 했던 가족들이 그러했고, 공부를 위한 잠수에 별말 없이 기다려 준 친구들이 그러했고, 자신의 인생에서 가장 힘든 시기였음에도 묵묵함으로 기다려준 친구가 그러했고, 학원에 오는게 행복하게 해줬던 학원 관계자분들이 그러했으며, 포기하고 싶을 때마다 따뜻한 격려와 단호한 조언으로 저를 이끌어 주셨던 이항준 원장님이 그러했습니다.

많은 분들의 격려와 축복 속에 제 소방인생의 제 1막이 내렸고, 이제 다시 2막이 시작되려합니다. 주위 몇몇 분들이 걱정 어린 마음에 말씀하십니다. 그 정도면 된거 아니냐고, 왜 그렇게 자기 시간도 없이 아등바등 하냐고. 그럴 때면 그저 멋쩍은 미소로 답했지만 이번 기회에 제가 좋아하는 글귀로 대답을 대신 할까합니다.
'살아 있다면 노력하라!'
제가 공부할 때 늘 책상 앞에 붙어 있던 글귀이고, 앞으로도 그럴 글귀입니다.
현재에 안주하여 더 이상 노력하지 않으면, 현재의 좋은 것도 잃게 된다더군요. 아직 갈 길이 멀고도 멀지만, 앞으로는 뭣 모르고 내디뎠던 불안한 첫걸음이 아닌, 늦더라도 끝까지 포기하지 않는 우직한 걸음으로 나아가겠습니다. 감사합니다.

– 심민우 –

02 비상방송설비

(1) 비상방송설비의 전선가닥수

가닥수	전선의 사용 용도(가닥수)									
	일제경보방식					우선경보방식				
	공통선	비상방송선	공통선	업무용선	비상방송선	공통선	비상방송선	공통선	업무용선	비상방송선
	층수마다 공통선 및 비상방송선 1가닥씩 추가		층수마다 공통선 및 비상방송선 1가닥씩 추가			층수마다 공통선 및 비상방송선 1가닥씩 추가		층수마다 공통선 및 비상방송선 1가닥씩 추가		

참고 | 비상방송설비 배선의 동일 명칭

기본 가닥수	공통선	업무용선	비상방송선
동일 명칭	–	업무선	스피커선, 확성기선

※ 공통선을 여러 층에서 겸하여 사용하는 일반적인 소방설비와 달리, 비상방송설비에서 **공통선**을 **층별**로 **1가닥씩 추가**하는 이유는 비상방송설비의 화재안전기준에 "**화재**로 인하여 **하나의 층**의 **확성기** 또는 **배선**이 **단락** 또는 **단선**되어도 **다른 층의 화재통보에 지장이 없도록 할 것**" 이라는 규정에 의해 각 층에 공통선과 비상방송선을 **별도로** 배선해야만 화재 시 **화재층**에서 **배선**이 **단락** 또는 **단선**이 되어 **해당 층**에 **비상방송**이 출력되지 않더라도 **다른 층**에서의 **비상방송 출력**에 **지장이 없도록** 하기 위함이다. 이는 실제 현장의 배선과는 다르므로 시험 시 가닥수 산정에 유의하자!!

실무적용

현재 특별한 경우를 제외한 대부분의 건축물에 설치된 비상방송설비는 일반방송설비와 겸용으로서 소방관련법령에 의한 검인증 대상 제품이 아니다. 따라서 비상방송설비의 배선이 화재로 인하여 단락(합선)될 경우 비상방송 기능이 저하되거나 차단되는 문제가 발생한다. 이러한 문제를 개선하기 위해 소방청에서 대대적으로 점검 및 보완이 이루어질 수 있도록 추진 중에 있다. 다음은 비상방송설비의 성능 개선을 위한 방안 중 일부이다.

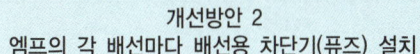

개선방안 1 각 층에 배선용 차단기(퓨즈) 설치	개선방안 2 엠프의 각 배선마다 배선용 차단기(퓨즈) 설치
	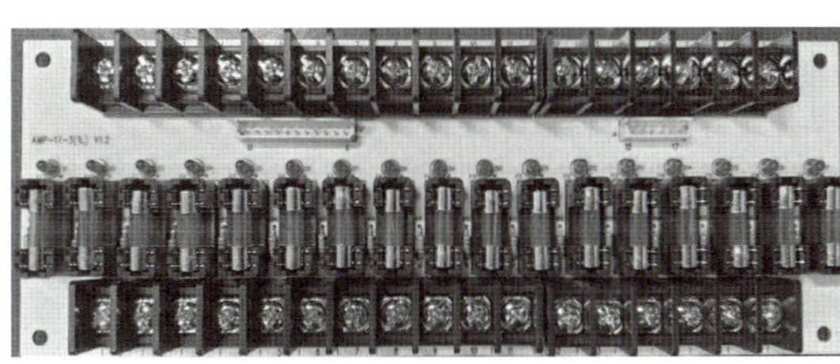

핵심기출문제

01 다음은 우선경보방식 비상방송설비 회로계통도이다. 각 층 사이의 ①~⑤까지의 배선수와 각 배선의 용도를 쓰시오. (단, 비상용 방송과 업무용 방송을 겸용으로 하는 설비이다.) 배점 : 5 [12년]

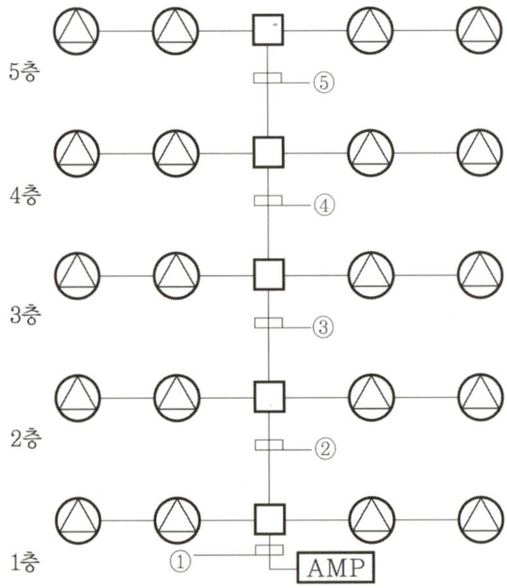

번 호	배선수	배선의 용도
①		
②		
③		
④		
⑤		

• 실전모범답안

구 분	배선수	배선의 용도
①	11	공통선 5, 업무용선 1, 비상방송선 5
②	9	공통선 4, 업무용선 1, 비상방송선 4
③	7	공통선 3, 업무용선 1, 비상방송선 3
④	5	공통선 2, 업무용선 1, 비상방송선 2
⑤	3	공통선 1, 업무용선 1, 비상방송선 1

상세해설

전선가닥수

번호	가닥수	전선의 사용 용도(가닥수)									
		일제경보방식					우선경보방식				
		공통선	비상방송선	공통선	업무용선	비상방송선	공통선	비상방송선	공통선	업무용선	비상방송선
		층수마다 공통선 및 비상방송선 1가닥씩 추가		층수마다 공통선 및 비상방송선 1가닥씩 추가			층수마다 공통선 및 비상방송선 1가닥씩 추가		층수마다 공통선 및 비상방송선 1가닥씩 추가		
①	11	–	–	–	–	–	–	–	5	1	5
②	9	–	–	–	–	–	–	–	4	1	4
③	7	–	–	–	–	–	–	–	3	1	3
④	5	–	–	–	–	–	–	–	2	1	2
⑤	3	–	–	–	–	–	–	–	1	1	1

조건에서 **비상방송**과 **업무용 방송**을 **겸용**하는 설비이므로 **3선식 배선**이며 **우선경보방식**이므로 **공통선** 및 **비상방송선 1가닥**씩을 추가한다. 자동화재탐지설비와 달리 각 층마다 **공통선을 1가닥**씩 **추가**하는 이유는 비상방송설비의 화재안전기준에서 "**화재**로 인하여 **하나의 층**의 **확성기** 또는 **배선**이 **단락** 또는 **단선**되어도 **다른 층**의 **화재 통보**에 **지장이 없도록** 할 것"이라고 규정하고 있으므로 각 층별로 공통선과 비상방송선을 **별도**로 **배선**하여 **화재 시 화재층**에서 **단선** 및 **단락**이 되어 **비상방송**이 출력되지 않더라도 **다른 층**에서 **비상방송**의 **출력**에 지장이 없도록 하기 위함이다.

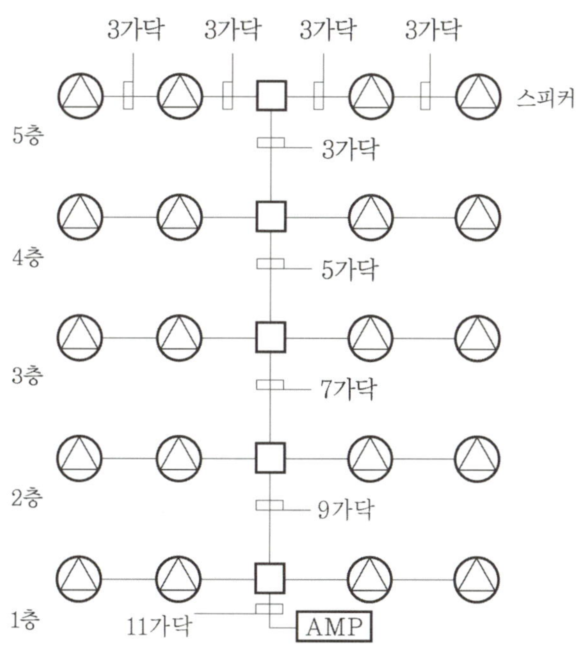

03 옥내소화전

(1) 도시기호

명 칭	그림기호	사 진
옥내소화전함		
압력챔버		
동력제어반	MCC	—

(2) 전선가닥수

구 분	수동방식(ON-OFF 방식)	자동방식(기동용 수압개폐장치 방식)
소화전함 ↔ 소화전함 소화전함 ↔ 제어반(수신반)	**기본 가닥수 : 5가닥** [공통, ON(기동), OFF(정지), 펌프기동표시등 2(공통 1, 펌프기동표시등 1)]	**기본 가닥수 : 2가닥** [펌프기동표시등 2(공통 1, 펌프기동표시등 1)]
압력챔버 ↔ 제어반(수신반)	—	**기본 가닥수 : 2가닥** [PS(압력스위치) 2(공통 1, PS 1)]
MCC ↔ 제어반(수신반)	**기본 가닥수 : 5가닥** [공통, ON(기동), OFF(정지), 펌프기동표시등, 펌프정지표시등(전원감시표시등)]	**기본 가닥수 : 5가닥** [공통, ON(기동), OFF(정지), 펌프기동표시등, 펌프정지표시등(전원감시표시등)]

참고 옥내소화전설비 배선의 동일 명칭

	공통	ON	OFF	펌프기동표시등	PS	펌프정지표시등
동일 명칭	—	기동	정지	펌프기동 확인표시등, 운전표시	압력 스위치	전원감시표시등 (문제의 조건에 전원감시기능이 있는 경우에는 전원감시표시등으로 답할 것)

핵심기출문제

01 다음 그림은 옥내소화전설비의 전기적 계통도이다. 그림을 보고 답란 표의 Ⓐ~Ⓒ까지의 배선수와 각 배선의 용도를 쓰시오. (단, 사용 전선은 HFIX 전선이며, 배선수는 운전조작상 필요한 최소 전선수를 쓰도록 한다.)

배점 : 6 [05년]

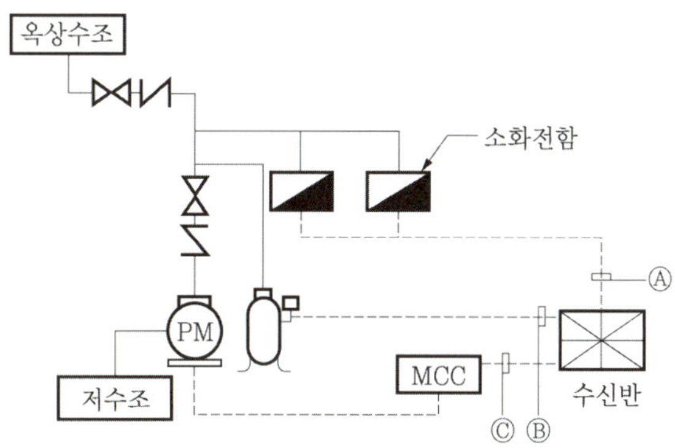

기 호	구 분		배선수	배선굵기	배선의 용도
Ⓐ	소화전함 ↔ 수신반	ON-OFF 방식		2.5mm²	
		수압개폐식		2.5mm²	
Ⓑ	압력챔버 ↔ 수신반			2.5mm²	
Ⓒ	MCC ↔ 수신반		5	2.5mm²	기동, 정지, 공통, 운전표시, 정지표시

• 실전모범답안

기 호	구 분		배선수	배선굵기	배선의 용도
Ⓐ	소화전함 ↔ 수신반	ON-OFF 방식	5	2.5mm²	공통, 기동, 정지, 펌프기동표시등 2 (공통 1, 펌프기동표시등 1)
		수압개폐식	2	2.5mm²	펌프기동표시등 2 (공통 1, 펌프기동표시등 1)
Ⓑ	압력챔버 ↔ 수신반		2	2.5mm²	PS(압력스위치) 2 (공통 1, PS 1)
Ⓒ	MCC ↔ 수신반		5	2.5mm²	기동, 정지, 공통, 운전표시, 정지표시

01-1 다음은 옥내소화전설비의 계통도이다. 각 물음에 답하시오. 배점 : 7 [12년]

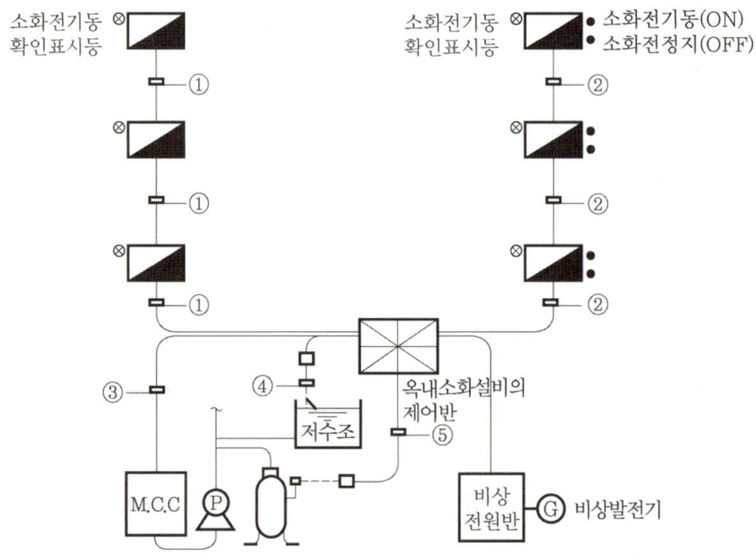

(1) ①~⑤의 최소 배선가닥수를 쓰시오.
(2) 도통시험을 하기 위하여 종단저항을 설치해야 하는 장치를 도면상에서 찾아 명칭을 쓰시오.
(3) ④의 배선을 입선하기 위하여 사용하는 전선관의 종류를 쓰시오.
(4) ④의 전선관을 연결하기 위하여 사용하는 박스의 종류를 쓰시오.
(5) 저수조에 설치된 플롯스위치는 어떤 경우에 작동신호를 감시제어반으로 보내는지 쓰시오.

• **실전모범답안**

(1) ① 2가닥
② 5가닥
③ 5가닥
④ 2가닥
⑤ 2가닥

(2) ① 기동용 수압개폐장치의 압력스위치
② 저수조의 저수위경보장치

(3) 금속제 가요전선관

(4) 8각 박스

(5) 저수조의 수위가 저수위일 때

상세해설

(1) 전선가닥수

구 분	수동방식(ON-OFF 방식)	자동방식(기동용 수압개폐장치 방식)
소화전함 ↔ 소화전함 소화전함 ↔ 제어반(수신반)	기본 가닥수 : 5가닥 [공통, ON(기동), OFF(정지), 펌프기동표시등 2(공통 1, 펌프기동표시등 1)]	기본 가닥수 : 2가닥 [펌프기동표시등 2(공통 1, 펌프기동표시등 1)]
압력챔버 ↔ 제어반(수신반)	—	기본 가닥수 : 2가닥 [PS(압력스위치) 2(공통 1, PS 1)]
MCC ↔ 제어반(수신반)	기본 가닥수 : 5가닥 [공통, ON(기동), OFF(정지), 펌프기동표시등, 펌프정지표시등(전원감시표시등)]	기본 가닥수 : 5가닥 [공통, ON(기동), OFF(정지), 펌프기동표시등, 펌프정지표시등(전원감시표시등)]

※ ④ 배선내역 : 감수경보장치(저수위 스위치) 2

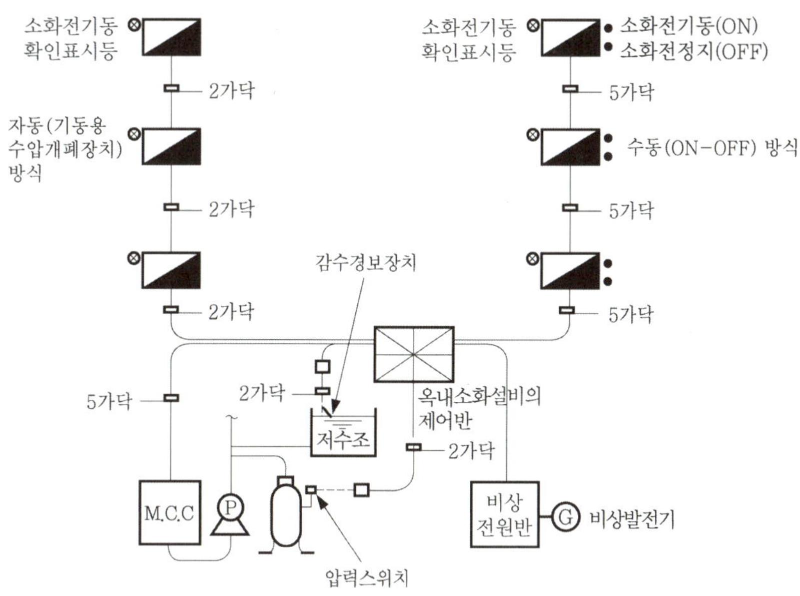

(2) 옥내소화전설비 감시제어반의 기능(NFTC 102 제9조 ②)

■ **옥내소화전설비 감시제어반의 기능(NFTC 102 제9조 ②)**

1. 각 펌프의 작동여부를 확인할 수 있는 표시등 및 음향경보기능이 있어야 할 것
2. 각 펌프를 자동 및 수동으로 작동시키거나 중단시킬 수 있어야 할 것
3. 비상전원을 설치한 경우에는 상용전원 및 비상전원의 공급여부를 확인할 수 있어야 할 것
4. 수조 또는 물올림탱크가 저수위로 될 때 표시등 및 음향으로 경보할 것
5. 각 확인회로(기동용 수압개폐장치의 압력스위치회로·수조 또는 물올림탱크의 감시회로)마다 도통시험 및 작동시험을 할 수 있어야 할 것
6. 예비전원이 확보되고 예비전원의 적합여부를 시험할 수 있어야 할 것

(3) 전선관의 종류

① **회로별 배선방법**

구 분	배선방법
전원회로	내화배선
기타 회로	내화 또는 내열 배선

② **내열배선**

사용전선의 종류	공사방법
1. 450/750V 저독성 난연가교 폴리올레핀 절연전선 2. 0.6/1kV 가교 폴리에틸렌 절연 저독성 난연 폴리올레핀 시스 전력케이블 3. 6/10kV 가교 폴리에틸렌 절연 저독성 난연 폴리올레핀 시스 전력용 케이블 4. 가교 폴리에틸렌 절연 비닐시스 트레이용 난연 전력케이블 5. 0.6/1kV EP 고무절연 클로로프렌 시스 케이블 6. 300/500V 내열성 실리콘 고무 절연전선(180℃) 7. 내열성 에틸렌-비닐 아세테이트 고무 절연 케이블 8. 버스덕트(Bus Duct) 9. 기타 전기용품 및 생활용품 안전관리법 및 전기설비기술기준에 따라 동등 이상의 내열성능이 있다고 주무부장관이 인정하는 것	**금속관·금속제 가요전선관·금속덕트** 또는 **케이블**(**불연성 덕트**에 **설치**하는 **경우**에 **한한다.**) 공사방법에 따라야 한다. 다만, 다음 각 목의 기준에 적합하게 설치하는 경우에는 그렇지 않다. 가. 배선을 내화성능을 갖는 배선전용실 또는 배선용 샤프트·피트·덕트 등에 설치하는 경우 나. 배선전용실 또는 배선용 샤프트·피트·덕트 등에 다른 설비의 배선이 있는 경우에는 이로부터 **15cm** 이상 떨어지게 하거나 소화설비의 배선과 이웃하는 다른 설비의 배선 사이에 배선지름(배선의 지름이 다른 경우에는 지름이 가장 큰 것을 기준으로 한다.)의 **1.5배 이상**의 높이의 **불연성 격벽**을 설치하는 경우
내화전선·내열전선	케이블공사의 방법에 따라 설치해야 한다.

※ 감수경보장치는 전원회로가 아니므로 내열배선으로 시공이 가능하며 풀박스에서 감수경보장치까지의 굴곡을 감안하여 내열배선의 공사방법 중 금속제 가요전선관이 적합하다.

(4) 박스(Box) 사용처

박스의 종류	표제목
4각 박스	① **4방출** 이상(**문제**의 **조건**에 따라서 산출) ② **한쪽면**이 **2방출** 이상 ③ 수신기, 부수신기, 제어반, 발신기세트, 슈퍼비죠리판넬, 수동조작함 • **전선관 매립시공, 함 매립시공 : 산출(×)** 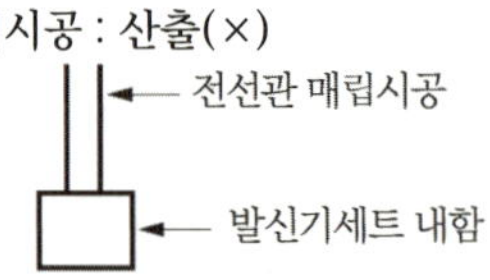 (**자체 매립형 내함**을 **사용**하므로 **4각 박스**가 **불필요**하다.)
8각 박스	① **4각 박스** 사용처 이외의 곳 ② 감지기, 유도등, 사이렌, 방출표시등, 습식밸브, 건식밸브, 준비작동식밸브, 일제살수식밸브 등

(5) 감수경보장치(저수위스위치=플롯스위치)

① **플롯**과 **개폐기**를 조합시킨 **자동스위치**이다.

② 주로 **급수, 배수펌프**의 **자동운전**에 **사용**한다.

③ 수면에 **플롯**을 띄우고, **수면**의 **고저**에 따라서 **플롯**이 **위 아래**로 움직여 **개폐기**를 **조작**한다.

01-2 기동용 수압개폐장치를 이용한 옥내소화전설비의 계통도를 보고 다음 각 물음에 답하시오.

배점 : 9 [09년]

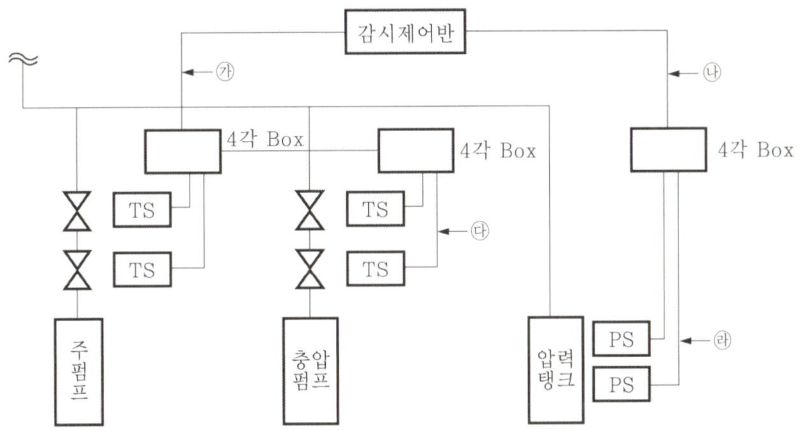

(1) 도면의 ㉮~㉱에 해당하는 전선의 가닥수를 쓰시오.

(2) 옥내소화전설비에는 제어반을 설치하되, 감시제어반과 동력제어반으로 구분하여 설치해야 한다. 다음 각 물음에 답하시오.

① 각 펌프의 작동여부를 확인할 수 있는 (㉠) 및 (㉡) 기능이 있어야 할 것

② 각 펌프를 (㉢) 및 (㉣)으로 작동시키거나 작동을 중단시킬 수 있어야 할 것

③ 비상전원을 설치한 경우에는 (㉤) 및 (㉥)의 공급여부를 확인할 수 있어야 할 것

④ 수조 또는 물올림탱크가 (㉦)로 될 때 표시등 및 음향으로 경보할 것

⑤ 기동용 수압개폐장치의 압력스위치 회로, 수조 또는 물올림탱크의 감시 회로마다 (㉧) 및 (㉨)을 할 수 있어야 할 것

• **실전모범답안**

(1) ㉮ 5가닥 ㉯ 3가닥
㉰ 2가닥 ㉱ 2가닥

(2) ① 각 펌프의 작동여부를 확인할 수 있는 (㉠ 표시등) 및 (㉡ 음향경보) 기능이 있어야 할 것

② 각 펌프를 (㉢ 수동) 및 (㉣ 자동)으로 작동시키거나 작동을 중단시킬 수 있어야 할 것

③ 비상전원을 설치한 경우에는 (㉤ 상용전원) 및 (㉥ 비상전원)의 공급여부를 확인할 수 있어야 할 것

④ 수조 또는 물올림탱크가 (㉦ 저수위)로 될 때 표시등 및 음향으로 경보할 것

⑤ 기동용 수압개폐장치의 압력스위치 회로, 수조 또는 물올림탱크의 감시 회로마다 (㉧ 도통시험) 및 (㉨ 작동시험)을 할 수 있어야 할 것

상세해설

(1) 전선가닥수

① 배선내역

구 분	배선수	용 도
㉮	5	공통 1, TS(탬퍼스위치) 4
㉯	3	공통 1, PS(압력스위치) 2
㉰	2	TS(탬퍼스위치) 2(공통 1, TS 1)
㉱	2	PS(압력스위치) 2(공통 1, PS 1)

실무적용

주펌프란 화재 시 소화전을 사용하거나 스프링클러 개방 시에 압력이 낮아지게 되면 동작하여 일정한 압력 이상의 소화수를 방출할 수 있도록 유지해 주는 펌프이고, **충압펌프**란 평상시 소화수가 방출되어 압력이 낮아지는 경우가 아닌 누수 등으로 인한 미세한 압력 저하 시에 주펌프의 빈번한 기동을 방지하기 위하여 압력을 보충해 주는 보조적인 역할을 하는 펌프이다. 또한 **압력챔버**란 기동용 수압개폐장치로서 배관 내의 압력변화를 감지하여 자동으로 펌프를 기동시키고 정지시키는 설비를 말한다.

04 스프링클러설비(준비작동식)

(1) 도시기호

명 칭	그림기호	사진 및 비고
경보밸브(습식)		
프리액션밸브		
사이렌	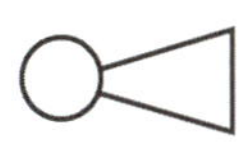	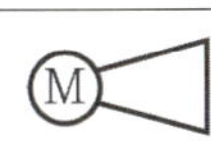 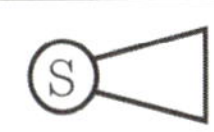 ❘ 모터사이렌 ❘ ❘ 전자사이렌 ❘
압력스위치		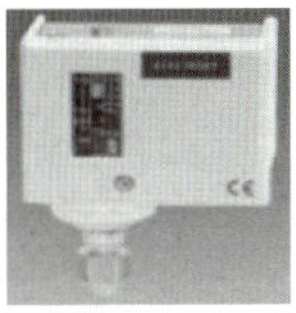 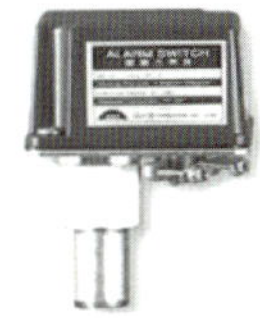 ❘ 펌프기동용 ❘ ❘ 자동경보밸브용 ❘
탬퍼스위치		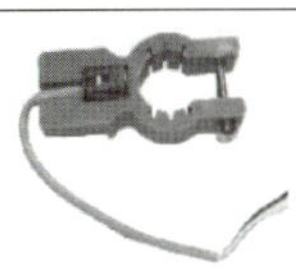
천장은폐배선	————————	1. 천장은폐배선 중 천장 속의 배선을 구별하는 경우는 천장 속의 배선에 —— · —— · —— 를 사용하여도 좋다. 2. 노출배선 중 바닥면 노출배선을 구별하는 경우는 바닥면 노출배선에 —— · · —— · · —— 를 사용하여도 좋다.
바닥은폐배선	—— —— ——	
노출배선	– – – – – –	
상승 인하 소통	  	1. 동일층의 상승, 인하는 특별히 표시하지 않는다. 2. 관, 선 등의 굵기를 명기한다. 다만, 명백한 경우는 기입하지 않아도 된다. 3. 필요에 따라 공사 종별을 표기한다. 4. 케이블의 방화구획 관통부는 다음과 같이 표시한다. ① 상승 :  ② 인하 :  ③ 소통 : 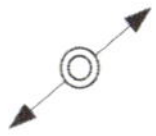

명 칭	그림기호	사진 및 비고
프리액션밸브 수동조작함	SVP	

(2) 교차회로방식

① **교차회로방식** : **설비**의 **오작동**을 **방지**하기 위하여 **2개 이상**의 **회로**가 **교차**되도록 **설치**하여 인접한 2개 이상의 회로가 **동시**에 **작동**해야 **설비**가 **작동**되도록 하는 방식

〈적용설비〉

㉠ 준비작동식 스프링클러설비
㉡ 일제살수식 스프링클러설비
㉢ 이산화탄소소화설비
㉣ 할론소화설비
㉤ 할로겐화합물 및 불활성기체소화설비
㉥ 분말소화설비

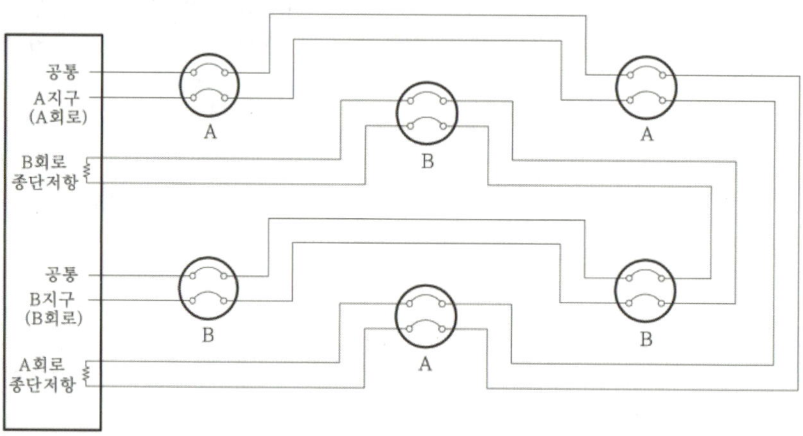

② **교차회로방식 배선의 예**

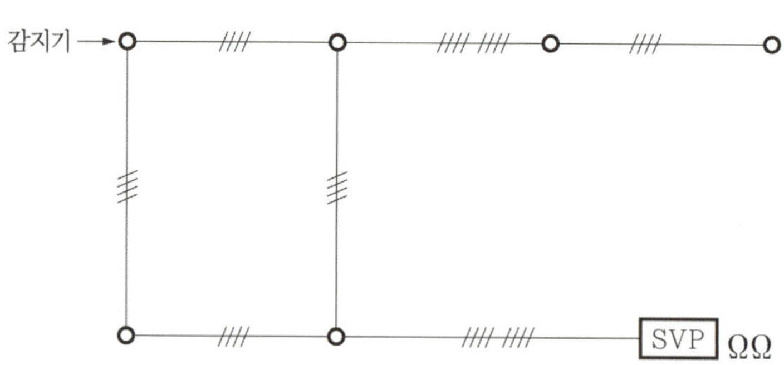

Tip 교차회로방식의 배선에서 루프(Loop) 방식 부분과 말단 부부은 4가닥, 그 외 부분은 8가닥으로 기억할 것!!

(3) 준비작동식 스프링클러설비의 전선가닥수

① 준비작동식 스프링클러설비의 연동 개념도

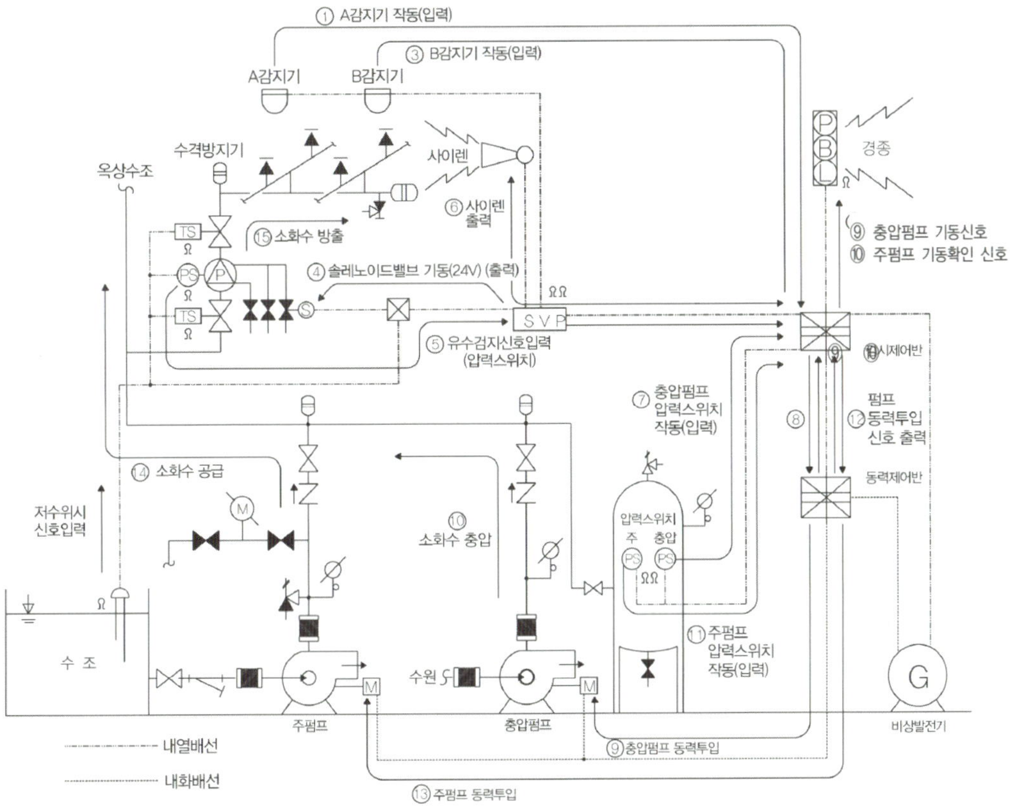

쉬어가는 코너

남보다 더 일찍, 더 부지런히 노력해야 성공을 맛볼 수 있다.

-작자미상-

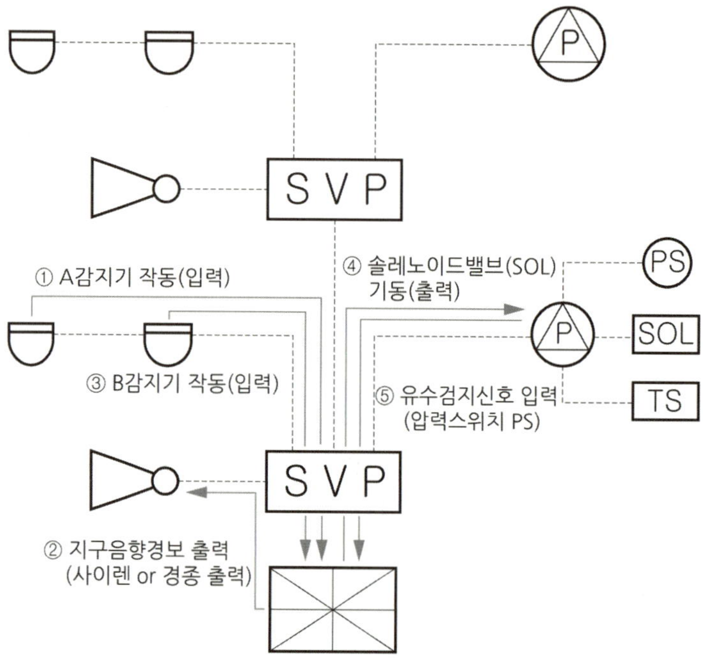

연동 순서	작동내용	필요한 전선내역	
①	A감지기 작동신호 입력	회로 1(A감지기 회로)	공통 1
②	지구음향경보 출력 (사이렌 또는 경종 출력)	사이렌 1	
③	B감지기 작동신호 입력	회로 1(B감지기 회로)	
④	솔레노이드밸브로 기동신호 출력 (준비작동식 유수검지장치 개방)	기동(SOL) 1	
⑤	유수검지장치(압력스위치)의 유수검지신호 입력	밸브개방확인(PS) 1	
참고	급수배관 개폐밸브 폐쇄 시 탬퍼스위치 신호 입력	밸브주의(TS) 1	

② 준비작동식 스프링클러설비의 가닥수 증가

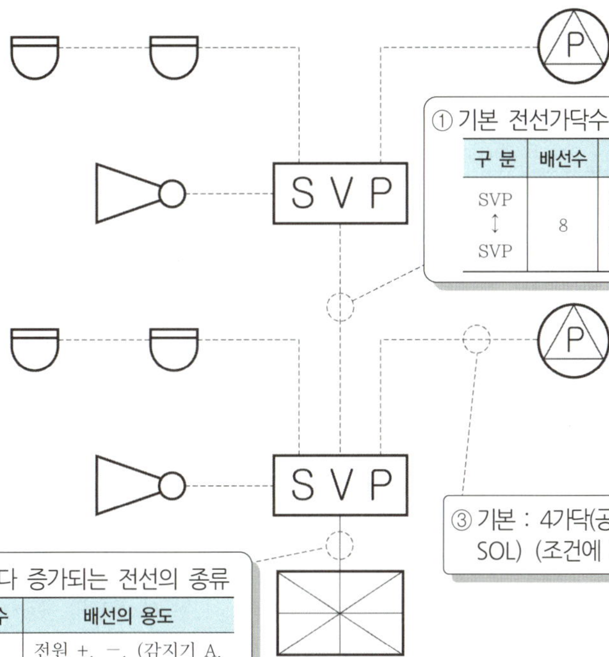

① 기본 전선가닥수

구 분	배선수	배선의 용도
SVP ↕ SVP	8	전원 +, −, (감지기 A, 사이렌, 감지기 B, 기동, 밸브개방확인, 밸브주의)

② P/V 추가 시마다 증가되는 전선의 종류

구 분	배선수	배선의 용도
2 Zone 일 경우	14	전원 +, −, (감지기 A, 사이렌, 감지기 B, 기동, 밸브개방확인, 밸브주의)×2

③ 기본 : 4가닥(공통, TS, PS, SOL) (조건에 따라 추가)

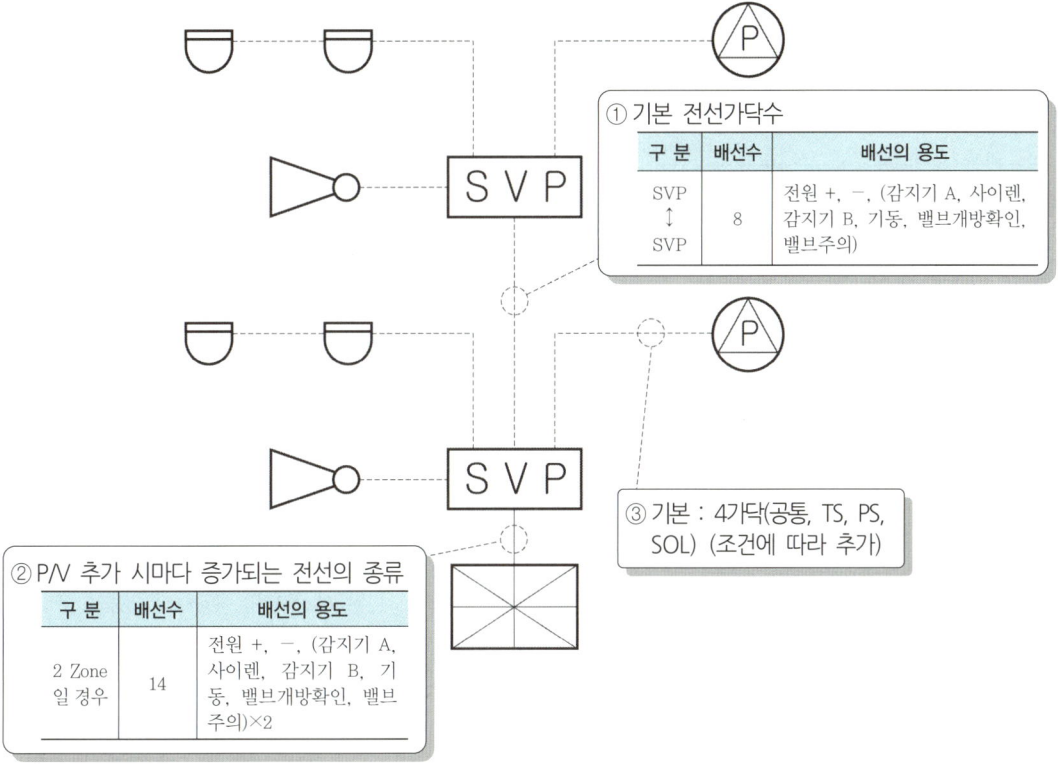

③ 준비작동식 스프링클러설비의 SVP 선로 구성

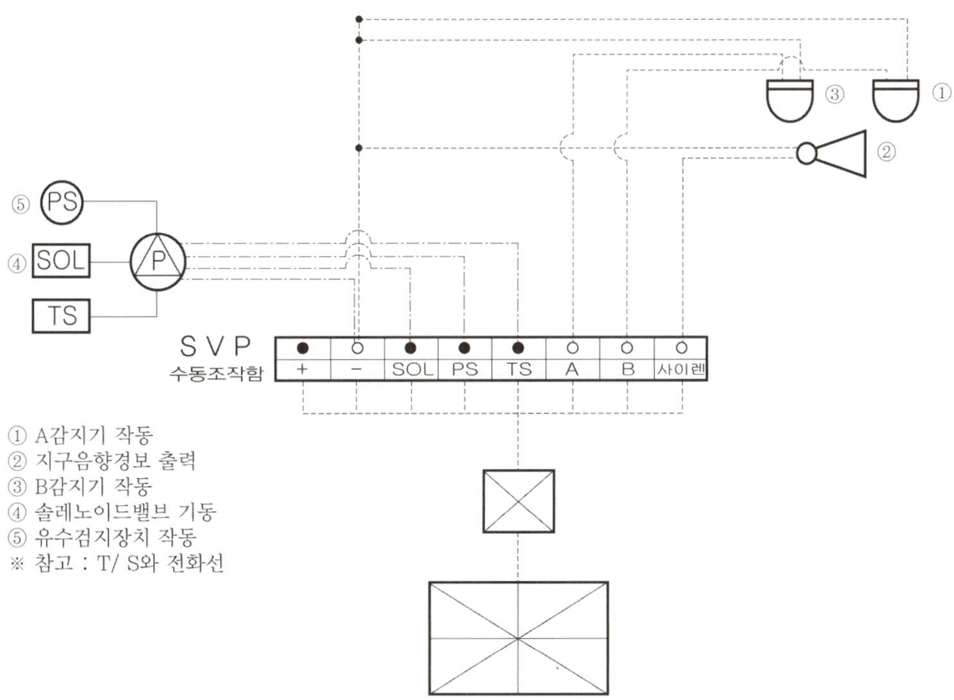

① A감지기 작동
② 지구음향경보 출력
③ B감지기 작동
④ 솔레노이드밸브 기동
⑤ 유수검지장치 작동
※ 참고 : T/ S와 전화선

습식 스프링클러설비

기본 가닥수	공 통	TS (탬퍼스위치)	PS (유수검지스위치)	사이렌
가닥수의 추가조건	1가닥	① **습식밸브(알람체크밸브)** **수**마다 **1가닥**씩 추가 ② 조건에 따라 추가	**습식밸브(알람체크밸브)** **수**마다 **1가닥**씩 추가	**습식밸브(알람체크밸브)** **수**마다 **1가닥**씩 추가

준비작동식 스프링클러설비식

기본 가닥수	감시제어반(수신반) ↔ SVP (기본 가닥수 : 8가닥)								SVP(슈퍼비죠리판넬) ↔ 준비작동식밸브 (프리액션밸브, P/V) (기본 가닥수 : 4가닥)			
	전원 +	전원 −	감지기A	사이렌	감지기B	기동	밸브개방 확인	밸브주의 (TS)	공통	TS	PS	SOL
가닥 수의 추가 조건	1가닥		① **준비작동식밸브(프리액션밸브(P/V))** 수마다 **1가닥**씩 추가 ② 밸브주의(TS)선은 조건에 따라 추가						① **4가닥** ② 조건에 따라 추가			

※ 전원(+, −)선은 경계구역(Zone)의 수에 상관없이 각 SVP(슈퍼비죠리판넬)에 전원만 공급해 주면 되므로 가닥수의 추가가 없다.

참고 습식 스프링클러설비 배선의 동일 명칭

	공 통	TS(탬퍼스위치)	PS(유수검지스위치)	사이렌
동일 명칭	−	밸브주의 밸브모니터링스위치 밸브개폐 감시용 스위치	압력스위치	−

참고 준비작동식 스프링클러설비 배선의 동일 명칭

기본 가닥수	전원 +	전원 −	감지기A	사이렌	감지기B	기동	밸브개방확인	밸브주의(TS)	공통	TS	PS	SOL
동일명칭	−	−	−	−	−	−	−	탬퍼스위치, 밸브주의, 밸브모니터링 스위치, 밸브개폐 감시용 스위치	−	탬퍼스위치, 밸브주의, 밸브모니터링 스위치, 밸브개폐 감시용 스위치	유수검지 스위치, 압력 스위치	솔레 노이드 밸브

핵심기출문제

01 다음 그림은 습식 스프링클러설비의 전기적 계통도이다. 그림을 보고 답란의 Ⓐ~Ⓔ까지의 배선수와 각 배선의 용도를 쓰시오.

배점 : 7 [08년] [20년]

[조건]
① 각 유수검지장치에는 밸브개폐 감시용 스위치는 부착되어 있지 않은 것으로 한다.
② 사용전선은 HFIX 전선이다.
③ 배선수는 운전조작상 필요한 최소 전선수를 쓰도록 한다.

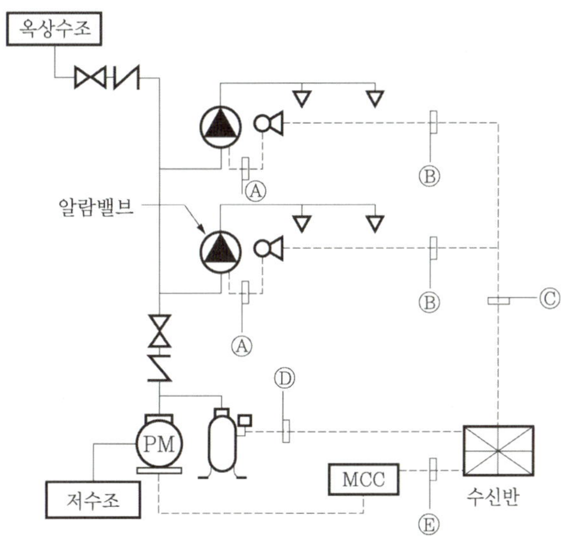

기 호	구 분	배선수	배선굵기	배선의 용도
Ⓐ	알람밸브 ↔ 사이렌		$2.5mm^2$ 이상	
Ⓑ	사이렌 ↔ 수신반		$2.5mm^2$ 이상	
Ⓒ	2개 구역일 경우		$2.5mm^2$ 이상	
Ⓓ	압력챔버 ↔ 수신반		$2.5mm^2$ 이상	
Ⓔ	MCC ↔ 수신반	5	$2.5mm^2$ 이상	

• 실전모범답안

구 분	구 간	전선수	전선굵기	배선의 용도
Ⓐ	알람밸브 ↔ 사이렌	2	2.5mm² 이상	PS(유수검지스위치) 2(공통 1, PS 1)
Ⓑ	사이렌 ↔ 수신반	3	2.5mm² 이상	공통 1, PS(유수검지스위치) 1, 사이렌 1
Ⓒ	2개 구역일 경우	5	2.5mm² 이상	공통 1, PS(유수검지스위치) 2, 사이렌 2
Ⓓ	압력챔버 ↔ 수신반	2	2.5mm² 이상	PS(압력스위치) 2(공통 1, PS 1)
Ⓔ	MCC ↔ 수신반	5	2.5mm² 이상	공통, ON, OFF, 운전표시, 정지표시

상세해설

(1) 전선가닥수

① 습식 스프링클러설비의 전선가닥수

기본 가닥수	공 통	TS (탬퍼스위치)	PS (유수검지스위치)	사이렌
가닥수의 추가조건	무조건 1가닥	① 습식밸브(알람체크밸브) 수마다 1가닥씩 추가 ② 조건에 따라 추가	습식밸브(알람체크밸브) 수마다 1가닥씩 추가	습식밸브(알람체크밸브) 수마다 1가닥씩 추가

Tip 문제의 조건에서 밸브개폐 감시용 스위치(TS)는 설치되지 않았으므로 산출하지 않는다!!

01-1 다음 그림은 준비작동식 스프링클러설비의 전기적 계통도이다. ⓐ~ⓕ까지에 대한 주어진 표의 빈 칸에 알맞은 배선수와 배선의 용도를 작성하시오. (단, 배선수는 운전조작상 필요한 최소 전선수를 쓰도록 하시오.)

배점 : 12 [09년] [06년] [18년] [19년]

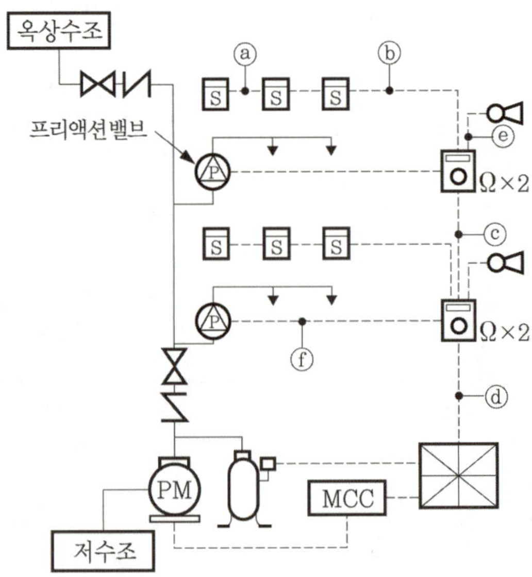

(1) ⓐ~ⓕ까지에 대한 답안지표의 배선수와 배선의 용도를 작성하시오.

기 호	구 분	배선수	배선굵기	배선의 용도
ⓐ	감지기↔감지기		1.5mm²	
ⓑ	감지기↔SVP		1.5mm²	
ⓒ	SVP↔SVP		2.5mm²	
ⓓ	2 Zone일 경우		2.5mm²	
ⓔ	사이렌↔SVP		2.5mm²	
ⓕ	프리액션밸브↔SVP		2.5mm²	

(2) 설치된 음향장치는 어떠한 경우에 작동하는지 쓰시오.

(3) 준비작동식밸브의 2차측 주밸브를 폐쇄한 상태에서 준비작동식 유수검지장치의 전기적 작동방법 2가지를 쓰시오.

(4) 감지기회로를 A회로, B회로로 구분하여 결선하는 이유와 이와 같은 회로방식을 무엇이라 하는지 쓰시오.

(5) '(4)'와 같은 회로방식을 적용하지 않아도 되는 감지기를 3가지 쓰시오.

• **실전모범답안**

(1)

기 호	구 분	배선수	배선굵기	배선의 용도
ⓐ	감지기↔감지기	4	1.5mm²	공통 2, 회로 2
ⓑ	감지기↔SVP	8	1.5mm²	공통 4, 회로 4
ⓒ	SVP↔SVP	8	2.5mm²	전원 +, −, 감지기 A, 사이렌, 감지기 B, 기동, 밸브개방확인, 밸브주의
ⓓ	2 Zone일 경우	14	2.5mm²	전원 +, −, (감지기 A, 사이렌, 감지기 B, 기동, 밸브개방확인, 밸브주의) × 2
ⓔ	사이렌↔SVP	2	2.5mm²	사이렌 2(공통 1, 사이렌 1)
ⓕ	프리액션밸브↔SVP	4	2.5mm²	공통, TS(탬퍼스위치), PS압력(압력스위치), SOL(솔레노이드밸브)

(2) 감지기 A회로, B회로 중 하나의 화재감지기회로가 화재를 감지했을 때

(3) ① 감지기 A회로 및 감지기 B회로의 감지기를 동시에 작동시킨다.
② 슈퍼비죠리판넬에서 수동기동스위치를 작동시킨다.

(4) ① 이유 : 설비의 오작동 방지
② 회로방식 : 교차회로방식

(5) ① 불꽃감지기
② 분포형감지기
③ 복합형감지기

상세해설

(1), (4) 전선가닥수 & 교차회로방식

① **교차회로방식** : **설비**의 **오작동**을 **방지**하기 위하여 **2개 이상**의 **회로**가 **교차**되도록 **설치**하여 인접한 2개 이상의 회로가 **동시**에 **작동**해야 **설비**가 **작동**되도록 하는 방식

〈적용설비〉

㉠ 준비작동식 스프링클러설비

㉡ 일제살수식 스프링클러설비

㉢ 이산화탄소소화설비

㉣ 할론소화설비

㉤ 할로겐화합물 및 불활성기체소화설비

㉥ 분말소화설비

② **준비작동식 스프링클러설비의 전선가닥수**

기본 가닥수	감시제어반(수신반) ↔ SVP (기본 가닥수 : 8가닥)								SVP(슈퍼비죠리판넬) ↔ 준비작동식밸브 (프리액션밸브, P/V) (기본 가닥수 : 4가닥)			
	전원 +	전원 −	감지기A	사이렌	감지기B	기동	밸브 개방 확인	밸브 주의 (TS)	공통	TS	PS	SOL
가닥수의 추가 조건	1가닥		① **준비작동식밸브(프리액션밸브(P/V)) 수**마다 **1가닥**씩 추가 ② 밸브주의(TS)선은 조건에 따라 추가						① **기본 4가닥** ② 조건에 따라 추가			

※ 1. 문제의 조건에서 감지기 공통선을 별도로 사용하라고 하였을 경우 감지기 공통선 1가닥을 추가할 것

2. 사이렌선 : 지하층에 관한 문제에서 우선경보방식의 조건이 있을 경우 지하 모든 층에 경보가 되므로 1가닥으로 산출한다.

3. 기타 배선 : 문제의 조건에 따라 추가 가능

(2) 스프링클러설비 음향장치의 설치기준

▪ **스프링클러설비 음향장치의 설치기준(NFTC 103 제9조 ①, 2)**

준비작동식 유수검지장치 또는 **일제개방밸브**를 사용하는 설비에는 **화재감지기**의 **감지**에 따라 **음향장치**가 **경보**되도록 할 것. 이 경우 화재감지기회로를 **교차회로방식**(**하나**의 준비작동식 유수검지장치 또는 일제개방밸브의 **담당구역 내**에 **2 이상**의 **화재감지기회로**를 설치하고 **인접한 2 이상**의 화재감지기가 **동시**에 **감지**되는 때에 준비작동식 유수검지장치 또는 일제개방밸브가 **개방·작동** 되는 방식을 말한다)으로 하는 때에는 **하나**의 **화재감지기회로**가 **화재**를 **감지**하는 때에는 **음향장치**가 **경보**되도록 해야 한다.

(3) 준비작동식 유수검지장치의 전기적 작동방법

① 감지기 A회로 및 감지기 B회로의 감지기를 동시에 작동시킨다.

② 슈퍼비죠리판넬에서 수동기동스위치를 작동시킨다.

③ 감시제어반(수신반)에서 밸브기동스위치를 작동시킨다.

(5) 적응 감지기

① 지하층, 무창층 등으로서 환기가 잘 되지 아니하거나 실내면적이 $40m^2$ 미만인 장소, 감지기의 부착면과 실내바닥과의 거리가 2.3m 이하인 곳으로서 일시적으로 발생한 열, 연기 또는 먼지 등으로 인하여 화재신호를 발신할 우려가 있는 장소에 설치가 가능한 감지기

② 비화재보의 우려가 있는 곳에 설치가 가능한 감지기

③ 교차회로방식 배선의 감지기에 사용되지 않는 감지기

④ 지하공동구에 설치가 가능한 감지기

①, ②, ③, ④에 적응 감지기

㉠ 불꽃감지기
㉡ 정온식감지선형감지기
㉢ 분포형감지기
㉣ 복합형감지기
㉤ 광전식분리형감지기
㉥ 아날로그방식의 감지기
㉦ 다신호방식의 감지기
㉧ 축적방식의 감지기

01-2 다음은 준비작동식 스프링클러설비의 계통도이다. 그림을 보고 각 물음에 답하시오. (단, 감지기 공통선과 전원 공통선을 분리해서 사용하고, 프리액션밸브용 압력스위치, 탬퍼스위치 및 솔레노이드밸브의 공통선은 1가닥을 사용한다.) 배점 : 7 [10년]

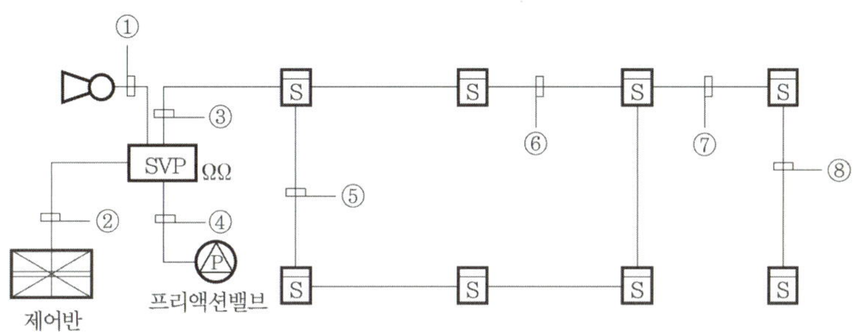

(1) 그림을 보고 ①~⑧까지의 가닥수를 쓰시오.

기 호	①	②	③	④	⑤	⑥	⑦	⑧
가닥수								

(2) ②의 가닥수와 배선내역을 쓰시오.

	가닥수	내 역
②		

• **실전모범답안**

(1)

기 호	①	②	③	④	⑤	⑥	⑦	⑧
가닥수	2	9	8	4	4	4	8	4

(2)

	가닥수	내 역
②	9	전원 +, −, 감지기 A, 사이렌, 감지기 B, 기동, 밸브개방확인, 밸브주의, 감지기 공통

상세해설

(1) 전선가닥수

① 준비작동식 스프링클러설비의 전선가닥수

<table>
<tr><th rowspan="2">기본 가닥수</th><th colspan="8">감시제어반(수신반) ↔ SVP
(기본 가닥수 : 8가닥)</th><th colspan="4">SVP(슈퍼비죠리판넬) ↔ 준비작동식밸브
(프리액션밸브, P/V)
(기본 가닥수 : 4가닥)</th></tr>
<tr><th>전원 +</th><th>전원 −</th><th>감지기A</th><th>사이렌</th><th>감지기B</th><th>기동</th><th>밸브 개방 확인</th><th>밸브 주의 (TS)</th><th>공통</th><th>TS</th><th>PS</th><th>SOL</th></tr>
<tr><td>가닥 수의 추가 조건</td><td colspan="2">1가닥</td><td colspan="6">① 준비작동식밸브(프리액션밸브(P/V)) 수마다 1가닥씩 추가
② 밸브주의(TS)선은 조건에 따라 추가</td><td colspan="4">① 기본 4가닥
② 조건에 따라 추가</td></tr>
</table>

※ 1. 문제의 조건에서 감지기 공통선을 별도로 사용하라고 하였을 경우 감지기 공통선 1가닥을 추가할 것
2. 사이렌선 : 지하층에 관한 문제에서 우선경보방식의 조건이 있을 경우 지하 모든 층에 경보가 되므로 1가닥으로 산출한다.
3. 기타 배선 : 문제의 조건에 따라 추가 가능

② 배선내역

구 분	배선수	배선의 용도
①	2	사이렌 2(공통 1, 사이렌 1)
②	9	전원 +, −, 감지기 A, 사이렌, 감지기 B, 기동, 밸브개방확인, 밸브주의, 감지기 공통
③	8	공통 4, 회로 4
④	4	공통선, TS(탬퍼스위치), PS압력(압력스위치), SOL(솔레노이드밸브)
⑤	4	공통 2, 회로 2
⑥	4	공통 2, 회로 2
⑦	8	공통 4, 회로 4
⑧	4	공통 2, 회로 2

※ 1. 문제 조건에서 감지기 공통선과 전원 공통선은 분리해서 사용하므로 ②의 기본 가닥수는 10가닥이 된다.
2. 문제 조건에서 프리액션밸브용 압력스위치(PS), 탬퍼스위치(TS) 및 솔레노이드밸브(SOL)의 공통선은 1가닥을 사용한다.

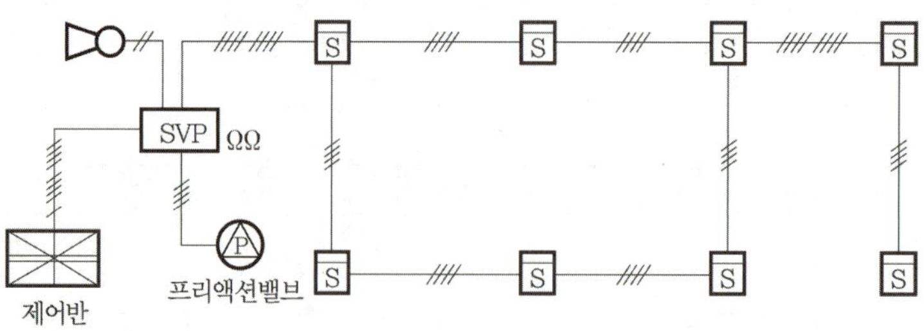

01-3 내화구조인 지하 1층, 2층, 3층의 주차장에 프리액션형의 스프링클러 시설을 하고 차동식스포트형감지기 2종을 설치하여 소화설비와 연동하는 감지기 배선을 하려고 한다. 주어진 평면도를 이용하여 다음 각 물음에 답하시오. (단, 층고는 3.6m이다.) 배점 : 14 [03년] [09년] [18년]

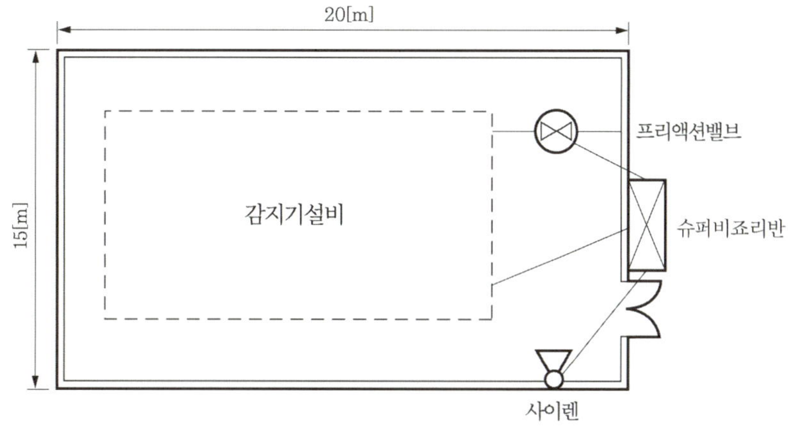

(1) 본 주차장에 필요한 감지기 수량을 산정하시오.
(2) 각 설비 및 감지기간 배선도를 작성하고 배선에 필요한 가닥수를 평면도에 직접 표기하시오.
(3) 본 설비의 계통도를 작성하고, 계통도상에 전선수를 쓰시오.

• **실전모범답안**

(1) 30개
(2)

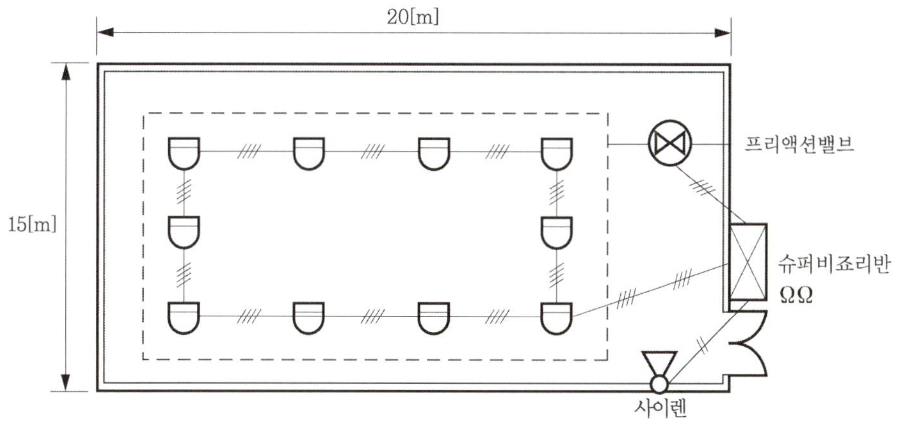

(3)

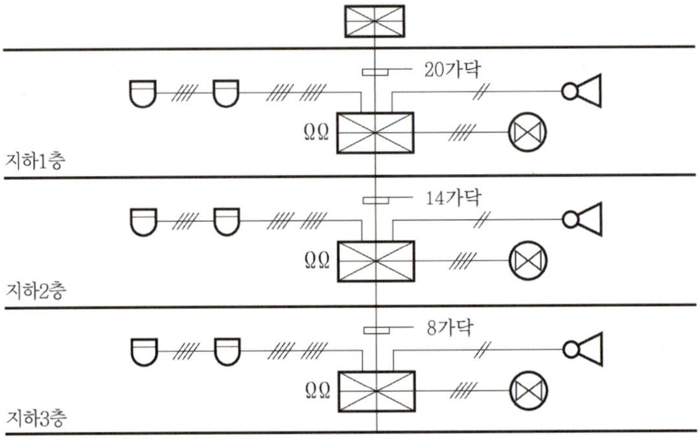

상세해설

(1) 감지기 수량

① **차동식·보상식·스포트형 감지기의 부착높이에 따른 바닥면적 기준**

(단위 : [m²])

부착높이 및 소방대상물의 구분		감지기의 종류						
		차동식 스포트형		보상식 스포트형		정온식 스포트형		
		1종	2종	1종	2종	특종	1종	2종
4m 미만	내화구조	90	70	90	70	70	60	20
	기타 구조	50	40	50	40	40	30	15
4m 이상 8m 미만	내화구조	45	35	45	35	35	30	–
	기타 구조	30	25	30	25	25	15	–

문제 조건에서 내화구조, 차동식스포트형 2종, 층고가 4m 미만이므로 기준면적은 70m²가 된다.
따라서 감지기 설치개수는,

$\frac{20\text{m} \times 15\text{m}}{70\text{m}^2} = 4.285 ≒$ **5개(소수점 이하는 절상**한다.)

준비작동식 스프링클러설비는 교차회로방식이므로 5개×2회로=**10개**
3개 층이므로 10개×3개 층=**30개**가 된다.

(2) 전선가닥수

① **배선내역**

구 분	배선수	배선의 용도
감지기 ↔ 감지기	4	공통 2, 회로 2
감지기 ↔ SVP	8	공통 4, 회로 4
프리액션밸브 ↔ SVP	4	공통선, TS(탬퍼스위치), PS압력(압력스위치), SOL(솔레노이드밸브)
사이렌 ↔ SVP	2	사이렌 2(공통 1, 사이렌 1)

(3) 계통도 작성

① 준비작동식 스프링클러설비의 전선가닥수

기본 가닥수	감시제어반(수신반) ↔ SVP (기본 가닥수 : 8가닥)								SVP(슈퍼비죠리판넬) ↔ 준비작동식밸브 (프리액션밸브, P/V) (기본 가닥수 : 4가닥)			
	전원 +	전원 −	감지기A	사이렌	감지기B	기동	밸브 개방 확인	밸브 주의 (TS)	공통	TS	PS	SOL
가닥수의 추가 조건	1가닥		① 준비작동식밸브(프리액션밸브(P/V)) 수마다 1가닥씩 추가 ② 밸브주의(TS)선은 조건에 따라 추가						① 기본 4가닥 ② 조건에 따라 추가			

※ 1. 문제의 조건에서 감지기 공통선을 별도로 사용하라고 하였을 경우 감지기 공통선 1가닥을 추가할 것
2. 사이렌선 : 지하층에 관한 문제에서 우선경보방식의 조건이 있을 경우 지하 모든 층에 경보가 되므로 1가닥으로 산출한다.
3. 기타 배선 : 문제의 조건에 따라 추가 가능

② 배선내역

구 분	배선수	배선의 용도
지하 1층	20	전원 +, −, (감지기 A, 사이렌, 감지기 B, 기동, 밸브개방확인, 밸브주의)×3
지하 2층	14	전원 +, −, (감지기 A, 사이렌, 감지기 B, 기동, 밸브개방확인, 밸브주의)×2
지하 3층	8	전원 +, −, 감지기 A, 사이렌, 감지기 B, 기동, 밸브개방확인, 밸브주의
SVP ↔ 프리액션밸브	4	공통선, TS(탬퍼스위치), PS압력(압력스위치), SOL(솔레노이드밸브)
사이렌	2	사이렌 2(공통 1, 사이렌 1)

Tip 준비작동식 스프링클러설비의 경우 감지기회로가 A, B 두 회로이므로 슈퍼비죠리판넬에서의 종단저항은 2개임을 주의하자!!

쉬어가는 코너

살아 있다면 노력하라!

-작자 미상-

01-4 다음은 준비작동식 스프링클러설비의 평면도이다. 도면을 보고 다음 각 물음에 답하시오.

배점 : 16 [04년]

(1) 기호 ㉮~㉲의 전선가닥수를 쓰시오.

(2) 도면에서 ——////—— 이 의미하는 바를 쓰시오.
HFIX 1.5°(16)

(3) 기호 ⓐ~ⓒ의 명칭을 쓰시오.

(4) 미완성된 부분을 완성하고, 각 부분에 전선수량을 기입하시오. (단, 감지기회로 부분만 기입한다.)

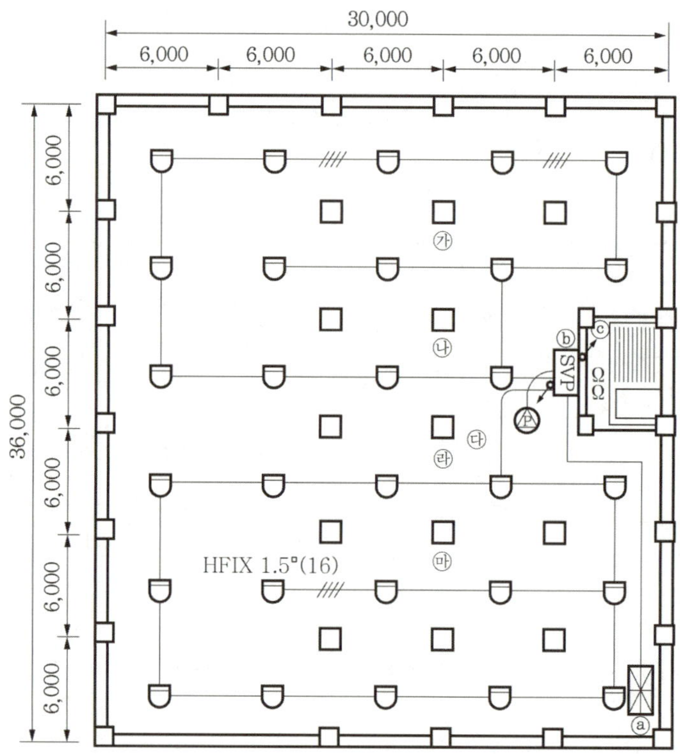

• 실전모범답안

(1) ㉮ 8가닥
㉯ 4가닥
㉰ 8가닥
㉱ 4가닥
㉲ 8가닥

(2) 16mm 후강전선관에 1.5mm² 450/750V 저독성 난연 가교 폴리올레핀 절연전선 4가닥을 넣은 천장은폐배선

(3) ⓐ 수신기
ⓑ 프리액션밸브 수동조작함
ⓒ 상승

(4)

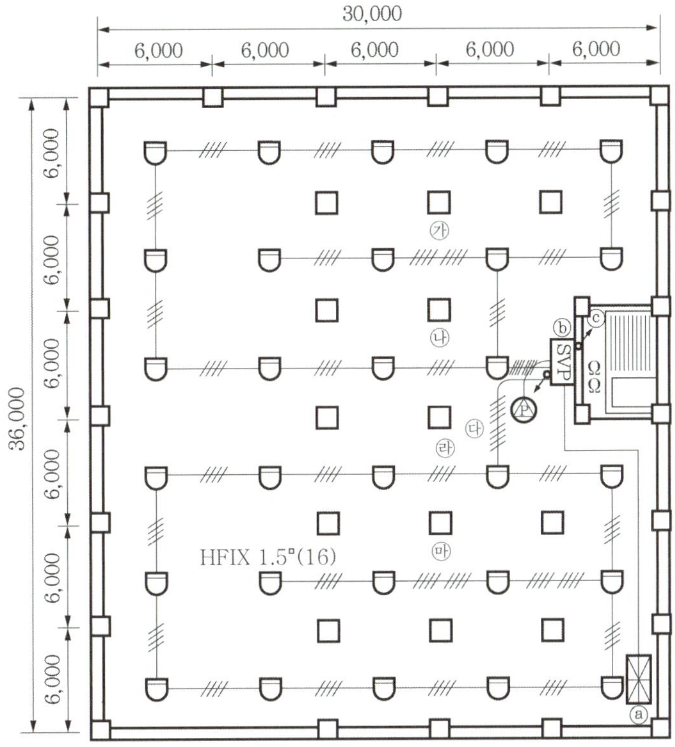

상세해설

(2) 배선도 표시

① **배선도 표시 답안작성 요령**

㉠ 전선관 굵기
㉡ 전선관 재질
㉢ 전선굵기
㉣ 전선명칭
㉤ 전선가닥수
㉥ 배선방법

위의 순서에 따라 답안 작성

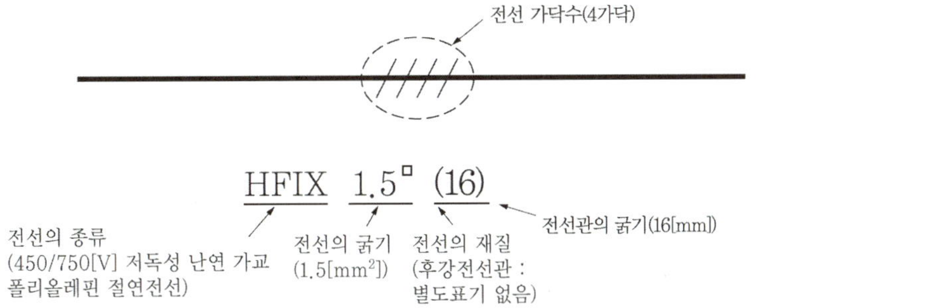

㉠ 16mm ㉡ **후강전선관**에 ㉢ 1.5mm^2 ㉣ **450/750V 저독성 난연 가교 폴리올레핀 절연전선**
㉤ 4가닥을 넣은 ㉥ **천장은폐배선**

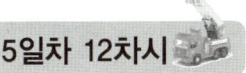

② 전선관의 굵기

㉠ 16 : 16mm
㉡ 22 : 22mm
㉢ 28 : 28mm

③ 전선관의 재질

㉠ 별도 표기 없음 : 강제전선관
㉡ VE : 경질비닐전선관
㉢ F_2 : 2종 금속제 가요전선관
㉣ PF : 합성수지제 가요관

참고 | 배관의 표시방법

1.5(19) : 강제전선관인 경우

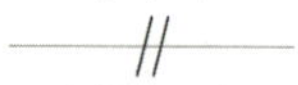
1.5(VE16) : 경질비닐전선관인 경우

1.5(F_2 17) : 2종 금속제 가요전선관인 경우

1.5(PF16) : 합성수지제 가요관인 경우

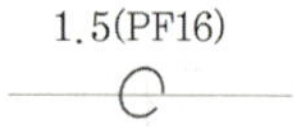
(19) : 전선이 들어있지 않은 경우

④ 전선의 굵기

㉠ 1.5□ : 1.5mm²
㉡ 2.5□ : 2.5mm²

⑤ 전선의 약호 및 명칭

약 호	명 칭
DV	인입용 비닐절연전선
OW	옥외용 비닐절연전선
HFIX	450/750V 저독성 난연 가교 폴리올레핀 절연전선
HFCO(단심)	0.6/1kV 가교 폴리에틸렌 절연저독성 난연 폴리올레핀 시스 전력케이블
HFCO(삼심)	6/10kV 가교 폴리에틸렌 절연저독성 난연 폴리올레핀 시스 전력용 케이블
CV	가교 폴리에틸렌 절연비닐 외장케이블
MI	미네랄 인슐레이션케이블
IH	하이퍼론 절연전선
GV	접지용 비닐전선

⑥ 전선가닥수

㉠ 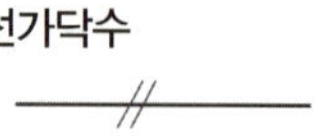 : 2가닥
㉡  : 4가닥
㉢ 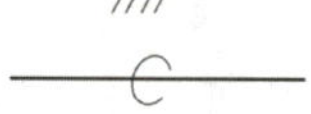 : 전선이 들어있지 않은 경우

⑦ 옥내배선의 그림 기호(일반 배선)

명 칭	그림기호	적 용
천장은폐배선	————————	1. 천장은폐배선 중 천장 속의 배선을 구별하는 경우는 천장 속의 배선에 —— · —— · ——를 사용하여도 좋다. 2. 노출배선 중 바닥면 노출배선을 구별하는 경우는 바닥면 노출배선에 —— · · —— · · ——를 사용하여도 좋다.
바닥은폐배선	—— —— ——	
노출배선	— — — — —	

⑧ **철거** : 철거인 경우는 ×를 붙인다.

01-5 다음 도면은 준비작동식 스프링클러설비에 사용되는 Super Visory Panel에서 수신기까지의 내부결선도 및 계통도이다. 다음 각 물음에 답하시오. 배점 : 10 [12년]

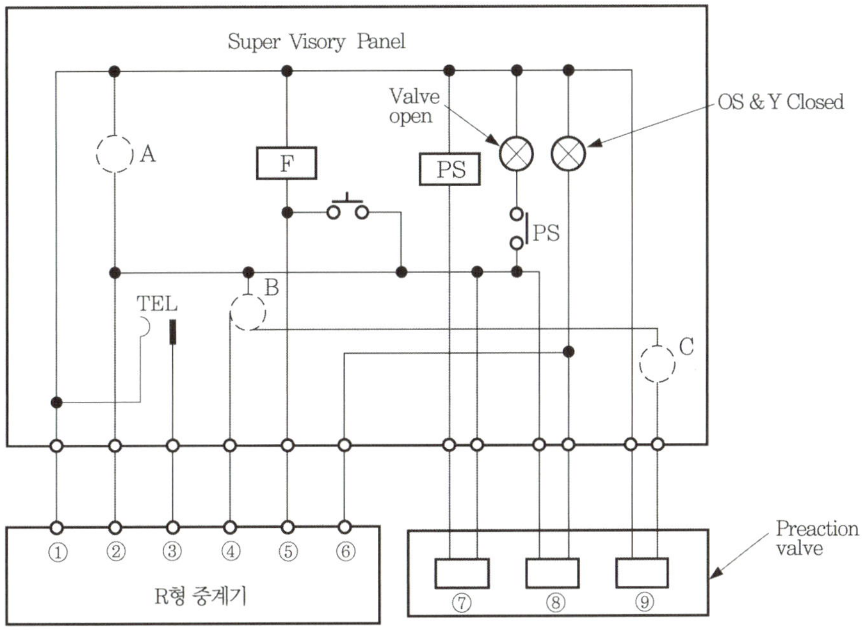

| Super Visory Panel 내부결선도 |

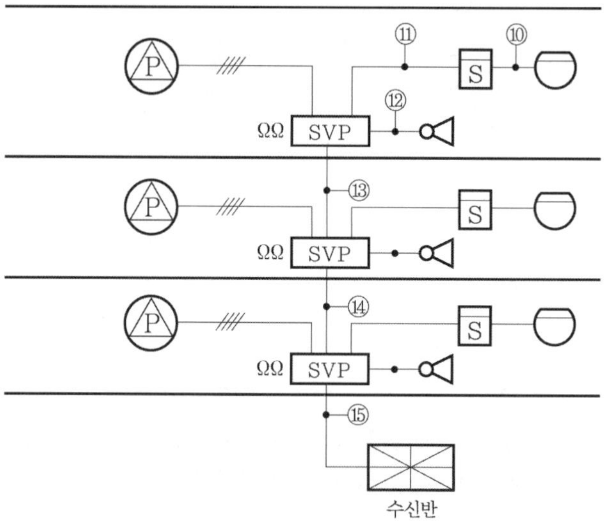

(1) 계통도에 표시된 ①~⑨까지의 명칭을 쓰시오.
(2) A, B, C에 들어갈 알맞은 그림기호를 표시하시오.
(3) ⑩~⑮의 전선가닥수를 쓰시오. (단, 최소 가닥수로 쓰시오.)

• **실전모범답안**

(1) ① 전원 −
② 전원 +
③ 전화
④ 밸브개방확인
⑤ 밸브기동
⑥ 밸브주의
⑦ PS(압력스위치)
⑧ TS(탬퍼스위치)
⑨ SOL(솔레노이드밸브)

(2) A : 

B : 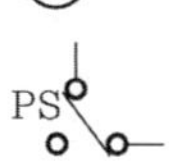

C : 

(3) ⑩ 4가닥
⑪ 8가닥
⑫ 2가닥
⑬ 8가닥
⑭ 14가닥
⑮ 20가닥

상세해설

(1), (2), (3) 전선가닥수

① 준비작동식 스프링클러설비의 전선가닥수

기본 가닥수	감시제어반(수신반) ↔ SVP (기본 가닥수 : 8가닥)								SVP(슈퍼비죠리판넬) ↔ 준비작동식밸브 (프리액션밸브, P/V) (기본 가닥수 : 4가닥)			
	전원 +	전원 −	감지기A	사이렌	감지기B	기동	밸브 개방 확인	밸브 주의 (TS)	공통	TS	PS	SOL
가닥수의 추가 조건	무조건 1가닥		① 준비작동식밸브(프리액션밸브(P/V)) 수마다 1가닥씩 추가 ② 밸브주의(TS)선은 문제의 조건에 따라 추가						① 기본 4가닥 ② 문제의 조건에 따라 추가			

※ 1. 문제의 조건에서 감지기 공통선을 별도로 사용하라고 하였을 경우 감지기 공통선 1가닥을 추가할 것
2. 사이렌선 : 지하층에 관한 문제에서 우선경보방식의 조건이 있을 경우 지하 모든 층에 경보가 되므로 1가닥으로 산출한다.
3. 기타 배선 : 문제의 조건에 따라 추가 가능

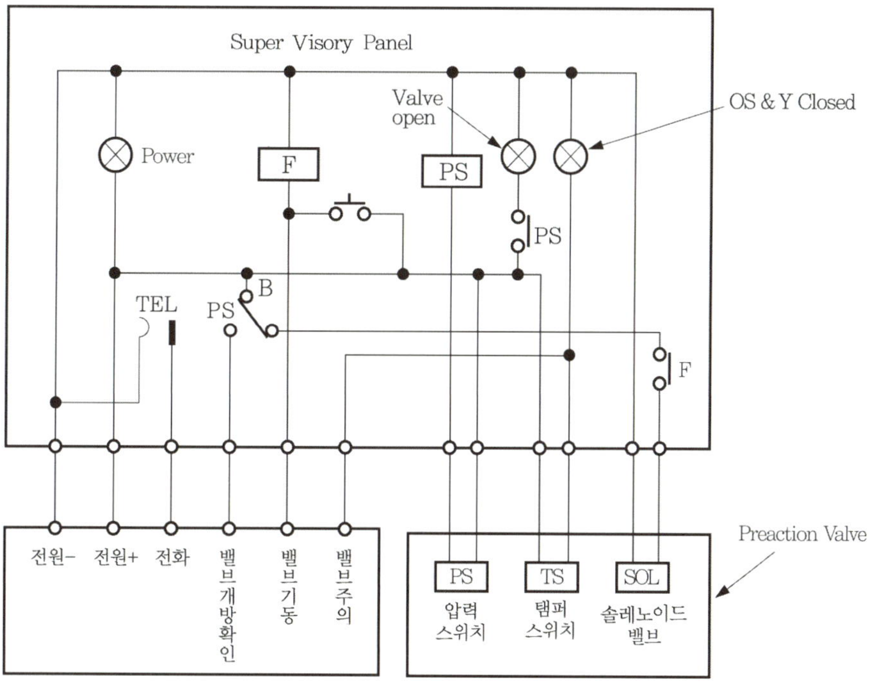

② 배선내역

구 분	배선수	배선의 용도
⑩	4	공통 2, 회로 2
⑪	8	공통 4, 회로 4
⑫	2	사이렌 2(공통 1, 사이렌 1)
⑬	8	전원 +, −, 감지기 A, 사이렌, 감지기 B, 기동, 밸브개방확인, 밸브주의
⑭	14	전원 +, −, (감지기 A, 사이렌, 감지기 B, 기동, 밸브개방확인, 밸브주의)×2
⑮	20	전원 +, −, (감지기 A, 사이렌, 감지기 B, 기동, 밸브개방확인, 밸브주의)×3

01-6 주어진 조건과 도면을 보고 다음 각 물음에 답하시오.

배점 : 11 [06년]

[조건]

① 대상물은 지하주차장으로서 내화구조이다.
② 천장의 높이는 3m이다.
③ 슈퍼비죠리패널인 SVP의 설치높이는 1.2m이다.
④ 전선관은 후강전선관 16mm를 콘크리트 매립으로 사용한다.

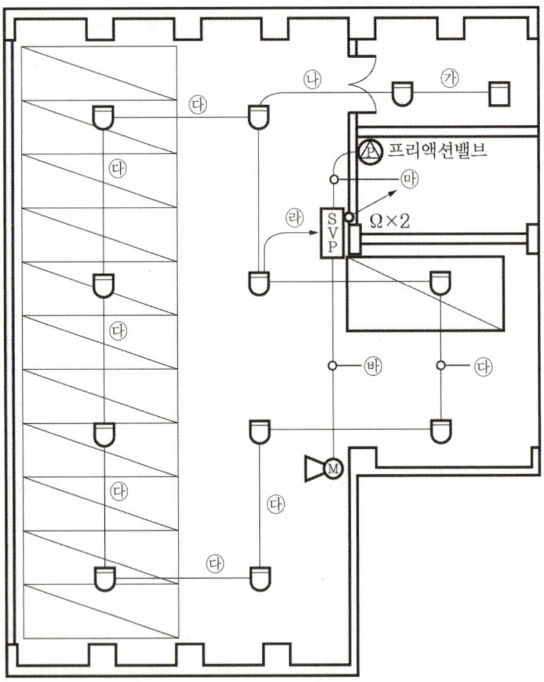

(1) 도면에서 그림기호 의 명칭은 무엇인지 쓰시오.

(2) 도면의 ㉮~㉳에 해당되는 전선가닥수는 최소 몇 가닥인지 구하시오.

(3) 다음의 물량을 구하시오.

품 명	규 격	수 량	단 위	품 명	규 격	수 량	단 위
박스	4각	①	개	박스	8각	②	개
로크너트	16C	③	개	부싱	16C	④	개

• **실전모범답안**

(1) 모터사이렌

(2) ㉮ 4가닥 ㉯ 8가닥 ㉰ 4가닥 ㉱ 8가닥 ㉲ 4가닥 ㉳ 2가닥

(3)

품 명	규 격	수 량	단 위	품 명	규 격	수 량	단 위
박스	4각	① 2	개	박스	8각	② 13	개
로크너트	16C	③ 62	개	부싱	16C	④ 31	개

상세해설

(1) 도시 기호

<table>
<tr><th>명 칭</th><th>그림 기호</th><th>적 용</th></tr>
<tr><td>사이렌</td><td>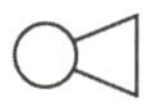</td><td>1. 모터사이렌 : 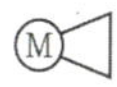
2. 전자사이렌 : 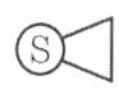</td></tr>
</table>

(2) 전선가닥수

① **준비작동식 스프링클러설비의 전선가닥수**

<table>
<tr><th rowspan="2">기본 가닥수</th><th colspan="8">감시제어반(수신반) ↔ SVP
(기본 가닥수 : 8가닥)</th><th colspan="4">SVP(슈퍼비죠리판넬) ↔ 준비작동식밸브
(프리액션밸브, P/V)
(기본 가닥수 : 4가닥)</th></tr>
<tr><th>전원 +</th><th>전원 −</th><th>감지기 A</th><th>사이렌</th><th>감지기B</th><th>기동</th><th>밸브 개방 확인</th><th>밸브 주의 (TS)</th><th>공통</th><th>TS</th><th>PS</th><th>SOL</th></tr>
<tr><td>가닥수의 추가 조건</td><td colspan="2">1가닥</td><td colspan="6">① 준비작동식밸브(프리액션밸브(P/V)) 수마다 1가닥씩 추가
② 밸브주의(TS)선은 조건에 따라 추가</td><td colspan="4">① 기본 4가닥
② 조건에 따라 추가</td></tr>
</table>

※ 1. 조건에서 감지기 공통선을 별도로 사용하라고 하였을 경우 감지기 공통선 1가닥을 추가할 것
2. 사이렌선 : 지하층에 관한 문제에서 우선경보방식의 조건이 있을 경우 지하 모든 층에 경보가 되므로 1가닥으로 산출한다.
3. 기타 배선 : 문제의 조건에 따라 추가 가능

② **배선내역**

구 분	배선수	배선의 용도
㉮	4	공통 2, 회로 2
㉯	8	공통 4, 회로 4
㉰	4	공통 2, 회로 2
㉱	8	공통 4, 회로 4
㉲	4	공통, TS(탬퍼스위치), PS압력(압력스위치), SOL(솔레노이드밸브)
㉳	2	사이렌 2(공통 1, 사이렌 1)

(3) 물량산출

① **박스(Box) 사용처**

박스의 종류	표제목
4각 박스	① **4방출** 이상(**문제**의 **조건**에 따라서 산출) ② **한쪽면**이 **2방출** 이상 ③ 수신기, 부수신기, 제어반, 발신기세트, 슈퍼비죠리판넬, 수동조작함 • **전선관 매립시공, 함 매립시공 : 산출(×)** 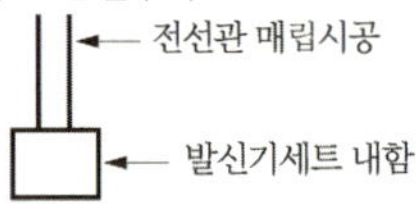 (**자체 매립형 내함**을 **사용**하므로 **4각 박스**가 **불필요**하다.)
8각 박스	① **4각 박스** 사용처 이외의 곳 ② 감지기, 유도등, 사이렌, 방출표시등, 습식밸브, 건식밸브, 준비작동식밸브, 일제살수식밸브 등

㉠ **[4각 박스의 소요개수 산출]**

• 4방출 이상 : SVP 1개소

• 한쪽면 2방출 이상 : **감지기 1개소**

따라서 2개

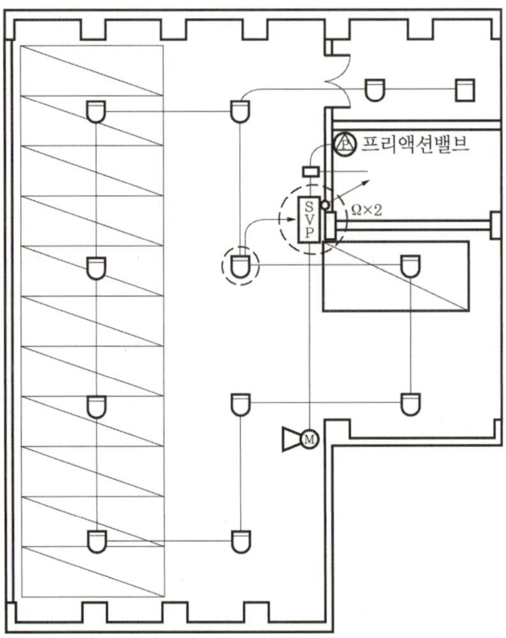

㉡ **[8각 박스의 소요개수 산출]**

• 1방출, 2방출, 3방출 : **감지기 11개소, 모터사이렌 1개소, 준비작동식밸브(프리액션밸브) 1개소**

따라서 13개

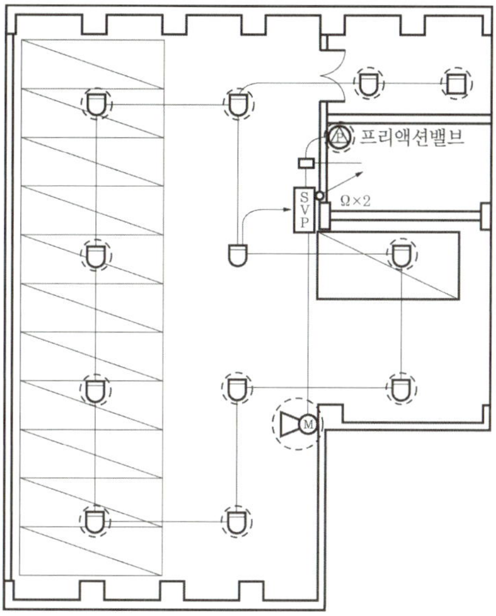

② **부싱** : 전선의 **절연피복**을 **보호**하기 위하여 **금속관 끝**에 취부하여 사용하는 것으로서 **전선관**과 **박스**(Box) 또는 **함**의 **접속개소**마다 사용한다.

③ **로크너트** : **박스**(Box)와 **금속관**을 **고정**할 때 사용하는 것으로서 **박스 구멍**당 **2개**를 사용한다. 즉, **전선관**과 **박스**(Box) 또는 **함**의 **접속개소**마다 **2개**를 사용한다.(**부싱개수×2배**)

④ **부싱 및 로크너트 소요개수 산출**

구 분	부싱 개수	로크너트 개수
감지기	25	50
SVP	4	8
모터사이렌	1	2
프리액션밸브	1	2
합계	31	62

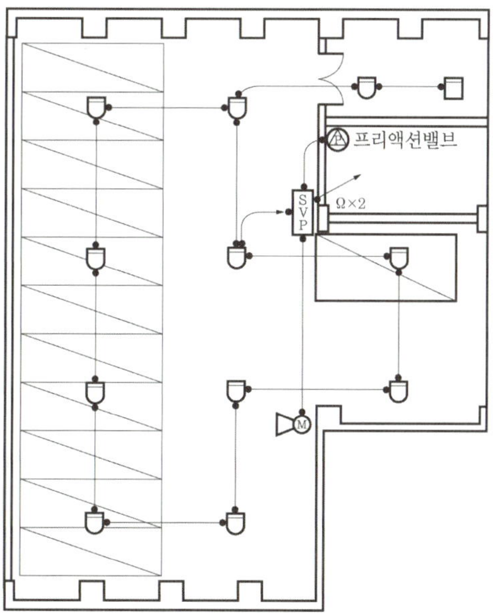

05 가스계소화설비

(1) 도시기호

명 칭	그림기호	사 진
수동조작함	RM	
방출표시등	◐ 또는 ⊗	
솔레노이드밸브	 또는 SOL 또는 SV	
압력스위치	PS	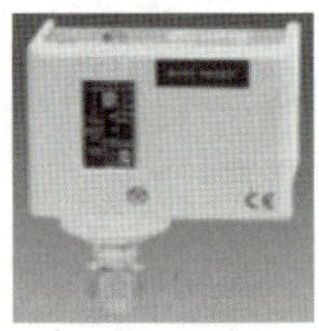 ❘ 펌프기동용 ❘  ❘ 자동경보밸브 경보용 ❘
표시반	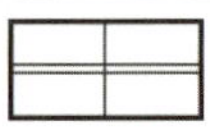	

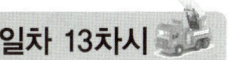

(2) 가스계소화설비의 전선가닥수

① 가스계소화설비의 연동 개념도

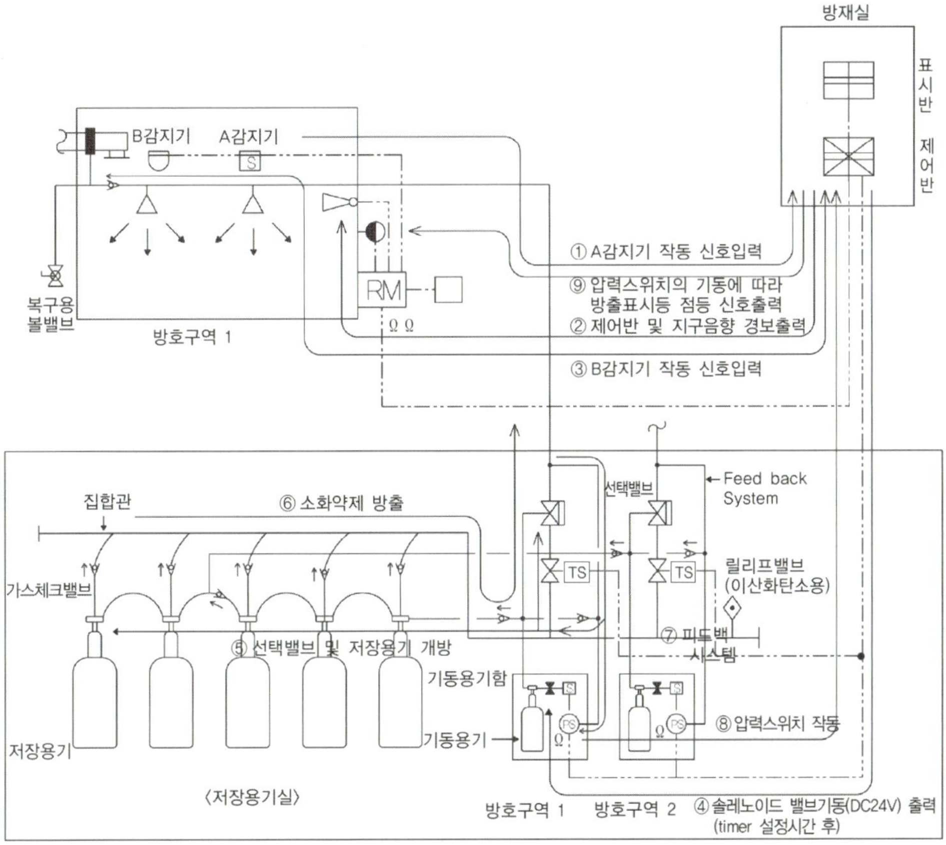

※ 이산화탄소소화설비의 경우 선택밸브 1차측에 수동잠금밸브 설치

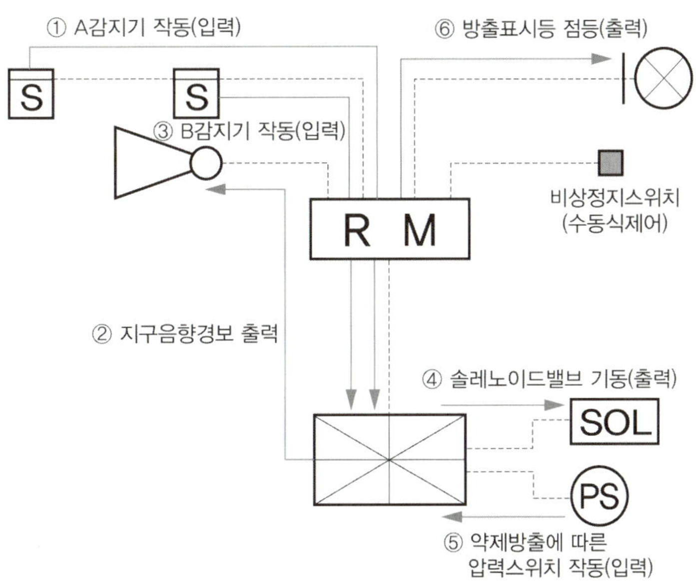

연동 순서	작동내용	필요한 전선내역	
①	A감지기 작동신호 입력	회로 1(A감지기회로)	공통 1
②	지구음향경보 출력 (사이렌 또는 경종 출력)	사이렌	
③	B감지기 작동신호 입력	회로 1(B감지기회로)	
④	솔레노이드밸브로 기동신호 출력 (기동용기 개방)	기동스위치(SOL) 1	
⑤,⑥	기동용기 개방 → 선택밸브 및 저장용기 개방 → 압력스위치 작동신호 입력 → 방출표시등 점등신호 출력	방출표시등(PS) 1	
참고	방출지연스위치 조작 시 신호 입력	방출지연스위치 (비상스위치) 1	

Tip 방출표시등은 압력스위치(PS)의 작동에 의해 점등되기 때문에 연동개념상에 압력스위치(PS)가 설명이 되어 있지만, 실제 감시제어반과 수동조작함 사이의 배선에서는 압력스위치선(PS선)은 산출하지 않음에 유의하자!!

② 가스계소화설비의 가닥수 증가

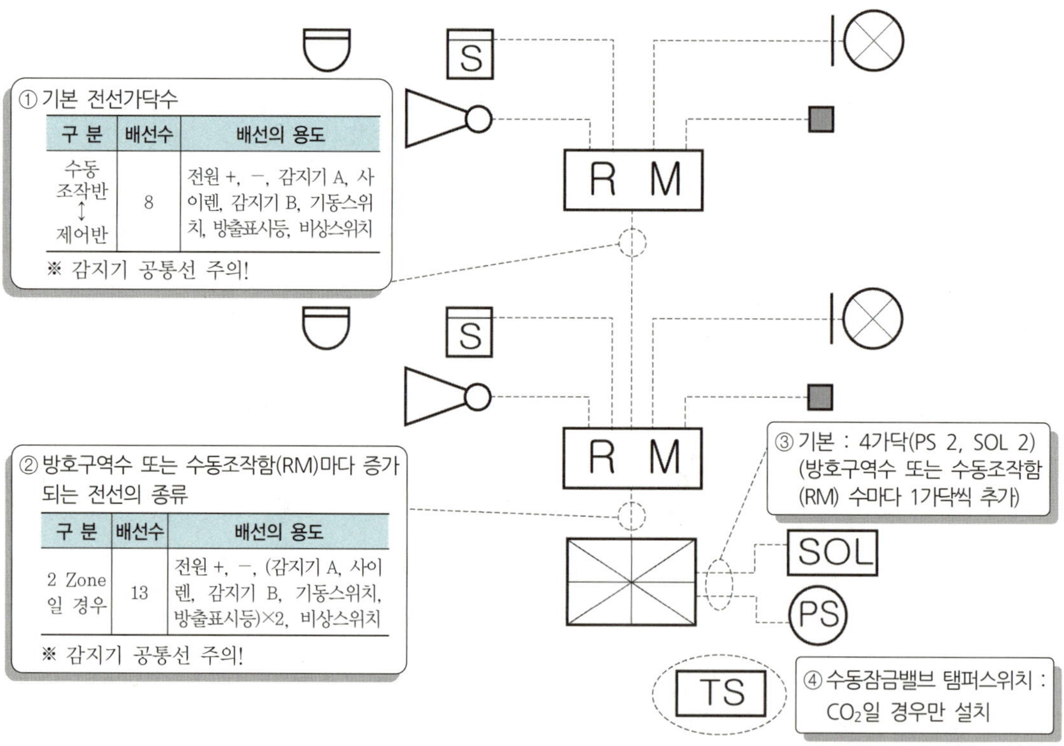

① 기본 전선가닥수

구 분	배선수	배선의 용도
수동조작반 ↕ 제어반	8	전원 +, −, 감지기 A, 사이렌, 감지기 B, 기동스위치, 방출표시등, 비상스위치

※ 감지기 공통선 주의!

② 방호구역수 또는 수동조작함(RM)마다 증가되는 전선의 종류

구 분	배선수	배선의 용도
2 Zone 일 경우	13	전원 +, −, (감지기 A, 사이렌, 감지기 B, 기동스위치, 방출표시등)×2, 비상스위치

※ 감지기 공통선 주의!

기본 가닥수	감시제어반(수신반) ↔ 수동조작함(RM) (기본 가닥수 : 8가닥)								감시제어반 (수신반, 컨트롤 판넬) ↔ 저장용기실 (PS 또는 SOL)		
	전원 +	전원 −	감지기 A	사이렌	감지기 B	기동 스위치	방출 표시등	방출지연 스위치	공통선	PS	SOL
가닥수의 추가 조건	1가닥		① **방호구역수** 또는 **수동조작함(RM) 수**마다 **1가닥**씩 추가(하나의 방호구역에 둘 이상의 수동조작함이 설치된 경우에는 하나의 수동조작함으로 본다) ② **사이렌선**은 **문제**의 **조건**에 따라 **추가**					① 1가닥 ② 문제의 조건에 따라 추가	**방호구역수** 또는 **수동조작함(RM) 수**마다 SOL과 PS **1가닥**씩 추가(하나의 방호구역에 둘 이상의 수동조작함이 설치된 경우에는 하나의 수동조작함으로 본다)		

Tip 전원(+, -)선은 경계구역(Zone)의 수에 상관없이 각 RM(수동조작함)에 전원만 공급해 주면 되고, 방출지연스위치선 또한 어느 방호구역에서든 컨트롤판넬의 타이머를 순간 정지시킬 수 있어야 하므로 가닥수의 추가가 없다.

참고 이산화탄소소화설비의 경우 전선가닥수

기본 가닥수	감시제어반(수신반) ↔ 수동조작함(RM) (기본 가닥수 : 8가닥)								감시제어반(수신반, 컨트롤 판넬) ↔ 저장용기실(PS 또는 SOL)			
	전원 +	전원 −	감지기 A	사이렌	감지기 B	기동 스위치	방출 표시등	방출지연 스위치	공통선 (−)	TS	PS	SOL
가닥수의 추가 조건	1가닥		① **방호구역수** 또는 **수동조작함(RM) 수**마다 **1가닥**씩 추가(하나의 방호구역에 둘 이상의 수동조작함이 설치된 경우에는 하나의 수동조작함으로 본다) ② **사이렌선**은 **조건**에 따라 **추가**					① 1가닥 ② 조건에 따라 추가	① 1가닥 ② 조건에 따라 추가	**방호구역수** 또는 **수동조작함(RM) 수**마다 SOL과 PS, TS 1가닥씩 추가(하나의 방호구역에 둘 이상의 수동조작함이 설치된 경우에는 하나의 수동조작함으로 본다)		

※ **이산화탄소소화설비**의 경우 다른 가스계소화설비와 달리 화재안전기준에 따라 **수동잠금밸브**를 **설치**해야 한다는 조항이 있다.
법의 개정 이후 소방설비기사(전기분야)에서 이산화탄소소화설비 전선가닥수에 대한 문제로서 언급된 적은 없으나, 문제 출제 시 화재안전기준에 따라 **수동잠금밸브**의 **개폐상태 확인**을 위한 **탬퍼스위치**(TS)를 고려하여 전선가닥수를 **산정**함이 옳다.

〈NFTC 106 제7조(제어반등), 5〉
5. 수동잠금밸브의 개폐여부를 확인할 수 있는 표시등을 설치할 것

〈NFTC 106 제8조(배관 등) ③〉
③ 소화약제의 저장용기와 선택밸브 사이의 집합배관에는 수동잠금밸브를 설치하되 선택밸브 직전에 설치할 것. 다만, 선택밸브가 없는 설비의 경우에는 저장용기실 내에 설치하되 조작 및 점검이 쉬운 위치에 설치해야 한다.

참고 가스계(이산화탄소 · 할론) 소화설비 배선의 동일 명칭

구분	전원 +	전원 −	감지기 A	사이렌	감지기 B	기동 스위치	방출 표시등	방출지연 스위치	TS	PS	SOL
동일 명칭	−	−	−	가스 방출 확인	−	수동기동	가스 방출 확인	비상 스위치	탬퍼스위치, 밸브주의, 밸브모니터링 스위치, 밸브개폐 감시용 스위치	유수검지 스위치, 압력 스위치	솔레노이드 밸브

(3) 가스계소화설비 기기의 설치장소

① **경보사이렌 : 방호구역 내**
② **수동조작함 : 방호구역 외 출입구 부근**의 **조작**이 용이한 장소
③ **방출표시등 : 방호구역 외 출입구 상부**

SOL(솔레노이드밸브) 기동

SOL 기동이란 중의적인 의미를 가지는데 첫 번째는 ① **'솔레노이드밸브의 동작'** 으로, 두 번째는 ② **'설비의 기동'** 으로 이해할 수 있다. 정확히 구분 짓자면 A회로, B회로가 모두 동작했을 때 제어반에서의 출력신호에 의해 솔레노이드밸브가 작동(**장치의 작동**)되고, 이에 따라 설비가 기동(**약제 및 소화수의 방출**)되는데 이러한 일련의 상황이 동시에 일어나기 때문에 혼란이 발생할 수 있으므로 SOL 기동에 대한 이해가 먼저 선행되어야 한다.

준비작동식 스프링클러설비의 솔레노이드밸브	가스계소화설비의 솔레노이드밸브
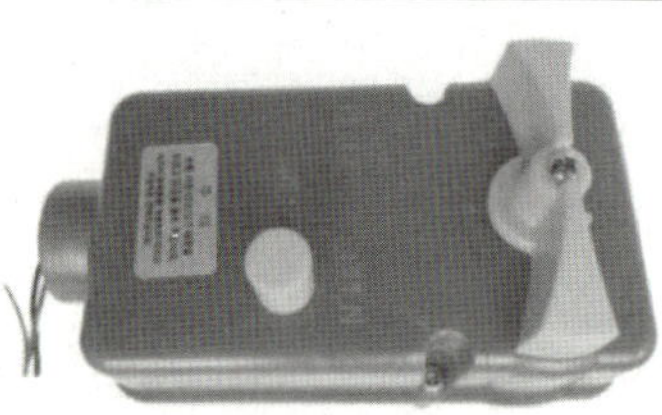 	

핵심기출문제

01 다음 그림은 CO_2설비의 부대 전기 평면도를 나타낸 것이다. 주어진 조건과 도면을 이용하여 다음 각 물음에 답하시오.

배점 : 9 [06년]

[조건]

① 본 CO_2 대상지역의 천장은 이중천장이 없는 구조이다.
② CO_2 수동조작함과 CO_2 컨트롤 판넬간의 배선은
⊕ • ⊖ 전원 : 2선
감지기 : 2선
수동기동 : 1선
방출표시등 : 1선
사이렌 : 1선
방출지연스위치 : 1선이다.
③ 배관은 후강스틸 전선관을 사용하며 슬래브 내 매립시공하는 것으로 한다.

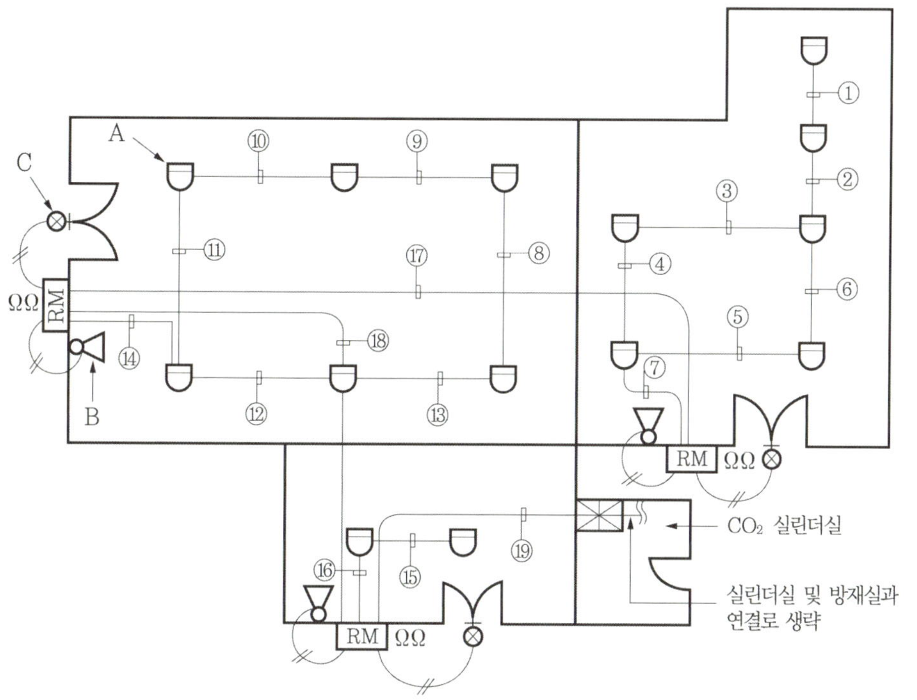

(1) 도면 ①~⑲까지의 전선수는 각각 몇 가닥인지 구하시오.
(2) 도면 A~C의 명칭은 무엇인지 쓰시오. (단, 종류가 구분되어야 할 것은 구분된 명칭까지 상세히 밝히도록 하시오.)

• **실전모범답안**

(1) ① 4가닥 ② 8가닥 ③ 4가닥 ④ 4가닥 ⑤ 4가닥 ⑥ 4가닥 ⑦ 8가닥 ⑧ 4가닥 ⑨ 4가닥 ⑩ 4가닥 ⑪ 4가닥 ⑫ 4가닥 ⑬ 4가닥 ⑭ 8가닥 ⑮ 4가닥 ⑯ 8가닥 ⑰ 8가닥 ⑱ 13가닥 ⑲ 18가닥

(2) A : 차동식스포트형감지기
B : 사이렌
C : 방출표시등(벽붙이형)

상세해설

(1) 배선내역

구 분	배선수	배선의 용도
①, ③～⑥, ⑧～⑬, ⑮	4	공통 2, 회로 2
②, ⑦, ⑭, ⑯	8	공통 4, 회로 4
⑰	8	전원 +, −, 감지기 A, 사이렌, 감지기 B, 기동스위치, 방출표시등, 방출지연스위치
⑱	13	전원 +, −, (감지기 A, 사이렌, 감지기 B, 기동스위치, 방출표시등)×2, 방출지연스위치
⑲	18	전원 +, −, (감지기 A, 사이렌, 감지기 B, 기동스위치, 방출표시등)×3, 방출지연스위치

01-1 다음의 도면에 주어진 조건과 범례와 같은 심벌을 이용하여 할론소화설비의 도면을 완성하시오. 배점 : 8 [04년]

[조건]

① 건축물의 주요구조부는 내화구조이며, 천장의 높이는 3m이다.
② 전선은 HFIX 1.5mm²를 사용하며, 가닥수는 최소 가닥수를 적용하여 표시하도록 한다.
③ 방호구역은 컴퓨터실 1구역, 전기실 1구역으로 한다.

[범례]

 : 방출표시등

(PS) : 압력스위치

 : 사이렌

(SV) : 솔레노이드밸브

 : 차동식스포트형감지기(2종)

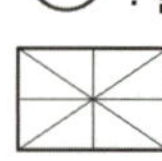 : 할론 제어반

RM : 할론 수동조작함

Ω : 종단저항

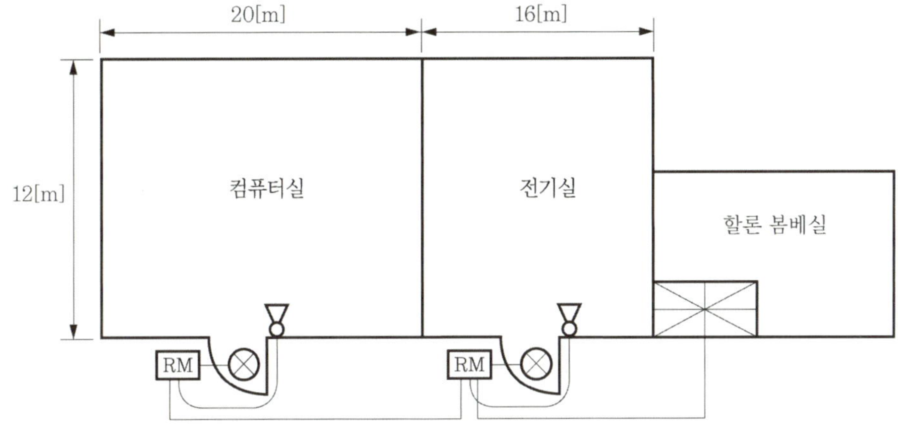

• 실전모범답안

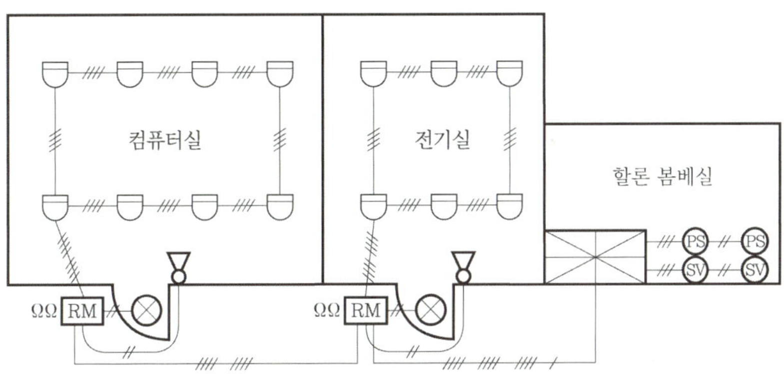

상세해설

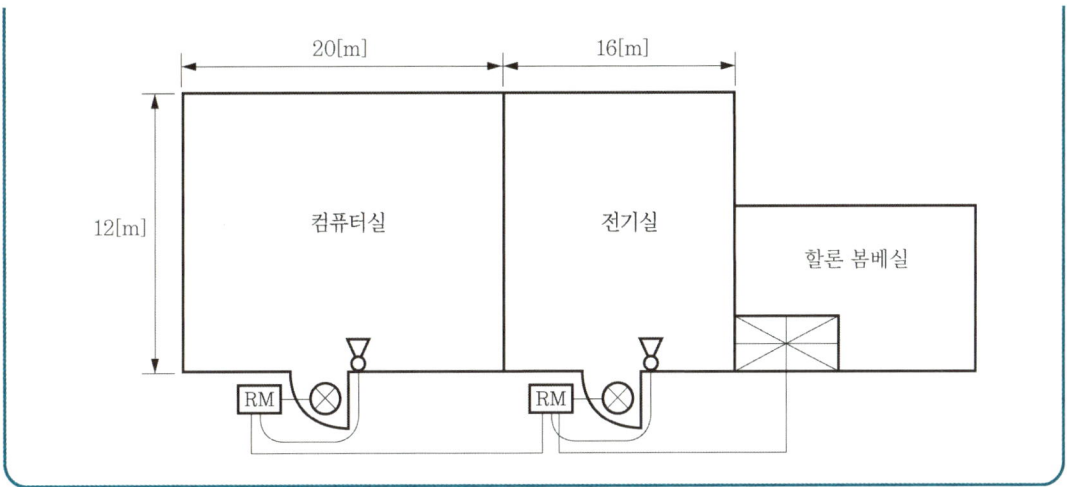

(1) 차동식스포트형, 보상식스포트형, 정온식스포트형 감지기의 부착높이에 따른 바닥면적 기준

(단위 : [m²])

부착높이 및 소방대상물의 구분		감지기의 종류						
		차동식 스포트형		보상식 스포트형		정온식 스포트형		
		1종	2종	1종	2종	특종	1종	2종
4m 미만	주요구조부를 내화구조로 한 특정소방대상물 또는 그 부분	90	70	90	70	70	60	20
	기타 구조의 특정소방대상물 또는 그 부분	50	40	50	40	40	30	15
4m 이상 8m 미만	주요구조부를 내화구조로 한 특정소방대상물 또는 그 부분	45	35	45	35	35	30	설치 불가
	기타 구조의 특정소방대상물 또는 그 부분	30	25	30	25	25	15	설치 불가

문제의 조건에 따라 **차동식스포트형(2종)**, **내화구조**, **층고가 4m 미만**이므로 **기준면적**은 70m²가 된다.

따라서, **감지기 설치개수**는 다음과 같다.

① **컴퓨터실**

$\dfrac{20m \times 12m}{70m^2} = 3.428 ≒ 4$**개(소수점 이하는 절상)**

교차회로 배선방식이므로 4개×2회로=**8개**

② **전기실**

$\dfrac{16m \times 12m}{70m^2} = 2.742 ≒ 3$**개(소수점 이하는 절상)**

교차회로 배선방식이므로 3개×2회로=**6개**

01-2 다음 그림과 같은 통신실에 할론 1301 가스설비와 연동되는 감지기설비를 하려고 한다. 주어진 조건을 이용하여 다음 각 물음에 답하시오. 배점 : 14 [05년]

[조건]

① 도면의 축척은 NS로 작성한다.
② 감지기배선은 가위배선으로 한다.
③ 모든 배관배선은 콘크리트 매립으로 한다.
④ 사용하는 전선관은 모두 공사용 후강전선관으로 한다.
⑤ 전원 및 각종 신호선은 1개의 선으로 표시하며 배선가닥수는 표시된 선 위에 빗금으로 표시하도록 한다.
⑥ 감지기 설치 및 배관배선은 규정된 심벌을 사용한다.
⑦ 할론저장실까지의 거리는 주조작반에서 20m 거리에 있다.
⑧ 수동조작반으로 연결되는 배관배선은 감지기, 사이렌, 방출표시등 등이다.
⑨ 모든 배관배선의 개소에는 가닥수를 표시하도록 한다.
⑩ 통신실의 높이는 4m이며, 주요구조부가 내화구조이다.

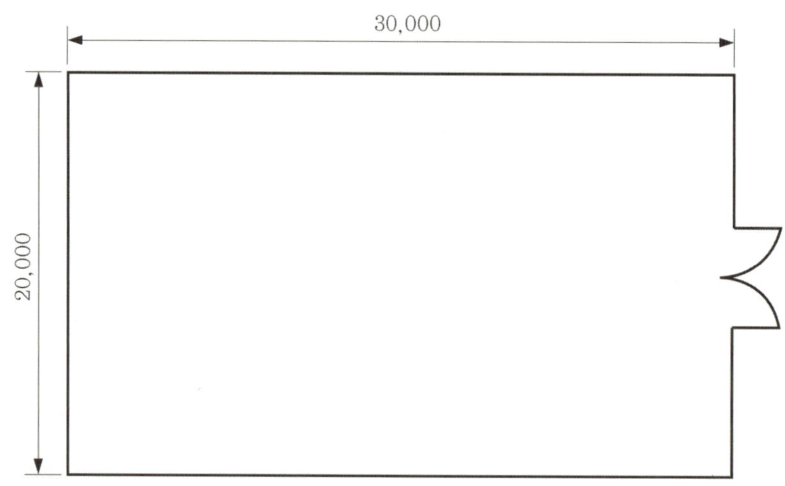

(1) 감지기는 차동식스포트형감지기 2종을 사용하려고 한다. 필요한 개수를 산정하여 도면에 적당한 간격으로 배치하여 설치하고 배선가닥수도 표시하도록 하시오.

(2) 모터사이렌, 할론방출표시등, 수동조작함을 도면의 적당한 위치에 설치하고 배선가닥수도 표시하도록 하시오.
(3) 감지기와 감지기간의 배선은 어떤 종류의 전선을 사용하는지 쓰시오.
(4) 감지기와 수동조작반의 배선은 어떤 종류의 전선을 사용하는지 쓰시오.
(5) 사이렌과 수동조작반, 수동조작반 상호간의 배선은 어떤 종류의 전선을 사용하는지 쓰시오.
(6) 수동조작반과 주조작반 사이의 배선에 대한 전선의 명칭을 쓰시오.(단, 감지기의 공통선은 전원선과 분리하여 사용하는 것으로 한다.)

• **실전모범답안**

(1), (2)

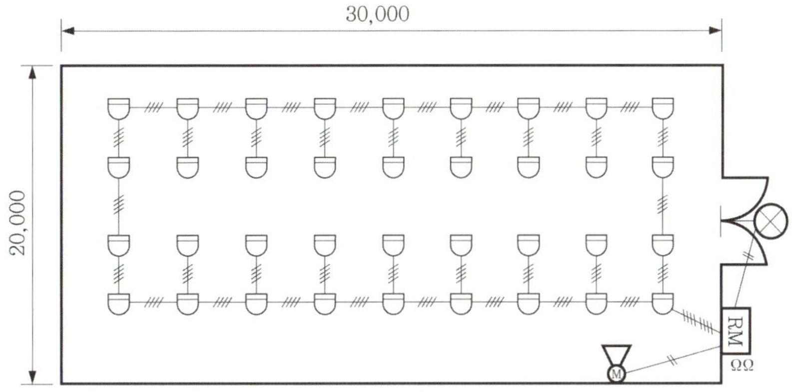

(3), (4), (5) 450/750V 저독성 난연 가교 폴리올레핀 절연전선(HFIX)

(6) 전원 +, 전원 −, 감지기 A, 사이렌, 감지기 B, 기동스위치, 방출표시등, 방출지연스위치, 감지기 공통

상세해설

(1) 차동식스포트형, 보상식스포트형, 정온식스포트형 감지기의 부착높이에 따른 바닥면적 기준

(단위 : [m²])

부착높이 및 소방대상물의 구분		감지기의 종류						
		차동식 스포트형		보상식 스포트형		정온식 스포트형		
		1종	2종	1종	2종	특종	1종	2종
4m 미만	주요구조부를 내화구조로 한 특정소방대상물 또는 그 부분	90	70	90	70	70	60	20
	기타 구조의 특정소방대상물 또는 그 부분	50	40	50	40	40	30	15
4m 이상 8m 미만	주요구조부를 내화구조로 한 특정소방대상물 또는 그 부분	45	35	45	35	35	30	설치불가
	기타 구조의 특정소방대상물 또는 그 부분	30	25	30	25	25	15	설치불가

문제의 조건에 따라 **차동식스포트형(2종)**, **내화구조**, **층고**가 4m **이상**이므로 **기준면적**은 35m²가 된다.

따라서, **감지기 설치개수**는 다음과 같다.

$\frac{30m \times 20m}{35m^2} = 17.142 ≒$ **18개(소수점 이하는 절상)**

할론소화설비는 **교차회로 배선**방식이므로 18개×2회로=**36개**

01–3 전산실에 할론소화설비를 설치하려고 한다. 건축물의 구조는 내화구조이고 층간 높이가 3.6m, 바닥면적이 600m²일 때 다음 물음에 답하시오. 배점 : 12 [07년]

(1) 해당 장소에 적합한 감지기의 종류 및 수량에 대하여 쓰시오. (단, 설치해야 할 감지기는 2종을 설치한다.)

(2) 감지기의 회로방식과 이 방식을 사용하는 목적에 대하여 쓰시오.

(3) 다음 조건을 고려하여 도면을 완성하시오.

[조건]

① 전역방출방식
② 천장은폐배선 시공
③ 후강전선관 적용

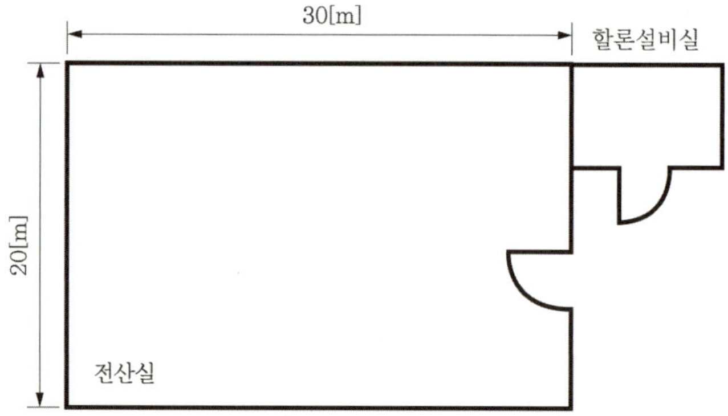

(4) 할론소화설비의 작동이 감지기 작동에 의한 것임을 가정할 때, 작동 순서에 대하여 설명하시오.

• **실전모범답안**

(1) ① 감지기의 종류 : 연기감지기(광전식스포트형) 2종
② 8개

(2) ① 회로방식 : 교차회로방식
② 회로방식의 목적 : 설비의 오작동을 방지하기 위해

(3)

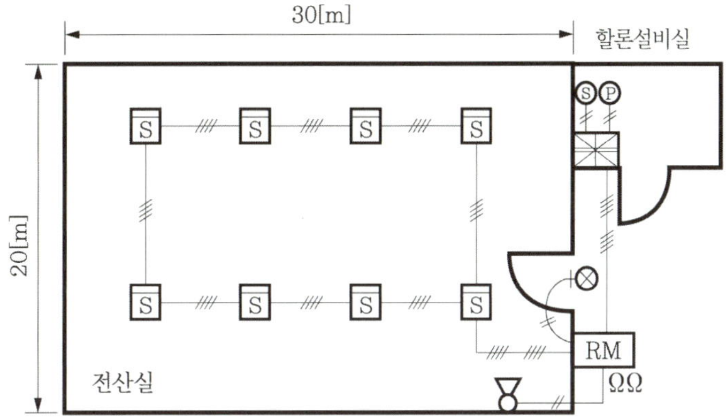

(4) ① 감지기 작동(A회로 또는 B회로)
② 제어반에 화재표시등 및 지구표시등 점등
③ 사이렌 경보
④ 감지기 작동(B회로 또는 A회로)
⑤ 솔레노이드밸브 작동
⑥ 기동용기 개방
⑦ 소화약제 방출
⑧ 압력스위치 작동
⑨ 방출표시등 점등

상세해설

(1) 감지기의 종류 및 수량

① **설치장소별 감지기 적응성**

설치장소		적응열감지기					적응연기감지기						불꽃감지기	비고
환경상태	적응장소	차동식 스포트형	차동식 분포형	보상식 스포트형	정온식	열아날로그식	이온화식 스포트형	광전식 스포트형	이온 아날로그식 스포트형	광전 아날로그식 스포트형	광전식 분리형	광전 아날로그식 분리형		
훈소 화재의 우려가 있는 장소	전화기기실, 통신기기실, 전산실, 기계제어실							○		○	○	○		

② **연기감지기 부착높이별 바닥면적 기준**

(단위 : [m²])

부착높이	감지기의 종류	
	1종 및 2종	3종
4m 미만	150	50
4m 이상 20m 미만	75	설치 불가

조건에 따라 **층고**가 4m **미만**이므로 **기준면적**은 150m²가 된다.

따라서, **감지기 설치개수**는 다음과 같다.

$\frac{30m \times 20m}{150m^2}$ =**4개**

할론소화설비는 **교차회로 배선**방식이므로 4개×2회로=**8개**

01-4 다음은 어느 방호대상물의 할론설비 부대전기설비를 설계한 도면이다. 잘못 설계된 점을 4가지만 지적하여 그 이유를 설명하시오.

배점 : 12 [07년]

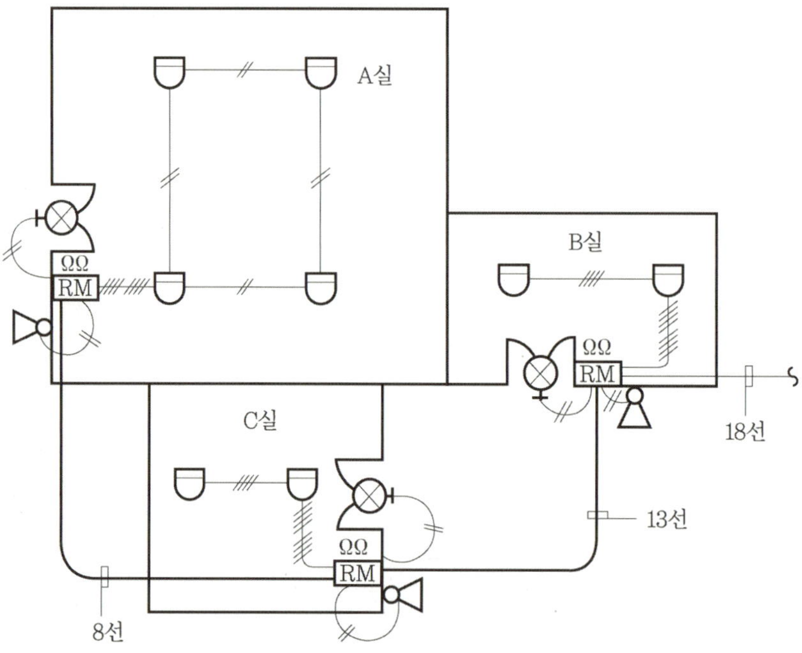

[조건]

① 범례

ΩΩ RM : 할론수동조작함(종단저항 2개 내장)

⊢⊗ : 할론방출표시등

② 전선관의 규격은 표기하지 않았으므로 지적대상에서 제외한다.

③ 할론수동조작함과 할론컨트롤판넬의 입선 가닥수는 한 구역당 (+, −)전원 2선, 수동조작 1선, 감지기선로 2선, 사이렌 1선, 할론방출표시등 1선, 방출지연 1선으로 연결 사용한다.

④ 기술적으로 동작불능 또는 오동작이 되거나 관련 기준에 맞지 않거나 잘못 설계되어 인명피해가 우려되는 것들을 지적하도록 한다.

• **실전모범답안**

① 잘못 설계된 점 : A실 감지기 상호간 배선가닥수가 2가닥으로 배선되어 있다.
이유 : 할론소화설비는 교차회로 배선방식으로 해야 하므로 배선가닥수는 4가닥이 되어야 한다.

② 잘못 설계된 점 : A실, B실, C실의 할론수동조작함이 실내에 설치되어 있다.
이유 : 화재 시 유효한 조작과 조작자의 안전을 위하여 실외 출입구 옆의 조작이 용이한 장소에 설치되어야 한다.

③ 잘못 설계된 점 : A실, B실, C실의 사이렌이 방호구역 외에 설치되어 있다.
이유 : 방호구역 내에 있는 인명을 대피시키기 위하여 방호구역 내에 설치되어야 한다.

④ 잘못 설계된 점 : A실, B실, C실의 할론방출표시등이 방호구역 내에 설치되어 있다.
이유 : 소화약제 방출 시 외부인의 출입을 금지시키기 위하여 방호구역 외의 출입구 상부에 설치되어야 한다.

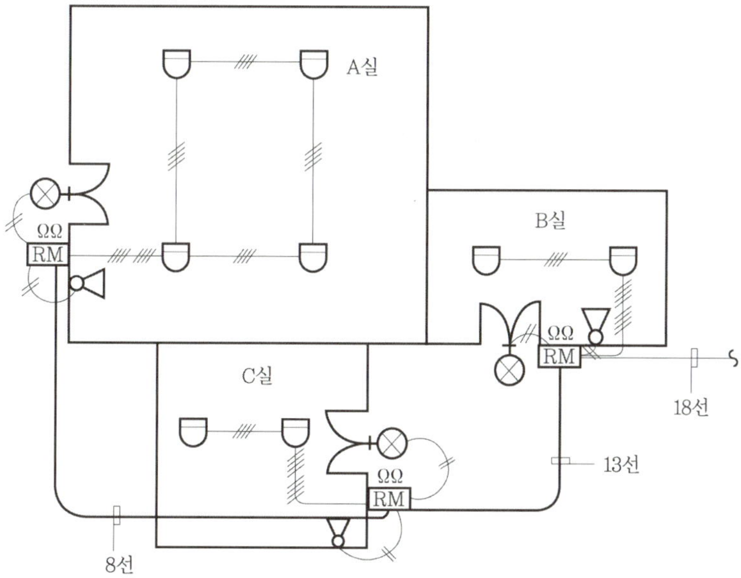

01-5 다음은 할론(Halon) 소화설비의 평면도이다. 다음 각 물음에 답하시오. 배점 : 10 [11년] [18년]

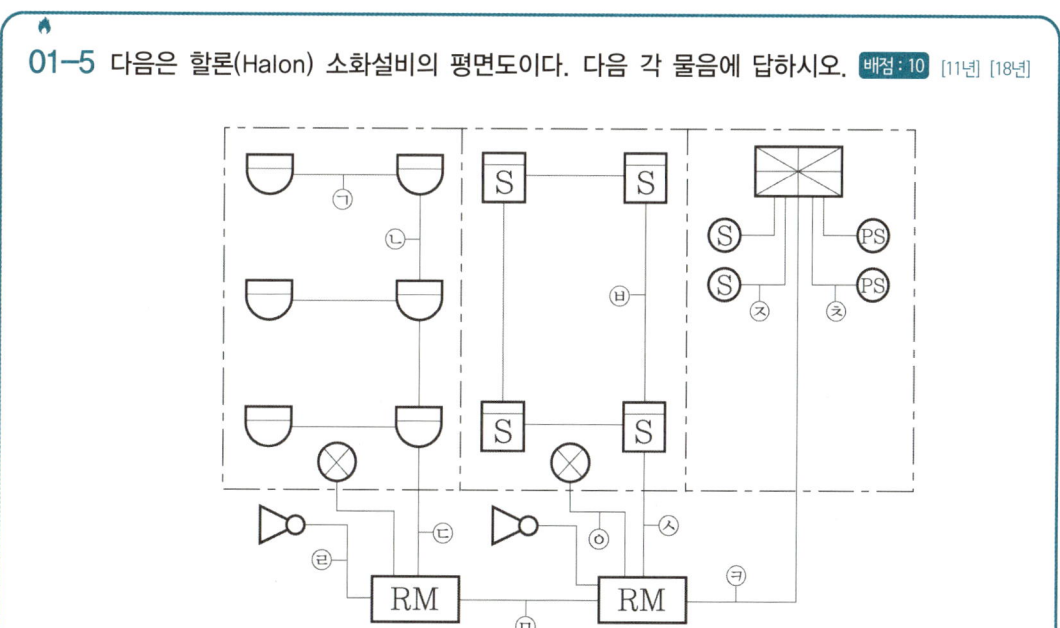

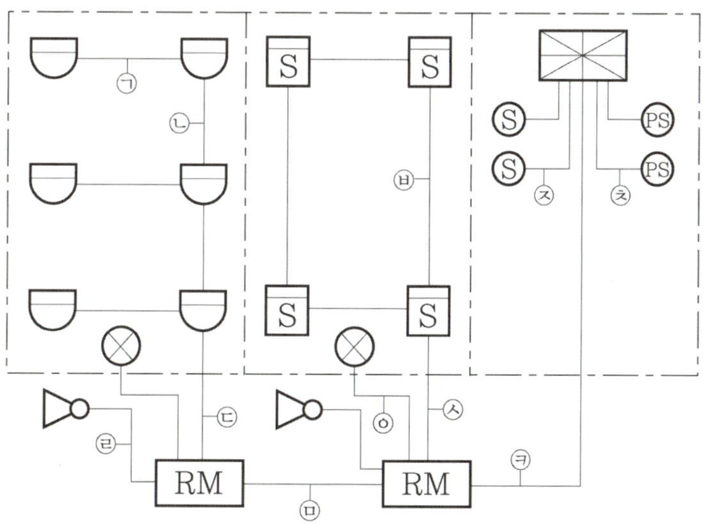

(1) ㉠~㉪까지의 가닥수를 구하시오. (단, 감지기는 별개의 공통선을 사용한다.)
(2) ㉤의 배선의 용도를 쓰시오.
(3) ㉪에서 구역(Zone)이 추가됨에 따라 늘어나는 전선명칭을 적으시오.

• **실전모범답안**

(1) ㉠ 4가닥 ㉡ 8가닥 ㉢ 8가닥 ㉣ 2가닥 ㉤ 9가닥 ㉥ 4가닥
㉦ 8가닥 ㉧ 2가닥 ㉨ 2가닥 ㉩ 2가닥 ㉪ 14가닥
(2) 전원 +, −, 감지기 A, 사이렌, 감지기 B, 기동스위치, 방출표시등, 방출지연스위치, 감지기 공통
(3) 감지기 A, 사이렌, 감지기 B, 기동스위치, 방출표시등

상세해설

(1) 배선내역

구 분	배선수	배선의 용도
㉠	4	공통 2, 회로 2
㉡	8	공통 4, 회로 4
㉢	8	공통 4, 회로 4
㉣	2	사이렌 2(공통 1, 사이렌 1)
㉤	9	전원 +, −, 감지기 A, 사이렌, 감지기 B, 기동스위치, 방출표시등, 방출지연스위치, 감지기 공통
㉥	4	공통 2, 회로 2
㉦	8	공통 4, 회로 4
㉧	2	방출표시등 2(공통 1, 방출표시등 1)
㉨	2	SOL(솔레노이드밸브) 2(공통 1, SOL 1)
㉩	2	PS(압력스위치) 2(공통 1, PS 1)
㉪	14	전원 +, −, (감지기 A, 사이렌, 감지기 B, 기동스위치, 방출표시등)×2, 방출지연스위치, 감지기 공통

01-6 내화구조인 지하 1층, 지하 2층, 지하 3층 건물에 할론 1301 가스설비와 연동되는 감지기설비를 하려고 한다. 주어진 조건을 이용하여 다음 각 물음에 답하시오. 배점 : 10 [12년]

[조건]
① 도면의 축척은 NS(No Scale)로 작성한다.
② 감지기배선은 교차회로배선으로 한다.
③ 모든 배관배선은 콘크리트 매립으로 한다.
④ 사용하는 전선관은 모두 공사용 후강전선관으로 한다.
⑤ 전원 및 감지기 공통선은 별도로 사용한다.
⑥ 지상 1층에는 수신기가 설치되어 있다.
⑦ 각 층의 높이는 3.8m이다.

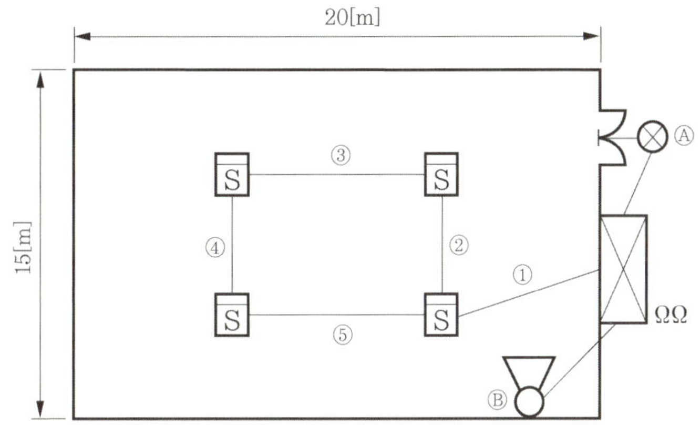

(1) 그림에서 기호 ①~⑤의 필요한 배선가닥수를 구하시오.

(2) Ⓐ와 Ⓑ의 명칭과 목적을 쓰시오.

(3) 계통도를 그리고 계통도상에 배선가닥수를 표시하시오.

• **실전모범답안**

(1) ① 8가닥 ② 4가닥 ③ 4가닥 ④ 4가닥 ⑤ 4가닥

(2) Ⓐ • 명칭 : 방출표시등(벽붙이형)
  • 목적 : 소화약제의 방출을 알리고, 외부인의 출입을 금지시키기 위하여

Ⓑ • 명칭 : 사이렌
  • 목적 : 음향으로 경보하여 방호구역 내에 있는 사람을 대피시키기 위하여

(3)

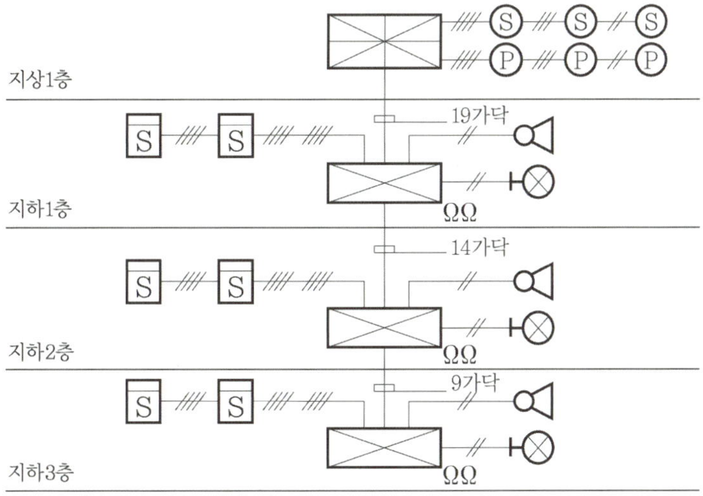

상세해설

(3) 배선내역

구 분	배선수	배선의 용도
①	8	공통 4, 회로 4
②	4	공통 2, 회로 2
③	4	공통 2, 회로 2
④	4	공통 2, 회로 2
⑤	4	공통 2, 회로 2
수동조작함↔사이렌	2	사이렌 2(공통 1, 사이렌 1)
수동조작함↔방출표시등	2	방출표시등 2(공통 1, 방출표시등 1)
지하 2층↔지하 3층 수동조작함	9	전원 +, -, 감지기 A, 사이렌, 감지기 B, 기동스위치, 방출표시등, 방출지연스위치, 감지기 공통
지하 1층↔지하 2층 수동조작함	14	전원 +, -, (감지기 A, 사이렌, 감지기 B, 기동스위치, 방출표시등)×2, 방출지연스위치, 감지기 공통
수신기↔지하 1층 수동조작함	19	전원 +, -, (감지기 A, 사이렌, 감지기 B, 기동스위치, 방출표시등)×3, 방출지연스위치, 감지기 공통

01-7 도면과 같은 컴퓨터실에 독립적으로 할론소화설비를 하려고 한다. 이 설비를 자동적으로 동작시키기 위한 전기설계를 하시오. 배점 : 13 [06년]

[조건]

① 평면도 및 제어계통도만 작성할 것
② 감지기의 종류를 명시할 것
③ 배선 상호간에 사용되는 전선류와 전선 가닥수를 표시할 것
④ 심벌은 임의로 사용하고 심벌 부근에 심벌명을 기재할 것
⑤ 실의 높이는 4m이며 지상 2층에 컴퓨터실이 있음

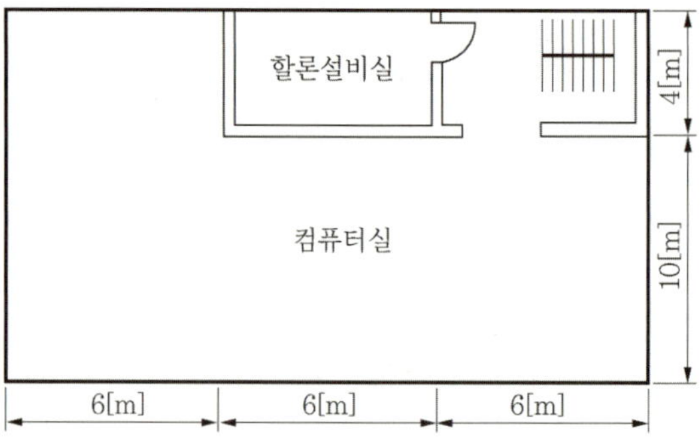

(1) 평면도를 작성하시오.
(2) 제어계통도를 작성하시오.

• 실전모범답안

(1)

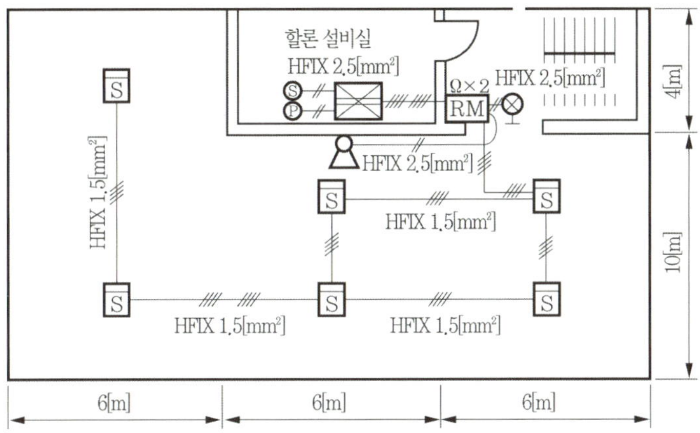

(2)

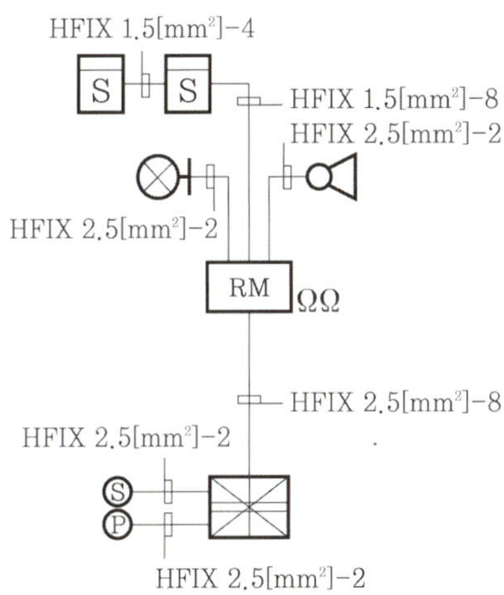

상세해설

① 설치장소별 감지기 적응성

설치장소		적응열감지기					적응연기감지기						불꽃감지기	비고
환경상태	적응장소	차동식 스포트형	차동식 분포형	보상식 스포트형	정온식	열아날로그식	이온화식 스포트형	광전식 스포트형	이온 아날로그식 스포트형	광전 아날로그식 스포트형	광전식 분리형	광전 아날로그식 분리형		
훈소 화재의 우려가 있는 장소	전화기기실, 통신기기실, 전산실, 기계제어실							○		○	○	○		

② 연기감지기 부착높이별 바닥면적 기준

(단위 : [m²])

부착높이	감지기의 종류	
	1종 및 2종	3종
4m 미만	150	50
4m 이상 20m 미만	75	설치 불가

층고가 **4m 이상**이고 연기감지기(광전식스포트형) 2종을 설치하므로 **기준면적**은 **75m²**가 된다.
따라서, **감지기 설치개수**는 다음과 같다.

$$\frac{(6+6+6)\text{m}\times(10+4)\text{m}-(6+6)\text{m}\times4\text{m}}{75\text{m}^2}=2.72 \fallingdotseq \textbf{3개(소수점 이하는 절상)}$$

할론소화설비는 **교차회로배선 방식**이므로 3개×2회로=**6개**

③ 배선내역

구 분	배선수	배선의 용도
할론제어반 ↔ 수동조작함	8	전원 +, −, 감지기 A, 사이렌, 감지기 B, 기동스위치, 방출표시등, 방출지연스위치
감지기 ↔ 감지기	4	공통 2, 회로 2
수동조작함 ↔ 감지기	8	공통 4, 회로 4
수동조작함 ↔ 사이렌	2	사이렌 2(공통 1, 사이렌 1)
수동조작함 ↔ 방출표시등	2	방출표시등 2(공통 1, 방출표시등 1)
할론제어반 ↔ 솔레노이드밸브	2	SOL(솔레노이드밸브) 2(공통 1, SOL 1)
할론제어반 ↔ 압력스위치	2	PS(압력스위치) 2(공통 1, PS 1)

쉬어가는 코너

지금 적극적으로 실행되는 괜찮은 계획이 다음 주의 완벽한 계획보다 낫다.

-조지 S.패튼-

01-8 다음은 전기실에 설치되는 할로 1301 소화설비의 전기적인 블록 다이어그램이다. 시스템을 전기적으로 완벽하게 운영하기 위하여 필요한 전선의 종류, 전선의 최소 굵기, 전선의 최소 수량과 후강전선관의 크기 등을 ①~⑥까지 표시하고 종단저항의 수량 ⑦를 쓰시오.

배점 : 14 [10년]

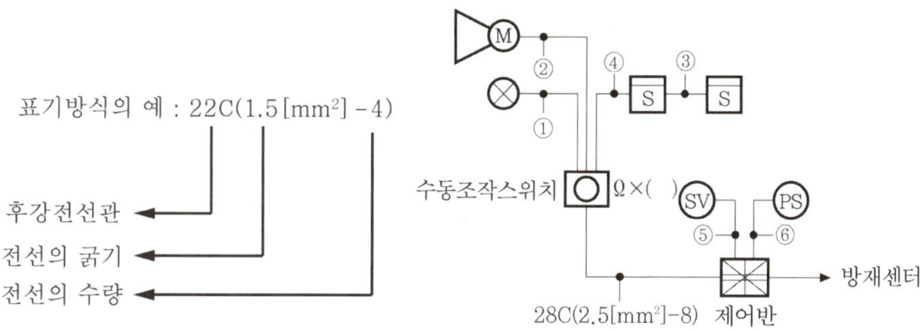

• 실전모범답안

① 16C(2.5mm²-2)
② 16C(2.5mm²-2)
③ 16C(1.5mm²-4)
④ 16C(1.5mm²-8)
⑤ 16C(2.5mm²-2)
⑥ 16C(2.5mm²-2)
⑦ 2개

상세해설

(1) 배선내역

구 분	배선수	전선규격	전선관 규격	배선의 용도
①	2	HFIX 2.5mm²	16C	방출표시등 2(공통 1, 방출표시등 1)
②	2	HFIX 2.5mm²	16C	사이렌 2(공통 1, 사이렌 1)
③	4	HFIX 1.5mm²	16C	공통 2, 회로 2
④	8	HFIX 1.5mm²	16C	공통 4, 회로 4
⑤	2	HFIX 2.5mm²	16C	SOL(솔레노이드밸브) 2(공통 1, SOL 1)
⑥	2	HFIX 2.5mm²	16C	PS(압력스위치) 2(공통 1, PS 1)
수동조작스위치 ↕ 제어반	8	HFIX 2.5mm²	28C	전원 +, −, 감지기 A, 사이렌, 감지기 B, 기동스위치, 방출표시등, 방출지연스위치

참고 **전선관의 규격**

전선규격	전선관의 규격			
	16mm	22mm	28mm	36mm
1.5mm²	1~9가닥	10가닥	11~17가닥	–
2.5mm²	1~4가닥	5~7가닥	8~12가닥	13~21가닥

01-9 다음은 할론(Halon)소화설비의 수동조작함에서 할론제어반까지의 결선도 및 계통도 (3 Zone)이다. 주어진 도면과 조건을 이용하여 다음 각 물음에 답하시오.

배점 : 11 [03년] [09년] [21년]

[조건]
① 전선의 가닥수는 최소 가닥수로 한다.
② 복구스위치 및 도어스위치는 없는 것으로 한다.
③ 번호표기가 없는 단자는 방출지연스위치이다.

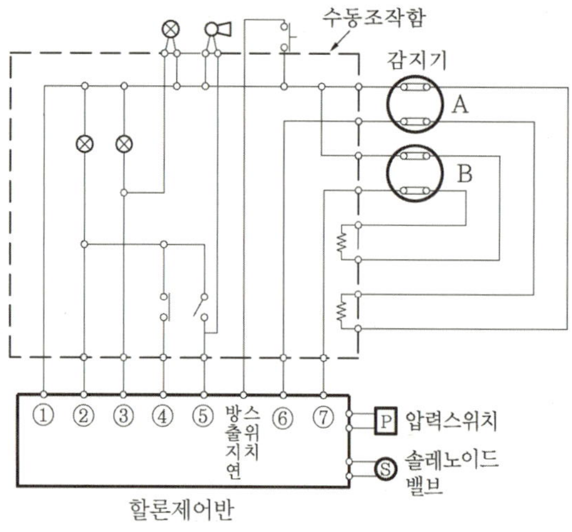

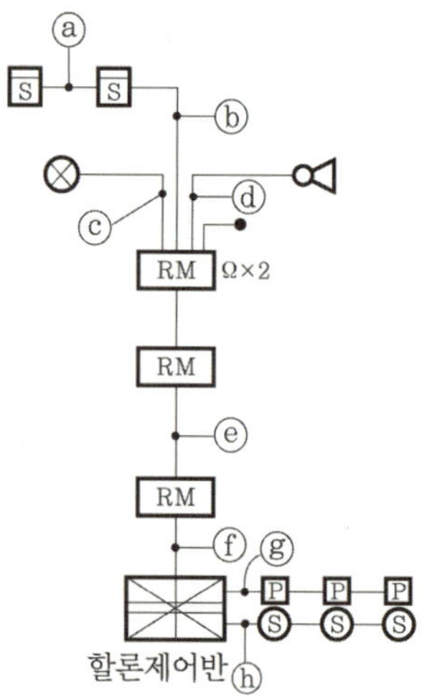

(1) ①~⑦의 전선명칭을 쓰시오.
(2) ⓐ~ⓗ의 전선가닥수를 구하시오.

• **실전모범답안**

(1) ① 전원 – ② 전원 + ③ 방출표시등 ④ 기동스위치
⑤ 사이렌 ⑥ 감지기 A ⑦ 감지기 B

(2) ⓐ 4가닥 ⓑ 8가닥 ⓒ 2가닥 ⓓ 2가닥
ⓔ 13가닥 ⓕ 18가닥 ⓖ 4가닥 ⓗ 4가닥

상세해설

(1), (2) 배선내역

구 분	배선수	배선의 용도
ⓐ	4	공통 2, 회로 2
ⓑ	8	공통 4, 회로 4
ⓒ	2	방출표시등 2(공통 1, 방출표시등 1)
ⓓ	2	사이렌 2(공통 1, 사이렌 1)
ⓔ	13	전원 +, −, (감지기 A, 사이렌, 감지기 B, 기동스위치, 방출표시등) × 2, 방출지연스위치
ⓕ	18	전원 +, −, (감지기 A, 사이렌, 감지기 B, 기동스위치, 방출표시등) × 3, 방출지연스위치
ⓖ	4	공통 1, PS(압력스위치) 3
ⓗ	4	공통 1, SOL(솔레노이드밸브) 3

01-10 어떤 건물에 대한 소방설비의 배선도면을 보고 다음 각 물음에 답하시오. (단, 배선공사는 후강전선관을 사용한다고 한다.)

배점 : 11 [03년] [18년]

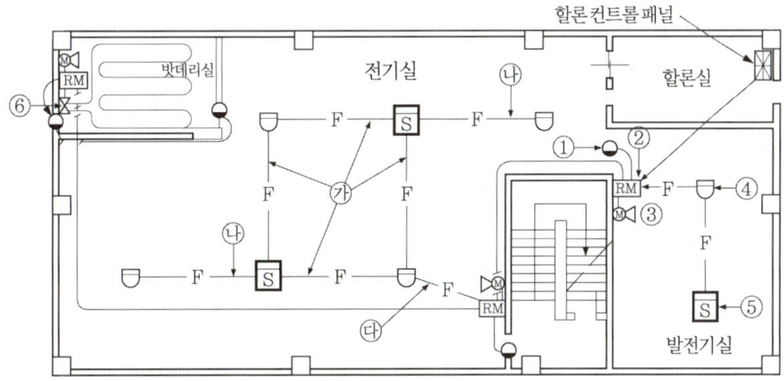

(1) 도면에 표시된 그림기호 ①~⑥의 명칭은 무엇인지 쓰시오.
(2) 도면에서 ㉮~㉰의 배선가닥수는 몇 본인지 구하시오.
(3) 도면에서 물량을 산출할 때 박스의 소요개수를 구하시오.
(4) 도면에서 물량을 산출할 때 부싱의 소요개수를 구하시오.

• **실전모범답안**

(1) ① 방출표시등
② 수동조작함
③ 모터사이렌
④ 차동식스포트형감지기
⑤ 연기감지기
⑥ 차동식분포형감지기의 검출부

(2) ㉮ 4가닥 ㉯ 4가닥 ㉰ 8가닥

(3) 20개

(4) 40개

상세해설

(3) 박스의 소요 개수 산출

구 분	박스 개수
감지기	8개
모터사이렌	3개
수동조작함	3개
방출표시등	4개
차동식분포형감지기의 검출부	1개
할론컨트롤판넬	1개
합계	20개

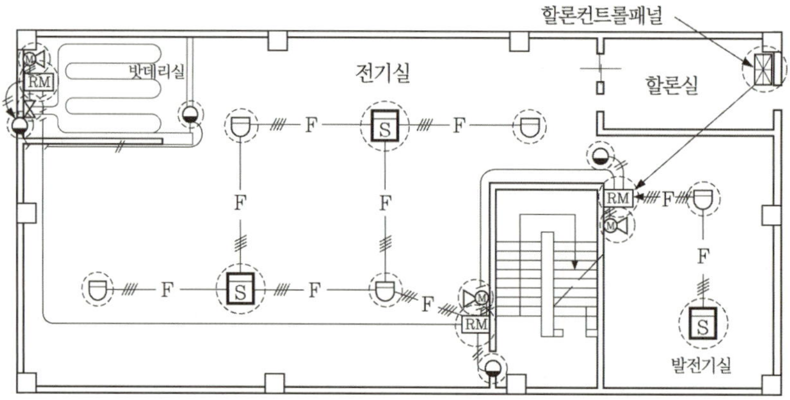

(4) 부싱의 소요 개수 산출

① **부싱** : **전선**의 **절연피복**을 **보호**하기 위하여 **금속관 끝**에 **취부**하여 사용하는 것으로서 **전선관**과 **박스**(Box) 또는 **함**의 **접속 개소**마다 사용한다.

② **부싱 소요 개수 산출**

구 역	구 분	부싱 개수	비 고
밧데리실	모터사이렌	1	
	수동조작함	4	
	검출부	1	감열부(공기관) 2개소 적용 ×
	방출표시등	3	
전기실	감지기	13	
	모터사이렌	1	
	수동조작함	5	
	방출표시등	1	
발전기실	감지기	3	
	모터사이렌	1	
	수동조작함	5	
	방출표시등	1	
할론실	컨트롤판넬	1	
합계		40	

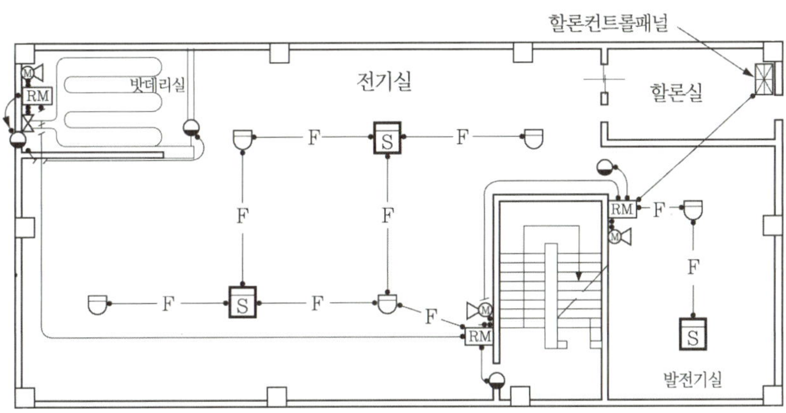

06 제연설비

(1) 도시기호

명 칭	그림기호	사 진
급·배기 댐퍼	 | 화재댐퍼 |  | 연기댐퍼 |  | 화재/연기댐퍼 |	
급·배기 휀		

(2) 제연설비의 기본 연동 개념도

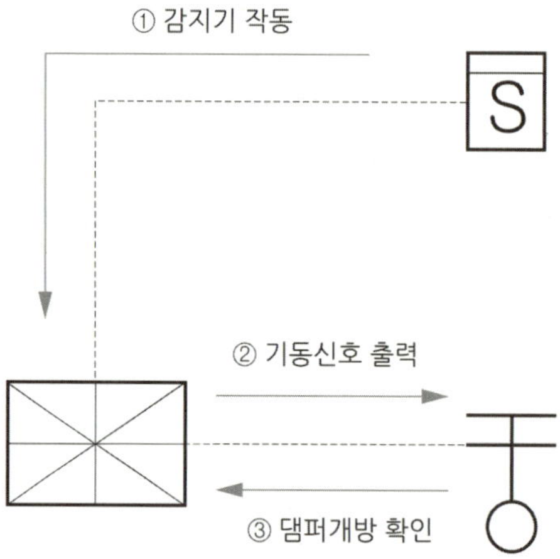

(3) 배기만 있는 제연설비의 경우

① 상가(거실) 제연설비의 전선가닥수(배기만 있는 경우)

기본 가닥수	감시제어반(수신반) ↔ 수동조작함 (기본 가닥수 : 5가닥)					감시제어반(수신반) ↔ MCC (기본 가닥수 : 5가닥)				
	전원 +	전원 −	회로 (감지기)	기동	배기댐퍼 개방확인	공통	ON (기동)	OFF (정지)	FAN 기동 표시등	FAN 정지 표시등
가닥수의 추가 조건	1가닥		배기댐퍼수마다 1가닥씩 추가			1가닥				

※ 1. 조건에서 감지기 공통선을 별도로 사용하라고 하였을 경우 감지기 공통선 1가닥을 추가할 것
  2. 복구스위치선 추가 조건

㉠ **자동복구방식** : 복구스위치선(×)

㉡ **수동복구방식(기동, 복구형 댐퍼방식)** : 복구스위치선 1가닥

② 계통도

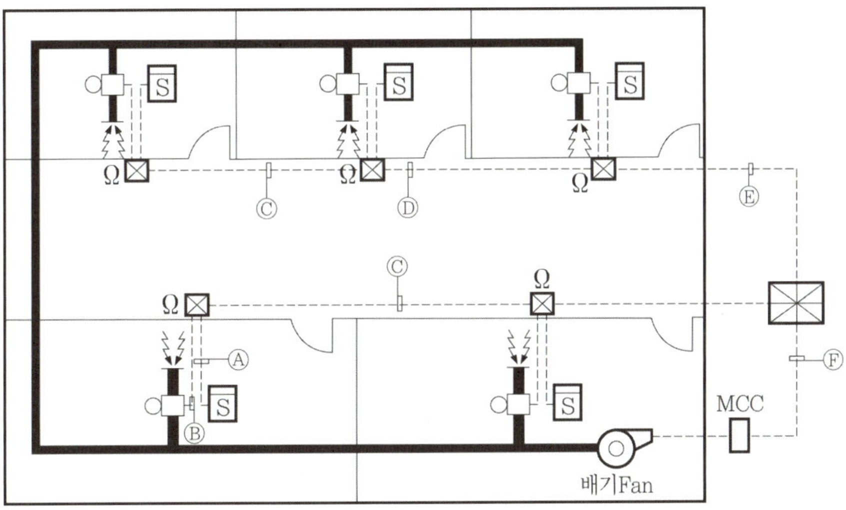

③ 배선내역

[조건]

① 모든 댐퍼는 모터기동방식이며, 별도의 복구선은 없는 것으로 한다.
② 배선수는 운전조작상 필요한 최소 전선수를 쓰도록 한다.

구 분	배선수	전선규격	전선관 규격	배선의 용도
□	4	HFIX 1.5mm²	16C	공통 2, 회로 2
□	4	HFIX 2.5mm²	16C	전원 +, −, 기동, 배기댐퍼 개방확인
□	5	HFIX 2.5mm²	22C	전원 +, −, 회로, 기동, 배기댐퍼 개방확인
□	8	HFIX 2.5mm²	28C	전원 +, −, (회로, 기동, 배기댐퍼 개방확인)×2
□	11	HFIX 2.5mm²	28C	전원 +, −, (회로, 기동, 배기댐퍼 개방확인)×3
□	5	HFIX 2.5mm²	22C	공통, 기동, 정지, 기동표시등, 전원표시등

※ 1. 도면에서 통로 부분은 급기, 거실 부분은 배기이다.
2. 도면에서 통로(급기댐퍼) 부분은 상시 개방된 급기구를 설치하여 급기 FAN에 의해 일제 급기한다.
3. 도면에서 급기댐퍼 부분에 대한 가닥수는 산출하지 않는다. 따라서, 기본 가닥수에 급기댐퍼 개방확인선은 제외된다.

(4) 급기, 배기가 함께 있는 제연설비의 경우

① 상가(거실) 제연설비의 전선가닥수(급기, 배기가 함께 있는 경우)

기본 가닥수	감시제어반(수신반) ↔ 수동조작함 (기본 가닥수 : 7가닥)							감시제어반(수신반) ↔ MCC (기본 가닥수 : 5가닥)				
	전원 +	전원 −	회로 (감지기)	급기 댐퍼 기동	배기 댐퍼 기동	급기 댐퍼 개방 확인	배기 댐퍼 개방 확인	공통	ON (기동)	OFF (정지)	FAN 기동 표시등	FAN 정지 표시등
가닥수의 추가 조건	1가닥		제연구역마다 1가닥씩 추가					1가닥				

※ 1. 문제의 조건에서 감지기 공통선을 별도로 사용하라고 하였을 경우 감지기 공통선 1가닥을 추가할 것
2. 복구스위치선 추가 조건

㉠ **자동복구방식** : 복구스위치선(×)
㉡ **수동복구방식(기동, 복구형 댐퍼방식)** : 복구스위치선 1가닥

② 계통도

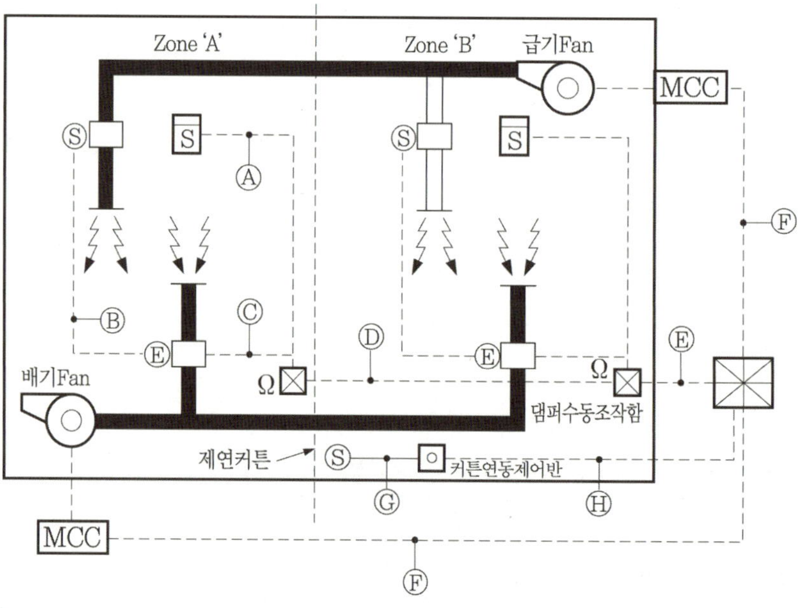

③ 배선내역

[조건]
① 모든 댐퍼는 모터기동방식이며, 별도의 복구선은 없는 것으로 한다.
② 배선수는 운전조작상 필요한 최소 전선수를 쓰도록 한다.

구 분	배선수	전선규격	전선관 규격	배선의 용도
□	4	HFIX 1.5mm²	16C	공통 2, 회로 2
□	4	HFIX 2.5mm²	16C	전원 +, −, 급기댐퍼기동, 급기댐퍼 개방확인
□	6	HFIX 2.5mm²	22C	전원 +, −, 급기댐퍼기동, 배기댐퍼기동, 급기댐퍼 개방확인, 배기댐퍼 개방확인
□	7	HFIX 2.5mm²	22C	전원 +, −, 회로, 급기댐퍼기동, 배기댐퍼기동, 급기댐퍼 개방확인, 배기댐퍼 개방확인
□	12	HFIX 2.5mm²	28C	전원 +, −, (회로, 급기댐퍼기동, 배기댐퍼기동, 급기댐퍼 개방확인, 배기댐퍼 개방확인)×2
□	5	HFIX 2.5mm²	22C	공통, 기동, 정지, 기동표시등, 전원표시등
□	3	HFIX 2.5mm²	16C	공통, 기동, 확인
□	4	HFIX 2.5mm²	16C	기동 2, 확인 2

(5) 전실(부속실) 제연설비

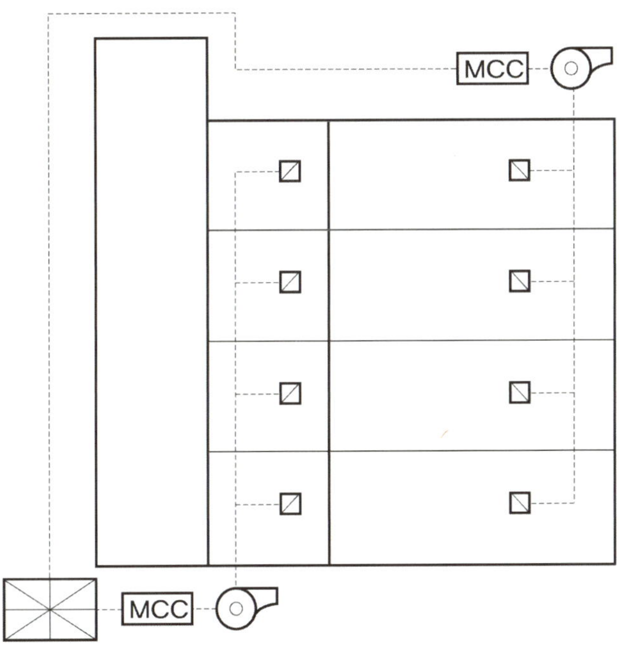

① 전실(부속실) 제연설비의 전선가닥수

기본 가닥수	감시제어반(수신반) ↔ 수동조작함 (기본 가닥수 : 7가닥)							감시제어반(수신반) ↔ MCC (기본 가닥수 : 5가닥)				
	전원 +	전원 −	회로 (감지기)	기동	수동 기동 확인	급기 댐퍼 개방 확인	배기 댐퍼 개방 확인	공통	ON (기동)	OFF (정지)	FAN 기동 표시등	FAN 정지 표시등
가닥수의 추가 조건	1가닥		제연구역마다 1가닥씩 추가					1가닥				

※ 1. 문제 조건에서 감지기 공통선을 별도로 사용하라고 하였을 경우 감지기 공통선 1가닥을 추가할 것
2. 복구스위치선 추가 조건

㉠ **자동복구방식** : 복구스위치선(×)
㉡ **수동복구방식(기동, 복구형 댐퍼방식)** : 복구스위치선 1가닥

참고

기본 가닥수	회로	기동	수동 기동 확인	급기 댐퍼 개방 확인	배기 댐퍼 개방 확인	공통	ON (기동)	OFF (정지)	FAN 기동 표시등	FAN 정지 표시등
가닥수의 추가 조건	지구, 감지기	–	수동 기동	급기확인, 급기댐퍼 확인	배기확인, 배기댐퍼 확인	–	기동	정지	FAN 기동확인 표시등, 기동표시등	전원 표시등

핵심기출문제

01 다음 도면은 상가매장에 설치되어 있는 제연설비의 전기적인 계통도이다. 조건을 참조하여 Ⓐ~Ⓔ까지의 배선수와 각 배선의 용도를 쓰시오. 배점 : 10 [05년] [08년]

[조건]

① 모든 댐퍼는 모터기동방식이며, 별도의 복구선은 없는 것으로 한다.
② 배선수는 운전조작상 필요한 최소 전선수를 쓰도록 한다.

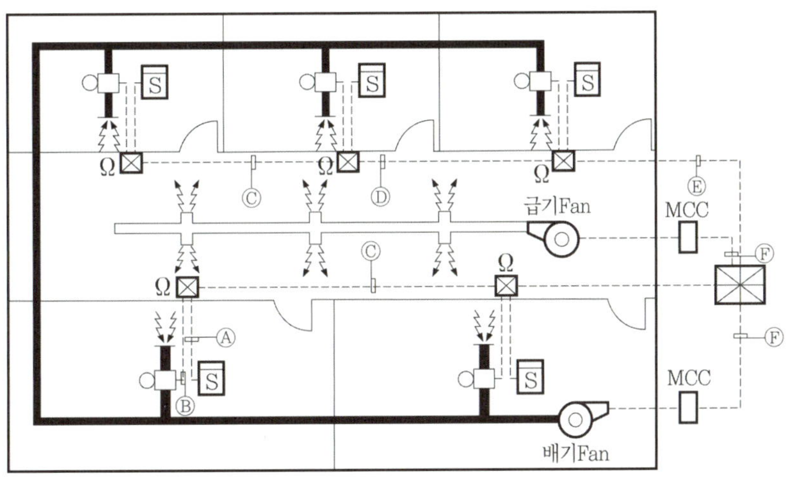

(단위 : mm^2)

기 호	구 분	배선의 종류	배선수	배선의 용도
Ⓐ	감지기 ↔ 수동조작함			
Ⓑ	댐퍼 ↔ 수동조작함			
Ⓒ	수동조작함 ↔ 수동조작함			
Ⓓ	수동조작함 ↔ 수동조작함			
Ⓔ	수동조작함 ↔ 수신반			
Ⓕ	MCC ↔ 수신반			

• 실전모범답안

기 호	구 분	배선의 종류	배선수	배선의 용도
Ⓐ	감지기 ↔ 수동조작함	HFIX 1.5mm²	4	공통 2, 회로 2
Ⓑ	댐퍼 ↔ 수동조작함	HFIX 2.5mm²	4	전원 +, −, 기동, 배기댐퍼 개방확인
Ⓒ	수동조작함 ↔ 수동조작함	HFIX 2.5mm²	5	전원 +, −, 회로, 기동, 배기댐퍼 개방확인
Ⓓ	수동조작함 ↔ 수동조작함	HFIX 2.5mm²	8	전원 +, −, (회로, 기동, 배기댐퍼 개방확인)×2
Ⓔ	수동조작함 ↔ 수신반	HFIX 2.5mm²	11	전원 +, −, (회로, 기동, 배기댐퍼 개방확인)×3
Ⓕ	MCC ↔ 수신반	HFIX 2.5mm²	5	공통, 기동, 정지, 기동표시등, 정지표시등

상세해설

(1) 전선가닥수

① **상가(거실) 제연설비의 전선가닥수(밀폐형 상가(거실))**

기본 가닥수	감시제어반(수신반) ↔ 수동조작함 (기본 가닥수 : 5가닥)					감시제어반(수신반) ↔ MCC (기본 가닥수 : 5가닥)				
	전원 +	전원 −	회로 (감지기)	기동	배기댐퍼 개방확인	공통	ON (기동)	OFF (정지)	FAN 기동 표시등	FAN 정지 표시등
가닥수의 추가 조건	1가닥		**배기댐퍼수**마다 1가닥씩 추가			1가닥				

※ 1. 문제의 조건에서 감지기 공통선을 별도로 사용하라고 하였을 경우 감지기 공통선 1가닥을 추가할 것
2. 복구스위치선 추가 조건

㉠ **자동복구방식** : 복구스위치선(×)
㉡ **수동복구방식(기동, 복구형 댐퍼방식)** : 복구스위치선 1가닥

② **배선내역**

구 분	배선수	전선규격	전선관 규격	배선의 용도
Ⓐ	4	HFIX 1.5mm²	16C	공통 2, 회로 2
Ⓑ	4	HFIX 2.5mm²	16C	전원 +, −, 기동, 배기댐퍼 개방확인
Ⓒ	5	HFIX 2.5mm²	22C	전원 +, −, 회로, 기동, 배기댐퍼 개방확인
Ⓓ	8	HFIX 2.5mm²	28C	전원 +, −, (회로, 기동, 배기댐퍼 개방확인)×2
Ⓔ	11	HFIX 2.5mm²	28C	전원 +, −, (회로, 기동, 배기댐퍼 개방확인)×3
Ⓕ	5	HFIX 2.5mm²	22C	공통, 기동, 정지, 기동표시등, 정지표시등

※ 1. 도면에서 통로 부분은 급기, 거실 부분은 배기이다.
2. 도면에서 통로(급기댐퍼) 부분은 상시 개방된 급기구를 설치하여 급기 FAN에 의해 일제 급기한다.
3. 도면에서 급기댐퍼 부분에 대한 가닥수는 산출하지 않는다. 따라서, 기본 가닥수에 급기댐퍼 개방확인선은 제외된다.

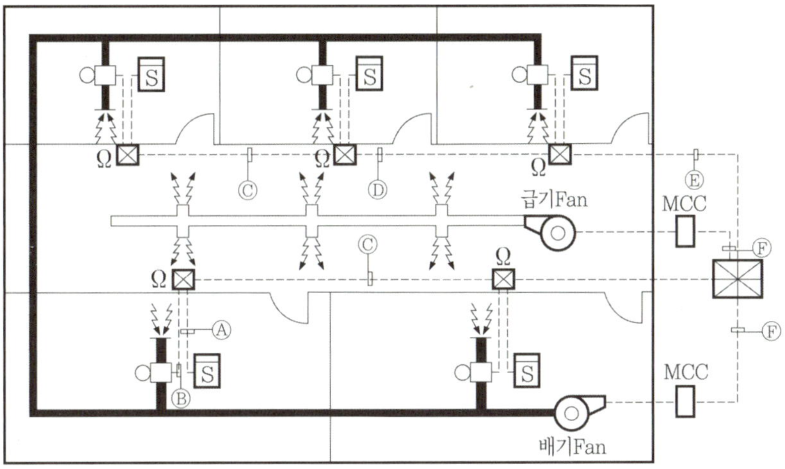

02 다음 도면은 전실 급·배기 댐퍼를 나타낸 것이다. 다음 각 물음에 답하시오. (단, 댐퍼는 모터식이며 복구는 자동복구이고 전원은 제연설비반에서 공급하고 기동은 동시에 기동하는 것이다.)

배점 : 13 [03년] [05년] [19년]

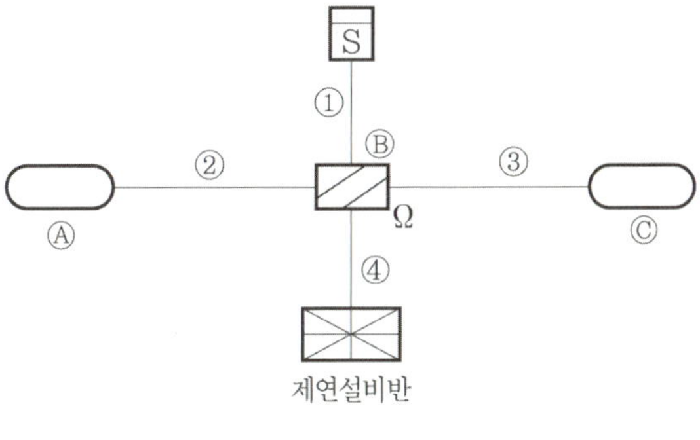

(1) Ⓐ, Ⓑ, Ⓒ의 명칭을 쓰시오.
(2) ①, ②, ③, ④의 전선가닥수를 쓰시오.
(3) Ⓑ의 설치높이는 얼마인지 쓰시오.

• 실전모범답안

(1) Ⓐ 급기댐퍼 또는 배기댐퍼
Ⓑ 단자반
Ⓒ 배기댐퍼 또는 급기댐퍼
(2) ① 4가닥 ② 4가닥 ③ 4가닥 ④ 6가닥
(3) 바닥으로부터 0.8m 이상 1.5m 이하

상세해설

(1) 명칭

① **급기댐퍼** : 제연구역(전실(부속실))에 신선한 공기를 공급하기 위하여 급기구에 설치하는 장치
② **단자반** : 전선의 접속을 쉽게 하기 위하여 복수의 단자대를 배열한 반
③ **배기댐퍼** : 제연구역 외의 연기를 옥외로 배출시키기 위하여 배기구에 설치하는 장치
※ 도면에 댐퍼의 구분이 없으므로, Ⓐ와 Ⓒ의 해답은 바뀌어도 관계 없다.

(2) 전선가닥수

① **전실(부속실) 제연설비의 전선가닥수**

기본 가닥수	감시제어반(수신반) ↔ 수동조작함 (기본 가닥수 : 7가닥)							감시제어반(수신반) ↔ MCC (기본 가닥수 : 5가닥)				
	전원 +	전원 −	회로 (감지기)	기동	수동 기동 확인	급기 댐퍼 개방 확인	배기 댐퍼 개방 확인	공통	ON (기동)	OFF (정지)	FAN 기동 표시등	FAN 정지 표시등 (전원감시 표시등)
가닥수의 추가 조건	1가닥		제연구역마다 **1가닥씩 추가**					1가닥				

※ 1. 조건에서 감지기 공통선을 별도로 사용하라고 하였을 경우 감지기 공통선 1가닥을 추가할 것
2. 복구스위치선 추가 조건

㉠ **자동복구방식** : 복구스위치선(×)
㉡ **수동복구방식(기동, 복구형 댐퍼방식)** : 복구스위치선 1가닥

② **배선내역**

구 분	배선수	배선의 용도
①	4	공통 2, 회로 2
②	4	전원 +, −, 기동, 급기댐퍼 개방확인(또는 배기댐퍼 개방확인)
③	4	전원 +, −, 기동, 배기댐퍼 개방확인(또는 급댐퍼 개방확인)
④	6	전원 +, −, 회로, 기동, 급기댐퍼 개방확인, 배기댐퍼 개방확인

※ 문제의 도면에서는 수동조작반이 없으므로 수동기동 확인선은 생략한다.

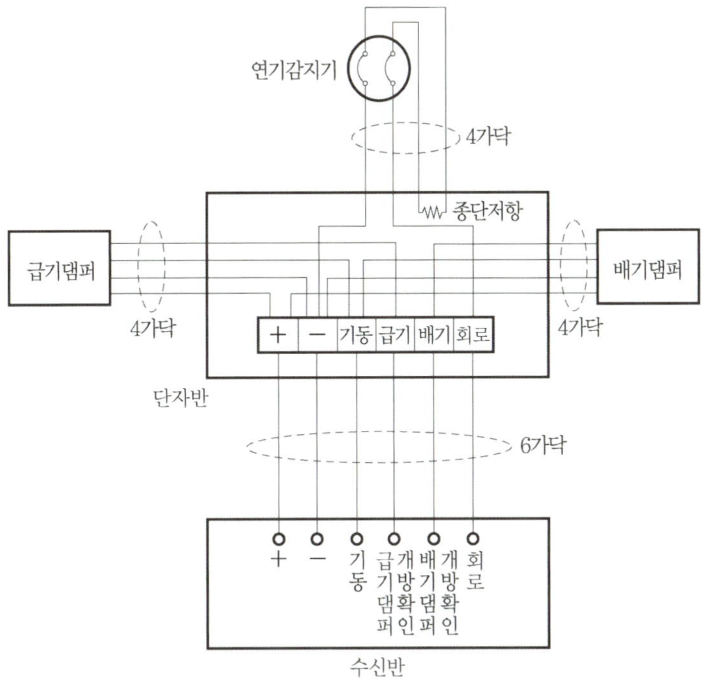

(3) 각종 기기의 설치높이

구 분	설치높이
기타	바닥으로부터 0.8m 이상 1.5m 이하
시각경보장치	바닥으로부터 2m 이상 2.5m 이하 (천장의 높이가 2m 이하일 경우 : 천장으로부터 0.15m 이내)
종단저항 전용함	바닥으로부터 1.5m 이내

02-1 다음 그림은 특별피난계단에 설치되는 전실제연설비에 대한 계통도이다. 주어진 각 조건을 숙지한 다음 각 물음에 답하시오. 배점 : 14 [09년]

[조건]
① 댐퍼의 기동방식은 기동신호가 인가되면 작동되고, 기동신호가 차단되면 자동으로 복구되는 댐퍼이다.
② 감지기회로의 공통선은 전원 (−)을 공통으로 사용하고 종단저항은 급기댐퍼 내부에 설치한다.
③ 급기 및 배기 댐퍼 기동은 층별로 동시에 기동되는 방식으로 한다.
④ 수동기동 확인신호는 각 층별로 확인하는 방식으로 한다.

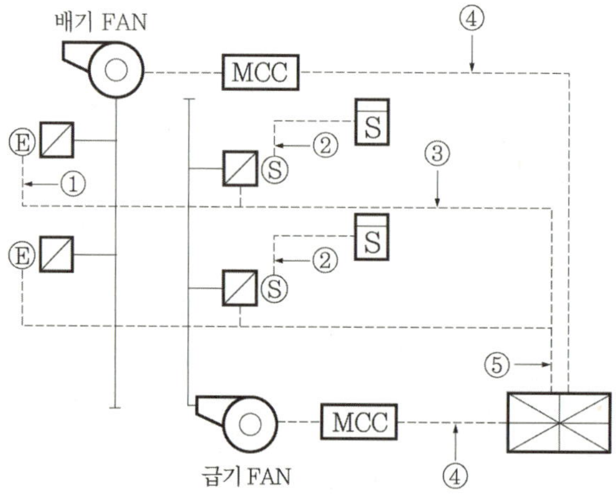

번 호	배선수	배선의 용도
①		
②		
③		
④		
⑤		

• **실전모범답안**

번 호	배선수	배선의 용도
①	4	전원 +, −, 기동, 배기댐퍼 개방확인
②	4	공통 2, 회로 2
③	7	전원 +, −, 회로, 기동, 수동기동확인, 급기댐퍼 개방확인, 배기댐퍼 개방확인
④	5	공통, ON, OFF, FAN 기동표시등, FAN 정지표시등(전원감시표시등)
⑤	12	전원 +, −, (회로, 기동, 수동기동확인, 급기댐퍼 개방확인, 배기댐퍼 개방확인)×2

상세해설

(1) 전선가닥수

① 전실(부속실) 제연설비의 전선가닥수

기본 가닥수	감시제어반(수신반) ↔ 수동조작함 (기본 가닥수 : 5가닥)							감시제어반(수신반) ↔ MCC (기본 가닥수 : 5가닥)				
	전원 +	전원 −	회로 (감지기)	기동	수동 기동 확인	급기 댐퍼 개방 확인	배기 댐퍼 개방 확인	공통	ON (기동)	OFF (정지)	FAN 기동 표시등	FAN 정지 표시등
가닥수의 추가 조건	1가닥		제연구역마다 1가닥씩 추가					1가닥				

※ 1. 문제 조건에서 감지기 공통선을 별도로 사용하라고 하였을 경우 감지기 공통선 1가닥을 추가할 것
2. 복구스위치선 추가 조건

㉠ **자동복구방식** : 복구스위치선(×)
㉡ **수동복구방식(기동, 복구형 댐퍼방식)** : 복구스위치선 1가닥

② 배선내역

구 분	배선수	배선의 용도
①	4	전원 +, −, 기동, 배기댐퍼 개방확인
②	4	공통 2, 회로 2
③	7	전원 +, −, 회로, 기동, 수동기동확인, 급기댐퍼 개방확인, 배기댐퍼 개방확인
④	5	공통, ON, OFF, FAN 기동표시등, FAN 정지표시등(전원감시표시등)
⑤	12	전원 +, −, (회로, 기동, 수동기동확인, 급기댐퍼 개방확인, 배기댐퍼 개방확인)×2

02-2 도면은 전실제연설비의 전기적인 계통도이다. 이 계통도와 주어진 조건에 의하여 다음 각 물음에 답하시오. 배점 : 13 [04년]

[조건]
① 기동 시에는 솔레노이드 기동방식으로 하고 복구 시에는 모터복구방식을 채택한다.
② 터미널보드(TB)에 감지기 종단저항을 내장한다.
③ 중계기와 중계기 사이에는 전원 ⊕ · ⊖, 신호 2선을 사용하는 것으로 한다.
④ 수동조작함(RM)에서는 댐퍼개방확인이 급기·배기 댐퍼 중 하나만 확인되는 것으로 한다.
⑤ "(3)" 항의 답안작성 예 :

선번호	기능명칭
1	×××
2	○○○
3	△△△
⋮	⋮

① 댐퍼 → TB

선번호	기능명칭

② TB → 중계기

선번호	기능명칭

③ 중계기 → 감시반

선번호	기능명칭

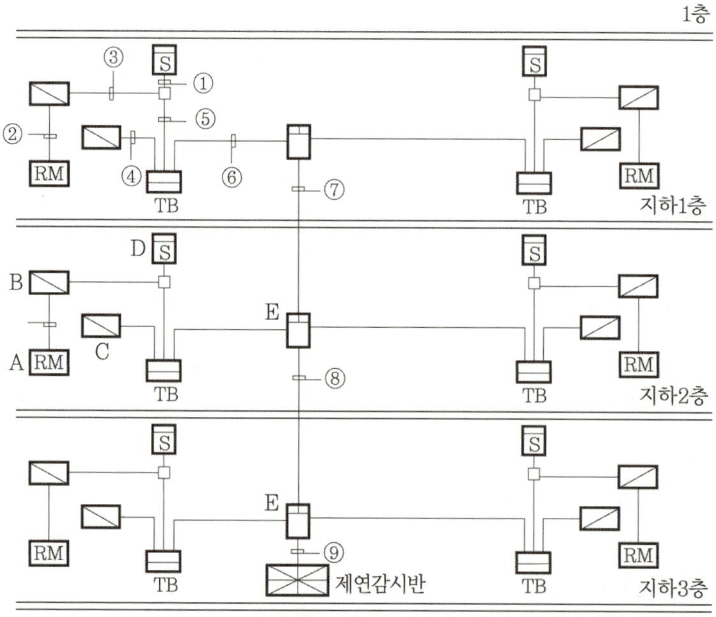

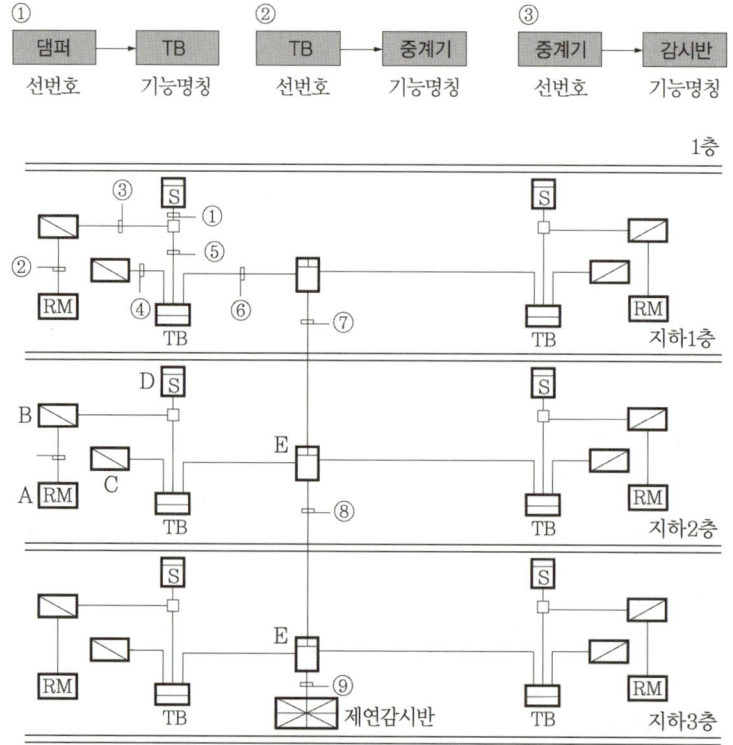

(1) 전원 공통선과 감지기 공통선을 별개로 사용할 경우 ①~⑨까지에 배선되어야 할 전선의 가닥수는 최소 몇 가닥이 필요한지 구하시오.

(2) A~E까지의 명칭을 쓰시오.

(3) 급기 또는 배기 댐퍼에서 터미널보드(TB), 터미널보드에서 중계기, 중계기에서 수신반(감시반)까지 연결되는 각 선로의 전기적인 기능 명칭을 쓰시오.

• **실전모범답안**

(1) ① 4가닥 ② 4가닥 ③ 5가닥 ④ 4가닥 ⑤ 9가닥
⑥ 8가닥 ⑦ 4가닥 ⑧ 4가닥 ⑨ 4가닥

(2) A : 수동조작함
B : 급기댐퍼 또는 배기댐퍼
C : 배기댐퍼 또는 급기댐퍼
D : 연기감지기
E : 중계기

(3)

① 댐퍼 → TB

선번호	기능명칭
1	전원⊕
2	전원⊖
3	기동
4	댐퍼개방확인

② TB → 중계기

선번호	기능명칭
1	전원⊕
2	전원⊖
3	기동
4	수동기동확인
5	급기댐퍼 개방확인
6	배기댐퍼 개방확인
7	회로(감지기)
8	감지기 공통

③ 중계기 → 감시반

선번호	기능명칭
1	전원⊕
2	전원⊖
3	신호선
4	신호선

상세해설

(1), (3) 전선가닥수 & 용도

① **전실(부속실) 제연설비의 전선가닥수**

기본 가닥수	감시제어반(수신반) ↔ 수동조작함 (기본 가닥수 : 5가닥)							감시제어반(수신반) ↔ MCC (기본 가닥수 : 5가닥)				
	전원 +	전원 −	회로 (감지기)	기동	수동 기동 확인	급기 댐퍼 개방 확인	배기 댐퍼 개방 확인	공통	ON (기동)	OFF (정지)	FAN 기동 표시등	FAN 정지 표시등
가닥수의 추가 조건	1가닥		제연구역마다 1가닥씩 추가					1가닥				

※ 1. 조건에서 감지기 공통선을 별도로 사용하라고 하였을 경우 감지기 공통선 1가닥을 추가할 것
  2. 복구스위치선 추가 조건

㉠ **자동복구방식** : 복구스위치선(×)
㉡ **수동복구방식(기동, 복구형 댐퍼방식)** : 복구스위치선 무조건 1가닥

참고 | 전실(부속실) 제연설비

㉠ 수동조작함(RM) ↔ 급기댐퍼(4가닥)
전원 +, −, 수동기동확인, 급기댐퍼 개방확인
㉡ 급기댐퍼 ↔ 단자반(TB)(5가닥)
전원 +, −, 기동, 수동기동확인, 급기댐퍼 개방확인
㉢ 배기댐퍼 ↔ 단자반(TB)(4가닥)
전원 +, −, 기동, 배기댐퍼 개방확인

② **자동화재탐지설비의 전선가닥수(R형)**

기본 가닥수	수신기↔중계기, 중계기↔중계기		중계기↔각 Local 기기
	전원선 2	신호선(통신선) 2	
가닥수의 추가 조건	기타 전화선 등은 조건에 따라 추가		P형 System에 준한다.

③ **배선내역**

구 분	배선수	배선의 용도
①	4	감지기 공통 2, 회로 2
②	4	전원 +, −, 수동기동확인, 댐퍼개방확인
③	5	전원 +, −, 기동, 수동기동확인, 댐퍼개방확인
④	4	전원 +, −, 기동, 댐퍼개방확인
⑤	9	전원 +, −, 회로 2, 기동, 수동기동확인, 댐퍼개방확인, 감지기 공통 2
⑥	8	전원 +, −, 회로, 기동, 수동기동확인, 급기댐퍼 개방확인, 배기댐퍼 개방확인, 감지기 공통
⑦	4	전원 +, −, 신호선 2
⑧	4	전원 +, −, 신호선 2
⑨	4	전원 +, −, 신호선 2

※ 1. 문제에서 감지기 공통선을 별개로 사용하므로 추가한다.
  2. 모터복구방식=자동복구방식(복구선(×))

3. 문제의 조건에서 수동조작함(RM)에서는 댐퍼개방확인이 급기 · 배기 댐퍼 중 하나만 확인되는 것으로 한다고 하였으므로, 배선내역 ②, ③, ⑤에서 댐퍼개방확인선은 1가닥이 된다. 만약, 수동조작함(RM)에서 댐퍼개방확인이 급기 · 배기 댐퍼 둘다 확인되는 것인 경우에는 댐퍼개방확인선이 2가닥(급기댐퍼 개방확인, 배기댐퍼 개방확인)이 된다.

④ **선로의 전기적인 기능명칭**

① 댐퍼 → TB

선번호	기능명칭
1	전원⊕
2	전원⊖
3	기동
4	댐퍼개방확인

② TB → 중계기

선번호	기능명칭
1	전원⊕
2	전원⊖
3	기동
4	수동기동확인
5	급기댐퍼 개방확인
6	배기댐퍼 개방확인
7	회로(감지기)
8	감지기 공통

③ 중계기 → 감시반

선번호	기능명칭
1	전원⊕
2	전원⊖
3	신호선
4	신호선

(2) 명칭

① **급기댐퍼** : 제연구역(전실(부속실))에 신선한 공기를 공급하기 위하여 급기구에 설치하는 장치

② **수동조작함** : 전 층의 제연구역(전실(부속실))에서 설치된 급기댐퍼 및 해당 층의 배기댐퍼 등을 작동시키는 장치

③ **배기댐퍼** : 제연구역 외의 연기를 옥외로 배출시키기 위하여 배기구에 설치하는 장치

※ 도면에 댐퍼의 구분이 없으므로, B와 C의 해답은 바뀌어도 관계 없다.

쉬어가는 코너

당신이 헛되이 보낸 오늘은, 어제 죽어간 이가 그토록 살고 싶어 하던 내일이다.

-작자 미상-

07 배연창설비 & 자동방화문설비

(1) 도시기호

명 칭	그림기호	사 진
배연창기동 모터	Ⓜ	 ❙ 체인모터 ❙  ❙ 슬라이딩모터 ❙
자동폐쇄장치	(ER)	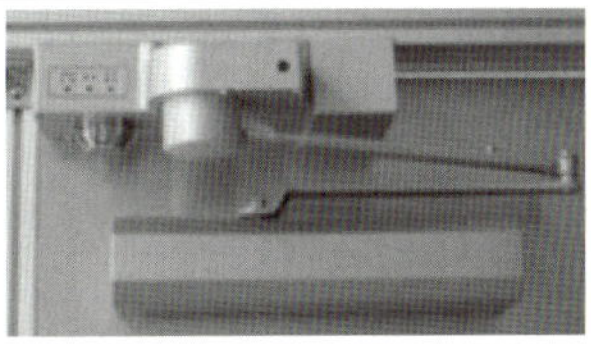

배연창설비 시공 예

(2) 배연창설비의 설치대상

6층 이상인 건축물로서 문화 및 집회 시설, 종교시설, 판매시설, 운수시설, 의료시설, 교육연구시설 중 연구소, 노유자시설 중 아동관련시설·노인복지시설, 수련시설 중 유스호스텔, 운동시설, 업무시설, 숙박시설, 위락시설, 관광휴게시설, 제2종 근린생활시설 중 고시원 및 장례식장의 거실에는 국토교통부령으로 정하는 기준에 따라 배연설비를 해야 한다. 다만, 피난층인 경우에는 그렇지 않다.

(3) 배연창설비 전선가닥수

① 배연창설비의 전선가닥수(솔레노이드방식)

기본 가닥수	전동구동장치 ↔ 수동조작함 (기본 가닥수 : 3가닥)			전동구동장치 ↔ 수신기 (기본 가닥수 : 3가닥)		
	공통	기동	제연창 개방확인	공통	기동	제연창 개방확인
가닥수의 추가 조건	1가닥			1가닥	**배연창수**마다 **1가닥**씩 추가	

참고 배연창설비(솔레노이드방식) 배선의 동일 명칭

기본 가닥수	공 통	기 동	배연창 개방확인
동일 명칭	–	–	동작확인, 기동확인, 제연창확인

② 배연창설비의 전선가닥수(모터방식)

기본 가닥수	전동구동장치 ↔ 수동조작함 (기본 가닥수 : 5가닥)					전동구동장치 ↔ 수신기 (기본 가닥수 : 5가닥)				
	전원 +	전원 −	기동	정지	복구	전원 +	전원 −	기동	배연창 개방확인	복구
가닥수의 증감 조건	무조건 1가닥					무조건 1가닥			제연창수마다 1가닥씩 추가	무조건 1가닥

참고 배연창설비(모터방식) 배선의 동일 명칭

기본 가닥수	전원 +	전원 −	기 동	정 지	복 구	배연창 개방확인
동일 명칭	–	–	–	–	–	동작확인, 기동확인, 제연창확인

(4) 자동방화문(Door release)설비

상시 개방된 피난계단 전실 등의 출입문을 화재감지기의 작동 또는 기동스위치의 조작 등에 의하여 방화문을 폐쇄시켜 화재발생 시 발생되는 연기가 유입되지 않도록 하기 위한 설비

(5) 자동방화문설비의 전선가닥수

기본 가닥수	공 통	기 동	자동방화문 폐쇄확인	회로(감지기)
가닥수의 추가 조건	1가닥	해당 **자동방화문 구역**마다 **1가닥**씩 추가	**자동방화문(도어릴리즈)수** 또는 **자동폐쇄기수**마다 **1가닥**씩 추가	해당 **자동방화문 구역**마다 **1가닥**씩 추가

참고 자동방화문설비 배선의 동일 명칭

	공 통	기 동	자동방화문 폐쇄확인	회로(감지기)
동일 명칭	–	–	확인, 자동방화문 확인	지구, 감지기

핵심기출문제

01 다음은 6층 이상의 사무실 건물에 시설하는 배연창설비의 전기적 계통도이다. 그림을 보고 답안지의 Ⓐ~Ⓓ까지의 배선수와 각 배선의 용도를 답안지에 쓰시오. 배점 : 8 [03년] [09년] [18년]

[조건]

① 전원장치의 AC 전원공급은 수신기에서 공급하지 않고 현장에 있는 분전반에서 공급한다.
② 사용 전선은 HFIX 전선이다.
③ 배선수는 운전조작상 필요한 최소 전선수를 쓰도록 한다.
④ 전동구동장치는 솔레노이드방식이다.
⑤ 화재감지기가 작동되거나 수동조작함의 스위치를 ON시키면 배연창이 동작되어 수신기에 동작상태를 표시하게 된다.

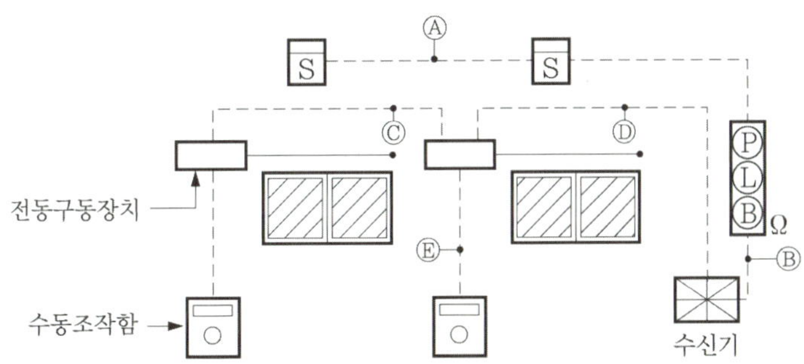

기 호	구 분	배선수	배선굵기	배선의 용도
Ⓐ	감지기 ↔ 감지기		$1.5mm^2$	
Ⓑ	발신기 ↔ 수신기		$2.5mm^2$	
Ⓒ	전동구동장치 ↔ 전동구동장치		$2.5mm^2$	
Ⓓ	전동구동장치 ↔ 수신기		$2.5mm^2$	
Ⓔ	전동구동장치 ↔ 수동조작함	3	$2.5mm^2$	공통, 기동, 확인

• 실전모범답안

구 분	구 간	배선수	배선굵기	배선의 용도
Ⓐ	감지기 ↔ 감지기	4	$1.5mm^2$	공통 2, 회로 2
Ⓑ	발신기 ↔ 수신기	6	$2.5mm^2$	회로 공통선, 경종표시등 공통선, 경종선, 표시등선, 발신기선, 회로선
Ⓒ	전동구동장치 ↔ 전동구동장치	3	$2.5mm^2$	공통, 기동, 배연창 개방확인
Ⓓ	전동구동장치 ↔ 수신기	5	$2.5mm^2$	공통, 기동 2, 배연창 개방확인 2
Ⓔ	전동구동장치 ↔ 수동조작함	3	$2.5mm^2$	공통, 기동, 배연창 개방확인

01-1 다음은 배연창설비로의 계통도이다. 계통도와 조건을 참고하여 다음 각 물음에 답하시오.

배점 : 6 [05년] [11년]

[조건]

① 전동구동장치는 모터식이다.
② 화재감지기가 작동되거나 수동조작함의 스위치를 ON시키면 배연창이 동작되어 수신기에 동작상태를 표시하게 된다.

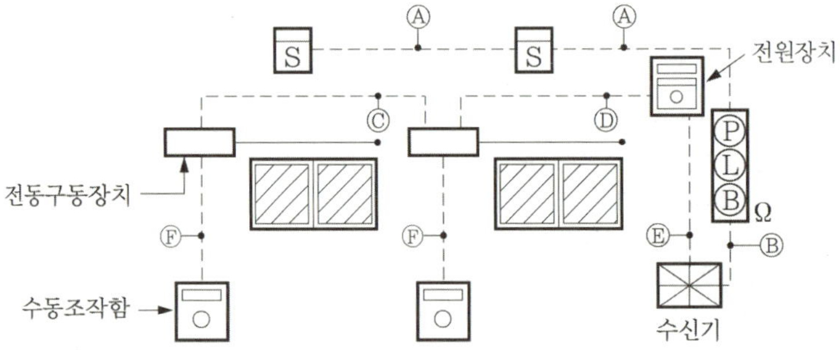

[후강전선관의 굵기 선정표]

도체 단면적 [mm²]	전선 본수									
	1	2	3	4	5	6	7	8	9	10
	전선관의 최소 굵기[mm]									
2.5	16	16	16	16	22	22	22	28	28	28
4	16	16	16	22	22	22	28	28	28	28
6	16	16	22	22	22	28	28	28	36	36
10	16	22	22	28	28	36	36	36	36	36
16	16	22	28	28	36	36	36	42	42	42
25	22	28	28	36	36	42	54	54	54	54
35	22	28	36	42	54	54	54	70	70	70
50	22	36	54	54	70	70	70	82	82	82
70	28	42	54	54	70	70	70	82	82	82
95	28	54	54	70	70	82	82	92	92	104
120	36	54	54	70	70	82	82	92		
150	36	70	70	82	92	92	104	104		
185	36	70	82	82	92	104				
240	42	82	92	92	104					

(1) 이 설비는 일반으로 몇 층 이상의 건물에 시설해야 하는지 쓰시오.
(2) 배선수와 각 배선의 용도를 답안지표에 작성하시오.

기 호	전선내역	구 간	용 도
Ⓐ	16C(HFIX 1.5mm²-4)	감지기 ↔ 감지기	지구 2, 공통 2
Ⓑ		발신기 ↔ 수신기	
Ⓒ	22C(HFIX 2.5mm²-5)	전동구동장치 ↔ 전동구동장치	전원 +, −, 기동, 복구, 동작확인
Ⓓ		전동구동장치 ↔ 전원장치	
Ⓔ		전원장치 ↔ 수신기	
Ⓕ		전동구동장치 ↔ 수동조작함	

• 실전모범답안

(1) 6층

(2)

구 분	구 간	배선수	배선굵기	전선관 규격	배선의 용도
Ⓐ	감지기 ↔ 감지기, 발신기	4	1.5mm²	16C	공통 2, 회로 2
Ⓑ	발신기 ↔ 수신기	6	2.5mm²	22C	회로 공통선, 경종표시등 공통선, 경종선, 표시등선, 발신기선, 회로선
Ⓒ	전동구동장치 ↔ 전동구동장치	5	2.5mm²	22C	전원 +, 전원 −, 기동, 배연창 개방확인, 복구
Ⓓ	전동구동장치 ↔ 전원장치	6	2.5mm²	22C	전원 +, 전원 −, 기동, 배연창 개방확인 2, 복구
Ⓔ	전동구동장치 ↔ 수신기	8	2.5mm²	28C	전원 +, 전원 −, 기동, 배연창 개방확인 2, 복구, 교류전원 2 (별도 공급 시 산출(×))
Ⓕ	전동구동장치 ↔ 수동조작함	5	2.5mm²	22C	전원 +, 전원 −, 기동, 정지, 복구

※ 교류전원은 별도 공급이란 조건이 있으면 산출하지 않는다.

02 다음은 자동방화문설비의 계통도이다. Ⓐ~Ⓒ의 배선수 및 용도를 쓰시오. 배점 : 6 [04년]

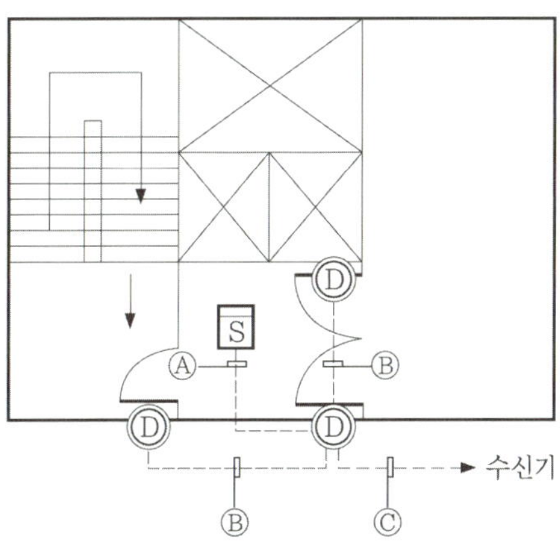

구 분	구 간	전선내역	배선수	배선의 용도
Ⓐ	감지기 ↔ 자동폐쇄기	HFIX 1.5mm²		
Ⓑ	자동폐쇄기 ↔ 자동폐쇄기	HFIX 2.5mm²		
Ⓒ	자동폐쇄기 ↔ 수신기	HFIX 2.5mm²		

• 실전모범답안

구 분	구 간	전선내역	배선수	배선의 용도
Ⓐ	감지기 ↔ 자동폐쇄기	HFIX 1.5mm²	4	회로 공통 2, 회로 2
Ⓑ	자동폐쇄기 ↔ 자동폐쇄기	HFIX 2.5mm²	3	공통, 기동, 자동방화문 폐쇄확인
Ⓒ	자동폐쇄기 ↔ 수신기	HFIX 2.5mm²	9	회로 공통 2, 회로 2, 공통 1, 기동 1, 자동방화문 폐쇄확인 3

02-1 다음은 자동방화문설비의 자동방화문에서 R type REPEATER까지의 결선도 및 계통도에 대한 것이다. 주어진 조건을 참조하여 각 물음에 답하시오. 배점 : 6 [12년]

[조건]
① 전선의 가닥수는 최소한으로 한다.
② 자동방화문 감지기회로는 본 문제에서 제외한다.
③ 자동방화문설비는 층별로 구획되어 설치되어 있다.

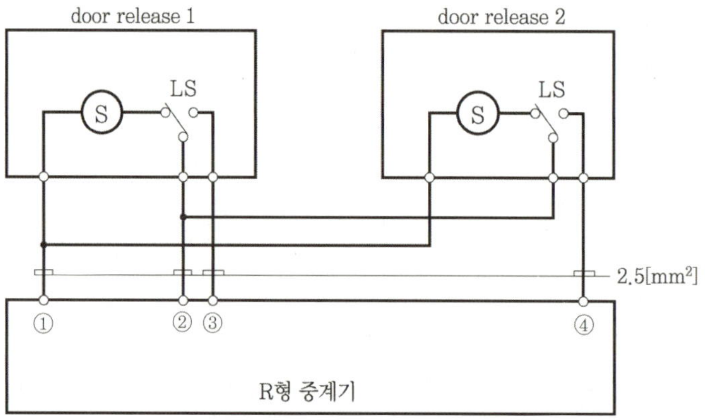

| 결선도 |

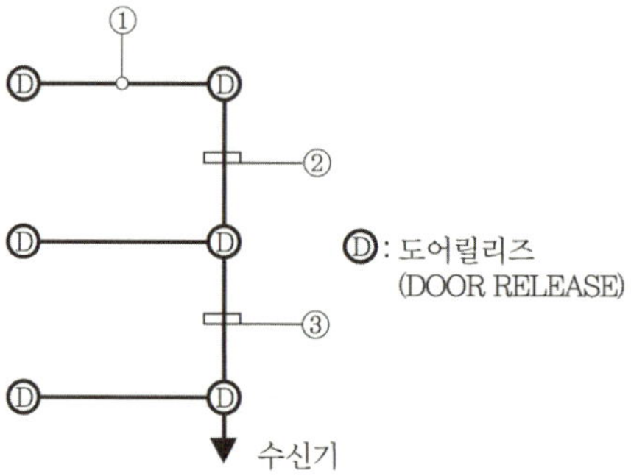

| 계통도 |

(1) 결선도상의 기호 ①~④의 배선 명칭을 쓰시오.
(2) 계통도상의 기호 ①~③의 가닥수와 용도를 쓰시오.

• **실전모범답안**

(1) ① 기동 ② 공통 ③ 확인 1 ④ 확인 2
(2) ① 3가닥 : 공통, 기동, 확인
② 4가닥 : 공통, 기동, 확인 2
③ 7가닥 : 공통, 기동 2, 확인 4

상세해설

(2) 전선가닥수

① 자동방화문설비의 배선가닥수

기본 가닥수	공 통	기 동	자동방화문 폐쇄확인	회로(감지기)
가닥수의 추가 조건	1가닥	해당 자동방화문 구역마다 1가닥씩 추가	자동방화문(도어릴리즈)수 또는 자동폐쇄기수마다 1가닥씩 추가	해당 자동방화문 구역마다 1가닥씩 추가

※ 문제의 조건에서 교류전원을 사용할 경우 교류전원 2가닥을 추가한다.

〈계통도〉

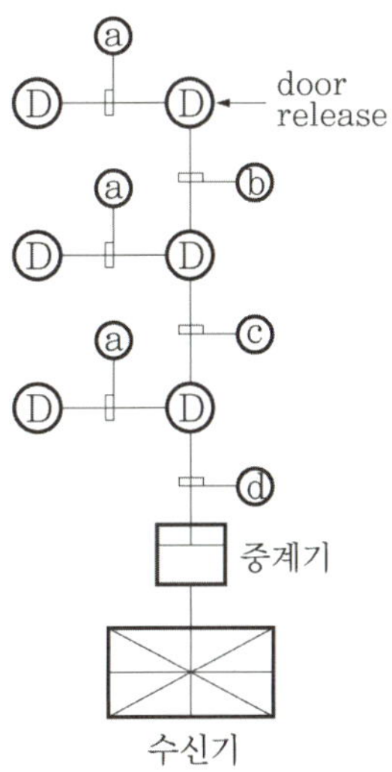

② 배선내역

구 분	배선수	배선의 용도
ⓐ	3	공통, 기동, 자동방화문 폐쇄확인
ⓑ	4	공통, 기동, 자동방화문 폐쇄확인 2
ⓒ	7	공통, (기동, 자동방화문 폐쇄확인 2)×2
ⓓ	10	공통, (기동, 자동방화문 폐쇄확인 2)×3

08 2가지 이상 복합설비

(1) 도시기호

<table>
<tr><th>명 칭</th><th>그림기호</th><th>비 고</th></tr>
<tr><td>발신기세트 옥내소화전 내장형</td><td></td><td>1. 자동(기동용 수압개폐장치) 방식 : 경종, 위치표시등, 발신기, 펌프기동표시등
2. 수동(ON-OFF) 방식 : 경종, 위치표시등, 발신기, 펌프기동표시등, 기동(ON)스위치, 정지(OFF)스위치</td></tr>
<tr><td>발신기세트 단독형</td><td></td><td>1. 경종, 위치표시등, 발신기</td></tr>
</table>

(2) 자동화재탐지설비의 전선가닥수(P형)

① 경보방식

㉠ **일제경보방식** : 화재로 인한 경보 발령 시 **전 층**에 **동시**에 **경보**를 발하는 방식

㉡ **우선경보방식(직상발화)** : 층수가 **11층**(**공동주택**의 경우에는 **16층**) 이상의 특정소방대상물은 **발화층**에 따라 **경보하는 층**을 **달리하여 경보**를 발할 수 있도록 할 것

<table>
<tr><th rowspan="2">구분</th><th colspan="6">전선의 사용 용도(가닥수)</th></tr>
<tr><th>회로 공통선</th><th>경종·표시등 공통선</th><th>경종선</th><th>표시등선</th><th>발신기선</th><th>회로선</th></tr>
<tr><td>일제경보 방식</td><td rowspan="2">① 회로선 7가닥 초과 시마다 1가닥 추가
② 조건에 따라 추가</td><td rowspan="2">① 1가닥
② 조건에 따라 추가</td><td>1가닥</td><td colspan="2" rowspan="2">① 1가닥
② 조건에 따라 추가</td><td rowspan="2">종단저항수 또는 경계구역수 또는 발신기세트수마다 1가닥 추가</td></tr>
<tr><td>우선경보 방식</td><td>① 지상층 층수마다 1가닥씩 추가
② 지하층 1가닥</td></tr>
</table>

(3) 옥내소화전설비의 전선가닥수

구 분	수동방식(ON-OFF 방식)	자동방식(기동용 수압개폐장치 방식)
소화전함 ↔ 소화전함 소화전함 ↔ 제어반(수신반)	**기본 가닥수 : 5가닥** [공통, ON(기동), OFF(정지), 펌프기동표시등 2(공통 1, 펌프기동표시등 1)]	**기본 가닥수 : 2가닥** [펌프기동표시등 2(공통 1, 펌프기동표시등 1)]
압력탱크 ↔ 제어반(수신반)	—	**기본 가닥수 : 2가닥** [PS(압력스위치) 2(공통 1, PS 1)]
MCC ↔ 제어반(수신반)	**기본 가닥수 : 5가닥** [공통, ON(기동), OFF(정지), 펌프기동표시등, 펌프정지표시등(전원감시표시등)]	**기본 가닥수 : 5가닥** [공통, ON(기동), OFF(정지), 펌프기동표시등, 펌프정지표시등(전원감시표시등)]

(4) 스프링클러설비의 전선가닥수

① 습식 스프링클러설비

기본 가닥수	공 통	PS (유수검지스위치)	TS (탬퍼스위치)	사이렌
가닥수의 추가 조건	1가닥	습식밸브 (알람체크밸브) 수마다 **1가닥**씩 추가	① 습식밸브(알람체크밸브) 수마다 **1가닥**씩 추가 ② 조건에 따라 추가	습식밸브(알람체크밸브) 수마다 **1가닥**씩 추가

② 준비작동식 스프링클러설비

기본 가닥수	감시제어반(수신반) ↔ SVP (기본 가닥수 : 8가닥)								SVP(슈퍼비죠리판넬) ↔ 준비작동식밸브(프리액션밸브, P/V) (기본 가닥수 : 4가닥)			
	전원 +	전원 −	감지기 A	사이렌	감지기 B	기동	밸브 개방 확인	밸브 주의 (TS)	공통	TS	PS	SOL
가닥수의 추가 조건	1가닥		① 준비작동식밸브(프리액션밸브(P/V)) 수마다 1가닥씩 추가 ② 밸브주의(TS)선은 조건에 따라 추가						① **4가닥** ② 조건에 따라 추가			

(5) 전실(부속실) 제연설비의 배선가닥수

기본 가닥수	감시제어반(수신반) ↔ 수동조작함 (기본 가닥수 : 7가닥)							감시제어반(수신반) ↔ MCC (기본 가닥수 : 5가닥)				
	전원 +	전원 −	회로 (감지기)	기동	수동 기동 확인	급기 댐퍼 개방 확인	배기 댐퍼 개방 확인	공통	ON (기동)	OFF (정지)	FAN 기동 표시등	FAN 정지 표시등
가닥수의 추가 조건	1가닥		제연구역마다 **1가닥**씩 추가					1가닥				

(6) 자동화재탐지설비 배선의 설치기준(NFTC 203 2.8)

① **전원회로**의 배선은 **내화배선**에 따르고, **그 밖의 배선**(**감지기 상호간** 또는 **감지기로**부터 **수신기**에 이르는 **감지기회로**의 **배선**을 **제외**한다)은 **내화배선** 또는 **내열배선**에 따라 설치할 것

② **감지기 상호간** 또는 **감지기**로부터 **수신기**에 이르는 **감지기회로**의 **배선**은 다음의 기준에 따라 설치할 것

㉠ **아날로그식, 다신호식 감지기**나 **R형 수신기용**으로 사용되는 것은 **전자파 방해**를 받지 아니하는 **쉴드선** 등을 사용해야 하며, **광케이블**의 경우에는 **전자파 방해**를 받지 아니하고 **내열성능**이 있는 경우 사용할 수 있다. 다만, 전자파 방해를 받지 않는 방식의 경우에는 그렇지 않다.

㉡ **일반배선**을 사용할 때는 **내화배선** 또는 **내열배선**으로 사용할 것

③ 감지기회로의 도통시험을 위한 종단저항은 다음의 기준에 따를 것

㉠ **점검** 및 **관리**가 **쉬운 장소**에 설치할 것

㉡ **전용함**을 설치하는 경우 그 **설치높이**는 바닥으로부터 **1.5m 이내**로 할 것

㉢ **감지기회로의 끝부분**에 설치하며, **종단감지기**에 설치할 경우에는 구별이 쉽도록 해당 감지기의 **기판** 및 **감지기 외부** 등에 별도의 **표시**를 할 것

④ **감지기 사이**의 회로의 배선은 **송배선식**으로 할 것
⑤ **전원회로**의 **전로**와 **대지 사이** 및 **배선 상호간**의 **절연저항**은 전기사업법에 따른 기술기준이 정하는 바에 의하고, **감지기회로** 및 **부속회로**의 **전로**와 **대지 사이** 및 **배선 상호간**의 **절연저항**은 **1경계구역**마다 **직류** 250V의 **절연저항 측정기**를 사용하여 측정한 **절연저항**이 0.1MΩ **이상**이 되도록 할 것
⑥ **자동화재탐지설비**의 **배선**은 **다른 전선**과 별도의 **관·덕트**(절연효력이 있는 것으로 구획한 때에는 그 구획된 부분은 별개의 덕트로 본다)·**몰드** 또는 **풀박스** 등에 설치할 것. 다만, 60V **미만**의 **약전류회로**에 사용하는 전선으로서 각각의 전압이 같을 때에는 그렇지 않다.
⑦ **P형 수신기** 및 **GP형 수신기**의 감지기회로의 배선에 있어서 **하나**의 **공통선**에 접속할 수 있는 **경계구역**은 **7개 이하**로 할 것
⑧ 자동화재탐지설비의 **감지기회로**의 **전로저항**은 50Ω **이하**가 되도록 해야 하며, 수신기의 각 회로별 종단에 설치되는 감지기에 접속되는 **배선**의 **전압**은 **감지기 정격전압**의 80% **이상**이어야 할 것

(7) 자동화재탐지설비 발신기의 설치기준(NFTC 203 2.6.1, 2)

① **조작**이 **쉬운 장소**에 설치하고, **스위치**는 바닥으로부터 0.8m **이상** 1.5m **이하**의 **높이**에 설치할 것
② 특정소방대상물의 **층**마다 설치하되, 해당 층의 각 부분으로부터 하나의 발신기까지의 **수평거리**가 25m **이하**가 되도록 할 것. 다만, **복도** 또는 **별도로 구획된 실**로서 **보행거리**가 40m **이상**일 경우에는 **추가**로 **설치**해야 한다.
③ **기둥** 또는 **벽**이 **설치되지 아니한 대형공간**의 경우 발신기는 설치 대상장소의 **가장 가까운 장소**의 **벽** 또는 **기둥** 등에 설치할 것
④ 발신기의 **위치**를 표시하는 **표시등**은 **함**의 **상부**에 설치하되, 그 불빛은 부착면으로부터 15° **이상**의 범위 안에서 부착지점으로부터 10m **이내**의 어느 곳에서도 쉽게 **식별**할 수 있는 **적색등**으로 해야 한다.

(8) 자동화재탐지설비 수신기의 설치기준(NFTC 203 2.2.3)

① 수위실 등 상시 사람이 근무하는 장소에 설치할 것. 다만, 사람이 상시 근무하는 장소가 없는 경우에는 관계인이 쉽게 접근할 수 있고 관리가 용이한 장소에 설치할 수 있다.
② 수신기가 설치된 장소에는 경계구역일람도를 비치할 것. 다만, 모든 수신기와 연결되어 각 수신기의 상황을 감시하고 제어할 수 있는 수신기(주수신기)를 설치하는 경우에는 주수신기를 제외한 기타 수신기는 그렇지 않다.
③ 수신기의 음향기구는 그 음량 및 음색이 다른 기기의 소음 등과 명확히 구별될 수 있는 것으로 할 것
④ 수신기는 감지기, 중계기 또는 발신기가 작동하는 경계구역을 표시할 수 있는 것으로 할 것
⑤ 화재, 가스, 전기 등에 대한 종합방재반을 설치한 경우에는 해당 조작반에 수신기의 작동과 연동하여 감지기, 중계기 또는 발신기가 작동하는 경계구역을 표시할 수 있는 것으로 할 것
⑥ 하나의 경계구역은 하나의 표시등 또는 하나의 문자로 표시되도록 할 것
⑦ 수신기의 조작스위치는 바닥으로부터 높이가 0.8m 이상 1.5m 이하인 장소에 설치할 것
⑧ 하나의 특정소방대상물에 2 이상의 수신기를 설치하는 경우에는 수신기를 상호간 연동하여 화재발생 상황을 각 수신기마다 확인할 수 있도록 할 것
⑨ 화재로 인하여 하나의 층의 지구음향장치 또는 배선이 단락되어도 다른 층의 화재통보에 지장이 없도록 각 층 배선상에 유효한 조치를 할 것

핵심기출문제

01 다음은 공장의 1층에 설치된 옥내소화전설비 및 자동화재탐지설비의 계통도이다. 각 물음에 답하시오. (단, 옥내소화전은 기동용 수압개폐장치에 의해 기동된다.) 배점 : 11 [07년] [18년]

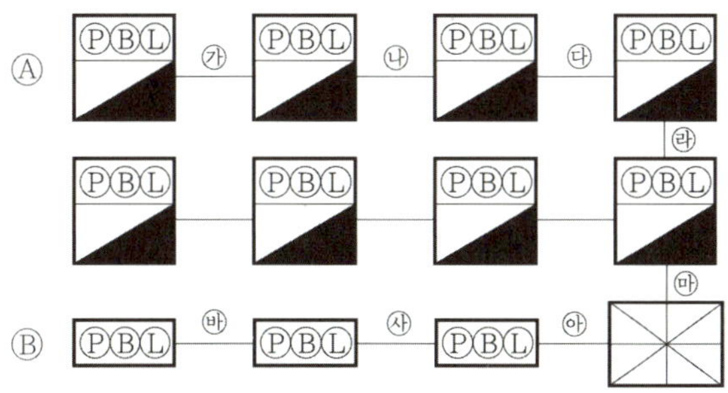

(1) ㉮~㉵의 전선가닥수를 쓰시오.
(2) Ⓐ와 Ⓑ 차이점과 전면에 부착된 기기의 명칭을 쓰시오.

• **실전모범답안**

(1) ㉮ 8가닥 ㉯ 9가닥 ㉰ 10가닥 ㉱ 11가닥
㉲ 16가닥 ㉳ 6가닥 ㉴ 7가닥 ㉵ 8가닥

(2) ① 차이점
Ⓐ : 발신기세트 옥내소화전 내장형
Ⓑ : 발신기세트 단독형
② 전면에 부착된 기기
Ⓐ : 경종, 위치표시등, 발신기, 펌프기동표시등
Ⓑ : 경종, 위치표시등, 발신기

상세해설

(1) 배선내역

구 분	배선수	배선의 용도
㉮	8	회로 공통선 1, 경종·표시등 공통선 1, 경종선 1, 표시등선 1, 발신기선 1, 회로선 1, 펌프기동표시등 2(공통 1, 펌프기동표시등 1)
㉯	9	회로 공통선 1, 경종·표시등 공통선 1, 경종선 1, 표시등선 1, 발신기선 1, 회로선 2, 펌프기동표시등 2(공통 1, 펌프기동표시등 1)
㉰	10	회로 공통선 1, 경종·표시등 공통선 1, 경종선 1, 표시등선 1, 발신기선 1, 회로선 3, 펌프기동표시등 2(공통 1, 펌프기동표시등 1)
㉱	11	회로 공통선 1, 경종·표시등 공통선 1, 경종선 1, 표시등선 1, 발신기선 1, 회로선 4, 펌프기동표시등 2(공통 1, 펌프기동표시등 1)

구 분	배선수	배선의 용도
㉮	16	회로 공통선 2, 경종·표시등 공통선 1, 경종선 1, 표시등선 1, 발신기선 1, 회로선 8, 펌프기동표시등 2(공통 1, 펌프기동표시등 1)
㉯	6	회로 공통선 1, 경종·표시등 공통선 1, 경종선 1, 표시등선 1, 발신기선 1, 회로선 1
㉰	7	회로 공통선 1, 경종·표시등 공통선 1, 경종선 1, 표시등선 1, 발신기선 1,회로선 2
㉱	8	회로 공통선 1, 경종·표시등 공통선 1, 경종선 1, 표시등선 1, 발신기선 1,회로선 3

※ 1. 기동용 수압개폐장치는 자동방식이다.
2. ㉯, ㉰, ㉱ 구간은 발신기세트 단독형으로, 펌프기동표시등이 설치되지 않는다.

01-1 다음은 자동화재탐지설비의 부대 전기설비계통도의 일부분이다. 조건을 보고 ①~⑦까지의 최소 가닥수를 산정하시오. 배점 : 5 [06년] [10년]

[조건]

① 선로의 수는 최소로 하고 회로 공통선과 경종·표시등 공통선을 분리한다.
② 건물의 규모는 지하 3층, 지상 11층이며, 연면적은 7,000m²인 공장이다.
③ 옥내소화전설비는 기동용 수압개폐장치를 이용한 자동기동방식이다.
④ 화재로 인하여 하나의 층의 지구음향장치 또는 배선이 단락되어도 다른 층의 화재 통보에 지장이 없도록 각 층 배선 상에 유효한 조치를 하였다.

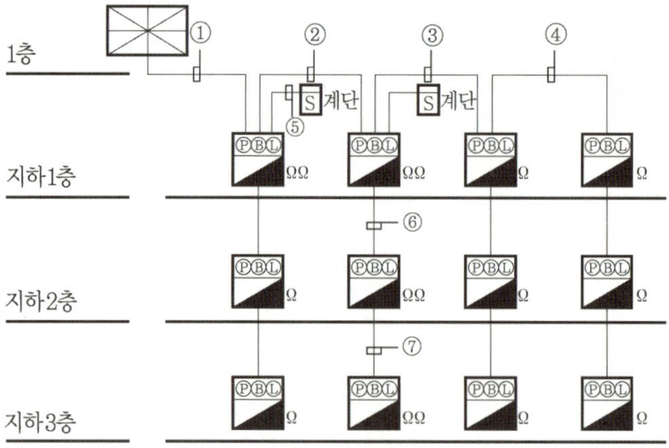

• 실전모범답안

① 25가닥 ② 20가닥 ③ 13가닥 ④ 10가닥
⑤ 4가닥 ⑥ 11가닥 ⑦ 9가닥

상세해설

(1) 배선내역

구 분	배선수	배선의 용도
①	25	회로 공통선 3, 경종·표시등 공통선 1, 경종선 1, 표시등선 1, 발신기선 1, 회로선 16, 펌프기동표시등 2(공통 1, 펌프기동표시등 1)
②	20	회로 공통선 2, 경종·표시등 공통선 1, 경종선 1, 표시등선 1, 발신기선 1, 회로선 12, 펌프기동표시등 2(공통 1, 펌프기동표시등 1)
③	13	회로 공통선 1, 경종·표시등 공통선 1, 경종선 1, 표시등선 1, 발신기선 1, 회로선 6, 펌프기동표시등 2(공통 1, 펌프기동표시등 1)
④	10	회로 공통선 1, 경종·표시등 공통선 1, 경종선 1, 표시등선 1, 발신기선 1, 회로선 3, 펌프기동표시등 2(공통 1, 펌프기동표시등 1)
⑤	4	공통 2, 회로 2
⑥	11	회로 공통선 1, 경종·표시등 공통선 1, 경종선 1, 표시등선 1, 발신기선 1, 회로선 4, 펌프기동표시등 2
⑦	9	회로 공통선 1, 경종·표시등 공통선 1, 경종선 1, 표시등선 1, 발신기선 1, 회로선 2, 펌프기동표시등 2

※ 1. 문제의 조건에 따라 우선경보방식이지만, 지하층의 전선가닥수 만을 산출하므로 경종선은 1가닥으로 일정하다.
2. 회로선 산출 시 발신기세트 개수보다 종단저항 개수를 우선하여 산출함에 유의한다.

01-2 다음은 기동용 수압개폐장치를 사용하는 옥내소화전설비와 P형 발신기세트를 겸용한 전기설비의 계통도이다. 각 물음에 답하시오. 배점 : 8 [08년]

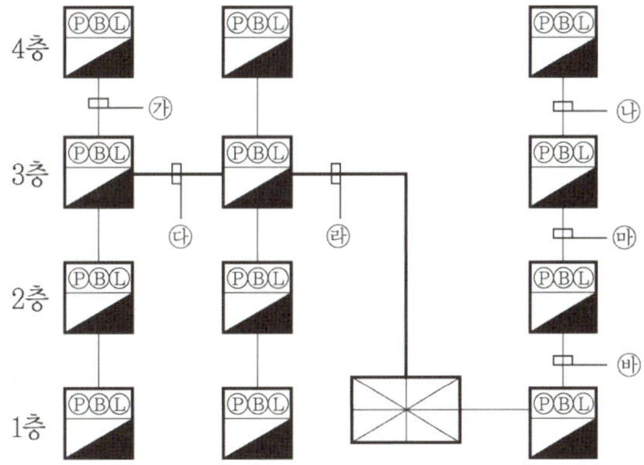

(1) 기호 ㉮~㉳의 전선가닥수를 표시하시오. (단, 화재로 인하여 하나의 층의 지구음향장치 또는 배선이 단락되어도 다른 층의 화재 통보에 지장이 없도록 각 층 배선 상에 유효한 조치를 하였다.)
(2) 종단저항의 설치기준 3가지를 쓰시오.
(3) 감지기회로의 전로저항은 몇 [Ω] 이하이어야 하는지 쓰시오.
(4) 정격전압의 몇 [%] 전압에서 음향을 발할 수 있어야 하는지 쓰시오.

• **실전모범답안**

(1) ㉮ 8가닥 ㉯ 8가닥 ㉰ 11가닥 ㉱ 16가닥 ㉲ 9가닥 ㉳ 10가닥

(2) ① 점검 및 관리가 쉬운장소에 설치할 것
② 전용함을 설치하는 경우 그 설치높이는 바닥으로부터 1.5m 이내로 할 것
③ 감지기회로의 끝부분에 설치하며, 종단감지기에 설치할 경우에는 구별이 쉽도록 해당 감지기의 기판 및 감지기 외부 등에 별도의 표시를 할 것

(3) 50Ω

(4) 80%

상세해설

(1) 배선내역

구 분	배선수	배선의 용도
㉮	8	회로 공통선 1, 경종・표시등 공통선 1, 경종선 1, 표시등선 1, 발신기선 1, 회로선 1, 펌프기동표시등 2(공통 1, 펌프기동표시등 1)
㉯	8	회로 공통선 1, 경종・표시등 공통선 1, 경종선 1, 표시등선 1, 발신기선 1, 회로선 1, 펌프기동표시등 2(공통 1, 펌프기동표시등 1)
㉰	11	회로 공통선 1, 경종・표시등 공통선 1, 경종선 1, 표시등선 1, 발신기선 1, 회로선 4, 펌프기동표시등 2(공통 1, 펌프기동표시등 1)
㉱	16	회로 공통선 2, 경종・표시등 공통선 1, 경종선 1, 표시등선 1, 발신기선 1, 회로선 8, 펌프기동표시등 2(공통 1, 펌프기동표시등 1)
㉲	9	회로 공통선 1, 경종・표시등 공통선 1, 경종선 1, 표시등선 1, 발신기선 1, 회로선 2, 펌프기동표시등 2(공통 1, 펌프기동표시등 1)
㉳	10	회로 공통선 1, 경종・표시등 공통선 1, 경종선 1, 표시등선 1, 발신기선 1, 회로선 3, 펌프기동표시등 2(공통 1, 펌프기동표시등 1)

※ 1. 문제의 조건에 따라 지상 4층이므로 일제경보방식이다. 즉, 경종선은 1가닥으로 일정하다.
2. 기동용 수압개폐장치는 자동방식이다.

01-3 다음은 기동용 수압개폐장치를 사용하는 옥내소화전함과 자동화재탐지설비가 설치된 8층 건축물의 계통도이다. 다음 각 물음에 답하시오. 배점 : 9 [12년]

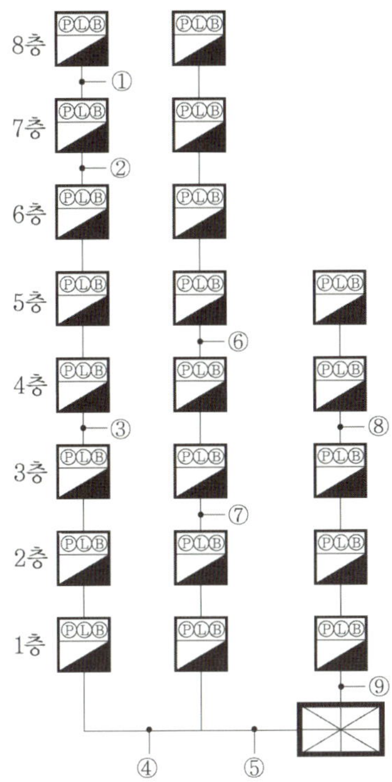

(1) 기호 ①~⑨의 가닥수를 쓰시오. (단, 화재로 인하여 하나의 층의 지구음향장치 또는 배선이 단락되어도 다른 층의 화재 통보에 지장이 없도록 각 층 배선 상에 유효한 조치를 하였다.)

(2) 자동화재탐지설비의 발신기의 설치기준에 관한 ( ) 안을 완성하시오.

① 조작이 쉬운장소에 설치하고 스위치는 바닥으로부터 (㉠)m 이상 (㉡)m 이하의 높이에 설치할 것

② 특정소방대상물의 (㉢)마다 설치하되, 해당 층의 각 부분으로부터 하나의 발신기까지의 (㉣)가 25m 이하가 되도록 할 것. 다만, 복도 또는 별도로 구획된 실로서 보행거리가 40m 이상일 경우에는 추가로 설치해야 한다.

(3) 발신기의 위치를 표시하는 표시등의 색을 쓰시오.

• **실전모범답안**

(1) ① 8가닥 ② 9가닥 ③ 12가닥 ④ 16가닥 ⑤ 25가닥
⑥ 11가닥 ⑦ 13가닥 ⑧ 9가닥 ⑨ 12가닥

(2) ① 조작이 쉬운장소에 설치하고 스위치는 바닥으로부터 (㉠ 0.8)m 이상 (㉡ 1.5)m 이하의 높이에 설치할 것

② 특정소방대상물의 (㉢ 층)마다 설치하되, 해당 층의 각 부분으로부터 하나의 발신기까지의 (㉣ 수평거리)가 25m 이하가 되도록 할 것. 다만, 복도 또는 별도로 구획된 실로서 보행거리가 40m 이상일 경우에는 추가로 설치해야 한다.

(3) 적색

상세해설

(1) 배선내역

구 분	배선수	배선의 용도
①	8	회로 공통선 1, 경종・표시등 공통선 1, 경종선 1, 표시등선 1, 발신기선 1, 회로선 1, 펌프기동표시등 2
②	9	회로 공통선 1, 경종・표시등 공통선 1, 경종선 1, 표시등선 1, 발신기선 1, 회로선 2, 펌프기동표시등 2
③	12	회로 공통선 1, 경종・표시등 공통선 1, 경종선 1, 표시등선 1, 발신기선 1, 회로선 5, 펌프기동표시등 2
④	16	회로 공통선 2, 경종・표시등 공통선 1, 경종선 1, 표시등선 1, 발신기선 1, 회로선 8, 펌프기동표시등 2
⑤	25	회로 공통선 3, 경종・표시등 공통선 1, 경종선 1, 표시등선 1, 발신기선 1, 회로선 16, 펌프기동표시등 2
⑥	11	회로 공통선 1, 경종・표시등 공통선 1, 경종선 1, 표시등선 1, 발신기선 1, 회로선 4, 펌프기동표시등 2
⑦	13	회로 공통선 1, 경종・표시등 공통선 1, 경종선 1, 표시등선 1, 발신기선 1, 회로선 6, 펌프기동표시등 2
⑧	9	회로 공통선 1, 경종・표시등 공통선 1, 경종선 1, 표시등선 1, 발신기선 1, 회로선 2, 펌프기동표시등 2
⑨	12	회로 공통선 1, 경종・표시등 공통선 1, 경종선 1, 표시등선 1, 발신기선 1, 회로선 5, 펌프기동표시등 2

쉬어가는 코너

마음만을 가지고 있어서는 안 된다.
반드시 실천해야 한다.

-이소룡-

01-4 가압송수장치를 기동용 수압개폐방식으로 사용하는 1동, 2동, 3동의 공장 1층에 옥내소화전함과 자동화재탐지설비용 발신기를 다음과 같이 설치하였다. 다음 각 물음에 답하시오. (단, 경보방식은 동별 구분 경보방식을 적용한다.) 배점 : 1 [08년] [18년] [21년]

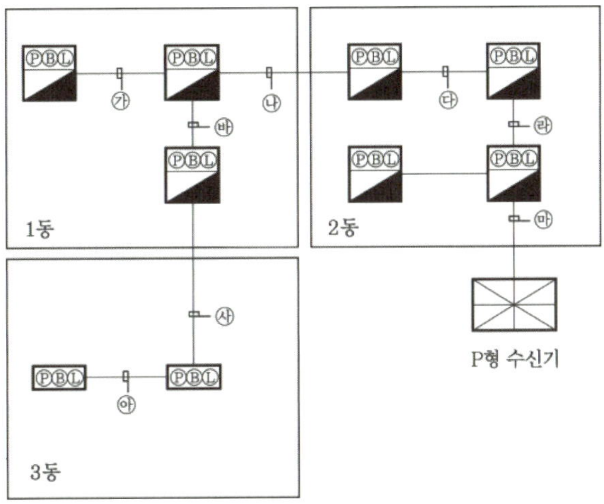

(1) 기호 ㉮~㉵의 전선가닥수를 표시한 도표이다. 전선가닥수를 표 안에 숫자로 쓰시오. (단, 가닥수가 필요 없는 곳은 공란으로 둘 것)

기 호	회로선	회로 공통선	경종선	경종·표시등 공통선	표시등선	응답선	기동 확인 표시등	합 계
㉮								
㉯								
㉰								
㉱								
㉲								
㉳								
㉴								
㉵								

(2) 도면의 P형 1급 수신기는 최소 몇 회로용을 사용해야 하는지 쓰시오. (단, 회로수 산정 시 10%의 여유를 둔다.)

(3) 상시 사람이 근무하는 장소가 없는 경우 수신기는 어디에 설치해야 하는지 쓰시오.

(4) 수신기가 설치된 장소에는 무엇을 비치해야 하는지 쓰시오.

• **실전모범답안**

(1)

기 호	회로선	회로 공통선	경종선	경종·표시등 공통선	표시등선	응답선	기동 확인 표시등	합 계
㉮	1	1	1	1	1	1	2	8
㉯	5	1	2	1	1	1	2	13
㉰	6	1	3	1	1	1	2	15
㉱	7	1	3	1	1	1	2	16
㉲	9	2	3	1	1	1	2	19
㉳	3	1	2	1	1	1	2	11
㉴	2	1	1	1	1	1	–	7
㉵	1	1	1	1	1	1	–	6

(2) 10회로용

(3) 관계인이 쉽게 접근할 수 있고 관리가 용이한 장소

(4) 경계구역 일람도

상세해설

(2) P형 수신기의 회로수

① 발신기의 개수가 9개이므로 경계구역수는 **9경계구역**이 된다.

② 문제의 조건에서 9회로용에 **10%**의 여유를 주면, 9회로×1.1=9.9≒10회로(**소수점 이하는 절상**)

③ P형 수신기의 회로는 **5회로**씩 **증가**하므로 **10회로용**을 선정한다.

CHAPTER 01

01–5 사무실(1동)과 공장(2동)으로 구분되어 있는 건물에 자동화재탐지설비의 P형 1급 발신기세트와 습식 스프링클러설비를 설치하고, 수신기는 경비실에 설치하였다. 경보방식은 동별 구분 경보방식을 적용하였으며, 옥내소화전의 가압송수장치는 기동용 수압개폐장치를 사용할 경우에 다음 물음에 답하시오. 배점 : 10 [08년] [18년]

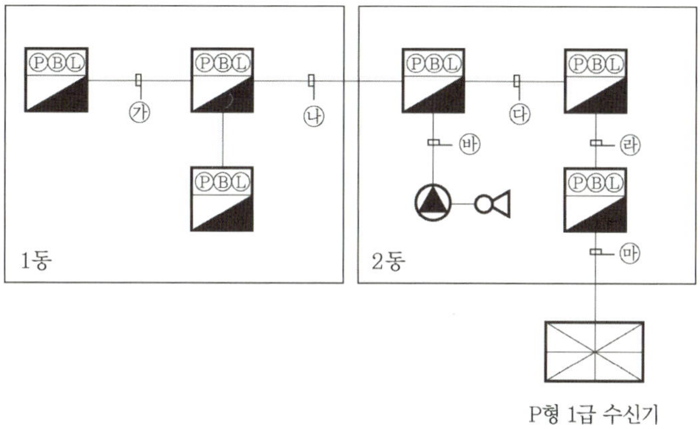

(1) 빈칸 ㉮, ㉰, ㉱, ㉲ 안에 전선가닥수 및 전선의 용도를 쓰시오. (단, 스프링클러설비와 자동화재탐지설비의 공통선은 각각 별도로 사용하며, 전선은 최소 가닥수를 적용한다.)

기 호	가닥수	자동화재탐지설비							스프링클러설비			
		용도 1	용도 2	용도 3	용도 4	용도 5	용도 6	용도 7	용도 1	용도 2	용도 3	용도 4
㉮												
㉯	10	응답	지구 3	지구 공통	경종	표시등	경종 표시등 공통	펌프 기동 표시등2				
㉰												
㉱												
㉲												
㉳	4								압력 스위치	탬퍼 스위치	사이렌	공통

(2) 공장동에 설치한 폐쇄형헤드를 사용하는 습식 스프링클러의 유수검지장치용 음향장치는 어떤 경우에 울리게 되는지 쓰시오.

(3) 습식 스프링클러 유수검지장치용 음향장치는 담당구역의 각 부분으로부터 하나의 음향장치까지의 수평거리를 몇 [m] 이하로 해야 하는지 쓰시오.

• **실전모범답안**

(1)

기 호	가닥수	자동화재탐지설비							스프링클러설비			
		용도 1	용도 2	용도 3	용도 4	용도 5	용도 6	용도 7	용도 1	용도 2	용도 3	용도 4
㉮	8	응답	지구	지구 공통	경종	표시등	경종표시등 공통	펌프기동 표시등 2	–	–	–	–
㉯	10	응답	지구3	지구 공통	경종	표시등	경종표시등 공통	펌프기동 표시등 2	–	–	–	–
㉰	16	응답	지구4	지구 공통	경종 2	표시등	경종표시등 공통	펌프기동 표시등 2	압력 스위치	탬퍼 스위치	사이렌	공통
㉱	17	응답	지구 5	지구 공통	경종 2	표시등	경종표시등 공통	펌프기동 표시등 2	압력 스위치	탬퍼 스위치	사이렌	공통
㉲	18	응답	지구 6	지구 공통	경종 2	표시등	경종표시등 공통	펌프기동 표시등 2	압력 스위치	탬퍼 스위치	사이렌	공통
㉳	4	–	–	–	–	–	–	–	압력 스위치	탬퍼 스위치	사이렌	공통

(2) ① 폐쇄형헤드 개방 시 유수검지장치의 압력스위치가 작동하는 경우
② 시험장치의 시험밸브 개방 시 유수검지장치의 압력스위치가 작동하는 경우

(3) 25m

01-6 다음은 기동용 수압개폐장치를 사용하는 옥내소화전함과 습식 스프링클러설비가 설치된 지상 6층 호텔의 계통도이다. 다음 각 물음에 답하시오. (단, 해당 소방대상물의 경보방식은 우선경보방식으로 하며, 알람밸브 1차 측에는 밸브주의 스위치가 설치되어 있고, 화재로 인하여 하나의 층의 지구음향장치 또는 배선이 단락되어도 다른 층의 화재 통보에 지장이 없도록 각 층 배선 상에 유효한 조치를 하였다.)

배점 : 8 [10년]

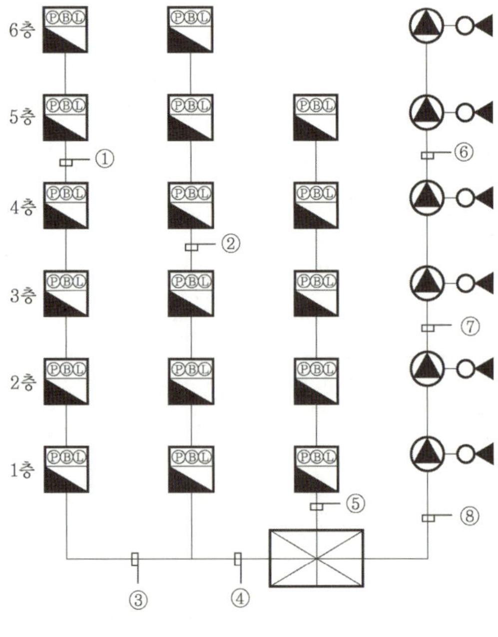

(1) 기호 ①~⑧의 가닥수를 쓰시오.
(2) 경계구역이 7경계구역이 초과될 시 추가되는 배선의 명칭을 쓰시오.
(3) 기호 ④에 들어가는 회로선은 몇 가닥인지 구하시오.
(4) 기호 ③에 들어가는 경종선은 몇 가닥인지 구하시오.
(5) 기호 ④에 들어가는 경종선은 몇 가닥인지 구하시오.

• **실전모범답안**

(1) ① 10가닥 ② 12가닥 ③ 18가닥 ④ 25가닥
⑤ 16가닥 ⑥ 7가닥 ⑦ 13가닥 ⑧ 19가닥
(2) 회로 공통선
(3) 12가닥
(4) 6가닥
(5) 6가닥

상세해설

(1) 배선내역

구 분	배선수	배선의 용도
①	10	회로 공통선 1, 경종·표시등 공통선 1, 경종선 2, 표시등선 1, 발신기선 1, 회로선 2, 펌프기동표시등 2 (공통선 1, 펌프기동표시등 1)
②	12	회로 공통선 1, 경종·표시등 공통선 1, 경종선 3, 표시등선 1, 발신기선 1, 회로선 3, 펌프기동표시등 2 (공통선 1, 펌프기동표시등 1)
③	18	회로 공통선 1, 경종·표시등 공통선 1, 경종선 6, 표시등선 1, 발신기선 1, 회로선 6, 펌프기동표시등 2 (공통선 1, 펌프기동표시등 1)
④	25	회로 공통선 2, 경종·표시등 공통선 1, 경종선 6, 표시등선 1, 발신기선 1, 회로선 12, 펌프기동표시등 2 (공통선 1, 펌프기동표시등 1)
⑤	16	회로 공통선 1, 경종·표시등 공통선 1, 경종선 5, 표시등선 1, 발신기선 1, 회로선 5, 펌프기동표시등 2 (공통선 1, 펌프기동표시등 1)
⑥	7	공통 1, PS(압력스위치) 2, TS(탬퍼스위치) 2, 사이렌 2
⑦	13	공통 1, PS(압력스위치) 4, TS(탬퍼스위치) 4, 사이렌 4
⑧	19	공통 1, PS(압력스위치) 6, TS(탬퍼스위치) 6, 사이렌 6

※ 1. 자동화재탐지설비 : 층수가 11층 미만이지만 문제의 조건에 따라 우선경보방식으로 산출한다.
2. 옥내소화전설비 : 문제의 조건에 따라 기동용 수압개폐장치를 사용하므로 자동방식으로 산출한다.
3. 습식 스프링클러설비 : 밸브주의 스위치(TS)의 경우 화재안전기준에 의해 설치해야 하므로, 문제의 단서에 별도로 '밸브주의 스위치(TS)를 설치하지 않는다.' 라는 조건이 없는 한 전선가닥수 산출 시 포함한다.

01-7 다음은 자동화재탐지설비와 준비작동식 스프링클러설비의 계통도이다. 그림을 보고 다음 각 물음에 답하시오. (단, 감지기 공통선과 전원 공통선은 분리해서 사용하고, 프리액션밸브용 압력스위치, 탬퍼스위치 및 솔레노이드밸브의 공통선은 1가닥을 사용한다.) 배점 : 8 [11년]

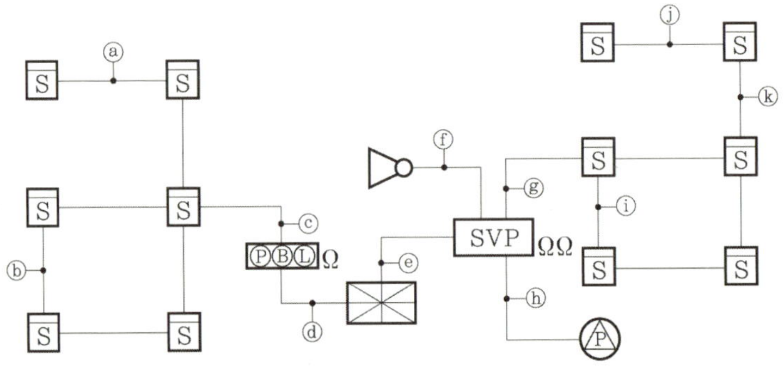

(1) 그림을 보고 ⓐ~ⓚ까지의 가닥수를 쓰시오.

기 호	ⓐ	ⓑ	ⓒ	ⓓ	ⓔ	ⓕ	ⓖ	ⓗ	ⓘ	ⓙ	ⓚ
가닥수											

(2) ⓔ의 가닥수와 배선내역을 쓰시오.

ⓔ	가닥수	내 역

• **실전모범답안**

(1)

기호	ⓐ	ⓑ	ⓒ	ⓓ	ⓔ	ⓕ	ⓖ	ⓗ	ⓘ	ⓙ	ⓚ
가닥수	4	2	4	6	9	2	8	4	4	4	8

(2)

ⓔ	가닥수	내 역
	9	전원 +, −, 감지기 A, 사이렌, 감지기 B, SOL 기동, 밸브개방확인, 밸브주의, 감지기 공통

상세해설

(1) 배선내역

구 분	배선수	배선의 용도
ⓐ	4	공통 2, 회로 2
ⓑ	2	공통, 회로
ⓒ	4	공통 2, 회로 2
ⓓ	6	회로 공통선 1, 경종표시등 공통선 1, 경종선 1, 표시등선 1, 발신기선 1, 회로선 1
ⓔ	9	전원 +, −, 감지기 A, 사이렌, 감지기 B, 기동, 밸브개방확인, 밸브주의, 감지기 공통
ⓕ	2	사이렌 2(공통 1, 사이렌 1)

구 분	배선수	배선의 용도
ⓖ	8	공통 4, 회로 4
ⓗ	4	공통, PS(압력스위치), TS(탬퍼스위치), SOL(솔레노이드밸브)
ⓘ	4	공통 2, 회로 2
ⓙ	4	공통 2, 회로 2
ⓚ	8	공통 4, 회로 4

※ ⓔ : 문제의 단서에 따라 감지기 공통선과 전원 공통선은 분리해서 사용하므로, 감지기 공통선 1가닥을 추가한다.

01-8 각 층에 수동발신기 1회로, 알람밸브 1회로, 제연댐퍼 1회로가 설치되어 있고, 층별로 R형 중계기가 1대씩 설치되어 있는 지상 6층 지하 1층인 소방대상물이 있다. 범례를 참조하여 이 건물의 소방설비 간선계통도를 그리고 전선수를 표시하시오. (단, R형 수신기는 지상 1층에 설치하며, R형 수신기 1대에는 R형 중계기 10대를 연결할 수 있으며, R형 중계기와 수신기 간의 선로는 신호선 2선, 전원선 2선을 연결하며 이 선들은 층간 중계기의 증가에 따라 회선이 증가하지 않는다.) 배점 : 6 [05년]

[범례]

- : R형 수신기
- : 제연댐퍼
- : 사이렌
- : 알람밸브
- : R형 중계기
- : 수동발신기세트

• 실전모범답안

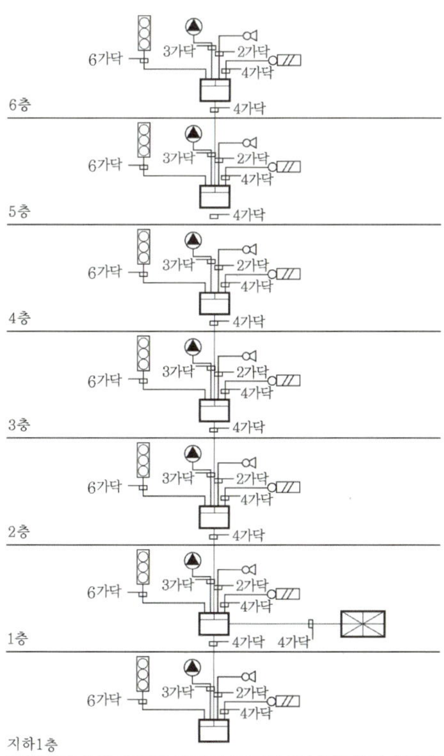

상세해설

(1) 배선내역

구 분	배선수	배선의 용도
수신기 ↔ 중계기 중계기 ↔ 중계기	4	전원선 2, 신호선 2
수동발신기세트 ↔ 중계기	6	회로 공통선, 경종·표시등 공통선, 경종선, 표시등선, 발신기선, 회로선
중계기 ↔ 알람밸브	3	공통, PS(압력스위치), TS(탬퍼스위치)
중계기 ↔ 사이렌	2	사이렌 2(공통 1, 사이렌 1)
중계기 ↔ 제연댐퍼	4	전원 +, −, 기동, 제연댐퍼 개방확인

쉬어가는 코너

성공은 매일 부단하게 반복된 작은 노력의 합산이다.

-괴테-

참고 소방시설의 전선가닥수 모음

[자동화재탐지설비]

전선의 사용 용도(가닥수)					
회로 공통선	경종·표시등 공통선	경종선	표시 등선	발신 기선	회로선

[습식 스프링클러설비]

전선의 사용 용도(가닥수)			
공통	TS (탬퍼스위치)	PS (유수검지스위치)	사이렌

[준비작동식 스프링클러설비 & 가스계소화설비]

구 분	준비작동식 SP설비 : 감시제어반(수신반) ↔ 슈퍼비죠리판넬(SVP) OR 가스계소화설비 : 감시제어반(수신반) ↔ 수동조작함(RM)									SVP ↔ 프리액션밸브 OR 제어반 ↔ 저장용기실			
연동 순서			①	②	③	④	⑤	–	–	–	–	②	①
프리 액션 밸브	전원 +	전원 –	감지기 A	사이렌	감지기 B	기동 (SOL)	밸브개 방확인 (PS)	밸브 주의 (TS)	–	공통	TS	PS	SOL
가스계 (CO_2 제외)	전원 +	전원 –	감지기 A	사이렌	감지기 B	기동 스위치 (SOL)	방출 표시등 (PS)	–	방출지연 스위치	공통	–	PS	SOL
CO_2	전원 +	전원 –	감지기 A	사이렌	감지기 B	기동 스위치 (SOL)	방출 표시등 (PS)	–	방출지연 스위치	공통	TS (수동잠 금밸브)	PS	SOL

준비작동식 스프링클러설비, 가스계소화설비(CO_2 소화설비 포함)의 경우 설비의 작동에 있어 **A회로** 작동 시 음향경보(**사이렌**)이 출력되고, **B회로**까지 모두 작동하였을 때 **기동신호**가 출력(**SOL 작동**)되고 이에 따라 **압력**이 가해지면(물의 흐름 또는 약제용기 개방) 수신반에서 확인(**PS 작동**)이 되는 동일한 메카니즘으로 작동이 된다. 따라서, 설비의 연동흐름만 이해하면 설비의 특성에 따른 몇 가지 특징적인 기능을 제외한 기본 전선가닥수는 암기가 아닌 소방시설의 이해를 통해 쉽게 산출 가능하다.

참고 소방시설의 전선가닥수 모음

[상가(거실) 제연설비(배기만 있는 경우)]

감시제어반(수신반) ↔ 수동조작함 (기본 가닥수 : 5가닥)					감시제어반(수신반) ↔ MCC (기본 가닥수 : 5가닥)				
연동 순서		①	②	③					
전원 +	전원 −	회로 (감지기)	기동	배기댐퍼 개방확인	공통	ON (기동)	OFF (정지)	FAN 기동 표시등	FAN 정지 표시등

[상가(거실) 제연설비(급기, 배기가 함께 있는 경우)]

감시제어반(수신반) ↔ 수동조작함 (기본 가닥수 : 7가닥)							감시제어반(수신반) ↔ MCC (기본 가닥수 : 5가닥)				
연동 순서		①	②		③						
전원 +	전원 −	회로 (감지기)	급기 댐퍼 기동	배기 댐퍼 기동	급기 댐퍼 개방 확인	배기 댐퍼 개방 확인	공통	ON (기동)	OFF (정지)	FAN 기동 표시등	FAN 정지 표시등

[전실(부속실) 제연설비]

감시제어반(수신반) ↔ 수동조작함 (기본 가닥수 : 5가닥)							감시제어반(수신반) ↔ MCC (기본 가닥수 : 5가닥)				
연동 순서		①	②	−	③						
전원 +	전원 −	회로 (감지기)	기동	수동 기동 확인	급기 댐퍼 개방 확인	배기 댐퍼 개방 확인	공통	ON (기동)	OFF (정지)	FAN 기동 표시등	FAN 정지 표시등

제연설비의 경우 기본적으로 **회로**(감지기 또는 발신기 작동 등) 동작 시 입력된 화재신호에 의해 댐퍼가 **기동**되고, 이 댐퍼의 기동상태를 감시제어반에서 **확인**할 수 있도록 되어 있다. 급기댐퍼 또는 배기댐퍼만 있는 경우는 앞서 설명한 기능을 수행하기 위한 **3가닥**의 전선가닥이 필요하며, 급기댐퍼와 배기댐퍼가 같이 설치된 경우에는 추가된 댐퍼의 기동과 개방확인선 **2가닥**만 추가하면 된다.

전실 제연설비의 경우 **회로** 동작에 따라 **댐퍼**가 기동되고, 이를 감시제어반에서 **확인**할 수 있는 메카니즘은 동일하지만 제연설비와 달리 화재안전기준에 따라 수동기동장치를 통해 기동했을 시 이를 확인할 수 있는 **수동기동확인**선이 필요하다.

안녕하세요. 저는 18년도에 소방시설관리사 자격을 취득한 백소나입니다. 수험생 시절 다른 선배님들의 합격수기를 읽으며 마음을 위로했던 그 순간을 기억하며, 조금이나마 도움이 되었으면 하는 마음에 부끄럽지만 저의 이야기를 몇 자 적어볼까 합니다.

1. 소방의 입문

제 이야기의 소방은 처음 대학교를 진학하면서 시작되었습니다. 대학교 진학 당시, 진로에 대해 굉장히 고민을 많이 하였습니다. 제 고향이 제주도라, 지리적 특성상 대부분의 친구들은 제주도에 있는 대학교에서 각자 원하는 학과를 골라 진로를 결정하였습니다. 그런데 당시 저는 원하는 전공을 수시로 지원했던 것들이 다 낙방을 하여 대학교 진학을 망설이고 있었습니다. 그때, 저를 잘 알고 있던 담임선생님께서 저에게 소방관이 어울릴 것 같다며 부산에 있는 부경대학교 소방공학과를 추천해주었습니다. 그렇게 저의 소방은 소방관이 되기 위한 꿈을 안고 제주도에서 부산으로 가며 시작되었습니다.

부경대학교 소방공학과에 진학하며 저의 대학생활은 정말 노력으로 가득 채워나갔습니다. 소방공학을 전공으로 학부과정을 진행하던 중 교수님의 권유로 5년 안에 학사, 석사학위를 취득할 수 있는 학·석사 연계과정(3.5년 학사 + 1.5년 석사)을 시작하게 되었고, 그렇게 저는 처음 소방관이 되기 위한 꿈을 갖고 있던 것과 달리, 23살에 소방공학을 전공으로 학사, 석사학위를 취득하게 되었습니다. 이 과정을 글로 적으니 한 줄의 문장으로 완성되지만, 이 과정을 해내는 동안 저는 한 순간, 한 시기도 놓치고 싶지 않아 정말 아등바등 달렸습니다. 학부과정 동안에는 학·석사 연계과정을 진학하기 위해서 필요한 기준 성적을 맞추기 위해 정말 열심히 노력한 결과 졸업 당시 4.41/4.5점이라는 좋은 점수를 만들 수 있었고, 석사과정 동안에는 세미나, 논문준비, 발표 등으로 정말 바쁘게 지내왔습니다. 그렇게 학위를 취득하고 나니, 무엇을 해야 할지 정말 고민이 많이 되었습니다. 박사과정을 이어가기에는 너무 겁이 났고, 취업을 하자니 어떤 준비를 해야 할지 막막하였습니다. 그러던 중 제가 학위를 취득하던 해, 2017년을 기점으로 소방공학과 석사학위를 취득한 자에게 소방시설관리사 응시자격이 주어진다는 것을 알았습니다. 그렇게 타이밍 좋게 17년도, 18년도 시험에 응시할 수 있게 되었고 17년도에는 낙방을 하였지만, 2018년 12월 12일 9시 정각에 "백소나님의 소방시설관리사 2차시험 합격을 축하드립니다."라는 문자를 받을 수 있었습니다.

2. 소방설비기사(기계분야, 전기분야)

대학교 3학년이 끝나고 2015년에 처음 소방설비기사(기계분야)를 취득하기 위해 공부를 시작하였습니다. 학과의 특성상 커리큘럼이 소방설비기사(기계분야)와 많이 겹쳐서 독학으로 공부하였습니다. 자격을 취득하기 위해 저는 매번 저만의 노트를 만들어 정리하였습니다. 지금 와서 생각해보니 저에게 가장 잘 맞는 공부방법이 "저만의 암기노트"였던 것 같습니다. 저는 학과 수업을 들을 때도, 2학년이 끝나고 취득한 위험물산업기사도, 소방설비기사 기계, 전기도, 화재감식평가기사도, 소방시설관리사를 준비하면서도 매번 다른 노트들을 만들었습니다. 이 노트 안에는 저만의 이해방법, 암기법, 그림 등 제 글씨로 한자, 한자 써내려간 내용들로 가득했습니다. 물론 이 안에는 제가 자주 실수하는 부분, 계산문제는 함정에 빠지기 쉬운 내용을 정리해 두고 두 번의 실수를 반복하지 않기 위해 꼼꼼히 정리하고, 이 노트 안의 내용만큼은 제가 완벽히 암기 및 이해하였습니다.

기계분야를 준비하면서 10년치 과년도 기출문제를 기준으로 반복해서 풀어나갔습니다. 기계분야의 경우 전기분야와 달리 계산의 비중이 굉장히 많이 차지하기 때문에 계산문제를 집중적으로 준비하였습니다. 유체역학을 풀면서는 글로 표현되어 있는 문제의 내용들이 이해가 안 되는 경우가 많아서 항상 문제를 읽고 그림으로 표현하며 조건들을 하나씩 정리하고 나니, 문제에 적용해야 할 공식들이 하나씩 떠올랐습니다. 그렇게 필기를 준비하며 유체역학을 꼼꼼히 공부한 결과 유체역학은 20문제 중 19문제를 맞출 수 있었고, 실기를 준비하는 과정에도 많은 도움이 되었습니다. 그리고 제가 실기 공부를 하면서 가장 주의했던 부분은 "단위"였습니다. 실기는 객관식 필기와 달리 서술형으로 답해야 하므로 실수를 하지 않기 위해 풀이과정을 깔끔하게 정리하고 마지막에 단위를 꼭!! 다시 한번 확인하고, 계산기를 몇 번이고 다시 두드려 보았습니다. 그 결과 좋은 결과를 얻을 수 있었습니다.

소방설비기사 기계분야를 취득한 후 석사과정을 밟으면서 소방설비기사 전기분야를 준비하였습니다. 기계분야를 독학으로 준비하였던 터라 자신감이 붙어 전기분야도 혼자 공부하기로 마음먹고 기출문제만 있는 책을 사서 공부를 시작하였습니다. 그런데 1주일, 2주일이 지나도 전선가닥수, 시퀀스 등을 이해할 수 없었습니다. 그래서 주변에 다른 학교 선배들에게 물어보니 "에듀파이어" 인강을 소개해 주었고, 처음 에듀파이어 인강을 수강하게 되었습니다. 인강을 들으며 이해할 수 없었던 부분들이 하나씩 해결되기 시작했고, 문제를 풀어나갈 수 있었습니다.

부산에서 혼자 생활을 하다 보니 공부할 시간은 충분하였습니다. 기숙사에 혼자 앉아 있는 것보다는 사람이 많은 도서관에 앉아 열심히 생활하는 다른 사람들을 보며 매일을 제 생활에 대해 반성하며 대학생활을 보냈습니다. 그 중 자격증을 공부하고 취득하는 과정은 제가 노력한 만큼 가장 빠르게 보여주는 결과물이었고, 한 해 한 해를 기록해 주는 사건들이었습니다.

3. 소방시설관리사

① 17회 소방시설관리사 시험

2017년 4월, 소방시설관리사 1차 시험은 기사자격을 취득한 지 오래되지 않았던 터라 기사를 공부했던 방식으로 독학으로 과년도 기출문제를 반복해서 풀고 시험장에 갔습니다. 그런데 시험장에 가서 "125분에 125문제 풀이"는 시간이 너무 촉박하였습니다. 실제 시험을 치는 것처럼 시간을 재고 문제를 풀어 본적이 없어 시험시간 125분은 정말 저에게 피말리는 시간이었습니다. 시험을 치고 나오고 학교선배를 만나 맥주 한잔을 하며 가답안이 나오는 2시만을 기다렸다가 채점한 결과, 정말 운이 좋게도 아슬아슬하게 합격하였습니다.

그 해 5월, 제대로 마음을 잡고 2차 시험을 준비하기 위해 에듀파이어 학원으로 향하였습니다. 그 때는 학원에서 모의고사반을 개강하던 시기였는데 저는 설계 및 시공, 점검실무행정을 1독도 하지 못한 터라 학원에서 시험을 칠 때마다 너무 힘이 들었습니다. 시험지를 받고 한 글자도 적지 못 하였습니다. 그래서 저는 매주 일요일 오전 9시부터 오후 9시까지 수업을 듣고 매주 월요일, 일요일에 쳤던 모의고사 문제를 노트에 적어가며 암기하고 그 문제만큼은 제 것으로 만들었습니다. 그 해 9월의 시험을 준비하기에는 시간이 촉박하였지만, 저는 시험공부를 하며 단 한번도 17년도 9월의 시험이 연습시험이라고 생각한 적은 없었습니다. 물론 낙방할 수도 있겠지만, 정말 최선을 다해 준비하고 최선을 다해 시험에 응시하기 위해 노력하였습니다. 그 결과 학원 모의고사에서 10점대였던 제 점수가 시험날짜에 가까워질수록 합격선인 60점대로 올라가기 시작하였습니다. 17년도

시험은 결과적으로는 58점으로 관리사 자격을 취득하지는 못했지만 그 다음 해의 시험을 준비하기 위한 좋은 발판이 되었습니다.

② 18회 소방시설관리사 시험

시험결과가 나오기 전에 저는 시험결과와 상관없이 화재안전기준을 정확하게 다시 정리할 필요가 있다는 생각이 들어 학원에서 개강하는 화재안전기준 강의를 수강하게 되었습니다. 이 강의수강 중 17년도 시험 낙방을 알게 되었고 마음을 잡기란 정말 쉽지 않았습니다. 흔들리는 마음을 다시 잡고 18회 시험을 준비하던 때에는 17회 시험을 준비할 때와는 달리 옆에 같은 학과를 졸업한 선배, 후배, 그리고 언니가 있어 더욱 열심히 공부할 수 있었습니다. 하루종일 학원 모의고사를 치느라 바쁜 일요일을 피해 매주 월요일 학원으로 모여 같이 시험을 치기 바로 전주까지도 스터디를 하며 서로 경쟁하고, 응원해 주었던 것이 도움이 많이 되었습니다. 스터디를 하며 일주일동안 공부하며 궁금했던 점들, 잘 외워지지 않는 부분들을 해결하고, 학원에서 내는 모의고사와는 별개로 저희끼리 돌아가며 문제를 출제하고 시험을 치기를 반복하였습니다. 특히, 이번 18회 시험을 응시하는 동안에는 설날, 추석에도 모두 공부만 하였는데, 혼자 공부한다는 마음보다는 나와 같은 처지에 있는 분들과 함께 공부하고 있다는 느낌이 들어서 더욱 힘이 났습니다.

18회 시험을 준비하는 동안에는 17회보다 더욱 간절하였습니다. 17년도에는 시험에 떨어져도 다음번에 한 번 더 기회가 있으니 괜찮아 라는 마음이었다면, 18년도에는 시험에 떨어지면 정말 제 인생이 끝나버릴지도(?!) 모른다는 생각이 들 정도로 너무나도 간절하였습니다. 그래서 저는 공부시간을 계속해서 늘려나갔습니다. 출근하는 날은 부족한 공부시간을 채우기 위해 새벽 4시에 일어나 공부를 하며 8시간을 반드시 채워나갔고, 회사를 가지 않는 날에는 도서관에 딱 앉아서 2~3시쯤 먹는 점심을 제외하고는 13~15시간을 공부를 했습니다. 많은 시간을 써보고 수정하고를 반복하다보니 오른손에는 팔목보호대와 여자손이라고 보여주지 민망할 정도로 굳은 살로 가득하였습니다. 이렇게 공부를 하고나면 항상 저만의 SNS에 공부시간, 공부한 내용, 간단한 일기정도를 기록해 두고, 마음이 불안할 때마다 제가 기록해 두었던 SNS의 내용들을 읽어가며 '지금까지 이렇게 열심히 공부해왔잖아. 조금만 더 참고 하면 꼭 좋은 결과가 있을거야.'라고 마음을 다독였습니다.

시험을 준비하는 동안에는 기사를 준비할 때와 마찬가지로 저만의 암기노트를 17회 시험을 준비하며 4권, 18회 시험을 준비하며 5권, 총 9권의 암기노트를 만들었습니다. 저는 암기노트를 만들 때 그림을 그려 암기할 수 있는 내용은 그림을 그리거나 도식화를 해서 큰 틀을 잡고, 세부적인 사항은 옆에 따로 정리하였습니다. 암기노트에 정리해 놓은 내용만큼은 무조건 내 것으로 만들기 위해, 암기노트는 출퇴근하는 지하철 안 등 짜투리시간을 이용하여 반복해서 보았습니다. 그렇게 암기노트를 작성해 나가다 보니, 18회 시험 당시에는 책의 90% 이상이 암기노트에 적힌 내용들이었습니다. 그렇게 학원교재를 기준으로 암기노트를 완성해가고, 서점에 가서 책을 둘러보고 학원교재에 없는 문제 혹은 법제처를 읽어보다가 추가하고 싶은 문제, 시험을 준비하는 시기에 이슈가 되는 사항 등을 노트에 추가해 넣었습니다.

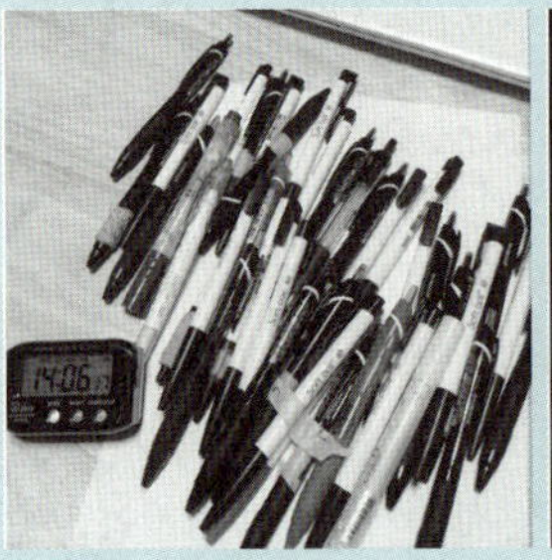

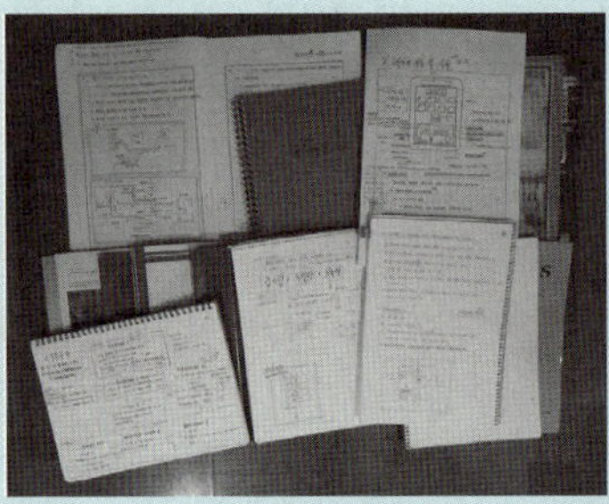

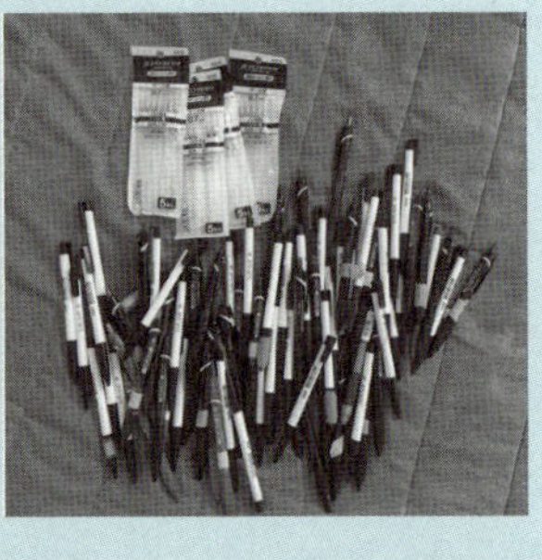

③ 18회 소방시설관리사 시험치기 한 달 전

매주 학원에서 치는 모의고사에서는 점수가 꽤 나왔지만, 저는 시험을 치기 한 달 전까지도 너무 불안하였습니다. 이 때 이항준 원장님의 도움을 많이 받았습니다. 한번은 원장님께서 열심히 노력하고 있는거 다 알고 있다고, 딱 지금처럼만 조금만 더 힘내라고, 나중에 그 노력들이 모여서 주변 친구들하고 차이를 만들 거라고 말씀해 주시는데, 그 날 집에 돌아가 펑펑 운 적이 있습니다. 정말 힘들어서 더 이상 한발을 못 내밀겠는데, 누군가 제 노력을 알아준다고 하니 힘이 났습니다. 그렇게 매주 반복해서 보던 책과 노트가 너덜너덜해지던 때, 일주일계획표가 색칠하고 지우고를 반복해 구멍이 났을 때, 대량 구매했던 펜들이 다 사라졌을 때 드디어 18회 소방시설관리사 시험에 합격할 수 있었습니다.

4. 글을 마치며

소방시설관리사 공부를 하는 동안 정말 많은 분들의 도움을 받았습니다. 아무것도 모르던 저를 소방시설관리사가 되기까지 잘 이끌어주신 이항준 원장님, 타지 생활하는 딸이 걱정될 텐데 끝까지 믿어줬던 부모님, 그리고 8년째 옆에서 가장 든든하게 힘이 되어주고 항상 나를 응원해 주었던, 이제는 멋진 소방관이 된 남자친구에게 진심으로 감사드립니다.

"간절히 원하면 이루어진다!" 흔히들 하는 말이죠. 제가 가장 좋아하는 글귀이기도 합니다. 그리고 저는 이 글귀에는 아주 중요한 단서조건, '간절한 만큼의 노력'이 있다고 생각합니다. 목표를 세우고 그 목표를 향해 또다시 노력하는 것, 제가 갖고 있는 인생의 모토입니다. 소방시설관리사를 취득한 현재, 저에게는 또 다른 목표가 생겼고 그 목표를 향해 다시 저만의 노력들로 채워나가 볼까 합니다.

지금까지 저의 두서없는 긴 글 읽어주셔서 감사합니다.

– 백소나 –

2 결선도

01 자동화재탐지설비(감지기, 발신기, 수신기)

01 다음 그림은 할론소화설비 기동용 연기감지기의 회로를 잘못 결선한 그림이다. 잘못 결선된 부분을 바로잡아 옳은 결선도를 그리고 잘못 결선한 이유를 설명하시오. (단, 종단저항은 제어반 내에 설치된 것으로 본다.)

배점 : 8 [11년]

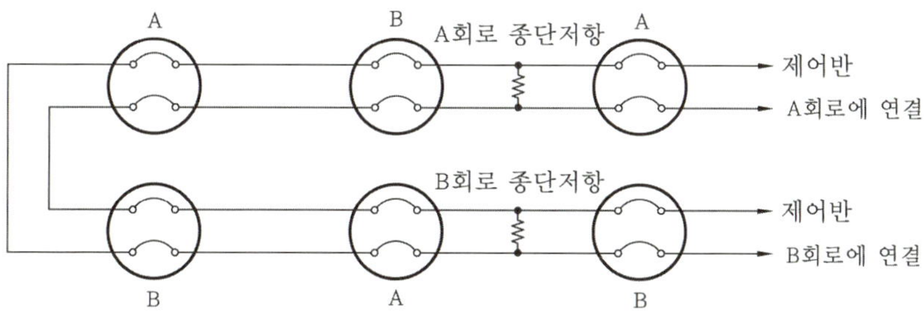

• 실전모범답안

(1)

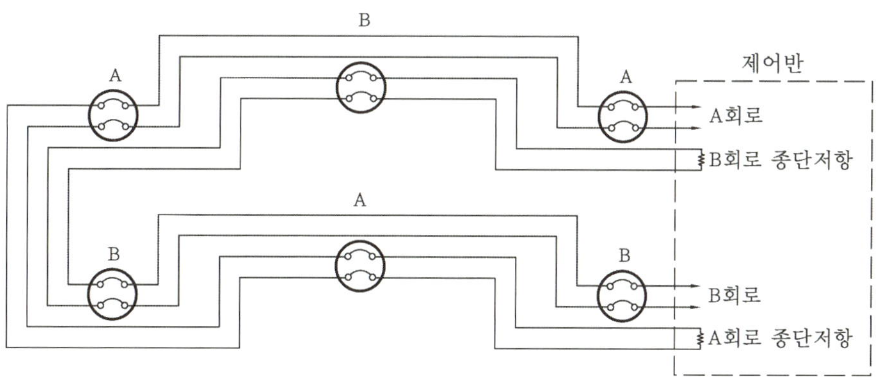

(2) ① A, B 두 회로 모두 종단저항이 회로의 끝 부분에 설치되어 있지 않다.

② 할론소화설비는 설비의 오작동을 방지하기 위하여 교차회로방식으로 해야 한다.

02 다음과 같이 수동발신기와 감지기가 수신기로 이어지는 회로가 잘못 그려져 있다. 이것을 올바르게 고쳐서 그리시오. (단, 종단저항은 발신기함에 내장되도록 설계한다.) 배점 : 5 [07년] [08년]

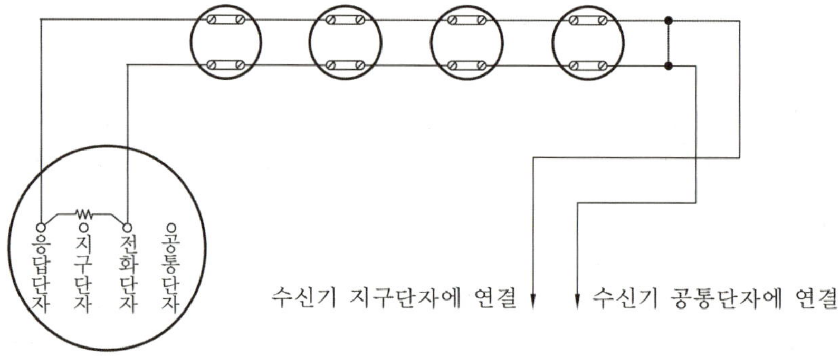

• **실전모범답안**

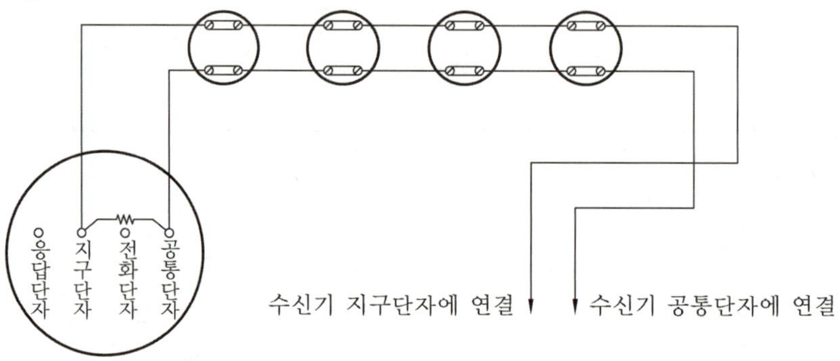

상세해설

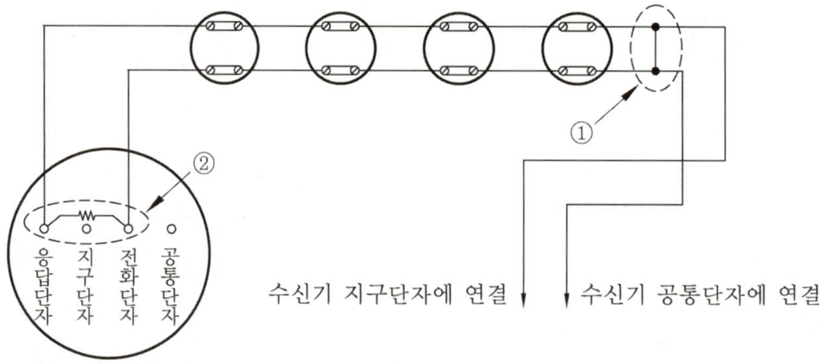

① 공통선과 지구선이 연결되어 있을 경우 수신기에 감지기 작동상태로 표시되므로, 공통선과 지구선을 분리시켜야 한다.

② 감지기회로를 발신기의 지구선과 공통선에 접속하고, 종단저항은 공통선과 지구선에 설치해야 한다.

03 다음 주어진 부분 및 단자를 사용하여 P형 1급 수동발신기의 내부회로를 완성하고 ⓐ~ⓓ 단자의 용도 및 기능을 쓰시오. 배점 : 4 [10년]

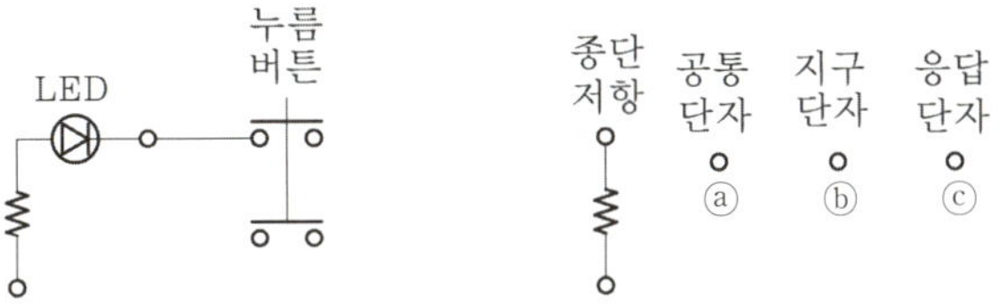

• 실전모범답안

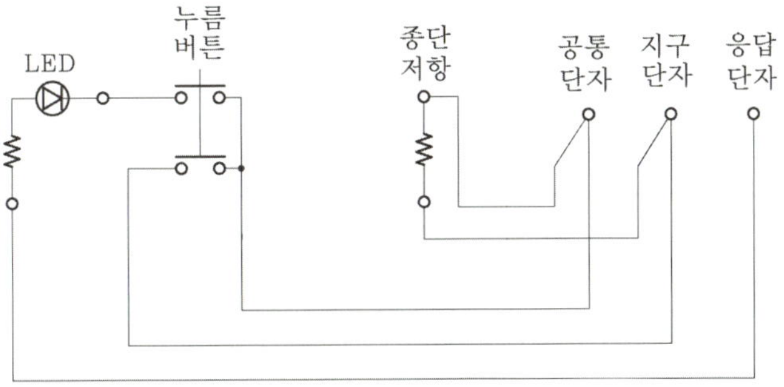

ⓐ 공통단자 : 지구, 응답 단자를 공유한 단자

ⓑ 지구단자 : 화재신호를 수신기에 알리기 위한 단자

ⓒ 응답단자 : 발신기의 신호가 수신기에 전달되었는가를 확인하여 주기 위한 단자

04 P형 1급 수동발신기에서 Ⓐ~Ⓒ 단자의 명칭을 쓰고 내부결선을 완성하여 각 단자와 연결하시오. 또한 LED, 푸시버튼(Push button)의 기능을 간략하게 설명하시오. 배점:8 [06년] [15년]

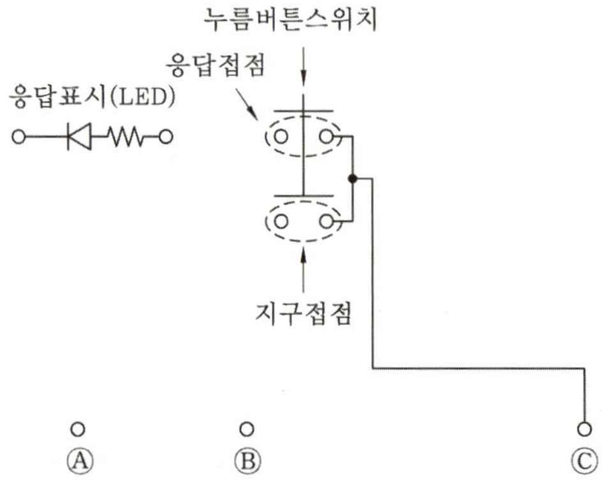

• **실전모범답안**

(1) Ⓐ : 응답선, Ⓑ : 지구선, Ⓒ : 공통선

(2) 내부결선도

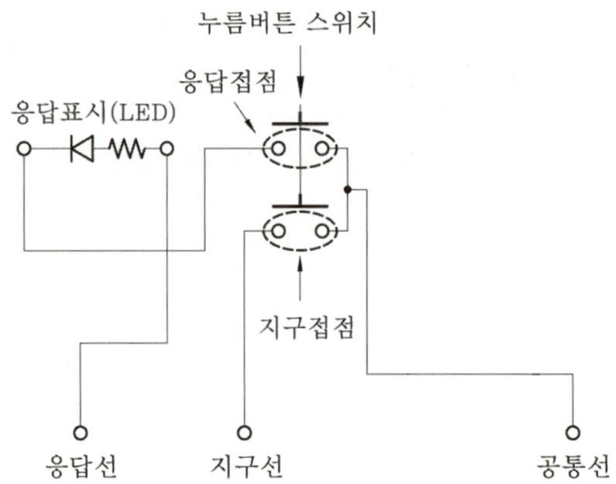

(3) 기능 설명

① LED : 발신기의 신호가 수신기에 전달되었는가를 확인하는 램프

② 누름버튼스위치 : 수동조작에 의하여 수신기에 화재신호를 보내는 장치

05 P형 1급 5회로 수신기와 수동발신기, 경종, 표시등 사이를 결선하시오. (단, 방호대상물은 우선경보방식으로 적용한다.)

배점 : 7 [09년] [16년]

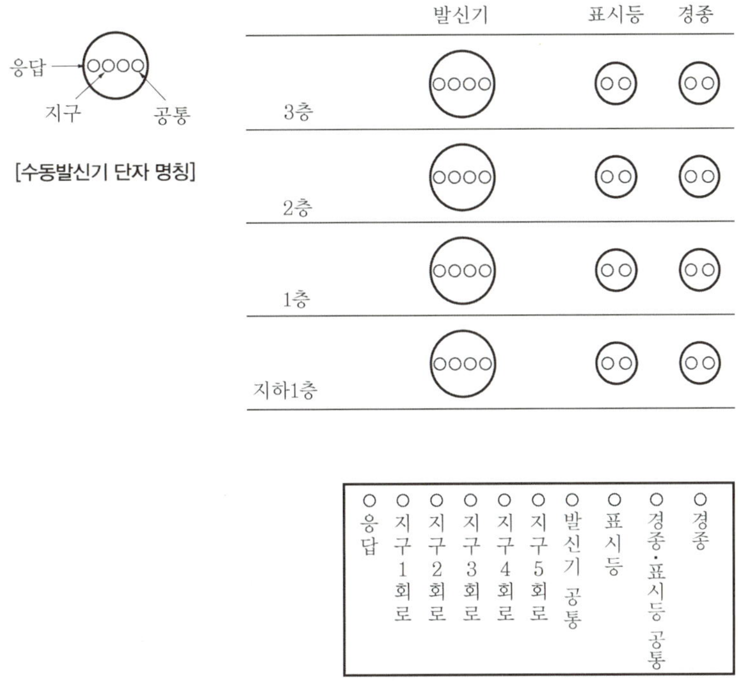

• 실전모범답안

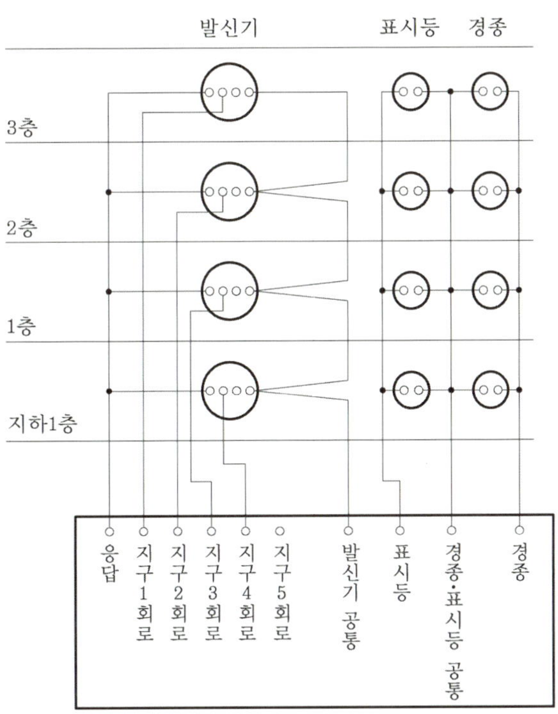

상세해설 **발신기 공통선(=지구 공통선, 회로 공통선, 신호 공통선, 감지기 공통선)**

발신기 공통선은 송배선방식으로 배선해야 하므로 답안과 같이 결선해야 한다. 다음과 같이 결선하면 잘못된 결선방법이다.

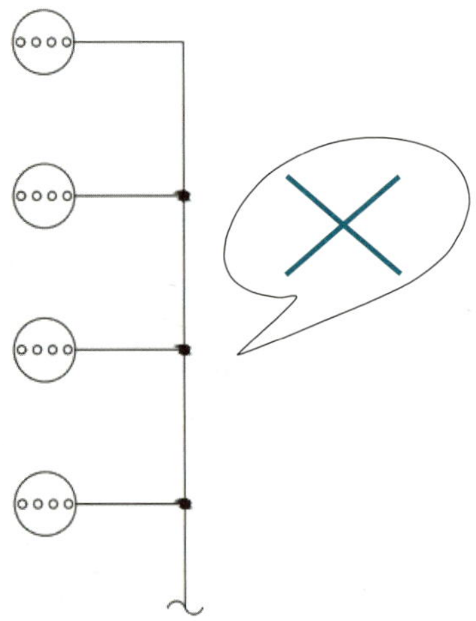

| 잘못 결선된 발신기 공통선 |

쉬어가는 코너

실패라는 상처에, 노력이라는 약을 바르면, 성공이라는 흉터가 남는다.

-작자 미상-

06 수신기와 수동발신기, 경종, 표시등 사이를 결선하시오. (단, 경보방식은 우선경보방식으로 적용한다.)

배점 : 8 [07년] [11년] [18년]

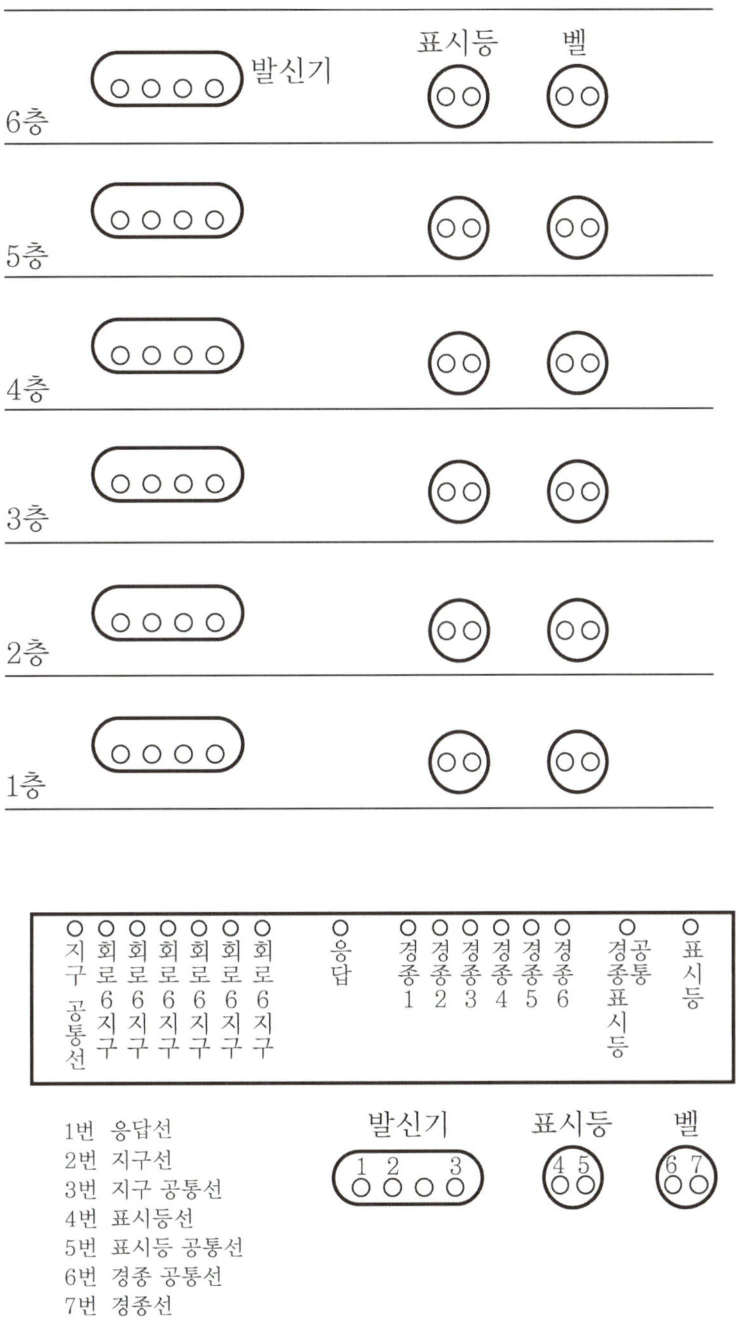

• 실전모범답안

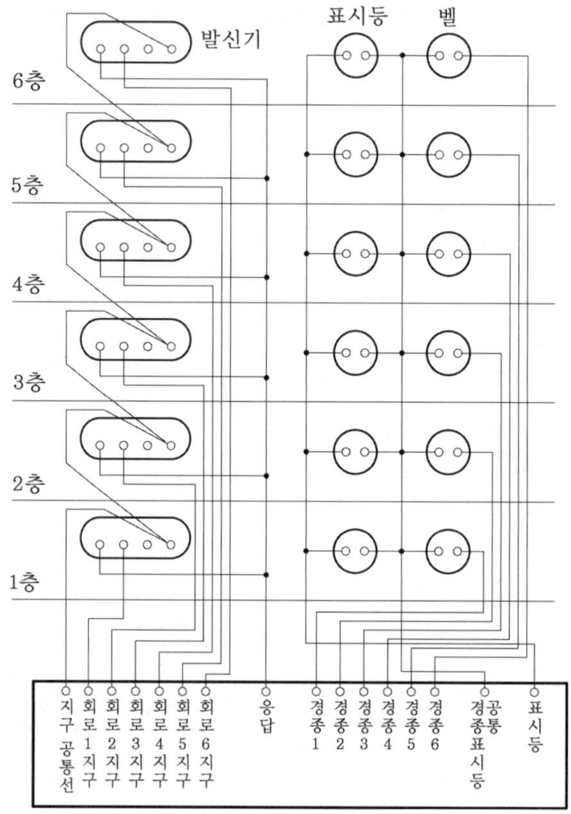
표시등
벨
발신기
6층
5층
4층
3층
2층
1층
지구 공통선
회로 1 지구
회로 2 지구
회로 3 지구
회로 4 지구
회로 5 지구
회로 6 지구
응답
경종 1
경종 2
경종 3
경종 4
경종 5
경종 6
경종 표시등 공통
표시등

07 P형 1급 수신기의 경계구역에 대한 결선도를 보고 다음 각 물음에 답하시오. 배점 : 10 [06년]

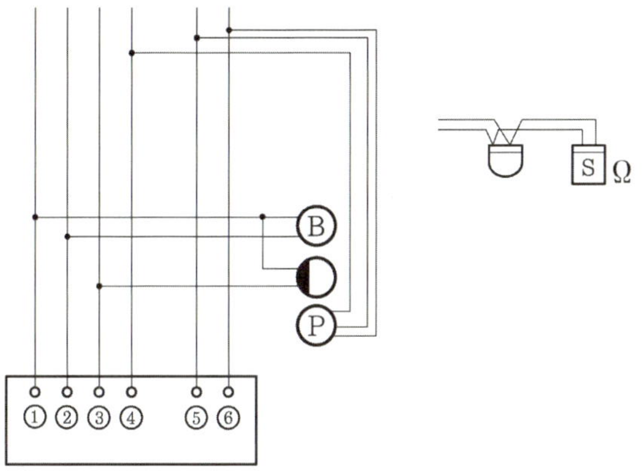

(1) 각 선의 명칭을 쓰시오. (단, ④번은 응답선, ⑥번은 지구선이다.)
(2) 직상층 우선경보방식일 때 경계구역수가 늘어날 때마다 추가되는 모든 선을 쓰시오.
(3) 발신기표시등의 점멸상태는 어떻게 되어있어야 하는지 그 상태를 설명하시오.
(4) 감지기회로와 연결되는 선은 무엇인지 쓰시오.
(5) 회로에 사용되는 전원의 종류 및 전압 [V]을 쓰시오.
(6) 발신기와 감지기 사이의 미완성 된 선을 연결하시오.

• **실전모범답안**

(1) ① 경종·표시등 공통선
② 경종선
③ 표시등선
⑤ 지구 공통선
(2) ① 지구선
② 경종선
③ 지구 공통선
(3) 상시 점등상태
(4) 지구 공통선, 지구선
(5) ① 전원의 종류 : 직류
② 전압 : 24V

(6)

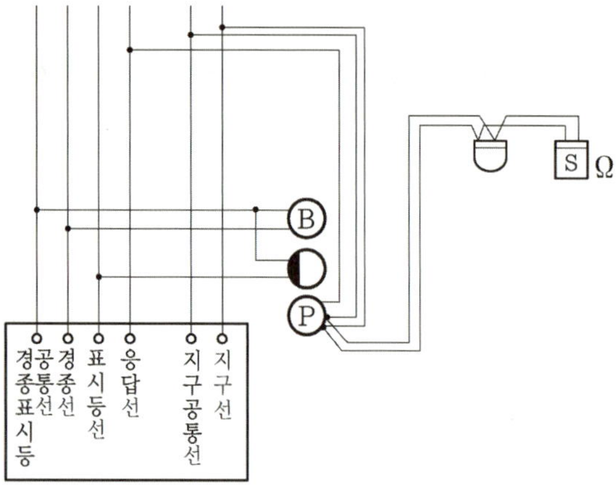

08 자동화재탐지설비의 P형 1급 수신기에 연결되는 발신기와 감지기의 미완성 결선도를 완성하시오. (단, 발신기에 설치된 단자는 왼쪽부터 ① 응답, ② 지구, ③ 전화, ④ 지구 공통이다.)

배점 : 6 [12년] [18년]

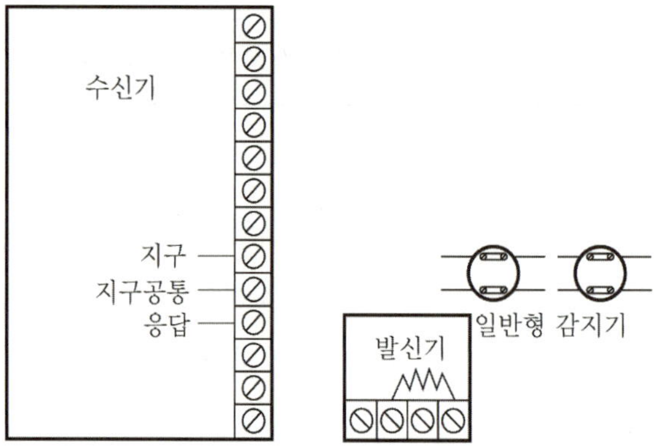

• 실전모범답안

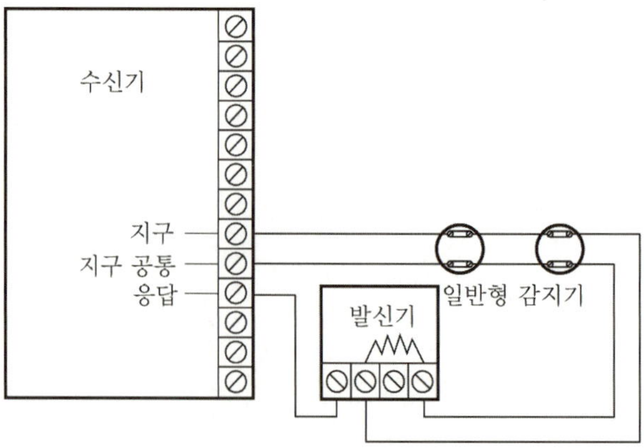

09 다음은 자동화재탐지설비의 P형 1급 수신기의 미완성 결선도이다. 다음 각 물음에 답하시오.

배점 : 10 [20년]

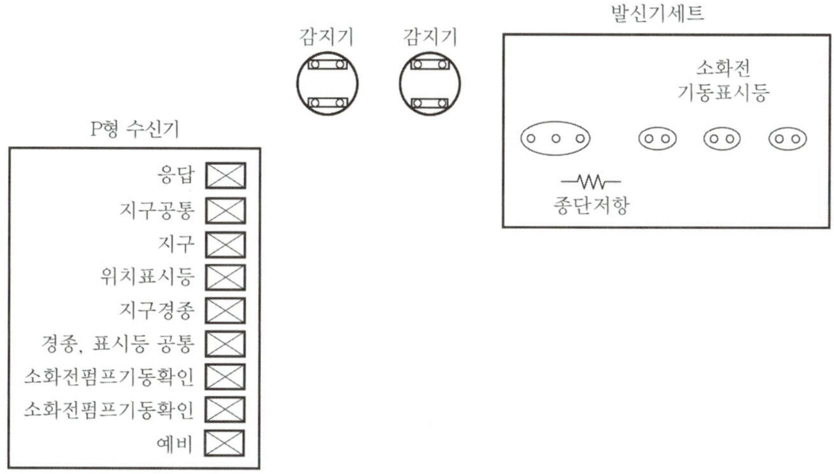

(1) 결선도를 완성하시오. (단, 발신기에 설치된 단자는 왼쪽으로부터 응답, 지구, 공통이다.)
(2) 종단저항은 어느선과 어느선 사이에 연결해야 하는지 쓰고, 각 기구의 명칭을 쓰시오.
(3) 발신기창의 상부에 설치하는 표시등의 색은?
(4) 발신기표시등은 그 불빛의 부착면으로부터 몇 도 이상의 범위 안에서 몇 m의 거리에서 식별할 수 있어야 하는지 쓰시오.

• **실전모범답안**

(1)

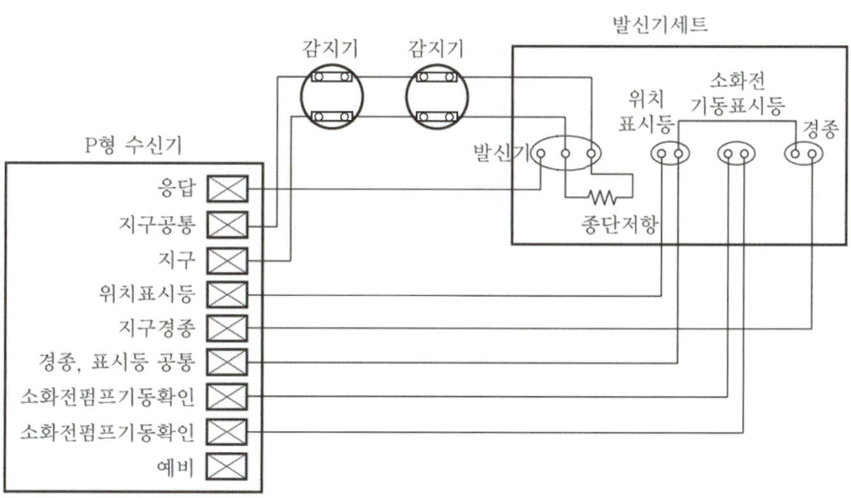

(2) 지구선과 지구공통선
(3) 적색
(4) 15° 이상의 범위 안에서 10m 거리에서 식별

상세해설

(3), (4) 발신기의 설치기준(NFTC 203)

① **조작**이 **쉬운 장소**에 설치하고, **스위치**는 바닥으로부터 0.8[m] **이상** 1.5[m] **이하**의 높이에 설치할 것
② 특정소방대상물의 **층**마다 설치하되, 해당 층의 각 부분으로부터 하나의 발신기까지의 **수평거리**가 25[m] **이하**가 되도록 할 것. 다만, **복도** 또는 **별도로 구획된 실**로서 **보행거리**가 40[m] **이상**일 경우에는 **추가**로 설치해야 한다.
③ **기둥** 또는 **벽**이 설치되지 아니한 **대형공간**의 경우 발신기는 설치대상장소의 **가장 가까운 장소**의 **벽** 또는 **기둥** 등에 설치 할 것
④ 발신기의 **위치**를 표시하는 **표시등**은 **함**의 **상부**에 설치하되, 그 불빛은 부착면으로부터 15° **이상**의 **범위 안**에서 **부착지점**으로부터 10[m] **이내**의 어느 곳에서도 **쉽게 식별**할 수 있는 **적색등**으로 해야 한다.

10 경보방식이 우선경보방식을 따를 경우 다이오드를 바르게 그려 넣으시오. 배점 : 5 [21년]

• 실전모범답안

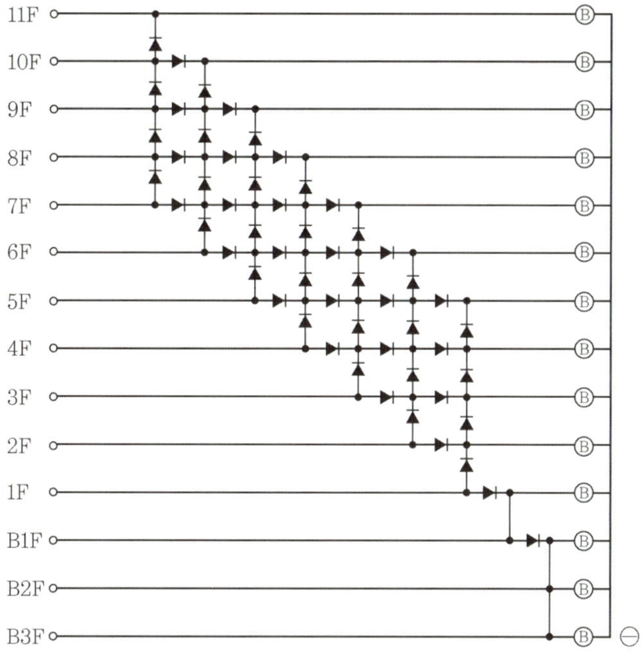

쉬어가는 코너

후회하기 싫으면 그렇게 살지 말고 그렇게 살 거면 후회하지 마라.

-작자 미상-

02 비상방송설비

01-1 비상방송설비의 확성기(Speaker) 회로에 음량조정기를 설치하고자 한다. 결선도를 그리시오.

배점 : 6 [04년] [10년] [12년] [19년]

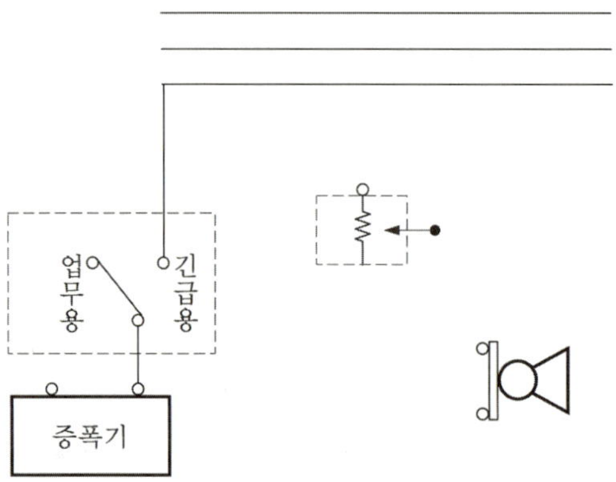

• **실전모범답안**

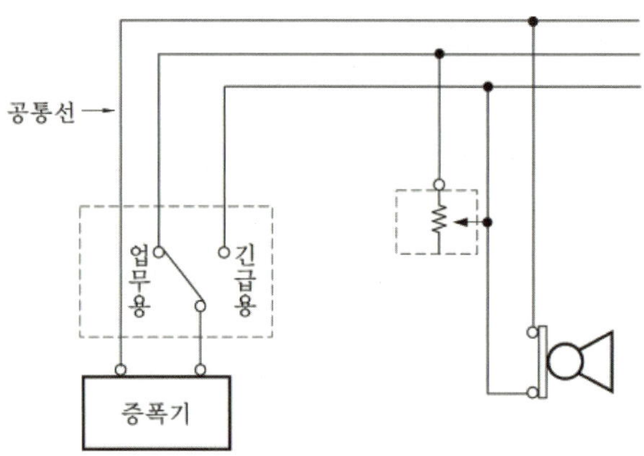

상세해설

(1) 3선식 배선

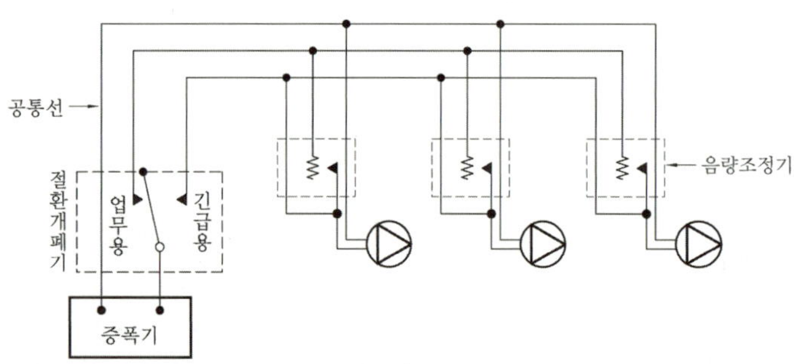

① **업무용 배선** : 음량조정기의 가변저항과 결선

② **비상용(긴급용) 배선** : 음량조정기의 가변저항을 거치지 않고 직접 스피커(확성기)와 결선

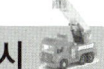

01-2 비상방송설비의 확성기(Speaker) 회로에 음량조정기를 설치하고자 한다. 결선도를 그리시오.

배점 : 5 [21년]

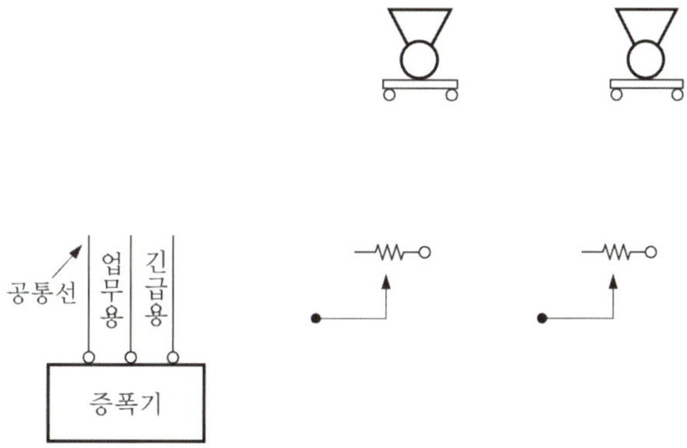

• 실전모범답안

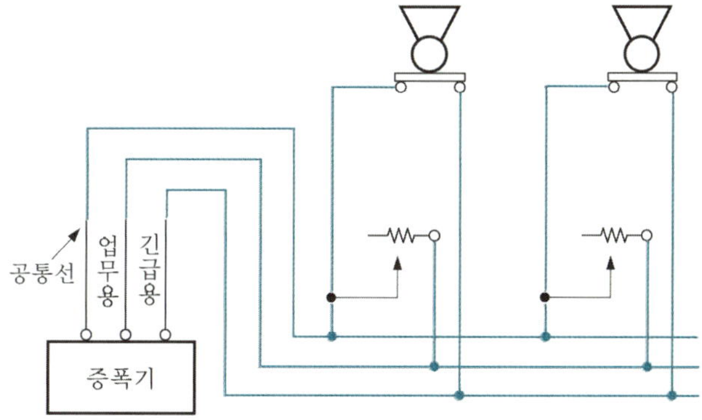

쉬어가는 코너

있을 수 없는 일 같은 건 있을 수 없다.

-강철의 연금술사 中-

02 비상방송을 할 때에는 자동화재탐지설비의 지구음향장치의 작동을 정지시킬 수 있는 미완성 결선도를 범례 및 조건을 참고하여 완성하시오. 배점 : 5 [12년] [17년]

[범례]

 : 발신기스위치

 : 절환스위치

 : 복구스위치

 : 계전기(릴레이)

 : 감지기

 : 지구경종

[조건]

① 작동스위치를 누르거나 화재에 의하여 감지기가 작동되면 계전기 R_1이 여자되어 자기유지되며 R_{1-a}접점에 의하여 경종이 작동된다.
② 정지스위치를 누르면 계전기 R_1이 소자되고 경종이 작동을 정지한다.
③ 작동스위치 또는 감지기에 의하여 경종 작동 중 절환스위치를 비상방송설비 쪽으로 이동하면 계전기 R_2가 여자되고 R_{2-b}접점에 의하여 경종이 작동을 정지한다.

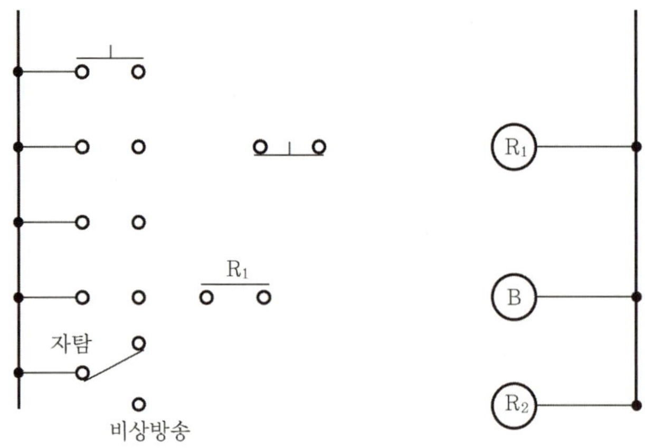

| 자동화재탐지설비 | | 비상방송설비 |

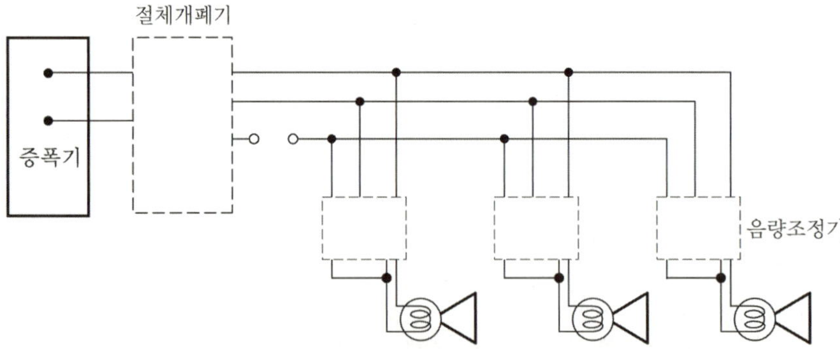

| 비상방송설비 |

• 실전모범답안

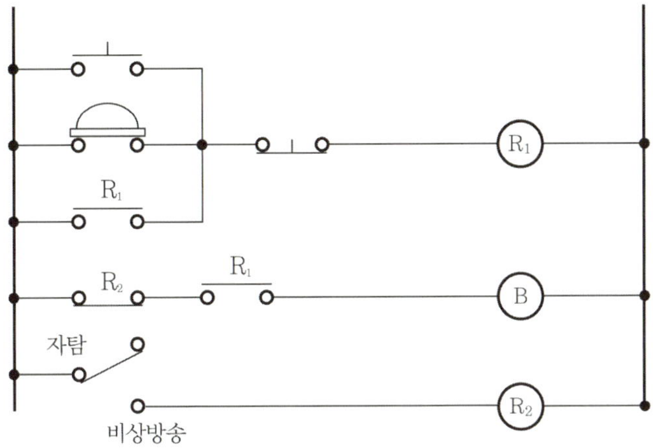

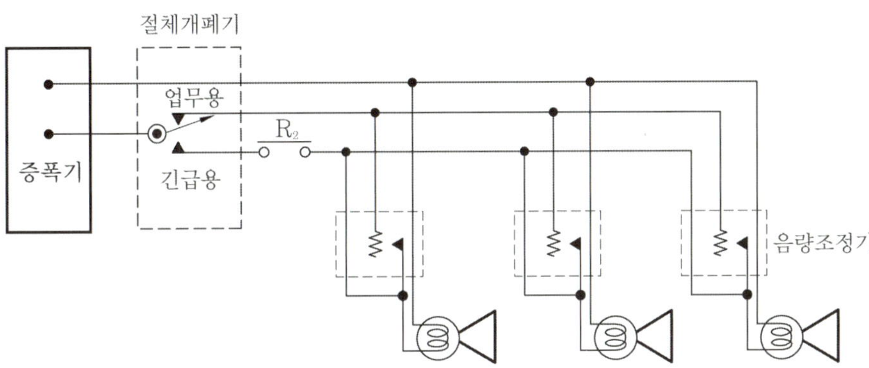

상세해설

〈동작설명〉

① 발신기스위치를 누르거나 감지기가 작동되면 계전기(릴레이) (R_1)이 여자되고, (R_1)의 보조접점에 의해 자기유지된다. 이때 지구경종이 작동된다.(절환스위치가 자탐 접점)

② 복구스위치를 누르거나 절환스위치가 비상방송 접점이 되면 계전기(릴레이) (R_2)가 여자되어 지구경종의 작동이 정지되고 비상방송이 작동되어 음향이 경보된다.

03 Super Visory Panel 및 가스계소화설비

01 다음은 준비작동식 스프링클러소화설비에 사용되는 Super Visory Panel에서 수신기까지의 내부결선도이다. 결선도를 완성시키고 ①~⑨에 이용되는 전선의 용도에 관한 명칭을 쓰시오.

배점 : 12 [07년] [17년]

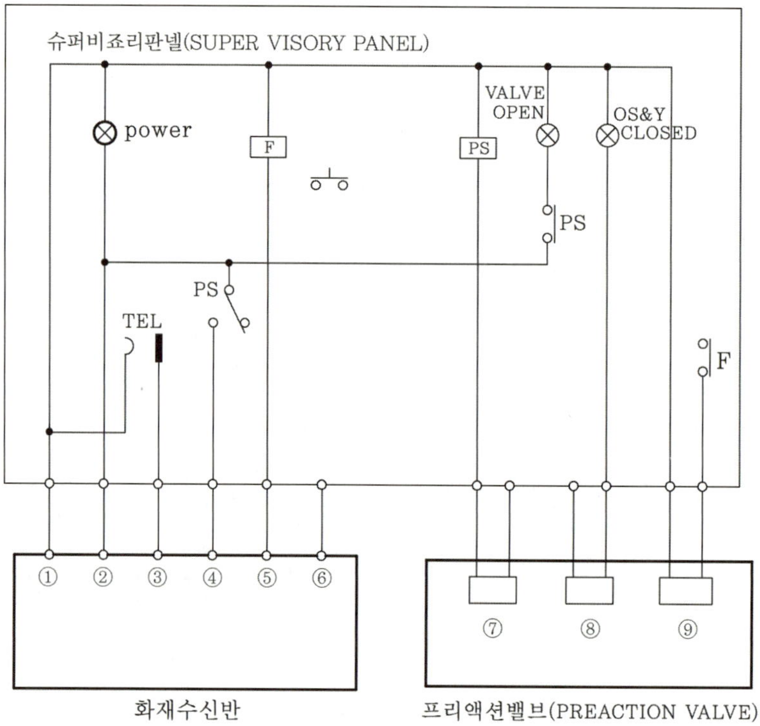

• 실전모범답안

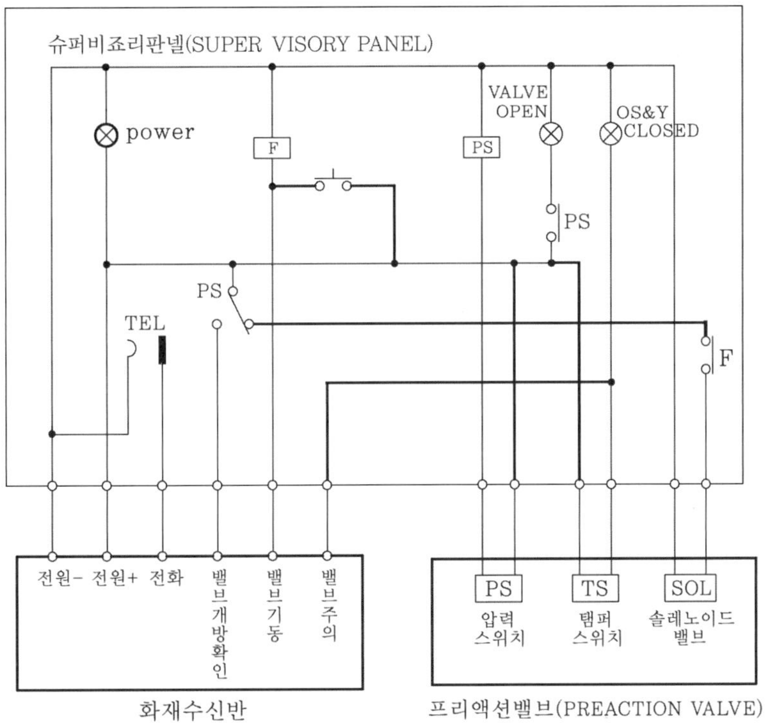

슈퍼비죠리판넬(SUPER VISORY PANEL)
power
F
PS
VALVE OPEN
OS&Y CLOSED
PS
PS
TEL
F
전원-
전원+
전화
밸브개방확인
밸브기동
밸브주의
화재수신반
PS
압력 스위치
TS
탬퍼 스위치
SOL
솔레노이드 밸브
프리액션밸브(PREACTION VALVE)

02 다음과 같이 주어진 할론제어반, 사이렌, 방출등, 감지기, 할론수동조작함의 외부결선도 및 할론수동조작함의 회로도를 완성하시오. 배점 : 6 [08년]

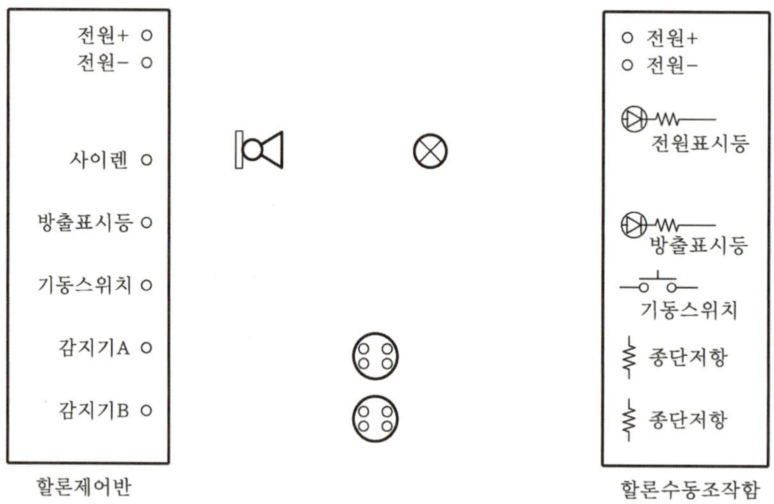

• 실전모범답안

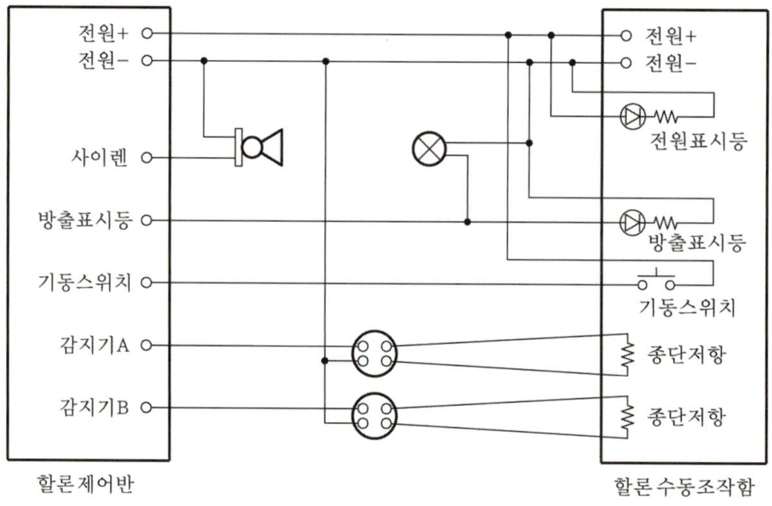

04 유도등

01 다음은 유도등의 2선식 배선과 3선식 배선의 미완성 결선도이다. 결선을 완성하고 두 결선방식을 비교하여 두 가지로 쓰시오.

배점 : 8 [06년] [08년] [11년] [15년] [19년]

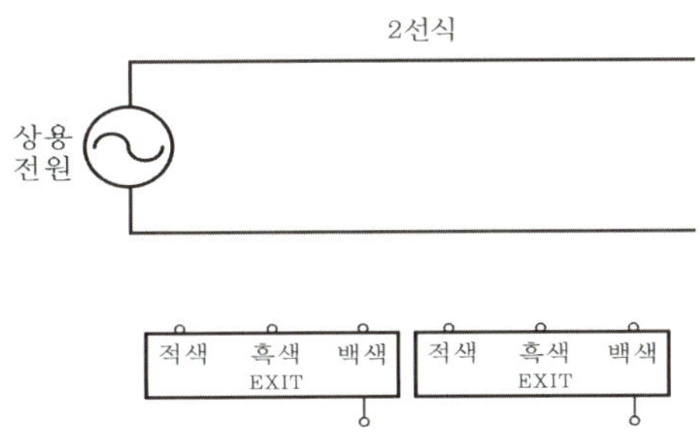

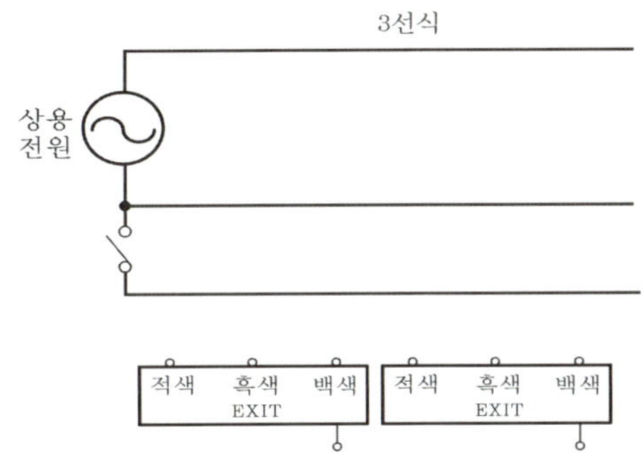

2선식	3선식

• 실전모범답안

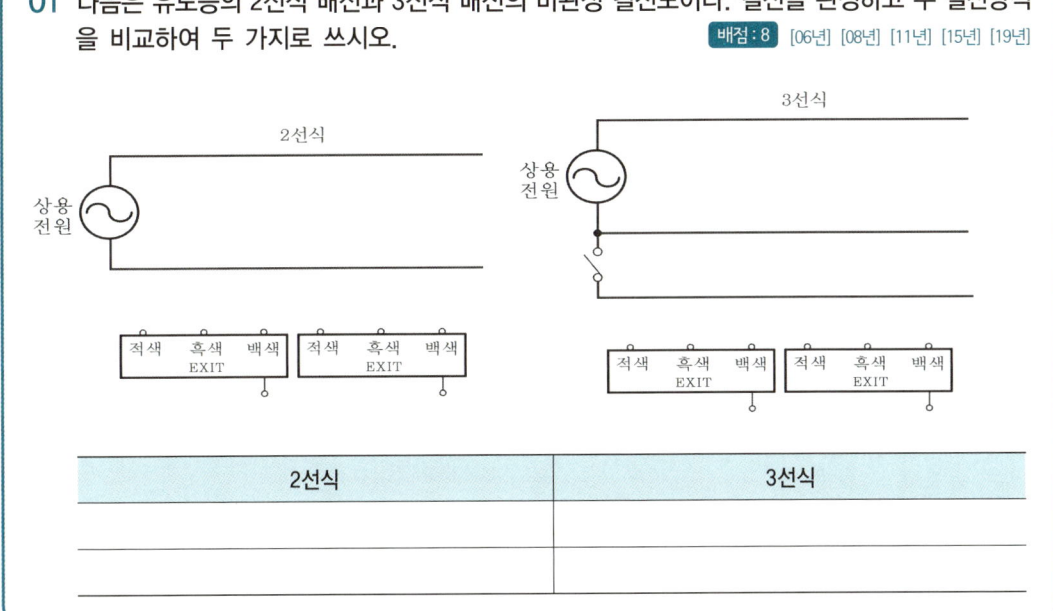

(1) 2선식 배선과 3선식 배선의 비교

구 분	2선식	3선식
배선 방법	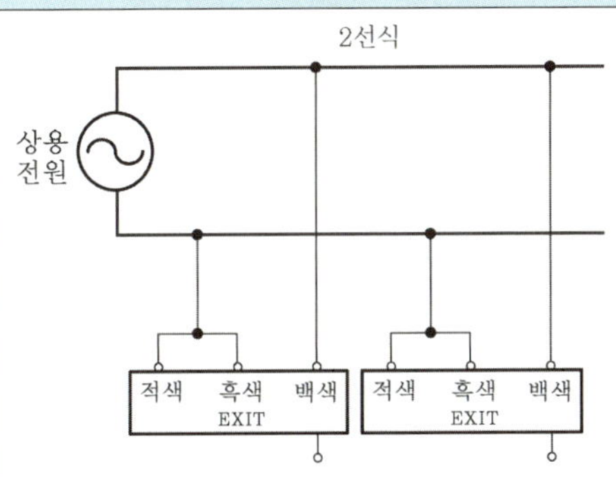	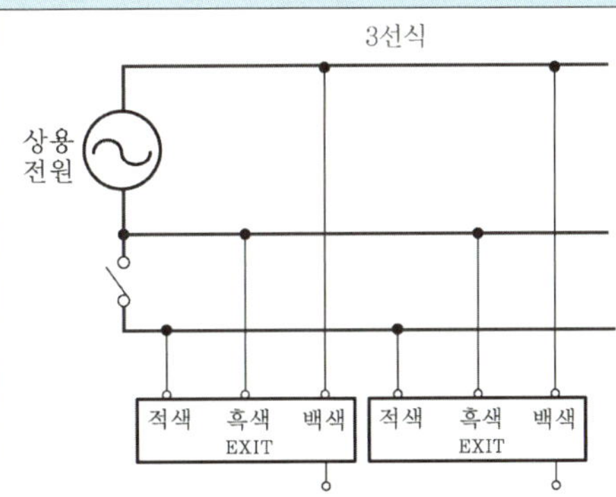
내용	1. 평상 시 교류전원에 의해 점등되어 있다. 2. 상용전원의 정전 또는 단선 시 자동적으로 비상전원에 의한 점등이 20분 또는 60분 이상 점등된 후 소등된다. 3. 점멸기에 의한 소등 시 비상전원에 충전이 되지 않으므로 점멸기를 설치하지 않는다.	1. 평상 시 소등, 화재 시 점등된다.(비상전원은 상시 충전상태) 2. 상용전원의 정전 또는 단선 시 자동적으로 비상전원에 의한 점등이 20분 또는 60분 이상 점등된 후 소등된다. 3. 점멸기에 의한 소등 시 유도등은 소등되나, 비상전원에 충전은 계속된다.

05 자동방화문

01 다음은 자동방화문설비의 자동방화문에서 R형 중계기까지의 결선도 및 계통도에 대한 것이다. 주어진 조건을 참조하여 각 물음에 답하시오. 배점 : 7 [04년] [18년]

[조건]
- 전선의 가닥수는 최소한으로 한다.
- 방화문 감지기회로는 본 문제에서 제외한다.

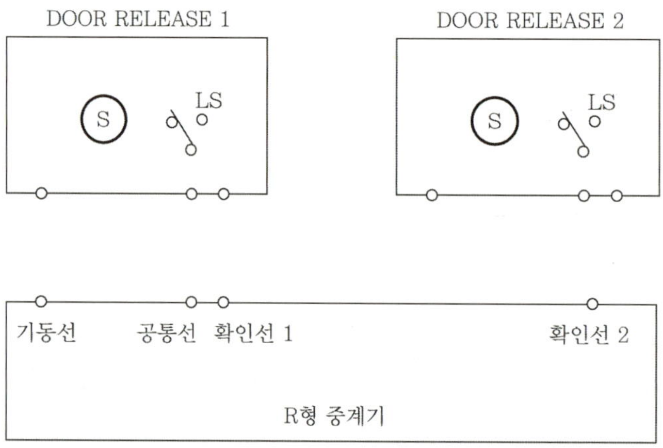

(1) DOOR RELEASE의 설치목적을 쓰시오.
(2) 미완성 된 도면을 완성하시오.

• **실전모범답안**

(1) 화재발생으로 인한 연기가 계단측으로 유입되는 것을 방지하기 위하여
(2)

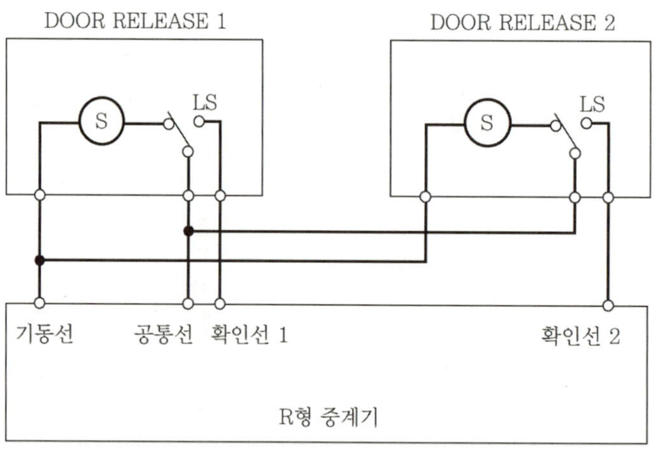

M·e·m·o

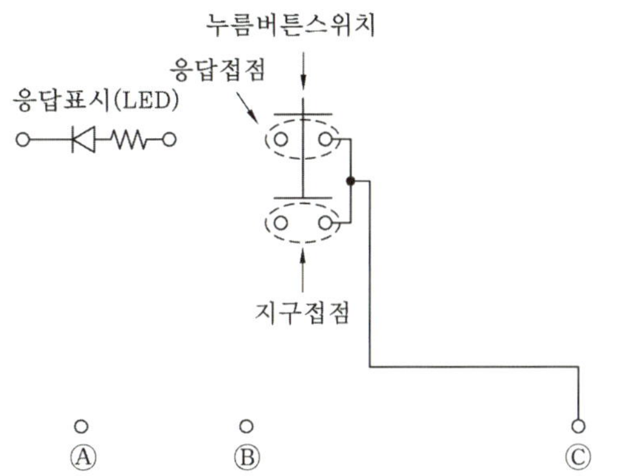

누름버튼스위치
응답접점
응답표시(LED)
지구접점
Ⓐ
Ⓑ
Ⓒ

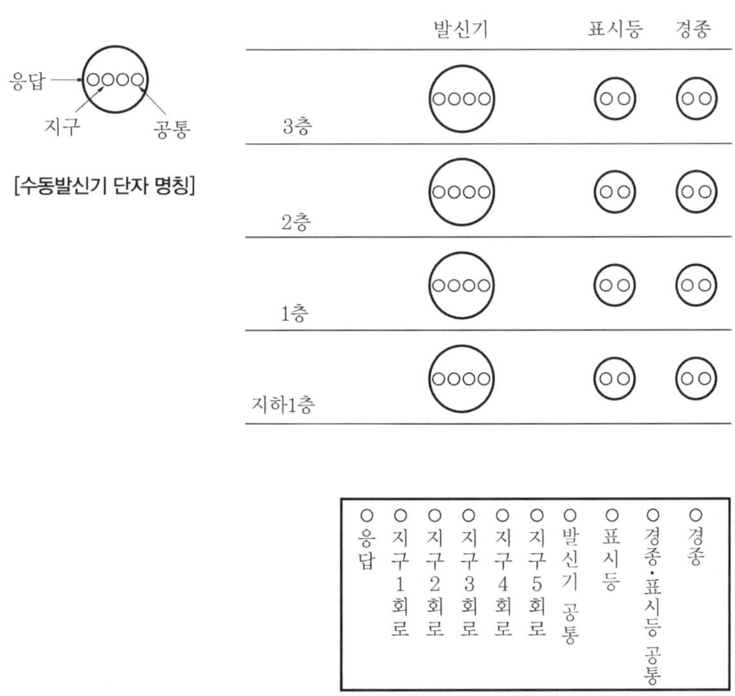

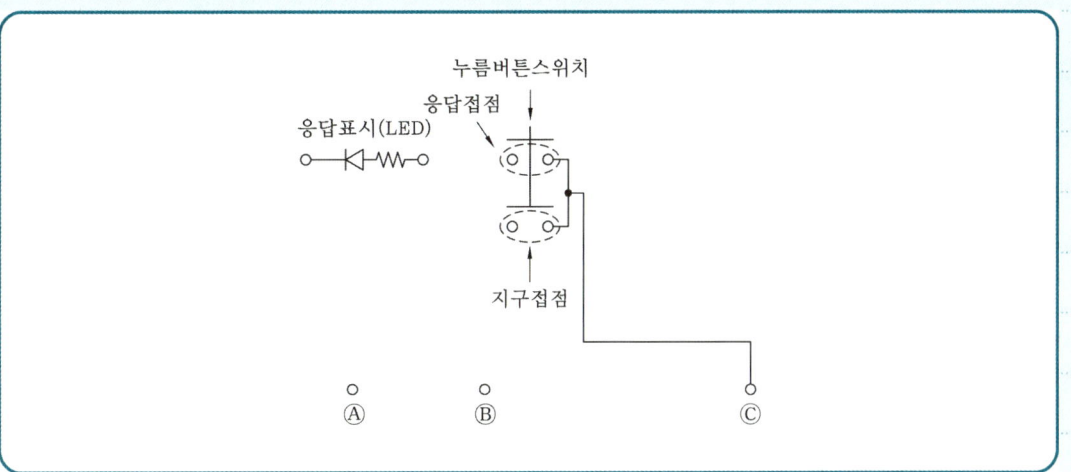

응답
지구
공통
[수동발신기 단자 명칭]
발신기
표시등
경종
3층
2층
1층
지하1층
응답
지구1회로
지구2회로
지구3회로
지구4회로
지구5회로
발신기 공통
표시등
경종·표시등 공통
경종

M·e·m·o

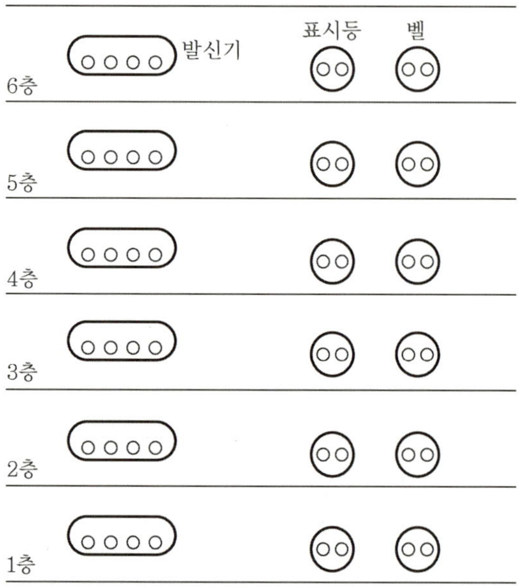
발신기
표시등
벨
6층
5층
4층
3층
2층
1층

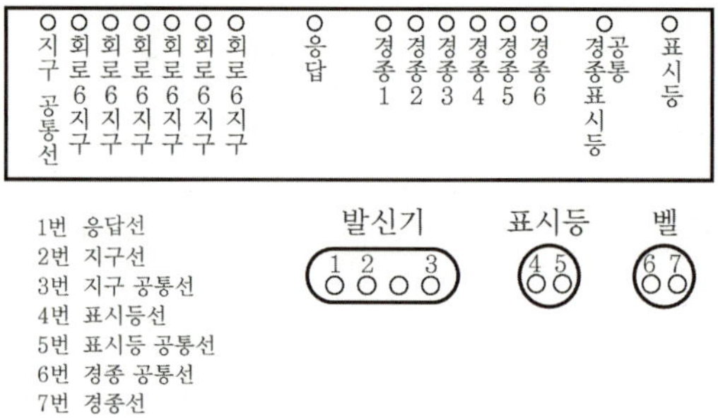
지구 공통선
회로 6 지구
회로 6 지구
회로 6 지구
회로 6 지구
회로 6 지구
회로 6 지구
응답
경종 1
경종 2
경종 3
경종 4
경종 5
경종 6
경종 표시등 공통
표시등
발신기
표시등
벨
1 2 3
4 5
6 7
1번 응답선
2번 지구선
3번 지구 공통선
4번 표시등선
5번 표시등 공통선
6번 경종 공통선
7번 경종선

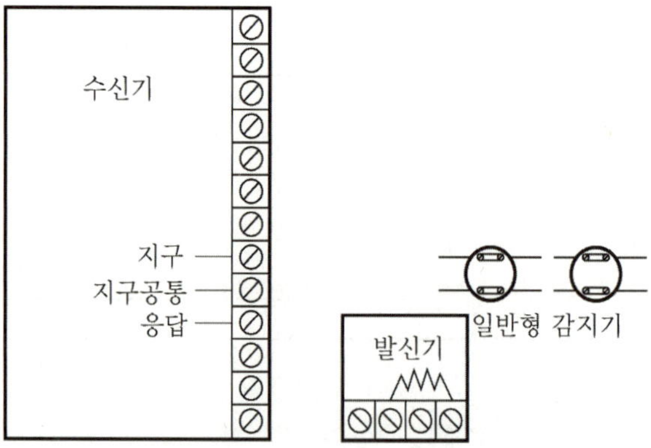
수신기
지구
지구공통
응답
발신기
일반형 감지기

M·e·m·o

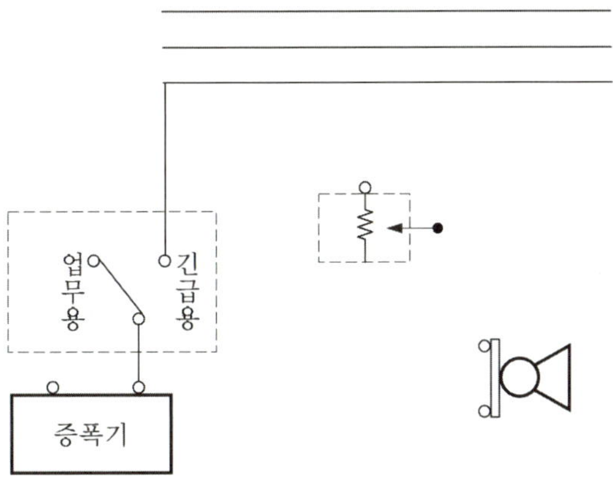

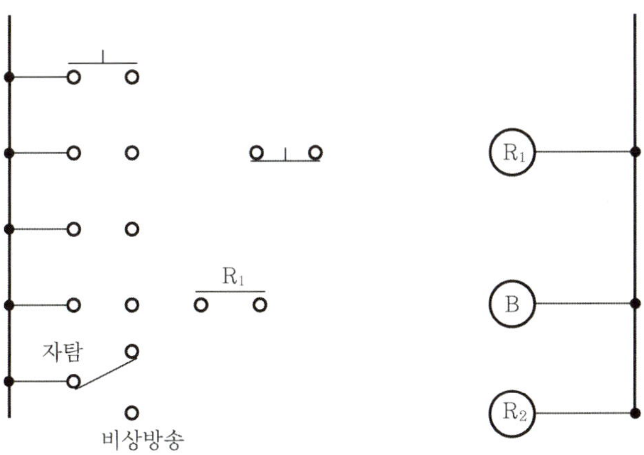

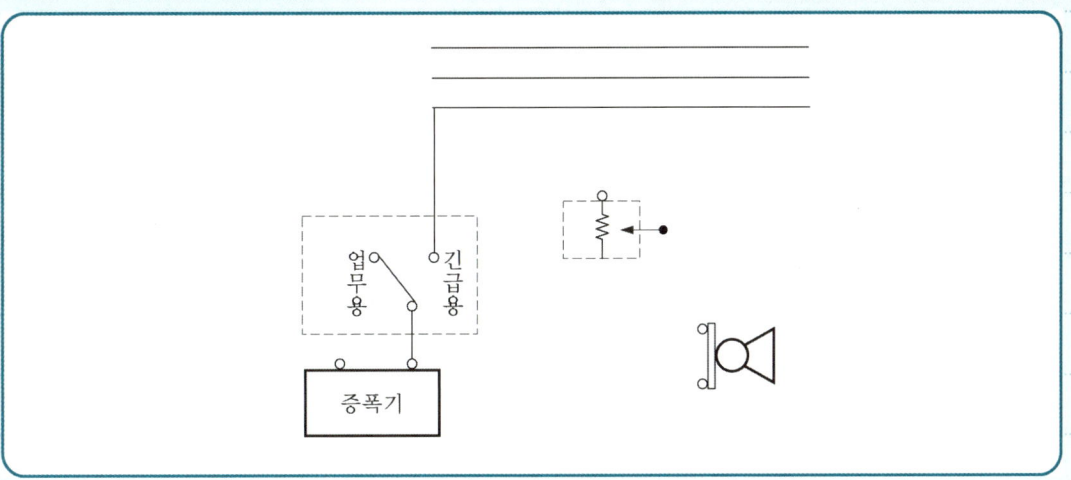

| 자동화재탐지설비 | | 비상방송설비 |

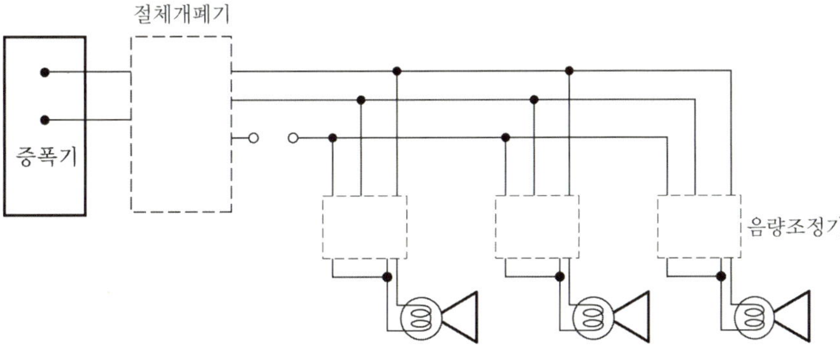

| 비상방송설비 |

M·e·m·o

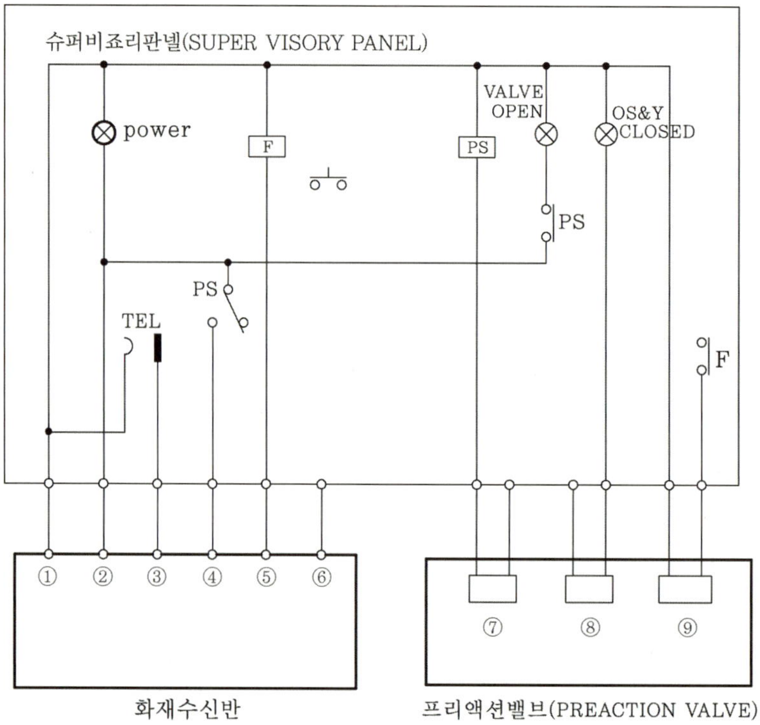

슈퍼비죠리판넬(SUPER VISORY PANEL)
power
F
PS
VALVE OPEN
OS&Y CLOSED
PS
PS
TEL
F
①
②
③
④
⑤
⑥
⑦
⑧
⑨
화재수신반
프리액션밸브(PREACTION VALVE)

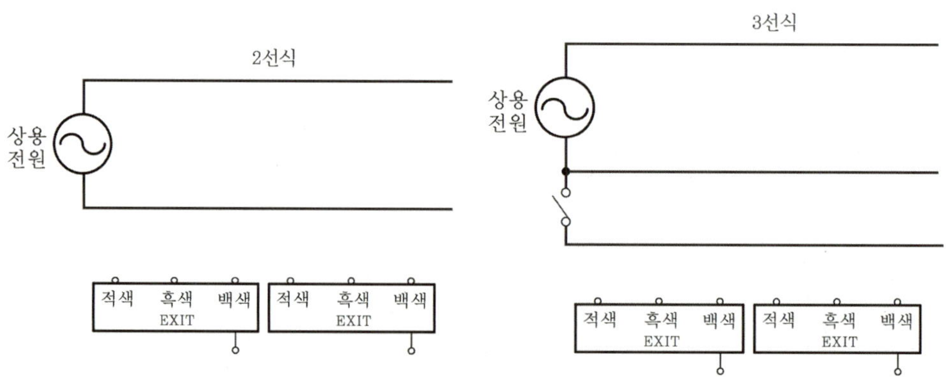

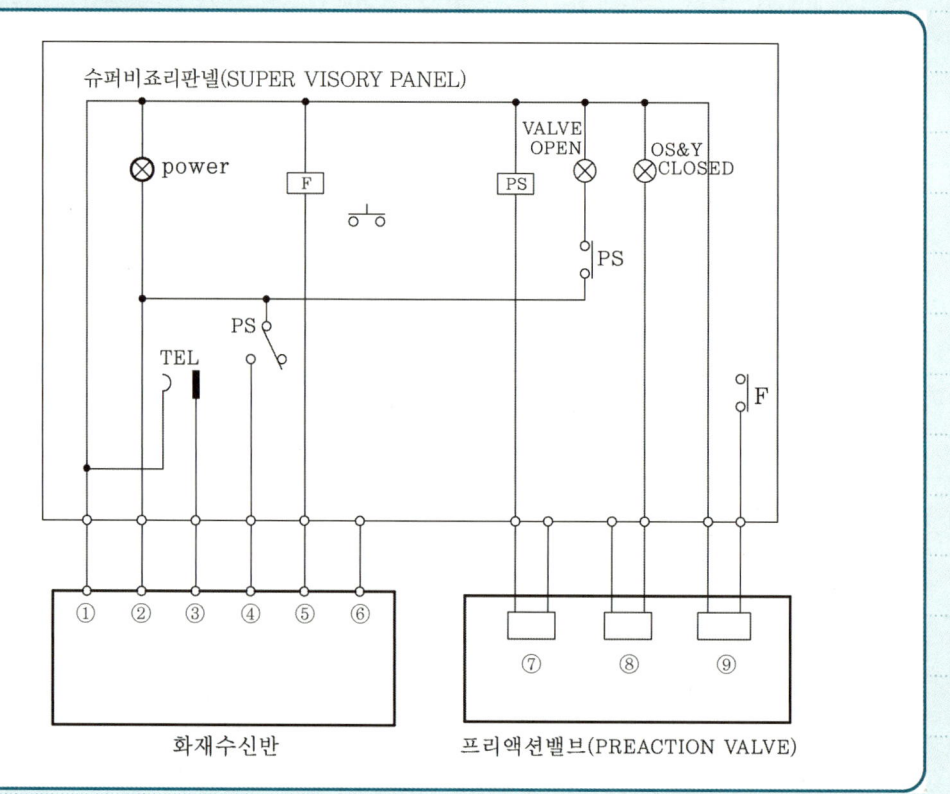

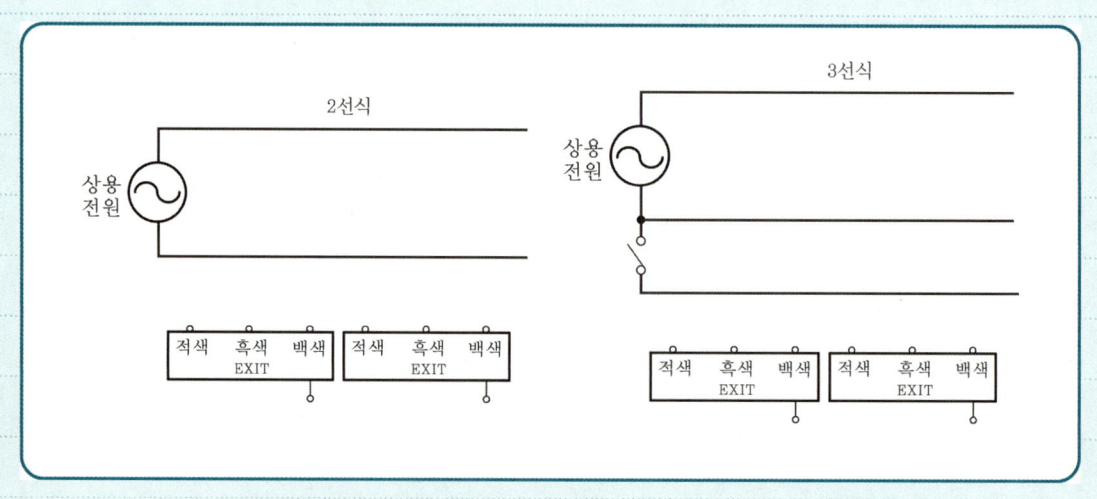

2선식
상용 전원
3선식
상용 전원
적색
흑색
백색
EXIT

M·e·m·o

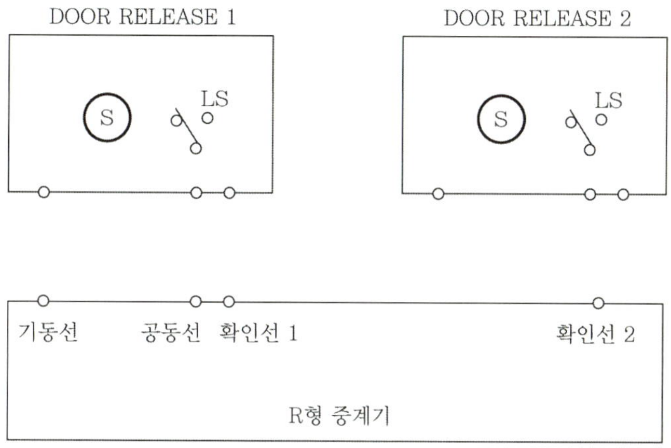

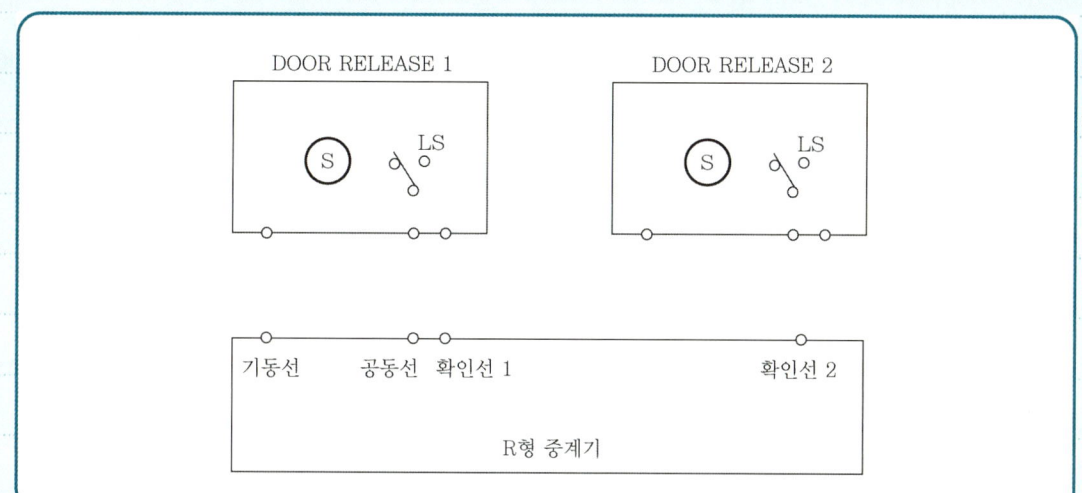

M·e·m·o

Chapter 02

소방시설의 기능 및 특성

1 경보설비

01 자동화재탐지설비(감지기)

01-1 감지기

(1) 감지기의 정의

화재 시 발생하는 **열**, **연기**, **불꽃** 또는 **연소생성물**을 **자동적**으로 **감지**하여 **수신기**에 화재신호 등을 **발신**하는 장치

(2) 감지기의 형식별 분류에 따른 정의

① **다신호식** : 1개의 감지기 내에 **서로 다른 종별** 또는 **감도** 등의 기능을 갖춘 것으로서 **일정시간 간격**을 두고 **각각 다른 2개 이상의 화재신호**를 발하는 감지기
② **방폭형** : 폭발성 가스가 용기 내부에서 **폭발**하였을 때 용기가 그 **압력**에 견디거나 또는 외부의 폭발성 가스에 **인화**될 우려가 없도록 만들어진 형태의 감지기
③ **방수형** : 그 구조가 **방수구조**로 되어 있는 감지기
④ **재용형** : **다시 사용**할 수 있는 성능을 가진 감지기
⑤ **축적형** : **일정농도** 이상의 **연기**가 **일정시간(공칭축적시간) 연속**하는 것을 전기적으로 검출함으로써 작동하는 감지기(단순히 작동시간만을 지연시키는 것은 제외)
⑥ **아날로그식** : 주위의 **온도** 또는 **연기**의 **양**의 **변화**에 따라 각각 다른 전류치 또는 전압치 등의 출력을 발하는 방식의 감지기
⑦ **연동식** : 단독경보형감지기가 작동할 때 화재를 경보하며 유·무선으로 주위의 다른 감지기에 신호를 발신하고 신호를 수신한 감지기도 화재를 경보하며 다른 감지기에 신호를 발신하는 방식
⑧ **무선식** : 전파에 의해 신호를 송·수신하는 방식

핵심기출문제

01 다신호식 감지기와 아날로그식 감지기의 형식별 특성(화재신호 출력방식)에 대하여 간단히 설명하시오. 배점 : 6 [07년] [08년] [10년]

(1) 다신호식 감지기
(2) 아날로그식 감지기
(3) 축적형 감지기

• **실전모범답안**

(1) 다신호식 감지기
1개의 감지기 내에 서로 다른 종별 또는 감도 등의 기능을 갖춘 것으로서 일정시간 간격을 두고 각각 다른 2개 이상의 화재신호를 발하는 감지기

(2) 아날로그식 감지기
주위의 온도 또는 연기의 양의 변화에 따라 각각 다른 전류치 또는 전압치 등의 출력을 발하는 방식의 감지기

(3) 축적형 감지기
일정농도 이상의 연기가 일정시간(공칭축적시간) 연속하는 것을 전기적으로 검출함으로써 작동하는 감지기(단순히 작동시간만을 지연시키는 것은 제외)

01-1 다음에 설명하는 감지기의 명칭을 적으시오. 배점 : 5 [07년]

(1) 종별, 감도 등이 다른 감지소자의 조합으로 일정시간 간격을 두고 각각 다른 2개 이상의 화재신호를 발하는 감지기
(2) 주위의 온도 또는 연기 양의 변화에 따라 각각 다른 전류치 또는 전압치 등의 출력을 발하는 감지기

• **실전모범답안** (1) 다신호식 감지기
(2) 아날로그식 감지기

01-2 차동식스포트형감지기

(1) 차동식스포트형감지기(공기의 팽창을 이용한 것)

(a)

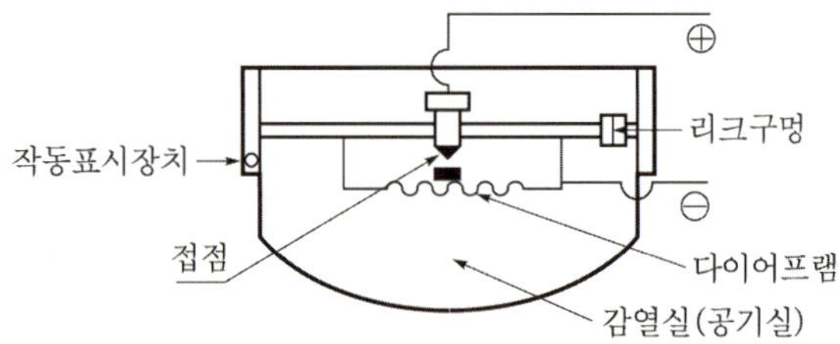

(b)

| 공기의 팽창을 이용한 차동식스포트형감지기 |

① **구성요소** : 감열실(챔버(Chamber)), 다이어프램, 접점, 리크구멍, 작동표시장치(LED)

② **동작원리** : 화재발생 시 감열실의 공기가 팽창하여 다이어프램을 밀어올려 접점이 붙어 수신기에 신호를 보낸다.

(2) 리크밸브(leak valve)=리크구멍=리크공

① **기능**

㉠ 비화재보의 방지(오작동의 방지)

㉡ 작동속도의 조정

㉢ 공기유통에 대한 저항을 가짐

② **리크구멍이 막힐 경우** : 계속 작동상태

③ **작동 특성 현상**

㉠ **리크공이 수축된 경우** : **비화재보**의 **원인**이 되며, 감지기의 **작동시간**이 **빨라진다.**

㉡ **리크공이 확장된 경우** : 감지기의 **작동시간**이 **늦어진다.**

참고 **차동식스포트형감지기**

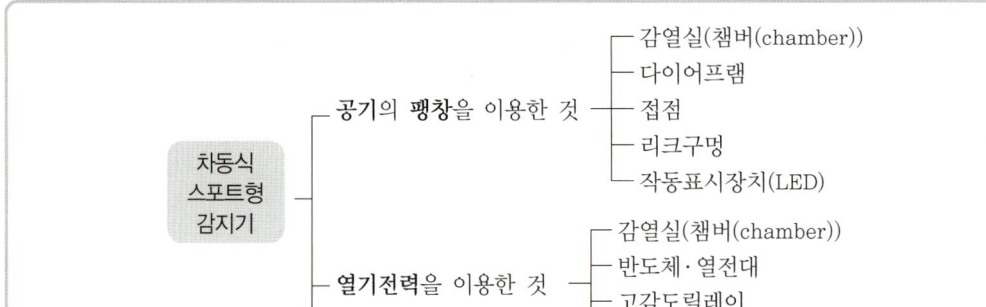

- 차동식 스포트형 감지기
  - **공기**의 **팽창**을 이용한 것
    - 감열실(챔버(chamber))
    - 다이어프램
    - 접점
    - 리크구멍
    - 작동표시장치(LED)
  - **열기전력**을 이용한 것
    - 감열실(챔버(chamber))
    - 반도체·열전대
    - 고감도릴레이
    - 온접점·냉접점
  - **반도체**를 이용한 것-서미스터(thermister)

핵심기출문제

01 어떤 감지기의 구조를 나타낸 그림이다. 다음 각 물음에 답하시오.

배점 : 6 [05년] [14년] [15년] [17년]

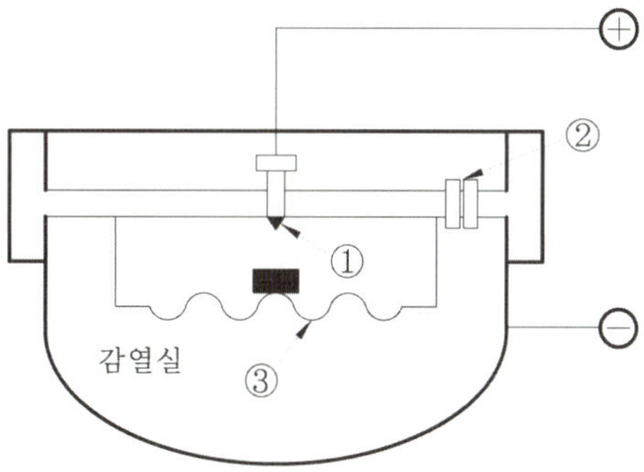

(1) 위의 그림이 나타내는 감지기의 명칭은 무엇인지 쓰시오.
(2) ①~③의 명칭을 쓰시오.
(3) ②의 역할을 쓰시오.
(4) 이 감지기의 동작원리를 설명하시오.

• **실전모범답안**

(1) 차동식스포트형감지기
(2) ① 접점 ② 리크구멍 ③ 다이어프램
(3) 오작동방지
(4) 화재발생 시 감열실의 공기가 팽창하여 다이어프램을 밀어올려 접점이 붙어 수신기에 신호를 보낸다.

01-1 차동식스포트형감지기는 여러 환경에 따라 감지기의 동작특성이 달라진다. 리크구멍이 축소되었을 경우와 리크구멍이 확장되었을 경우에 나타나는 동작 특성 현상에 대하여 쓰시오.

배점 : 4 [09년] [20년]

• **실전모범답안**

(1) 리크공이 수축된 경우 : 비화재보의 원인이 되며, 감지기의 작동시간이 빨라진다.
(2) 리크공이 확장된 경우 : 감지기의 작동시간이 늦어진다.

01-3 정온식감지기

(1) 정온식감지기의 구조원리

① **스포트형**

㉠ **바이메탈**(bimetal)의 **활곡** 또는 **반전**을 이용한 것(**반전 바이메탈식**)

㉡ **금속**의 **팽창계수**를 이용한 것

㉢ **액체(기체)**의 **팽창**을 이용한 것

㉣ **반도체**를 이용한 것

㉤ **가용절연물**을 이용한 것

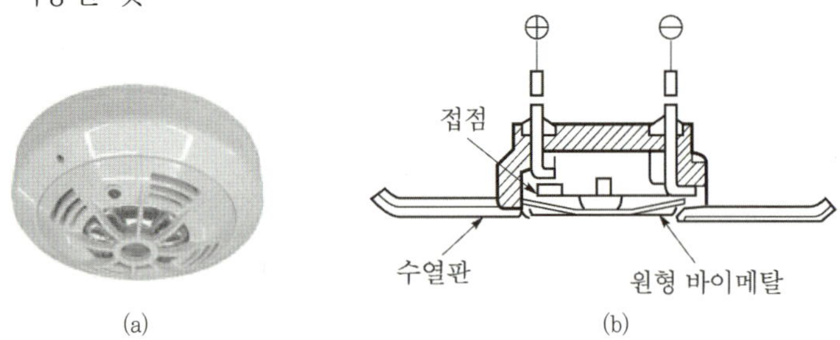

| 정온식스포트형감지기(바이메탈식) |

② **감지선형**

㉠ 직선부분 : 50cm 이내

㉡ 굴곡부분 : 10cm 이내

㉢ 접속부분 : 10cm 이내(단자부와 마감고정금구)

㉣ 굴곡반경 : 5cm 이상

(2) 감지기의 부착높이에 따른 감지기의 종류(NFTC 203 표 2.4.1)

부착높이	감지기의 종류
4m 미만	• 차동식(스포트형, 분포형) • 보상식스포트형 • 정온식(스포트형, 감지선형) • 이온화식 또는 광전식(스포트형, 분리형, 공기흡입형) • 열복합형 • 연기복합형 • 열연기복합형 • 불꽃감지기
4m 이상 8m 미만	• 차동식(스포트형, 분포형) • 보상식스포트형 • 정온식(스포트형, 감지선형) 특종 또는 1종 • 이온화식 1종 또는 2종 • 광전식(스포트형, 분리형, 공기흡입형) 1종 또는 2종 • 열복합형 • 연기복합형 • 열연기복합형 • 불꽃감지기

부착높이	감지기의 종류
8 m 이상 15 m 미만	• 차동식분포형 • 이온화식 1종 또는 2종 • 광전식(스포트형, 분리형, 공기흡입형) 1종 또는 2종 • 연기복합형 • 불꽃감지기
15 m 이상 20 m 미만	• 이온화식 1종 • 광전식(스포트형, 분리형, 공기흡입형) 1종 • 연기복합형 • 불꽃감지기
20 m 이상	• 불꽃감지기 • 광전식(분리형, 공기흡입형) 중 아날로그방식

[비고] 1. 감지기별 부착높이 등에 대하여 별도로 형식승인을 받은 경우에는 그 성능 인정범위 내에서 사용할 수 있다.

2. 부착높이가 **20m 이상**에 설치되는 광전식 중 아날로그방식의 감지기는 공칭감지농도 하한값이 **감광률 5%/m 미만**인 것으로 한다.

(3) 정온식감지기의 공칭작동온도 범위(감지기의 형식승인 및 제품검사의 기술기준 제16조) : 60~150℃

① 60~80℃ 미만 : 5℃ 간격(눈금)

② 80℃ 이상~150℃ : 10℃ 간격(눈금)

(4) 정온식 · 보상식 감지기의 공칭작동온도 색상표시(감지기의 형식승인 및 제품검사의 기술기준 제37조)

색 상	공칭작동온도, 정온점, 외피
백색	80℃ 이하
청색	80℃ 이상 120℃ 이하
적색	120℃ 이상

(5) 정온식감지선형감지기의 설치기준(NFTC 203 2.4.1.2)

① **보조선**이나 **고정금구**를 사용하여 감지선이 늘어지지 않도록 설치할 것

② **단자부**와 **마감 고정금구**와의 설치간격은 **10cm 이내**로 설치할 것

③ 감지선형감지기의 **굴곡반경**은 **5cm 이상**으로 할 것

④ **감지기**와 **감지구역**의 **각 부분**과의 **수평거리**가 **내화구조**의 경우 **1종 4.5m 이하, 2종 3m 이하**로 할 것. **기타 구조**의 경우 **1종 3m 이하, 2종 1m 이하**로 할 것

⑤ **케이블트레이**에 감지기를 설치하는 경우에는 **케이블트레이 받침대**에 **마감금구**를 사용하여 설치할 것

⑥ **창고**의 **천장** 등에 **지지물**이 **적당하지 않은 장소**에서는 **보조선**을 설치하고 그 보조선에 설치할 것

⑦ **분전반 내부**에 설치하는 경우 **접착제**를 이용하여 **돌기**를 **바닥**에 **고정**시키고 그 곳에 감지기를 설치할 것

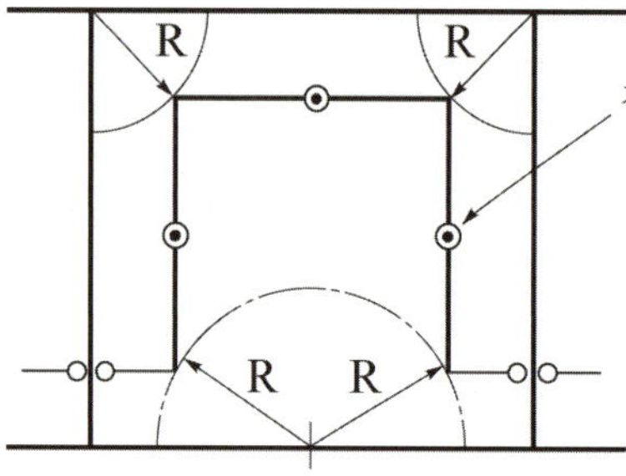

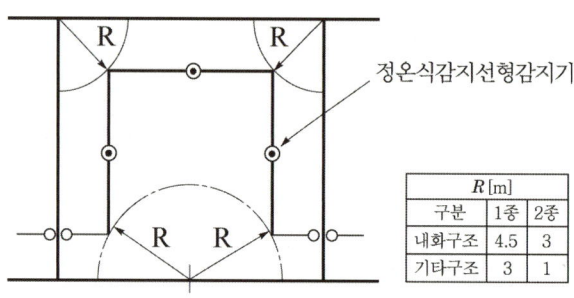

R[m]		
구분	1종	2종
내화구조	4.5	3
기타구조	3	1

| 정온식감지선형감지기의 설치 |

참고 **정온식감지선형감지기**

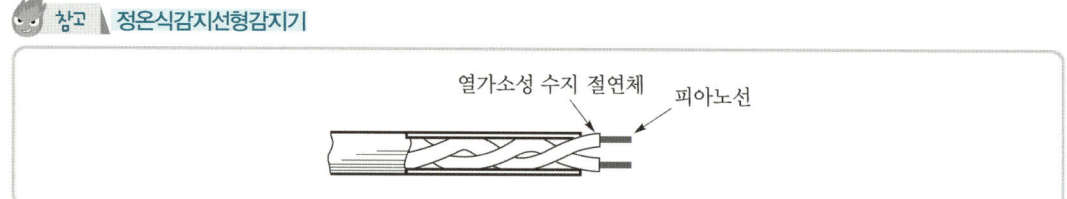

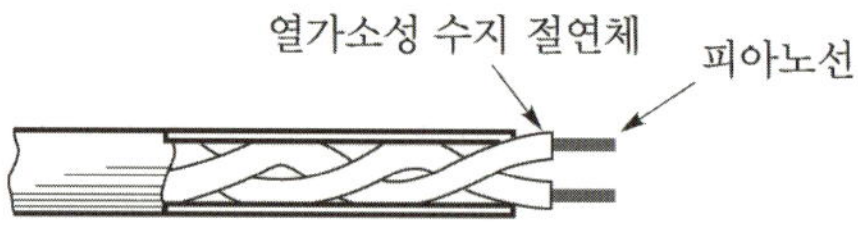

핵심기출문제

01 다음의 조건에서 설명하는 감지기의 명칭을 쓰시오. 배점 : 3 [09년] [15년] [21년]

[조건]
① 공칭작동온도 : 75° C
② 작동방식 : 반전바이메탈식, 60V, 0.1A
③ 부착높이 : 6m 미만

• **실전모범답안** 정온식스포트형감지기 특종 또는 1종

※ 본문의 (1)에서 정온식스포트형감지기임을, (2)에서 특종 또는 1종임을, (3)에서 공칭작동온도 범위가 60~80℃ 미만임을 알 수 있다.

01-1 정온식감지선형감지기는 외피에 다음의 구분에 의한 공칭작동온도의 색상을 표시해야 한다. 색상에 따른 적당한 공칭작동온도를 표시하시오. 배점 : 5 [09년]

(1) 백색 :
(2) 청색 :
(3) 적색 :

• **실전모범답안**

(1) 백색 : 80℃ 이하
(2) 청색 : 80℃ 이상 120℃ 이하
(3) 적색 : 120℃ 이상

※ 정온식감지기에는 공칭작동온도, 보상식감지기에는 정온점, 정온식감지선형감지기에는 외피에 공칭작동온도의 색상을 표시한다.

01-2 다음은 정온식감지선형감지기에 관한 사항이다. 다음 각 물음에 답하시오. 배점 : 10 [12년]

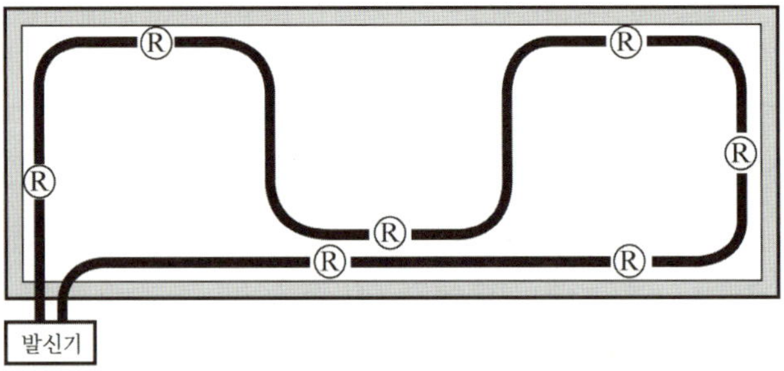

(1) 내화구조의 건축물에 1종 감지기를 설치할 경우에 감지구역의 각 부분과의 수평거리는 최대 몇 [m]인지 쓰시오.
(2) 감지기 사이가 늘어지지 않도록 하기 위하여 어떤 장치를 사용하여 시공해야 하는지 2가지를 쓰시오.
(3) 감지기의 굴곡반경은 몇 [cm] 이상이어야 하는지 쓰시오.
(4) 분전반 내부에는 무엇을 이용해야 돌기를 바닥에 고정시키는지 쓰시오.
(5) 그림에서 'R'은 무엇을 의미하는지 쓰시오.
(6) 발신기와 감지기의 단자 사이에는 몇 가닥의 전선을 연결해야 하는지 쓰시오.

• **실전모범답안**
(1) 4.5m
(2) ① 보조선
② 고정금구
(3) 5cm
(4) 접착제
(5) 정온식감지선형감지기
(6) 4가닥

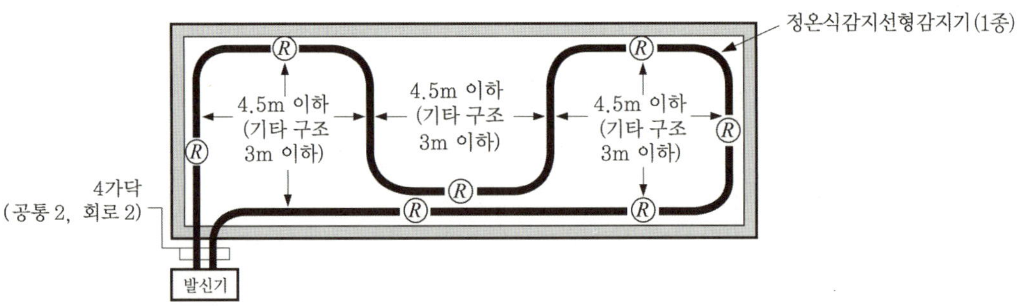

01-4 감지기의 작동 특성

(1) 열감지기의 작동 특성

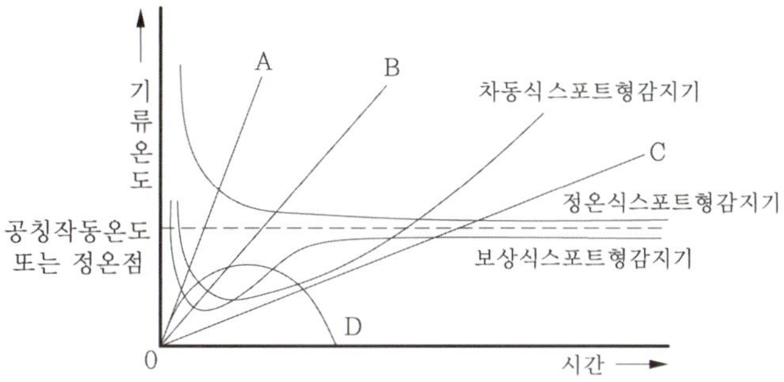

| 온도상승 시 감지기의 작동 특성 |

① A : 급격한 온도상승(불꽃이 있는 연소)
② B : 기준 온도상승
③ C : 완만한 온도상승(불꽃이 없는 연소)
④ D : 일시적 온도상승

(2) 동작 빠르기

① **보상식**은 **차동식**의 **다이어프램** 및 **정온식**의 **금속**의 **팽창계수**를 이용하기 때문에 **작동속도**가 **가장 빠르다.**
② **정온식**은 **일정온도**에 도달해야 작동하기 때문에 **시간지연**이 있고 그래프에서 작동 빠르기 순서는 **보상식**>**차동식**>**정온식** 순서이다.

핵심기출문제

01 다음은 차동식, 보상식, 정온식 감지기의 작동 특성 그래프이다. 이 그래프를 보고 ①, ②, ③에 해당되는 감지기를 쓰시오. (단, 0A=급격한 온도상승, 0B=보통의 온도상승, 0C=완만한 온도상승)

배점 : 5 [07년]

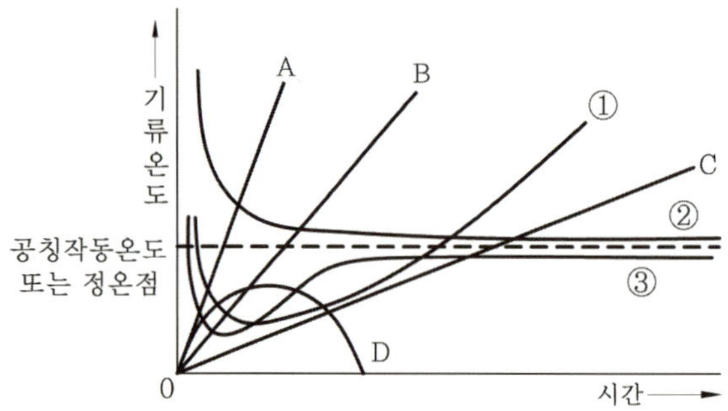

• **실전모범답안**
① 차동식스포트형감지기
② 정온식스포트형감지기
③ 보상식스포트형감지기

쉬어가는 코너

이 세상 그 어떤 높은 건축물도 땅에서부터 시작된다.

-작자 미상-

01-5 공기관식 차동식분포형감지기

(1) 공기관식 차동식분포형감지기

주위온도가 **일정 상승률** 이상이 되는 경우에 작동하는 것으로서 **넓은 범위** 내에서의 **열효과**의 **누적**에 의하여 작동하는 것 중 **공기관** 내의 **공기**가 **팽창**하여 팽창된 공기의 **압력**으로 **접점**을 붙여 작동되는 것

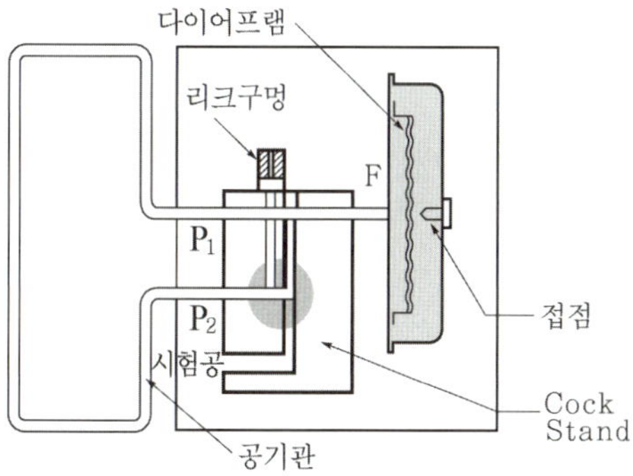

| 공기관식 감지기 |

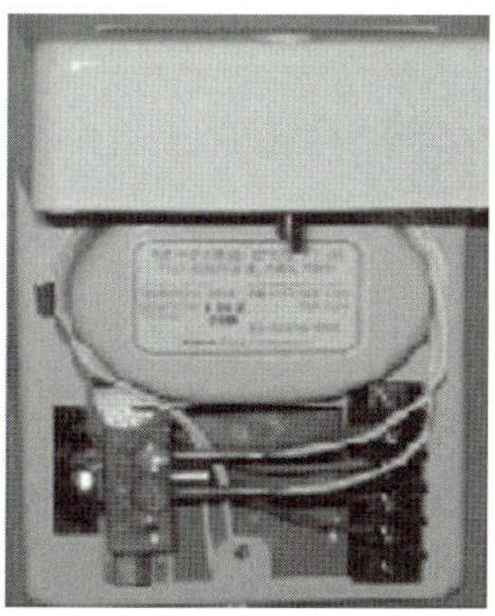

(a)

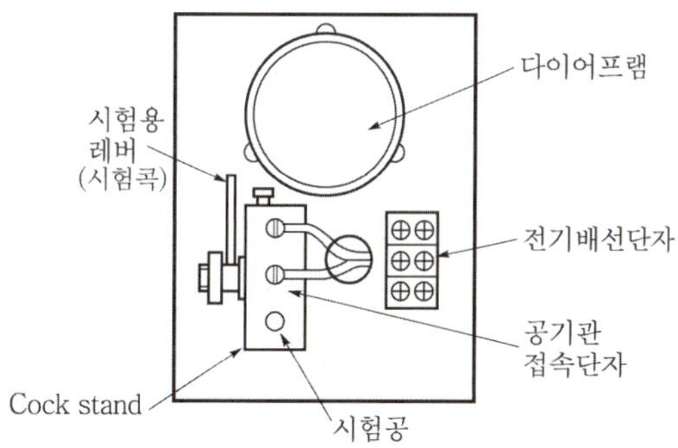

(b)

| 검출부 |

(2) 공기관식 차동식분포형감지기의 구성요소

- 공기관식 차동식 분포형감지기
  - **감열부(수열부)** : 공기관
  - **검출부**
    - 다이어프램
    - 접점
    - 리크공(리크구멍)
    - 시험장치(시험공, 시험용 레버)
    - 배선(접속전선)

참고 검출부와 발신기간 전선가닥수

1. 종단저항을 발신기에 설치하는 경우(4가닥)

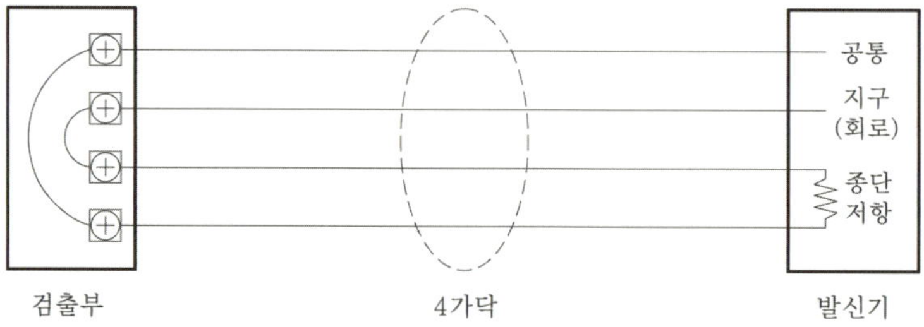

2. 종단저항을 검출부에 설치하는 경우(2가닥)

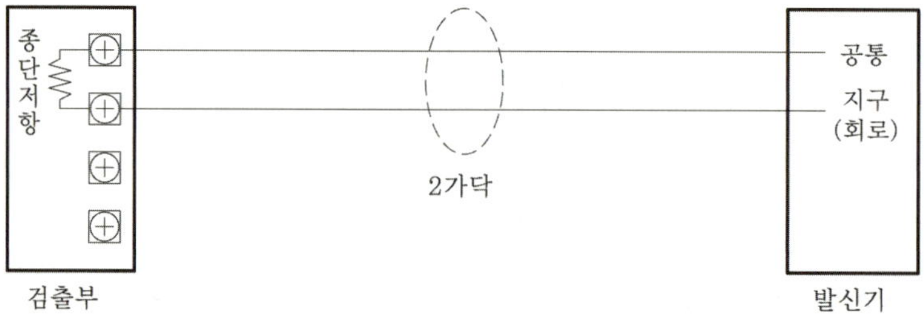

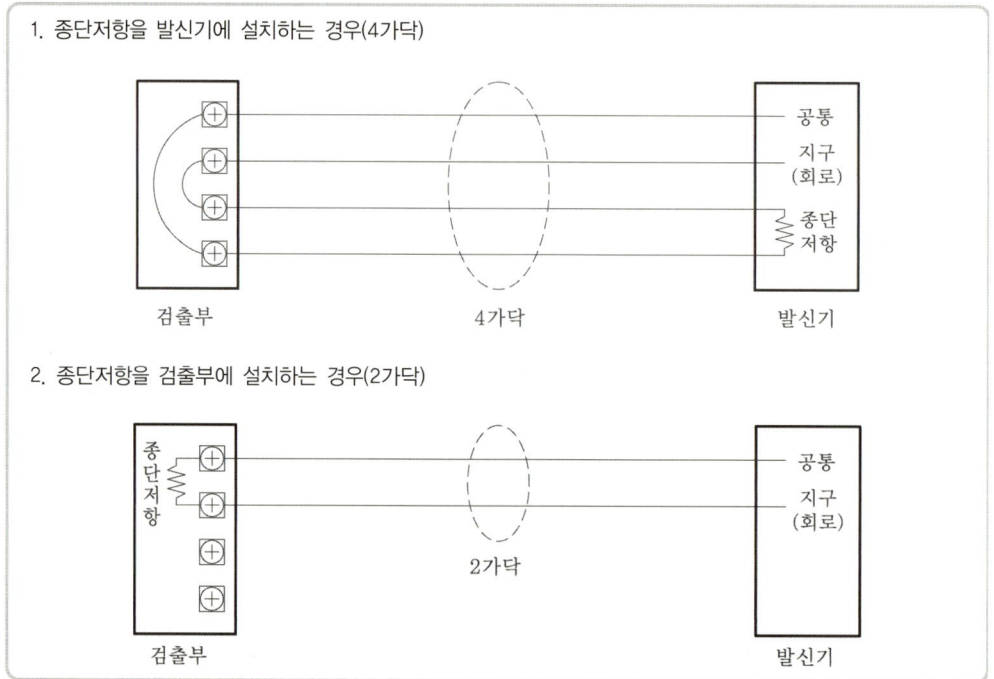

(3) 공기관식 차동식분포형감지기

① **공기관의 재질** : 동관(중공동관)

② **공기관의 규격**

㉠ 두께 : 0.3mm 이상

㉡ 외경 : 1.9mm 이상

③ **공기관의 지지금속기구**

㉠ 스테이플

㉡ 스티커

(4) 공기관식 차동식분포형감지기의 설치기준(NFTC 203 2.4.3.7)

① 공기관의 **노출부분**은 감지구역마다 20m **이상**이 되도록 할 것

② **공기관**과 **감지구역**의 **각 변**과의 **수평거리**는 1.5m **이하**가 되도록 하고, **공기관 상호간**의 **거리**는 6m(주요구조부를 **내화구조**로 한 특정소방대상물 또는 그 부분에 있어서는 9m) **이하**가 되도록 할 것

③ 공기관은 **도중**에서 **분기**하지 않도록 할 것

④ **하나**의 **검출부분**에 접속하는 **공기관**의 길이는 **100m 이하**로 할 것

⑤ **검출부**는 **5° 이상** 경사되지 않도록 부착할 것

⑥ **검출부**는 **바닥**으로부터 0.8m **이상** 1.5m **이하**의 위치에 설치할 것(**높**이)

암기법 수분 높노 100, 5

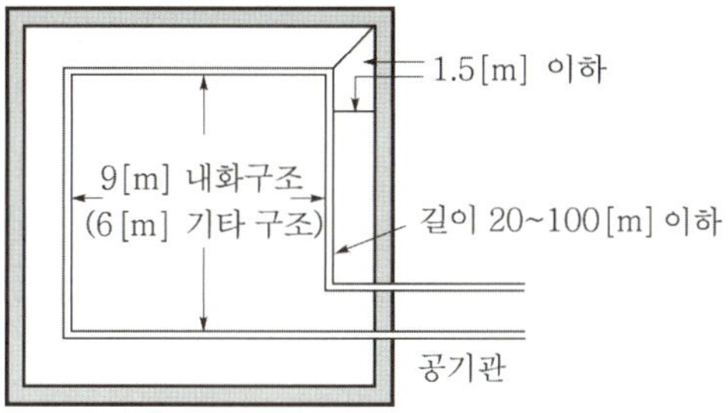

| 공기관의 설치 |

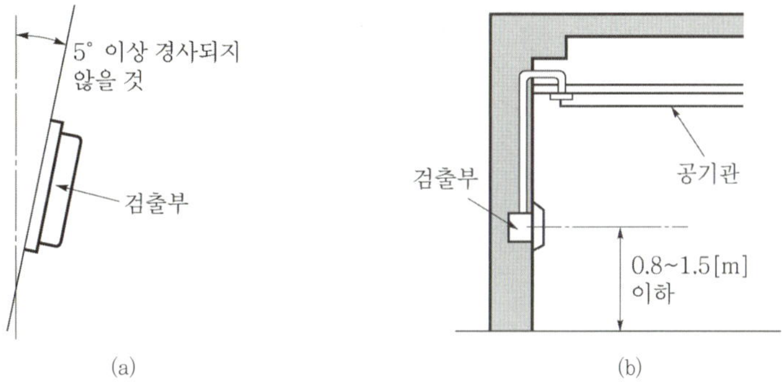

| 검출부의 설치 |

(5) 공기관식 차동식분포형감지기의 시험 종류

① **화재작동시험(펌프시험)** : 화재 시 공기관식 감지기가 작동되는 공기압에 해당하는 공기량을 공기주입기(테스트펌프)를 이용하여 공기관에 주입하여 작동시간이 정상인지 여부를 확인하기 위한 시험

② **유통시험** : 공기관에 공기를 주입하여 공기관의 누설, 폐쇄, 변형 등 공기관의 상태 및 길이를 확인하기 위한 시험

③ **접점수고시험(다이어프램시험)** : 검출기에서 감지기의 접점간격이 적당한가를 확인하기 위한 시험

④ **작동계속시험** : 감지기가 작동을 개시한 때부터 작동이 종료(복구)될 때까지의 시간을 측정하여 감지기의 작동지속상태가 정상인가를 확인하기 위한 시험

⑤ **리크시험** : 리크저항의 적정성 여부를 확인하기 위한 시험

참고 공기관식 차동식분포형감지기의 유통시험 순서

1. 검출부의 시험콕 레버위치를 중앙에 위치한다.
2. 공기관의 한쪽 부분을 제거한 후, 그 곳에 **마노미터**를 접속시키고 다른 한쪽에 **공기주입시험기**를 접속시킨다.
3. 공기주입시험기로 공기를 주입시켜 마노미터의 수위를 100mm로 유지시킨다.
4. 시험콕을 하단으로 이동시키는 등에 의하여 급기구를 개방한다.
5. 이때 수위가 1/2(50mm)이 될 때까지의 시간을 측정한다.

(6) 공기관식 차동식분포형감지기의 작동시험 시간

작동시간이 늦은 경우	① 리크 저항값이 기준치보다 작을 경우(누설 용이) ② 공기관 또는 다이어프램에 작은 구멍이 있을 경우 ③ 접점수고치가 규정치보다 높을 경우
작동시간이 빠른 경우	① 리크 저항값이 기준치보다 클 경우(누설 지연) ② 공기관 또는 다이어프램이 막힌 경우 ③ 접점수고치가 규정치보다 낮을 경우

쉬어가는 코너

과거는 상관없어,
아프기는 하겠지,
하지만 둘 중 하나야
도망치든가, 극복하든가!

-라이온킹 중-

핵심기출문제

01 공기관식 차동식분포형감지기의 수열부와 검출부의 구성요소를 쓰시오. 배점 : 4 [06년]

• 실전모범답안

① 수열부 : 공기관

② 검출부 : 다이어프램, 접점, 리크구멍, 시험장치(시험공, 시험용 레버)

01-1 공기관식 차동식분포형감지기의 설치기준으로 (　) 안에 알맞은 말을 넣으시오.

배점 : 7 [03년] [20년]

(1) 공기관의 노출 부분은 감지구역마다 (①) m 이상이 되도록 할 것

(2) 공기관과 감지구역의 각 변과의 수평거리는 (②) m 이하가 되도록 하고, 공기관 상호간의 거리는 (③) m(주요구조부를 내화구조로 한 소방대상물 또는 그 부분에 있어서는 (④) m) 이하가 되도록 할 것

(3) 하나의 검출 부분에 접속하는 공기관의 길이는 (⑤) m 이하로 할 것

(4) 검출부는 (⑥)도 이상 경사되지 않도록 할 것

(5) (⑦)는 바닥으로부터 0.8m 이상 1.5m 이하의 위치에 설치할 것

• 실전모범답안

(1) 공기관의 노출 부분은 감지구역마다 (① 20) m 이상이 되도록 할 것

(2) 공기관과 감지구역의 각 변과의 수평거리는 (② 1.5) m 이하가 되도록 하고, 공기관 상호간의 거리는 (③ 6) m(주요구조부를 내화구조로 한 소방대상물 또는 그 부분에 있어서는 (④ 9) m) 이하가 되도록 할 것

(3) 하나의 검출 부분에 접속하는 공기관의 길이는 (⑤ 100) m 이하로 할 것

(4) 검출부는 (⑥ 5)도 이상 경사되지 않도록 할 것

(5) (⑦ 검출부)는 바닥으로부터 0.8m 이상 1.5m 이하의 위치에 설치할 것

01-2 다음은 공기관식 차동식분포형감지기의 설치도면이다. 다음 각 물음에 답하시오.(단, 주요 구조부를 내화구조로 한 소방대상물인 경우이다.)

배점 : 8 [08년] [11년] [14년] [20년]

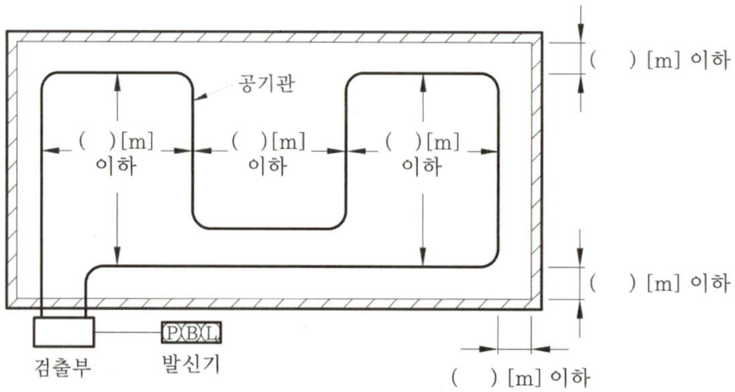

(1) 내화구조일 경우의 공기관 상호간의 거리와 감지구역의 각 변과의 거리는 몇 [m] 이하가 되도록 해야 하는지 도면의 ( ) 안에 쓰시오.
(2) 종단저항을 발신기에 설치할 경우 차동식분포형감지기의 검출부와 발신기 간에 연결해야 하는 전선의 가닥수를 도면에 표기하시오.
(3) 공기관의 노출 부분의 길이는 몇 [m] 이상이 되어야 하는지 쓰시오.
(4) 검출부의 설치높이를 쓰시오.
(5) 검출 부분에 접속하는 공기관의 길이는 몇 [m] 이하로 해야 하는지 쓰시오.
(6) 공기관의 재질은 무엇인지 쓰시오.
(7) 검출부는 몇 도 이하로 해야 하는지 쓰시오.
(8) 공기관의 두께와 외경은 각각 몇 [mm] 이상인지 쓰시오.

• **실전모범답안**

(1), (2)

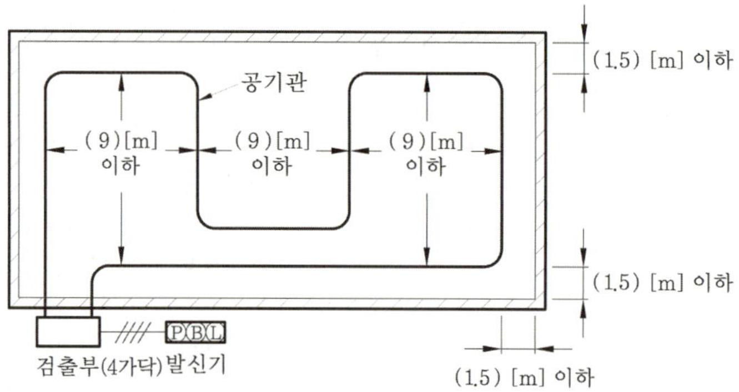

(3) 20m
(4) 바닥으로부터 0.8m 이상 1.5m 이하
(5) 100m
(6) 동관(중공동관)
(7) 5°
(8) ① 두께 : 0.3mm 이상 ② 외경 : 1.9mm 이상

01-3 그림은 공기관식 차동식분포형감지기의 시험에 관한 것이다. 시험방법을 참고하여 어떤 시험인지 쓰시오.

배점 : 3 [13년]

[시험방법]

① 검출부의 시험콕 레버위치를 중앙에 위치한다.
② 공기관의 한쪽 부분을 제거한 후, 그 곳에 마노미터를 접속시키고 다른 한쪽에 공기주입시험기를 접속시킨다.
③ 공기주입시험기로 공기를 주입시켜 마노미터의 수위를 100mm로 유지시킨다.
④ 시험콕을 하단으로 이동시키는 등에 의하여 급기구를 개방한다.
⑤ 이때 수위가 1/2(50mm)이 될 때까지의 시간을 측정한다.

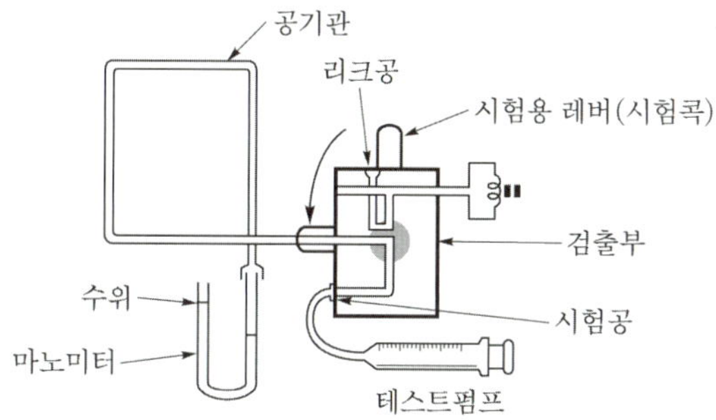

• **실전모범답안** 유통시험

01-4 공기관식 감지기 시험방법에 대한 설명 중 ①과 ②에 알맞은 내용을 답란에 쓰시오.

배점 : 5 [16년] [20년]

(1) 검출부의 시험공 또는 공기관의 한쪽 끝에 (①)을(를) 접속하고 시험코크 등을 유통시험 위치에 맞춘 후 다른 끝에 (②)을(를) 접속시킨다.
(2) (②)(으)로 공기를 주입하고 (①) 수위를 눈금의 0점으로부터 100mm 상승시켜 수위를 정지시킨다.
(3) 시험코크 등에 의해 송기구를 개방하여 상승 수위의 1/2까지 내려가는 시간(유통시간)을 측정한다.

①	②

• **실전모범답안**

①	②
마노미터	공기주입시험기

01-5 **공기관식 차동식분포형감지기의 3정수시험 중 접점수고(간격)시험 시 수고치가 다음에 해당하는 경우에 각각 나타나는 현상을 쓰시오.** 배점 : 5 [16년]

(1) 비정상적인 경우 :
(2) 낮은 경우 :
(3) 높은 경우 :

• **실전모범답안**

(1) 비정상적인 경우 : 감지기가 작동되지 않는다.
(2) 낮은 경우 : 감지기의 작동시간이 빠르므로 비화재보의 원인이 된다.
(3) 높은 경우 : 감지기의 작동시간이 지연된다.

01-6 **공기관식 차동식분포형감지기의 공기관 길이가 270m이다. 검출부의 수량을 구하시오. (단, 하나의 검출부에 접속하는 공기관의 길이는 최대 길이를 적용할 것)** 배점 : 4 [07년] [21년]

• **실전모범답안**

공기관식 차동식분포형감지기 검출부의 최소 설치개수

하나의 검출 부분에 접속하는 공기관의 길이는 100m 이하이므로

$\frac{270\text{m}}{100\text{m}} = 2.7 \fallingdotseq 3$개

01-6 열전대식 차동식분포형감지기

(1) 열전대식 차동식분포형감지기

화재 시 발생하는 열에 의해 열전대부가 가열되어 종류가 다른 금속판의 상호간에 열기전력이 발생하여 미터릴레이에 전류가 흘러 접점이 붙어 수신기에 신호를 발하는 것

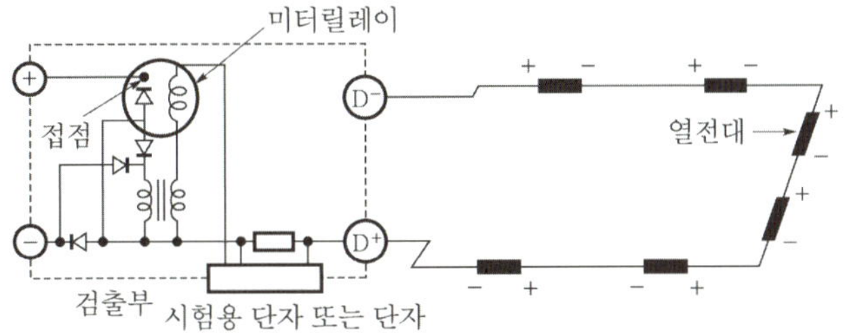

| 열전대식 차동식분포형감지기 |

(2) 구성요소

열전대식 차동식분포형감지기
- **감열부** : 열전대
- **검출부** : 미터릴레이, 접속전선(배선)

(3) 열전대식 차동식분포형감지기의 설치기준(NFTC 203 2.4.3.8)

① **열전대부**는 감지구역의 바닥면적 18m²(주요구조부가 **내화구조**로 된 특정소방대상물에 있어서는 22m²)마다 **1개 이상**으로 할 것. 다만, 바닥면적이 72m²(주요구조부가 **내화구조**로 된 특정소방대상물에 있어서는 88m²) 이하인 특정소방대상물에 있어서는 **4개 이상**으로 해야 한다.

② **하나**의 **검출부**에 접속하는 열전대부는 **20개 이하**로 할 것. 다만, 각각의 열전대부에 대한 작동여부를 검출부에서 표시할 수 있는 것(주소형)은 형식승인 받은 성능인정범위 내의 수량으로 설치할 수 있다.

쉬어가는 코너

오늘은 내 남은 인생의 첫 번째 날이다.

-작자 미상-

핵심기출문제

01 그림은 열전대식 차동식분포형감지기에 대한 결선도면이다. 이 도면을 보고 다음 각 물음에 답하시오.

배점 : 5 [05년]

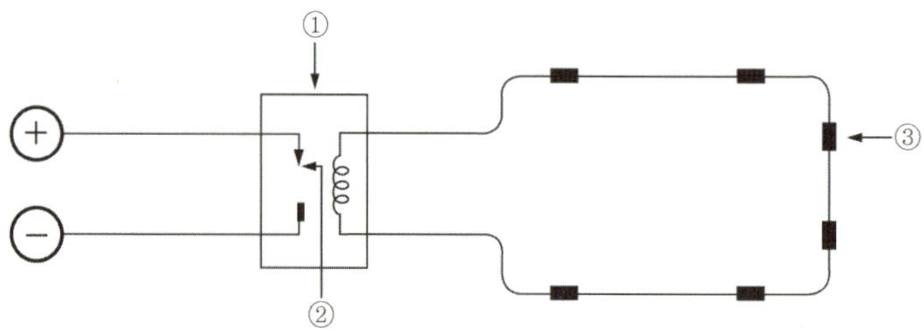

(1) ①에 해당되는 곳은 무슨 부분인지 쓰시오.
(2) ②, ③에 해당되는 곳의 명칭을 쓰시오.
(3) 하나의 검출부에 접속하는 열전대부는 몇 개 이하로 해야 하는지 쓰시오.
(4) 열전대부는 감지구역의 바닥면적이 몇 [m^2]마다 1개 이상으로 해야 하는지 쓰시오. (단, 일반구조이다.)

• **실전모범답안**

(1) 검출부
(2) ② 접점
③ 열전대
(3) 20개
(4) 18m^2

01-7 연기감지기

(1) 감지기의 설치기준(NFTC 203 2.4.3)

① 감지기(차동식분포형의 것을 제외한다)는 실내로의 **공기유입구**로부터 1.5m **이상** 떨어진 위치에 설치할 것
② 감지기는 **천장** 또는 **반자**의 **옥내**에 **면하는 부분**에 설치할 것
③ **보상식스포트형감지기**는 **정온점**이 감지기 **주위**의 **평상 시 최고온도**보다 20℃ **이상** 높은 것으로 설치할 것
④ **정온식감지기**는 **주방·보일러**실 등으로서 다량의 화기를 취급하는 장소에 설치하되, **공칭작동온도**가 **최고주위온도**보다 20℃ **이상** 높은 것으로 설치할 것

암기법 천공보정

⑤ 차동식·보상식·정온식 스포트형감지기의 부착높이에 따른 바닥면적 기준

(단위 : [m²])

부착높이 및 소방대상물의 구분		감지기의 종류						
		차동식 스포트형		보상식 스포트형		정온식 스포트형		
		1종	2종	1종	2종	특종	1종	2종
4m 미만	주요구조부를 내화구조로 한 특정소방대상물 또는 그 부분	90	70	90	70	70	60	20
	기타 구조의 특정소방대상물 또는 그 부분	50	40	50	40	40	30	15
4m 이상 8m 미만	주요구조부를 내화구조로 한 특정소방대상물 또는 그 부분	45	35	45	35	35	30	설치 불가
	기타 구조의 특정소방대상물 또는 그 부분	30	25	30	25	25	15	설치 불가

⑥ **스포트형감지기**는 45° **이상** 경사되지 않도록 부착할 것

(2) 이온화식 연기감지기의 구조

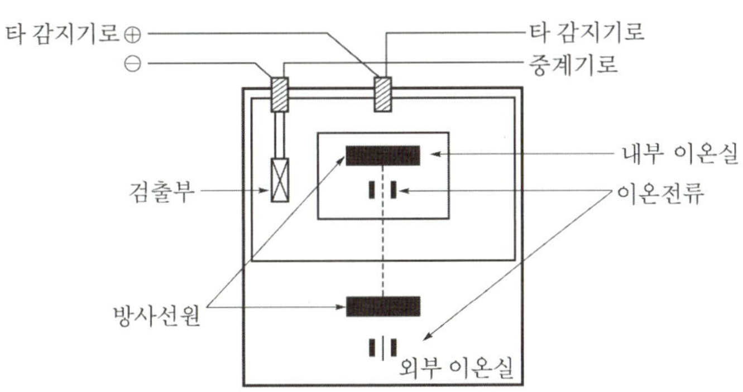

(3) 이온화식 연기감지기

① **방사선 동위원소**

㉠ 아메리슘 241(Am^{241})

㉡ 아메리슘 95(Am^{95})

㉢ 라듐(Ra)

② **방사선** : α선

(4) 연기감지기의 설치기준(NFTC 203 2.4.3.10)

① 연기감지기의 부착높이별 바닥면적 기준

(단위 : [m^2])

부착높이	감지기의 종류	
	1종 및 2종	3종
4m 미만	150	50
4m 이상 20m 미만	75	설치 불가

② 감지기는 **복**도 및 **통로**에 있어서는 **보행거리 30**m(**3**종에 있어서는 **2**0m)마다, **계단** 및 **경사로**에 있어서는 **수직거리 15**m(3종에 있어서는 **1**0m)마다 **1개 이상**으로 할 것

③ **천장** 또는 **반자**가 **낮은 실내** 또는 **좁은 실내**에 있어서는 **출입구**의 **가까운 부분**에 설치할 것

④ **천장** 또는 **반자부근**에 **배기구**가 있는 경우에는 **그 부근**에 설치할 것

⑤ 감지기는 **벽** 또는 **보**로부터 **0.6m 이상** 떨어진 곳에 설치할 것

암기법 복통 서서히(332) 계경 일요일(151) 낮은 배기구 벽보 0.6m 이상

(5) 광전식감지기

① **스포트형**

㉠ 구성요소 : 발광부, 수광부, 차광판, 신호증폭회로, 스위칭회로, 작동표시장치

(a)

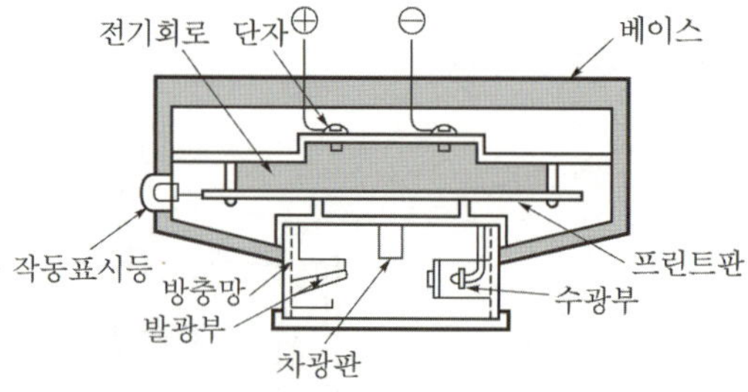

(b)

| 광전식스포트형감지기의 구조 |

㉡ 동작원리 : 화재발생 시 **감지기 내 연기입자**가 들어오면 빛의 **산란(난반사)이** 일어나 **광전소자**의 **저항**이 **변하여 수신기**에 **신호**를 보낸다.

② 공기흡입형

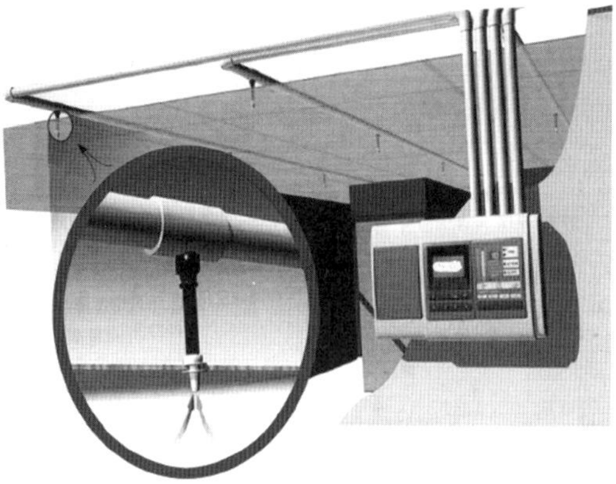

(a)

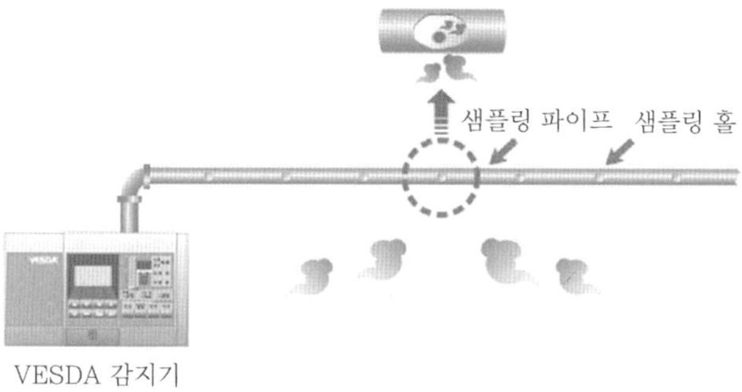

(b)

| 광전식공기흡입형감지기 |

㉠ **구성요소** : 흡입배관, 공기흡입펌프(aspirator), 감지부, 제어부, 필터

㉡ **동작원리** : **평상 시 공기흡입펌프**가 **흡입배관**을 통하여 **주위공기**를 **계속 흡입**하고 **화재발생 시** 흡입된 공기 중에 함유된 **연소생성물**의 성분을 분석하여 화재를 감지한다.

③ 분리형

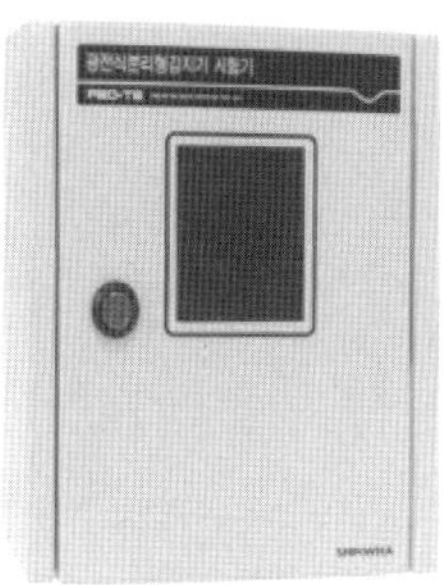

(a)

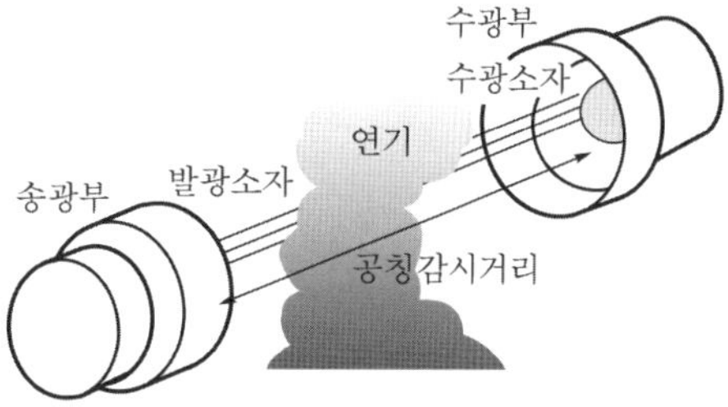

(b)

| 광전식분리형감지기 |

㉠ **구성요소** : 발광부, 수광부, 신호증폭회로, 스위칭회로, 작동표시장치

㉡ **동작원리** : 화재발생 시 **광축**(송광부와 수광부의 축) 사이로 **연기입자**가 들어오면 **광량**이 **감소**하므로 이를 **검출**하여 화재신호를 보낸다.

㉢ **광전식분리형감지기의 설치기준**(NFTC 203 2.4.3.15)
- 감지기의 **수광면**은 **햇빛**을 직접 받지 않도록 설치할 것
- **광축**(송광면과 수광면의 중심을 연결한 선)은 나란한 벽으로부터 **0.6m 이상** 이격하여 설치할 것
- 감지기의 **송광부**와 **수광부**는 설치된 **뒷벽**으로부터 **1m 이내** 위치에 설치할 것
- **광축**의 **높이**는 천장 등(천장의 실내에 면한 부분 또는 상층의 바닥 하부면을 말한다) 높이의 **80% 이상**일 것
- 감지기의 **광축**의 **길이**는 **공칭감시거리 범위 이내**일 것

암기법 광수 높! 뒷길

참고 광전식분리형감지기의 공칭감시거리

광전식분리형감지기의 공칭감시거리는 5~100m 이하로 하여 5m 간격으로 한다.

(6) 특수장소에 설치하는 감지기

구 분	감지기
화학공장, 격납고, 제련소	광전식분리형감지기, 불꽃감지기
전산실, 반도체공장	광전식공기흡입형감지기

(7) 감지기의 형식승인 및 제품검사의 기술기준 제19조 ⑦

광전식공기흡입형감지기의 **공기흡입장치**는 공기배관망에 설치된 가장 먼 샘플링 지점에서 감지부분까지 **120초 이내**에 **연기**를 **이송**할 수 있어야 한다.

(8) 연기감지기 설치장소(NFTC 203 2.4.2)

① 계단·경사로 및 에스컬레이터 경사로
② 복도(30m 미만인 것을 제외한다.)
③ 엘리베이터 승강로(권상기실이 있는 경우에는 권상기실)·린넨슈트·파이프 피트 및 덕트 기타 이와 유사한 장소
④ 천장 또는 반자의 높이가 15m 이상 20m 미만의 장소
⑤ 다음의 어느 하나에 해당하는 특정소방대상물의 취침·숙박·입원 등 이와 유사한 장소
 ㉠ 공동주택·오피스텔·숙박시설·노유자시설·수련시설
 ㉡ 교육연구시설 중 합숙소
 ㉢ 의료시설, 근린생활시설 중 입원실이 있는 의원·조산원
 ㉣ 교정 및 군사시설
 ㉤ 근린생활시설 중 고시원

핵심기출문제

01 다음 그림은 Ion화식 연기감지기에 대한 것이다. 각 물음에 답하시오. 배점 : 8 [11년]

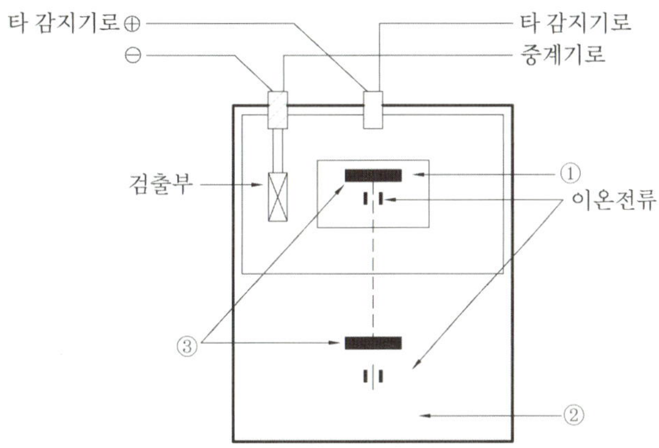

(1) ①~③의 명칭을 쓰시오.
(2) 이 감지기에서 방출하는 방사선은 α 선이다. 방사선원은 무엇인지 쓰시오.
(3) 감지기를 천장에 설치한 경우 벽면으로부터 최소 몇 [m] 이상 이격시켜야 하는지 쓰시오.
(4) 감지기는 실내로의 공기유입구로부터 몇 [m] 이상 이격시켜야 하는지 쓰시오.

• **실전모범답안**

(1) ① 내부 이온실
② 외부 이온실
③ 방사선원

(2) 아메리슘 241(Am^{241})
(3) 0.6m
(4) 1.5m

01-1 제1종 연기감지기의 설치기준에 대하여 다음 ( ) 안의 빈 칸을 채우시오. 배점 : 4 [11년]

(1) 계단 및 경사로에 있어서는 수직거리 (①)m마다(3종에 있어서는 10m)마다 1개 이상으로 할 것
(2) 복도 및 통로에 있어서는 보행거리 (②)m(3종에 있어서는 20m)마다 1개 이상으로 할 것
(3) 감지기는 벽 또는 보로부터 (③)m 이상 떨어진 곳에 설치할 것
(4) 천장 또는 반자 부근에 (④)가 있는 경우에는 그 부근에 설치할 것

• **실전모범답안**

(1) 계단 및 경사로에 있어서는 수직거리 (① 15)m마다 1개 이상으로 할 것
(2) 복도 및 통로에 있어서는 보행거리 (② 30)m마다 1개 이상으로 할 것
(3) 감지기는 벽 또는 보로부터 (③ 0.6)m 이상 떨어진 곳에 설치할 것
(4) 천장 또는 반자 부근에 (④ 배기구)가 있는 경우에는 그 부근에 설치할 것

01-2 감지기의 설치기준에 대하여 다음 ( ) 안의 빈 칸을 채우고 물음에 답하시오. 배점 : 4 [19년] [21년]

(1) 감지기(차동식분포형의 것을 제외한다)는 실내로의 공기유입구로부터 (①)m 이상 떨어진 위치에 설치할 것
(2) 보상식스포트형감지기는 정온점이 감지기 주위의 평상 시 최고온도보다 (②) 이상 높은 것으로 설치할 것
(3) 스포트형감지기는 (③) 이상 경사되지 않도록 부착할 것
(4) 주방·보일러실 등으로서 다량의 화기를 취급하는 장소에 설치가능한 감지기를 쓰시오.

• **실전모범답안**

(1) 감지기(차동식분포형의 것을 제외한다)는 실내로의 공기유입구로부터 (① 1.5)m 이상 떨어진 위치에 설치할 것
(2) 보상식스포트형감지기는 정온점이 감지기 주위의 평상 시 최고온도보다 (② 20℃) 이상 높은 것으로 설치할 것
(3) 스포트형감지기는 (③ 45°) 이상 경사되지 않도록 부착할 것
(4) 정온식감지기

01-3 그림과 같은 복도에 자동화재탐지설비의 감지기를 설치하고자 한다. 각각의 도면에 연기감지기 2종과 연기감지기 3종을 배치하고 감지기 간 및 복도와 감지기 간 거리를 각각 표시하시오.

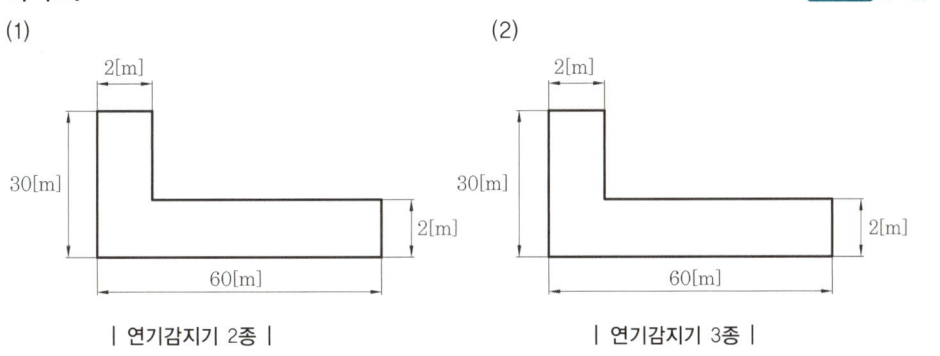

배점 : 6 [12년]

(1)

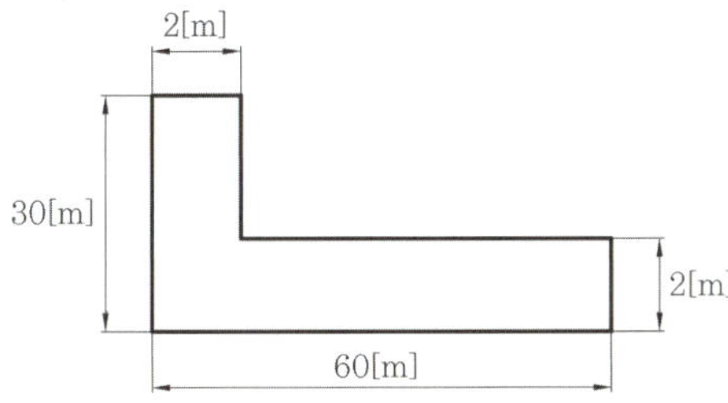

| 연기감지기 2종 |

(2)

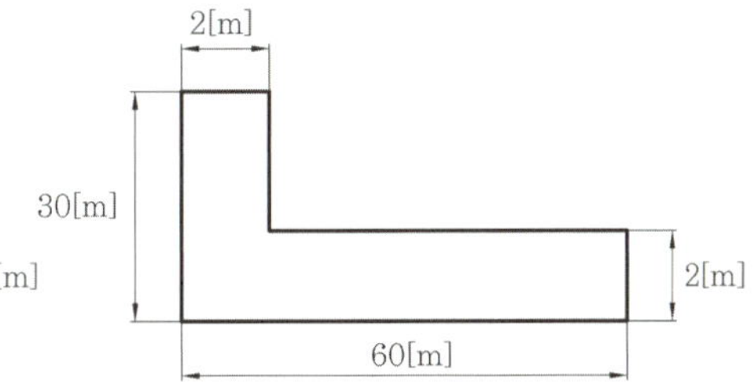

| 연기감지기 3종 |

• 실전모범답안

(1)

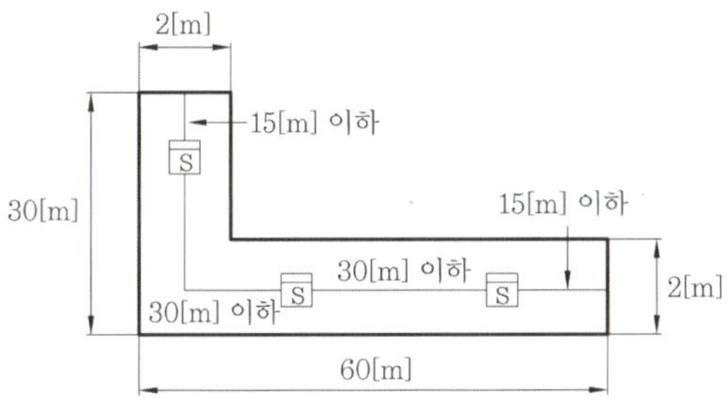

(2)

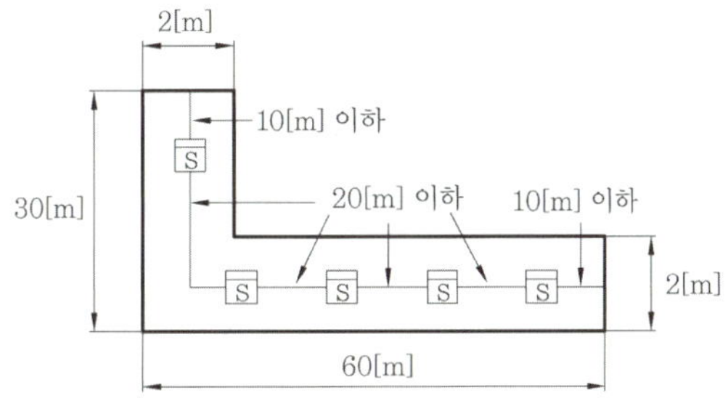

상세해설

연기감지기의 설치기준(NFTC 203 제7조 ③, 10) (기본)

감지기는 **복도** 및 **통로**에 있어서는 **보행거리 30m(3종**에 있어서는 **20m)**마다, **계단** 및 **경사로**에 있어서는 **수직거리 15m(3종**에 있어서는 **10m)**마다 **1개 이상**으로 할 것

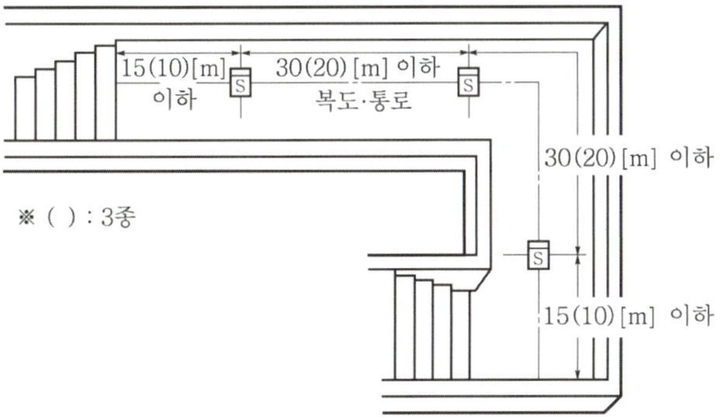

여기서 보행거리란 복도의 중앙(복도 폭의 $\frac{1}{2}$ 지점)에서 보행하는 거리(보행중심선)를 말한다. 복도의 폭이 2m이므로 복도의 중앙지점은 1m가 된다.

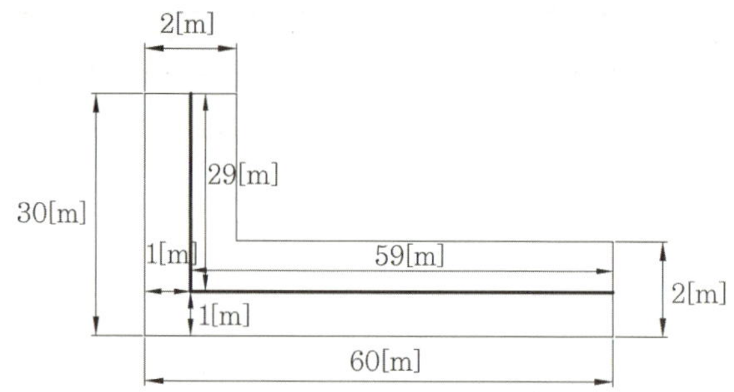

따라서 연기감지기의 개수는 다음과 같다.

(1) 연기감지기 2종

$\frac{59m+29m}{30m}=2.933 \fallingdotseq$ **3개(소수점 이하는 절상)**

(2) 연기감지기 3종

$\frac{59m+29m}{20m}=4.4 \fallingdotseq$ **5개(소수점 이하는 절상**한다.)

※ 연기감지기를 설치할 경우 벽으로부터 기준거리의 $\frac{1}{2}$(2종 : 15m, 3종 : 10m) 이격시킨 후 설치한다.

02 자동화재탐지설비의 구성요소인 감지기의 설치 개략도이다. 그림을 참고하여 다음 물음에 답하시오.

배점 : 8 [07년]

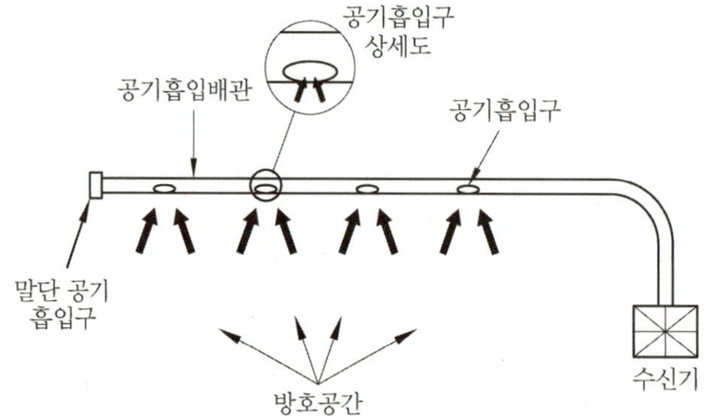

(1) 감지기의 명칭은 무엇인지 쓰시오.

(2) 이 감지기는 연소생성물 중 무엇을 감지하는지 쓰시오.

(3) 이 감지기의 주요 설치장소는 어떤 곳인지 쓰시오.

(4) 이 감지기에서 공기흡입배관망에 설치된 가장 먼 공기흡입지점(말단공기흡인구)에서 감지기 부분(수신기)까지 몇 초 이내에 연기를 이송할 수 있는 성능이 있어야 하는지 쓰시오.

• **실전모범답안**

(1) 광전식공기흡입형감지기

(2) 연기

(3) 전산실, 반도체 공장 등

(4) 120초

02-1 그림은 광전식분리형감지기에 대한 도면이다. 도면을 참고하여 다음 각 물음에 답하시오.

배점 : 5 [07년] [16년] [18년] [19년]

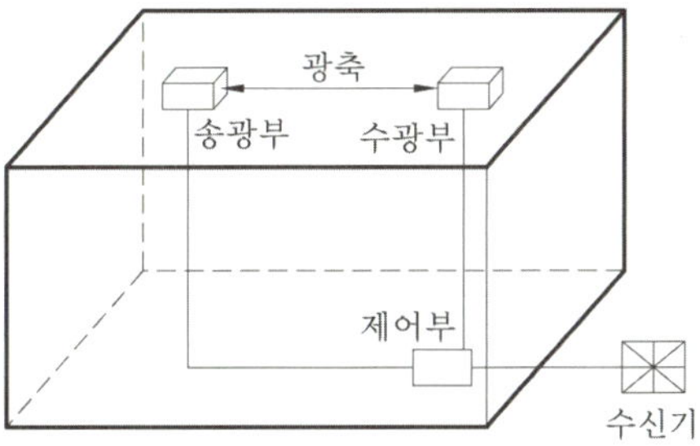

(1) 감지기의 (①)은 햇빛을 직접 받지 않도록 설치할 것
(2) 감지기의 광축길이는 (②) 범위 이내일 것
(3) 감지기의 수광부는 설치된 뒷벽으로부터 (③)m 이내 위치에 설치할 것
(4) 광축의 높이는 천장 등 높이의 (④)% 이상일 것
(5) 광축은 나란한 벽으로부터 (⑤)m 이상 이격하여 설치할 것

• **실전모범답안**

(1) 감지기의 (① 수광면)은 햇빛을 직접 받지 않도록 설치할 것
(2) 감지기의 광축길이는 (② 공칭감시거리) 범위 이내일 것
(3) 감지기의 수광부는 설치된 뒷벽으로부터 (③ 1)m 이내 위치에 설치할 것
(4) 광축의 높이는 천장 등 높이의 (④ 80)% 이상일 것
(5) 광축은 나란한 벽으로부터 (⑤ 0.6)m 이상 이격하여 설치할 것

02-2 광전식분리형감지기의 설치기준을 3가지 쓰시오.

배점 : 6 [20년]

• **실전모범답안**

① 감지기의 수광면은 햇빛을 직접 받지 않도록 설치할 것
② 광축(송광면과 수광면의 중심을 연결한 선)은 나란한 벽으로부터 0.6m 이상 이격하여 설치할 것
③ 감지기의 송광부와 수광부는 설치된 뒷벽으로부터 1m 이내 위치에 설치할 것
④ 광축의 높이는 천장 등(천장의 실내에 면한 부분 또는 상층의 바닥하부면을 말한다) 높이의 80[%] 이상일 것
⑤ 감지기의 광축의 길이는 공칭감시거리 범위 이내일 것

02-3 다음은 광전식스포트형감지기와 광전식분리형감지기의 원리에 대한 설명이다. ( ) 안을 완성하시오. 배점 : 4 [13년]

(1) 광전식스포트형감지기는 화재발생 시 연기입자에 의해 (①)된 빛이 수광부 내로 들어오는 것을 감지하는 것으로 이러한 검출방식을 (②)식이라 한다.

(2) 광전식분리형감지기는 화재발생 시 연기입자에 의해 수광부의 수광량이 (③)하므로 이를 검출하여 화재신호를 발하는 것으로 이러한 검출방식을 (④)식이라 한다.

• **실전모범답안**

(1) 광전식스포트형감지기는 화재발생 시 연기입자에 의해 (① 광반사(산란, 난반사))된 빛이 수광부 내로 들어오는 것을 감지하는 것으로 이러한 검출방식을 (② 산란광)식이라 한다.

(2) 광전식분리형감지기는 화재발생 시 연기입자에 의해 수광부의 수광량이 (③ 감소)하므로 이를 검출하여 화재신호를 발하는 것으로 이러한 검출방식을 (④ 감광)식이라 한다.

02-4 다음은 감지기의 형식승인 및 제품검사의 기술기준에서 광전식분리형감지기의 시험방법에 대한 일부이다. ( ) 안을 완성하시오. 배점 : 8 [16년] [18년]

공칭감시거리는 (①)m 이상 (②)m 이하로 하여 (③)m 간격으로 한다.

• **실전모범답안**

공칭감시거리는 (5)m 이상 (100)m 이하로 하여 (5)m 간격으로 한다.

쉬어가는 코너

지금 잠을 자면 꿈을 꿀 수 있지만
지금 공부를 하면 그 꿈을 이룰 수 있다.

-작자 미상-

01-8 불꽃감지기

(1) 불꽃감지기의 특성

불꽃감지기는 불꽃연소에 민감한 응답특성을 지닌다.

| 불꽃감지기 |

(2) 불꽃감지기의 감지방식

불꽃감지기의 종류	감지원리	감지방식	검출소자
자외선식 (UV) 불꽃감지기	광전 (광전자방출) 효과	물체에 빛이 조사될 때 고체 내에 여기 여자를 진공 중에 방출시키는 광전자 방사원리를 이용	• UV tron (가스 봉입방전관)
	광기전력 효과 (Pyro효과)	초전체소자에 빛이 조사되면 기전력이 발생되어 전류가 흐르는 현상을 이용	• TGS(삼황화글리신) • 세라믹의 티탄산납 • PVF2(폴리프루오르화비닐) • 광다이오드
	광도전효과	초전체소자에 빛이 조사되면 자유전자와 정공이 증가하고 광량에 비례한 전류 증가, 즉 반도체의 저항변화가 일어나는 현상을 이용	• PbS(황화납) • PbSe(셀레늄화납)
적외선식 (IR) 불꽃감지기	CO_2 공명방사 방식	원자가 외부로부터 빛을 흡수했다가 다시 먼저상태로 되돌아 갈 때 방사하는 스펙트럼 약 4.35μm의 CO_2 파장을 검출	• PbSe(셀레늄화납)
	2파장 (다파장) 검출방식	적외선영역의 2 이상의 파장간의 에너지 비를 검출	–
	정방사 검출방식	0.72μm 이하의 가시광선은 적외선필터에 의해 차단시키고 이 이외의 파장을 검출	• SPD(실리콘 포토다이오드) • 광다이오드
	반짝임 (Flicker) 단파장역 검출방식	화염의 경우 정방사의 6.5%의 반짝임 성분이 포함되며 그 반짝임의 주파수는 2~50Hz 정도이다. 이러한 화염의 반짝임 성분을 검출	–

(3) 불꽃감지기의 설치기준(NFTC 203 2.4.3.13)

① **유효감지거리** 및 **시야각**

구 분	유효감지거리 범위	시야각
20m 미만	1m 간격으로 설정(단일유효감시거리, 복수유효감시거리, 단일유효감지거리 범위 또는 복수유효감시거리 범위로 설정할 수 있다.)	5° 간격으로 설정
20m 이상	5m 간격으로 설정(단일유효감시거리, 복수유효감시거리, 단일유효감지거리 범위 또는 복수유효감시거리 범위로 설정할 수 있다.)	

② 감지기는 **공칭감시거리**와 **공칭시야각**을 기준으로 **감시구역**이 **모두 포용**될 수 있도록 설치할 것
③ 감지기는 화재감지를 유효하게 감지할 수 있는 **모서리** 또는 **벽** 등에 설치할 것
④ 감지기를 **천장**에 설치하는 경우에는 감지기는 **바닥**을 **향하여 설치할 것**
⑤ **수분**이 많이 발생할 우려가 있는 장소에는 **방수형**으로 설치할 것

암기법 천장 모서리 수분 감시

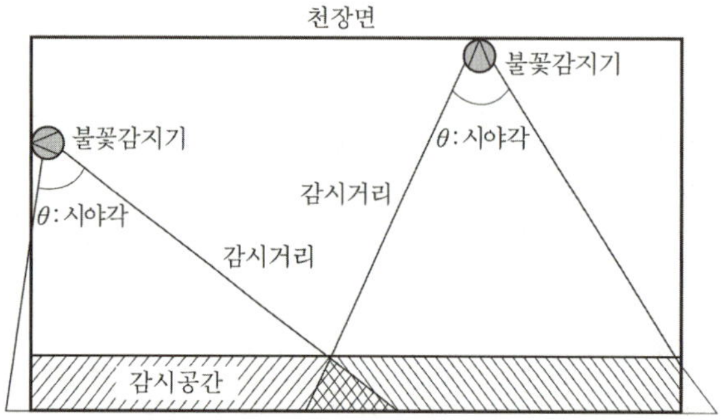

| 불꽃감지기의 설치 예 |

핵심기출문제

01 다음은 자동화재탐지설비의 구성요소인 감지기의 개략적인 회로이다. 회로를 참고하여 다음 물음에 답하시오. 배점 : 8 [07년] [17년]

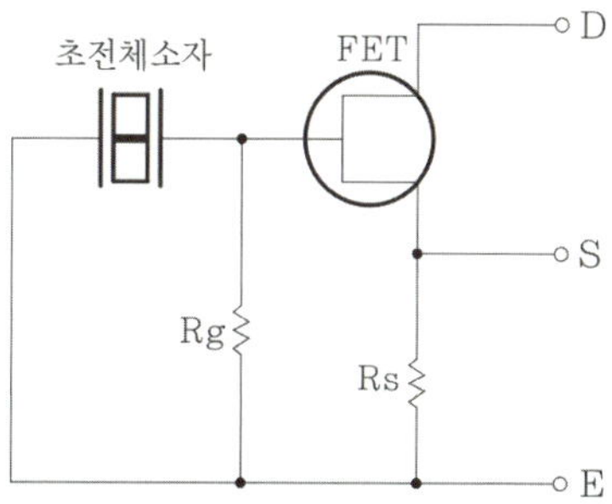

(1) 이와 같은 기본회로를 갖는 감지기의 구체적인 명칭을 쓰시오.
(2) 초전체소자는 상황화글리신(TGS), 세라믹의 티탄산납, 폴리플루우오르화비닐(PVF2)이 사용되고 있다. 이들 소자에서 발생되는 초전효과 또는 파이로(Fyro)효과에 대해 쓰시오.
(3) 상기 회로의 감지기는 어떤 화재성상에 민감한 응답특성을 가지고 있는지 쓰시오.
(4) 이와 같은 기본회로를 갖는 감지기의 설치기준으로 ( ) 안을 채우시오.
① 감지기는 (㉠)와(과) (㉡)를 기준으로 감시구역이 모두 포용될 수 있도록 설치할 것
② 감지기는 화재감지를 유효하게 감지할 수 있는 (㉢) 또는 (㉣) 등에 설치할 것
③ 감지기를 (㉤)에 설치하는 경우에는 감지기는 바닥을 향하여 설치할 것

• **실전모범답안**
(1) 자외선식(UV) 불꽃감지기
(2) 초전체소자에 빛이 조사되면 기전력이 발생되어 전류가 흐르는 현상
(3) 불꽃연소
(4) ① 감지기는 (㉠ 공칭감시거리)와(과) (㉡ 공칭시야각)를(을) 기준으로 감시구역이 모두 포용될 수 있도록 설치할 것
② 감지기는 화재감지를 유효하게 감지할 수 있는 (㉢ 모서리) 또는 (㉣ 벽) 등에 설치할 것
③ 감지기를 (㉤ 천장)에 설치하는 경우에는 감지기는 바닥을 향하여 설치할 것

01-1 불꽃감지기의 설치기준 3가지를 쓰시오. 배점 : 6 [19년]

• **실전모범답안**
① 감지기는 화재감지를 유효하게 감지할 수 있는 모서리 또는 벽 등에 설치할 것
② 감지기를 천장에 설치하는 경우에는 감지기는 바닥을 향하여 설치할 것
③ 수분이 많이 발생할 우려가 있는 장소에는 방수형으로 설치할 것

01-9 감지기의 적응성 및 열스포트형감지기의 부착높이에 따른 바닥면적 기준

(1) 감지기의 설치기준(NFTC 203)

참고 축적기능

(1) **축적기능이 있는 감지기를 사용하는 장소(경우)**
① **지하층·무창층** 등으로서 환기가 잘 되지 않는 장소
② 실내면적이 **40m²** **미만**인 장소
③ 감지기의 부착면과 실내바닥과의 거리가 **2.3m 이하**인 곳으로서 일시적으로 발생한 열·연기 또는 먼지 등으로 인하여 화재신호를 발신할 우려가 있는 장소

(2) **축적기능이 없는 감지기를 사용하는 장소(경우)**
① **교차회로방식**에 사용되는 감지기
② **급속한 연소 확대**가 우려되는 장소에 사용되는 감지기
③ **축적기능**이 있는 **수신기**에 **연결**하여 사용하는 감지기

참고 적응감지기

(1) 지하층, 무창층 등으로서 환기가 잘 되지 아니하거나 실내면적이 40m² 미만인 장소, 감지기의 부착면과 실내 바닥과의 거리가 2.3m 이하인 곳으로서 일시적으로 발생한 열, 연기 또는 먼지 등으로 인하여 화재신호를 발신할 우려가 있는 장소에 설치가 가능한 감지기
(2) 비화재보의 우려가 있는 곳에 설치가 가능한 감지기
(3) 교차회로방식 배선의 감지기에 사용되지 않는 감지기
(4) 지하공동구에 설치가 가능한 감지기

(1), (2), (3), (4)에 적응성이 있는 감지기
① **아**날로그방식의 감지기
② **다**신호방식의 감지기
③ **축**적방식의 감지기
④ **복**합형감지기
⑤ **정**온식감지선형감지기
⑥ **분**포형감지기
⑦ **불**꽃감지기
⑧ **광**전식분리형감지기

암기법 아다 축복 정분 불광

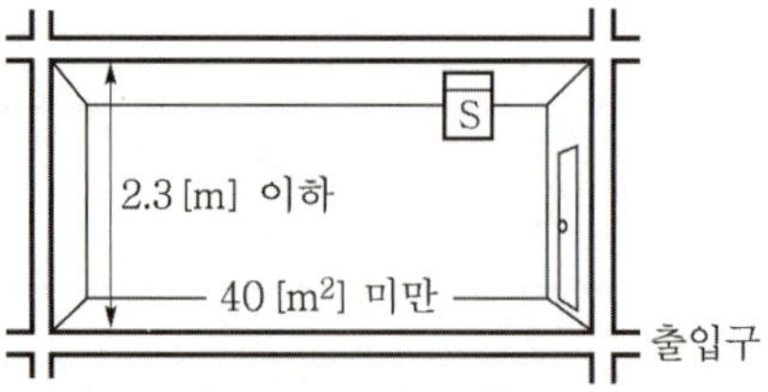

| 비화재보의 우려가 있는 장소에 설치할 수 있는 감지기 |

참고 차동식 · 보상식 · 정온식 스포트형감지기의 부착높이에 따른 바닥면적 기준

(단위 : [m^2])

부착높이 및 소방대상물의 구분		감지기의 종류						
		차동식 스포트형		보상식 스포트형		정온식 스포트형		
		1종	2종	1종	2종	특종	1종	2종
4m 미만	주요구조부를 내화구조로 한 특정소방대상물 또는 그 부분	90	70	90	70	70	60	20
	기타 구조의 특정소방대상물 또는 그 부분	50	40	50	40	40	30	15
4m 이상 8m 미만	주요구조부를 내화구조로 한 특정소방대상물 또는 그 부분	45	35	45	35	35	30 ②	설치불가
	기타 구조의 특정소방대상물 또는 그 부분	30	25	30	25	25	15	설치불가

① $\frac{1}{2}$로 나눈 값 ② 5를 더한 값 ③ $\frac{1}{2}$로 나눈 후 5를 더한 값 ④ ▭ 부분은 암기

(2) 감지기의 설치제외장소(NFTC 203 2.4.5)

① **천장** 또는 **반자**의 높이가 20m **이상**인 장소(**부착높이**에 따라 **적응성**이 있는 장소는 **제외**한다.)

② **헛간** 등 **외부**와 **기류**가 통하는 장소로서 감지기에 따라 **화재발생**을 유효하게 **감지할 수 없는** 장소

③ **부식성가스**가 **체류**하고 있는 장소

④ **고온도** 및 **저온도**로서 **감지기**의 **기능**이 **정지**되기 쉽거나 감지기의 **유지관리**가 **어려운** 장소

⑤ **목욕실**·**욕조**나 **샤워시설**이 있는 **화장실**·기타 이와 유사한 장소

⑥ **파이프덕트** 등 그 밖의 이와 비슷한 것으로서 **2개 층**마다 **방화구획**된 것이나 **수평단면적**이 $5m^2$ **이하**인 것

⑦ **먼지**·**가루** 또는 **수증기**가 **다량**으로 **체류**하는 장소 또는 **주방** 등 **평상시 연기**가 **발생**하는 장소(**연기감지기**에 한한다)

⑧ **프레스공장** · **주조공장** 등 **화재발생**의 **위험**이 **적은** 장소로서 감지기의 **유지관리**가 **어려운** 장소

암기법 부목천고 먼 파프간

핵심기출문제

01 **자동화재탐지설비의 감지기 설치기준 중 축적기능이 있는 감지기를 사용하는 경우 3가지와 축적기능이 없는 감지기를 사용하는 경우 3가지를 쓰시오.** 배점 : 6 [07년] [10년] [11년] [14년] [15년] [21년]

(1) 축적기능이 있는 감지기를 사용하는 경우

(2) 축적기능이 없는 감지기를 사용하는 경우

• **실전모범답안**

(1) 축적기능이 있는 감지기를 사용하는 장소(경우)

① 지하층 · 무창층 등으로서 환기가 잘 되지 않는 장소

② 실내면적이 $40m^2$ 미만인 장소

③ 감지기의 부착면과 실내바닥과의 거리가 2.3m 이하인 곳으로서 일시적으로 발생한 열 · 연기 또는 먼지 등으로 인하여 화재신호를 발신할 우려가 있는 장소

(2) 축적기능이 없는 감지기를 사용하는 장소(경우)

① 교차회로방식에 사용되는 감지기

② 급속한 연소확대가 우려되는 장소에 사용되는 감지기

③ 축적기능이 있는 수신기에 연결하여 사용하는 감지기

01-1 **지하공동구에 설치가능한 감지기의 종류 3가지를 쓰시오.** 배점 : 3 [07년]

• **실전모범답안**

① 불꽃감지기

② 정온식감지선형감지기

③ 분포형감지기

※ **지하구**에 설치해야 하는 감지기는 01-9 (1), **적응감지기** 중 ①~⑧의 감지기로서 **먼지 · 습기** 등의 영향을 받지 아니하고 발화지점(1m 단위)과 온도를 확인할 수 있는 것을 설치할 것.

01-2 [유형1] 지하층·무창층 등으로서 환기가 잘 되지 아니하거나 실내면적이 40m^2 미만인 장소, 감지기의 부착면과 실내바닥과의 거리가 2.3m 이하인 장소로서 일시적으로 발생한 열 · 연기 또는 먼지 등으로 인하여 화재신호를 발신할 우려가 있는 장소에 설치 가능한 감지기(교차회로방식의 적용이 필요없는 감지기) 5가지를 쓰시오. (단, 축적방식의 감지기는 축적기능이 있는 수신기에 접속하지 않은 것으로 한다.)

[유형2] 비화재보의 우려가 있는 곳에 설치가 가능한 감지기 5가지를 쓰시오.

[유형3] 교차회로 배선의 감지기에 사용하지 않는 감지기 5가지를 쓰시오.

배점 : 5 [07년] [12년] [20년]

• **실전모범답안**

① 아날로그방식의 감지기
② 다신호방식의 감지기
③ 축적방식의 감지기
④ 복합형 감지기
⑤ 정온식감지선형 감지기

상세해설

※ **감지기의 적응성**

(1) 지하층, 무창층 등으로서 환기가 잘 되지 아니하거나 실내면적이 40[m^2] 미만인 장소, 감지기의 부착면과 실내바닥과의 거리가 2.3[m] 이하인 곳으로서 일시적으로 발생한 열, 연기 또는 먼지 등으로 인하여 화재신호를 발신할 우려가 있는 장소에 설치가 가능한 감지기
(2) 비화재보의 우려가 있는 곳에 설치가 가능한 감지기
(3) 교차회로방식 배선의 감지기에 사용되지 않는 감지기
(4) 지하공동구에 설치가 가능한 감지기

※ (1), (2), (3), (4)에 적응성이 있는 감지기
① 아날로그방식의 감지기
② 다신호방식의 감지기
③ 축적방식의 감지기
④ 복합형 감지기
⑤ 정온식감지선형 감지기
⑥ 분포형감지기
⑦ 불꽃감지기
⑧ 광전식분리형감지기

01-3 다음 표는 감지기의 설치기준이다. 빈 칸을 완성하시오. 배점 : 6 [04년] [03년] [05년] [06] [11년] [15년] [16년]

(단위 : [m²])

부착높이 및 소방대상물의 구분		감지기의 종류						
		차동식 스포트형		보상식 스포트형		정온식 스포트형		
		1종	2종	1종	2종	특종	1종	2종
4m 미만	주요구조부를 내화구조로 한 특정소방대상물 또는 그 부분							
	기타 구조의 특정소방대상물 또는 그 부분							
4m 이상 8m 미만	주요구조부를 내화구조로 한 특정소방대상물 또는 그 부분							
	기타 구조의 특정소방대상물 또는 그 부분							

• **실전모범답안**

(단위 : [m²])

부착높이 및 소방대상물의 구분		감지기의 종류						
		차동식 스포트형		보상식 스포트형		정온식 스포트형		
		1종	2종	1종	2종	특종	1종	2종
4m 미만	주요구조부를 내화구조로 한 특정소방대상물 또는 그 부분	90	70	90	70	70	60	20
	기타 구조의 특정소방대상물 또는 그 부분	50	40	50	40	40	30	15
4m 이상 8m 미만	주요구조부를 내화구조로 한 특정소방대상물 또는 그 부분	45	35	45	35	35	30	설치 불가
	기타 구조의 특정소방대상물 또는 그 부분	30	25	30	25	25	15	설치 불가

01-4 다음과 같은 장소에 차동식스포트형감지기 2종을 설치하는 경우와 광전식스포트형 2종을 설치하는 경우 최소 감지기 소요개수를 산정하시오. (단, 주요구조부는 내화구조, 감지기의 설치높이는 3m이다.)

배점 : 6 [07년] [19년]

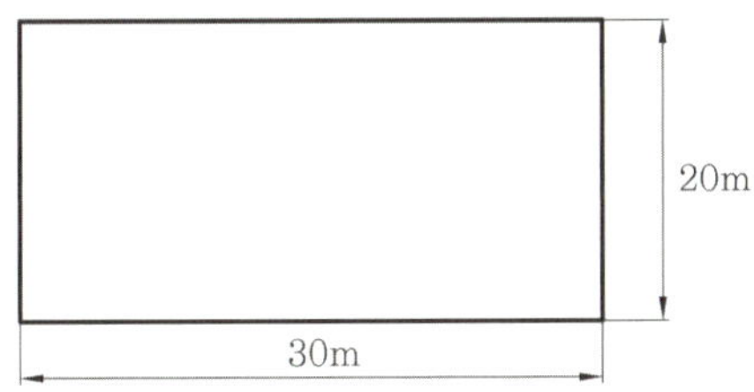

(1) 차동식스포트형감지기(2종) 소요개수
(2) 광전식스포트형감지기(2종) 소요개수

• **실전모범답안**

(1) $\dfrac{30\text{m} \times 20\text{m}}{70\text{m}^2} = 8.571 ≒ 9$개

∴ 차동식스포트형감지기 2종 개수=9개

• **답** : 9개

(2) $\dfrac{30\text{m} \times 20\text{m}}{150\text{m}^2} = 4$개

∴ 광전식스포트형감지기 2종 개수=4개

• **답** : 4개

상세해설

(1) 차동식 · 보상식 · 정온식 스포트형감지기의 부착높이에 따른 바닥면적 기준

(단위 : [m^2])

부착높이 및 소방대상물의 구분		감지기의 종류						
		차동식스포트형		보상식스포트형		정온식스포트형		
		1종	2종	1종	2종	특종	1종	2종
4m 미만	주요구조부를 내화구조로 한 특정소방대상물 또는 그 부분	90	70	90	70	70	60	20
	기타 구조의 특정소방대상물 또는 그 부분	50	40	50	40	40	30	15

조건에 따라 **차동식스포트형 2종, 내화구조, 층고 4m 미만**이므로 **기준면적**은 **70m^2**이 된다. 따라서 감지기 설치개수는

$\dfrac{30\text{m} \times 20\text{m}}{70\text{m}^2} = 8.571 ≒$ **9개(소수점 이하는 절상)**

(2) 연기감지기의 부착높이별 바닥면적 기준

(단위 : [m^2])

부착높이	감지기의 종류	
	1종 및 2종	3종
4m 미만	150	50
4m 이상 20m 미만	75	설치 불가

조건에 따라 **광전식스포트형 2종, 층고 4m 미만**이므로 **기준면적**은 150m²이 된다. 따라서 감지기 설치개수는

$\frac{30\text{m} \times 20\text{m}}{150\text{m}^2}$ =4개

01-5 자동화재탐지설비에 대한 다음 각 물음에 답하시오.

배점 : 8 [14년]

(1) 연기감지기 설치장소의 기준 3가지를 쓰시오.
(2) 스포트형감지기를 부착 시 몇 도 이상 경사되지 않아야 하는지 쓰시오.
(3) 공기관식 차동식분포형감지기의 공기관의 노출 부분은 감지구역마다 몇 [m] 이상이 되어야 하는지 쓰시오.

• **실전모범답안**

(1) ① 계단 · 경사로 및 에스컬레이터 경사로
② 복도(30m 미만 제외)
③ 천장 또는 반자의 높이가 15m 이상 20m 미만인 장소
(2) 45°
(3) 20m
※ (1), (2) : 01-7 (8) 내용 참조
(3) : 01-5 (5) 내용 참조

01-6 자동화재탐지설비의 화재안전기준에 의한 감지기의 설치제외장소 중 5가지를 쓰시오.

배점 : 6 [10년] [13년] [14년] [16년]

• **실전모범답안**

(1) 천장 또는 반자의 높이가 20m 이상인 장소(부착높이에 따라 적응성이 있는 장소는 제외한다.)
(2) 헛간 등 외부와 기류가 통하는 장소로서 감지기에 따라 화재발생을 유효하게 감지할 수 없는 장소
(3) 부식성가스가 체류하고 있는 장소
(4) 고온도 및 저온도로서 감지기의 기능이 정지되기 쉽거나 감지기의 유지관리가 어려운 장소
(5) 목욕실 · 욕조나 샤워시설이 있는 화장실 · 기타 이와 유사한 장소

01-7 거실의 높이가 20m 이상 되는 곳에 설치할 수 있는 감지기를 2가지 쓰시오.

배점 : 3 [15년] [20년]

• **실전모범답안**

불꽃감지기, 광전식(분리형, 공기흡입형) 중 아날로그방식
※ 01-3 (2) 내용 참조

01-10 감지기 기타사항

(1) 작동표시장치

작동표시등, 작동표시램프라고도 하며, 감지기 작동 시 적색으로 표시된다.

① **작동표시장치를 설치하지 않아도 되는 감지기**(감지기의 형식승인 및 제품검사의 기술기준 제5조)

㉠ 차동식분포형감지기

㉡ 정온식감지선형감지기

㉢ 방폭구조인 감지기

㉣ 감지기가 작동한 경우 수신기에 그 감지기가 작동한 내용이 표시되는 감지기

(2) 교차회로방식

교차회로방식 : **설비**의 **오작동**을 **방지**하기 위하여 **2개 이상**의 **회로**가 **교차**되도록 **설치**하여 인접한 2개 이상의 회로가 **동시**에 **작동**해야 **설비**가 **작동**되도록 하는 방식

① **교차회로방식을 적용해야 하는 설비**

㉠ 준비작동식 스프링클러설비

㉡ 일제살수식 스프링클러설비

㉢ 이산화탄소소화설비

㉣ 할론소화설비

㉤ 할로겐화합물 및 불활성기체소화설비

㉥ 분말소화설비

② **교차회로방식의 적용이 필요 없는 감지기**

㉠ 아날로그방식의 감지기

㉡ 다신호방식의 감지기

㉢ 축적방식의 감지기

㉣ 복합형감지기

㉤ 정온식감지선형감지기

㉥ 분포형감지기

㉦ 불꽃감지기

㉧ 광전식분리형감지기

(3) 감지기의 종별 분류에 따른 정의

① **차동식스포트형** : 주위온도가 일정 상승률 이상이 되는 경우에 작동하는 것으로서 **일국소**에서의 **열효과**에 의하여 작동되는 것

② **차동식분포형** : 주위온도가 일정 상승률 이상이 되는 경우에 작동하는 것으로서 **넓은 범위** 내에서의 **열효과**의 **누적**에 의하여 작동하는 것

③ **정온식감지선형** : 일국소의 주위온도가 일정한 온도 이상이 되는 경우에 작동하는 것으로서 **외관**이 **전선**과 같이 선형으로 되어 있는 것

④ **정온식스포트형** : 일국소의 주위온도가 일정한 온도 이상이 되는 경우에 작동하는 것으로서 **외관**이 **전선**과 같이 선형으로 되어 있지 않은 것

⑤ **보상식스포트형** : **차동식스포트형 + 정온식스포트형**의 **성능**을 **겸한 것**으로서 차동식의 성능 또는 정온식의 성능 중 **어느 한 기능**이 **작동**되면 **작동신호**를 발하는 것
⑥ **이온화식스포트형** : 주위의 공기가 일정한 농도의 연기를 포함하게 되는 경우에 작동하는 것으로서 **일국소**의 연기에 의하여 **이온전류**가 **변화**하여 작동하는 것
⑦ **광전식스포트형** : 주위의 공기가 일정한 농도의 연기를 포함하게 되는 경우에 작동하는 것으로서 일국소의 연기에 의하여 **광전소자**에 접하는 **광량**의 **변화**로 작동하는 것
⑧ **광전식분리형** : **발광부**와 **수광부**로 구성된 구조로 발광부와 수광부 사이의 **공간**에 **일정한 농도**의 **연기**를 포함하게 되는 경우에 작동하는 것
⑨ **공기흡입식** : 감지기 내부에 장착된 **공기흡입장치**로 감지하고자 하는 위치의 **공기**를 **흡입**하고 흡입된 공기에 **일정한 농도**의 **연기**가 포함된 경우에 작동하는 것
⑩ **열·연기 복합형** : **열감지기** 및 **연기감지기**의 성능이 있는 것으로 두 가지 성능의 감지기능이 **함께 작동**될 때 **화재신호**를 **발신**하거나 또는 **두 개**의 **화재신호**를 각각 발신하는 것
⑪ **열복합형** : **차동식 + 정온식**의 성능이 있는 것으로서 두 가지 성능의 감지기능이 **함께 작동**될 때 **화재신호**를 **발신**하거나 또는 **두 개**의 **화재신호**를 각각 발신하는 것
⑫ **연기복합형** : **이온화식 + 광전식**의 성능이 있는 것으로 두 가지 성능의 감지기능이 **함께 작동**될 때 **화재신호**를 **발신**하거나 또는 **두 개**의 **화재신호**를 각각 발신하는 것
⑬ **불꽃영상분석식** : 불꽃의 실시간 **영상이미지**를 **자동분석**하여 **화재신호**를 **발신**하는 것
⑭ **불꽃자외선식** : 불꽃에서 방사되는 **자외선**의 **변화**가 **일정량 이상** 되었을 때 **작동**하는 것으로서 **일국소**의 **자외선**에 의하여 **수광소자**의 **수광량 변화**에 의해 작동하는 것
⑮ **불꽃적외선식** : 불꽃에서 방사되는 **적외선**의 **변화**가 **일정량 이상** 되었을 때 **작동**하는 것으로서 **일국소**의 **적외선**에 의하여 **수광소자**의 **수광량 변화**에 의해 작동하는 것
⑯ **불꽃자외선·적외선 겸용식** : 불꽃에서 방사되는 **불꽃**의 **변화**가 **일정량 이상** 되었을 때 **작동**하는 것으로서 **일국소**의 **적외선**에 의하여 **수광소자**의 **수광량 변화**에 의해 작동하는 것
⑰ **불꽃복합식** : **불꽃자외선식, 불꽃적외선식** 및 **불꽃영상분석식**의 **성능** 중 **두 가지 이상 성능**을 가진 것으로서 두 가지 이상의 감지기능이 **함께 작동**될 때 **화재신호를 발신**하거나 또는 **두 개**의 **화재신호**를 각각 발신하는 것

(4) 비화재보의 원인

원인의 분류	내 용
인위적인 요인	• 공사중 먼지 분진의 변화 • 자동차 배기가스 • 조리에 의한 열, 연기의 변화 • 담배연기에 의한 연기의 변화
기능상의 요인	• 모래, 먼지 등 분진 • 조리실 등으로부터 유출된 증기 • 감도의 변화 • 결로 • 부품의 불량
환경적 요인	• 풍압의 이상변화 • 온도의 이상변화 • 연기, 먼지, 분진의 변화

원인의 분류	내 용
환경적 요인	• 습도의 이상변화 • 빛의 이상변화 • 기압의 이상변화
유지상의 요인	• 청소 불량 • 부적절한 환경 미제거 • 방수 미처리로 인한 낙수
설치상의 요인	• 설계 시 감지기의 부적합한 장소 선정 • 감지기 설치 후 설치장소 환경변화 • 배선의 접촉불량 등 시공상 부적합

(5) 일과성 비화재보의 방지대책(Nuisance Alarm)

① **비화재보**에 **적응성** 있는 감지기의 선정
② **설치장소**의 **환경**에 **적응**하는 감지기의 설치
③ **특수감지기** 및 **인텔리전트 수신기**의 사용
④ **감지기 설치장소**의 **주위환경 개선**
⑤ **경년변화**에 따른 **유지·보수**
⑥ **축적기능**이 있는 **수신기** 선정
⑦ **오작동 방지기** 설치
⑧ 감지기의 **방수시험** 강화

(6) 자동화재탐지설비 설계 시 검토사항

① **자동화재탐지설비 설치대상 특정소방대상물의 검토**
위험도가 높을수록 설치대상 면적이 작다.
② **시공 및 유지·보수성 검토**
P형 시스템 및 R형 시스템 선정
③ **경계구역 및 특정소방대상물의 규모 검토**
층별, 면적별, 용도별 구역 및 직상층 우선경보방식 선정
④ **일과성 비화재보(nuisance alarm) 발생장소 검토**
자동화재탐지설비의 화재안전기준(NFTC 203) 참조
지하층, 무창층 등으로 환기가 잘 되지 아니하거나 실내면적이 40m^2 미만인 장소, 감지기의 부착면과 실내바닥과의 거리가 2.3m 이하인 곳으로서 일시적으로 발생한 열·연기 또는 먼지 등으로 인하여 화재신호를 발신할 우려가 있는 장소
⑤ **실보(false alarm) 발생 검토**
적응성 감지기 선정
⑥ **종합적 경제성 검토**
종합적인 총 비용 감안

핵심기출문제

01 작동표시장치를 설치하지 않아도 되는 감지기 4가지를 쓰시오.

배점 : 4 [09년] [17년]

• **실전모범답안**

① 차동식분포형감지기
② 정온식감지선형감지기
③ 방폭구조인 감지기
④ 감지기가 작동한 경우 수신기에 그 감지기가 작동한 내용이 표시되는 감지기

01-1 할론소화설비, 분말소화설비, 이산화탄소소화설비 등에 사용되는 교차회로방식의 목적을 쓰고 원리를 설명하시오.

배점 : 4 [06년]

• **실전모범답안**

(1) 목적 : 설비의 오동작방지
(2) 원리 : 2개 이상의 회로가 교차되도록 설치하여 인접한 2개 이상의 회로가 동시에 작동하였을 때 설비가 작동되도록 하는 방식

01-2 스프링클러설비의 화재안전기준에서 정하는 일제개방밸브의 작동을 위한 화재감지기회로는 교차회로방식으로 한다. 이 경우 교차회로방식을 적용하지 않아도 되는 감지기 종류 8가지를 쓰시오.

배점 : 5 [14년] [08년] [09년] [12년] [15년]

• **실전모범답안**

① 아날로그방식의 감지기
② 다신호방식의 감지기
③ 축적방식의 감지기
④ 복합형감지기
⑤ 정온식감지선형감지기
⑥ 분포형감지기
⑦ 불꽃감지기
⑧ 광전식분리형감지기
※ 01-10 (2), 내용 참조

01-3 교차회로방식을 적용해야 하는 설비 4가지와 교차회로방식의 적용이 필요 없는 감지기 4개를 각각 쓰시오. 배점 : 5 [12년]

• **실전모범답안**

(1) 교차회로방식을 적용해야 하는 설비
① 이산화탄소소화설비
② 할론소화설비
③ 할로겐화합물 및 불활성기체소화설비
④ 분말소화설비

(2) 교차회로방식의 적용이 필요 없는 감지기
① 아날로그방식의 감지기
② 다신호방식의 감지기
③ 축적방식의 감지기
④ 복합형 감지기

01-4 감지기에 대한 다음 각 물음에 답하시오. 배점 : 3 [06년]

(1) 차동식감지기 중 일국소의 열효과에 의하여 작동되는 감지기는 어떤 종류의 감지기인지 쓰시오.
(2) 정온식감지기 중 일국소의 주위온도가 일정한 온도 이상이 되는 경우에 작동하는 것으로서 외관이 전선으로 되어 있지 않은 감지기는 어떤 종류의 감지기인지 쓰시오.
(3) 연기감지기 중 이온전류가 변화하여 작동하는 감지기는 어떤 종류의 감지기인지 쓰시오.
(4) 차동식분포형감지기 중 공기관식의 주요 구성요소 4가지를 쓰시오.
(5) 공기관식감지기의 검출부 내부의 다이어프램이 부식되어 구멍이 생겼을 때 어떤 현상이 발생되는지 쓰시오.

• **실전모범답안**

(1) 차동식스포트형감지기
(2) 정온식스포트형감지기
(3) 이온화식연기감지기
(4) ① 공기관
② 다이어프램
③ 접점
④ 리크구멍
(5) 감지기의 작동이 늦어진다.

※ (4), (5) : 01-5 (2), (6) 참조

01-5 **화재에 의한 열, 연기 또는 불꽃(화염) 이외의 요인에 의하여 자동화재탐지설비가 작동하여 화재경보를 발하는 것을 "비화재보(Unwanted Alarm)"라 한다. 즉, 자동화재탐지설비가 정상적으로 작동하였다고 하더라도 화재가 아닌 경우의 경보를 "비화재보"라 하며 비화재보의 종류는 다음과 같이 구분할 수 있다.**

(1) 설비 자체의 결함이나 오동작 등에 의한 경우(False Alarm)
 ① 설비 자체의 기능상 결함
 ② 설비의 유지관리 불량
 ③ 실수나 고의적인 행위가 있을 때
(2) 주위상황이 대부분 순간적으로 화재와 같은 상태(실제 화재와 유사한 환경이나 상황)로 되었다가 정상상태로 복귀하는 경우(일과성 비화재보 : Nuisance Alarm)

위 설명 중 "(2)"항의 일과성 비화재보로 볼 수 있는 Nuisance Alarm에 대한 방지책을 5가지만 쓰시오.

배점 : 8 [07년] [09년] [18년]

• **실전모범답안**

① 비화재보에 적응성 있는 감지기의 선정
② 설치장소의 환경에 적응하는 감지기의 설치
③ 특수감지기 및 인텔리전트 수신기의 사용
④ 감지기 설치장소의 주위환경 개선
⑤ 경년변화에 따른 유지·보수

01-6 **자동화재탐지설비에서 비화재보가 발생하는 원인과 방지대책에 대해 각각 4가지를 쓰시오.**

배점 : 8 [11년]

(1) 비화재보가 발생하는 원인
(2) 방지대책

• **실전모범답안**

(1) 비화재보가 발생하는 원인
 ① 인위적인 요인 : 담배연기 등
 ② 기능상의 요인 : 부품 불량 등
 ③ 환경적 요인 : 습도변화 등
 ④ 유지상의 요인 : 청소 불량 등
(2) 방지대책
 ※ 문제 01-5 답안 참조

01-7 자동화재탐지설비의 설계도면을 각 설비의 구조 및 기능, 관계법령, 설계기준 등을 기초로 검토하는 경우 확인사항 중 5가지만 쓰시오. 배점 : 5 [07년]

• **실전모범답안**

① 자동화재탐지설비 설치대상 특정소방대상물의 검토
② 시공 및 유지 보수성 검토
③ 경계구역 및 특정소방대상물의 규모 검토
④ 일과성 비화재보(nuisance alarm) 발생장소 검토
⑤ 실보(false alarm) 발생 검토

쉬어가는 코너

오늘 걷지 않으면 내일 뛰어야 한다.

-작자 미상-

02 자동화재탐지설비(수신기)

02-1 화재안전기준

(1) 수신기

감지기나 **발신기**에서 발하는 **화재신호**를 직접 **수신**하거나 **중계기**를 통하여 **수신**하여 **화재**의 **발생**을 **표시** 및 **경보**하여 주는 장치

(2) 수신기의 구조

(a) 기록장치 내장형

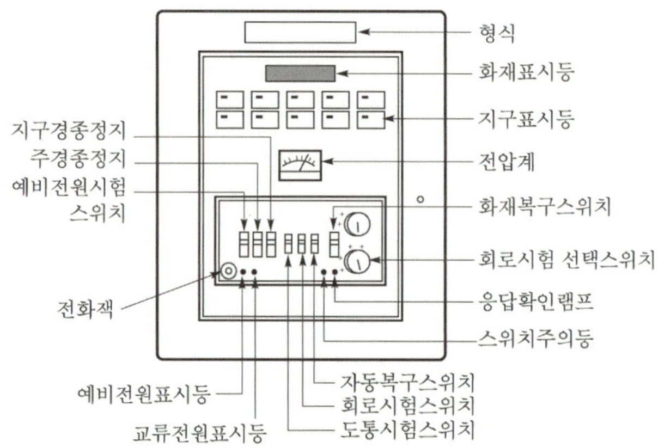

(b) 구형 수신기

| P형 수신기 |

(3) 축적기능이 있는 수신기의 설치장소

자동화재탐지설비의 수신기는 특정소방대상물 또는 그 부분이 **지하층**, **무창층** 등으로서 **환기**가 잘 되지 아니하거나 **실내면적**이 $40m^2$ **미만**인 장소, **감지기**의 **부착면**과 **실내바닥**과의 **거리**가 2.3m **이하**인 장소로서 일시적으로 발생한 열, 연기 또는 먼지 등으로 인하여 감지기가 화재신호를 발신할 우려가 있는 때에는 **축적기능** 등이 있는 것으로 설치할 것(다만, 다음의 감지기를 설치하는 경우 그렇지 않다.)

① 불꽃감지기
② 정온식감지선형감지기
③ 분포형감지기
④ 복합형감지기
⑤ 광전식분리형감지기
⑥ 아날로그방식의 감지기
⑦ 다신호방식의 감지기
⑧ 축적방식의 감지기

(4) 자동화재탐지설비 수신기의 설치기준(NFTC 203 2.2.3)

① 수위실 등 상시 사람이 근무하는 장소에 설치할 것. 다만, 사람이 **상**시 근무하는 장소가 없는 경우에는 관계인이 쉽게 접근할 수 있고 관리가 용이한 장소에 설치할 수 있다.
② 수신기가 설치된 장소에는 경계구역**일**람도를 비치할 것. 다만, 모든 수신기와 연결되어 각 수신기의 상황을 감시하고 제어할 수 있는 수신기(주수신기)를 설치하는 경우에는 주수신기를 제외한 기타 수신기는 그렇지 않다.
③ 수신기의 **음**향기구는 그 음량 및 음색이 다른 기기의 소음 등과 명확히 구별될 수 있는 것으로 할 것
④ 수신기는 감지기, 중계기 또는 발신기가 작동하는 경계구역을 **표**시할 수 있는 것으로 할 것
⑤ 화재, 가스, 전기 등에 대한 **종합**방재반을 설치한 경우에는 해당 조작반에 수신기의 작동과 연동하여 감지기, 중계기 또는 발신기가 작동하는 경계구역을 표시할 수 있는 것으로 할 것
⑥ **하**나의 경계구역은 하나의 표시등 또는 하나의 문자로 표시되도록 할 것
⑦ 수신기의 **조**작**스**위치는 바닥으로부터 높이가 0.8m 이상 1.5m 이하인 장소에 설치할 것
⑧ 하나의 특정소방대상물에 2 이상의 수신기를 설치하는 경우에는 수신기를 상호간 **연동**하여 화재발생 상황을 각 수신기마다 확인할 수 있도록 할 것
⑨ 화재로 인하여 하나의 층의 지구음향장치 또는 배선이 단락되어도 다른 층의 화재통보에 지장이 없도록 각 층 배선상에 유효한 조치를 할 것

암기법 하상일 음표 조스 종합 연동

쉬어가는 코너

누구도 어제를 바꿀 순 없다. 하지만, 누구나 내일을 바꿀 수 있다.

-작자 미상-

핵심기출문제

01 일시적으로 발생된 열, 연기 또는 먼지 등으로 연기감지기가 화재신호를 발신할 우려가 있는 곳에 축적기능 등이 있는 자동화재탐지설비의 수신기를 설치해야 한다. 이 경우에 해당하는 장소 3가지를 쓰시오. (단, 축적형감지기가 설치되지 아니한 장소이다.) 배점 : 5 [12년]

• **실전모범답안**

① 지하층, 무창층 등으로서 환기가 잘 되지 아니한 장소
② 실내면적이 40m^2 미만인 장소
③ 감지기의 부착면과 실내바닥과의 거리가 2.3m 이하인 장소

01-1 자동화재탐지설비의 수신기의 설치기준을 5가지만 쓰시오. 배점 : 5 [14년]

• **실전모범답안**

① 수위실 등 상시 사람이 근무하는 장소에 설치할 것. 다만, 사람이 상시 근무하는 장소가 없는 경우에는 관계인이 쉽게 접근할 수 있고 관리가 용이한 장소에 설치할 수 있다.
② 수신기의 음향기구는 그 음량 및 음색이 다른 기기의 소음 등과 명확히 구별될 수 있는 것으로 할 것
③ 수신기는 감지기, 중계기 또는 발신기가 작동하는 경계구역을 표시할 수 있는 것으로 할 것
④ 하나의 경계구역은 하나의 표시등 또는 하나의 문자로 표시되도록 할 것
⑤ 수신기의 조작스위치는 바닥으로부터 높이가 0.8m 이상 1.5m 이하인 장소에 설치할 것

02-2 수신기의 기능 및 시스템

(1) P형 수신기와 R형 수신기의 비교

구 분	P형 수신기	R형 수신기
시스템 구성	수신기, 감지기, 발신기	감지기, 발신기 등 이외 각종 local 장치와 수신기, 중계기
전송방식	개별전송방식(1 : 1 접점방식)	다중전송방식
신호종류	공통신호	고유신호
화재표시	표시등(lamp)	액정표시장치(LCD)
표시방식	창구식, 지도식	창구식, 지도식, CRT식, 디지털식
배관배선공사	선로수가 많아 복잡하다.	선로수가 적어 간단하다.
수신반 가격	저가	고가
유지관리	선로수가 많고 수신기에 자가진단기능이 없으므로 어렵다.	선로수가 적고 자가진단기능에 의해 고장발생을 자동으로 경보·표시하므로 쉽다.
도통시험	수신기에서 수동으로 시험	자동으로 검출되어 표시됨
설치장소	• 소규모 빌딩 • 단지규모가 적은 아파트 • 부지가 넓지 않은 공장 등	• 초고층 빌딩 • 대단지 아파트 • 부지가 넓은 공장 등
시스템 작동	감지기, 발신기 등 local장치의 신호를 수신하여 화재표시 및 경보를 발한다.	local장치가 동작 시 이를 중계기에서 고유신호로 변환하여 수신기에 통보하며, 수신기는 화재표시 및 경보를 발하고, 수신기에서는 이에 대응하는 출력신호를 중계기를 통하여 송신한다.
신뢰성	수신기 고장 시 전체 시스템 기능이 마비된다.	수신기 고장 시에도 중계기는 독자적으로 그 기능을 유지할 수 있다.
전압강하	선로의 길이에 따라 전압강하가 발생하므로 굵은 전선을 사용한다.	굵은 전선을 사용치 않더라도 전압강하의 우려가 없다.
신축, 변경, 증설	어렵다.	용이하다.

(2) 수신기의 기능시험

① **화재표시작동시험** : 화재작동 시 수신기의 해당 지구표시등 및 화재표시등의 점등과 음향장치의 명동을 확인하기 위한 시험

㉠ **시험방법**

- 동작시험스위치 및 자동복구스위치를 누른다(시험위치에 놓는다).
- 회로선택스위치를 회로별(1회로 마다)로 회전시킨다.

㉡ **가부판정의 기준** : 각 릴레이(relay)의 작동, 화재표시등, 지구표시등의 점등 및 음향장치의 작동확인이 정상일 것

② **회로도통시험** : 감지기회로의 단선유무와 기기 등의 접속상황을 확인하기 위한 시험

㉠ **시험방법**

- 도통시험스위치를 누른다(시험위치에 놓는다).
- 회로선택스위치를 회로별로 회전시킨다.

- 수신기의 형식이 전압계 type : 전압계의 표시부위를 확인한다.
- 수신기의 형식이 LED type : LED의 점등유무를 확인한다.

• 종단저항 등의 접속상황을 확인한다.

㉡ **가부판정의 기준**

• 수신기의 형식이 전압계 type
  - 전압계의 지시치가 녹색범위(2~6V)일 경우 정상
  - 전압계의 지시치가 적색범위일 경우 단락
  - 전압계의 지시치가 0일 경우 단선

• 수신기의 형식이 LED type
  - LED의 점등이 정상위치일 경우 정상
  - LED의 점등이 단선위치일 경우 단선

참고 회로도통시험을 한 결과 정상신호가 나타나지 않았을 경우의 원인

① 종단저항의 미설치
② 종단저항의 접속불량
③ 감지기회로 선로의 단선
④ 감지기회로 선로의 단락
⑤ 시험스위치의 불량

참고 수신기의 스위치 주의등 점멸 시의 원인

① 주경종 정지스위치를 눌렀을 경우
② 지구경종 정지스위치를 눌렀을 경우
③ 도통시험스위치를 눌렀을 경우
④ 화재표시 작동시험(회로시험) 스위치를 눌렀을 경우
⑤ 자동복구스위치를 눌렀을 경우

③ **공통선시험** : 공통선이 담당하고 있는 경계구역의 수의 적정여부를 확인하기 위한 시험

㉠ **시험방법**

• 수신기 내 접속단자의 회로 공통선을 1선 제거한다.
• 회로도통시험의 예에 따라 회로선택스위치를 회로별로 회전시킨다.
• 전압계 또는 LED를 확인하여 '단선'을 지시한 경계구역의 회선수를 점검한다.

㉡ **가부판정의 기준** : 공통선이 담당하고 있는 경계구역의 수가 7 이하일 것

④ **동시작동시험(1회선은 제외)** : 감지기가 동시에 수회선 작동하더라도 수신기의 기능에 이상유무를 확인하기 위한 시험

㉠ **시험방법**

• 주전원에 따라 행한다.
• 5회선(5회선 미만은 전 회선)을 동시에 작동시킨다(회선별로 복구가 되지 말 것).
• 위의 경우 주음향장치 및 지구음향장치를 명동시킨다.
• 부수신기와 표시기를 함께 설치하고 있는 것에 있어서는 이 전부를 작동상태로 한다.

ⓛ **가부판정의 기준** : 각 회선을 동시에 작동시켰을 때 수신기, 부수신기, 표시기, 음향장치 등의 기능에 이상이 없어야 하며, 또한 유효하게 화재작동을 계속하는 것으로 할 것

⑤ **예비전원시험** : 상용전원 및 비상전원이 사고 등으로 정전이 된 경우 자동적으로 예비전원으로 절환되며 또한 정전이 복구된 경우 자동적으로 일반 상용전원으로 절환되는지의 여부를 확인하기 위한 시험

㉠ **시험방법**
- 예비전원시험스위치를 누른 상태에서(시험위치에 놓은 상태에서)
- 전압계의 지시치 또는 LED 및 전원표시의 절환여부를 확인한다.
- 예비전원시험스위치를 떼고(상용전원으로 복귀된다.) 자동절환릴레이의 작동상황을 확인한다.

ⓛ **가부판정의 기준**
- 수신기의 형식이 전압계 type : 전압계의 지시치가 약 24V이고, 상용전원↔예비전원의 절환에 이상이 없으면 정상
- 수신기의 형식이 LED type : LED가 녹색(정상) 위치에 있고, 상용전원↔예비전원의 절환에 이상이 없으면 정상

⑥ **저전압시험** : 전원의 전압이 저하한 경우에 그 기능이 충분히 유지되는 것을 확인하기 위한 시험

㉠ **시험방법**
- 자동화재탐지설비용 전압시험기 또는 가변저항기 등을 사용하여 교류전원전압을 정격전압의 80% 이하로 한다(축전지설비의 경우에는 축전지의 단자를 절환하여 정격전압의 80% 이하로 한다).
- 화재표시작동시험의 예에 따라 행한다.

ⓛ **가부판정의 기준** : 화재신호를 정상적으로 수신할 수 있으며 음향장치는 정상적으로 음향을 발할 것

⑦ **회로저항시험** : 감지기회로 1회선의 선로저항치가 수신기의 기능에 이상을 가져오는지를 확인하기 위한 시험

㉠ **시험방법**
- 저항계를 사용하여 감지기회로의 공통선과 회로선 사이의 전로에 대하여 측정한다.
- 상시 개로식인 경우에는 회로의 말단상태를 도통상태로 하여 측정한다.

ⓛ **가부판정의 기준** : 하나의 감지기회로의 합성저항치가 50Ω 이하일 것

⑧ **비상전원시험(비상전원**으로 **축전지설비**를 **사용**할 **경우**에 행한다.) : 상용전원이 사고 등으로 정전이 된 경우에 자동적으로 비상전원으로 절환되며 또한 정전복구시에 자동적으로 일반 상용전원으로 절환되는지의 여부를 확인하기 위한 시험

㉠ **시험방법** : 축전지용 전원을 개로상태로 하고, 전압계의 지시치 또는 LED가 적정한가를 확인한다.

ⓛ **가부판정의 기준** : 비상전원의 전압, 용량의 절환상태 및 복구작동이 정상적으로 될 것

⑨ **지구음향장치시험** : 감지기 또는 발신기의 작동과 연동하여 해당 지구음향장치가 정상적으로 작동하는가를 확인하기 위한 시험

㉠ **시험방법** : 해당 경계구역의 감지기 또는 발신기를 작동시킨다.

ⓛ **가부판정의 기준** : 해당 경계구역의 감지기 또는 발신기를 작동시켰을 때 해당 지구음향장치가 작동하고 음량이 정상일 것(음량은 음향장치의 중심에서 1m 떨어진 위치에서 90dB 이상일 것)

핵심기출문제

01 자동화재탐지설비의 수신기에 대한 다음 각 물음에 답하시오. 배점 : 8 [11년]

(1) GP형 수신기의 기능을 간단히 설명하시오.
(2) R형 수신기의 특징 4가지를 쓰시오.

• **실전모범답안**

(1) P형 수신기의 기능과 가스누설경보기의 수신부 기능을 함께 가지고 있는 것
(2) ① 선로수가 적어 경제적이다.
② 신축, 변경, 증설이 용이하다.
③ 신호의 전달이 확실하다.
④ 유지관리가 쉽다.

01-1 [유형1] P형 수신기와 R형 수신기의 특성을 비교하여 4가지를 쓰시오.
[유형2] 공장이나 초대형 건물에서 P형 수신기보다 R형 수신기를 많이 사용하는 이유 4가지만 기술하시오. 배점 : 4 [04년] [05년] [06년] [12년]

• **실전모범답안**

① 선로수가 적어 경제적이다.
② 신축, 변경, 증설이 용이하다.
③ 신호의 전달이 확실하다.
④ 유지관리가 쉽다.

01-2 공통선을 시험하는 목적과 그 방법 및 가부판정의 기준을 쓰시오.
배점 : 5 [04년] [06년] [08년] [11년] [17년] [18년]

(1) 목적
(2) 방법
(3) 가부판정의 기준

• **실전모범답안**

(1) 목적

공통선이 담당하고 있는 경계구역수의 적정여부를 확인하기 위한 시험

(2) 공통선 시험방법

① 수신기 내 접속단자의 회로 공통선을 1선 제거한다.

② 회로도통시험의 예에 따라 회로선택스위치를 회로별로 선택한다.

③ 전압계 또는 LED를 확인하여 단선을 나타내는 경계구역의 회선수를 확인한다.

(3) 가부판정의 기준

공통선이 담당하고 있는 경계구역수가 7 이하일 것

01-3 수신기의 화재표시 작동시험을 실시할 때 확인사항 3가지를 쓰시오. 배점 : 6 [15년]

• **실전모범답안**

① 릴레이의 작동

② 화재표시등, 지구표시등 등의 점등

③ 음향장치의 작동

01-4 P형 수신기의 동시작동시험을 하는 목적을 쓰시오. 배점 : 3 [09년]

• **실전모범답안**

감지기가 동시에 수회선 작동하더라도 수신기 기능의 이상유무를 확인하기 위한 시험

01-5 P형 수신기의 예비전원을 시험하는 방법과 양부 판단의 기준에 대하여 설명하시오. 배점 : 5 [11년]

• **실전모범답안**

(1) 시험방법

① 예비전원시험스위치를 누른 상태에서(시험위치에 놓은 상태에서)

② 전압계의 지시치 또는 LED 및 전원표시의 절환여부를 확인한다.

③ 예비전원시험스위치를 떼고(상용전원으로 복귀된다.) 자동 절환릴레이의 작동상황을 확인한다.

(2) 양부 판단의 기준

① 수신기의 형식이 전압계 type : 전압계의 지시치가 약 24V이고, 상용전원 ↔ 예비전원의 절환에 이상이 없으면 정상

② 수신기의 형식이 LED type : LED가 녹색(정상) 위치에 있고, 상용전원 ↔ 예비전원의 절환에 이상이 없으면 정상

01-6 P형 수신기 점검 시 다음 시험의 양부 판정기준을 쓰시오. 배점 : 6 [15년] [18년]

(1) 공통선시험 양부 판정기준
(2) 회로저항시험 양부 판정기준
(3) 지구음향장치 작동시험 양부 판정기준

• **실전모범답안**

(1) 공통선이 담당하고 있는 경계구역의 수가 7 이하일 것
(2) 하나의 감지기회로의 합성저항치가 50Ω 이하일 것
(3) 해당 경계구역의 감지기 또는 발신기를 작동시켰을 때 해당 지구음향장치가 작동하고 음량이 정상일 것(음량은 음향장치의 중심에서 1m 떨어진 위치에서 90dB 이상일 것)

01-7 P형 수신기에서 회로도통시험을 한 결과 정상신호가 나타나지 않았다. 그 원인이 무엇인지 2가지만 예를 들어 설명하시오.(단, 수신기의 자체 고장은 없다.) 배점 : 4 [10년]

• **실전모범답안**

① 종단저항의 미설치
② 감지기회로 선로의 단선

01-8 어느 건물의 자동화재탐지설비의 수신기를 보니 스위치 주의등이 점멸하고 있었다. 어떤 경우에 점멸하는지 그 원인을 2가지만 예를 들어 설명하시오. 배점 : 4 [07년] [17년] [19년]

• **실전모범답안**

① 지구경종 정지스위치를 눌렀을 경우
② 도통시험스위치를 눌렀을 경우

02-3 형식승인 및 제품검사의 기술기준

(1) 수신기의 분류에 따른 정의

① **P형 수신기** : 감지기 또는 발신기로부터 발하여지는 신호를 직접 또는 중계기를 통하여 공통신호로서 수신하여 화재의 발생을 해당 특정소방대상물의 관계자에게 경보하여 주는 것

② **R형 수신기** : 감지기 또는 발신기로부터 발하여지는 신호를 직접 또는 중계기를 통하여 고유신호로서 수신하여 화재의 발생을 해당 특정소방대상물의 관계자에게 경보하여 주는 것

③ **GP형 수신기** : P형 수신기의 기능과 가스누설경보기의 수신부 기능을 겸한 것

④ **GR형 수신기** : R형 수신기의 기능과 가스누설경보기의 수신부 기능을 겸한 것

⑤ **P형 복합식 수신기** : 감지기 또는 발신기로부터 발하여지는 신호를 직접 또는 중계기를 통하여 공통신호로서 수신하여 화재의 발생을 해당 특정소방대상물의 관계자에게 경보하여 주고 자동 또는 수동으로 옥내·외 소화전설비, 스프링클러설비, 물분무소화설비, 포소화설비, 이산화탄소소화설비, 할론소화설비, 분말소화설비, 배연설비 등의 가압송수장치 또는 기동장치 등을 제어하는 것

⑥ **R형 복합식 수신기** : 감지기 또는 발신기로부터 발하여지는 신호를 직접 또는 중계기를 통하여 고유신호로서 수신하여 화재의 발생을 해당 특정소방대상물의 관계자에게 경보하여 주고 제어기능을 수행하는 것

⑦ **GP형 복합식 수신기** : P형 복합식 수신기와 가스누설경보기의 수신부 기능을 겸한 것

⑧ **GR형 복합식 수신기** : R형 복합식 수신기와 가스누설경보기의 수신부 기능을 겸한 것

⑨ **간이형 수신기** : 수신기 및 가스누설경보기의 기능을 각각 또는 함께 가지고 있는 제품으로 수신기 및 가스누설경보기의 형식승인기준에서 규정한 수신기 또는 가스누설경보기의 구조 및 기능을 단순화시켜 "수신부, 감지부", "수신부, 탐지부", "수신부, 감지부, 탐지부" 등으로 각각 구성되거나 여기에 중계부가 함께 구성되어 화재발생 또는 가연성가스가 누설되는 것을 자동적으로 탐지하여 관계자 등에게 경보하여 주는 기능 또는 도난경보, 원격제어기능 등이 복합적으로 구성된 제품

(2) 화재표시(수신기의 형식승인 및 제품검사의 기술기준 제12조)

① **축적형 수신기** : 축적형인 수신기는 축적시간동안 지구표시장치의 점등 및 주음향장치를 명동시킬 수 있으며 화재신호 축적시간은 5초 이상 60초 이내이어야 하고, 공칭축적시간은 10초 이상 60초 이내에서 10초 간격으로 한다.

② **아날로그식 수신기** : 아날로그식인 수신기는 아날로그식 감지기로부터 출력된 신호를 수신한 경우 예비표시 및 화재표시를 표시함과 동시에 입력신호량을 표시할 수 있어야 하며 또한 작동레벨을 설정할 수 있는 조정장치가 있어야 한다.

③ **다신호식 수신기** : 감지기로부터 최초의 화재신호를 수신하는 경우 주음향장치 또는 부음향장치의 명동 및 지구표시장치에 의한 경계구역을 각각 자동적으로 표시하여야 하며, 이 표시 중에 동일 경계구역의 감지기로부터 두 번째 화재신호 이상을 수신하는 경우 주음향장치 또는 부음향장치의 연동 및 지구표시장치에 의한 경계구역을 자동으로 표시함과 동시에 화재등 및 지구음향장치가 자동적으로 작동되어야 한다.

핵심기출문제

01 자동화재탐지설비의 구성기기에 관한 설명이다. ( ) 안에 알맞은 내용을 채우시오.

배점 : 9 [08년] [09년] [19년]

(1) (   )라 함은 감지기 또는 발신기(M형 발신기를 제외한다)로부터 발하여지는 신호를 직접 또는 중계기를 통하여 공통신호로서 수신하여 화재의 발생을 해당 소방대상물의 관계자에게 경보하여 주는 것을 말한다.

(2) (   )라 함은 감지기 또는 발신기(M형 발신기를 제외한다)로부터 발하여지는 신호를 직접 또는 중계기를 통하여 고유신호로서 수신하여 화재의 발생을 해당 소방대상물의 관계자에게 경보하여 주는 것을 말한다.

(3) (   )라 함은 수동작동 및 자동화재탐지설비 수신기의 화재신호와 연동으로 작동하여 관계자에게 화재발생을 경보함과 동시에 소방관서에 자동적으로 전화망을 통한 해당 화재발생 및 해당 소방대상물의 위치 등을 음성으로 통보하여 주는 것을 말한다.

(4) (   )라 함은 감지기 또는 발신기(M형 발신기를 제외한다) 등으로부터 발하여지는 신호를 직접 또는 중계기를 통하여 공통신호로서 수신하여 화재의 발생을 해당 소방대상물의 관계자에게 경보하여 주고 자동 또는 수동으로 옥내·외 소화전설비, 스프링클러설비, 물분무소화설비, 포소화설비, 이산화탄소소화설비, 할로겐화물소화설비, 분말소화설비, 배연설비 등의 가압송수장치 또는 기동장치 등을 제어하는 것을 말한다.

(5) (   )라 함은 감지기 또는 발신기(M형 발신기를 제외한다) 등으로부터 발하여지는 신호를 직접 또는 중계기를 통하여 고유신호로서 수신하여 화재의 발생을 해당 소방대상물의 관계자에게 경보하여 주고 제어기능을 수행하는 것을 말한다.

(6) (   )는 감지기로부터 최초의 화재신호를 수신하는 경우 주음향장치 또는 부음향장치의 명동 및 지구표시장치에 의한 경계구역을 자동으로 표시해야 하며, 이 표시 중에 동일경계구역의 감지기로부터 두 번째 화재신호 이상을 수신하는 경우 주음향장치 또는 부음향장치의 명동 및 지구표시장치에 의한 경계구역을 각각 자동으로 표시함과 동시에 화재등 및 지구음향장치가 자동적으로 작동되어야 한다.

(7) (   )는 축적시간 동안 지구표시장치의 점등 및 주음향장치를 명동시킬 수 있으며, 화재신호 축적시간은 5초 이상 60초 이내이어야 하고, 공칭축적시간은 10초 이상 60초 이내에서 10초 간격으로 한다.

(8) (   )는 아날로그식 감지기로부터 출력된 신호를 수신한 경우 예비표시 및 화재표시를 표시함과 동시에 입력신호량으로 표시할 수 있어야 하며, 또한 작동레벨을 설정할 수 있는 조정장치가 있어야 한다.

• **실전모범답안**

(1) P형 수신기
(2) R형 수신기
(3) 자동화재속보설비의 속보기
(4) P형 복합식 수신기
(5) R형 복합식 수신기
(6) 다신호식 수신기
(7) 축적형 수신기
(8) 아날로그식 수신기

03 자동화재탐지설비(기타)

03-1 발신기

(1) 발신기

수동누름버턴 등의 작동으로 화재신호를 수신기에 발신하는 장치

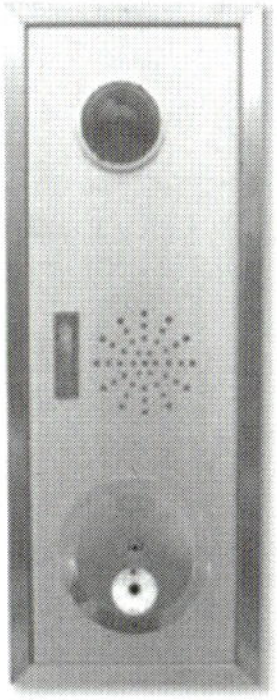

(a) 발신기세트 단독형

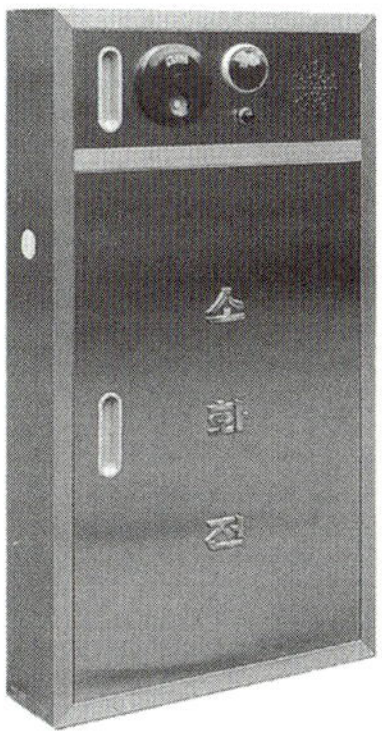

(b) 발신기세트 옥내소화전 내장형

| 발신기세트 |

(2) 발신기의 구성요소

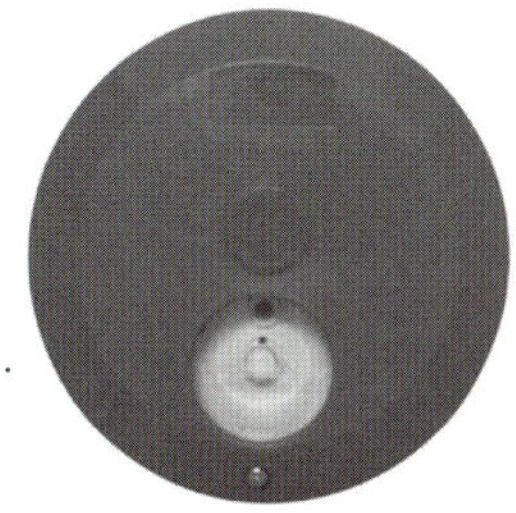

(a)

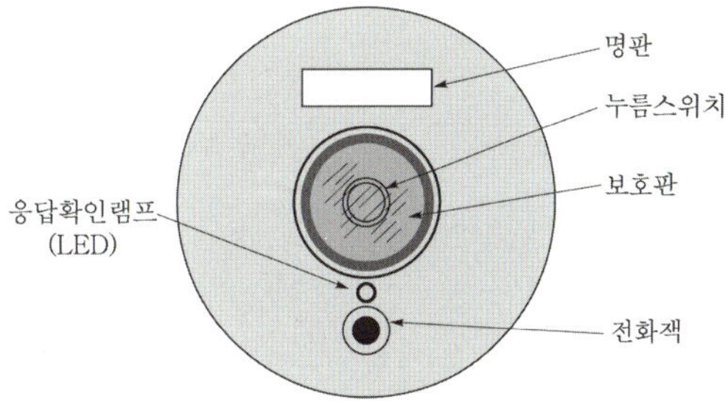

(b)

| 발신기 |

① **누름스위치** : 수동조작에 의하여 수신기에 화재신호를 보내는 장치
② **응답확인램프(LED)** : 발신기의 신호가 수신기에 전달되었는가를 확인하는 램프
③ **전화잭** : 수신기와 발신기간 상호 통화를 할 수 있는 잭
④ **보호판** : 누름스위치의 보호용
⑤ **명판**
⑥ **외함**

(3) 발신기의 설치기준(NFTC 203 2.6.1, 2)

① **조작**이 **쉬운 장소**에 설치하고, **스위치**는 바닥으로부터 0.8m **이상** 1.5m **이하**의 높이에 설치할 것
② 특정소방대상물의 **층**마다 설치하되, 해당 층의 각 부분으로부터 하나의 발신기까지의 **수평거리**가 **25m 이하**가 되도록 할 것. 다만, **복도** 또는 **별도로 구획된 실**로서 **보행거리**가 **40m 이상**일 경우에는 **추가**로 설치해야 한다.

암기법 조스 수평이오(25) 보행사고(40)

③ **기둥** 또는 **벽**이 설치되지 아니한 **대형공간**의 경우 발신기는 설치 대상장소의 **가장 가까운 장소**의 **벽** 또는 **기둥** 등에 설치할 것
④ 발신기의 **위치**를 표시하는 **표시등**은 **함**의 **상부**에 설치하되, 그 불빛은 부착면으로부터 15° **이상**의 **범위 안**에서 **부착지점**으로부터 10m **이내**의 어느 곳에서도 **쉽게 식별**할 수 있는 **적색등**으로 해야 한다.

(4) 발신기의 작동 후 조치사항

발신기의 **작동**은 **누름스위치**의 **수동조작**에 의해서 **작동**하고 수동조작에 의해 **복구**된다. 따라서, 발신기의 누름스위치를 눌러 작동시킨 후 **복구 시**에는 누름스위치를 **수동**으로 ① **잡아당기거나**, ② **한 번 더 눌러** 복구시켜야 한다.(①, ②는 Type별 복구방법이다.) **발신기**의 **누름스위치**를 **복구**시킨 후 **수신기**의 **복구스위치**를 누르면 **화재신호**가 복구된다.

쉬어가는 코너

해야 함은 할 수 있음을 포함한다.

-작자 미상-

핵심기출문제

01 발신기의 구성요소 4가지를 쓰시오. 배점 : 4

• 실전모범답안

① 누름스위치
② 응답확인램프
③ 전화잭
④ 보호판

01-1 발신기를 손으로 눌러서 경보를 발생시킨 뒤 수신기에서 복구시켰는데도 화재신호가 복구되지 않았다. 그 원인과 해결방안을 쓰시오. (단, 감지기를 수동으로 시험한 다음에는 수신기에서 복구가 된다고 한다.) 배점 : 3 [09년] [12년] [21년]

• 실전모범답안

① 원인 : 발신기의 누름스위치가 복구되지 않았기 때문에
② 해결방안 : 발신기의 누름스위치를 다시 눌러 누름스위치를 복구시킨 후, 수신기의 복구스위치를 누른다.

03-2 중계기

(1) 중계기

감지기·발신기 또는 전기적인 접점 등의 작동에 따른 신호를 받아 이를 수신기에 전송하는 장치를 말한다.

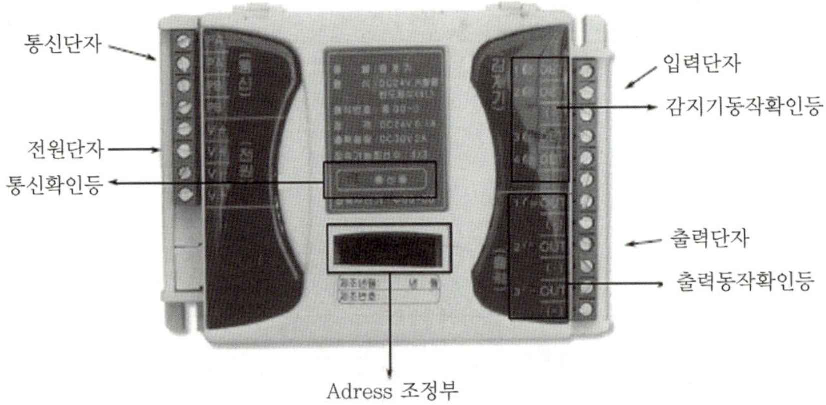

| 중계기(분산형) |

(2) 중계기의 설치기준(NFTC 203 2.3.1)

① 수신기에서 직접 감지기회로의 도통시험을 하지 않는 것에 있어서는 **수신기**와 **감지기 사이**에 설치할 것

② **조작** 및 **점검**에 편리하고 **화재** 및 **침수**등의 **재해**로 인한 **피해**를 받을 우려가 없는 장소에 설치할 것

③ 수신기에 따라 감시되지 않는 배선을 통하여 전력을 공급받는 것에 있어서는 **전원입력측**의 **배선**에 **과전류차단기**를 설치하고 해당 전원의 **정전**이 즉시 **수신기**에 **표시**되는 것으로 하며, **상용전원** 및 **예비전원**의 **시험**을 할 수 있도록 할 것

(3) 중계기의 설치장소

① **분산형 중계기**

㉠ **발신기세트함**(단독형 또는 옥내소화전 내장형) 내부

㉡ **스프링클러설비**의 **접속박스** 내부 또는 SVP(슈퍼비죠리판넬) 내부

㉢ **가스계소화설비**(CO_2, 할론, 할로겐화합물 및 불활성기체소화설비) **수동조작함** 내부

㉣ **제연댐퍼 수동조작함** 내부

㉤ **배연창, 방화셔터 연동제어기** 내부

㉥ **중계기** 전용함 설치 시 **전용함** 내부

② **집합형 중계기**

전기 피트(Pit)실 또는 E.P.S(Electrical Piping Shaft)**실** 내부

(4) 중계기의 종류별 특징

구 분	집합형	분산형
입력전원	교류 110/220V	직류 24V
전원공급	외부전원을 이용하고 정류기 및 비상전원 내장	수신기의 비상전원을 이용하고 중계기에 전원장치 없이
회로수용능력	대용량(30~40회로)	소용량(5회로 미만)
외형 크기	대형	소형
설치방법	전기 PIT실 등에 설치하고 2~3개 층당 1대씩 설치	발신기함, 소화전함, 수동조작함, SVP, 연동제어기에 내장하거나 별도의 격납함에 설치/각 말단(Local)기기별 1대씩 설치
전원공급 사고 시	내장된 예비전원에 의해 정상적인 동작을 수행	중계기 전원선로의 사고 시 해당 계통 전체 시스템 마비
설치 적용	전압강하가 우려되는 장소 수신기와 거리가 먼 초고층 빌딩	전기피트 공간이 좁은 건축물/ 아날로그 감지기를 객실별로 설치하는 호텔, 오피스텔, 아파트 등

쉬어가는 코너

노력 없는 꿈은 망상일 뿐이다.

-작자 미상-

핵심기출문제

01 중계기의 설치기준 3가지를 쓰시오. 배점 : 6 [03년] [04년] [11년] [20년]

• 실전모범답안

① 수신기에서 직접 감지기회로의 도통시험을 하지 않는 것에 있어서는 수신기와 감지기 사이에 설치할 것
② 조작 및 점검에 편리하고 화재 및 침수 등의 재해로 인한 피해를 받을 우려가 없는 장소에 설치할 것
③ 수신기에 따라 감시되지 않는 배선을 통하여 전력을 공급받는 것에 있어서는 전원입력측의 배선에 과전류 차단기를 설치하고 해당 전원의 정전이 즉시 수신기에 표시되는 것으로 하며, 상용전원 및 예비전원의 시험을 할 수 있도록 할 것

01-1 자동화재탐지설비의 중계기 설치기준에서 중계기로 직접 전력을 공급받는 경우는 어떻게 해야 하는지 설명하시오. 배점 : 3 [14년]

• 실전모범답안

전원입력측의 배선에 과전류차단기를 설치하고 해당 전원의 정전이 즉시 수신기에 표시되는 것으로 하며, 상용전원 및 예비전원의 시험을 할 수 있도록 할 것

01-2 자동화재탐지설비의 중계기에 반드시 설치해야 할 시험장치를 쓰시오. 배점 : 3 [13년]

• 실전모범답안

① 상용전원시험
② 예비전원시험

01-3 분산형 중계기의 설치장소를 4가지 쓰시오. 배점 : 4 [07년] [11년]

• 실전모범답안

① 발신기세트함(단독형 또는 옥내소화전 내장형) 내부
② 스프링클러설비의 접속박스 내부 또는 SVP(슈퍼비죠리판넬) 내부
③ 가스계소화설비(CO_2, 할론, 할로겐화합물 및 불활성기체소화설비) 수동조작함 내부
④ 제연댐퍼 수동조작함 내부

01-4 다음 표는 중계기의 종류에 따른 특징을 나타낸 표이다. 빈 칸에 알맞은 내용을 쓰시오.

배점 : 4 [19년]

구 분	집합형	분산형
입력전원		
전원공급		수신기의 비상전원을 이용하고 중계기에 전원장치 없이
회로수용 능력		소용량(5회로 미만)
외형 크기	대형	소형
설치방법	전기 PIT실 등에 설치하고 2~3개 층당 1대씩 설치	발신기함, 소화전함, 수동조작함, SVP, 연동제어기에 내장하거나 별도의 격납함에 설치/ 각 말단(Local)기기별 1대씩 설치
전원공급 사고 시	내장된 예비전원에 의해 정상적인 동작을 수행	중계기 전원선로의 사고 시 해당 계통 전체 시스템 마비
설치 적용	전압강하가 우려되는 장소 수신기와 거리가 먼 초고층 빌딩	전기피트 공간이 좁은 건축물/ 아날로그 감지기를 객실별로 설치하는 호텔, 오피스텔, 아파트 등

• 실전모범답안

구 분	집합형	분산형
입력전원	교류 110/220V	직류 24V
전원공급	외부전원을 이용하고 정류기 및 비상전원 내장	수신기의 비상전원을 이용하고 중계기에 전원장치 없이
회로수용능력	대용량(30~40회로)	소용량(5회로 미만)
외형 크기	대형	소형
설치방법	전기 PIT실 등에 설치하고 2~3개 층당 1대씩 설치	발신기함, 소화전함, 수동조작함, SVP, 연동제어기에 내장하거나 별도의 격납함에 설치/ 각 말단(Local)기기별 1대씩 설치
전원공급 사고 시	내장된 예비전원에 의해 정상적인 동작을 수행	중계기 전원선로의 사고 시 해당 계통 전체 시스템 마비
설치 적용	전압강하가 우려되는 장소 수신기와 거리가 먼 초고층 빌딩	전기피트 공간이 좁은 건축물/ 아날로그 감지기를 객실별로 설치하는 호텔, 오피스텔, 아파트 등

03-3 음향장치 및 시각경보장치

(1) 음향장치

경종 : **경보기구** 또는 **비상경보설비**에 사용하는 **벨** 등의 **음향장치**

| 경종 |

(2) 경보방식

① **일제경보방식** : 화재로 인한 경보발령 시 **전 층**에 경보를 발하는 방식

② **우선경보방식** : **층수**가 **11층 이상**인 특정소방대상물 또는 **16층 이상**인 **공동주택**의 경우 적용

발화층	경보층
2층 이상	발화층+직상 4개 층
1층	발화층+직상 4개 층+지하층
지하층	발화층+직상층+기타 지하층

	2F발화	1F발화	B1F발화	B2F발화
6F	경보			
5F	경보	경보		
4F	경보	경보		
3F	경보	경보		
2F	경보	경보		
1F		경보	경보	
B1F		경보	경보	경보
B2F		경보	경보	경보
B3F		경보	경보	경보

| 우선경보방식 |

(3) 음향장치의 성능 및 구조(NFTC 203 2.5.1.4)

① 정격전압의 80% 전압에서 음향을 발할 수 있는 것으로 할 것

② 음향의 크기는 부착된 음향장치의 중심으로부터 1m 떨어진 위치에서 90dB **이상**이 되는 것으로 할 것

③ **감지기** 및 **발신기**의 **작동**과 **연동**하여 작동할 수 있는 것으로 할 것

(4) 시각경보장치

자동화재탐지설비에서 발하는 화재신호를 **시각경보기**에 전달하여 **청각장애인**에게 **점멸형태**의 **시각경보**를 하는 것

(5) 청각장애인용 시각경보장치의 설치기준(NFTC 203 2.5.2)

① **복도·통로·청각장애인용 객실** 및 **공용**으로 사용하는 거실(로비, 회의실, 강의실, 식당, 휴게실, 오락실, 대기실, 체력단련실, 접객실, 안내실, 전시실, 기타 이와 유사한 장소를 말한다)에 설치하며, 각 부분으로부터 **유효하게 경보**를 발할 수 있는 위치에 설치할 것
② **공연장·집회장·관람장** 또는 이와 유사한 장소에 설치하는 경우에는 **시선**이 **집중**되는 **무대부** 부분 등에 설치할 것
③ 설치높이는 바닥으로부터 2m **이상** 2.5m 이하의 장소에 설치할 것. 다만, **천장**의 높이가 2m **이하인 경우**에는 천장으로부터 0.15m **이내**의 장소에 설치해야 한다.
④ **광원**은 **전용**의 **축전지설비** 또는 **전기저장장치**에 의해 점등되도록 할 것(단, 시각경보기에 작동전원을 공급할 수 있도록 형식승인을 얻은 수신기를 설치한 경우 제외)

(6) 시각경보기를 설치해야 하는 특정소방대상물

소방시설 설치 및 관리에 관한 법률 시행령[별표 4]

① 근린생활시설, 문화 및 집회시설, 종교시설, 판매시설, 운수시설, 의료시설, 노유자시설
② 운동시설, 업무시설, 숙박시설, 위락시설, 창고시설 중 물류터미널 발전시설 및 장례시설
③ 교육연구시설 중 도서관, 방송통신시설 중 방송국
④ 지하가 중 지하상가

핵심기출문제

01 지상 15층, 지하 5층, 연면적 5,000m²인 특정소방대상물에 자동화재탐지설비의 음향장치를 설치하고자 한다. 다음 각 물음에 답하시오. **배점 : 5** [08년] [16년] [20년]

(1) 지상 11층에서 화재가 발생한 경우 경보를 발해야 하는 층을 쓰시오.
(2) 지상 1층에서 화재가 발생한 경우 경보를 발해야 하는 층을 쓰시오.
(3) 지하 1층에서 화재가 발생한 경우 경보를 발해야 하는 층을 쓰시오.

• **실전모범답안**

(1) 지상 11층, 지상 12층, 지상 13층, 지상 14층, 지상 15층
(2) 지상 1층, 지상 2층, 지상 3층, 지상 4층, 지상 5층, 지하 1층, 지하 2층, 지하 3층, 지하 4층, 지하 5층
(3) 지상 1층, 지하 1층, 지하 2층, 지하 3층, 지하 4층, 지하 5층

01-1 지하 3층, 지상 5층인 특정소방대상물에 설치된 자동화재탐지설비의 음향장치의 설치기준에 관한 사항이다. 다음의 표와 같이 화재가 발생하였을 경우 우선적으로 경보해야 하는 층을 빈칸에 표시하시오. (단, 경보방식은 우선경보방식이며, 경보표시는 ●를 사용한다.)
배점 : 6 [10년] [18년] [20년]

5층						
4층						
3층	화재(●)					
2층		화재(●)				
1층			화재(●)			
지하 1층				화재(●)		
지하 2층					화재(●)	
지하 3층						화재(●)

• **실전모범답안**

5층	●	●	●			
4층	●	●	●			
3층	화재(●)	●	●			
2층		화재(●)	●			
1층			화재(●)	●		
지하 1층			●	화재(●)	●	●
지하 2층			●	●	화재(●)	●
지하 3층			●	●	●	화재(●)

01-2 자동화재탐지설비의 음향장치에 대한 구조 및 성능기준 3가지를 쓰시오. 배점 : 6 [13년] [19년]

• 실전모범답안

① 정격전압의 80% 전압에서 음향을 발할 수 있는 것으로 할 것
② 음향의 크기는 부착된 음향장치의 중심으로부터 1m 떨어진 위치에서 90dB 이상이 되는 것으로 할 것
③ 감지기 및 발신기의 작동과 연동하여 작동할 수 있는 것으로 할 것

02 청각장애인용 시각경보장치의 설치기준에 대한 다음 ( ) 안을 완성하시오. 배점 : 3 [15년] [17년] [20년]

(1) 공연장·집회장·관람장 또는 이와 유사한 장소에 설치하는 경우에는 시선이 집중되는 (①) 등에 설치할 것
(2) 바닥으로부터 (②)m 이하의 높이에 설치할 것. 다만, 천장높이가 2m 이하는 천장에서 (③)m 이내의 장소에 설치해야 한다.

• 실전모범답안

(1) 공연장·집회장·관람장 또는 이와 유사한 장소에 설치하는 경우에는 시선이 집중되는 (① 무대부) 등에 설치할 것
(2) 바닥으로부터 (② 2m 이상 2.5)m 이하의 높이에 설치할 것. 다만, 천장높이가 2m 이하는 천장에서 (③ 0.15)m 이내의 장소에 설치해야 한다.

02-1 청각장애인용 시각경보장치의 설치기준 4가지를 쓰시오. 배점 : 3 [19년] [21년]

• 실전모범답안

① 복도·통로·청각장애인용 객실 및 공용으로 사용하는 거실에 설치하며, 각 부분으로부터 유효하게 경보를 발할 수 있는 위치에 설치할 것
② 공연장·집회장·관람장 또는 이와 유사한 장소에 설치하는 경우에는 시선이 집중되는 무대부 부분 등에 설치할 것
③ 설치높이는 바닥으로부터 2m 이상 2.5m 이하의 장소에 설치할 것. 다만, 천장의 높이가 2m 이하인 경우에는 천장으로부터 0.15m 이내의 장소에 설치해야 한다.
④ 광원은 전용의 축전지설비 또는 전기저장장치에 의해 점등되도록 할 것(단, 시각경보기에 작동전원을 공급할 수 있도록 형식승인을 얻은 수신기를 설치한 경우 제외)

02-2 시각경보기를 설치해야 하는 특정소방대상물을 3가지 쓰시오. 배점 : 3 [17년]

• 실전모범답안

① 근린생활시설
② 의료시설
③ 지하가 중 지하상가

03-4 경계구역

(1) 경계구역

특정소방대상물 중 **화재신호**를 **발신**하고 그 **신호**를 **수신** 및 **유효**하게 **제어**할 수 있는 **구역**

(2) 경계구역의 설정기준(NFTC 203 2.1)

① **수평적 경계구역**

㉠ **층, 면적, 길이**별 기준

- 하나의 경계구역이 **2개 이상**의 **건축물**에 미치지 않도록 할 것
- 하나의 경계구역이 **2개 이상**의 **층**에 미치지 않도록 할 것. 다만, 500m² **이하**의 범위 안에서는 2개의 **층**을 **하나**의 **경계구역**으로 할 수 있다.
- 하나의 경계구역의 **면적**은 600m² 이하로 하고 한 변의 길이는 **50m** 이하로 할 것. 다만, 해당 특정소방대상물의 **주된 출입구**에서 그 **내부 전체**가 보이는 것에 있어서는 **한 변**의 **길이**가 50m의 **범위 내**에서 1,000m² **이하**로 할 수 있다.
- 스프링클러설비 · 물분무등소화설비 또는 제연설비의 화재감지장치로서 화재감지기를 설치한 경우의 경계구역은 해당 소화설비의 방사구역 또는 제연구역과 동일하게 설정할 수 있다.

구 분	원 칙	예 외
층별	층마다	2개의 층을 하나의 경계구역으로 할 수 있는 경우 : 500m² 범위 안
면적	600m² 이하	1,000m² 이하로 할 수 있는 경우 : 주된 출입구에서 내부 전체가 보이는 것
길이	한 변의 길이 : 50m 이하	–

참고 | 수평적 경계구역 중 외기 개방 시의 면적산정기준(NFTC 203 2.1)

> **외기**에 **면하여 상시 개방된 부분**이 있는 **차고, 주차장, 창고** 등에 있어서는 외기에 면하는 각 부분으로부터 **5m 미만**의 **범위 안**에 있는 부분은 **경계구역**의 **면적**에 산입하지 **않는다**.

② **수직적 경계구역** : **계단, 경사로**(에스컬레이터 경사로 포함), **엘리베이터 승강로**(권상기실이 있는 경우에는 **권상기실**), **린넨슈트, 파이프 피트** 및 **덕트**, 기타 이와 유사한 부분에 대하여는 **별도**로 **경계구역**을 설정하되, 하나의 경계구역은 **높이 45m 이하**로 하고, **지하층**의 **계단** 및 **경사로**(**지하층**의 **층수**가 **1일 경우**는 **제외**)는 **별도**로 **하나**의 **경계구역**으로 할 것

구 분	계단, 경사로	E/V 승강로(권상기실이 있는 경우에는 권상기실), 린넨슈트, 파이프 피트 및 덕트
높이	45m 이하	제한 없음
지하층	별도의 경계구역으로 할 것(지하 1층만 있을 경우 제외. 즉, 지상층과 하나의 경계구역으로 할 수 있다.)	제한 없음

실무적용

> 경계구역을 구분하는 근본적인 이유는 화재가 발생한 구역을 파악하고 이에 대처하기 위함이다. 따라서, 해당 특정소방대상물의 구조에 익숙치 않은 사람이라도 신속히 화재발생 지점을 파악할 수 있도록 수신기 부근에 경계구역 일람도를 비치하도록 규정하고 있다.

핵심기출문제

01 그림과 같은 건물의 경계구역수를 구하시오. 배점 : 3 [09년]

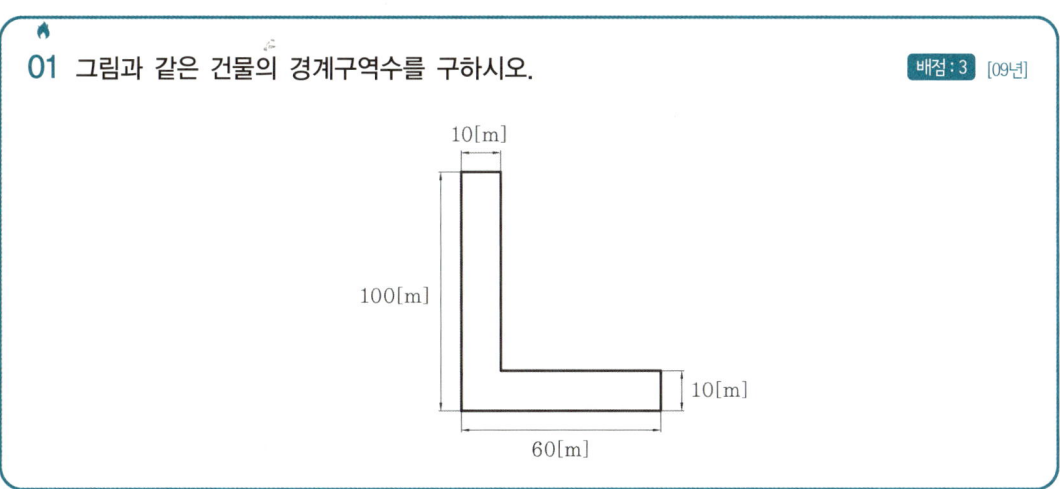

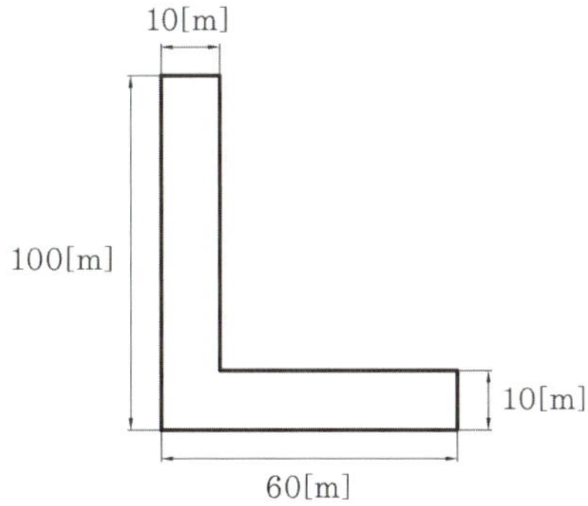

• **실전모범답안**

3경계구역

상세해설

(1) 수평적 경계구역

구 분	원 칙	예 외
면적	$600m^2$	$1,000m^2$ **이하**로 할 수 있는 경우 : 주된 **출입구**에서 **내부 전체**가 보이는 경우

하나의 **경계구역**의 **면적**은 $600m^2$ **이하**, **한 변**의 **길이**는 50m 이하로 해야 하므로 다음 그림과 같은 경계구역을 가진다.

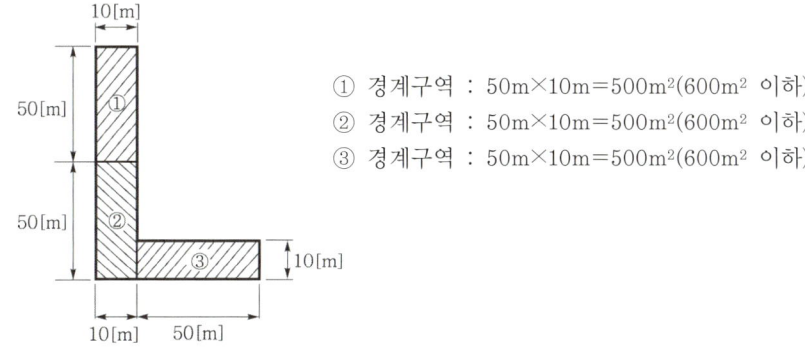

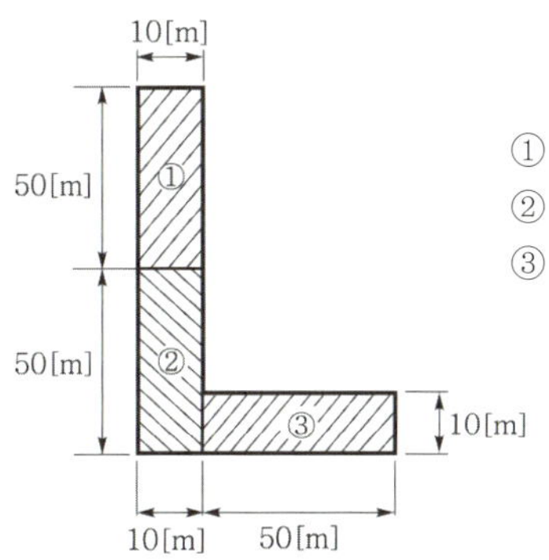

① 경계구역 : $50m \times 10m = 500m^2$($600m^2$ 이하)
② 경계구역 : $50m \times 10m = 500m^2$($600m^2$ 이하)
③ 경계구역 : $50m \times 10m = 500m^2$($600m^2$ 이하)

01-1 그림과 같이 외기에 면하여 상시 개방된 부분이 있는 주차장에 경계구역 면적 m^2을 구하시오.

배점 : 5 [11년]

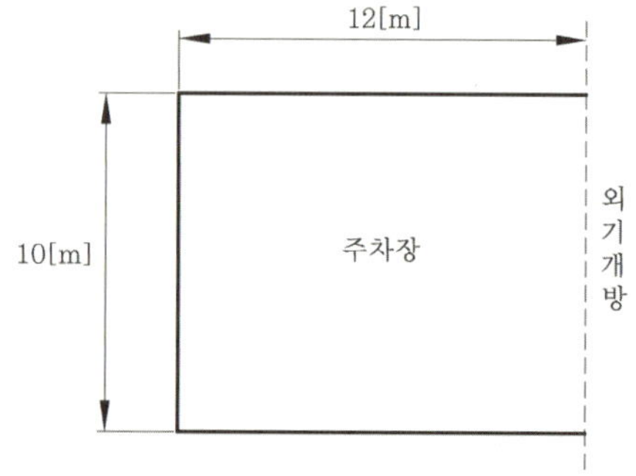

• **실전모범답안**

경계구역 면적=(12×10)−(5×10)=70m^2

• **답** : 70m^2

상세해설

외기에 **면하여 상시 개방된 부분**이 있는 **차고**, **주차장**, **창고** 등에 있어서는 외기에 면하는 각 부분으로부터 **5m 미만의 범위 안**에 있는 부분은 **경계구역의 면적**에 **산입하지 않는다.**

① **전체 경계구역 면적** : 12m×10m=**120m^2**

② **외기에 개방된 부분의 면적** : 10m×5m=**50m^2**

∴ **경계구역 면적**=120m^2−50m^2=**70m^2**

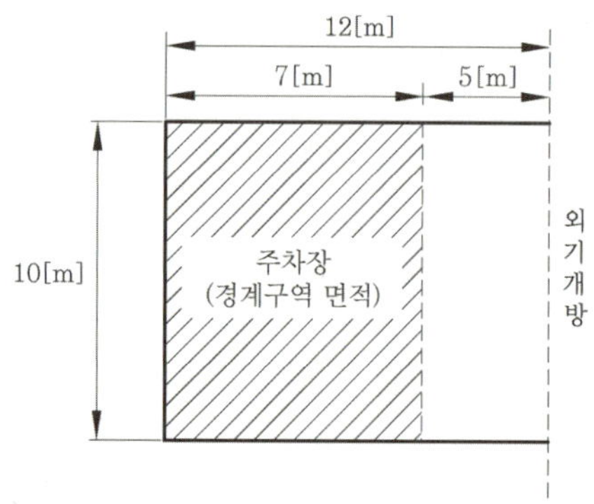

01-2 외기에 면하여 상시 개방된 부분이 있는 장소로 외기에 면하는 각 부분으로부터 5m 미만의 범위 안에 있는 부분을 자동화재탐지설비 경계구역에 산입하지 않는 장소 3곳을 쓰시오.

배점 : 5 [13년]

• **실전모범답안**

① 차고

② 주차장

③ 창고

01-3 지하 3층, 지상 14층인 건축물에 자동화재탐지설비를 설치하고자 한다. 조건을 참고하여 다음 각 물음에 답하시오.

배점 : 10 [12년]

[조건]

① 엘리베이터는 지하 3층에서 지상 14층까지 연결되는 1대와, 지하 3층에서 지상 6층까지 연결되는 1대 총 2대가 설치되어 있다.
② 계단은 건축물 우측에 1개소에 설치되어 있으며, 지하 3층에서 옥상까지 연결되어 있다.
③ 이 건축물의 층고는 3.3m이다.

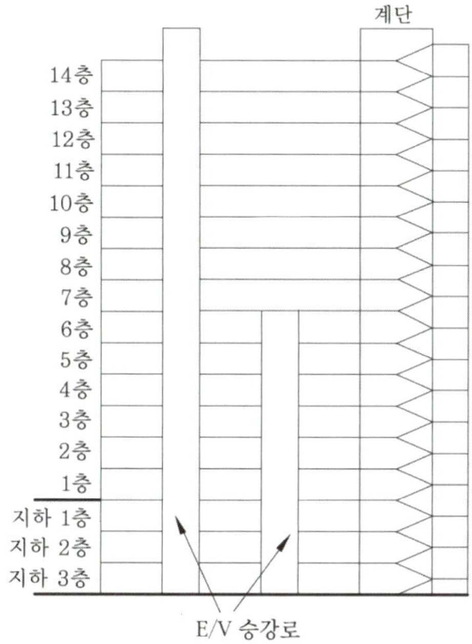

(1) 그림에서 수직경계구역의 적당한 위치에 연기감지기를 그려 넣으시오. (단, 연기감지기는 2종을 설치한다.)
(2) 수직적 경계구역의 전체 경계구역수를 구하시오.
(3) 연기가 멀리 이동해서 감지기에 도달하는 장소에 설치하는 감지기의 명칭을 4가지 쓰시오.

• **실전모범답안**

(1)

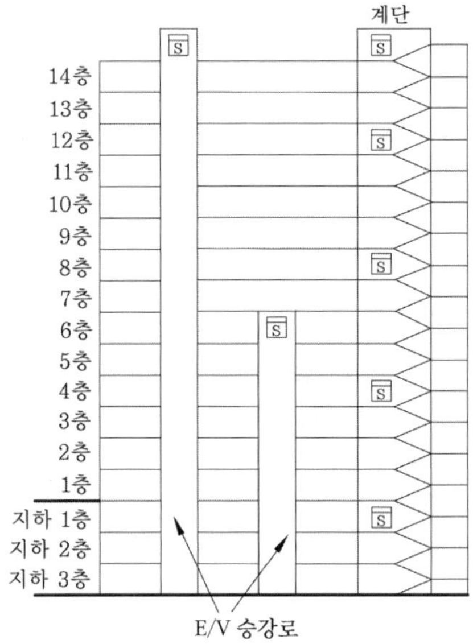

(2) ① 지상층 계단 : $\frac{3.3 \times 15}{45} = 1.1 ≒ 2$경계구역

② 지하층 계단 : $\frac{3.3 \times 3}{45} = 0.22 ≒ 1$경계구역

③ 엘리베이터 : 2경계구역

∴ 2+1+2 = 5경계구역

• 답 : 5경계구역

(3) ① 광전식스포트형감지기

② 광전식분리형감지기

③ 광전아날로그식스포트형감지기

④ 광전아날로그식분리형감지기

상세해설

(1) 연기감지기의 개수 및 설치

① 계단

㉠ **연기감지기**는 **계단** 및 **경사로**에 있어서는 **수직거리** 15m(3종에 있어서는 10m)마다 **1개 이상**으로 설치해야 한다. 문제의 조건에 따라 **연기감지기 2종**을 설치하므로 수직거리 15m마다 1개씩 설치해야 하며, **지하층**의 계단(**지하층**의 **층수**가 1일 경우는 제외)은 **지상층**과 **별도**로 **경계구역**을 해야 하므로 다음과 같이 산출한다.

- 지상층 : 3.3m×15개 층=**49.5m**

$\therefore$ 감지기 개수$=\dfrac{49.5\text{m}}{15\text{m}}=3.3 \fallingdotseq$ **4개**(**소수점 이하**는 **절상**한다.)

- 지하층 : 3.3m×3개 층=9.9m

$\therefore$ 감지기 개수$=\dfrac{9.9\text{m}}{15\text{m}}=0.66 \fallingdotseq$ **1개**(**소수점 이하**는 **절상**한다.)

② **엘리베이터** : **엘리베이터**의 경우 **승강로 가장 윗부분**에 **한 개**씩(**권상기실**이 있는 경우 권상기실마다) 설치한다.

$\therefore$ 엘리베이터가 2대 있으므로 **2개** 설치

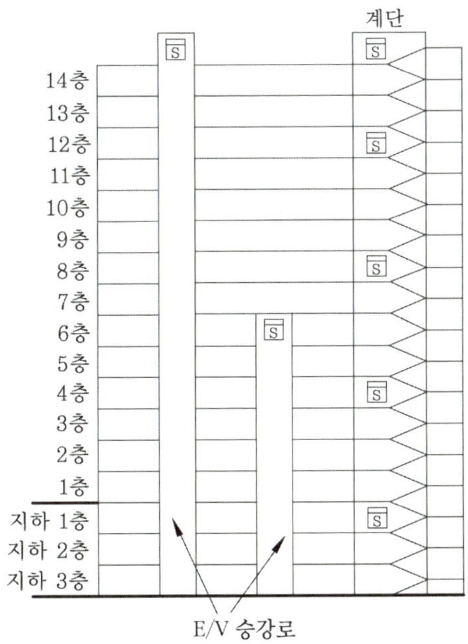

(2) 수직적 경계구역

구 분	계단, 경사로	E/V 승강로(권상기실이 있는 경우 권상기실), 린넨슈트, 파이프 피트 및 덕트
높이	45m 이하	제한 없음
지하층	별도의 경계구역으로 할 것(다만, 지하 1층만 있을 경우에는 지상층과 하나의 경계구역으로 할 수 있다.)	제한 없음

[조건]

- 해당 건축물에는 계단 1개소, 엘리베이터 2개소가 설치되어 있다.
- 해당 건축물은 지하 3층이므로 계단을 지상층과 지하층을 별도의 경계구역으로 해야 한다.

① **계단**

㉠ **지상층** : $\frac{3.3\text{m}\times 15\text{개 층}}{45\text{m}}=1.1 \fallingdotseq$ **2경계구역**(**소수점 이하**는 **절상**한다.)

㉡ **지하층** : $\frac{3.3\text{m}\times 3\text{개 층}}{45\text{m}}=0.22 \fallingdotseq$ **1경계구역**(**소수점 이하**는 **절상**한다.)

② **엘리베이터** : **2개소**가 설치되어 있으므로 **2경계구역**

∴ **전체 경계구역수**=2+1+2=**5경계구역**

(3) 설치장소별 감지기 적응성(NFTC 203 [별표 1])

설치장소		적응열감지기					적응연기감지기						불꽃감지기	비 고
환경상태	적응장소	차동식스포트형	차동식분포형	보상식스포트형	정온식	열아날로그식	이온화식스포트형	광전식스포트형	이온아날로그식스포트형	광전아날로그식스포트형	광전식분리형	광전아날로그식분리형		
연기가 멀리 이동해서 감지기에 도달하는 장소	계단, 경사로							○		○	○	○		광전식스포트형감지기 또는 광전아날로그식스포트형감지기를 설치하는 경우에는 당해 감지기회로에 축적기능을 갖지 않는 것으로 할 것

㈜ 1. "○"는 당해 설치장소에 적응하는 것을 표시
2. "◎"는 당해 설치장소에 연기감지기를 설치하는 경우 당해 감지기회로에 축적기능을 갖는 것을 표시
3. 차동식스포트형, 차동식분포형, 보상식스포트형 및 연기식(당해 감지기회로에 축적기능을 갖지 않는 것) 1종은 감도가 예민하기 때문에 비화재보 발생은 2종에 비해 불리한 조건이라는 것을 유의할 것
4. 차동식분포형 3종 및 정온식 2종은 소화설비와 연동하는 경우에 한해서 사용할 것
5. 광전식분리형감지기는 평상시 연기가 발생하는 장소 또는 공간이 협소한 경우에는 적응성이 없음
6. 넓은 공간으로 천장이 높아 열 및 연기가 확산하는 장소로서 차동식분포형 또는 광전식분리형 2종을 설치하는 경우에는 제조사의 사양에 따를 것
7. 다신호식감지기는 그 감지기가 가지고 있는 종별, 공칭작동온도별로 따르고 표에 따른 적응성이 있는 감지기로 할 것
8. 축적형감지기 또는 축적형중계기 혹은 축적형수신기를 설치하는 경우에는 2.4에 따를 것

01-4 지하 2층, 지상 6층인 내화구조 건물에서 자동화재탐지설비를 설치하고자 한다. 조건을 참조하여 다음 각 물음에 답하시오. 배점 : 8 [12년]

[조건]

① 지하 2층에서 지상 6층까지의 직통계단은 1개소이다.
② 각 층은 차동식스포트형감지기 1종을 설치하고, 계단은 연기감지기 2종을 설치한다.
③ 6층 바닥면적은 480m²(화장실 없음), 5층 이하의 층은 바닥면적이 640m²이고 샤워시설이 있는 화장실 면적은 각 층별로 50m²이다. 지하 1층과 지상 1층의 높이가 4.5m이며 기타 층은 높이가 3.8m이다.
④ 복도는 없는 구조이다.

(1) 경계구역수를 구하시오.
(2) 감지기 수량을 종류별로 계산하시오.

• **실전모범답안**

(1) 〈수평적 경계구역〉

① 지하 2층~지상 5층 : $\frac{640}{600}=1.066 \fallingdotseq 2$

2×7=14경계구역

② 지상 6층 : $\frac{480}{600}=0.8 \fallingdotseq 1$경계구역

〈수직적 경계구역〉

① 지상층 : $\frac{4.5\text{m}+(3.8\times5)\text{m}}{45\text{m}}=0.522 \fallingdotseq 1$경계구역

② 지하층 : $\frac{4.5\text{m}+3.8\text{m}}{45\text{m}}=0.184 \fallingdotseq 1$경계구역

∴ 전체 경계구역수=14+1+1+1=17경계구역

• **답** : 17경계구역

(2) 〈차동식스포트형감지기 1종〉

① 지하 2층 : $\frac{320}{90}=3.555 \fallingdotseq 4$개, $\frac{(320-50)}{90}=3$개, 4+3=7개

② 지하 1층, 지상 1층 : $\frac{320}{45}=7.111 \fallingdotseq 8$개, $\frac{(320-50)}{45}=6$개, 8+6=14개, 14개×2개 층=28개

③ 지상 2층~지상 5층 : $\frac{320}{90}=3.555 \fallingdotseq 4$개, $\frac{(320-50)}{90}=3$개, 4+3=7개, 7개×4개 층=28개

④ 지상 6층 : $\frac{480}{90}=5.333 \fallingdotseq 6$개

∴ 차동식스포트형감지기 1종 개수=7+28+28+6=69개

• **답** : 69개

〈연기감지기 2종〉

• 지하층 : $\frac{4.5+3.8}{15}=0.553 \fallingdotseq 1$개

• 지상층 : $\frac{4.5+(3.8\times5)}{15}=1.566 \fallingdotseq 2$개

∴ 연기감지기 2종 개수 : 1+2=3개

• **답** : 3개

상세해설

(1) 경계구역수

① 수평적 경계구역

구 분	원 칙	예 외
면적	600m²	1,000m² **이하**로 할 수 있는 경우 : 주된 **출입구**에서 **내부 전체**가 보이는 경우

[조건]
- 지하 2층~지상 5층 : 640m²
- 지상 6층 : 480m²

하나의 **경계구역**의 **면적**은 600m² **이하**이므로 다음과 같이 산출한다. (한 변의 길이 50m 이하의 규정은 조건에 언급되지 않았으므로 무시한다.)

㉠ **지하 2층~지상 5층** : $\frac{640\text{m}^2}{600\text{m}^2}=1.066\fallingdotseq$ **2경계구역**

2경계구역×7개 층=**14경계구역**

㉡ **지상 6층** : $\frac{480\text{m}^2}{600\text{m}^2}=0.8\fallingdotseq$ 1경계구역

② 수직적 경계구역

구 분	계단, 경사로	E/V 승강로(권상기실이 있는 경우 권상기실), 린넨슈트, 파이프 피트 및 덕트
높이	45m 이하	제한 없음
지하층	**별도**의 **경계구역**으로 할 것(다만, **지하 1층**만 있을 경우에는 **지상층**과 **하나**의 **경계구역**으로 할 수 있다.)	제한 없음

[조건]
- 지하 1층, 지상 1층 : 4.5m
- 지하 2층, 지상 2층~지상 6층 : 3.8m

계단 및 **경사로**의 경우 **하나**의 **경계구역**의 **수직거리**는 45m **이하**로 하고, **지하층**의 **계단**은 **별도**로 **하나**의 **경계구역**(**지하층**의 **층수**가 1일 경우는 **제외**)으로 해야 하므로 다음과 같이 산출한다.

㉠ **지하층** : $\frac{4.5\text{m}+3.8\text{m}}{45\text{m}}=0.184\fallingdotseq$ **1경계구역**

㉡ **지상층** : $\frac{4.5\text{m}+(3.8\times5)\text{m}}{45\text{m}}=0.522\fallingdotseq$ **1경계구역**

∴ 전체 경계구역수=14+1+1+1=**17경계구역**

(2) 감지기 개수

(단위 : [m²])

부착높이 및 소방대상물의 구분		감지기의 종류						
		차동식 스포트형		보상식 스포트형		정온식 스포트형		
		1종	2종	1종	2종	특종	1종	2종
4m 미만	주요구조부를 내화구조로 한 특정소방대상물 또는 그 부분	90	70	90	70	70	60	20
	기타 구조의 특정소방대상물 또는 그 부분	50	40	50	40	40	30	15
4m 이상 8m 미만	주요구조부를 내화구조로 한 특정소방대상물 또는 그 부분	45	35	45	35	35	30	설치불가
	기타 구조의 특정소방대상물 또는 그 부분	30	25	30	25	25	15	설치불가

[조건]

- 각 층은 **차동식스포트형감지기 2종** 설치
- **계단**은 **연기감지기 2종** 설치
- **면적**
  - 지하 2층~지상 5층 : **640m²**
  - 지상 6층 : **480m²**
- **층고**
  - 지하 1층, 지상 1층 : **4.5m**
  - 지하 2층, 지상 2층~지상 6층 : **3.8m**
- **샤워시설**이 있는 **화장실** 면적 : **50m²**(**6층**은 화장실 없음)

① **차동식스포트형감지기 1종**

㉠ 문제의 조건에서 **화장실**에 **샤워시설**이 설치되어 있으므로 화장실의 면적 **50m²**는 감지기 개수 산정 시 고려하지 않는다.

㉡ '(1)'의 해설에서 **수평적 경계구역**은 2이므로 각 층 면적 **640m²**를 **두 개로** 나누면 **320m²**가 되지만, **하나**의 **경계구역**에서 **샤워시설**이 있는 **화장실 면적** **50m²**를 **제외**하면 다음과 같다.

- **지하 2층** : $\frac{320\text{m}^2}{90\text{m}^2}=3.555 ≒ 4$개, $\frac{270\text{m}^2}{90\text{m}^2}=3$개

  4+3=**7개**

- **지하 1층, 지상 1층** : $\frac{320\text{m}^2}{45\text{m}^2}=7.111 ≒ 8$개, $\frac{270\text{m}^2}{45\text{m}^2}=6$개

  8+6=14개, 14개×2개 층=**28개**

- **지상 2층~지상 5층** : $\frac{320\text{m}^2}{90\text{m}^2}=3.555 ≒ 4$개, $\frac{270\text{m}^2}{90\text{m}^2}=3$개

  4+3=7개, 7개×4개 층=**28개**

- **지상 6층** : $\frac{480\text{m}^2}{90\text{m}^2}=5.333 ≒$ **6개**

∴ 차동식스포트형감지기 1종의 전체 수량=7+28+28+6=**69개**

② **연기감지기 2종**

연기감지기 2종을 **계단** 및 **경사로**에 설치하는 경우에는 수직거리 **15m**마다 1개씩 설치해야 하며, **지하층**의 계단(**지하층**의 **층수**가 1일 경우는 제외)은 **지상층**과 **별도**로 **경계구역**을 해야 하므로

다음과 같이 산출한다.

㉠ 지하층 : $\frac{4.5\text{m}+3.8\text{m}}{15\text{m}}=0.553 \fallingdotseq$ **1개**

㉡ 지상층 : $\frac{4.5\text{m}+(3.8\times5)\text{m}}{15\text{m}}=1.566 \fallingdotseq$ **2개**

∴ **연기감지기 2종 전체수량**=1+2=**3개**

01–5 **다음은 지하 2층, 지상 4층 건물의 자동화재탐지설비의 도면이다. 조건을 참고하여 각 물음에 답하시오.**

배점 : 8 [10년]

[조건]

① 각 층의 높이는 4m이다.
② 계단 및 수직경계구역의 면적은 계산과정에서 제외한다.

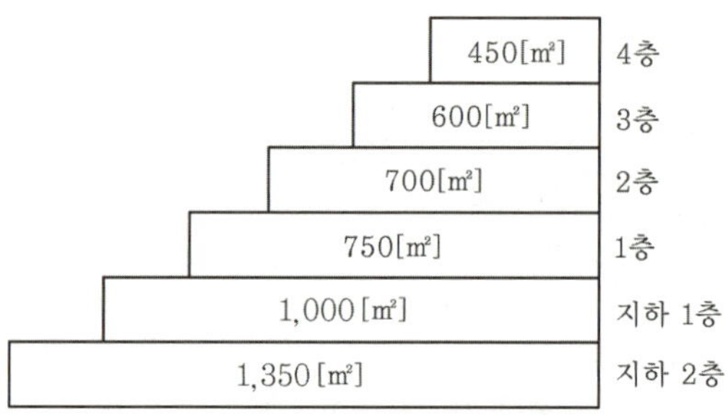

(1) 도면을 보고 경계구역수를 산출하여 표의 빈 칸을 채우시오.

층 수	산출내역	경계구역수
4층		
3층		
2층		
1층		
지하 1층		
지하 2층		

(2) 이 건물에 계단 및 엘리베이터가 각각 1개씩 설치되어 있을 경우 수신기는 P형 몇 회로용을 사용해야 하는지 쓰시오.

• 실전모범답안

(1)

층 수	산출내역	경계구역수
4층	$\frac{450}{600}=0.75 ≒ 1$	1경계구역
3층	$\frac{600}{600}=1$	1경계구역
2층	$\frac{700}{600}=1.166 ≒ 2$	2경계구역
1층	$\frac{750}{600}=1.25 ≒ 2$	2경계구역
지하 1층	$\frac{1,000}{600}=1.66 ≒ 2$	2경계구역
지하 2층	$\frac{1,350}{600}=2.25 ≒ 3$	3경계구역

(2) 〈수평적 경계구역〉

1+1+2+2+2+3=11경계구역

〈수직적 경계구역〉

① 지상층 : $\frac{4\times4}{45}=0.355 ≒$ 1경계구역

② 지하층 : $\frac{4\times2}{45}=0.17 ≒$ 1경계구역

③ 엘리베이터 : 1경계구역

∴ 총 경계구역수=11+2+1=14경계구역

• **답** : 회로수 15회로용 수신기

상세해설

(1) 수평적 경계구역

구 분	원 칙	예 외
면적	$600m^2$	$1,000m^2$ **이하**로 할 수 있는 경우 : 주된 **출입구**에서 **내부 전체**가 보이는 경우

[조건]

• **수직적 경계구역**은 **계산과정**에서 **제외**

하나의 **경계구역**의 **면적**은 $600m^2$ **이하**이므로 다음과 같이 산출한다.(한 변의 길이 50m 이하의 규정은 조건에 언급되지 않았으므로 무시한다.)

① 4층 : 경계구역수$=\frac{450m^2}{600m^2}=0.75 ≒$ **1경계구역(소수점 이하는 절상)**

② 3층 : 경계구역수$=\frac{600m^2}{600m^2}=$**1경계구역(소수점 이하는 절상)**

③ 2층 : 경계구역수$=\frac{700m^2}{600m^2}=1.166 ≒$ **2경계구역(소수점 이하는 절상)**

④ 1층 : 경계구역수$=\frac{750m^2}{600m^2}=1.25 ≒$ **2경계구역(소수점 이하는 절상)**

⑤ 지하 1층 : 경계구역수$=\dfrac{1,000\text{m}^2}{600\text{m}^2}=1.66$ ≒ **2경계구역(소수점 이하는 절상)**

⑥ 지하 2층 : 경계구역수$=\dfrac{1,350\text{m}^2}{600\text{m}^2}=2.25$ ≒ **3경계구역(소수점 이하는 절상)**

∴ 수평적 경계구역수=1+1+2+2+2+3=**11경계구역**

(2) 수직적 경계구역

구 분	계단, 경사로	E/V 승강로(권상기실이 있는 경우 권상기실), 린넨슈트, 파이프 피트 및 덕트
높이	45m 이하	제한 없음
지하층	**별도**의 **경계구역**으로 할 것(다만, **지하 1층**만 있을 경우에는 **지상층**과 **하나**의 **경계구역**으로 할 수 있다.)	제한 없음

[조건]

- 해당 건축물에는 **계단 및 엘리베이터**가 **각각 1개소씩** 설치되어 있다.
- 해당 건축물은 **지하 2층**이므로 **계단**을 **지상층**과 **지하층**을 **별도**의 **경계구역**으로 해야 한다.

① **계단**

㉠ 지상층 : $\dfrac{4\text{m}\times 4\text{개 층}}{45\text{m}}=0.355$ ≒ **1경계구역(소수점 이하는 절상)**

㉡ 지하층 : $\dfrac{4\text{m}\times 2\text{개 층}}{45\text{m}}=0.177$ ≒ **1경계구역(소수점 이하는 절상)**

② **엘리베이터** : 1개소 설치되어 있으므로 **1경계구역**

∴ 총 경계구역수=수평적 경계구역수+계단+엘리베이터 권상기실
=11+2+1=**14경계구역**

수신기는 **5회로 단위**로 생산되므로 **15회로용 수신기**를 사용한다.

01-6 지하 1층, 지상 5층 건축물에 자동화재탐지설비를 설치하고자 한다. 조건을 참고하여 다음 각 물음에 답하시오.

배점 : 4 [12년]

[조건]

① 평면도는 1개 층의 구조를 나타내며, 모든 층이 동일하다.
② 계단 및 엘리베이터(E/V)는 건축물 양쪽에 각각 1개소씩 설치되어 있다.
③ 엘리베이터(E/V)는 2대 모두 지하 1층에서 지상 5층까지 연결되어 있다.
④ 계단 1개소의 단면적은 25m², 엘리베이터 1개소의 단면적은 12m²이다.
⑤ 각 층당 층고는 4m이다.

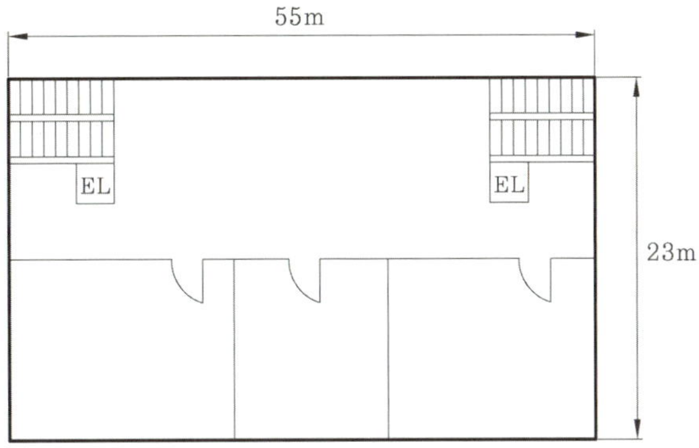

(1) 한 층의 수평적 경계구역을 구하시오.
(2) 이 건축물의 수평적 경계구역 및 수직적 경계구역을 각각 구하시오.
(3) 이 건축물에 사용되는 수신기의 종류를 쓰시오.
(4) 일반적으로 계단 및 엘리베이터에 설치하는 감지기의 종류 및 종별을 쓰시오.
(5) 계단에 감지기를 설치할 때 설치해야 할 층을 모두 쓰시오. (단, (4)의 감지기를 설치한다.)

• **실전모범답안**

(1) $\frac{(55\times23-25\times2-12\times2)}{600}=1.985 \fallingdotseq$ 2경계구역

• **답** : 2경계구역

(2) 〈수평적 경계구역〉

2×6개 층=12경계구역

• **답** : 12경계구역

〈수직적 경계구역〉

① 계단 : $\frac{4\times6}{45}=0.533 \fallingdotseq 1$

1×2개소=2경계구역

② 엘리베이터 : 2경계구역

∴ 수직적 경계구역수=2+2=4경계구역

• **답** : 4경계구역

(3) P형 수신기
(4) 연기감지기 2종
(5) 지상 5층, 지상 2층

상세해설

(1) 수평적 경계구역

구 분	원 칙	예 외
면적	600m²	1,000m² **이하**로 할 수 있는 경우 : 주된 **출입구**에서 **내부 전체**가 보이는 경우

[조건]

- 전체 바닥면적 : 55m×23m=**1,265m²**
- 계단의 단면적 : 한 개소당 25m², 2개소이므로 **50m²**
- 엘리베이터의 단면적 : 한 개소당 12m², 2개소이므로 **24m²**

하나의 **경계구역**의 **면적**은 **600m² 이하**이며 계단 및 엘리베이터는 수직적 경계구역으로 수평적 경계구역에 산입하지 않으므로 다음과 같이 산출한다.

수평적 경계구역의 면적=1,265m² − 50m² − 24m²=**1,191m²**

$$\therefore \text{ 한 층의 수평적 경계구역} = \frac{1{,}191\text{m}^2}{600\text{m}^2} = 1.985 \fallingdotseq 2\text{경계구역(소수점 이하는 절상)}$$

※ **전체 층수**의 **수평적 경계구역수**=2경계구역×6개 층=**12경계구역**이 된다.

(2) 수직적 경계구역

구 분	계단, 경사로	E/V 승강로(권상기실이 있는 경우 권상기실), 린넨슈트, 파이프 피트 및 덕트
높이	45m 이하	제한 없음
지하층	**별도**의 **경계구역**으로 할 것(다만, **지하 1층**만 있을 경우에는 **지상층**과 **하나**의 **경계구역**으로 할 수 있다.)	제한 없음

[조건]

- 층고 : 4m

계단 및 **경사로**의 경우 **하나**의 **경계구역**의 **수직거리**는 45m **이하**로 하고, **지하층**의 **층수**가 1이므로 **지상층**과 **동일한 경계구역**으로 한다.

① 계단 : $\frac{4\text{m}\times 6\text{개 층}}{45\text{m}} = 0.533 \fallingdotseq$ **1경계구역(소수점 이하는 절상)**, 1경계구역×2개소=**2경계구역**

② 엘리베이터 : 2개소 설치되어 있으므로 **2경계구역**

∴ **수직적 경계구역수**=2+2=**4경계구역**

(3) P형 수신기

문제의 조건에서 **중계기** 설치에 대한 언급이 없으므로 **P형 수신기**를 사용한다.

(4) 연기감지기의 설치장소(NFTC 203 2.4.2)

① **계단**·**경사로** 및 **에스컬레이터 경사로**

② **복도**(30m **미만**의 것을 **제외**한다.)

③ **엘리베이터 승강로**(권상기실이 있는 경우에는 **권상기실**)·**린넨슈트**·**파이프 피트** 및 **덕트** 기타 이와 유사한 장소

④ **천장** 또는 **반자**의 **높이**가 **15m 이상 20m 미만**의 장소

⑤ 다음의 어느 하나에 해당하는 특정소방대상물의 **취침**·**숙박**·**입원** 등 이와 유사한 용도로 사용되는 **거실**

㉠ **공동주택**·**오피스텔**·**숙박시설**·**노유자시설**·**수련시설**

㉡ **교육연구시설** 중 **합숙소**

㉢ **의료시설**, **근린생활시설** 중 **입원실**이 있는 **의원**·**조산원**

㉣ **교**정 및 군사시설
㉤ **근**린생활시설 중 고시원

암기법 계복엘천 취숙입 공교근교의(오공노숙수)

∴ **계단** 및 **엘리베이터**에는 **연기감지기**를 설치해야 하며 일반적으로 **2종**을 설치한다.

(5) 감지기 설치장소

계단 및 **경사로**에 있어서는 **수직거리** 15m(3종에 있어서는 10m)마다 **1개 이상**으로 설치해야 한다.
(4)에 따라 **연기감지기 2종**을 설치하므로 다음과 같이 산출한다.

① 계단 1개소의 연기감지기 설치개수 : $\frac{4\text{m} \times 6\text{개 층}}{15\text{m}} = 1.6 ≒ 2$**개(소수점 이하는 절상)**

② 계단이 2개소이므로 총 4개를 설치하며 엘리베이터 2개를 포함하여 도면상에 표시하면 다음과 같다.

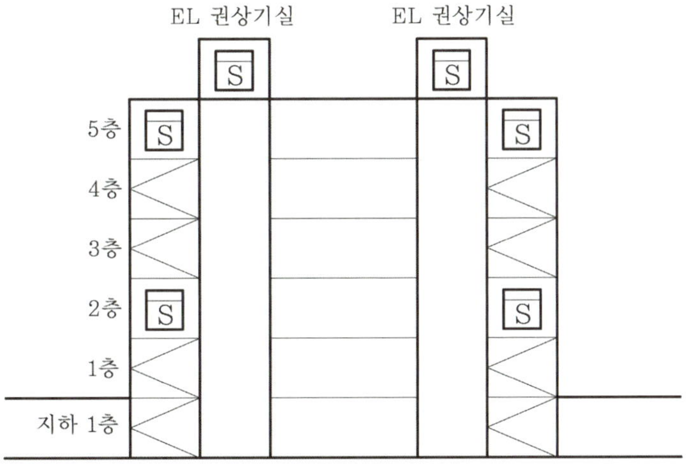

※ **계단**에 **연기감지기**를 설치하는 경우 **지상층**은 **최상층**(본 문제에서는 5층), **지하층**은 **지하 1층**에 설치하지만 본 문제에서는 **지하층**의 **층수**가 1로서 **지상층**과 **지하층**을 **하나**의 **경계구역**으로 하므로 지하 1층에 감지기를 설치하지 않는다.)

01-7 내화구조의 지하 2층, 지상 6층의 건축물에 자동화재탐지설비를 설치하고자 한다. 조건을 참조하여 다음 각 물음에 답하시오. 배점 : 12 [11년]

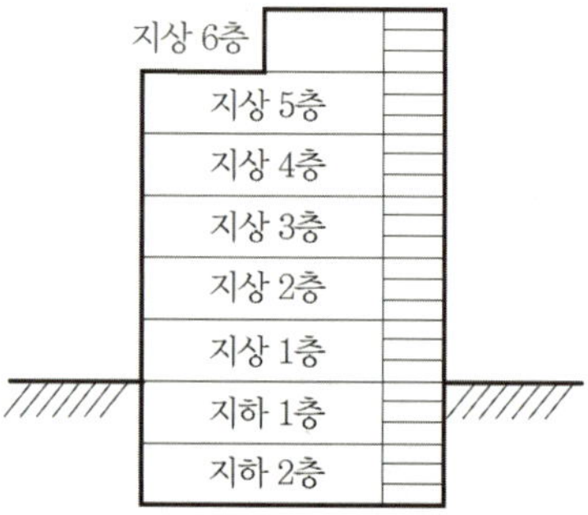

[조건]

① 각 층의 층고는 지상 1층, 지하 1층, 지하 2층은 4.5m이고 지상 2층~지상 6층은 3.5m이다.
② 지하 2층~지상 6층의 직통계단은 1개소이다.
③ 각 층의 반자는 고려하지 않는다.
④ 각 층은 차동식스포트형(2종)감지기를 설치한다.
⑤ 각 층의 복도는 없다.
⑥ 각 층별 면적의 경우는 지상 6층은 400m², 나머지 모든 층의 면적은 각각 800m²이다. 단, 각 층의 면적에는 화장실 면적이 포함되어 있다.
⑦ 각 층에는 화장실이 50m²의 면적을 갖는다. (단, 지상 6층에는 화장실이 없다.)
⑧ 건물의 한 변의 길이는 50m이다.

(1) 그림의 전체 경계구역수를 구하시오.
(2) 차동식감지기의 설치 시 전체 개수를 산정하시오.
(3) 계단에 연기감지기(2종)의 설치 시 전체 개수와 설치장소를 함께 표현하시오.

• **실전모범답안**

(1) 〈수평적 경계구역〉

① 지하 2층~지상 5층 : $\frac{800}{600} = 1.333 ≒ 2$

2×7개 층=14경계구역

② 지상 6층 : $\frac{400}{600} = 0.666 ≒ 1$경계구역

〈수직적 경계구역〉

③ 지상층 계단 : $\frac{4.5 + (3.5 \times 5)}{45} = 0.488 ≒ 1$개

④ 지하층 계단 : $\frac{4.5 \times 2}{45} = 0.2 ≒ 1$개

∴ 전체 경계구역수=14+1+1+1=17경계구역

• **답** : 17경계구역

(2) ① 지하 2층~지상 1층 : $\frac{400}{35}=11.428 ≒ 12$개, $\frac{350}{35}=10$개, $\frac{50}{35}=1.428 ≒ 2$개

12+10+2=24개, 24개×3개 층=72개

② 지상 2층~지상 5층 : $\frac{400}{70}=5.714 ≒ 6$개, $\frac{350}{70}=5$개, $\frac{50}{70}=0.714 ≒ 1$개

6+5+1=12개, 12개×4개 층=48개

③ 지상 6층 : $\frac{400m^2}{70m^2}=5.714 ≒ 6$개

∴ 차동식스포트형감지기 2종의 전체 수량=72+48+6=126개

• **답** : 126개

(3) • 지상층 계단 : $\frac{4.5+(3.5\times5)}{15}=1.466 ≒ 2$개

• 지하층 계단 : $\frac{4.5\times2}{15}=0.6 ≒ 1$개

∴ 연기감지기의 전체 개수 : 1+2=3개

• **답** : 3개

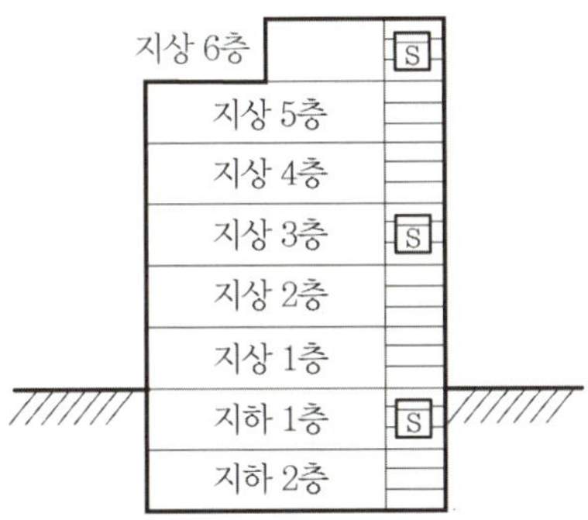

상세해설

(1) 경계구역수

① **수평적 경계구역**

구 분	원 칙	예 외
층별	층마다	2개의 **층**을 **하나**의 **경계구역**으로 할 수 있는 경우 : 500m² 범위 안
면적	600m²	1,000m² **이하**로 할 수 있는 경우 : 주된 **출입구**에서 **내부 전체**가 보이는 경우
길이	**한 변의 길이** : 50m 이하	–

[조건]

• **면적**

– 지하 2층~지상 5층 : 800m²

– 지상 6층 : 400m²

하나의 **경계구역**의 **면적**은 600m² **이하**이고, 문제의 조건에 따라 **한 변**의 **길이**가 50m **이하**이므로 다음과 같이 산출한다.

㉠ **지하 2층~지상 5층** : $\frac{800m^2}{600m^2}=1.333 ≒$ **2경계구역**(**소수점 이하는 절상**)

2경계구역×7개 층=**14경계구역**

㉡ 지상 6층 : $\frac{400m^2}{600m^2}$=0.666 ≒ 1경계구역(소수점 이하는 절상)

Tip 화장실 면적은 경계구역 면적에 포함된다. 샤워시설이 있는 화장실의 경우 감지기 설치제외에 해당하는 것이므로 경계구역 면적과는 별개로 생각해야 한다.

② 수직적 경계구역

구 분	계단, 경사로	E/V 승강로(권상기실이 있는 경우 권상기실), 린넨슈트, 파이프 피트 및 덕트
높이	45m 이하	제한 없음
지하층	별도의 경계구역으로 할 것(다만, 지하 1층만 있을 경우에는 지상층과 하나의 경계구역으로 할 수 있다.)	제한 없음

[조건]

• 층고
  - 지하 2층~지상 1층 : 4.5m
  - 지상 2층~지상 6층 : 3.5m

계단 및 **경사로**의 경우 **하나**의 **경계구역**의 **수직거리는 45m 이하**로 하고, **지하층**의 **계단**은 **별도**로 **하나**의 **경계구역**(**지하층**의 **층수**가 1일 경우는 **제외**)으로 해야 하므로 다음과 같이 산출한다.

① 지하층 계단 : $\frac{4.5m \times 2개\ 층}{45m}$=0.2 ≒ 1경계구역(소수점 이하는 절상)

② 지상층 계단 : $\frac{4.5m + (3.5m \times 5개\ 층)}{45m}$=0.488 ≒ 1경계구역(소수점 이하는 절상)

∴ 전체 경계구역수=14+1+1+1=**17경계구역**

(2) 차동식스포트형, 보상식스포트형, 정온식스포트형 감지기의 부착높이에 따른 바닥면적기준

(단위 : [m²])

부착높이 및 소방대상물의 구분		차동식 스포트형 1종	차동식 스포트형 2종	보상식 스포트형 1종	보상식 스포트형 2종	정온식 스포트형 특종	정온식 스포트형 1종	정온식 스포트형 2종
4m 미만	주요구조부를 내화구조로 한 특정소방대상물 또는 그 부분	90	70	90	70	70	60	20
	기타 구조의 특정소방대상물 또는 그 부분	50	40	50	40	40	30	15
4m 이상 8m 미만	주요구조부를 내화구조로 한 특정소방대상물 또는 그 부분	45	35	45	35	35	30	설치 불가
	기타 구조의 특정소방대상물 또는 그 부분	30	25	30	25	25	15	설치 불가

[조건]

• **차동식스포트형감지기 2종** 설치
• **면적**
  - 지하 2층~지상 5층 : 800m²
  - 지상 6층 : 400m²
• **층고**
  - 지하 2층~지상 1층 : 4.5m

– 지상 2층~지상 6층 : 3.5m

- **화장실 면적** : 50m²

① **차동식스포트형감지기 2종**

지하 2층~지상 5층까지의 **수평적 경계구역**은 2이므로 각 층 면적 800m²를 **두 개로** 나누면 400m²가 되지만, 하나의 **경계구역**에서 **화장실 면적** 50m²를 별도로 산정해 주면 다음과 같다.

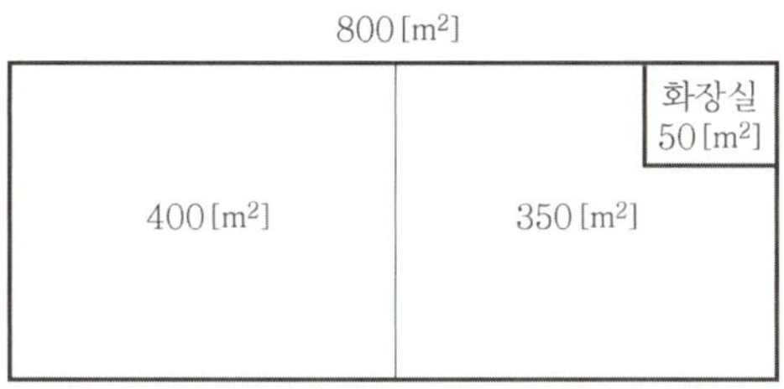

- **지하 2층~지상 1층** : $\frac{400m^2}{35m^2}=11.428 \fallingdotseq 12$개, $\frac{350m^2}{35m^2}=10$개, $\frac{50m^2}{35m^2}=1.428 \fallingdotseq 2$개

  12+10+2=24개, 24개×3개 층=**72개**

- **지상 2층~지상 5층** : $\frac{400m^2}{70m^2}=5.714 \fallingdotseq 6$개, $\frac{350m^2}{70m^2}=5$개, $\frac{50m^2}{70m^2}=0.714 \fallingdotseq 1$개

  6+5+1=12개, 12개×4개 층=**48개**

- **지상 6층** : $\frac{400m^2}{70m^2}=5.714 \fallingdotseq$ **6개**

∴ 차동식스포트형감지기 2종의 전체 수량=72+48+6=**126개**

(3) 연기감지기의 설치기준(NFTC 203 제7조 ②)

감지기는 **복도** 및 **통로**에 있어서는 **보행거리 30m(3종**에 있어서는 **20m)**마다, **계단** 및 **경사로**에 있어서는 **수직거리 15m(3종**에 있어서는 **10m)**마다 **1개 이상**으로 할 것

[조건]

- **연기감지기 2종** 설치
- **층고**
  - 지하 2층~지상 1층 : 4.5m
  - 지상 2층~지상 6층 : 3.5m

연기감지기 2종을 **계단** 및 **경사로**에 설치하는 경우에는 수직거리 **15m**마다 1개씩 설치해야 하며, **지하층**의 계단(**지하층**의 **층수**가 1일 경우는 **제외**)은 **지상층**과 **별도**로 **경계구역**을 해야 하므로 다음과 같이 산출한다.

① **지하층 계단** : $\frac{4.5m \times 2개\ 층}{15m}=0.6 \fallingdotseq$ **1개(소수점 이하는 절상)**

② **지상층 계단** : $\frac{4.5m+(3.5m \times 5개\ 층)}{15m}=1.466 \fallingdotseq$ **2개(소수점 이하는 절상)**

∴ 연기감지기의 전체 개수 : 1+2=**3개**

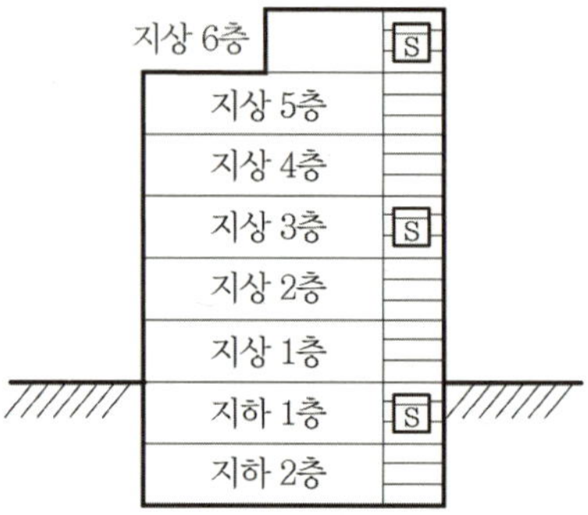

※ **계단**에 **연기감지기**를 설치하는 경우 **지상층**은 **최상층**(본 문제에서는 6층)

쉬어가는 코너

'의미 없는 시간'은 없을 것입니다.
당신이 결국 그 시간들을 의미있게 만들테니까요.

-달밑-

01-8 다음 그림과 같은 내화구조의 건축물에 자동화재탐지설비를 설치하고자 한다. 조건을 참조하여 다음 각 물음에 답하시오. 배점 : 6 [07년]

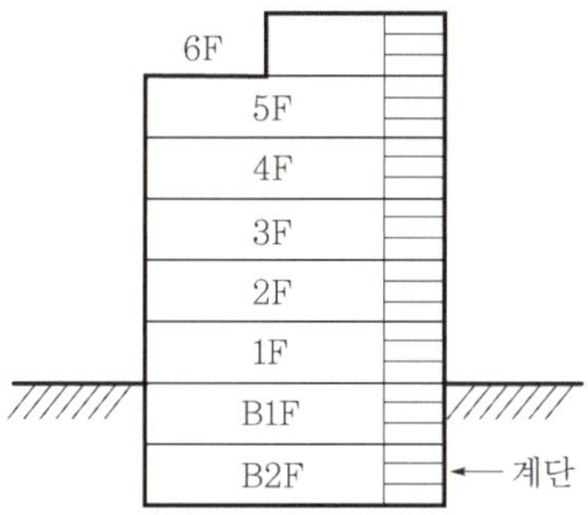

[조건]

① 각 층의 층고는 지상 1층, 지하 1층, 지하 2층은 4.5m이고 지상 2층에서 지상 6층은 3.5m이다.
② 지하 2층~지상 6층의 직통계단은 1개소이다.
③ 각 층의 반자는 고려하지 않는다.
④ 각 층은 차동식스포트형(1종)감지기를 설치한다.
⑤ 각 층의 복도는 없다.
⑥ 각 층별 면적의 경우는 지상 6층은 150m², 나머지 모든 층의 면적은 각각 750m²이다. 단, 각 층의 면적에는 샤워시설이 있는 화장실 면적이 포함되어 있다.
⑦ 각 층에는 샤워시설이 있는 화장실이 50m²의 면적을 갖는다. (단, 지상 6층에는 화장실이 없다.)

(1) 도면의 전체 경계구역수를 구하시오.
(2) 차동식감지기의 설치 시 전체 개수를 산정하시오.
(3) 계단에 연기감지기(2종)의 설치 시 전체 개수와 설치장소를 함께 표현하시오.

• **실전모범답안**

(1) 〈수평적 경계구역〉

① 지하 2층~지상 5층 : $\frac{750}{600}=1.25 ≒ 2$

2×7개 층=14경계구역

② 지상 6층 : $\frac{150}{600}=0.25 ≒ 1$경계구역

〈수직적 경계구역〉

③ 지상층 계단 : $\frac{4.5+(3.5\times5)}{45}=0.488 ≒ 1$개

④ 지하층 계단 : $\frac{4.5\times2}{45}=0.2 ≒ 1$개

∴ 전체 경계구역수=14+1+1+1=17경계구역

• **답** : 17경계구역

(2) ① 지하 2층~지상 1층 : $\frac{375}{45}=8.333 \fallingdotseq 9$개, $\frac{325}{45}=7.222 \fallingdotseq 8$개

9+8=17개, 17개×3개 층=51개

② 지상 2층~지상 5층 : $\frac{375}{90}=4.166 \fallingdotseq 5$개, $\frac{325}{90}=3.611 \fallingdotseq 4$개

5+4=9개, 9개×4개 층=36개

③ 지상 6층 : $\frac{150\text{m}^2}{90\text{m}^2}=1.666 \fallingdotseq 2$개

∴ 차동식스포트형감지기 1종 개수=51+36+2=89개

• **답** : 89개

(3) • 지상층 계단 : $\frac{4.5+(3.5\times 5)}{15}=1.466 \fallingdotseq 2$개

• 지하층 계단 : $\frac{4.5\times 2}{15}=0.6 \fallingdotseq 1$개

∴ 연기감지기의 전체 개수 : 1+2=3개

• **답** : 3개

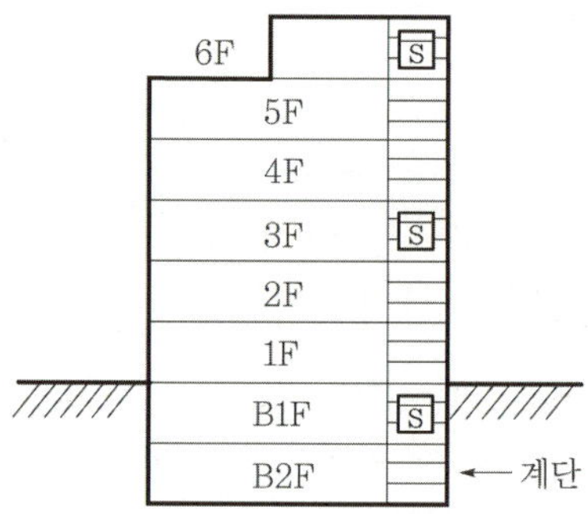

상세해설

(1) 경계구역수

① **수평적 경계구역**

구 분	원 칙	예 외
층별	층마다	**2개**의 **층**을 **하나**의 **경계구역**으로 할 수 있는 경우 : 500m² 범위 안
면적	600m²	**1,000m² 이하**로 할 수 있는 경우 : 주된 **출입구**에서 **내부 전체**가 보이는 경우
길이	**한 변**의 **길이** : 50m 이하	**지하구** : 700m 이하

[조건]

• 면적

- 지하 2층~지상 5층 : 750m²
- 지상 6층 : 150m²

하나의 **경계구역**의 **면적**은 **600m² 이하**이므로 다음과 같이 산출한다.(한 변의 길이 50m 이하의 규정은 조건에 언급되지 않았으므로 무시한다.)

㉠ **지하 2층~지상 5층** : $\frac{750\text{m}^2}{600\text{m}^2}=1.25 \fallingdotseq$ **2경계구역**(**소수점 이하는 절상**)

2경계구역×7개 층=**14경계구역**

ⓛ 지상 6층 : $\frac{150m^2}{600m^2} = 0.25 ≒ 1$경계구역(소수점 이하는 절상)

Tip 화장실 면적은 **경계구역 면적**에 포함된다. **샤워시설이 있는 화장실**의 경우 **감지기 설치제외**에 해당하는 것이므로 **경계구역 면적**과는 별개로 생각해야 한다.

② 수직적 경계구역

구 분	계단, 경사로	E/V 승강로(권상기실이 있는 경우 권상기실), 린넨슈트, 파이프 피트 및 덕트
높이	45m 이하	제한 없음
지하층	**별도**의 **경계구역**으로 할 것(다만, **지하 1층**만 있을 경우에는 **지상층**과 **하나**의 **경계구역**으로 할 수 있다.)	제한 없음

[조건]

- 층고
  - 지하 2층~지상 1층 : 4.5m
  - 지상 2층~지상 6층 : 3.5m

계단 및 **경사로**의 경우 **하나**의 **경계구역**의 **수직거리**는 45m **이하**로 하고, **지하층**의 **계단**은 **별도**로 **하나**의 **경계구역**(**지하층**의 **층수**가 1일 경우는 **제외**)으로 해야 하므로 다음과 같이 산출한다.

① 지하층 계단 : $\frac{4.5m \times 2개\ 층}{45m} = 0.2 ≒ 1$경계구역(소수점 이하는 절상)

② 지상층 계단 : $\frac{4.5m + (3.5m \times 5개\ 층)}{45m} = 0.488 ≒ 1$경계구역(소수점 이하는 절상)

∴ 전체 경계구역수=14+1+1+1=**17경계구역**

(2) 차동식스포트형, 보상식스포트형, 정온식스포트형 감지기의 부착높이에 따른 바닥면적기준

(단위 : [m²])

부착높이 및 소방대상물의 구분		차동식스포트형 1종	차동식스포트형 2종	보상식스포트형 1종	보상식스포트형 2종	정온식스포트형 특종	정온식스포트형 1종	정온식스포트형 2종
4m 미만	주요구조부를 내화구조로 한 특정소방대상물 또는 그 부분	90	70	90	70	70	60	20
	기타 구조의 특정소방대상물 또는 그 부분	50	40	50	40	40	30	15
4m 이상 8m 미만	주요구조부를 내화구조로 한 특정소방대상물 또는 그 부분	45	35	45	35	35	30	설치불가
	기타 구조의 특정소방대상물 또는 그 부분	30	25	30	25	25	15	설치불가

[조건]

- **차동식스포트형감지기 1종** 설치
- **면적**
  - 지하 2층~지상 5층 : 750m²
  - 지상 6층 : 150m²
- **층고**
  - 지하 2층~지상 1층 : 4.5m
  - 지상 2층~지상 6층 : 3.5m
- **샤워시설이 있는 화장실 면적** : 50m²

① **차동식스포트형감지기 1종**

㉠ 문제의 조건에서 **화장실**에 **샤워시설**이 설치되어 있으므로 화장실의 면적 50m²는 감지기 개수 산정 시 고려하지 않는다.

㉡ '(1)'의 해설에서 지하 2층~지상 5층까지의 **수평적 경계구역**은 2이므로 각 층 면적 750m²를 **두 개로** 나누면 375m²가 되지만, 하나의 **경계구역**에서 **샤워시설**이 있는 **화장실 면적** 50m²를 **제외**하면 다음과 같다.

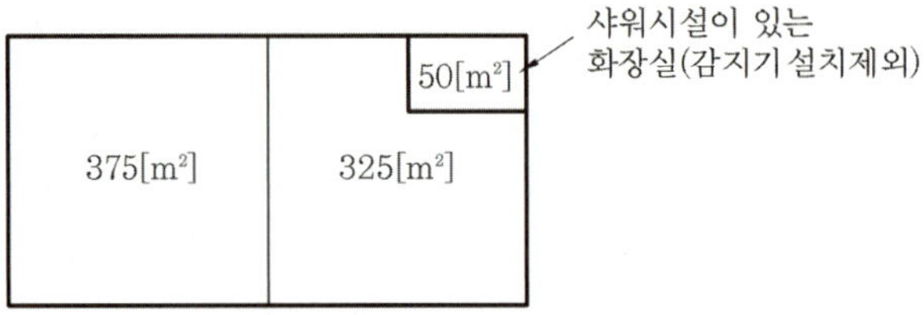

- **지하 2층~지상 1층** : $\frac{375m^2}{45m^2}=8.333 \fallingdotseq 9$개, $\frac{325m^2}{45m^2}=7.222 \fallingdotseq 8$개(**소수점 이하는 절상**)

  9+8=17개, 17개×3개 층=**51개**

- **지상 2층~지상 5층** : $\frac{375m^2}{90m^2}=4.166 \fallingdotseq 5$개, $\frac{325m^2}{90m^2}=3.611 \fallingdotseq 4$개(**소수점 이하는 절상**)

  5+4=9개, 9개×4개 층=**36개**

- **지상 6층** : $\frac{150m^2}{90m^2}=1.666 \fallingdotseq$ **2개**

∴ **차동식스포트형감지기 1종**의 전체 수량=51+36+2=**89개**

(3) 연기감지기의 설치기준(NFTC 203 2.4.3.10)

감지기는 **복도** 및 **통로**에 있어서는 **보행거리** 30m(3종에 있어서는 20m)마다, **계단** 및 **경사로**에 있어서는 **수직거리** 15m(3종에 있어서는 10m)마다 **1개 이상**으로 할 것

[조건]

- **연기감지기** 2종 설치
- **층고**
  - 지하 2층~지상 1층 : **4.5m**
  - 지상 2층~지상 6층 : **3.5m**

연기감지기 2종을 **계단** 및 **경사로**에 설치하는 경우에는 수직거리 **15m**마다 1개씩 설치해야 하며, **지하층**의 계단(**지하층**의 **층수**가 1일 경우는 **제외**)은 **지상층**과 **별도**로 **경계구역**을 해야 하므로 다음과 같이 산출한다.

① **지하층 계단** : $\frac{4.5m \times 2개\ 층}{15m}=0.6 \fallingdotseq$ **1개(소수점 이하는 절상)**

② **지상층 계단** : $\frac{4.5m+(3.5m \times 5개\ 층)}{15m}=1.466 \fallingdotseq$ **2개(소수점 이하는 절상)**

∴ 연기감지기의 전체 개수 : 1+2=**3개**

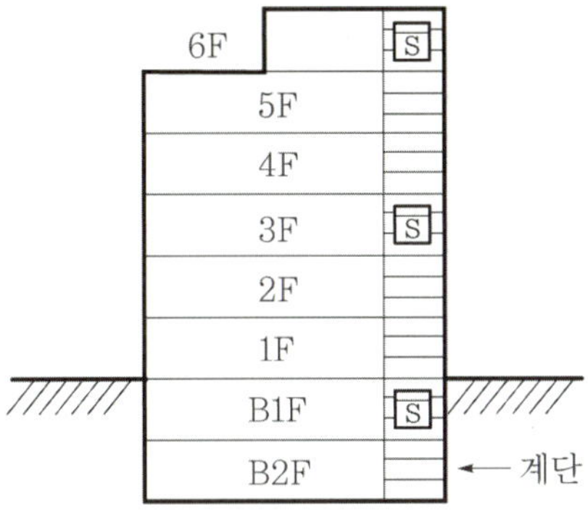

※ **계단**에 **연기감지기**를 설치하는 경우 **지상층**은 **최상층**(본 문제에서는 6층)

실무적용

일반적으로 감지기가 작동한 경우 수신기에 화재신호가 입력되어 해당 층에 경종 등이 출력된다. 그러나 계단감지기 등 수직적인 경계구역에 설치된 감지기는 작동하더라도 별도의 경보를 보내지 않으며 수신기 상에 표시만 된다. 이는 계단감지기 등이 동작했을 때 특정한 층에 경보를 출력할 수 없기 때문에 피난로가 오염된 상황만을 나타내는 것이다.

쉬어가는 코너

천재란 노력을 계속할 수 있는 재능이다.

-토머스 에디슨-

03-5 배선 등

(1) 배선의 기능시험

① 회로도통시험
② 공통선시험
③ 회로저항시험
④ 절연저항시험

(2) 자동화재탐지설비 배선의 설치기준(NFTC 203 2.8)

① **전원회로**의 배선은 **내화배선**에 따르고, **그 밖의 배선**(**감지기 상호간** 또는 **감지기로**부터 **수신기**에 이르는 **감지기회로**의 **배선**을 **제외**한다)은 **내화배선** 또는 **내열배선**에 따라 설치할 것

② **감지기 상호간** 또는 **감지기**로부터 **수신기**에 이르는 **감지기회로**의 **배선**은 다음의 기준에 따라 설치할 것

㉠ **아날로그식**, **다신호식 감지기**나 **R형 수신기용**으로 사용되는 것은 **전자파 방해**를 받지 않는 **실드선** 등을 사용해야 하며, **광케이블**의 경우에는 **전자파 방해**를 받지 아니하고 **내열성능**이 있는 경우 사용할 수 있다. 다만, 전자파 방해를 받지 않는 방식의 경우에는 그렇지 않다.

㉡ **일반배선**을 사용할 때는 **내화배선** 또는 **내열배선**으로 사용할 것

③ **감지기회로**의 **도통시험**을 위한 **종단저항**은 다음의 기준에 따를 것

㉠ **점검** 및 **관리**가 **쉬운 장소**에 설치할 것

㉡ **전용함**을 설치하는 경우 그 **설치높이**는 바닥으로부터 **1.5m 이내**로 할 것

㉢ **감지기회로**의 **끝부분**에 설치하며, **종단감지기**에 설치할 경우에는 구별이 쉽도록 해당 감지기의 **기판** 및 **감지기 외부** 등에 별도의 **표시**를 할 것

④ **감지기 사이**의 회로의 배선은 **송배선식**으로 할 것

⑤ **전원회로**의 **전로**와 **대지 사이** 및 **배선 상호간**의 **절연저항**은 전기사업법에 따른 기술기준이 정하는 바에 의하고, **감지기회로** 및 **부속회로**의 **전로**와 **대지 사이** 및 **배선 상호간**의 **절연저항**은 **1경계구역**마다 **직류 250V**의 **절연저항측정기**를 사용하여 측정한 **절연저항**이 **0.1MΩ 이상**이 되도록 할 것

⑥ **자동화재탐지설비**의 **배선**은 **다른 전선**과 별도의 **관・덕트**(절연효력이 있는 것으로 구획한 때에는 그 구획된 부분은 별개의 덕트로 본다)・**몰드** 또는 **풀박스** 등에 설치할 것. 다만, **60V 미만**의 **약전류회로**에 사용하는 전선으로서 각각의 전압이 같을 때에는 그렇지 않다.

⑦ **P형 수신기** 및 **GP형 수신기**의 감지기회로의 배선에 있어서 **하나**의 **공통선**에 접속할 수 있는 **경계구역**은 **7개 이하**로 할 것

⑧ 자동화재탐지설비의 **감지기회로**의 **전로저항**은 **50Ω 이하**가 되도록 해야 하며, 수신기의 각 회로별 종단에 설치되는 감지기에 접속되는 **배선**의 **전압**은 **감지기 정격전압**의 **80% 이상**이어야 할 것

(3) 실드선

① **사용 목적** : 전자파 방해를 방지하기 위하여
② **사용 용도** : 아날로그식감지기, 다신호식감지기, R형 수신기용으로 사용되는 것
③ **실드선을 꼬아서 사용하는 이유** : 두 선에서 발생하는 전자파 유도 자속이 서로 상쇄되도록 하기 위하여
④ **실드선 종류**
   ㉠ 비닐절연 비닐시스 내열성 제어케이블(H – CVV – SB)
   ㉡ 비닐절연 비닐시스 난연성 제어케이블(FR – CVV – SB)

(4) R형 수신기의 다중통신방식

통신방식	설 명
시분할방식 (TDM)	펄스(pulse)를 이용 많은 전송로를 얻는 방법으로 서로 다른 신호를 시간차를 두고 송신하는 방식으로 시간을 조각내어 이 조각난 시간단위를 각 노트에 할당하여 음성 혹은 데이터를 전송하게 하는 방법
주파수분할방식 (FDM)	정보를 전송하기 위해서는 전기 혹은 광신호를 이용해야 하는데 이런 신호는 주파수 영역과 시간 영역들로 구분된다. 이 경우 주파수 영역을 나누어 쓰는 방법을 말한다.
변조방식(PCM)	신호를 디지털데이터로 변환하여 이를 전송하기 위해서 모든 정보를 0과 1의 디지털신호로 변환하여 7~8bit의 펄스(pulse)로 변환시켜 통신신호를 이용하여 송수신하는 방법
신호처리방식 (Polling Addressing)	수신기와의 통신에서 호출신호에 따라 데이터의 중복을 피하는 방법으로 아날로그 형식의 감지기 또는 중계기에서는 자기 주소가 틀리면 통과시키고, 동일 주소일 경우에 한하여 수신하는 방식

(5) 종단저항

① **설치목적** : **회로도통시험**을 **용이**하게 하기 위하여
② **설치장소** : **전용함**, **수신기함** 또는 **발신기함** 내부
③ **종단저항의 설치기준(NFTC 203 2.8.1.3)**
   ㉠ **점검** 및 **관리**가 **쉬운 장소**에 설치할 것
   ㉡ **전용함**을 설치하는 경우 그 **설치높이**는 바닥으로부터 **1.5m 이내**로 할 것
   ㉢ **감지기회로의 끝부분**에 설치하며, **종단감지기**에 설치할 경우에는 구별이 쉽도록 해당 감지기의 **기판** 및 **감지기 외부** 등에 별도의 **표시**를 할 것

암기법 관전 끝!

(6) 송배선식 배선

수신기에서 **회로도통시험**을 **용이**하게 하기 위하여 **배선**의 **도중**에서 **분기하지 않는 방식**(일반적인 감지기회로의 방식)

① **적용설비**
   ㉠ 자동화재탐지설비
   ㉡ 제연설비

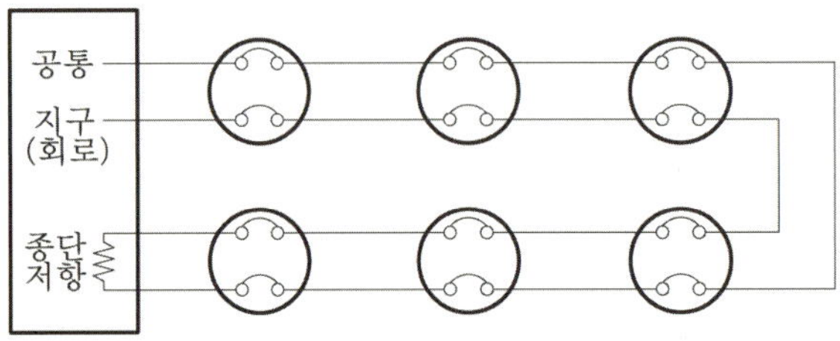

| 송배선식 배선 |

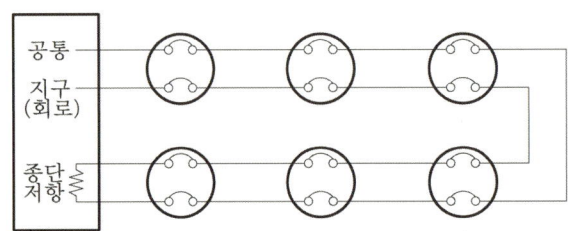

② **적응 감지기**
   ㉠ 차동식스포트형감지기
   ㉡ 정온식스포트형감지기
   ㉢ 보상식스포트형감지기

(7) 교차회로방식 배선

설비의 **오작동**을 **방지**하기 위하여 **2개 이상**의 **회로**가 **교차**되도록 **설치**하여 인접한 2개 이상의 회로가 **동시**에 **작동**해야 **설비**가 **작동**되도록 하는 방식

① **적용설비**
   ㉠ 준비작동식 스프링클러설비
   ㉡ 일제살수식 스프링클러설비
   ㉢ 이산화탄소소화설비
   ㉣ 할론소화설비
   ㉤ 할론겐화합물 및 불활성기체소화설비
   ㉥ 분말소화설비

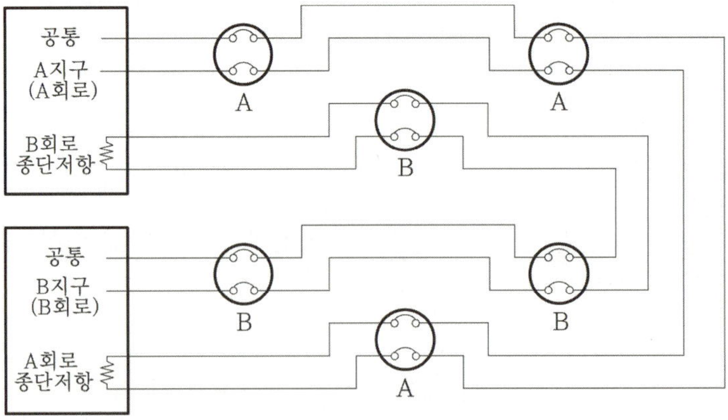

| 교차회로방식 배선 |

(8) 근거리 통신망의 구조

① **링(Ring)형 구조** : 네트워크의 **양 끝**에 있는 **종단저항**을 **제거**하고, **양 끝단**을 **연결**한 형태
② **스타(Star)형 구조** : 스타형의 **중심**에는 **허브**(또는 **멀티포터리피터**)장치가 자리하고 있고 **각 컴퓨터**는 이 **허브**에 의해서 **연결**된 형태
③ **버스(Bus)형 구조** : **케이블**에 **컴퓨터**들이 연결된 형태(**케이블**을 **버스(Bus)**라고 한다.)
④ 기타

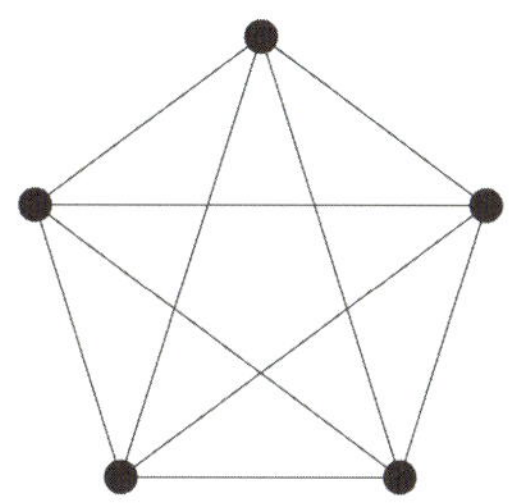

| 망(Net)형 |

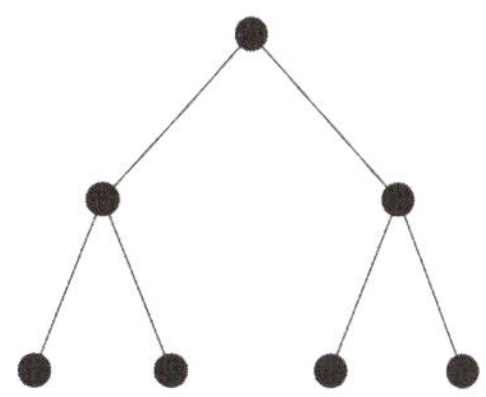

| 나무(Tree)형 |

(9) 통신망의 장점 및 단점

① 링(Ring)형
㉠ 장점
- 전자기파의 유도 및 잡음에 강하고, 전송속도가 비교적 빠르다.
- 방송 모드로의 데이터 전송이 쉽다.
- 전송매체와 터미널의 고장 발견이 쉽다.

㉡ 단점
- 전체적인 통신 처리량이 증대한다.
- 노드의 변경 및 추가, 고장 수리가 어렵다.
- 하나의 노드에 문제 발생 시 전체 네트워크에 영향을 줄 수 있고, 전송지연이 발생한다.

② 스타(Star)형
㉠ 장점
- 확장이 용이하고, 보수와 관리가 쉽다.
- 고장 시 발견이 쉽다.
- 각 터미널의 전송속도를 다르게 설정할 수 있다.

㉡ 단점
- 통신망 전체가 복잡하다.
- 터미널의 증가에 따라 통신회선수도 증가한다.

③ 버스(Bus)형
㉠ 장점
- 경제적이다.
- 터미널의 증가와 삭제가 쉽다.
- 통신회선이 1개이므로 물리적 구조가 간단하다.

ⓛ **단점**

- 통신회선의 길이에 제한이 없다.
- 산제어형에서는 우선순위 제어가 어렵다.
- 모든 터미널이 통신회선상의 데이터를 수신할 수 있으므로 데이터의 기밀 보장이 어렵다.

쉬어가는 코너

"제가 설국열차에서 제일 좋아하는 장면은 송강호씨가 옆을 가리키면서 '이게 너무 오랫동안 닫혀 있어서 벽인줄 알고 있지만 사실은 문이다.' 라고 하는 대목입니다.
여러분께서도 내년 한 해 벽인줄 알고 있었던 여러분만의 문을 꼭 찾으시길 바랍니다."

-박찬욱 감독님 소감 중-

핵심기출문제

01 자동화재탐지설비 공사완공 시 현장시험방법 중 배선의 기능시험 종류 3가지를 쓰시오. 배점 : 5 [08년]

• **실전모범답안**

① 회로도통시험
② 공통선시험
③ 회로저항시험

01-1 다음은 자동화재탐지설비의 화재안전기준에서의 배선 관련사항이다. 각 물음에 답하시오. 배점 : 8 [06년] [20년]

(1) 자동화재탐지설비의 GP형 수신기의 감지기회로의 배선에 있어서 하나의 공통선에 접속할 수 있는 경계구역은 몇 개 이하이어야 하는지 쓰시오.
(2) 자동화재탐지설비의 감지기회로의 전로저항은 몇 [Ω] 이하이어야 하는지 쓰시오.
(3) 수신기의 각 회로별 종단에 설치되는 감지기에 접속되는 배선의 전압은 감지기 정격전압의 몇 [%] 이상이어야 하는지 쓰시오.
(4) 감지기회로 및 부속회로의 전로와 대지 사이 및 배선 상호간의 절연저항은 1경계구역마다 직류 250V의 절연저항측정기를 사용하여 측정하였을 때 절연저항이 몇 [Ω] 이상이 되도록 해야 하는가?

• **실전모범답안**

(1) 7개
(2) 50Ω
(3) 80%
(4) 0.1MΩ

01-2 자동화재탐지설비의 R형 수신기용 신호선으로 실드선을 사용한다. 이에 따른 다음 각 물음에 답하시오. 배점 : 6 [08년] [09년]

(1) 실드선을 사용하는 목적을 쓰시오.
(2) 실드선을 서로 꼬아서 사용하는 이유를 쓰시오.
(3) 실드선의 종류 2가지를 쓰시오.
(4) R형 수신기에서 사용하는 통신방식 중 PCM 변조방식에 대해서 쓰시오.

• **실전모범답안**

(1) 전자파 방해를 방지하기 위해
(2) 두 선에서 발생하는 전자파 유도자속이 서로 상쇄되도록 하기 위하여
(3) ① 비닐절연 비닐시스 내열성 제어케이블(H-CVV-SB)
② 비닐절연 비닐시스 난연성 제어케이블(FR-CVV-SB)
(4) 신호를 디지털데이터로 변환하여 이를 전송하기 위해서 모든 정보를 0과 1의 디지털신호로 변환하여 7~8bit의 펄스(pulse)로 변환시켜 통신신호를 이용하여 송수신하는 방식

01-3 감지기회로의 배선에 대한 다음 각 물음에 답하시오. 배점 : 6 [16년] [15년]

(1) 송배선식에 대하여 설명하시오.
(2) 송배선식의 적응 감지기를 3가지만 쓰시오.
(3) 교차회로의 방식에 대하여 설명하시오.
(4) 교차회로방식의 적용설비 5가지만 쓰시오.

• **실전모범답안**

(1) 수신기에서 회로도통시험을 용이하게 하기 위하여 배선의 도중에서 분기하지 않는 방식
(2) ① 차동식스포트형감지기
② 정온식스포트형감지기
③ 보상식스포트형감지기
(3) 설비의 오작동을 방지하기 위하여 2개 이상의 회로가 교차되도록 설치하여 인접한 2개 이상의 회로가 동시에 작동해야 설비가 작동되도록 하는 방식
(4) ① 준비작동식 스프링클러설비
② 일제살수식 스프링클러설비
③ 이산화탄소소화설비
④ 할론소화설비
⑤ 분말소화설비

01-4 감지기 선로의 말단에는 종단저항을 접속하도록 규정하고 있다. 그 이유에 대하여 설명하고 감지기 배선을 송배선방식으로 사용하는 이유에 대하여도 설명하시오. 배점 : 4 [05년] [11년]

• **실전모범답안**

① 종단저항 설치이유 : 회로도통시험을 용이하게 하기 위하여
② 송배선방식 시공이유 : 회로도통시험을 용이하게 하기 위하여

01-5 자동화재탐지설비의 감시체제의 통신망을 구축하고자 한다. 근거리통신망(LAN) 중 위상의 형상 3가지를 구분하여 그림으로 나타내시오. 배점 : 6 [06년] [08년]

(1) 링형 구조
(2) 스타형 구조
(3) 버스형 구조

• **실전모범답안**

(1) 링형 구조

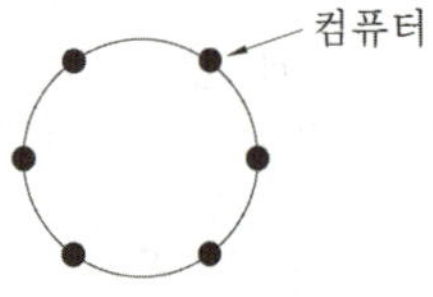

(2) 스타형 구조

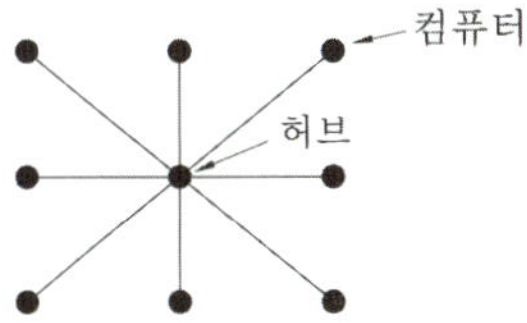

(3) 버스형 구조

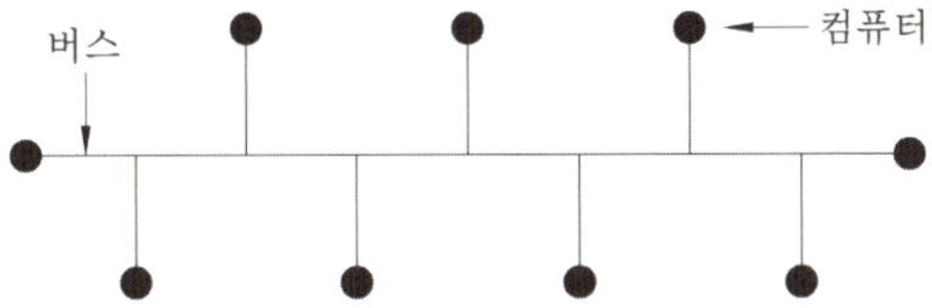

01-6 하나의 단지 내에 다수의 동이 존재하는 경우 자동화재탐지설비의 효율적 관리와 감시를 위해 통신망을 구성하여 중앙집중관리 시스템을 구성하고자 한다. 통신망의 위상(Topology)에 따른 망의 구조와 장점 및 단점을 각각 3가지만 쓰시오. 배점 : 6 [16년]

망의 종류 구 분	링(Ring)형	스타(Star)형
망의 구조		
장점	• • •	• • •
단점	• • •	• • •

• **실전모범답안**

망의 종류 구 분	링(Ring)형	스타(Star)형
망의 구조	네트워크의 양 끝에 있는 종단저항을 제거하고, 양 끝단을 연결한 형태	스타형의 중심에는 허브(또는 멀티포터리피터)장치가 자리하고 있고 각 컴퓨터는 이 허브에 의해서 연결된 형태
장점	• 전자기파의 유도 및 잡음에 강하고, 전송속도가 비교적 빠르다. • 방송 모드로의 데이터 전송이 쉽다. • 전송매체와 터미널의 고장 발견이 쉽다.	• 확장이 용이하고, 보수와 관리가 쉽다. • 고장 시 발견이 쉽다. • 각 터미널의 전송속도를 다르게 설정할 수 있다.
단점	• 전체적인 통신 처리량이 증대한다. • 노드의 변경 및 추가, 고장 수리가 어렵다. • 하나의 노드에 문제 발생 시 전체 네트워크에 영향을 줄 수 있고, 전송 지연이 발생한다.	• 통신망 전체가 복잡하다. • 터미널의 증가에 따라 통신회선수도 증가한다. • 통신량이 많은 경우 전송지연이 발생한다.

소방기술사, 소방시설관리사가 되기까지 …

도움이 될지는 모르겠지만 소방기술사가 되기까지 제 이야기를 몇 자 적어 봅니다. 아무쪼록 도움이 되셨으면 합니다.

저는 전문대학에서 기계과를 전공하여(그 시절 술로 거의 대부분을 탕진하고 공부와는 담을 쌓고 있었습니다.) 겨우겨우 소방설비기계분야 산업기사를 취득한 후 다른 분야에서 경력을 1년 쌓아 기계분야, 전기분야 기사자격을 취득하게 되었습니다. 사실 본격적으로 소방업에 종사한 것은 기사를 따고 나서라고 할 수 있습니다. 그런데 공사업체 취직을 하고 첫 월급을 받았는데 72만원을 받았습니다. 당시 IMF의 폭풍이 불고 있었으니 일자리가 있다는 것만으로도 만족을 해야 했습니다. 그나마 다행인 것은 제가 근무하는 회사의 사장님께서 소방시설관리사를 취득하고 있던지라(당시에는 소방시설관리사 취득이 상당히 어려웠습니다. 물론 지금도 쉽지는 않습니다만) 이름도 생소했던 소방점검과 공사를 동시에 하게 되었습니다.

지금도 그때를 생각해보면 그때 그렇게 많은 설비를 동시에 보았기에 남들보다 조금은 빨리 배울 수 있었지 않았나 합니다. 그러나 다들 아시다 시피 소방업계의 현실은 너무나도 영세한 업체가 많이 때문에 누구보다도 열심히 하였지만 어느 정도 선 이상은 올라갈 수 없다는 한계가 있다는 현실에 좌절을 하게 되었습니다. 방법도 모르고 어떻게 해야 하는 것이 현명한지 몰라 고민을 많이 하였습니다.

그러던 중 지인의 권유로 7회 소방시설관리사 시험을 보게 되었으며 1차 합격을 하고 8회 소방시설관리사에 최종합격을 하게 되었습니다. 그 당시 소방시설관리사는 제 인생의 모든 것이었습니다.

지방이라는 열악한 환경과 학원을 가려 해도 갈 수 없는 현실(시간, 경제적 여건 등) 너무나도 지금의 현실을 벗어나고 싶었기에 또 보다 당당하게 살고 싶었기에 … 어떤 이들은 목표를 달성하기 위해 목숨을 거는 사람들도 있다는데 위안을 하며 저와의 싸움은 그렇게 시작을 하였습니다.

너무나도 벗어나고 싶은 마음 때문에 새벽 4시 30분에 회사에 출근을 하였습니다. 조금이라도 일찍 나와 첫 버스를 놓치지 않기 위해 전날 머리를 감고 면도를 하여 아침에는 세수만하고 출근을 하였습니다.

세수를 하고 집밖으로 나오는 순간부터 나 스스로와의 전쟁은 시작되었습니다.(그 당시에는 전쟁이라는 표현이 적합할 것 같습니다.) 집에서 나서면서부터 제 손에는 책이 들려져 있었고 버스를 타도 걸어다녀도 마찬가지였습니다. 회사 도착시간은 5시 반가량, 8시 반까지는 거의 나만의 시간이었으므로 걸어오면서 + 버스 안 + 회사에서의 시간을 합하면 3~4시간 가량을 이때 공부할 수 있었습니다. 본격적인 업무가 시작되어도 공부시간을 만들기 위해 업무를 한 치의 실수도 없이 하려고 하였고 이에 따라 회사 트럭 운전을 하면서도 공책을 옆에 놓고 노래 부르듯이 화재안전기준을 암기하다보니 기억이 나지 않으면 운전 중 신호가 걸리기를 바라며 운전한 적도 너무 많았습니다.(너무 위험하겠지요 … ^^;) 거의 모든 자투리 시간을 낭비하지 않도록 노력하니 일과 중 많으면 3~4시간, 작으면 2~3시간 정도의 시간을 만들 수 있었고 퇴근을 하여 집에서 2~3시간정도 공부를 하니 많으면 10시간 내지 작으면 8시간을 공부할 수 있더군요. 지금 생각해 봐도 정말 피말리는 시간이었습니다.

그렇게 몇 달을 공부하던 중 오른쪽 눈이 이상해서 안과에 갔었는데 시신경의 2/3가 죽었고 계속해서 그렇게 무리를 하면 오른쪽 눈이 실명할 수도 있다고 하는 청천벽력 같은 소리를 들었습니다. 그런데 저는 너무나도 어리석게도 오른쪽 눈을 포기할 각오를 하고 공부를 하였는데 지금은 다행이도 더 이상 나빠지지 않았습니다. 여러분은 이런 어리석은 행동을 하지 마시기 바랍니다. 제일 중요한 것은 건강입니다.

관리사 시험 전에 집사람과의 결혼을 미룰 수 없는 처지라서 시험 2주전에 결혼식을 올렸는데 신혼여행 중에 집사람보다 화재안전기준을 껴안고 보내다보니 아직도 집사람에게 좋은 소리를 듣지는 못하고 있습니다.

이후 결과는 좋아 소방시설관리사를 취득하게 되었고 합격자 발표 후 바로 소방기술사에 도전을 하여 그 다음 해에 소방기술사까지 취득을 하게 되었습니다.

제가 생각하는 시험의 본질은 자기 자신과의 싸움이라 생각합니다. 경쟁자는 옆에서 공부하는 사람이 아니라 자기 자신이라는 것을 말씀드리고 싶습니다. 저의 경우 흔들리지 않는 마음을 가지기 위해 2~3개월 정도 투자 아닌 투자를 했습니다. 다른 사람은 되고 나는 왜 안 될까라는 화두를 안고 나이가 많으신 인생의 선배들을 만나 술 먹으며 이야기도 많이 듣고 책도 많이 읽었습니다. 이때 읽은 책 중에서 제가 힘들 때마다 찾아보며 위안을 삼아 수십번 읽은 책도 있습니다. 그 때의 시간들이 많이 도움이 되었습니다.

합격기간 일부 줄이고 좀 쉽게 가기 위한 방법으로 보통 학원 내지는 아는 기술사 등을 찾게 되는데 학원 등에서 줄 수 있는 부분은 말 그대로 도움이 될 뿐입니다. 진짜 핵심은 자기 자신이 직접하는 것만이 진실이라는 사실입니다. 이렇듯 마음의 준비가 되었을 때 좋은 교재와 좋은 공부방법을 접했을 때 최상의 효과를 발휘하지 않을까 합니다.

가끔가다 받는 질문 중에 하나가 "화재안전기준 다 외워야 됩니까?", "○○교재 다 외워야 됩니까?"라는 질문을 받은데 이 질문의 배경은 "외우기 싫고 보기 싫다"라는 뉘앙스가 들어 있지는 않은지 한번 생각해 봐야 할 문제입니다. 대다수의 합격자들이 다 외우고 이해하려고 노력하는데 하기 싫어서 보지 않으면 합격을 할 수가 없겠지요.

소방시설관리사의 경우 기술사 공부를 병행하시는 분들의 합격률이 상대적으로 높을 수밖에 없는 것이 현실입니다. 왜냐하면 화재안전기준을 이해하고 적는 것과 암기하고 적는 것과의 차이는 채점자(대부분이 기술사입니다.)의 입장에서 봤을 때 기술사적 관점으로 적는 것이 당연히 유리하겠지요.

소방기술사의 경우 어떠한 문제가 나와도 응용하며 기술할 수 있도록 다독과 이해가 필수가 되겠지요. 문제를 찍어서 하는 것은 너무 위험합니다.

자기자신의 인생을 바꿀 수 있는 것은 오로지 자기 자신 뿐입니다.

사실 합격수기를 적어보는 것은 처음이라 두서없이 적었습니다. 모자란 것이 너무 많은 미약한 한 인간의 이야기였습니다. 개인적으로는 과거를 돌아보는 좋은 계기가 되었습니다.

저 역시 올바르게 소방이 발전하기를 기원하는 한 사람의 기술자일 뿐입니다.

자기 자신의 인생을 바꿀 수 있는 것은 오로지 자기 자신 밖에 없습니다.
어떤 선택이든지 간에 항상 목표를 정하여 도전한다면 이룰 것입니다.
지금 우리에게 필요한 것은 인내라는 것을…
그리고 그 뒤에 찾아올 영광을 위하여…

– 에듀파이어기술학원 이항준 원장 –

04 자동화재속보설비

(1) 자동화재속보설비

자동 또는 **수동**으로 **화재**의 **발생**을 **소방관서**에 **통보**하는 설비

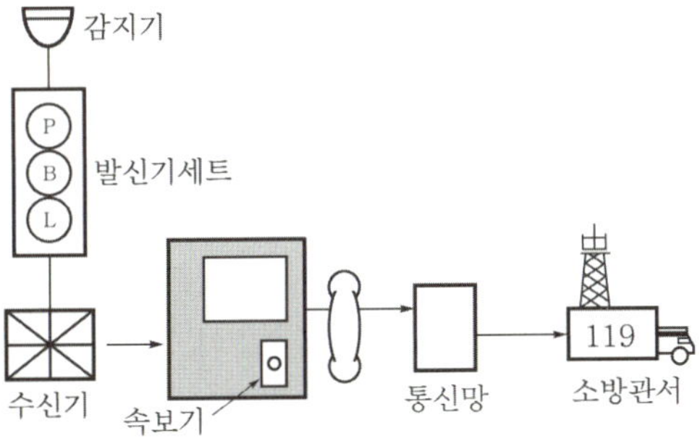

자동화재속보설비 계통도

| 자동화재속보설비 |

실무적용

자동화재탐지설비와 연동하여 동작하고 전화선(국선)과 같은 통신선로에 의해 소방서에 자동 또는 수동으로 통보한다. 실제 현장의 경우 상당수가 전화를 인터넷 전화로 전환하는 경우가 많아 자동화재속보설비가 제대로 동작하지 않는 경우가 많다. 이럴 경우 전화선(국선)을 별도로 살려 자동화재속보설비와 연결해 주어야 정상작동이 가능하다.

(2) 자동화재속보설비의 절연저항시험

절연저항계	구 분	절연저항
직류 500 V	• 절연된 충전부와 외함간	5MΩ 이상
	• 절연된 선로간 • 교류입력측과 외함간	20MΩ 이상

핵심기출문제

01 다음은 자동화재속보설비의 절연저항에 대한 내용이다. ( )에 알맞은 내용을 쓰시오. 배점 : 4 [12년] [20년]

자동화재속보설비의 절연된 (①)와 외함 간의 절연저항은 직류 500V의 절연저항계로 측정한 값은 (②)MΩ 이상이어야 하고 교류입력측과 외함 간에는 (③)MΩ 이상이어야 한다. 그리고 절연된 선로 간의 절연저항은 직류 500V의 절연저항계로 측정한 값이 (④)MΩ 이상이어야 한다.

- **실전모범답안**

자동화재속보설비의 절연된 (① 충전부)와 외함 간의 절연저항은 직류 500V의 절연저항계로 측정한 값은 (② 5)MΩ 이상이어야 하고 교류입력측과 외함 간에는 (③ 20)MΩ 이상이어야 한다. 그리고 절연된 선로 간의 절연저항은 직류 500V의 절연저항계로 측정한 값이 (④ 20)MΩ 이상이어야 한다.

05 단독경보형 감지기

(1) 단독경보형 감지기

화재발생 상황을 단독으로 감지하여 자체에 내장된 음향장치로 경보하는 감지기

| 단독경보형 감지기 |

(2) 단독경보형 감지기의 설치기준(NFTC 201 2.2.1)

① **각 실**(**이웃**하는 **실내**의 **바닥면적**이 **각각** 30m² **미만**이고 **벽체 상부**의 **전부** 또는 **일부**가 **개방**되어 이웃하는 실내와 **공기**가 **상호유통**되는 경우에는 이를 **1개**의 **실**로 본다)마다 설치하되, **바닥면적**이 150m²를 초과하는 경우에는 150m²**마다 1개 이상** 설치할 것

② 계단실은 **최상층**의 **계단실 천장**(**외기**가 **상통**하는 **계단실**의 경우를 **제외**한다)에 설치할 것

③ **건전지**를 **주전원**으로 사용하는 **단독경보형 감지기**는 정상적인 **작동상태**를 유지할 수 있도록 주기적으로 **건전지**를 **교환**할 것

④ **상용전원**을 **주전원**으로 사용하는 단독경보형 감지기의 **2차 전지**는 **제품검사**에 **합격**한 것을 사용할 것

핵심기출문제

01 단독경보형 감지기의 설치기준이다. ( ) 안에 들어갈 알맞은 내용을 채우시오.

배점 : 5 [14년] [16년] [21년]

(1) 각 실마다 설치하되, 바닥면적 (①)m^2를 초과하는 경우에는 (①)m^2마다 1개 이상을 설치해야 한다.

(2) 이웃하는 실내의 바닥면적이 각각 (②)m^2 미만이고 벽체 상부의 전부 또는 일부가 개방되어 이웃하는 실내와 공기가 상호 유통되는 경우에는 이를 (③)의 실로 본다.

(3) (④)를 주전원으로 사용하는 단독경보형 감지기는 정상적인 작동상태를 유지할 수 있도록 주기적으로 (④)를 교환할 것

(4) 상용전원을 주전원으로 사용하는 단독경보형 감지기의 (⑤)는 제품검사에 합격한 것을 사용할 것

• **실전모범답안**

(1) 각 실마다 설치하되, 바닥면적 (① 150)m^2를 초과하는 경우에는 (① 150)m^2마다 1개 이상을 설치해야 한다.

(2) 이웃하는 실내의 바닥면적이 각각 (② 30)m^2 미만이고 벽체 상부의 전부 또는 일부가 개방되어 이웃하는 실내와 공기가 상호 유통되는 경우에는 이를 (③ 1개)의 실로 본다.

(3) (④ 건전지)를 주전원으로 사용하는 단독경보형 감지기는 정상적인 작동상태를 유지할 수 있도록 주기적으로 (④ 건전지)를 교환할 것

(4) 상용전원을 주전원으로 사용하는 단독경보형 감지기의 (⑤ 2차 전지)는 제품검사에 합격한 것을 사용할 것

06 비상방송설비

(1) 비상방송설비

자동화재탐지설비 또는 **소화설비**에 의해서 감지된 화재를 신속하게 해당 특정소방대상물에 있는 사람에게 **방송**으로 화재를 알려 **피난**을 **용이**하게 하기 위한 설비

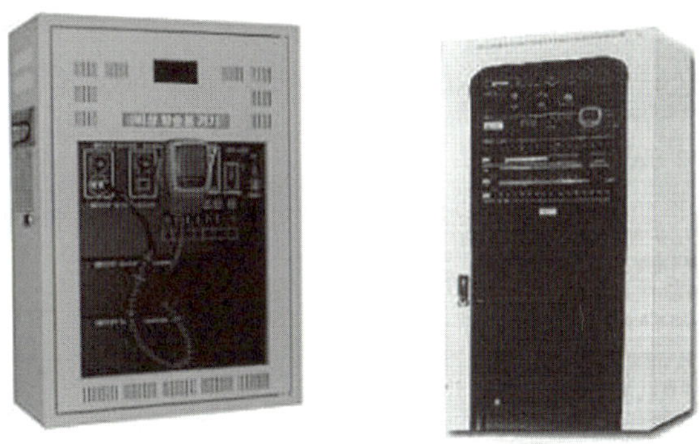

(a) 벽부형　　(b) Rack Type

| AMP |

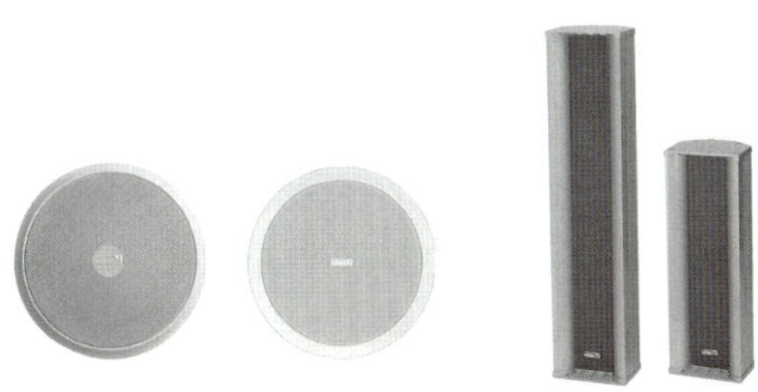

(a) 천장형　　(b) 칼럼형

| 확성기(스피커) |

참고 비상방송설비 계통도

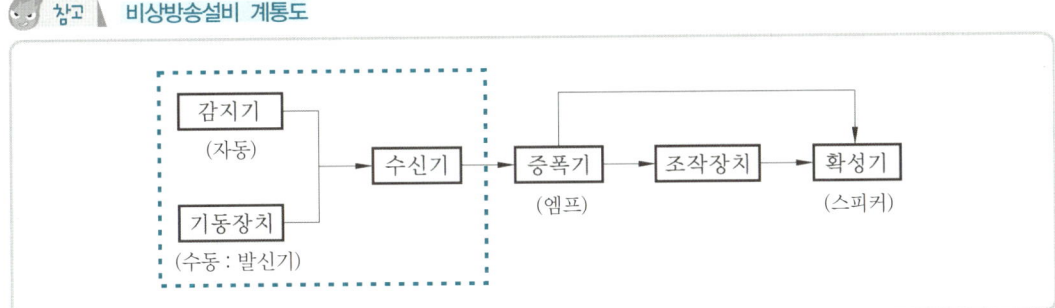

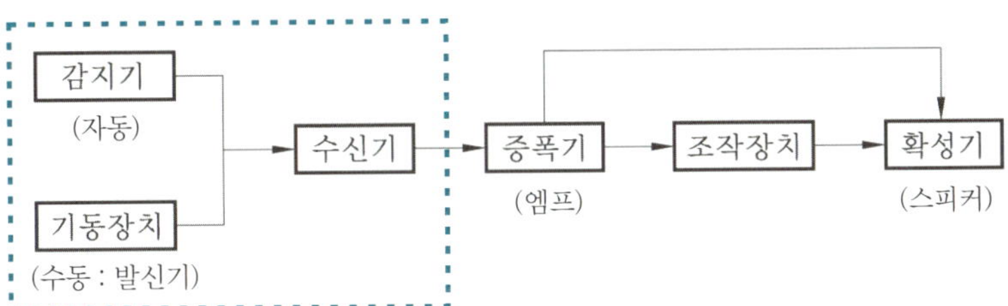

(2) 비상방송설비의 설치대상(소방시설 설치 및 관리에 관한 법률 시행령[별표 4])

설치대상
• 연면적 3,500m² 이상 • 지하층을 제외한 층수가 11층 이상 • 지하층의 층수가 3층 이상

(3) 경보방식

① **일제경보방식** : 화재로 인한 경보발령 시 **전 층**에 경보를 발하는 방식

② **우선경보방식** : **층수**가 **11층 이상**인 특정소방대상물 또는 **16층 이상**인 **공동주택**의 경우 적용

발화층	경보층
2층 이상	발화층+직상 4개 층
1층	발화층+직상 4개 층+지하층
지하층	발화층+직상층+기타 지하층

(4) 비상방송설비의 설치기준(NFTC 202 2.1)

① 확성기의 **음성입력**은 3W(**실내**에 설치하는 것에 있어서는 1W) **이상**일 것

② 확성기는 **각 층**마다 설치하되, 그 층의 각 부분으로부터 하나의 확성기까지의 **수평거리**가 25m **이하**가 되도록 하고, 해당 층의 각 부분에 유효하게 경보를 발할 수 있도록 설치할 것

③ **음량조정기**를 설치하는 경우 음량조정기의 **배선**은 **3선식**으로 할 것

④ 조작부의 **조작스위치**는 **바닥**으로부터 0.8m **이상** 1.5m **이하**의 **높이**에 설치할 것

⑤ 조작부는 **기동장치**의 **작동**과 **연동**하여 해당 기동장치가 작동한 **층** 또는 **구역**을 **표시**할 수 있는 것으로 할 것

⑥ 증폭기 및 조작부는 **수위실** 등 **상시 사람**이 **근무**하는 **장소**로서 **점검**이 **편리**하고 **방화상 유효한 곳**에 설치할 것

⑦ **층수**가 11**층**(공동주택의 경우에는 16층) **이상**의 특정소방대상물은 다음의 기준에 따라 경보를 발할 수 있도록 해야 한다.

㉠ **2층 이상**의 **층**에서 발화한 때에는 **발화층** 및 **그 직상 4개층**에 경보를 발할 것

㉡ **1층**에서 발화한 때에는 **발화층 · 그 직상 4개층** 및 **지하층**에 경보를 발할 것

㉢ **지하층**에서 발화한 때에는 **발화층 · 그 직상층** 및 **기타**의 **지하층**에 경보를 발할 것

⑧ **다른 방송설비**와 **공용**하는 것에 있어서는 **화재 시 비상경보 외**의 **방송**을 **차단**할 수 있는 구조로 할 것

⑨ 다른 전기회로에 따라 **유도장애**가 생기지 않도록 할 것

⑩ 하나의 특정소방대상물에 **2 이상의 조작부**가 설치되어 있는 때에는 각각의 조작부가 있는 장소 상호간에 **동시통화**가 가능한 설비를 설치하고, 어느 조작부에서도 해당 특정소방대상물의 전 구역에 방송을 할 수 있도록 할 것

⑪ 기동장치에 따른 화재신고를 수신한 후 필요한 음량으로 화재발생 상황 및 피난에 유효한 방송이 자동으로 개시될 때까지의 소요시간은 **10초 이내**로 할 것

⑫ 음향장치는 다음 각 목의 기준에 따른 구조 및 성능의 것으로 해야 한다.

㉠ **정격전압**의 80% **전압**에서 음향을 발할 수 있는 것을 할 것

㉡ **자동화재탐지설비**의 **작동**과 **연동**하여 작동할 수 있는 것으로 할 것

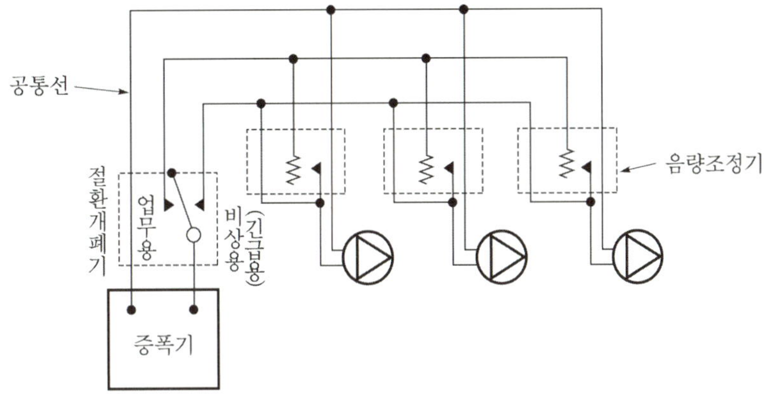

| 3선식 배선 |

실무적용

일반적으로 3선식 배선에 따르며 상용으로 사용하는 경우 전관(全館)방송이라 하며, 음량조절이 가능하다. 그러나, 화재 시 사용하는 비상방송의 경우 일정 음량 이상을 출력해야 하므로 음량조절을 할 수 없다.

핵심기출문제

01 다음은 비상방송설비에 대한 사항이다. 각 물음에 답하시오. 배점 : 8 [03년] [05년]

(1) 비상방송설비의 계통도를 완성하시오.

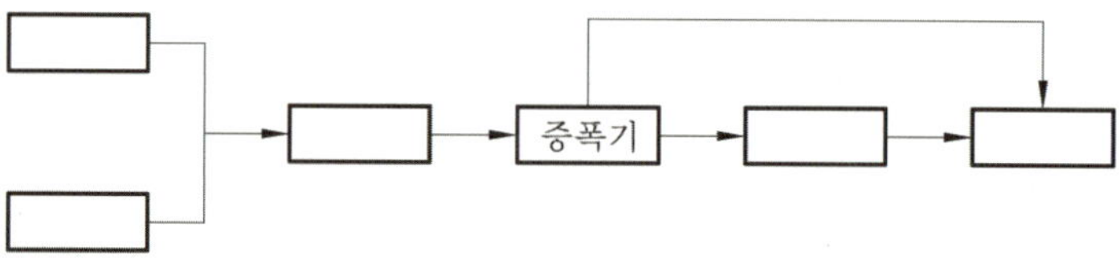

(2) 음량조정기를 설치하는 경우 음량조정기의 배선은 몇 선식인지 쓰시오.

(3) 확성기의 음성입력은 몇 [W] 이상이어야 하는지 쓰시오.

(4) 1층에서 화재가 발생할 때에 우선적으로 경보를 발해야 할 층은 어디인지 쓰시오. (단, 특정소방대상물은 지상 15층이다.)

• **실전모범답안**

(1)

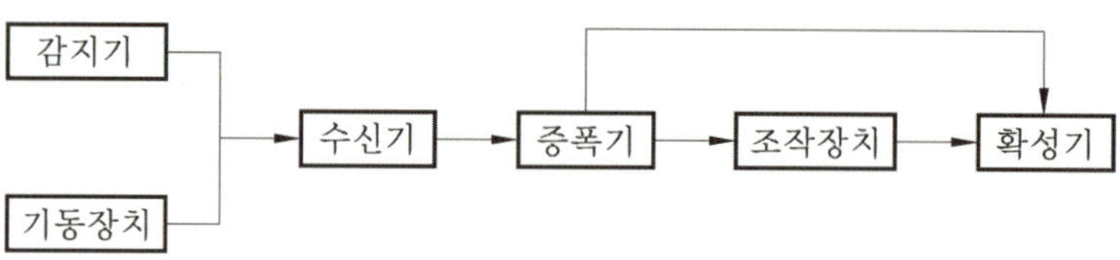

(2) 3선식

(3) 3W(실내는 1W)

(4) 1층, 2층, 3층, 4층, 5층

01-1 다음은 비상방송설비에 대한 기준이다. ( ) 안에 들어갈 알맞은 내용을 채우시오.

배점 : 3 [04년] [05년] [06년] [11년] [13년] [14년] [18년] [19년] [20년] [21년]

(1) 확성기의 음성입력은 (①)W 이상(실내에 설치하는 것에 있어서는 1W 이상일 것)

(2) 음량조절기를 설치한 경우 음량조정기의 배선은 (②)으로 할 것

(3) 조작부의 조작스위치는 바닥으로부터 (③)의 높이에 설치할 것

(4) 증폭기 및 (④)는 수위실 등 상시 사람이 근무하는 장소로서 점검이 편리하고 방화상 유효한 곳에 설치할 것

(5) 기동장치에 따른 화재신호를 수신한 후 필요한 음량으로 화재발생 상황 및 피난에 유효한 방송이 자동으로 개시될 때까지의 소요시간은 (⑤) 이내로 할 것

• 실전모범답안

(1) 확성기의 음성입력은 (① 3)W 이상(실내에 설치하는 것에 있어서는 1W 이상일 것)
(2) 음량조절기를 설치한 경우 음량조정기의 배선은 (② 3선식)으로 할 것
(3) 조작부의 조작스위치는 바닥으로부터 (③ 0.8m 이상, 1.5m 이하)의 높이에 설치할 것
(4) 증폭기 및 (④ 조작부)는 수위실 등 상시 사람이 근무하는 장소로서 점검이 편리하고 방화상 유효한 곳에 설치할 것
(5) 기동장치에 따른 화재신호를 수신한 후 필요한 음량으로 화재발생 상황 및 피난에 유효한 방송이 자동으로 개시될 때까지의 소요시간은 (⑤ 10초) 이내로 할 것

01-2 지상 12층 건물의 5층에서 화재가 발생하였을 때 우선경보되어야 할 층을 쓰시오.

배점 : 3 [03년] [04년] [05년]

• 실전모범답안

지상 5층, 지상 6층, 지상 7층, 지상 8층, 지상 9층

01-3 어떤 고층건축물(연면적 3,500m^2)에 비상방송설비를 설치하려고 한다. 설치기준에 대하여 물음에 답하시오.

배점 : 6 [06년] [12년] [14년] [18년]

(1) 경보방식은 어떤 방식으로 해야 하는지 그 방식을 쓰고, 그 방식의 발화층에 대한 경보층의 구체적인 경우를 3가지로 구분하여 설명하시오.
(2) 확성기의 설치층과 그 설치위치에 대한 기준을 설명하시오.
(3) 조작부의 조작스위치는 어느 위치에 설치해야 하는지 그 위치를 설명하시오.

• 실전모범답안

(1) ① 경보방식 : 우선경보방식
② 발화층에 대한 경보층의 구체적인 경우

발화층	경보층
2층 이상	발화층+직상 4개 층
1층	발화층+직상 4개 층+지하층
지하층	발화층+직상층+기타 지하층

(2) ① 설치 층 : 각 층마다 설치
② 그 층의 각 부분으로부터 하나의 확성기까지의 수평거리가 25m 이하가 되도록 하고, 해당 층의 각 부분에 유효하게 경보를 발할 수 있도록 설치할 것
(3) 바닥으로부터 0.8m 이상 1.5m 이하

07 누전경보기

(1) 누전경보기

내화구조가 **아닌 건축물**로서 **벽, 바닥** 또는 **천장**의 전부나 일부를 **불연재료** 또는 **준불연재료**가 **아닌 재료**에 철망을 넣어 만든 건물의 **전기설비**로부터 **누설전류**를 **탐지**하여 **경보**를 발하며 **변류기**와 **수신부**로 구성된 것

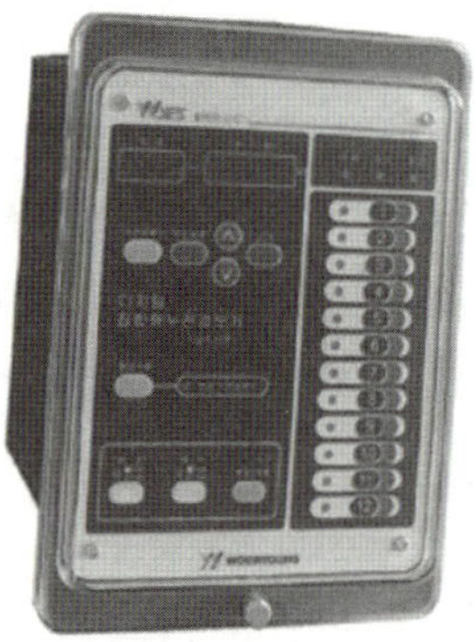

| 누전경보기 |

참고 누전경보기의 구성도

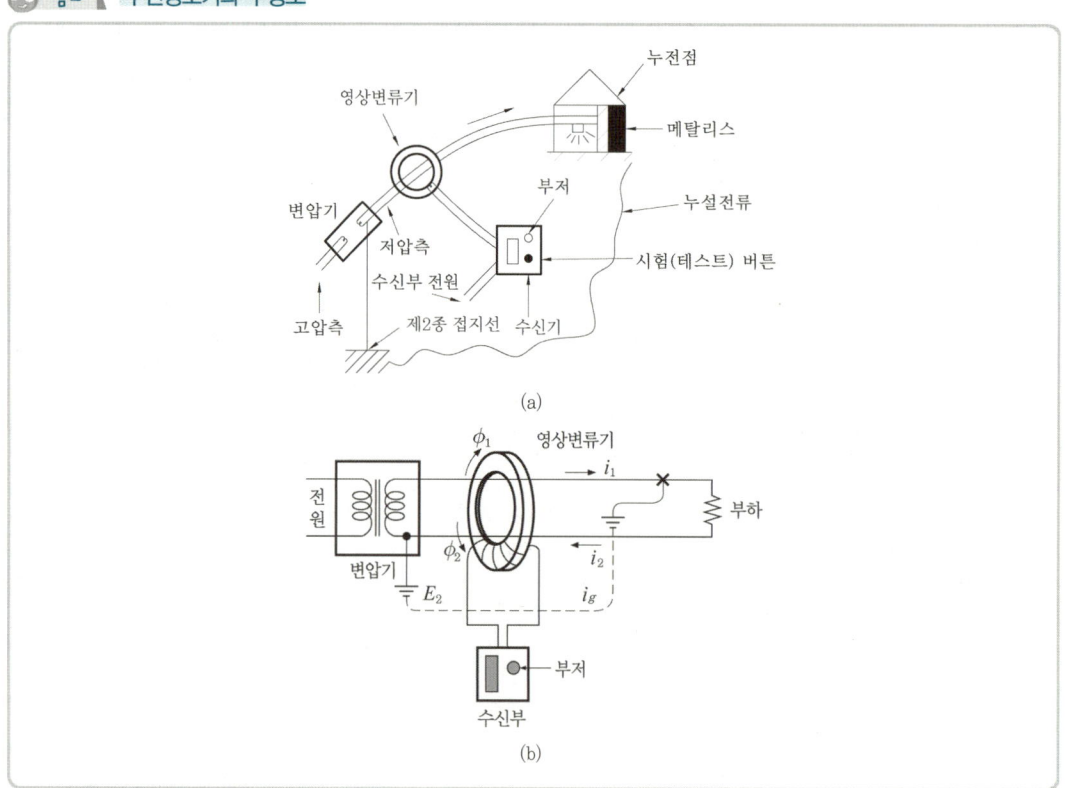

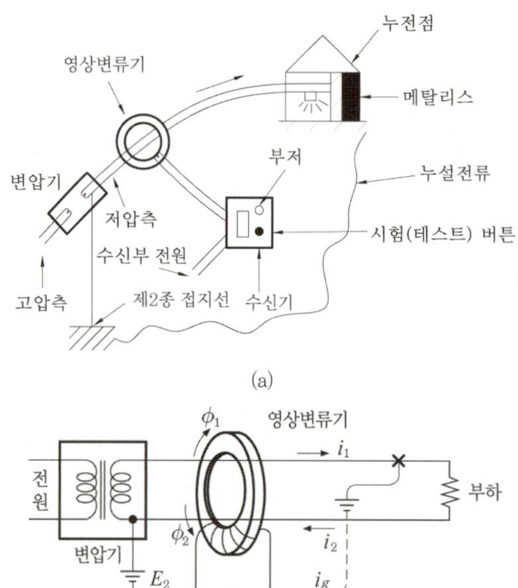

(a)

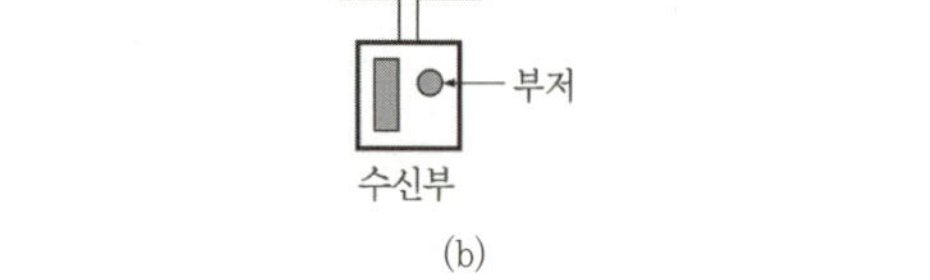

(b)

(2) 누전경보기의 구성요소

① 영상변류기(변류기)

② 수신부

㉠ 수신기

㉡ 음향장치

㉢ 차단기구

참고 누전경보기의 표시

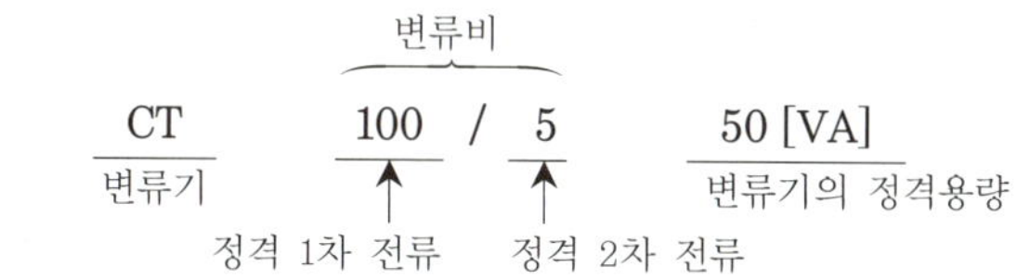

참고 누전경보기의 음량

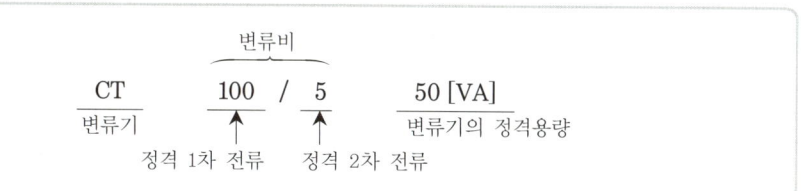

구 분	음 량
• 고장표시장치 • 단독경보형감지기의 건전지 성능 저하 시(음성안내)	60dB 이상
• 누전경보기의 주음향장치 • 가스누설경보기(단독형, 영업용)의 주음향장치 • 단독경보형감지기의 건전지 성능 저하 시	70dB 이상
• 단독경보형감지기	85dB 이상
• 자동화재탐지설비 • 비상경보설비(비상벨설비, 자동식 사이렌설비) • 가스누설경보기(공업용)의 주음향장치	90dB 이상

※ 누전경보기의 형식승인 및 제품검사의 기술기준 제4조 6호 가목(경보기구에 내장하는 음향장치) 가. 사용전압의 80%인 전압에서 소리를 내어야 한다.

(3) 누전경보기 수신기의 내부구조의 계통도 및 블록도

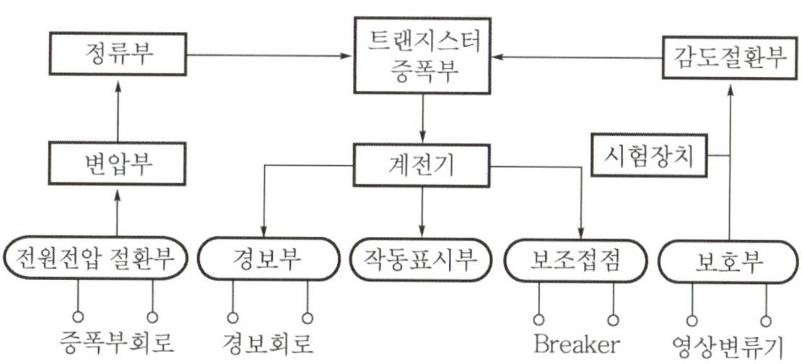

| 누전경보기 수신기 내부구조의 블록도 |

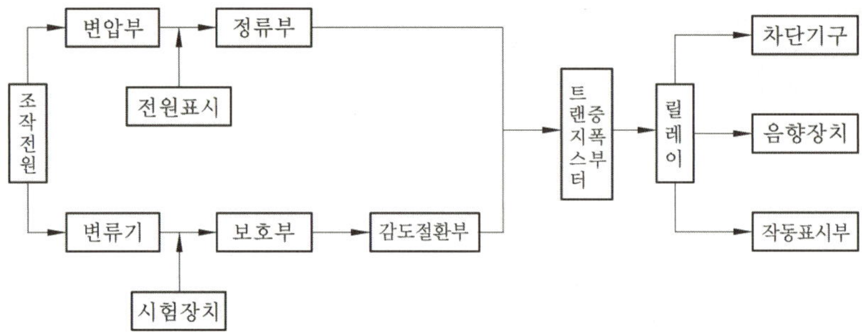

| 누전경보기 수신기 구조의 계통도 |

참고 누전경보기 수신기의 전원부회로

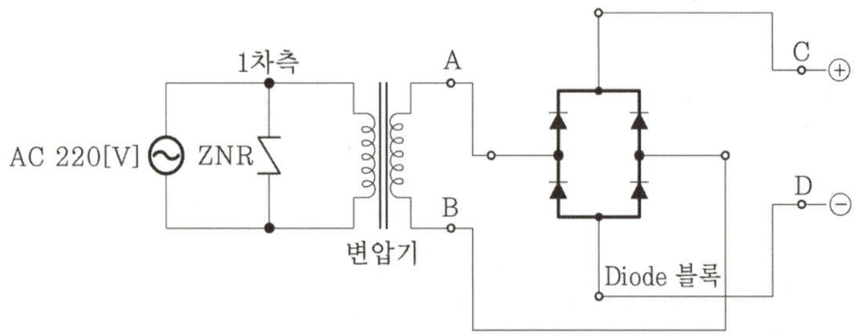

(a)

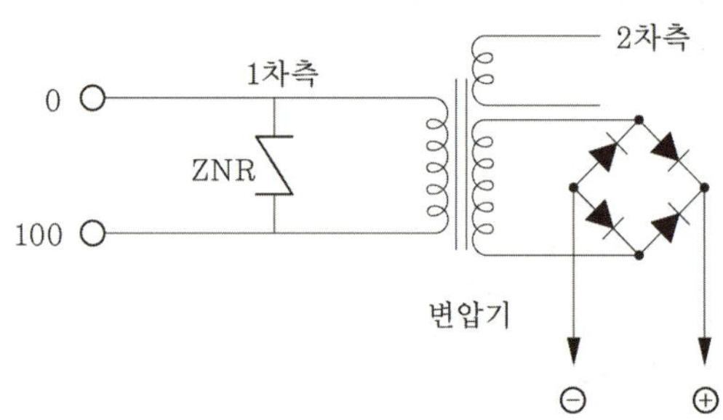

(b)

| 단상전파 정류방식 |

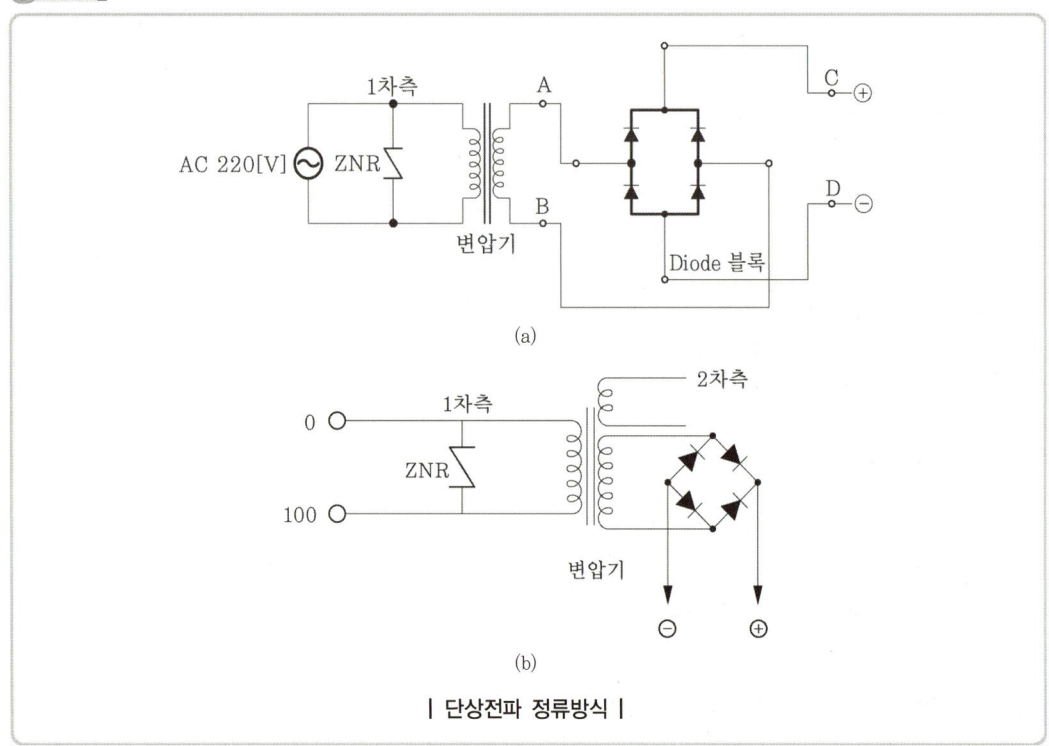

(4) 누전경보기의 설치방법 등(NFTC 205 2.1)

① 경계전로의 정격전류가 60A를 초과하는 전로에 있어서는 1급 누전경보기를, 60A 이하의 전로에 있어서는 1급 또는 2급 누전경보기를 설치할 것. 다만, 정격전류가 60A를 초과하는 경계전로가 분기되어 각 분기회로의 정격전류가 60A 이하로 되는 경우 당해 분기회로마다 2급 누전경보기를 설치한 때에는 당해 경계전로에 1급 누전경보기를 설치한 것으로 본다.

② 변류기는 특정소방대상물의 형태, 인입선의 시설방법 등에 따라 옥외 인입선의 제1지점의 부하측 또는 제2종 접지선측의 점검이 쉬운 위치에 설치할 것. 다만, 인입선의 형태 또는 특정소방대상물의 구조상 부득이한 경우에는 인입구에 근접한 옥내에 설치할 수 있다.

③ 변류기를 옥외의 전로에 설치하는 경우에는 옥외형으로 설치할 것

(5) 누전경보기 전원의 설치기준(NFTC 205 2.3)

① 전원은 분전반으로부터 **전용회로**로 하고, **각 극**에 **개폐기** 및 **15A 이하**의 **과전류차단기**(**배선용 차단기**에 있어서는 **20A 이하**의 것으로 각 극을 개폐할 수 있는 것)를 설치할 것
② 전원을 **분기**할 때는 **다른 차단기**에 따라 전원이 **차단되지 않도록 할 것**
③ 전원의 개폐기에는 **누전경보기용**임을 표시한 **표지**를 할 것

(6) 공칭작동 전류치 및 감도조정장치

① **공칭작동 전류치** : 200mA(0.2A) 이하
② **감도조정장치의 조정범위** : 1A(1,000mA) 이하

참고 공칭작동 전류치의 정의

누전경보기를 작동시키기 위하여 필요한 누설전류의 값으로 제조자에 의해 표시된 값

(7) ZNR(Zine oxide Nonlinear Resistor)

전원부에 **병렬**로 설치하여 **낙뢰** 등 **이상전압**으로부터 **기기(수신기)를 보호**한다.

[설치목적]
① 낙뢰 등 이상전압으로부터 기기(수신기)를 보호
② 통신기기에 외부 인입선에 설치하여 외부 서지노이즈를 차단하는 역할
③ 과전압에 의한 음성의 일그러짐 방지 및 각종 제어회로에 이용

(8) 누전경보기 수신기의 입력된 신호를 증폭시키는 방식

① **트랜지스터**만 사용, 증폭하여 계전기를 동작시키는 방식
② **매칭트랜스**와 **트랜지스터**를 조합, 증폭하여 계전기를 동작시키는 방식
③ **트랜지스터**와 **미터릴레이** 또는 IC를 조합, 증폭하여 계전기를 동작시키는 방식

(9) 누전경보기의 절연저항시험

절연저항계	구 분	측정 개소	절연저항
직류 500 V	수신부	• 절연된 충전부와 외함간 • 차단기구의 개폐부 (열린상태 : 같은 극의 전원단자와 부하측 단자와의 사이, 닫힌상태 : 충전부와 손잡이 사이)	5MΩ 이상
	변류기	• 절연된 1차 권선과 2차 권선간 • 절연된 1차 권선과 외부 금속부간 • 절연된 2차 권선과 외부 금속부간	5MΩ 이상

(10) 누전경보기의 시험

① **동작시험** : 누전경보기 각 구역의 동작여부를 시험
② **도통시험** : 수신부에서 영상변류기까지의 외부 배선의 단선유무를 시험
③ **누설전류 측정시험** : 평상시 누설량을 점검하는 시험

참고 누전경보기시험에 필요한 시험기 또는 측정기

(1) 영상변류기
경계전로의 **누설전류**를 **자동적**으로 **검출**하여 이를 누전경보기의 **수신부**에 **송신**하는 장치
(2) 메거(절연저항계)
수동 직류발전기를 **전원**으로 한 **옴 계기**에 대한 상품명으로서 **절연저항** 등의 **고저항**을 **측정**하기 위해 사용한다.
(3) 음량계
지정된 **전기특성** 및 **기계의 동특성**을 가지고 **음성**이나 **음악**에 대응하는 복잡한 **전기파형**의 **볼륨**을 **지정**하기 위해 특별히 지정된 눈금을 붙인 계측기
(4) 회로시험기(테스터)
전압, **전류**, **저항** 등을 **측정**하는 기기

참고 접지공사(전기설비기준 2021년 개정)

접지대상	접지공사 종류
고압 및 특고압설비	• 계통접지(TN, TT, IT 계통) • 보호접지(등전위본딩 등) • 피뢰시스템 접지
600V 이하 설비	
400V 이하 설비	
변압기	• 변압기 중성점 접지

핵심기출문제

01 누전경보기에서 CT 100/5, 50VA라고 쓰여져 있다. 이 때 각 물음에 답하시오. 배점 : 5 [06년] [11년]

(1) CT의 우리말 명칭을 쓰시오.
(2) 100/5에서 100의 의미와 5의 의미를 쓰시오.
(3) 50VA는 CT에서 어떤 것을 의미하는지 설명하시오.

• **실전모범답안**

(1) 변류기
(2) ① 100 : 변류비 중 정격 1차 전류 100A
　② 5 : 변류비 중 정격 2차 전류 5A
(3) 변류기의 정격용량

01-1 다음은 누전경보기에 대한 그림이다. 각 물음에 답하시오. 배점 : 7 [04년] [18년] [19년]

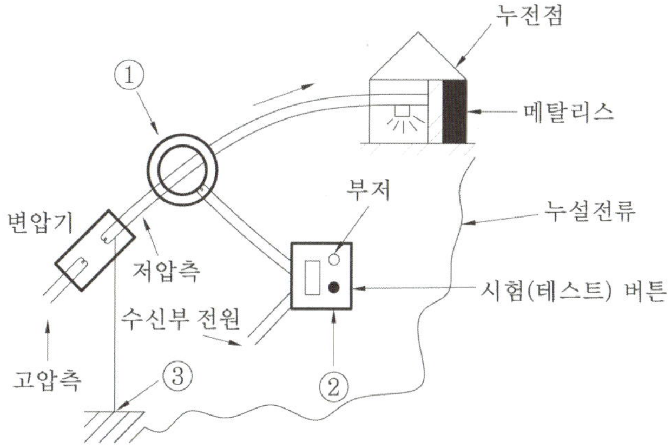

(1) ①~②에 대한 명칭을 쓰시오.
(2) 누전경보기의 공칭작동 전류치는 몇 [mA] 이하인지 쓰시오.
(3) 전원은 각 극에 개폐기 및 몇 [A] 이하의 과전류차단기를 설치해야 하는지 쓰시오. 또한, 배선용 차단기로 할 경우 몇 [A] 이하의 것으로 각 극을 개폐할 수 있는 것을 설치해야 하는지 쓰시오.

• **실전모범답안**

(1) ① 영상변류기
　② 수신기

(2) 200mA

(3) ① 과전류차단기 : 15A

② 배선용 차단기 : 20A

01-2 다음의 보기를 참고하여 누전경보기의 작동 순서를 [예]와 같이 나열하시오. 배점 : 6 [09년]

[보기]

① 릴레이 작동

② 수신기 전압 증폭

③ 관계인에게 경보·누전표시 및 회로차단

④ 누설전류에 의한 자속 발생

⑤ 누전점 발생

⑥ 변류기에 유도전압 유기

[예] ① → ② → ③ → ④ → ⑤ → ⑥

• **실전모범답안**

⑤ 누전점 발생 → ④ 누설전류에 의한 자속 발생 → ⑥ 변류기에 유도전압 유기 → ② 수신부 전압 증폭 → ① 릴레이(계전기) 작동 → ③ 관계인에게 경보, 누전표시 및 회로차단

01-3 다음은 누전경보기의 수신기구조의 계통도이다. 빈 칸을 완성하시오. 배점 : 5 [05년]

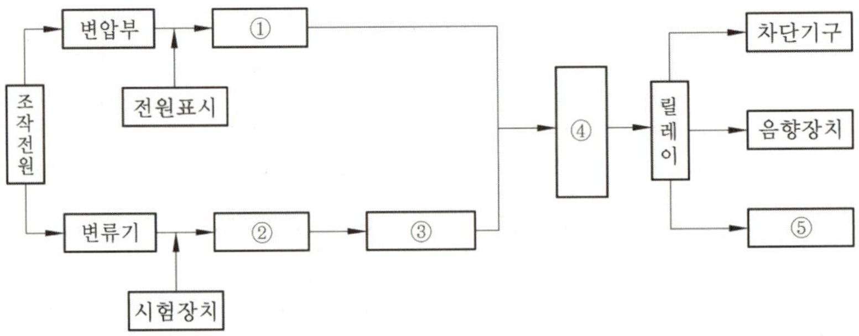

• 실전모범답안

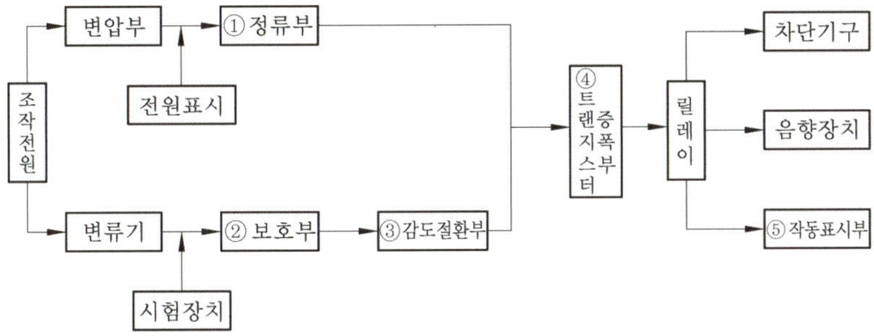

01-4 누전경보기 수신기 전원부의 회로구성은 그림과 같다. 다음 각 물음에 답하시오.

배점 : 7 [09년] [08년]

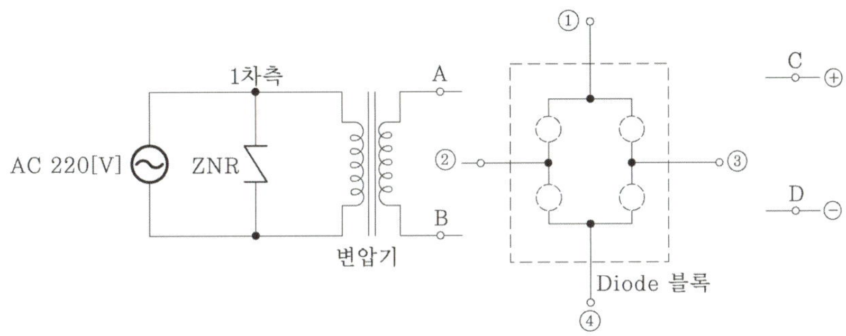

(1) 전원부회로의 완성을 위하여 ○에 Diode를 사용하여 접속하시오.

(2) 전류가 정상적으로 흐를 수 있도록 A, B, C, D 단자와 ①, ②, ③, ④를 연결하여 전원부 회로를 완성하시오.

(3) ZNR의 설치목적을 쓰시오.

• 실전모범답안

(1), (2)

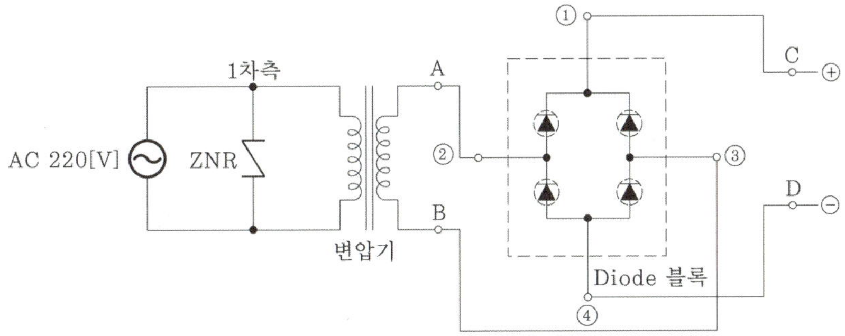

(3) 낙뢰 등 이상전압으로부터 기기(수신기)를 보호

01-5 누전경보기의 수신기 증폭부의 방식 3가지를 쓰시오. 배점 : 6 [05년]

• **실전모범답안**

① 트랜지스터만 사용, 증폭하여 계전기를 동작시키는 방식
② 매칭트랜스와 트랜지스터를 조합, 증폭하여 계전기를 동작시키는 방식
③ 트랜지스터와 미터릴레이 또는 IC를 조합, 증폭하여 계전기를 동작시키는 방식

01-6 누전경보기의 설치기준이다. 다음 각 물음에 답하시오. 배점 : 6 [06년] [21년]

(1) 경계전로의 정격전류가 몇 [A]를 초과하는 전로에 1급 누전경보기를 설치하는지 쓰시오.
(2) 변류기는 소방대상물의 형태, 인입선의 시설방법 등에 따라 옥외 인입선의 제1지점의 부하측에 설치하거나 또는 접지선측의 점검이 쉬운 위치에 설치하는데 이는 제 몇 종 접지선측의 접점이 쉬운 위치를 말하는지 쓰시오.
(3) 전원은 분전반으로부터 전용 회로로 하고 각 극에 각 극을 개폐할 수 있는 무엇을 설치해야 하는지 쓰시오. (단, 배선용 차단기는 제외한다.)
(4) 변류기 용어의 정의를 쓰시오.

• **실전모범답안**

(1) 60A
(2) 제2종 접지선측
(3) 개폐기 및 15A 이하 과전류 차단기
(4) 경계전로의 누설전류를 자동적으로 검출하여 이를 누전경보기의 수신부에 송신하는 것을 말한다.

01-7 도면은 누전경보기의 설치 회로도이다. 이 회로를 보고 다음 각 물음에 답하시오. (단, 회로는 단상 3선식이며 도면의 잘못된 부분은 모두 정상회로로 수정한 것으로 가정하고 답할 것) 배점 : 14 [06년] [10년] [11년] [17년]

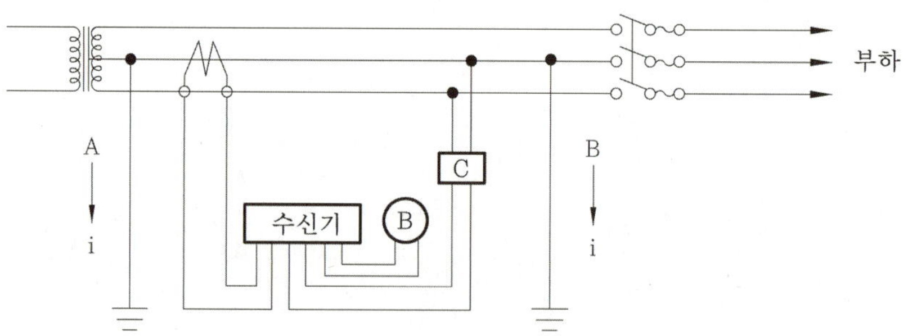

수신기 : 1급 [C] : 과전류차단기 (B) : 음향장치

(1) 회로에서 틀린 부분을 3가지만 지적하여 바른 방법을 설명하시오.

(2) 회로에서의 수신기는 경계전로의 전류가 몇 [A] 초과의 것이어야 하는지 쓰시오.
(3) 회로의 음향장치에서 음량은 장치의 중심으로부터 1m 떨어진 위치에서 몇 [dB] 이상이 되어야 하는지 쓰시오.
(4) 회로에서 C에 사용하는 과전류차단기의 용량은 몇 [A] 이하이어야 하는지 쓰시오.
(5) 회로의 음향장치는 정격전압의 몇 [%] 전압에서 음향을 발할 수 있어야 하는지 쓰시오.
(6) 회로에서 변류기의 절연저항을 측정하였을 경우 절연저항값은 몇 [MΩ] 이상이어야 하는지 쓰시오. (단, 1차 코일 또는 2차 코일과 외부 금속부와의 사이로 차단기의 개폐부에 DC 500V 메거 사용)
(7) 누전경보기의 공칭작동 전류치는 몇 [mA] 이하이어야 하는지 쓰시오.

• **실전모범답안**

(1) 올바른 누전경보기의 설치 도면

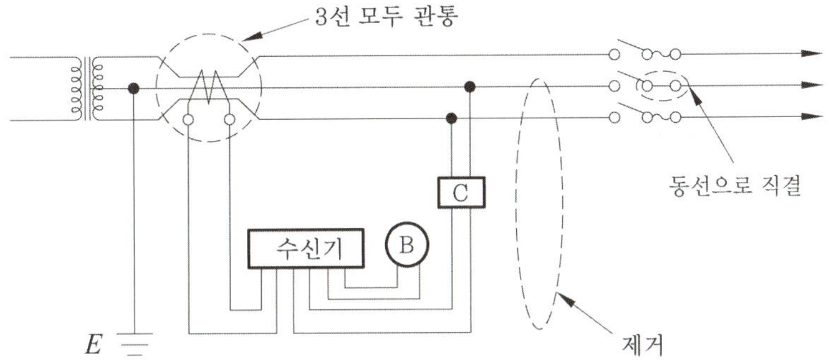

① • 틀린 부분 : 단상 3선식 변압기 2차측에 영상변류기가 중성선(2선)에만 관통시켜 설치되어 있다.
  • 올바른 방법 : 영상변류기에 3선을 모두 관통시켜 설치한다.

② • 틀린 부분 : 접지선이 영상변류기의 전원측(A)과 부하측(B)에 설치되어 있다.
  • 올바른 방법 : 영상변류기의 부하측(B)에 설치된 접지선을 제거한다.

③ • 틀린 부분 : 개폐기 2차측 중성선에 퓨즈가 설치되어 있다.
  • 올바른 방법 : 개폐기 2차측 중성선에 동선으로 직결하여 설치한다.

(2) 60A
(3) 70dB
(4) 15A
(5) 80%
(6) 5MΩ
(7) 200mA

01-8 그림은 단상 3선식 전기회로에 누전경보기를 설치한 예이다. 이 그림을 보고 다음 각 물음에 답하시오.

배점 : 10 [05년]

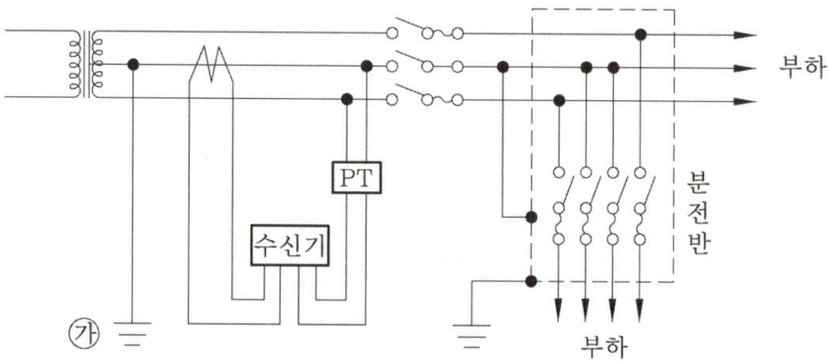

(1) 그림에서 잘못 도해된 부분을 3가지만 지적하고 잘못된 사유를 설명하시오.
(2) 단상 3선식의 중성선에서 퓨즈를 설치하지 않고 동선으로 직결한다. 그 이유를 쓰시오.

• **실전모범답안**

(1) 올바른 누전경보기의 설치 도면

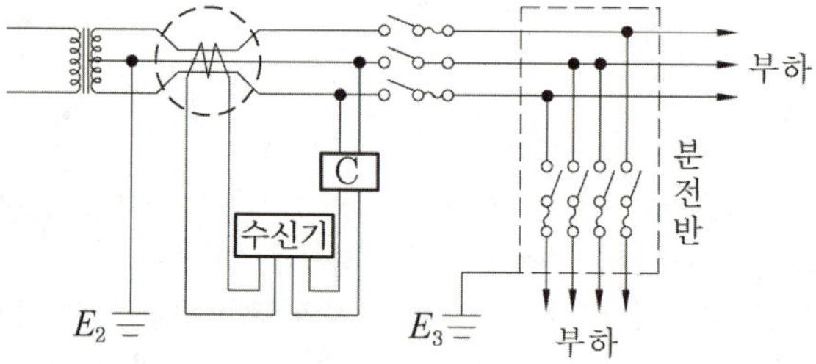

① • 틀린 부분 : 단상 3선식 변압기 2차측에 영상변류기가 중성선(2선)에만 관통시켜 설치되어 있다.
• 사유 : 중선선에 부하전류가 흐르게 되면 누전경보기가 오작동 할 수 있으므로 3선을 모두 영상변류기에 관통시켜야 한다.

② • 틀린 부분 : 중성선과 분전반 외함의 접지선이 접속되어 설치되어 있다.
• 사유 : 분전반 외함의 접지선을 단독으로 해야 한다.

③ • 틀린 부분 : 수신기의 입력측에 PT(계기용 변압기)가 설치되어 있다.
• 사유 : PT(계기용 변압기) 대신 C(차단기)를 설치해야 한다.

(2) 퓨즈가 작동하여 중성선이 단선 되면 한쪽 부하에 이상 전압으로 인한 기기의 소손 우려가 있으므로

01-9 다음 그림은 3상 교류회로에 설치된 누전경보기의 결선도이다. 정상상태와 누전 발생 시 a점, b점 및 c점에서 키르히호프의 제1법칙을 적용하여 전류값을 각각 구하여 ( )를 채우시오.

배점 : 8 [16년] [20년]

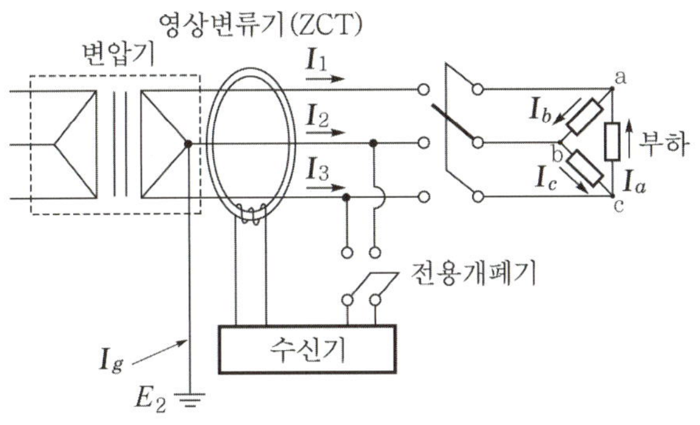

(1) 정상상태 시 선전류

a점 : $\dot{I}_1$=(①), b점 : $\dot{I}_2$=(②), c점 : $\dot{I}_3$=(③)

(2) 정상상태 시 선전류의 벡터합

$\dot{I}_1 + \dot{I}_2 + \dot{I}_3$=(④)

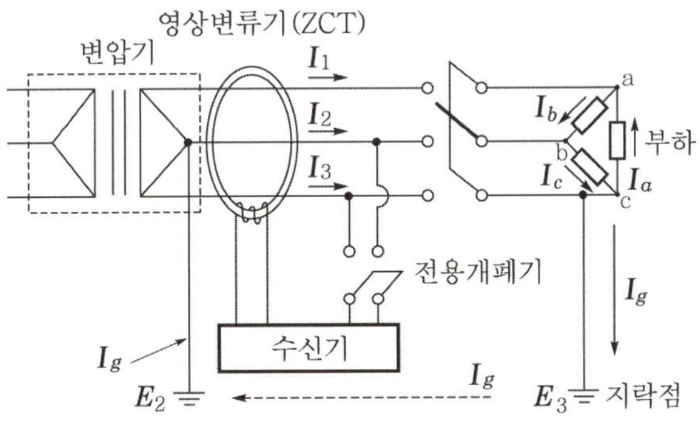

(3) 누전 시 선전류

a점 : $\dot{I}_1$=(⑤), b점 : $\dot{I}_2$=(⑥), c점 : $\dot{I}_3$=(⑦)

(4) 누전 시 선전류의 벡터합

$\dot{I}_1 + \dot{I}_2 + \dot{I}_3$=(⑧)

• **실전모범답안**

① $\dot{I}_b - \dot{I}_a$

② $\dot{I}_c - \dot{I}_b$

③ $\dot{I}_a - \dot{I}_c$

④ 0

⑤ $\dot{I}_b - \dot{I}_a$

⑥ $\dot{I}_c - \dot{I}_b$

⑦ $\dot{I}_a - \dot{I}_c + \dot{I}_g$

⑧ $\dot{I}_g$

상세해설

〈3상 3선식 전기회로〉

전류(I)의 흐름이 같은 방향일 경우 : +

전류(I)의 흐름이 같은 방향일 경우 : −

① **누설전류가 없을 경우(정상 시)**

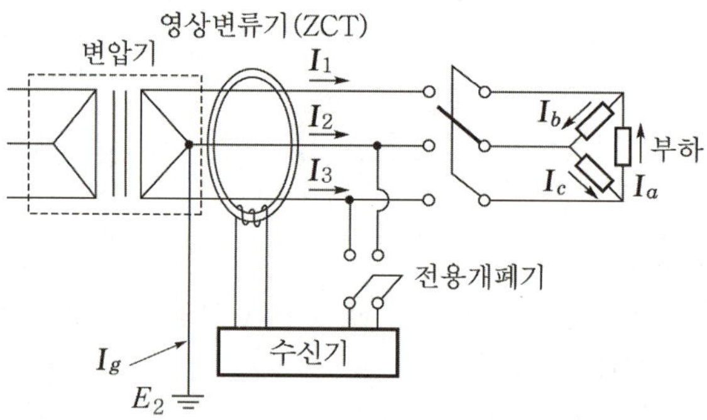

| **누설전류가 없을 경우** |

$\dot{I}_1 = \dot{I}_b - \dot{I}_a$

$\dot{I}_2 = \dot{I}_c - \dot{I}_b$

$\dot{I}_3 = \dot{I}_a - \dot{I}_c$

$\therefore\ \dot{I}_1 + \dot{I}_2 + \dot{I}_3 = \dot{I}_b - \dot{I}_a + \dot{I}_c - \dot{I}_b + \dot{I}_a - \dot{I}_c = 0$

② **누설전류가 있을 경우**

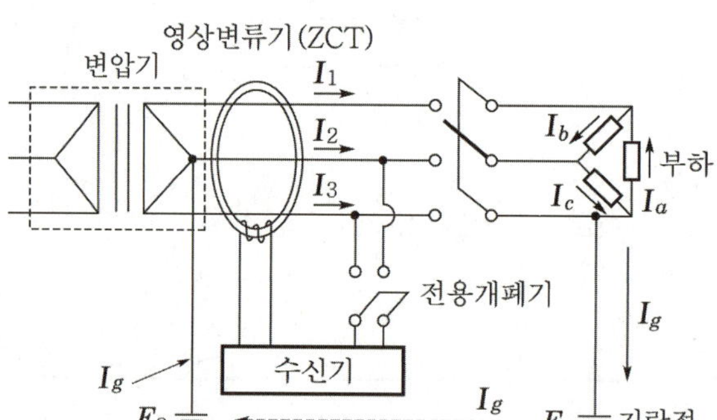

| **누설전류가 있을 경우** |

$\dot{I}_1 = \dot{I}_b - \dot{I}_a$

$\dot{I}_2 = \dot{I}_c - \dot{I}_b$

$\dot{I}_3 = \dot{I}_a - \dot{I}_c + \dot{I}_g$

$\therefore\ \dot{I}_1 + \dot{I}_2 + \dot{I}_3 = \dot{I}_b - \dot{I}_a + \dot{I}_c - \dot{I}_b + \dot{I}_a - \dot{I}_c + \dot{I}_g = \dot{I}_g$

01-10 다음은 누전경보기의 점검 및 정비 시에 행하는 시험 및 측정사항이다. 이들 시험에 필요한 시험기 또는 측정기를 쓰시오. 배점 : 4 [13년]

(1) 누전전류의 검출시험
(2) 배선 및 충전부와 대지간의 절연상태의 측정
(3) 경보 부저의 음압시험
(4) 수신기에 의한 외부 배선 및 퓨즈, 표시등, 외부 부저 등의 도통시험

• **실전모범답안**

(1) 영상변류기
(2) 메거
(3) 음량계
(4) 회로시험기

쉬어가는 코너

노력한 사람들이 전부 성공하는 건 아니다.
허나, 성공한 사람들은 전부 노력했다.

-만화 <더 파이팅> 중-

08 가스누설경보기

(1) 가스누설경보기

가연성가스 또는 불완전 연소가스가 새는 것을 탐지하여 관계자나 이용자에게 경보하여 주는 것

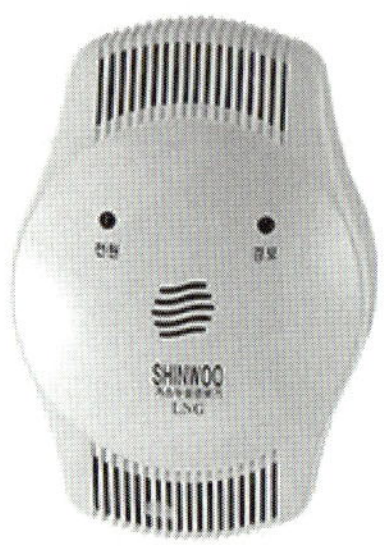

| 가스누설경보기 |

참고 탐지부

가스누설을 감지하여 중계기 또는 수신부에 가스누설의 신호를 발신하는 부분

참고 가스누설경보기의 분류

- 가스누설경보기
  - **단독형** – 가정용
  - **분리형**
    - 영업용 : 1회로
    - 공업용 : 1회로 이상

(2) 가스누설경보기의 설치대상(가스시설이 설치된 경우에만 해당한다.)(소방시설 설치 및 관리에 관한 법률 시행령[별표 4])

설치대상	설치조건
• 숙박시설 • 노유자시설 • 판매시설 • 의료시설 • 문화 및 집회시설 • 운수시설 • 창고시설(물류터미널) • 종교시설 • 수련시설 • 운동시설 • 장례시설	가스시설이 설치된 경우

(3) 가스누설경보기 용어정의(NFTC 203 1.7)

① **가연성가스 경보기** : 보일러 등 가스연소기에서 액화석유가스(LPG), 액화천연가스(LNG) 등의 가연성가스가 새는 것을 탐지하여 관계자나 이용자에게 경보하여 주는 것을 말한다. 다만, 탐지소자 외의 방법에 의하여 가스가 새는 것을 탐지하는 것. 점검용으로 만들어진 휴대용 탐지기 또는 연동기기에 의하여 경보를 발하는 것은 제외한다.

② **일산화탄소 경보기** : 일산화탄소가 새는 것을 탐지하여 관계자나 이용자에게 경보하여 주는 것을 말한다. 다만, 탐지소자 외의 방법에 의하여 가스가 새는 것을 탐지하는 것. 점검용으로 만들어진 휴대용 탐지기 또는 연동기기에 의하여 경보를 발하는 것은 제외한다.

③ **탐지부** : 가스누설경보기(이하 "경보기"라 한다) 중 가스누설을 탐지하여 중계기 또는 수신부에 가스누설 신호를 발신하는 부분을 말한다.

④ **수신부** : 경보기 중 탐지부에서 발하여진 가스누설신호를 직접 또는 중계기를 통하여 수신하고 이를 관계자에게 음향으로서 경보하여 주는 것을 말한다.

⑤ **분리형** : 탐지부와 수신부가 분리되어 있는 형태의 경보기를 말한다.

⑥ **단독형** : 탐지부와 수신부가 일체로 되어있는 형태의 경보기를 말한다.

⑦ **가스연소기** : 가스레인지 또는 가스보일러 등 가연성가스를 이용하여 불꽃을 발생하는 장치를 말한다.

(4) 가연성가스 경보기의 설치기준(NFTC 206 2.1)

① **분리형 경보기의 수신부 설치기준**

1. 가스연소기 주위의 경보기의 상태 확인 및 유지 관리에 용이한 위치에 설치할 것
2. 가스누설 경보음향의 음량과 음색이 다른 기기의 소음 등과 명확히 구별될 것
3. 가스누설 경보음향의 크기는 수신부로부터 1m 떨어진 위치에서 음압이 70dB 이상일 것
4. 수신부의 조작스위치는 바닥으로부터의 높이가 0.8m 이상 1.5m 이하인 장소에 설치할 것
5. 수신부가 설치된 장소에는 관계자 등에게 신속히 연락할 수 있도록 비상연락번호를 기재한 표를 비치할 것

② **분리형 경보기의 탐지부 설치기준**

1. 탐지부는 가스연소기의 중심으로부터 직선거리 8m(공기보다 무거운 가스를 사용하는 경우에는 4m) 이내에 1개 이상 설치해야 한다.
2. 탐지부는 천장으로부터 탐지부 하단까지의 거리가 0.3m 이하가 되도록 설치한다. 다만, 공기보다 무거운 가스를 사용하는 경우에는 바닥면으로부터 탐지부 상단까지의 거리는 0.3m 이하로 한다.

③ **단독형 경보기의 설치기준**

1. 가스연소기 주위의 경보기의 상태 확인 및 유지 관리에 용이한 위치에 설치할 것
2. 가스누설 경보음향의 음량과 음색이 다른 기기의 소음 등과 명확히 구별될 것
3. 가스누설 경보음향장치는 수신부로부터 1m 떨어진 위치에서 음압이 70dB 이상일 것
4. 단독형 경보기는 가스연소기의 중심으로부터 직선거리 8m(공기보다 무거운 가스를 사용하는 경우에는 4m) 이내에 1개 이상 설치해야 한다.
5. 단독형 경보기는 천장으로부터 경보기 하단까지의 거리가 0.3m 이하가 되도록 설치한다. 다만, 공기보다 무거운 가스를 사용하는 경우에는 바닥면으로부터 단독형 경보기 상단까지의

거리는 0.3m 이하로 한다.

6. 경보기가 설치된 장소에는 관계자 등에게 신속히 연락할 수 있도록 비상연락 번호를 기재한 표를 비치할 것

(5) 일산화탄소경보기의 설치기준(NFTC 206 2.2)

① **분리형 경보기의 수신부 설치기준**

1. 가스누설 경보음향의 음량과 음색이 다른 기기의 소음 등과 명확히 구별될 것
2. 가스누설 경보음향의 크기는 수신부로부터 1m 떨어진 위치에서 음압이 70dB 이상일 것
3. 수신부의 조작스위치는 바닥으로부터의 높이가 0.8m 이상 1.5m 이하인 장소에 설치할 것
4. 수신부가 설치된 장소에는 관계자 등에게 신속히 연락할 수 있도록 비상연락 번호를 기재한 표를 비치할 것

② 분리형 경보기의 탐지부는 천장으로부터 탐지부 하단까지의 거리가 0.3m 이하가 되도록 설치한다.

③ **단독형 경보기의 설치기준**

1. 가스누설 경보음향의 음량과 음색이 다른 기기의 소음 등과 명확히 구별될 것
2. 가스누설 경보음향장치는 수신부로부터 1m 떨어진 위치에서 음압이 70dB 이상일 것
3. 단독형 경보기는 천장으로부터 경보기 하단까지의 거리가 0.3m 이하가 되도록 설치한다.
4. 경보기가 설치된 장소에는 관계자 등에게 신속히 연락할 수 있도록 비상연락 번호를 기재한 표를 비치할 것

(6) 가스누설경보기의 설치장소(NFTC 206 2.3)

분리형 경보기의 탐지부 및 단독형 경보기는 다음의 장소 이외의 장소에 설치해야 한다.

① 출입구 부근 등으로서 외부의 기류가 통하는 곳
② 환기구 등 공기가 들어오는 곳으로부터 1.5m 이내인 곳
③ 연소기의 폐가스에 접촉하기 쉬운 곳
④ 가구·보·설비 등에 가려져 누설가스의 유통이 원활하지 못한 곳
⑤ 수증기, 기름 섞인 연기 등이 직접 접촉될 우려가 있는 곳

(7) 가스누설경보기의 전원(NFTC 203 2.4)

경보기는 건전지 또는 교류전압의 옥내간선을 사용하여 상시 전원이 공급되도록 해야 한다.

(8) 가스누설경보기의 절연저항시험

절연저항계	구 분	절연저항
직류 500V	• 절연된 충전부와 외함간	5MΩ 이상
	• 교류입력측과 외함간 • 절연된 선로간	20MΩ 이상

참고 가스누설경보기 소요시간

구 분	소요시간
P형 수신기 R형 수신기 중계기	5초 이내
비상방송설비	10초 이하
P형 수신기(축적형) R형 수신기(축적형) 가스누설경보기	60초 이내

참고 가스누설경보기의 예비전원

① **종류**

㉠ 알칼리계 2차 축전지

㉡ 리튬계 2차 축전지

㉢ 무보수 밀폐형 연축전지

② **용량**

㉠ 1회선용 : 감시상태를 20분간 계속한 후 유효하게 작동되어 10분간 경보를 발할 수 있는 용량

㉡ 2회선 이상 : 연결된 모든 회로에 대하여 감시상태를 10분간 계속한 후 2회선을 유효하게 작동시키고 10분간 경보를 발할 수 있는 용량

(9) 가스누설경보기 부품의 구조 및 기능(가스누설경보기의 형식승인 및 제품검사의 기술기준 제8조)

① **전구**는 **2개 이상**을 **병렬**로 **접속**해야 한다.(방전등 또는 발광다이오드의 경우에는 제외)

② **가스**의 **누설**을 표시하는 **표시등(누설등)** 및 가스가 누설된 경계구역의 **위치**를 표시하는 표시등(지구등)은 등이 켜질 때 **황색**으로 표시되어야 한다.(누설등을 설치한 수신부의 지구등 및 수신기와 병용하지 아니하는 지구등은 제외)

핵심기출문제

01 가스누설경보기에 관한 사항이다. 다음 각 물음에 답하시오.

배점 : 8 [03년] [08년] [10년] [11년] [13년] [17년] [20년]

(1) 수신 개시로부터 가스누설표시까지의 소요시간은 몇 초 이내이며, 지구등은 등이 켜질 때 어떤 색으로 표시되어야 하는지 쓰시오.

(2) 가스누설경보기의 분류

① 구조에 따라 (①)형, (②)형

② 용도에 따라 (③)용, (④)용과 (⑤)용

(3) 예비전원으로 사용하는 축전지의 종류를 쓰시오.

(4) 예비전원의 용량에 대하여 간단히 쓰시오.

① 1회선용 :

② 2회로 이상 :

(5) 경보기와 절연된 충전부와 외함간 및 절연된 선로간의 절연저항은 DC 500V 절연저항계로 측정한 값이 각각 몇 [MΩ] 이상이어야 하는지 쓰시오.

① 절연된 충전부의 외함간 :

② 절연된 선로간 :

(6) 주음향장치의 공업용과 고장표시장치용은 각각 몇 [dB] 이상인지 쓰시오.

(7) 가스누설경보기 중 가스누설을 검지하여 중계기 또는 수신부에 가스누설의 신호를 발신하는 부분 또는 가스누설을 검지하여 이를 음향으로 경보하고 동시에 중계기 또는 수신부에 가스누설의 신호를 발신하는 부분은 무엇인지 쓰시오.

• 실전모범답안

(1) ① 60초

② 황색

(2) ① 단독 ② 분리

③ 가정 ④ 영업 ⑤ 공업

(3) 알칼리계 2차 축전지, 리튬계 2차 축전지, 무보수 밀폐형 연축전지

(4) ① 감시상태를 20분간 지속한 후 유효하게 작동되어 10분간 경보를 발할 수 있는 용량

② 연결된 모든 회로에 대하여 감시상태를 10분간 지속한 후 2회선을 유효하게 작동시키고 10분간 경보를 발할 수 있는 용량

(5) ① 5MΩ 이상

② 20MΩ 이상

(6) ① 공업용 : 90dB

② 고장표시장치용 : 60dB

(7) 탐지부

2 소화설비

01 수계소화설비

01-1 옥내소화전

(1) 옥내소화전설비

화재 발생 초기에 특정소방대상물의 **관계인**이 소화전에 비치되어 있는 **호스** 및 **노즐**을 이용하여 화재를 진압하는 설비

(2) 비상전원

① 각 설비별 비상전원

구 분	비상전원
• 유도등	• 축전지설비
• 자동화재탐지설비 • 비상경보설비 • 비상방송설비	• 축전지설비 • 전기저장장치
• 비상조명등(예비전원을 내장하지 아니한 것) • 제연설비 • 옥내소화전설비 • 분말소화설비	• 축전지설비 • 자가발전설비 • 전기저장장치
• 비상콘센트설비 • 스프링클러설비	• 축전지설비 • 자가발전설비 • 전기저장장치 • 비상전원수전설비 (단, 스프링클러설비의 경우 차고, 주차장의 바닥면적의 합계가 1,000[m^2] 미만인 경우만)

② 옥내소화전설비의 비상전원 설치기준(NFTC 102 2.5.2)

㉠ **점검**에 **편리**하고 **화재** 및 **침수** 등의 **재해**로 인한 **피해를 받을 우려가 없는 곳**에 설치할 것

㉡ **옥**내소화전설비를 유효하게 **20분 이상 작동**할 수 있어야 할 것

㉢ **상**용전원으로부터 전력의 공급이 중단된 때에는 **자동**으로 **비상전원**으로부터 **전력을 공급**받을 수 있도록 할 것

㉣ **비**상전원(내연기관의 기동 및 제어용 축전기를 제외한다)의 설치장소는 다른 장소와 **방화구획** 할 것. 이 경우 그 장소에는 **비상전원**의 **공급**에 **필요한 기구**나 **설비 외**의 것(**열병합발전설비**에 **필요한 기구**나 **설비**는 **제외**한다)을 두어서는 안 된다.

㉤ **비**상전원을 **실내**에 설치하는 때에는 그 실내에 **비상조명등**을 설치할 것

암기법 비비옥상점

(3) 옥내소화전설비 감시제어반의 기능(NFTC 102 2.6.2)

① 각 펌프의 **작동여부**를 확인할 수 있는 **표시등** 및 **음향경보기능**이 있어야 할 것
② 각 펌프를 **자동** 및 **수동**으로 **작동**시키거나 **중단**시킬 수 있어야 할 것
③ **비상전원**을 설치한 경우에는 **상용전원** 및 **비상전원**의 **공급여부를 확인**할 수 있어야 할 것
④ **수조** 또는 **물올림탱크**가 **저수위**로 될 때 **표시등** 및 **음향**으로 경보할 것
⑤ 각 **확인회로**(**기동용 수압개폐장치의 압력스위치회로 · 수조 또는 물올림탱크의 감시회로**를 말한다)마다 **도통시험** 및 **작동시험**을 할 수 있어야 할 것
⑥ **예비전원**이 확보되고 예비전원의 **적합여부**를 **시험**할 수 있어야 할 것

암기법 작동여부 자수 비상 예비 저수위 확인

핵심기출문제

01 옥내소화전설비에 대한 다음 각 물음에 답하시오. 배점 : 7 [08년] [13년] [17년] [19년]

(1) 비상전원의 종류 3가지를 쓰시오.
(2) 비상전원의 설치기준 5가지를 쓰시오.

• 실전모범답안

(1) ① 자가발전설비
② 축전지설비
③ 전기저장장치

(2) ① 점검에 편리하고 화재 및 침수 등의 재해로 인한 피해를 받을 우려가 없는 곳에 설치할 것
② 옥내소화전설비를 유효하게 20분 이상 작동할 수 있어야 할 것
③ 상용전원으로부터 전력의 공급이 중단된 때에는 자동으로 비상전원으로부터 전력을 공급받을 수 있도록 할 것
④ 비상전원(내연기관의 기동 및 제어용 축전기를 제외한다)의 설치장소는 다른 장소와 방화구획 할 것. 이 경우 그 장소에는 비상전원의 공급에 필요한 기구나 설비 외의 것(열병합발전설비에 필요한 기구나 설비는 제외한다)을 두어서는 아니 된다.
⑤ 비상전원을 실내에 설치하는 때에는 그 실내에 비상조명등을 설치할 것

01-1 다음은 옥내소화전설비 감시제어반의 기능에 대한 적합기준이다. ( ) 안을 완성하시오. 배점 : 5 [12년]

(1) 각 펌프의 작동여부를 확인할 수 있는 (①) 및 (②) 기능이 있어야 할 것
(2) 수조 또는 물올림탱크가 (③)로 될 때 표시등 및 음향으로 경보할 것
(3) 각 확인회로(기동용 수압개폐장치의 압력스위치회로·수조 또는 물올림탱크의 감시회로를 말한다.)마다 (④)시험 및 (⑤)시험을 할 수 있어야 할 것

• 실전모범답안

(1) 각 펌프의 작동여부를 확인할 수 있는 (① 표시등) 및 (② 음향경보) 기능이 있어야 할 것
(2) 수조 또는 물올림탱크가 (③ 저수위)로 될 때 표시등 및 음향으로 경보할 것
(3) 각 확인회로(기동용 수압개폐장치의 압력스위치회로·수조 또는 물올림탱크의 감시회로를 말한다.)마다 (④ 도통)시험 및 (⑤ 작동)시험을 할 수 있어야 할 것

01-2 스프링클러설비

(1) 스프링클러설비

폐쇄형 스프링클러헤드 또는 **감지기**에 의해 화재를 **감지**하여 **자동적**으로 **방호구역** 또는 **방수구역**에 물을 **살수**하여 소화하는 **자동소화설비**

(2) 습식 스프링클러설비

① **습식 스프링클러설비 : 가압송수장치**에서 **폐쇄형 스프링클러헤드**까지 **배관 내**에 **항상 물**이 **가압**되어 있다가 화재로 인한 **열**로 **폐쇄형 스프링클러헤드**가 **개방**되면 배관 내에 **유수**가 **발생**하여 **습식 유수검지장치**가 **작동**하게 되는 스프링클러설비

② **습식 스프링클러설비의 작동 흐름도**

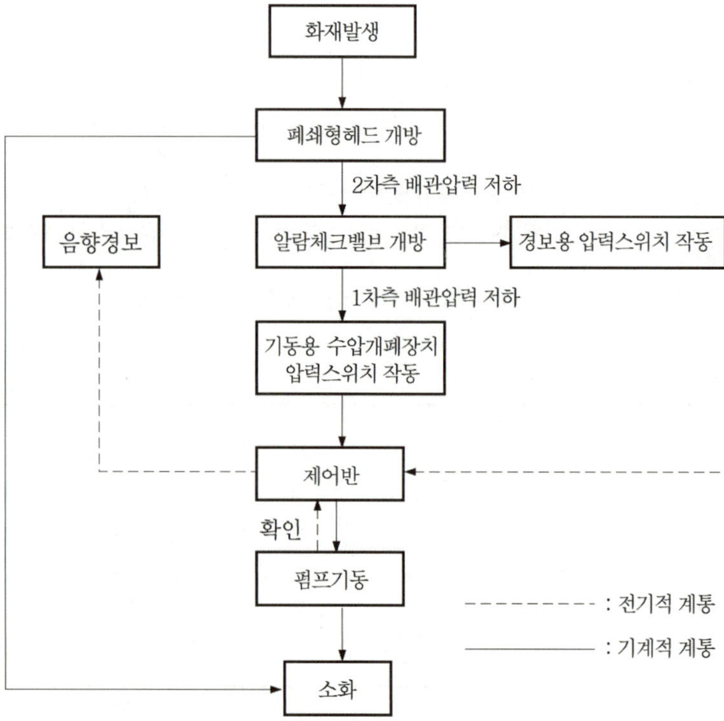

(3) 준비작동식 스프링클러설비

① **준비작동식 스프링클러설비 : 가압송수장치**에서 **준비작동식 유수검지장치 1차측**까지 **배관 내**에 **항상 물**이 **가압**되어 있고 **2차측**에서 **폐쇄형 스프링클러헤드**까지 **대기압** 또는 **저압**으로 있다가 **화재발생 시 감지기**의 **작동**으로 **준비작동식 유수검지장치**가 **작동**하여 **폐쇄형 스프링클러헤드**까지 **소화용수**가 **송수**되어 **폐쇄형 스프링클러헤드**가 **열**에 따라 **개방**되는 **방식**의 스프링클러설비

② 준비작동식 스프링클러설비의 작동 흐름도

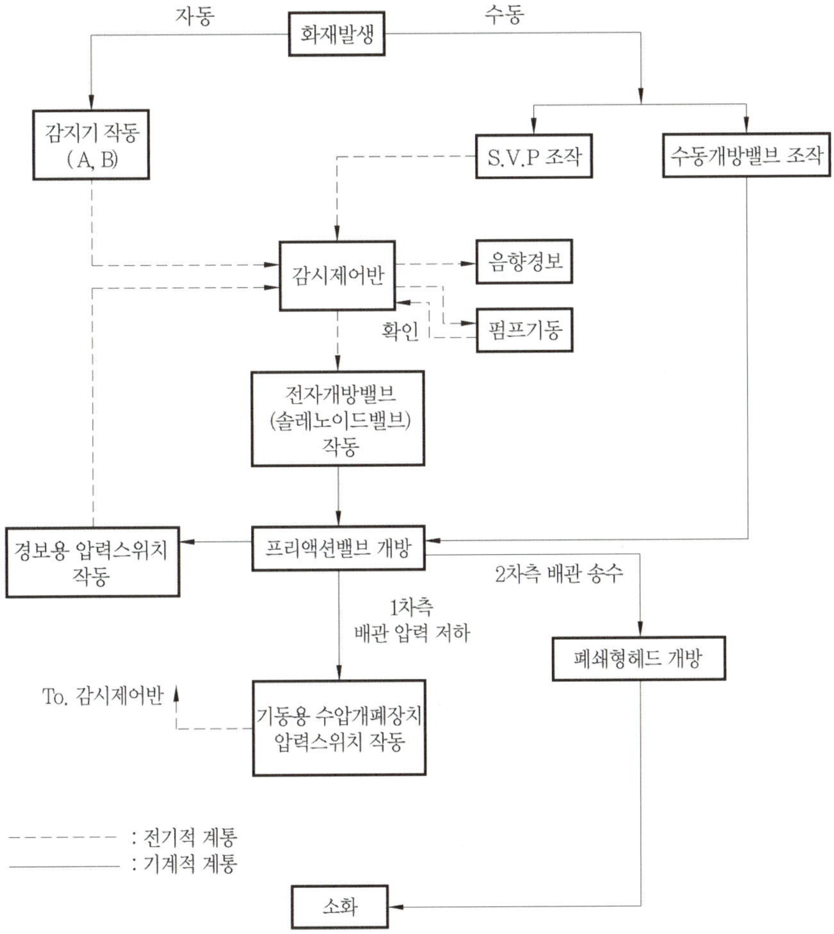

(4) 감시제어반에서 도통시험 및 작동시험을 할 수 있어야 하는 회로(NFTC 103 2.10.3.8)

① **기동용 수압개폐장치**의 **압력스위치회로**
② **수조** 또는 **물올림탱크**의 **저수위감시회로**
③ **유수검지장치** 또는 **일제개방밸브**의 **압력스위치회로**
④ **일제개방밸브**를 사용하는 설비의 **화재감지기회로**
⑤ **급수배관**에 설치되어 **급수**를 **차단**할 수 있는 **개폐밸브**의 **폐쇄상태 확인회로**

암기법 개수기 유일

(5) 스프링클러설비 음향장치의 구조 및 성능기준(NFTC 103 2.6.1.7)

① **정격전압**의 **80% 전압**에서 **음향**을 발할 수 있는 것으로 할 것
② 음향의 크기는 부착된 **음향장치**의 **중심**으로부터 1m 떨어진 위치에서 90dB **이상**이 되는 것으로 할 것

(6) 탬퍼스위치

① **탬퍼스위치**(Tamper Switch : TS) : **급수배관**에 설치되어 **급수**를 **차단**할 수 있는 **개폐밸브**에 그 밸브의 **개폐상태**를 **감시제어반**에서 **확인**할 수 있도록 한 **급수개폐밸브 작동표시스위치**

② **탬퍼스위치의 설치장소**

㉠ **주펌프 흡입측 급수배관**에 설치된 **개폐표시형 밸브**
㉡ **주펌프 토출측 급수배관**에 설치된 **개폐표시형 밸브**
㉢ **옥상수조측 급수배관**에 설치된 **개폐표시형 밸브**
㉣ **유수검지장치** 및 **일제개방밸브 1차측 개폐표시형 밸브**
㉤ **준비작동식 유수검지장치** 및 **일제개방밸브 2차측 개폐표시형 밸브**
㉥ **지하수조** 및 **저수조측 급수배관**에 설치된 **개폐표시형 밸브**
㉦ **송수구**로부터 **주배관**에 이르는 **연결배관측 개폐표시형 밸브**

쉬어가는 코너

최선을 다하지 않으면서
최고를 바라지 마라.

-작자미상-

핵심기출문제

01 다음은 습식 스프링클러설비의 작동과 관련 부대전기설비의 배선을 나타낸 그림이다. 각 기기들의 연계 작동순서를 간략하게 설명하시오. (단, 압력챔버의 압력스위치 작동으로 펌프모터 MCC 작동, 펌프모터 기동의 설명은 제외한다.) 배점 : 6 [08년]

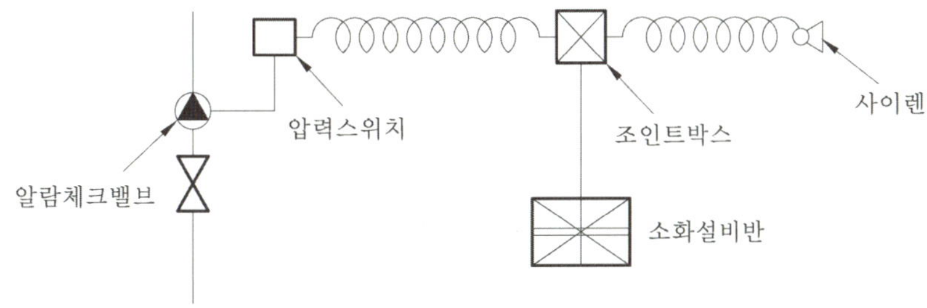

• **실전모범답안**

① 화재발생
② 폐쇄형헤드 개방
③ 알람체크밸브 개방
④ 압력스위치 작동
⑤ 감시제어반에 밸브개방 표시
⑥ 사이렌 경보

01-1 다음은 어떤 준비작동식 스프링클러설비의 계통을 나타낸 도면이다. 화재가 발생하였을 때 화재감지기, 소화설비반의 표시부, 전자밸브, 준비작동식 밸브 및 압력스위치들 간의 작동 연계성(Operation sequence)을 요약 설명하시오. 배점 : 6 [06년] [15년]

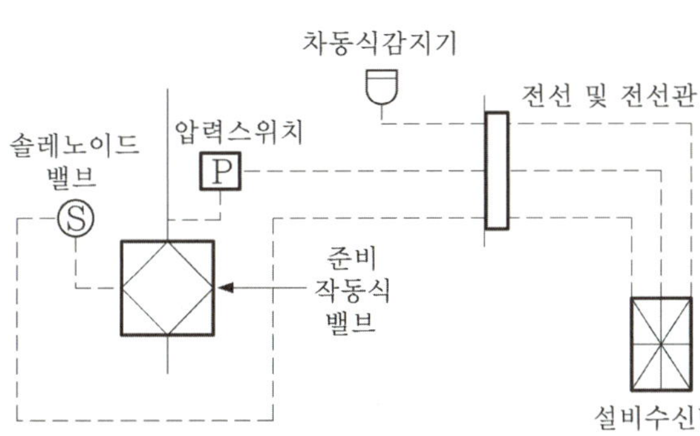

• **실전모범답안**

① 감지기 A 또는 감지기 B 동작(감시제어반에 신호 전달)
② 사이렌(또는 경종) 경보
③ 감지기 B 또는 감지기 A 동작(감시제어반에 신호 전달)
④ 솔레노이드밸브 작동(준비작동식밸브 개방)
⑤ 압력스위치 작동(감시제어반에 신호 전달)
⑥ 준비작동식밸브 개방표시등 점등

01-2 스프링클러설비의 감시제어반에서 도통시험 및 작동시험을 할 수 있어야 하는 회로 5가지를 쓰시오.
배점 : 3 [09년] [10년] [17년]

• **실전모범답안**

① 기동용 수압개폐장치의 압력스위치회로
② 수조 또는 물올림탱크의 저수위감시회로
③ 유수검지장치 또는 일제개방밸브의 압력스위치회로
④ 일제개방밸브를 사용하는 설비의 화재감지기회로
⑤ 급수배관에 설치되어 급수를 차단할 수 있는 개폐밸브의 폐쇄상태 확인회로

01-3 다음은 스프링클러설비의 음향장치의 구조 및 성능기준이다. ( ) 안에 알맞은 말을 쓰시오.
배점 : 3 [11년]

(1) 정격전압의 (①)% 전압에서 음향을 발할 수 있는 것으로 할 것
(2) 음향의 크기는 부착된 음향장치의 중심으로부터 (②)m 떨어진 위치에서 (③)dB 이상이 되는 것으로 할 것

• **실전모범답안**

(1) 정격전압의 (① 80)% 전압에서 음향을 발할 수 있는 것으로 할 것
(2) 음향의 크기는 부착된 음향장치의 중심으로부터 (② 1)m 떨어진 위치에서 (③ 90)dB 이상이 되는 것으로 할 것

01-4 스프링클러설비의 수조의 후드밸브에서 헤드까지의 배관상에 설치된 개폐밸브의 개폐상태를 감시제어반에서 확인하기 위해 탬퍼스위치(Tamper Switch)를 설치한다. 탬퍼스위치의 설치장소 5가지를 쓰시오.
배점 : 5 [11년]

• **실전모범답안**

① 주펌프 흡입측 급수배관에 설치된 개폐표시형 밸브
② 주펌프 토출측 급수배관에 설치된 개폐표시형 밸브
③ 옥상수조측 급수배관에 설치된 개폐표시형 밸브
④ 유수검지장치 및 일제개방밸브 1차측 개폐표시형 밸브
⑤ 준비작동식 유수검지장치 및 일제개방밸브 2차측 개폐표시형 밸브

02 가스계소화설비

02-1 이산화탄소소화설비

(1) 이산화탄소소화설비

이산화탄소소화약제를 방사하여 실내의 **산소 농도**를 낮추거나 연소에 필요한 **산소공급**을 **차단**하여 소화하는 설비

(2) 이산화탄소소화설비 수동식 기동장치의 설치기준(NFTC 106 2.3.1)

다음의 기준에 따라 설치해야 한다. 이 경우 수동식 기동장치의 부근에는 **소화약제**의 **방출**을 **지연**시킬 수 있는 **비상스위치**(**자동복귀형 스위치**로서 수동식 기동장치의 **타이머**를 **순간정지**시키는 **기능**의 스위치를 말한다)를 설치해야 한다.

① **전역방출방식**은 **방호구역**마다, **국소방출방식**은 **방호대상물**마다 설치할 것
② **해**당 방호구역의 **출입구 부분** 등 **조작을 하는 자**가 **쉽게 피난**할 수 있는 장소에 설치할 것
③ 기동장치의 **조작부**는 **바닥으로부터 높이 0.8m 이상 1.5m 이하**의 위치에 설치하고, **보호판** 등에 따른 **보호장치**를 설치할 것
④ 기동장치에는 그 가까운 곳의 보기쉬운 곳에 "**이산화탄소소화설비 기동장치**"라고 표시한 **표지**를 할 것
⑤ **전**기를 사용하는 **기동장치**에는 **전원표시등**을 설치할 것
⑥ 기동장치의 **방출용 스위치**는 **음향경보장치**와 **연동**하여 **조작**될 수 있는 것으로 할 것

암기법 전해조 전방 표

(3) 제어반에서 기동스위치 조작 시 기동용기가 개방되지 않는 전기적 원인

① **기동스위치 불량**
② 제어반의 **전원공급차단**
③ **제어반**과 **전자개방밸브(솔레노이드밸브)** 사이에 연결된 **배선**의 **단선** 또는 **결선불량**
④ 제어반에 설치된 **기동용 시한계전기(타이머) 불량**
⑤ **전자개방밸브(솔레노이드밸브) 코일단선** 또는 **절연불량**

(4) 이산화탄소소화설비의 음향장치 설치기준(NFTC 106 2.10)

① 이산화탄소소화설비의 음향경보장치는 다음의 기준에 따라 설치해야 한다.
  ㉠ 수동식 기동장치를 설치한 것은 그 기동장치의 조작과정에서, 자동식 기동장치를 설치한 것은 화재감지기와 연동하여 자동으로 경보를 발하는 것으로 할 것
  ㉡ **소화약제**의 **방사개시 후 1분 이상 경보**를 계속할 수 있는 것으로 할 것
  ㉢ 방호구역 또는 방호대상물이 있는 구획 안에 있는 자에게 유효하게 경보할 수 있는 것으로 할 것
② 방송에 따른 경보장치를 설치할 경우에는 다음의 기준에 따라야 한다.
  ㉠ 증폭기 재생장치는 화재 시 연소의 우려가 없고, 유지관리가 쉬운 장소에 설치할 것

㉡ 방호구역 또는 방호대상물이 있는 구획의 각 부분으로부터 하나의 확성기까지의 수평거리는 25m 이하가 되도록 할 것

㉢ 제어반의 복구스위치를 조작하여도 경보를 계속 발할 수 있는 것으로 할 것

(5) 그림 기호

명 칭	그림 기호	적 용
사이렌	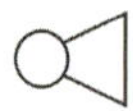	① 모터사이렌 ② 전자사이렌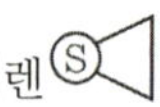
기동버튼		① 수계소화설비 : W ② 가스계소화설비 : G
정온식 스포트형감지기		① 필요에 따라 종별을 표기한다. ② 방수인 것은 로 한다. ③ 내산인 것은 로 한다. ④ 내알칼리인 것은 로 한다. ⑤ 방폭인 것은 EX로 한다.
차동식 스포트형감지기		필요에 따라 종별을 표기한다.
연기감지기		① 필요에 따라 종별을 표기한다. ② 점검박스 붙이인 경우는 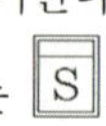로 한다. ③ 매립인 것은 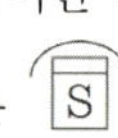 로 한다.

핵심기출문제

01 **다음은 이산화탄소소화설비에 대한 설명이다. (　) 안에 알맞은 말을 넣으시오.** 배점 : 6 [08년] [13년]

(1) 이산화탄소소화설비의 수동식 기동장치의 설치장소를 쓰시오.
　① 전역방출방식에 있어서는 (①)마다 설치할 것
　② 국소방출방식에 있어서는 (②)마다 설치할 것
(2) 기동장치의 조작부 설치높이를 쓰시오.
(3) 수동식 기동장치의 타이머를 순간정지시키는 기능의 스위치(비상스위치)를 설치하는 목적을 쓰시오.

• **실전모범답안**

(1) ① 전역방출방식에 있어서는 (① 방호구역)마다 설치할 것
　② 국소방출방식에 있어서는 (② 방호대상물)마다 설치할 것
(2) 바닥으로부터 0.8m 이상 1.5m 이하이다.
(3) 소화약제의 방출을 지연시키기 위하여

01-1 **이산화탄소소화설비의 제어반에서 수동으로 기동스위치를 조작하였으나 기동용기가 개방되지 않았다. 기동용기가 개방되지 않은 이유에 대해 전기적 원인을 4가지만 쓰시오. (단, 제어반의 회로기판은 정상이다.)** 배점 : 5 [08년] [14년] [19년]

• **실전모범답안**

① 기동스위치 불량
② 제어반의 전원공급차단
③ 제어반과 전자개방밸브(솔레노이드밸브) 사이에 연결된 배선의 단선 또는 결선불량
④ 제어반에 설치된 기동용 시한계전기(타이머) 불량

01–2 소방시설의 도면에 사용하는 다음 심벌의 명칭을 쓰시오. 배점 : 5 [11년]

(1) 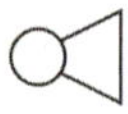 :

(2)  :

(3)  :

(4)  :

(5)  :

• **실전모범답안**

(1) 사이렌
(2) 기동버튼
(3) 정온식스포트형감지기
(4) 차동식스포트형감지기
(5) 연기감지기

01–3 이산화탄소소화설비의 음향경보장치에 관한 내용이다. 다음 각 물음에 답하시오. 배점 : 4 [21년]

(1) 방호구역 또는 방호대상물이 있는 구획의 각 부분으로부터 하나의 확성기까지의 수평거리는 몇 [m] 이하로 해야 하는가?
(2) 소화약제의 방사개시 후 몇 분 이상 경보를 발해야 하는가?

• **실전모범답안**

(1) 25m
(2) 1분

상세해설

이산화탄소소화설비의 음향장치 설치기준(NFTC 106 2.10)

① 이산화탄소소화설비의 음향경보장치는 다음의 기준에 따라 설치해야 한다.
1. 수동식 기동장치를 설치한 것은 그 기동장치의 조작과정에서, 자동식 기동장치를 설치한 것은 화재감지기와 연동하여 자동으로 경보를 발하는 것으로 할 것
2. 소화약제의 방사개시 후 **1분** 이상 경보를 계속할 수 있는 것으로 할 것
3. 방호구역 또는 방호대상물이 있는 구획 안에 있는 자에게 유효하게 경보할 수 있는 것으로 할 것

② 방송에 따른 경보장치를 설치할 경우에는 다음의 기준에 따라야 한다.
1. 증폭기 재생장치는 화재 시 연소의 우려가 없고, 유지관리가 쉬운 장소에 설치할 것
2. 방호구역 또는 방호대상물이 있는 구획의 각 부분으로부터 하나의 확성기까지의 수평거리는 **25m** 이하가 되도록 할 것
3. 제어반의 복구스위치를 조작하여도 경보를 계속 발할 수 있는 것으로 할 것

02-2 할론소화설비

(1) 할론소화설비

할론소화약제를 방사하여 연쇄반응을 차단하는 억제효과(부촉매효과)

(2) 할론소화설비 기기의 설치위치와 설치목적

① **경보사이렌**
   ㉠ **설치위치 : 방호구역 내**
   ㉡ **설치목적 : 방호구역 내**에 있는 **사람**에게 **음향**으로 **경보**하여 **대피**시키기 위하여

② **방출표시등**
   ㉠ **설치위치 : 방호구역 외 출입구 상부**
   ㉡ **설치목적** : 소화약제의 **방출**을 **알리고, 외부인**의 **출입**을 **금지**시키기 위하여

③ **수동조작함**
   ㉠ **설치위치 : 방호구역 외 출입구 주변**의 **조작**이 **용이한 장소**
   ㉡ **설치목적** : 소화약제의 **수동 방출**을 위하여

④ **압력스위치**
   ㉠ **설치위치 : 저장용기실 선택밸브 2차측**
   ㉡ **설치목적 : 소화약제 방출 시** 이를 **검지**하여 **제어반**에 **신호**를 보내 **방출표시등**을 **점등**시키기 위하여

핵심기출문제

01 할론소화설비에 설치되는 사이렌 및 방출표시등의 설치위치와 설치목적을 쓰시오.

배점 : 4 [04년] [05년] [06년] [21년]

• 실전모범답안

① 경보사이렌

㉠ **설치위치** : **방호구역 내**

㉡ **설치목적** : **방호구역 내**에 있는 **사람**에게 **음향**으로 **경보**하여 **대피**시키기 위하여

② 방출표시등

㉠ **설치위치** : **방호구역 외 출입구 상부**

㉡ **설치목적** : 소화약제의 **방출**을 **알리고**, **외부인**의 **출입**을 **금지**시키기 위하여

3 피난구조설비

01 유도등 및 피난유도선

01-1 피난구유도등

(1) 유도등, 유도표지, 피난유도선의 종류

① 유도등의 종류

- 유도등
  - 피난구유도등
  - 통로유도등
    - 복도통로유도등
    - 거실통로유도등
    - 계단통로유도등
  - 객석유도등

② 유도표지의 종류

- 유도표지
  - 피난구유도표지
  - 통로유도표지
  - 보조표지

③ 피난유도선의 종류

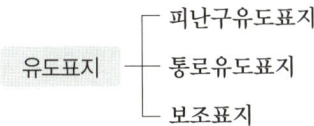

- 피난유도선
  - 축광방식
  - 광원점등방식

(2) 유도등 및 유도표지의 용어정의(NFTC 203 1.7)

① **유도등** : **화재 시**에 **피난**을 **유도**하기 위한 **등**으로서 **정상상태**에서는 **상용전원**에 따라 켜지고, **상용전원**이 **정전**되는 경우에는 **비상전원**으로 **자동전환**되어 켜지는 등을 말한다.

② **피난구유도등** : **피난구** 또는 **피난경로**로 사용되는 **출입구**를 **표시**하여 **피난**을 **유도**하는 **등**을 말한다.

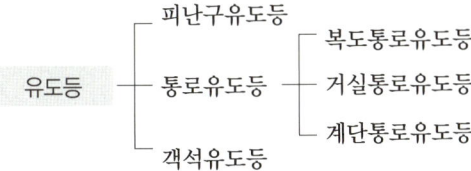

③ **통로유도등** : **피난통로**를 **안내**하기 위한 유도등으로 **복도통로유도등**, **거실통로유도등**, **계단통로유도등**을 말한다.

④ **복도통로유도등** : **피난통로**가 되는 **복도**에 설치하는 **통로유도등**으로서 **피난구**의 **방향**을 **명시**하는 것을 말한다.

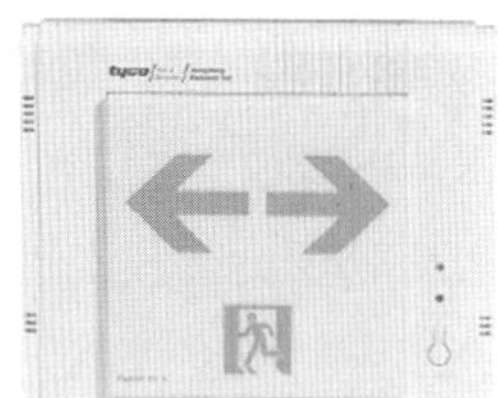

⑤ **거실통로유도등** : **거주, 집무, 작업, 집회, 오락** 그 밖에 이와 유사한 목적을 위하여 계속적으로 사용하는 **거실, 주차장 등 개방**된 **통로**에 설치하는 유도등으로 **피난**의 **방향**을 **명시**하는 것을 말한다.

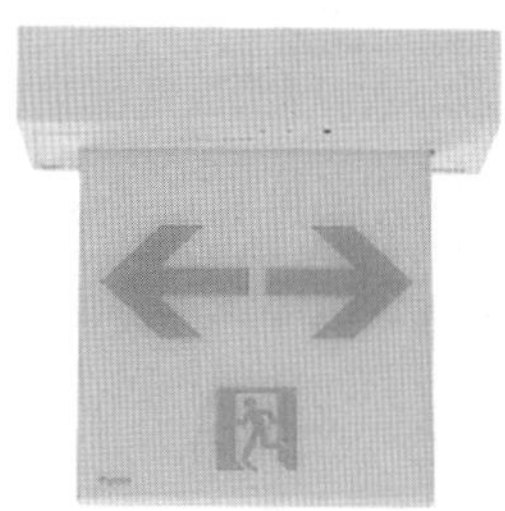

⑥ **계단통로유도등** : **피난통로**가 되는 **계단**이나 **경사로**에 설치하는 **통로유도등**으로 **바닥면** 및 **디딤 바닥면**을 비추는 것을 말한다.

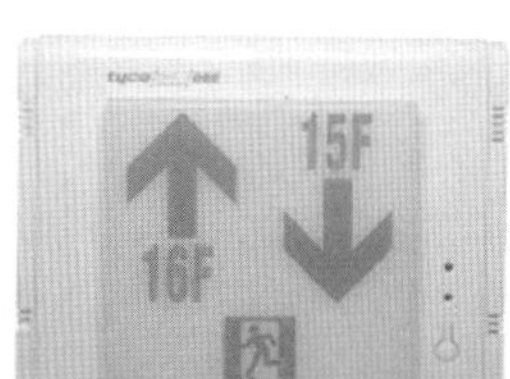

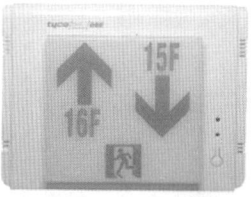

⑦ **객석유도등** : **객석**의 **통로**, **바닥** 또는 **벽**에 설치하는 유도등을 말한다.

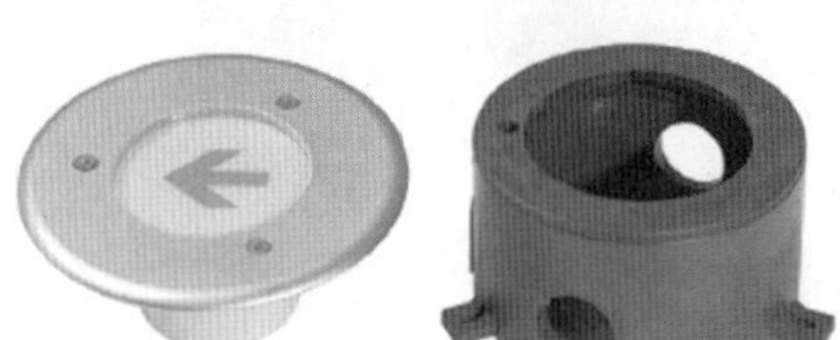

⑧ **피난구유도표지** : **피난구** 또는 **피난경로**로 사용되는 **출입구**를 표시하여 **피난**을 **유도**하는 **표지**를 말한다.

⑨ **통로유도표지** : **피난통로**가 되는 **복도**, **계단** 등에 설치하는 것으로서 **피난구**의 **방향**을 **표시**하는 유도표지를 말한다.

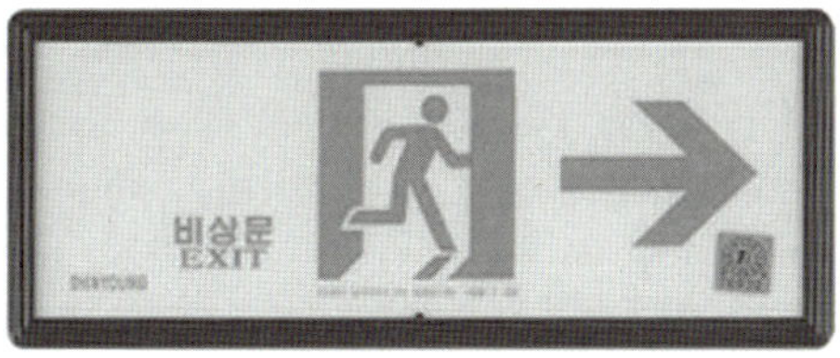

참고 **복합표시형 피난구유도등**

피난구유도등의 표시면과 피난목적이 아닌 안내표시면이 구분되어 함께 설치된 유도등

(3) 유도등 및 유도표지의 종류(NFTC 303 2.1)

설치장소	유도등 및 유도표지의 종류
공연장, 집회장(종교집회장 포함), 관람장, 운동시설, 유흥주점영업시설(유흥주점영업 중 손님이 춤을 출 수 있는 무대가 설치된 카바레, 나이트클럽 또는 그 밖에 이와 비슷한 영업시설만 해당)	• 대형 피난구유도등 • 통로유도등 • 객석유도등
위락시설, 판매시설, 운수시설, 관광숙박업, 의료시설, 장례식장, 방송통신시설, 전시장, 지하상가, 지하철역사	• 대형 피난구유도등 • 통로유도등
숙박시설(관광숙박업 외의 것), 오피스텔, 지하층, 무창층 또는 11층 이상인 특정소방대상물	• 중형 피난구유도등 • 통로유도등
근린생활시설, 노유자시설, 업무시설, 발전시설, 종교시설(집회장 용도로 사용하는 부분 제외), 교육연구시설, 수련시설, 공장, 창고시설, 교정 및 군사시설(국방·군사시설 제외), 기숙사, 자동차정비공장, 운전학원 및 정비학원, 다중이용업소, 복합건축물	• 소형 피난구유도등 • 통로유도등
그 밖의 것	• 피난구유도표지 • 통로유도표지

(4) 피난구유도등의 설치장소(NFTC 303 2.2)

❶ **옥내**로부터 직접 **지상**으로 통하는 **출입구** 및 그 **부속실**의 출입구

❷ **직통계단·직통계단의 계단실** 및 그 **부속실**의 출입구

③ ❶과 ❷에 따른 출입구에 이르는 **복도** 또는 **통로**로 통하는 출입구

④ **안전구획된 거실**로 통하는 출입구

(5) 피난구유도등의 설치기준(NFTC 303 2.2.2,3)

① 피난구유도등은 피난구의 바닥으로부터 높이 1.5m 이상으로서 출입구에 인접하도록 설치해야 한다.

② 피난층으로 향하는 피난구의 위치를 안내할 수 있도록 ❶ 또는 ❷의 출입구 인근 천장에 ❶ 또는 ❷를 따라 설치된 피난구유도등의 면과 수직이 되도록 피난구유도등을 추가로 설치해야 한다. 다만, ❶ 또는 ❷를 따라 설치된 피난구유도등이 입체형인 경우에는 그렇지 않다.

(6) 피난구유도등의 설치제외장소(NFTC 303 2.8.1)

① **바닥면적**이 1,000m² **미만**인 **층**으로서 **옥내**로부터 **직접 지상**으로 통하는 **출입구**(외부의 식별이 용이한 경우에 한한다)

② 대각선 길이가 15m 이내인 구획된 실의 출입구

③ **거실 각 부분**으로부터 **하나**의 **출입구**에 이르는 **보행거리**가 20m **이하**이고 **비상조명등**과 **유도표지**가 **설치**된 **거실**의 **출입구**

④ **출입구**가 3 **이상** 있는 **거실**로서 그 **거실 각 부분**으로부터 **하나**의 **출입구**에 이르는 **보행거리**가 30m **이하**인 경우에는 **주된 출입구 2개소 외**의 **출입구**(**유도표지**가 **부착된 출입구**를 말한다). 다만, 공연장·집회장·관람장·전시장·판매시설·운수시설·숙박시설·노유자시설·의료시설·장례식장의 경우에는 그렇지 않다.

(7) 유도등, 유도표지, 피난유도선의 설치높이

구 분	설치높이
• 복도통로유도등 • 계단통로유도등 • 통로유도표지	바닥으로부터 1m 이하
• 피난구유도등 • 거실통로유도등	바닥으로부터 1.5m 이상
• 피난구유도표지	출입구 상단
• 피난유도선(축광방식)의 표시부	바닥으로부터 0.5m 이하 또는 바닥면
• 피난유도선(광원점등방식)의 표시부	바닥으로부터 1m 이하 또는 바닥면
• 피난유도선(광원점등방식)의 제어부	바닥으로부터 0.8m 이상 1.5m 이하

(8) 유도등의 색

구 분	색
피난구유도등	녹색바탕, 백색표시
통로유도등	백색바탕, 녹색표시

(9) 유도등의 식별도시험(유도등의 형식승인 및 제품검사의 기술기준 제16조)

구 분		시험방법
피난구유도등, 거실통로유도등	상용전원	10~30lx의 주위조도로 직선거리 30m의 위치에서 보통시력에 의하여 쉽게 식별될 것
	비상전원	0~1lx의 주위조도로 직선거리 20m의 위치에서 보통시력에 의하여 쉽게 식별될 것
복도통로유도등	상용전원	직선거리 20m의 위치에서 보통시력에 의하여 쉽게 식별될 것
	비상전원	직선거리 15m의 위치에서 보통시력에 의하여 쉽게 식별될 것

(10) 배선의 기준(NFTC 303 2.7.3)

① 유도등의 인입선과 옥내배선은 직접연결할 것

② 유도등은 전기회로에 점멸기를 설치하지 않고 항상 점등상태를 유지할 것. 다만, 특정소방대상물 또는 그 부분에 사람이 없거나 다음의 어느 하나에 해당하는 장소로서 3선식 배선에 따라 상시 충전되는 구조인 경우에는 그렇지 않다.

㉠ 외부광(光)에 따라 피난구 또는 피난방향을 쉽게 식별할 수 있는 장소

㉡ 공연장, 암실(暗室) 등으로서 어두워야 할 필요가 있는 장소

㉢ 특정소방대상물의 관계인 또는 종사원이 주로 사용하는 장소

③ 3선식 배선은 내화배선 또는 내열배선으로 사용할 것

(11) 유도등의 3선식 배선 시 점등되는 경우(점멸기 설치 시)(NFTC 303 2.7.4)

① **자동화재탐지설비**의 **감지기** 또는 **발신기**가 작동되는 때

② **비상경보설비**의 **발신기**가 작동되는 때

③ **상용전원**이 **정전**되거나 **전원선**이 **단선**되는 때

④ **방재업무**를 **통제하는 곳** 또는 **전기실**의 **배전반**에서 **수동**으로 **점등**하는 때

⑤ **자동소화설비**가 **작동**되는 때

(12) 유도등 전원의 설치기준(NFTC 303 2.7)

① **상용전원** : 유도등의 상용전원은 전기가 정상적으로 공급되는 축전지설비, 전기저장장치(외부 전기에너지를 저장해 두었다가 필요한 때 전기를 공급하는 장치) 또는 교류전압의 옥내간선으로 하고, 전원까지의 배선은 전용으로 해야 한다.

② **비상전원**

㉠ **축전지**로 할 것

㉡ 유도등을 **20분 이상** 유효하게 작동시킬 수 있는 용량으로 할 것. 다만, 다음의 특정소방대상물의 경우에는 **그 부분**에서 **피난층**에 이르는 부분의 유도등을 **60분 이상** 유효하게 작동시킬 수 있는 용량으로 해야 한다.

- **지하층**을 **제외**한 층수가 **11층 이상**의 층
- **지하층** 또는 **무창층**으로서 용도가 **도매시장 · 소매시장 · 여객자동차터미널 · 지하역사** 또는 **지하상가**

핵심기출문제

01 유도등 및 유도표지의 화재안전기준에 따른 다음 유도등의 용어의 정의에 대해서 쓰시오.

배점 : 3 [07년]

(1) 피난구유도등
(2) 복도통로유도등
(3) 객석유도등

• **실전모범답안**

(1) 피난구 또는 피난경로로 사용되는 출입구를 표시하여 피난을 유도하는 등
(2) 피난통로가 되는 복도에 설치하는 통로유도등으로서 피난구의 방향을 명시하는 것
(3) 객석의 통로, 바닥 또는 벽에 설치하는 유도등을 말한다.

01-1 피난구유도등에 대한 내용이다. 다음 각 물음에 답하시오. 배점 : 6 [09년] [12년] [13년] [20년] [21년]

(1) 피난구유도등의 설치장소를 3가지만 쓰시오.
(2) 피난구유도등은 피난구의 바닥으로부터 높이 몇 [m] 이상의 곳에 설치해야 하는지 쓰시오.
(3) 피난구유도등 표시면의 색상을 쓰시오.
(4) 피난구유도등은 상용전원으로 등을 켜는 경우 직선거리 몇 [m]의 위치에서 보통시력에 의하여 표시면의 그림문자, 색체 및 화살표가 함께 표시된 경우에는 화살표가 쉽게 식별되어야 하는지 쓰시오.

• **실전모범답안**

(1) ① 옥내로부터 직접 지상으로 통하는 출입구 및 그 부속실의 출입구
② 직통계단 · 직통계단의 계단실 및 그 부속실의 출입구
③ 안전구획된 거실로 통하는 출입구
(2) 1.5m
(3) 녹색 바탕에 백색표시
(4) 30m

01-2 피난구유도등의 설치제외장소에 대한 기준을 3가지만 쓰시오. 배점 : 6 [05년] [18년]

• **실전모범답안**

① 바닥면적이 1,000m^2 미만인 층으로서 옥내로부터 직접 지상으로 통하는 출입구(외부의 식별이 용이한 경우에 한한다)

② 대각선 길이가 15m 이내인 구획된 실의 출입구
③ 거실 각 부분으로부터 하나의 출입구에 이르는 보행거리가 20m 이하이고 비상조명등과 유도표지가 설치된 거실의 출입구

01-3 **3선식 배선에 의하여 상시 충전되는 유도등의 전기회로에 점멸기를 설치하는 경우에는 어느 때에 점등되도록 해야 하는지 그 기준을 5가지 쓰시오.**

배점 : 5 [04년] [07년] [09년] [10년] [11년] [13년] [14년] [18년] [21년]

• **실전모범답안**

① 자동화재탐지설비의 감지기 또는 발신기가 작동되는 때
② 비상경보설비의 발신기가 작동되는 때
③ 상용전원이 정전되거나 전원선이 단선되는 때
④ 방재업무를 통제하는 곳 또는 전기실의 배전반에서 수동으로 점등하는 때
⑤ 자동소화설비가 작동되는 때

01-4 **유도등의 전원에 대한 다음 각 물음에 답하시오.**

배점 : 4 [03년] [04년] [20년]

(1) 전원으로 이용되는 것을 3가지 쓰시오.
(2) 비상전원은 어느 것으로 하며 그 용량은 해당 유도등을 유효하게 몇 분 이상 작동시킬 수 있어야 하는지 쓰시오. (단, 지하상가의 경우이다.)

• **실전모범답안**

(1) ① 축전지설비
② 교류전압의 옥내간선
③ 전기저장장치

(2) ① 비상전원 : 축전지
② 용량 : 60분

01-2 통로유도등

(1) 통로유도등의 설치기준(NFTC 303 2.3)

① **복도통로유도등의 설치기준**

㉠ 복도에 설치하되 ❶ 또는 ❷에 따라 피난구유도등이 설치된 출입구의 맞은편 복도에는 입체형으로 설치하거나, 바닥에 설치할 것

㉡ 구부러진 모퉁이 및 ㉠의 후단에 따라 설치된 통로유도등을 기점으로 보행거리 20m마다 설치할 것

㉢ **바닥**으로부터 **높이 1m 이하**의 위치에 설치할 것. 다만, **지하층** 또는 **무창층**의 용도가 **도매시장 · 소매시장 · 여객자동차터미널 · 지하역사** 또는 **지하상가**인 경우에는 **복도 · 통로 중앙 부분**의 **바닥**에 설치해야 한다.

㉣ **바닥**에 설치하는 통로유도등은 **하중**에 따라 **파괴되지 않는 강도**의 것으로 할 것

참고 **❶, ❷ 상세내용**

> ❶ 옥내로부터 직접 지상으로 통하는 출입구 및 그 부속실의 출입구
> ❷ 직통계단 · 직통계단의 계단실 및 그 부속실의 출입구

② **거실통로유도등의 설치기준**

㉠ **거실**의 **통로**에 설치할 것. 다만, 거실의 통로가 **벽체 등**으로 **구획**된 경우에는 **복도통로유도등**을 설치할 것

㉡ **구부러진 모퉁이** 및 **보행거리** 20m마다 설치할 것

㉢ **바닥**으로부터 **높이 1.5m 이상**의 위치에 설치할 것. 다만, **거실통로**에 **기둥**이 설치된 경우에는 **기둥 부분**의 **바닥**으로부터 높이 **1.5m 이하**의 위치에 설치할 수 있다.

③ **계단통로유도등의 설치기준**

㉠ **각 층**의 **경사로참** 또는 **계단참**마다(1개 층에 경사로 참 또는 계단참이 **2 이상** 있는 경우에는 **2개의 계단참마다**) 설치할 것

㉡ **바닥**으로부터 **높이 1m 이하**의 위치에 설치할 것

(2) 통로유도등의 조명도

구 분	측정위치	조명도
계단 통로유도등	유도등의 바로 밑으로부터 수평거리로 10m 떨어진 위치	0.5lx 이상
복도통로유도등, 거실통로유도등	유도등의 중앙으로부터 0.5m 떨어진 위치의 바닥면 조도와 유도등의 전면 중앙으로부터 0.5m 떨어진 위치의 조도(바닥면에 설치하는 통로유도등 : 그 유도등의 바로 윗부분 1m의 높이)	1lx 이상
비상조명등	비상조명등이 설치된 장소의 각 부분의 바닥	1lx (초고층 및 지하연계 복합건축물의 피난안전구역 : 10lx) 이상

(3) 통로유도등의 설치제외기준(NFTC 303 2.8.2)

① 구부러지지 아니한 복도 또는 통로로서 길이가 30m 미만인 복도 또는 통로
② 복도 또는 통로로서 보행거리가 20m 미만이고 그 복도 또는 통로와 연결된 출입구 또는 그 부속실의 출입구에 피난구유도등이 설치된 복도 또는 통로

쉬어가는 코너

만일 내게 나무를 베기 위해 한 시간만 주어진다면, 우선 나는 도끼를 가는데 45분을 쓸 것이다.

-에이브러햄 링컨-

핵심기출문제

01 다음은 통로유도등에 관한 사항이다. 다음 각 물음에 답하시오. 배점 : 6 [08년] [17년] [20년]

(1) ①, ②, ③에 알맞은 내용을 쓰시오.

구 분	복도통로유도등	거실통로유도등	계단통로유도등
설치장소	복도	(①)	계단
설치방법	구부러진 모퉁이 및 설치된 통로유도등을 기점으로 보행거리 20m마다	(②)	각 층의 경사로참 또는 계단참마다
설치높이	(③)	바닥으로부터 높이 1.5m 이상	바닥으로부터 높이 1m 이하

(2) 벽면에 설치하는 통로유도등과 바닥에 매설하는 통로유도등의 조도의 측정방법과 조도기준에 대하여 각각 쓰시오.

(3) 통로유도등 표시면의 색상을 쓰시오.

• 실전모범답안

(1) ① 거실의 통로
② 구부러진 모퉁이 및 보행거리 20m마다
③ 바닥으로부터 높이 1m 이하

(2) ① 벽면에 설치하는 통로유도등 : 통로유도등의 바로 밑의 바닥으로부터 수평으로 0.5m 떨어진 지점에서 측정하여 1lx 이상
② 바닥에 매설하는 통로유도등 : 통로유도등의 직상부 1m의 높이에서 측정하여 1lx 이상

(3) 백색 바탕에 녹색표시

01-1 복도통로유도등의 설치기준을 4가지 쓰시오. 배점 : 6 [18년]

• 실전모범답안

① 복도에 설치하되 피난구유도등이 설치된 출입구의 맞은편 복도에는 입체형으로 설치하거나, 바닥에 설치할 것
② 구부러진 모퉁이 및 설치된 통로유도등을 기점으로 보행거리 20m마다 설치할 것
③ 바닥으로부터 높이 1m 이하의 위치에 설치할 것
④ 바닥에 설치하는 통로유도등은 하중에 따라 파괴되지 않는 강도의 것으로 할 것

01-2 유도등에 대한 다음 각 물음에 답하시오.

배점 : 5 [10년]

(1) 통로유도등의 종류를 3가지 쓰시오.
(2) 피난구유도등의 표시면과 피난목적이 아닌 안내표시면이 구분되어 함께 설치된 유도등의 명칭은 무엇인지 쓰시오.
(3) 피난구유도등과 복도통로유도등의 바탕색과 문자색은 무엇인지 쓰시오.

• **실전모범답안**

(1) ① 복도통로유도등
② 거실통로유도등
③ 계단통로유도등
(2) 복합표시형 피난구유도등
(3) 피난구유도등 : 녹색바탕에 백색표시
통로유도등 : 백색바탕에 녹색표시

01-3 그림과 같이 사무실 용도로 사용되고 있는 건축물의 복도에 통로유도등을 설치하고자 한다. 다음 각 물음에 답하시오.

배점 : 6 [12년] [18년]

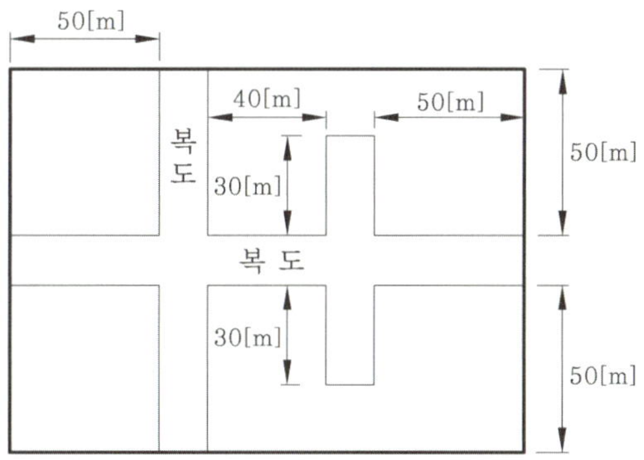

(1) 통로유도등을 설치해야 할 곳을 •로 표시하시오.
(2) 통로유도등은 총 몇 개를 설치해야 하는지 산출하시오.

• **실전모범답안**

(1) 복도통로유도등의 설치
① 복도통로유도등은 구부러진 모퉁이 및 보행거리 20m마다 설치해야 한다.

② 복도통로유도등의 설치 개수 $= \dfrac{\text{구부러진 곳이 없는 부분의 보행거리[m]}}{20} - 1$

㉠ 문제의 그림에서 **구부러진 모퉁이** : 2개소(모퉁이에 복도통로유도등 2개 설치)

㉡ **보행거리 50m**인 부분의 복도통로유도등 설치 개수$= \dfrac{50\text{m}}{20\text{m}} - 1 = 1.5 ≒$ **2개**

2개×4개소=**8개**

㉢ **보행거리 40m인 부분의 복도통로유도등 설치 개수**= $\frac{40\text{m}}{20\text{m}} - 1 =$ **1개**

㉣ **보행거리 30m인 부분의 복도통로유도등 설치 개수**= $\frac{30\text{m}}{20\text{m}} - 1 = 0.5 ≒$ **1개**

1개×2개소=**2개**

∴ **전체 복도통로유도등의 설치 개수**=2+8+1+2=**13개**

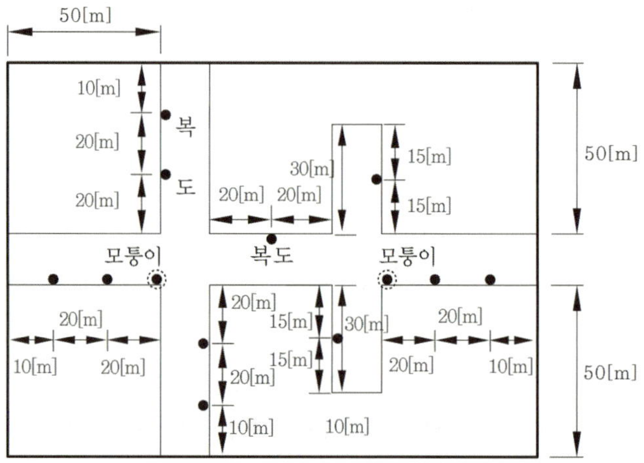

01-4 통로유도등의 설치제외장소(경우)에 대해 2가지를 쓰시오.

배점 : 5 [20년]

• **실전모범답안**

① 구부러지지 아니한 복도 또는 통로로서 길이가 30m 미만인 복도 또는 통로

② 보행거리가 20m 미만이고 그 복도 또는 통로와 연결된 출입구 또는 그 부속실의 출입구에 피난구유도등이 설치된 복도 또는 통로

01-3 객석유도등 및 유도표지

(1) 객석유도등의 설치기준(NFTC 303 2.4)

① 객석유도등은 객석의 통로, 바닥 또는 벽에 설치해야 한다.

② 객석 내의 통로가 경사로 또는 수평로로 되어 있는 부분은 다음의 식에 따라 산출한 수(소수점 이하의 수는 1로 본다)의 유도등을 설치해야 한다.

$$\text{설치 개수} = \frac{\text{객석통로의 직선부분의 길이[m]}}{4} - 1$$

③ 객석 내의 통로가 옥외 또는 이와 유사한 부분에 있는 경우에는 해당 통로 전체에 미칠 수 있는 수의 유도등을 설치해야 한다.

(2) 객석유도등의 설치제외기준(NFTC 303 2.8.3)

① **주간**에만 **사용**하는 장소로서 **채광**이 **충분한 객석**

② **거실 등**의 **각 부분**으로부터 **하나**의 **거실출입구**에 이르는 **보행거리**가 20m **이하**인 **객석**의 **통로**로서 그 통로에 **통로유도등**이 설치된 객석

(3) 유도표지의 설치기준(NFTC 303 2.5.1)

① 계단에 설치하는 것을 제외하고는 각 층마다 복도 및 통로의 각 부분으로부터 하나의 유도표지까지의 보행거리가 15m 이하가 되는 곳과 구부러진 모퉁이의 벽에 설치할 것

② 피난구유도표지는 출입구 상단에 설치하고, 통로유도표지는 바닥으로부터 높이 1m 이하의 위치에 설치할 것

③ 주위에는 이와 유사한 등화·광고물·게시물 등을 설치하지 않을 것

④ 유도표지는 부착판 등을 사용하여 쉽게 떨어지지 않도록 설치할 것

⑤ 축광방식의 유도표지는 외광 또는 조명장치에 의하여 상시 조명이 제공되거나 비상조명등에 의한 조명이 제공되도록 설치할 것

핵심기출문제

01 객석유도등을 설치하지 않아도 되는 경우를 2가지 쓰시오. 배점 : 4 [14년] [17년]

• **실전모범답안**

① 주간에만 사용하는 장소로서 채광이 충분한 객석

② 거실 등의 각 부분으로부터 하나의 거실출입구에 이르는 보행거리가 20m 이하인 객석의 통로로서 그 통로에 통로유도등이 설치된 객석

01-1 길이 18m의 통로에 객석유도등을 설치하려고 한다. 이때 필요한 객석유도등의 수량은 최소 몇 개인지 구하시오. 배점 : 4 [05년] [15년] [20년]

• **실전모범답안**

객석유도등의 설치 개수

$$\text{객석유도등의 설치 개수} = \frac{\text{객석통로의 직선부분의 길이[m]}}{4} - 1$$

객석유도등의 설치 개수 $= \frac{18\text{m}}{4} - 1 = 3.5 \fallingdotseq$ **4개(소수점 이하는 절상)**

01-2 그림과 같은 건축물의 평면도에 객석유도등을 설치하고자 한다. 다음 각 물음에 답하시오. 배점 : 6 [07년] [11년] [18년]

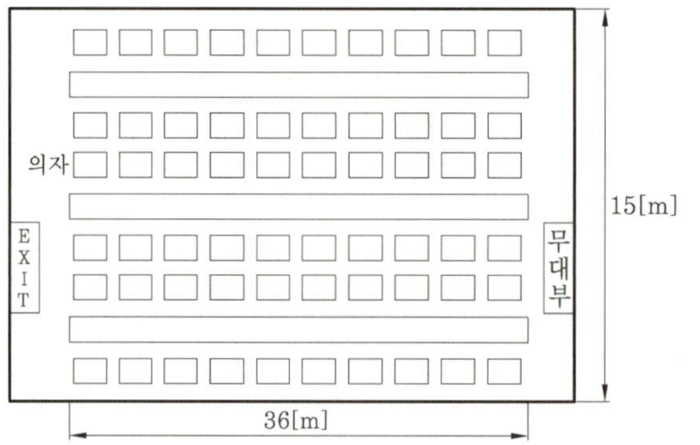

(1) 객석유도등의 총 설치 개수를 구하시오.

(2) 강당의 중앙 및 좌우 통로에 객석유도등을 설치하시오. (단, 유도등 표시는 • 로 표기할 것)

• 실전모범답안

(1), (2) 객석유도등의 설치

$$객석유도등의\ 설치\ 개수 = \frac{객석통로의\ 직선부분의\ 길이[m]}{4} - 1$$

$$객석유도등의\ 설치\ 개수 = \frac{36m}{4} - 1 = 8개$$

∴ 8개×3개 통로=24개

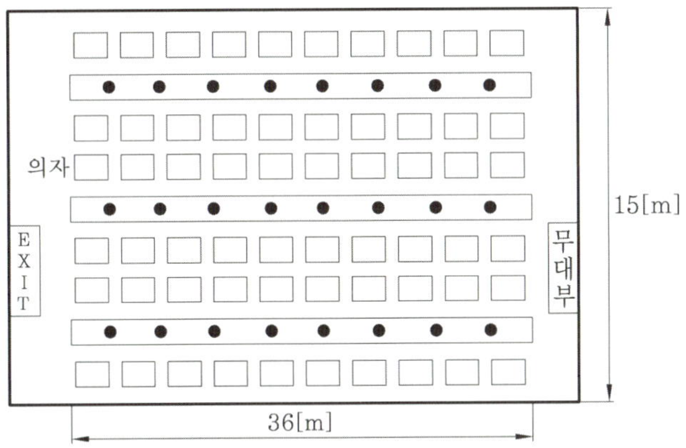

01-3 구부러지지 않은 복도의 길이가 31m일 때 설치해야 하는 복도통로 유도표지의 최소설치개수를 구하시오.

배점 : 4 [20년]

• 실전모범답안

$$복도통로\ 유도표지의\ 설치개수 = \frac{구부러진\ 곳이\ 없는\ 부분의\ 보행거리[m]}{15} - 1$$

$$\therefore\ 유도표지의\ 설치개수 = \frac{31m}{15m} - 1 = 1.066 ≒ 2개$$

쉬어가는 코너

늦게 시작하는 것을 두려워 말고,
하다 중단하는 것을 두려워하라.

-중국속담-

01-4 피난유도선

(1) 피난유도선

① **피난유도선** : 햇빛이나 **전등불**에 따라 **축광**하거나(**축광방식**) **전류**에 따라 **빛**을 **발하는**(**광원점등방식**) **유도체**로서 **어두운 상태**에서 피난을 유도할 수 있도록 **띠형태**로 설치되는 **피난유도시설**

② **축광식 피난유도선** : **전원**의 **공급없이 전등** 또는 **태양 등**에서 발산되는 **빛**을 **흡수**하여 이를 **축적**시킨 상태에서 전등 또는 태양 등의 빛이 없어지는 경우 **일정시간 동안 발광**이 **유지**되어 어두운 곳에서도 피난유도선에 표시되어 있는 **피난방향 안내문자** 또는 **부호** 등이 **쉽게 식별**될 수 있도록 함으로서 피난을 유도하는 기능의 피난유도

③ **광원점등식 피난유도선** : **수신기 화재신호**의 **수신** 및 **수동조작**에 의하여 **표시부**에 **내장**된 **광원**을 **점등**시켜 **표시부**의 **피난방향 안내문자** 또는 **부호** 등이 **쉽게 식별**되도록 함으로서 피난을 유도하는 기능의 피난유도선

(2) 피난유도선의 설치기준(NFTC 303 2.6)

① **축광방식의 피난유도선**

㉠ **구**획된 각 실로부터 **주출입구** 또는 **비상구**까지 설치할 것

㉡ **바**닥으로부터 **높이 50cm 이하**의 위치 또는 **바닥면**에 설치할 것

㉢ **피난유도표시부**는 50cm **이내**의 **간격**으로 **연속**되도록 설치할 것

㉣ **부착대**에 의하여 **견고**하게 설치할 것

㉤ **외부의 빛** 또는 **조명장치**에 의하여 **상시 조명**이 **제공**되거나 **비상조명등**에 의한 **조명**이 **제공**되도록 설치할 것

암기법 구피 외 바부

② **광원점등방식의 피난유도선**

㉠ **구**획된 각 실로부터 **주출입구** 또는 **비상구**까지 설치할 것

㉡ **피난유도표시부**는 바닥으로부터 **높이 1m 이하**의 위치 또는 **바닥면**에 설치할 것

㉢ **피난유도표시부**는 50cm **이내**의 **간격**으로 **연속**되도록 설치하되 **실내장식물** 등으로 설치가 **곤란**할 경우 1m **이내**로 할 것

㉣ **수신기**로부터 **화재신호** 및 **수동조작**에 의하여 **광원**이 **점등**되도록 설치할 것

㉤ **비상전원**이 **상시 충전상태**를 **유지**하도록 설치할 것

㉥ **바닥**에 설치되는 **피난유도표시부**는 **매립**하는 방식을 사용할 것

㉦ **피난유도제어부**는 **조작** 및 **관리**가 용이하도록 바닥으로부터 0.8m **이상** 1.5m **이하**의 높이에 설치할 것

암기법 바비표피 제수구

핵심기출문제

01 피난유도선의 종류 중 광원점등방식 피난유도선의 기능을 쓰시오. 배점 : 4 [10년]

• **실전모범답안**

수신기 화재신호의 수신 및 수동조작에 의하여 표시부에 내장된 광원을 점등시켜 표시부의 피난방향 안내문자 또는 부호 등이 쉽게 식별되도록 함으로서 피난을 유도하는 기능의 피난유도선

01-1 피난유도선은 햇빛이나 전등불에 따라 축광하거나 전류에 따라 빛을 발하는 유도체로서, 어두운 상태에서 피난을 유도할 수 있도록 띠 형태로 설치되는 피난유도시설이다. 축광방식의 피난유도선의 설치기준 5가지를 쓰시오. 배점 : 6 [12년] [21년]

• **실전모범답안**

① 구획된 각 실로부터 주출입구 또는 비상구까지 설치할 것
② 바닥으로부터 높이 50cm 이하의 위치 또는 바닥면에 설치할 것
③ 피난유도표시부는 50cm 이내의 간격으로 연속되도록 설치할 것
④ 부착대에 의하여 견고하게 설치할 것
⑤ 외부의 빛 또는 조명장치에 의하여 상시 조명이 제공되거나 비상조명등에 의한 조명이 제공되도록 설치할 것

02 비상조명등 및 휴대용 비상조명등

(1) 비상조명등, 휴대용 비상조명등

① **비상조명등** : 화재발생 등에 따른 **정전 시**에 **안전**하고 **원활**한 **피난활동**을 할 수 있도록 **거실** 및 **피난통로** 등에 설치되어 **자동**으로 **점등**되는 **조명등**

② **휴대용 비상조명등** : 화재발생 등으로 **정전 시 안전**하고 **원활한 피난**을 위하여 **피난자**가 **휴대**할 수 있는 **조명등**

(2) 비상조명등 설치기준(NFTC 304 2.1.1)

① 특정소방대상물의 각 거실과 그로부터 지상에 이르는 복도·계단 및 그 밖의 통로에 설치할 것

② 조도는 비상조명등이 설치된 장소의 각 부분의 바닥에서 1lx 이상이 되도록 할 것

③ 예비전원을 내장하는 비상조명등에는 평상시 점등여부를 확인할 수 있는 점검스위치를 설치하고 해당 조명등을 유효하게 작동시킬 수 있는 용량의 축전지와 예비전원 충전장치를 내장할 것

④ 예비전원을 내장하지 않는 비상조명등의 비상전원은 자가발전설비, 축전지설비 또는 전기저장장치(외부 전기에너지를 저장해 두었다가 필요한 때 전기를 공급하는 장치)를 다음의 기준에 따라 설치해야 한다.

㉠ 점검에 편리하고 화재 및 침수 등의 재해로 인한 피해를 받을 우려가 없는 곳에 설치할 것

㉡ 상용전원으로부터 전력의 공급이 중단된 때에는 자동으로 비상전원으로부터 전력을 공급받을 수 있도록 할 것

㉢ 비상전원의 설치장소는 다른 장소와 방화구획 할 것. 이 경우 그 장소에는 비상전원의 공급에 필요한 기구나 설비 외의 것(열병합발전설비에 필요한 기구나 설비는 제외한다)을 두어서는 아니 된다.

㉣ 비상전원을 실내에 설치하는 때에는 그 실내에 비상조명등을 설치할 것

⑤ 예비전원과 비상전원은 비상조명등을 20분 이상 유효하게 작동시킬 수 있는 용량으로 할 것. 다만, 다음의 특정소방대상물의 경우에는 그 부분에서 피난층에 이르는 부분의 비상조명등을 60분 이상 유효하게 작동시킬 수 있는 용량으로 해야 한다.

㉠ 지하층을 제외한 층수가 11층 이상의 층

㉡ 지하층 또는 무창층으로서 용도가 도매시장·소매시장·여객자동차터미널·지하역사 또는 지하상가

(3) 휴대용 비상조명등 설치대상

(소방시설 설치 및 관리에 관한 법률 시행령[별표 4], 다중이용업소의 안전관리에 관한 특별법 시행규칙)

설치대상	설치조건
• **숙박시설**	전부 해당
• 영화상영관 • 대규모 점포 • 지하역사 • 지하상가	수용인원 100**명 이상**
• 다중이용업소	영업장 안의 구획된 실마다 설치

(4) 휴대용 비상조명등 설치기준(NFTC 304 2.1.2)

① 다음 **각** 기준의 장소에 설치할 것
  ㉠ **숙박시설** 또는 **다중이용업소**에는 **객실** 또는 **영업장 안**의 **구획된 실**마다 **잘 보이는 곳**(외부에 설치 시 **출입문 손잡이**로부터 **1m 이내** 부분)에 **1개 이상** 설치
  ㉡ 「유통산업발전법」 제2조제3호에 따른 **대규모 점포**(**지하상가** 및 **지하역사**는 **제외**한다)와 **영화상영관**에는 **보행거리 50m 이내**마다 **3개 이상** 설치
  ㉢ **지하상가** 및 **지하역사**에는 **보행거리 25m 이내**마다 **3개 이상** 설치
② **설치높이**는 **바닥**으로부터 **0.8m 이상 1.5m 이하**의 높이에 설치할 것
③ **어둠속**에서 **위치**를 **확인**할 수 있도록 할 것
④ **사**용 시 **자동**으로 **점등**되는 **구조**일 것
⑤ **외함**은 **난연성능**이 있을 것
⑥ **건전지**를 사용하는 경우에는 **방전 방지조치**를 해야 하고, **충전식 배터리**의 경우에는 **상시 충전**되도록 할 것
⑦ **건전지** 및 **충전식 배터리**의 **용량**은 **20분 이상 유효**하게 **사용**할 수 있는 것으로 할 것

암기법 각설어사 외전 20

(5) 비상조명등의 설치제외기준(NFTC 304 2.2.1)

① 거실의 각 부분으로부터 하나의 출입구에 이르는 보행거리가 15m 이내인 부분
② 의원·경기장·공동주택·의료시설·학교의 거실

(6) 휴대용 비상조명등의 설치제외기준(NFTC 304 2.2.2)

지상 1층 또는 피난층으로서 복도·통로 또는 창문 등의 개구부를 통하여 피난이 용이한 경우 또는 숙박시설로서 복도에 비상조명등을 설치한 경우에는 휴대용 비상조명등을 설치하지 않을 수 있다.

핵심기출문제

01 휴대용 비상조명등을 설치해야 하는 특정소방대상물에 대한 사항이다. 소방시설 적용기준으로 알맞은 내용을 ( ) 안에 쓰시오. 배점 : 4 [11년] [18년] [20년]

(1) (①)시설

(2) 수용인원 (②)명 이상의 영화상영관, 판매시설 중 대규모 점포, 철도 및 도시철도 시설 중 지하역사, 지하가 중 (③)

• **실전모범답안**

(1) (① 숙박)시설

(2) 수용인원 (② 100)명 이상의 영화상영관, 판매시설 중 대규모 점포, 철도 및 도시철도 시설 중지하역사, 지하가 중 (③ 지하상가)

01-1 휴대용 비상조명등의 적합설치 기준에 대한 다음 ( ) 안을 완성하시오. 배점 : 8 [15년]

(1) 다음 장소에 설치할 것
- 숙박시설 또는 다중이용업소에는 객실 또는 영업장 안의 구획된 실마다 잘 보이는 곳(외부에 설치 시 출입문 손잡이로부터 (①)m 이내 부분)에 1개 이상 설치
- 「유통산업발전법」 제2조제3호에 따른 대규모 점포(지하상가 및 지하역사는 제외한다.)와 영화상영관에는 보행거리 (②)m 이내마다 (③)개 이상 설치
- 지하상가 및 지하역사에는 보행거리 (④)m 이내마다 (⑤)개 이상 설치

(2) 설치높이는 바닥으로부터 (⑥)m 이상 (⑦)m 이하의 높이에 설치할 것

(3) 사용 시 (⑧)으로 점등되는 구조일 것

(4) 건전지 및 충전식 배터리의 용량은 (⑨)분 이상 유효하게 사용할 수 있는 것으로 할 것

• **실전모범답안**

(1) 다음 장소에 설치할 것

① 숙박시설 또는 다중이용업소에는 객실 또는 영업장 안의 구획된 실마다 잘 보이는 곳(외부에 설치 시 출입문 손잡이로부터 (① 1)m 이내 부분)에 1개 이상 설치

② 「유통산업발전법」 제2조제3호에 따른 대규모 점포(지하상가 및 지하역사는 제외한다.)와 영화상영관에는 보행거리 (② 50)m 이내마다 (③ 3)개 이상 설치

③ 지하상가 및 지하역사에는 보행거리 (④ 25)m 이내마다 (⑤ 3)개 이상 설치

(2) 설치높이는 바닥으로부터 (⑥ 0.8)m 이상 (⑦ 1.5)m 이하의 높이에 설치할 것

(3) 사용 시 (⑧ 자동)으로 점등되는 구조일 것

(4) 건전지 및 충전식 배터리의 용량은 (⑨ 20)분 이상 유효하게 사용할 수 있는 것으로 할 것

02 비상조명등의 설치기준을 3가지 쓰시오. 배점 : 6 [19년]

• **실전모범답안**

① 특정소방대상물의 각 거실과 그로부터 지상에 이르는 복도 · 계단 및 그 밖의 통로에 설치할 것
② 조도는 비상조명등이 설치된 장소의 각 부분의 바닥에서 1lx 이상이 되도록 할 것
③ 비상전원은 비상조명등을 20분 이상 유효하게 작동시킬 수 있는 용량으로 할 것

쉬어가는 코너

출발하게 만드는 힘이 "동기"라면
계속 나아가게 만드는 힘은 "습관"이다.

-짐 라이언-

4 소화활동설비

01 비상콘센트설비

(1) 비상콘센트설비

화재발생 시 **소방대**의 **소방활동**에 필요한 전원을 **전용회선**으로 **공급**하기 위한 설비

(2) 비상콘센트설비의 설치대상(소방시설 설치 및 관리에 관한 법률 시행령 [별표 4])

설치대상	설치조건
층수가 11층 이상인 특정소방대상물	11층 이상의 층
지하 3층 이상이고 지하층 바닥면적의 합계가 1,000 m^2 이상	지하층의 모든 층
터널	500m 이상

(3) 비상콘센트설비 전원의 설치기준(NFTC 504 2.1.1)

① **상용전원**

상용전원회로의 배선은 저압수전인 경우에는 인입개폐기의 직후에서, 고압수전 또는 특고압수전인 경우에는 전력용변압기 2차 측의 주차단기 1차 측 또는 2차 측에서 분기하여 전용배선으로 할 것

② **비상전원**

㉠ 지하층을 제외한 층수가 7층 이상으로서 연면적이 2,000m^2 이상이거나 지하층의 바닥면적의 합계가 3,000m^2 이상인 특정소방대상물의 비상콘센트설비에는 자가발전설비, 비상전원수전설비, 축전지설비 또는 전기저장장치(외부 전기에너지를 저장해 두었다가 필요한 때 전기를 공급하는 장치를 말한다)를 비상전원으로 설치할 것. 다만, 2 이상의 변전소에서 전력을 동시에 공급받을 수 있거나 하나의 변전소로부터 전력의 공급이 중단되는 때에는 자동으로 다른 변전소로부터 전력을 공급받을 수 있도록 상용전원을 설치한 경우에는 비상전원을 설치하지 않을 수 있다.

㉡ 비상전원 중 자가발전설비의 설치기준(NFTC 504 2.1.1.3)

ⓐ 점검에 편리하고 화재 및 침수 등의 재해로 인한 피해를 받을 우려가 없는 곳에 설치할 것

ⓑ 비상콘센트설비를 유효하게 20분 이상 작동시킬 수 있는 용량으로 할 것

ⓒ 상용전원으로부터 전력의 공급이 중단된 때에는 자동으로 비상전원으로부터 전력을 공급받을 수 있도록 할 것

ⓓ 비상전원의 설치장소는 다른 장소와 방화구획 할 것. 이 경우 그 장소에는 비상전원의 공급에 필요한 기구나 설비 외의 것(열병합발전설비에 필요한 기구나 설비는 제외한다)을 두어서는 안 된다.

ⓔ 비상전원을 실내에 설치하는 때에는 그 실내에 비상조명등을 설치할 것

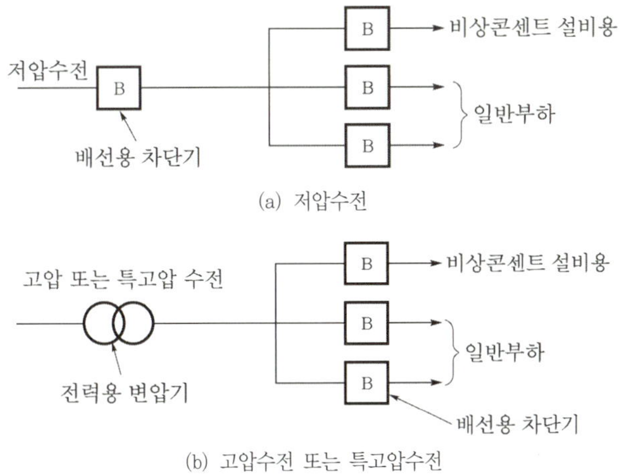

(a) 저압수전

(b) 고압수전 또는 특고압수전

| 상용전원회로의 배선 |

(4) 비상콘센트설비 전원회로의 설치기준(NFTC 504 2.1.2, 3, 4)

① 비상콘센트설비의 **전원회로**는 **단상교류** 220V인 것으로서, 그 **공급용량**은 1.5kVA **이상**인 것으로 할 것

② 전원회로는 **각 층**에 **2 이상**이 되도록 설치할 것. 다만, **설치해야 할 층**의 **비상콘센트가** 1개인 때에는 **하나**의 **회로**로 할 수 있다.

③ 전원회로는 **주배전반**에서 **전용회로**로 할 것. 다만, 다른 설비의 회로의 사고에 따른 영향을 받지 않도록 되어 있는 것은 그렇지 않다.

④ **전원**으로부터 **각 층**의 **비상콘센트**에 **분기**되는 경우에는 **분기배선용 차단기**를 **보호함 안**에 설치할 것

⑤ **콘센트**마다 **배선용 차단기**(KS C 8321)를 설치해야 하며, **충전부**가 **노출**되지 않도록 할 것

⑥ 개폐기에는 "**비상콘센트**"라고 표시한 **표지**를 할 것

⑦ 비상콘센트용의 **풀박스** 등은 **방청도장**을 한 것으로서, **두께** 1.6mm **이상**의 **철판**으로 할 것

⑧ **하나**의 **전용회로**에 설치하는 **비상콘센트**는 **10개 이하**로 할 것. 이 경우 **전선**의 **용량**은 **각 비상콘센트**(비상콘센트가 **3개 이상**인 경우에는 **3개**)의 **공급용량**을 **합한 용량 이상**의 것으로 해야 한다.

암기법 2단 표두 10전 충분

⑨ 비상콘센트의 **플러그접속기**는 **접지형** 2극 **플러그접속기**(KS C 8305)를 사용해야 한다.

⑩ 비상콘센트의 **플러그접속기**의 **칼받이**의 **접지극**에는 **접지공사**를 해야 한다.

(5) 비상콘센트 보호함의 설치기준(NFTC 504 2.2)

① 보호함에는 **쉽게 개폐**할 수 있는 **문**을 설치할 것
② 보호함 표면에 "**비상콘센트**"라고 표시한 **표지**를 할 것
③ 보호함 **상부**에 **적색**의 **표시등**을 설치할 것. 다만, 비상콘센트의 보호함을 **옥내소화전함 등**과 **접속**하여 설치하는 경우에는 옥내소화전함 등의 표시등과 **겸용**할 수 있다.

암기법 문표등

(6) 비상콘센트설비 배선의 설치기준(NFTC 504 2.1.1.1)

전원회로의 **배선**은 **내화배선**으로, **그 밖의 배선**은 **내화배선** 또는 **내열배선**으로 할 것

(7) 비상콘센트설비의 절연저항시험 및 절연내력(NFTC 504 2.1.6)

① **절연저항**은 **전원부**와 **외함 사이**를 500V **절연저항계**로 측정할 때 20MΩ **이상**일 것
② **절연내력**은 **전원부**와 **외함 사이**에 **정격전압**이 150V **이하**인 경우에는 1,000V의 **실효전압**을, **정격전압**이 150V **이상**인 경우에는 **그 정격전압**에 2를 곱하여 1,000**을 더한 실효전압**을 가하는 시험에서 **1분 이상 견디는 것**으로 할 것

핵심기출문제

01 지상 25층 건물에 비상콘센트설비를 설치하였다. 다음 각 물음에 답하시오.

배점 : 10 [04년] [07년] [08년]

(1) 비상콘센트설비를 설치하는 목적을 쓰시오.
(2) 비상콘센트설비의 전원선의 배선은 무엇이며 전체 회로의 전선가닥수를 구하시오.
(3) 화재 시 연기배출을 위해 3Φ, 3kW, 역률 0.65인 송풍기를 설치할 때 흐르는 전류의 값 [A]를 구하시오.
(4) 전원회로는 각 층에 있어서 몇 개 이상이 되도록 설치하는지 쓰시오.
(5) 하나의 전용회로에 비상콘센트 전선의 용량은 어떻게 선정하는지 쓰시오.

• **실전모범답안**

(1) 화재발생 시 소방대의 필요한 전원을 전용회선으로 공급하기 위하여
(2) ① 배선 : 내화배선
② 가닥수 : 8가닥
(3) • **계산과정**

$$\frac{3\times10^3}{\sqrt{3}\times380\times0.65}=7.012 \fallingdotseq 7.01\text{A}$$

• **답** : 7.01A
(4) 2개
(5) 각 비상콘센트(3개 이상인 경우에는 3개)의 공급용량을 합한 용량 이상

상세해설

(2) 비상콘센트설비의 전선

① **비상콘센트설비 배선의 설치기준(NFTC 504 2.1.1.1)**

전원회로의 **배선**은 **내화배선**으로, 그 **밖의 배선**은 **내화배선** 또는 **내열배선**으로 할 것

② **비상콘센트 설비의 전선가닥수**

㉠ 비상콘센트설비의 설치대상(소방시설 설치 및 관리에 관한 법률 시행령 [별표 4])

설치대상	설치조건
층수가 11층 이상인 특정소방대상물	11층 이상의 층
지하 3층 이상이고 지하층 바닥면적의 합계가 1,000 m² 이상	지하층의 모든 층
터널	500m 이상

㉡ 비상콘센트설비의 전원회로의 설치기준(NFTC 504 2.1.2, 3, 4)

1. 비상콘센트설비의 **전원회로**는 **단상교류 220V**인 것으로서, 그 공급용량은 1.5kVA 이상인 것으로 할 것
2. **전원회로**는 **각 층**에 **2 이상**이 되도록 설치할 것. 다만, 설치해야 할 층의 비상콘센트가 1개인 때에는 하나의 회로로 할 수 있다.

㉢ 비상콘센트는 **층수**(**지하층**을 **제외**한 층수)가 **11층 이상**인 특정소방대상물의 **11층 이상**의 **층마다 설치**하므로 각 층당 1개씩 설치할 경우 **11층**에서 **25층**까지 **15개**가 설치된다.

㉣ **하나**의 **전용회로**에 설치하는 비상콘센트는 **10개 이하**이고, **전원회로**는 **각 층**에 2개 **이상**이 되도록 설치해야 하므로 회로수는

전용회로수$=\frac{15}{10}=1.5 ≒ 2$회로$\times 2 =$**4회로**

∴ 단상 220V는 **2가닥**이므로 전체 회로의 전선가닥수=2가닥×4회로=**8가닥**

(3) 3상 전력

$$P=\sqrt{3}\,VI\cos\theta$$

여기서, P : 3상 전력[W]

V : 전압[V]

I : 전류[A]

$\cos\theta$: 역률

∴ 전류 $I=\frac{P}{\sqrt{3}\,V\cos\theta}=\frac{3\times 10^3\text{W}}{\sqrt{3}\times 380\text{V}\times 0.65}=7.012 ≒ 7.01\text{A}$

01-1 비상콘센트설비에 대한 다음 각 물음에 답하시오. (단, 전압은 단상교류 220V를 사용한다.)

배점 : 10 [04년] [07년] [08년] [19년] [20년]

(1) 비상콘센트설비를 설치하는 목적을 쓰시오.
(2) 비상콘센트설비의 배선의 설치기준에서 전원회로의 배선과 그 밖의 배선 종류에 대해 쓰시오.
(3) 콘센트에 3kW용 송풍기를 연결하여 운전하면 몇 [A]의 전류가 흐르는지 구하시오. (단, 송풍기의 역률은 65%이다.)
(4) 지상 25층 아파트에서 비상콘센트를 설치해야 할 층에 1개씩 설치한다고 하며 비상콘센트는 몇 개가 필요한지 구하시오. (단, 지하층은 고려하지 않는다) 또한, 하나의 전용회로의 전선용량은 어떻게 결정하는지 상세히 쓰시오.

- **실전모범답안**

(1) 화재발생 시 소방대의 필요한 전원을 전용회선으로 공급하기 위하여
(2) ① 전원회로의 배선 : 내화배선
② 그 밖의 배선 : 내화배선 또는 내열배선
(3) • **계산과정**

$$\frac{3\times 10^3}{220\times 0.65}=20.979 ≒ 20.98\text{A}$$

• **답** : 20.98A
(4) ① 비상콘센트수 : 15개
② 하나의 전용회로의 전선용량 결정방법 : 각 비상콘센트(3개 이상인 경우에는 3개)의 공급용량을 합한 용량 이상

상세해설

(3) 단상전력

$$P = VI\cos\theta$$

여기서, P : 단상 교류전력[W]
V : 전압[V]
I : 전류[A]
$\cos\theta$: 역률

$$\therefore \text{ 전류 } I=\frac{P}{V\cos\theta}=\frac{3\times 10^3\text{W}}{220\text{V}\times 0.65}=20.979\text{A} ≒ \mathbf{20.98A}$$

(4) 비상콘센트 설치 개수 및 전원회로의 전선용량

① **비상콘센트 설치 개수**

㉠ 비상콘센트설비의 설치대상(소방시설 설치 및 관리에 관한 법률 시행령 [별표 4])

설치대상	설치조건
층수가 11층 이상인 특정소방대상물	11층 이상의 층
지하 3층 이상이고 지하층 바닥면적의 합계가 1,000m² 이상	지하층의 모든 층
터널	500m 이상

㉡ 비상콘센트는 **층수(지하층을 제외한 층수)**가 **11층 이상**인 특정소방대상물의 **11층 이상**의 **층마다 설치**하므로 각 층당 1개씩 설치할 경우 **11층**에서 **25층**까지 **15개**가 설치된다.

01-2 **비상콘센트설비에 대한 사항이다. 다음 각 물음에 답하시오.** 배점 : 7 [03년] [05년] [11년] [17년]

(1) 전원회로의 종류, 전압 및 그 공급용량을 쓰시오.
(2) 하나의 전용회로에 설치하는 비상콘센트는 몇 개 이하로 해야 하는지 쓰시오.
(3) 비상콘센트의 그림기호(심벌)를 그리시오.
(4) 전원부와 외함 사이의 절연저항값과 절연내력의 방법 및 판정방법에 대해 쓰시오.

• **실전모범답안**

(1)

구 분	전 압	공급용량
단상교류	220V	1.5kVA 이상

(2) 10개

(3) 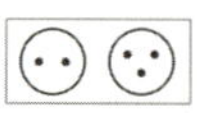

(4) ① 절연저항값 : 500V 절연저항계로 측정할 때 20MΩ 이상
② 절연내력
㉠ 시험방법 : 다음의 실효전압을 가한다.
• 정격전압이 150V 이하인 경우 : 1,000V의 실효전압
• 정격전압이 150V 이상인 경우 : 정격전압에 2를 곱하여 1,000을 더한 실효전압
㉡ 판정방법 : 1분 이상 견딜 것

01-3 **비상콘센트설비의 전원회로(비상콘센트에 전력을 공급하는 회로)의 설치기준에 대한 다음 표의 빈 칸을 완성하시오.** 배점 : 6 [08년] [19년]

전원방식	전압[V]	공급용량[kVA]	플러그접속기

• **실전모범답안**

전원방식	전압[V]	공급용량[kVA]	플러그접속기
단상교류	220V	1.5kVA 이상	접지형 2극

01-4 비상콘센트설비에 대한 다음 각 물음에 답하시오. 배점 : 7 [03년] [10년] [11년] [12년] [13년] [19년] [20년]

(1) 하나의 전용회로에 설치하는 비상콘센트가 7개 있다. 이 경우 전선의 용량은 비상콘센트 몇 개의 공급용량을 합한 용량 이상의 것으로 하는지 쓰시오. (단, 각 비상콘센트의 공급용량은 최소로 한다.)

(2) 비상콘센트설비의 전원부와 외함 사이의 절연저항을 500V 절연저항계로 측정하였더니 30MΩ이었다. 이 설비에 대한 절연저항의 적합성 여부를 구분하고 그 이유를 설명하시오.

(3) 비상콘센트의 플러그접속기는 구체적으로 어떤 형(종류)의 플러그접속기를 사용해야 하는지 쓰시오.

(4) 비상콘센트설비의 상용전원회로의 배선은 다음의 경우에 어디에서 분기하여 전용배선으로 하는지를 설명하시오.

① 저압수전인 경우 :

② 특고압수전 또는 고압수전인 경우 :

(5) 비상콘센트의 검상시험방법 및 판정기준을 쓰시오.

• 실전모범답안

(1) 3개

(2) ① 적합성 여부 : 적합

② 이유 : 비상콘센트설비의 전원부와 외함 사이의 절연저항은 전원부와 외함 사이를 500V 절연저항계로 측정할 때 20MΩ 이상이므로

(3) 접지형 2극

(4) ① 저압수전인 경우 : 인입개폐기의 직후

② 특고압수전 또는 고압수전인 경우 : 전력용 변압기 2차측의 주차단기 1차측 또는 2차측

(5) ① 검상시험방법 : 검상기를 접지형 2극 플러그접속기에 접속한다.

② 판정기준 : 검상기가 정상적으로 작동할 것

01-5 다음은 비상콘센트 보호함의 시설기준이다. ( ) 안에 알맞은 말을 써 넣으시오. 배점 : 5 [13년] [19년]

(1) 보호함에는 쉽게 개폐할 수 있는 (①)을 설치해야 한다.

(2) 비상콘센트의 보호함 (②)에 "비상콘센트"라고 표시한 표지를 해야 한다.

(3) 비상콘센트의 보호함 상부에 (③)의 (④)을 설치해야 한다. 다만, 비상콘센트의 보호함을 옥내소화전함 등과 접속하여 설치하는 경우에는 (⑤) 등이 표시등과 겸용할 수 있다.

• 실전모범답안

(1) 보호함에는 쉽게 개폐할 수 있는 (① 문)을 설치해야 한다.

(2) 비상콘센트의 보호함 (② 표면)에 "비상콘센트"라고 표시한 표지를 해야 한다.

(3) 비상콘센트의 보호함 상부에 (③ 적색)의 (④ 표시등)을 설치해야 한다. 다만, 비상콘센트의 보호함을 옥내소화전함 등과 접속하여 설치하는 경우에는 (⑤ 옥내소화전함) 등의 표시등과 겸용할 수 있다.

01-6 비상콘센트 보호함의 설치기준에 의해 비상콘센트 보호함에 설치해야 할 것 3가지를 쓰시오.

배점 : 5 [13년]

• **실전모범답안**

① 쉽게 개폐할 수 있는 문
② 표지
③ 적색의 표시등

01-7 비상콘센트 비상전원으로 자가발전설비 설치 시 비상전원의 설치기준 5가지를 쓰시오.

배점 : 3 [09년] [12년] [19년] [20년]

• **실전모범답안**

① 점검에 편리하고 화재 및 침수 등의 재해로 인한 피해를 받을 우려가 없는 곳에 설치할 것
② 비상콘센트설비를 유효하게 20분 이상 작동시킬 수 있는 용량으로 할 것
③ 상용전원으로부터 전력의 공급이 중단된 때에는 자동으로 비상전원으로부터 전력을 공급받을 수 있도록 할 것
④ 비상전원의 설치장소는 다른 장소와 방화구획 할 것. 이 경우 그 장소에는 비상전원의 공급에 필요한 기구나 설비 외의 것(열병합발전설비에 필요한 기구나 설비는 제외한다)을 두어서는 아니 된다.
⑤ 비상전원을 실내에 설치하는 때에는 그 실내에 비상조명등을 설치할 것

01-8 비상콘센트의 비상전원으로 자가발전설비나 비상전원수전설비를 설치하지 않아도 되는 경우 2가지를 쓰시오.

배점 : 5 [16년]

• **실전모범답안**

① 둘 이상의 변전소에서 전력을 동시에 공급받을 수 있는 경우
② 하나의 변전소로부터 전력의 공급이 중단되는 때에는 자동으로 다른 변전소로부터 전력을 공급받을 수 있도록 상용전원을 설치한 경우

01-9 지하 3층, 지상 14층 건물에 비상콘센트를 설치해야 할 층에 2개씩 설치한다면 비상콘센트는 몇 개가 필요한지 직접 계통도에 그려 넣으시오. (단, 지하층의 바닥면적 합계는 2,500m²이다.)

배점 : 5 [12년]

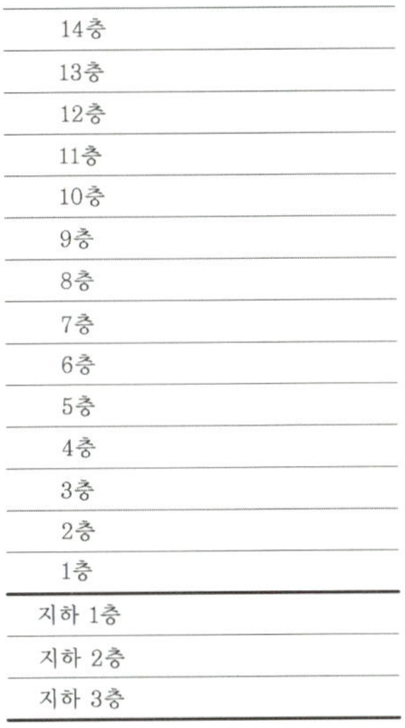

14층
13층
12층
11층
10층
9층
8층
7층
6층
5층
4층
3층
2층
1층
지하 1층
지하 2층
지하 3층

• 실전모범답안

(1) 비상콘센트의 설치

① 비상콘센트설비의 설치대상(화재예방, 소방시설 설치유지 및 안전관리에 관한 법률 시행령[별표 5])

설치대상	설치조건
층수가 11층 이상인 특정소방대상물	11층 이상의 층
지하 3층 이상이고 지하층 바닥면적의 합계가 1,000 m² 이상	지하층의 모든 층
터널	500m 이상

② 비상콘센트설비의 전원회로의 설치기준(NFTC 504 2.1.2)

전원회로는 **각 층**에 **2 이상**이 되도록 설치할 것. 다만, 설치해야 할 층의 비상콘센트가 1개인 때에는 하나의 회로로 할 수 있다.

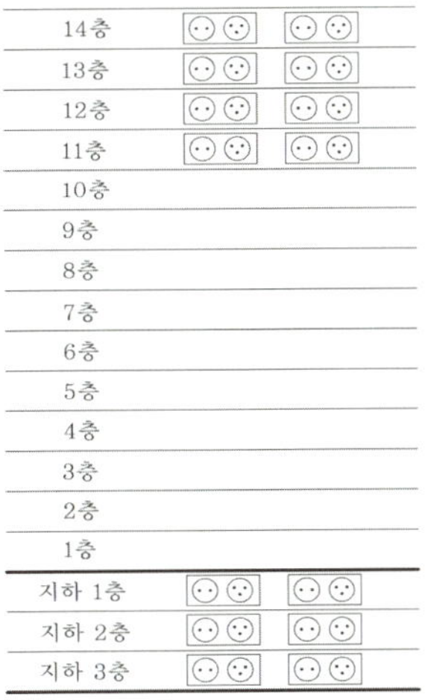

01-10 비상콘센트를 11층에 2개소, 12층에 2개소, 13층에 1개소 등 모두 5개를 설치하려고 한다. 전체 회로의 전선가닥수는 몇 가닥인지 구하시오. (단, 사용전압은 단상 교류 220V를 사용한다고 한다.) 배점 : 3 [04년] [12년]

• **실전모범답안** 4가닥

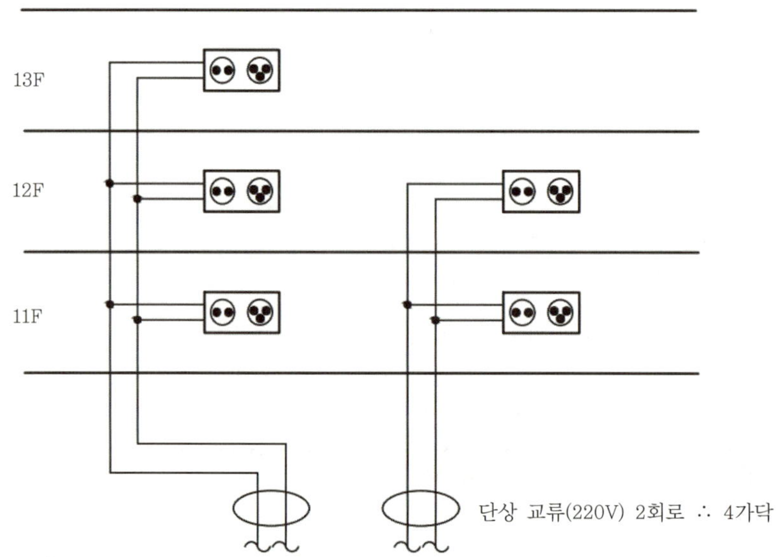

| 회로도 |

01-11 6층 건물에 계통도와 같이 비상콘센트를 설치하였다. 이 때 다음 각 물음에 답하시오. (단, 사용전압은 단상 220V, 역률은 각 90%이다.)

배점 : 8 [06년]

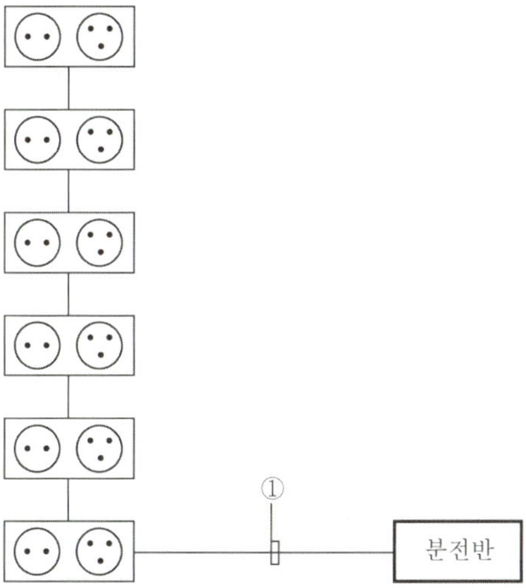

(1) ① 부분의 단상 콘센트 간선의 정격전류는 몇 [A]인지 구하시오.
(2) ① 부분의 단상 콘센트 간선의 허용전류는 몇 [A]인지 구하시오.

• **실전모범답안**

(1) $I = \frac{(1.5 \times 10^3) \times 3}{220} = 20.454 ≒ 20.45\text{A}$

• **답** : 20.45A

(2) $I = 20.45 \times 1.25 = 25.562 ≒ 25.56\text{A}$

• **답** : 25.56A

상세해설

(1), (2) 비상콘센트설비

① 비상콘센트설비의 전선의 용량

비상콘센트수	전선의 용량
	단상(220V)
1개	1.5 kVA 이상
2개	3 kVA 이상
3~10개	4.5 kVA 이상

※ 1. 비상콘센트 단상 교류(220V)의 공급용량은 1.5kVA 이상이다.
2. 전선의 용량은 각 비상콘센트(최대 3개)의 공급용량을 합한 용량 이상의 것으로 해야 한다.

② **단상 용량**

$P = VI$

여기서, P : 단상 용량[W=VA]
V : 전압[V]
I : 전류[A]

㉠ **정격전류**

$$I = \frac{P}{V} = \frac{(1.5 \times 10^3)\text{W} \times 3}{220\text{V}} = 20.454\text{A} ≒ \mathbf{20.45A}$$

㉡ **허용전류**

※ 전선의 허용전류(전동기 부하)
50A 이하 : 정격전류×1.25
50A 초과 : 정격전류×1.1
㉠에서 구한 **정격전류**가 **50A 이하**이므로 **1.25**를 곱하면
∴ **허용전류** $I = 20.45 \times 1.25 = 25.562 ≒ \mathbf{25.56A}$

01-12 비상콘센트설비를 설치해야 할 특정소방대상물 3가지를 쓰시오. 배점 : 5 [18년] [21년]

• **실전모범답안**

① 11층 이상의 층
② 지하 3층 이상이고 지하층의 바닥면적 합계가 1,000m² 이상인 것은 모든 지하층
③ 지하가 중 터널길이 500m 이상

01-13 지하 4층, 지상 11층의 건물에 비상콘센트를 설치하려고 한다. 다음 각 물음에 답하시오. (단, 지하 각 층의 바닥면적은 300m²이며, 각 층의 출입구는 1개소이고, 계단에서 가장 먼 부분까지의 수평거리는 20m이다. 콘센트는 1구로 한다.) 배점 : 6 [20년]

(1) 비상콘센트의 설치대상에 관한 기준이다. (　) 안에 알맞은 내용을 적으시오.
- 지하층의 층수가 (①) 이상이고 지하층의 바닥면적의 합계가 (②)m² 이상인 것은 지하층의 모든 층

(2) 이 건물에 설치해야 하는 비상콘센트의 설치개수를 구하시오.

• **실전모범답안**

(1) 지하층의 층수가 (① 3층) 이상이고 지하층의 바닥면적의 합계가 (② 1,000)m² 이상인 것은 지하층의 모든 층
(2) 5개 (설치된 층 : 지상 11층, 지하 1층, 지하 2층, 지하 3층, 지하 4층)

01-14 비상콘센트설비 전원회로의 설치기준에 관한 다음 빈 칸을 완성하시오. 배점 : 5 [14년] [18년]

(1) 전원회로는 각 층에 있어서 (①)되도록 설치할 것. 다만, 설치해야 할 층의 비상콘센트가 1개인 때에는 하나의 회로로 할 수 있다.
(2) 전원회로는 (②)에서 전용회로로 할 것. 다만, 다른 설비회로의 사고에 따른 영향을 받지 않도록 되어 있는 것에 있어서는 그렇지 않다.
(3) 콘센트마다 (③)를 설치해야 하며, (④)가 노출되지 않도록 할 것
(4) 하나의 전용회로에 설치하는 비상콘센트는 (⑤) 이하로 할 것

• **실전모범답안**

(1) ① 2 이상
(2) ② 주배전반
(3) ③ 배선용 차단기 ④ 충전부
(4) ⑤ 10개

01-15 지상 31층 건물에 비상콘센트를 설치하려고 한다. 각 층에 하나의 비상콘센트설비를 설치한다면 최소 몇 회로가 필요한지 쓰시오. 배점 : 4 [21년]

• **실전모범답안**

$$\frac{21}{10} = 2.1 ≒ 3$$

• **답** : 3회로

상세해설

문제의 조건에 따라 11층부터 31층까지 1개의 비상콘센트가 설치되어, 비상콘센트의 설치 개수는 총 21개가 된다. 하나의 전용회로에 설치하는 비상콘센트는 10개 이하이여야 하므로,

$$\therefore \frac{21}{10} = 2.1 ≒ 3\text{회로}$$

쉬어가는 코너

지금 니가 편한 이유는
내리막길을 가고 있기 때문이다.

-작자 미상-

02 무선통신보조설비

(1) 무선통신보조설비

특정소방대상물의 **지하층**, **지하가** 등에서 **소화활동** 시 **소방대**의 **무선통신**을 **원활**하게 하기 위한 **설비**

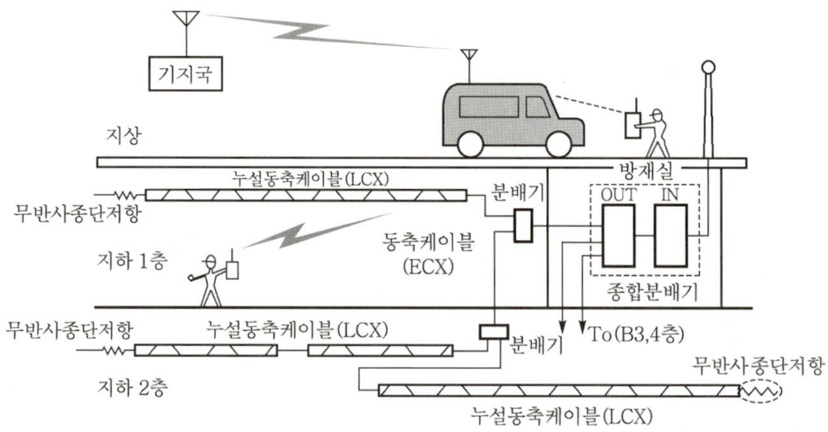

(2) 무선통신보조설비의 종류(방식)

① **누설동축케이블방식** : **동축케이블**과 **누설동축케이블**을 **조합**한 방식

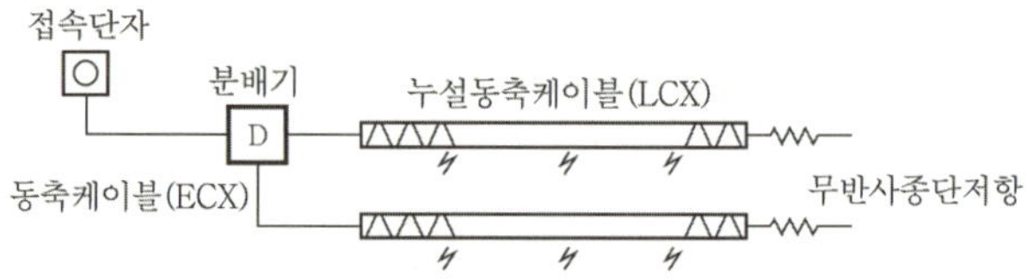

② **안테나방식** : **동축케이블**과 **안테나**를 **조합**한 방식

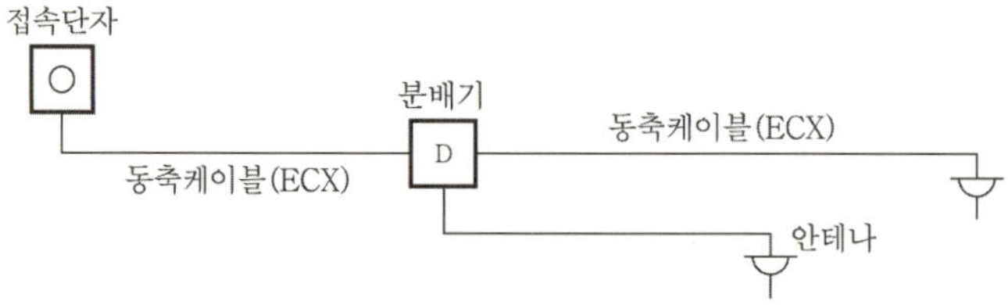

③ **누설동축케이블과 안테나를 혼합한 방식** : **누설동축케이블방식**과 **안테나방식**을 **혼합**한 방식

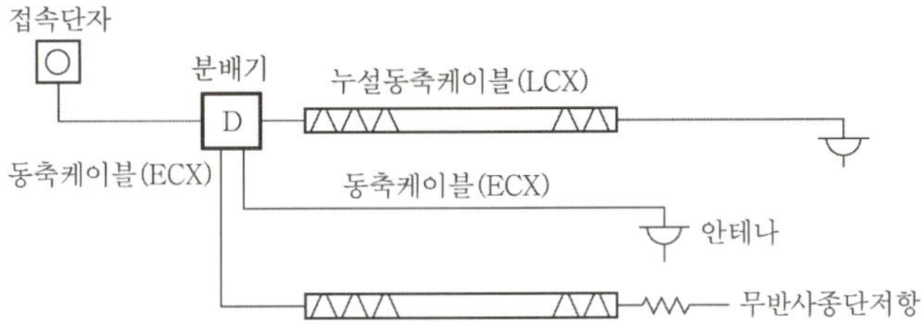

(3) 무선통신보조설비 용어의 정의(NFTC 505 1.7)

① **누설동축케이블** : **동축케이블**의 **외부 도체**에 **가느다란 홈**을 만들어서 **전파**가 **외부**로 **새어나갈 수 있도록** 한 케이블을 말한다.
② **분배기** : **신**호의 **전송로**가 **분기**되는 장소에 설치하는 것으로 **임피던스 매칭**(Matching)과 **신호 균등분배**를 위해 사용하는 장치를 말한다.
③ **분파기** : **서로 다른 주파수**의 **합성된 신호**를 **분리**하기 위해서 사용하는 장치를 말한다.
④ **혼합기** : **두개 이상**의 **입력신호**를 **원**하는 **비율**로 **조합**한 **출력**이 **발생**하도록 하는 장치를 말한다.
⑤ **증폭기** : 전압·전류의 진폭을 늘려 감도 등을 개선하는 장치를 말한다.

암기법 신전임신, 주합신분, 두입원조

(4) 누설동축케이블 등의 설치기준(NFTC 505 2.2)

① **소방전용주파수대**에서 **전파**의 **전송** 또는 **복사**에 **적합**한 것으로서 **소방전용**의 것으로 할 것. 다만, 소방대 상호간의 무선연락에 지장이 없는 경우에는 다른 용도와 겸용할 수 있다.
② **누설동축케이블**과 이에 접속하는 **안테나** 또는 **동축케이블**과 이에 접속하는 **안테나**로 구성할 것
③ 누설동축케이블 및 동축케이블은 **불연** 또는 **난연성**의 것으로서 **습기** 등의 환경조건에 따라 **전기**의 **특성**이 **변질**되지 않는 것으로 하고, **노출**하여 설치한 경우에는 **피난** 및 **통행**에 **장애**가 없도록 할 것
④ 누설동축케이블 및 동축케이블은 화재에 따라 해당 **케이블**의 **피복**이 **소실**된 경우에 케이블 본체가 떨어지지 아니하도록 **4m 이내**마다 **금속제** 또는 **자기제** 등의 **지지금구**로 **벽·천장·기둥 등**에 **견고**하게 **고정**할 것. 다만, **불연재료**로 **구획된 반자 안**에 **설치**하는 경우에는 그렇지 않다.
⑤ **누설동축케이블** 및 **안테나**는 **금속판** 등에 따라 **전파**의 **복사** 또는 **특성**이 **현저**하게 **저하**되지 않는 위치에 설치할 것
⑥ **누설동축케이블** 및 **안테나**는 **고압**의 **전로**로부터 **1.5m 이상** 떨어진 위치에 설치할 것. 다만, 해당 전로에 **정전기 차폐장치**를 **유효**하게 **설치**한 경우에는 그렇지 않다.
⑦ 누설동축케이블의 **끝부분**에는 **무반사 종단저항**을 견고하게 설치할 것
⑧ **누설동축케이블** 또는 **동축케이블**의 **임피던스**는 50Ω으로 하고, 이에 접속하는 **안테나·분배기 기타**의 **장치**는 **해당 임피던스**에 **적합**한 것으로 해야 한다.

암기법 안습전 피4 금고무임

(5) 무선통신보조설비의 설치기준(NFTC 505 2.2.3)

① 누설동축케이블 또는 동축케이블과 이에 접속하는 안테나가 설치된 층은 모든 부분(계단실, 승강기, 별도 구획된 실 포함)에서 유효하게 통신이 가능할 것

② 옥외안테나와 연결된 무전기와 건축물 내부에 존재하는 무전기 간의 상호통신, 건축물 내부에 존재하는 무전기 간의 상호통신, 옥외안테나와 연결된 무전기와 방재실 또는 건축물 내부에 존재하는 무전기와 방재실 간의 상호통신이 가능할 것

(6) 옥외안테나의 설치기준(NFTC 505 2.3.1)

① 건축물, 지하가, 터널 또는 공동구의 출입구(「건축법 시행령」에 따른 출구 또는 이와 유사한 출입구를 말한다) 및 출입구 인근에서 통신이 가능한 장소에 설치할 것

② 다른 용도로 사용되는 안테나로 인한 통신장애가 발생하지 않도록 설치할 것

③ 옥외안테나는 견고하게 파손의 우려가 없는 곳에 설치하고 그 가까운 곳의 보기 쉬운 곳에 "무선통신보조설비 안테나"라는 표시와 함께 통신 가능거리를 표시한 표지를 설치할 것

④ 수신기가 설치된 장소 등 사람이 상시 근무하는 장소에는 옥외 안테나의 위치가 모두 표시된 옥외안테나 위치표시도를 비치할 것

참고

'무선기기접속단자의 설치기준' 이 '옥외안테나의 설치기준' 으로 내용이 전면 수정됐어요! 시험에 자주 나왔던 만큼 체크 필수!

(7) 무선통신보조설비 분배기·분파기·혼합기 등의 설치기준(NFTC 505 2.4.1)

① **먼지 · 습기** 및 **부식** 등에 따라 **기능**에 **이상**을 가져오지 아니하도록 할 것

② **임피던스**는 50Ω의 것으로 할 것

③ **점검**에 **편리**하고 **화재** 등의 **재해**로 인한 **피해**의 **우려**가 **없는 장소**에 설치할 것

암기법 먼 점임?

참고 임피던스 매칭

전력을 **부하**에 **최대**로 **전달**할 수 있는 **상태**로 **조정**하는 것(**전원측**과 **부하측**의 **임피던스**를 **같게** 하는 것)

(8) 무선통신보조설비 증폭기 및 무선중계기의 설치기준(NFTC 505 2.5.1)

① 상용전원은 전기가 정상적으로 공급되는 축전지설비, 전기저장장치(외부 전기에너지를 저장해 두었다가 필요한 때 전기를 공급하는 장치) 또는 교류전압 옥내간선으로 하고, 전원까지의 배선은 전용으로 할 것

② 증폭기의 전면에는 주회로 전원의 정상 여부를 표시할 수 있는 표시등 및 전압계를 설치할 것

③ 증폭기에는 비상전원이 부착된 것으로 하고 해당 비상전원 용량은 무선통신보조설비를 유효하게 30분 이상 작동시킬 수 있는 것으로 할 것

④ 증폭기 및 무선중계기를 설치하는 경우에는 「전파법」에 따른 적합성평가를 받은 제품으로 설치할 것
⑤ 디지털방식의 무전기를 사용하는데 지장이 없도록 설치할 것

(9) 무반사종단저항의 설치위치 · 설치목적

① **설치위치** : **누설동축케이블**의 **끝부분**
② **설치목적** : **전송로**로 **전송**되는 **전자파**가 **종단**에서 **반사**되어 **교신**을 **방해**하는 것을 **방지**하기 위하여 설치한다.

(10) 누설동축케이블

① **누설동축케이블의 구조** : **동축케이블**의 **외부 도체**에 **가느다란 홈**을 만들어서 **전파**가 **외부**로 **새어 나갈 수 있도록** 한 케이블

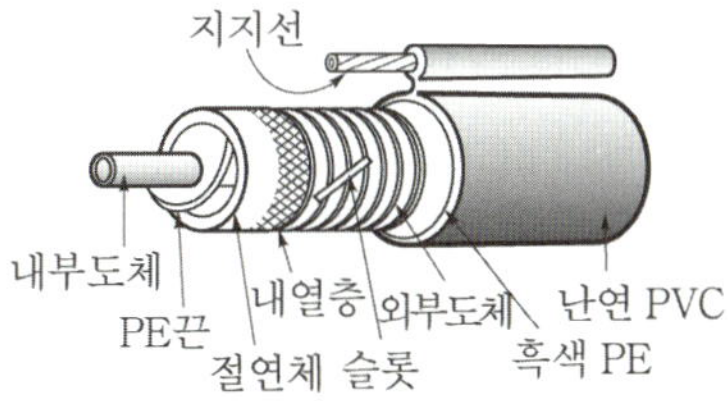

② **누설동축케이블 기호의 의미**

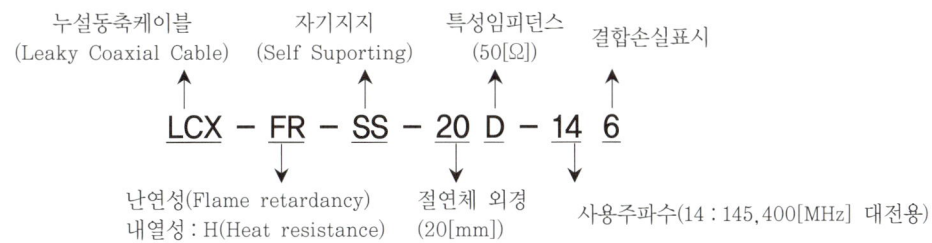

누설동축케이블 (Leaky Coaxial Cable) ↑ · 자기지지 (Self Suporting) ↑ · 특성임피던스 (50[Ω]) ↑ · 결합손실표시 ↑

LCX – FR – SS – 20 D – 14 6

↓ 난연성(Flame retardancy) 내열성 : H(Heat resistance) · ↓ 절연체 외경 (20[mm]) · ↓ 사용주파수(14 : 145,400[MHz] 대전용)

(11) 무선통신보조설비의 도시기호

명 칭	그림기호	적 용
누설동축케이블	——	1. 일반 배선용 그림기호보다 굵게 한다. 2. 천장에 은폐하는 경우는 — — —을 사용하여도 좋다. 3. 필요에 따라 종별, 형식, 사용길이 등을 기입한다. 〈보기〉: — — — LC×500 100m 4. 내열형인 것은 필요에 따라 H를 기입한다. 〈보기〉: —— H-LC×200 50m
안테나		1. 필요에 따라 종별, 형식 등을 기입한다. 2. 내열형인 것은 필요에 따라 H를 표기한다.
혼합기	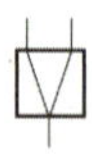	주파수가 다른 경우는 다음과 같다. 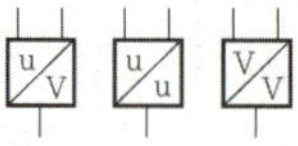
분배기	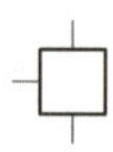	1. 분배수에 따른 그림기호는 다음과 같이 한다. 〈4분배기의 보기〉: 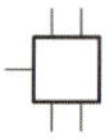 2. 필요에 따라 종별 등을 표기한다.
분기기	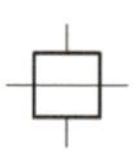	필요에 따라 분기수에 따른 그림기호로 한다. 〈2분기기의 보기〉: 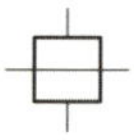
종단저항기		
무선기접속단자		필요에 따라 소방용 F, 경찰용 P, 자위용 G를 표기한다. 〈보기〉: 
커넥터	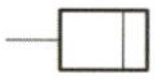	필요에 따라 생략할 수 있다.
분파기 (필터를 포함한다)		

(12) 무선통신보조설비의 설치제외(NFTC 505 2.1)

지하층으로서 특정소방대상물의 바닥부분 2면 이상이 지표면과 동일하거나 지표면으로부터의 깊이가 1m 이하인 경우에는 해당 층에 한하여 무선통신보조설비를 설치하지 아니할 수 있다.

핵심기출문제

01 무선통신보조설비의 종류(방식) 3가지를 쓰고 간단히 설명하시오. 배점 : 6 [11년]

• **실전모범답안**

① 누설동축케이블방식 : 동축케이블과 누설동축케이블을 조합한 방식
② 안테나방식 : 동축케이블과 안테나를 조합한 방식
③ 누설동축케이블과 안테나를 혼합한 방식 : 누설동축케이블방식과 안테나방식을 혼합한 방식

01-1 무선통신보조설비의 누설동축케이블 등에 대한 설치기준이다. ( ) 안을 채우시오.

배점 : 10 [04년] [05년] [08년] [11년] [12년] [13년] [14년] [15년] [20년]

(1) 누설동축케이블은 (①)의 것으로서 습기 등의 환경조건에 의해 전기적 특성이 변질되지 아니하는 것으로 할 것
(2) 누설동축케이블 및 안테나는 고압의 전로로부터 (②)m 이상 떨어진 위치에 설치할 것(해당 전로에 (③)를 유효하게 설치한 경우에는 제외)
(3) 누설동축케이블 및 동축케이블은 화재에 따라 해당 케이블의 피복이 소실된 경우에 케이블 본체가 떨어지지 않도록 (④)m 이내마다 금속제 또는 자기제 등의 지지금구로 벽·천장·기둥 등에 견고하게 고정할 것. 다만, 불연재료로 구획된 반자 안에 설치하는 경우에는 그렇지 않다.
(4) 누설동축케이블의 끝 부분에는 (⑤)을 견고하게 설치할 것
(5) 동축케이블의 임피던스는 (⑥)Ω으로 하고 이에 접속하는 안테나·분배기 기타의 장치는 해당 임피던스에 적합한 것으로 해야 한다.
(6) 소방전용 주파수대에서 전파의 전송 또는 복사에 적합한 것으로서 (⑦)의 것으로 할 것

• **실전모범답안**

(1) 누설동축케이블은 (① 불연 또는 난연성)의 것으로서 습기 등의 환경조건에 의해 전기적 특성이 변질되지 아니하는 것으로 할 것
(2) 누설동축케이블 및 안테나는 고압의 전로로부터 (② 1.5)m 이상 떨어진 위치에 설치할 것(해당 전로에 (③ 정전기 차폐장치)를 유효하게 설치한 경우에는 제외)
(3) 누설동축케이블 및 동축케이블은 화재에 따라 해당 케이블의 피복이 소실된 경우에 케이블 본체가 떨어지지 않도록 (④ 4)m 이내마다 금속제 또는 자기제 등의 지지금구로 벽 · 천장 · 기둥 등에 견고하게 고정할 것. 다만, 불연재료로 구획된 반자 안에 설치하는 경우에는 그렇지 않다.
(4) 누설동축케이블의 끝 부분에는 (⑤ 무반사 종단저항)을 견고하게 설치할 것
(5) 동축케이블의 임피던스는 (⑥ 50)Ω으로 하고 이에 접속하는 안테나 · 분배기 기타의 장치는 해당 임피던스에 적합한 것으로 해야 한다.
(6) 소방전용 주파수대에서 전파의 전송 또는 복사에 적합한 것으로서 (⑦ 소방전용)의 것으로 할 것

01-2 무선통신보조설비의 누설동축케이블의 기호를 보기에서 찾아쓰시오. 배점 : 6 [08년] [20년]

LCX - FR - SS - 20 D - 14 6
① ② ③ ④ ⑤ ⑥ ⑦

[보기]
누설동축케이블, 난연성(내열성), 자기지지, 절연체 외경, 특성임피던스, 사용주파수

예) ⑦ 결합손실표시

• **실전모범답안**

① 누설동축케이블
② 난연성
③ 자기지지
④ 절연체 외경
⑤ 특성임피던스
⑥ 사용주파수

01-3 무선통신보조설비에 사용되는 무반사 종단저항의 설치위치 및 설치목적을 쓰시오. 배점 : 3 [05년] [10년] [13년] [21년]

• **실전모범답안**

① 설치위치 : 누설동축케이블의 끝부분
② 설치목적 : 전송로로 전송되는 전자파가 종단에서 반사되어 교신을 방해하는 것을 방지하기 위하여 설치한다.

01-4 무선통신보조설비용 옥외안테나의 설치기준을 3가지만 쓰시오. 배점 : 6 [03년] [04년] [14년] [19년]

• **실전모범답안**

① 건축물, 지하가, 터널 또는 공동구의 출입구(「건축법 시행령」에 따른 출구 또는 이와 유사한 출입구를 말한다) 및 출입구 인근에서 통신이 가능한 장소에 설치할 것
② 다른 용도로 사용되는 안테나로 인한 통신장애가 발생하지 않도록 설치할 것
③ 옥외안테나는 견고하게 설치하며 파손의 우려가 없는 곳에 설치하고 그 가까운 곳의 보기쉬운 곳에 "무선통신보조설비 안테나"라는 표시와 함께 통신 가능거리를 표시한 표지를 설치할 것

01–5 무선통신보조설비의 분배기, 분파기, 혼합기에 대하여 간단하게 설명하시오.

배점 : 6 [04년] [12년]

• **실전모범답안**

① 분배기 : 신호의 전송로가 분기되는 장소에 설치하는 것으로 임피던스 매칭(Matching)과 신호 균등분배를 위해 사용하는 장치를 말한다.
② 분파기 : 서로 다른 주파수의 합성된 신호를 분리하기 위해서 사용하는 장치를 말한다.
③ 혼합기 : 두 개 이상의 입력신호를 원하는 비율로 조합한 출력이 발생하도록 하는 장치를 말한다.

01–6 무선통신보조설비의 분배기, 혼합기, 분파기 등의 설치기준 3가지를 쓰시오. 배점 : 3 [06년] [18년]

• **실전모범답안**

① 먼지 · 습기 및 부식 등에 따라 기능에 이상을 가져오지 아니하도록 할 것
② 임피던스는 50Ω 의 것으로 할 것
③ 점검에 편리하고 화재 등의 재해로 인한 피해의 우려가 없는 장소에 설치할 것

01–7 무선통신보조설비의 증폭기를 설치하려고 한다. ( ) 안에 알맞은 말을 쓰시오.

배점 : 7 [03년] [04년] [05년] [06년] [13년]

(1) 상용전원은 전기가 정상적으로 공급되는 (①), (②) 또는 (③)으로 하고, 전원까지의 배선은 (④)으로 할 것
(2) 증폭기의 전면에는 주회로 전원의 정상 여부를 표시할 수 있는 (⑤) 및 (⑥)를 설치할 것
(3) 증폭기에는 비상전원이 부착된 것으로 하고 해당 비상전원용량은 무선통신보조설비를 유효하게 (⑦)분 이상 작동시킬 수 있는 것으로 할 것

• **실전모범답안**

(1) 상용전원은 전기가 정상적으로 공급되는 (① 축전지설비), (② 전기저장장치) 또는 (③ 교류전압 옥내간선)으로 하고, 전원까지의 배선은 (④ 전용)으로 할 것
(2) 증폭기의 전면에는 주회로 전원의 정상 여부를 표시할 수 있는 (⑤ 표시등) 및 (⑥ 전압계)를 설치할 것
(3) 증폭기에는 비상전원이 부착된 것으로 하고 해당 비상전원용량은 무선통신보조설비를 유효하게 (⑦ 30)분 이상 작동시킬 수 있는 것으로 할 것

01-8 **그림은 무선통신보조설비의 간략도이다. 다음 각 물음에 답하시오.(단, Z_S는 전원임피던스, Z_L는 부하임피던스이다.)** 배점 : 5 [11년]

(1) 전력이 부하에 최대로 전달될 수 있는 조건을 쓰시오.
(2) 전력을 부하에 최대로 전달할 수 있는 상태로 조정하는 것을 무엇이라고 하는지 쓰시오.
(3) 누설동축케이블 또는 동축케이블의 임피던스는 몇 [Ω]으로 하는지 쓰시오.
(4) 무선기기 접속단자는 바닥으로부터 높이 몇 [m] 이상 몇 [m] 이하의 위치에 설치해야 하는지 쓰시오.
(5) 지상에 설치하는 무선기기 접속단자는 보행거리 몇 [m] 이내마다 설치하는지 쓰시오.

• **실전모범답안**

(1) $Z_S = Z_L$
(2) 임피던스 매칭
(3) 50Ω
(4) 0.8m 이상 1.5m 이하
(5) 300m

상세해설

(1) 전력이 부하에 최대로 전달될 수 있는 조건 : Z_S와 Z_L이 같을 때

$Z_S = Z_L$

여기서, Z_S : 전원임피던스[Ω]
Z_L : 부하임피던스[Ω]

01-9 **무선통신보조설비에 대한 다음 각 물음에 답하시오.** 배점 : 6 [03년]

(1) 누설동축케이블의 그림기호는 ——— 이다. – – – 은 어떤 경우에 사용되는지 쓰시오.
(2) 그림기호 △의 명칭은 무엇인지 쓰시오.
(3) 분배기의 그림기호를 그리시오.

• **실전모범답안**

(1) 천장에 은폐하는 경우
(2) 안테나
(3) 

5 건축법 관련설비

01 배연창설비

(1) 배연창설비

화재 시 발생하는 **연기**를 신속하게 **외부**로 **배출**시켜 **피난** 및 **소화활동**에 지장이 없도록 하기 위한 설비

(2) 배연창설비의 설치대상

6층 이상인 건축물로서 문화 및 집회시설, 종교시설, 판매시설, 운수시설, 의료시설(요양병원 및 정신병원은 제외한다), 교육연구시설 중 연구소, 노유자시설 중 아동 관련 시설, 노인복지시설(노인요양시설은 제외한다), 수련시설 중 유스호스텔, 운동시설, 업무시설, 숙박시설, 위락시설, 관광휴게시설, 장례시설, 제2종 근린생활시설 중 공연장, 종교집회장, 인터넷컴퓨터게임시설 제공업소 및 다중생활시설(공연장, 종교집회장 및 인터넷컴퓨터게임시설 제공업소는 해당 용도로 쓰는 바닥면적의 합계가 각각 300제곱미터 이상인 경우만 해당한다)의 거실에는 국토교통부령으로 정하는 기준에 따라 배연설비를 설치해야 한다. 다만, 피난층의 거실은 제외한다.

(3) 배연창설비의 구동방식

① 모터(Motor) 방식
② 솔레노이드(Solenoid) 방식

(4) 배연창설비 설치기준

① 건출물에 **방화구획**이 설치된 경우에는 **그 구획**마다 **1개소 이상**의 **배연창**을 **설치**하되, 배연창의 상변과 천장 또는 반자로부터 수직거리가 0.9m 이내일 것. 다만, 반자높이가 바닥으로부터 3m 이상인 경우에는 배연창의 하변이 바닥으로부터 2.1m 이상의 위치에 놓이도록 설치해야 한다.
② **배연구**는 **연기감지기** 또는 **열감지기**에 의하여 **자동**으로 열 수 있는 구조로 하되, **손**으로도 **열고 닫을 수 있도록** 할 것

(5) 배연창의 유효면적

배연창의 **유효면적**은 $1m^2$ **이상**으로서 **그 면적**의 **합계**가 당해 **건축물**의 **바닥면적**(방화구획이 설치된 경우에는 그 구획된 부분의 바닥면적을 말한다.)의 **100분**의 **1 이상**일 것. 이 경우 바닥면적의 산정에 있어서 거실바닥면적의 20분의 1 이상으로 환기창을 설치한 거실의 면적은 이에 산입하지 아니한다.

핵심기출문제

01 배연창설비에 대한 다음 각 물음에 답하시오. 배점 : 10 [03년] [13년]

(1) 구동방식 2가지를 쓰시오.
(2) 이 설비는 일반적으로 몇 층 이상의 건물에 시설해야 하는지 쓰시오.
(3) 건축물에 방화구획이 설치된 경우에는 그 구획마다 몇 개소 이상의 배연창을 설치해야 하는지 쓰시오.
(4) 배연구의 구조에 대하여 간단히 설명하시오.
(5) 이 설비가 설치되는 건물의 바닥면적이 500m²일 때 배연창의 유효면적을 구하시오.

• **실전모범답안**

(1) ① 모터방식
② 솔레노이드방식
(2) 6층 이상
(3) 1개소 이상
(4) 배연구는 연기감지기 또는 열감지기에 의하여 자동으로 열 수 있는 구조로 하되, 손으로도 열고 닫을 수 있도록 할 것
(5) 배연창의 유효면적 $= 500 \times \frac{1}{100} = 5\text{m}^2$ 이상

• **답** : 5m² 이상

상세해설

(5) 배연창의 유효면적

배연창의 **유효면적**은 1m² **이상**으로서 **그 면적**의 **합계**가 **당해 건축물**의 **바닥면적**(방화구획이 설치된 경우에는 그 구획된 부분의 바닥면적을 말한다.)의 **100분의 1 이상**일 것. 이 경우 바닥면적의 산정에 있어서 거실바닥면적의 20분의 1 이상으로 환기창을 설치한 거실의 면적은 이에 산입하지 아니한다.

배연창의 **유효면적**은 **건축물**의 **바닥면적**의 $\frac{1}{100}$ **이상**이므로

∴ **배연창의 유효면적** $= 500\text{m}^2 \times \frac{1}{100} = 5\text{m}^2$ 이상

02 자동방화셔터

(1) 자동방화셔터

방화구획의 용도로 화재 시 **연기** 및 **열**을 감지하여 **자동폐쇄**되는 것으로서, 공장, 체육관 등 넓은 공간에 부득이하게 **내화구조**로 된 **벽**을 **설치하지 못하는 경우**에 사용하는 방화셔터

(2) 설치위치

피난이 가능한 60분+ 방화문 또는 60분 방화문으로 부터 **3m 이내**에 별도로 설치할 것

※ 일체형 방화셔터 : 방화셔터의 일부에 피난을 위한 출입구가 설치된 셔터

(3) 셔터의 구성

① **전동** 또는 **수동**에 의해서 **개폐**할 수 있는 장치(**연동제어기** 및 **수동개폐장치**)

② **연기감지기, 열감지기**(**정온식** 또는 **보상식 특종**의 **공칭작동온도**가 60~70℃인 것)

③ 화재발생 시 **연기** 및 **열**에 의하여 **자동폐쇄**되는 장치(**셔터 본체** 및 **모터**)

(4) 작동기준

① 2단 작동

㉠ **연기감지기** 또는 불꽃감지기에 의한 **일부폐쇄**(1단) : **제연경계**의 기능

㉡ **열감지기**에 의한 **완전폐쇄**(2단) : **방화구획**의 기능

② **완전폐쇄 시의 기준** : **셔터**의 **상부**는 **상층 바닥**에 **직접 닿도록** 해야 하며, 부득이하게 발생한 **바닥**과의 **틈새**는 화재 시 연기와 **열**의 **이동통로**가 **되지 않도록 방화구획**에 **준하는 처리**를 할 것(**천장까지 완전히 구획**할 것)

핵심기출문제

01 다음은 자동방화셔터에 대한 그림이다. 그림을 보고 기호 ㉠~㉬의 명칭을 보기에서 고르시오.

배점 : 8 [10년]

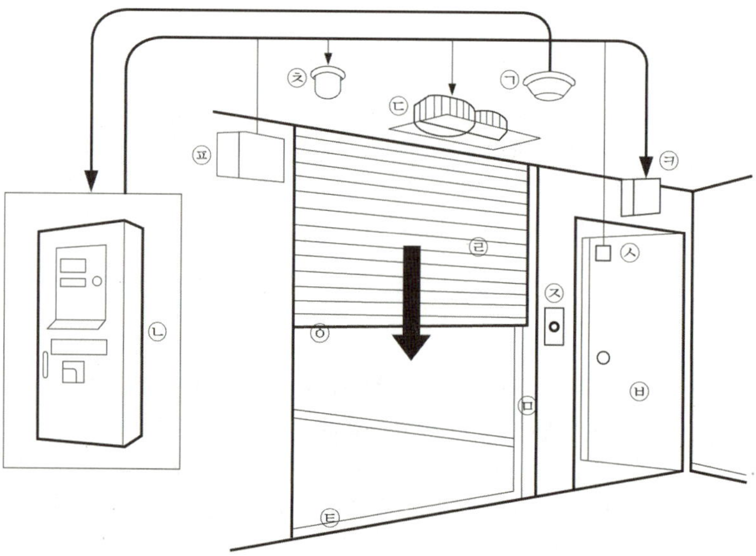

[보기]

- 자동폐쇄장치
- 수동폐쇄장치(up-down 스위치)
- 위해방지용 연동제어기
- 방화문 자동폐쇄장치(자동도어체크)
- 좌판(T-BAR)-장애물 감지장치
- 셔터 하강 착지점
- 연동제어기
- 방화문(피난문, 쪽문)
- 음성발생장치
- 가이드레일
- 방화셔터(slat)
- 주의등(경광등)
- 감지기(연기/열)

• **실전모범답안**

㉠ 감지기(연기/열)
㉡ 연동제어기
㉢ 자동폐쇄장치
㉣ 방화셔터
㉤ 가이드레일
㉥ 방화문
㉦ 방화문 자동폐쇄장치(자동도어체크)
㉧ 장애물 감지장치

ⓩ 수동폐쇄장치(up-down 스위치)
ⓩ 주의등
ⓚ 음성발생장치
ⓣ 셔터 하강 착지점
ⓟ 위해방지용 연동제어

상세해설

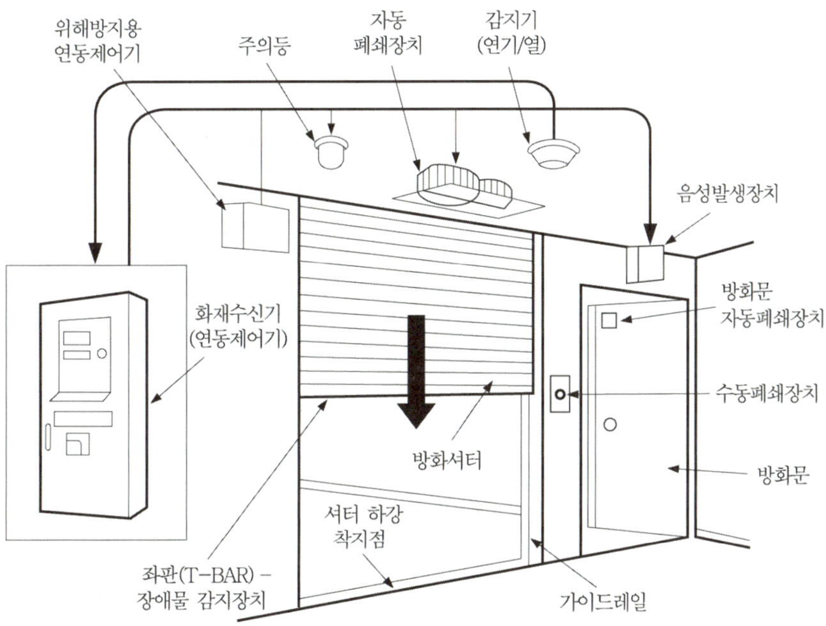

| 자동방화셔터 |

6 기타

01 지하구

(1) 지하구의 용어정의(NFTC 605 1.7)

① **제어반** : 설비, 장치 등의 조작과 확인을 위해 제어용 계기류, 스위치 등을 금속제 외함에 수납한 것을 말한다.
② **케이블접속부** : 케이블이 지하구 내에 포설되면서 발생하는 직선접속부분을 전용의 접속재로 접속한 부분을 말한다.
③ **특고압케이블** : 사용전압이 7,000V를 초과하는 전로에 사용하는 케이블을 말한다.

(2) 지하구 자동화재탐지설비의 설치기준(NFTC 605 2.2)

① 다음의 감지기 중 먼지·습기 등의 영향을 받지 않고 발화지점(1m 단위)과 온도를 확인할 수 있는 것을 설치할 것
㉠ 불꽃감지기
㉡ 정온식감지선형감지기
㉢ 분포형감지기
㉣ 복합형감지기
㉤ 광전식분리형감지기
㉥ 아날로그방식의 감지기
㉦ 다신호방식의 감지기
㉧ 축적방식의 감지기
② 지하구 천장의 중심부에 설치하되 감지기와 천장 중심부 하단과의 수직거리는 30cm 이내로 할 것. 다만, 형식승인 내용에 설치방법이 규정되어 있거나, 중앙기술심의위원회의 심의를 거쳐 제조사 시방서에 따른 설치방법이 지하구 화재에 적합하다고 인정되는 경우에는 형식승인 내용 또는 심의결과에 의한 제조사 시방서에 따라 설치할 수 있다.
③ 발화지점이 지하구의 실제거리와 일치하도록 수신기 등에 표시할 것
④ 공동구 내부에 상수도용 또는 냉·난방용 설비만 존재하는 부분은 감지기를 설치하지 않을 수 있다.
⑤ 발신기, 지구음향장치 및 시각경보기는 설치하지 않을 수 있다.

(3) 지하구유도등의 설치기준(NFTC 605 2.3)

사람이 출입할 수 있는 출입구(환기구, 작업구를 포함한다)에는 해당 지하구의 환경에 적합한 크기의 피난구유도등을 설치해야 한다.

(4) 지하구 무선통신보조설비의 설치기준(NFTC 605 2.7)

무선통신보조설비의 옥외안테나는 방재실 인근과 공동구의 입구 및 연소방지설비의 송수구가 설치된 장소(지상)에 설치해야 한다.

(5) 통합감시시설의 설치기준(NFTC 605 2.8)

① 소방관서와 지하구의 통제실 간에 화재 등 소방활동과 관련된 정보를 상시 교환할 수 있는 정보통신망을 구축할 것
② 정보통신망(무선통신망을 포함한다)은 광케이블 또는 이와 유사한 성능을 가진 선로일 것
③ 수신기는 지하구의 통제실에 설치하되 화재신호, 경보, 발화지점 등 수신기에 표시되는 정보가 기준에 적합한 방식으로 119상황실이 있는 관할 소방관서의 정보통신장치에 표시되도록 할 것

02 공동주택

(1) 자동화재탐지설비(NFTC 608 2.7)

① **아날로그방식**의 감지기, **광전식 공기흡입형 감지기** 또는 이와 동등 이상의 기능·성능이 인정되는 것으로 설치할 것
② 세대 내 거실(취침용도로 사용될 수 있는 통상적인 방 및 거실을 말한다)에는 연기감지기를 설치할 것
③ 감지기 회로 단선 시 고장표시가 되며, 해당 회로에 설치된 감지기가 정상 작동될 수 있는 성능을 갖도록 할 것
④ 복층형 구조인 경우에는 출입구가 없는 층에 발신기를 설치하지 아니할 수 있다.

(2) 비상방송설비(NFTC 608 2.8)

① 확성기는 각 세대마다 설치할 것
② 아파트등의 경우 실내에 설치하는 확성기 음성입력은 **2와트** 이상일 것

(3) 유도등(NFTC 608 2.10)

① 소형 피난구 유도등을 설치할 것. 다만, 세대 내에는 유도등을 설치하지 않을 수 있다.
② 주차장으로 사용되는 부분은 중형 피난구유도등을 설치할 것
③ 「건축법 시행령」 및 「주택건설기준 등에 관한 규정」에 따라 **비상문자동개폐장치**가 설치된 **옥상 출입문**에는 **대형 피난구유도등**을 설치할 것

(4) 비상조명등(NFTC 608 2.11)

비상조명등은 각 거실로부터 지상에 이르는 복도·계단 및 그 밖의 통로에 설치해야 한다. 다만, 공동주택의 세대 내에는 출입구 인근 통로에 1개 이상 설치한다.

(5) 비상콘센트(NFTC 608 2.14)

아파트등의 경우에는 **계단의 출입구**(계단의 부속실을 포함하며 계단이 2개 이상 있는 경우에는 그 중 1개의 계단을 말한다)로부터 **5미터 이내**에 비상콘센트를 설치하되, 그 비상콘센트로부터 해당 층의 각 부분까지의 수평거리가 **50미터**를 초과하는 경우에는 비상콘센트를 추가로 설치해야 한다.

03 창고시설

(1) 비상방송설비(NFPC 609 2.4)

① 확성기의 음성입력은 **3와트**(실내에 설치하는 것을 포함한다) 이상으로 해야 한다.
② 창고시설에서 발화한 때에는 **전 층**에 **경보**를 발해야 한다.
③ 비상방송설비에는 그 설비에 대한 **감시상태**를 **60분**간 지속한 후 유효하게 **30분 이상** 경보할 수 있는 축전지설비(수신기에 내장하는 경우를 포함한다. 이하 같다) 또는 전기저장장치를 설치해야 한다.

(2) 자동화재탐지설비(NFPC 609 2.5)

① 감지기 작동 시 해당 감지기의 위치가 수신기에 표시되도록 해야 한다.
② 「개인정보 보호법」에 따른 영상정보처리기기를 설치하는 경우 수신기는 영상정보의 열람·재생 장소에 설치해야 한다.
③ 스프링클러설비를 설치하는 창고시설의 감지기는 아날로그방식의 감지기, 광전식 공기흡입형 감지기 또는 이와 동등 이상의 기능·성능이 인정되는 감지기를 설치할 것
④ 창고시설에서 발화한 때에는 **전 층**에 **경보**를 발해야 한다.
⑤ 자동화재탐지설비에는 그 설비에 대한 **감시상태**를 **60분**간 지속한 후 유효하게 **30분 이상** 경보할 수 있는 비상전원으로서 축전지설비 또는 전기저장장치를 설치해야 한다. 다만, 상용전원이 축전지설비인 경우에는 그렇지 않다.

(3) 유도등(NFPC 609 2.6)

① 피난구유도등과 거실통로유도등은 대형으로 설치해야 한다.
② 피난유도선은 연면적 15,000m^2 이상인 창고시설의 지하층 및 무창층에 다음 각 호의 기준에 따라 설치해야 한다.
   ㉠ 광원점등방식으로 바닥으로부터 **1m 이하**의 높이에 설치할 것
   ㉡ 각 층 직통계단 출입구로부터 건물 내부 벽면으로 **10m 이상** 설치할 것
   ㉢ 화재 시 점등되며 비상전원 **30분 이상**을 확보할 것

04 화재알림설비

(1) 용어 정의(NFTC 207 1,7)

① "화재알림형 감지기"란 화재 시 발생하는 열, 연기, 불꽃을 자동적으로 감지하는 기능 중 두 가지 이상의 성능을 가진 열·연기 또는 열·연기·불꽃 복합형 감지기로서 화재알림형 수신기에 주위의 온도 또는 연기의 양의 변화에 따라 각각 다른 전류 또는 전압 등(이하 "화재정보값"이라 한다)의 출력을 발하고, 불꽃을 감지하는 경우 화재신호를 발신하며, 자체 내장된 음향장치에 의하여 경보하는 것을 말한다.

② "화재알림형 중계기"란 화재알림형 감지기, 발신기 또는 전기적인 접점 등의 작동에 따른 화재정보값 또는 화재신호 등을 받아 이를 화재알림형 수신기에 전송하는 장치를 말한다.

③ "화재알림형 수신기"란 화재알림형 감지기나 발신기에서 발하는 화재정보값 또는 화재신호 등을 직접 수신하거나 화재알림형 중계기를 통해 수신하여 화재의 발생을 표시 및 경보하고, 화재정보값 등을 자동으로 저장하여, 자체 내장된 속보기능에 의해 화재신호를 통신망을 통하여 소방관서에는 음성 등의 방법으로 통보하고, 관계인에게는 문자로 전달할 수 있는 장치를 말한다.

④ "화재알림형 비상경보장치"란 발신기, 표시등, 지구음향장치(경종 또는 사이렌 등)를 내장한 것으로 화재발생 상황을 경보하는 장치를 말한다.

⑤ "원격감시서버"란 원격지에서 각각의 화재알림설비로부터 수신한 화재정보값 및 화재신호, 상태신호 등을 원격으로 감시하기 위한 서버를 말한다.

(2) 화재알림형 수신기(NFTC 207 2.1)

1) 화재알림형수신기의 적합기준(NFTC 207 2.1.1)

① 화재알림형 감지기, 발신기 등의 작동 및 설치지점을 확인할 수 있는 것으로 설치할 것

② 해당 특정소방대상물에 가스누설탐지설비가 설치된 경우에는 가스누설탐지설비로부터 가스누설신호를 수신하여 가스누설경보를 할 수 있는 것으로 설치할 것. 다만, 가스누설탐지설비의 수신부를 별도로 설치한 경우에는 제외한다.

③ 화재알림형 감지기, 발신기 등에서 발신되는 화재정보·신호 등을 자동으로 1년 이상 저장할 수 있는 용량의 것으로 설치할 것. 이 경우 저장된 데이터는 수신기에서 확인할 수 있어야 하며, 복사 및 출력도 가능하여야 한다.

④ 화재알림형 수신기에 내장된 속보기능은 화재신호를 자동적으로 통신망을 통하여 소방관서에는 음성 등의 방법으로 통보하고, 관계인에게는 문자로 전달할 수 있는 것으로 설치할 것

2) 화재알림형수신기의 설치기준(NFTC 207 2.1.2)

① 상시 사람이 근무하는 장소에 설치할 것. 다만, 사람이 상시 근무하는 장소가 없는 경우에는 관계인이 쉽게 접근할 수 있고 관리가 용이한 장소로서 화재 및 침수 등의 재해로 인한 피해를 받을 우려가 없는 곳에 설치하여야 한다.

② 화재알림형 수신기가 설치된 장소에는 화재알림설비 일람도를 비치할 것

③ 화재알림형 수신기의 내부 또는 그 직근에 주음향장치를 설치할 것

④ 화재알림형 수신기의 음향기구는 그 음압 및 음색이 다른 기기의 소음 등과 명확히 구별될 수 있는 것으로 할 것

⑤ 화재알림형 수신기의 조작 스위치는 바닥으로부터의 높이가 0.8m 이상 1.5m 이하인 장소에 설치할 것
⑥ 하나의 특정소방대상물에 2 이상의 화재알림형 수신기를 설치하는 경우에는 화재알림형 수신기를 상호 간 연동하여 화재발생 상황을 각 화재알림형 수신기마다 확인할 수 있도록 할 것
⑦ 화재로 인하여 하나의 층의 화재알림형 비상경보장치 또는 배선이 단락되어도 다른 층의 화재통보에 지장이 없도록 각 층 배선 상에 유효한 조치를 할 것. 다만, 무선식의 경우 제외한다.

(3) 화재알림형 중계기(NFTC 207 2.2)

① 화재알림형 수신기와 화재알림형 감지기 사이에 설치할 것
② 조작 및 점검에 편리하고 화재 및 침수 등의 재해로 인한 피해를 받을 우려가 없는 장소에 설치할 것. 다만, 외기에 개방되어 있는 장소에 설치하는 경우 빗물·먼지 등으로부터 화재알림형 중계기를 보호할 수 있는 구조로 설치하여야 한다.
③ 화재알림형 수신기에 따라 감시되지 않는 배선을 통하여 전력을 공급받는 것에 있어서는 전원입력측의 배선에 과전류 차단기를 설치하고 해당 전원의 정전이 즉시 화재알림형 수신기에 표시되는 것으로 하며, 상용전원 및 예비전원의 시험을 할 수 있도록 할 것

(4) 화재알림형 감지기(NFTC 207 2.3)

① 화재알림형 감지기 중 열을 감지하는 경우 공칭감지온도범위, 연기를 감지하는 경우 공칭감지농도범위, 불꽃을 감지하는 경우 공칭감시거리 및 공칭시야각 등에 따라 적합한 장소에 설치하여야 한다. 다만, 이 기준에서 정하지 않는 설치방법에 대하여는 형식승인 사항이나 제조사의 시방서에 따라 설치할 수 있다.
② 무선식의 경우 화재를 유효하게 검출할 수 있도록 해당 특정소방대상물에 음영구역이 없도록 설치하여야 한다.
③ 동작된 감지기는 자체 내장된 음향장치에 의하여 경보를 발하여야 하며, 음압은 부착된 화재알림형 감지기의 중심으로부터 1m 떨어진 위치에서 85dB 이상 되어야 한다.

(5) 비화재보방지(NFTC 207 2.4)

화재알림설비는 화재알림형 수신기 또는 화재알림형 감지기에 자동보정기능이 있는 것으로 설치하여야 한다. 다만, 자동보정기능이 있는 화재알림형 수신기에 연결하여 사용하는 화재알림형 감지기는 자동보정기능이 없는 것으로 설치한다.

(6) 화재알림형 비상경보장치(NFTC 207 2.5)

1) 설치기준(NFTC 207 2.5.1)

화재알림형 비상경보장치는 다음의 기준에 따라 설치하여야 한다. 다만, 전통시장의 경우 공용부분에 한하여 설치할 수 있다.

① 층수가 11층(공동주택의 경우에는 16층) 이상의 특정소방대상물은 발화층에 따라 경보하는 층을 달리하여 경보를 발할 수 있도록 할 것. 다만, 그 외 특정소방대상물은 전층경보방식으로 경보를 발할 수 있도록 설치하여야 한다.
㉠ 2층 이상의 층에서 발화한 때에는 발화층 및 그 직상 4개 층에 경보를 발할 것
㉡ 1층에서 발화한 때에는 발화층·그 직상 4개 층 및 지하층에 경보를 발할 것

㉢ 지하층에서 발화한 때에는 발화층·그 직상층 및 기타의 지하층에 경보를 발할 것

② 화재알림형 비상경보장치는 특정소방대상물의 층마다 설치하되, 해당 특정소방대상물의 각 부분으로부터 하나의 화재알림형 비상경보장치까지의 수평거리가 25m 이하(다만, 복도 또는 별도로 구획된 실로서 보행거리 40m 이상일 경우에는 추가로 설치하여야 한다)가 되도록하고, 해당 층의 각 부분에 유효하게 경보를 발할 수 있도록 설치할 것. 다만, 「비상방송설비의 화재안전기술기준(NFTC 202)」에 적합한 방송설비를 화재알림형 감지기와 연동하여 작동하도록 설치한 경우에는 비상경보장치를 설치하지 아니하고, 발신기만 설치할 수 있다.

③ '①'에도 불구하고 '②'의 기준을 초과하는 경우로서 기둥 또는 벽이 설치되지 아니한 대형공간의 경우 화재알림형 비상경보장치는 설치대상 장소 중 가장 가까운 장소의 벽 또는 기둥 등에 설치할 것

④ 화재알림형 비상경보장치는 조작이 쉬운 장소에 설치하고, 발신기의 스위치는 바닥으로부터 0.8m 이상 1.5m 이하의 높이에 설치할 것

⑤ 화재알림형 비상경보장치의 위치를 표시하는 표시등은 함의 상부에 설치하되, 그 불빛은 부착면으로부터 15° 이상의 범위 안에서 부착지점으로부터 10 m 이내의 어느 곳에서도 쉽게 식별할 수 있는 적색등으로 설치할 것

2) 구조 및 성능(NFTC 207 2.5.2)

① 정격전압의 80% 전압에서 음압을 발할 수 있는 것으로 할 것. 다만, 건전지를 주전원으로 사용하는 화재알림형 비상경보장치는 그렇지 않다.

② 음압은 부착된 화재알림형 비상경보장치의 중심으로부터 1m 떨어진 위치에서 90 dB 이상이 되는 것으로 할 것

③ 화재알림형 감지기 및 발신기의 작동과 연동하여 작동할 수 있는 것으로 할 것

④ 하나의 특정소방대상물에 2 이상의 화재알림형 수신기가 설치된 경우 어느 화재알림형 수신기에서도 화재알림형 비상경보장치를 작동할 수 있도록 하여야 한다.

(7) 원격감시서버(NFTC 207 2.6)

① 화재알림설비의 감시업무를 위탁할 경우 원격감시서버는 다음의 기준에 따라 설치할 것을 권장한다.

② 원격감시서버의 비상전원은 상용전원 차단 시 24시간 이상 전원을 유효하게 공급될 수 있는 것으로 설치한다.

③ 화재알림설비로부터 수신한 정보(주소, 화재정보·신호 등)를 1년 이상 저장할 수 있는 용량을 확보한다.

㉠ 저장된 데이터는 원격감시서버에서 확인할 수 있어야 하며, 복사 및 출력도 가능할 것

㉡ 저장된 데이터는 임의로 수정이나 삭제를 방지할 수 있는 기능이 있을 것

05 전원설비

01-1 전원

(1) 전원의 종류

① **상용전원** : 평상 시 **주전원**으로 사용되는 전원
② **비상전원** : **상용전원**의 **정전 시**에 사용되는 전원
③ **예비전원** : **상용전원**의 **고장** 또는 **용량 부족 시** 최소한의 기능을 유지하기 위한 전원

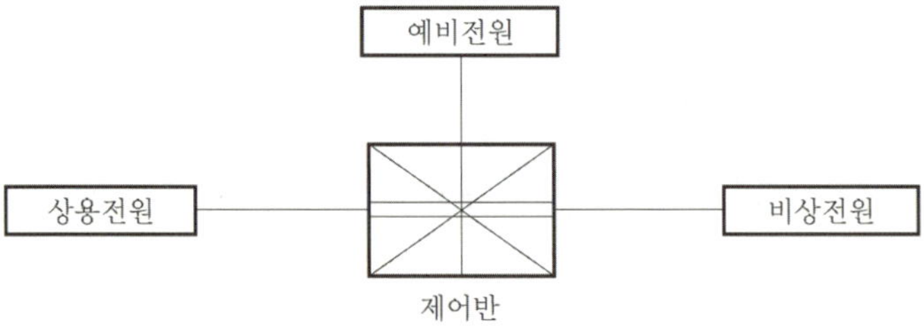

| 전원설비 |

(2) 자동절환개폐기(Auto Tranfer Swich : ATS)

상용전원의 **정전** 또는 **전압**이 기준치 이하로 떨어질 경우 **자동적**으로 **비상전원** 또는 **예비전원**을 **공급**받을 수 있도록 하는 개폐기

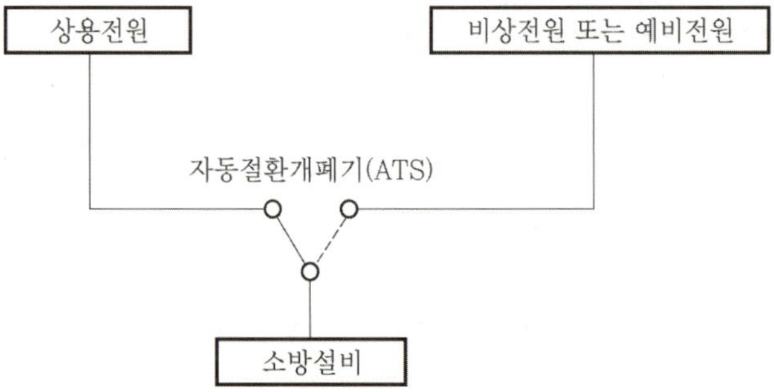

| 자동절환개폐기 |

(3) 배선용 차단기(Molded Case Circuit Breaker : MCCB)

과부하 및 **단락보호**를 겸한 **차단기**로서 **퓨즈**(fuse)를 사용하지 않아 **차단 후**에도 **반복**하여 **재투입**이 가능하며 반영구적으로 사용이 가능하다.

① **배선용 차단기의 그림기호(심벌)**

명 칭	그림기호	적 용
배선용 차단기	B	1. 상자인 경우는 상자의 재질 등을 표기한다. 2. 극수, 프레임의 크기, 정격전류 등을 표기한다. 〈보기〉 B 3P ← 극수 225AF ← 프레임의 크기 150A ← 정격전류 3. 모터브레이커를 표시하는 경우는 Ⓑ를 사용한다. 4. B를 S MCB로서 표시하여도 좋다.

② **배선용 차단기의 특징**

㉠ **부하차단능력**이 **우수**하다.
㉡ **신뢰성**이 **높다.**
㉢ **소형 경량**으로 **사용**이 **용이**하다.
㉣ **회로 차단여부**를 **쉽게 확인**할 수 있다.
㉤ **충전부**가 **노출되지 않아 안전**하게 사용할 수 있다.
㉥ **반복**하여 **재투입**이 **가능**하다.

쉬어가는 코너

계획 없는 목표는 한낱 꿈에 불과하다.

-생텍쥐 페리-

핵심기출문제

01 다음의 용어를 국문 또는 영문으로 쓰시오. 배점 : 5 [07년]

(1) MDF
(2) LAN
(3) PBX
(4) CAD
(5) CVCF

• **실전모범답안**

(1) 주배선반
(2) 구내 정보통신망
(3) 사설 구내 교환기
(4) 컴퓨터 지원설계
(5) 정전압 정주파수장치

상세해설 약호 및 명칭

(1) 주배선반(Main Distributing Frame : MDF)

가입자 선로나 중계선로를 전화국 내에 끌어들일 때 **선로측**과 **라인링크 스위치**나 **트렁크** 등의 **국내 기기측**을 접속하기 위한 배선반

(2) 구내 정보통신망(Local Area Network : LAN)

같은 건물 내 또는 학교나 공장의 구내와 같은 한정된 지역 내에 분산 설치되어 있는 각종 **컴퓨터** 및 **기타 장치**를 **통신선**으로 **연결**하여 하나의 장치가 다른 어떤 장치와도 상호작용할 수 있게 하는 **망시스템**

(3) 사설 구내 교환기(Private Branch Exchage : PBX)

자동으로 **전화**를 연결해 주는 **구내 전화 교환시스템**

(4) 컴퓨터 지원설계(Computer Aided Design : CAD)

기계, 전기, 건축 분야 등의 **설계**에 **컴퓨터**를 이용하는 것

(5) 정전압 정주파수장치(Constant Voltage Constant Frequency : CVCF)

정류장치(컨버터)와 **역변환장치(인버터)**를 **합한 것**으로서 축전지를 가지지 않는 것

01-1 다음에서 한글로 된 것은 영문 약자로 표시하고, 영문 약자는 한글로 표현하시오. 배점 : 5 [07년]

(1) 450/750V 저독성 난연 가교 폴리올레핀 절연전선
(2) 접지용 비닐전선
(3) CT
(4) ELB
(5) ZCT

• **실전모범답안**

(1) HFIX
(2) GV
(3) 변류기
(4) 누전차단기
(5) 영상변류기

상세해설 약호 및 명칭

(1) 전선의 약호 및 명칭

약 호	명 칭
DV	인입용 비닐절연전선
OW	옥외용 비닐절연전선
HFIX	450/750V 저독성 난연 가교 폴리올레핀 절연전선
HFCO(단심)	0.6/1[kV] 가교 폴리에틸렌 절연 저독성 난연 폴리올레핀 시스 전력케이블
HFCO(삼심)	6/10[kV] 가교 폴리에틸렌 절연 저독성 난연 폴리올레핀 시스 전력용케이블
CV	가교 폴리에틸렌 절연비닐 외장(시스) 케이블
MI	미네랄 인슐레이션케이블
IH	하이퍼론 절연전선
GV	접지용 비닐절연전선

(2) 영상변류기(Zero phase seqeuence Current Transformer : ZCT)
경계전로의 **누설전류**를 **자동적**으로 **검출**하여 이를 **누전경보기**의 **수신부**에 **송신**

(3) 누전차단기(Earth Leakage Breaker : ELB)
비충전 금속부의 **전압**이나 **누설전류**에 의한 **전원**의 **불평형 전류**가 **소정**의 **값**을 **초과**했을 때 **전원**을 **차단**할 수 있도록 한 장치

(4) 변류기(Current Transformer : CT)
대전류를 **소전류**로 **낮추어** **측정**하는 기기

01-2 다음을 영문 약자로 나타내시오. 배점 : 10 [08년]

(1) 누전경보기
(2) 영상변류기
(3) 유입차단기
(4) 열동계전기

• **실전모범답안**

(1) ELD
(2) ZCT
(3) OCB
(4) THR

상세해설 약호 및 명칭

(1) 유입차단기(Oil Circuit Breaker : OCB)
(2) 누전경보기(Earth Leakage Detector : ELD)
(3) 영상변류기(Zero Phase Sequence Current Transformer : ZCT)
(4) 열동계전기(Thermal Reray : THR)

01-3 다음 그림은 상시 전원이 정전 시에 상시 전원에서 예비전원으로 바꾸는 경우이다. 기호 Ⓐ와 Ⓑ의 명칭을 쓰시오. 배점 : 4 [09년] [15년] [19년]

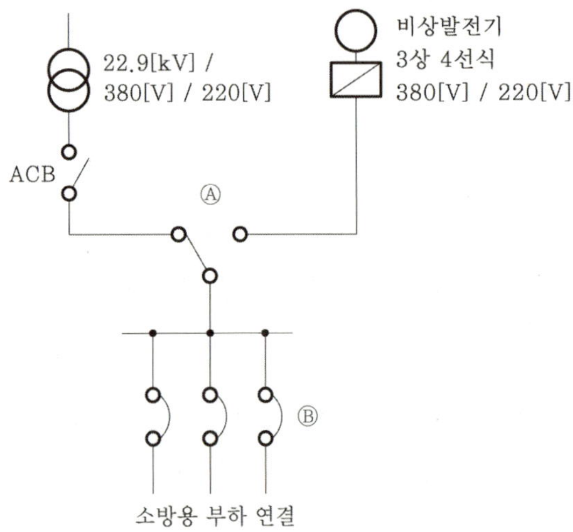

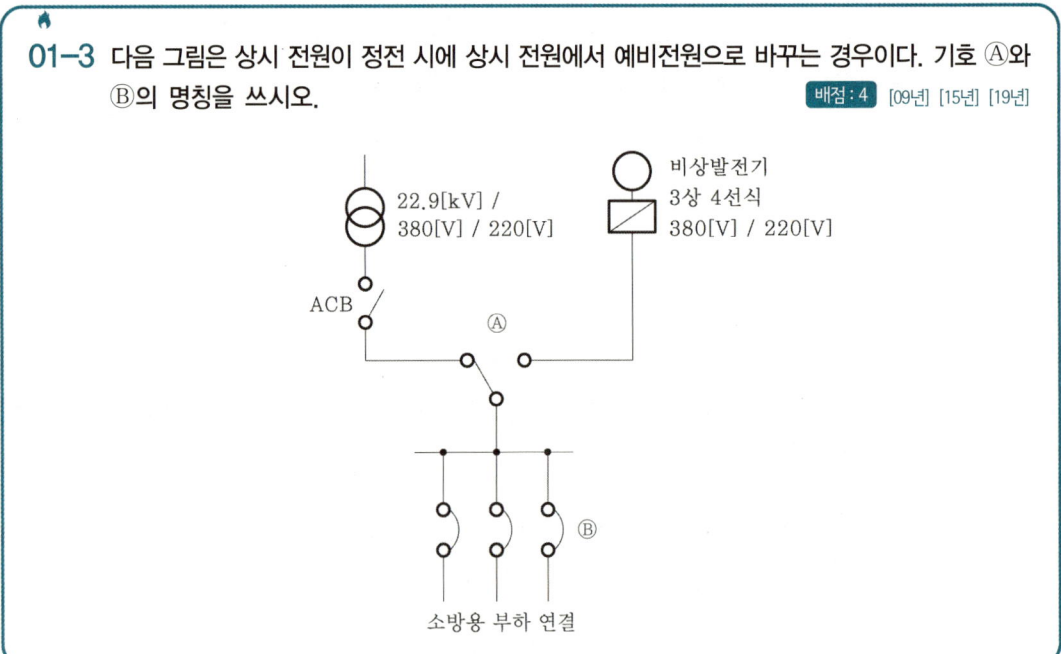

• **실전모범답안** Ⓐ 자동절환개폐기
Ⓑ 배선용 차단기

01-4 배선용 차단기의 특징을 4가지만 쓰시오.

배점 : 4 [06년]

• **실전모범답안**

① 부하차단능력이 우수하다.
② 신뢰성이 높다.
③ 소형 경량으로 사용이 용이하다.
④ 회로 차단여부를 쉽게 확인할 수 있다.

01-5 그림은 배선용 차단기의 심벌이다. 각 기호가 의미하는 바를 쓰시오.

배점 : 5 [10년] [20년]

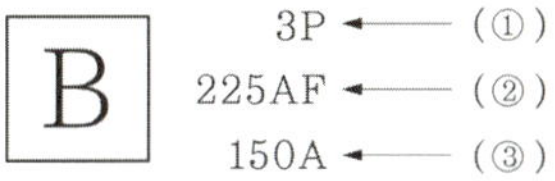

• **실전모범답안**

① 극수 : 3극
② 프레임의 크기 : 225A
③ 정격전류 : 150

01-2 비상전원

(1) 비상전원의 종류

① 축전지설비
② 자가발전설비
③ 비상전원수전설비
④ 전기저장장치

참고 비상전원의 감시기능 · 제어기능

① **감시기능** : **비상전원**으로부터 **전원**을 **공급**받고 **비상전원**의 **공급여부**를 **확인**할 수 있어야 하며 특별한 조작없이 **감시상태**로만 있는 기능
② **제어기능** : **소방시설**을 **자동** 및 **수동**으로 **작동**시키거나 **중단**시킬 수 있어야 하며 **각종 시험**을 할 수 있는 기능

(2) 무정전전원장치(Uninterruptible Power Supply : UPS)

평상시에는 **상용전원**에서 정류장치, 역변환장치, 변형보정회로 등을 경유시켜 부하로 **교류**를 **공급**하고 있으며, 다시 정류장치 출력에 축전지를 접속하여 부동동작 시킴으로써 **정전 시**에는 이 **축전지**에서 인버터를 경유하여 계속 **전력**을 **공급**하는 장치

(3) 무정전전원장치(UPS)의 구성도

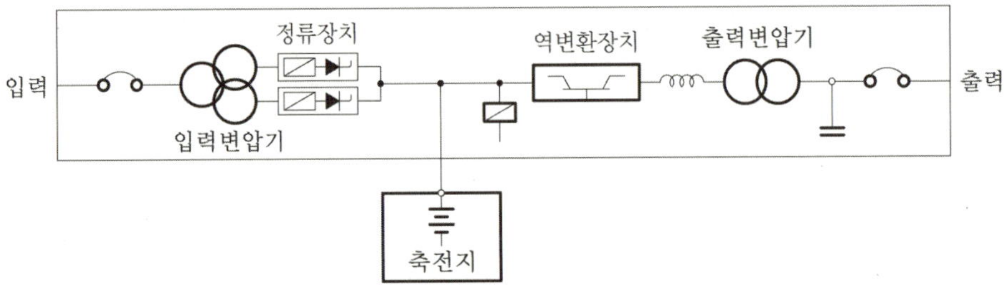

| UPS의 구성도 1 |

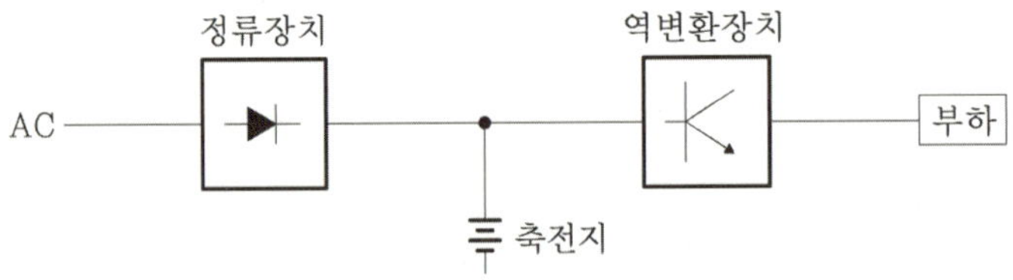

| UPS의 구성도 2 |

참고 정전압 정주파수장치(Constant Voltage Constant Frequency : CVCF)

정류장치(컨버터)와 역변환장치(인버터)를 합한 것으로서 축전지를 가지지 않는 것

(4) 축전지설비

① 축전지의 비교

구 분	알칼리축전지	연축전지
기전력	1.32V	2.05~2.08V
공칭전압	1.2V	2.0V
방전종지전압	0.96V	1.6V
공칭용량	5Ah	10Ah
충전시간	짧다	길다
수명	15~20년	5~15년
종류	소결식, 포켓식	클래드식, 페이스트식
기계적 강도	강하다	약하다
가격	비싸다	싸다

② 축전지의 충전방식

㉠ **보통충전방식** : 필요할 때 바로 **표준시간율**로 **소정**의 **충전**을 하는 방식

㉡ **급속충전방식** : 비교적 **단시간**에 **보통충전전류**의 **2~3배**의 **전류**로 **충전**하는 방식

㉢ **부동충전방식** : 축전지의 **자기방전**을 **보충**함과 동시에 **상용부하**에 대한 **전력공급**은 **충전기**가 **부담**하도록 하되 충전기가 부담하기 어려운 일시적인 **대전류부하**는 **축전지**로 하여금 **부담**하게 하는 방식(**축전지**와 **부하**를 **충전기**에 **병렬**로 **접속**하여 일반적으로 **거치용 축전지설비**에 **가장 많이 사용**한다.)

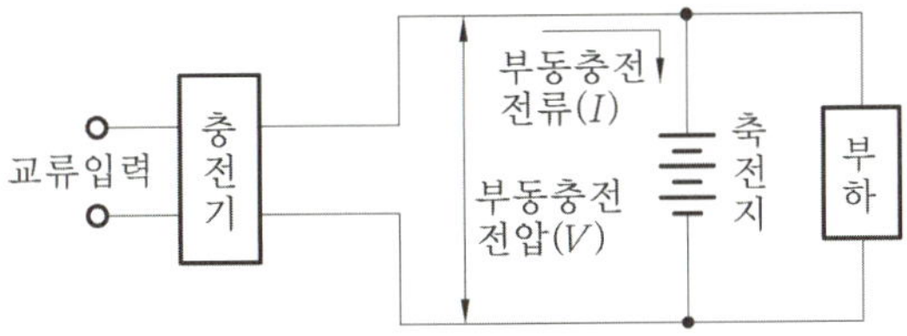

| 부동충전방식 |

㉣ **균등충전방식** : **부동충전방식**에 의하여 사용할 때 각 **전해조**에서 일어나는 **전해차**를 **보정**하기 위하여 **1~3개월**마다 **1회 정전압**으로 **10~12시간 충전**하여 각 **전해조**의 **용량**을 **균일화**하기 위하여 행하는 방식

㉤ **세류(트리클)충전방식** : **자기방전량**만을 **항상 충전**하는 **부동충전방식**의 일종

㉥ **회복충전방식** : 축전지의 **과방전** 또는 **방치상태**에서 **기능회복**을 위하여 실시하는 충전방식

참고 용량저하율(보수율)

축전지설비에서 **축전지**를 **장기간 사용**하거나 **사용조건** 등의 **변경**으로 인한 **용량변화**를 **보상**하는 **보정치**로 보통 **0.8**을 적용한다.

참고 축전지의 점검장비

① 비중계
② 스포이드
③ 절연저항계
④ 전류전압측정계

(5) 자가발전설비

① 발전기 결선도

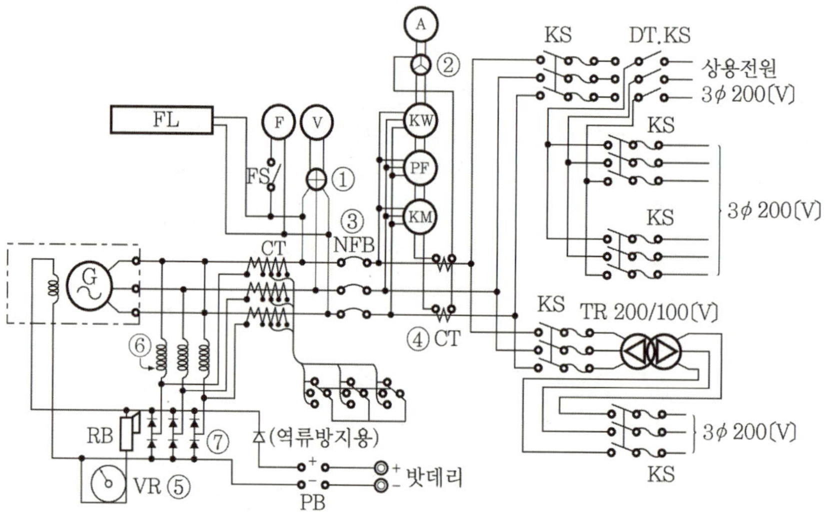

㉠ **VS**(Volt meter Switch) : **전압계용** 절환개폐기
㉡ **AS**(Ampere meter Switch) : **전류계용** 절환개폐기
㉢ **배선용 차단기**(Molded Case Circuit Breaker : MCCB) : **과부하** 및 **단락보호**를 겸한 차단기로서 **퓨즈**(fuse)를 **사용하지 않아 차단 후**에는 **반복**하여 **재투입**이 **가능**하며 **반영구적**으로 사용이 가능하다. 원어는 No Fuse Breaker이다.
㉣ **변류기**(Current Transformer : CT) : **대전류**를 **소전류**로 **낮추어 측정**하는 기기
㉤ **전압조정기**(Voltage Regulator : VR) : **발전기, 기타**의 **전원전압**을 **입력전압**의 **변동** 또는 **부하변화**에 관계없이 **요구**되는 **한도 내**로 **위치**시키는 **기능**을 가지고 있는 장치
㉥ **직렬리액터**(Series Reactor : SR) : **제5고조파**에 의한 **파형**이 **찌그러지는 것**을 **방지**하기 위해 설치하는 기기로서 **고조파전류**에 의한 **계전기**의 **오작동**을 **방지**한다.
㉦ **3상 정류기**(three phase rectifier) : **3상 전류**를 **직류**로 **변환**하는 기기

(6) 비상전원수전설비

① **비상전원수전설비의 용어 정의**

㉠ **소방회로** : 소방부하에 전원을 공급하는 전기회로

㉡ **일반회로** : 소방회로 이외의 전기회로

㉢ **수전설비** : 전력수급용 계기용 변성기, 주차단장치 및 그 부속기기

㉣ **변전설비** : 전력용 변압기 및 그 부속장치

㉤ **전용큐비클식** : 소방회로용의 것으로 수전설비, 변전설비, 그 밖의 기기 및 배선을 금속제 외함에 수납한 것

㉥ **공용큐비클식** : 소방회로 및 일반회로 겸용의 것으로서 수전설비, 변전설비, 그 밖의 기기 및 배선을 금속제 외함에 수납한 것

㉦ **전용배전반** : 소방회로 전용의 것으로 개폐기, 과전류차단기, 계기, 그 밖의 배선용 기기 및 배선을 금속제 외함에 수납한 것

㉧ **공용배전반** : 소방회로 및 일반회로 겸용의 것으로서 개폐기, 과전류차단기, 계기, 그 밖의 배선용 기기 및 배선을 금속제 외함에 수납한 것

㉨ **전용분전반** : 소방회로 전용의 것으로서 분기개폐기, 분기과전류차단기, 그 밖의 배선용 기기 및 배선을 금속제 외함에 수납한 것

㉩ **공용분전반** : 소방회로 및 일반회로 겸용의 것으로서 분기개폐기, 분기과전류차단기, 그 밖의 배선용 기기 및 배선을 금속제 외함에 수납한 것

② **고압 또는 특고압 수전의 경우**

전용의 전력용 변압기에서 소방부하에 전원을 공급하는 경우

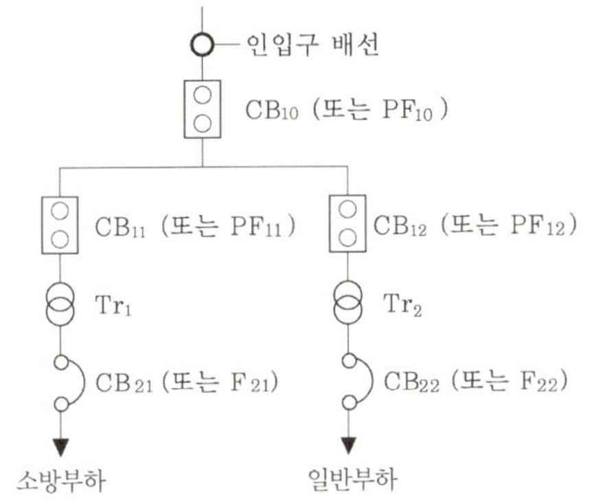

㈜ 1. 일반회로의 과부하 또는 단락사고 시에 CB_{10}(또는 PF_{10})이 CB_{12}(또는 PF_{12}) 및 CB_{22}(또는 F_{22})보다 먼저 차단되어서는 아니된다.

2. CB_{11}(또는 PF_{11})은 CB_{12}(또는 PF_{12})와 동등 이상의 차단용량일 것

약 호	명 칭
CB	전력차단기
PF	전력퓨즈(고압 또는 특별고압용)
F	퓨즈(저압용)
Tr	전력용 변압기

공용의 전력용 변압기에서 소방부하에 전원을 공급하는 경우

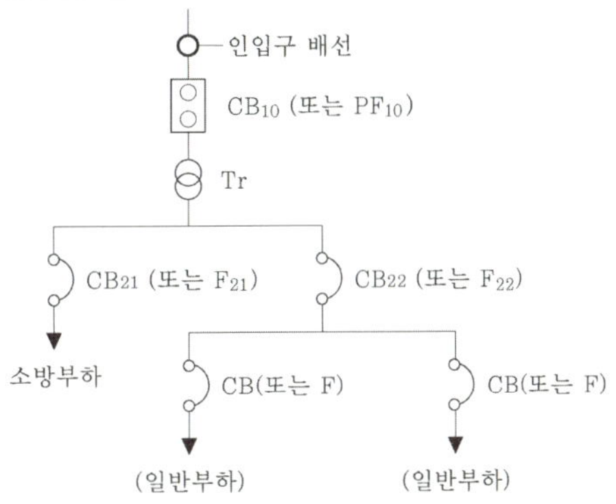

㈜ 1. 일반회로의 과부하 또는 단락사고 시에 CB_{10}(또는 PF_{10})이 CB_{22}(또는 F_{22}) 및 CB(또는 F)보다 먼저 차단되어서는 아니된다.

2. CB_{21}(또는 F_{21})은 CB_{22}(또는 F_{22})와 동등 이상의 차단용량일 것

③ **저압수전의 경우**

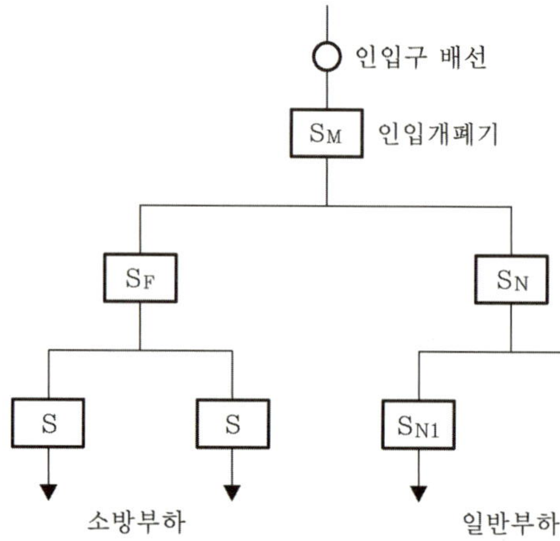

㈜ 1. 일반회로의 과부하 또는 단락사고 시 S_M이 S_N, S_{N1} 및 S_{N2}보다 먼저 차단되어서는 아니된다.
2. S_F는 S_N과 동등 이상의 차단용량일 것

약 호	명 칭
S	저압용개폐기 및 과전류차단기

(7) 각 설비별 비상전원

구 분	비상전원
• 유도등	• 축전지설비
• 자동화재탐지설비 • 비상경보설비 • 비상방송설비	• 축전지설비 • 전기저장장치
• 비상조명등(예비전원을 내장하지 아니한 것) • 제연설비 • 옥내소화전설비 • 분말소화설비	• 축전지설비 • 자가발전설비 • 전기저장장치
• 비상콘센트설비 • 스프링클러설비	• 축전지설비 • 자가발전설비 • 전기저장장치 • 비상전원수전설비 (단, 스프링클러설비의 경우 차고, 주차장의 바닥면적의 합계가 1,000[m²] 미만인 경우만)

핵심기출문제

01 소방시설에 사용하는 비상전원에는 감시기능과 제어기능이 있다. 감시기능과 제어기능에 대하여 간단히 설명하시오. 배점 : 4 [12년]

(1) 감시기능 :

(2) 제어기능 :

• **실전모범답안**

(1) 감시기능 : 비상전원으로부터 전원을 공급받고 비상전원의 공급여부를 확인할 수 있어야 하며 특별한 조작없이 감시상태로만 있는 기능

(2) 제어기능 : 소방시설을 자동 및 수동으로 작동시키거나 중단시킬 수 있어야 하며 각종 시험을 할 수 있는 기능

01-1 다음 그림은 UPS 시스템이다. 다음 각 물음에 답하시오. 배점 : 6 [06년] [08년]

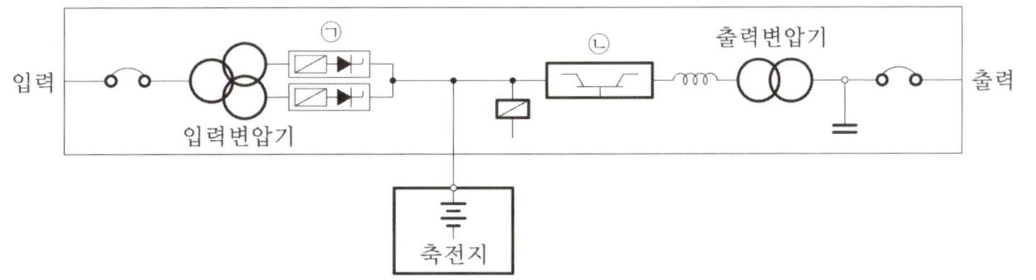

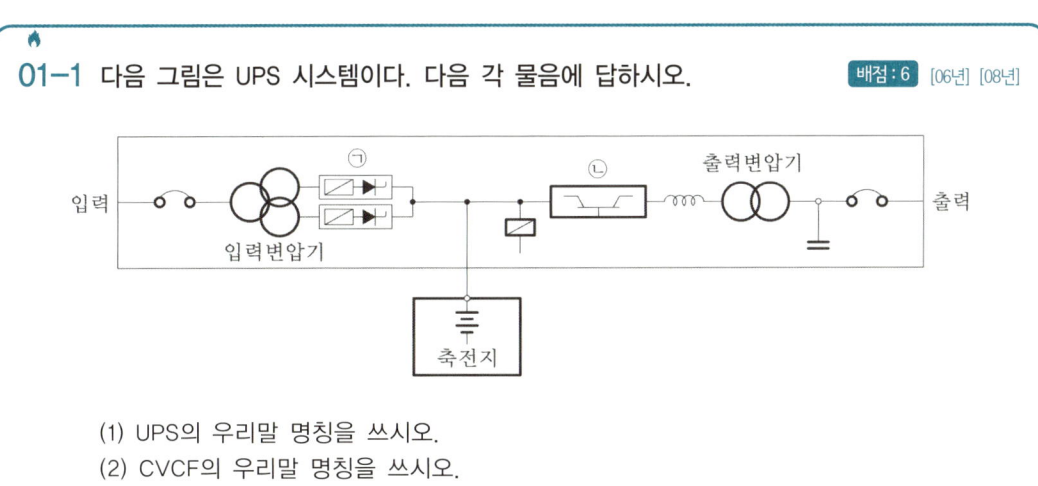

(1) UPS의 우리말 명칭을 쓰시오.

(2) CVCF의 우리말 명칭을 쓰시오.

(3) 그림에서 ㉠, ㉡의 명칭을 쓰시오.

• **실전모범답안**

(1) 무정전전원장치

(2) 정전압 정주파수장치

(3) ㉠ 정류장치(컨버터)

㉡ 역변환장치(인버터)

01-2 그림은 UPS의 구성도이다. 다음 각 물음에 답하시오. 배점 : 6 [04년]

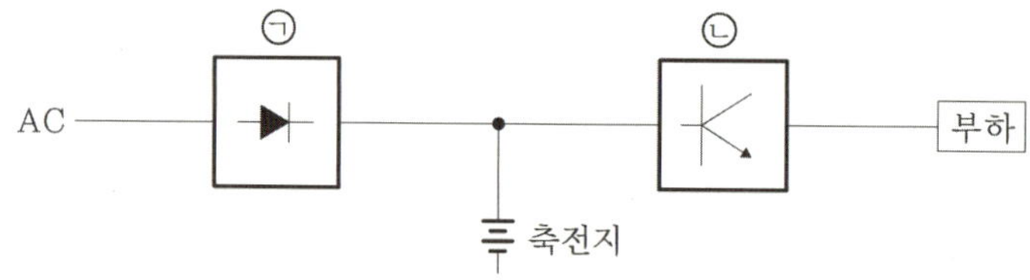

(1) UPS의 우리말 명칭은 무엇인지 쓰시오.
(2) 기호 ㉠, ㉡의 명칭은 무엇인지 쓰시오.

• **실전모범답안**

(1) 무정전전원장치
(2) ㉠ 정류장치(컨버터)
㉡ 역변환장치(인버터)

01-3 직류전원설비에 대한 다음 각 물음에 답하시오. 배점 : 6 [15년]

(1) 축전지에는 수명이 있으며, 또한 부하를 만족하는 용량을 감정하기 위한 계수로서 보통 0.8로 하는 것을 쓰시오.
(2) 전지 개수를 결정할 때 셀수를 N, 1셀당 축전지의 공칭전압을 V_B[V/cell], 부하의 정격 전압을 V[V], 축전지 용량을 C[Ah]라 하면 셀수 N은 어떻게 표현되는지 쓰시오.
(3) 그림과 같이 구성되는 충전방식은 무슨 충전방식인지 쓰시오.

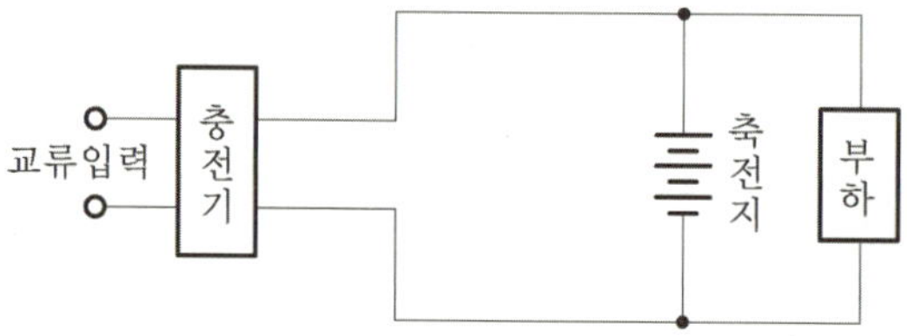

• **실전모범답안**

(1) 용량저하율(보수율)
(2) $N = \frac{V}{V_B}$
(3) 부동충전방식

상세해설

$$N = \frac{V}{V_B}$$

여기서, N : 셀수[cell]

V : 부하의 정격전압[V]

V_B : 1셀당 축전지의 공칭전압[V/cell]

01-4 축전지설비 기능점검 시 필요한 점검기구 4가지를 쓰시오. 배점 : 8 [09년] [17년]

• 실전모범답안

① 비중계
② 스포이드
③ 절연저항계
④ 전류전압측정계

01-5 소방관련법상 사용하는 비상전원의 종류 3가지를 쓰시오. 배점 : 8 [09년] [18년]

• 실전모범답안

① 자가발전설비
② 축전지설비
③ 비상전원수전설비

01-6 도면은 발전기반 결선도로서 셀 모터에 의한 기동을 나타낸 것이다. 이 도면을 보고 다음 각 물음에 답하시오. 배점 : 5 [06년]

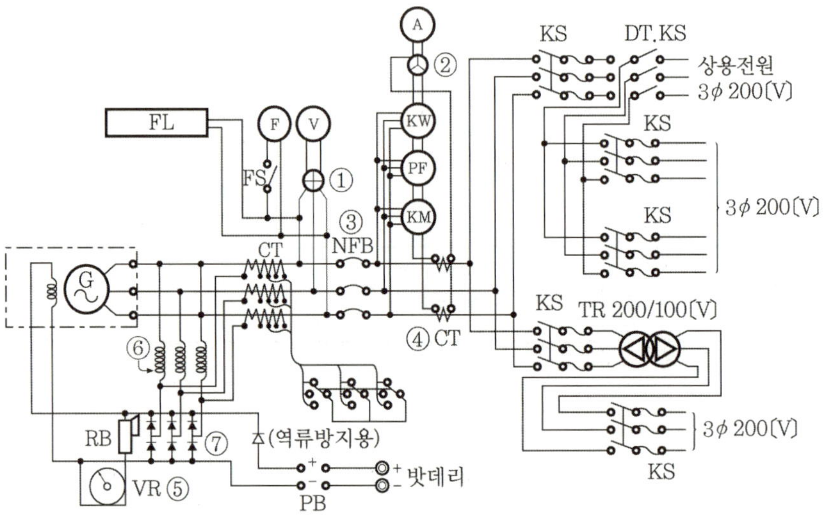

CS : 부하 시 전압조정기, RB : 초기여자용 누름단추

(1) 도면에서 ①~②에 해당되는 명칭의 제어약호는 무엇인지 쓰시오.

(2) 도면에서 ③~⑤의 우리말 명칭을 쓰시오.

(3) 도면의 ⑥~⑦은 무엇인지 쓰시오.

• **실전모범답안**

(1) ① VS

② AS

(2) ③ 배선용 차단기

④ 변류기

⑤ 전압조정기

(3) ⑥ 직렬리액터

⑦ 3상 정류기

01-7 다음은 소방시설용 비상전원수전설비로서 고압 또는 특고압으로 수전하는 도면이다. 다음 각 물음에 답하시오.

배점 : 6 [10년] [17년]

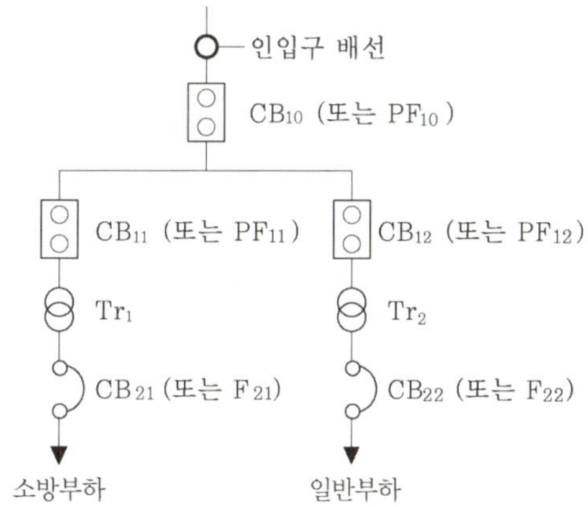

(1) 다음 약호의 명칭을 쓰시오.

약 호	명 칭
CB	
PF	
F	
Tr	

(2) 일반회로의 과부하 또는 단락사고 시에 CB_{10}(또는 PF_{10})이 어떤 기기보다 먼저 차단되어서는 안 되는지 쓰시오.

(3) CB_{11}(또는 PF_{11})은 어느 것과 동등 이상의 차단용량이어야 하는지 쓰시오.

• **실전모범답안**

(1)

약 호	명 칭
CB	전력차단기
PF	전력퓨즈(고압 또는 특고압용)
F	퓨즈(저압용)
Tr	전력용 변압기

(2) CB_{12}(또는 PF_{12}) 및 CB_{22}(또는 PF_{22})

(3) CB_{12}(또는 PF_{12})

01-8 다음 표를 보고 각 설비에서 해당되는 비상전원에 ○ 표시를 하시오. 배점 : 5 [10년] [15년] [17년]

구 분	자가발전설비	축전지설비	비상전원수전설비
옥내소화전설비, 제연설비, 연결송수관설비			
비상콘센트설비			
자동화재탐지설비, 유도등, 비상방송설비			
스프링클러설비			

• 실전모범답안

구 분	자가발전설비	축전지설비	비상전원수전설비
옥내소화전설비, 제연설비, 연결송수관설비	○	○	
비상콘센트설비	○	○	○
자동화재탐지설비, 유도등, 비상방송설비		○	
스프링클러설비	○	○	○

06 기타

(1) 방전코일

① **방전코일을 설치하는 경우** : 하나의 차단기로 부하와 진상콘덴서를 동시에 개폐하지 않는 경우로서 방전코일을 설치하여 잔류전하를 방전시켜야 한다.

② **방전코일을 설치하지 않는 경우** : 하나의 차단기로 부하와 진상콘덴서를 동시에 개폐하는 경우로서 부하에 있는 코일을 통하여 잔류전하를 방전시키므로 방전코일을 설치하지 않아도 된다.

(2) 트랜지스터(Transistor)

규소나 저마늄으로 만들어진 반도체를 세겹으로 접합하여 만든 전자회로의 구성요소로서 전류나 전압흐름을 조절하여 증폭 및 스위치 역할을 한다.

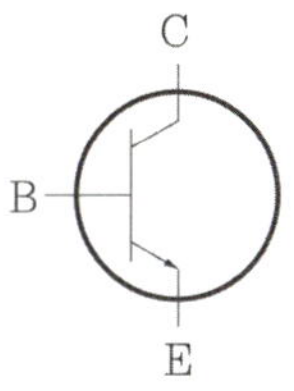

| 트랜지스터의 기호 |

(3) 브리지형 전파정류회로

① 콘덴서가 있는 경우

㉠ 회로도

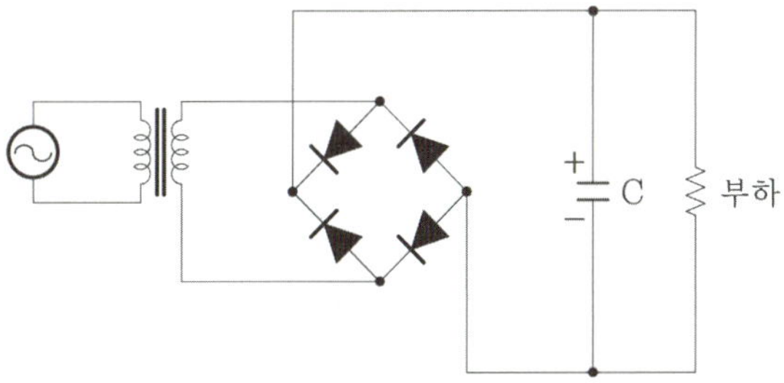

㉡ 출력전압파형

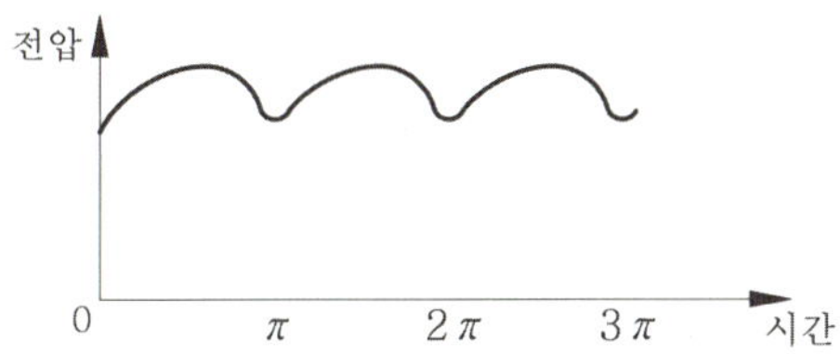

② **콘덴서가 없는 경우**

㉠ **회로도**

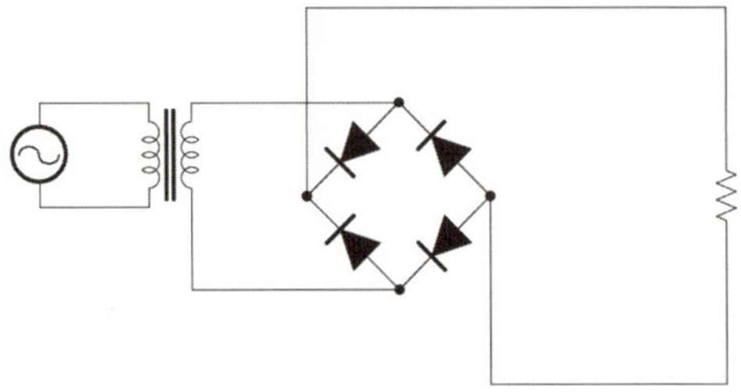

㉡ **출력전압파형**

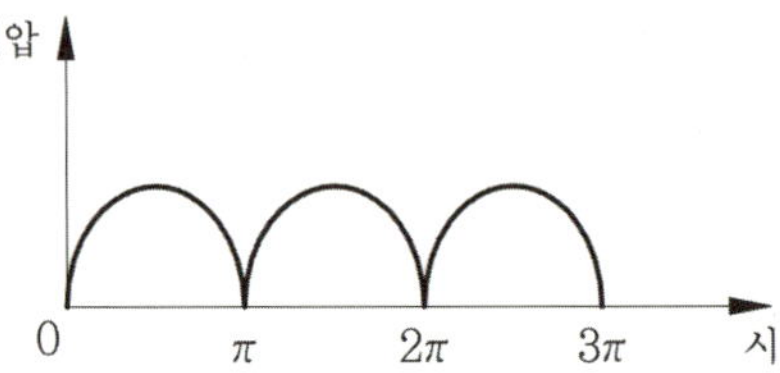

참고 **콘덴서(Condenser)**

브리지회로의 출력측에 **병렬**로 설치하며 **직류전압**을 **일정하게 유지**시킨다.

(4) 세그먼트

서로 구분되는 기억장치의 연속된 한 영역

① **세그먼트 구성**

숫 자	세그먼트	숫 자	세그먼트
1	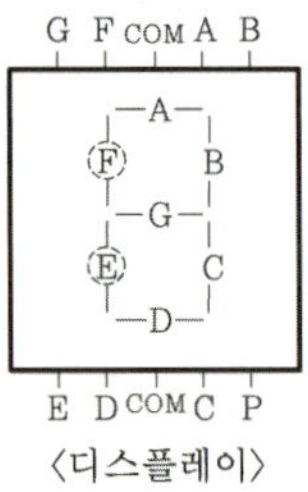 〈디스플레이〉 F, E 구간에 다이오드(Diode)를 설치하면 숫자 1이 구성된다.	2	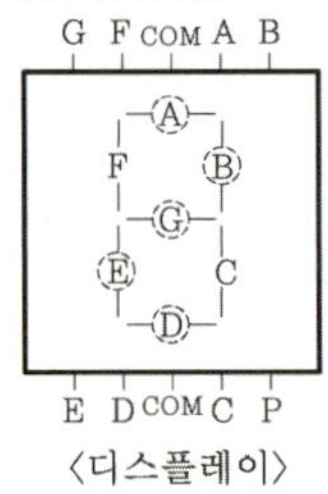 〈디스플레이〉 A, B, G, E, D 구간에 다이오드(Diode)를 설치하면 숫자 2가 구성된다.
3	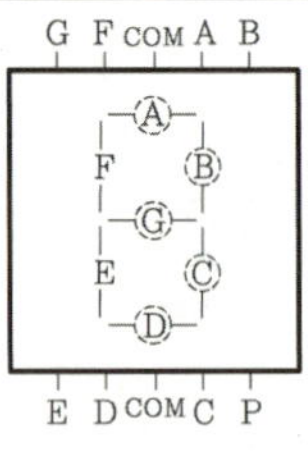 〈디스플레이〉 A, B, G, C, D 구간에 다이오드(Diode)를 설치하면 숫자 3이 구성된다.	4	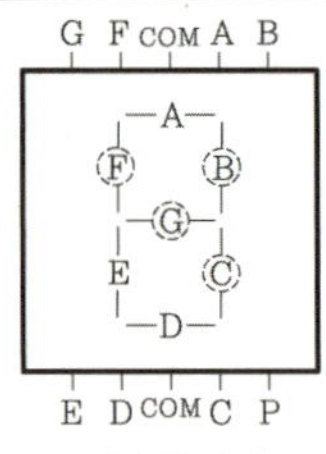 〈디스플레이〉 F, G, B, C 구간에 다이오드(Diode)를 설치하면 숫자 4가 구성된다.

숫 자	세그먼트	숫 자	세그먼트
5	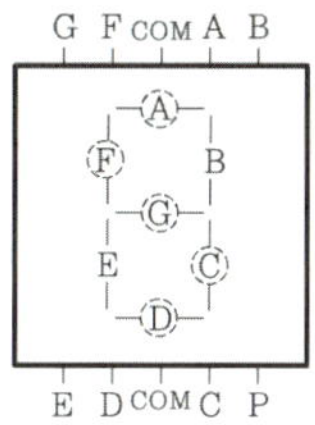 〈디스플레이〉 A, F, G, C, D 구간에 다이오드(Diode)를 설치하면 숫자 5가 구성된다.	6	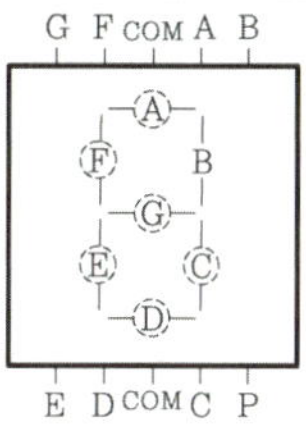 〈디스플레이〉 A, F, E, G, C, D 구간에 다이오드(Diode)를 설치하면 숫자 6이 된다.
7	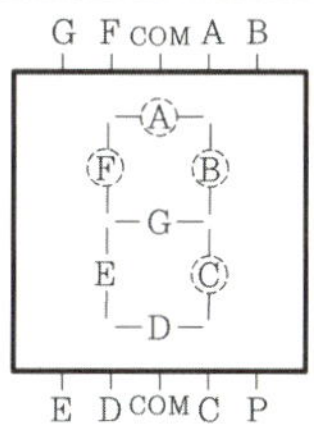 〈디스플레이〉 F, A, B, C 구간에 다이오드(Diode)를 설치하면 숫자 7이 구성된다.	8	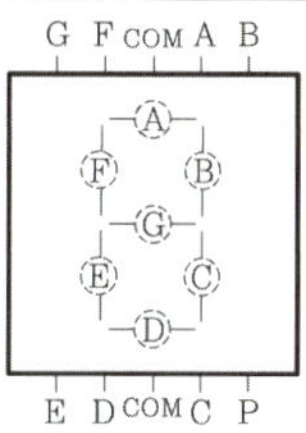 〈디스플레이〉 A, B, C, D, E, F, G 구간에 다이오드(Diode)를 설치하면 숫자 8이 구성된다.

(5) 전력계법

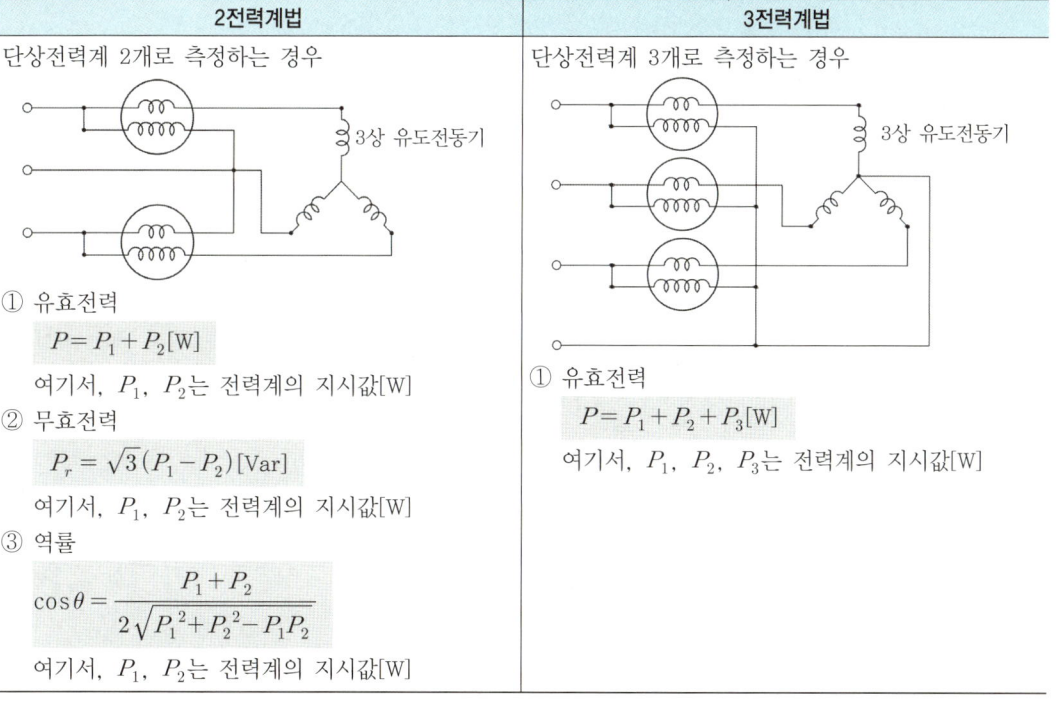

2전력계법	3전력계법
단상전력계 2개로 측정하는 경우 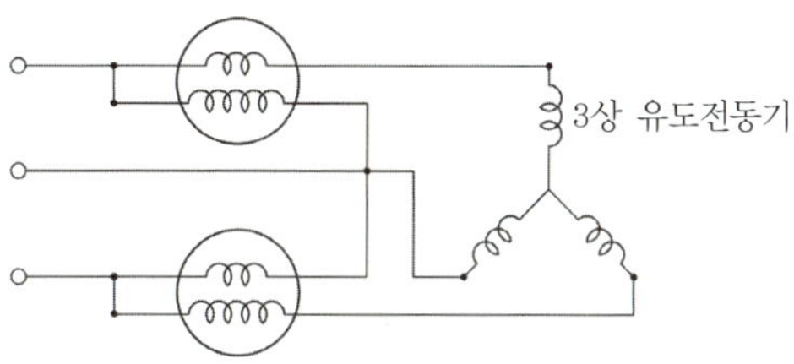 ① 유효전력 $P = P_1 + P_2$[W] 여기서, P_1, P_2는 전력계의 지시값[W] ② 무효전력 $P_r = \sqrt{3}(P_1 - P_2)$[Var] 여기서, P_1, P_2는 전력계의 지시값[W] ③ 역률 $\cos\theta = \dfrac{P_1 + P_2}{2\sqrt{P_1^2 + P_2^2 - P_1 P_2}}$ 여기서, P_1, P_2는 전력계의 지시값[W]	단상전력계 3개로 측정하는 경우 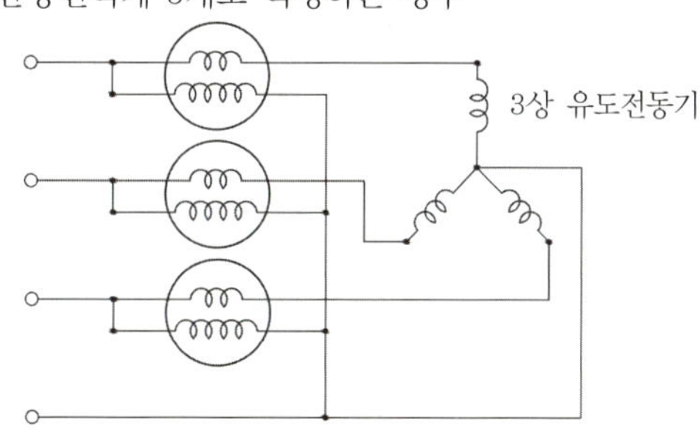 ① 유효전력 $P = P_1 + P_2 + P_3$[W] 여기서, P_1, P_2, P_3는 전력계의 지시값[W]

(6) Y-△ 회로의 변환

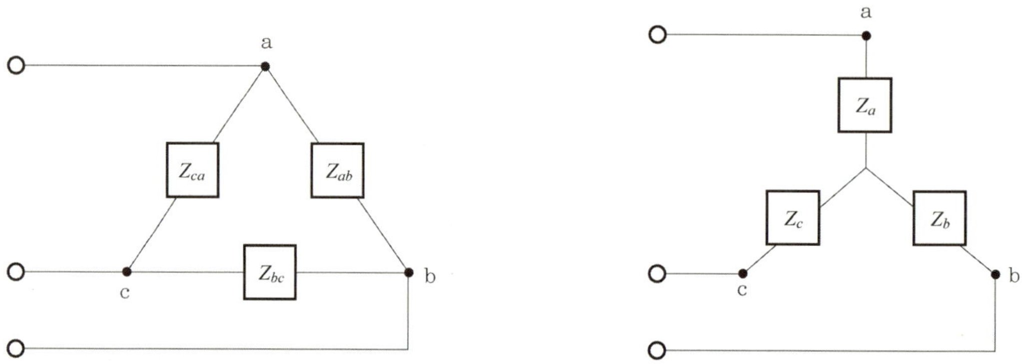

| Y-△ 변환 |

△ → Y 변환	Y → △ 변환
$Z_a = \dfrac{Z_{ab}Z_{ca}}{Z_{ab}+Z_{bc}+Z_{ca}}[\Omega]$ $Z_b = \dfrac{Z_{ab}Z_{bc}}{Z_{ab}+Z_{bc}+Z_{ca}}[\Omega]$ $Z_c = \dfrac{Z_{bc}Z_{ca}}{Z_{ab}+Z_{bc}+Z_{ca}}[\Omega]$	$Z_{ab} = \dfrac{Z_aZ_b+Z_bZ_c+Z_cZ_a}{Z_c}[\Omega]$ $Z_{bc} = \dfrac{Z_aZ_b+Z_bZ_c+Z_cZ_a}{Z_a}[\Omega]$ $Z_{ca} = \dfrac{Z_aZ_b+Z_bZ_c+Z_cZ_a}{Z_b}[\Omega]$
평형부하인 경우에는 $Z_Y = \dfrac{Z_\triangle}{3}[\Omega]$	평형부하인 경우에는 $Z_\triangle = 3Z_Y[\Omega]$

(7) 옥내배선의 그림기호(점멸기)

명 칭	그림기호	적 용
점멸기	●	1. 용량의 표시방법은 다음과 같다. a. 10A는 표기하지 않는다. b. 15A 이상은 전류치를 표기한다. 〈보기〉 ●15[A] 2. 극수의 표시방법은 다음과 같다. a. 단극은 표기하지 않는다. b. 2극 또는 3극으로, 4로는 각각 2P 또는 3, 4의 숫자를 표기한다. 〈보기〉 ●2P, ●3 3. 플라스틱은 P를 표기한다. 〈보기〉 ●P 4. 파일럿 램프를 내장하는 것은 L을 표기한다. 〈보기〉 ●L 5. 따로 놓여진 파일럿 램프는 ○로 표시한다. 〈보기〉 ●○ 6. 방수형은 WP를 표기한다. 〈보기〉 ●WP 7. 방폭형은 EX를 표기한다. 〈보기〉 ●EX 8. 타이머 붙이는 T를 표기한다. 〈보기〉 ●T

명 칭	그림기호	적 용
점멸기	●	9. 자동형, 덮개붙이 등 특수한 것은 표기한다. 10. 옥외등에 사용하는 자동점멸기는 A 및 용량을 표기한다. 〈보기〉 ●A(3[A])

(8) 소방시설공사의 착공신고대상(소방시설공사업법 시행령 제4조 3)

특정소방대상물에 설치된 소방시설등을 구성하는 다음 각 목의 어느 하나에 해당하는 것의 전부 또는 일부를 개설(改設), 이전(移轉) 또는 정비(整備)하는 공사. 다만, 고장 또는 파손 등으로 인하여 작동시킬 수 없는 소방시설을 긴급히 교체하거나 보수해야 하는 경우에는 신고하지 않을 수 있다.

① 수신반(受信盤)
② 소화펌프
③ 동력(감시)제어반

(9) 펌프기동방식의 종류

① Y-△ 기동
② 리액터 기동
③ 직입기동(전전압 기동법)
④ 기동보상기동
⑤ 콘돌파기동

(10) 트래킹 현상

전자제품 등에 묻어 있는 습기, 수분, 먼지, 기타 오염물질이 부착된 표면을 따라 전류가 흘러 주변의 절연물질을 탄화시키는 현상을 말한다. 오랜시간 탄화가 계속되면 이 부분에 지락, 단락으로 이어져 발화하게 된다.

콘센트나 테이블 탭에 전원플러그를 장기간 꽂아 두면 콘센트와 플러그 사이에 먼지가 쌓이게 되고 습기·먼지 등이 부착된 곳에서 전기적인 열 스트레스와 플러그의 양극 간에 불꽃방전이 반복적으로 발생하여, 시간이 흐를수록 플러그의 양극 간 절연상태가 나빠지고 전기저항에 의해 열이 발생하면서 마침내 발화하게 되는 현상을 말한다.

(11) 설페이션 현상

축전지를 방전 상태로 장기간 방치하거나, 충전시 전해액에 불순물이 혼입되었을 때 극판이 불확실 물질로 덮이는 현상을 말한다.

(12) 공구손료, 잡재료 및 소모재료

① **공구손료** : 공구손료는 일반공구 및 시험용 계측구류의 손료로서 공사중 상시 일반적으로 사용하는 것을 말하며 인력품의 3%까지 계상하며 특수공구 및 검사용 특수계측기류의 손료는 별도로 계상한다.
② **잡재료 및 소모재료** : 잡재료 및 소모재료는 설계내역에 표시하여 계상하되 주재료비의 2~5%까지 계상한다.

핵심기출문제

01 유도전동기에 역률 개선용 진상 콘덴서를 설치하는데 추가로 방전코일을 설치해야 하나 실제로 방전코일을 설치하지 않는 이유는 무엇인지 쓰시오. 배점 : 4 [05년]

• **실전모범답안**

부하에 있는 코일을 통하여 잔류전하를 방전시키므로

02 트랜지스터는 그 접합형태에 따라 npn 트랜지스터와 pnp 트랜지스터 2종류로 나눈다. 다음 트랜지스터의 구조를 참조하여 기호(심벌)을 그리시오. 배점 : 3 [10년]

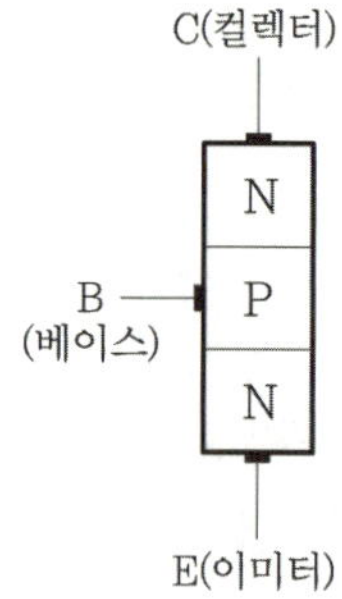

• **실전모범답안**

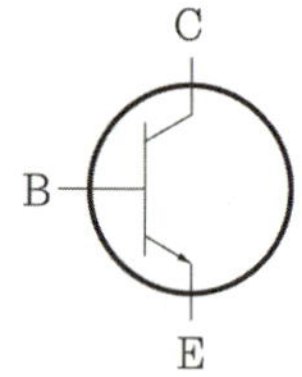

| 트랜지스터의 기호 |

03 다음은 브리지 정류회로(전파정류회로)의 미완성 도면이다. 다음 각 물음에 답하시오.

배점 : 5 [07년] [10년] [13년] [20년]

[유형1]

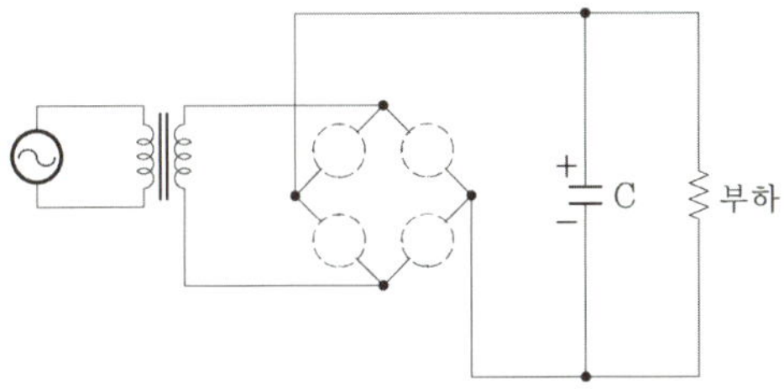

[유형2]

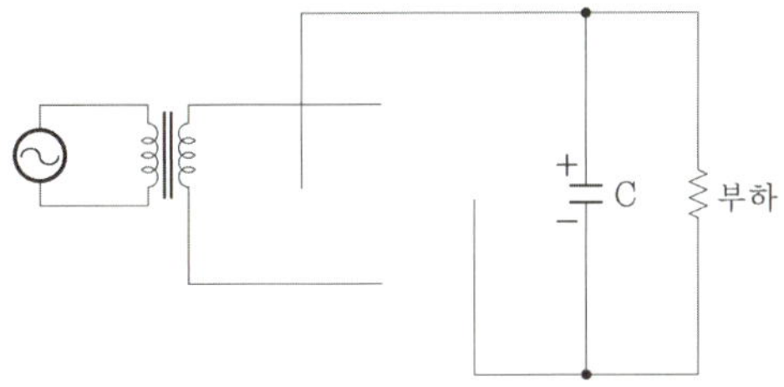

(1) 정류다이오드 4개를 사용하여 회로를 완성하시오.
(2) 회로상 C의 역할을 쓰시오.

• **실전모범답안**

(1)

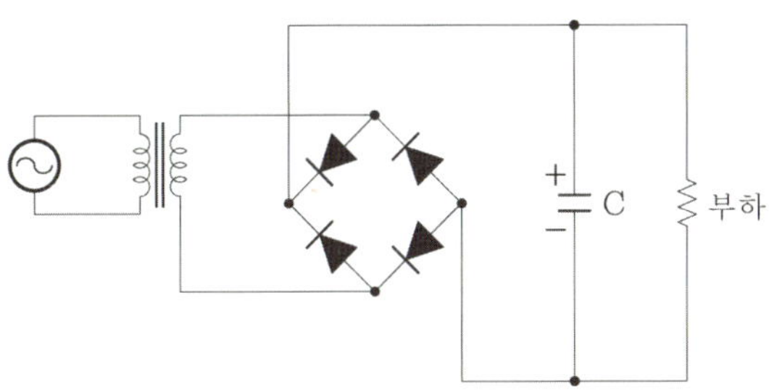

(2) 직류전압을 일정하게 유지시키기 위하여

03-1 브리지형 전파정류회로와 출력전압의 파형을 그리시오. (단, 입력은 상용전원이다.)

배점 : 6 [08년] [21년]

(1) 전파정류회로
(2) 출력전압파형

• **실전모범답안**

(1)

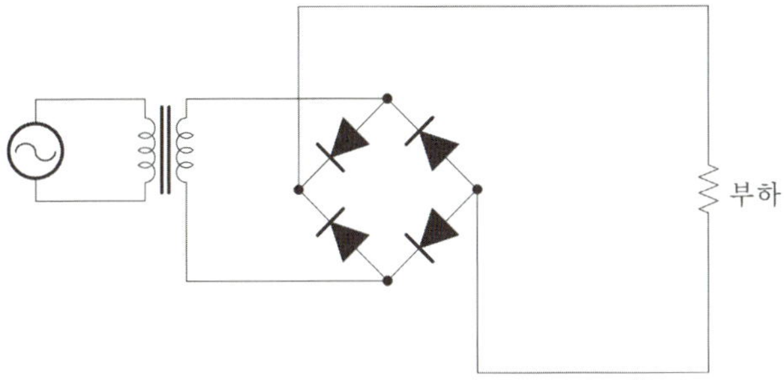

(2)

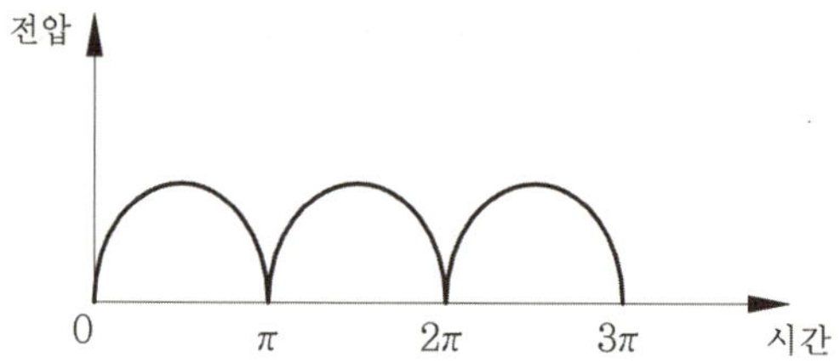

04 그림은 자동화재탐지설비의 R형 수신기 중에서 지구표시등회로의 일부분이다. 다이오드 메트릭스회로를 사용하여 경계구역을 표시하고자 할 때 다이오드를 추가하여 회로를 완성하도록 하시오. (단, 그림의 1~8은 1~8경계구역을 의미한다.) 배점 : 5 [08년] [13년]

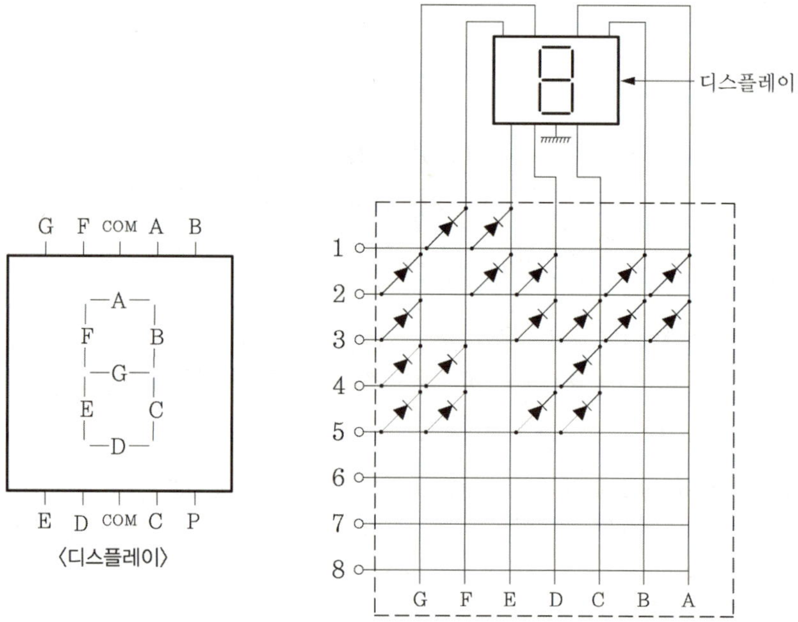

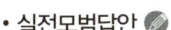

• 실전모범답안

(1)

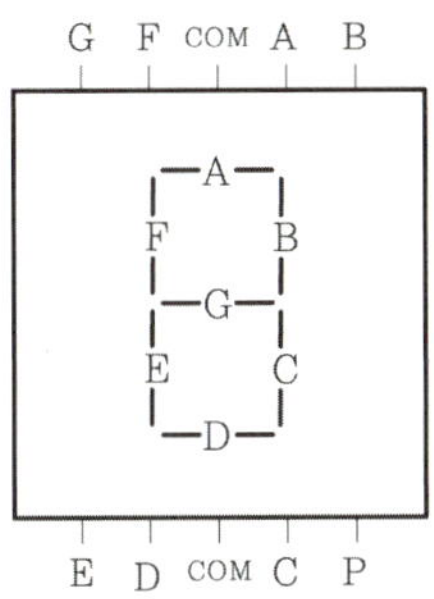

〈디스플레이〉

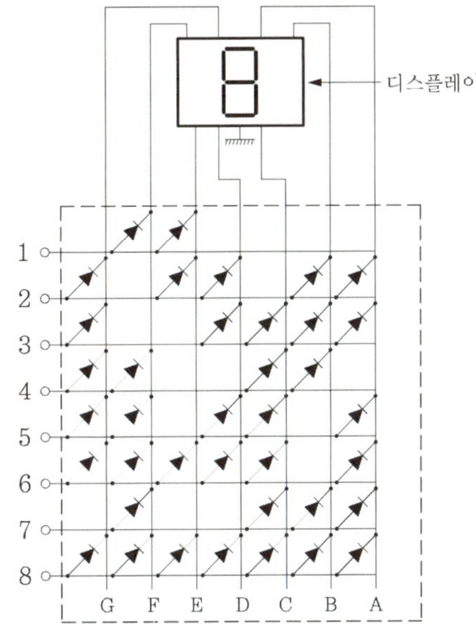

05 다음은 2전력계법을 사용하여 3상 유도전동기의 전력을 측정하기 위한 미완성 도면이다. 미완성 도면을 완성하고 유효전력 계산식을 쓰시오. (단, P_1, P_2는 단상전력계의 지시값이다.) 배점 : 5 [13년]

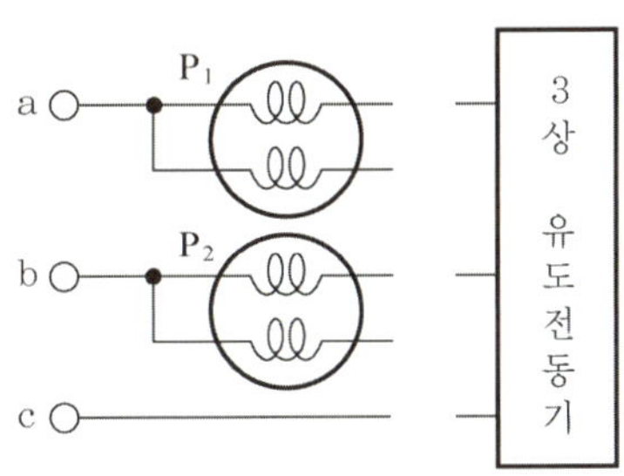

(1) 완성된 도면

(2) 계산식

• 실전모범답안

(1) 완성된 도면

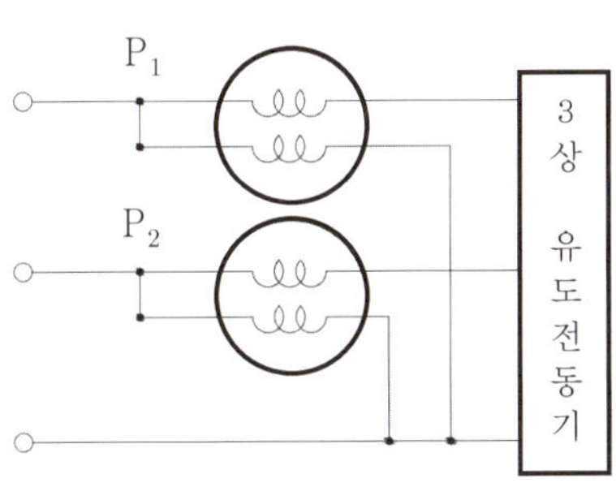

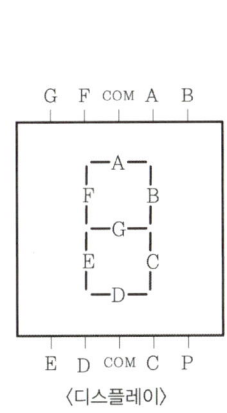

(2) 계산식
$P_1 + P_2$

06 그림 (a)와 같은 △ 결선회로와 등가인 그림 (b)의 Y결선회로의 A, B, C의 저항값 [Ω]을 구하시오.

배점 : 3 [15년]

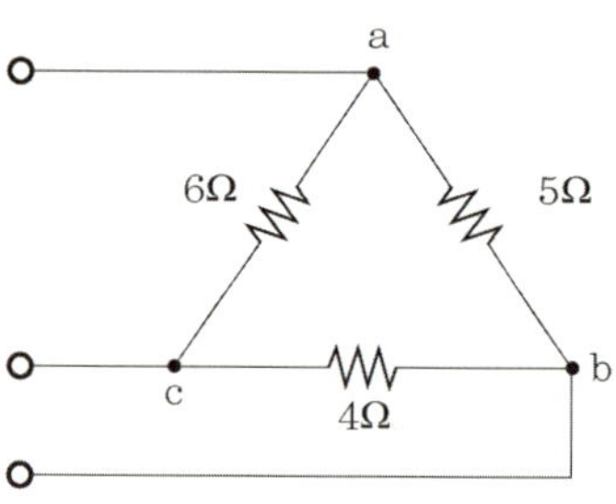

(a)

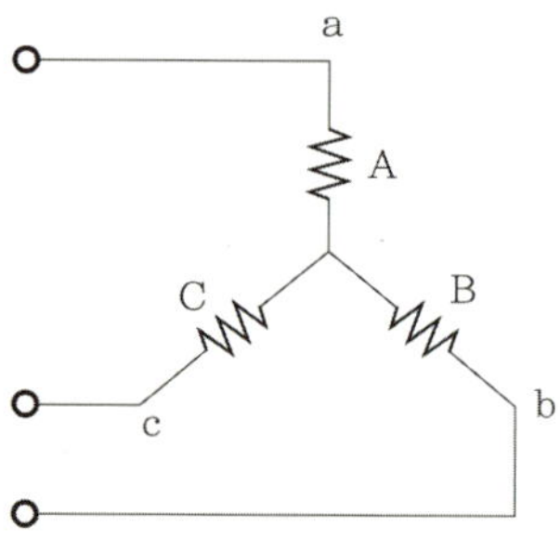

(b)

• 실전모범답안

① A : $\dfrac{5\times6}{5+4+6}=2\Omega$

② B : $\dfrac{5\times4}{5+4+6}=1.333 \fallingdotseq 1.33\Omega$

③ C : $\dfrac{4\times6}{5+4+6}=1.6\Omega$

07 그림과 같이 1개의 등을 2개소에서 점멸이 가능하도록 하려고 한다. 다음 각 물음에 답하시오.

배점 : 6 [05년] [20년]

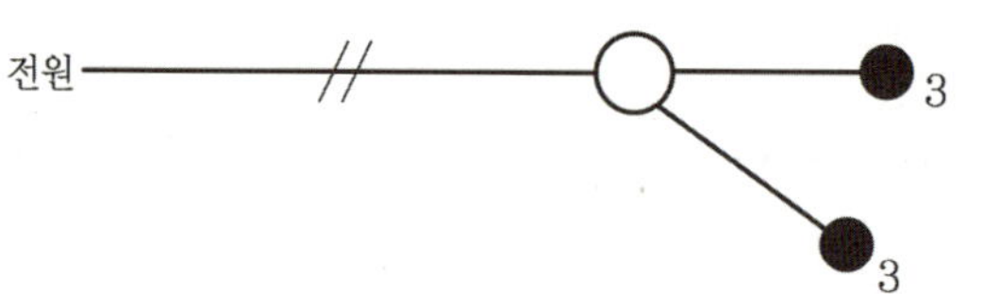

(1) ●$_3$의 명칭을 구체적으로 쓰시오.
(2) 배선에 배선가닥수를 표시하시오.
(3) 전선접속도(실제배선도)를 그리시오.

• 실전모범답안

(1) 3로 점멸기

(2)

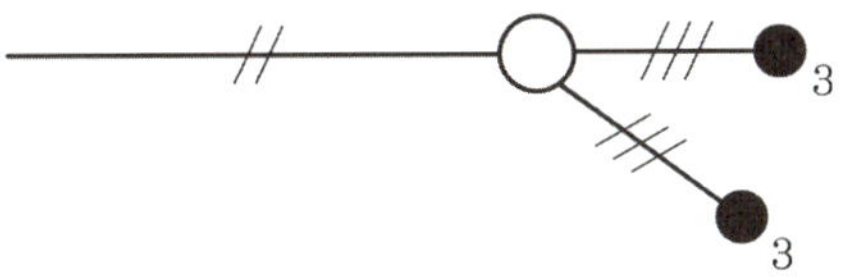

(3)

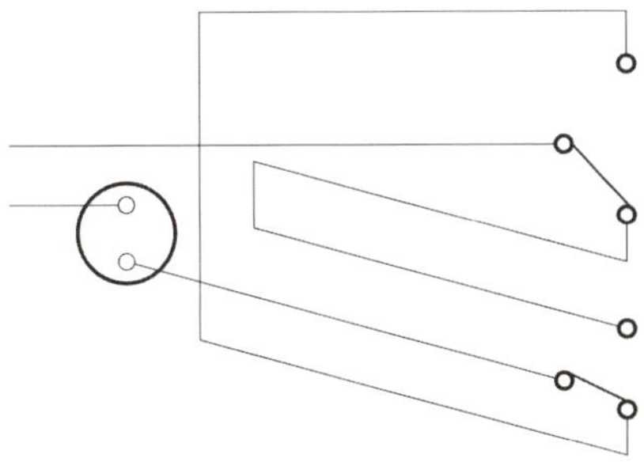

08 특정소방대상물에 설치된 소방시설 등을 구성하는 전부 또는 일부를 개설, 이전 또는 정비하는 소방시설공사의 착공신고 대상 3가지를 쓰시오. (단, 고장 또는 파손 등으로 인하여 작동시킬 수 없는 소방시설을 긴급히 교체하거나 보수해야 하는 경우에는 신고하지 않을 수 있다.)

배점 : 6 [15년] [18년]

• 실전모범답안

① 수신반
② 소화펌프
③ 동력(감시)제어반

09 3상 유도전동기를 사용하는 옥내소화전설비의 펌프가 설치되어 있다. 이 펌프의 기동방식 중 2가지를 쓰시오.

배점 : 6 [19년]

• 실전모범답안

① Y-△ 기동방식
② 리액터 기동방식

10 다음에서 설명하는 현상은 무엇인지 쓰시오. 배점 : 6 [19년]

[보기]

전자제품 등에 묻어 있는 습기, 수분, 먼지, 기타 오염물질이 부착된 표면을 따라 전류가 흘러 주변의 절연물질을 탄화시키는 현상을 말한다. 오랜시간 탄화가 계속되면 이 부분에 지락, 단락으로 이어져 발화하게 된다.

콘센트나 테이블 탭에 전원플러그를 장기간 꽂아 두면 콘센트와 플러그 사이에 먼지가 쌓이게 되고 습기·먼지 등이 부착된 곳에서 전기적인 열 스트레스와 플러그의 양극 간에 불꽃방전이 반복적으로 발생하여, 시간이 흐를수록 플러그의 양극 간 절연상태가 나빠지고 전기저항에 의해 열이 발생하면서 마침내 발화하게 되는 현상을 말한다.

• **실전모범답안**

트래킹(Tracking) 현상

11 다음의 ( ) 안에 알맞은 말을 쓰시오. (단, 최대값으로 산정할 것) 배점 : 5 [19년]

(1) 공구손료는 일반공구 및 시험용 계측구류의 손료로서 공사중 상시 일반적으로 사용하는 것을 말하며 인력품의 (①)까지 계산하며 특수공구 및 검사용 특수계측기류의 손료는 별도로 계산한다.

(2) 잡재료 및 소모재료는 설계내역에 표시하여 계상하되 주재료비의 (②)까지 계산한다.

• **실전모범답안**

(1) 공구손료는 일반공구 및 시험용 계측구류의 손료로서 공사중 상시 일반적으로 사용하는 것을 말하며 인력품의 (① 3%)까지 계산하며 특수공구 및 검사용 특수계측기류의 손료는 별도로 계산한다.

(2) 잡재료 및 소모재료는 설계내역에 표시하여 계상하되 주재료비의 (② 5%)까지 계산한다.

Chapter 03

계산문제

01 전동기 용량

(1) 전동기의 용량

$$P\eta t = 9.8QHK$$

여기서, P : 전동기의 용량[kW]

η : 효율

t : 시간[s]

Q : 토출량(양수량)[m^3]

H : 전양정[m]

K : 여유계수(전달계수)

(2) 설비별 토출량

① **스프링클러설비**

$$Q = 80l/\text{min} \times N$$

여기서, Q : 토출량[l/min]

N : 기준개수

② **옥내소화전설비**

$$Q = 130l/\text{min} \times N$$

여기서, Q : 토출량[l/min]

N : 설치개수(5개 이상 설치된 경우 5개)

(3) 단위

① 1[HP]=0.746[kW]

② 1[PS]=0.735[kW]

(4) 전동기의 용량(제연설비)

$$P = \frac{P_T Q}{102 \times 60\eta} K$$

여기서, P : 전동기용량[kW]

P_T : 전압(풍압)[mmAq, mmH_2O]

Q : 풍량[m^3/min]

K : 여유계수(전달계수)

η : 전효율

(5) 풍량

풍량=보충량+누설량

핵심기출문제

01 지상 20m 되는 곳에 500m³의 고가수조가 있다. 이 고가수조에 양수하기 위하야 15kW의 전동기를 사용한다면 몇 분 후에 고가수조에 물이 가득 차는지 구하시오. (단, 펌프효율은 75[%]이고, 여유계수는 1.2이다.)

배점 : 4 [10년] [11년] [12년] [18년] [20년]

- **실전모범답안**

$$t = \frac{9.8 \times 500 \times 20 \times 1.2}{15 \times 0.75} = 10{,}453.333\text{초}$$

$$\therefore \frac{10{,}453.333}{60} = 174.222 \fallingdotseq 174.22\text{분}$$

- **답** : 174.22분

상세해설

$P\eta t = 9.8QHK$	전동기용량(시간)
P : 전동기의 용량[kW]	➜ 15kW
η : 효율	➜ 75%
t : 시간[s]	➜ $t = \frac{9.8QHK}{P\eta}$ [풀이①]
Q : 토출량(양수량)[m³]	➜ 500m³
H : 전양정[m]	➜ 20m
K : 여유계수(전달계수)	➜ 1.2

① **전동기용량**

$$t = \frac{9.8QHK}{P\eta} = \frac{9.8 \times 500\text{m}^3 \times 20\text{m} \times 1.2}{15\text{kW} \times 0.75} = 10{,}453.333\text{초}$$

$$\therefore \frac{10{,}453.333}{60} = 174.222 \fallingdotseq 174.22\text{분}$$

01-1 지상 20m 되는 곳에 500m³의 고가수조가 있다. 이 고가수조에 양수하기 위하야 20HP의 전동기를 사용한다면 몇 분 후에 고가수조에 물이 가득 차는지 구하시오. (단, 펌프효율은 75[%]이고, 여유계수는 1.2이다.) 배점 : 4 [03년] [08년]

• **실전모범답안**

$$t=\frac{9.8\times500\times20\times1.2}{(20\times0.746)\times0.75}=10{,}509.383\text{초}$$

$$\therefore\ \frac{10{,}509.383}{60}=175.156 \fallingdotseq 175.16\text{분}$$

• **답** : 175.16분

상세해설

$P\eta t=9.8QHK$	전동기용량(수조에 물이 차기까지의 시간)
P : 전동기의 용량[kW] (1[HP]=0.764[kW])	➜ 20HP×0.746kW
η : 효율	➜ 75%
t : 시간[s]	➜ $t=\dfrac{9.8QHK}{P\eta}$ [풀이①]
Q : 토출량(양수량)[m³]	➜ 500m³
H : 전양정[m]	➜ 20m
K : 여유계수(전달계수)	➜ 1.2

① **전동기용량**

1HP=0.746kW이므로,

$$t=\frac{9.8QHK}{P\eta}=\frac{9.8\times500\text{m}^3\times20\text{m}\times1.2}{(20\text{HP}\times0.746)\times0.75}=10{,}509.383\text{초}$$

$$\therefore\ \frac{10{,}509.383}{60}=175.156 \fallingdotseq 175.16\text{분}$$

02 양수량이 매분 15m³이고, 총 양정이 10m인 펌프용 전동기의 용량은 몇 [kW]인지 구하시오. (단, 펌프효율은 65%이고, 여유계수는 1.12라고 한다.) 배점 : 4 [04년] [06년] [10년] [13년] [20년]

- **실전모범답안**

$$P=\frac{9.8\times15\times\frac{1}{60}\times10\times1.12}{0.65}=42.215 \fallingdotseq 42.22\text{kW}$$

- **답** : 42.22kW

상세해설

$P=\dfrac{9.8QHK}{\eta}$	전동기용량(수계소화설비의 펌프)
P : 전동기의 용량[kW]	➜ $P=\dfrac{9.8QHK}{\eta}$ [풀이①]
Q : 토출량(양수량)[m³/s]	➜ $15\text{m}^3\times\dfrac{1\text{min}}{60\text{s}}$
H : 전양정[m]	➜ 10m
K : 여유계수(전달계수)	➜ 1.12
η : 효율	➜ 65%

① **전동기용량**

$$\therefore \text{ 전동기용량 } P=\frac{9.8\times15\text{m}^3\times\frac{1}{60}\text{sec}\times10\text{m}\times1.12}{0.65}=42.215 \fallingdotseq 42.22\text{kW}$$

Tip 전동기용량을 구하는 문제유형에서 ① $Pnt=9.8QHK$ 공식과 ② $P=\dfrac{9.8QHK}{\eta}$ 공식은 다른 공식처럼 보이지만 "Q"의 단위를 고려해 보면 서로 같은 식임을 알 수 있다.(①의 공식에서 "Q"의 단위는 [m³], ②의 공식에서는 [m³/s]이다.) 처음 접하는 많은 분들이 혼란스러워하는 부분이다. 주의하자!!

02-1 8층 건물에 습식 스프링클러설비가 설치되어 있고, 폐쇄형 헤드의 기준개수가 10개이며, 층고가 3.8m, 유량이 800 l/min 이다. 효율이 60%인 펌프로부터 최고의 헤드까지 양수하고자 할 때 펌프모터의 용량[kW]을 구하시오.(단, 펌프로부터 최고의 살수헤드까지의 수직거리는 30[m], 배관의 마찰손실은 20[m], 전달계수는 1.1이다.) 배점 : 5 [07년]

- **실전모범답안**

$$P=\frac{9.8\times0.8\times\frac{1}{60}\times60\times1.1}{0.6}=14.373\fallingdotseq14.37\text{kW}$$

- **답** : 14.37kW

상세해설

$P=\dfrac{9.8QHK}{\eta}$	전동기용량(수계소화설비의 펌프)
P : 전동기의 용량[kW]	➜ $P=\dfrac{9.8QHK}{\eta}$ **[풀이③]**
Q : 토출량(양수량)[m³/s]	➜ $Q=80l/\text{min}\times N$ **[풀이①]**
H : 전양정[m]	➜ $H=h_1+h_2+10$ **[풀이②]**
K : 여유계수(전달계수)	➜ 1.1
η : 효율	➜ 60%

① **스프링클러설비의 토출량**

$Q=80[l/\text{min}]\times N$

여기서, Q : 토출량[l/min]

N : 기준개수

문제조건에 따라 기준개수(N)가 10개이므로

$Q=80[l/\text{min}]\times10=800[l/\text{min}]=0.8[\text{m}^3/\text{min}]$

② **전양정(펌프방식)**

$H=h_1+h_2+10$

여기서, H : 전양정[m]

h_1 : 배관 및 관부속품의 마찰손실수두[m]

h_2 : 실양정(흡입양정+토출양정)[m]

10 : 스프링클러설비 규정방수압력 환산수두[m] (0.1MPa≒10m)

문제조건에서

- h_1(배관마찰손실) : 20m
- h_2(펌프로부터 최고위 살수헤드까지의 수직거리(토출양정)) : 30m(흡입양정은 조건에 없으므로 무시)

∴ 전양정 H=20m+30m+10m=60m

③ **전동기 용량**

$$P=\frac{9.8\times0.8\text{m}^3\times\frac{1}{60}\text{sec}\times60\text{m}\times1.1}{0.6}=14.373\fallingdotseq\mathbf{14.37kW}$$

02-2 유량 2,400lpm, 양정 100m인 스프링클러설비용 펌프 전동기의 용량을 계산하시오. (단, 효율 : 0.6, 전달계수 : 1.1, 전동기 용량은 [HP]로 계산하시오.) 배점 : 5 [07년] [09년] [15년]

• **실전모범답안**

$$P = \frac{9.8 \times 2.4 \times \frac{1}{60} \times 100 \times 1.1}{0.6} = 71.866\text{kW}$$

$$\therefore \frac{71.866}{0.746} = 96.335 \fallingdotseq 96.34\text{HP}$$

• **답** : 96.34HP

상세해설

$P = \frac{9.8QHK}{\eta}$	전동기용량(수계소화설비의 펌프)
P : 전동기의 용량[kW] (1[HP]=0.764[kW])	➜ $P = \frac{9.8QHK}{\eta}$ [풀이②]
Q : 토출량(양수량)[m³/s]	➜ $1l = 0.001\text{m}^3$ [풀이①]
H : 전양정[m]	➜ 100m
K : 여유계수(전달계수)	➜ 1.1
η : 효율	➜ 0.6

① **토출량**

$1l = 0.001\text{m}^3$이므로

$2{,}400l/\text{min} = 2.4\text{m}^3/\text{min} = 2.4\text{m}^3 \times \frac{1}{60}\text{sec}$

② **전동기용량**

전동기용량 $P = \frac{9.8 \times 2.4\text{m}^3 \times \frac{1}{60}\text{sec} \times 100\text{m} \times 1.1}{0.6} = 71.866\text{kW}$

문제에서 [HP]로 구하라고 하였으므로, 1HP=0.746kW이므로

$\therefore \frac{71.866}{0.746} = 96.335 \fallingdotseq 96.34\text{HP}$

03 풍량이 720m³/min이며, 전압이 100mmHg인 배연설비용 FAN을 설치할 경우 이 FAN을 운전하는 전동기의 소요출력은 몇 [kW]인지 구하시오. (단, FAN의 효율은 55%이며, 여유계수 K는 1.1이다.)

배점 : 4 [09년]

• **실전모범답안**

$$P_T = \frac{100}{760} \times 10{,}332 = 1{,}359.473\text{mmAq}$$

$$\therefore\ P = \frac{1{,}359.473 \times 720}{102 \times 60 \times 0.55} \times 1.1 = 319.876 \fallingdotseq 319.88\text{kW}$$

• **답** : 319.88kW

상세해설

$P = \dfrac{P_T Q}{102 \times 60\eta} K$	전동기용량(제연설비의 FAN)
P : 전동기의 용량[kW]	➜ $P = \dfrac{P_T Q}{102 \times 60\eta} K$ **[풀이②]**
P_T : 전압(풍압)[mmAq, mmH_2O]	➜ 760mmHg=10.332mAq=10,332mmAq **[풀이①]**
Q : 풍량[m³/min]	➜ 720m³/min
K : 여유계수(전달계수)	➜ 1.1
η : 효율	➜ 55%

① **전압(풍압)**

760mmHg=10.332mAq=10,332mmAq이므로

$$\text{풍압}\ P_T = 100\text{mmHg} = \frac{100\text{mmHg}}{760\text{mmHg}} \times 10{,}332\text{mmAq} = \mathbf{1{,}359.473mmAq}$$

② **전동기용량**

$$\therefore\ \text{전동기용량}\ P = \frac{1{,}359.473\text{mmAq} \times 720\text{m}^3/\text{min}}{102 \times 60 \times 0.55} \times 1.1 = 319.876 \fallingdotseq \mathbf{319.88kW}$$

Tip 문제조건에서 P_T(전압)의 단위가 [mmHg]로 주어지는 경우가 많다. 단위에 주의하자!!

03-1 풍량이 $5m^3/s$이고, 풍압이 35mmHg인 제연설비용 팬을 설치한 경우 이 팬을 운전하는 전동기의 소요용량은 몇 [kW]인지 계산하시오. (단, 효율은 70%이고, 여유계수는 1.21이다.)

배점 : 5 [09년] [14년] [19년]

• **실전모범답안**

$$P_T = \frac{35}{760} \times 10{,}332 = 475.815\text{mmAq}$$

$$\therefore P = \frac{475.815 \times (5 \times 60)}{102 \times 60 \times 0.7} \times 1.21 = 40.317 \fallingdotseq 40.32\text{kW}$$

• **답** : 40.32kW

상세해설

$P = \dfrac{P_T Q}{102 \times 60\eta} K$	전동기용량(제연설비의 FAN)
P : 전동기의 용량[kW]	➜ $P = \dfrac{P_T Q}{102 \times 60\eta} K$ [풀이②]
P_T : 전압(풍압)[mmAq, mmH_2O]	➜ 760mmHg=10.332mAq=10,332mmAq [풀이①]
Q : 풍량[m^3/min]	➜ $5m^3/s \times \dfrac{60s}{1min}$
K : 여유계수(전달계수)	➜ 1.1
η : 효율	➜ 55%

① **전압(풍압)**

760mmHg=10.332mAq=10,332mmAq이므로

풍압 $P_T = 35\text{mmHg} = \dfrac{35\text{mmHg}}{760\text{mmHg}} \times 10{,}332\text{mmAq} = \mathbf{475.815mmAq}$

② **전동기용량**

$$\therefore \text{전동기용량 } P = \frac{475.815\text{mmAq} \times 5m^3 \times \dfrac{60s}{1min}}{102 \times 60 \times 0.7} \times 1.21 = 40.317 \fallingdotseq \mathbf{40.32kW}$$

CHAPTER 03

03-2 보충량 12,000CMH, 누설량 10m³/min, 전압 30mmAq인 제연설비용 송풍기의 전동기용량 [kW]을 구하시오. (단, 효율은 60[%], 전달계수는 1.1이다.) 배점 : 8 [15년]

• **실전모범답안**

$$\frac{12{,}000}{60} = 200\text{m}^3/\text{min}$$

$$Q = 200 + 10 = 210\text{m}^3/\text{min}$$

$$\therefore P = \frac{30 \times 210}{102 \times 60 \times 0.6} \times 1.1 = 1.887 \fallingdotseq 1.89\text{kW}$$

• **답** : 1.89kW

상세해설

$P = \dfrac{P_T Q}{102 \times 60\eta} K$	전동기용량(제연설비의 FAN)
P : 전동기의 용량[kW]	➜ $P = \dfrac{P_T Q}{102 \times 60\eta} K$ **[풀이②]**
P_T : 전압(풍압)[mmAq, mmH_2O]	➜ 30mmAq
Q : 풍량[m³/min]	➜ 풍량=누설량+보충량 **[풀이①]**
K : 여유계수(전달계수)	➜ 1.1
η : 효율	➜ 60%

① **풍량=보충량+누설량**

보충량은 CMH=m³/h이므로

12,000CMH=12,000m³/h=12,000m³/60min=200m³/min

풍량=보충량+누설량=200m³/min+10m³/min=**210m³/min**

② **전동기용량**

$$\therefore \text{전동기용량 } P = \frac{30\text{mmAq} \times 210\text{m}^3/\text{min}}{102 \times 60 \times 0.6} \times 1.1 = 1.887 \fallingdotseq \mathbf{1.89kW}$$

02 전력용 콘덴서의 용량

(1) 전력용 콘덴서의 용량

$$Q_C = P(\tan\theta_1 - \tan\theta_2)$$
$$= P\left(\frac{\sin\theta_1}{\cos\theta_1} - \frac{\sin\theta_2}{\cos\theta_2}\right)$$
$$= P\left(\frac{\sqrt{1-\cos^2\theta_1}}{\cos\theta_1} - \frac{\sqrt{1-\cos^2\theta_2}}{\cos\theta_2}\right) \text{[kVA]}$$

여기서, Q_C : 콘덴서의 용량[kVA]
P : 유효전력[kW]
$\cos\theta_1$: 개선 전 역률
$\cos\theta_2$: 개선 후 역률

(2) 유도전동기의 기동법

① **직입기동법(전전압 기동법)** : 전동기 단자에 전전압을 직접 인가하여 기동하는 방법으로 주로 소형전동기에 사용되며 전동기용량이 5.5kW 미만에 사용된다.

② **Y-△ 기동방식** : 기동전류를 적게 하기 위하여 전동기를 Y[star] 결선으로 기동하고, 정격운전(가속)을 위해 △(delta) 결선으로 변환하는 기동법으로 Y 결선 시 기동전류는 기동운전 시의 $\frac{1}{3}$배이다. 주로 전동기용량이 5.5~37kW 미만에 사용되나, 37kW 이상의 경우에도 사용이 가능하다.

③ **기동보상기 기동법** : 기동용 3상 단권변압기로 전압을 감압하여 기동하는 방법으로 Y결선 기동, 회전수가 상승함과 동시에 △결선으로 운전하는 방식이다. 주로 전동기 용량이 22kW 이상에 사용된다.

④ **리액터 기동법** : 기동보상기가 고가이며 조작이 복잡하여 리액터를 접속, 기동전류를 억제하여 기동하는 방법이다.

⑤ **반발기동** : 단상 유도전동기의 기동법으로 고정자가 여자되면 단락된 회전자 권선에 전압이 유기되고, 이 전압에 의해 전류가 흐르고 자계가 형성되어 고정자 권선이 만드는 자계와 상호작용으로 반발력이 발생한다. 기동 토크는 전부하 토크의 400~500% 정도이다.

핵심기출문제

01 펌프용 전동기로 매 분당 13m³의 물을 높이 20m인 탱크에 양수하려고 한다. 이때 각 물음에 답하시오. (단, 펌프용 전동기의 효율은 70%, 역률은 80%이고, 여유계수는 1.15이다.)

배점 : 6 [06년] [08년] [14년] [21년]

(1) 펌프용 전동기의 용량은 몇 [kW]인지 구하시오.
(2) 이 펌프용 전동기의 역률을 95%로 개선하려면 전력용 콘덴서는 몇 [kVA]인지 구하시오.

• **실전모범답안**

(1) $P=\dfrac{9.8\times 13\times \dfrac{1}{60}\times 20\times 1.15}{0.7}=69.766 \fallingdotseq 69.77\text{kW}$

• **답** : 69.77kW

(2) $Q_C=69.77\times\left(\dfrac{\sqrt{1-0.8^2}}{0.8}-\dfrac{\sqrt{1-0.95^2}}{0.95}\right)=29.395 \fallingdotseq 29.4\text{kVA}$

• **답** : 29.4kVA

상세해설

$P=\dfrac{9.8QHK}{\eta}$	전동기용량(수계소화설비의 펌프)
P : 전동기의 용량[kW]	➜ $P=\dfrac{9.8QHK}{\eta}$ [풀이①]
Q : 토출량(양수량)[m³/s]	➜ $13\text{m}^3\times\dfrac{1\text{min}}{60\text{s}}$
H : 전양정[m]	➜ 20m
K : 여유계수(전달계수)	➜ 1.15
η : 효율	➜ 70%

(1) 전동기의 용량

① **전동기용량**

$\therefore$ 전동기용량 $P=\dfrac{9.8\times 13\text{m}^3\times\dfrac{1}{60}\text{sec}\times 20\text{m}\times 1.15}{0.7}=69.766 \fallingdotseq \mathbf{69.77kW}$

(2) 전력용 콘덴서의 용량

$Q_C=P(\tan\theta_1-\tan\theta_2)$ $=P\left(\dfrac{\sin\theta_1}{\cos\theta_1}-\dfrac{\sin\theta_2}{\cos\theta_2}\right)$ $=P\left(\dfrac{\sqrt{1-\cos^2\theta_1}}{\cos\theta_1}-\dfrac{\sqrt{1-\cos^2\theta_2}}{\cos\theta_2}\right)$[kVA]	전력용 콘덴서의 용량

Q_C : 콘덴서의 용량[kVA]	➜ $=P\left(\frac{\sqrt{1-\cos^2\theta_1}}{\cos\theta_1}-\frac{\sqrt{1-\cos^2\theta_2}}{\cos\theta_2}\right)$[kVA] [풀이 ①]
P : 유효전력[kW]	➜ (1)에서 구한 값
$\cos\theta_1$: 개선 전 역률	➜ 80%
$\cos\theta_2$: 개선 후 역률	➜ 90%

① **콘덴서의 용량**

∴ 콘덴서의 용량 $Q_C=69.77\times\left(\frac{\sqrt{1-0.8^2}}{0.8}-\frac{\sqrt{1-0.95^2}}{0.95}\right)=29.395 \fallingdotseq 29.4\text{kVA}$

01-1 3상, 380V, 30kW 스프링클러펌프용 유도전동기이다. 기동방식은 일반적으로 어떤 방식이 이용되며 전동기의 역률이 60%일 때 역률을 90%로 개선할 수 있는 전력용 콘덴서의 용량은 몇 [kVA]인지 구하시오. 배점 : 6 [03년] [20년]

(1) 기동방식

(2) 전력용 콘덴서의 용량

• **실전모범답안**

(1) Y-△ 기동방식

(2) $Q_C=30\times\left(\frac{\sqrt{1-0.6^2}}{0.6}-\frac{\sqrt{1-0.9^2}}{0.9}\right)=25.47\text{kVA}$

• **답** : 25.47kVA

상세해설

(2) 전력용 콘덴서의 용량

$Q_C=P(\tan\theta_1-\tan\theta_2)$ $=P\left(\frac{\sin\theta_1}{\cos\theta_1}-\frac{\sin\theta_2}{\cos\theta_2}\right)$ $=P\left(\frac{\sqrt{1-\cos^2\theta_1}}{\cos\theta_1}-\frac{\sqrt{1-\cos^2\theta_2}}{\cos\theta_2}\right)$[kVA	전력용 콘덴서의 용량
Q_C : 콘덴서의 용량[kVA]	➜ $=P\left(\frac{\sqrt{1-\cos^2\theta_1}}{\cos\theta_1}-\frac{\sqrt{1-\cos^2\theta_2}}{\cos\theta_2}\right)$[kVA] [풀이①]
P : 유효전력[kW]	➜ 30kW
$\cos\theta_1$: 개선 전 역률	➜ 60%
$\cos\theta_2$: 개선 후 역률	➜ 90%

① **콘덴서 용량**

∴ 콘덴서의 용량 $Q_C=30\text{kW}\times\left(\frac{\sqrt{1-0.6^2}}{0.6}-\frac{\sqrt{1-0.9^2}}{0.9}\right)=25.47\text{kVA}$

03 V결선 시의 단상변압기 1대 용량

(1) 변압기의 부하용량

$$P_A = \frac{P}{\cos\theta}$$

여기서, P_A : 부하용량[kVA]

P : 전동기의 용량[kW]

$\cos\theta$: 역률

(2) V결선 시의 단상변압기 1대의 용량

$$P_V = \sqrt{3}P_1 = P_A$$

여기서, P_V : V결선 시 변압기의 출력[kVA]

P_1 : 단상변압기 1대의 용량[kVA]

P_A : 부하용량[kVA]

핵심기출문제

01 매분 15m³의 물을 높이 18m인 물탱크에 양수하려고 한다. 주어진 조건을 이용하여 다음 각 물음에 답하시오.

배점 : 5 [08년] [19년]

[조건]
① 펌프와 전동기의 합성 역률은 60%이다.
② 전동기의 전부하효율은 80%이다.
③ 펌프의 축동력은 15%의 여유를 둔다고 한다.

(1) 필요한 전동기의 용량은 몇 [kW]인지 구하시오.
(2) 부하용량은 몇 [kVA]인지 구하시오.
(3) 전력공급은 단상변압기 2대를 사용하여 V결선하여 공급한다면 변압기 1대의 용량은 몇 [kVA]인지 구하시오.

• **실전모범답안**

(1) $P = \dfrac{9.8 \times 15 \times \dfrac{1}{60} \times 18 \times 1.15}{0.8} = 63.393 \fallingdotseq 63.39\text{kW}$

• **답** : 63.39kW

(2) $P_A = \dfrac{63.39}{0.6} = 105.65\text{kVA}$

• **답** : 105.65kVA

(3) $P_1 = \dfrac{105.65}{\sqrt{3}} = 60.997 \fallingdotseq 61\text{kVA}$

• **답** : 61kVA

상세해설

(1) 전동기의 용량

$P = \dfrac{9.8QHK}{\eta}$	전동기용량(수계소화설비의 펌프)
P : 전동기의 용량[kW]	→ $P = \dfrac{9.8QHK}{\eta}$ **[풀이①]**
Q : 토출량(양수량)[m³/s]	→ $15\text{m}^3 \times \dfrac{1\text{min}}{60\text{s}}$
H : 전양정[m]	→ 18m
K : 여유계수(전달계수)	→ 1.15
η : 효율	→ 80%

① **전동기용량**

∴ 전동기의 용량 $P=\dfrac{9.8\times15\text{m}^3\times\dfrac{1}{60}\text{sec}\times18\text{m}\times1.15}{0.8}=63.393\fallingdotseq\mathbf{63.39kW}$

(2) 변압기의 부하용량

$P_A=\dfrac{P}{\cos\theta}$	변압기의 부하용량
P_A : 부하용량[kVA]	➜ $P_A=\dfrac{P}{\cos\theta}$ **[풀이①]**
P : 전동기의 용량[kW]	➜ (1)에서 구한 값
$\cos\theta$: 역률	➜ 60%

① **부하용량**

∴ 부하용량 $P_A=\dfrac{63.39\text{kW}}{0.6}=105.65\text{kVA}$

(3) V결선 시의 단상변압기 1대의 용량

$P_V=\sqrt{3}P_1=P_A$	V결선 시의 단상변압기 1대의 용량
P_V : V결선 시 변압기의 출력[kVA]	➜ $P_V=\sqrt{3}P_1$
P_1 : 단상변압기 1대의 용량[kVA]	➜ $P_1=\dfrac{P_A}{\sqrt{3}}$ **[풀이①]**
P_A : 부하용량[kVA]	➜ (2)에서 구한 값

① **V결선의 단상변압기 1대의 용량**

∴ V결선의 단상변압기 1대의 용량 $P_1=\dfrac{P_A}{\sqrt{3}}=\dfrac{105.65}{\sqrt{3}}=60.997\fallingdotseq\mathbf{61kVA}$

01-1 지상 31m 되는 곳에 수조가 있다. 이 수조에 분당 $12m^3$의 물을 양수하는 펌프용 전동기를 설치하여 3상 전력을 공급하려고 한다. 펌프효율이 65%이고, 펌프측 동력에 10%의 여유를 둔다고 할 때 다음 각 물음에 답하시오. (단, 펌프용 3상 농형 유도전동기의 역률은 100%로 가정한다.)

배점 : 4 [03년] [05년] [12년] [20년] [21년]

(1) 펌프용 전동기의 용량은 몇 [kW]인지 구하시오.

(2) 3상 전력을 공급하고자 단상변압기 2대를 V결선하여 이용하고자 한다. 단상변압기 1대의 용량은 몇 [kVA]인지 구하시오.

• **실전모범답안**

(1) $P = \dfrac{9.8 \times 12 \times \dfrac{1}{60} \times 31 \times 1.1}{0.65} = 102.824 ≒ 102.82\text{kW}$

• **답** : 102.82kW

(2) $P = \dfrac{102.82}{\sqrt{3}} = 59.363 ≒ 59.36\text{kVA}$

• **답** : 59.36kVA

상세해설

(1) 전동기의 용량

$P = \dfrac{9.8QHK}{\eta}$	전동기용량(수계소화설비의 펌프)
P : 전동기의 용량[kW]	➜ $P = \dfrac{9.8QHK}{\eta}$ [풀이①]
Q : 토출량(양수량)[m^3/s]	➜ $12m^3 \times \dfrac{1\text{min}}{60\text{s}}$
H : 전양정[m]	➜ 31
K : 여유계수(전달계수)	➜ 1.1
η : 효율	➜ 65%

① **전동기용량**

$$\therefore \text{ 전동기의 용량 } P = \frac{9.8 \times 12m^3 \times \dfrac{1}{60}\sec \times 31m \times 1.1}{0.65} = 102.824 ≒ \mathbf{102.82kW}$$

(2) V결선 시의 단상변압기 1대의 용량

$P_V = \sqrt{3}P_1 = P_A$	V결선 시의 단상변압기 1대의 용량
P_V : V결선 시 변압기의 출력[kVA]	➜ $P_V = \sqrt{3}P_1$
P_1 : 단상변압기 1대의 용량[kVA]	➜ $P_1 = \dfrac{P_A}{\sqrt{3}}$ [풀이①]
P_A : 부하용량[kVA]	➜ (1)에서 구한 값

① **V결선의 단상변압기 1대의 용량**

$$\therefore \text{ V결선의 단상변압기 1대의 용량 } P_1 = \frac{P_A}{\sqrt{3}} = \frac{102.82}{\sqrt{3}} = 59.363 ≒ \mathbf{59.36kVA}$$

01-2 지상 25m 되는 곳에 수조가 있다. 이 수조에 분당 $20m^3$의 물을 양수하는 펌프용 전동기를 설치하여 3상 전력을 공급하고자 할 때 단상변압기 2대로 V결선하여 이용하고자 한다. 단상변압기 1대의 용량은 몇 [kVA]인지 구하시오. (단, 펌프효율은 70%이고, 펌프측 동력에 15%의 여유를 두고, 펌프용 3상 농형 유도전동기의 역률은 85%로 가정한다.) 배점 : 5 [07년]

• **실전모범답안**

$$P = \frac{9.8 \times 20 \times \frac{1}{60} \times 25 \times 1.15}{0.7} = 134.166\text{kW}$$

$$P_A = \frac{134.166}{0.85} = 157.842\text{kVA}$$

$$\therefore\ P_1 = \frac{157.842}{\sqrt{3}} = 91.13\text{kVA}$$

• **답** : 91.13kVA

상세해설

V결선 시의 단상변압기 1대의 용량

① **전동기의 용량**

$P = \dfrac{9.8QHK}{\eta}$	전동기용량(수계소화설비의 펌프)
P : 전동기의 용량[kW]	
Q : 토출량(양수량)[m^3/s]	➜ $20m^3 \times \dfrac{1\text{min}}{60\text{s}}$
H : 전양정[m]	➜ 25
K : 여유계수(전달계수)	➜ 1.15
η : 효율	➜ 70%

$$\therefore\ \text{전동기의 용량}\ P = \frac{9.8 \times 20m^3 \times \frac{1}{60}\sec \times 25m \times 1.15}{0.7} = 134.166 = \mathbf{134.166kW}$$

② **변압기의 부하용량**

$P_A = \dfrac{P}{\cos\theta}$	변압기의 부하용량
P_A : 부하용량[kVA]	
P : 전동기의 용량[kW]	➜ (1)에서 구한 값
$\cos\theta$: 역률	➜ 85%

$$\therefore\ \text{부하용량}\ P_A = \frac{134.166\text{kW}}{0.85} = \mathbf{157.842kVA}$$

③ V결선 시의 단상변압기 1대의 용량

$P_V = \sqrt{3}P_1 = P_A$	V결선 시의 단상변압기 1대의 용량
P_V : V결선 시 변압기의 출력[kVA]	
P_1 : 단상변압기 1대의 용량[kVA]	
P_A : 부하용량[kVA]	➜ (2)에서 구한 값

∴ V결선의 단상변압기 1대의 용량

$$P_1 = \frac{P_A}{\sqrt{3}} = \frac{157.842}{\sqrt{3}} = 91.13 ≒ 91.13\text{kVA}$$

04 조명

(1) 등의 개수

$$FUN = AED = \frac{AE}{M}$$

여기서, F : 광속[lm]
U : 조명률[%]
N : 등 개수
A : 단면적[m²]
E : 조도[lx]
D : 감광보상률$\left(\frac{1}{M}\right)$[%]
M : 유지율

(2) 실지수

$$\text{실지수} = \frac{XY}{H(X+Y)}$$

여기서, X : 실의 가로길이[m]
Y : 실의 세로길이[m]
H : 작업면으로부터 광원까지의 높이[m]

(3) 부하

$$P_A = VI_A$$

여기서, P_A : 부하용량[VA]
V : 전압[V]
I_A : 전류[A]

핵심기출문제

01 바닥면적 $150m^2$인 어느 사무실을 50lx의 조도가 되게 하려면 2,500lm, 40W인 비상조명등을 몇 개 설치해야 하는지 구하시오. (단, 조명률 50%, 감광보상률 1.25이다.) 배점 : 4 [12년]

• **실전모범답안**

$$N=\frac{150\times50\times1.25}{2{,}500\times0.5}=7.5 ≒ 8$$

• **답** : 8개

상세해설

$FUN=AED=\frac{AE}{M}$	등의 개수
F : 광속[lm]	➜ 2,500lm
U : 조명률[%]	➜ 50%
N : 등 개수	➜ $N=\frac{AED}{FU}$ [풀이①]
A : 단면적[m^2]	➜ $150m^2$
E : 조도[lx]	➜ 50lx
D : 감광보상률$\left(\frac{1}{M}\right)$[%]	➜ 1.25
M : 유지율	

① **등의 개수**

$$\therefore \text{ 등의 개수 } N=\frac{AED}{FU}=\frac{150m^2\times50lx\times1.25}{2{,}500lm\times0.5}=7.5 ≒ 8\text{개 (소수점 이하 절상)}$$

01–1 조명설비에 대한 다음 각 물음에 답하시오. 배점 : 8 [03년]

(1) 모든 작업이 작업대(방바닥에서 0.85m의 높이)에서 행하여지는 작업장의 가로가 8m, 세로가 12m, 방바닥에서 천장까지의 높이가 3.8m인 방에서 조명기구를 천장에 설치하고자 한다. 이 방의 실지수는 얼마인지 구하시오.

(2) 길이 15m, 폭 10m인 방재센터의 조명률은 50%, 40W 형광등 1등당 전광속도가 2,400lm일 경우 조도를 400lx로 유지한다면 형광등(40W/2등용)은 몇 개인지 구하시오. (단, 층고는 3.6m이며, 조명 유지율은 80%이다.)

• **실전모범답안**

(1) 실지수 $=\dfrac{8\times 12}{(3.8-0.85)(8+12)}=1.627 \fallingdotseq 1.63$

• **답** : 1.63

(2) $N=\dfrac{(15\times 10)\times 400}{2{,}400\times 0.5\times 0.8}=62.5 \fallingdotseq 63$

$\dfrac{63}{2}=31.5 \fallingdotseq 32$개

• **답** : 32개

상세해설

(1) 실지수

실지수 $=\dfrac{XY}{H(X+Y)}$	실지수
X : 실의 가로길이[m]	➜ 8m
Y : 실의 세로길이[m]	➜ 12m
H : 작업면으로부터 광원까지의 높이[m]	➜ 3.8m−0.85m

∴ 실지수 $=\dfrac{8\times 12}{(3.8-0.85)(8+12)}=1.627 \fallingdotseq$ **1.63**

(2) 형광등의 개수

$FUN=AED=\dfrac{AE}{M}$	등의 개수
F : 광속[lm]	➜ 2,400lm
U : 조명률[%]	➜ 50%
N : 등 개수	➜ $N=\dfrac{AE}{FUM}$ **[풀이①]**
A : 단면적[m²]	➜ 15m×10m
E : 조도[lx]	➜ 400lx
D : 감광보상률$\left(\dfrac{1}{M}\right)$[%]	
M : 유지율	➜ 0.8

등의 개수 $N=\dfrac{AE}{FUM}=\dfrac{(15\times 10)\text{m}^2\times 400\text{lx}}{2{,}400\text{lm}\times 0.5\times 0.8}=62.5 \fallingdotseq$ **63개** (소수점 이하 절상)

∴ 2등용 등기구 $=\dfrac{63\text{등}}{2\text{등용}}=31.5 \fallingdotseq 32$개

01-2 폭 15m, 길이 20m인 사무실의 조도를 400lx로 할 경우 전광속 4,900lm의 형광등[40W/2등용]을 시설할 경우 비상발전기에 연결되는 부하는 몇 [VA]이며 이 사무실의 회로는 몇 회로인지 구하시오. (단, 사용전압은 220[V]이고, 40[W] 형광등 1등당 전류는 0.15[A], 조명률 50[%], 감광보상률은 1.3으로 한다.) 배점 : 6 [03년]

(1) 부하
(2) 회로수

• **실전모범답안**

(1) $N=\dfrac{AED}{FU}=\dfrac{(15\times 20)\times 400\times 1.3}{4,900\times 0.5}=63.67 ≒ 64$개

$I_A=2\times 64\times 0.15=19.2\text{A}$

$P_A=220\times 19.2=4,224\text{VA}$

• **답** : 4,224VA

(2) 회로수$=\dfrac{4,224}{(220\times 15)}=1.28 ≒ 2$

• **답** : 2회로

상세해설

(1) 부하

$P_A=VI_A$

I_A를 구하기 위해 **등 개수**를 구하면

$FUN=AED=\dfrac{AE}{M}$	등의 개수
F : 광속[lm]	➜ 4,900lm
U : 조명률[%]	➜ 50%
N : 등 개수	➜ $N=\dfrac{AED}{FU}$ [풀이①]
A : 단면적[m²]	➜ 15m×20m
E : 조도[lx]	➜ 400lx
D : 감광보상률$\left(\dfrac{1}{M}\right)$[%]	➜ 1.3
M : 유지율	

① **등의 개수**

∴ 등의 개수 $N=\dfrac{AED}{FU}=\dfrac{(15\times 20)\text{m}^2\times 400\text{lx}\times 1.3}{4,900\text{lm}\times 0.5}=63.67 ≒ 64$**개** (소수점 이하 절상)

② 형광등 2등용 64개, 1등당 전류는 0.15[A]이므로

$I_A=2\times 64\times 0.15=\mathbf{19.2A}$

③ 비상발전기 부하

$P_A=220\times 19.2=\mathbf{4,224VA}$

(2) 회로수

$$\text{회로수}=\frac{4{,}224\text{VA}}{3{,}300\text{VA}}=1.28 \fallingdotseq 2\text{회로}$$

참고 분기회로수

일반적으로 분기회로수는 15A 분기회로를 원칙으로 한다.
① 3,300VA=220V×15A
② 1,650VA=110V×15A

05 단상 2선식 전력

(1) 단상 2선식 전력

$$P = VI\cos\theta$$

여기서, P : 전력[W]
V : 전압[V]
I : 전류[A]
$\cos\theta$: 역률

쉬어가는 코너

불가능은 노력하지 않는 자의 변명이다.

-한 줄 명언-

핵심기출문제

01 20W 중형 피난구 유도등이 AC 220V 전원에 연결되어 있다. 전원에 연결된 유도등은 10개이며 유도등의 역률은 80%이다. 공급전류 [A]를 계산하시오. (단, 유도등의 배터리 충전전류는 무시하며 전원 공급방식은 단상 2선식이다.) 배점 : 4 [12년] [04년] [06년] [13년] [17년] [19년] [20년] [21년]

- **실전모범답안**

$$I=\frac{(20\times 10)}{220\times 0.8}=1.136 \fallingdotseq 1.14A$$

- **답** : 1.14A

상세해설

$P = VI\cos\theta$	단상 2선식 전력(전류)
P : 전력[W]	➜ 20W×10개
V : 전압[V]	➜ 220V
I : 전류[A]	➜ $I=\frac{P}{V\cos\theta}$ [풀이①]
$\cos\theta$: 역률	➜ 80%

$\therefore$ 전류 $I=\frac{P}{V\cos\theta}=\frac{20W\times 10}{220V\times 0.8}=1.136 \fallingdotseq 1.14A$

※ 단상 2선식, 단상 3선식

구 분	방 식
동력제어반(MCC 패널) ↔ 소방펌프 또는 제연팬	3상 3선식
기타	단상 2선식

06 전동기의 동기 · 회전 속도

(1) 동기속도

$$N_s = \frac{120f}{P}$$

여기서, N_s : 동기속도[rpm]
f : 주파수[Hz]
P : 극수

(2) 회전속도

$$N = \frac{120f}{P}(1-s) = N_s(1-s)$$

여기서, N : 회전속도[rpm]
f : 주파수[Hz]
P : 극수
s : 슬립
N_s : 동기속도[rpm]

쉬어가는 코너

요행을 바라지 마라.
행운을 기대치 마라.
노력이 그나마 낫다.

-작자미상-

핵심기출문제

01 3상 380V, 60Hz, 4P, 75HP의 전동기가 있다. 다음 각 물음에 답하시오. (단, 슬립은 5%이다.)

배점 : 4 [05년] [09년] [11년] [20년]

(1) 동기속도는 몇 [rpm]인지 구하시오.
(2) 회전속도는 몇 [rpm]인지 구하시오.

• **실전모범답안**

(1) $N_s = \dfrac{120 \times 60}{4} = 1{,}800\text{rpm}$

• **답** : 1,800rpm

(2) $N = 1{,}800(1-0.05) = 1{,}710\text{rpm}$

• **답** : 1,710rpm

상세해설

(1) 동기속도

$N_s = \dfrac{120f}{P}$	동기속도
N_s : 동기속도[rpm]	➜ $N_s = \dfrac{120f}{P}$ [풀이①]
f : 주파수[Hz]	➜ 60Hz
P : 극수	➜ 4

① **동기속도**

∴ 동기속도 $N_s = \dfrac{120 \times 60\text{Hz}}{4} = \mathbf{1{,}800rpm}$

(2) 회전속도

$N = \dfrac{120f}{P}(1-s) = N_s(1-s)$	회전속도
N : 회전속도[rpm]	➜ ①
f : 주파수[Hz]	➜ 60Hz
P : 극수	➜ 4
s : 슬립	➜ 5%
N_s : 동기속도[rpm]	➜ (1)에서 구한 값

∴ 회전속도 $N = 1{,}800(1-0.05) = \mathbf{1{,}710rpm}$

01-1 3ϕ, 380V, 60Hz, 4P, 75HP의 전동기가 있다. 다음 물음에 답하시오. 배점 : 4 [03년]

(1) 동기속도는 몇 [rpm]인지 구하시오.
(2) 회전속도가 1,730rpm일 때 슬립은 몇 [%]인지 구하시오.

• **실전모범답안**

(1) $N_s = \frac{120 \times 60}{4} = 1{,}800\text{ rpm}$

• **답** : 1,800rpm

(2) $1{,}730 = 1{,}800(1-s)$

$1{,}730 = 1{,}800 - 1{,}800s$

$1{,}800s = 1{,}800 - 1{,}730$

$\therefore\ s = \frac{1{,}800 - 1{,}730}{1{,}800} = 0.03888 = 3.888\% \fallingdotseq 3.89\%$

• **답** : 3.89%

상세해설

(1) 동기속도

$N_s = \frac{120f}{P}$	동기속도
N_s : 동기속도[rpm]	➜ $N_s = \frac{120f}{P}$ [풀이①]
f : 주파수[Hz]	➜ 60Hz
P : 극수	➜ 4

① **동기속도**

$\therefore$ 동기속도 $N_s = \frac{120 \times 60\text{Hz}}{4} = \mathbf{1{,}800rpm}$

(2) 회전속도

$N = \frac{120f}{P}(1-s) = N_s(1-s)$	회전속도
N : 회전속도[rpm]	➜ 1,730rpm
f : 주파수[Hz]	➜ 60Hz
P : 극수	➜ 4
s : 슬립	➜ [풀이①]
N_s : 동기속도[rpm]]	➜ (1)에서 구한 값

① **슬립**

문제 조건에서 **회전속도**가 **1,730rpm**이므로 **회전속도** $N = N_s(1-s)$에서

$1{,}730 = 1{,}800(1-s)$

$1{,}730 = 1{,}800 - 1{,}800s$

$1{,}800s = 1{,}800 - 1{,}730$

$\therefore$ 슬립 $s = \frac{1{,}800 - 1{,}730}{1{,}800} = 0.03888 = 3.888\% \fallingdotseq \mathbf{3.89\%}$

01-2 전동기가 주파수 50Hz에서 극수 4일 때 회전속도가 1,440rpm이다. 주파수를 60Hz로 하면 회전속도는 몇 [rpm]이 되는지 구하시오. (단, 슬립은 일정하다.) 배점 : 4 [09년] [10년] [20년]

• **실전모범답안**

$$s = 1 - \frac{1,440 \times 4}{120 \times 50} = 0.04$$

$$N = \frac{120 \times 60}{4}(1 - 0.04) = 1,728\text{rpm}$$

• **답** : 1,728rpm

상세해설

$N = \frac{120f}{P}(1-s) = N_s(1-s)$	회전속도
N : 회전속도[rpm]	➜ 1,440rpm → **[풀이②]**
f : 주파수[Hz]	➜ 50Hz → 60Hz
P : 극수	➜ 4
s : 슬립	➜ **[풀이①]**
N_s : 동기속도[rpm]	➜ (1)에서 구한 값

① **슬립**

$$s = 1 - \frac{NP}{120f} = 1 - \frac{1,440\text{rpm} \times 4}{120 \times 50\text{Hz}} = \mathbf{0.04}$$

② **주파수 변경 후 회전속도**

$$\therefore \text{회전속도 } N = \frac{120 \times 60\text{Hz}}{4}(1 - 0.04) = \mathbf{1,728rpm}$$

07 감시전류, 작동전류

(1) 감시전류

$$감시전류\ I = \frac{회로전압}{릴레이저항 + 배선저항 + 종단저항}$$

(2) 작동전류

$$작동전류\ I = \frac{회로전압}{릴레이저항 + 배선저항}$$

쉬어가는 코너

목표에 도달했을 때 돌아서지 마라.

-퍼블릴리어스 사이러스-

핵심기출문제

🔥🔥🔥

01 **P형 1급 수신기와 감지기와의 배선회로에서 종단저항은 11kΩ, 배선저항은 50Ω, 릴레이저항은 550Ω 이며 회로전압이 DC 24V일 때 다음 각 물음에 답하시오.** 배점 : 4 [07년] [15년] [16년] [18년]

(1) 평소 감시전류는 몇 [mA]인지 구하시오.

(2) 감지기가 동작할 때 (화재 시)의 전류는 몇 [mA]인지 구하시오. (단, 배선저항은 고려하지 않는다.)

• **실전모범답안**

(1) $I = \dfrac{24}{550+50+11\times10^3} = 0.002068\text{A} = 2.068\text{mA} \fallingdotseq 2.07\text{mA}$

• **답** : 2.07mA

(2) $I = \dfrac{24}{550} = 0.043636\text{A} = 43.636\text{mA} \fallingdotseq 43.64\text{mA}$

• **답** : 43.64A

상세해설

(1) $\text{감시전류 } I = \dfrac{\text{회로전압}}{\text{릴레이저항}+\text{배선저항}+\text{종단저항}}$

$\therefore \text{ 감시전류 } I = \dfrac{24}{550+50+11\times10^3} = 0.002068\text{A} = 2.068\text{mA} \fallingdotseq \mathbf{2.07mA}$

(2) $\text{작동전류 } I = \dfrac{\text{회로전압}}{\text{릴레이저항}+\text{배선저항}}$

$\therefore \text{ 작동전류 } I = \dfrac{24}{550} = 0.043636\text{A} = 43.636\text{mA} \fallingdotseq \mathbf{43.64mA}$

(이 문제에서는 단서 조건에 따라 배선저항을 포함하지 않으나, 별도의 단서 조항이 없을 시에는 배선저항을 고려하여 동작전류를 구한다.)

01-1 다음은 자동화재탐지설비의 감시상태 시 감지기회로를 등가회로로 나타낸 것이다. 감시상태 시 감시전류 [mA]와 감지기가 작동 시 작동전류 [mA]를 구하시오. 배점 : 4 [07년] [09년] [13년] [20년]

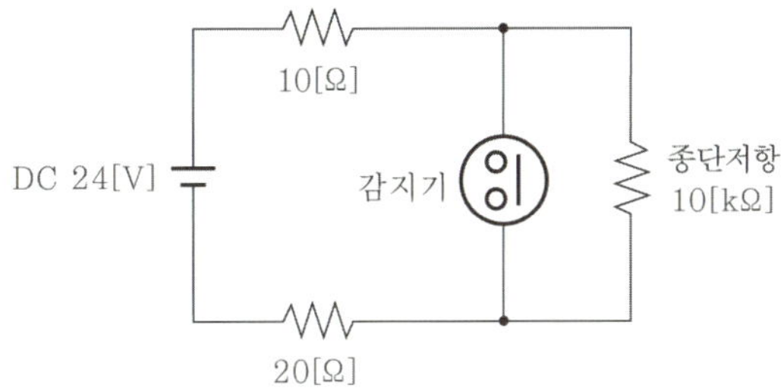

(1) 감시상태 시 감시전류
(2) 작동 시 작동전류

• 실전모범답안

(1) $I = \frac{24}{10+20+10\times10^3} = 0.002392\text{A} = 2.392\text{mA} ≒ 2.39\text{mA}$

• **답** : 2.39mA

(2) $I = \frac{24}{10+20} = 0.8\text{A} = 800\text{mA}$

• **답** : 800mA

상세해설

(1) 감시전류 $I = \frac{\text{회로전압}}{\text{릴레이저항}+\text{배선저항}+\text{종단저항}}$

∴ 감시전류 $I = \frac{24}{10+20+10\times10^3} = 0.002392\text{A} = 2.392\text{mA} ≒ \mathbf{2.39mA}$

(2) 작동전류 $I = \frac{\text{회로전압}}{\text{릴레이저항}+\text{배선저항}}$

∴ 작동전류 $I = \frac{24}{10+20} = 0.8\text{A} = \mathbf{800mA}$

01-2 P형 1급 수신기와 감지기와의 배선회로에서 P형 1급 수신기 종단저항은 10kΩ, 감시전류는 2mA, 릴레이저항은 950Ω, DC 24V일 때 감지기가 동작할 때의 전류(동작전류)는 몇 [mA]인지 구하시오.

배점 : 3 [06년] [14년] [21년]

• **실전모범답안**

$$2\times10^{-3}=\frac{24}{950+x+10\times10^{3}}$$

배선저항 $x=1{,}050\Omega$

$$\therefore\ I=\frac{24}{950+1{,}050}=0.012\text{A}=12\text{mA}$$

• **답** : 12mA

상세해설

$$\text{작동전류 } I=\frac{\text{회로전압}}{\text{릴레이저항}+\text{배선저항}}$$

① 감지기회로 전압은 DC 24[V]이다.

② 배선저항을 구하기 위해 감시전류식을 이용한다.

$$\text{감시전류 } I=\frac{\text{회로전압}}{\text{릴레이저항}+\text{배선저항}+\text{종단저항}}$$

$$2\times10^{-3}=\frac{24}{950+x+10\times10^{3}}$$

배선저항 $x=1{,}050\Omega$

③ 작동전류 I 는

$$\therefore\ I=\frac{24}{950+1{,}050}=0.012\text{A}=12\text{mA}$$

01-3 P형 1급 수신기와 감지기의 배선회로에서 배선회로의 저항이 50Ω 이고, 릴레이저항이 500Ω 이며, 상시 감시전류는 2.3mA라고 할 때, 다음 각 물음에 답하시오.

배점 : 6 [08년] [10년] [12년]

(1) 종단저항 [Ω]은 얼마인지 구하시오.
(2) 감지기가 작동한 때 회로에 흐르는 전류 [mA]를 구하시오.

• **실전모범답안**

(1) $2.3 \times 10^{-3} = \dfrac{24}{500 + 50 + x}$

종단저항 $x = 9{,}884.782 ≒ 9{,}884.78\Omega$

• **답** : 9,884.78Ω

(2) $I = \dfrac{24}{500 + 50} = 0.043636\text{A} = 43.636\text{mA} ≒ 43.64\text{mA}$

• **답** : 43.64mA

상세해설

(1) 종단저항

다음 식을 사용하여 종단저항을 구한다.

$$\text{감시전류 } I = \frac{\text{회로전압}}{\text{릴레이저항} + \text{배선저항} + \text{종단저항}}$$

$2.3 \times 10^{-3} = \dfrac{24}{500 + 50 + x}$

∴ 종단저항 $x = 9{,}884.782 ≒ \mathbf{9{,}884.78\Omega}$

(2) 작동전류

$$\text{작동전류 } I = \frac{\text{회로전압}}{\text{릴레이저항} + \text{배선저항}}$$

∴ 작동전류 $I = \dfrac{24}{500 + 50} = 0.043636\text{A} = 43.636\text{mA} ≒ \mathbf{43.64\text{mA}}$

08 비상용 자가발전기의 용량, 차단기의 용량

(1) 비상용 자가발전기의 용량

$$P_n \geq \left(\frac{1}{e}-1\right)X_L P$$

여기서, P_n : 발전기용량[kVA]

e : 허용전압강하

X_L : 과도리액턴스

P : 기동용량[kVA](= $\sqrt{3}\times$정격전압$\times$기동전류)

(2) 비상용 자가발전기 차단기의 용량

$$P_s \geq \frac{P_n}{X_L}\times 1.25$$

여기서, P_s : 차단기용량[kVA]

P_n : 발전기용량[kVA]

X_L : 과도리액턴스

핵심기출문제

01 유도전동기 부하에 사용할 비상용 자가발전설비를 하려고 한다. 이 설비에 사용된 발전기의 조건을 보고 다음 각 물음에 답하시오.(단, 차단용량의 여유율은 25%를 계산하다.)

배점 : 4 [06년] [09년] [10년] [14년] [16년] [17년]

[조건]

① 부하는 단일부하로서 유도전동기이다.
② 기동용량이 700kVA이고 기동 시 전압강하는 20%까지 허용한다.
③ 발전기의 과도리액턴스는 25%로 본다.

(1) 발전기용량은 이론상 몇 [kVA] 이상의 것을 선정해야 하는지 구하시오.
(2) 발전기용 차단기의 차단용량은 몇 [MVA]인지 구하시오.

• **실전모범답안**

(1) $P_n = \left(\dfrac{1}{0.2} - 1\right) \times 0.25 \times 700 = 700\text{kVA}$

• **답** : 700kVA

(2) $P_s = \dfrac{700 \times 10^{-3}}{0.25} \times 1.25 = 3.5\text{MVA}$

• **답** : 3.5MVA

상세해설

(1) 비상용 자가발전기의 용량

$P_n \geq \left(\dfrac{1}{e} - 1\right) X_L P$	비상용 자가발전기의 용량
P_n : 발전기용량[kVA]	➜ $P_n \geq \left(\dfrac{1}{e} - 1\right) X_L P$ [풀이①]
e : 허용전압강하	➜ 20%
X_L : 과도리액턴스	➜ 25%
P : 기동용량[kVA](= $\sqrt{3}$ × 정격전압 × 기동전류)	➜ 700 kVA

① **비상용 자가발전기의 용량**

∴ 비상용 자가발전기의 용량 $P_n = \left(\dfrac{1}{0.2} - 1\right) \times 0.25 \times 700 = \mathbf{700kVA}$

(2) 비상용 자가발전기 차단기의 용량

$P_s \geq \dfrac{P_n}{X_L} \times 1.25$	비상용 자가발전기 차단기의 용량
P_s : 차단기용량[kVA]	➜ $P_s \geq \dfrac{P_n}{X_L} \times 1.25$ **[풀이①]**
P_n : 발전기용량[kVA]	➜ (1)에서 구한 값
X_L : 과도리액턴스	➜ 25%

① **비상용 자가발전기 차단기의 용량**

1kVA$=10^{-3}$MVA이므로

∴ 비상용 자가발전기 차단기의 용량

$$P_s = \frac{700 \times 10^{-3}}{0.25} \times 1.25 = 3.5\text{MVA}$$

01-1 비상용 발전기에 대한 다음 각 물음에 답하시오.

배점 : 7 [05년]

(1) 비상용 동기발전기의 병렬운전 조건 4가지를 설명하시오.

(2) 비상용으로 사용하고자 자가발전기를 구입하려고 기본적인 조사와 사양을 정하여 다음과 같았다. 자가발전기의 용량은 이론상 몇 [kVA] 이상의 것을 선정해야 하는지 구하시오.

[조건]
- ① 부하는 단일부하로서 유도전동기이다.
- ② 기동용량이 1,500kVA이고 기동 시 전압강하는 15%까지 허용한다.
- ③ 발전기의 과도리액턴스는 23%로 본다.

(3) 상시전원이 정전 시에 상시전원에서 예비전원으로 바꾸는 경우로서 그 접속하는 부하 및 배선이 같을 경우 양전원의 접속점에 반드시 사용해야 할 개폐기는 무엇인지 쓰시오.

• **실전모범답안**

(1) ① 기전력의 크기가 같을 것
② 기전력의 위상이 같을 것
③ 기전력의 주파수가 같을 것
④ 기전력의 파형이 같을 것

(2) 1,955kVA

(3) 자동절환개폐기

상세해설

(1) 병렬운전 조건

동기발전기의 병렬운전 조건	변압기의 병렬운전 조건
① 기전력의 **크기**가 같을 것 ② 기전력의 **위상**이 같을 것 ③ 기전력의 **주파수**가 같을 것 ④ 기전력의 **파형**이 같을 것	① **권수비**가 같을 것 ② **극성**이 같을 것 ③ 1차, 2차 **정격전압**이 같을 것 ④ **%임피던스 강하**가 같을 것

(2) 비상용 자가발전기의 용량

$P_n \geq \left(\frac{1}{e}-1\right)X_L P$	비상용 자가발전기의 용량
P_n : 발전기용량[kVA]	➜ $P_n \geq \left(\frac{1}{e}-1\right)X_L P$ **[풀이①]**
e : 허용전압강하	➜ 15%
X_L : 과도리액턴스	➜ 23%
P : 기동용량[kVA](= $\sqrt{3}$ × 정격전압 × 기동전류)	➜ 1,500kVA

∴ 비상용 자가발전기의 용량

$$P_n = \left(\frac{1}{0.15}-1\right) \times 0.23 \times 1{,}500 = \mathbf{1{,}955kVA}$$

(3) 자동절환개폐기(Auto Transfer Switch : ATS)

상용전원의 정전 또는 전압이 기준치 이하로 떨어질 경우 자동적으로 비상전원 또는 예비전원을 공급받을 수 있도록 하는 개폐기

09 누설전류

(1) 누설전류

$$I=\frac{V}{R}$$

여기서, I : 전류(누설전류)[A]
V : 전압[V]
R : 저항(절연저항)[Ω]

쉬어가는 코너

남이 한 번 하면
나는 백 번 한다.
남이 열 번 하면
나는 천 번 한다.

-공자-

핵심기출문제

01 전로의 절연열화에 의한 화재를 방지하기 위하여 절연저항을 측정하여 전로의 유지보수에 활용해야 한다. 절연저항 측정에 관한 다음 각 물음에 답하시오. 배점 : 5 [04년] [07년] [10년] [13년]

(1) 220[V] 전로에서 전선과 대지 사이의 절연저항이 0.2MΩ 이라면 누설전류는 몇 [mA]인지 구하시오.

(2) 감지기회로 및 부속회로의 전로와 대지 사이 및 배선 상호간의 절연저항을 1경계구역마다 직류 250V의 절연저항 측정기로 측정하여 몇 [MΩ] 이상이 되도록 해야 하는지 구하시오.

• **실전모범답안**

(1) $I = \dfrac{220}{0.2 \times 10^6} = 0.0011\text{A} = 1.1\text{mA}$

• **답** : 1.1mA

(2) 0.1MΩ

상세해설

(1) 누설전류

$I = \dfrac{V}{R}$	누설전류
I : 전류(누설전류)[A]	→ $I = \dfrac{V}{R}$ [풀이①]
V : 전압[V]	→ 220V
R : 저항(절연저항)[Ω]	→ 0.2MΩ × 106

① **누설전류**

∴ 누설전류 $I = \dfrac{220\text{V}}{0.2 \times 10^6} = 0.0011\text{A} = \mathbf{1.1mA}$

(2) 절연저항시험

절연저항계	구 분	절연저항	예 외
직류(DC) 250[V]	• 1경계구역	0.1[MΩ] 이상	
	• 비상방송설비 150[V] 이하	0.1[MΩ] 이상	
	• 비상방송설비 150[V] 초과	0.2[MΩ] 이상	
직류(DC) 500[V]	• 수신기 • 자동화재속보설비 • 비상경보설비 • 가스누설경보기	5[MΩ] 이상	• 절연된 선로간-20[MΩ] 이상 • 교류입력측과 외함간-20[MΩ] 이상
	• 누전경보기 • 유도등 • 비상조명등 • 시각경보장치	5[MΩ] 이상	
	• 경종 • 표시등 • 발신기 • 중계기 • 비상콘센트	20[MΩ] 이상	
	• 감지기	50[MΩ] 이상	정온식감지선형감지기 : 1,000[MΩ] 이상
	• 수신기(10회로 이상) • 가스누설경보기(10회로 이상)	50[MΩ] 이상	

10 전선의 단면적 및 전압강하

(1) 전선의 단면적

구 분	전선단면적
단상 2선식	$A=\frac{35.6LI}{1,000e}$
3상 3선식	$A=\frac{30.8LI}{1,000e}$
단상 3선식, 3상 4선식	$A=\frac{17.8LI}{1,000e'}$

여기서, A : 전선단면적[mm²]
L : 선로길이[m]
I : 전부하전류[A]
e : 각 선로간의 전압강하[V]
e' : 각 선로간의 1선과 중심선 사이의 전압강하[V]

참고 전선의 표준규격(공칭단면적)

0.5 [mm²]	0.75 [mm²]	1 [mm²]	1.5 [mm²]	2.5 [mm²]	4 [mm²]	6 [mm²]	10 [mm²]	16 [mm²]	25 [mm²]	35 [mm²]	50 [mm²]
70 [mm²]	95 [mm²]	120 [mm²]	150 [mm²]	185 [mm²]	240 [mm²]	300 [mm²]	400 [mm²]	500 [mm²]	630 [mm²]	800 [mm²]	1,000 [mm²]

(2) 전압강하

① 단상 2선식

$$e=V_s-V_r=2IR$$

② 3상 3선식

$$e=V_s-V_r=\sqrt{3}\,IR$$

여기서, e : 전압강하[V]
V_s : 입력전압[V]
V_r : 출력전압(단자전압)[V]
I : 전류[A]
R : 저항[Ω]

핵심기출문제

01 분전반에서 30m의 거리에 20W, 100V인 유도등 20개를 설치하려고 한다. 전선의 굵기는 몇 [mm²] 이상으로 해야 하는지 공칭단면적으로 표현하시오. (단, 배선방식은 1ϕ2W이며, 전압강하율은 2% 이내이고, 전선은 동선을 사용한다.) 배점 : 4 [05년] [14년]

• **실전모범답안**

$e=100\times0.02=2\text{V}$

$I=\dfrac{20\times20}{100}=4\text{A}$

$\therefore\ A=\dfrac{35.6\times30\times4}{1{,}000\times2}=2.136\text{mm}^2$

• **답** : 2.5mm²

상세해설

전선의 단면적

구 분	전선단면적
단상 2선식	$A=\dfrac{35.6LI}{1{,}000e}$
3상 3선식	$A=\dfrac{30.8LI}{1{,}000e}$
단상 3선식, 3상 4선식	$A=\dfrac{17.8LI}{1{,}000e'}$

$A=\dfrac{35.6LI}{1{,}000e}$	베르누이방정식(마찰손실 고려)
A : 전선단면적[mm]	➜ $A=\dfrac{35.6LI}{1{,}000e}$ [풀이②]
L : 선로길이[m]	➜ 30m
I : 전부하전류[A]	➜ $I=\dfrac{P}{V}$ [풀이①]
e : 각 선로간의 전압강하[V]	➜ 100V×0.02
e' : 각 선로간의 1선과 중심선 사이의 전압강하[V]	

전압강하는 2% 이내이므로

전압강하 $e=100\times0.02=2\text{V}$

① 전류 $I=\dfrac{P}{V}=\dfrac{20\text{W}\times20\text{개}}{100\text{V}}=4\text{A}$

② 유도등은 단상 2선식이므로 다음 식을 사용하여 전선단면적을 구한다.

$$A=\frac{35.6LI}{1,000e}=\frac{35.6\times 30\text{m}\times 4\text{A}}{1,000\times 2\text{V}}=2.136\text{mm}^2$$

∴ 공칭단면적은 2.5mm²를 선정한다.

01-1 분전반에서 40m 거리에 AC 220V, 20W의 유도등 20개를 설치하고자 한다. 전압강하를 3V 이내로 하려면 전선의 최소 굵기(계산상 굵기)는 얼마 이상으로 하면 되는지 계산하시오. (단, 배선은 금속관공사이며, 유도등의 역률은 95%, 전원공급방식은 단상 2선식이다.)

배점 : 5 [14년]

• **실전모범답안**

$$I=\frac{20\times 20}{220\times 0.95}\fallingdotseq 1.913\text{A}$$

$$\therefore\ A=\frac{35.6\times 40\times 1.913}{1,000\times 3}=0.908\fallingdotseq 0.91\text{mm}^2$$

• **답** : 0.91mm²

상세해설

전선의 단면적

구 분	전선단면적
단상 2선식	$A=\frac{35.6LI}{1,000e}$
3상 3선식	$A=\frac{30.8LI}{1,000e}$
단상 3선식, 3상 4선식	$A=\frac{17.8LI}{1,000e'}$

$A=\frac{35.6LI}{1,000e}$	전선의 단면적(단상 2선식)
A : 전선단면적[mm²]	➜ $A=\frac{35.6LI}{1,000e}$ [풀이②]
L : 선로길이[m]	➜ 40m
I : 전부하전류[A]	➜ $I=\frac{P}{V\cos\theta}$ [풀이①]
e : 각 선로간의 전압강하[V]	➜ 3V
e' : 각 선로간의 1선과 중심선 사이의 전압강하[V]	

① 다음의 단상 교류전력식을 이용하여 전류 I를 구한다.

$P = VI\cos\theta$	단상 교류전력(전류)
P : 단상전력[W]	➜ 20W×20개
V : 전압[V]	➜ 220V
I : 전류[A]	
$\cos\theta$: 역률	➜ 95%

∴ 전류 $I = \dfrac{P}{V\cos\theta} = \dfrac{20\text{W} \times 20\text{개}}{220\text{V} \times 0.95} \fallingdotseq 1.913\text{A}$

② 유도등은 단상 2선식이므로 다음 식을 사용하여 전선단면적을 구한다.

∴ 전선단면적 $A = \dfrac{35.6LI}{1{,}000e} = \dfrac{35.6 \times 40\text{m} \times 1.913\text{A}}{1{,}000 \times 3\text{V}} = 0.908 \fallingdotseq \mathbf{0.91mm^2}$

※ '계산상 굵기'와 '공칭단면적'의 차이에 주의하라.

01-2 3상 3선식 380V로 수전하는 곳의 부하전력이 95kW, 역률이 85%, 구내 배선의 길이는 150m이며 전압강하를 8V까지 허용하는 경우 배선의 굵기를 계산하고 이를 표준규격품으로 답하시오.

배점 : 4 [06년] [09년]

• **실전모범답안**

$I = \dfrac{95 \times 10^3}{\sqrt{3} \times 380 \times 0.85} \fallingdotseq 169.808\,\text{A}$

$\therefore\ A = \dfrac{30.8LI}{1{,}000e} = \dfrac{30.8 \times 150 \times 169.808}{1{,}000 \times 8} = 98.064 \fallingdotseq 98.06\,\text{mm}^2$

• **답** : 120mm²

상세해설

전선의 단면적

구 분	전선단면적
단상 2선식	$A = \dfrac{35.6LI}{1{,}000e}$
3상 3선식	$A = \dfrac{30.8LI}{1{,}000e}$
단상 3선식, 3상 4선식	$A = \dfrac{17.8LI}{1{,}000e'}$

$A=\dfrac{30.8LI}{1{,}000e}$	전선의 단면적(3상 3선식)
A : 전선단면적[mm^2]	➜ $A=\dfrac{30.8LI}{1{,}000e}$ [풀이②]
L : 선로길이[m]	➜ 150m
I : 전부하전류[A]	➜ $I=\dfrac{P}{V\cos\theta}$ [풀이①]
e : 각 선로간의 전압강하[V]	➜ 8V
e' : 각 선로간의 1선과 중심선 사이의 전압강하[V]	

① 다음의 3상 전력식을 이용하여 전류 I 를 구한다.

$P=\sqrt{3}\,VI\cos\theta$	단상 교류전력(전류)
P : 단상전력[W]	➜ 95[kW]
V : 전압[V]	➜ 380[V]
I : 전류[A]	
$\cos\theta$: 역률	➜ 85%

$\therefore$ 전류 $I=\dfrac{P}{\sqrt{3}\,V\cos\theta}=\dfrac{95\times10^3\text{W}}{\sqrt{3}\times380\text{V}\times0.85}\fallingdotseq \mathbf{169.808A}$

② 문제 조건에서 **3상 3선식**이므로 다음 식을 사용하여 전선단면적을 구한다.

전선단면적 $A=\dfrac{30.8LI}{1{,}000e}=\dfrac{30.8\times150\text{m}\times169.808\text{A}}{1{,}000\times8\text{V}}=98.064\fallingdotseq \mathbf{98.06mm^2}$

$\therefore$ 공칭단면적은 120[mm^2]를 선정한다.

01-3 수신기에서 60m 떨어진 장소의 감지기가 작동할 때 소비된 전류가 400mA라고 한다. 이때의 전압강하 [V]를 구하시오. (단, 전선굵기는 1.6mm^2이다.) 배점 : 5 [15년]

• **실전모범답안**

$$e=\frac{35.6\times60\times400\times10^{-3}}{1{,}000\times1.6}=0.534\fallingdotseq 0.53\,\text{V}$$

• **답** : 0.53V

상세해설

전압강하

구 분	전선단면적
단상 2선식	$A=\dfrac{35.6LI}{1{,}000e}$
3상 3선식	$A=\dfrac{30.8LI}{1{,}000e}$
단상 3선식, 3상 4선식	$A=\dfrac{17.8LI}{1{,}000e'}$

$A = \frac{35.6LI}{1,000e}$	전선의 단면적(단상 2선식)
A : 전선단면적[mm²]	➜ 1.6mm²
L : 선로길이[m]	➜ 60
I : 전부하전류[A]	➜ 400mA
e : 각 선로간의 전압강하[V]	
e' : 각 선로간의 1선과 중심선 사이의 전압강하[V]	

여기서, A : 전선단면적[mm²] ➜ 1.6mm²
L : 선로길이[m] ➜ 60m
I : 전부하전류[A] ➜ 400mA
e : 각 선로간의 전압강하[V] ➜ $e = \frac{35.6LI}{1,000A}$ [풀이①]
e' : 각 선로간의 1선과 중심선 사이의 전압강하[V]

① **단상 2선식**이므로

$$\therefore \text{ 전압강하 } e = \frac{35.6LI}{1,000A} = \frac{35.6 \times 60\text{m} \times 400 \times 10^{-3}\text{A}}{1,000 \times 1.6\text{mm}^2} = 0.534 \fallingdotseq 0.53\text{V}$$

01-4 수신기로부터 배선거리 100m의 위치에서 모터 사이렌이 접속되어 있다. 사이렌이 명동될 때 사이렌의 단자전압을 구하시오.(단, 수신기는 정전압 출력이라고 하고 전선은 2.5mm² HFIX 전선이며, 사이렌의 정격전력은 48W라고 가정한다. 전압변동에 의한 부하전류의 변동은 무시한다. 2.5mm² 동선의 km당 전기저항은 8.75Ω이라고 한다.)

배점 : 5 [05년] [08년] [10년] [17년] [20년]

• **실전모범답안**

$$I = \frac{48}{24} = 2\text{A}$$

$$R = \frac{100}{1,000} \times 8.75 = 0.875\Omega$$

$$\therefore V_r = 24 - (2 \times 2 \times 0.875) = 20.5\text{V}$$

• **답** : 20.5V

상세해설

전압강하

(1) 단상 2선식

$e = V_s - V_r = 2IR$	전압강하(3상 3선식)
e : 전압강하[V]	
V_s : 입력전압[V]	
V_r : 출력전압(단자전압)[V]	
I : 전류[A]	→ $I = \frac{P}{V}$
R : 저항[Ω]	→ $\frac{100\text{m}}{1000\text{m}} \times 8.75\Omega$

모터사이렌은 **단상 2선식**이므로 (1)의 식을 적용한다.

① 전류 $I = \frac{P}{V} = \frac{48}{24} = 2\text{A}$

② **배선저항(R)**은 **km당 전기저항**이 8.75Ω이므로 100m일 때 0.875Ω이 된다.

∴ 단자전압 $V_r = V_s - 2IR = 24 - (2 \times 2\text{A} \times 0.875\Omega) = 20.5\text{V}$

01-5 수위실에서 460m 떨어진 지하 1층, 지상 7층에 연면적 5,000m²의 공장에 자동화재탐지설비를 설치하였는데 경종, 표시등이 각 층에 2회로(전체 16회로)일 때 다음 물음에 답하시오. (단, 표시등 30mA/개, 경종 50mA/개를 소모하고, 전선은 HFIX 2.5mm²를 사용하며, 경보방식은 우선경보방식으로 한다.)

배점 : 8 [07년] [11년] [13년] [14년] [16년] [16년]

(1) 표시등의 총 소요전류 [A]를 구하시오.
(2) 지상 1층에서 발화되었을 때 경종의 소요전류 [A]를 구하시오.
(3) 지상 1층에서 발화되었을 때 수위실과 공장 간의 전압강하를 구하시오.
(4) 성능기준상 음향장치는 정격전압의 80%에서 동작해야 하는데 이때 (3)에서 계산한 내용으로 음향장치는 동작할 수 있는지 설명하시오.
(5) 표시등 및 경종에 사용되는 전선의 종류를 쓰시오.

• **실전모범답안**

(1) $I = 30\text{mA} \times 16\text{개} = 480\text{mA} = 0.48\text{A}$

• **답** : 0.48A

(2) $I = 50\text{mA} \times 2\text{개} \times 6\text{개 층} = 600\text{mA} = 0.6\text{A}$

• **답** : 0.3A

(3) $e = \frac{35.6 \times 460 \times (0.48 + 0.6)}{1,000 \times 2.5} = 7.074 ≒ 7.07\text{V}$

• **답** : 7.07V

(4) 출력전압이 최소 작동전압보다 낮으므로 음향을 발할 수 없다.

(5) 450/750V 저독성 난연 가교 폴리올레핀 절연전선

상세해설

(1) 표시등의 소요전류

표시등은 **1회로당 1개씩** 설치된다.(문제조건에서 **16회로**이므로 **16개 설치**)

∴ 소요전류 $I = 30\text{mA} \times 16\text{개} = 480\text{mA} = $ **0.48A**

(2), (6) 경종의 소요전류 & 경보방식

① **우선경보방식 : 층수가 11층 이상**인 특정소방대상물 또는 **16층 이상**인 **공동주택**의 경우 적용

발화층	경보층
2층 이상	발화층 + 직상 4개 층
1층	발화층 + 직상 4개 층 + 지하층
지하층	발화층 + 직상층 + 기타 지하층

② **경종의 소요전류**

㉠ 경종은 1회로당 1개씩 설치된다.(문제조건에서 각 층에 2회로씩이므로 한 개 층에 2개 설치)

㉡ 문제 조건에 따라 우선경보방식의 건물이므로 화재 시 경종이 가장 많이 작동하는 층은 1층이 된다.

㉢ 따라서, 1층을 기준으로 계산하면 본 문제에서는 6개 층(지하층, 1층, 2층, 3층, 4층, 5층)에 경보가 발하게 된다.

∴ 소요전류 $I = 50\text{mA} \times 2\text{개} \times 6\text{개 층} = 600\text{mA} = $ **0.6A**

(3) 전압강하

구 분	전선단면적
단상 2선식	$A = \dfrac{35.6LI}{1,000e}$
3상 3선식	$A = \dfrac{30.8LI}{1,000e}$
단상 3선식, 3상 4선식	$A = \dfrac{17.8LI}{1,000e'}$

$A = \dfrac{35.6LI}{1,000e}$	전선의 단면적(단상 2선식)
A : 전선단면적[mm²]	➜ 2.5mm²
L : 선로길이[m]	➜ 460m
I : 전부하전류[A]	➜ (1)에서 구한 값
e : 각 선로간의 전압강하[V]	➜ $e = \dfrac{35.6LI}{1,000A}$ **[풀이①]**
e' : 각 선로간의 1선과 중심선 사이의 전압강하[V]	

표시등 및 경종은 단상 2선식이므로 (1), (2)에서 계산된 소요전류를 사용하여 계산한다.

① **전압강하**

∴ 전압강하 $e = \dfrac{35.6LI}{1,000A} = \dfrac{35.6 \times 460\text{m} \times (0.48+0.6)\text{A}}{1,000 \times 2.5\text{mm}^2} = 7.074 ≒ $ **7.07V**

(4) 자동화재탐지설비 음향장치의 구조 및 성능(NFTC 203 제8조)

음향장치는 **정격전압**의 80% 전압에서 음향을 발할 수 있는 것으로 할 것

① 자동화재탐지설비의 정격전압은 DC 24V이므로 **동작전압**=24×0.8=19.2V

② 출력전압(단자전압)은 (3)에서 구한 전압강하를 빼면 된다.

출력전압 $V = 24\text{V} - 7.07\text{V} = 16.93\text{V}$

③ 화재안전기준상 음향장치의 최소 동작전압인 19.2V보다 출력전압(16.93V)이 낮으므로 음향을 발할 수 없다.

CHAPTER 03

01-6 그림과 같이 소방부하가 연결된 회로가 있다. A점과 B점의 전압은 몇 [V]인지 구하시오. (단, 공급전압은 24[V]이며, 단상 2선식이고, 그림의 선로저항은 전선 1가닥의 저항값이다.)

배점 : 4 [04년]

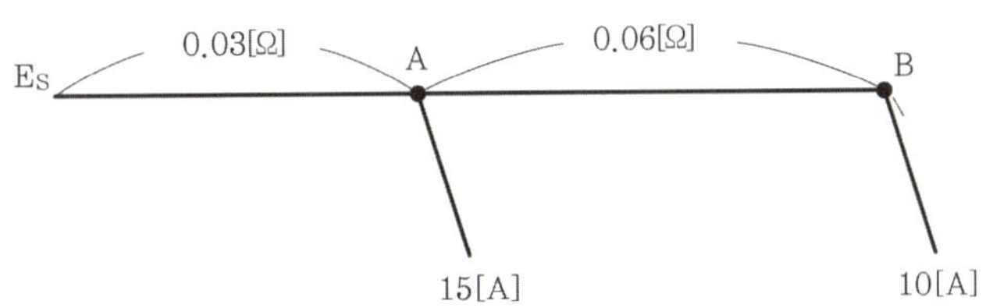

• **실전모범답안**

(1) $e_A = 2 \times (15+10) \times 0.03 = 1.5\text{V}$

$V_A = 24 - 1.5 = 22.5\text{V}$

• **답** : 22.5V

(2) $e_B = 2 \times 10 \times 0.06 = 1.2\text{V}$

$V_B = 22.5 - 1.2 = 21.3\text{V}$

• **답** : 21.3V

상세해설

전압강하

(1) 단상 2선식

$$e = V_s - V_r = 2IR$$

(2) 3상 3선식

$$e = V_s - V_r = \sqrt{3}\, IR$$

여기서, e : 전압강하[V]

V_s : 입력전압[V]

V_r : 출력전압(단자전압)[V]

I : 전류[A]

R : 저항[Ω]

문제 조건에서 **단상 2선식**이므로 (1)의 식을 적용한다.

① A점의 전압강하 $e_A = 2IR = 2\times(15+10)\times0.03 = 1.5$V

$\therefore$ A점의 전압 $V_A = V_s - e_A = 24 - 1.5 = 22.5$V

② B점의 전압강하 $e_B = 2IR = 2\times10\times0.06 = 1.2$V

$\therefore$ B점의 전압 $V_B = V_s - e_B = 22.5 - 1.2 = 21.3$V

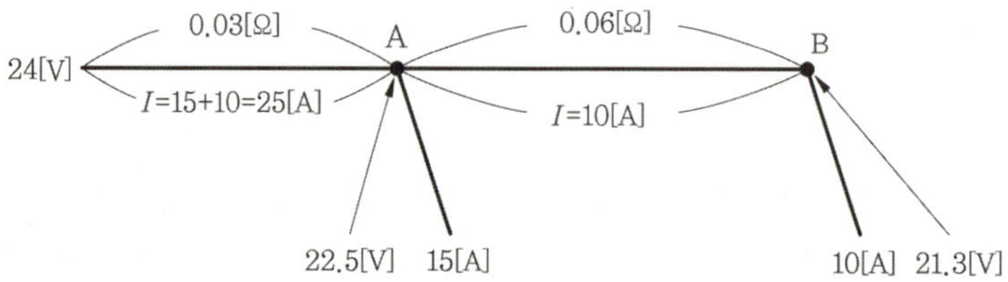

쉬어가는 코너

99도까지 온도를 올려놓아도 마지막 1도를 넘기지 못하면
영원히 물은 끓지 않는다.
물을 끓이는 건 마지막 1도,
포기하고 싶은 바로 그 1분을 참아내는 것이다.

-피겨스케이팅 김연아-

11 축전지의 용량

(1) 축전지의 용량(시간에 따라 방전전류가 일정한 경우)

$$C = \frac{1}{L}KI$$

여기서, C : 축전지용량[Ah]
L : 용량저하율(보수율)
K : 용량환산시간[h]
I : 방전전류[A]

(2) 축전지의 용량(시간에 따라 방전전류가 변하는 경우 : 증가할 때)

$$C = \frac{1}{L}(K_1 I_1 + K_2 I_2 + K_3 I_3)$$

여기서, C : 축전지용량[Ah]
L : 용량저하율(보수율)
K : 용량환산시간[h]
I : 방전전류[A]

(3) 축전지의 용량(시간에 따라 방전전류가 변하는 경우 : 감소할 때)

$$C_1 = \frac{1}{L}K_1 I_1$$

$$C_2 = \frac{1}{L}[(K_1 I_1 + K_2(I_2 - I_1)]$$

$$C_3 = \frac{1}{L}[(K_1 I_1 + K_2(I_2 - I_1) + K_3(I_3 - I_2)]$$

여기서, C : 축전지용량[Ah]
L : 용량저하율(보수율)
K : 용량환산시간[h]
I : 방전전류[A]

(4) 축전지의 공칭전압

$$\text{축전지의 공칭전압} = \frac{\text{허용 최저전압[V]}}{\text{셀(cell)수}}$$

(5) 축전지의 충전방식

① **보통충전방식** : 필요할 때 바로 **표준시간율**로 **소정**의 **충전**을 하는 방식
② **급속충전방식** : 비교적 **단시간**에 **보통충전전류**의 2~3**배**의 **전류**로 **충전**하는 방식
③ **부동충전방식** : 축전지의 **자기방전**을 **보충**함과 동시에 **상용부하**에 대한 **전력공급**은 **충전기**가 **부담**하도록 하되 충전기가 부담하기 어려운 일시적인 **대전류부하**는 **축전지**로 하여금 **부담**하게

하는 방식(**축전지**와 **부하**를 **충전기**에 **병렬**로 **접속**하여 일반적으로 **거치용 축전지설비**에 **가장 많이 사용**한다.)

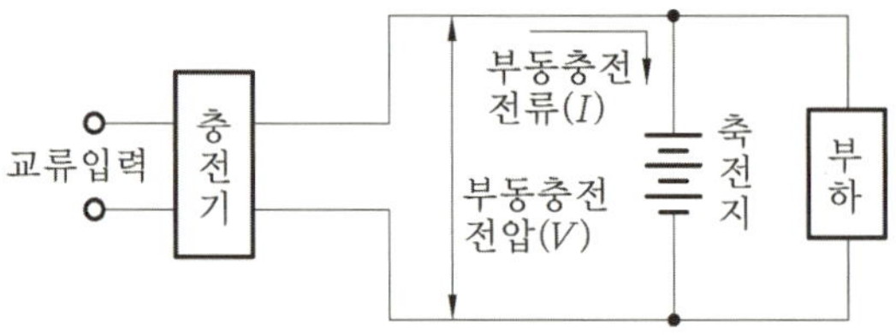

| 부동충전방식 |

④ **균등충전방식** : **부동충전방식**에 의하여 사용할 때 각 **전해조**에서 일어나는 **전해차**를 **보정**하기 위하여 **1~3개월**마다 **1회 정전압**으로 **10~12시간 충전**하여 각 **전해조**의 **용량**을 **균일화**하기 위하여 행하는 방식

⑤ **세류(트리클)충전방식** : **자기방전량**만을 **항상 충전**하는 **부동충전방식**의 일종

⑥ **회복충전방식** : 축전지의 **과방전** 또는 **방치상태**에서 **기능회복**을 위하여 실시하는 충전방식

(6) 축전지의 비교

구 분	알칼리축전지	연축전지
기전력	1.32[V]	2.05~2.08[V]
공칭전압	1.2[V]	2.0[V]
방전종지전압	0.96[V]	1.6[V]
공칭용량	5[Ah]	10[Ah]
충전시간	짧다	길다
수명	15~20년	5~15년
종류	소결식, 포켓식	클래드식, 페이스트식
기계적 강도	강하다	약하다
가격	비싸다	싸다
특징	비교적 단시간에 대전류를 사용하는 부하에 사용된다.	장시간 일정전류를 취하는 부분에 사용된다.

참고 | **알칼리축전지의 장·단점**

① **장점**
- ㉠ 수명이 길다.
- ㉡ 충전시간이 짧다.
- ㉢ 과충·방전에 강하다.
- ㉣ 기계적강도가 강하다.
- ㉤ 온도특성이 양호하다.

② **단점**
- ㉠ 단자전압이 낮다.
- ㉡ 연축전지에 비해 가격이 고가이다.

참고 | **용량저하율(보수율)**

축전지설비에서 축전지를 **장기간 사용**하거나 **사용조건** 등의 **변경**으로 인한 **용량변화**를 보상하는 **보정치**로 보통 0.8을 적용한다.

핵심기출문제

01 예비전원설비로 이용되는 축전지에 대한 다음 각 물음에 답하시오. 배점 : 6 [16년]

(1) 자기방전량만을 항상 충전하는 부동충전방식의 명칭을 쓰시오.

(2) 비상용 조명부하 200V용, 50W 80등, 30W 70등이 있다. 방전시간은 30분이고, 축전지는 HS형 110cell이며, 허용 최저전압은 190V, 최저축전지온도가 5℃일 때 축전지용량 [Ah]을 구하시오. (단, 경년 용량저하율은 0.8, 용량환산시간은 1.2h이다.)

(3) 연축전지와 알칼리축전지의 공칭전압 [V]을 쓰시오.

• 실전모범답안

(1) 세류충전방식

(2) 방전전류 $I=\frac{(50\times 80)+(30\times 70)}{200}=30.5\text{A}$

$C=\frac{1}{0.8}\times 1.2\times 30.5=45.75\text{Ah}$

• 답 : 45.75Ah

(3) ① 연축전지 : 2V

② 알칼리축전지 : 1.2V

상세해설

(2) 축전지의 용량(시간에 따라 방전전류가 일정한 경우)

$C=\frac{1}{L}KI$	축전지의 용량(시간에 따라 방전전류가 일정한 경우)
C : 축전지용량[Ah]	➜ $C=\frac{1}{L}KI$ [풀이②]
L : 용량저하율(보수율)	➜ 0.8
K : 용량환산시간[h]	➜ 1.2h
I : 방전전류[A]	➜ $I=\frac{P}{V}$ [풀이①]

① **방전전류**

방전전류 $I=\frac{P}{V}=\frac{(50\text{W}\times 80\text{개})+(30\text{W}\times 70\text{개})}{200\text{V}}=30.5\text{A}$

② **축전지용량**

∴ 축전지의 용량 $C=\frac{1}{0.8}\times 1.2\text{h}\times 30.5\text{A}=45.75\text{Ah}$

CHAPTER 03

01-1 예비전원에 대한 다음 각 물음에 답하시오.

배점 : 6 [10년]

(1) 연축전지와 비교할 때 알칼리축전지의 장점 2가지와 단점 1가지를 쓰시오.

(2) 연축전지의 셀당 전압은 2.0V이다. 알칼리축전지는 몇 [V]인지 구하시오.

(3) 유도등 20W 148등, 40W 145등의 점등에 필요한 축전지의 용량은 다음 조건에서 몇 [Ah]인지 구하시오.

[조건]

① 유도등의 사용전압 : 220V
② 용량환산시간 : 1.2
③ 경년 용량저하율 : 0.8

(4) 그림과 같은 충전방식은 무엇인지 쓰시오.

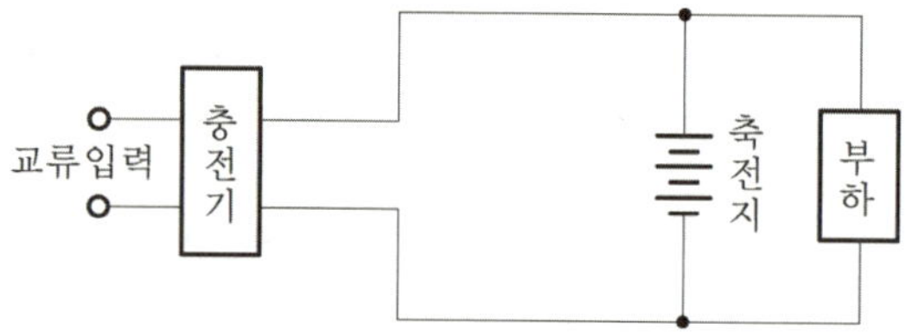

• **실전모범답안**

(1) ① 장점
  ㉠ 수명이 길다.
  ㉡ 충전시간이 짧다.
 ② 단점
  ㉠ 단자전압이 낮다.

(2) 1.2[V]

(3) $I=\dfrac{(20\times148)+(40\times145)}{220}=39.818\,\text{A}$

$C=\dfrac{1}{0.8}\times1.2\times39.818=59.727 \fallingdotseq 59.73\text{Ah}$

• **답** : 59.73Ah

(4) 부동충전방식

상세해설

(3) 축전지의 용량(시간에 따른 방전전류가 일정한 경우)

$C=\dfrac{1}{L}KI$	축전지의 용량(시간에 따라 방전전류가 일정한 경우)
C : 축전지용량[Ah]	➜ $C=\dfrac{1}{L}KI$ [풀이②]
L : 용량저하율(보수율)	➜ 0.8
K : 용량환산시간[h]	➜ 1.2h
I : 방전전류[A]	➜ $I=\dfrac{P}{V}$ [풀이①]

① **방전전류**

방전전류 $I=\frac{P}{V}=\frac{(20W\times 148개)+(40W\times 145개)}{220V}=39.818A$

② **축전지용량**

$\therefore$ 축전지의 용량 $C=\frac{1}{0.8}\times 1.2h\times 39.818A=59.727 \fallingdotseq 59.73Ah$

01-2 비상용 조명부하가 6,000W이고 방전시간은 30분이며 연축전지 HS형 54셀, 허용 최저전압 97V, 최저축전지온도 5℃일 때 다음 각 물음에 답하시오. 배점 : 6 [09년] [10년] [11년] [16년] [18년]

[연축전지의 용량환산시간 K(상단은 900[Ah]-2,000[Ah], 하단은 900[Ah]이다.)]

형 식	온도[℃]	10분			30분		
		1.6[V]	1.7[V]	1.8[V]	1.6[V]	1.7[V]	1.8[V]
CS	25	0.9 0.8	1.15 1.06	1.6 1.42	1.41 1.34	1.6 1.55	2.0 1.88
	5	1.15 1.1	1.35 1.25	2.0 1.8	1.75 1.75	1.85 1.8	2.45 2.35
	-5	1.35 1.25	1.6 1.5	2.65 2.25	2.05 2.05	2.2 2.2	3.1 3.0
HS	25	0.58	0.7	0.93	1.03	1.14	1.38
	5	0.62	0.74	1.05	1.11	1.22	1.54
	-5	0.68	0.82	1.15	1.2	1.35	1.68

(1) 축전지의 1셀당 공칭전압은 얼마인지 구하시오.

(2) 축전지용량을 구하시오. (단, 전압은 100[V]이며 연축전지의 용량환산시간 K는 표와 같으며 보수율은 0.8이라고 한다.)

(3) 연축전지와 알칼리축전지의 공칭전압을 쓰시오.

• **실전모범답안**

(1) $\frac{97}{54}=1.796 \fallingdotseq 1.8V/cell$

• **답** : 1.8V/cell

(2) $I=\frac{6,000}{100}=60A$

$C=\frac{1}{0.8}\times 1.54\times 60=115.5Ah$

• **답** : 115.5Ah

(3) ① 연축전지 : 2V

② 알칼리축전지 : 1.2V

상세해설

(1) 축전지의 공칭전압

$$축전지의\ 공칭전압 = \frac{허용\ 최저전압[V]}{셀(cell)수}$$

$\therefore$ 축전지의 공칭전압$=\frac{97}{54}=1.796 \fallingdotseq 1.8$V/cell

(2) 축전지의 용량(시간에 따른 방전전류가 일정한 경우)

$C=\frac{1}{L}KI$	축전지의 용량(시간에 따라 방전전류가 일정한 경우)
C : 축전지용량[Ah]	→ $C=\frac{1}{L}KI$ **[풀이③]**
L : 용량저하율(보수율)	→ 0.8
K : 용량환산시간[h]	→ 표를 이용한 용량환산시간 구하기 **[풀이①]**
I : 방전전류[A]	→ $I=\frac{P}{V}$ **[풀이②]**

① 문제 조건에서 **방전시간이 30분**, 형식이 **HS형**, 최저축전지온도가 5[℃], (1)에서 구한 **축전지의 공칭전압이** 1.8[V]이므로 주어진 표에 의해서 **용량환산시간(K)는 1.54**가 된다.

형 식	온도[℃]	10분			30분		
		1.6[V]	1.7[V]	1.8[V]	1.6[V]	1.7[V]	1.8[V]
CS	25	0.9 0.8	1.15 1.06	1.6 1.42	1.41 1.34	1.6 1.55	2.0 1.88
	5	1.15 1.1	1.35 1.25	2.0 1.8	1.75 1.75	1.85 1.8	2.45 2.35
	–5	1.35 1.25	1.6 1.5	2.65 2.25	2.05 2.05	2.2 2.2	3.1 3.0
HS	25	0.58	0.7	0.93	1.03	1.14	1.38
	5	0.62	0.74	1.05	1.11	1.22	1.54
	–5	0.68	0.82	1.15	1.2	1.35	1.68

② **방전전류**를 구하면

$I=\frac{P}{V}=\frac{6,000W}{100V}=$**60A**

③ 따라서, **축전지용량**

$C=\frac{1}{0.8}\times 1.54h\times 60A=$**115.5Ah**

01-3 다음 조건을 참고하여 자동화재탐지설비의 예비전원으로 사용되는 축전지의 용량 [Ah]을 구하시오.

배점 : 5 [11년]

[조건]
① 해당 특정소방대상물의 층수는 30층 미만이다.
② 경년 용량저하율은 0.8이다.
③ 수신기는 1대이며, 감시전류는 300mA, 경보전류는 500mA이다.
④ 감지기의 수량은 200개이며, 감지기 각각의 감시전류는 10mA, 경보전류는 30mA이다.
⑤ 발신기의 수량은 30개이며, 발신기 각각의 감시전류는 15mA, 경보전류는 35mA이다.
⑥ 경종의 수량은 30개이며, 경종 각각의 경보전류는 40mA이다.

• **실전모범답안**

$I_1 = 300 \times 1 + 10 \times 200 + 15 \times 30 = 2{,}750\text{mA} = 2.75\text{A}$

$I_2 = 500 \times 1 + 30 \times 200 + 35 \times 30 + 40 \times 30 = 8{,}750\text{mA} = 8.75\text{A}$

$\therefore\ C = \dfrac{1}{0.8}\left(\dfrac{60}{60} \times 2.75 + \dfrac{10}{60} \times 8.75\right) = 5.26\text{Ah}$

• **답** : 5.26Ah

상세해설

축전지의 용량(시간에 따라 방전전류가 증가하는 경우)

$C = \dfrac{1}{L}(K_1I_1 + K_2I_2 + K_3I_3)$	축전지의 용량(시간에 따라 방전전류가 증가하는 경우)
C : 축전지용량[Ah]	➜ $C = \dfrac{1}{L}(K_1I_1 + K_2I_2 + K_3I_3)$ **[풀이③]**
L : 용량저하율(보수율)	➜ 0.8
K : 용량환산시간[h]	➜ 화재안전기준에 따른 용량환산시간 구하기 **[풀이①]**
I : 방전전류[A]	➜ 설비별 방전전류 구하기 **[풀이②]**

① **K(용량환산시간)**

> **※ NFTC 203 자동화재탐지설비 비상전원의 설치기준**
> 자동화재탐지설비에는 그 설비에 대한 감시상태를 60분간 지속한 후 유효하게 10분 이상, 층수가 30층 이상은 30분 이상 경보할 수 있는 축전지설비(수신기에 내장하는 경우를 포함) 또는 전기저장장치(외부 전기에너지를 저장해 두었다가 필요한 때 전기를 공급하는 장치)를 설치할 것(상용전원이 축전지설비인 경우 제외)

㉠ 위의 기준에 따라 감시상태를 60분간 지속한다.

$\therefore$ **감시전류 용량환산시간(h)** $= \dfrac{60}{60}\text{h}$

㉡ 위의 기준에 따라 경보를 10분 이상 발한다.

$\therefore$ **경보전류 용량환산시간(h)** $= \dfrac{10}{60}\text{h}$

② I(방전전류)

㉠ 감시전류

- 수신기 : 300mA×1대
- 감지기 : 10mA×200개
- 발신기 : 150mA×30개

∴ 감시전류 $I_1 = 300 \times 1 + 10 \times 200 + 15 \times 30 = 2{,}750\text{mA} = \mathbf{2.75A}$

㉡ 경보전류

- 수신기 : 500mA×1대
- 감지기 : 30mA×200개
- 발신기 : 35mA×30개
- 경종 : 40mA×30개

∴ 감시전류 $I_2 = 500 \times 1 + 30 \times 200 + 35 \times 30 + 40 \times 30 = 8{,}750\text{mA} = \mathbf{8.75A}$

③ 축전지의 용량

∴ 축전지의 용량 $C = \dfrac{1}{0.8}\left(\dfrac{60}{60}\text{h} \times 2.75\text{A} + \dfrac{10}{60}\text{h} \times 8.75\text{A}\right) = \mathbf{5.26Ah}$

01-4 비상용 전원설비로서 축전지설비를 계획하고자 한다. 사용부하의 방전전류－시간 특성곡선이 다음 그림과 같다면 이론상 축전지의 용량은 어떻게 산정해야 하는지 각 물음에 답하시오. (단, 축전지 개수는 83개이며, 단위 전지방전 종지전압은 1.06[V]로 하고 축전지 형식은 AH형을 채택하며 또한 축전지 용량은 다음과 같은 일반식에 의하여 구한다.)

배점 : 6 [04년] [20년] [21년]

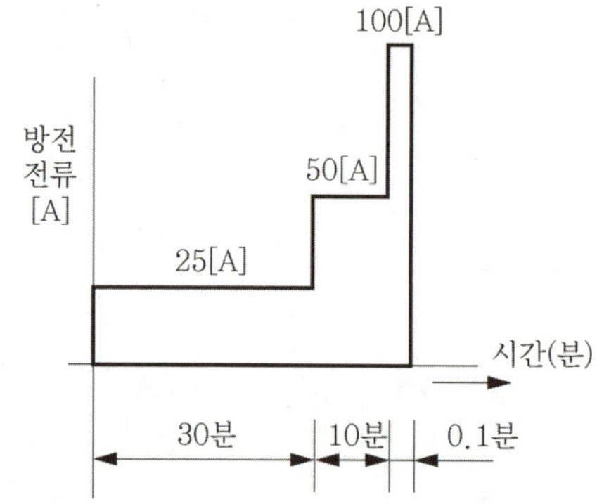

| 용량환산시간계수 K(온도 5° C에서) |

형 식	최저허용전압[V/셀]	0.1분	1분	5분	10분	20분	30분	60분	120분
AH	1.10	0.30	0.46	0.56	0.66	0.87	1.04	1.56	2.60
	1.06	0.24	0.33	0.45	0.53	0.70	0.85	1.40	2.45
	1.00	0.20	0.27	0.37	0.45	0.60	0.77	1.30	2.30

(1) 보수율의 의미를 설명하고 이 값은 보통 얼마로 하는지 쓰시오.

(2) 용량환산시간 K값으로서 K_1, K_2, K_3를 표에서 구하시오.

(3) 축전지의 용량 C는 이론상 몇 [Ah] 이상의 것을 선정해야 하는지 구하시오. (D=0.8)

(4) ( ) 안에 알맞은 말을 쓰시오.

축전지에는 연축전지와 알칼리축전지가 있으며 각각의 방전특성에 따라 다른 종류가 많이 있다. 일반적으로 축전지의 선정 시, 장시간 일정전류를 취하는 부하에는 (①)축전지가 쓰이며 비교적 단시간에 대전류를 쓰는 경우나 소전류에서 대전류로 변화하는 경우에는 방전특성이 좋은 (②)축전지가 경제적이다.

• **실전모범답안**

(1) 축전지설비에서 축전지를 장기간 사용하거나 사용조건 등의 변경으로 인한 용량변화를 보상하는 보정치를 말하며 보통 0.8을 적용한다.

(2) $K_1 = 0.85$, $K_2 = 0.53$, $K_3 = 0.24$

(3) $C = \frac{1}{0.8}(0.85 \times 25 + 0.53 \times 50 + 0.24 \times 100) = 89.687\text{Ah} ≒ 89.69\text{Ah}$

• 답 : 89.69Ah

(4) ① 연

② 알칼리

상세해설

(2) 용량환산시간(K)

축전지의 최저허용전압(방전종지전압)이 1.06V/cell이고 방전시간이 각각 $T_1 = 30$분, $T_2 = 10$분, $T_3 = 0.1$분이므로 다음 표에 따라 $K_1 = 0.85$, $K_2 = 0.53$, $K_3 = 0.24$가 된다.

형 식	최저허용전압[V/셀]	0.1분	1분	5분	10분	20분	30분	60분	120분
AH	1.10	0.30	0.46	0.56	0.66	0.87	1.04	1.56	2.60
	1.06	0.24	0.33	0.45	0.53	0.70	0.85	1.40	2.45
	1.00	0.20	0.27	0.37	0.45	0.60	0.77	1.30	2.30

(3) 축전지의 용량(시간에 따른 방전전류가 증가하는 경우)

$C = \frac{1}{L}(K_1 I_1 + K_2 I_2 + K_3 I_3)$	축전지의 용량(시간에 따라 방전전류가 증가하는 경우)
C : 축전지용량[Ah]	➜ $C = \frac{1}{L}(K_1 I_1 + K_2 I_2 + K_3 I_3)$ **[풀이①]**
L : 용량저하율(보수율)	➜ 0.8
K : 용량환산시간[h]	➜ 표를 이용한 용량환산시간 구하기
I : 방전전류[A]	➜ 표를 이용한 방전전류 구하기

① **축전지용량**

∴ 축전지의 용량 $C = \frac{1}{0.8}(0.85 \times 25 + 0.53 \times 50 + 0.24 \times 100)$

$= 89.687 ≒ \mathbf{89.69Ah}$

01-5 다음 그림과 같이 방전전류가 시간과 함께 감소하는 패턴의 축전지용량[Ah]을 계산하시오. (단, 용량환산시간 K는 다음 표와 같고 보수율은 0.8을 적용한다.) 배점 : 5 [18년]

시 간	10분	20분	30분	60분	100분	110분	120분	170분	180분	200분
용량환산 시간[K]	1.30	1.45	1.75	2.55	3.45	3.65	3.85	4.85	5.05	5.30

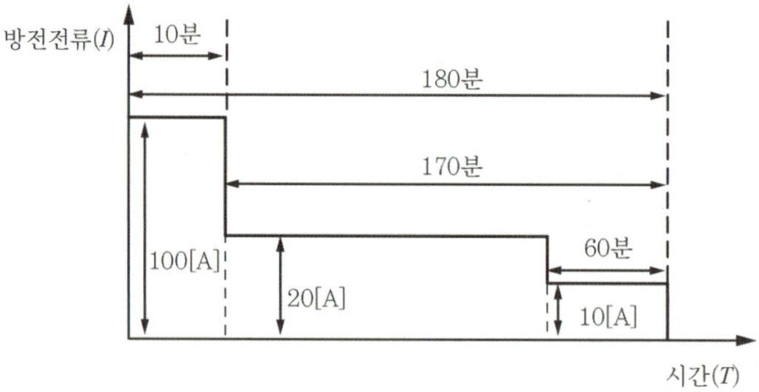

• **실전모범답안**

$$C_1 = \frac{1}{L}K_1I_1 = \frac{1}{0.8}\times 1.30\times 100 = 162.5\text{Ah}$$

$$C_2 = \frac{1}{L}[(K_1I_1 + K_2(I_2 - I_1)]$$
$$= \frac{1}{0.8}[3.85\times 100 + 3.65\times(20-100)]$$
$$= 116.25\text{Ah}$$

$$C_3 = \frac{1}{L}[(K_1I_1 + K_2(I_2 - I_1) + K_3(I_3 - I_2)]$$
$$= \frac{1}{0.8}[5.05\times 100 + 4.85(20-100) + 2.55(10-20)]$$
$$= 114.38\text{Ah}$$

• **답** : 162.5Ah

상세해설

① **축전지의 용량(C_1)**

주어진 표에 따라 용량환산시간 K를 구하면

시 간	10분	20분	30분	60분	100분	110분	120분	170분	180분	200분
용량환산 시간[K]	1.30	1.45	1.75	2.55	3.45	3.65	3.85	4.85	5.05	5.30

K_1=1.30이 된다. 축전지용량을 구하면

$$C_1 = \frac{1}{L}K_1I_1$$

여기서, C : 축전지용량[Ah]
L : 용량저하율(보수율)

K : 용량환산시간[h]

I : 방전전류[A]

$$C_1 = \frac{1}{L}K_1I_1 = \frac{1}{0.8} \times 1.30 \times 100 = 162.5\text{Ah}$$

② **축전지의 용량(C_2)**

주어진 표에 따라 용량환산시간 K를 구하면

시 간	10분	20분	30분	60분	100분	110분	120분	170분	180분	200분
용량환산 시간[K]	1.30	1.45	1.75	2.55	3.45	3.65	3.85	4.85	5.05	5.30

$K_1 = 3.85$, $K_2 = 3.65$가 된다. 축전지용량을 구하면

$$C_2 = \frac{1}{L}[(K_1I_1 + K_2(I_2 - I_1)]$$

여기서, C : 축전지용량[Ah]

L : 용량저하율(보수율)

K : 용량환산시간[h]

I : 방전전류[A]

$$C_2 = \frac{1}{L}[(K_1I_1 + K_2(I_2 - I_1)]$$
$$= \frac{1}{0.8}[3.85 \times 100 + 3.65 \times (20 - 100)]$$
$$= 116.25\text{Ah}$$

③ **축전지의 용량(C_3)**

주어진 표에 따라 용량환산시간 K를 구하면

시 간	10분	20분	30분	60분	100분	110분	120분	170분	180분	200분
용량환산 시간[K]	1.30	1.45	1.75	2.55	3.45	3.65	3.85	4.85	5.05	5.30

$K_1 = 5.05$, $K_2 = 4.85$, $K_3 = 2.55$가 된다. 축전지용량을 구하면

$$C_3 = \frac{1}{L}[(K_1I_1 + K_2(I_2 - I_1) + K_3(I_3 - I_2)]$$

여기서, C : 축전지용량[Ah]

L : 용량저하율(보수율)

K : 용량환산시간[h]

I : 방전전류[A]

$$C_3 = \frac{1}{L}[(K_1I_1 + K_2(I_2 - I_1) + K_3(I_3 - I_2)]$$
$$= \frac{1}{0.8}[5.05 \times 100 + 4.85(20 - 100) + 2.55(10 - 20)]$$
$$= 114.38\text{Ah}$$

따라서, **축전지의 용량**은 이들 중 가장 큰 값인 **162.5Ah**가 된다.

12 2차 충전전류 및 2차 출력

(1) 2차 충전전류

$$2\text{차 충전전류[A]} = \frac{\text{축전지의 정격용량}}{\text{축전지의 공칭용량}} + \frac{\text{상시부하}}{\text{표준전압}}$$

(2) 충전기의 2차 출력

$$\text{충전기의 2차 출력} = \text{표준전압} \times \text{2차 충전전류}$$

(3) 축전지 고장의 추정원인과 불량현상

고 장	불량현상	추정원인
초기고장	전 셀의 전압불균형이 크고, 비중이 낮다.	충전부족으로 장시간 방치
	단전지 전압의 비중 저하, 전압계 역전	극성을 반대로 충전
우발고장	전해액 변색, 충전하지 않고 정지 중에도 다량으로 가스 발생	불순물 혼입
	전해액의 감소가 빠르다.	과충전

쉬어가는 코너

모든 기회에는 어려움이 있으며
모든 어려움에는 기회가 있다.

-작자미상-

핵심기출문제

01 예비전원설비에 대한 다음 각 물음에 답하시오. 배점 : 5 [12년] [03년] [15년]

(1) 그림의 충전방식은 어떤 충전방식인지 그 명칭을 쓰고, 충전기와 축전지의 기능을 설명하시오.

① 충전방식 :

② 충전기와 축전지의 기능 :

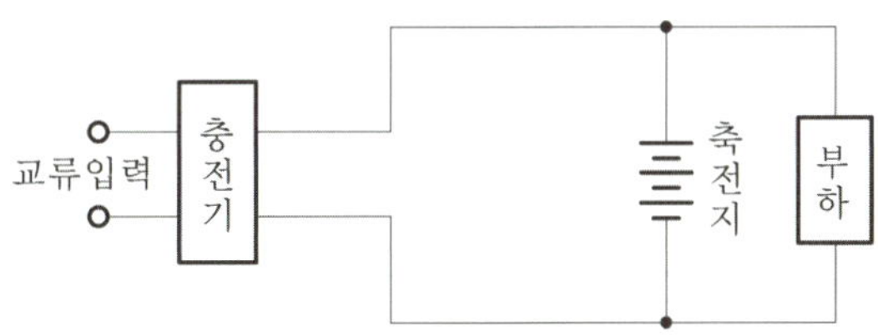

(2) 알칼리축전지의 정격용량은 200Ah, 상시 부하는 8kW, 표준전압은 100V인 충전기의 2차 충전전류는 몇 [A]인지 구하시오.

• **실전모범답안**

(1) ① 충전방식 : 부동충전방식

② 충전기와 축전지의 기능

㉠ 충전기 : 축전지의 자기방전을 보충함과 동시에 상용부하에 대한 전력공급을 부담

㉡ 축전지 : 충전기가 부담하기 어려운 일시적인 대전류부하를 부담

(2) 2차 충전전류 $= \frac{200}{5} + \frac{8 \times 10^3}{100} = 120\text{A}$

• **답** : 120A

상세해설

(1) ① 충전방식 : 부동충전방식

② 충전기와 축전지의 기능

㉠ 충전기 : 축전지의 자기방전을 보충함과 동시에 상용부하에 대한 전력공급을 부담

㉡ 축전지 : 충전기가 부담하기 어려운 일시적인 대전류부하를 부담

(2) 120A

(2) 2차 충전전류

$$2\text{차 충전전류[A]} = \frac{\text{축전지의 정격용량}}{\text{축전지의 공칭용량}} + \frac{\text{상시부하}}{\text{표준전압}}$$

알칼리축전지의 **공칭용량**은 5Ah이므로

$\therefore$ 2차 충전전류[A] $= \frac{200}{5} + \frac{8 \times 10^3}{100} = 120\text{A}$

01-1 비상용 전원설비로 축전지설비를 하고자 한다. 다음 각 물음에 답하시오. 배점 : 7 [08년]

(1) 연축전지의 고장과 불량현상이 다음과 같을 때 그 추정원인을 쓰시오.

고 장	불량현상	추정원인
초기고장	전 셀의 전압불균형이 크고, 비중이 낮다.	①
	단전지 전압의 비중 저하, 전압계 역전	②
우발고장	전해액 변색, 충전하지 않고 정지 중에도 다량으로 가스 발생	③
	전해액의 감소가 빠르다.	④

(2) 연축전지의 정격용량이 100Ah이고, 상시 부하가 15kW, 표준전압이 100V인 부동충전방식 충전기의 2차 충전전류값은 몇 [A]인지 구하시오. (단, 상시부하의 역률은 1로 본다.)

(3) 축전지의 수명이 있고 또한 그 말기에 있어서는 부하를 만족하는 용량을 결정하기 위한 계수로서 보통 0.8로 표시되는 것을 무엇이라 하는지 쓰시오.

(4) 축전지의 과방전 및 방전상태, 가벼운 설페이션 현상 등이 생겼을 때 기능회복을 위하여 실시하는 충전방식을 쓰시오.

• **실전모범답안**

(1) ① 충전부족으로 장시간 방치
② 극성을 반대로 충전
③ 불순물 혼입
④ 과충전

(2) 2차 충전전류[A]$=\dfrac{100}{10}+\dfrac{15\times10^3}{100}=160\text{A}$

• **답** : 160A

(3) 용량저하율(보수율)

(4) 회복충전방식

상세해설

(2) 2차 충전전류

$$2\text{차 충전전류[A]}=\frac{\text{축전지의 정격용량}}{\text{축전지의 공칭용량}}+\frac{\text{상시부하}}{\text{표준전압}}$$

연축전지의 **공칭용량**은 10[Ah]이므로

$\therefore$ 2차 충전전류[A]$=\dfrac{100}{10}+\dfrac{15\times10^3}{100}=$**160A**

01-2 알칼리축전지의 정격용량은 60Ah, 상시부하 3kW, 표준전압 100V인 부동충전방식인 충전기의 2차 출력은 몇 [kVA]인지 구하시오. 배점 : 5 [10년] [19년]

• **실전모범답안**

① 2차 충전전류[A]= $\frac{60}{5}+\frac{3\times10^3}{100}=42\text{A}$

• **답** : 42A

② 충전기의 2차 출력[kVA]= $100\times42=4{,}200\text{VA}=4.2\text{kVA}$

• **답** : 4.2kVA

상세해설

충전기의 2차 출력

① **2차 충전전류**

$$2\text{차충전전류[A]}=\frac{\text{축전지의 정격용량}}{\text{축전지의 공칭용량}}+\frac{\text{상시부하}}{\text{표준전압}}$$

알칼리축전지의 **공칭용량**은 5Ah이므로

∴ 2차 충전전류[A]= $\frac{60}{5}+\frac{3\times10^3}{100}=\mathbf{42A}$

② **충전기의 2차 출력**

$$\text{충전기의 2차 출력} = \text{표준전압}\times\text{2차 충전전류}$$

∴ 충전기의 2차 출력[kVA]= $100\times42=4{,}200\text{VA}=\mathbf{4.2kVA}$

13 합성정전용량(콘덴서 직렬접속 시)

(1) 합성정전용량(콘덴서 직렬접속 시)

$$C = \frac{1}{\frac{1}{C_1} + \frac{1}{C_2} + \frac{1}{C_3} + \cdots}$$

여기서, C : 합성정전용량[F]

$C_1 \sim C_3$: 정전용량[F]

쉬어가는 코너

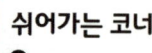

아무리 죽을 것 같이 힘이 들어도 1미터는 더 갈 수 있지 않을까
우리가 정말 포기하는 이유는
불가능해서가 아니라 불가능할 것 같아서라고

-지금 꿈꾸라, 사랑하라, 행복하라-

핵심기출문제

01 다음 주어진 그림에서 A-B간의 합성정전용량을 구하시오. 배점 : 3 [08년]

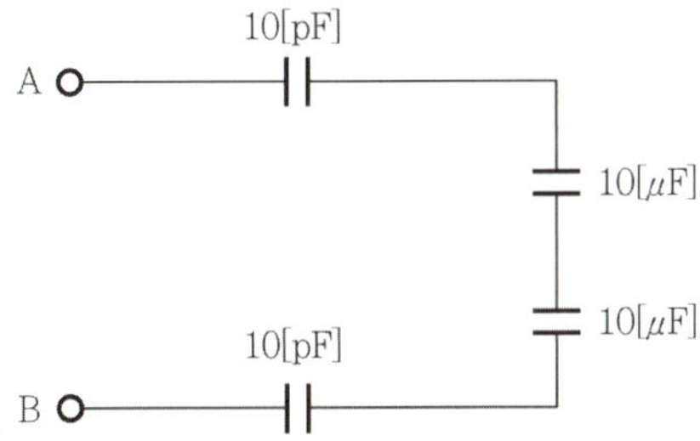

• **실전모범답안**

$$C_{AB}=\frac{1}{\frac{1}{10\times10^{-12}}+\frac{1}{10\times10^{-12}}+\frac{1}{10\times10^{-6}}+\frac{1}{10\times10^{-6}}}$$

$$=4.999\times10^{-12}\fallingdotseq5\times10^{-12}\text{F}=5\text{pF}$$

• **답** : 5pF

상세해설

합성정전용량(콘덴서 직렬접속 시)

$$C=\frac{1}{\frac{1}{C_1}+\frac{1}{C_2}+\frac{1}{C_3}+\cdots}$$

여기서, C : 합성정전용량[F]

$C_1\sim C_3$: 정전용량[F] ➜ C_1, $C_2=10$[pF], C_3, $C_4=10$[μF]

$$\therefore \text{합성정전용량 } C_{AB}=\frac{1}{\frac{1}{C_1}+\frac{1}{C_2}+\frac{1}{C_3}+\frac{1}{C_4}}=\frac{1}{\frac{1}{10\times10^{-12}}+\frac{1}{10\times10^{-12}}+\frac{1}{10\times10^{-6}}+\frac{1}{10\times10^{-6}}}$$

$$=4.999\times10^{-12}\fallingdotseq5\times10^{-12}\text{F}=5\text{pF}$$

※ **단위**

1. 1[pF]=10^{-12}[F]
2. 1[μF]=10^{-6}[F]

14 전선의 전기저항 및 전선의 저항온도계수

(1) 경동선의 전기저항

$$R = \rho \frac{l}{A}$$

여기서, R : 전기저항[Ω]

ρ : 고유저항[Ω·mm²/m]

l : 길이[m]

A : 전선의 단면적[mm²]

참고 고유저항

전선의 종류	고유저항[Ω · mm²/m]
알루미늄선	$\frac{1}{35}$
경동선	$\frac{1}{55}$
연동선	$\frac{1}{58}$

(2) 전선의 저항온도계수

$$R_2 = R_1[1 + \alpha_{t1}(t_2 - t_1)]$$

여기서, R_2 : t_2[℃]에서의 도체의 저항[Ω]

R_1 : t_1[℃]에서의 도체의 저항[Ω]

a_{t1} : t_1[℃]에서의 저항온도계수

t_2 : 상승 후 온도 [℃]

t_1 : 상승 전 온도 [℃]

핵심기출문제

01 단면적 4mm², 길이 1km인 경동선의 전기저항 [Ω]을 구하시오. 배점 : 5 [03년]

• **실전모범답안**

$$R = \frac{1}{55} \times \frac{1 \times 10^3}{4} = 4.545 ≒ 4.55\Omega$$

• **답** : 4.55Ω

상세해설

경동선의 전기저항

$$R = \rho \frac{l}{A}$$

여기서, R : 전기저항[Ω] → ①

ρ : 고유저항[Ω·mm²/m] → $\frac{1}{55}$ Ω·mm²/m

l : 길이[m] → 1,000m

A : 전선의 단면적[mm²] → 4mm²

① **경동선의 전기저항**

경동선의 고유저항이 $\frac{1}{55}$Ω·mm²/m이므로

∴ 경동선의 전기저항 $R = \frac{1}{55} \times \frac{1 \times 10^3 \text{m}}{4\text{mm}^2} = 4.545 ≒ 4.55\Omega$

🔥🔥

01-1 저항이 100Ω 인 경동선의 온도가 20℃이고 이 온도에서 저항온도계수가 0.00393이다. 경동선의 온도가 100℃로 상승할 때 저항값 [Ω]은 얼마인지 구하시오. **배점 : 4** [09년] [10년] [13년] [20년]

- **실전모범답안**

$R_2 = 100 \times [1 + 0.00393 \times (100 - 20)] = 131.44\Omega$

- **답** : 131.44Ω

상세해설

$$R_2 = R_1[1 + \alpha_{t1}(t_2 - t_1)]$$

여기서, R_2 : t_2[℃]에서의 도체의 저항[Ω] → ①

R_1 : t_1[℃]에서의 도체의 저항[Ω] → 100Ω

a_{t1} : t_1[℃]에서의 저항온도계수 → 0.00393

t_2 : 상승 후 온도 [℃] → 100℃

t_1 : 상승 전 온도 [℃] → 200℃

∴ 경동선의 저항(도체의 저항)

$R_2 = 100 \times [1 + 0.00393 \times (100℃ - 20℃)] =$ **131.44Ω**

15 분기회로수

(1) 분기회로수

$$분기회로수 = \frac{부하설비용량[VA]}{사용전압[V] \times 차단기용량[A]}$$

쉬어가는 코너

순간을 미루면 인생마저 미루게 된다.

-마틴 베레가드-

핵심기출문제

01 AC 220V를 사용하는 전선로에 비상조명용 부하가 14,500VA 걸려 있다. 분기회로의 최소수는 몇 회로인지 구하시오. (단, 차단기의 용량은 15A이다.) 배점 : 4 [10년]

- **실전모범답안**

$$\text{분기회로수} = \frac{14,500}{220 \times 15} = 4.393 \fallingdotseq 5\text{회로}$$

- **답** : 5회로

상세해설

분기회로수

$$\text{분기회로수} = \frac{\text{부하설비용량[VA]}}{\text{사용전압[V]} \times \text{차단기용량[A]}}$$

$$\therefore \text{ 분기회로수} = \frac{14,500\text{VA}}{220\text{V} \times 15\text{A}} = 4.393 \fallingdotseq \mathbf{5회로}(\text{소수점 이하 절상})$$

Chapter 04

시퀀스제어

01 논리회로&타임차트

01-1 논리회로

(1) 불대수(Boolean algebra)

임의의 회로에서 일련의 **기능**을 **수행**하기 위한 **가장 최적의 회로**를 **결정**하기 위하여 **이론 수식적**으로 **표현**하는 **방법**을 **불대수**라 한다.

참고 | 불대수의 기초

예

$A \cdot B = X$

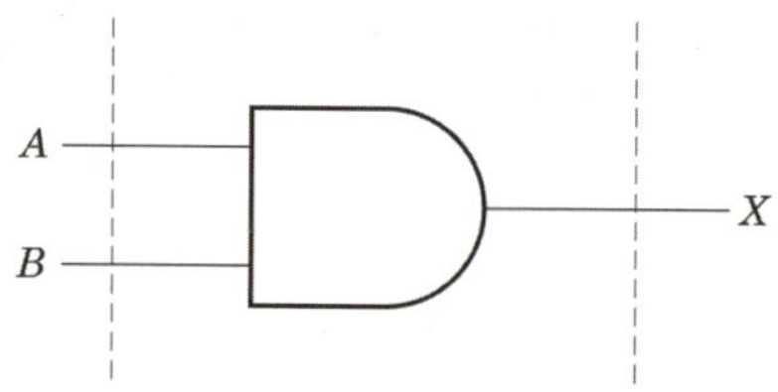

① A, B, … : 입력, S/W

	0	1
S/W	on	off

② •, + : 논리회로

	•	+
S/W	직렬 회로	병렬 회로
(논리) 회로	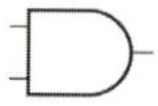	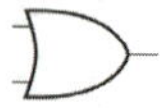

③ X : 출력

입력에 대한 결과값

① 불대수의 기본정리

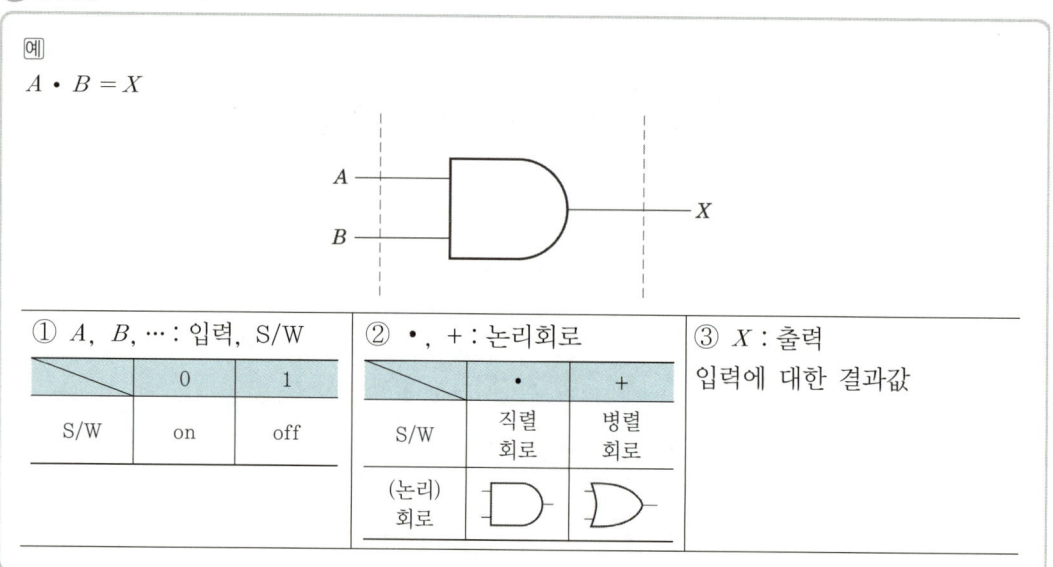

㉠ $A+0=A$, $A \cdot 0=0$: 0(OFF)과 1(ON)의 법칙

㉡ $A+1=1$, $A \cdot 1=A$: 0(OFF)과 1(ON)의 법칙

㉢ $A+A=A$, $A \cdot A=A$: 동일의 법칙

㉣ $A+\overline{A}=1$, $A \cdot \overline{A}=0$: 부정의 법칙

㉤ $A+B=B+A$, $A \cdot B=B \cdot A$: 교환의 법칙

㉥ $(A+B)+C=A+(B+C)$, $(A \cdot B) \cdot C=A \cdot (B \cdot C)$: 결합의 법칙

㉦ $(A+B) \cdot (C+D)=A \cdot C+A \cdot D+B \cdot C+B \cdot D$

$A \cdot (B+C)=A \cdot B+A \cdot C$: 분배의 법칙

㉧ $A+A \cdot B=A$, $A+\overline{A} \cdot B=A+B$: 흡수의 법칙

② 드 모르간(De morgan)의 정리

㉠ $\overline{A+B}=\overline{A} \cdot \overline{B}$

㉡ $\overline{A \cdot B}=\overline{A}+\overline{B}$

㉢ $\overline{\overline{A} \cdot \overline{B}}=A+B$

㉣ $\overline{\overline{A}+\overline{B}}=A \cdot B$

(2) 논리회로

<table>
<tr><th>게이트</th><th>논리회로</th><th>논리식</th><th>시퀀스회로</th><th>진리표</th></tr>
<tr><td>AND</td><td>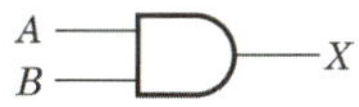</td><td>$X=A\cdot B=AB$</td><td>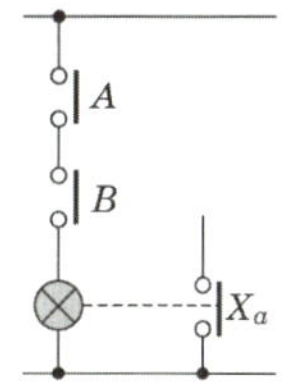</td><td><table><tr><th>A</th><th>B</th><th>X</th></tr><tr><td>0</td><td>0</td><td>0</td></tr><tr><td>0</td><td>1</td><td>0</td></tr><tr><td>1</td><td>0</td><td>0</td></tr><tr><td>1</td><td>1</td><td>1</td></tr></table></td></tr>
<tr><td>OR</td><td>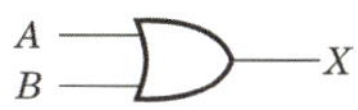</td><td>$X=A+B$</td><td>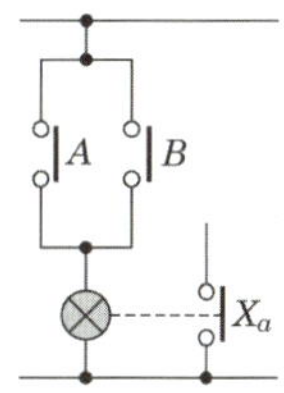</td><td><table><tr><th>A</th><th>B</th><th>X</th></tr><tr><td>0</td><td>0</td><td>0</td></tr><tr><td>0</td><td>1</td><td>1</td></tr><tr><td>1</td><td>0</td><td>1</td></tr><tr><td>1</td><td>1</td><td>1</td></tr></table></td></tr>
<tr><td>NOT</td><td>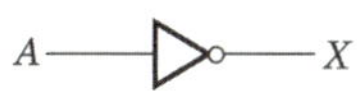</td><td>$X=\overline{A}$</td><td>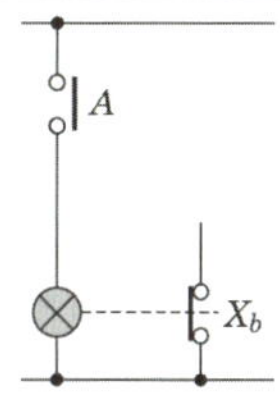</td><td><table><tr><th>A</th><th>X</th></tr><tr><td>0</td><td>1</td></tr><tr><td>1</td><td>0</td></tr></table></td></tr>
<tr><td>NAND
(Not AND)</td><td>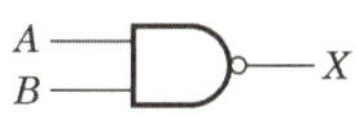</td><td>$X=\overline{AB}$</td><td>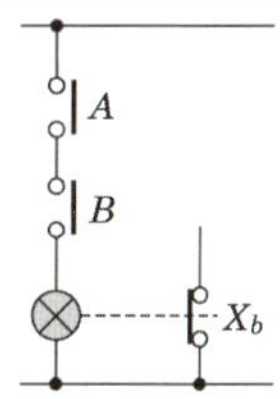</td><td><table><tr><th>A</th><th>B</th><th>X</th></tr><tr><td>0</td><td>0</td><td>1</td></tr><tr><td>0</td><td>1</td><td>1</td></tr><tr><td>1</td><td>0</td><td>1</td></tr><tr><td>1</td><td>1</td><td>0</td></tr></table></td></tr>
<tr><td>NOR
(Not OR)</td><td>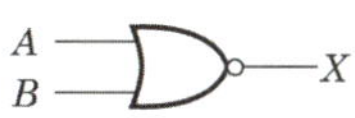</td><td>$X=\overline{A+B}$</td><td>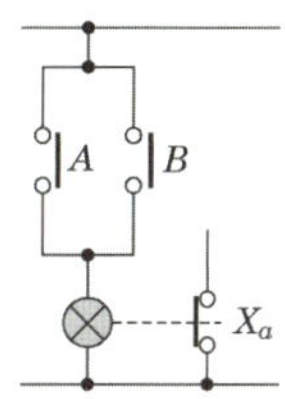</td><td><table><tr><th>A</th><th>B</th><th>X</th></tr><tr><td>0</td><td>0</td><td>1</td></tr><tr><td>0</td><td>1</td><td>0</td></tr><tr><td>1</td><td>0</td><td>0</td></tr><tr><td>1</td><td>1</td><td>0</td></tr></table></td></tr>
<tr><td>XOR
(Exclusive OR)</td><td>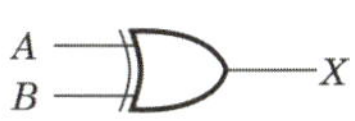</td><td>$X=A\oplus B$
$=\overline{A}B+A\overline{B}$</td><td>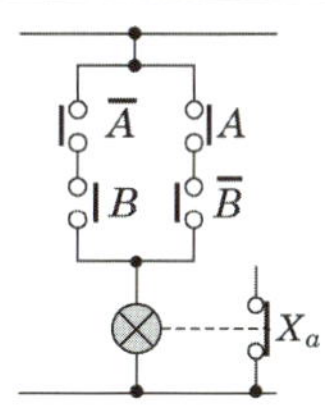</td><td><table><tr><th>A</th><th>B</th><th>X</th></tr><tr><td>0</td><td>0</td><td>0</td></tr><tr><td>0</td><td>1</td><td>1</td></tr><tr><td>1</td><td>0</td><td>1</td></tr><tr><td>1</td><td>1</td><td>0</td></tr></table></td></tr>
<tr><td>XNOR
(Exclusive NOR)</td><td>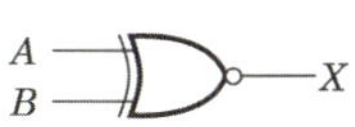</td><td>$X=A\odot B$
$=\overline{A}\,\overline{B}+AB$</td><td>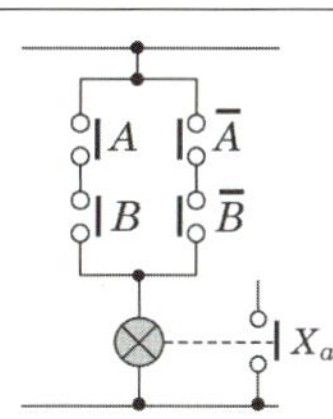</td><td><table><tr><th>A</th><th>B</th><th>X</th></tr><tr><td>0</td><td>0</td><td>1</td></tr><tr><td>0</td><td>1</td><td>0</td></tr><tr><td>1</td><td>0</td><td>0</td></tr><tr><td>1</td><td>1</td><td>1</td></tr></table></td></tr>
</table>

참고 논리회로의 치환=드 모르간 정리

① AND 회로

② OR 회로

③ NAND 회로

④ NOR 회로

(3) 각종 접점의 심벌

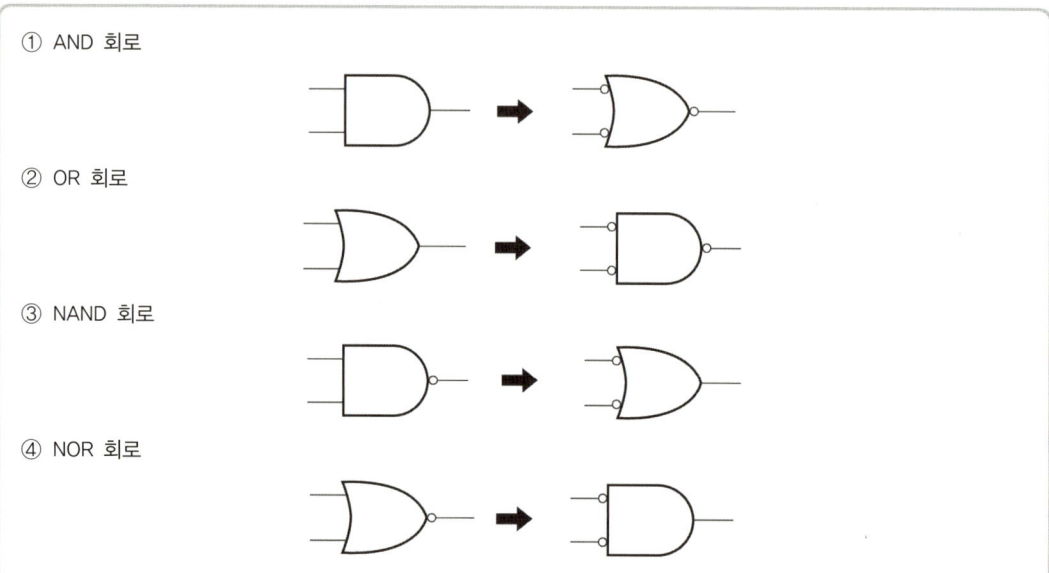

명 칭	심 벌		설 명
	a접점	b접점	
일반접점 또는 수동접점 (텀블러스위치, 토글스위치)			수동에 의해 개폐되는 접점 (손을 떼도 그 상태를 유지)
수동조작 자동복귀접점 (푸시버튼스위치)	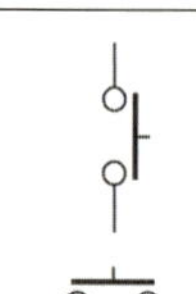		손을 떼면 복귀하는 접점
기계적접점 (리밋스위치)	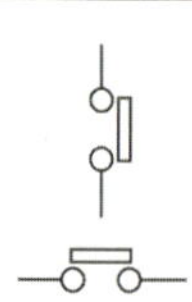	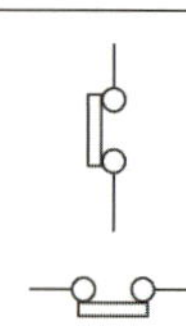	전기적 이외의 원리에 의해 개폐되는 접점
계전기접점 (자기유지접점)			전자력에 의해 개폐되는 접점

명 칭	심 벌		설 명
	a접점	b접점	
한시동작접점 (타이머)	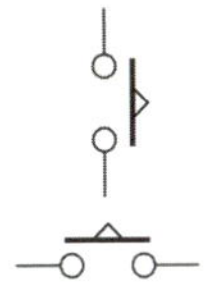	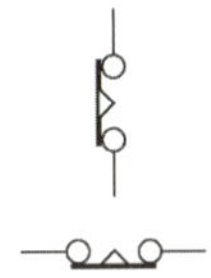	입력신호를 받고 일정시간 후에 회로가 개폐하는 접점(동작 시 시간지연이 있다.)
한시복귀접점 (타이머)	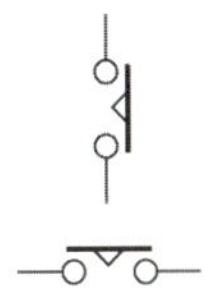	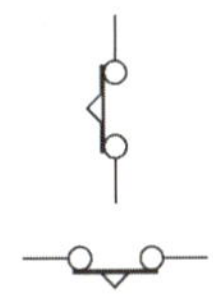	
수동복귀접점 (열동계전기 : 전동기의 과부하 보호용 계전기)	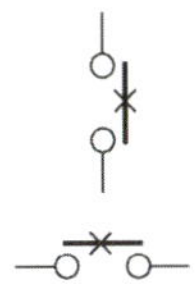	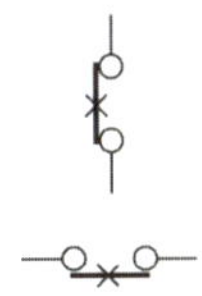	과전류에 의해 개폐되는 접점
전자접촉기접점	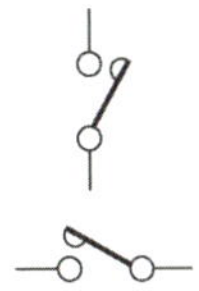	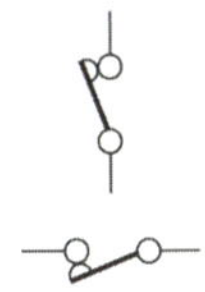	고정철심에 전원이 걸리면 전자력이 발생하여 개폐되는 접점

(4) 시퀀스회로 기호

① 운전용 누름버튼스위치 : PB-on()

② 정지용 누름버튼스위치 : PB-off()

③ 배선용 차단기 : (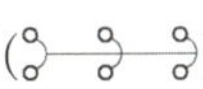)

④ 자동·수동 절환스위치 : 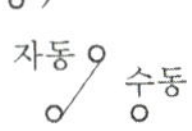

⑤ 전자접촉기 : (MC)(MC-a, )

⑥ 열동계전기 : (THR-b, )

⑦ 리밋스위치 : LS ()

⑧ 3상 유도전동기 : (IM)

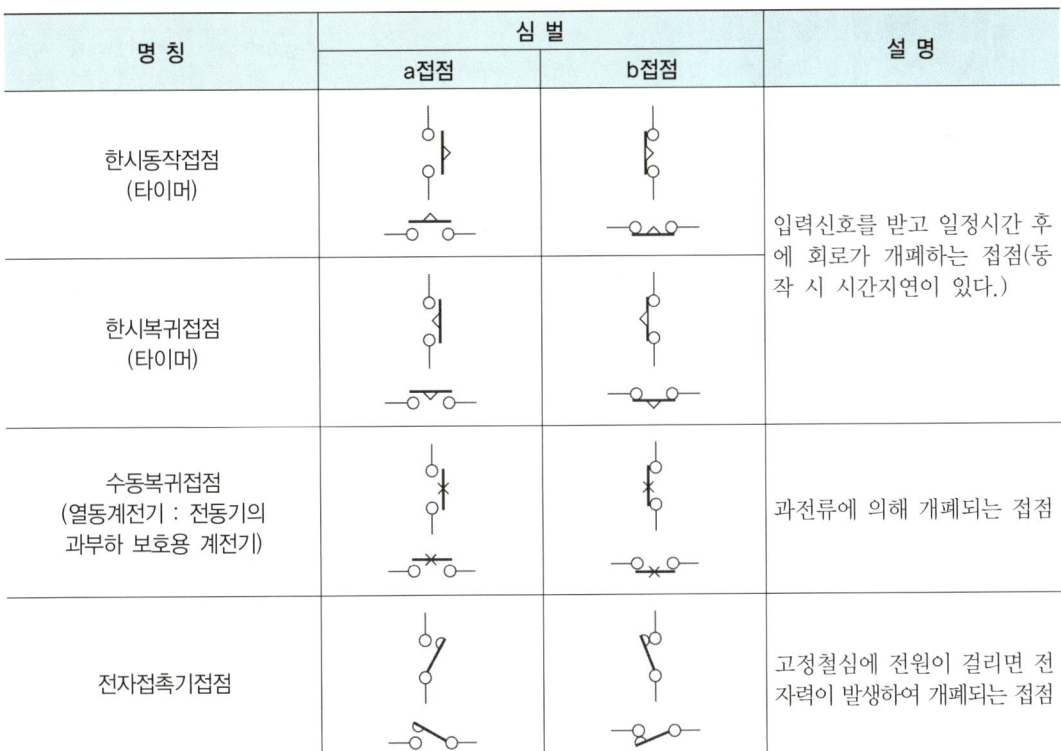

핵심기출문제

01 다음의 표와 같이 두 입력 A와 B가 주어질 때 주어진 논리소자의 명칭과 출력에 대한 진리표를 완성하시오.

배점 : 7 [06년] [08년] [11년]

입 력	AND							
A B	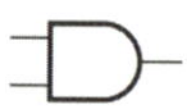	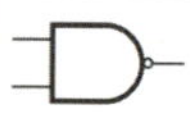	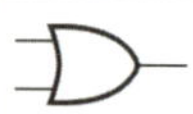	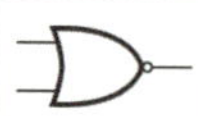	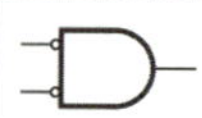	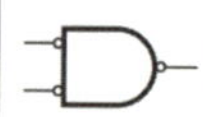		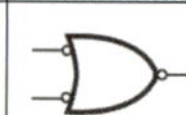
0 0 0 1 1 0 1 1	0 0 0 1							

• 실전모범답안

입 력		AND	NAND	OR	NOR	NOR	OR	NAND	AND
A	B	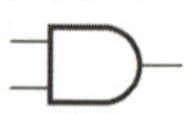	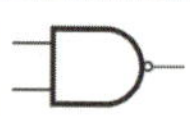	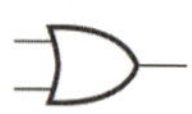	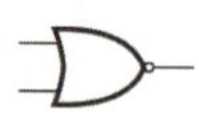	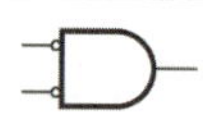	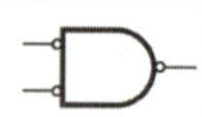	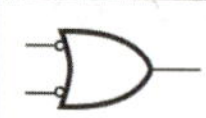	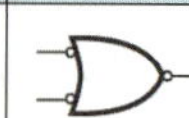
0	0	0	1	0	1	1	0	1	0
0	1	0	1	1	0	0	1	1	0
1	0	0	1	1	0	0	1	1	0
1	1	1	0	1	0	0	1	0	1

01-1 감지기회로의 배선방식으로 교차회로방식을 사용할 경우 다음 각 물음에 답하시오.

배점 : 3 [10년] [15년]

(1) 작동신호 출력을 C라고 하였을 때 간단한 논리식을 쓰시오.

(2) 상기 논리식의 논리기호를 나타내시오.

(3) 상기 논리식의 진리표를 완성하시오.

A	B	C

• 실전모범답안

(1) $C = A \cdot B$

(2) 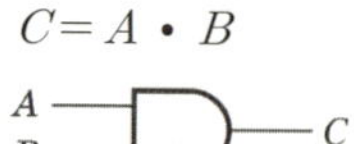

(3)

A	B	C
0	0	0
0	1	0
1	0	0
1	1	1

교차회로방식의 경우 감지기 A, B 회로 모두 작동하였을 때 설비가 작동되므로 AND 회로에 해당한다.
※ '(1)' 에서 작동신호 출력이 C라고 하였음에 주의하자!

01-2 다음 그림과 같은 논리회로를 이용하여 다음 각 물음에 답하시오. 배점 : 4 [12년]

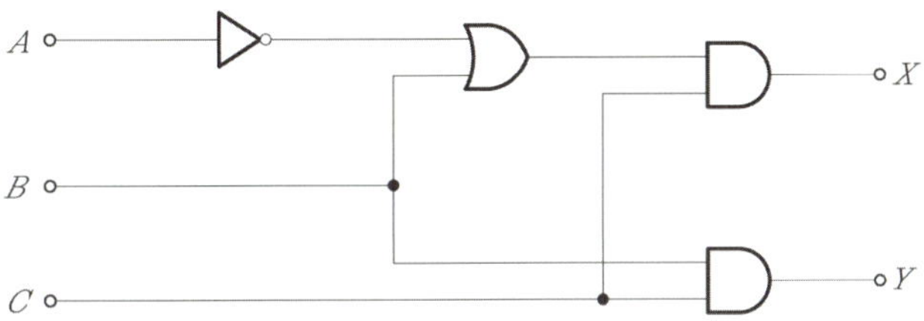

(1) 3개의 입력단자 A, B, C에 각각 1의 입력이 들어간다면 출력단자 X, Y에는 어떤 출력이 나오는지 구하시오.
(2) X와 Y에 대한 논리식을 작성하시오.

• **실전모범답안**

(1) • X : 1
  • Y : 1

(2) • $X=(\overline{A}+B)C$
  • $Y=BC$

상세해설

(1) X, Y 출력

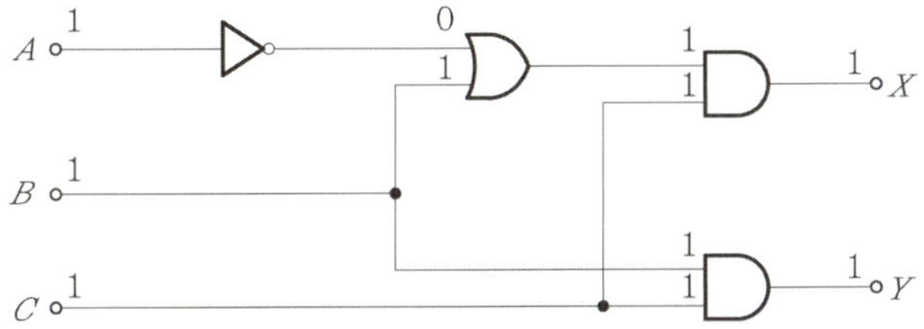

(2) X와 Y에 대한 논리식

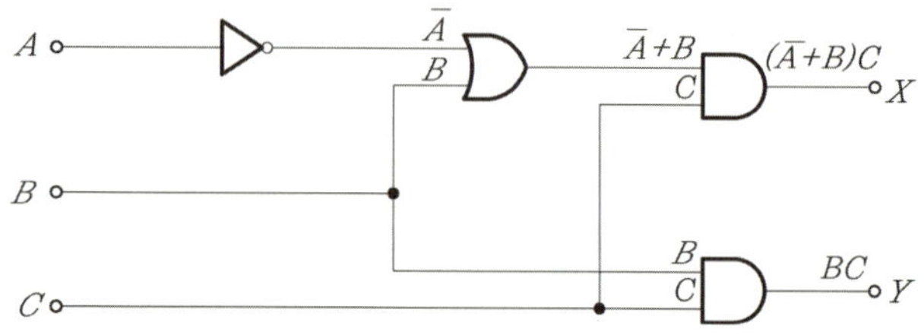

01-3 논리식 $Z=(A+B+C)\cdot(A\cdot B\cdot C+D)$를 릴레이회로(유접점회로)와 논리회로(무접점회로)로 바꾸어 그리시오. 배점 : 6 [03년] [05년] [17년]

• 실전모범답안

(1)

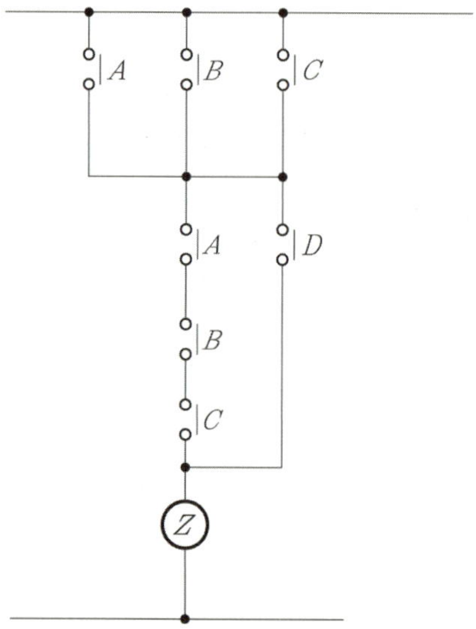

(2)

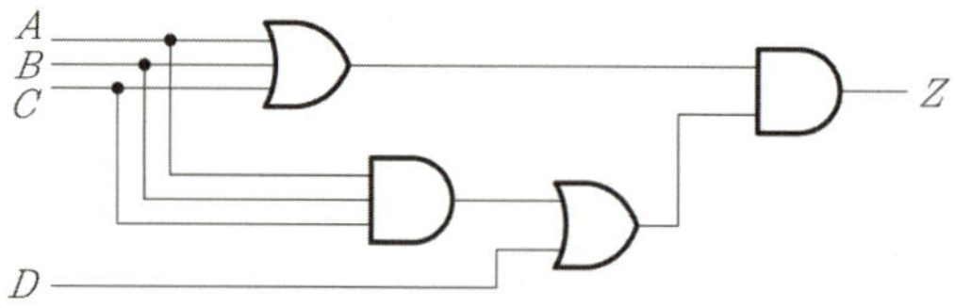

01-4 다음 그림과 같은 논리회로를 보고 각 물음에 답하시오. 배점 : 9 [05년]

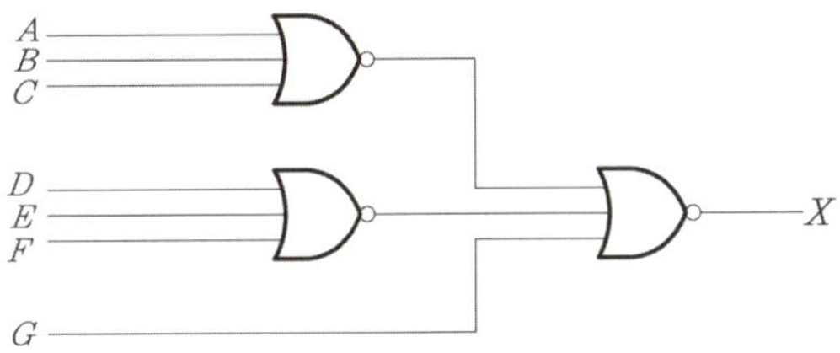

(1) 논리식으로 표현하시오.
(2) AND, OR, NOT 회로를 이용한 등가회로로 그리시오.
(3) 유접점회로(릴레이회로)로 그리시오.

CHAPTER 04

• **실전모범답안**

(1) $X=(A+B+C)\cdot(D+E+F)\cdot\overline{G}$

(2)

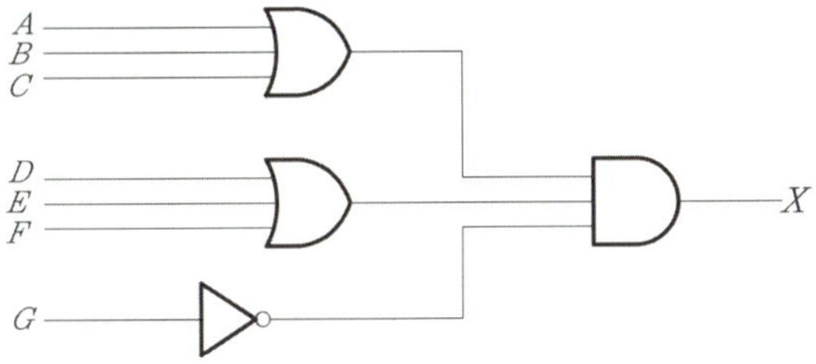

(3)

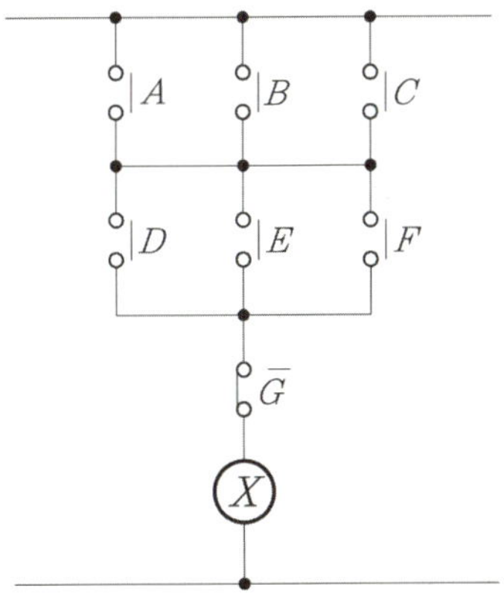

상세해설

(1) 논리식

① 문제의 논리회로를 기본 논리식으로 나타내면 다음과 같다.

게이트	논리회로	논리식
NOR (Not OR)		$X=\overline{A+B}$

$X=\overline{(\overline{A+B+C})+(\overline{D+E+F})+G}$ …… ⓐ

② 식 ⓐ를 드 모르간의 정리를 이용하여 풀면

$X=(A+B+C)\cdot(D+E+F)\cdot\overline{G}$ 가 된다.

드 모르간(De morgan)의 정리

㉠ $\overline{A+B}=\overline{A\cdot B}$

㉡ $\overline{A+B}=\overline{A}+\overline{B}$

㉢ $\overline{\overline{A}\cdot\overline{B}}=A+B$

㉣ $\overline{\overline{A}+\overline{B}}=A\cdot B$

(3) 유접점회로(시퀀스회로)

$X=\overline{(\overline{A+B+C})+(\overline{D+E+F})+G}$

병렬 직렬

직렬

01-5 다음 그림과 같은 스위칭회로를 보고 각 물음에 답하시오. 배점 : 8 [05년] [16년]

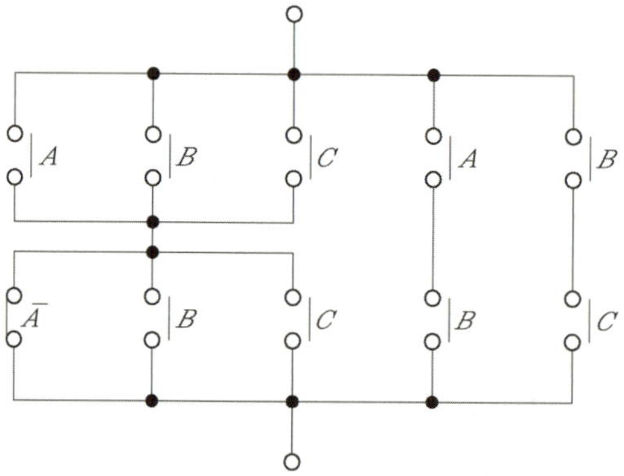

(1) 간략화 된 논리식으로 표현하시오. (단, 중간과정을 기재할 것)

(2) 스위칭회로를 그리시오.

• 실전모범답안

(1) $(A+B+C)\cdot(\overline{A}+B+C)+AB+BC$

$=A\overline{A}+AB+AC+\overline{A}B+BB+BC+\overline{A}C+BC+CC+AB+BC$

$=AB+AC+\overline{A}B+B+BC+\overline{A}C+C$

$=(AB+\overline{A}B+B+BC)+(AC+\overline{A}C+C)$

$=B(A+\overline{A}+1+C)+C(A+\overline{A}+1)$

$=B+C$

(2)

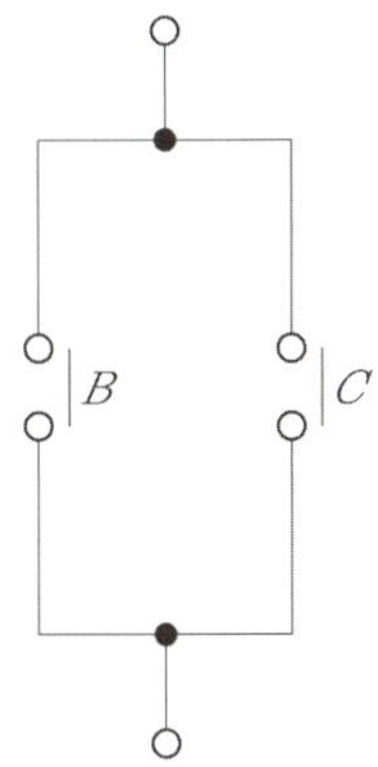

01-6 다음 그림과 같은 유접점 시퀀스회로에 대해 각 물음에 답하시오. 배점 : 3 [04년] [16년]

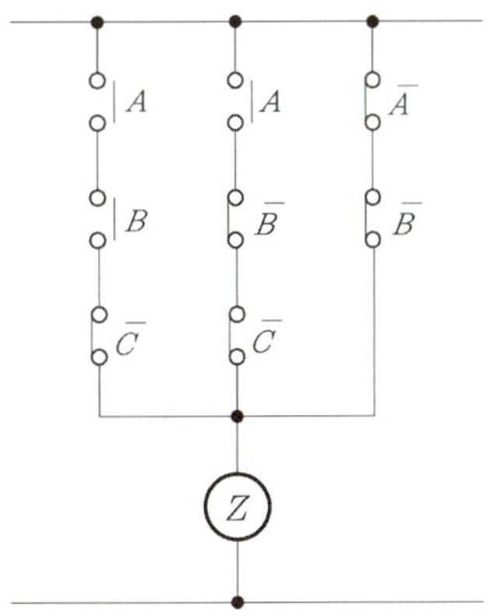

(1) 그림의 시퀀스회로를 가장 간략화한 논리식으로 표현하시오.
(2) (1)에서 가장 간략화한 논리식을 무접점 논리회로로 그리시오.

• **실전모범답안**

(1) $Z=\overline{A}\,\overline{B}+A\overline{C}$

(2)

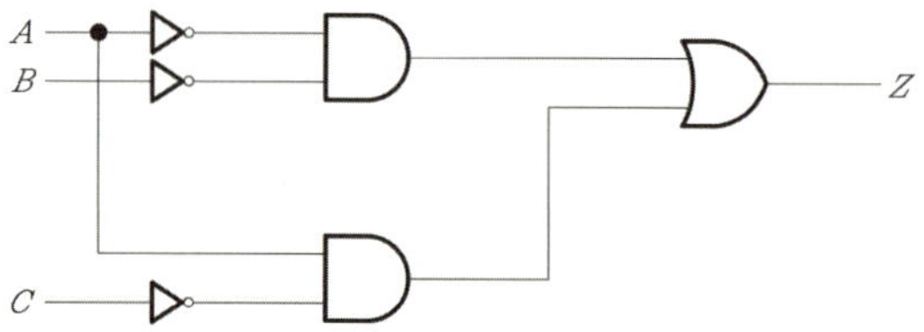

상세해설

(1) 논리식

문제의 시퀀스회로를 간략화하면 다음과 같다.

$Z=A\cdot B\cdot\overline{C}+A\cdot\overline{B}\cdot\overline{C}+\overline{A}\cdot\overline{B}$ ……($A\cdot\overline{C}$ 공통)

$=A\overline{C}(B+\overline{B})+\overline{A}\,\overline{B}$ …… $(B+\overline{B}=1)$

$=A\overline{C}+\overline{A}\,\overline{B}$

$=\overline{A}\,\overline{B}+A\overline{C}$

(2) 무접점 논리회로

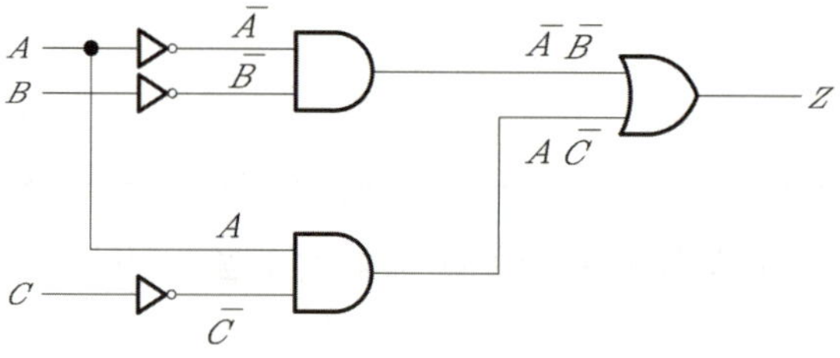

01-7 릴레이 접점회로가 그림과 같을 때 AND, OR, NOT 등의 논리기호를 사용하여 논리회로를 작성하시오.

배점 : 4 [03년] [06년]

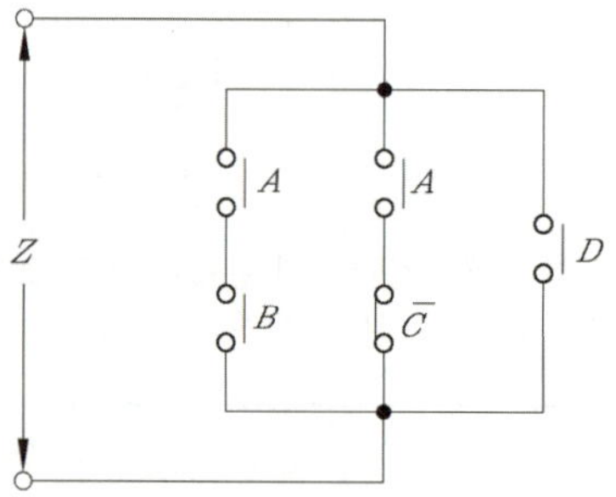

• 실전모범답안

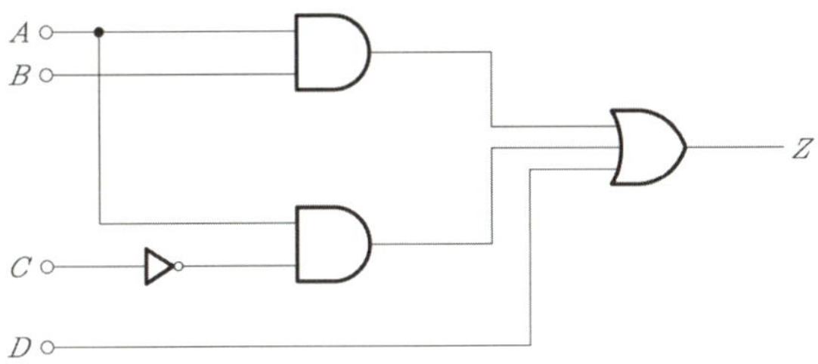

상세해설

문제의 시퀀스회로를 논리식으로 풀면 다음과 같다.

$Z = AB + A\overline{C} + D$

(AB: 직렬, $A\overline{C}$: 직렬, 전체: 병렬)

01-8 릴레이 접점회로가 그림과 같다. 다음 각 물음에 답하시오.

배점 : 5 [12년]

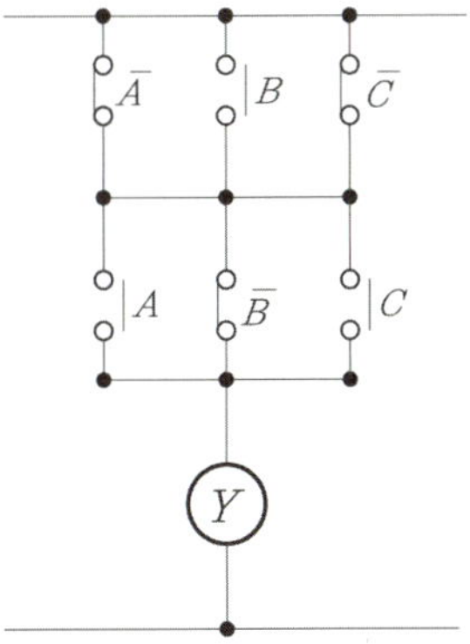

(1) 이 회로의 논리식을 쓰시오.

(2) 논리식을 NAND회로만 사용하여 무접점회로를 그리시오.

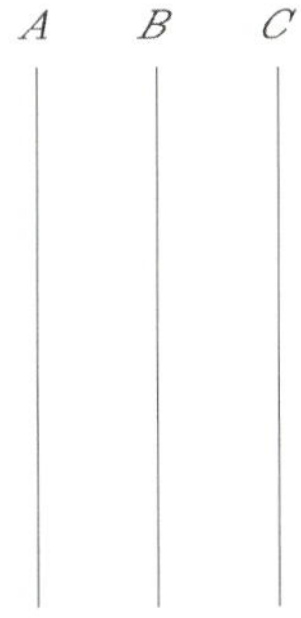

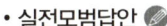

• **실전모범답안**

(1) $Y=(\overline{A}+B+\overline{C})(A+\overline{B}+C)$

(2)

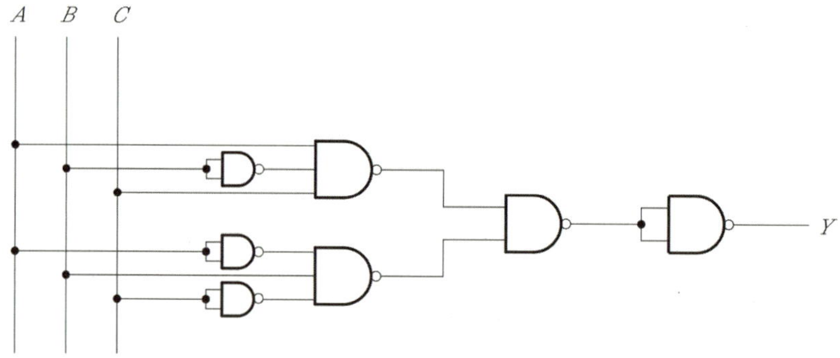

상세해설

(2) 논리회로

논리식 : $Y=(\overline{A}+B+\overline{C})\cdot(A+\overline{B}+C)$

• NAND 회로

주어진 식	NAND 회로
$\overline{A}+B+\overline{C}$	$\overline{A\cdot\overline{B}\cdot C}$
$A+\overline{B}+C$	$\overline{\overline{A}\cdot B\cdot\overline{C}}$
$\cdot$	$\overline{\overline{\cdot}}$

논리식을 NAND회로만 사용하여 치환할 경우 다음과 같다.

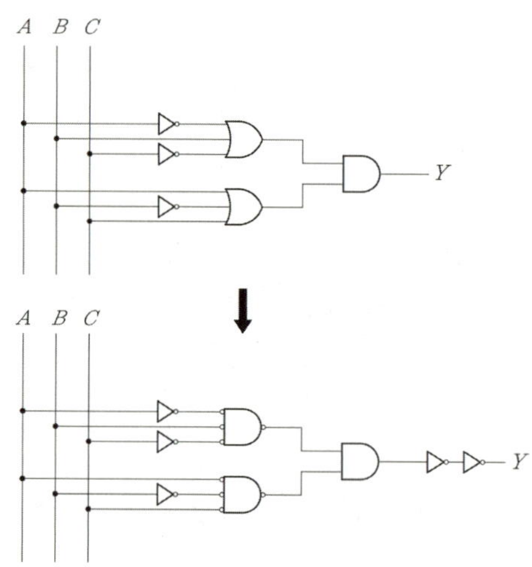

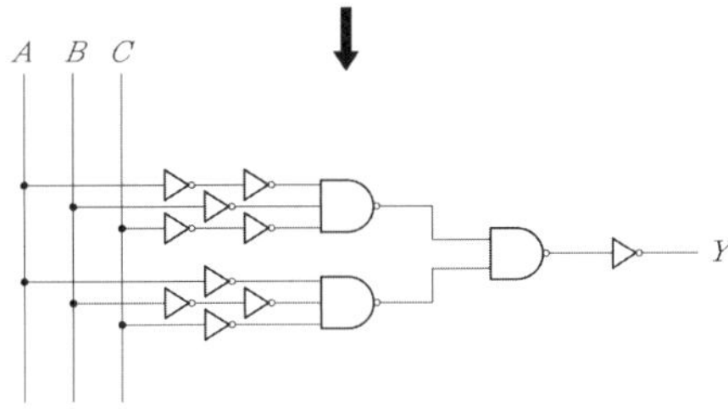
A
B
C
Y

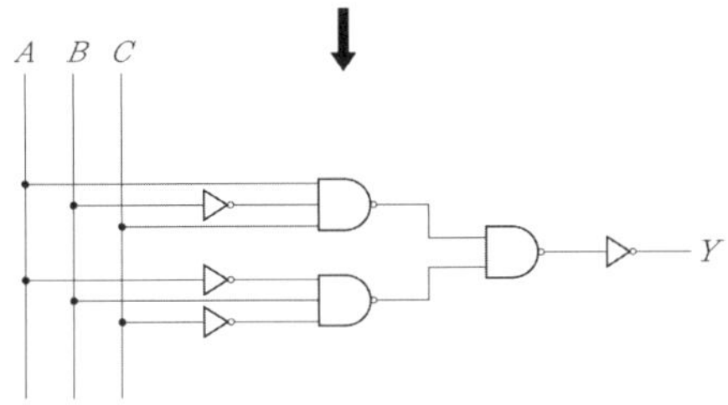
A
B
C
Y

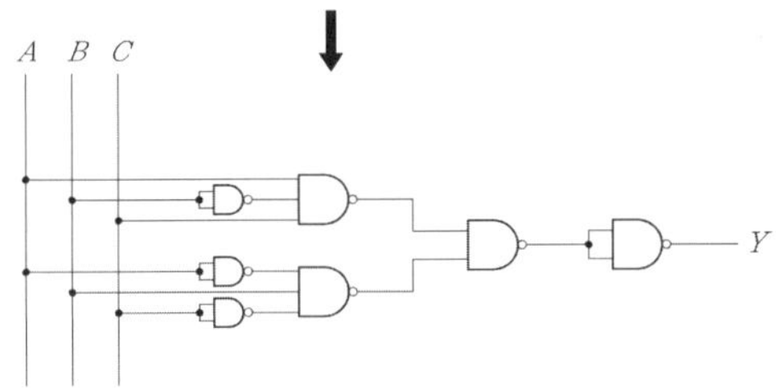
A
B
C
Y

01-2 타임차트

(1) 타임차트(Time Chart)

시퀀스제어에 있어서 장치의 동작이나 회로의 동작이 시간적으로 어떻게 변화하는가를 도식화해서 표시한 표

재료명	a접점	b접점	c접점
접점기호	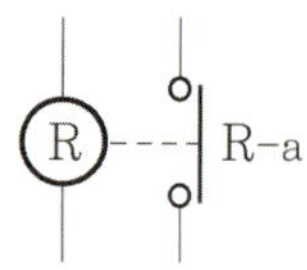	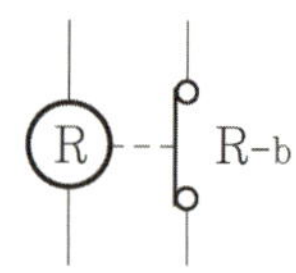	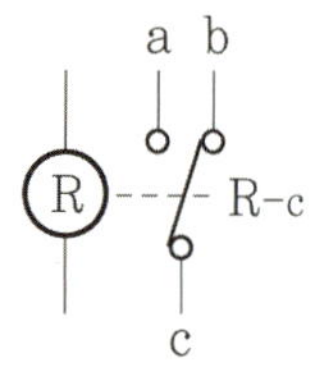
접점의 개폐	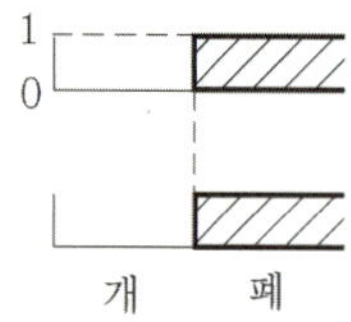	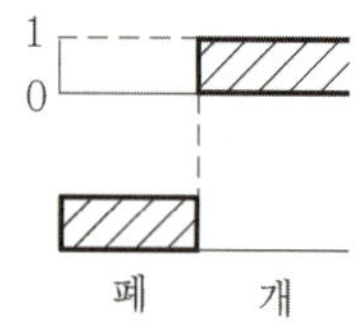	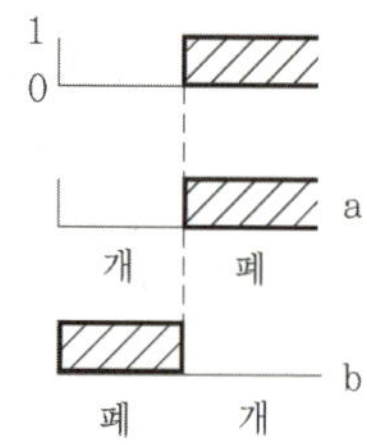

(2) 인터록(Inter Lock)회로

상대동작 금지회로라고도 하며 우선도가 높은 측의 회로를 ON시키면 상대측의 회로는 열려서 작동되지 않도록 하는 방식의 회로(서로 상대측에 b접점으로 구성된다.)

〈인터록회로의 타임차트 예〉

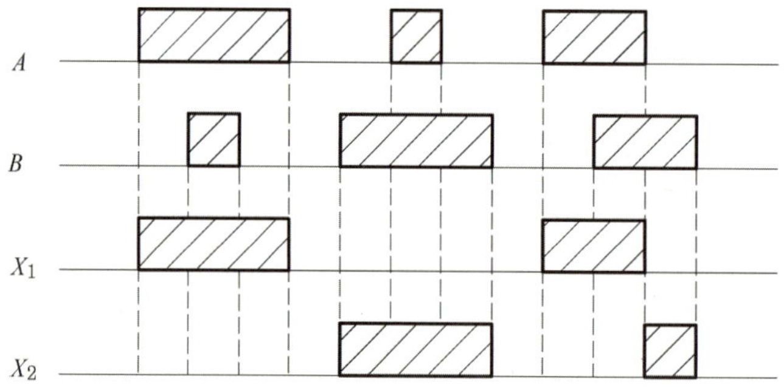

〈동작설명〉

- 스위치 A를 먼저 누르면 X_1이 동작되고 인터록접점 X_1이 열린다. 따라서, 이후 스위치 B를 눌러도 X_2는 동작되지 않는다.
- 반대로 스위치 B를 먼저 누르면 X_2가 동작되고 인터록접점 X_2가 열린다. 따라서 이후 스위치 A를 눌러도 X_1은 동작되지 않는다.
- 또한 스위치 A를 먼저 눌렀을 때 동작시점부터 복귀시점까지 X_1이 동작되고, 이후 스위치 B를 눌렀을 때는 X_1 복귀시점부터 X_2가 동작된다.

핵심기출문제

02 다음 그림과 같은 회로에서 램프 L의 동작을 타임차트에 표시하시오. (단, PB : 푸시버튼스위치, Ⓡ : 릴레이접점, LS : 리미트스위치)

배점 : 5 [10년] [16년]

(1)

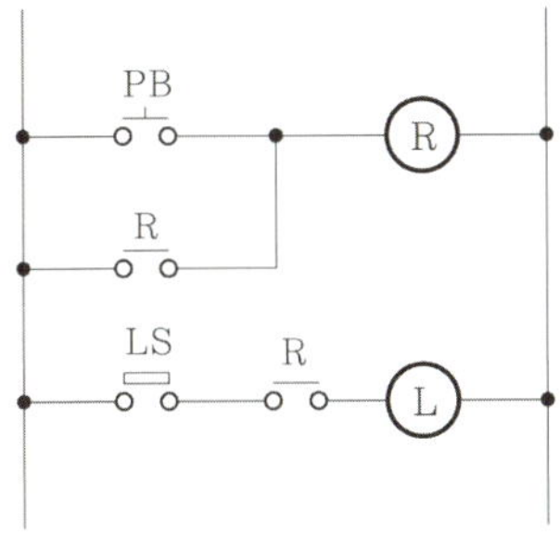

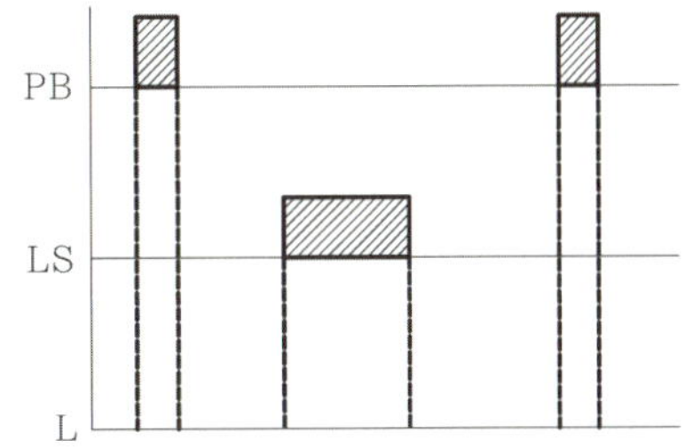

(2)

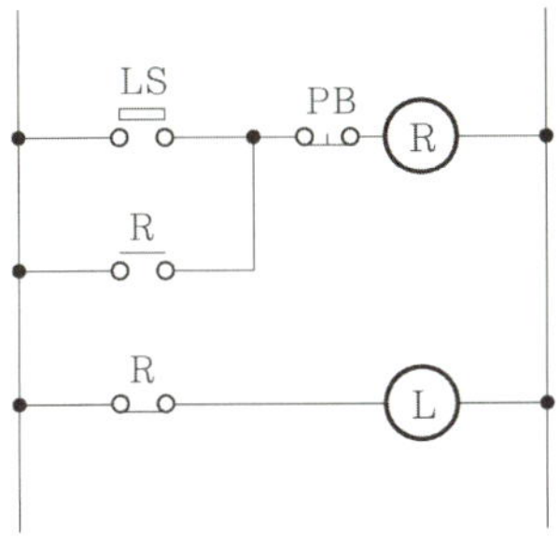

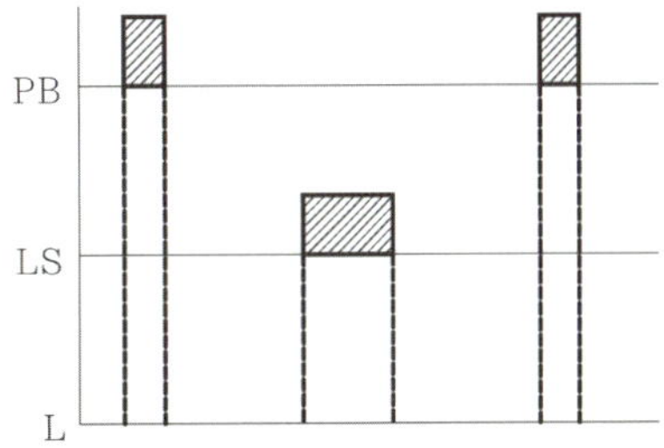

• 실전모범답안

(1)

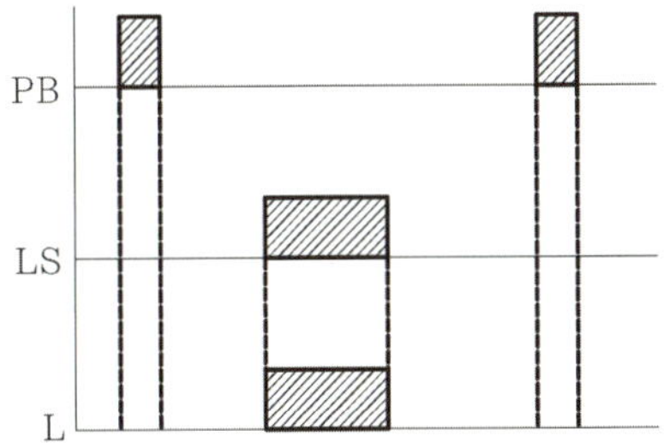

(2)

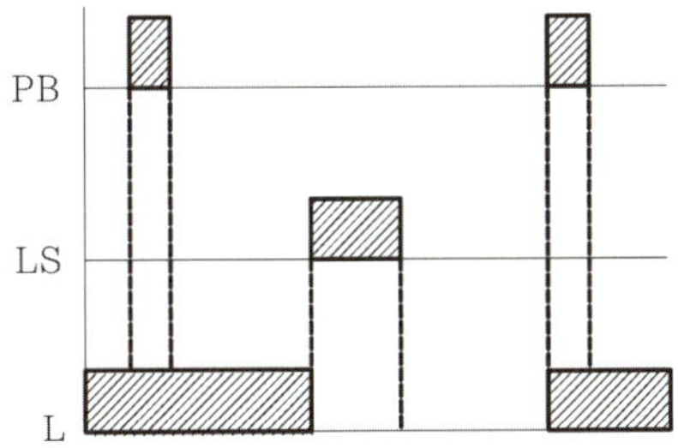

상세해설

(1) 동작설명

- 푸시버튼스위치 PB를 ON시키면 R-a 접점이 닫혀 자기유지되고, 릴레이 R이 여자된다.
- 리미트스위치 LS가 붙으면(동작하면) 램프 L이 점등된다.
- 리미트스위치 LS가 떨어지면(복귀하면) 램프 L이 소등된다.

(2) 동작설명

- 평상 시 램프 L이 점등된다.
- 리미트스위치 LS가 붙으면(동작하면) R-a 접점이 닫혀 자기유지되고, 릴레이 R이 여자되며, R-b 접점은 열려 램프 L이 소등된다.
- 푸시버튼스위치 PB를 OFF시키면 릴레이 R이 소자되어 램프 L이 점등된다.

참고 용어정리

(1) 여자

어떤 물체가 자기를 띠는 현상(전기가 공급되는 상태)

(2) 소자

어떤 물체가 자기를 잃는 현상(전기가 공급되지 않는 상태)

02-1 두 입력상태가 같을 때 출력이 없고 두 입력상태가 다를 때 출력이 생기는 회로를 배타적 논리합(exclusive OR)회로라 한다. 그림과 같은 배타적 논리합회로에서 다음 각 물음에 답하시오.

배점 : 6 [12년] [21년]

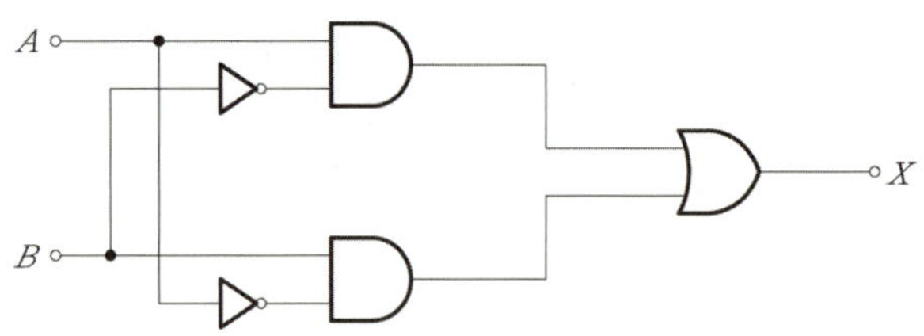

(1) 이 회로의 논리식을 쓰시오.

(2) 이 회로에 대한 유접점 릴레이회로를 그리시오.

(3) 이 회로의 타임차트를 완성하시오.

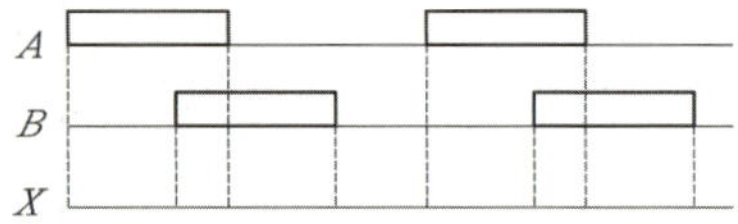

(4) 이 회로의 진리표를 완성하시오.

A	B	X

- 실전모범답안

(1) $X = A\overline{B} + \overline{A}B$

(2)

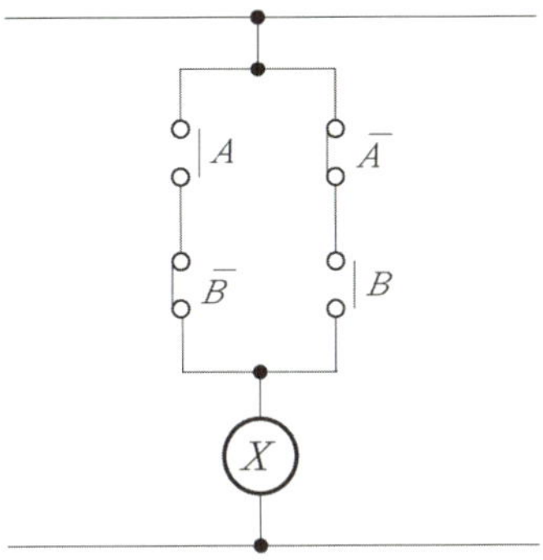

(3)

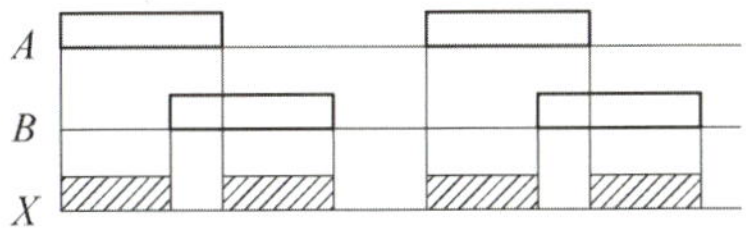

(4)

A	B	X
0	0	0
0	1	1
1	0	1
1	1	0

상세해설

(2) 논리식

$X = \underbrace{\underbrace{A\overline{B}}_{\text{직렬}} + \underbrace{\overline{A}B}_{\text{직렬}}}_{\text{병렬}}$

🔥🔥🔥

02-2 그림과 같은 논리회로를 보고 다음 각 물음에 답하시오.

배점 : 8 [04년] [07년] [13년] [19년]

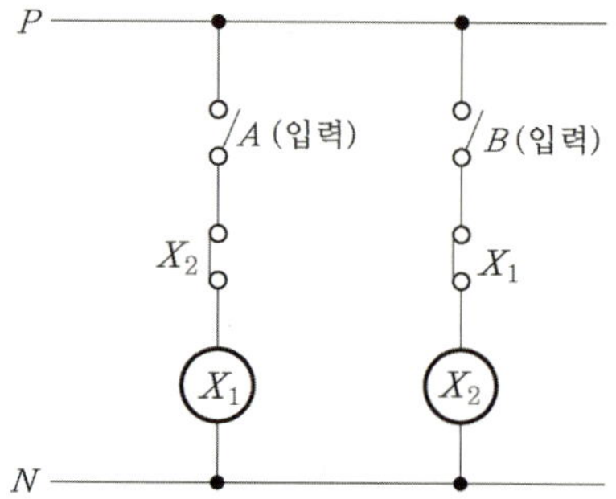

(1) 회로에 대한 논리회로를 완성하시오.
(2) 회로의 동작상황을 보고 타임차트를 완성하시오.

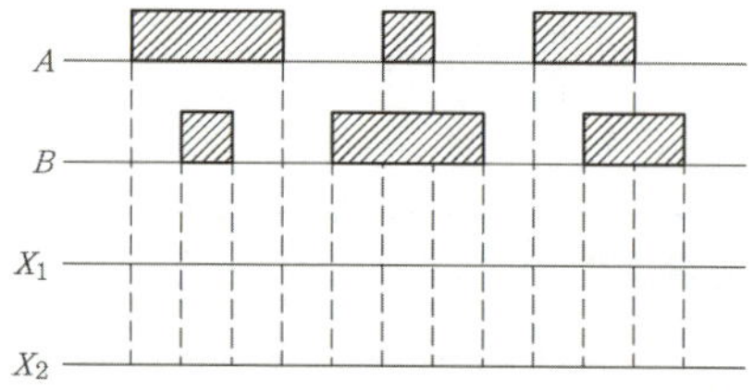

(3) 회로에서 접점 X_1과 X_2의 관계를 무엇이라 하는지 쓰시오.

• **실전모범답안**

(1)

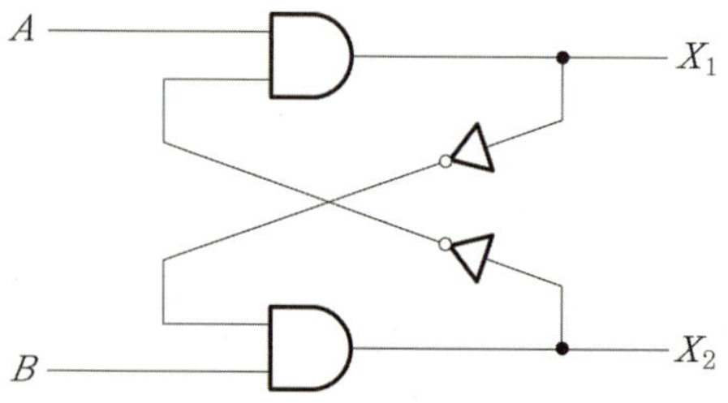

(2)

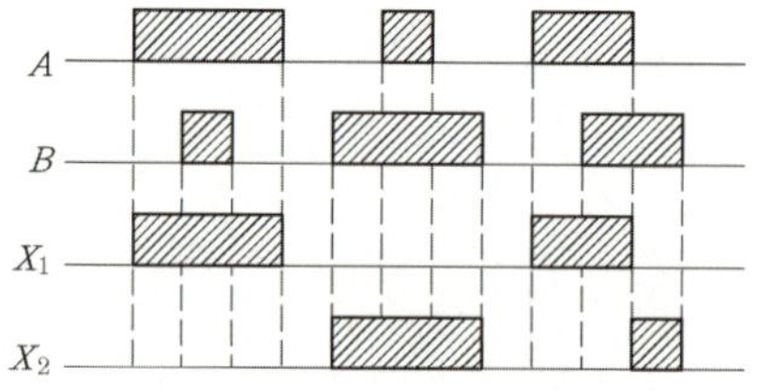

(3) 인터록회로

02-3 그림과 같은 시퀀스회로에서 X접점이 닫혀서 폐회로가 될 때 타이머 T_1(설정시간 : t_1), T_2(설정시간 : t_2), 릴레이 R, 신호등 PL에 대한 타임차트를 완성하시오. (단, 설정시간 이외의 시간지연은 없다고 본다.)

배점 : 4 [03년] [08년] [21년]

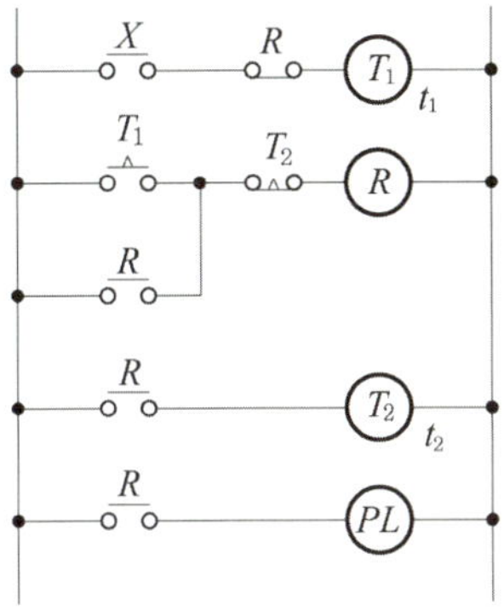

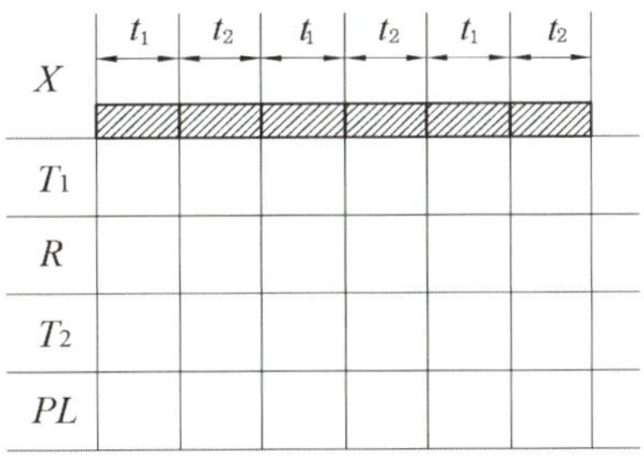

• 실전모범답안

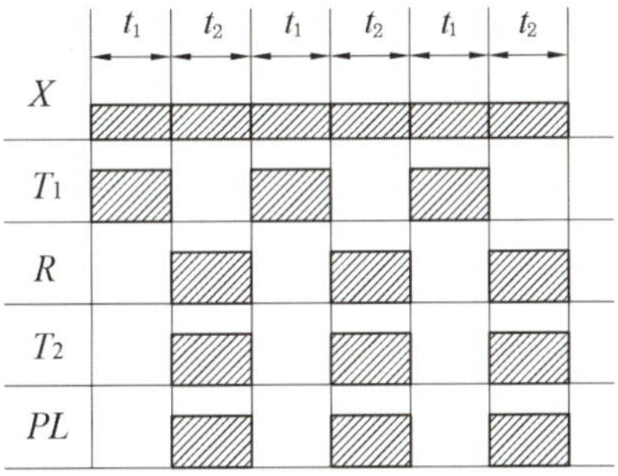

상세해설

① **한시동작접점**(,)

㉠ 한시동작 a접점( ) : "닫힘"일 때에 시간지연이 있다.

㉡ 한시동작 b접점( ) : "열림"일 때에 시간지연이 있다.

② **동작설명**

- X 접점이 닫히면서 타이머 계전기 T_1에 전류가 흘러 여자된다. (t_1 설정시간 동안)
- t_1 설정시간이 경과하게 되면 한시동작 **a접점**(T_1)가 닫히면서 계전기 R이 여자되어 계전기 **a접점**(R)은 닫히고, 계전기 **b접점**(R)은 열려 자기유지된다. 이후 타이머 계전기(t_2 설정시간 동안) T_1은 소자되고, 타이머 계전기 T_2는 여자, PL은 점등된다.
- t_2 설정시간이 경과하게 되면 한시동작 **b접점**(T_2)가 열리면서 계전기 R이 소자되어 계전기 **a접점**(R)은 열리고, 계전기 **b접점**(R)은 닫혀 계전기 T_2는 소자되고, PL은 소등되며 다시 타이머 계전기 T_1은 여자된다. 이것을 계속 반복한다.

CHAPTER 04

02-4 3개의 입력 A, B, C가 주어졌을 때 출력 X_A, X_B, X_C의 상태를 그림과 같은 타임차트(Time Chart)로 나타내었다. 다음 각 물음에 답하시오. 배점 : 6 [06년] [09년] [20년] [21년]

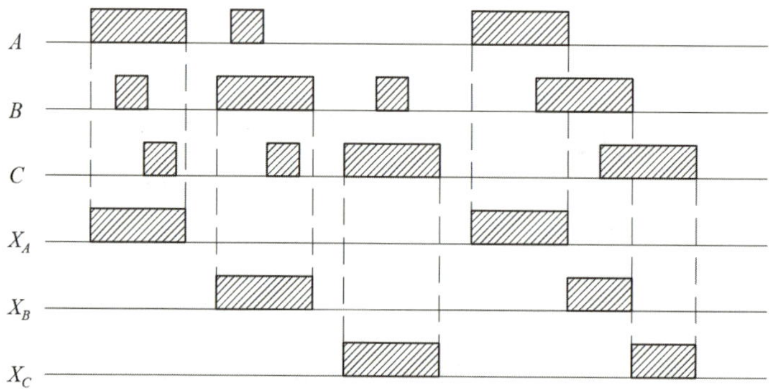

(1) 타임차트를 참고하여 X_A, X_B, X_C에 대한 논리식을 쓰시오.
(2) 타임차트를 참고하여 동일한 동작이 되도록 유접점회로를 그리시오.
(3) 타임차트를 참고하여 동일한 동작이 되도록 무접점회로를 그리시오.

• **실전모범답안**

(1) • $X_A = A \cdot \overline{X_B} \cdot \overline{X_C}$

• $X_B = B \cdot \overline{X_A} \cdot \overline{X_C}$

• $X_C = C \cdot \overline{X_A} \cdot \overline{X_B}$

(2)

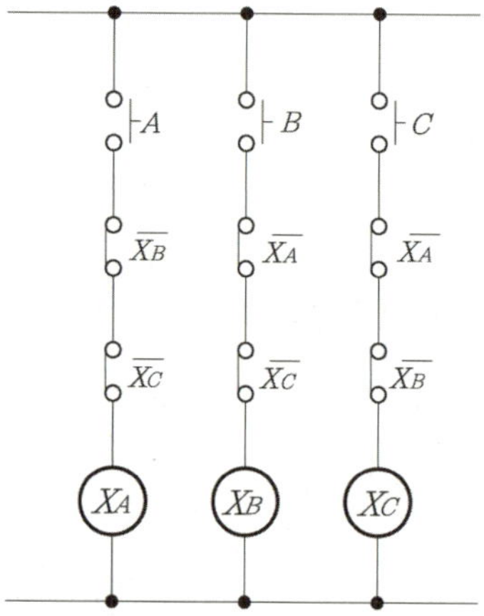

(3)

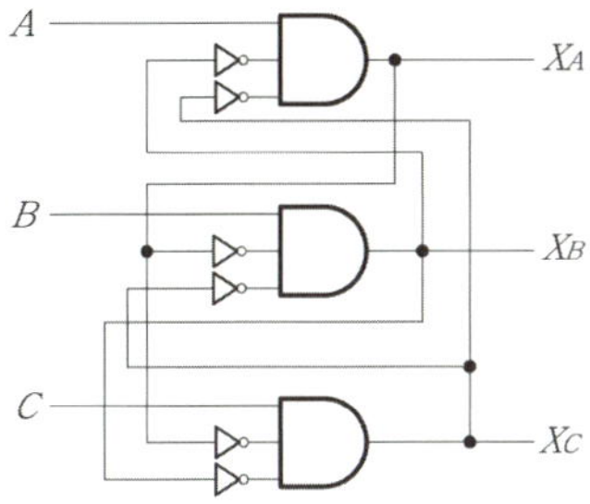

상세해설

(1) 인터록(Inter Lock)회로

상대동작 금지회로라고도 하며 **우선도**가 높은 측의 회로를 ON시키면 상대측의 회로는 열려서 작동되지 않도록 하는 방식의 회로(**서로 상대측**에 **b접점**으로 **구성**된다.)

A 입력 시 X_A만 출력되며, X_B, X_C는 동작되지 않는다.

$X_A = A \cdot \overline{X_B} \cdot \overline{X_C}$

마찬가지로 B와 C 입력 시도 동일하게 상대측 회로는 출력되지 않는다.

- 스위치 A를 먼저 누르면 X_A가 동작되고 인터록접점 X_A가 열린다. 따라서 이후 스위치 B 또는 C를 눌러도 X_B, X_C는 동작되지 않는다.
- 스위치 B를 먼저 누르면 X_B가 동작되고 인터록접점 X_B가 열린다. 따라서 이후 스위치 A 또는 C를 눌러도 X_A, X_C는 동작되지 않는다.
- 스위치 C를 먼저 누르면 X_C가 동작되고 인터록접점 X_C가 열린다. 따라서 이후 스위치 A 또는 B를 눌러도 X_A, X_B는 동작되지 않는다.
- 또한 스위치 A를 먼저 눌렀을 때 동작시점부터 복귀시점까지 X_A가 동작되고 이후 스위치 B를 눌렀을 때 X_A 복귀시점부터 X_B가 동작되며 이후 스위치 C를 눌렀을 때 X_B 복귀시점부터 X_C가 동작된다.

(2), (3) 논리회로(AND, NOT)

게이트	논리회로	논리식	시퀀스회로
AND		$X = A \cdot B = AB$	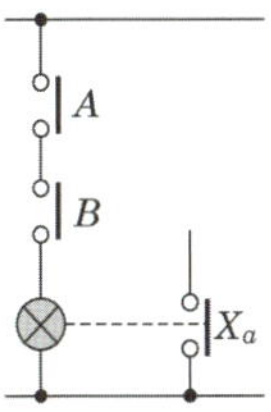
NOT	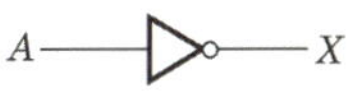	$X = \overline{A}$	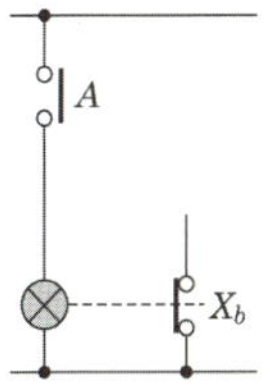

02 소방관련 시퀀스 응용회로

02-1 1개소 기동정지회로

(1) 1개소 기동정지회로

①

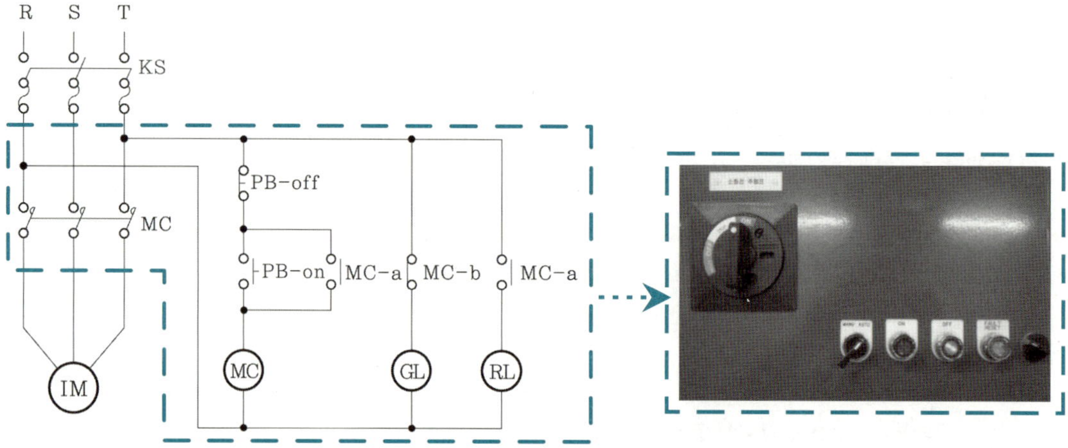

〈동작설명〉

- 전원스위치 KS를 넣으면 녹색램프 GL이 켜진다.
- 누름버튼스위치 a**접점**을 누르면(ON하면) 전자개폐기 코일 MC에 전류가 흘러 주접점 MC가 닫히고, 전동기가 회전하는 동시에 GL램프가 꺼지고 RL램프가 켜진다. 이 때 누름버튼스위치에서 손을 떼어도 이 동작은 계속된다.(자기유지)
- 누름버튼스위치 b**접점**을 누르면(OFF하면) 전동기가 멈추고 RL램프가 꺼지며, GL램프가 다시 점등된다.

②

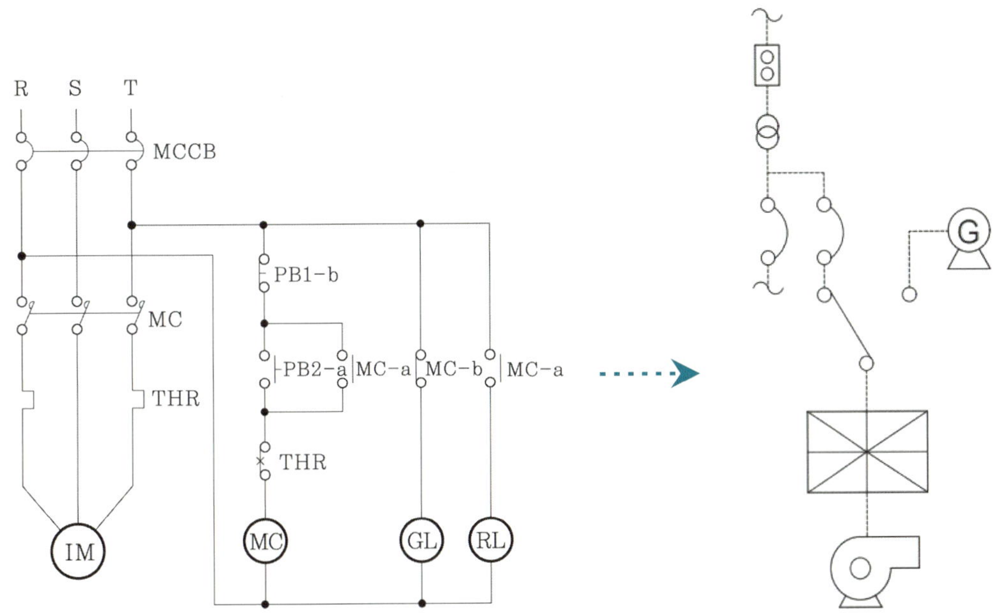

〈동작설명〉

- 전원이 투입(MCCB를 투입)되면 녹색램프 GL이 켜진다.
- 푸시버튼스위치 PB2-a를 ON시키면 전자개폐기 코일 MC에 전류가 흘러 주접점 MC가 닫히고, 전동기가 회전하는 동시에 GL램프가 꺼지고 RL램프가 켜진다. 이 때 손을 떼어도 동작은 계속된다.(자기유기)
- 푸시버튼스위치 PB1-b를 OFF시키거나, 열동계전기 THR이 동작하면 전동기가 멈추고 RL램프는 꺼지며, GL램프가 다시 점등된다.

③

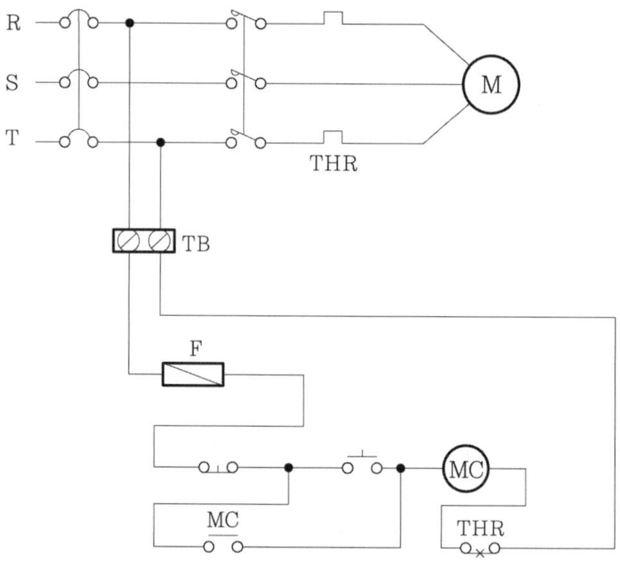

• ON스위치와 OFF스위치는 직렬로 접속해야 한다.
• ON스위치와 자기유지접점은 병렬로 접속해야 한다.
• 스위치와 계전기의 위치 때문에 배선이 어렵게 그려져 있으나 다음의 회로도와 같으므로 참조할 것

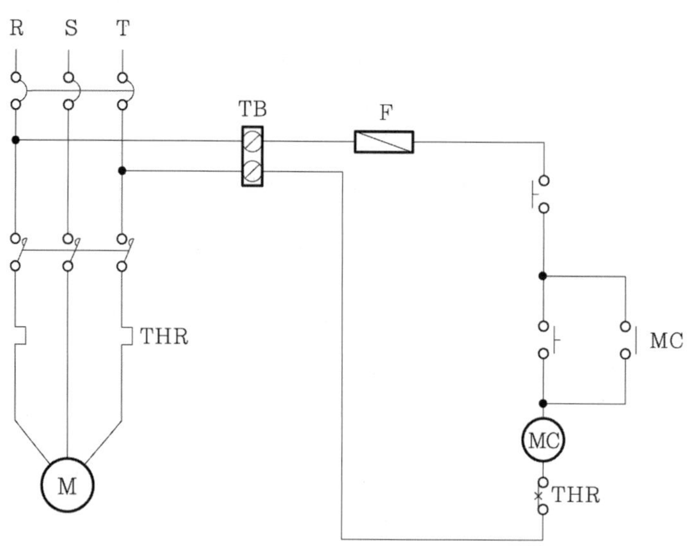

④

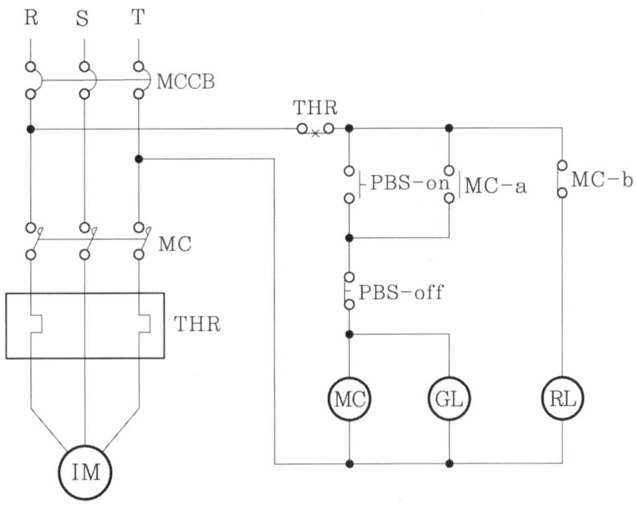

〈동작설명〉

- 전원이 투입(MCCB를 투입)되면 정지표시등 RL이 점등된다.
- 누름버튼스위치 ON용 PBS-on을 누르면 전자접촉기 MC가 여자되어 주접점 MC가 닫히고 전동기는 운전, 기동표시등 GL은 점등, 정지표시등 RL은 소등된다. 이 때 누름버튼스위치 ON용 PBS-on을 떼어도 동작은 계속된다.
- 누름버튼스위치 OFF용 PBS-off를 누르거나 열동계전기 THR이 동작하면 전동기가 멈추고 기동표시등 GL은 소등, 정지표시등 RL은 점등된다.

(2) 열동계전기

① 서머릴레이라고도 하며 주로 전동기의 과부하보호용으로 사용된다.

㉠ 역할 : 전동기에 과부하가 걸리면 전원을 차단하여 전동기를 정지시킨다.

㉡ 설치목적 : 전동기의 소손을 방지하기 위하여

참고 | 자동제어기구 번호

자동제어기구 번호	기구 명칭	설 명
19	기동·운전 전환접촉기(전자접촉기)	기기를 기동에서 운전으로 절환
49	회전기 온도계전기(열동계전기)	회전기온도가 규정치 이상, 이하에서 동작
88	보기용 접촉기·개폐기(전자접촉기)	전동장치의 운전용 개폐기

② 열동계전기가 동작하는 경우

㉠ **유도전동기**에 **과부하**가 걸릴 경우

㉡ **전류 세팅**을 **정격전류**보다 **낮게 세팅**하였을 경우

㉢ **열동계전기 단자**의 **접촉불량**으로 **과열**되었을 경우

※ 열동계전기가 동작되어 운전이 정지되었을 경우 열동계전기의 **리셋버튼**을 눌러 **복구**시킨 후 누름버튼스위치 ON용(PBS-on)을 **눌러** 전동기를 기동시킨다.

핵심기출문제

01 다음은 전자개폐기에 의한 펌프용 전동기의 기동정지회로이다. 다음 동작설명과 같이 동작이 되도록 푸시버튼스위치 a, b 접점과 전자개폐기 보조 a, b 접점을 도면에 그려 넣으시오.

배점 : 6 [06년] [07년] [18년]

[동작설명]

- 배선용 차단기 MCCB를 넣으면 녹색램프 GL이 켜진다.
- 푸시버튼스위치 a접점을 누르면 전자개폐기 코일 MC에 전류가 흘러 주접점 MC가 닫히고, 전동기가 회전되는 동시에 GL램프가 꺼지고 RL램프가 켜진다. 이 때 푸시버튼스위치에서 손을 떼어도 이 동작은 계속된다.
- 푸시버튼스위치 b접점을 누르면 전동기가 멈추고 RL램프는 꺼지며, GL램프가 다시 점등된다.

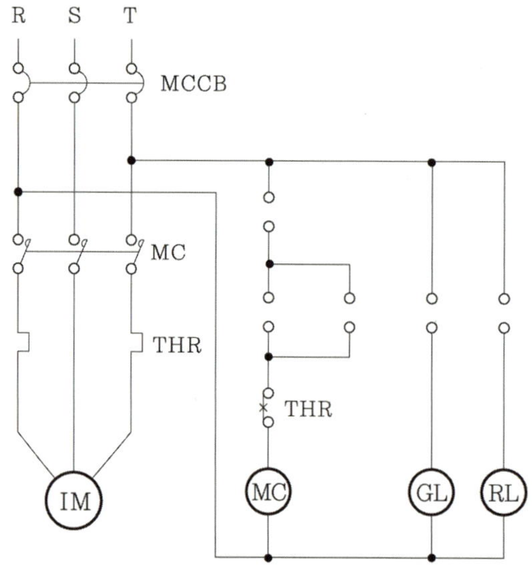

• 실전모범답안

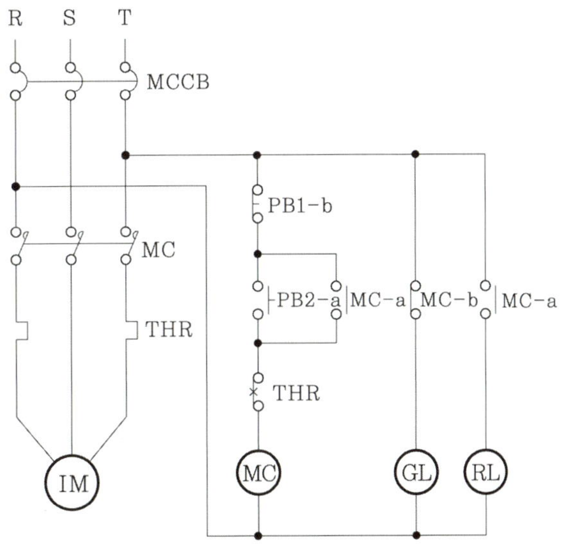

※ [본문] (1). ② 내용 참조

쉬어가는 코너

공부가 인생의 전부는 아니다.
그런데 인생의 전부도 아닌 공부하나 정복하지 못한다면 과연 무슨 일을 할 수 있겠는가?
-작자 미상-

01-1 다음 도면은 유도전동기 기동정지회로의 미완성 도면이다. 다음 각 물음에 답하시오.

배점 : 8 [09년] [19년]

(1) 다음과 같이 주어진 기구를 이용하여 미완성 도면을 완성하시오. (단, 기구의 개수 및 접점을 최소로 할 것)

- 전자접촉기 : (MC)
- 기동용 표시등 : (GL)
- 정지용 표시등 : (RL)
- 열동계전기 : THR
- 누름버튼스위치 ON용 PBS-ON :
- 누름버튼스위치 OFF용 PBS-OFF :

(2) 주회로에 대한 [ ] 의 동작이 되는 경우를 2가지만 쓰시오.

(3) 열동계전기(THR)가 동작되어 운전이 정지되는 경우 어떻게 해야 다시 운전을 할 수 있는지 쓰시오.

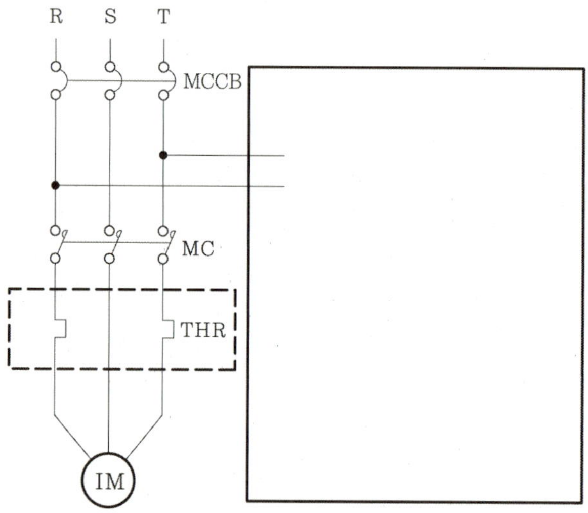

- **실전모범답안**

(1)

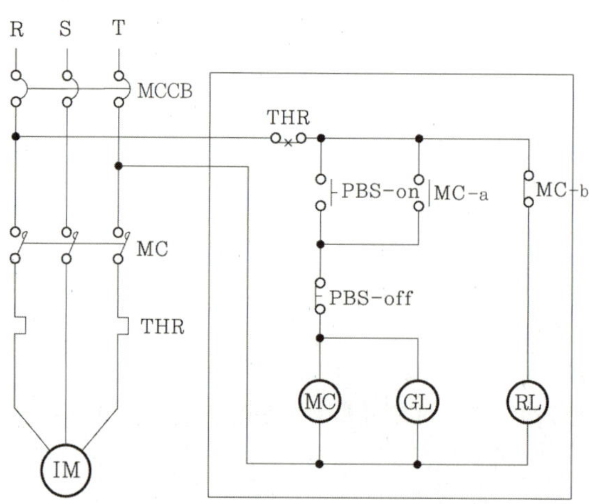

(2) ① 유도전동기에 과부하가 걸릴 경우
② 전류 세팅을 정격전류보다 낮게 세팅하였을 경우
(3) 열동계전기의 리셋버튼을 눌러 복구시킨 후 누름버튼스위치 ON용(PBS-ON)을 누른다.

※ [본문] (1), ④ 내용 참조

01-2 그림과 같이 미완성된 3상 유도전동기의 전전압기동 조작회로를 완성하시오.

배점 : 5 [05년] [08년] [13년]

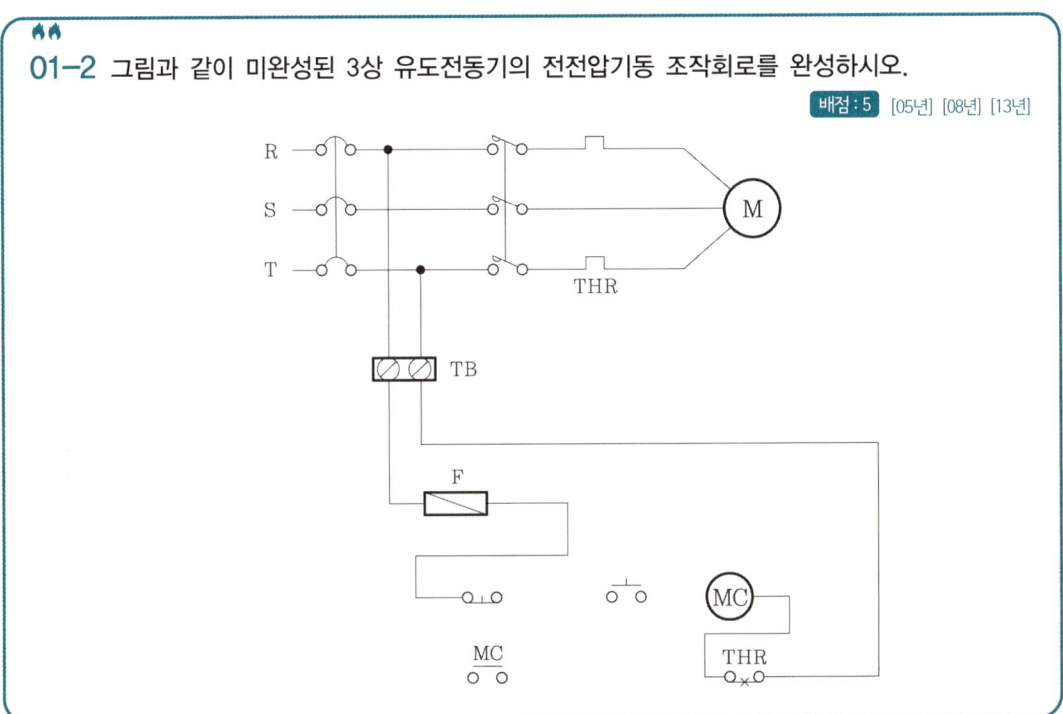

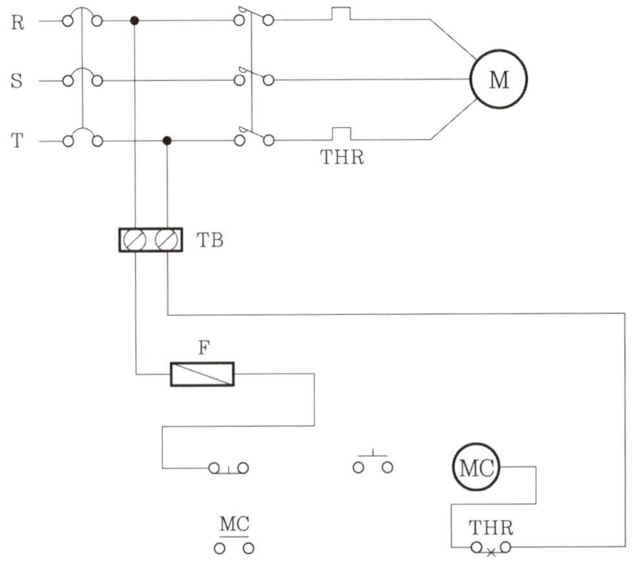

• 실전모범답안

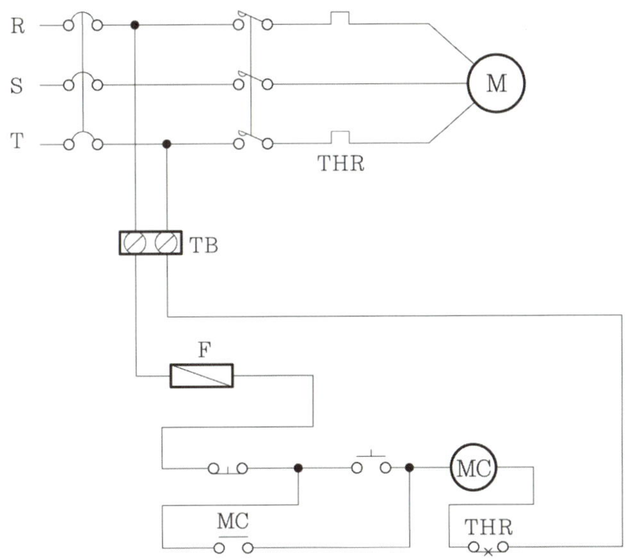

※ [본문] (1), ④ 내용 참조

02-2 2개소 이상의 기동정지회로

(1) 2개소 기동정지회로

①

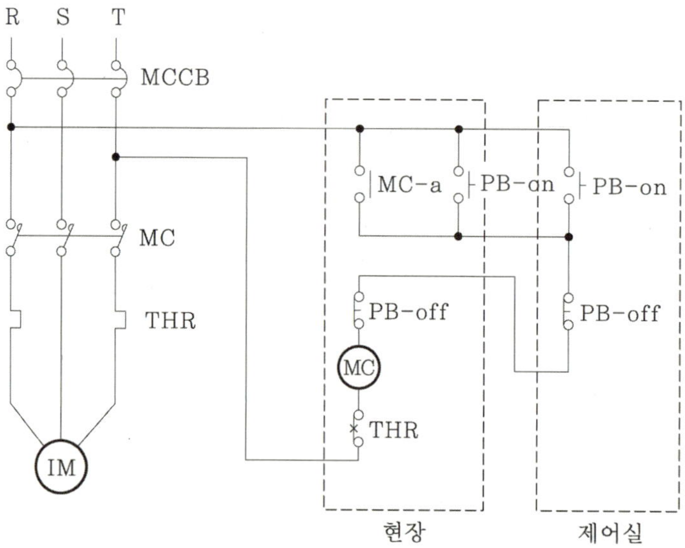

〈동작설명〉

- 전원이 투입(MCCB를 투입)된 상태에서 PB-on 스위치를 ON시키면 전자접촉기 MC가 여자되어 전자접촉기 주접점이 폐로되어 전동기가 회전한다. 이 때 PB-on 스위치에서 손을 떼어도 전자접촉기 보조접점(자기유지접점)이 폐로되어 전동기는 계속 회전하게 된다.
- 전동기 운전 중 PB-off 스위치를 OFF시키면 MC가 소자되어 전동기는 정지한다.
- 전동기의 운전 중에 과부하가 걸려 열동계전기 THR이 작동하면 전동기를 정지시키게 된다.

※ 1. 현장측과 제어실측의 PB-on 스위치는 병렬접속해야 한다.
2. 현장측과 제어실측의 PB-off 스위치는 직렬접속해야 한다.
3. 자기유지접점(MC-a)는 PB-on 스위치와 병렬접속해야 한다.

②

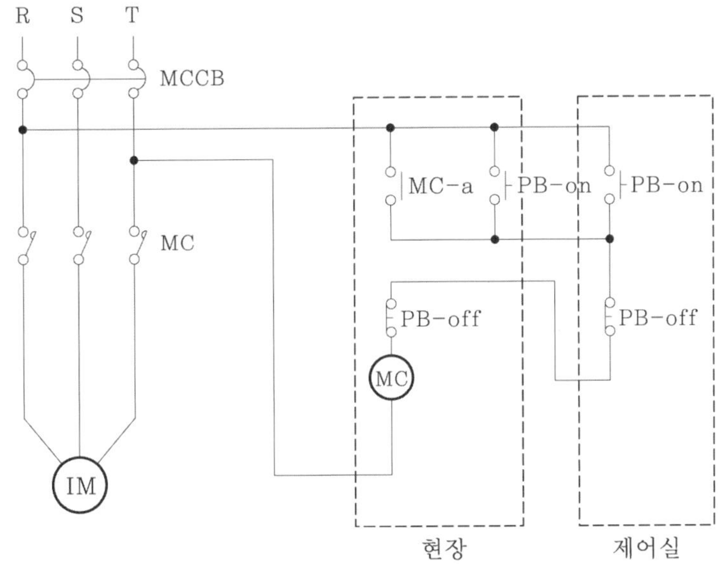

〈동작설명〉

- 전원이 투입(MCCB를 투입)된 상태에서 PB-on 스위치를 ON시키면 전자접촉기 MC가 여자되어 전자접촉기 주접점이 폐로되어 전동기가 회전한다. 이 때 PB-on 스위치에서 손을 떼어도 전자접촉기 보조접점(자기유지접점)이 폐로되어 전동기는 계속 회전하게 된다.
- 전동기 운전 중 PB-off 스위치를 OFF시키면 MC가 소자되어 전동기는 정지한다.

※ 1. 현장측과 제어실측의 PB-on 스위치는 병렬접속해야 한다.
2. 현장측과 제어실측의 PB-off 스위치는 직렬접속해야 한다.
3. 자기유지접점(MC-a)는 PB-on 스위치와 병렬접속해야 한다.
4. 주회로측에 열동계전기가 없으므로 보조회로(제어회로)에 그리지 말 것

(2) 3개소 기동정지회로

① 문제에 주어진 미완성 도면에서 ON 스위치(°|°)와 OFF 스위치(°|°)가 층별로 연결되어 있는 경우

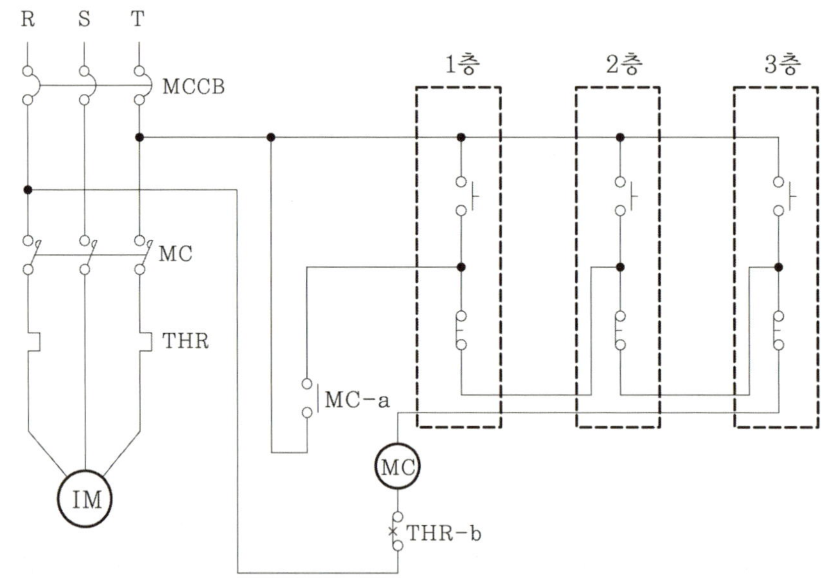

② 문제에 주어진 미완성 도면에서 ON 스위치(°|°)와 OFF 스위치(°|°)가 층별로 연결되어 있지 않은 경우

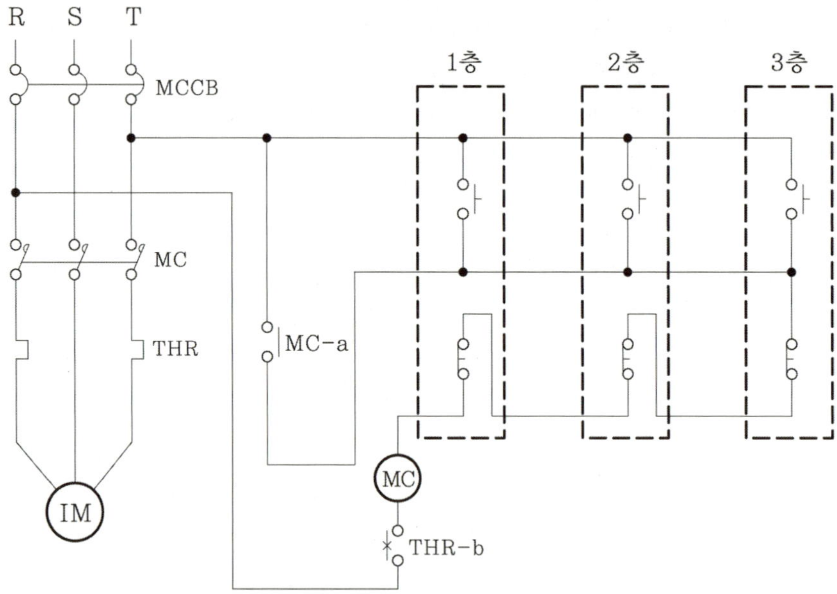

〈동작설명〉

- 전원이 투입(MCCB를 투입)된 상태에서 ON 스위치를 누르면 전자접촉기 MC가 여자되어 전자접촉기 주접점이 폐로되어 전동기가 회전한다. 이 때 ON 스위치에서 손을 떼어도 전자접촉기 보조접점(자기유지접점)이 폐로되어 전동기는 계속 회전하게 된다.

• 전동기 운전 중 OFF 스위치를 누르거나 열동계전기 THR이 동작하면 MC가 소자되어 전동기는 정지하게 된다.

※ 1. ON 스위치()는 병렬접속해야 한다.
  2. OFF 스위치()는 직렬접속해야 한다.
  3. 자기유지접점(MC-a)는 ON 스위치와 병렬접속해야 한다.

(3) 배선용 차단기(Molded case Circuit Breaker : MCCB)

과부하 및 단락보호를 겸한 차단기로서 퓨즈(fuse)를 사용하지 않아 차단 후에는 반복하여 재투입이 가능하며 반영구적으로 사용이 가능하다.

① **원어** : No Fuse Breaker

② **배선용 차단기의 특징**

㉠ 부하차단 능력이 우수하다.
㉡ 신뢰성이 높다.
㉢ 소형경량으로 사용이 용이하다.
㉣ 회로의 차단여부를 쉽게 확인할 수 있다.
㉤ 충전부가 노출되지 않아 안전하게 사용할 수 있다.
㉥ 반복하여 재투입할 수 있다.

핵심기출문제

01 유도전동기의 운전을 현장측과 제어실측 어느 쪽에서도 기동 및 정지제어가 가능하도록 가장 간단하게 배선하시오. (단, 푸시버튼스위치 기동용(PB_{-ON}) 2개, 정지용(PB_{-OFF}) 2개, 전자접촉기 a접점 1개(자기유지용)를 사용할 것)

배점 : 7 [03년] [05년] [06년] [13년] [21년]

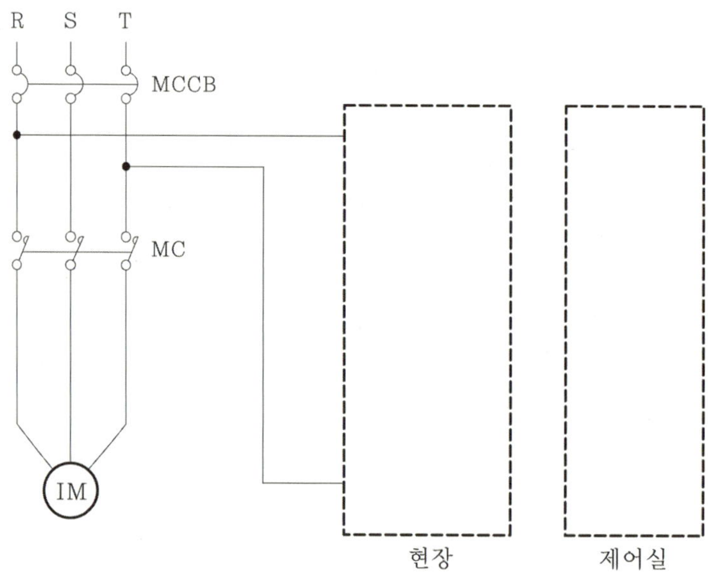

• 실전모범답안

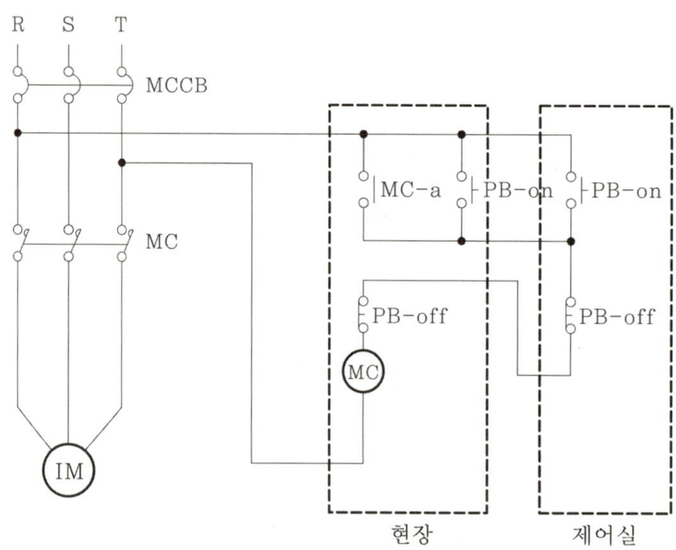

※ [본문] (1), ② 내용 참조

01-1 다음 주어진 도면은 옥내소화전설비의 3개소 기동정지회로의 미완성 도면이다. 조건을 참조하여 다음 각 물음에 답하시오. 배점 : 8 [07년]

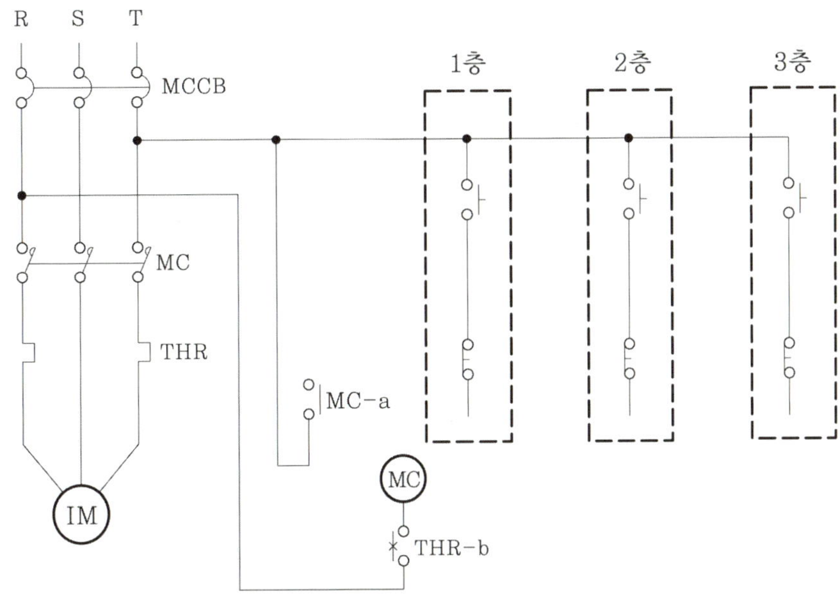

[조건]
- 각 층에는 옥내소화전이 1개씩 설치되어 있다.
- 이미 그려져 있는 부분은 수정하지 않는다.
- 그려진 접점을 삭제하거나 별도로 접점을 추가하지 않는다.

(1) MCCB의 우리말 명칭을 쓰시오.
(2) 각 층에는 수동기동 및 정지기능을 할 수 있도록 도면을 완성하시오.

• **실전모범답안**

(1) 배선용 차단기

(2)

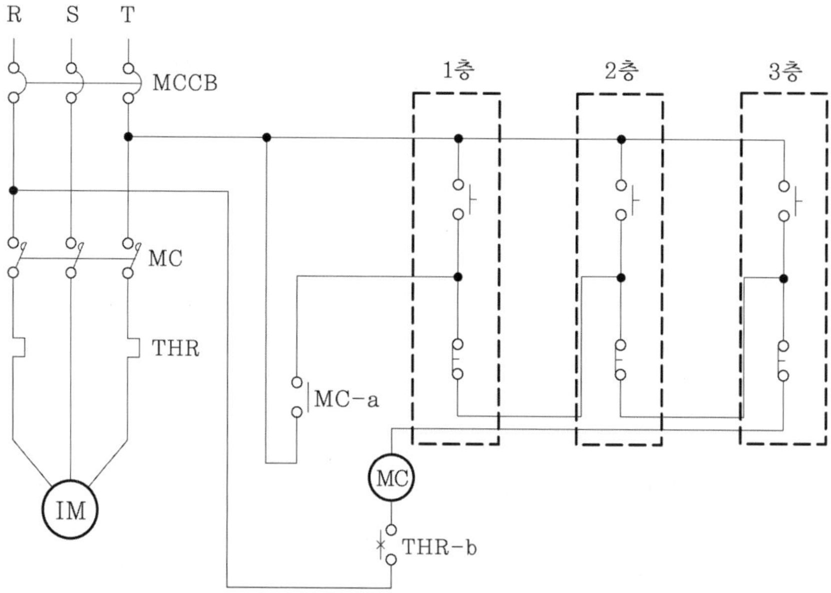

※ [본문] (2), ① 내용 참조

02-3 양수설비

(1) 양수설비

①

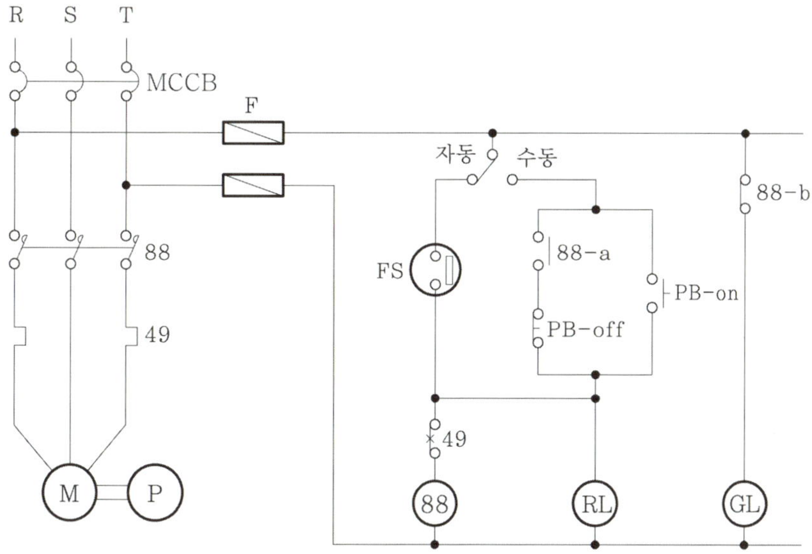

〈동작설명〉

- 전원이 인가(MCCB를 투입)되면 GL램프가 점등된다.
- 자동일 경우 플롯스위치(FS)가 붙으면(동작하면) 전자접촉기 88이 여자되어 RL램프가 점등되고, GL램프가 소등되며, 펌프모터가 동작한다.
- 급수 완료되어 플롯스위치가 떨어지거나 모터과열로 인해 열동계전기 49가 동작하면 전자접촉기 88이 소자되어 RL램프는 소등되고, GL램프가 점등되며 펌프모터는 정지한다.
- 수동일 경우 누름버튼스위치 PB-on을 ON시키면 전자접촉기 88이 여자되어 RL램프가 점등되고 GL램프가 소등되며, 펌프모터가 동작한다.
- 수동일 경우 누름버튼스위치 PB-off를 OFF시키거나 열동계전기 49가 동작하면 전자접촉기 88이 소자되어 RL램프가 소등되고, GL램프가 점등되며, 펌프모터가 정지된다.

②

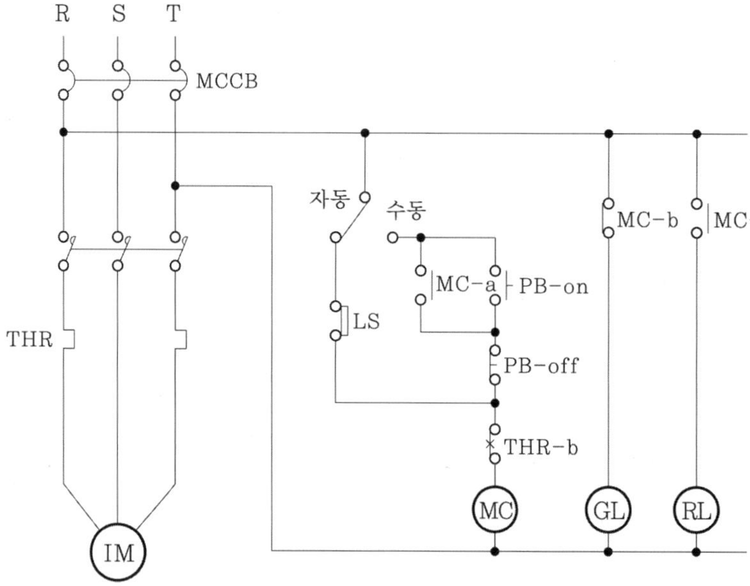

〈동작설명〉

- 전원이 인가(MCCB를 투입)되면 GL램프가 점등된다.
- 자동일 경우 리밋스위치(LS)가 붙으면(동작하면) 전자접촉기 MC가 여자되어 RL램프가 점등되고 GL램프가 소등되며, 유도전동기가 동작한다.
- 급수 완료되어 리밋스위치가 떨어지거나 열동계전기 THR이 동작하면 전자접촉기 MC가 소자되어, RL램프는 소등되고 GL램프가 점등되며 유도전동기는 정지한다.
- 수동일 경우 누름버튼스위치 PB-on을 ON시키면 전자접촉기 MC가 여자되어 RL램프가 점등되고 GL램프가 소등되며, 유도전동기가 동작한다.
- 수동일 경우 누름버튼스위치 PB-off를 OFF시키거나 열동계전기 THR이 동작하면 전자접촉기 MC가 소자되어, RL램프가 소등되고 GL램프가 점등되며, 유도전동기가 정지된다.

③

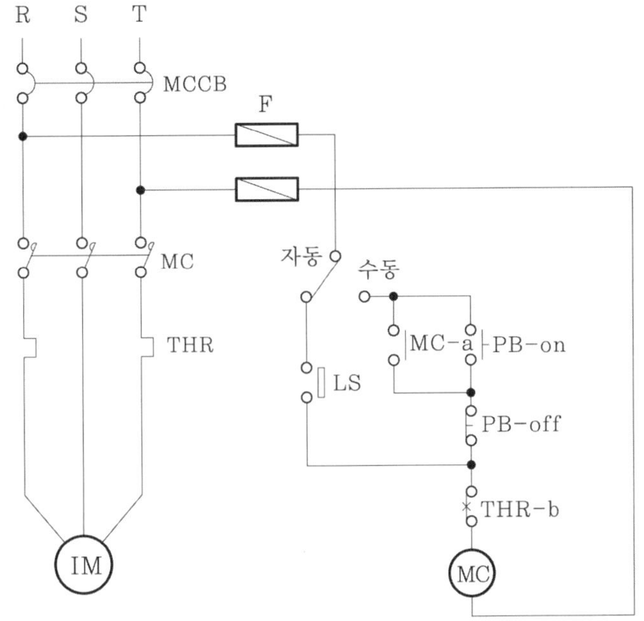

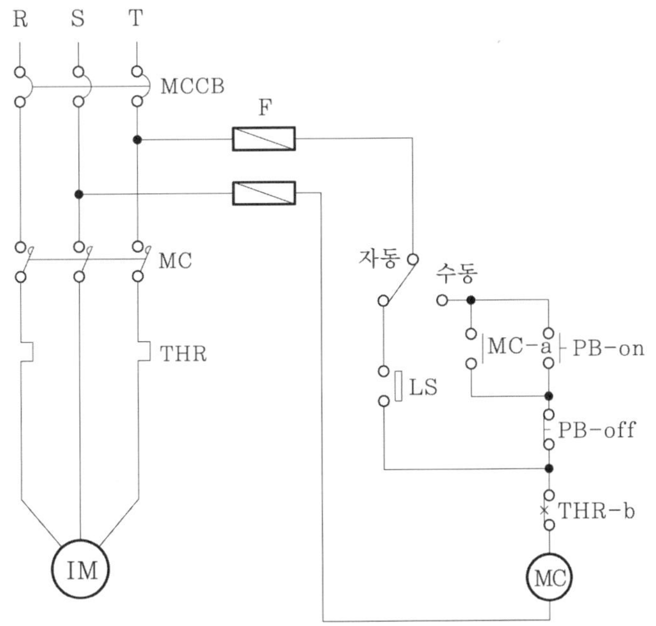

〈동작설명〉

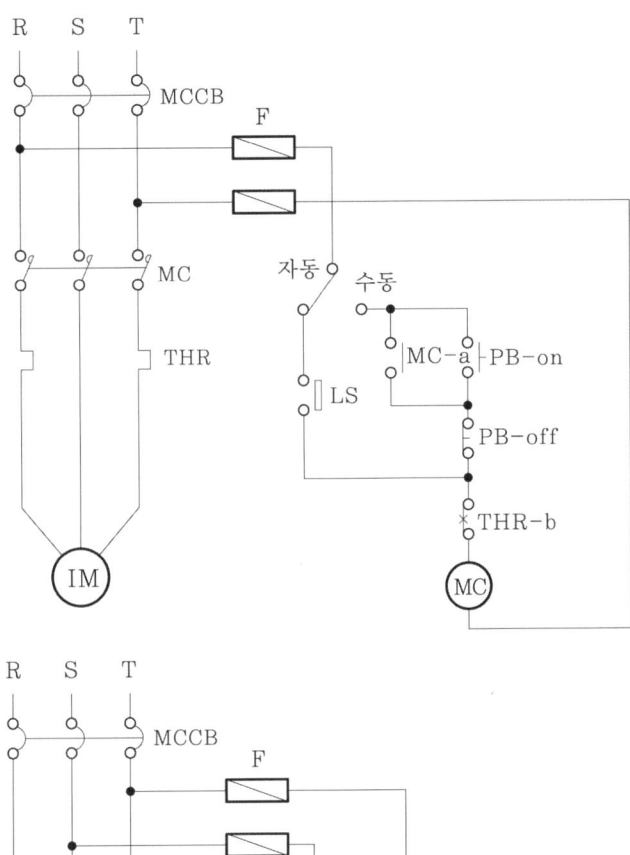

- 전원이 투입(MCCB가 투입)된다.
- 자동일 경우 리밋스위치(LS)가 붙으면(작동하면) 전자접촉기 MC가 여자되어 유도전동기가 동작한다.
- 급수 완료되어 리밋스위치가(LS) 떨어지거나 열동계전기 THR이 동작하면 전자접촉기 MC가 소자되어 유도전동기는 정지한다.
- 수동일 경우 운전용 누름버튼스위치 PB-on을 ON시키면 전자접촉기 MC가 여자되어 유도전동기가 동작한다.

• 수동일 경우 정지용 누름버튼스위치 PB-off를 OFF시키거나 열동계전기 THR이 동작하면 전자접촉기 MC가 소자되어 유도전동기가 정지된다.

④

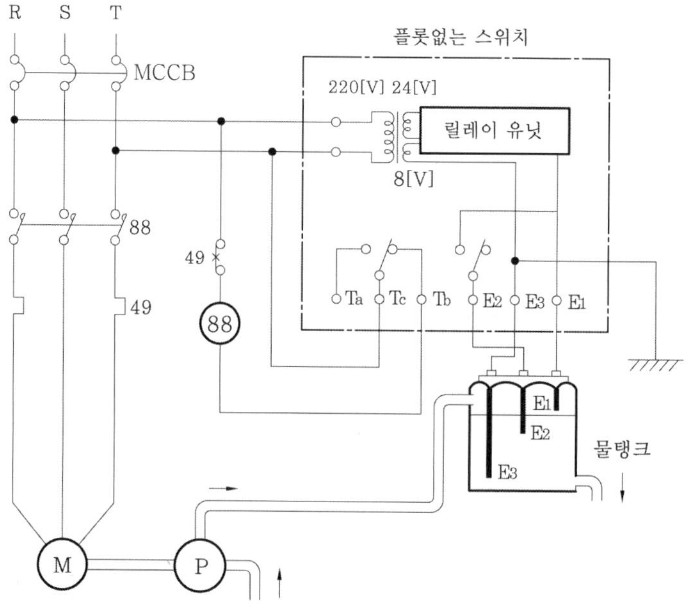

| 자동급수 제어회로 |

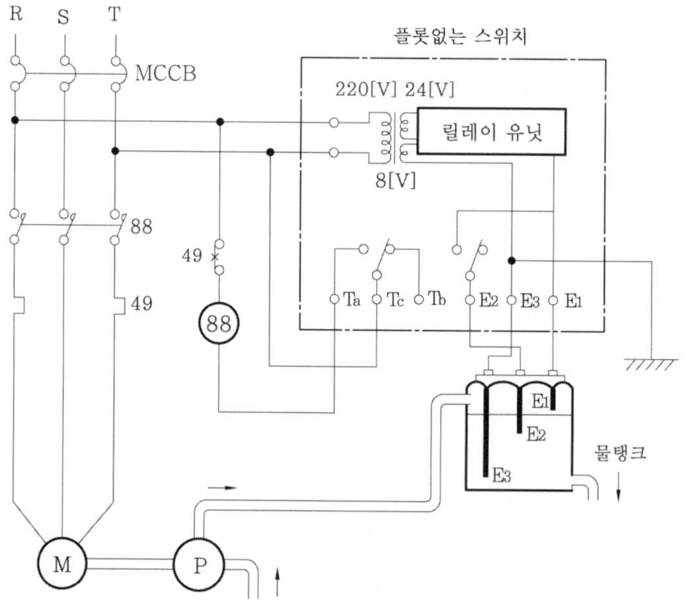

| 자동배수 제어회로 |

※ 1. 자동급수 제어회로 : T_c와 T_b를 연결
2. 자동배수 제어회로 : T_c와 T_a를 연결

⑤

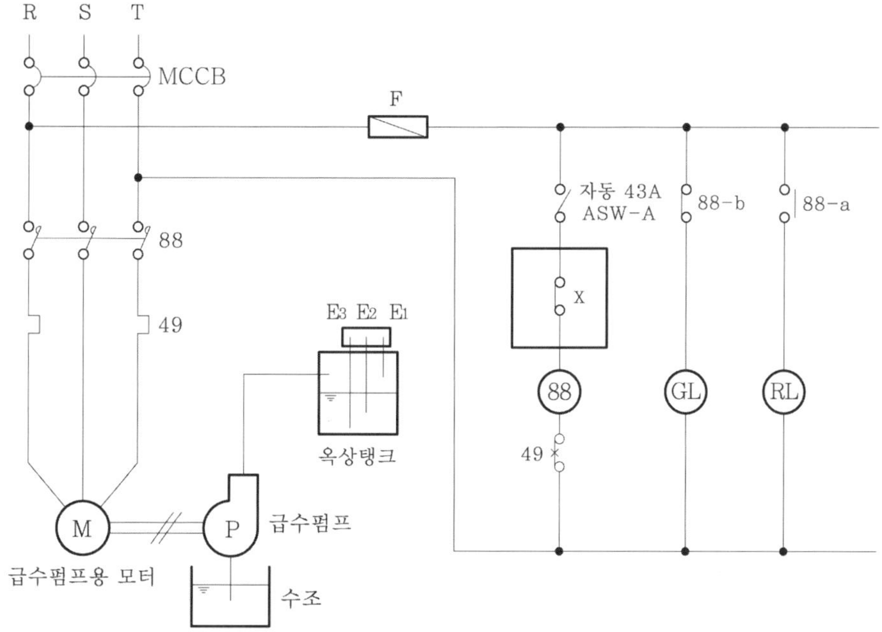

〈동작설명〉

- 전원을 투입(MCCB를 투입)하면 GL등이 점등된다.
- 자동 43A ASW-A 스위치가 자동으로 붙으면(동작하면) 전자접촉기 88이 여자되어 RL등이 점등되고, GL등이 소등된다.
- 급수펌프가 과부하가 걸려 열동계전기 49가 작동하면 급수펌프는 정지된다.

※ 정지용 GL등은 전자접촉기 88-b 접점, 운전용 RL등은 전자접촉기 88-a 접점으로 연결한다.

핵심기출문제

01 다음은 플롯스위치(float switch)에 의한 펌프모터의 레벨제어에 관한 미완성 도면이다. 도면을 보고 다음 각 물음에 답하시오.

배점 : 4 [09년] [10년]

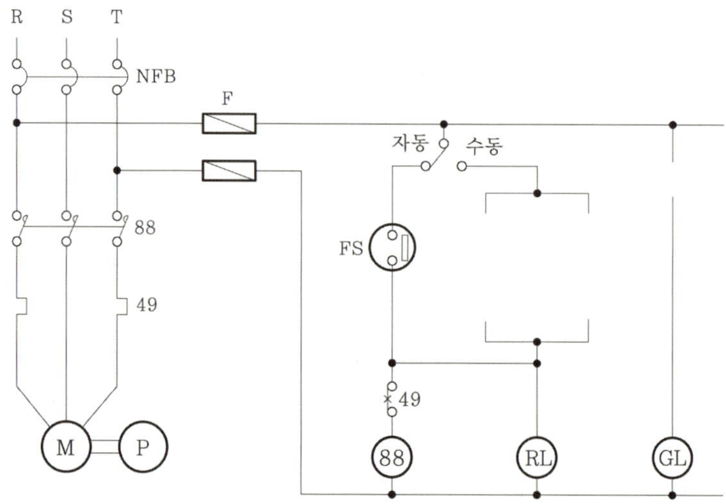

(1) 배선용 차단기(NFB)의 명칭을 원어(우리말 발음)로 쓰고 이 차단기의 특징을 쓰시오.

(2) 제어회로 '49'의 명칭을 쓰시오.

(3) 동작 접점을 '수동'으로 연결하였을 때 푸시버튼스위치(PB-on, PB-off)와 접촉기 접점만으로 제어회로를 구성하시오. (단, 전원을 투입하면 'GL램프'는 점등되나 PB-on 스위치를 ON 하면 'GL램프'는 소등되고 'RL램프'는 점등된다.)

• **실전모범답안**

(1) ① 원어 : No Fuse Breaker

② 특징 : 퓨즈를 사용하지 않아 차단 후에도 반복하여 재투입이 가능하며 반영구적으로 사용이 가능하다.

(2) 회전기 온도계전기(열동계전기)

(3)

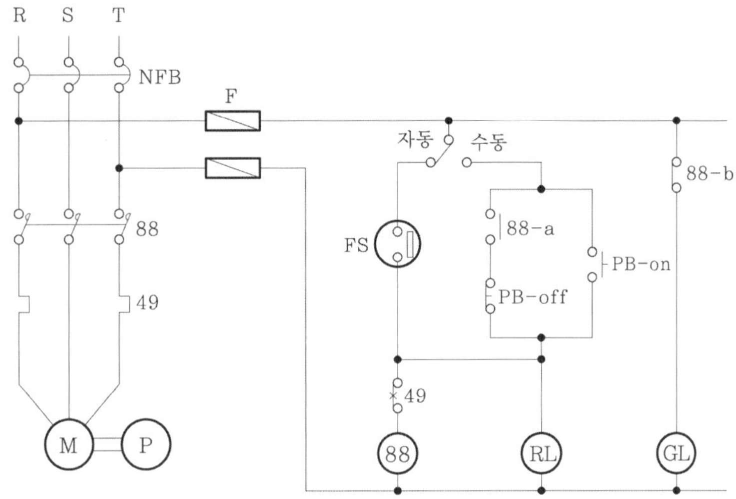

※ [본문] (1), ① 내용 참조

01-1 플롯스위치에 의한 펌프모터의 레벨제어에 관한 미완성 도면을 완성하시오. 배점 : 5 [11년]

[조건]

〈수동제어〉

- 배선용 차단기 MCCB를 투입하고 PB_{-ON}스위치를 ON하면 전자접촉기 MC가 여자되고 자기유지된다. MC 주접점에 의해 모터 M이 기동한다.
- PB_{-OFF}스위치를 OFF하면 MC는 소자되고 모터 M은 정지한다.
- 모터 M 운전 중 열동계전기 THR이 동작하면 MC는 소자되고 모터 M은 정지한다.

〈자동제어〉

- 배선용차단기 MCCB를 투입하면 저수위일 때 플롯스위치가 ON되어 전자접촉기 MC가 여자되고 MC 주접점에 의해 모터 M이 가동한다.
- 고수위가 되면 플롯스위치가 OFF되어 MC는 소자되고 모터 M은 정지한다.
- 모터 M 운전 중 열동계전기 THR이 동작하면 MC는 소자되고 모터 M은 정지한다.

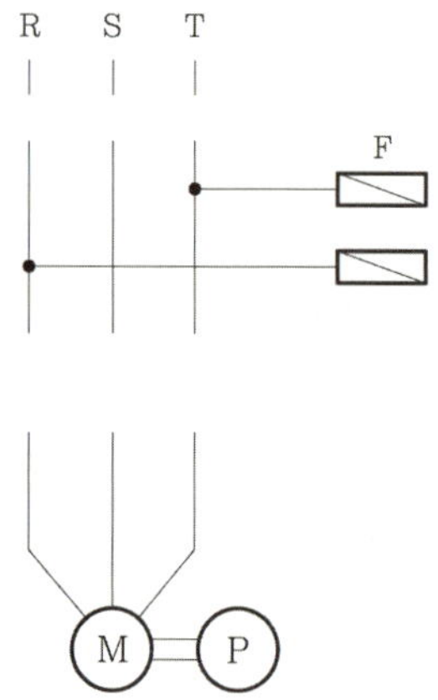

• **실전모범답안**

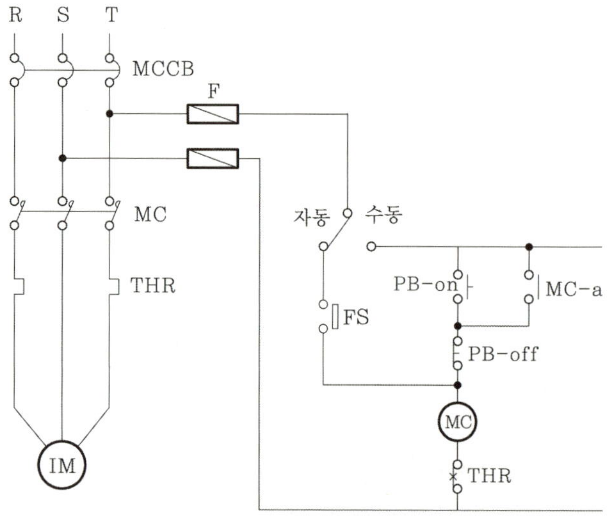

※ [본문] (1), ③ 내용 참조

01-2 다음 기계기구의 운전조건을 이용하여 옥상의 소방용 고가수조에 물을 올릴 때 사용되는 양수펌프에 대한 수동 및 자동운전을 할 수 있도록 주회로와 제어회로를 완성하시오. (단, 회로작성에 필요한 접점수는 최소로 사용하며, 접점기호와 약호를 기입하시오.) 배점 : 5 [16년]

[조건]

〈기계기구〉

- 운전용 누름버튼스위치(PB_{-on}) : 1개
- 정지용 누름버튼스위치(PB_{-off}) : 1개
- 배선용차단기(MCCB) : 1개
- 자동·수동 전환스위치(S/S) : 1개
- 전자접촉기(MC) : 1개
- 열동계전기(THR) : 1개
- 플로트스위치(FS) : 1개
- 퓨즈(제어회로용) : 2개
- 3상 유도전동기 : 1대

〈운전조건〉

- 자동운전과 수동운전이 가능하도록 해야 한다.
- 자동운전은 리미트스위치(만수위 검출)에 의하여 이루어지도록 한다.
- 수동운전인 경우에는 다음과 같이 동작되도록 한다.
  - 운전용 누름버튼스위치에 의하여 전자접촉기가 여자되어 전동기가 운전되도록 한다.
  - 정지용 누름버튼스위치에 의하여 전자접촉기가 소자되어 전동기가 정지되도록 한다.
  - 전동기운전 중 과부화 또는 과열이 발생되면 열동계전기가 동작되어 전동기가 정지되도록 한다.
  (단, 자동운전 시에서도 열동계전기가 동작하면 전동기가 정지하도록 한다.)

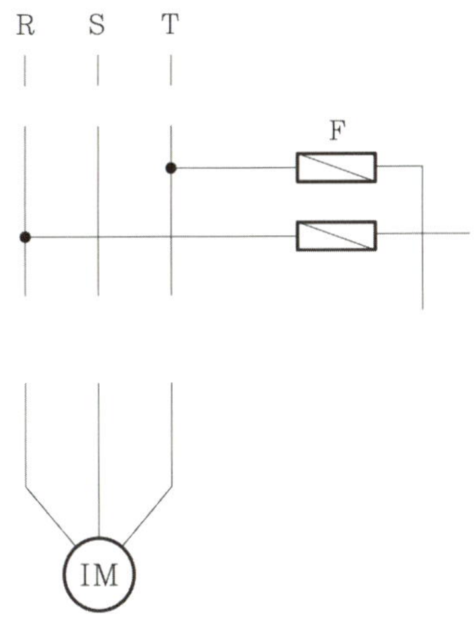

• **실전모범답안**

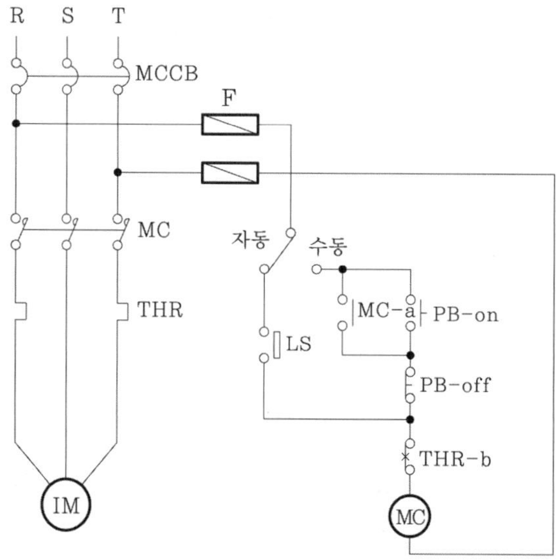

※ [본문] (1), ③ 내용 참조

01-3 그림은 옥상에 시설된 탱크에 물을 올리는데 사용되는 양수펌프의 수동 및 자동제어 운전 회로도이다. 다음 각 물음에 답하시오. 배점 : 7 [12년]

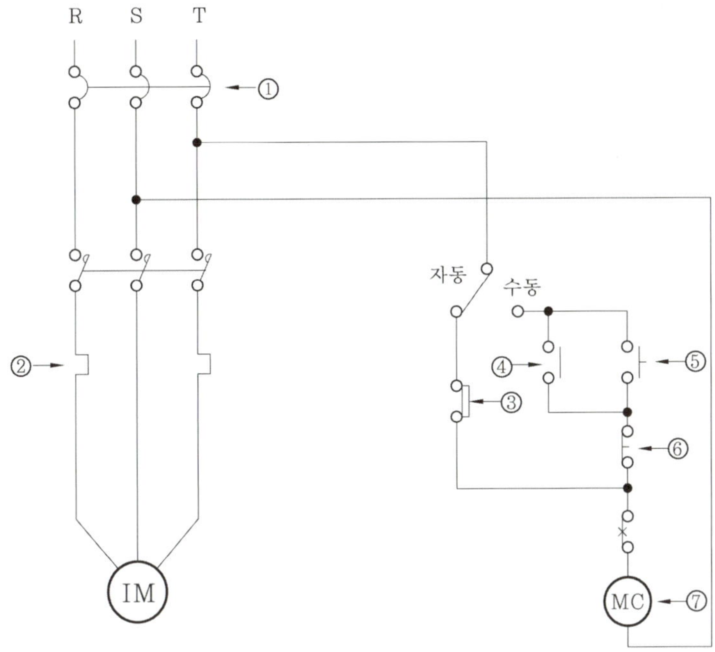

(1) ①~⑦까지의 명칭을 쓰시오.
(2) 선택스위치를 자동으로 놓았을 때 동작원리를 설명하시오.
(3) 선택스위치를 수동으로 놓았을 때 동작원리를 설명하시오.
(4) ②의 역할과 목적을 쓰시오.

• **실전모범답안**

(1) ① 배선용 차단기 ② 열동계전기 ③ 리밋스위치 ④ 전자접촉기 보조접점
⑤ 기동용 푸시버튼스위치 ⑥ 정지용 푸시버튼스위치 ⑦ 전자접촉기 코일

(2) 수위가 저수위로 되었을 때 리밋스위치가 붙으면 전자접촉기 MC가 여자되어 유도전동기 IM이 동작한다. 또한 수위가 고수위로 되었을 때 리밋스위치가 떨어져 전자접촉기 MC가 소자되어 유도전동기 IM이 정지된다.

(3) 누름버튼스위치 PB-on을 ON시키면 전자접촉기 MC가 여자되어 유도전동기 IM이 동작한다. 또한 누름버튼스위치 PB-off를 OFF시키면 전자접촉기 MC가 소자되어 유도전동기 IM이 정지된다.

(4) ① 역할 : 전동기에 과부하가 걸리면 전원을 차단하여 전동기를 정지시킨다.
② 설치목적 : 전동기의 소손을 방지하기 위하여

※ [본문] (1), ③ 내용 참조

01-4 그림은 옥상에 시설된 탱크에 물을 올리는 데 사용되는 양수펌프의 수동 및 자동제어 운전 회로도이다. ①~⑦까지의 명칭을 쓰시오. 배점 : 6 [08년]

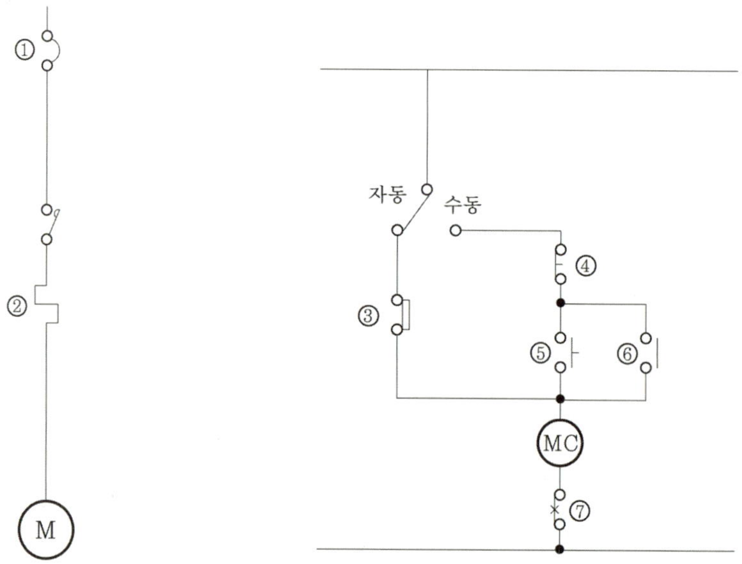

• **실전모범답안**

① 배선용 차단기
② 열동계전기
③ 리밋스위치
④ 정지용 푸시버튼스위치
⑤ 기동용 푸시버튼스위치
⑥ 전자접촉기 보조접점
⑦ 열동계전기

01–5 그림은 급수펌프를 전극에 의하여 자동운전하기 위한 시퀀스도이다. 그림을 이용하여 다음 각 물음에 답하시오. (단, "(3)" 와 "(4)" 의 문항은 한 도면으로 작성할 것) 배점 : 11 [0[
년]

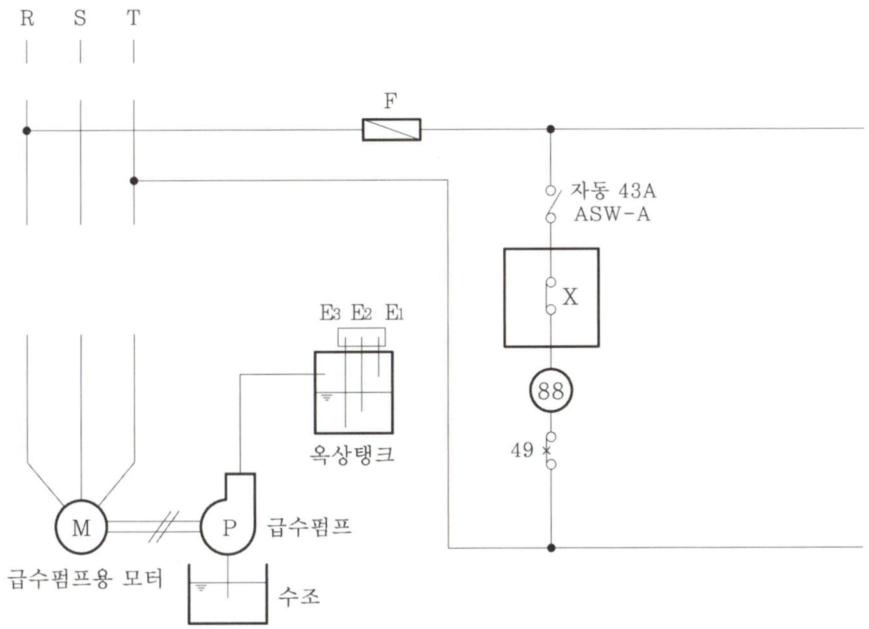

(1) 49와 88의 명칭을 우리말로 표현하시오.

(2) 도면의 옥상탱크는 지상 20m의 위치에 설치되어 있고, 이 옥상탱크의 용량은 300m^{3}이라고 한다. 이 옥상탱크에 물을 양수하는데 10마력의 전동기를 사용한다면 몇 분 후에 물이 가득 차는지 구하시오. (단, 펌프의 효율은 70%이고, 여유계수는 1.25이다.)

(3) 주회로 부분에 MCCB, 88의 주접점, 49를 설치하여 도면을 완성하시오.

(4) 제어회로에 정지 시에는 (GL)등, 운전 시에는 (RL)등이 점등되도록 (GL)등과 (RL)등을 설치하시오.

• **실전모범답안**

(1) ① 49 : 회전기 온도계전기(열동계전기)

② 88 : 보기용 접촉기(전자접촉기)

(2) • 계산과정 :

$$t=\frac{9.8\times300\times20\times1.25}{(10\times0.746)\times0.7}=14{,}075.067[\text{초}]=234.584[\text{분}]\fallingdotseq234.58[\text{분}]$$

• **답** : 234.58[분]

(3), (4)

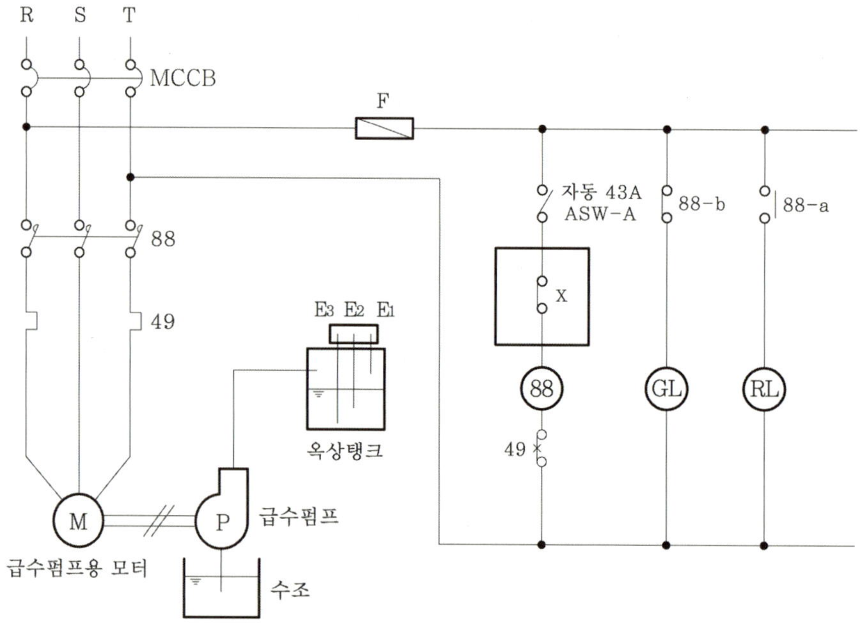

참고 **전동기의 용량**

$P\eta t = 9.8QHK$		전동기용량(수조에 물이 차기까지의 시간)
P : 전동기의 용량[kW] (1[HP]=0.764[kW])	➜	10[HP]×0.746[kW]
η : 효율	➜	70[%]
t : 시간[s]	➜	$t = \dfrac{9.8QHK}{P\eta}$ [풀이①]
Q : 토출량(양수량)[m³]	➜	300[m³]
H : 전양정[m]	➜	20[m]
K : 여유계수(전달계수)	➜	1.25

① **전동기용량**

1[HP]=0.746[kW]이므로,

$$\therefore t = \frac{9.8QHK}{P\eta} = \frac{9.8 \times 300\text{m}^3 \times 20\text{m} \times 1.25}{(10\text{kW} \times 0.746) \times 0.7} = 14{,}075.067[\text{초}]$$

$$\frac{14{,}075.067}{60} = 234.584 ≒ 234.58[\text{분}]$$

※ [본문] (1), ⑤ 내용 참조

02-4 인터록회로 및 정·역전 회로

(1) 인터록(Inter lock)회로

"**상대동작 금지회로**"라고도 하며 우선도가 높은 측의 회로를 ON시키면 회로는 열려서 작동되지 않도록 하는 방식의 회로(서로 상대측에 b접점으로 구성한다.)

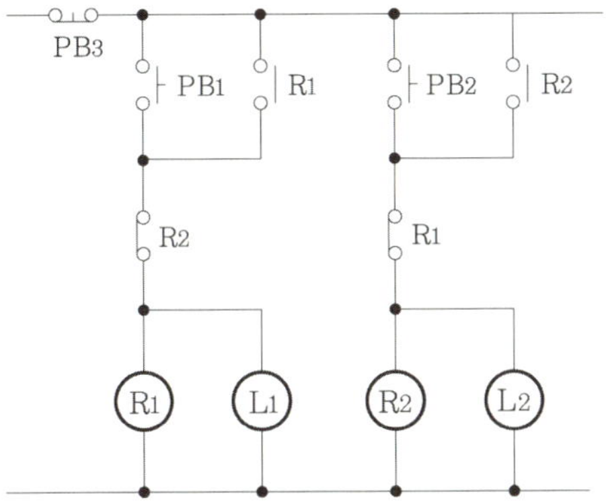

① R_1 b접점을 상대측인 R_2회로에 구성하여 R_1여자 시 R_1접점이 열리게 되어 R_2회로는 소자상태가 된다.(PB_2를 눌러도 R_2는 여자되지 않는다.)

② R_2 b접점을 상대측인 R_1회로에 구성하여 R_2여자 시 R_2접점이 열리게 되어 R1회로는 소자상태가 된다.(PB_1를 눌러도 R_1는 여자되지 않는다.)

(2) 정·역전 회로

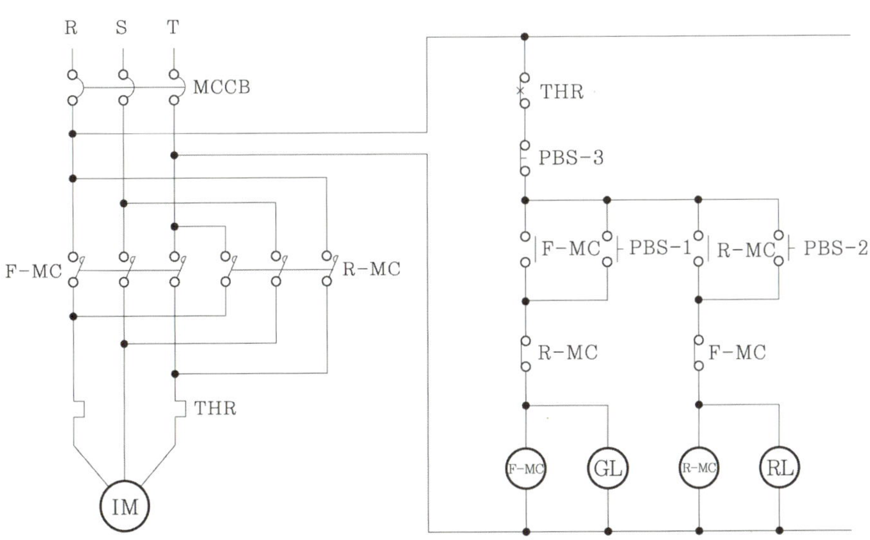

〈동작설명〉

• 전원을 투입(MCCB를 투입)하고, PBS-1을 ON하면 F-MC가 여자되어 전동기 IM이 정회전하며, GL램프가 점등된다. PBS-1에서 손을 떼어도 회로는 자기유지되어 전동기는 계속 정회전하며, GL램프는 계속 점등된다. PBS-2를 ON하여도 전동기는 계속 정회전하며, GL램프는 계속 점등되게 된다.(인터록회로)
• PBS-3를 OFF하면 F-MC가 소자되어 전동기는 정지하면서 GL램프는 소등된다. PBS-2를 ON하면 전동기는 역회전하며, RL램프가 점등하게 된다. 이 때에도 누름버튼스위치에서 손을 떼어도 회로는 자기유지되어 계속 역회전하며, RL램프도 계속 점등된다.
• 전동기의 운전 중에 과부하가 걸려 열동계전기 THR이 작동하면, 전동기를 정지시키게 된다.

핵심기출문제

01 PB$_1$을 누르면 (L1)만 점등되고 PB$_2$를 누르면 (L2)만 점등되도록 다음 회로도를 올바르게 고치시오. (단, 계전기 R$_1$, R$_2$의 b접점을 각각 1개씩 사용할 것)

배점 : 5 [10년] [17년]

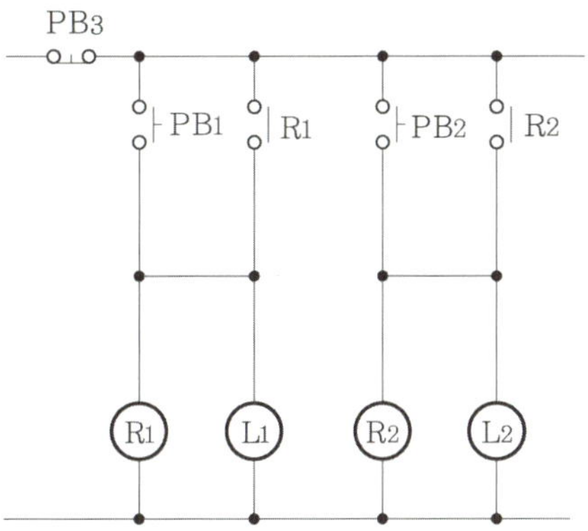

• 실전모범답안

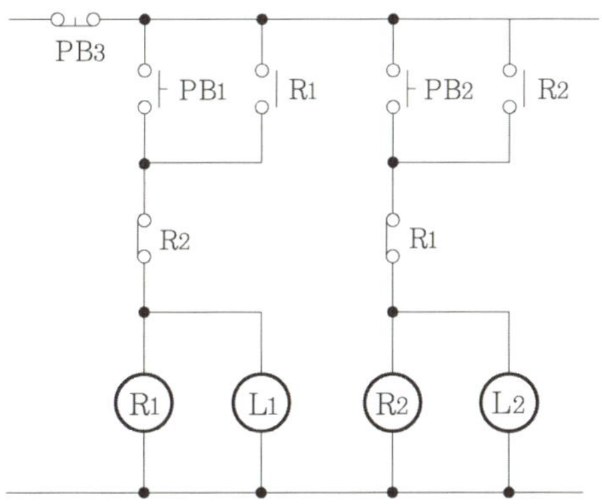

01-1 **도면은 농형 3상 유도전동기의 정·역전 정지제어의 미완성 회로이다. 동작조건과 도면을 이용하여 다음 각 물음에 답하시오. (단, (2), (3), (4)는 한 개의 도면으로 작성하도록 한다.)**

배점 : 8 [03년]

[동작조건]

- F-MC는 정전용 전자접촉기, R-MC는 역전용 전자접촉기이다.
- GL램프는 정전용 표시램프, RL램프는 역전용 표시램프이다.
- PBS_{-1}은 a접점으로 정전용 누름버튼스위치, PBS_{-2}는 a접점으로 역전용 누름버튼스위치, PBS_{-3}는 b접점으로 정지용 누름 버튼 스위치이다.₩
- PBS_{-1}을 ON하면 F-MC가 여자되어 전동기 IM이 정회전하며, GL이 점등된다. PBS_{-1}에서 손을 떼어도 회로는 자기유지되어 전동기는 계속 정회전하며, GL은 계속 점등되게 된다.
- 역회전을 시키기 위하여는 PBS_{-3}를 OFF하여 전동기를 정지시킨 다음 PBS_{-2}를 ON해야 한다. PBS_{-3}를 OFF하고, PBS_{-2}를 ON하면 전동기는 역회전하며, RL램프가 점등하게 된다. 이 때에도 누름버튼스위치에서 손을 떼어도 회로는 자기유지되어 계속 역회전하며, RL램프도 계속 점등된다.
- 정회전 시에는 역회전이 되지 않도록 되어 있고, 반대로 역회전 시에도 정회전이 되지 않아야 한다.
- 전동기가 과부하 되어 과전류가 흐를 때 THR이 동작되어 회로를 차단시키며, 전동기를 멈추게 한다.

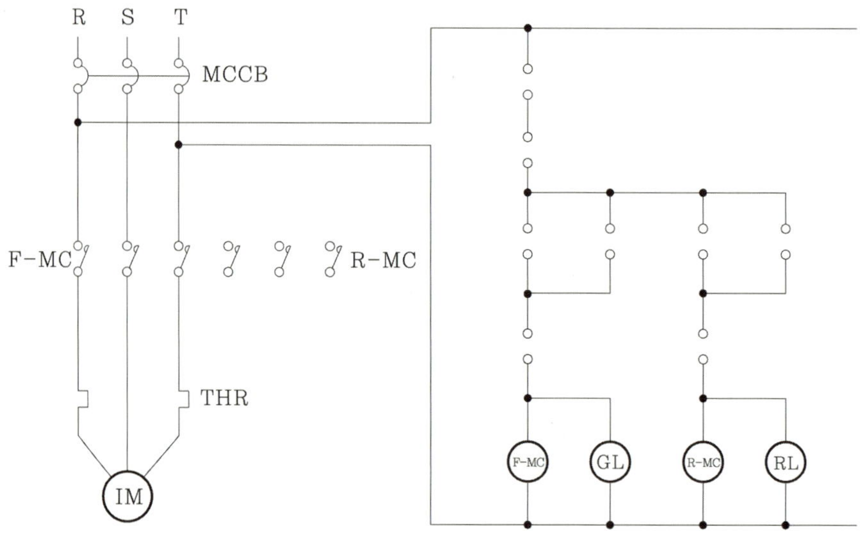

(1) 배선용 차단기 MCCB의 주된 역할을 설명하시오.
(2) 열동형 과전류차단기 THR과 그의 접점(b접점)을 회로도에 그려 넣으시오.
(3) 정·역이 가능하도록 주회로 부분의 R-MC의 보조접점을 그려서 동작조건이 만족되도록 미완성 회로를 완성하시오.
(4) 보조회로에 F-MC의 보조접점과 R-MC의 보조접점을 그려서 동작조건이 만족되도록 미완성 회로를 완성하시오.

• **실전모범답안**

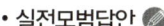

(1) 과부하 및 단락보호용

(2), (3), (4)

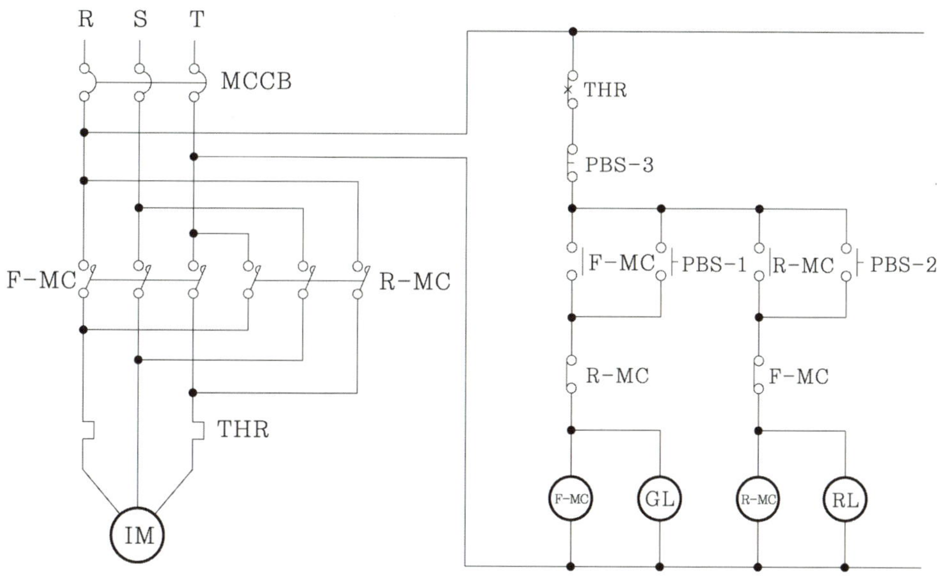

※ [본문] (2) 내용 참조

쉬어가는 코너

나는 내일을 위하여 오늘 무엇을 하고 있는가?

-작자 미상-

02-5 Y-△ 기동회로

(1) Y-△ 기동법

기동전류를 **적게** 하기 위하여 **전동기기동 시**에 Y(Star) **결선**으로 기동하고, **정격운전(가속)**을 위해 △(Delta) **결선**으로 **변환**하는 기동법으로 Y결선 시 **기동전류**는 기동운전 시의 $\frac{1}{3}$배이다. 주로 전동기용량이 **5.5~37kW 미만**에 사용되나, 37kW 이상의 경우에도 사용이 가능하다.

(2) Y-△ 기동회로

①

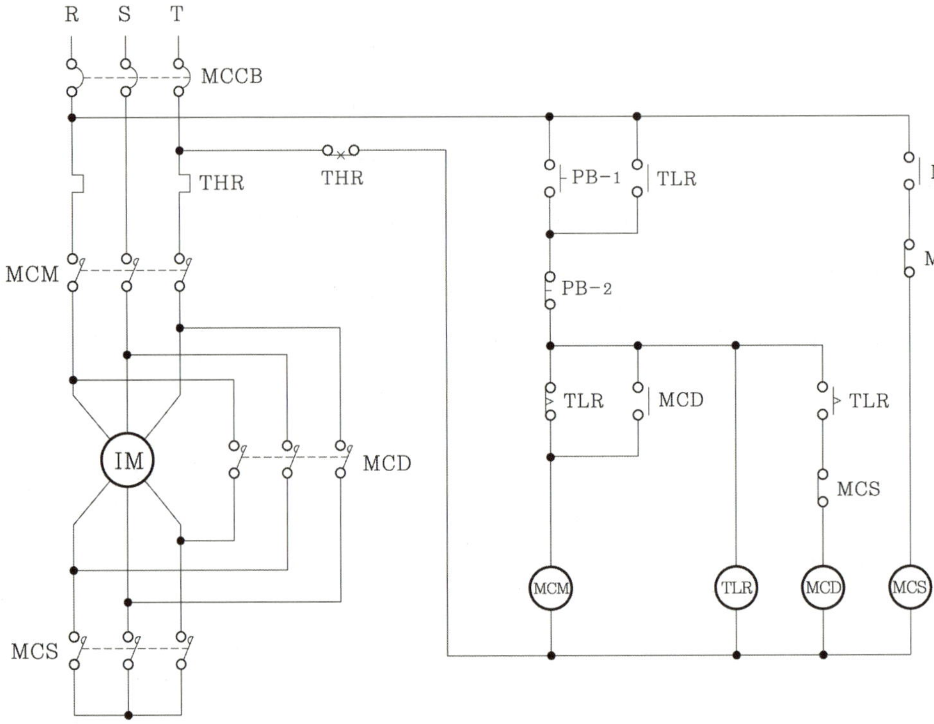

〈동작설명〉

- 전원을 투입(MCCB를 투입)하고, PB-1을 누르면 전자접촉기 MCM, MCS가 여자되어 전동기는 **Y결선**으로 기동된다.(또한, 타이머 TLR이 유지된다.)
- 타이머 TLR의 설정시간 후 MCM, MCS가 소자됨과 동시에 MCD, MCM이 여자되어 전동기는 **△결선**으로 운전된다.(MCS와 MCD는 인터록 관계이다.)
- PB-2를 누르면 MCM, TLR, MCD가 소자되어 전동기의 운전이 정지된다.
- 전동기의 운전 중에 과부하가 걸려 열동계전기 THR이 작동하면 전동기를 정지시키게 된다.

※ 1. MCD-b 접점을 상태측인 MCS 회로에 구성하여 MCD 여자 시 MCD-b 접점이 열리게 되어 MCS 회로는 소자상태가 된다.
  2. MCS-b 접점을 상대측인 MCD 회로에 구성하여 MCS 여자 시 MCS-b 접점이 열리게 되어 MCD 회로는 소자상태가 된다.

②

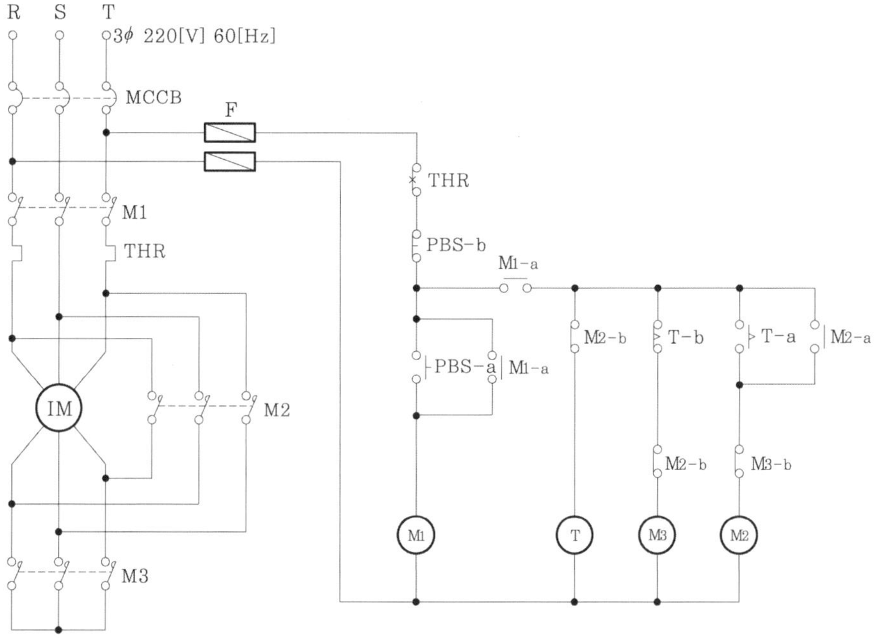

〈동작설명〉

- 전원을 투입(MCCB를 투입)하고, 기동용 푸시버튼스위치 PBS-a를 누르면 전자개폐기 M1이 여자되어 M1-a접점이 닫혀 전자계폐기 M3가 여자된다. 이 때 주접점 M1이 닫혀 전자개폐기 M3가 여자되고, 주접점 M1이 닫히면서 전동기가 Y **기동**되며, 동시에 타이머 코일도 여자된다.
- 타이머 설정시간이 지나면 T-b 접점이 열려 M3가 소자되어 Y **기동**이 정지되고, T-a가 붙어 M2가 여자되면서 △**운전**으로 전환된다.
- 전동기의 Y결선과 △결선의 동시작동을 방지하기 위하여 인터록 접점 M2-b와 M3-b가 있다.
- 정지용 푸시버튼스위치 PBS-b를 누르거나 전동기에 과부하가 걸려 열동계전기 THR이 작동하면 운전 중인 전동기는 정지한다.

③

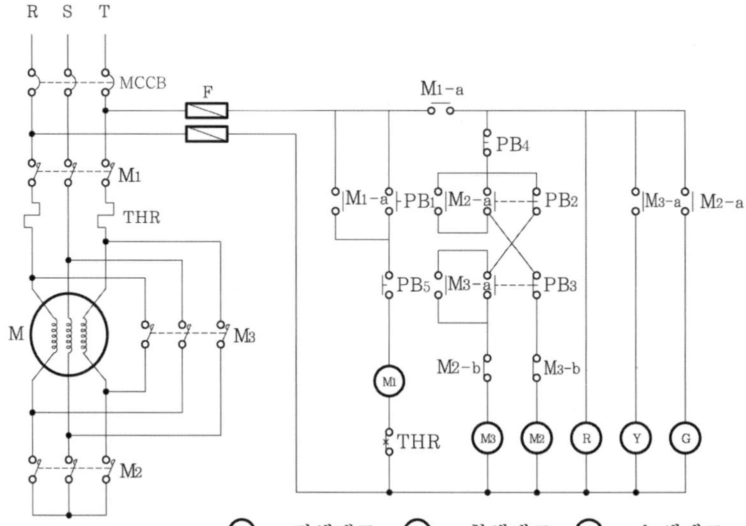

〈동작설명〉

- 전원이 투입(MCCB를 투입)되고, 누름버튼스위치 PB1을 ON시키면 전자개폐기 M1이 여자되어 적색램프 R이 점등된다.
- 누름버튼스위치 PB2를 ON시키면 전자개폐기 M2가 여자되어 녹색램프 G가 점등되고, 전동기가 Y**결선**으로 운전된다.
- 누름버튼스위치 PB3를 OFF시키면 전자개폐기 M2가 소자, 녹색램프 G는 소등되며, 전자개폐기 M3가 여자되어 황색램프 Y가 점등되고, 전동기가 △**결선**으로 운전된다.
- 누름버튼스위치 PB4를 OFF시키면 전동기는 정지되고 적색램프 R만 점등된다.
- 누름버튼스위치 PB5를 OFF시키거나 운전 중 전동기에 과부하가 걸려 열동계전기 THR이 작동하면, 전동기가 정지되고 모든 램프는 소등된다.

핵심기출문제

01 도면은 타이머를 이용하여 기동 시 Y로 기동하고 t초 후 자동적으로 △로 운전되는 Y-△기동 회로이다. 이 회로도를 보고 다음 각 물음에 답하시오. 배점 : 9 [08년] [17년]

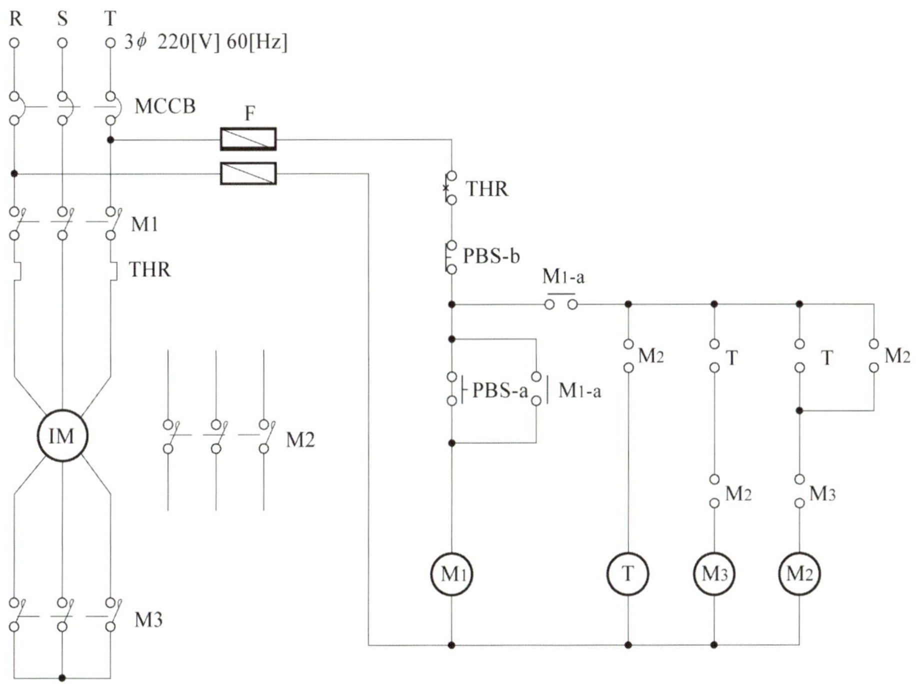

(1) 도면의 미완성 부분에 결선하고 접점을 표시하시오.

(2) 이 기동방식을 채용하는 이유는 무엇인지 쓰시오.

(3) 회로의 동작설명에 관한 사항이다. (   ) 안을 채우시오.

① 기동용 푸시버튼스위치 PBS_{-a}를 누르면 전자개폐기 (   )이 여자되어 MC_{1-a} 접점에 의해 전자개폐기 (   )가 여자된다.

② 타이머의 설정된 시간이 지난 후 (   )접점에 의해 전자개폐기 (   )가 소자되고 (   )접점에 의해 전자개폐기 (   )가 여자된다.

③ 전동기의 Y결선과 △결선의 동시 투입을 방지하지 위하여 인토록접점 (   )와 (   )가 있다.

④ 운전 중 과부하가 걸리면 (   )이 작동하여 전동기를 정지시킨다.

• **실전모범답안**

(1)

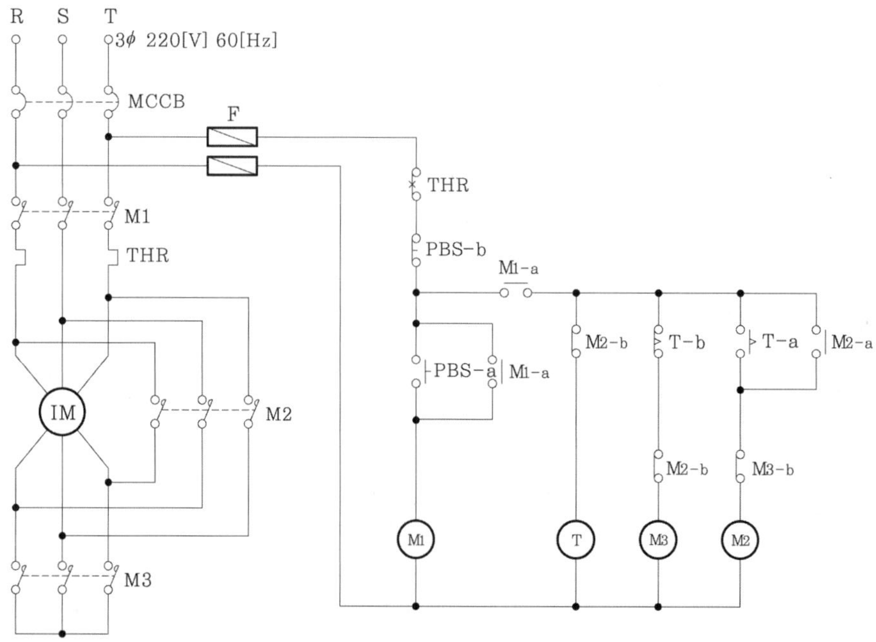

※ [본문] (1), ③ 내용 참조

(2) 기동전류를 적게 하기 위하여

(3) ① M1, M3

② T-b, M3, T-a, M2

③ M2-b, M3-b

④ THR

01-1 다음은 Y-△기동에 대한 시퀀스회로도이다. 그림을 보고 다음 각 물음에 답하시오. 배점 : 5 [14년]

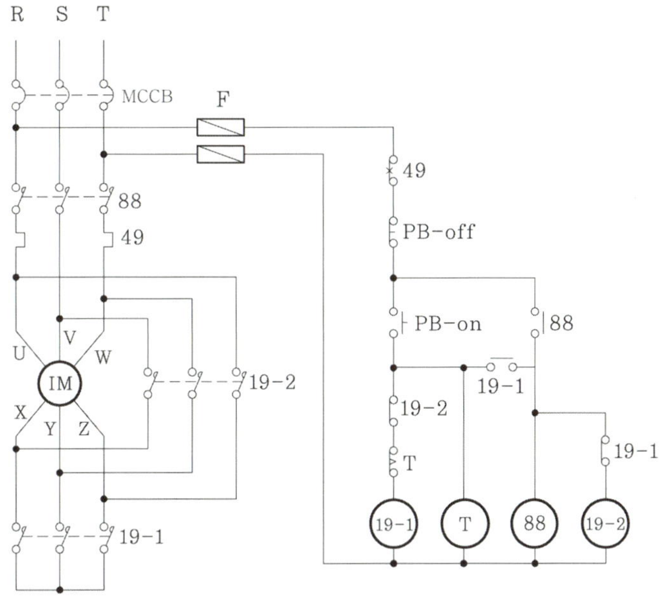

(1) 19-1과 19-2는 전자접촉기이다. 이것의 용도는 무엇인지 쓰시오.
(2) 그림에서 49는 어떤 계전기의 제어약호인지 쓰시오.
(3) MCCB는 무엇인지 쓰시오.
(4) (88)은 어떤 용도의 전자접촉기인지 쓰시오.

• **실전모범답안**

(1) ① 19-1 : 기동용(Y결선)
    ② 19-2 : 운전용(△결선)
(2) 회전기 온도계전기(열동계전기)
(3) 배선용 차단기
(4) 주전원 개폐용

01-2 도면은 전동기의 Y-△ 기동회로이다. 이 회로를 보고 다음 각 물음에 답하시오.

배점 : 6 [12년] [21년]

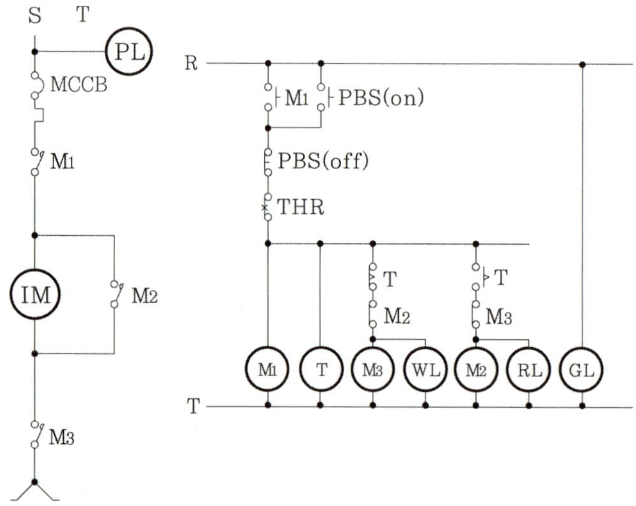

| 주회로 | | 보조회로 |

(1) 주회로의 단선도를 복선도로 나타내시오.

(2) 회로에서 표시등 (PL), (GL), (WL), (RL)은 각각 어떤 상태를 나타내는지 쓰시오.

• (PL) : • (GL) : • (WL) : • (RL) :

• **실전모범답안**

(1)

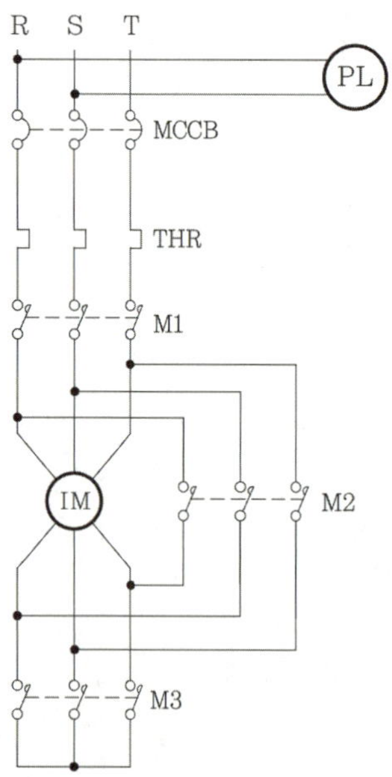

(2)

(PL) : 주회로 전원표시등

(GL) : 보조회로 전원표시등

(WL) : Y기동 기동표시등

(RL) : △운전 운전표시등

02-6 상용전원-예비전원 전환회로

(1) 상용전원-예비전원 전환회로

① 보조회로측에 열동계전기가 2개 그려져 있을 경우

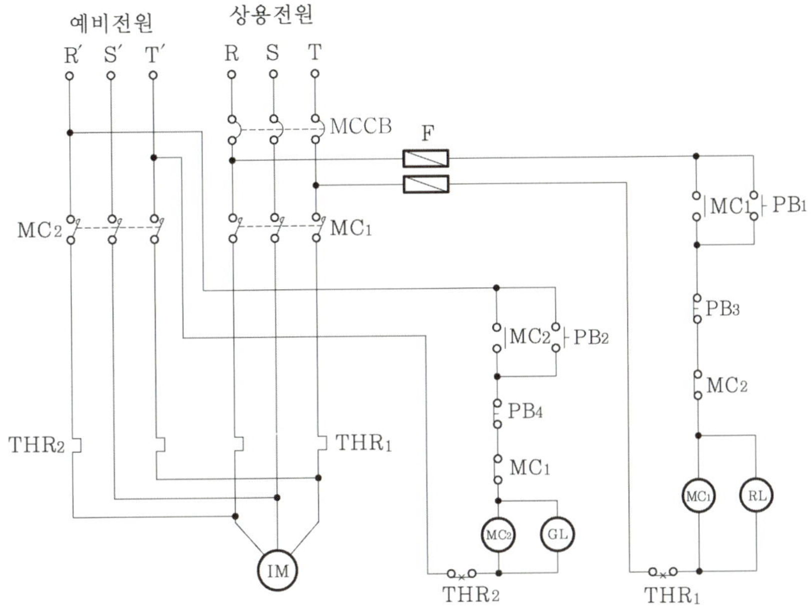

〈동작설명〉

- 푸시버튼스위치 PB1을 ON시키면 전자접촉기 MC1이 여자되고, RL등이 점등, 전자접촉기 보조접점 MC1 a접점이 닫혀 자기유지되며, 전자접촉기 주접점 MC1이 닫혀 유도전동기는 운전된다. → **상용전원**
- 상용전원 운전 중 푸시버튼스위치 PB3를 OFF시키거나 전동기에 과부하가 걸려 열동계전기 THR1이 작동하면 MC1이 소자되어 유도전동기는 정지, RL등은 소등된다.
- 상용전원 정전 또는 고장 시 푸시버튼스위치 PB2를 ON시키면 전자접촉기 MC2가 여자되고, GL등이 점등, 전자접촉기 보조접점 MC2 a접점이 닫혀 자기유지되며, 전자접촉기 주접점 MC2가 닫혀 유도전동기는 운전된다. → **예비전원**
- 예비전원 운전 중 푸시버튼스위치 PB4를 OFF시키거나 전동기에 과부하가 걸려 열동계전기 THR2가 작동하면 MC2가 소자되어 유도전동기는 정지, GL등은 소등된다.

② 보조회로측에 열동계전기가 1개 그려져 있을 경우

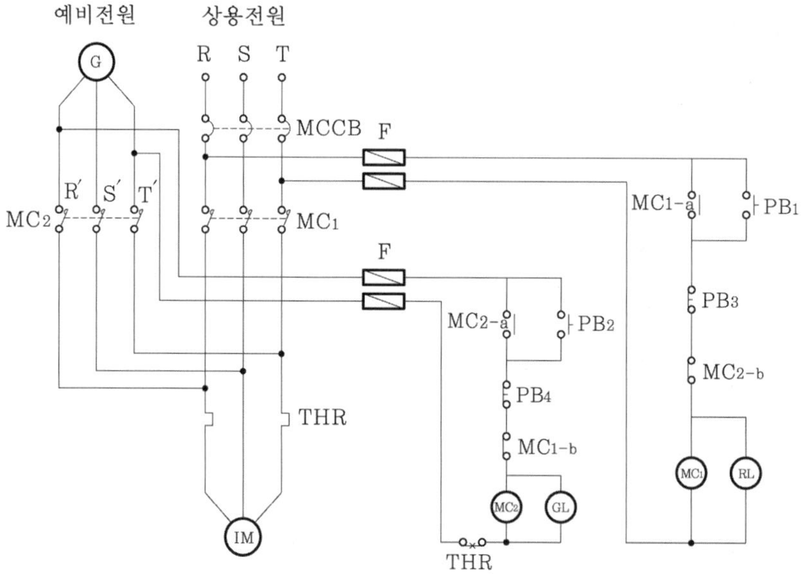

〈동작설명〉

- PB-1을 누르게 되면 전자접촉기 MC-1이 여자되고 RL이 점등, 전자접촉기 보조접점 MC1-a가 닫혀 자기유지된다.
- 이와 동시에 전자접촉기 주접점 MC1이 닫혀 유도전동기는 상용전원이 운전된다.
- 상용전원으로 운전 중 PB3을 누르면, MC가 소자되어 유도전동기 정지, 상용전원 운전표시등 RL은 소등된다.
- 상용전원 정전 또는 고장 시 예비전원으로 운전하기 위해 PB2를 누르면 전자접촉기 MC2가 여자되고 GL이 점등, 전자접촉기 보조접점 MC2-a가 닫혀 자기유지된다.
- 이와 동시에 전자접촉기 주접점 MC2가 닫혀 유도전동기는 예비전원으로 운전된다.
- 예비전원으로 운전 중 PB4를 누르면 MC2가 소자되어 유도전동기는 정지되고 예비전원 운전표시등 GL이 소등한다.

핵심기출문제

01 도면은 상용전원과 예비전원의 전환회로이다. 미완성된 부분을 완성하시오.

배점 : 5 [04년] [09년] [10년] [11년] [15년] [19년]

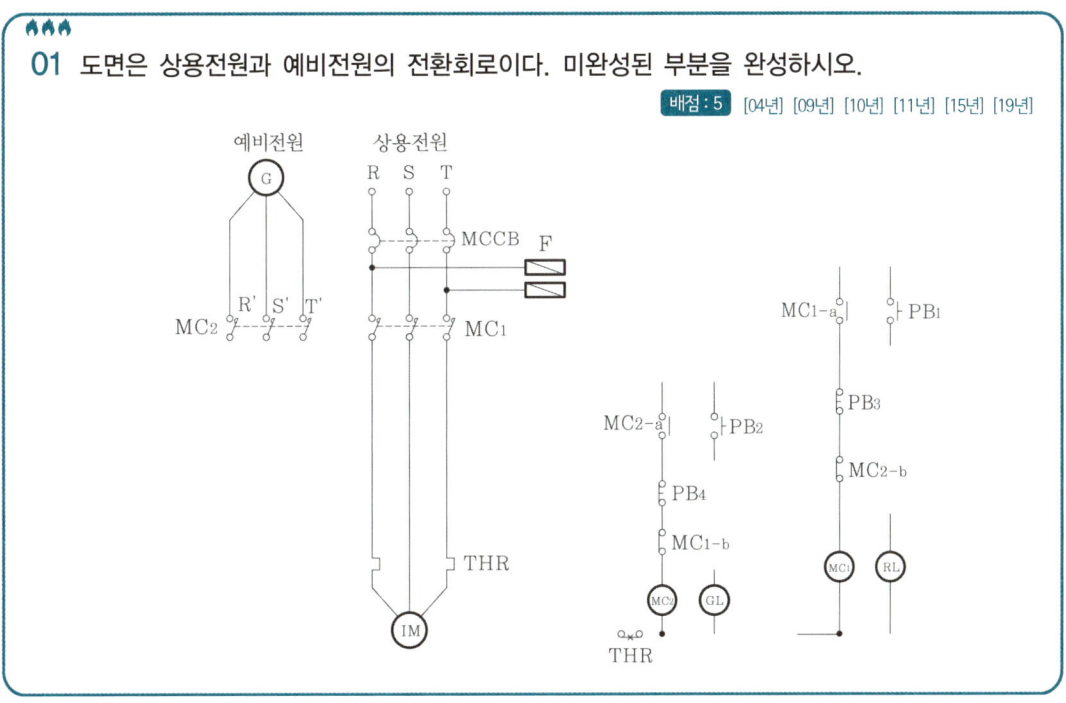

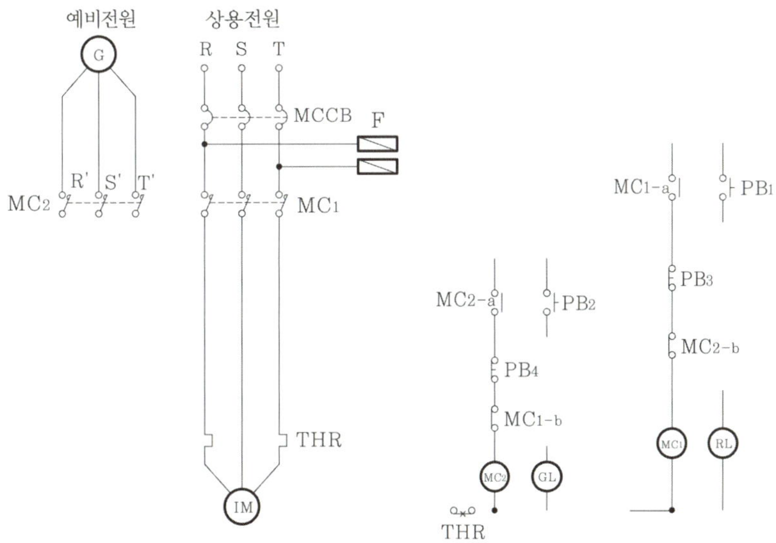

• 실전모범답안

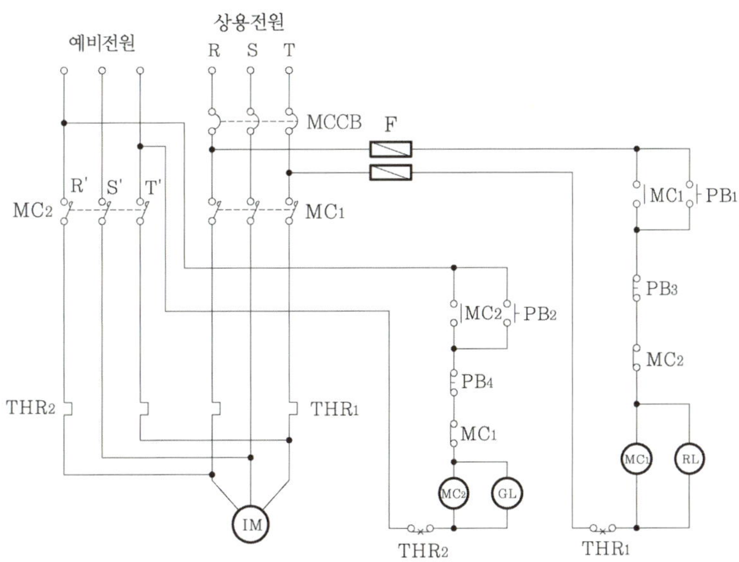

※ [본문] (1), ② 내용 참조

02-7 기타 회로

(1) 기타 회로

①

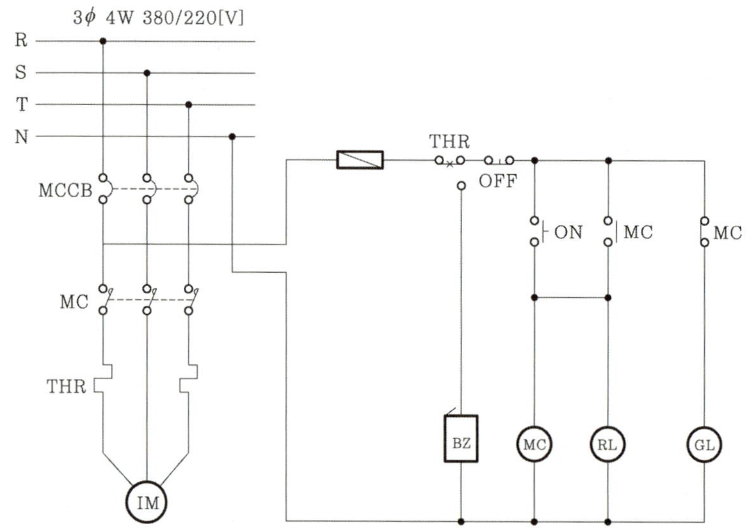

〈동작설명〉

- 전원은 투입(MCCB를 투입)하면 정지표시등(전원감시표시등) GL이 점등된다.
- 누름버튼스위치를 ON시키면 전자개폐기(전자접촉기) MC가 여자되어, 운전표시등 RL이 점등, 정지표시등(전원감시표시등) GL은 소등, 운전표시등 RL은 점등되고 자기유지되어 유도전동기 IM이 동작된다.
- 누름버튼스위치를 OFF시키면 전자개폐기(전자접촉기) MC가 소자되어, 운전표시등 RL이 소등, 정지표시등(전원감시표시등) GL은 점등되고, 유도전동기 IM은 정지된다.
- 전동기의 운전 중에 과부하가 걸려 열동계전기 THR이 작동하면 전체 시스템이 정지되고 부저 [BZ]가 울리게 된다.

②

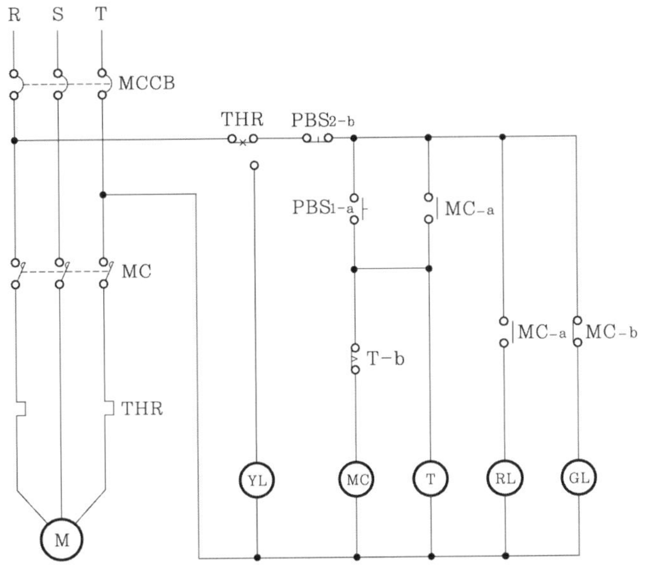

〈동작설명〉

- 전원을 투입(MCCB를 투입)하면 표시램프 GL이 점등된다.
- 전동기 운전용 누름버튼스위치인 PBS1-a를 누르면 전자접촉기 MC가 여자되어 전동기가 기동되며, 동시에 전자접촉기 보조 a**접점**인 MC-a 접점에 의하여 전동기 운전등인 RL이 점등된다. 이 때 전자접촉기 보조 b**접점**인 MC-b에 의하여 GL이 소등되며, 또한 타이머 T가 여자되어 타이머 설정시간 후에 타이머 b접점 T-b가 떨어지므로 전자접촉기 MC가 소자되어 전동기가 정지하고, 모든 접점은 PBS1-a를 누르기 전의 상태로 복귀한다.
- 전동기가 정상운전 중이라도 정지용 누름버튼스위치 PBS2-b를 누르면 PBS1-a를 누르기 전의 상태로 된다.
- 전동기에 과전류가 흐르면 열동계전기 접점인 THR-b 접점이 떨어져서 전동기는 정지하고 모든 접점은 PBS1-a를 누르기 전의 상태로 복귀한다. 이 때 경고등 YL이 점등된다.

③

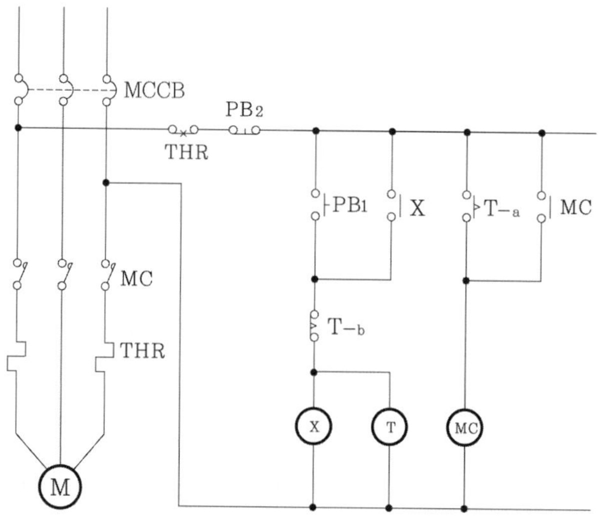

〈동작설명〉

- 전원이 투입(MCCB를 투입)된 상태에서 PB1 스위치를 ON시키면 릴레이 X와 타이머 T가 여자되어 자기유지된다.
- 타이머 설정시간이 경과하게 되면 전자접촉기 MC가 여자되어 모터 M이 동작되고 자기유지된다. 이때 릴레이 X와 타이머 T는 소자된다.
- PB2 스위치를 OFF 시키거나 과부하가 걸려 열동계전기 THR이 동작되면 MC가 소자되고 모터는 정지하게 된다.

핵심기출문제

01 다음은 3상 유도전동기의 전전압 기동방식회로의 미완성 도면이다. 이 도면을 주어진 조건과 부품들을 사용해서 완성하시오.(단, 조작회로는 220V로 구성하며, 푸시버튼스위치는 ON용 1개, OFF용 1개를 사용한다.)

배점 : 5 [04년] [08년] [20년]

[조건]

- 전자접촉기 (MC) 및 그 보조접점을 사용한다.
- 정지표시등 (GL)은 전원표시등으로 사용하며, 전동기 운전 시에는 소등되도록 한다.
- 운전표시등 (RL)은 운전 시의 표시등으로 사용한다.
- 퓨즈의 심벌은 [⧄]으로 표현한다.
- 부저 [BZ]는 열동계전기가 동작된 다음에 리셋버튼을 누를 때까지 계속 울리도록 C접점을 사용해서 그리도록 한다.

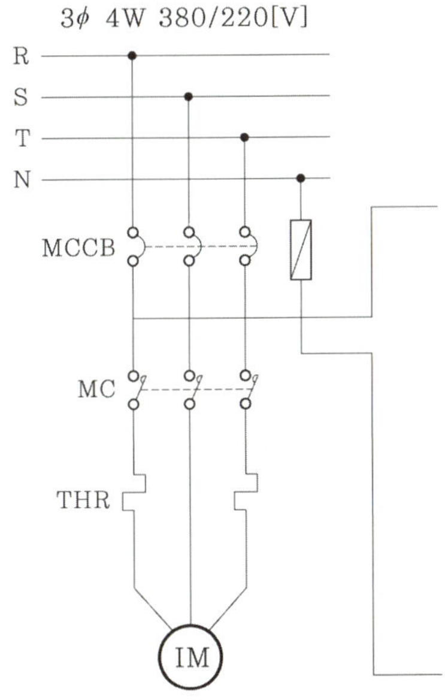

• **실전모범답안**

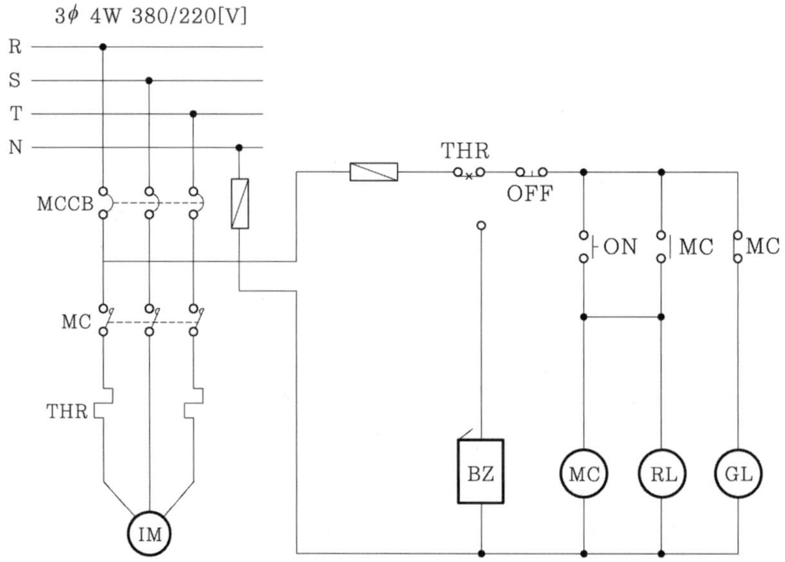

※ [본문] (1), ① 내용 참조

01-1 주어진 동작설명이 적합하도록 미완성된 시퀀스 제어회로를 완성하시오. (단, 각 접점 및 스위치에는 접점 명칭을 반드시 기입하도록 할 것) 배점 : 7 [07년]

[동작설명]

- 전원을 투입하면 표시램프 (GL)이 점등되도록 한다.
- 전동기 운전용 누름버튼스위치 $PBS1_{-a}$을 누르면 전자접촉기 MC가 여자되어 전동기가 기동되며, 동시에 전자접촉기 보조 a접점인 MC_{-a} 접점에 의하여 전동기 운전표시등 (RL)이 점등된다. 이때 전자접촉기 b접점인 MC_{-b}에 의하여 (GL)이 소등되며 또한 타이머가 T가 통전되어 타이머 설정시간 후에 타이머의 b접점 T_{-b}가 떨어지므로 전자접촉기 MC가 소자되어 전동기가 정지하고, 모든 접점은 $PBS1_{-a}$를 누르기 전의 상태로 복귀한다.
- 전동기가 정상운전 중이라도 정지용 누름버튼스위치 $PBS2_{-b}$를 누르면 $PBS1_{-a}$을 누르기 전의 상태로 된다.
- 전동기에 과전류가 흐르면 열동계전기 접점인 THR_{-b} 접점이 떨어져서 전동기는 정지하고 모든 접점은 $PBS1_{-a}$를 누르기 전의 상태로 복귀한다. 이때 경고등 YL이 점등된다.

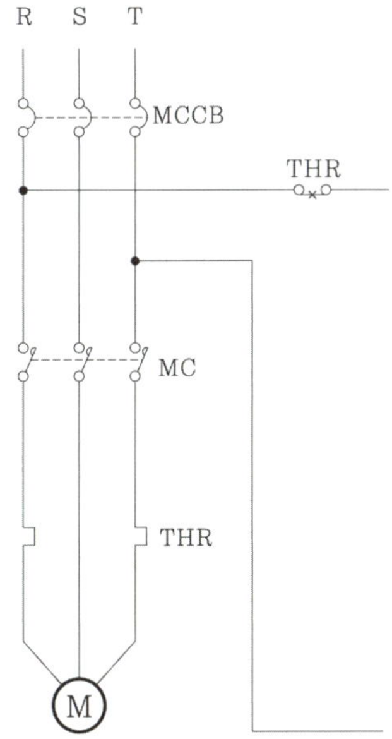

• 실전모범답안

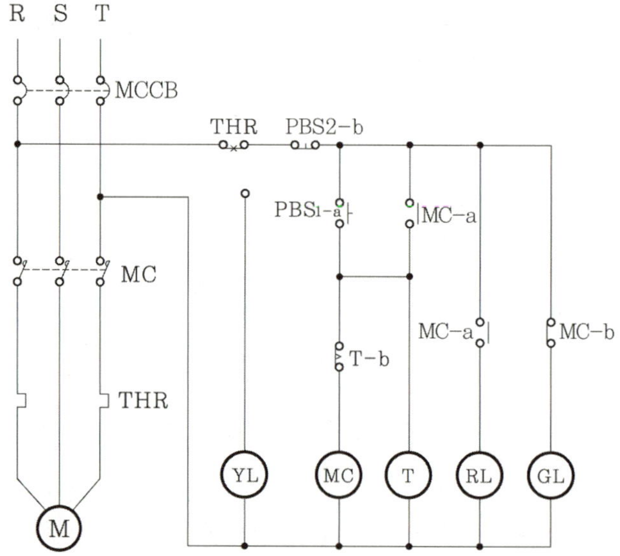

※ [본문] (1), ② 내용 참조

01-2 그림은 3상 유도전동기의 기동 조작회로도이다. 이 도면을 타이머의 설정시간 후 타이머와 릴레이 X 소자되도록 하고 타이머 소자 후에도 모터 M이 계속 동작하도록 전자접촉기 MC의 보조 a, b 접점 각 1개씩을 추가하여 회로를 완성하시오. 배점 : 5 [22년]

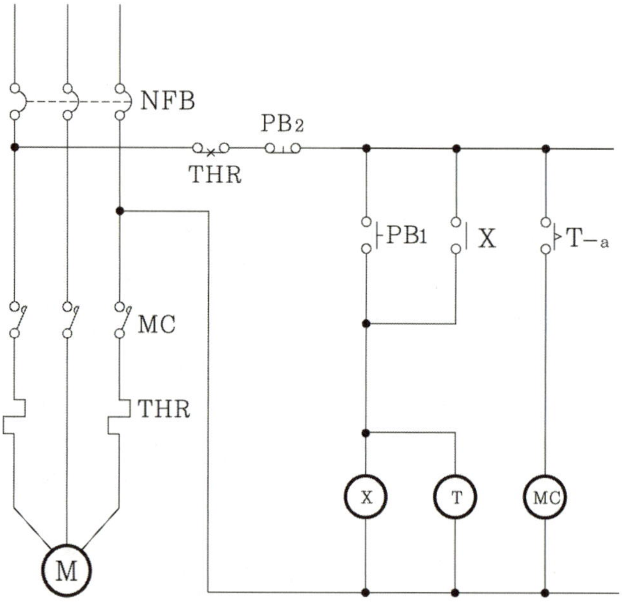

• 실전모범답안

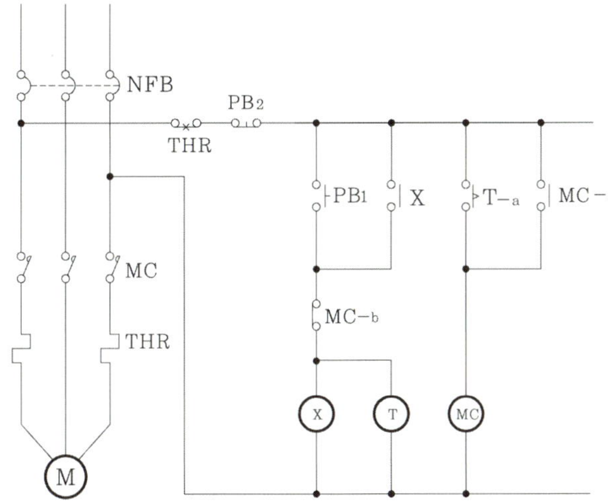

01-3 그림의 도면은 타이머에 의한 전동기의 교대운전이 가능하도록 설계된 전동기의 시퀀스 회로이다. 이 도면을 이용해 다음 각 물음에 답하시오. 배점 : 7 [05년] [21년]

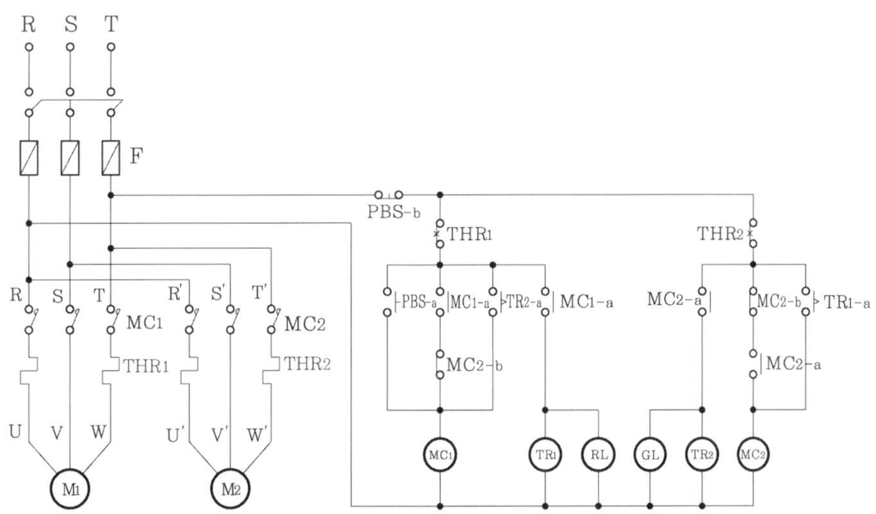

(1) 도면에서 제어회로 부분에 잘못된 곳이 있다. 이 곳을 지적하고 올바르게 고치는 방법을 설명하시오.

(2) 타이머 TR1이 2시간, 타이머 TR2가 4시간으로 각각 세팅이 되어있다면 하루에 전동기 M1과 M2는 몇 시간씩 운전되는지 쓰시오.

(3) 도면의 나이프스위치 KS와 퓨즈 F가 합쳐진 기능을 갖는 것을 사용하려고 한다. 어느 것을 사용하면 되는지 한 가지만 쓰시오.

• **실전모범답안**

(1) MC2 회로의 MC2-b를 MC1-b로 수정해야 한다.

(2) ① M1 : 8시간

② M2 : 16시간

(3) 배선용 차단기

상세해설

(2) $\frac{\text{하루 24시간}}{(2+4)\text{시간}}=4\text{회}$

따라서, 하루에 **4회**를 반복하므로

① TR1=2시간×4회=8시간 → **M1 : 8시간 운전**

② TR2=4시간×4회=16시간 → **M12 : 16시간 운전**

01-4 도면은 Y-△ 기동회로의 미완성 회로이다. 이 회로를 보고 다음 각 물음에 답하시오.

배점 : 5 [03년] [13년] [18년]

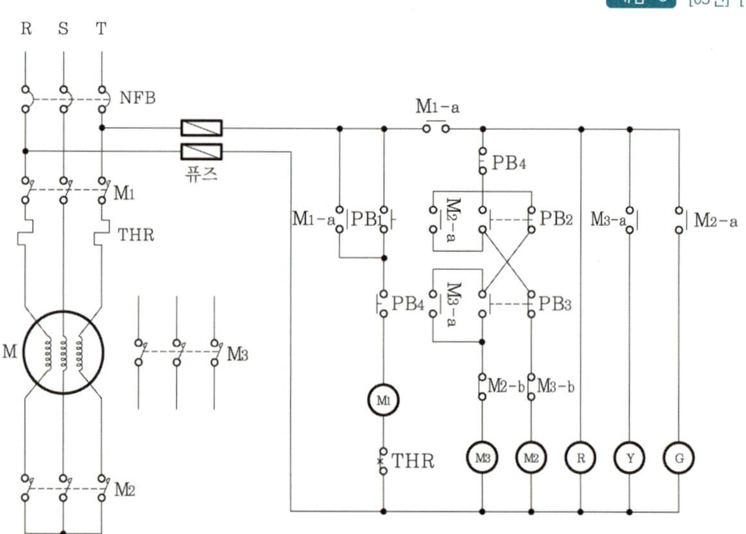

Ⓡ : 적색램프 Ⓨ : 황색램프 Ⓖ : 녹색램프

(1) 주회로 부분의 미완성된 Y-△ 회로를 완성하시오.

(2) 누름버튼스위치 PB_1을 누르면 어느 램프가 점등되는지 쓰시오.

(3) 전자개폐기 (M1) 이 동작되고 있는 상태에서 PB_2을 눌렀을 때 어느 램프가 점등되는지 쓰시오.

(4) 전자개폐기 (M1) 이 동작되고 있는 상태에서 PB_3을 눌렀을 때 어느 램프가 점등되는지 쓰시오.

(5) THR은 무엇을 나타내는지 쓰시오.

(6) NFB의 우리말(원어에 대한 우리말) 명칭을 쓰시오.

• 실전모범답안

(1)

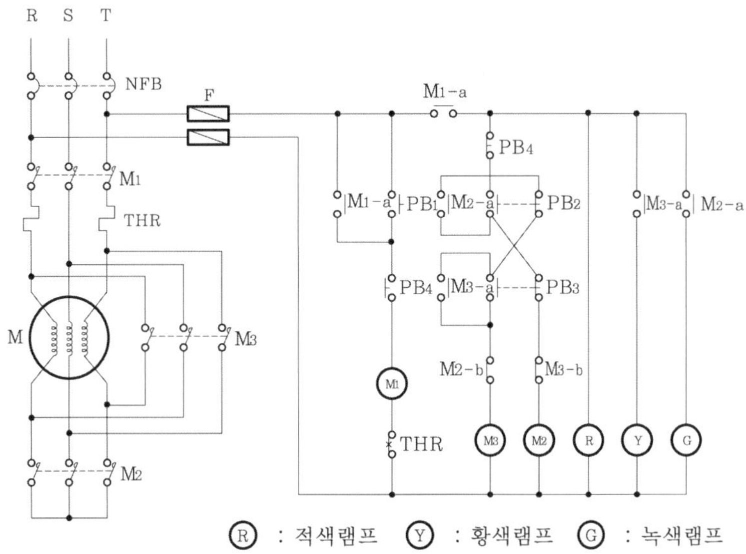

(2) Ⓡ 램프

(3) Ⓖ 램프

(4) Ⓨ 램프

(5) 열동계전기 b접점

(6) 배선용차단기

M·e·m·o

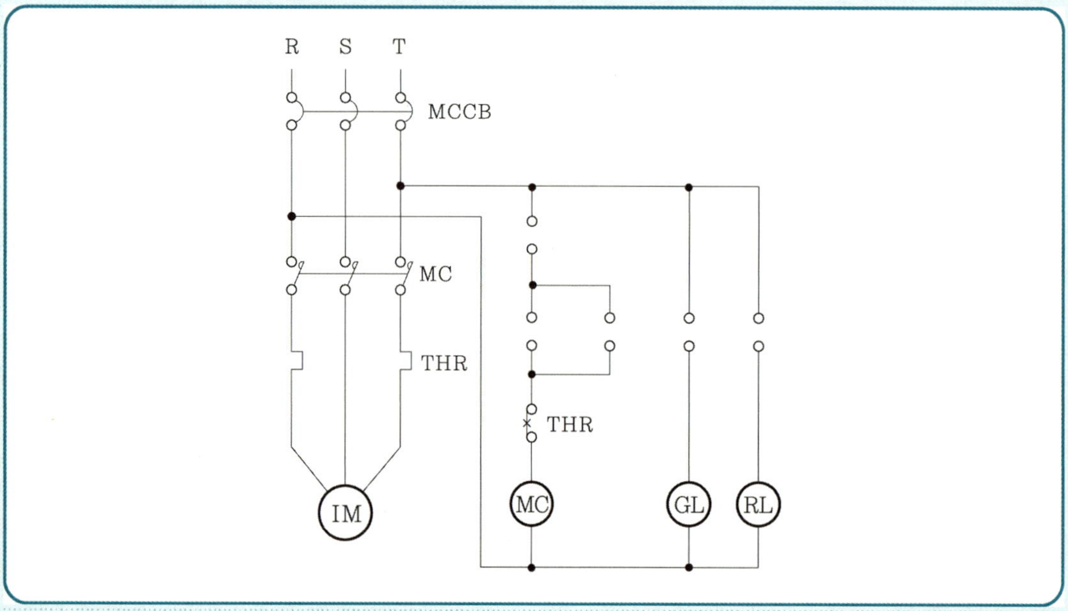

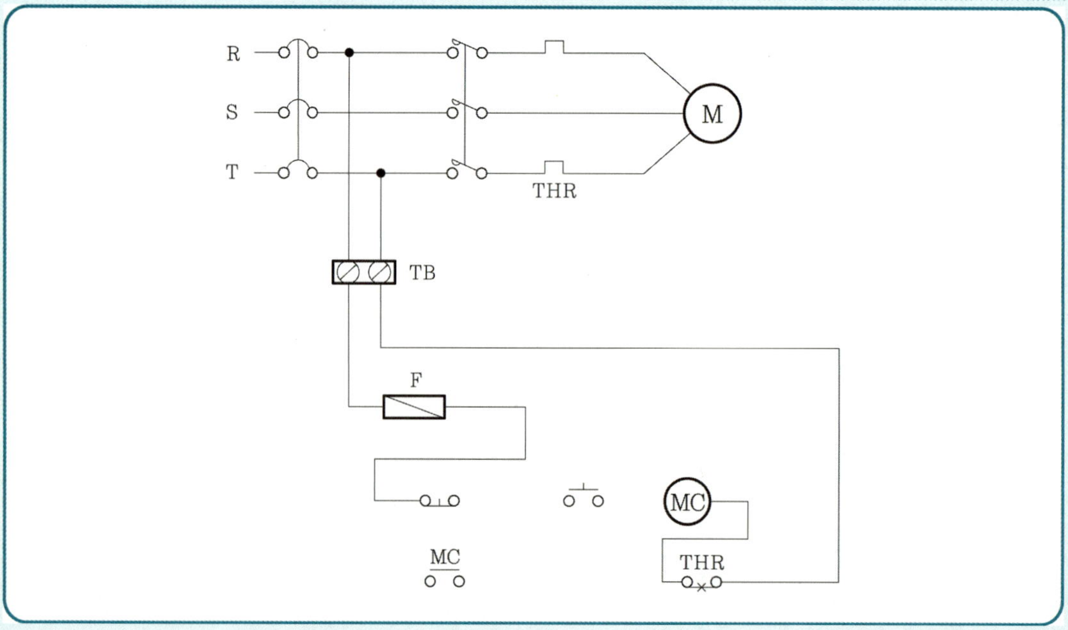

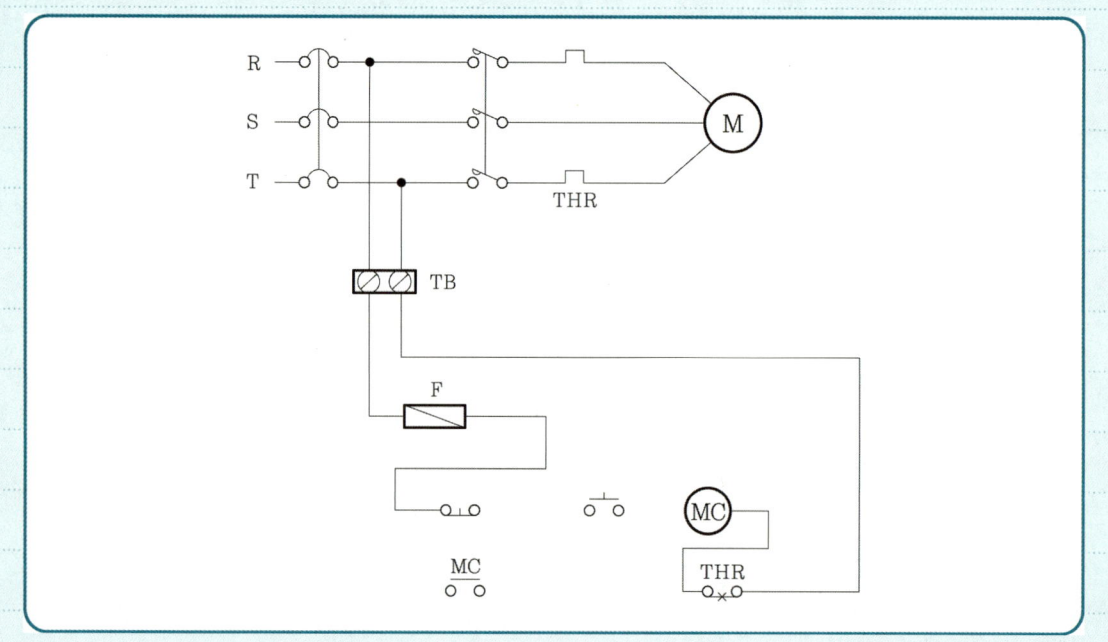

M·e·m·o

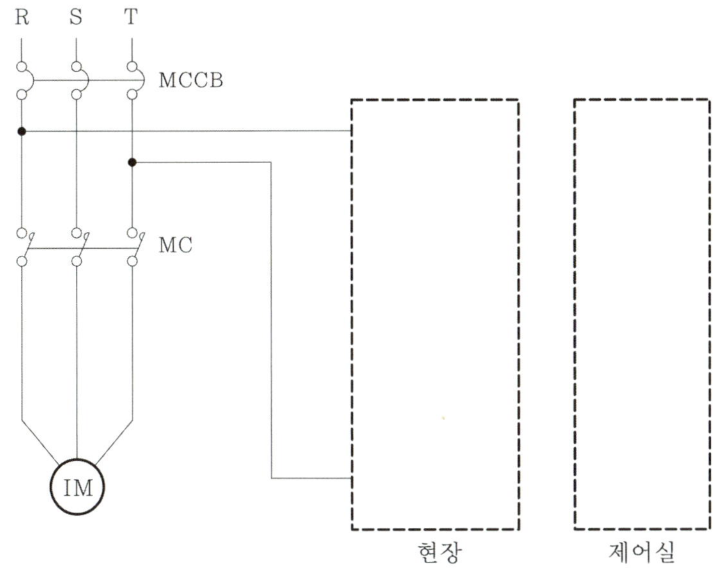

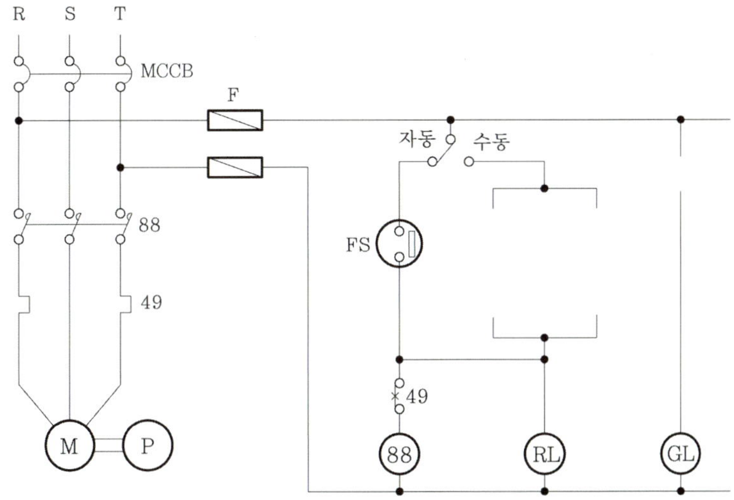

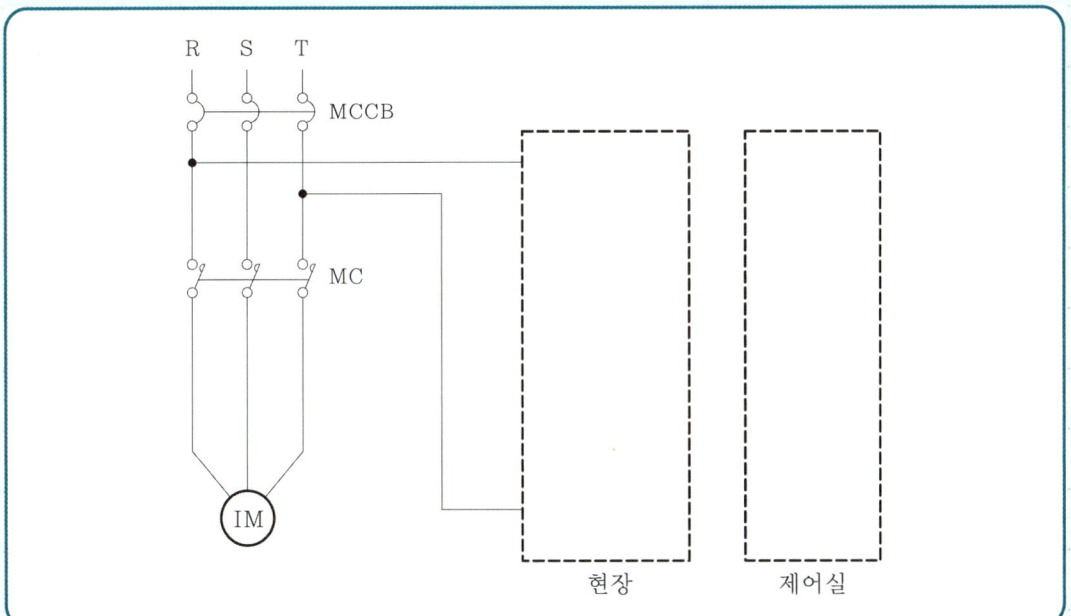

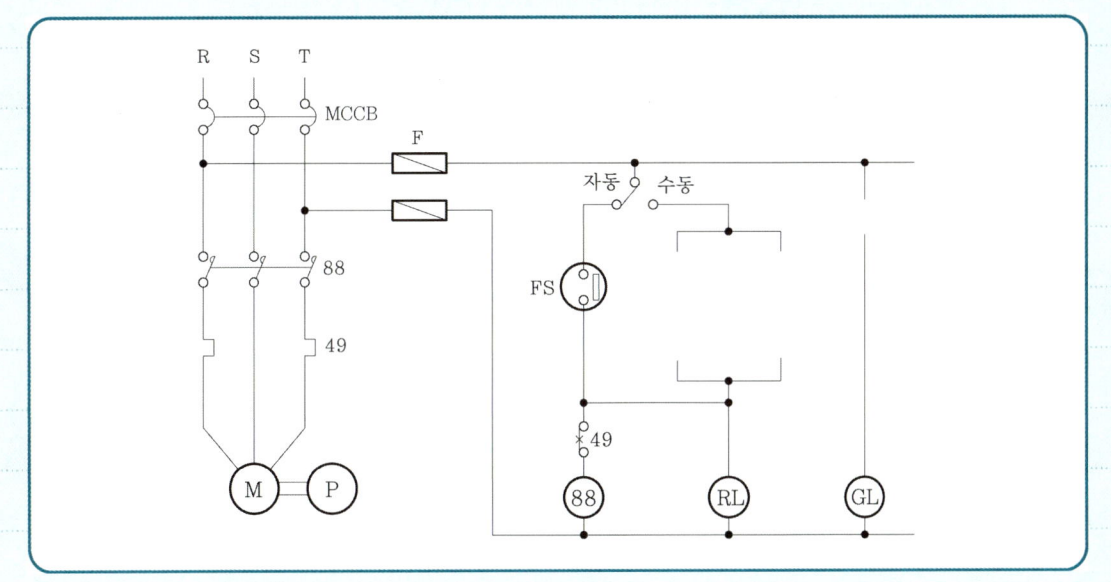

M·e·m·o

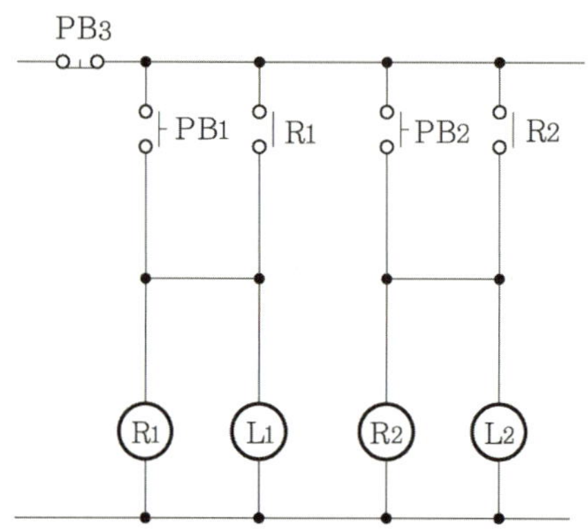
PB3
PB1
R1
PB2
R2
R1
L1
R2
L2

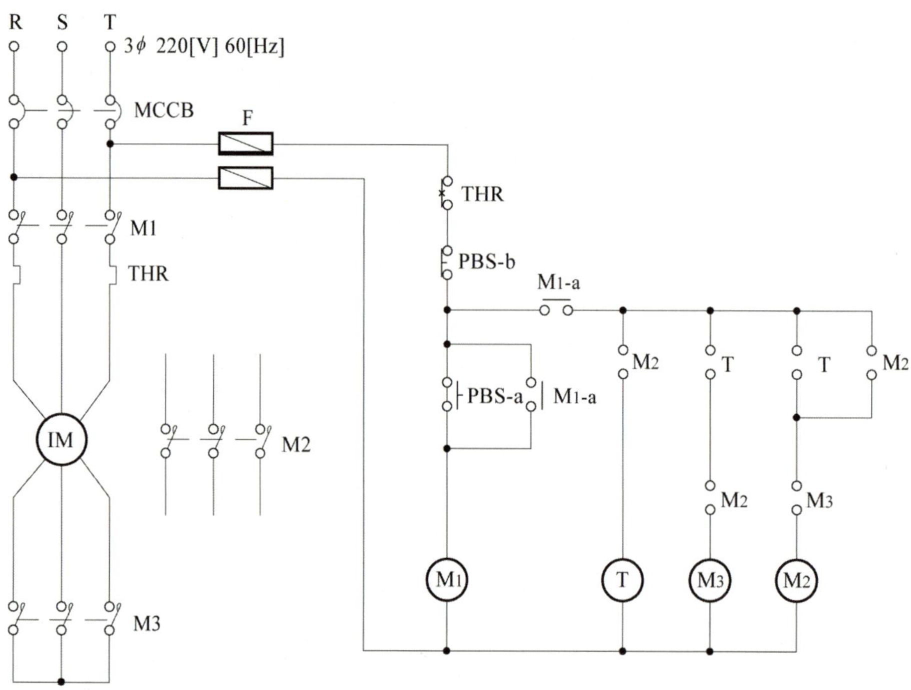
R S T
3ϕ 220[V] 60[Hz]
MCCB
F
THR
M1
PBS-b
M1-a
THR
M2
T
T
M2
PBS-a
M1-a
IM
M2
M2
M3
M1
T
M3
M2
M3

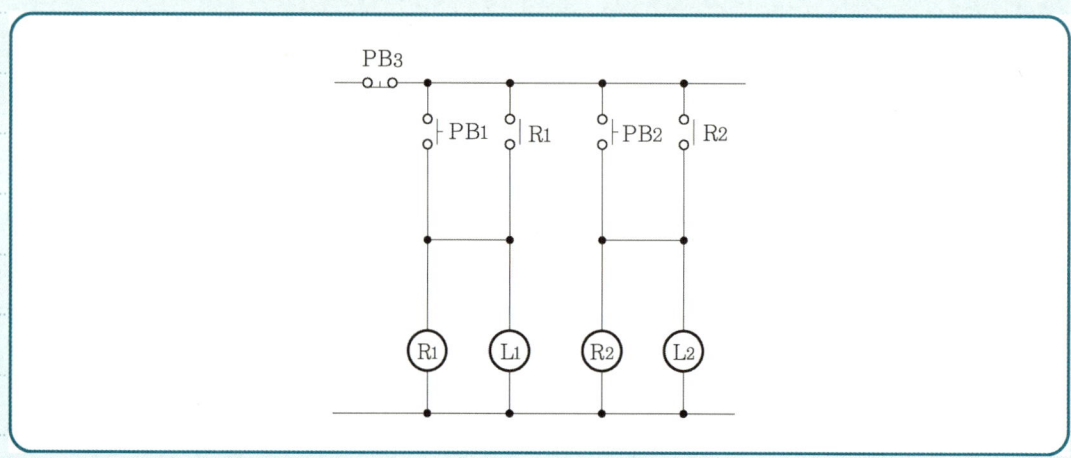

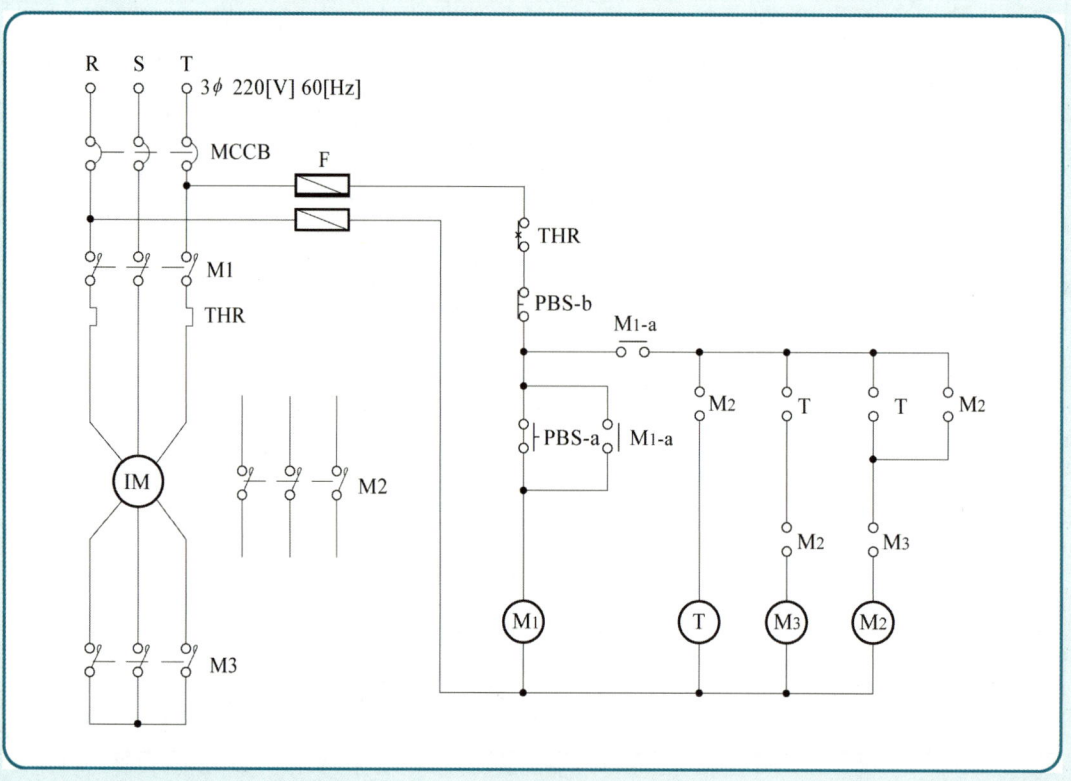

M·e·m·o

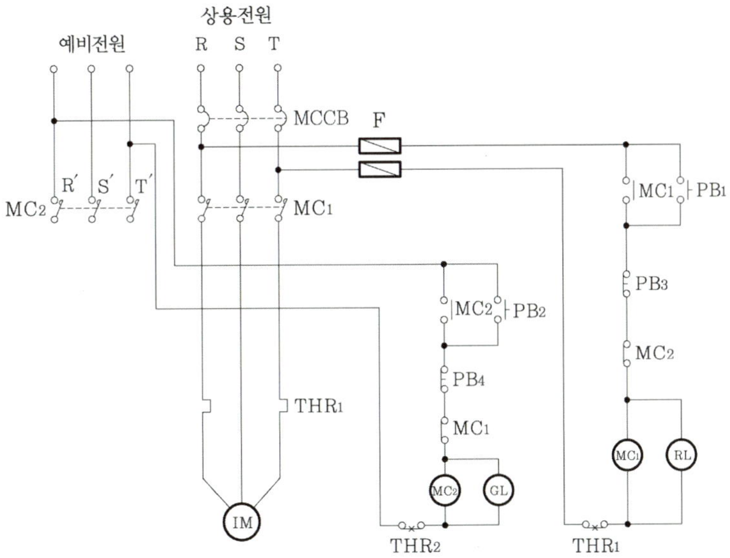

상용전원
예비전원
R S T
MCCB
F
R′ S′ T′
MC2
MC1
MC1
PB1
MC2
PB2
PB3
MC2
THR1
PB4
MC1
MC1
RL
MC2
GL
IM
THR2
THR1

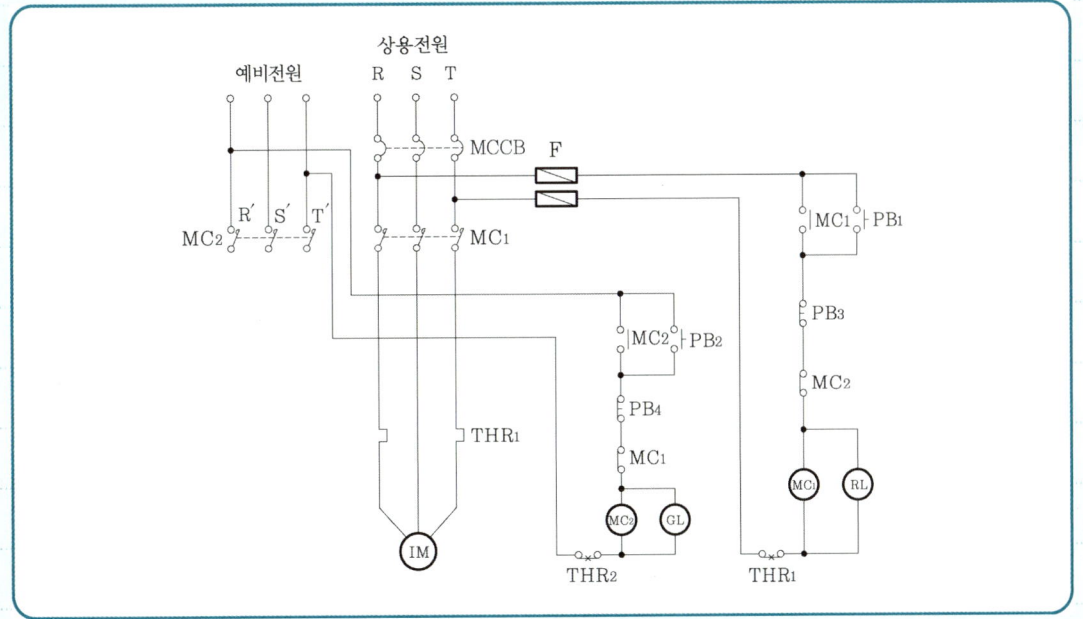

M·e·m·o

Chapter 05

간선설비 및 배선시공기준

01 전선

(1) 전선의 접속방법(IEC 규정 1430-10)

① **직선접속** : 전선과 전선을 일직선으로 연결하는 접속(심선을 서로 **4회** 이상 감는다.)

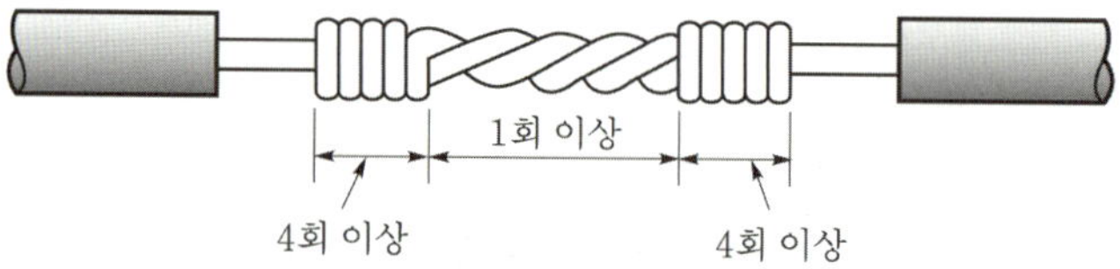

| 전선의 직선접속도 |

② **분기접속** : 하나의 전선을 두 개 이상으로 나누는 접속(심선을 **5회** 이상 감는다.)

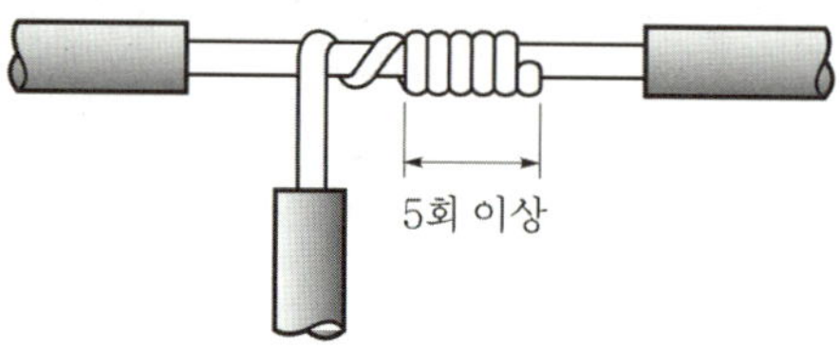

| 전선의 분기접속도 |

③ **종단접속** : 전선의 종단부분을 연결하는 접속(심선을 **2회** 이상 감는다.)

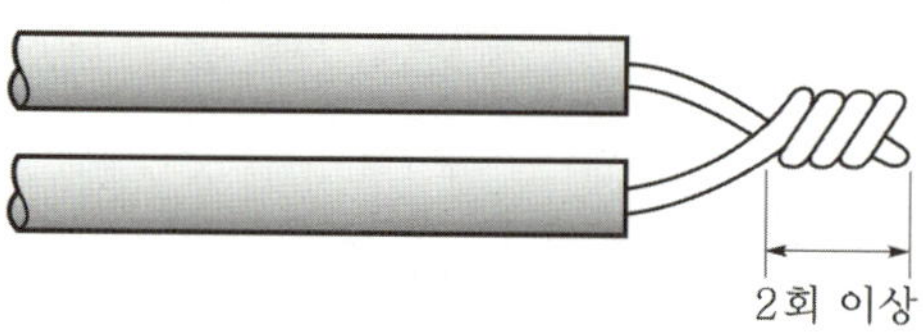

| 전선의 종단접속도 |

④ **슬리브에 의한 접속** : 슬리브를 이용하여 연결하는 접속(심선을 **2회** 이상 감는다.)

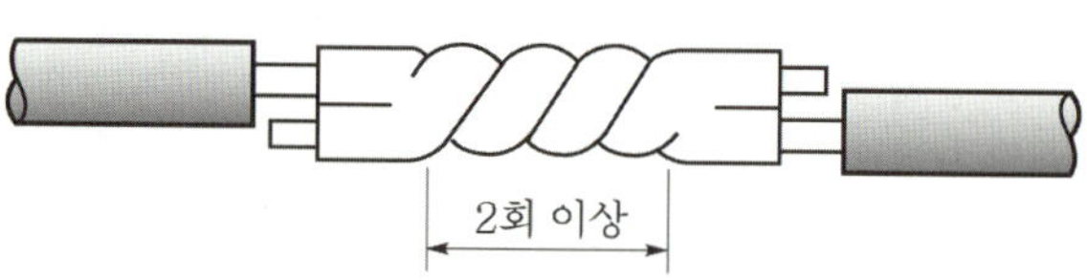

| 전선의 슬리브에 의한 접속도 |

참고 | 전선접속 시 유의사항

① 접속으로 인해 전기저항이 증가하지 않을 것
② 접속부분의 전선의 강도를 20% 이상 감소시키지 않을 것
③ 접속부분은 절연전선의 절연물과 동등 이상의 절연내력이 있는 것으로 충분히 피복할 것
④ 전기화학적 성질이 다른 도체를 접속하는 경우 접속부분에 전기적 부식이 생기지 않도록 할 것

(2) 전선의 약호 및 명칭

약 호	명 칭
DV	인입용 비닐절연전선
OW	옥외용 비닐절연전선
HFIX	450/750V 저독성 난연 가교 폴리올레핀 절연전선
HFCO(단심)	0.6/1kV 가교 폴리에틸렌 절연 저독성 난연 폴리올레핀 시스 전력케이블
HFCO(삼심)	6/10kV 가교 폴리에틸렌 절연 저독성 난연 폴리올레핀 시스 전력용케이블
CV	가교 폴리에틸렌 절연비닐 외장(시스)케이블
MI	미네랄인슐레이션케이블
IH	하이퍼론 절연전선
GV	접지용 비닐절연전선

(3) 절연물의 최고허용온도

절연물의 종류	Y	A	E	B	F	H	C
최고허용온도[℃]	90	105	120	130	155	180	180 초과

(4) 배선도 표시방법

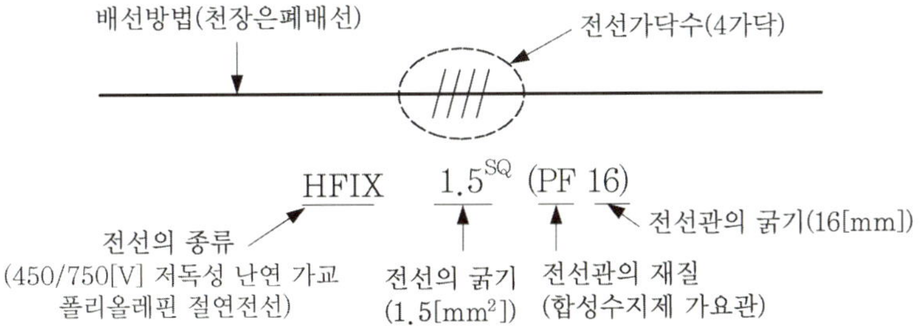

참고 | 철거인 경우

철거인 경우는 X를 붙인다.

CHAPTER 05

핵심기출문제

01 전선의 접속 시 주의사항 3가지를 쓰시오. 배점 : 6 [07년]

• **실전모범답안**

① 접속으로 인해 전기저항이 증가하지 않을 것
② 접속부분의 전선의 강도를 20% 이상 감소시키지 않을 것
③ 접속부분은 절연전선의 절연물과 동등 이상의 절연내력이 있는 것으로 충분히 피복할 것

01-1 소방펌프용 전동기의 명판에는 절연물의 최고허용온도를 기호로 표기하고 있다. 다음 표의 빈 칸을 완성하시오. 배점 : 5 [08년]

절연물의 종류	Y	A	E	(①)	F	(②)	C
최고허용온도[℃]	90	(③)	(④)	130	(⑤)	180	180 초과

• **실전모범답안**

① B
② H
③ 105
④ 120
⑤ 155

01-2 다음과 같은 배선도가 나타내는 의미를 모두 쓰시오. 배점 : 4 [04년] [07년]

• **실전모범답안**

22mm 후강전선관에 $2.5mm^2$ 450/750V 저독성 난연 가교 폴리올레핀 절연전선 3가닥과 $1.5mm^2$ 접지선 1가닥을 넣은 천장은폐배선

상세해설

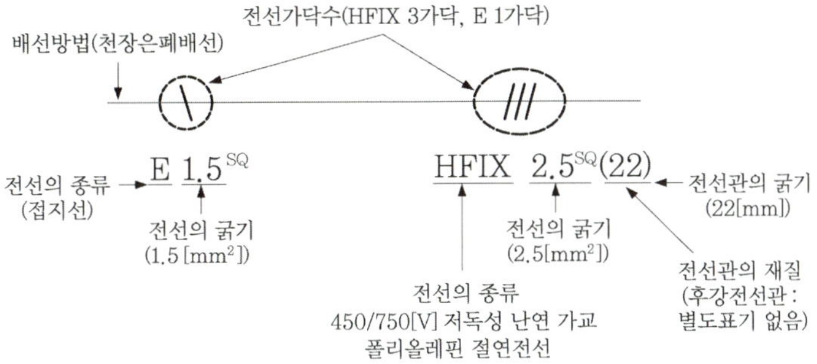

01-3 다음과 같은 조건을 참고하여 배선도로 나타내시오. 배점 : 3 [11년]

[조건]

① 배선 : 바닥은폐배선
② 전력선 : 3가닥, 가교 폴리에틸렌 절연비닐 시스케이블 $25mm^2$
③ 접지선 : 1가닥, 접지용 비닐전선 $6mm^2$
④ 전선관 : 후강전선관 $36mm^2$

• 실전모범답안

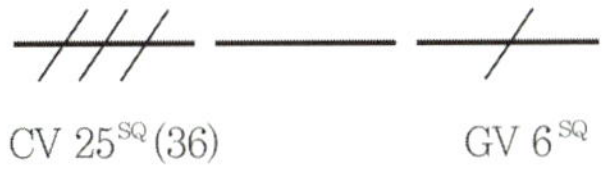

CHAPTER 05

02 금속관 · 가요전선관 · 합성수지관 공사

(1) 강제전선관의 종류

종 류	호칭표시방법	호칭규격[mm]
후강전선관	관 내경[mm]의 근사값을 짝수로 표시	16, 22, 28, 36, 42, 54, 70, 82, 92, 104
박강전선관	관 외경[mm]의 근사값을 홀수로 표시	15, 19, 25, 31, 39, 51, 63, 75

(2) 강제전선관(KS C 8401)

① **1본의 표준길이** : 3.6m
② **관의 굵기** : 1.2mm

참고 합성수지관(경질비닐전선관)(KS C 8431)

① 1본의 표준길이 : 4m
② 합성수지관 호칭표시방법 : 관 내경[mm]의 근사값을 짝수로 표시

(3) 금속관 배선(접지)(판단기준 184, 196)

① 사용전압이 400V 미만인 경우의 금속관 및 그 부속품 등은 제3종 접지공사로 접지해야 한다. 다만, 다음 각 호에 해당하는 경우는 제3종 접지공사를 생략할 수 있다.
   ㉠ 금속관 배선의 대지전압이 150V 이하인 경우로 다음의 장소에 길이(2본 이상의 금속관을 접속하여 사용하는 경우에는 그 전체를 말한다. 이하 같다.) 8m 이하의 금속관을 시설하는 경우
      ⓐ 건조한 장소
      ⓑ 사람이 쉽게 접촉할 우려가 없는 장소
   ㉡ 금속관 배선의 대지전압이 150V를 초과하는 경우로 길이 4m 이하의 금속관을 건조한 장소에 시설하는 경우
② 사용전압이 400V 이상인 경우의 금속관 및 부속품 등은 특별 제3종 접지공사로 접지해야 한다. 다만, 사람이 접촉될 우려가 없는 경우는 제3종 접지공사를 할 수 있다.
③ 배선과 다른 배선 또는 약전류전선·광섬유케이블·금속제수관·가스관 등의 이격거리에 따라 강전류회로의 전선과 약전류회로의 전선을 동일한 관 및 박스 내에 넣은 경우는 격벽을 시설하고, 특별 제3종 접지공사에 의하여 접지하거나 금속제의 전기적 차폐층이 있는 통신케이블을 사용하고 그 차폐층에 특별 제3종 접지공사에 의하여 접지해야 한다.
④ 금속관과 접지선의 접속은 접지 클램프를 사용하거나 또는 기타 적당한 방법에 의해야 한다.
⑤ 금속관 또는 기타 부속품과 접지선의 접속은 은폐장소에서 하여서는 안 된다. 다만, 그 부분을 쉽게 점검할 수 있도록 시설하는 경우는 적용하지 않는다.

(4) 금속관 배선(관의 굴곡)(내선규정 2225-8)

① 금속관을 구부릴 때 금속관의 단면이 심하게 변형되지 아니하도록 구부려야 하며, 그 안측의 반지름은 관 안지름의 6배 이상이 되어야 한다. 다만, 전선관의 안지름이 25mm 이하이고, 건조물의 구조상 부득이 한 경우는 관의 내단면이 현저하게 변형되지 않고 관에 금이 생기지 않을 정도까지 구부릴 수 있다.

② 아우트렛박스 사이 또는 전선인입구가 있는 기구 사이의 금속관은 3개소를 초과하는 직각 또는 직각에 가까운 굴곡 개소를 만들어서는 안 된다.

㊟ 굴곡 개소가 많은 경우 또는 관의 길이가 30m을 초과하는 경우는 풀박스를 설치하는 것이 바람직하다.

③ 유니버셜엘보(Universal Elbow), 티, 크로스 등은 조영재에 은폐시켜서는 안 된다. 다만, 그 부분을 점검할 수 있는 경우는 예외이다.

④ 제③항의 티, 크로스 등은 덮개가 있는 것이어야 한다.

(5) 금속관 배선(관 및 부속품의 연결과 지지)(내선규정 2225-7)

① 금속관 상호는 커플링으로 접속할 것. 이 경우 조임 등을 확실하게 할 것

㊟ 금속관이 고정되어 있어 이것을 회전시켜 접속할 수가 없을 경우는 특수 커플링(예를 들면 유니온 커플링 등)을 사용하여 접속할 것

② 금속관과 박스, 기타 이와 유사한 것을 접속하는 경우로서 틀어 끼우는 방법에 의하지 않을 때는 로크너트 2개를 사용하여 박스 또는 캐비닛 접속부분의 양측을 조일 것. 다만, 부싱 등으로 견고하게 부착할 경우는 로크너트를 생략할 수 있다.

㊟ 1. 박스나 캐비닛은 노크아웃의 지름이 금속관의 지름보다 큰 경우는 박스나 캐비닛의 내외 양측에 링리듀셔를 사용할 것
2. 박스나 캐비닛이 에나멜 등의 절연성 도료를 칠한 것일 때는 접속부분의 도료를 완전히 제거한 후 록너트로 조이고 있는 박스 또는 캐비닛과의 전기적 접속을 완전하게 할 것. 다만, 본딩이 되어 있는 경우는 적용하지 않는다.

③ 불연성의 조립식 건축물 등에서 공사상 부득이 한 경우는 금속관 및 풀박스를 건조한 장소에서 불연성의 조영재에 견고하게 시설하고 금속관 및 풀박스 상호를 전기적으로 완전하게 접속하면 관과 풀박스 상호의 기계적 접속은 생략할 수 있다.

④ 금속관 배선에 사용하는 금속관, 박스 기타 이와 유사한 것은 적당한 방법으로 조영재 등에 확실하게 지지해야 한다.

㊟ 금속관을 조영재에 따라서 시설하는 경우는 새들 또는 행거 등으로 견고하게 지지하고, 그 간격을 2m 이하로 하는 것이 바람직하다.

(6) 금속관용 부속품

명 칭	용 도	외 형
노멀밴드	금속관을 직각으로 굽히는 곳에 사용한다.	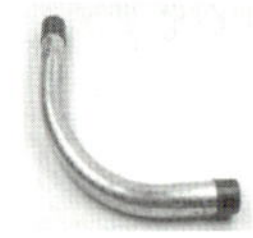
유니버셜엘보	노출배관공사에서 금속관을 직각으로 굽히는 곳에 사용한다.(T형과 크로스형이 있다.)	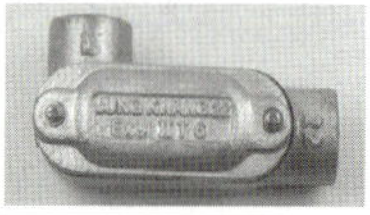
부싱	전선의 절연피복을 보호하기 위하여 금속관 끝에 취부하여 사용한다.	
로크너트	박스와 금속관을 고정할 때 사용한다.(박스 구멍당 2개를 사용한다.)	
링리듀셔	금속관을 아우트렛박스에 로크너트만으로 고정하기 어려울 때 보조적으로 사용한다.	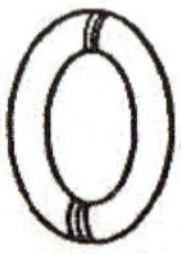
커플링	관이 고정되어 있지 않을 때 금속관 상호간을 접속하는 데 사용한다.	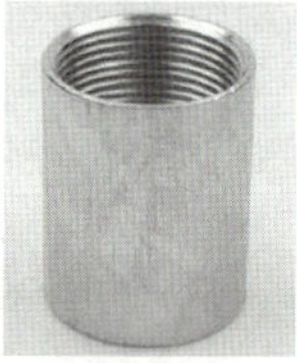
유니언커플링	관이 고정되어 있을 때 금속관 상호간을 접속하는 데 사용한다.	
엔트렌스 캡	인입구 또는 인출구의 금속관 끝에 설치하여 빗물 침입을 방지하는 데 사용한다.	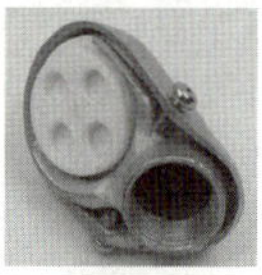
리머	금속관의 끝부분을 다듬질하는 데 사용한다.	
새들	금속관을 벽이나 천장 등에 고정하는 데 사용한다.	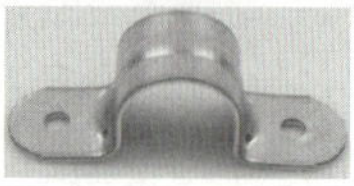

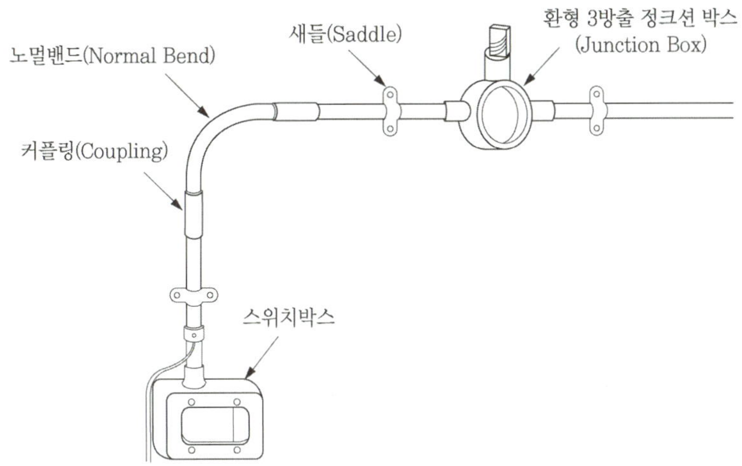

| 금속관공사의 예 |

(7) 가요전선관 시설장소의 제한(내선규정 2235-2)

① 가요전선관 배선은 외상을 받을 우려가 있는 장소에 시설하여서는 안 된다. 다만, 적당한 방호장치를 시설하는 경우는 적용하지 않는다.

② 가요전선관은 2종 가요전선관일 것. 다만, 전개된 장소 또는 점검할 수 있는 은폐된 장소로 건조한 장소에 사용하는 것(옥내배선의 사용전압이 400V 이상인 경우는 전동기에 접속한 부분으로 가요성을 필요로 하는 부분에 사용하는 것에 한한다.)은 1종 가요전선관을 사용할 수 있다.

참고 가요전선관공사

실무에서는 흔히들 '플렉시블공사'라고 하므로 답안작성 시 유의하도록 하자.

(8) 가요전선관공사에 사용되는 재료

① **스트레이트박스 콘넥터(straight box connector)** : 가요전선관과 박스의 연결

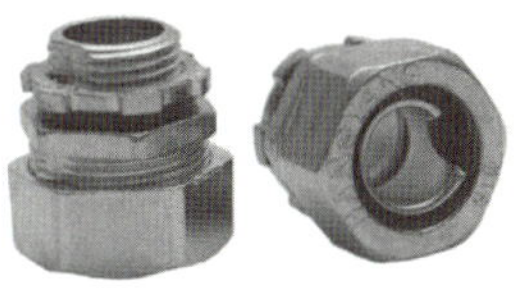

| 스트레이트박스 콘넥터 |

② **콤비네이션 커플링(combination coupling)** : 가요전선관과 금속(스틸)전선관의 연결

| 콤비네이션 커플링 |

③ **스프리트 커플링(split coupling)** : 가요전선관과 가요전선관의 연결

| 스프리트 커플링 |

쉬어가는 코너

목표를 달성하려면 전력으로 임하는 방법 밖에 없다.
거기에 지름길은 없다.

-작자미상-

핵심기출문제

01 **후강전선관 1본의 길이와 관의 호칭표시방법을 쓰시오.** 배점 : 4 [09년]

(1) 1본의 길이

(2) 관의 호칭표시방법

• **실전모범답안**

(1) 3.6m

(2) 관 내경[mm]의 근사값을 짝수로 표시(16mm, 22mm, 28mm …)

01-1 **저압 옥내배선의 금속관공사에 있어서 금속관과 박스 그 밖의 부속품은 다음 각 호에 의하여 시설해야 한다. (　) 안에 알맞은 말을 쓰시오.** 배점 : 6 [04년] [17년]

(1) 저압 옥내배선의 사용전압이 400V 미만인 경우 관에는 제(㉠)종 접지공사를 할 것. 다만, 다음 중 하나에 해당하는 경우에는 그렇지 않다.

① 관의 길이(2개 이상의 관을 접속하여 사용하는 경우에는 그 전체의 길이를 말한다. 이하 같다.)가 (㉡)m 이하인 것을 건조한 장소에 시설하는 경우

② 옥내배선의 사용전압이 직류 300V 또는 교류 대지전압 150V 이하인 경우에 그 전선을 넣는 관의 길이가 (㉢)m 이하인 것을 사람이 쉽게 접촉할 우려가 없도록 시설하는 때 또는 (㉣)한 장소에 시설하는 때

(2) 저압 옥내배선의 사용전압이 400V 이상인 경우 관에는 (㉤)종 접지공사를 할 것. 다만, 사람이 접촉할 우려가 없도록 시설하는 경우에는 제(㉥)종 접지공사에 의할 수 있다.

• **실전모범답안**

(1) 저압 옥내배선의 사용전압이 400V 미만인 경우 관에는 제(㉠ 3)종 접지공사를 할 것. 다만, 다음 중 하나에 해당하는 경우에는 그렇지 않다.

① 관의 길이(2개 이상의 관을 접속하여 사용하는 경우에는 그 전체의 길이를 말한다. 이하 같다.)가 (㉡ 4)m 이하인 것을 건조한 장소에 시설하는 경우

② 옥내배선의 사용전압이 직류 300V 또는 교류 대지전압 150V 이하인 경우에 그 전선을 넣는 관의 길이가 (㉢ 8)m 이하인 것을 사람이 쉽게 접촉할 우려가 없도록 시설하는 때 또는 (㉣ 건조)한 장소에 시설하는 때

(2) 저압 옥내배선의 사용전압이 400V 이상인 경우 관에는 (㉤ 특별 제3)종 접지공사를 할 것. 다만, 사람이 접촉할 우려가 없도록 시설하는 경우에는 제(㉥ 3)종 접지공사에 의할 수 있다.

01-2 저압 옥내배선의 금속관공사에 있어서 금속관과 박스 그 밖의 부속품은 다음 각 호에 의하여 시설해야 한다. ( ) 안에 알맞은 말을 쓰시오. 배점 : 7 [04년] [07년] [08년] [09년] [11년] [14년] [16년] [19년]

(1) 금속관을 구부릴 때 금속관의 단면이 심하게 (①)되지 아니하도록 구부려야 하며, 그 안측의 (②)은 관 안지름의 (③)배 이상이 되어야 한다.

(2) 아우트렛박스(Outlet Box) 사이 또는 전선 인입구를 가지는 기구 사이의 금속관에는 (④) 개소를 초과하는 (⑤) 굴곡개소를 만들어서는 아니 된다. 굴곡개소가 많은 경우 또는 관의 길이가 (⑥)m를 넘는 경우에는 (⑦)를 설치하는 것이 바람직하다.

• **실전모범답안**

(1) 금속관을 구부릴 때 금속관의 단면이 심하게 (① 변형)되지 아니하도록 구부려야 하며, 그 안측의 (② 반지름)은 관 안지름의 (③ 6)배 이상이 되어야 한다.

(2) 아우트렛박스(Outlet Box) 사이 또는 전선 인입구를 가지는 기구 사이의 금속관에는 (④ 3)개소를 초과하는 (⑤ 직각 또는 직각에 가까운) 굴곡개소를 만들어서는 아니 된다. 굴곡개소가 많은 경우 또는 관의 길이가 (⑥ 30)m를 넘는 경우에는 (⑦ 풀박스)를 설치하는 것이 바람직하다.

01-3 다음의 전선관 부속품에 대한 용도를 간단하게 설명하시오. 배점 : 3 [09년] [21년]

(1) 부싱
(2) 유니온 커플링
(3) 유니버셜 엘보우

• **실전모범답안**

(1) 부싱 : 전선의 절연피복을 보호하기 위하여 금속관 끝에 취부하여 사용한다.
(2) 유니온 커플링 : 관이 고정되어 있을 때 금속관 상호간을 접속하는 데 사용한다.
(3) 유니버셜 엘보우 : 노출배관공사에서 금속관을 직각으로 굽히는 곳에 사용한다.

01-4 저압 옥내배선의 금속관공사(배선)에 이용되는 부품의 명칭을 쓰시오. 배점 : 8 [03년] [10년] [14년]

(1) 노출배관공사에서 관을 직각으로 굽히는 곳에 사용하는 부품
(2) 금속관을 아우트렛박스에 로크너트만으로 고정하기 어려울 때 보조적으로 사용하는 부품
(3) 금속전선관 상호간을 접속하는 데 사용되는 부품
(4) 전선의 절연피복을 보호하기 위하여 금속관 끝에 취부하여 사용되는 부품
(5) 금속관과 박스를 고정시킬 때 사용되는 부품

• 실전모범답안

(1) 유니버셜 엘보
(2) 링리듀셔
(3) 커플링
(4) 부싱
(5) 로크너트

01-5 그림은 금속관공사의 한 예이다. 다음 물음에 답하시오. 배점 : 6 [03년] [05년] [07년] [12년] [16년]

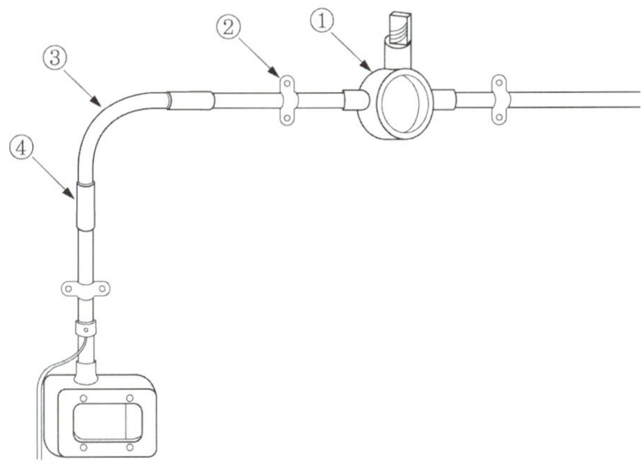

(1) ①~④에 들어갈 부품명칭을 쓰시오.
(2) 노출배관으로 시공할 경우 ③을 대체할 부품은 무엇인지 쓰시오.

• 실전모범답안

(1) ① 환형 3방출 정크션박스
② 새들
③ 노멀밴드
④ 커플링
(2) 유니버셜 엘보

02 굴곡장소가 많거나 금속관공사의 시공이 어려운 경우, 전동기와 옥내배선을 연결할 경우 사용하는 공사방법을 쓰시오. 배점 : 3 [13년] [20년]

• **실전모범답안** 가요전선관공사

02-1 가요전선관공사에서 다음에 사용되는 재료의 명칭은 무엇인지 쓰시오. 배점 : 3 [08년] [10년]

(1) 가요전선관과 박스의 연결
(2) 가요전선관과 스틸전선관의 연결
(3) 가요전선관과 가요전선관의 연결

• **실전모범답안**

(1) 스트레이트박스 콘넥터
(2) 콤비네이션 커플링
(3) 스프리트 커플링

03 접지공사

(1) 접지공사에서 접지봉과 접지선을 연결하는 방법

① **용융접속** : 접지봉의 일부분을 녹여서 접지선을 연결하는 방법으로 내구성이 가장 좋은 방법이다.
② **납땜접속** : 접지봉과 접지선을 구리선으로 감고 납땜하는 방법
③ **슬리브를 이용한 압착접속** : 슬리브를 이용하여 접지봉과 접지선을 압착하여 접속하는 방법

참고 접지저항계 및 임피던스미터

구 분	접지저항계(Earth Tester)	임피던스미터(LCR Meter)
용도	**접지저항** 측정	① **저항**(R) 측정 ② **인덕턴스**(L) 측정 ③ **커패시턴스**(C) 측정
측정방법	① **영점조정** ② **접지극**과 **접지봉**을 접지저항계의 각 단자에 연결 ③ 측정스위치를 눌러 **접지저항 측정**	① **주파수 범위** 설정 ② 측정하고자 하는 부품 **양단**에 **탐침**을 **접촉** ③ **임피던스 측정**
외형		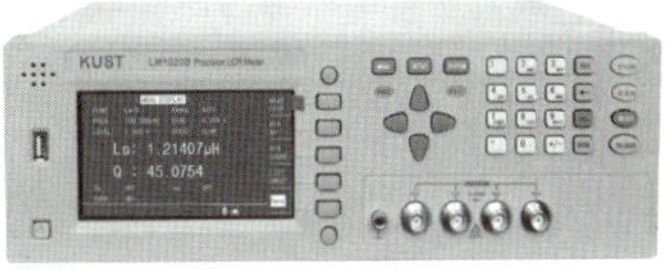

핵심기출문제

01 전자식 접지저항계 결선 및 명칭에 관한 다음 물음에 답하시오. 배점 : 6 [06년]

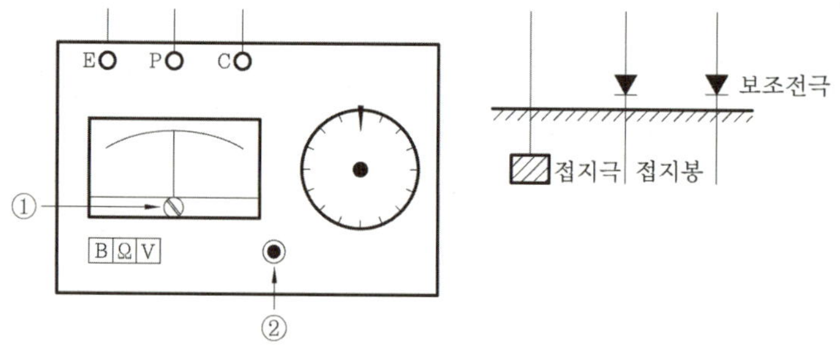

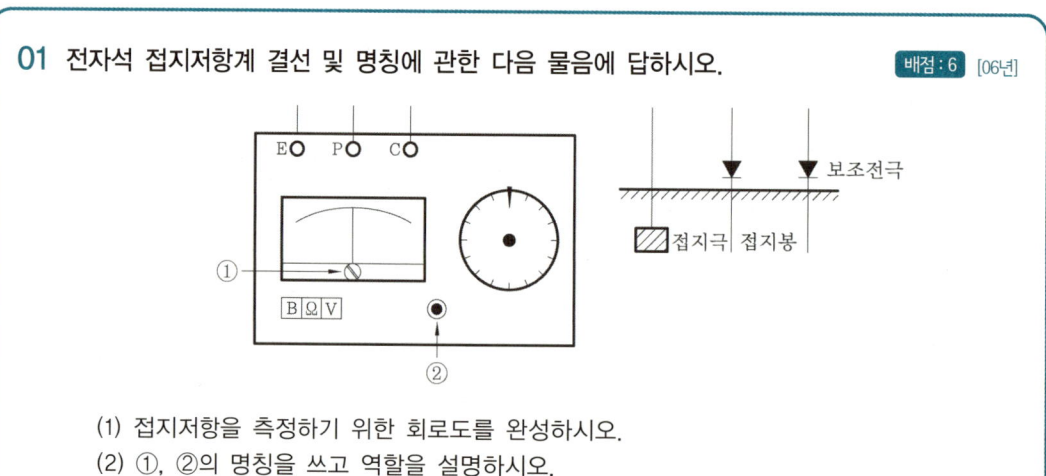

(1) 접지저항을 측정하기 위한 회로도를 완성하시오.

(2) ①, ②의 명칭을 쓰고 역할을 설명하시오.

• **실전모범답안**

(1)

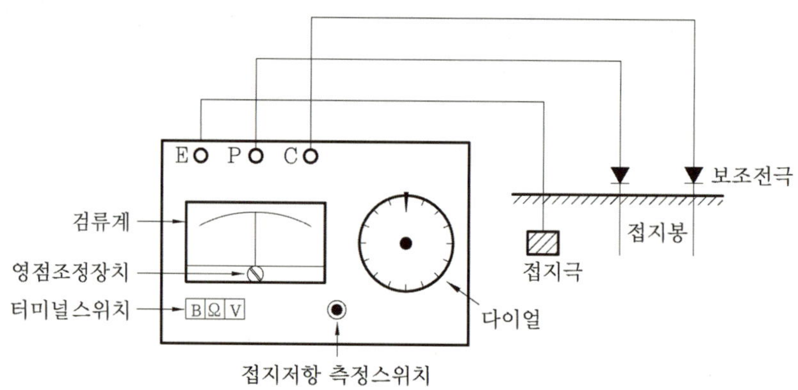

(2) ① 영점조정장치 : 검류계의 지침이 0이 되도록 조정하는 장치

② 접지저항 측정스위치 : 접지저항을 측정할 때 사용하는 스위치

01-1 임피던스미터의 용도 및 측정방법에 대하여 각각 3가지를 쓰시오. 배점 : 6 [14년]

(1) 용도
(2) 측정방법

• **실전모범답안**

(1) ① 저항측정
② 인덕턴스 측정
③ 커패시턴스 측정

(2) ① 주파수 범위를 설정한다.
② 측정하고자 하는 부품의 양단에 탐침을 접속한다.
③ 임피던스를 측정한다.

01-2 접지공사에서 접지봉과 접지선을 연결하는 방법 3가지를 쓰고, 이 중 내구성이 가장 높은 방법은 무엇인지 쓰시오. 배점 : 4 [05년] [19년]

(1) 연결방법
(2) 내구성이 가장 높은 방법

• **실전모범답안**

(1) ① 용융접속
② 납땜접속
③ 슬리브를 이용한 압착접속

(2) 용융접속

쉬어가는 코너

Impossible...
I'm possible!!

-작자 미상-

04 소방용 배선

(1) 배선에 사용되는 전선의 종류 및 공사방법(NFTC 102 표 2.7.2)

① 내화배선

사용전선의 종류	공사방법
1. 450/750V 저독성 난연 가교 폴리올레핀 절연전선 2. 0.6/1kV 가교 폴리에틸렌 절연 저독성 난연 폴리올레핀 시스 전력케이블 3. 6/10kV 가교 폴리에틸렌 절연 저독성 난연 폴리올레핀 시스 전력용케이블 4. 가교 폴리에틸렌 절연 비닐시스 트레이용 난연 전력케이블 5. 0.6/1kV EP 고무절연 클로로프렌 시스 케이블 6. 300/500V 내열성 실리콘 고무 절연전선(180℃) 7. 내열성 에틸렌-비닐아세테이트 고무 절연케이블 8. 버스덕트(Bus Duct) 9. 기타 「전기용품 및 생활용품 안전관리법」 및 「전기설비기술기준」에 따라 동등 이상의 내화성능이 있다고 주무부장관이 인정하는 것	금속관·2종 금속제 가요전선관 또는 합성 수지관에 수납하여 내화구조로 된 벽 또는 바닥 등에 벽 또는 바닥의 표면으로부터 25mm 이상의 깊이로 매설해야 한다. 다만, 다음의 기준에 적합하게 설치하는 경우에는 그렇지 않다. 가. 배선을 내화성능을 갖는 배선전용실 또는 배선용 샤프트·피트·덕트 등에 설치하는 경우 나. 배선전용실 또는 배선용 샤프트·피트·덕트 등에 다른 설비의 배선이 있는 경우에는 이로부터 15[cm] 이상 떨어지게 하거나 소화설비의 배선과 이웃하는 다른 설비의 배선 사이에 배선지름(배선의 지름이 다른 경우에는 가장 큰 것을 기준으로 한다.)의 1.5배 이상의 높이의 불연성 격벽을 설치하는 경우
내화전선	케이블공사의 방법에 따라 설치해야 한다.

[비고] 내화전선의 내화성능은 KS C IEC 60331-1과 2(온도 830℃/가열시간 120분) 표준 이상을 충족하고 난연성능 확보를 위해 KS C IEC 60332-3-24 성능 이상을 충족할 것

② 내열배선

사용전선의 종류	공사방법
1. 450/750V 저독성 난연 가교 폴리올레핀 절연전선 2. 0.6/1kV 가교 폴리에틸렌 절연 저독성 난연 폴리올레핀 시스 전력케이블 3. 6/10kV 가교 폴리에틸렌 절연 저독성 난연 폴리올레핀 시스 전력용케이블 4. 가교 폴리에틸렌 절연 비닐시스 트레이용 난연 전력케이블 5. 0.6/1kV EP 고무절연 클로로프렌 시스 케이블 6. 300/500V 내열성 실리콘 고무 절연전선(180℃) 7. 내열성 에틸렌-비닐아세테이트 고무 절연케이블 8. 버스덕트(Bus Duct) 9. 기타 「전기용품 및 생활용품 안전관리법」 및 「전기설비기술기준」에 따라 동등 이상의 내화성능이 있다고 주무부장관이 인정하는 것	금속관·금속제 가요전선관·금속덕트 또는 케이블(불연성 덕트에 설치하는 경우에 한한다.) 공사방법에 따라야 한다. 다만, 다음의 기준에 적합하게 설치하는 경우에는 그렇지 않다. 가. 배선을 내화성능을 갖는 배선전용실 또는 배선용 샤프트·피트·덕트 등에 설치하는 경우 나. 배선전용실 또는 배선용 샤프트·피트·덕트 등에 다른 설비의 배선이 있는 경우에는 이로부터 15cm 이상 떨어지게 하거나 소화설비의 배선과 이웃하는 다른 설비의 배선사이에 배선지름(배선의 지름이 다른 경우에는 지름이 가장 큰 것을 기준으로 한다)의 1.5배 이상의 높이의 불연성 격벽을 설치하는 경우
내화전선·내열전선	케이블공사의 방법에 따라 설치해야 한다.

(2) 내화배선, 내열배선 및 일반배선 공사

① 자동화재탐지설비

(굵은 실선) : 내화배선, (빗금선) : 내화 또는 내열 배선, ——— : 일반배선,
-·-·-·- : 실드선, ------- : 배관

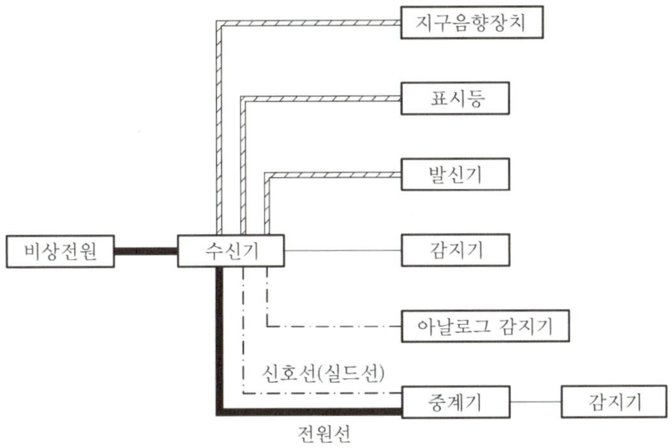

② 옥내소화전설비

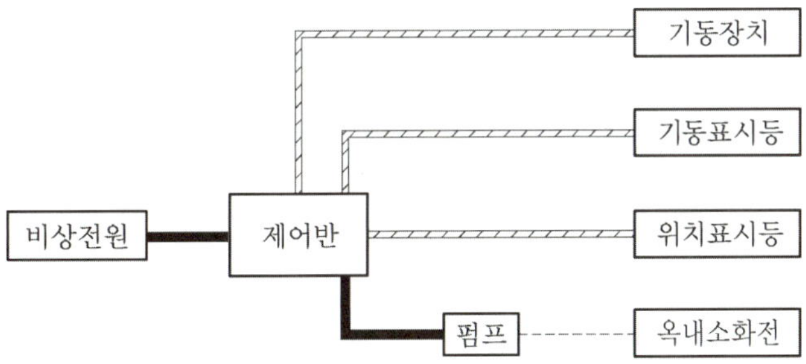

③ 옥외소화전설비

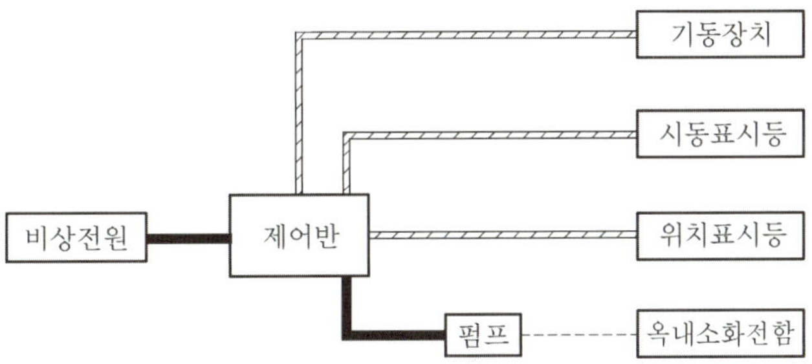

④ 스프링클러설비

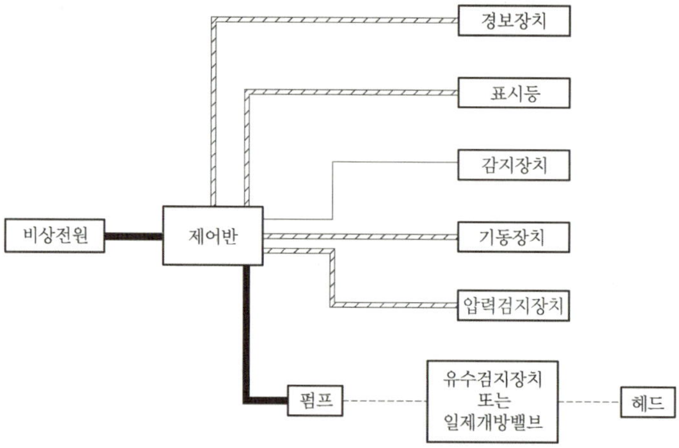

⑤ 이산화탄소소화설비, 할론소화설비, 분말소화설비

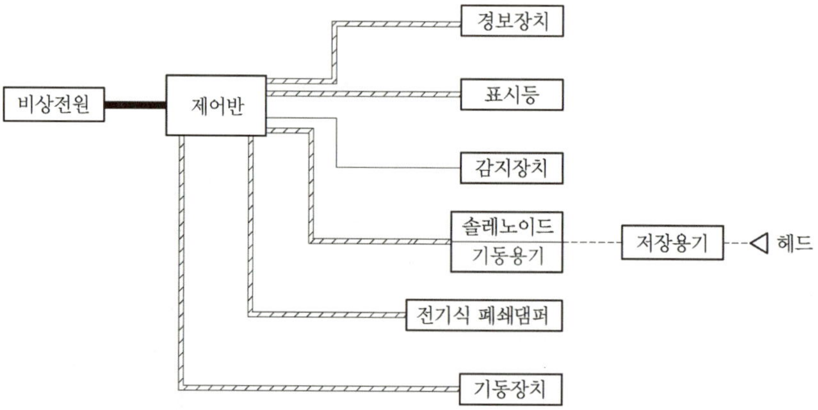

(3) 소방용 케이블과 다른 용도의 케이블을 배선 전용실에 함께 배선할 경우

① 소방용 케이블을 내화성능을 갖는 배선전용실 등의 내부에 소방용이 아닌 케이블과 함께 노출하여 배선할 때 소방용 케이블과 다른 용도의 케이블간의 피복과 피복간의 이격거리는 15cm 이상이어야 한다.

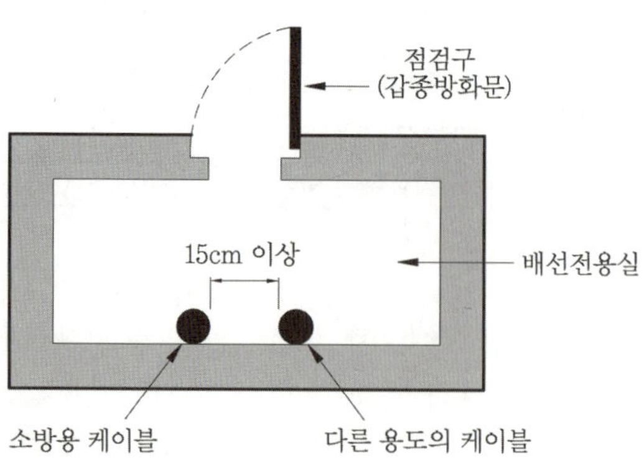

② 불연성 격벽을 설치한 경우에 격벽의 높이는 소방용 케이블과 다른 용도의 케이블 중 가장 굵은 케이블 지름의 1.5배 이상이어야 한다.

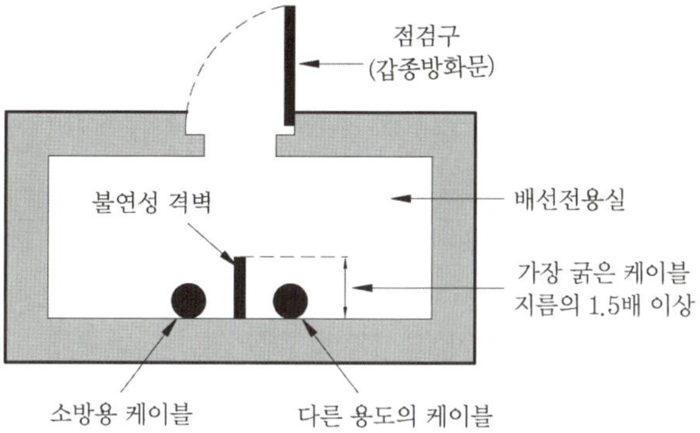

쉬어가는 코너

사람들은 말한다.
그 때 알았더라면,
그 때 잘 했더라면,
훗날엔 지금이 바로 그 때가 되는데
지금은 아무렇게나 보내면서
자꾸 그 때만을 찾는다.

-작자미상-

핵심기출문제

01 **내화배선과 내열배선의 공사방법에서 배관구조의 차이점을 쓰시오.** 배점 : 4 [13년]

• **실전모범답안**

① 내화배선 : 금속관·2종 금속제 가요전선관 또는 합성 수지관에 수납하여 내화구조로 된 벽 또는 바닥 등에 벽 또는 바닥의 표면으로부터 25mm 이상의 깊이로 매설

② 내열배선 : 금속관·금속제 가요전선관·금속덕트 또는 케이블 공사방법

01-1 **배선의 공사방법 중 내화배선의 공사방법에 대한 다음 (　)를 완성하시오.** 배점 : 7 [15년] [21년]

금속관·2종 금속제 (①) 또는 (②)에 수납하여 (③)로 된 벽 또는 바닥 등에 벽 또는 바닥의 표면으로부터 (④)의 깊이로 매설해야 한다.

• **실전모범답안**

금속관·2종 금속제 (① 가요전선관) 또는 (② 합성수지관)에 수납하여 (③ 내화구조)로 된 벽 또는 바닥 등에 벽 또는 바닥의 표면으로부터 (④ 25mm)의 깊이로 매설해야 한다.

01-2 **다음 그림은 분말소화설비의 블록다이어그램이다. 각 구성요소 간 배선을 내화배선, 내열배선, 일반배선으로 구분하여, 블록다이어그램을 완성하시오.** 배점 : 6 [09년] [18년]

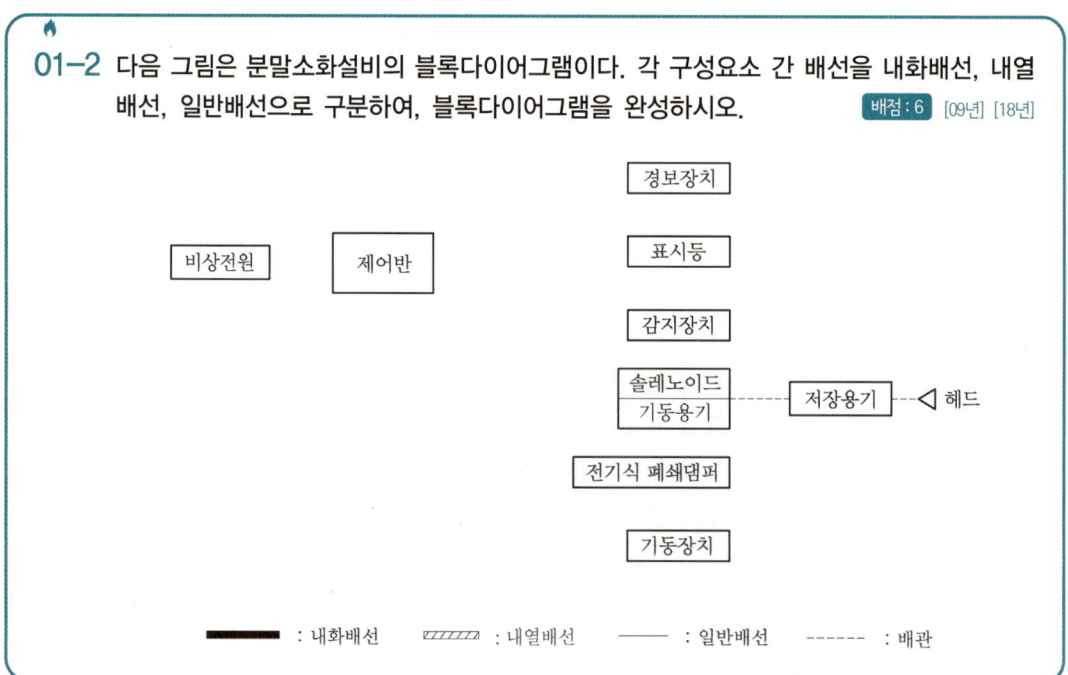

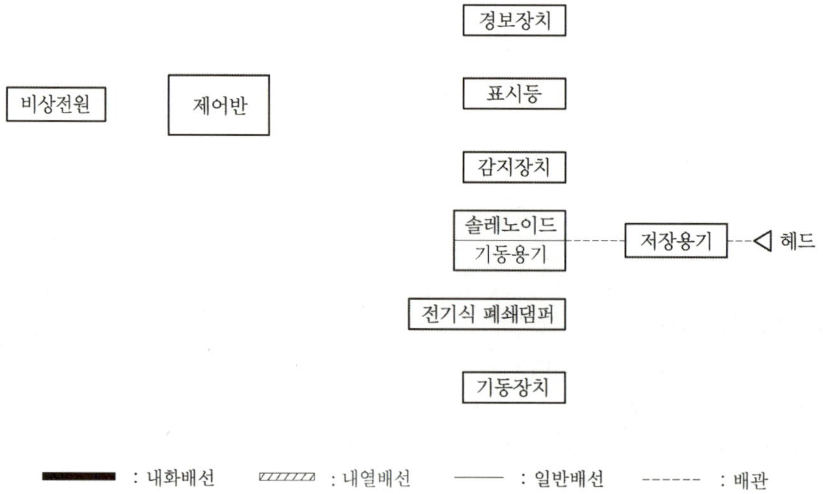

• 실전모범답안

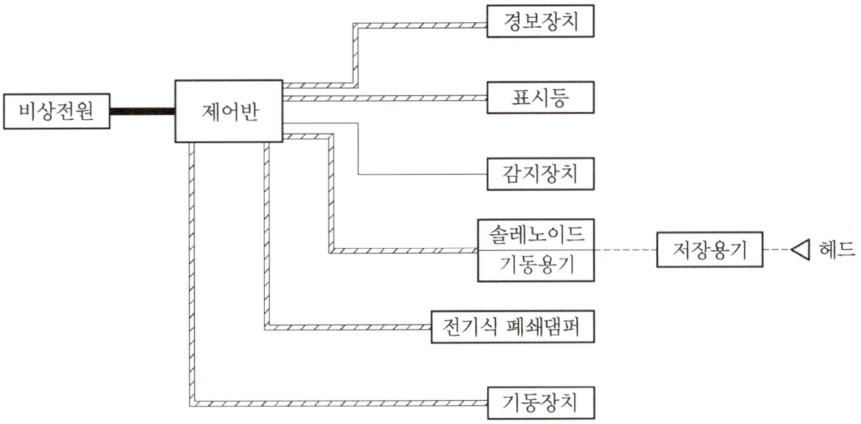

01–3 다음 그림은 스프링클러설비의 블록다이어그램이다. 각 구성요소 간 배선을 내화배선, 내열배선, 일반배선으로 구분하여, 블록다이어그램을 완성하시오. 배점 : 6 [16년] [21년]

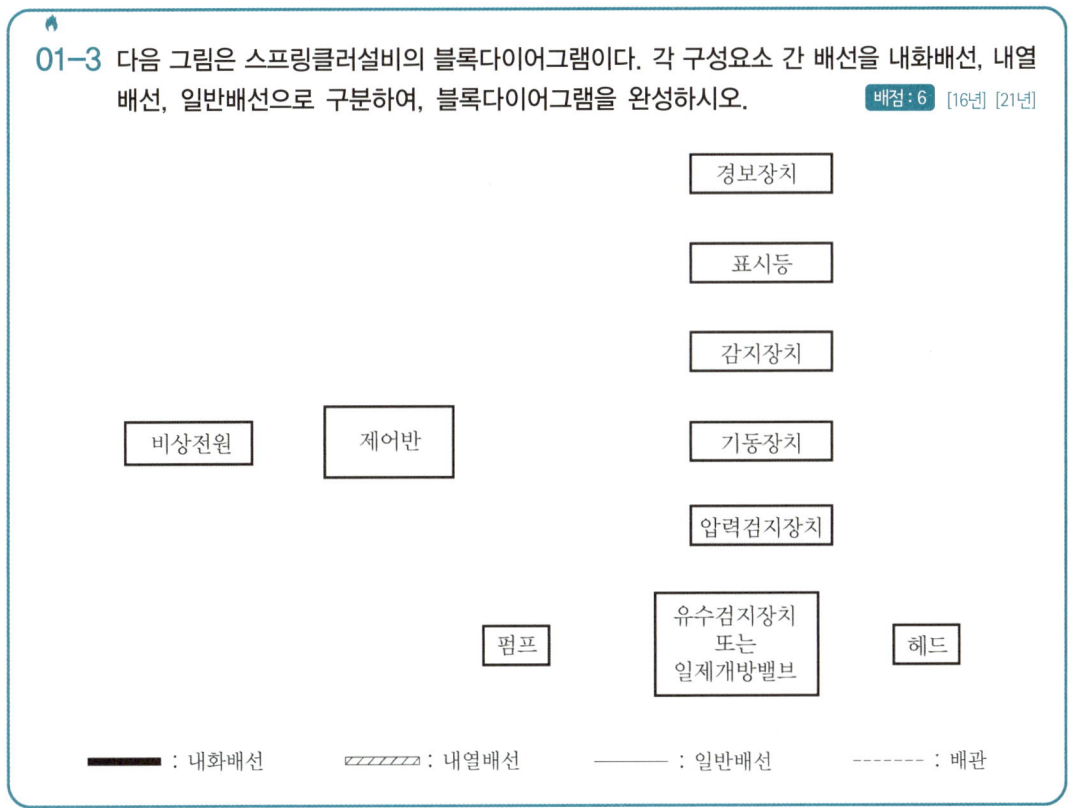

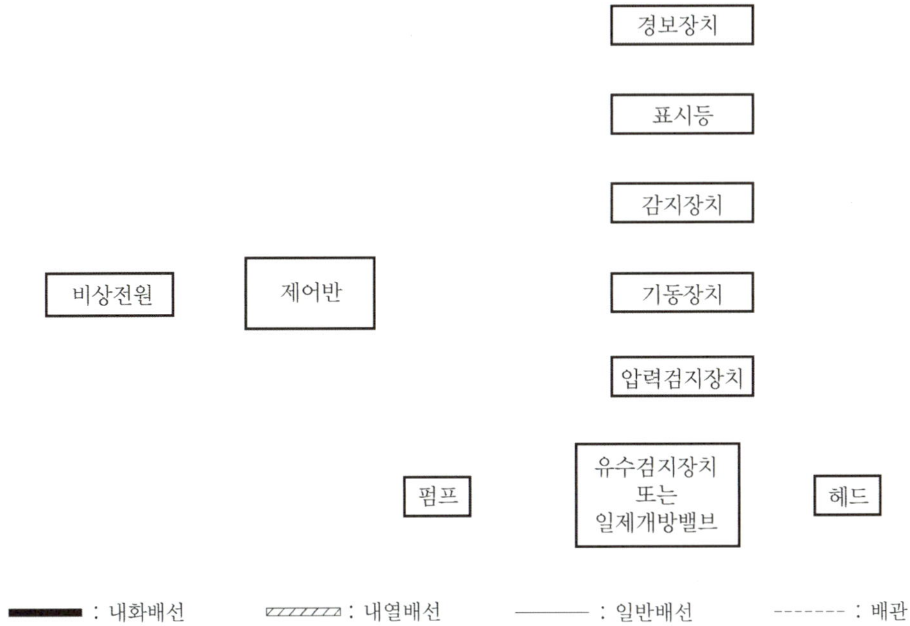

• 실전모범답안

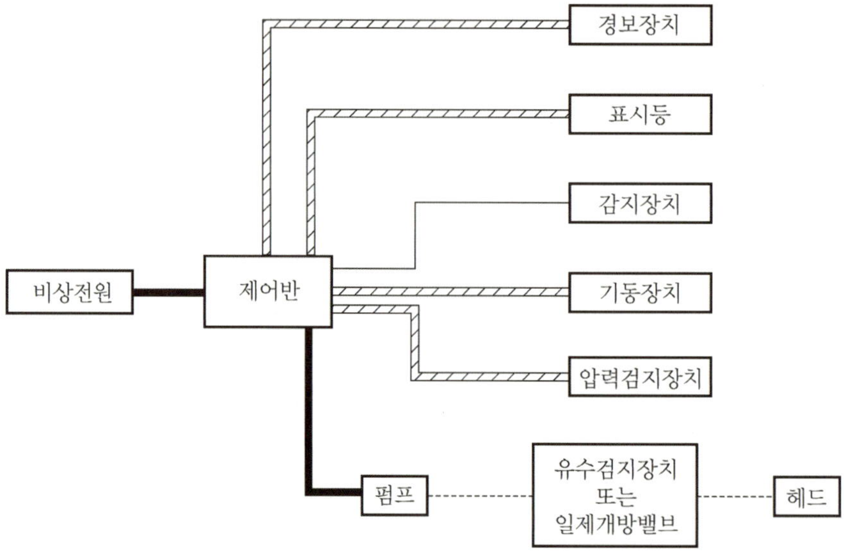

01-4 다음 그림은 옥내소화전설비의 블록다이어그램이다. 각 구성요소 간 배선을 내화배선, 내열배선, 일반배선으로 구분하여, 블록다이어그램을 완성하시오. 배점 : 6 [16년]

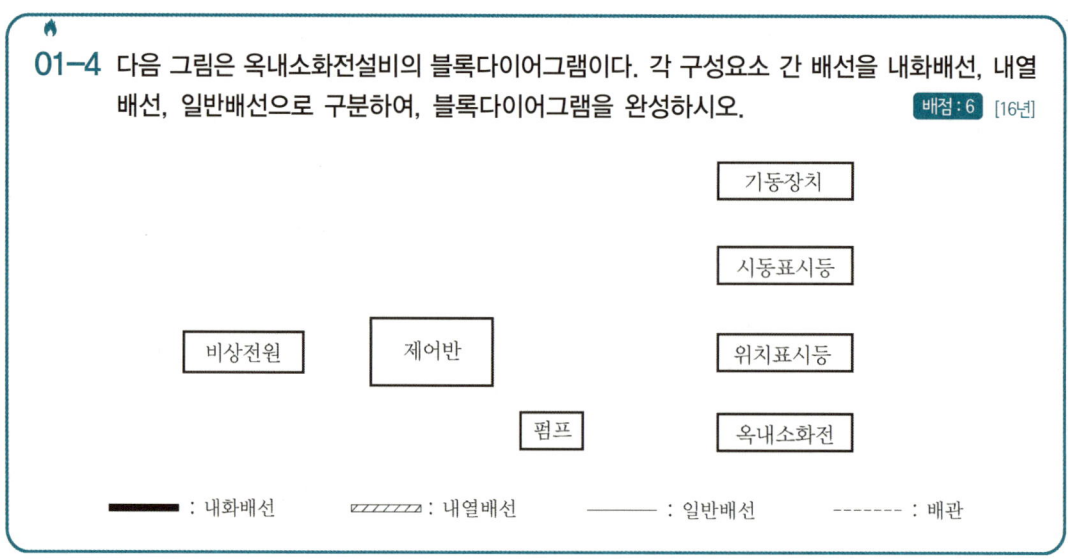

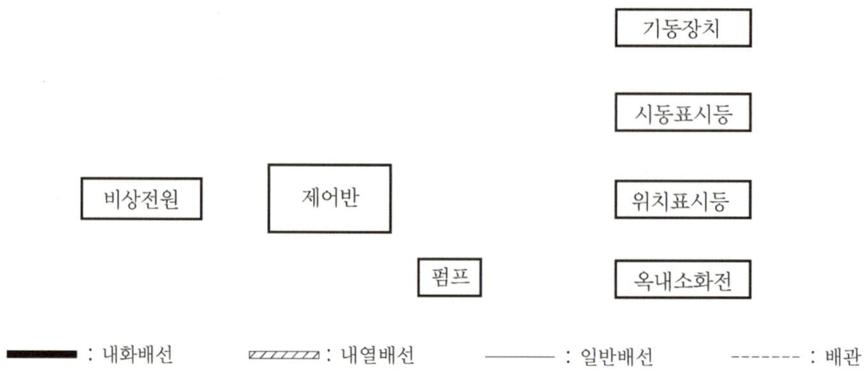

• 실전모범답안

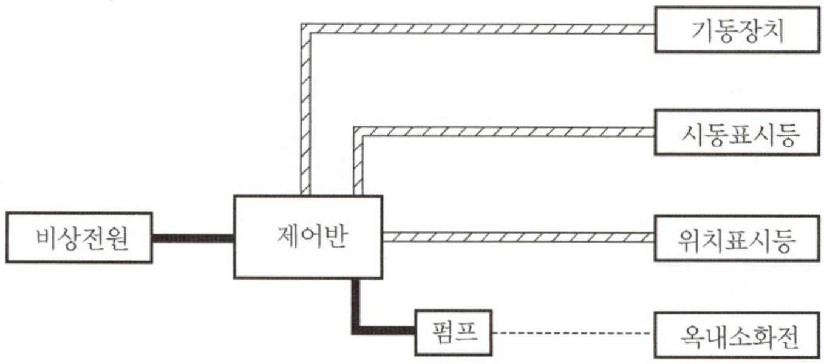

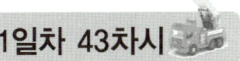

01-5 소방용 케이블과 다른 용도의 케이블을 배선전용실에 함께 배선할 때 다음 각 물음에 답하시오.

배점 : 3 [09년] [10년] [11년] [17년]

(1) 소방용 케이블을 내화성능을 갖는 배선전용실 등의 내부에 소방용이 아닌 케이블과 함께 노출하여 배선할 때 소방용 케이블과 다른 용도의 케이블 간의 피복과 피복간의 이격거리는 몇 [cm] 이상이어야 하는지 쓰시오.

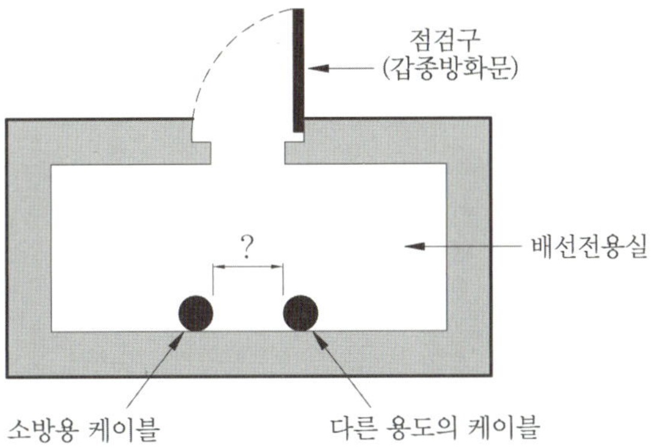

(2) 부득이 하여 "(1)" 과 같이 이격시킬 수 없는 불연성 격벽을 설치한 경우에 격벽의 높이는 굵은 케이블 지름의 몇 배 이상이어야 하는지 쓰시오.

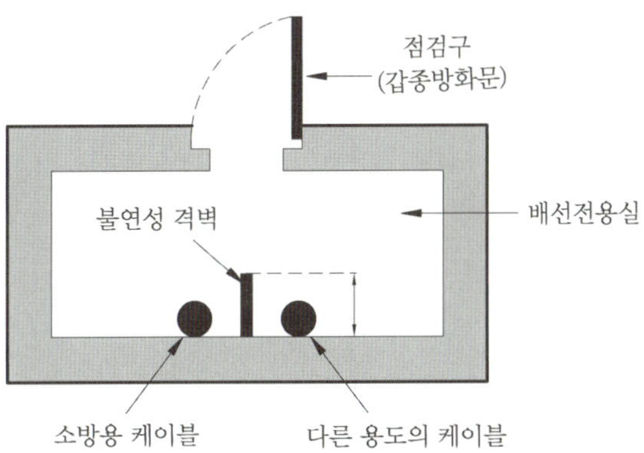

• **실전모범답안**

(1) 15cm

(2) 1.5배

M·e·m·o

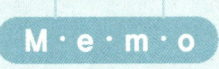

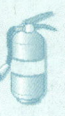

저자약력

이항준

- 동명대학교 기계과 졸업
- 소방기술사, 소방시설관리사, 소방설비기사, 소방설비산업기사
- 소방실무(설계 / 공사 / 감리 / 점검) 24년
- 저서) 한방에 끝내는 소방설비기사 / 산업기사 합격노트 필기 / 실기 [(주)메이크 순]
  한방에 끝내는 소방시설관리사 필기 / 실기[(주)메이크 순]
  한방에 끝내는 화재안전기준 [(주)메이크 순]
- 이력) edu-Fire 기술학원 원장(소방시설관리사 필기 / 실기, 소방설비기사 / 산업기사 강의)
  소방청 중앙소방기술심의 위원 / 지방소방기술심의 위원
  소방청 소방산업 진흥정책 심의위원
  소방청 성능위주소방설계확인 평가위원
  국립소방연구원 화재안전기술기준 전문
  위원회 부위원장
  중앙 소방학교 외래 교수
  LH 주거안전 닥터스 자문위원
  한국소방안전원 외래교수
  부산시 안전관리자문단 위원
  부산시 건설본부 외부전문가
  한국기술사회 소방분회장
  한국소방기술사회 부산지회장

심민우

- 부경대학교 소방공학과 학사
- 소방시설관리사 / 소방설비기사 / 위험물산업기사
- 소방실무(공사 / 점검 / 시설관리) 경력 9년
- 저) 한방에 끝내는 소방설비기사 / 산업기사(전기분야) 필기 / 실기 [(주)메이크 순]
  한방에 끝내는 소방시설관리사 필기 [(주)메이크 순]
- 현) edu-Fire 기술학원 대표강사(소방시설관리사)
  (주)한국전기소방 점검팀 부장
  한국소방안전원 외래교수
  소방학교 외래교수

2025 한방에 끝내는 소방설비기사 · 산업기사 실기합격노트(전기편)

초판 발행일	2020년 2월 17일
2025년 개정판 발행일	2025년 1월 3일
편저자	이항준 · 심민우
발행인	김 미 란
발행처	(주)메이크 순(make soon)
전화번호	070-4416-1190
FAX	051-817-5118
주소	부산광역시 부산진구 부전로 75-5, 3층(부전동)
정가	**35,000**원

ISBN 979-11-88029-97-6 (13530)